世界動物大図鑑

世界動物大図

総編集：デイヴィッド

日本語版総監修

日本語版出版に寄せて

"ANIMAL" 総編集
デイヴィッド・バーニー

　日本には、ほかでは見られないたぐいまれな動物たちがいます。サルとしては世界最北の地に棲むニホンザルや、世界最大の両生類オオサンショウウオなど。700種近い鳥類が繁殖し、あるいは渡りの目的地にしているのもここ日本列島です。また日本の海岸線は海洋生物の宝庫としてつとに知られています。しかし、そのあふれるばかりに多種多様な生命も、動物界全体から見ればわずかな一部にすぎません。全世界ではこれまでに150万以上の動物種が確認されており、いまだ数百万種が発見を待っているといわれています。

　本書は動物界の讃歌ともいうべき本です。世界中から集まった70人以上の生物学者、動物学者、博物学者のチームが総力を結集して編纂にあたり、動物界のすべてを概観するものに仕上がりました。この本には日本の海岸や森で見かけるおなじみの種も、はるかに遠い国々の人里離れた地に生息する動物たちもいます。読者のよく知っている動物たちはもちろん、一握りの学者しか見たことのない稀少な種にも出会えるはずです。

　この本では合計2000種以上の動物を取り上げ、解説しています。そのほとんどすべてに、数百人の野生動物写真家が撮影した写真や専門の動物学者による図版をつけました。人間の保護下にある動物を撮ったものもありますが、大半は野生の生息環境で撮影したものです。なかには世界を代表するフォトグラファーが賞を獲得した作品もまじっています。現地の専門家の辛抱強い協力を得て、数か月にわたり動物を追い続けて撮影に成功した貴重な写真もあります。

　現在、動物たちは様々な脅威にさらされています。現代の生活の蔭には、種の数が激減しているという憂うべき事実があるのです。地球全体で数千の動物たちが絶滅危惧の状態にあり、最近でも数百種がすでに姿を消しました。日本の野生動物も例外ではありません。日本が劇的な変化をとげた100年の間に、日本固有の哺乳類の4分の1近く、鳥類のおよそ7分の1が絶滅の危機に瀕しています。

　幸いなことに、近年は動物種の絶滅の危機や自然の生息環境が破壊されつつあることに関心が高まっています。野生動物はもはやあたりまえの存在ではなくなっており、彼らを保護しようという気運が世界中で広がっています。そんな人々の思いの象徴となっているのが日本のタンチョウヅルです。タンチョウヅルは、絶滅目前の種を救うことができた証拠として、私たちの希望の灯となっています。

　世界の動物たちを救うためには、まず動物を知り、意識することが第一歩です。本書によって動物の世界の多様さ、美しさ、すばらしさが読者に伝わり、知識と意識を持っていただけたら、それにまさる喜びはありません。

日本語版総監修
日高敏隆

　世界にはたくさんの変わった動物がいますが、その中には名前を聞いただけでは想像もつかないようなのもあります。

　例えばツチブタ。どうやらアフリカにいて、土の中に棲んでいるブタみたいな動物らしいのですが、どうもどんな動物なのか今ひとつ感じがつかめません。もちろん日本の図鑑には載っていません。日本にいる動物ではないからです。百科事典をひけば出ているでしょうけど、それには図書館へいかなくては……。

　そんなときこの本が威力を発揮します。

　索引でツチブタとひいてみましょう。222ページです。

　ありました、ありました。きれいなカラー写真が3枚も入っています。耳のすごく長い、鼻先がちょっとブタに似た奇妙な動物。とても想像できませんでした。

　哺乳類管歯目の唯一の生き残りだそうです。じゃあ、ほかに似たような動物はいないのだ！管のような形をした歯は役に立たない。体はブタに似る。体長1.6メートル、尾が55センチ。体重38から64キログラム。相当に大きなけものです。こんな動物がアフリカにいるんだ。知らなかったなあ。

　こんな大きいのに穴掘りの名手とか。そういえば前肢の爪はすごいな。土の中にトンネルを掘って棲んでいて、ときどき穴の入口から写真のように顔を出す。読んでいくとびっくりするようなことがたくさん書いてあっておもしろい。世界のふしぎな動物と、これでまたひとつ知り合いになれました。

　そういえば、シロアリの話の中に、シロアリの敵はツチブタとツチオオカミだと書いてあった。ツチオオカミって何だろう？

　さっそくそのページを開いてみると、そこは"ハイエナとツチオオカミ"と題された見開きページ。そうか、ツチオオカミってあのハイエナの仲間なんだ。一口にハイエナといっても、シマハイエナとかブチハイエナとか、いろんな種類がいるんだなあ。でもツチオオカミはずっと小さいし、ほかのハイエナのように狩りをせず、地上で餌をあさるシロアリを食べているんだって。ウジとかイモムシとかも食べるらしい。なんだか情けないハイエナだなあ。またひとつ新しいことを知っちゃった！

　こんなふうにこの本には世界の動物のことが、たくさん詳しく述べられています。やたらとたくさんの種類がいる無脊椎動物についても、主な仲間はほとんどすべて、代表的な種の写真とともに載っているので、それがどんな動物で、どんな生き方をしているかがわかります。そういう本は、ほかにないような気がします。

　この本のはじめにある概論がまたおもしろい。動物ってこんなに多彩ですごいものなんだということが、読むたびごとにわかってきて、新しい驚きと喜びを感じるでしょう。動物を知るとはそういうことなのです。

総編集：**デイヴィッド・バーニー**

日本語版総監修：**日高敏隆**

監修

哺乳類
林良博
（はやし・よしひろ）
東京大学農学部・教授

鳥類
山岸哲
（やまぎし・さとし）
財団法人山階鳥類研究所・所長

爬虫類
疋田努
（ひきだ・つとむ）
京都大学理学部・助教授

両生類
疋田努
（ひきだ・つとむ）
京都大学理学部・助教授

魚類
望月賢二
（もちづき・けんじ）
千葉県立中央博物館・副館長

無脊椎動物
日高敏隆
（ひだか・としたか）
総合地球環境学研究所・所長

Original Title: Animal
Copyright © Dorling Kindersley Limited, 2001,
A Penguin Random House Company

Japanese translation rights arranged with
Dorling Kindersley Limited, London
through Fortuna Co., Ltd. Tokyo.

For sale in Japanese territory only.

Printed and bound in China

A WORLD OF IDEAS: SEE ALL THERE IS TO KNOW
www.dk.com

目次

はじめに	8
本書の使い方	10

概論　12

動物とは何か	14
進化	16
分類	18
動物の名前とグループ	20
体のつくり	24
行動	26
ライフサイクル	28
危機に瀕した動物たち	30
保護	32

生息環境　34

世界の生息環境	36
草原	38
砂漠	42
熱帯林	46
温帯林	50
針葉樹林	54
山岳地	58
極地帯	62
淡水	66
海	70
海岸とサンゴ礁	74
都市	78

動物界　82

哺乳類　84

哺乳類	86
単孔類	90
有袋類	91
食虫類	102
コウモリ類	108
ヒヨケザル類	114
ハネジネズミ類	114
ツパイ類	115
霊長類	116
原猿類	118
猿類	122
類人猿	132
貧歯類	138
センザンコウ	140
ウサギ類	141
齧歯類	144
リス型の齧歯類	146
マウス型の齧歯類	150
モルモット型の齧歯類	157
クジラ類	160
ヒゲクジラ	162
ハクジラ	166
食肉類	178
イヌの仲間	180
クマの仲間	188
アライグマの仲間	194
イタチの仲間	196
ジャコネコの仲間	204
ハイエナとツチオオカミ	206
ネコの仲間	208
鰭脚類	216
ゾウ	220
ツチブタ	222
ハイラックス（イワダヌキ）	222
ジュゴンとマナティー	223
有蹄類	224
ウマの仲間	226
サイ	228
バク	231
ブタ	232
カバ	234
ラクダの仲間	236
シカ	238
プロングホーン	241
キリンとオカピ	242
ウシの仲間	244
危機に瀕した哺乳類	257

キヌバネドリ類	326
カワセミ類とその近縁種	327
キツツキ類とオオハシ類	332
スズメ類	336
危機に瀕した鳥類	361

鳥類　258

鳥類	260
ダチョウ	264
レア類	264
ヒクイドリ類とエミュー	265
キーウィ類	265
シギダチョウ類	265
ペンギン類	266
アビ類	268
カイツブリ類	268
アホウドリ類とミズナギドリ類	270
ペリカン類とその近縁種	272
サギ類とその近縁種	277
フラミンゴ類	280
水禽類	282
猛禽類	286
狩猟鳥類	295
ツルとその近縁種	298
渉禽類、カモメ類、ウミスズメ類	302
ハト類	309
サケイ類	310
インコ類	311
カッコウ類とエボシドリ類	315
フクロウ類	316
ヨタカ類とガマグチヨタカ類	321
ハチドリ類とアマツバメ類	323
ネズミドリ類	326

爬虫類　362

爬虫類	364
カメ類	366
ムカシトカゲ	375
ヘビ類	376
ボア・ニシキヘビの仲間	378
ナミヘビの仲間	385
コブラの仲間	391
クサリヘビの仲間	394
メクラヘビの仲間	399
トカゲ類	400
イグアナの仲間	402
ヤモリとヒレアシトカゲ	409
トカゲ科の仲間	412
オオトカゲの仲間	418
ミミズトカゲ類	423
ワニ類	424
危機に瀕した爬虫類	427

両生類　428

両生類	430
サンショウウオ類	432
アシナシイモリ類	439
カエル類	440
危機に瀕した両生類	457

魚類　458

魚類	460
無顎類	464
軟骨魚類	465
サメ類	466
エイ類	475
硬骨魚類	478
肉鰭類	480
原始条鰭類	481
オスティオグロッサム類	482
カライワシ類とウナギ類	483
ニシン類とその仲間	486
ナマズ類とその仲間	488
サケ類とその仲間	493
ドラゴンフィッシュとその仲間	500
ハダカイワシ類とその仲間	501
タラ類とアンコウ類	502
棘鰭類とその仲間	505
危機に瀕した魚類	521

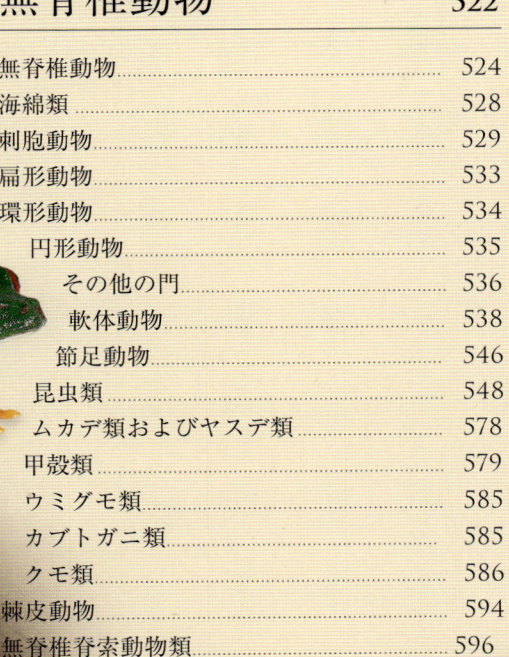

無脊椎動物　522

無脊椎動物	524
海綿類	528
刺胞動物	529
扁形動物	533
環形動物	534
円形動物	535
その他の門	536
軟体動物	538
節足動物	546
昆虫類	548
ムカデ類およびヤスデ類	578
甲殻類	579
ウミグモ類	585
カブトガニ類	585
クモ類	586
棘皮動物	594
無脊椎脊索動物類	596
危機に瀕した無脊椎動物	597

索引　598

はじめに

　今まさに史上最大の危機を迎えている動物界。本書はその彩り豊かな動物界の讃歌である。70名を超える世界中の動物学者、生物学者、博物学者がチームを組んで編集に参加し、動物の世界をくまなく網羅したこの本には、毎日のように目にするおなじみの種から、一握りの科学者しか見たことがなく、研究した学者の数はさらに少ない稀少種までが登場する。取り上げているのは脊椎動物だけではない。無脊椎動物も幅広く紹介する。彼らこそ、地球上の動物種の大部分を占めながら、見過ごされることの多い生き物たちなのである。

　この本で紹介する動物は全部で2000種以上に及んでいる。そのほぼすべての動物たちをカラー写真や図版つきで解説した。写真や図版には数百名の野生動物写真家と動物学の専門家にご協力いただき、動物そのものを見せるだけでなく、生態や環境の大事な特徴を示すものとなっている。野生の環境で見つけ出して撮影するのが難しい種もいるため、飼育されている動物を写した写真も多いが、ほとんどは生息地で暮らしている動物の写真である。なかには世界でも指折りの自然写真家が撮影して賞を受けた写真や、その分野の専門家の尽力で何か月もかけて探し出した貴重な画像もある。おかげで、この種の本として、これだけの写真が集まっているものはほかにないと自負している。

　種の紹介欄それぞれにも、これまで知られていなかった新しい動物が加わっている。新しく認知された種類のサル、アフリカゾウとインドゾウに次ぐ第3種のゾウ、世界でも人目に触れることがきわめて稀なクジラなど。小さな無脊椎動物についても、新しい考え方を反映し、分類と種の総数は変化の激しいこの分野で最新の研究をもとにした。さらにこれまで常識とされてきた動物の行動を解釈しなおした点もある。よく知られている動物でも、従来の知識がまるで不完全だったことが、新しい研究によって明らかになっているのである。

　この本は現在一般に認知された動物グループの分類に従っているが、複数の説が対立している点や分岐論分析の結果、最近になって見方が変わった点も紹介している。動物たちが動物の世界のどこに位置づけられるかをわかりやすくするため、動物グループごとに色分けした見出しをつけ、分類を示した。本書はまず哺乳動物から始まり、無脊椎動物で終わるように構成したが、各グループの中でもそれぞれの分野の専門家が一般に採用している順序で動物を紹介している。

　動物の生命が様々な脅威にさらされ、種の数がおそろしい勢いで減りつつあるのが、現代という時代のまぎれもない事実である。統

計によれば、この本を制作している間に5000種もの動物が地上から姿を消すことになる。その多くは専門家の目にすらとまらない小さな無脊椎動物だが、名を知られた動物たちもいる。例えば、最後の野生アオコンゴウインコは2000年12月に絶滅した。仲間の中で最後の野生種となってから10年後のことだった。

この本が世に出て読まれている間にも、ここで紹介している動物たちの中に同じ運命をたどる者がいるだろうことは悲しい現実である。各セクションの最後に、滅びる恐れのある種をまとめた。現在、国際自然保護連合（IUCN）によって絶滅の危機に瀕しているとされる動物たちである。この中にはトラ、クロサイ、オランウータンのような有名な種も、存在そのものすらあまり知られていない両生類、魚、昆虫、その他の無脊椎動物もいる。アオコンゴウインコのように人間の手で保護されている動物もいるが、永久に姿を消す寸前の動物たちもいるのである。

動物園やテレビのドキュメンタリー番組でおなじみになったトラやクマやサイのような動物たちの絶滅に多くの人々が胸を痛める一方で、小さく目立たない動物たちがいなくなることには、それほど関心が向けられていない。しかし、生息環境の変化や汚染や乱獲によって生物の多様性が急激に失われようとしていることは、地球の最大の脅威だと考える生物学者は多い。種が絶滅すれば生態系の鎖の環が断たれ、自然の中で働いていた抑止力と均衡がゆがみ、やがては壊れてしまう恐れがある。そうなると生態系が不安定になり、動植物の生命、ひいては人類の幸福にも大きな影響を及ぼしかねない。はるか昔、非常に長い時間がかかったとはいえ、生命はもっと大きな危機を乗り越えている。しかし、たった1つの種——地球を支配している人類——によって生命の多様性が絶えず脅かされ続けているのはいまだかつてないことである。

私たちは前の世代と違って、この危機への意識がしだいに高まってきた時代に生きている。それは生命の世界が潜在的にもろいものなのだという意識でもある。野生動物はいてあたりまえという考えはもう通用しない。野生動物を利用するのではなく保護しようという気運は国境を越えて人々の心をひとつにし、活発な保護団体がいくつも生まれた。最初の一歩を踏み出すためには、知り、そして自覚することだ。本書が動物の世界の多様さ、美しさ、豊かさを伝えることで、読者の中にその2つが芽生えるきっかけになれば幸いである。

編集長
デイヴィッド・バーニー

本書の使い方

この本は3部構成になっている。動物とその生態を全体的に取り上げた"概論"。世界の主な生息環境を紹介する"生息環境"。そして本書のメインとなっている"動物界"では、動物のグループと種を解説している。巻末には詳しい用語解説をつけ、本書に出てくる動物学用語や専門用語を説明した。また、取り上げた種を和名と学名、および英名から引ける索引をつけた。複数の通称があるものもできるだけ網羅した。

概論

まず動物の生態を様々な側面から概観する。動物とは何か、他の生物とはどう違うのかをここで説明する。またこの項では動物の体のつくり、ライフサイクル、行動、保護について取り上げる。さらに、本書で使っている分類法を包括的に解説する。"動物界"で登場する種の紹介欄はこの分類法にもとづいている。

生息環境

世界の代表的な動物の生息環境を見ていく。それぞれの生息環境の紹介は2部に分かれている。第1部(下図)ではその土地の気候や植生、生息している動物のタイプを紹介した。続く第2部では動物たちがその土地の条件に体のつくりや行動をどのように適応させていったかを述べている。

- 生息環境の概要
- 具体的な生息環境についての説明
- 点線は生息環境の中でも性格の異なる地域を示す
- 生息環境の世界的な分布を示す地図
- 各地域に生息する代表的な動物の写真
- 保護問題についてのコラム

動物界

この項は哺乳類、鳥類、爬虫類、両生類、魚類、無脊椎動物の6章に分かれている。各章はまず動物グループの紹介から始まる。その後さらに細かい目、科などのグループが紹介され、その中で分類された種の紹介欄に続いている(右図参照)。ただし無脊椎動物の章だけは少し異なる構成になっている。またスズメ目の鳥は科として紹介し、代表的な種のみ示した。章の最後には絶滅の危機にある種のリストを記載している。

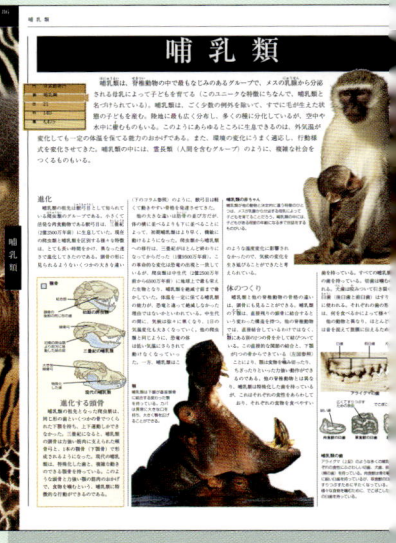

生息環境のマーク

紹介欄のマーク(順不同)

- 温帯林。森林地帯も含む。
- 針葉樹林。森林地帯も含む。
- 熱帯雨林。
- 山岳地、高原、岩壁
- 砂漠、半砂漠地帯
- 草原、湿原、荒地、サバンナ、牧草地、低木林などの開けた土地
- 湿地帯および湖、池、貯水池、低湿地、沢、沼沢地
- 川など流れる水のあるところ
- マングローブ湿地(水面の上下)
- 海辺。海岸、崖、満潮時にかろうじて地面が出ている地域、潮間帯、浅瀬
- 海、大洋
- サンゴ礁およびその周辺
- 極地帯およびツンドラ、氷山
- 都市(建築物、公園、庭も含む)
- 寄生(他の動物の体の表面または体内に棲む)

データ欄

紹介欄のいちばん上に概要を記載している。数値はオスの成体の平均値で、データの性格によって端数を四捨五入または切り上げたもの。†は推定値。

体長(無脊椎動物を除くすべてのグループ)
哺乳類:頭部と胴体。鳥類:くちばしの先から尾の先まで。爬虫類:カメの場合は甲の長さ。その他の種は頭部と胴体、尾も含む。魚類と両生類:頭部と胴体、尾まで含む。

尾(哺乳類)長さを指す

体重(哺乳類、鳥類、魚類のみ)体の重さ

社会単位(哺乳類のみ)
その種が主に個体(単独)で暮らしているか、群れ、つがい、これらの単位を移り変わっていくのか(様々)。

羽色(鳥類のみ)
オスとメスで同じか、違うか。

渡り(鳥類のみ)
候鳥(渡り鳥)、不完全候鳥(部分的な渡りをする鳥)、留鳥(渡りをしない鳥)、遊牧性(移動する鳥)。

生殖(爬虫類と魚類のみ)
胎生か、卵生か、卵胎生か。

生態(爬虫類と両生類のみ)
陸生・半陸生(地上で生活するもの)、水生・半水生(水中で生活するもの)、地中性・半地中性(地中で生活するもの)、樹上性・半樹上性(樹上で生活するもの)。

繁殖期(両生類のみ)
1年のうちで繁殖を行う時期。

性別(魚類のみ)
オス・メスが分かれているか(オス/メス)、雌雄同体か、逐次的雌雄同体か。

分布(無脊椎動物のみ)
科、綱、もしくは門に属する種の数。その種の分布や小生息環境。

状態(全グループ)
この本ではIUCN(31ページ参照)や、下記の絶滅危惧カテゴリーを用いる。

野生絶滅(IUCN) 人間に飼育されていたり、本来の分布範囲から外れた地域に帰化させられた個体群のみで生存が確認されている。

絶滅危惧IA類(絶滅寸前)(IUCN) まもなく、野生において絶滅する危険が非常に高い。

絶滅危惧IB類(絶滅危機)(IUCN) 近い将来、野生において絶滅する危険がかなり高い。

絶滅危惧II類(危急)(IUCN) 将来、野生において絶滅する危険が高い。

低リスク(IUCN) 保護対策次第で、上記の絶滅危惧カテゴリーに入るか、危機にさらされた種に入るか、心配不要となるかが決まる。

一般的(non-IUCN) 幅広く分布しており、分布範囲内の個体数密度も比較的高い。

地域により一般的(non-IUCN) 限られた地域において個体数密度が比較的高い。

詳しくはIUCNのウェブサイト(www.iucn.jp)を参照されたい。

本書の使い方

◁ 主な動物グループ
主な6つの動物グループをそれぞれ、おおまかな特徴をあげて紹介する。ここで進化、ライフサイクル、行動などの重要な側面も取り上げる。

◁ 門、綱、目
グループの中でも、目などのさらに細かいグループには別途紹介ページを設けている。ここでは、そのグループに属する動物をあげ、その特徴を述べて種の紹介欄に出てくる用語を解説する。

無脊椎動物
無脊椎動物は非常に数が多いため、このグループを全体として取り上げるために、本書では個々の種ではなく、門、綱、目、科といった大きな分類に従ったグループを紹介する。紹介の方法は3通りに分かれる。(1) 目はを綱の簡単な紹介。その中の科をいくつか解説し、さらに科に属する代表的な種（昆虫など）を取り上げる。(2) 綱の紹介。綱の中でも代表的なグループまたはタイプの種の解説（甲殻類など）(3) 門の紹介。その門に属する代表的な種を取り上げて解説（少数派の門でのみこの方法を用いている）

◁ さらに細かい分類
動物グループは科など、さらに細かいグループに分かれている。こうした小さなセクションの冒頭でそのグループに共通する体のつくりを解説している。また、関連した生殖や行動についても紹介する。

▽ 種の紹介欄
"動物界"では2000種以上の野生動物を紹介している。欄の構成は文章による解説、カラー図版、分布図となっている。

分類表
それぞれの動物グループの紹介ページには色分けした表をつけ、そのページで紹介しているグループが動物界のどこに位置づけられるかを示した。グループが該当する分類は白い枠線で囲み矢印をつけてある。表の中で白い枠線の上は分類学上さらに大きなグループ、下は該当するグループをさらに細かく分類したグループである。サブグループや解釈の分かれる領域を示した"分類について"をつけたページもある。

英名
各欄のいちばん上の色つき帯に英名を示した。

和名
英名の下に和名を示し、別称はその下の説明文で紹介した。

データ欄
種の紹介欄の最初に学名と基本情報を示した。カテゴリーはグループによって異なる（左を参照）。

分布
色分けした地図でその種の世界的な分布域を示している。地図の下でさらに詳しい説明をしている。

生息環境のマーク
その動物が生息している環境を示している（左欄参照）。下の説明文でさらに詳しい情報が読める。

説明文
各欄でその種の特色や目立った特徴を文章で説明している。

図版
ほとんどの欄にカラー写真かイラストをつけた。写真の動物は基本的にオスの成体である。

特徴コラム
体のつくりや変種（青）、行動（黄）、保護（緑）についての特別コラムを載せたページもある。

特集 ▷
特に興味深い種は見開き2ページで紹介している。内容は説明文と特徴コラム、迫力あるクローズアップ写真で、体の動きをコマ撮りした写真をつけたものもある。

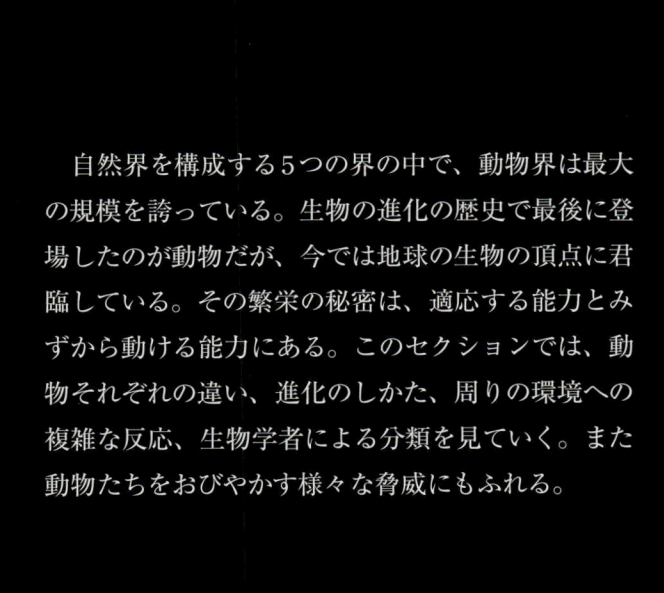

概論

　自然界を構成する5つの界の中で、動物界は最大の規模を誇っている。生物の進化の歴史で最後に登場したのが動物だが、今では地球の生物の頂点に君臨している。その繁栄の秘密は、適応する能力とみずから動ける能力にある。このセクションでは、動物それぞれの違い、進化のしかた、周りの環境への複雑な反応、生物学者による分類を見ていく。また動物たちをおびやかす様々な脅威にもふれる。

動物とは何か

　これまでに確認されている200万種、そしてまだ発見されていない種も数多く控えていることを考えると、動物は地球上でいちばん多様性に富んだ生き物である。10億年以上も前から、動物たちは自分を取り巻く環境の変化に適応しながら、生き延びるために様々な生態を発達させてきた。サメ、大型のネコ科の動物、猛禽類のような動きのすばやい捕食者がいるかと思えば、地中や深海で人目につかずに暮らしながら動物の世界の余り物をあさる目立たない動物もいる。そうした動物たちが集まって動物界をつくり上げている。それは同じ生態環境の中でつながりあい、地球上の生命の主役を演じている多種多様な生き物たちの世界なのだ。

動物の特徴

　動物はそのほとんどが動くことができるという点で他の生命体と簡単に見分けがつく。ただし、この見分け方は陸上に棲む動物の大半にはあてはまっても、水中に暮らす動物たちにはあまり通用しない。水中では多くの動物たちが成長してから死ぬまで同じ場所で過ごすし、長い腕や触手があって植物と見間違えそうなものもいる。動物かどうかを見分けるには、基本的な生物学上の特徴を手がかりにする方が確実である。動物の体はたくさんの細胞でできており、神経や筋肉があって周りの環境に反応することができる。何よりも大切なのは、食べることで必要なエネルギーを摂取していることだ。

　動物はほかの生命体と比べると非常に複雑で、反応する力が際立っている。最も単純な動物でも、危険を避けたり餌に近づいたりと、周囲の変化にはすばやく反応する。発達した神経系を持つ動物はさらに進化している。経験から学ぶことができるのだ。これこそ、動物の世界にしか見られない能力である。

動かない生き物
ホヤは典型的な"固着性の"動物。成長してから死ぬまで、しっかりした物の表面に体を固定して過ごす。オタマジャクシに似た子どもは自由に動くことができ、そのおかげでホヤは生息地を広げていく。

動物の体の大きさ

　世界最大の動物であるヒゲクジラは、大きなもので体長25m、重さ120トンにもなる。小さな方ではワムシやクマムシ（体長わずか0.05mm）などの微生物や、普通の顕微鏡では見えないほど小さいハエや甲虫（約0.2mm）がいる。これらの動物は体重もないに等しい。それでも生きるために必要な体の仕組みはすべて揃っている。

　体の大きさが違えば生態も異なる。クジラには天敵はほとんどいない。陸上で最大の動物であるゾウも同じだ。彼らの巨大な体は、それだけ大きなスケールで食物を処理するので、エネルギー効率がとても高い。ただし成体になるまでに時間がかかる。つまり繁殖が遅い。反対に、昆虫はたくさんの動物に食べられてしまいやすい。体が小さいので大きな動物に比べてエネルギー効率が低い。けれども条件が整っていればすぐに繁殖できるため、その数は並外れた早さで増えていく。

脊椎動物と無脊椎動物

　体が大きく人間になじみの深い動物は、ほぼすべて脊椎動物といってよいだろう。つまり背骨を持つ動物である。脊椎動物の中には陸上や水中、空でいちばん動きが速い者もいれば、最も頭のよい者もいる——なかでも抜きん出て頭のよい動物がホモ・サピエンスである。

　脊椎動物はすべて親戚同士で、数百万年前に遡れば祖先は同じだ。しかし多くの分野で動物界に君臨しているとはいっても、脊椎動物は今日知られている動物種の中のごく少数派でしかない。種の圧倒的な多数を占めるのは、背骨を持たない無脊椎動物なのである。

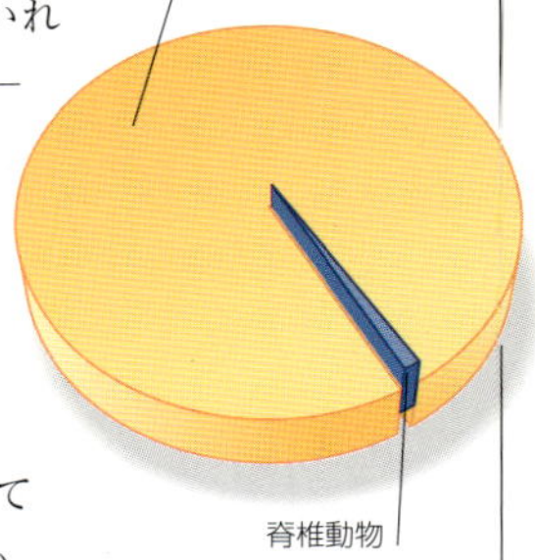

　脊椎動物と違って、無脊椎動物は背骨がないこと以外に共通点はほとんどない。最大の無脊椎動物であるダイオウイカは体長16mもあるが、これは例外中の例外だ。ほとんどの無脊椎動物は体が小さく、多くは人間には近づけない生息環境で暮らしているのである。そのため脊椎動物に比べて、いまだによく知られていないのである。

多数派の無脊椎動物
脊椎動物の種数は世界の動物の3％以下でしかない。残りの97％を無脊椎動物が占めている。

小さな動物たち
クマムシ（緩歩動物）は小さな足で動き回る。その行動は自分より数千倍大きな動物たちに負けないほど複雑だ。

海の巨漢
海から飛び出すザトウクジラ。これほど大きな動物は水中にしか棲めない。体重のほとんどは水で支えられている。

生物界

　生あるすべてのものは生物学者によって、界と呼ばれる総体的なグループに分類されている。各界を構成する生き物たちは細胞の性質やエネルギー摂取の方法など、基本的な点が似通っている。最もよく使われる分類法は、動物界をはじめとする5つの界である。最近になって、新しい分類法が提案された。この分類法では古細菌、真正細菌、真核生物の3つの"上界"に分けている。古細菌と真正細菌はバクテリアを化学的な違いと物理的な違いで分けたもの。真核生物とはバクテリアではなく複雑な細胞を持つ生物、すなわち原生生物、菌類、植物、動物をさす。

動物	植物	菌類	原生生物	モネラ類
動物は多細胞生物で、食物を食べることによってエネルギーを摂取する。すべての動物は、体の少なくとも一部を動かすことができ、多くのものは移動することもできる。	植物は光のエネルギーを利用して成長する多細胞生物である。光合成という作用によってこのエネルギーを使い、単純な物質から有機物をつくり出す。動物の多くの菌類は目に見えないほど小さいが、大きな担胞子体を形成するものもある。	ほとんどの菌類は多細胞生物である。菌類は有機物からエネルギーをとるが、消化するのではなく餌の中の微小な繊維を外側から壊す。多くの菌類は目に見えないほど小さいが、大きな担胞子体を形成するものもある。	原生生物は単細胞の有機体で通常は水中か常に湿気のある生息環境に棲んでいる。その細胞はバクテリアのものより大きくて複雑である。原生生物の中には植物のように太陽の光からエネルギーを集めるものもいれば、動物のように食物を食べてエネルギーをとるものもいる。	モネラ類、別名バクテリアは、独立した生命体としては最も単純である。その細胞は核膜を持たないため、もっと複雑な生物が使う細胞器官がないことだ。バクテリアは有機物や無機物や太陽の光など様々なものからエネルギーを集めている。

哺乳類

顕花植物

陸生菌類

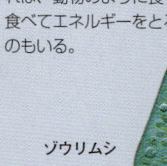
ゾウリムシ

バクテリウム

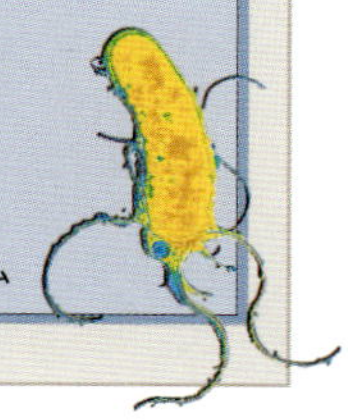

体を支える仕組み
ヒルなど多くの無脊椎動物は体に固い部分がない。彼らの体の形を保っているのは体液の圧力である。ナメクジウオのような単純な脊索動物には体の端から端まで通った脊索という補強のための管がある。脊索動物がさらに進化した脊椎動物だけが、体内に骨でできた骨格を持っている。

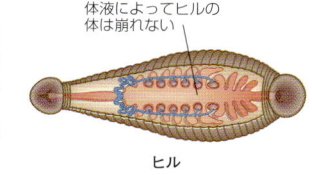
ヒル

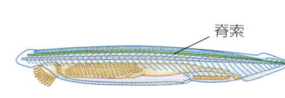
ナメクジウオ

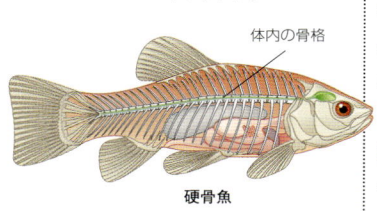
硬骨魚

恒温動物と変温動物
ほとんどの動物は変温動物（冷血動物ともいう）で、体温が周囲の温度で決まる。鳥類と哺乳類は恒温動物（温血動物ともいう）で、自分で熱をつくり出し、外部の条件にかかわりなく一定の体温を保っている。

この体温の違いは動物の生態を大きく左右する。動物の体は温かいときに最も活発に働くからである。爬虫類や両生類や昆虫のような変温動物は温かい環境ではよく動くが、温度が下がると動きが鈍くなる。日光浴をしてある程度の熱を吸収することはできるが、気温が約10℃以下に下がると筋肉の働きが落ちてほとんど動けなくなる。彼らと違って鳥類と哺乳類はこうした気温の変化にほとんど影響を受けない。体内で熱をつくり、断熱もうまくできているおかげで、気温が零下になっても体を動かすことができるのだ。

熱のコントロール
日光浴しているチョウは太陽の熱を吸収している。日光浴したり日陰に隠れたりすることで、チョウなどの変温動物は体温を調節している。それでも極寒のような極端な気温には対応しにくい。

個体とコロニー
脊椎動物は、物理的には単体として機能しているが、家族やさらに大きなグループで集まって生活する場合もある。無脊椎動物の世界では、常につながりあってコロニーと呼ばれる群れを形成していることが珍しくない。コロニーは外見も行動もまるでひとつの動物のようであることが多い。動かないものが大半だが、特に海に生息しているものには動き回るものもいる。

コロニーを形成する種には、世界でもよく知られた無脊椎動物がいる。例えばヒカリボヤはダイバーが中に入れるほど大きな管状のコロニーを形成する。しかし生態学上最も重要な群体をなす動物は、礁をつくるサンゴだろう。このサンゴがつくり出す複雑な構造の礁は他の動物たちの住処となっている。礁をつくるサンゴの場合、各コロニーを構成する個体は通常、同じ姿をしている。しかし、群体をなす種の中には、コロニーを構成する個体がそれぞれの役割に合わせて違う姿をしているものも

共生
この枝サンゴは表面を生きた"皮膚"で覆われており、これがポリプと呼ばれる個体をまとめている。ポリプは常に互いにつながりあっているが、別々に生きている。それぞれに獲物を刺す触手がついていて、自分で餌をとる。

ある。例えば、海中を浮遊していて刺されるととても痛いカツオノエボシ（俗に言う電気クラゲ）は一見クラゲに似ているが、実際にはポリプと呼ばれる動物が集まってできている。ポリプは食物を捕らえ、消化したり、繁殖したりしている。彼らはコロニーの浮き袋の役割を果たしている、大きくてガスのつまったポリプの下にぶら下がっているのである。

生命のエネルギー源
動物はエネルギーを有機物、つまり食物からとっている。消化することによって食物を壊し、中から出てきた物質を吸収する。その物質は動物の細胞内に運ばれ、そこで酸素と結びついてエネルギーを発生させる。細胞呼吸と呼ばれるこのプロセスは、食物を燃料とした、非常によくコントロールされた燃焼のようなものといえる。

ほとんどの動物は植物を食べる草食動物か、他の動物を食べる肉食動物である。肉食動物には獲物を狩って殺す捕食者と、他の動物を生きたまま体内または体の外から食べる寄生動物がいる。また、動物も植物も食べる雑食動物や、枯れ葉や死肉から体毛、骨まで、死んだものを食べる腐食動物がいる。

その生態にかかわらず、すべての動物は、最後は他の動物の餌となる。あらゆる動物は食物連鎖でつながっていて、食物とそれに含まれるエネルギーを種から種へと受け渡している。けれども、1つの食物連鎖はせいぜい5つか6つの鎖で完結している。なぜなら、動物のエネルギーの90％までは受け渡すことができないからである。エネルギーの90％は動物自身の体を動かすために使い果たされる。

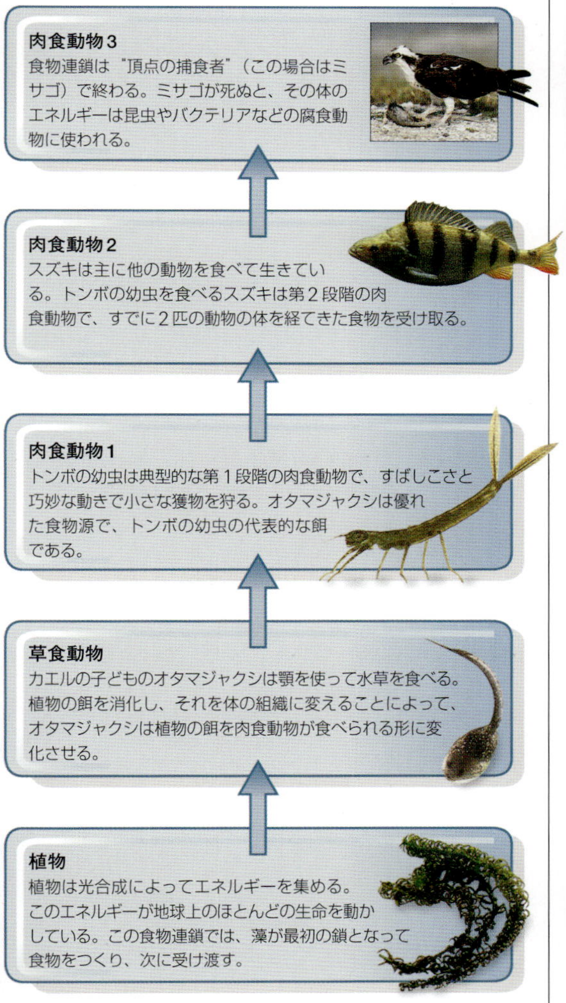

肉食動物3
食物連鎖は"頂点の捕食者"（この場合はミサゴ）で終わる。ミサゴが死ぬと、その体のエネルギーは昆虫やバクテリアなどの腐食動物に使われる。

肉食動物2
スズキは主に他の動物を食べて生きている。トンボの幼虫を食べるスズキは第2段階の肉食動物で、すでに2匹の動物の体を経てきた食物を受け取る。

肉食動物1
トンボの幼虫は典型的な第1段階の肉食動物で、すばしこさと巧妙な動きで小さな獲物を狩る。オタマジャクシは優れた食物源で、トンボの幼虫の代表的な餌である。

草食動物
カエルの子どものオタマジャクシは顎を使って水草を食べる。植物の餌を消化し、それを体の組織に変えることによって、オタマジャクシは植物の餌を肉食動物が食べられる形に変化させる。

植物
植物は光合成によってエネルギーを集める。このエネルギーが地球上のほとんどの生命を動かしている。この食物連鎖では、藻が最初の鎖となって食物をつくり、次に受け渡す。

食物連鎖
この図は淡水の生息環境での典型的な5段階の食物連鎖である。食物とエネルギーは連鎖を上に移動し、生物が別の生物を食べるたびに受け渡されていく。天敵がいなくなった時点で連鎖は終わる。最後の動物のエネルギーは最終的には腐食動物や再生動物に回される。再生生物は分解生物の名で知られ、その多くが土の中に棲んでいる。

断熱作用
零下の環境でも、すぐれた断熱作用のおかげでコウテイペンギンのひなたちは常に40℃近い体温を保っていることができる。

進 化

生きているものがみなそうであるように、動物は世代ごとに変化を重ねていく。その変化は通常はごく小さなものなので目には見えにくいが、1000年、100万年とたつうちに姿も行動もすっかり変わってしまうことがある。この変化のプロセスを進化という。進化するおかげで動物は新しい機会を利用したり、環境の変化に適応することができる。進化は非常に小さな変異を繰り返しながら、すでに持っている特徴が変わっていくという形で起こる。だから動物はすべて進化の歴史をその体に残している。そこからそれぞれの種が互いにどう関わり合ってきたかを読みとることができるのである。

概論

動物の適応

進化が可能なのは、同じ動物でもすでにそれぞれ違いがあるからである。個体ごとに違いがあるのは、住処や食物など限られた資源を求めて競い合うためだ。競争の中で他のものより有利な特徴があれば、その特徴を持っている動物が強くなり、たくさん子どもを産む。さほど

融合遺伝
ほとんどのフクロウは森の中で身を隠しやすい茶色の羽をしている。しかし樹木のない北極のツンドラにいるシロフクロウは白が基調となった色をしている。これは獲物を捕らえたり子が生き残る可能性を高めるための適応形態である。

モリフクロウ　　シロフクロウ

有利でない特徴を持つ動物は、生き延びるのが難しく、繁殖もしにくい。環境にうまくなじめなかった動物はこうして徐々に消えていき、"勝てる"特徴を持った動物が数を増やしていく。

生命の歴史

地質学者は地球の歴史をいくつかの時代に分けているが、各時代は火山活動や大陸の衝突、気候の変化といった大きな物理的変化によって特徴づけられる。時代の区切り目には、陸地と海で地球規模の大量絶滅が起こっていることが多い。下で説明する時代についている年代は、その時代が終わった時期である。

環境になじめなかった動物が排除されていくプロセスを自然淘汰という。自然淘汰は常に起こっており、動物が生まれたときに現れる様々な小さな違いをすべてふるいにかけている。例えば多くの動物にとってカムフラージュは生き延びるための大切な助けである。自然淘汰のおかげで、その動物のカムフラージュがよくなれば——色や模様や行動のほんのわずかな変化でも——それは必ず次の世代に受け継がれ、生き延びて子孫を残せる可能性を高める。

カムフラージュのような適応形態は不要になればなくなっていく。動物の生態が変われば、進化の道筋もその変化に従うのである。鳥はこうした変化を幾度も経てきた。鳥の中には、それまで進化させてきた飛ぶ力を、地上で生活するために失っていった種族もいる。

種と種分化

種とは、そのグループ内での交配が可能で、通常の環境では他のグループの動物との間に子をつくらない動物グループを指す。種分化とは、新しい種が誕生する進化

ドイツ種　　日本種

種分化
アポロチョウは変化に富んだ種である。その多くの変種は北半球の特定の地域だけに生息している。アポロチョウは山に棲んでいることが多いので、形態はそれぞれに異なっている。時がたつうちにこの変種が新しい種に進化する場合もある。

のプロセスのことである。種分化が起こるのは通常、既存の種が海や山脈のような物理的な障壁や行動の変化のために交流できず、複数のグループに分離したときである。このグループ同士が長い間交流できないままでいるうちに、それぞれの特徴的な適応形態を進化させて、交配が不可能になるほど変わっていく。

種分化が起こるには時間がかかるので観察は難しいが、証拠を見つけるのは比較的簡単である。チョウから淡水魚まで、多くの動物には地域ごとの違いがはっきりと表れている。時を経て、こうした地域特有の形態や亜種が独立した種となる場合もある。

絶滅

絶滅も進化の一面である。繁栄する種があれば、その裏には必ず消えていく種があるからだ。生命が誕生して以来、地球上の種のおよそ99％が滅びていった。少なくとも5回は、比較的短い期間に膨大な数の種が絶滅している。この大量絶滅が最後に起こったのは6500万年前で、恐竜をはじめたくさんの生命が地上から消え去った。こうした悲劇はあっても、種の総数は最近までおおむね増える傾向にあった。しかし人間が自然の生態系に干渉するようになった結果、絶滅する動物が急激に増えつつある。特に霊長目、熱帯の鳥、多くの両生類が脅かさ

消えゆく種
中米の高原に生息するオスアカヒキガエルは、絶滅するまでがつぶさに観察された数少ない種のひとつである。このカエルは森林の湿地で繁殖するが、1990年代初めから跡形もなく姿を消した。

れている。進化による新しい種の誕生は現在の絶滅のスピードにとうてい追いつかないため、当分は種の数が減る勢いは衰えそうにない。

収斂進化

系統の異なる動物同士がよく似た特徴を発達させることがある。例えば、サメとイルカは起源がまったく違うけれども、上向きの背鰭のついた流線型の体——水中で安定し、速く動ける体型——をしているし、モグラとフクロモグラも地中で暮らすための様々な適応形態を共有している。ミミズトカゲとアシナシイモリもよく似ているが、ミミズトカゲは爬虫類、アシナシイモリは変わり

先カンブリア代	カンブリア代	オルドビス紀	シルル紀	デボン紀	石炭紀
この地質学上の時代は大陸が形成されてから、体に固い部分のある動物が化石の記録に初めて登場するまでの長い期間続いた。生命そのものが発生したのは先カンブリア代が始まってまもない約38億年前のことである。最古の動物が現れた時期はそれほどはっきりわかっていない。体に固い部分がなかったためにほとんど痕跡が残っていないからであるが、巣穴や足跡の化石（約10億年前）によってその存在が証明されている。	カンブリア代の始まりは海の生物が爆発的に増えたことで特徴づけられる。カンブリア代の動物には軟体動物、棘皮動物、節足動物がいる。彼らは化石になりやすい固い部分を体に持つ最初の生物だった。この時代が終わるまでに、今ある動物の主な部門（門という）がすべて確立した。	この時代には、生命はまだ海にしかなかった。この時期の海の動物には最古の甲殻類や最古の円口類（顎のない）魚がいる。三葉虫（3つの葉がある節足動物）や長い殻を持つオウムガイ目（吸盤がついた腕のある捕食性の軟体動物）がたくさんいた。カンブリア代と同じように、オルドビス紀の最後にも大量絶滅が起こっている。気候の変化が原因と考えられている。	シルル紀には顎のある魚と、現在のクモ形類の親戚であるサソリが進化した。また陸生の植物も初めて登場した。	デボン紀に円口類の魚と顎のある魚が急激に種類を増やした。このためデボン紀は"魚の時代"と呼ばれている。多くの魚は淡水に生息し、淡水の温かい環境と水位の低下によって原始的な肺を進化させていった。やがて両生類が誕生し、陸で暮らす初の脊椎動物となった。陸地では昆虫が栄え、最古の森が形成され始めた。デボン紀の終わりに3度目の大量絶滅が起こり、動物種の70％が消えた。	この時代は、世界的な温かい気候のおかげで湿地に森が成育し、両生類や翅のある昆虫の住処となった。昆虫の中には翅を広げた長さが60cmもあるトンボもいた。海の中ではアンモナイト類（今のオウムガイ目の祖先にあたる軟体動物）が繁栄していた。
5億4500万年前	4億9500万年前	4億4300万年前	4億1700万年前	3億5400万年前	2億9000万年前

古生代

だねの両生類である。こうした類似は、収斂進化の結果起こったものだ。自然淘汰によって特定の生態に合った適応形態が生まれ、その動物の体の一部あるいは全体が変わっていくうちに互いによく似た外見になっていく。これを収斂進化という。動物界の中で驚くほど似た者がいるのは収斂進化によるものだ。収斂進化のせいで進化の過程を遡るのが非常に難しくなることがある。動物の分類がよく変わるのはこのためである。

似通った形態
色の違いを別にすれば、ユーラシアモグラとフクロモグラは様々な点で似通っている。しかし起源はまったく違う。姿が似ているのは収斂進化の結果なのだ。

ユーラシアモグラ／フクロモグラ

一長一短
ウシツツキは大型動物の皮膚についているダニなどの寄生虫を食べるが、傷口から血を吸うこともある。こちらは宿主にとってはあまりありがたくない習性である。

ければ生きていけないほどにこの関係を進化させた生き物もいる。これとは別に、コバンザメと宿主の魚（514ページ）のような、一方の種は利益を得るが他方の種にとっては利益も害もない関係を片利共生という。

協力関係は互いに相手のためにしているように見えるが、じつは双方とも自分の利益のためだけに行動している。協力のバランスが片方の利益に傾けば、自然淘汰によってその傾向が進む。それが最終的には寄生となる。寄生とは寄生生物が相手の生物の外側や内部に棲み、宿主を犠牲にして生きている状態である。

動物同士の協力

何百万年にもわたって、動物たちは他の動物や生物との複雑な協力関係を発達させてきた。よく見られる協力の形が相利共生または単に共生と呼ばれるもので、双方の種がこの関係から利益を得ている。ウシツツキという鳥と大型の哺乳類や、サンゴと小さな藻の関係がその例だ。協力関係の多くは固定されていない自由なものだが、受粉を媒介する昆虫と植物のように、お互いがいな

生物地理学

現在の動物分布はたくさんの要素が絡み合った結果である。その要素のひとつに、大陸移動や火山活動によって地表の形が変わり続けていることがある。こうした地理上の変化は動物グループを分離させたりまったく新しい生息環境をつくり出したりして、動物の生活に大きな影響を及ぼしてきた。中でも顕著な例をオーストラリアやマダガスカルのような、数百万年前に他の大陸から切り離された離島に見ることができる。人間がこの島々を訪れる前まで、この地の動物たちは隔絶され、外界の動物との競争にさらされることなく生きていた。その結果、カンガルーやキツネザルのように自生生息地以外では見ることのできない固有の種ができたのである。

大陸が切り離されれば動物たちは分かれ、大陸が融合すれば動物たちは交流する。はるか昔に起こったこうした出来事を証明するのが動物分布である。例えばオーストラリアと東南アジアはかなり以前に地理的に近くなったのに、そこで暮らす野生動物はまったく違うままである。これは大陸同士が接近した場所にある"ウォーレス線"という見えない境界線によって隔てられているのである。

人為淘汰

自然淘汰が同じ種のどのような違いに作用するのかは、なかなか目に見えにくい。例えばニシンはどれも同じように見えるし、群れの中のムクドリもほとんど見分けがつかない。これは自然淘汰が同じ種の中のたくさんの個体が持っている様々な特徴に作用するからである。ところが、コントロールされた条件下で繁殖された動物の場合は、隠れた違いが出やすくなる。動物のブリーダーは体の大きさや色など、ある特徴を再現することに集中して取り組み、望ましい特徴を持った動物だけを選ぶことで驚くほどの速さでその特徴を際立たせていく。人為淘汰と呼ばれるこのプロセスから、家畜や栽培植物が生まれた。

科の類似点
飼いイヌはすべてハイイロオオカミの末裔である。人為淘汰によって個々の犬種がごく短い期間で確立するようになった。

チワワ／ハイイロオオカミ

■ ブラジルバクの分布
■ マレーシアバクの分布

ブラジルバク

マレーシアバク

大陸移動による分離
バクの1種は東南アジアに、別の3種は中南米に生息している。これは2つの陸地がかつてはつながっていたことを示している。

ペルム紀（二畳紀）	三畳紀	ジュラ紀	白亜紀	第三紀	第四紀
陸生生物の中でも爬虫類が栄えた。大陸はひとつの陸塊を形成していた。この時代の終わりにも大量絶滅が起こっている。気候の変化と火山活動が原因とされている。陸生種の75％と海洋種の90％以上が絶滅した。	三畳紀に地球上で勢力をふるった生き物は爬虫類である。空を飛ぶ翼竜目、泳ぐことのできる偽竜亜目（ノトサウルス）や魚竜目、最古の恐竜などがいた。また初期の哺乳類もいたが、爬虫類が栄えていたため哺乳類は陸生の動物相の少数派でしかなかった。	"恐竜の時代"として知られるこの時代に、爬虫類は主流の動物としてその地位を強めた。爬虫類には様々な草食種と肉食種がいた。植物も種類が多く、ジュラ紀の終わりに顕花植物が現れて、受粉を媒介する昆虫をはじめとする新しい動物の進化に一役買った。恐竜からしだいに鳥類が進化していった。最古の鳥である始祖鳥が空を飛んだのは1億5000万年以上前といわれる。	白亜紀には、顕花植物とこれを食物とする動物が急速に進化した。この時代の最大の特徴は、これまでにない巨大な陸生動物が現れたことである。そのすべてが恐竜で、80トンもあったとされる体の大きな草食性の竜脚類や、二足歩行で肉食性のティラノサウルスと、その親戚でさらに大きなカルカロドントサウルスがいる。白亜紀の終わり頃には恐竜はすでに衰退していたが、大量絶滅によって完全に姿を消した。このときの大量絶滅では他の生物もたくさん地上から消えた。	この時代に入るはるか前から哺乳類は存在していたが、恐竜が絶滅したことで哺乳類は急速に進化し、体が大きくなり、種類も増えた。この時代に大陸が分裂し、様々な哺乳類のグループが別々に進化していった。	この時代に気候が大きく変化する。哺乳類が絶頂期を迎え、人間が支配的な生物となった。
2億4800万年前	2億500万年前	1億4200万年前	6500万年前	180万年前	現在
	中生代			新生代	

分　類

　これまでに少なくとも1500万種類の動物が発見されており、毎年さらに新しい種が見つかっている。現存する動物の種類は3000万種にも及ぶだろう。つまり全世界の動物相のすべてが解明される日はおそらく永久に来ないということだ。気の遠くなるような種類の多さを整理するために、生物学では公式の分類体系を用いて、地球上に存在した過去から現在に至るすべての生物に名前をつけ、グループ分けしている（分類群という）。動物それぞれに個別に種の名前がつけられ、進化の経緯から最も関係が近いもの同士と思われる種を集めたグループの中に位置づけられている。

分類の原則

　近代的な科学的分類の始まりは、18世紀に活躍したスウェーデンの植物学者で探検家でもあったカール・リンネの業績に端を発する。リンネはあらゆる生物に2つの部分からなるラテン語で書かれた学名をつける体系を考案した。名前の最初の部分はその動物が属する属を、後の部分は種を示す。この体系が現在でも使われている。一見すると面倒な名前のようであるが、大きな利点が2つある。まず一般名と違って世界中の科学者に通じること、もうひとつは動物（およびすべての生物）に分類名をつけているため、その種が生物界のどこに位置するかが正確にわかる手がかりとなっていることである。

　科学的分類では、種が基本的な単位である。種は属というグループにまとめられ、属は科というグループにまとめられる。さらに目、綱、門という上位のグループにまとめられていき、最後に界という最大のグループにまとめられる。これが階層の最高位にあたる。

　階層の各グループには共通の先祖がおり、上位の種ほど関係が遠くなる。分類の仕事の中でも重要なのが、グループを見きわめることで、進化の過程で残されたまぎらわしい手がかりをより分けるために細かい調査をしなければならないことが多い。

分類レベル

　下の図はトラの分類階層である。ただし、昆虫やヘビなど他の動物には、分類体系のレベルがもっと多いものもあるだろう。これは科学者が考えたカテゴリーに動物が必ずしもきれいにあてはまるとは限らないためである。そこで、一部のグループをあてはめるために上綱や亜目などの中間的なレベルがつくり出された。

　レベルが追加されたからといって、分類体系がうまく機能していないわけではない。分類レベルは自然界に実際に存在するものではなく、あくまで分類名であるということにすぎない。実在する唯一のカテゴリーは種であるが、このレベルにおいてさえ動物によっては特定するのが非常に難しい場合がある。

　従来、種とは同じ特徴を持ち野生の状態で交配可能な生物のグループであるとされてきた。しかし、あるグループがこの定義にあてはまるかどうかを判断するのは時として難しく、研究者によって違う結論が出てしまうこともある。そのため、現在では遺伝子データの解析によって種を決める方が好まれている。遺伝子データには動物間の類似性や相違がより詳しく記録されているからである。この方法から、すでに知られていた動物の中から新しい種が"発見"されている。マルミミゾウ（221ページ）はその一例である。けれども、遺伝子データで分類の謎がすべて解明できるわけではない。ある動物と別の動物の遺伝子が同じ種として分類できるほど類似しているかどうかの判断は、やはり研究者にゆだねられている。

証拠の収集

　現在の動物グループのほとんどは、遺伝子解析という手法がなかった時代につくられたものである。これらのグループは、現存種や化石として残っていた種の解剖組織上の証拠をもとに確立された。解剖学は進化の道すじをたどるうえでは非常に役に立つ。解剖学のおかげで四肢や顎、歯など体の特定の部分がいかにして用途に合わせて変異していったかがわかる。

　このような進化上の変異の好例が四足類、つまり四つ足の脊椎動物の足である。3億年以上前に基本的な四肢のパターンができている。中心となるのは3組の骨で、

トラの分類

本書では上のような表を使って、分類階層の中での動物グループの位置づけを示す。右の大きな表はいちばん上の界（最高位）から種にいたるまでの分類ランクを示している。トラを例にとると、動物の体の特徴も分類表中での位置づけを決めるのに使われている様子がわかる。

門	脊索動物門	
綱	哺乳綱	
目	食肉目	
科	ネコ科	
種	トラ	

階層	説明	例	説明	
界	界とは基本的に同じように機能する生物をすべて含む、全体的な部門のことである。	動物界	動物界に含まれるのは食物を摂取することによってエネルギーを得る多細胞生物である。そのほとんどに神経と筋肉があり、動くことができる。	
門	門とは界を大きく区分したもので、その下に綱とさらに下位のグループがある。	脊索動物門	脊索動物門に含まれるのは生まれてから死ぬまでの間ずっと、あるいは一時期、体に脊索という体を補強する管が通っている動物である。	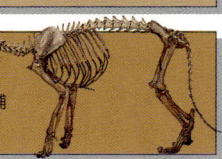
綱	綱とは門を大きく区分したもので、その下に目とさらに下位のグループがある。	哺乳綱	哺乳綱に含まれるのは温血で体毛があり、子どもに乳を与えて育てる脊索動物である。そのほとんどが、胎内で育てた子を出産する。	
目	目とは綱を大きく区分したもので、その下に科とさらに下位のグループがある。	食肉目	食肉目に含まれるのは咬んだり裂いたりするための歯を持つ哺乳類である。トラも含め、その多くは肉を主食としている。	
科	科とは目を大きく区分したもので、その下に属とさらに下位のグループがある。	ネコ科	ネコ科に含まれるのは短い頭骨とよく発達した鉤爪のある食肉目である。たいていの場合、鉤爪は引っこめることができる。	
属	属とは科を大きく区分したもので、その下に種とさらに下位のグループがある。	ヒョウ属	ヒョウ属に含まれるのは、弾力性に富む靭帯のある特殊な喉頭を持つ大型ネコである。他のネコと違って喉を鳴らすだけでなく吠えることができる。	
種	種とは野生で交配が可能な、類似した個体のグループをいう。	トラ	トラはヒョウ属の中で成体に縞模様の毛皮がある唯一の種である。トラの中にもいくつかの変種、すなわち亜種がある。	

新種の発見

　科学的な分類がされるようになってから200年がたち、動物学の世界ではまったく知られていない地上の脊椎動物はほとんどいないと考えられている。海の生物の解明はそれほど進んでおらず、今後も新しい魚類が発見される可能性は極めて高い。例えば、最近発見された魚には1997年に見つかったインドネシアン・シーラカンス（480ページ）がいる。しかし、これから数十年のうちに新たに発見される新種の動物の大多数は無脊椎動物だろう。現在までに特定され名前のついた種の20倍以上もの無脊椎動物が存在するという推定もある。

森林の生物のサンプリング
特に熱帯林や浅い海底などを調査すると、無脊椎動物の新種が見つかることが多いが、ほとんどは種が特定できる。すでに知られていて記録のあるグループに属しているのがすぐにわかるからである。

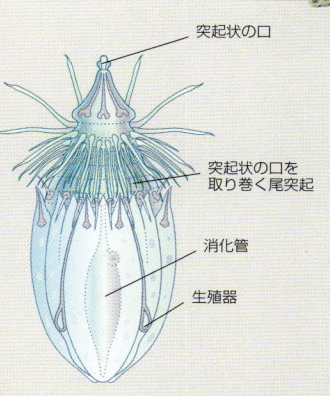

新しい生命体
時々、まったく新しい動物種が発見されることがある。上の図は、1983年に初めて目撃された瞳孔動物という海洋性の無脊椎動物である。独特の特徴があり、新しい門がつくり出された。

軟骨魚類
軟骨魚類は表面的には硬骨魚に似ているが、違いはたくさんある。その最たるものは骨格で、骨ではなくゴムのような軟骨でできている。また、浮き袋も持っていない。

硬骨魚
硬骨魚は軟骨魚類と違って鰓を覆う蓋が1枚、ガスをためる浮き袋、骨でできた骨格がある。これらの特徴によって、軟骨魚類と硬骨魚が親戚同士ではないことがわかる。

　まず胴体と四肢をつなぐ1本の骨、その先の2本の骨、そして四肢の先端にあたる小さな5本の骨である。四足類は陸、海、空と様々な生息環境に散らばっている。動物グループごとに四肢の形や大きさや機能は特殊なものに進化していった。しかし、進化とは何もないところから新たに始まるのではなく、すでにあるものが変異していくので、骨の基本的なパターンはすべての動物グループに残っている。分類の専門家にとっては、これもすべての四足類が同じ先祖から進化したことの数ある証拠のひとつなのである。

　分類学では四足類はひとつの分岐群である。分岐群は先祖種とその子孫で構成される。これら全体で、生命の進化の樹から分かれた完全な1本の枝なのである。

分岐群

　分岐群という考え方は分類学に大きな影響を与えた

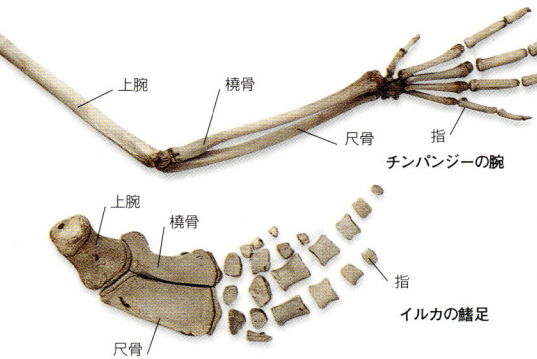

腕と鰭足
人間の腕とイルカの鰭足は外見はまるで違うが、骨のつくりは同じである。この類似性は、チンパンジー（と人間）とイルカが同じ先祖から進化したことの強力な証拠である。

（右表を参照）。この考え方のおかげで、進化の道すじに残されたまぎらわしい手がかりのいくつかを解明することができたのである。このまぎらわしさの最大の原因は収斂、つまり関連のない種同士が似た生態に合わせるために同じように進化するプロセスである（16ページ参照）。軟骨魚類と硬骨魚はその典型的な例といえる。どちらにも流線型の体に鰭がついており、水中ですばやく動く生活に適応している。この2つの特徴だけで判断す

れば、2種の魚は同じ動物グループを形成するように見える。しかし、さらに詳しく見てみると、この類似性は表面だけのものとわかる。両者の根本的な違いはじつはたくさんあり、軟骨魚類と硬骨魚は進化の樹の別々の枝に属していることを示しているのである。

　専門家であればこの2種類の魚を混同することはなさそうだが、関連のある動物の場合は収斂にまどわされて関係を見きわめるのがきわめて難しくなることもある。そのひとつの例がセイウチとアザラシとアシカである。この3種の動物は従来は哺乳類の同じ目、鰭脚目に分類されていたが、解剖学的な研究が進むうちに、それぞれ別の肉食獣から進化した哺乳類で、2つかあるいは3

つの系統に分かれるらしいことがわかってきた。これが本当であれば、鰭脚類は実際の進化の道すじを示すものではなく、人間が勝手につくり出した分類ということになり、3種は別々の分岐群に分け直さなければならないだろう。

　今日、動物界には分岐論が適用されているため、古くから確立していた有名なグループの多くが、じつはあやふやな根拠のもとに分類されていることがわかってきている。人間の歴史でも事件の再解釈が行われるのと同じように、動物グループの見直しも分類学という学問では絶えず行われているのである。こうした再評価のおかげで、動物同士の関連性や動物界がどのようにして現在の姿に進化してきたかが、いっそう正確にわかるようになる。

分岐論

　1950年代に始まった分岐論は、特徴を比較することで種と種の関連の近さを調べる分類学の手法である。その結果得られたデータを使って系統分岐図がつくられる。これは進化で枝分かれが起こった点や、分岐点から生まれた分岐群を示す図である。

　分岐論は原始的な特徴よりも新しい派生的な特徴を対象とするため、系統分岐図には異なるグループがいつ進化したかは示されない。そのかわり派生的な特徴が現われた順序や、別々のグループが共通して持っている特徴の数がわかるようになっている。下の系統分岐図は、テナガザルには大型類人猿や人間と共通の派生的特徴が数多くあり、メガネザルとは共通の派生的特徴が少ないことを示している。

　分岐論分析が広く使われるようになると、従来1つのものとされてきたグループを分けたり、これまでの分類法では別々のものとみなされてきたグループを合体させることになり、大論争が起こった。例えば、鳥類と恐竜は1つの分岐群を形成するため、鳥は分岐論の考え方では翼があって飛ぶことのできる恐竜ということになってしまう。現在では、分岐論は進化を遡る方法として非常に役立つというのが一般的な見方である。

霊長類の系統分岐図
この表では5つの分岐群にすべての"進化した"（原猿ではない）霊長類が含まれている。これと比較するため、従来の分類で使われていたグループを上に示した。各分岐群には現存するものも絶滅したものも含め、同じ派生的特徴を持っているすべての種が入っている。その特徴のいくつかを、各分岐群の下にあげた。また、各分岐群は枝分かれする前の分岐群の特徴をすべて持っている。

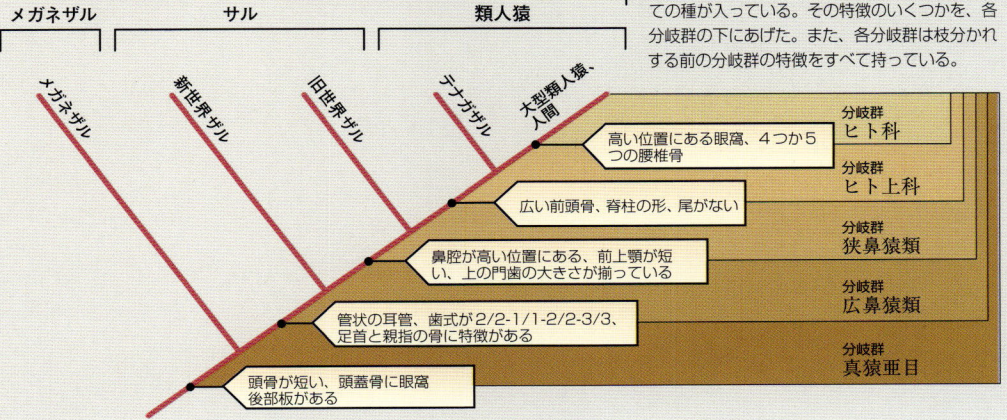

動物の名前とグループ

ここから4ページはこの本で使っている分類体系の一覧である。分類体系はみなそうだが、この体系も現在の考え方を表わしたもので、今後変わる可能性もある。グループ相互の関係がわかるように、大きなグループがそこから派生する小さなグループを包含する形で構成している。生物学上の位置づけがはっきりしていない非公式のグループは点線で囲んだ。種の総数は、特に無脊椎動物に関しては、推定値である。この数字も意見が分かれることが多い。参照しやすいように、例えば有袋目など一部のグループはひとまとめに示しているが、生物学者によっては分けている場合もある。

脊椎動物

哺乳類

綱　哺乳綱

グレビーシマウマ

哺乳類は、脊索動物門に属する脊椎動物である。哺乳綱を構成する目の数については、生物学者によって様々な説がある。本書では、哺乳類を21目に分類した。有袋目は、卵を産む哺乳類という共通項を根拠として従来は1つの目に分類されてきたが、一口に有袋類といっても非常に多様性があるため、7つの目に分類すべきではないかという意見もある。アザラシとアシカについても異論が出ている。それぞれを独立した目としてきた従来の考え方よりも、水生肉食獣としてひとくくりにして構わないのではないかと考える哺乳類学者も多い。

単孔類
目　単孔目　　科 2　　種 5

有袋類
目　有袋目　　科 22　　種 292

食虫類
目　食虫目　　科 6　　種 365

コウモリ
目　翼手目　　科 18　　種 977

ヒヨケザル
目　綱皮翼目　　科 1　　種 2

ハネジネズミ
目　ハネジネズミ目　　科 1　　種 15

ツパイ
目　ツパイ目　　科 1　　種 19

霊長類
目　霊長目　　科 11　　種 356

原猿類
亜目　原猿亜目　　科 6　　種 85

真猿類
亜目　真猿亜目

猿類
科 3　　種 242

類人猿類
科 2　　種 21

貧歯類
目　貧歯目　　科 4　　種 29

センザンコウ
目　有鱗目　　科 1　　種 7

ウサギ類
目　ウサギ目　　科 2　　種 80

齧歯類
目　齧歯目　　科 30　　種 1,702

リス型の齧歯類
亜目　リス亜目　　科 7　　種 377

マウス型の齧歯類
亜目　ネズミ亜目　　科 5　　種 1,137

モルモット型の齧歯類
亜目　テンジクネズミ亜目　　科 18　　種 188

クジラ
目　クジラ目　　科 13　　種 83

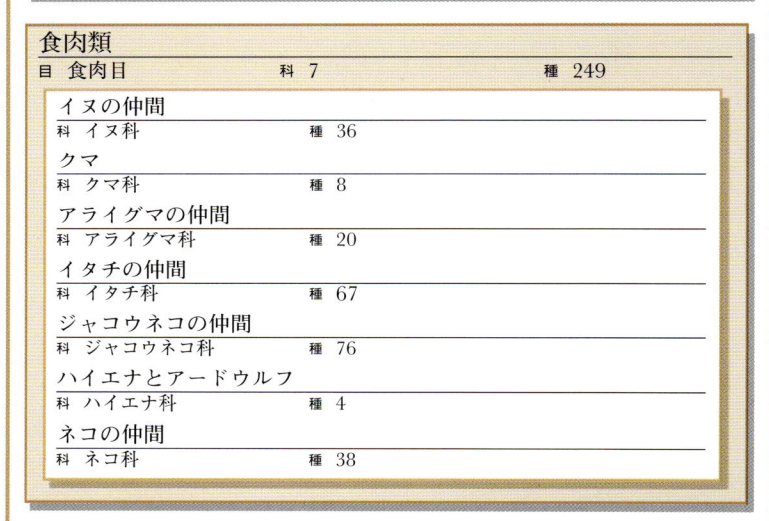

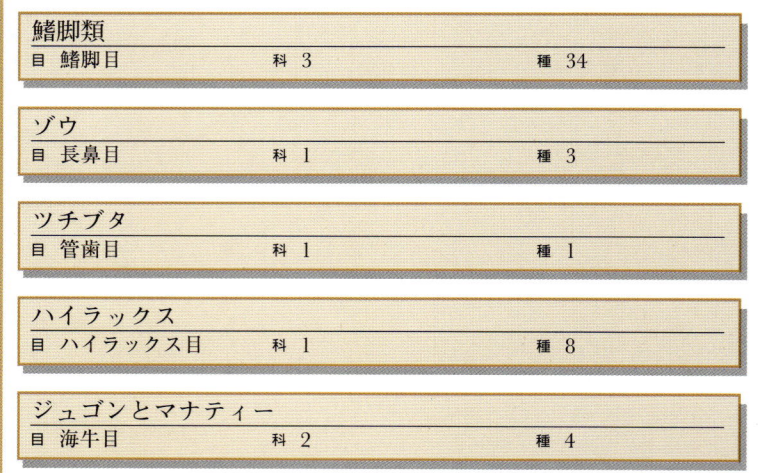

ヒゲクジラ
亜目　ヒゲクジラ亜目　　科 4　　種 12

ハクジラ
亜目　ハクジラ　　科 9　　種 71

食肉類
目　食肉目　　科 7　　種 249

イヌの仲間
科　イヌ科　　種 36

クマ
科　クマ科　　種 8

アライグマの仲間
科　アライグマ科　　種 20

イタチの仲間
科　イタチ科　　種 67

ジャコウネコの仲間
科　ジャコウネコ科　　種 76

ハイエナとアードウルフ
科　ハイエナ科　　種 4

ネコの仲間
科　ネコ科　　種 38

鰭脚類
目　鰭脚目　　科 3　　種 34

ゾウ
目　長鼻目　　科 1　　種 3

ツチブタ
目　管歯目　　科 1　　種 1

ハイラックス
目　ハイラックス目　　科 1　　種 8

ジュゴンとマナティー
目　海牛目　　科 2　　種 4

動物の名前とグループ

有蹄類

奇蹄類
| 目 奇蹄目 | 科 3 | 種 19 |

ウマの仲間
| 科 ウマ科 | 種 10 |

サイ
| 科 サイ科 | 種 5 |

バク
| 科 バク科 | 種 4 |

偶蹄類
| 目 偶蹄目 | 科 10 | 種 225 |

ブタ
| 科 イノシシ科 | 種 14 |

ペッカリー
| 科 ペッカリー科 | 種 3 |

カバ
| 科 カバ科 | 種 2 |

ラクダの仲間
| 科 ラクダ科 | 種 7 |

シカ
| 科 シカ科 | 種 45 |

ジャコウジカ
| 科 ジャコウジカ科 | 種 7 |

マメジカ
| 科 マメジカ科 | 種 4 |

プロングホーン
| 科 プロングホーン科 | 種 1 |

キリンとオカピ
| 科 キリン科 | 種 2 |

ウシの仲間
| 科 ウシ科 | 種 140 |

鳥類

綱 鳥綱

ボルチモアムクドリモドキ

本書で使用している分類体系では、鳥類は29目に分けている。その中でもスズメ目は幅が広く、種の数は他の目をすべて合わせたのと同じくらい多い。これとは対照的に、科は1つだけ、種の数も10足らずという目もある。鳥の分類では、大きな飛べない鳥、つまり走鳥類を1つの目にまとめている体系や、フラミンゴをサギやその仲間と一緒にしている体系もある。さらにこまかいところでは、スズメ目の科の数については諸説が分かれている。学者によって60以下と考えたり、80以上とする説がある。

ダチョウ
| 目 ダチョウ目 | 科 1 | 種 1 |

レア類
| 目 レア目 | 科 1 | 種 2 |

ヒクイドリ類とエミュー
| 目 ヒクイドリ目 | 科 2 | 種 4 |

キーウィ類
| 目 キーウィ目 | 科 1 | 種 3 |

ジギダチョウ類
| 目 ジギダチョウ目 | 科 1 | 種 45 |

ペンギン類
| 目 ペンギン目 | 科 1 | 種 17 |

アビ類
| 目 アビ目 | 科 1 | 種 5 |

カイツブリ類
| 目 カイツブリ目 | 科 1 | 種 22 |

アホウドリ類とミズナギドリ類
| 目 ミズナギドリ目 | 科 4 | 種 108 |

ペリカン類とその近縁種
| 目 ペリカン目 | 科 6 | 種 65 |

サギ類とその近縁種
| 目 コウノトリ目 | 科 6 | 種 119 |

フラミンゴ類
| 目 フラミンゴ目 | 科 1 | 種 5 |

水禽類
| 目 ガンカモ目 | 科 2 | 種 149 |

猛禽類
| 目 ハヤブサ目 | 科 5 | 種 307 |

狩猟鳥類
| 目 キジ目 | 科 6 | 種 28 |

ツルとその近縁種
| 目 ツル目 | 科 12 | 種 204 |

渉禽類、カモメ類、ウミスズメ類
| 目 チドリ目 | 科 18 | 種 343 |

ハト類
| 目 ハト目 | 科 1 | 種 309 |

サケイ類
| 目 サケイ目 | 科 1 | 種 16 |

オウム類
| 目 オウム目 | 科 2 | 種 353 |

カッコウ類とエボシドリ類
| 目 ホトトギス目 | 科 3 | 種 160 |

フクロウ類
| 目 フクロウ目 | 科 2 | 種 205 |

ヨタカ類とガマグチヨタカ類
| 目 ヨタカ目 | 科 5 | 種 118 |

ハチドリ類とアマツバメ類
| 目 アマツバメ目 | 科 3 | 種 424 |

ネズミドリ類
| 目 ネズミドリ目 | 科 1 | 種 6 |

キヌバネドリ類
| 目 キヌバネドリ目 | 科 1 | 種 35 |

カワセミ類とその近縁種
| 目 ブッポウソウ目 | 科 10 | 種 191 |

キツツキ類とオオハシ類
| 目 キツツキ目 | 科 6 | 種 380 |

スズメ類
| 目 スズメ目 | 科 約80 | 種 5,200-5,500 |

概論

爬虫類

綱 爬虫綱

アフリカシマトカゲ

爬虫類の中で最も規模の大きなトカゲ目に入るヘビ、トカゲ、ミミズトカゲだけで、現存する爬虫類種の95％以上を占めている。爬虫類には共通の特徴がたくさんあるが、進化の歴史は様々である。そのため、爬虫類は自然発生的なグループ、つまり分岐群ではなく、非公式なグループであると考える生物学者が多い。

カメ類
目 カメ目　**科** 11　**種** 294

ムカシトカゲ
目 ムカシトカゲ目　**科** 1　**種** 2

トカゲ類
目 トカゲ目　**科** 40　**種** 約7,558

ヘビ
亜目 ヘビ亜目　**科** 18　**種** 約2,900

ボア・ニシキヘビの仲間
上科 ムカシヘビ上科　**科** 11　**種** 149

ナミヘビの仲間
上科 ナミヘビ上科　**科** 4　**種** 2,439

- ナミヘビ　**科** ナミヘビ科　**種** 1,858
- ジムグリクサリヘビ　**科** ジムグリクサリヘビ科　**種** 62
- クサリヘビ　**科** クサリヘビ科　**種** 228
- コブラ　**科** コブラ科　**種** 291

メクラヘビの仲間
上科 メクラヘビ上科　**科** 3　**種** 319

トカゲ
亜目 トカゲ亜目　**科** 19　**種** 約4,500

イグアナの仲間
上科 イグアナ　**科** 3　**種** 1,412

ヤモリとヒレアシトカゲ
上科 ヤモリ上科　**科** 4　**種** 1,054

トカゲ科の仲間
上科 トカゲ上科　**科** 7　**種** 1,890

オオトカゲの仲間
上科 オオトカゲ上科　**科** 6または7　**種** 173

ミミズトカゲ類
亜目 ミミズトカゲ亜目　**科** 3　**種** 158

ワニ類
目 ワニ目　**科** 3　**種** 23

両生類

綱 両生綱

オオトラフサンショウウオ

カエルとヒキガエルは両生類の最大の目であり、地上の様々な環境に適応して暮らしている。イモリとサンショウウオは両生類の原型に最も似ている。アシナシイモリは変種で、比較的知られていないグループである。

カエル類
目 無尾目　**科** 29　**種** 約4,380

サンショウウオ類
目 サンショウウオ目　**科** 10　**種** 約470

アシナシイモリ類
目 アシナシイモリ目　**科** 5　**種** 約170

魚類

ヘラチョウザメ

外見的には似ているが、魚類は多種多様な動物を集めたものにすぎない。現生魚類は一般に4つの綱に分類されているが、そのうち2つは無顎類である。これは最初に出現した脊椎動物（5億年以上前）の生き残りである。今日、最大の綱を形成しているのは硬骨魚類（魚類全種数のおよそ96％を占める）である。このグループの中でも大きなグループである条鰭亜綱に含まれる目や科の数は非常に多いため、本書では上目までを扱う。

無顎類

メクラウナギ類
綱 メクラウナギ綱　**目** 1　**科** 1　**種** 50

ヤツメウナギ類
綱 ヤツメウナギ綱　**目** 1　**科** 3　**種** 38

軟骨魚類
綱 軟骨魚綱　**目** 14　**科** 50　**種** 約810

サメ類とエイ類
亜綱 軟骨魚亜綱

サメ類
目 9　**科** 33　**種** 約330

エイ類
目 4　**科** 14　**種** 約450

ギンザメ類
亜綱 全頭亜綱　**目** 1　**科** 3　**種** 30

硬骨魚類
綱 硬骨魚綱　**目** 46　**科** 413　**種** 約23,155

肉鰭類
亜綱 肉鰭類亜綱　**目** 3　**科** 4　**種** 8

条鰭類
亜綱 条鰭亜綱

原始条鰭類
目 4　**科** 5　**種** 43

オスティオグロッサム類
上目 オステオグロッサム上目　**科** 5　**種** 215

カライワシ類とウナギ類
上目 カライワシ上目　**目** 4　**科** 24　**種** 730

ニシン類とその仲間
上目 ニシン上目　**目** 1　**科** 4　**種** 363

ナマズ類とその仲間
上目 骨鰾上目　**目** 4　**科** 62　**種** 約6,000

サケ類とその仲間
上目 原棘鰭上目　**目** 4　**科** 14　**種** 316

ドラゴンフィッシュ類とその仲間
上目 狭鰭上目　**目** 1　**科** 4　**種** 約250

ハダカイワシ類とその仲間
上目 デメエソ上目　**目** 2　**科** 16　**種** 約470

タラ類とアンコウ類
上目 側棘鰭上目　**目** 8　**科** 46　**種** 約1,260

棘鰭類
上目 棘鰭上目　**目** 15　**科** 259　**種** 約13,500

無脊椎動物

海綿動物
| 門 海綿動物門 | 綱 4 | 目 18 | 科 80 | 種 約10,000 |

刺胞動物
| 門 刺胞動物門 | 綱 4 | 目 27 | 科 236 | 種 8,000-9,000 |

扁形動物
| 門 扁形動物門 | 綱 4 | 目 35 | 科 360 | 種 約17,500 |

円形動物
| 門 円形動物門 | 綱 4 | 目 20 | 科 185 | 種 約20,000 |

環形動物
| 門 環形動物門 | 綱 3 | 目 31 | 科 130 | 種 約12,000 |

軟体動物
| 門 軟体動物門 | 綱 8 | 目 35 | 科 232 | 種 約100,000 |

小さな門

無脊椎動物はおよそ30の門に分類されているが、その大きさには非常に幅がある。本書では、主な門は個別に取り上げるが、それほど重要ではない門についても536〜537ページで紹介する。このような小さな門のほとんどに海洋動物や湿気のある生息環境に棲むものが入っている。

ワムシ

腕足動物		クマムシ	
門 腕足動物門	種 約350	門 緩歩動物門	種 約600
ヤムシ		ヒモムシ	
門 毛顎動物門	種 約90	門 紐形動物門	種 約1,200
クシクラゲ		カギムシ	
門 有櫛動物門	種 約100	門 有爪動物門	種 約70
コケムシ		ユムシ	
門 外肛動物門	種 約4,300	門 ユムシ動物門	種 約150
半索動物		ホウキムシ	
門 半索動物門	種 約85	門 ホウキムシ動物門	種 約20
ホシムシ		その他10の小さな無脊椎動物のグループがある。	
門 星口動物門	種 約350		
ワムシ			
門 輪形動物門	種 約1,800		

棘皮動物
| 門 棘皮動物門 | 綱 6 | 目 36 | 科 145 | 種 約6,000 |

無脊椎脊索動物

無脊椎脊索動物とは、部分的に脊椎動物と同じ特徴があるが、骨格を持たない動物のことである。尾索動物亜門(大多数の種はこちらに含まれる)と原索動物亜門という2つの亜門に分けられる。尾索動物の多くは動かず、成長すると袋のような 体になるものが多い。原索動物は動き、骨がないことを除けば脊椎動物に非常によく似ている。

ホヤ

ホヤ類とヒカリボヤ類
| 亜門 尾索動物亜門 | | | |
| 綱 3 | 目 8 | 科 45 | 種 約2,100 |

ナメクジウオ類
| 亜門 頭索動物亜門 | | | |
| 綱 1 | 目 1 | 科 2 | 種 25 |

節足動物

門 節足動物門

節足動物は動物界の中で最大の門を形成している。その中でも昆虫がいちばん大きな割合を占めているが、この門の中には他にも甲殻類と蛛形類という大きな綱がある。無脊椎動物の数ある門の中でも、これらの規模は群を抜いている。

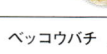
ベッコウバチ

大顎類
| 亜門 大顎動物亜門 | 綱 6 | 目 85 | 科 約1660 | 種 約100万 |

六脚類
| 上綱 六脚上綱 | 綱 4 | 目 32 | 科 980 | 種 約100万 |

昆虫類
| 綱 昆虫綱 | 目 29 | 科 949 | 種 約100万 |

イシノミ		シラミ	
目 イシノミ目	種 約350	目 シラミ目	種 約6,000
シミ		半翅類	
目 総尾目	種 約370	目 半翅目	種 約82,000
カゲロウ		アザミウマ	
目 カゲロウ目	種 約2,500	目 総翅目	種 約5,000
イトトンボおよびトンボ		ヘビトンボおよびセンブリ	
目 トンボ目	種 約5,500	目 広翅目	種 約300
コオロギおよびバッタ		ラクダムシ	
目 直翅目	種 約20,000	目 ラクダムシ目	種 約150
カワゲラ		ウスバカゲロウ、クサカゲロウ、およびその仲間	
目 カワゲラ目	種 約2,000	目 脈翅目	種 約4,000
ガロアムシ		甲虫	
目 ガロアムシ目	種 25	目 鞘翅目	種 約560
ナナフシおよびコノハムシ		ネジレバネ類	
目 ナナフシ目	種 約2,500	目 撚翅目	種 約560
ハサミムシ		シリアゲムシ	
目 革翅目	種 約1,900	目 長翅目	種 約550
カマキリ		ノミ	
目 カマキリ目	種 約2,000	目 ノミ目	種 約2,000
ゴキブリ		ハエ	
目 ゴキブリ目	種 約4,000	目 双翅目	種 約122,000
シロアリ		トビケラ	
目 等翅目	種 約2,750	目 毛翅目	種 約8,000
シロアリモドキ		ガおよびチョウ	
目 シロアリモドキ目	種 約300	目 鱗翅目	種 約165,000
ジュズヒゲムシ		ハチ、スズメバチ、アリ、ハバチ	
目 ジュズヒゲムシ目	種 30	目 膜翅目	種 約198,000
チャタテムシ			
目 チャタテムシ目	種 約3,500		

トビムシ
| 綱 粘管綱 | 目 1 | 科 18 | 種 約6,500 |

カマアシムシ
| 綱 原尾綱 | 目 1 | 科 4 | 種 約400 |

コムシ
| 綱 双尾綱 | 目 1 | 科 9 | 種 約800 |

多足類
| 上綱 多足上綱 | 綱 4 | 目 16 | 科 144 | 種 約13,700 |

甲殻類
| 上綱 甲殻綱 | 綱 6 | 目 37 | 科 540 | 種 約40,000 |

クモ・サソリ類
| 亜門 鋏角亜門 | 綱 3 | 目 14 | 科 480 | 種 約77,500 |

蛛形類
| 綱 クモ形綱 | 目 12 | 科 450 | 種 約75,500 |

ウミグモ類
| 綱 ウミグモ綱 | 目 1 | 科 9 | 種 約1,000 |

カブトガニ
| 綱 節口綱 | 目 1 | 科 1 | 種 4 |

概論

動物の名前とグループ

体のつくり

　最も単純なつくりの動物以外は、動物の体は様々な部分で構成されている。その最小の機能単位は細胞で、それぞれの働きに見合った形をしている。同じ細胞が集まったものを組織、組織が集まったものを器官という。器官もつながりあって器官系となり、生きるために欠かせない作用を行っている。こうした器官系の形は動物の種類によって、また生態の違いによっても大きく異なるが、その働きはすべて同じである。

体のつくり

　動物には多くて12の器官系がある。多くの種では筋肉と骨格が全体重の大部分を占め、皮膚組織（"外皮"をつくっている部分）が物理的なダメージから体を守り、

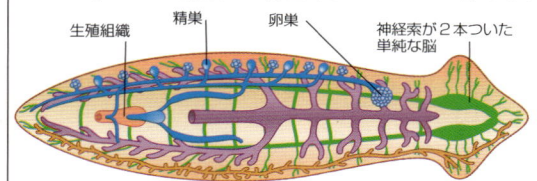

単純な無脊椎動物の体のつくり
扁形動物のような単純な無脊椎動物には呼吸器官も循環器系もない。消化器系は開口部、すなわち口が1つあるだけで、生殖器系はオスとメス両方の器官がついているのが普通だ。

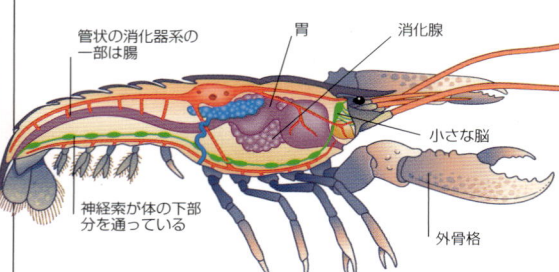

節足動物の体のつくり
管状になった消化器系の開口部が2つ、体の端と端にある。血液は一部は血管を流れ、一部は体の空洞部分を流れている。酸素は鰓か、気管と呼ばれる小さな気道から体内に取り込まれる。

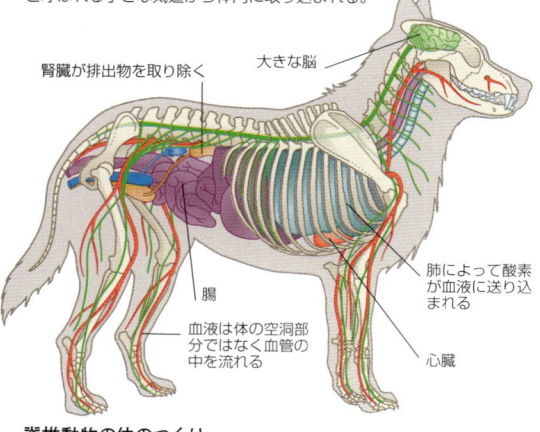

脊椎動物の体のつくり
神経系が高度に発達しており、脳は無脊椎動物よりも普通は大きい。循環器系は閉じていて、血液は心臓に大きな圧力をかけられて体内に送り出されていく。

器官系の色分け
- 循環器系
- 消化器系
- 呼吸器系
- 排泄器系
- 神経系
- 生殖器系

また陸生動物であれば乾燥の脅威から守ってくれる。

　動物が食物からエネルギーを摂取できるのは2つの大事な組織のおかげである。まず消化器系が食物を分解し、吸収できるようにする。そして呼吸器系が全身の細胞に酸素を送り込むことによって食物が"燃焼"され、化学的エネルギーが解放される。また呼吸器系は二酸化炭素を取り除く働きもする。二酸化炭素はエネルギーが生成される間に生じ、体にとって有害になる可能性のある老廃物である。脊椎動物をはじめ多くの動物の体内では、循環器系の中で血液によって酸素と二酸化炭素が運ばれる。二酸化炭素は普通は吐く息に混じって体の外に出される。分解作用によってできた他の老廃物も、体に蓄積される前にそれぞれの排泄器系によって取り除かれる。

　全身の動きの調整や、外界への反応もそれぞれの器官系が行っている。感覚器官によって集められた情報を処理して、反応が必要なものに対処するのは神経系の役割である。動物はみな神経系の命令で、本能、つまりあらかじめ備わった行動をとるが、動物によっては、特に脊椎動物の場合は、神経系が情報を蓄積して過去の経験に行動を適応させていくものもいる。内分泌系は神経系と連動して働き、ホルモン、つまり命令を伝える化学物質を出して、神経系が長期の処理プロセスを調整するのを助ける。

　生殖器系は子孫をつくるという最も大切な働きをする。他の体の器官系とは違って、決まった期間しか機能しないことが多い。また成体においてしか機能しない。

骨格と体を支える仕組み

　動物は体の形を一定に保っておく必要がある。無脊椎動物の多くは、体にまったく固い部分がないのにこのようにできている。空気圧のおかげでタイヤの形が安定するのと同じように、体液の圧力によって体の形を保っているのだ。この仕組みを流体静力学骨格といい、小さな動物にはうまく働く。しかし体の大きな動物、とりわけ陸生動物は、このような骨格では体重を支えきれないことが多い。この問題を解決するために2通りの体の仕組みが発達していった。それが殻や表皮と、骨でできている体内の骨格である。殻は1枚か2枚で構成され、持ち主の動物とともに段階的に大きくなっていく。腕足動物、いわゆる貝類と呼ばれる海の動物によく見られる形であるが、それが最も高度に発達したものが二枚貝で、殻はさしわたし1m以上に育つことがある。表皮は殻よりも複雑なつくりで、たくさんの板が柔らかい関節でつ

ながってできている。表皮は節足動物（昆虫、甲殻類、蛛形類動物などの無脊椎動物の総称）の特徴といえる。このような表皮は外骨格と呼ばれ、全身を覆っていて、カニのハサミのように丈夫なものからチョウの触角のように繊細なものまである。表皮は成長できないため、時とともに脱皮して新しいものに置き換わることになる。

　体内の骨格（内骨格）は骨でできており、体を内側から支える。脊椎動物だけに見られ、2つの大きな利点がある。大きさの割に軽いこと（すばやく動かなければならない陸上動物には重要）と、成長できることである。内骨格は骨同士が柔らかい間接でつながっていたり、頭骨のようにしっかりとかみ合って丈夫になっていたりする。

殻
カタツムリの殻は開口部が成長する。主とともにしだいに大きくなっていく。種によっては蓋で殻を閉じられるものもいる。

外骨格
カニの甲は目も含め全身の表面を覆っている。昆虫の外骨格と違って、カルシウムで補強されている。

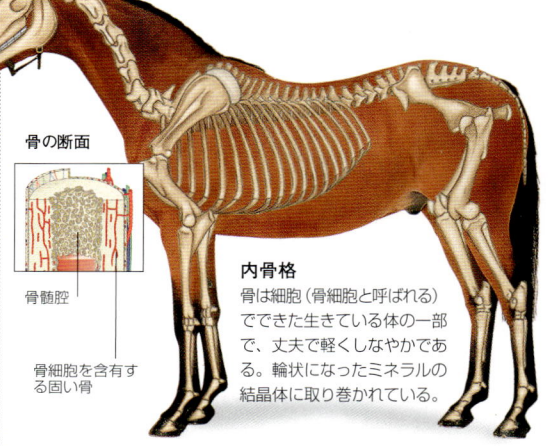

骨の断面

内骨格
骨は細胞（骨細胞と呼ばれる）でできた生きている体の一部で、丈夫で軽くしなやかである。輪状になったミネラルの結晶体に取り巻かれている。

骨髄腔

骨細胞を含有する固い骨

相称性

　動物の中には頭も尾もない環状の体をしたものがいる。このような体のつくりを放射相称といい、イソギンチャクなどの刺胞動物や有櫛動物（いわゆるクシクラゲ）に見られる。動物の大部分は左右相称で、体を半分に切ると同じ形をしている。ただし、左右対称でないものもある。例えばオスのシオマネキというカニのハサミは左右の大きさがだいぶ違う。またカレイも左右の形が違っている。

放射相称
イソギンチャクはどこを軸にして切っても完全に同じ形に分かれる。中央に口と体腔があり、触手が輪の形に配列されている。

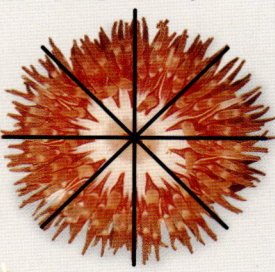

左右相称
カエルやカメは決まった1本の軸で切らないと左右対称にならない。外見は左右の半分が同じに見えるが、体の中の器官は右側だけにあったり左側だけにあったりする。

筋肉と動き

　筋肉は収縮によって動く。ほとんどの場合、筋肉は反対方向に引っぱる筋肉同士が対か複数でまとまっている。1本あるいは複数の筋肉が収縮すると、対になった筋肉が普段の形に引き戻すのである。

　筋肉のおかげで動物はいろいろな動きができる。ミミズやクラゲのような四肢のない動物の場合、筋肉は体の形を変える動きをする。ミミズは、反対方向に引き合う筋肉同士が体節を縮めたり伸ばして土を這う。四肢のある動物の場合は、1組の筋肉が四肢を下か後ろに、対に

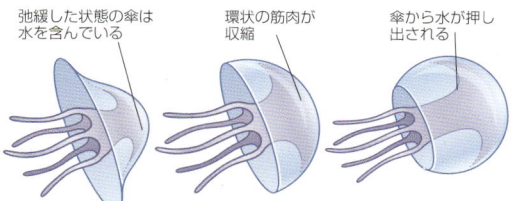

四肢のない動物の動き
クラゲは体の傘の形をした部分をリズミカルに収縮させて泳ぐ。収縮によって傘から水が押し出され、その勢いで前に進むのである。クラゲが流れに逆らって泳ぐことはあまりない。主に水の中で均衡を保つために泳ぐ。

ジャンプ
カエルが跳ねるとき、脚が梃子の役割を果たして体を空中に飛び出させる。前足は縮めて、着地の衝撃から体を守る。

なった筋肉が四肢を上か前に動かす。

　筋肉には動物を動かす以外の役割もある。食物を消化器系に押し込み（蠕動）、血液を循環器系に送り込む。心臓の筋肉は他の筋肉とは違い、生まれてから死ぬまで固有のリズムで収縮を続ける。

体を覆うもの

　動物の細胞はダメージを受けやすい。細胞を怪我や病気から守るために、動物には体を覆うものがある。そのほとんどは、生きていない物質でできている。哺乳類の皮膚は死んだ細胞で覆われているし、昆虫の表皮は固いタンパク質と防水性の蝋で覆われている。多くの場合、こうした保護層自体も守られている。哺乳類は毛皮を持つものが多く、その他の動物には鱗があるものが多い。

　保護層を守る覆いが、別の用途を持つようになったものもある。柔らかい羽毛や毛皮は体温を保つのに役立つ。丈夫な翼は飛ぶのに使われている。色や模様はカムフラージュの役割を果たしたり、動物が自分の仲間を認識するのを助ける。

羽毛

鱗粉

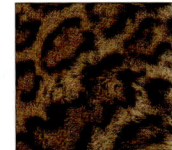
毛皮

体の防護
鳥の羽毛、チョウの鱗粉、哺乳類の毛皮は、生きている細胞からつくられた生命のない物質でできている。羽毛や毛皮は動物が生きている間に何度も生え換わるが、チョウの鱗粉はずっと同じである。

呼吸

　小さな動物や薄い体の動物が酸素を取り込むのは簡単だ。外界から体内に浸透するからである。酸素と入れ替わりに二酸化炭素が体の外に出ていく。体の大きな動物の呼吸はもっと複雑だ。体の表面積に比べて、体積が相対的に大きいので、ガス交換の余地が少ないのである。動物は呼吸器官に頼って呼吸している。呼吸器官は小さなスペースに広い表面を効率的に収めた構造になっている。

　水生動物の場合、最も一般的な呼吸器官は鰓である。鰓は一般的に薄く平らな形か表面が羽毛のような形をしており、このおかげで血液が体外の水と接触できる。

　ただし、ほとんどの鰓は空気中では機能しない。水から出されると、表面は立っていられず互いにくっついてしまうからである。そこで、陸生動物は体の中に空気を入れる、中が空洞になった呼吸器官を持っている。昆虫の場合、呼吸器官は気管と呼ばれるチューブ状のもので、これが非常に細い繊維に枝分かれして個々の細胞に届いている。陸上に棲む脊椎動物の呼吸器官は肺である。これは網のようにはりめぐらされた血管に包まれた、空気の部屋である。肺は筋肉によって拡大したり収縮したりして、空気を吸ったり吐いたりする。

神経と感覚

　神経細胞（ニューロン）は、動物の世界では電気の配線にあたる。ニューロンはインパルスという短い電流を通す役割をする。それによって感覚器官から情報が送られたり、筋肉が収縮したりする。サンゴなどの単純な動物は神経のネットワークが全身に広がっている。しかしほとんどの動物の場合、神経系統は脳に集まっている。

　触覚のような感覚は全身にはりめぐらされた神経の末端を通じて働く。体内で働く同様の感覚が、動物に自分の体勢を伝えるのである。最も重要な感覚（視覚、聴覚、嗅覚）はそれぞれの器官を通じて働く。これらは体の中でもいちばん精密な構造をしている。

　視覚はほとんどの動物にとってなくてはならないものだが、目の構造は多種多様である。最も単純なのが例えばカタツムリの目で、明暗を区別する程度である。多くの動物、特に節足動物や脊椎動物の場合は、光をたくさんの神経細胞の上で焦点に集めて、外界を細かいところまで忠実に映し出した像を結ぶ。脊椎動物の目にはレンズが1つだけあり、光を網膜と呼ばれるスクリーンに投影する。節足動物の目は多ければ2万5000個もの部屋

双眼視
ハエトリグモには通常の目のほかに顔の正面に2つの大きな目がついている。これによって、跳躍する前に距離を測るのに欠かせない両眼視を持つことができる。

に分かれていて、それぞれにレンズの仕組みがついている。このような複眼はモザイクのような像をつくり出し、特に動きを察知するのに適している。

　哺乳類は外に出た耳介を持つ唯一の動物である。脊椎動物の耳は必ず頭についているが、別の場所に耳がついている動物もいる。バッタやコオロギの耳は腹か脚についている。味や匂いを感知する器官も様々な場所にある。耳と同じようにコミュニケーションの道具になったり、危険を避けたり、食物を見つけるのにも使われる。

　多くの動物の感覚は人間の感覚より鋭く、人間には感知できないものを感知することもできる。例えば、たいていの魚は水の圧力を感じ取れるし、微弱な電界を察知できるものも多い。ヘビの中には熱が"見える"ものがいて、それによって暗闇の中でも獲物の恒温動物を襲うことができる。

効率的な呼吸
寒い生息環境でよく体を動かす動物にはたくさんの酸素が必要になる。アイベックスが坂を駆け上がるとき、肺は横たわっているときの10倍の酸素を取り込む。

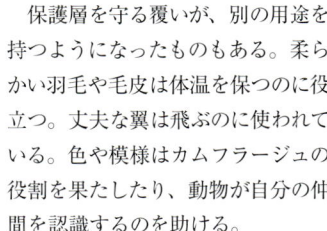

概論

行　動

　動物の行動とは、動物がすることからそれをどのようにするかまでを言う。動物の行動には食べたり身づくろいをするといった単純な動きから、群れで狩りをしたり求愛したり巣をつくったりといった非常に複雑な動きまである。ほぼ完全に予測できる行動しかとらない動物もいれば、経験によって行動を発達させることができ、同じ行動を繰り返すたびにうまくなっていく動物もいる。生物学はどの切り口から取り上げてもみなそうであるが、行動も進化の産物であり、時とともに変わっていく。変化するおかげで、その種が日々の生活で出会う機会や危険に対し、最も効果的な反応をすることができるのである。

本能と学習

　単純な動物の場合、行動はハードウェアに組み込まれているようなもので、本来備わっている本能に支配される。つまり、あるきっかけによって誘発される決まった一連の動きがその動物の行動である。例えば、生後まもない鳥のひなは親鳥が巣に現れると本能的に餌をねだる。この段階では、ひなは目が見えない。ひなの行動は餌を見たからではなく、音と動きによって引き起こされている。

　本能的な行動はごく基本的に見えるかもしれないが、本能が生み出す結果の中には目をみはるようなものがある。巣からダムまで、動物がつくる構築物は本能のままに行動してできたものである。ビーバーがダムをつくるとき、土木技術の知識など何もない。それでもビーバーのつくる構築物は、科学的な根拠にもとづいて設計したかのように、水の圧力にも耐える形をしているのである。

　ビーバーはダムをどうつくるか考えるわけではなく、クモもどのように巣を張るか考える必要がない。けれど、本能的な行動の結果は変わることがある。動物はある作業、例えば巣づくりを繰り返すと、だんだんうまくなっていくことが多い。巣づくりの能力でメスをひきつけるオスのハタオリドリのように、うまくなっていくことが重要な動物もいる。

　タコやその仲間を除き、ほとんどの無脊椎動物は学習能力があまりない。反対に脊椎動物は、学習して身につけた行動が重要になることが多い。カエルは不快な味のする動物を避けることを覚え、哺乳動物は狩りの方法などの様々な技術を親から習得する。霊長類では個体が新しい行動を"発明"し、周りの仲間たちが真似することがよくある。この真似が文化を生む。文化とは、次の世代に伝えられていく行動パターンのことである。人間は文化を比類のない段階にまで発達させた種である。

餌の取り方を覚える
ミヤコドリは親鳥を見て餌の取り方を覚える。貝殻を叩いて壊すものもいれば、貝殻のちょうつがいをつついてこじあけるものもいる。一度覚えたテクニックを生涯使う。

本能によって織り上げた巣
クモは非常に精緻な巣を織るが、デザインはいつも決まっている。そのため、巣を見ればそれを織ったクモが識別できる。このニワオニグモは巣を1日しか使わない。1日たつと巣を食べてしまい、また新しい巣を張るのである。

動物の知能

　知能とは洞察と理解にもとづいて判断する能力のことである。動物界では稀にしか見られず、識別や測定が難しい。例えばサギの中には餌をまいて魚を捕らえるものがいる。一見すると、自分の行動を理解しているようだが、実際は本能による行動で、思考力を働かせているわけではない。しかしチンパンジーは小枝で昆虫をほじくり出すとき、形をつくる。形を整えるためには、まず小枝の使い勝手を頭に思い浮かべなければならない。これは人間でも行っていることである。またチンパンジーは複雑な音のボキャブラリーを持ち、情報を交換している。

知能のしるし
チンパンジーには問題を解決する能力があり、身ぶり言語を覚えて人間とコミュニケーションをとることもできる。ものや動きのシンボルを覚えて、そのシンボルを話し言葉のように組み合わせたりする。

コミュニケーション

　ほとんどの動物にとって、同じ種の仲間との接触は生きるために不可欠である。食物を探したり、異性をひきつけたり、子を育てるなど、様々な理由で動物は互いにコミュニケーションをとる。コミュニケーションの方法にはそれぞれ利点と欠点がある。表情やディスプレイも含め、ボディランゲージはお互いが近くにいれば通じるが、離れていたり、植物が生い茂って視界をさえぎるような生息環境ではうまくいかない。そのような場合には、音によるコミュニケーションの方がはるかに役に立つ。クジラは非常に離れたところにいる相手と呼びかけ合う。また小動物の中には体の大きさからは考えられないほど大きな音を出すものもいる。例えばアマガエル、セミ、ケラの声は2km離れた場所からでも聞こえることが珍しくない。それぞれの種に固有のサインがあり、声色を使い分けて天敵を追い払うような声を出すものも多い。

　光を出すことのできる動物も、サインを使う。特定のパターンで点滅させたり、深海魚に多く見られるように体の模様を光らせたりする。しかしボディランゲージや音と同様、光によるコミュニケーションもシグナルを発するものが活発に行動しないと成立しない。匂いによるコミュニケーションはこれとはまったく異なる。シグナ

夜の光
メスのツチボタルは光を使って、オスに自分の存在を知らせる。光による合図は異性だけでなく天敵も引きつける恐れがあるため、危険な場合もある。ツチボタルは危険を察知すると、たちまち光を"オフ"にしてしまう。

行動

一緒に遠吠え
オオカミは遠吠えによって付近にいる他のオオカミに、自分の狩りのなわばりを知らせる。夜、狩りの後で遠吠えすることが多い。

ルを発した動物が別の場所に移動した後も残るからである。動物の匂いはそれぞれ違っていて、移動する先々に残り、異性に自分の存在を宣伝する。昆虫の中にはオスが空気中の匂いの分子に反応して、風上にいるメスを探し当てられるものもいる。

集団生活

動物の中には生まれてから死ぬまで単独で暮らし、同じ種の仲間には出会わないものもいる。しかし、多くの動物にとっては仲間と群れることが生活の大事な一部である。動物の集団は規模も持続期間も様々である。例えば、カゲロウは数時間だけ交尾のために群れをつくり、

群れのフォーメーション
ガンはVの字をつくることによって先頭の鳥のプロペラ後流の中を飛ぶことができ、渡りに必要なエネルギーを小さくしている。先頭の鳥は交代で入れ替わる。

数が多ければ安全
草原のように見晴らしのきく生息環境では、天敵の足が速く隠れる場所も少ないため、被捕食者の哺乳類は大きな群れをつくって生活している。このシマウマの集団はヌーの群れのそばで草を食んでいるため、より安全性が増している。

渡り鳥は数週間の群れをつくることが多い。魚や草を食べる哺乳類など多くの動物は、生涯群れの中で過ごす。

動物の群れは天敵の標的になりやすいように見えるが、実際には逆である。天敵が群れの中から1匹だけを選び出すのが難しいため、群れて暮らすことで生き延びる可能性が高まるのである。また群れは急襲するのも難しい。常に1匹以上が危険の兆候を警戒しているからだ。

ほとんどの群れは同じ種の動物で構成されているが、親の同じものばかりではない。しかし団結力の強い群れの動物はお互いに血縁関係が濃い。このような拡大家族にはオオカミの群れやワライカワセミの"クラン"があり、子は独立せずに親のもとにとどまる。こうした群れ生活の極端な形がシロアリやアリのような社会性昆虫で、個体だけでは生きられない。

防御と攻撃

捕食者も被捕食者も生き延びるために特殊化した行動をとる。例えば、被捕食者の動物は単に逃げようとするものが多いが、まったく動かずにカムフラージュで身を守るものもいる。ガからトカゲまで、体を大きく見せたり目に似た模様を使って危険な動物に見せようとする種も幅広くいる。脅しだけではない場合もある。例えば、ヤド

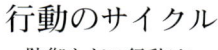

脅威への対抗
フグは脅かされると水を吸い込んで体を膨らませる。膨張してしまうとほとんど動くことができないが、トゲのおかげで攻撃されない。

クガエルの鮮やかな体色は、動物界で最も強い毒を持っていることを示している。

捕食者の動物が獲物を捕らえる方法は2つある。獲物が通りかかるのを待ち伏せするか、獲物の後を追っていくかである。"待ち伏せ"するタイプの捕食者はカムフラージュを使うものが多く、なかには積極的に付近の獲物をおびき寄せるものもいる。例えばアンコウは吻に光を出す長い突起物（ルアー）がついていて、これを口の前にいかにも興味をそそるようにぶらさげている。このルアーにひかれて近づいた魚は丸呑みされてしまう。積極的な狩りをする動物には生まれつきすばしこさと鋭い五感が備わっている。チーターやハヤブサやニシクロカジキは世界でも最速の動物たちである。集団で狩りをする捕食者もいる。協力することで、ハイイロオオカミやリカオンやライオンは、自分よりはるかに体の大きな獲物に立ち向かうことができる。

群れでの狩り
疲れ切るまで追い回したヌーを引きずり倒すリカオンの群れ。獲物が死ぬと死体を分け合い、一部は巣に残した子どものために持ち帰る。

行動のサイクル

防御などの行動はいつでも解発されるが、周囲の変化についていけるように決まったサイクルでとる行動もある。その大事なサイクルのひとつが夜と昼の変化である。あるいは潮の満ち干や年間を通じた季節の移り変わりもある。

サイクルに従った行動はすべて本能によるものである。外界の変化に刺激されて起こるもの、生まれつき備わっている"体内時計"によって起こるもの、これらの2つが組み合わさって起こるものもある。例えば鳥が夕方になるとねぐらに集まるのは、太陽が沈みかけて明るさが落ちてきたことをきっかけとして起こる。もっと長い時間的スケールでは、ジリスの体重は年間のサイクルに従って変わり、冬眠の前には重くなる。気温も日の長さも変わらない条件の下に置かれてもサイクルは維持される。つまり生物学的にコントロールされたリズムなのである。体内時計にはホルモンが関係していることが多いが、その仕組みはまだ完全にはわかっていない。

食事の時間
シオマネキが巣穴から出てきて、栄養分をたっぷり含んでいる沈殿物から餌をとっている。水中では食べられないため、シオマネキの採餌行動は1日の潮の満ち干に従っている。

概論

ライフサイクル

　動物のライフサイクルとは、1つの世代が生まれてから次の世代が生まれるまでの各段階をいう。種によっては、特に昆虫や小型の無脊椎動物の場合、このサイクルがわずか数週間で完結してしまうこともある。大型の動物であれば数年間かかることが多い。完結までの時間にかかわりなく、動物のライフサイクルは大きく分けて2段階ある。成長と発達の時期と、生殖である。一度の生殖の後で死んでしまう動物もいる。彼らにとっては生殖は生命の終わりであるとともにライフサイクルの完結でもある。多くの動物は成体になってから何度も生殖を繰り返す。これは子を産む機会が複数あるということになる。

生殖

　生殖能力は生命の要である。このおかげで生物は繁殖し、新たな幸運を利用して進化していくからだ。動物の生殖には2通りの方法がある。無性生殖（受精によらない生殖）と有性生殖である。

　無性生殖の場合は単体の親が体の一部を分離させて新しい個体をつくる。分離のプロセスは様々で、例えばヒドラは芽体を生み、これが成長して新し

有性生殖
メスのカエルが卵を産むと、オスがその上に精子をかけて受精させる。オタマジャクシは1匹ごとに遺伝的に異なるはずだ。

無性生殖
このイソギンチャクは自分の体を半分に分離させる生殖の最終段階にある。この結果できた2つの個体は遺伝子の構成がまったく同じになる。

い個体となる。イソギンチャクは体を文字どおり2つに分離させる。産んだ卵が受精せずに発達する動物もいる。これを単為生殖といい、アブラムシなど植物の汁を吸う昆虫によく見られるが、脊椎動物には稀である（ムチオトカゲはその数少ない例である）。無性生殖は比較的早くて単純だが、重大な欠点が1つある。単体の親だけで産むため、子が遺伝的にその親と同じか、あるいは非常によく似ているのである。その結果、親も子も病気などの脅威に同じように弱いことになる。1匹が死ねば残ったものもみな後を追うことが多い。この問題を回避するのが有性生殖である。2体の親がかかわるため、遺伝子の違う子どもができるからだ。子どもはそれぞれに特徴の組み合わせが異なるため、環境に最も適応したものが生き延び、種は時間をかけて進化していく。ただし、有性生殖の欠点は複雑なことである。種が同じで性別はオスとメスでなければならず、また多くの場合子育てで協力しなくてはならない。さらに、実際に子供を産むのは片方の親（メス）だけなので、生殖の可能性がある程度失われる。こうした難点はあるにしても、有性生殖が動物界で広く行われているのは、長い目で見てうまくできているからだろう。

通常は無性生殖をする種でさえ、ライフサイクルの中で定期的に性を持つ時期がある。そうすることによって両方の世界のよいところを得ているのである。

動物の交尾

　異性のパートナーと有性生殖をする動物はすべて二形性である。つまり、オスとメスは解剖学的に異なり、行動も違う。種によってはその違いが明確でないものもあるが、はっきり違う種もある。二形性が存在するのは、オスとメスが生殖に別々の役割を発達させ、その役割を果たすために体の形が違っていなくてはならないからである。

　しかし、有性生殖をする動物がすべてオスとメスに分かれているわけではない。例えばミミズや陸生のカタツムリなどは雌雄同体（オスとメス両方の生殖器官を持っている）である。

姿の違うオスとメス
オスとメスが極端に違う動物もいる。この写真のドクガは翅のないメス（右）が翅のあるオスを引きつけている。交尾の後、メスは這っていって卵を産む。

これによって同じ種の成体であればどれでも交尾の相手となりうるので、有性生殖は単純になる。また、性別は分かれているが成体になってから性が変わる種もある。例えばブダイという魚は1匹のオスが支配する小さな群れで暮らしていることが多いが、そのオスが死ぬと2匹のメスがオスに変わってその後を継ぐ。

求愛

　動物は交尾する前にパートナーを見つけなければならない。これは集団で生活している種であれば簡単だが、単体で暮らしている動物にとっては問題だ。単体で暮らす動物は音や空気中の匂いなどの信号を発して授精の相手を探す。種それぞれに独特の"サイン"があるので、自分と同じ種の相手を見つけることができる。

　異性同士が出会うと、パートナーの片方（通常はオス）が慎重な相手を説得し、自分が交尾の相手としてふさわしいことを示さなければならない。このプロセスを求愛という。求愛は儀式化した行動をとることが多い。求愛行動によってオスは自分が健康であることや、食物を豊富に持っていることを示す。メスが納得すれば、そのオスを交尾の相手として受け入れる。

　一生添い遂げる種もいるが、受精の後は別れてしまう種が多い。後者はオスが複数のメスと交尾をし、子育てにはかかわらないのが普通である。稀ではあるが、逆に1匹のメスが複数のオスと交尾することもある。例えばヒレアシシギ（306ページ）は、メスの方がオスより鮮やかな色をしていて、求愛でもリードすることが多い。

寿命

　一般に、動物の寿命は成体の体の大きさと比例している。多少の例外はあるにしろ、体の大きな動物ほど寿命が長い。寿命に影響を与えるひとつの重要な要素は代謝率である。これは動物が体を動かすのに使うエネルギーの比率のことだ。両生類や爬虫類のような変温動物は比較的代謝率が低く、長生きする傾向にあり、鳥類や哺乳類のような恒温動物は代謝率が高く、比較的寿命が短い。これは小型の種には特によくあてはまる。体の体積が小さいということは熱がすぐに体から逃げてしまい、絶えず食物を摂取して熱に変えなければならないからである。気温や湿度のような環境要素も影響してくる。イエバエは暖かい条件の下では6週間で死んでしまうが、涼しいところであれば数か月生きる場合もある。また、休眠した状態で数十年生きる微生物もいる。一般的に動物は生殖年齢が終わった後、長く生きる例は少ない。

寿命を決める要素
動物の寿命に影響を与える大きな要素のうち3つを上に示した。動物の平均寿命が色のついた棒グラフで、その要素が寿命に影響する程度を示している。

ライフサイクル

求愛の儀式
オスのグンカンドリは喉の袋を膨らませてメスの注意をひく。鳥は色覚がよく発達している。オスの羽毛の色が鮮やかな鳥が多いのはそのためだ。

一般に、このような場合メスは子育てにほとんど、あるいはまったくかかわらない。

受精

新しい生命の始まりは、オスの精子とメスの卵細胞が融合した瞬間に起こる。動物の受精には2通りの形がある。メスの体の中で行われる場合と、外で行われる場合である。

水中に棲んでいたり、繁殖のために水の中に戻る動物は体外受精が多い。その最も単純なものは、サンゴのような動かない無脊椎動物に見られるとおり、無数のオスとメスの生殖細胞が水中に放たれて交じり合い、これによって受精が行われる。もう少し進んだ形はカエルのような動く動物に見られ、2匹のパートナーがつがいになって行われる。交尾のように見えるが、受精はメスの体内ではなく水の中で起こる。

体外受精は陸上ではうまくいかない。生殖細胞は空気に触れるとすぐに乾いて死んでしまうからだ。そこで、陸生生物のほとんどは体内受精の方法を使う。一般に、これはオスがメスの中に精子を注入して行われる。しかし、サンショウウオやイモリのように交尾しない陸生動物もいる。彼らの場合はオスが精子の袋（精包）をメスのそばに置き、メスがそれを生殖器官に取り込んで体内受精が起こる。

生命の始まり

無性生殖を行うものを除いて、ほとんどの動物は1個の受精卵として生を受ける。卵が体外で受精した場合はすでに母親の体の外にあり、海の中を漂っていたり海底の植物や砂に付着していたりする。体内受精した卵は産み落とされてその後孵化するか、母親の体内にとどまっ

子どもの出産
出産する動物は比較的子どもの数が少ないが、高度な子育てをすることが多い。メスのアザラシは何週間も子どもの面倒を見る。

て子どもに成長する。

段階ごとの発達の度合いは動物によって異なる。鳥のような卵生の種は受精卵を胎児に成長する前に産んでしまう。鳥は全部の卵を産み終わるまで、卵の発達が数日間止まっていることも多い。親が抱卵すると同時に発達が始まる。大部分の爬虫類やサメのような卵胎生の種は体内で抱卵し、卵が孵化しそうなときに"出産"する。胎生の種（哺乳類全種と一部の爬虫類、両生類、魚類がこれにあたる）は、子どもを出産する。

変態

すべての動物は成長し発達するにつれて姿を変えていく。変化がゆっくりで比較的目立たないものもいれば、まったく別の姿形になってしまうほど変わるものもいる。

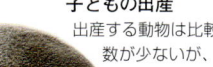
昆虫はみなそうであるが、このカメムシの1種も、メスの卵が受精するためにはオスとつがわなければならない。交尾には数時間かかる。

体外受精
サンゴは生殖細胞を水の中に放つ。そのきっかけとなるのが月の満ち欠けである。月の満ち欠けは多くの動物が繁殖行動を同時に行うために用いる自然の時計である。

共生

多くの動物は同じ種の仲間と交流するが、個体として生きている。しかし、シロアリやアリやハチのような真社会性の種は永続的な集団（コロニー）をつくり、たった1匹の構成員（女王）がすべての子どもを生む。その結果、コロニーの構成員は密接にかかわりあい、ひとつの有機体のように行動する。このシステムがうまくいっていることは、このような昆虫が地上で最も数が多いことからもわかる。

女王シロアリ
シロアリの巣の奥深くに潜み、働きアリたちに仕えられている女王は1日に多ければ3万個もの卵を産む。食物は働きアリに完全に依存しており、生殖のみに特化した究極の形態といえる。

この変化を変態という。これによって成体になる前と後とで別の暮らし方が（しばしば別の生息環境で）できるのである。

変態は無脊椎動物に多いが、両生類や一部の魚にもある。変態を遂げる動物は生まれてからしばらくを幼虫ないし幼生として過ごす。海の中では、幼生はプランクトンの一部になって海面近くを漂っていることが多く、遠く広範囲に運ばれるので、種が拡散する上で重要な役割を果たす。

昆虫の世界では、変態は2通りの形で起こる。バッタや半翅類の昆虫に見られる不完全変態では若虫の翅が徐々に大きくなっていき、最後に成虫になる。チョウ、甲虫、ハエに見られる完全変態はもっと変化の度合いが激しい。蛹と呼ばれる静止した状態の体内で、翅の生えた成虫の体ができ、脱皮とともに成虫が出てくるのである。

カニの卵

ゾエア

カニの成体

幼生から成体へ
甲殻類の例にもれず、イソガニも卵の姿で生命が始まる（上）。卵が孵化するとゾエアと呼ばれる最初の幼生が出てきて（中央）、プランクトンに交じって漂っている。ゾエアはメガロパという幼生に変わり、それから海底に沈んで最後にカニの成体になる。

危機に瀕した動物たち

100年前まで、地球上には未開の地がまだ広大に残されていて、そこに棲む動物たちが人間と接触することはほとんど、あるいはまったくなかった。けれどもそれ以後、人口が急速に増えてエネルギーや自然資源の使用量も増加し、今では人の手の入らない場所はこの地球上にごくわずかしかない。自然の生息環境は消えつつあり、地球の生物の多様性——現存種の合計数——は大変な勢いで減っている。これは人間にとっても潜在的な危険をはらんでいる。世界が不安定になり、いつか必要となるかもしれない資源が消滅することになるからだ。また動物にとっては破滅的な結果をもたらしている。特に打撃を受けた種は、皮肉にも人間の助けを借りなければ生きていけないところまで追いつめられているのである。

生息環境の変化

人間はまず火の発見によって生息環境を変え始めた。しかし環境破壊に拍車がかかったのは、およそ1万年前に農耕が始まってからである。農業が森林伐採を推し進め、これまでに北半球の森林が農地に変えられてきたが、今は熱帯林にも開発の手が及んでいる。世界の大きな自然の草原や低湿地、淡水の湿地帯が破壊されたのも農業のゆえである。

近年、マングローブの森林がエビの養殖のために切り払われ、サンゴ礁が建材として"採掘"されている。こうした活動は、海の動物に多大な影響を及ぼす。多くの種が繁殖に使う生命の温床ともいうべき環境が失われるからである。海岸や川はダム建設に痛手を受けている。普通は川の中州に沈積するシルト(沈泥)が沿岸を保護するのに、これがダムの下に閉じ込められてしまう。そのために沿岸が浸食され、塩水が淡水の生息環境に流れ込む。増え続ける都市も残された自然の生息環境を圧迫している。

草原が農地に
北アメリカの森林や草原は、ヨーロッパからの移民がやってきてから、生息環境が大きく変わった。森林も草原ももともとはクマやバイソンなど様々な動物たちの棲みかだったが、彼らは狩りの対象となり、さらに農地の拡大とともに追われていった。森林の規模は回復したが、草原は今ではほとんどが穀物畑と化している。もともとあった草原はほとんど姿を消した。

自然の草原

穀物畑

生息環境が変わっていくプロセスのパターンも、規模におとらず重要である。例えば、生息環境がまとまった広さで手つかずのまま残されていれば、その領域が小さくなったとしても以前のように機能できる。しかし同じ広さでも分断されたら(互いに孤立した小さな区域に分かれてしまったら)動物への影響ははるかに深刻だ。多くの種、とりわけ食物連鎖の頂点にいる捕食者は、十分な食物を見つけるために広いなわばりを必要とするからである。また小さく分断された生息環境は人間や家畜に侵入されたり乱されたりしやすい。野生動物が餌探しや子育てをしづらくなるのである。

汚染

化学物質や化学薬品が自然の生態系に浸透して混乱させると、汚染が起こる。自然現象による汚染もあるが、ほとんどの場合は人間の活動の結果である。体に廃棄物が絡まったり油がつくなど、動物に物理的な影響を与えることもあるが、動物の体内や生息環境に対する化学的な影響の方が深刻な場合が多く、また気づきにくく予測も困難である。

最も問題の大きな化学汚染は溶剤、殺虫剤、除草剤などの合成有機物質(炭素を含む)である。今はこうした化学薬品が何百、何千と存在し、さらに毎年新たな薬品が製造されている。生命体の組織に吸収されるような化学構造のものが多く、大きなダメージを与える。すべての生物に有毒なものもあれば、相手を選ぶものもある。こうした化学物質は捕食者が被捕食者を食べたときに体内に入り、蓄積されながら、クジラ、ホッキョクグマ、猛禽など食物連鎖の頂点にいる種に達する。セントローレンス湾のシロクジラなど、一部の捕食者の繁殖力が低いのはこうした汚染が原因ではないかと考えられている。

動物は大気汚染にも影響を受ける。これは燃料が燃やされて有毒ガスが大気に放出されることから起こる。大気汚染は酸性雨など局地的な問題を引き起こし、淡水魚に深刻なダメージを与えている。さらに広い範囲で見ると、地球温暖化の原因ともなっている。温暖化は、いずれ地球上の動物種ほとんどすべてに影響を与えかねない環境の変化なのである。

狩り、釣り、採集

多くの地球資源と違って、動物は再生産が可能である。理屈の上では、有用な種は採取してもなくならないことになる。しかし実際には乱獲されて絶滅の危機に瀕している種、すでに消えてしまった種も多い。

乱獲の犠牲となった動物には、かつては世界で最も数が多かったのに1914年に絶滅した北米のリョコウバトがいる。これは食用に殺された例だが、最近ではそれほど切実でない理由で狩りの対象となる動物が多い。ゾウは象牙めあての需要があり、サイも角をとるために殺されている。トラは、毛皮や体の一部を利用するために狩り

輸出されていく鳥
小さな針金の籠に閉じ込められたこのインコたちは、ペット用に売られていく運命にある。ペット用動物の取り引きは、海外のディーラーから資金が提供されて行われている。しかし鳥たちの原産国では、鳥の採集が生計をたてる唯一の道となっている場合があるのも事実である。

警鐘
魚は特に化学汚染や水中に含まれる酸素の減少に敏感だ。魚の大量死は、付近の水質が深刻に汚染されているのをいちはやく知らせていることが多い。

立てられ、動物の生存数が減るにつれその値段も高騰している。陸の動物だけではなく、海でも魚が乱獲の犠牲になっている。かつてはどこにでもいた種、例えばタイセイヨウマダラの数の急減は、商業的に重要な多くの魚が大きな危機に瀕していることの警鐘といえよう。

また様々な動物がペット用に採取されている。特に危険にさらされているのは、サルや熱帯のオウムである。成長してから捕らえられるものもいるが、多くは子どものうちに捕まる。親から引き離されたために十分な世話が受けられず、死んでしまうものも少なくない。

外来種

クリストファー・コロンブスが初めてアメリカに上陸する前から、探検家や植民者は未開の地に動物を持ち込んでいた。それが顕著になったのが16世紀と17世紀で、その結果、数百年たった現在、隔絶した土地の野生動物がネズミやネコからヒツジ、シカ、ヤギなどの強い外来種に圧倒されている。このような人間に持ち込まれた種の中には在来種を捕食して問題となっているものもいる。またなわばりや食物を奪い合ってその土地本来の動物に間接的に害を与えているものもいる。

オーストラリアでは、外来種が大陸全体の生態系を混乱に陥れた。カンガルーは今でも健在だが、小型の有袋類は今ではもともとの生息地のごく小さな一部、外来種には入り込みにくい辺境の生息地に棲んでいる。ニュージーランドやマダガスカルでも同じ問題が起きている。もっと小さな太平洋の島々では、状況はさらに深刻だ。その土地の鳥たちがネコやネズミによって絶滅する例が後を絶たない。しかも、ネコやネズミはしぶとくて排除

招かれざる客
ウサギは食用として、また毛皮を利用するために19世紀半ばにオーストラリアに持ち込まれた。彼らはたちまち全土に広まって在来種の動物たちを追い出し、植生を破壊した。乾燥した地域では土壌の浸食が始まり、風景が変わりつつある。

するのが非常に難しい。交通手段が発達し観光化が進んだ現代、外来種の脅威はますます大きくなっている。

気候の変化

地球の気候は非常に複雑なため、その変化を説明するのはたやすいことではなく、予測するのはさらに難しい。しかしこの数十年で、ある傾向がはっきりしてきた。地球の表面がかなりの速度で温暖化していることだ。原因はほぼ間違いなく、化石燃料の燃焼によって二酸化炭素の濃度が上がったためである。

動物は環境に適応して進化することができるので、気候の緩やかな変化には対応できる体をしている。しかし、今後100年に予想される変化はかつて起こった変化に比べてはるかにスピードが速いと思われ、進化の速度は追いつけそうにない。気温の上昇そのものは必ずしも問題とならないだろうが、地上の植生の変化、また水位や潮の流れの変化によって問題が起こるケースが多そうだ。

動物がその影響を察知している兆候はすでにある。調査によると山岳地の動物の中にはさらに高度の高い土地に移動しているものがいたり、これまでよりも早く春の繁殖期に入る鳥が現れているという。海に目を移すと、サンゴが白くなる現象（74ページ、529ページ参照）は気候の変化に関係があると広く言われている。こうした変化が今現在起こっているのである。気候の変化に対処するための条約がどれだけ締結されても、今後数十年で問題の数は増えていくに違いない。

絶滅寸前の動物たち

2002国際自然保護連合（IUCN）絶滅危惧種レッドリスト（下記参照）には、5400種以上の動物が近い将来絶滅の危険性が高いと報告されている。そのほとんどが、人間の活動によって絶滅の危機に瀕している。絶滅危惧種の数はこれまでに確認された全動物種の0.1％に満たないが、この数字は実際よりかなり少ないとIUCNは考えている。これは世界の動物の多くがほとんど解明されておらず、個体群の規模の変化を評価するのが非常に難しいためである。鳥類や哺乳類の統計はまだ信頼性が高いが、その数字は読む者を暗澹とさせる。哺乳類の4分の1近くがリストに掲載されており、うち181種は絶滅寸前にあるのだ。鳥類は8分の1が掲載され、うち182種が絶滅寸前である。植物も6000種近くがリストに名前を連ねている。その植物に依存して生きている動物たちにとっては深刻な数字である。

同じ"絶滅寸前"にあるといっても、種が違えば状況も異なる。一部の種、特に無脊椎動物は条件がよくなればすぐに繁殖できるので、復活する可能性もある。しかし多くの種は繁殖に時間がかかり、数が減れば回復するのに長い時を要する。その典型的な例がアホウドリである。アホウドリは成体になるまでに7年かかり、卵は1個しか産まず、繁殖も1年おきに行うことが多い。やっかいなことに、動物はふさわしい生息環境とパートナーがいても繁殖するとは限らない。これは多くの種が集団の中で繁殖するためである。周りに仲間がたくさんいることが、求愛や巣づくりなどの繁殖行動のきっかけに欠かせないのである。

リョコウバトは共同社会の中で繁殖する動物の典型例で、数平方キロにも及ぶコロニーの中で巣をつくっていた。まだ数千匹が残っていた段階で、すでにこの種は絶滅への一線を越えてしまったのである。

溶けていく氷
ホッキョクグマは冬の海氷をアザラシ狩りの場にしている。地球温暖化にともない、北極海を覆う氷も減少し、ホッキョクグマにとって1年の中で厳しいこの時期に食物をとるのが難しくなっている。

野生絶滅：
プルジェワルスキーウマ

絶滅危惧IA類：
クロサイ

絶滅危惧IB類：
アレキサンドラトリバネアゲハ

絶滅危惧のカテゴリー
国際自然保護連合（IUCN）絶滅危惧種レッドリストでは動物を危険の度合いに応じて8つのカテゴリーに分けている。最も危機に瀕している種（トラやクロサイなど）は"絶滅危惧IA（絶滅寸前）"、その次のカテゴリー（オランウータンやアレキサンドラトリバネアゲハなど）は"絶滅危惧IB（絶滅危機）"、など。詳しい分類は10ページを参照されたい。この分類を本書でも使用している。

絶滅危惧II類：
ワタリアホウドリ

低リスク：
コアラ

レッドリスト

絶滅危惧種レッドリストは、国際自然保護連合（IUCN）から発行されている。国連によって1948年に設立されたIUCNは自然界の保護のために様々な活動を行っている。そのひとつが定期的なレッドリストの編集で、全世界の1万人を超える科学者から寄せられた情報をまとめたものである。このリストは地球上の生物の現状を知るための世界的な資料になっている。

最新のレッドリストを見ると、絶滅危惧種は特定の地域に集まっているのがわかる。現在の"危険地帯"は東アフリカ、東南アジア、アメリカの熱帯地方である。こうした地域には北や南の地域に比べてはるかに多様な種が棲んでいるのが理由のひとつだ。例えばアメリカの熱帯地方は鳥類種が特に豊かである。近年、こうした地域の生息環境は急速に変わった。とりわけ森林伐採が目立つ。人口が増えて作物を育てる土地が必要になったことがその一因となっている。

保　護

　人間が野生動物に及ぼすマイナスの影響は日ごとに増しているが、一方では保護活動も成果をあげてきている。世界中で、大小様々な団体が自然をその本来の状態で残そう、あるいは破壊せずに利用させようと力を合わせて取り組んでいる。これは大変な仕事であり、現実問題として難しい課題も出てくる。種を守るための最善の方法は何か？　絶滅寸前にある動物を救うにはどうすればよいのか？　また、資金が限られているとすれば、優先すべき動物はいるのか？　専門家でも同じ答えが出せるわけではないが、今絶滅の危機に瀕している種が生き延びるためには、すぐにでも保護に取り組まなければならないことは言うまでもない。

生息環境の保存

　これまでのところ、動物を保護する上で最も効果が高い方法は自然の生息環境を保存することである。動物の生息環境にはその動物が生きていくために必要なものがすべてある。食物とエネルギーがある種から別の種へと受け渡されていく無限のサイクルが続くのは、自然の生息環境が本来の姿にあってこそ可能なのである。

　国立公園や野生動物保護地区が制定される背景にはこのような考え方がある。小さな公園でも、特に繁殖地の保護に役立つのであればそれなりに効果があるが、一般論として、保護区域が広いほどその恩恵を被る種の数も多く、生息環境が本当に自力で維持されていく可能性も高い。カナダのアルバータ州北部からノースウェスト・テリトリーズにまたがるウッドバッファロー国立公園は世界最大で、敷地面積が4万4807平方キロもある。この公園では北アメリカで最大のバッファローの群れを保護しており、辺鄙な場所にあるおかげで人間の侵入も最小限に抑えられている。

水辺の観察ポイント
専用に建てられた観察小屋から保護地区の湿地帯にいる野鳥が観察できる。湿地帯は何百年もの間農地用に干拓されてきたため、こうした保護地区は湿地帯に棲む多くの種にとって生命線となっている。

　交通の便のよい場所にある国立公園や保護地区は、資金不足とともに、人気があることでかえって苦しんでいる。例えばガラパゴス諸島では、野生動物の生活と住民や観光客が増えてきたことによる様々な要請のバランスをとるために、保護活動家が苦労している。

人工繁殖

　動物がさしせまった絶滅の危機にある場合は、人工繁殖がその危機から救うために効果の高い方法となる。1982年に野生のカリフォルニア・コンドルがわずか24匹となったときがまさにこうした状況だった。1980年代に繁殖計画が始まり、野生の個体群が減り続けていったため、生き残った個体はすべて捕獲された。これは当時かなりの物議をかもした過激な手段であった。しかし20年たって、人間が介入したことは正しかったのが証明されたようだ。総個体数は170匹ほどに達し、そのうちおよそ40匹が野生に戻された。ハワイガンやアラビアオリックスでも人工繁殖は成果をあげている。遺伝技術が発達したおかげで、最近絶滅した種を"よみがえらせる"可能性さえ出てきた。

　ただし、人工繁殖は生存率を上げる方法として長期的に使えるものではないと考える保護活動家が大半を占める。その理由は2つある。まず、莫大な時間と資金と場所を必要とすること。そして種の衰退は生息環境が失われたのが原因であるため、人工繁殖では解決にならないことである。野生に戻されてもその動物たちには行き場がないのだ。

ふたたび野生へ
人工飼育されたこのカリフォルニア・コンドルはいつの日か、野生の個体群の増加に役立ってくれるかもしれない。しかし人間のもとでの生活に比べると、野生の生活は困難で危険に満ちている。

侵入者の抑制

　隔絶した地域では、人間に持ち込まれた外来種のせいでもともとその土地に棲んでいた動物が生きにくくなることがある。食べられてしまうだけでなく、食物やなわばりを奪い合うことになるからだ。こうした迷惑な新参者の筆頭がネコ、キツネ、ネズミだが、草食性の哺乳動物も大きなダメージを与える場合がある。オーストラリアやニュージーランドのように被害の大きな地域では、在来種への脅威を抑えるための計画が始まっている。オーストラリアのように広大な島では、野生化したネコやキツネを撲滅しようとしても現実的には無理である。そこで、一部の地域で広大な土地にフェンスを張りめぐらせ、フクロアナグマやミミナガバンディクートをはじめ危機に瀕した有袋動物を、外国からやってきた捕食者から守っている。この大きな囲いの中では、外来種は罠で捕らえられたり、毒餌で駆除される。毒も自生している植物からとられた物質が使われている。在来種には害がな

立ち入り禁止
オーストラリア西部のペロン半島には電流を通したフェンスが張りめぐらされ、ネコなどの外来種の侵入を防いでいる。総面積1000平方キロの半島全体が、外来種を排除した、絶滅の危機にある有袋類の楽園となっている。

アピールする動物

　動物保護で問題となるのが、個々の種に対する人間の反応が異なることである。同じ絶滅に瀕した動物でも、多大な関心や共感を寄せられる種もあれば、まったくかえりみられない種、嫌われる種さえいる。前者の例がジャイアントパンダで、自然保護の世界的なシンボルにまでなった。後者の動物は数多いが、例えば鞘翅目などの昆虫で、"気味の悪い虫"と片づけられてしまう。しかし保護の効果をあげるためには生息環境にいるすべての動物を守らなければならない。カリスマ的な巨型動物類（アピール力を持つ大型動物）も、人の目にふれない、名前すら知られていない無脊椎動物も同じなのである。

正反対の存在
ジャイアントパンダとヨーロッパカミキリムシは一般人の関心度合いの両極端にある。パンダには資金もマスコミの関心も集まるが、カミキリムシやその仲間はほとんど話題にもされない。

ジャイアントパンダ

ヨーロッパカミキリムシ

く、外来種だけに効き目があるため理想的だ。保護のために他の動物を殺すのは、特に野生化したネコなどが対象であると反対意見も出てくる難しい問題である。しかし、オーストラリアの有袋類に関しては、非常に効果的な方法であることは間違いない。

人間が持ち込んだ種は、小さな島ではいっそう深刻な問題となる。陸生動物やコロニーをつくる鳥たちに壊滅的な打撃を与えかねないからだ。南インド洋のケルゲレン列島のような孤島は、数百年前に船にまぎれてやってきたネズミに席巻されてしまった。ネズミは駆除が非常に難しい。ケルゲレンの駆除計画は失敗したが、ニュージーランドの沖合にあるいくつかの島では成功し、ネズミが駆除された後、絶滅の危機にあった爬虫類のムカシトカゲの安息の地となった。このような小さな島は哺乳類を入れないようにするのが比較的簡単なため、理想的な環境となる。

法的な保護

これまで何百年も見境なく乱獲されたあげく絶滅の危機に瀕した動物たちは、今ではたくさんの国際条約や国の法律で保護されている。中でも重要なものがワシントン条約（CITES、右コラム参照）である。ほかにも、湿地帯など特定の生息環境を保護する協定や南極条約のように大陸全体を保護する協定がある。野生動物という資源を管理する手段として、保護を推し進めている国際団体もある。例えば1946年に設立された国際捕鯨委員会は、もともとはクジラを"絶滅させないように捕獲すること"を監督するものであった。大型クジラのほとんどが急減していることが明らかになると、捕鯨の制限がしだいに厳しくなり、1986年には商業ベースの捕鯨が完全に禁止された。

こうした法的な保護は野生動物の保護の要である。例えばクジラの場合、法的な保護のおかげで一部の種が絶滅をまぬがれたことはほぼ間違いない。ただしその効果は法の抜け道や違法行為によって損なわれることもある。クロサイは密猟のせいで、1960年代初めに10万匹近くから現在は2000匹に数が減り、トラも総個体数が7000匹ほどに減少している。ともに体の一部を利用するために殺されており、アジアでは非常な高値がついている。

商業的な搾取

サイの角やトラの骨が売りさばかれるのを大目に見ようという人はそういないはずだが、野生動物が生き残るためにはある程度の代償を払うのもやむなしと考える保護活動家もいる。野生動物が収入を生めば保護する動機ができるため、保護しやすいという考え方である。それには大きく2つの方法がある。野生動物観光を促進し、収益の一部を保護活動に使うこと。または動物自身を資源として管理することである。

野生動物観光は人気の高いビジネスでありが、生息環境に人間が侵入するという欠点があることも否めない。しかし動物を資源として利用することについては、野生動物の専門家の間でさらに激しく意見が分かれている。その争点となっているのがアフリカゾウだ。象牙の利用について、いくつかの保護団体が対立しているのである。

観光客を喜ばせるアトラクション
観光客のグループに見守られながら、チーターが夕陽を浴びてくつろいでいる。チーターがこれほど人になれているのは珍しい。生息環境にツーリズムが入り込んだことで動物本来の行動が影響を受けているのがわかる。

象牙の販売を法律で認めることは、たとえ制限つきであってもゾウの個体数に打撃を与える（また密猟を助けることにもなる）と考える団体がある一方、慎重に規制すれば象牙の販売によって資金が生まれ、アフリカゾウの保護に役立つとしている団体もある。

現段階では、野生動物の保護に商業主義が貢献し共存できるものかどうかはわからない。ただし確実にいえるのは、野生動物によって生み出された収益は地元の人々を潤すものでなければならないことだ。彼らの協力なくしては保護はうまくいかないからである。

勝者と敗者
1930年代には絶滅寸前にあった南極のオットセイは、今では150万匹に増えている。ここまで数が回復したのは、狩猟から保護されているためばかりではなく、餌となるオキアミを奪い合うクジラの数が減ったおかげでもある。

ワシントン条約

ワシントン条約（CITES）は、生きた野生動物、動物を原料とした製品、野生植物の国外への持ち出しを規制するために制定されたものだ。81か国が参加して1973年に調印されたこの条約は、1975年に施行され、今日では120か国以上が加盟している。CITESはカメや鳥など400を超える種については完全に売買を禁止しており、他の種についても売買には特別な許可が必要としている。一部地域では成功しているものの、港や空港の監視を強めているにもかかわらず、密輸がいまだに横行している。

禁止された品々
写真の製品はすべてべっ甲製のもの。CITESの規定で輸出が禁じられている。CITESで定めた動物や製品を所有することを違法としている国もある。

生息環境

　宇宙の中で生命ある星は地球ただひとつである。他の生物と同様、動物も地球環境の地表から海底までの分布帯に暮らしている。熱帯の温暖で湿気のある地域が最も数や種類が豊富であるが、乾燥した砂漠や高い山の上、極地の氷雪の中など厳しい環境に適応して生きている動物たちもいる。どこであろうと動物たちは仲間や他の生物、また生息環境と呼ばれる複雑で絶えず変化している周囲の事物とかかわり合っている。このセクションでは、世界中の生息環境とそこで暮らす動物たちを見ていく。

世界の生息環境

宇宙から見ると、地球の最も目立った特徴はじつに変化に富んでいることである。陸地と海があるだけでなく、山、平野、川、岩礁、そして深い海溝もある。地球の気候も多様だ。世界には何週間、何か月も雲ひとつない晴天が続く場所もあれば、寒風に吹きさらされている土地も、激しい熱帯の嵐に見舞われるところもある。こうした違いのおかげで様々な生息環境が複雑に入り組んで存在し、多種多様な動物が暮らしていけるのである。種によっては適応力が高く、条件が大きく変わっても生き延びられるものもいるが、大半の動物は1つの生息環境でしか見られない。

生息環境の分布
この地図は世界の主な生息環境の分布と人口1万人以上の都市を示している。ここに示す生息環境の分布は、都市化や農業の拡大など人間による変化が起こらなかった場合を想定したパターンである。

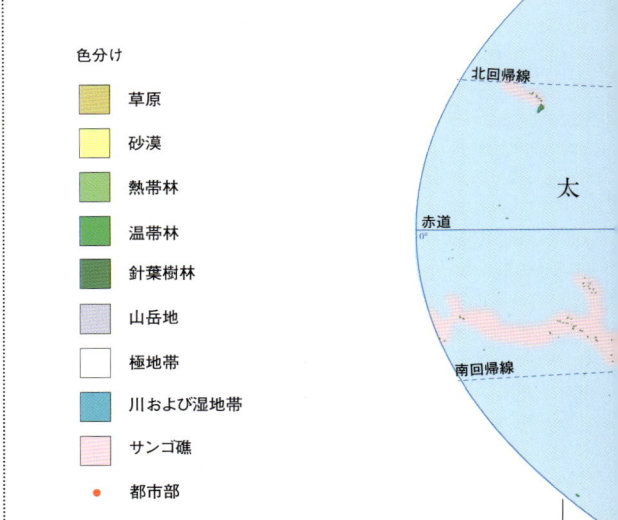

色分け
- 草原
- 砂漠
- 熱帯林
- 温帯林
- 針葉樹林
- 山岳地
- 極地帯
- 川および湿地帯
- サンゴ礁
- 都市部

生息環境とは何か

狭い意味でとらえれば、生息環境とはあるものが生息する環境のことである。動物によっては、砂漠に一時的にできた水たまりのような限定されたところや、朽ちた木片のように小さなものが生息環境であったりする。本書ではもう少し広い意味でとらえ、一定の特徴を持つ生物の集合と彼らが暮らす周囲の環境までを生息環境とする。生態学ではこのように定義した生息環境をバイオーム(生物群系)という。

生息環境には生物もいれば無生物もある。砂漠のようなところでは、生物はごくまばらに散らばっていて、無生物が環境の大半を占めている。森林やサンゴ礁のようなところには生物が豊富にいて空間という空間を埋め尽くし、互いの生息環境をつくり出している。こうした生息環境では、たくさんの種が隣り合って共存し、複雑で精緻な生命の網を織り上げている。

生息環境を形づくる要因

地理も生息環境をつくる一要因であるが、何よりも重要な要因は気候である。気候の違い(それほど離れていない場所でもまったく違うことがある)が植物や動物の生活に大きな影響を与える。例えば山脈が雨風をさえぎるような場所では、山の雨風が吹きつける側は降雨量が多く、森林が豊かに生い茂り、様々な動物が暮らすようになる。一方、山の反対側の風下で雨が降らない方は降雨量が少なく、砂漠や低木林になり、乾燥に強い動物だけが生き延びる。

もうひとつ、気候的な要因に気温があり、陸と海の両方に大きな影響を及ぼしている。例えば北にいくと、厳しい冬の霜で針葉樹林がこれ以上は広がらないという場所がある。この高木の生育限界線は北極の周りにいびつな円を描いており、イスカやキバチなど針葉樹を頼りに生きている動物の北限もここまでということになる。海岸や海では気温の変化が内陸部よりも緩やかである。ただし、海でも暖かいか寒いかで生息環境が決まってくる。例えば、礁をつくるサンゴは20℃以下では育たないため、ほとんどのサンゴ礁は熱帯にある。しかしアフリカやアメリカ大陸の西岸ではサンゴ礁がめったに見られない。これは気候が温暖でも沿岸を冷たい潮が流れているからである。マングローブ湿地も同じパターンで分布している。南半球では南オーストラリアまで見られるが、北半球では熱帯のわずか北までしかない。

気候の影響
アルゼンチン(左)とチリ(右)にあるこの2つの生息環境は同じ緯度にあるが、気候がまったく違い、そのため生息している植物や動物もまったく異なる。この違いをつくっているのは、雨風をさえぎるアンデス山脈である。チリはアンデス山脈の風上にある。

生物の多様性

科学的調査が始まった当初から博物学者の目をひいたのは、生物の多様性、つまり種の数には場所によって開きがあることだった。北端や南端の地域にいる種の総数は、赤道直下の種の数よりも少ない。例えば北極のツンドラに棲んでいるのは数百種の昆虫にすぎないが、熱帯林に棲む昆虫は少なくとも100万種はいるだろう。同じことは、規模こそ昆虫よりも小さくなるが、哺乳類や鳥類についてもいえる。しかし高緯度にある生息環境は生物の多様性には欠けるかわり、種の個体数は非常に多い。南極大陸の近海にはおよそ4000万匹のカニクイアザラシが生息している。これは地球上の大型哺乳類では最多を誇る数である。

生物の多様性になぜこれだけ差異があるかはまだ完全には解明されていないが、気候が関係しているのはほぼ間違いないだろう。しかし、多くの動物種が絶滅の危機にさらされているこの時代、生物の多様性——そしてそれを維持するための方策——は重要なテーマとなっている。熱帯林やサンゴ礁は特に種の宝庫であり、現在こう

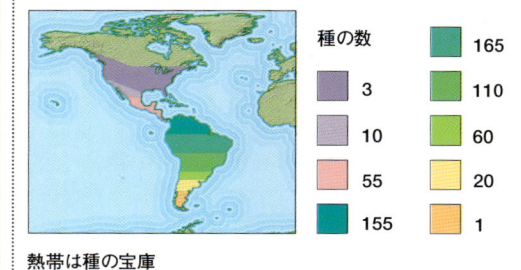

熱帯は種の宝庫
熱帯の方が種の多様性に優れていることをはっきり示すのは、ハチドリの分布である。高緯度の場所ではひとにぎりの種しか棲んでいない——しかもそのほとんどは渡り鳥である——が、赤道付近の種の数は150を超える。

種の数: 165, 3, 110, 10, 60, 55, 20, 155, 1

化学的サイクル

どの生息環境でも、生物と無生物の間で化学物質がやり取りされるサイクルには生物が介在している。生きるためには約25の元素が不可欠だが、生物の体を構成しているのはそのうち4つにすぎない。水素、酸素、窒素、そして特に重要な役割を果たすのは炭素である。無生物の世界では炭素は空気中(ガスとして)、水中(水に溶けた形で)、地中(岩や化石燃料の中に)にある。植物は空気から二酸化炭素を吸収し、その他の生物は炭素を含んだ物質を分解してエネルギーを取り出すときに二酸化炭素を吐き出す。また炭素は化石燃料を燃やしたときにも放出される。

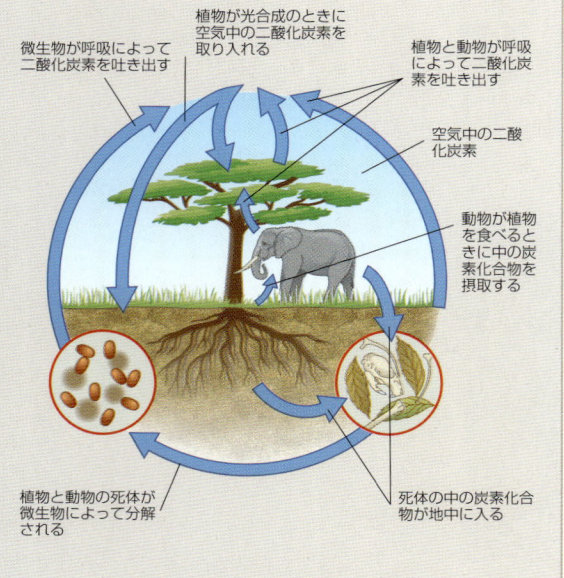

炭素のサイクル
この図では炭素のサイクルの主な道筋をいくつか示している。サイクルの各部分が完了するのにかかる時間には大きな開きがある。生物の中には数日間しか滞留しないが、地中に数千年もの間とどまることもある。

- 微生物が呼吸によって二酸化炭素を吐き出す
- 植物が光合成のときに空気中の二酸化炭素を取り入れる
- 植物と動物が呼吸によって二酸化炭素を吐き出す
- 空気中の二酸化炭素
- 動物が植物を食べるときに中の炭素化合物を摂取する
- 植物と動物の死体が微生物によって分解される
- 死体の中の炭素化合物が地中に入る

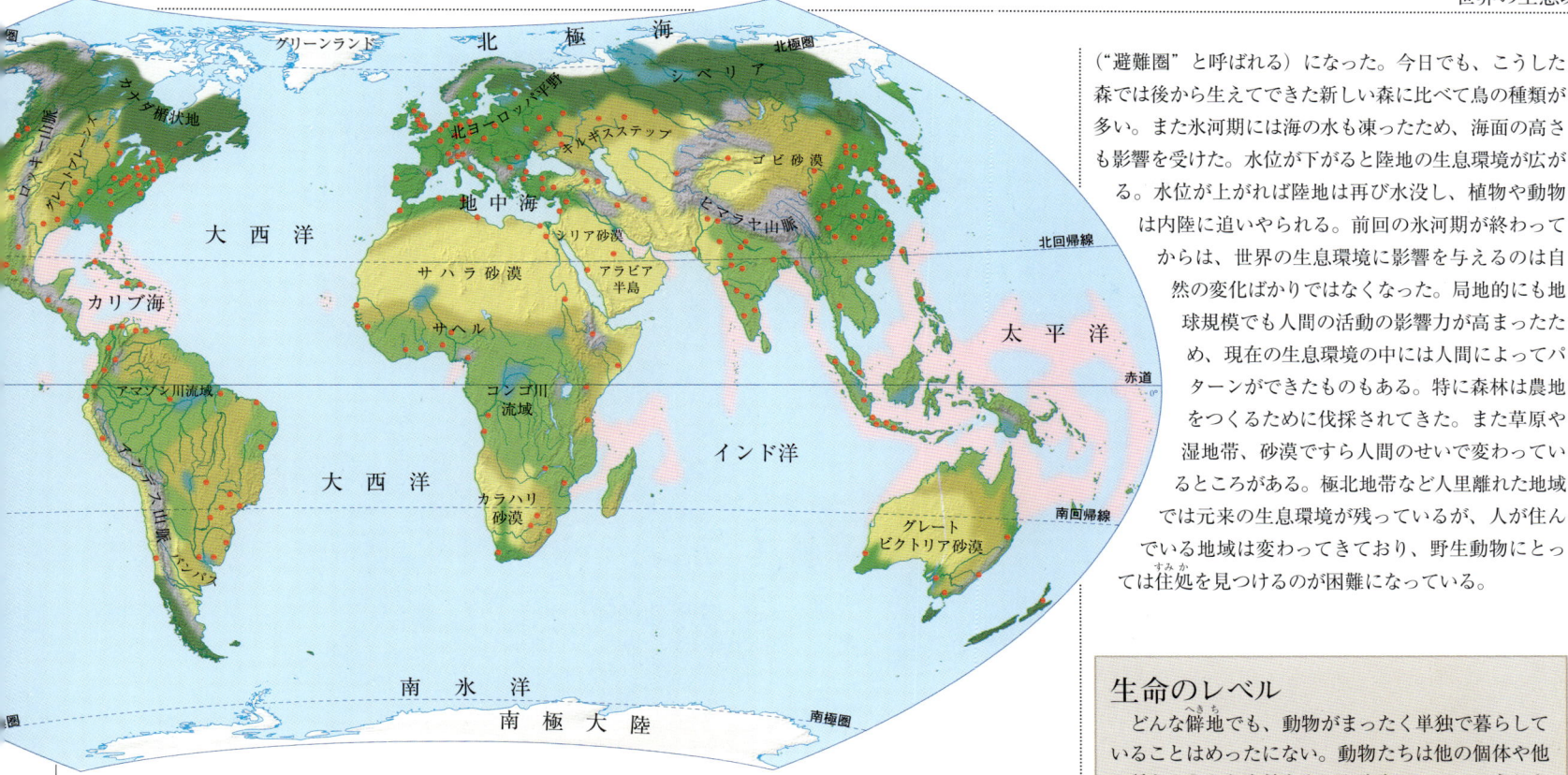

世界の生息環境

（"避難圏"と呼ばれる）になった。今日でも、こうした森では後から生えてできた新しい森に比べて鳥の種類が多い。また氷河期には海の水も凍ったため、海面の高さも影響を受けた。水位が下がると陸地の生息環境が広がる。水位が上がれば陸地は再び水没し、植物や動物は内陸に追いやられる。前回の氷河期が終わってからは、世界の生息環境に影響を与えるのは自然の変化ばかりではなくなった。局地的にも地球規模でも人間の活動の影響力が高まったため、現在の生息環境の中には人間によってパターンができたものもある。特に森林は農地をつくるために伐採されてきた。また草原や湿地帯、砂漠ですら人間のせいで変わっているところがある。極北地帯など人里離れた地域では元来の生息環境が残っているが、人が住んでいる地域は変わってきており、野生動物にとっては住処(すみか)を見つけるのが困難になっている。

動物の分布

このページの地図では、世界中に散らばっている様々なタイプの生息環境が一覧できる。わずかな例外はあるものの、動物の分布は世界中に広がっているわけではない。種ごとに特有の分布の仕方がある。それは進化の経緯（16〜17ページ参照）と生態によって決まってきたものだ。

動物の生態は意外にささいな部分で分布に影響を与える場合が多い。例えばカッショクペリカンはアメリカ大陸では北端と南端を除いた西岸一帯にいるが、東岸ではカリブ海の以南には見られない。これはなぜかというと、他のペリカンと違ってカッショクペリカンは水に潜って魚をとるため、獲物が見えるような澄んだ水のほとりにしか棲めないからだ。カリブ海は澄んでいるが、そこから南にはアマゾン川があって莫大(ばくだい)な泥を含んだ水を海に注ぎ込んでいる。ペリカンにとっては、この泥水が障壁となっているのである。

多くの動物の分布は特定の植物の分布とかかわりがある。なかでも極端な例はイトランモグリガで、このガはイトランがなければ生きていけない。またイチジクの中で成長するイチジクコバチをはじめ、特定の花に頼って生きているハチも多い。もっとも、植物に依存して生きている動物は昆虫ばかりではない。陸生の甲殻類としては体の大きさも体重も最大のヤシガニは、海辺に落ちている熟したココヤシの実を主食としている（下の写真参照）。そのため、ココヤシの生えている場所にしか見られない。哺乳類にもこのような動物がいる。よく知られているのはジャイアントパンダで、中国中央部の山の中腹にしかない20種あまりの笹(ささ)だけを食べて生きている。

変わる生息環境

自然界では生息環境は常に変わっていく。森林や草原が火事になったり、川が氾濫(はんらん)したり、嵐でサンゴ礁や海岸が破壊されたりする。こうした不測の出来事も生きていれば避けられない。動物たちは他の生物と同様、こうした中で生き延びられるように進化してきた。また、長い時間の間にはさらに深いところで生息環境が変わることもある。通常その原因となるのは気候の変化である。これは、大陸移動など様々な要因がきっかけとなって起こる自然のプロセスである。過去には何度か、最も近いところでは１万2000年前に起こっているが、極地帯の氷雪が拡大して、それまであった生息環境を破壊し、棲んでいた動物たちを追いやっている。氷はやがては溶けて、一度は死に絶えた大地に植物が再び根を下ろし、動物たちも戻っていった。世界の気候は相互関係があって、一地域の気候の変化は長期的には地球全体に影響を及ぼす可能性がある。例えば氷河期には熱帯地方の気候は以前よりも乾燥し、アマゾンの熱帯林は縮小して草原の中に点在する森

ココヤシ食い
木から落ちたココヤシをはさんで、2匹のヤシガニが好物を取り合い、闘っているところ。たった1種類の植物によって分布が決まる動物はたくさんいるが、ヤシガニもココヤシのあるところにしか見られない。

生命のレベル

どんな僻(へき)地でも、動物がまったく単独で暮らしていることはめったにない。動物たちは他の個体や他の種とかかわりを持ちながら生きている。こうした動物同士の関係は限られた地域の個体群や群集や生態系から、生物圏――生物のいる場所すべてをまとめた全体を指す――まで、様々な生態レベルをつくり出す。微生物の生息範囲は非常に広いので、生物圏は空気中から地下数キロの範囲にまで及ぶだろう。

個体
個体とは自身で餌を探す独立した単位の動物をいう。決まった範囲を住処としていることが多い。

個体群
個体群とは同じ地域に棲んで繁殖する、同じ種の個体の集まりをいう。

群集
群集とは個体群が集まったものをいう。種は違っても、互いに依存して生きている。

生態系
生態系とは群集とその周囲の環境のことをいう。特定の生態系のタイプはバイオーム（生物群系）、または生息環境と呼ばれる。

生物圏
地球上の生態系をすべてまとめて生物圏という。地表から大気圏まで、生物が棲んでいる場所すべてをさす。

草原

草 原

樹木が生い茂るには乾燥しすぎているが、砂漠にならない程度の湿気はある土地で、主に生育している植物は草である。草は地面に近いところから茎が伸びる点で植物の中では異質な存在である。先端が成長する他の植物とは違い、動物に上の方を食べられてもダメージを受けない。むしろ草食動物が競争相手となる植物の成長を妨げてくれるおかげで繁栄していられる。そのため、広大に開けた生息環境ができる。草を食べる生物にとっては食物が豊富であるが、厳しい気候から守ってくれるものはほとんどない。

ヒバリなど草原の鳴禽は止まる木がないので、鳴き声を遠くに届かせるため空高く舞いあがってさえずる。

サイガは大きな群れをつくる。外見も生態もまさにレイヨウ（温帯草原にはほとんど見られない）そのものだ。

温帯草原

農耕が始まるまでは、地球上、特に北半球の温帯地域の大部分を草原が覆っていた。北アメリカのプレーリーや、ヨーロッパおよび中央アジアのステップをはじめとするこのような広大な草原は、ほとんどが大きな大陸の真ん中、つまり海岸や沿岸に吹く湿気を含む風からは遠い場所にある。夏は暖かいが、冬は寒風の吹きすさぶ長くて厳しいものになる。

このような生息環境の一風変わった特徴は、他の土地とは反対に、植物の大部分が地下に隠れているということである。これは、草が葉を生やすよりも根を伸ばすことにエネルギーを注ぎ込んでいるためで、草の根はどこまでもマットのように密生し、土を押さえ込んで地面を守る。草原が火事になったり、旱魃に見舞われたりしても、草が地中の蓄えから養分を引き出してまた伸びてくるので、たちまち元どおりになる。密生した根は昆虫などの小動物の生きる糧となる。また穿孔動物にとっては願ってもない住処となる。掘りやすいうえ、根に支えられているおかげで崩れたりしないからだ。

地上では、食物の供給は天候と密接に結びついている。温帯草原では年間の水量のほとんどが春の雨か雪解け水である。そのため、春から初夏にかけて一気に植物が成長し、草食動物の繁殖もこの時期に集中している。夏が終わる頃には草は茶色く乾いてしまうが、植物の種子は貴重な秋の産物となる。冬は草原の動物にとって厳しい季節だが、特に草食動物は雪の下に埋もれた乏しい食物で生き延びなければならない。

温帯草原の大部分は北アメリカ、南アメリカ、東ヨーロッパ、中央アジア、東アジアにある。

体が大きく重量のあるバイソンは今では比較的数が少ないが、かつてはプレーリーの生態系に大きな影響力を持っていた。

ニワカナヘビのような草原の爬虫類は地中で冬を過ごし、夏に活動的になる。

アナホリフクロウのように、巣になる木がないため、かわりに地下に掘った穴の中に卵を産みつける鳥もいる。

地面

生息環境

草原

サバンナ

　サバンナとは熱帯または亜熱帯の草原をいい、低木や樹木がまばらに生えている。おなじみの例は東アフリカの草原で、様々な野生動物が生息し、独特の植物（とりわけ目立つのは葉が水平に生い茂るアカシアの木）が生えている。温帯草原と比べると、サバンナは多様性に富む。木の数が少なくまばらなサバンナもあれば、低木の茂みが点在しそのまま林を形成しているところもある。

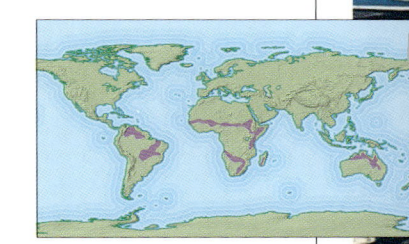

　木はサバンナの動物の生活に大きな影響を与えている。木からは枝、葉、花、種子と様々な食物がとれ、しかも天候から守ってくれたり、地面から離れたところで暮らす動物たちにとっては繁殖の場ともなってくれるからである。木と草のバランスは微妙で、動物によって変わってしまう場合もある。例えばゾウが葉を食べるために木に体当たりして折ってしまうことがある。しかし木の種子を食べて糞として出し、その糞を栄養分として種子が成長するので、ゾウが木の繁殖を助けている面もある。草を食べる哺乳類は若木がしっかりと定着する前に食べてしまい、木の数が増えるのを抑える。火事も森の成長を妨げる。特に木が密集して生えている場所ではその影響が目立つ。

　温帯草原とは違って、サバンナは1年を通して暖かい。長い乾季が訪れることが多く、その間に木々の大半が葉を落とすが、やがて雨季がやってくると短期間のうちにいっせいに植物が成長し、風景は緑に一変する。この雨季の間は草食動物が食物不足に苦しむことはまずないが、乾季には飢えに脅かされ、多くの動物たちが水と食物を求めて長距離を移動する。

木と地面

コシジロハゲワシのような空の腐食動物にとっては、サバンナの地表の熱気から生ずる上昇気流、見晴らしのよさ、野生動物の豊富さは最高の条件だ。

アフリカの草原に生えている木が傘のような姿をしているのは、キリンの首が長くて高いところまで届くのも一因だ。

ダチョウなどの飛べない鳥は、走ることが逃げるための強力な手段となるサバンナで繁栄する。

地面

チーターは見晴らしのきく場所で獲物を襲うため、こっそりと近づくよりも、スピードに頼って狩りをする。

シロアリは地面の下で植物を運び、生命に必要な養分の循環を助ける。

サバンナは主に、中央アメリカ、南アメリカ、アフリカの熱帯地方、南アジアおよびオーストラリア北部で見られる。

草原の保全

　かつては自然の草原が地球の大地の5分の2を覆っていた。しかし、農耕が広まるとともに、草原の多くが穀物や家畜を育てるために手を加えられ、本来の植物や動物の棲む草原は今ではごくわずかしか残っていない。農業によって新たに出現した草原もある。ヨーロッパやニュージーランドの丘に広がる牧草地は、数百年前に森を切り開いてできたものだ。昔の牧草地には野生動物がたくさん棲んでいたが、現代の牧草地は植物の種類がずっと少なく、動物の種類もかなり限られている。

変わりゆく草原
150年足らずの間に北アメリカのプレーリーの90%が農耕地に変わった。

生息環境

草原の生活

何百年も前から人間が入り込んではいるが、それでも草原には地球上でも最大の規模で動物たちが集まっている。とはいえ草原という生息環境で生きていくのは楽なことではない。身を隠すものがなく、植物の種類も限られているばかりか、旱魃や火事などの災害とも戦わなくてはならない。しかも、世界でも最も動きがすばやく力も強い捕食者に襲われる危険にも常にさらされているのだ。

群れ

視界のきく草原は隠れる場所があまりないので、危険が多い。少しでも生き延びる確率を高めるために、大型の草食動物は群れをつくって生活している。群れであれば、大半が草を食べていても、危険に神経をとぎすませているものが必ずいるので、捕食者に攻撃されにくくなるのである。

現在、最も大きな群れはアフリカの草原に見られる。ここでは周期的に移動するヌーが、25万匹あまり、全体で40kmにも及ぶ群れをつくることがある。しかし、これだけの群れでも過去に存在した群れに比べるとまだ小さい。19世紀の南アフリカには、1000万匹以上を擁するスプリングボックの群れがあった。北アメリカのバイソンの群れも、狩猟によって絶滅寸前に追いやられる前は同じくらいの規模だったといわれている。

群れでの生活にも問題はある。そのひとつは、群れから迷い出る危険があることである。群れをつくる種は、ほとんどが蹄に臭腺を持っているので、群れからはぐれても、匂いをたどって仲間のもとに戻ることができる。もうひとつの危険は出産である。子どもが踏みつぶされたり、襲われたりするのを避けるため、多くの草食動物が身を隠せる場所で出産し、数週間後に群れに戻る。しかし、なかには見通しのいい草原で生まれ、生後わずか数時間で群れについていかなければならない動物もいる。

動き

草原やサバンナでは、足の速いものの方が有利である。チーターやプロングホーンのような世界最速の陸生動物が草原に暮らしているのも偶然ではない。自然淘汰によって、食物を捕まえられるだけの足の速さを持つ捕食者、逃げ切れるだけの足の速さを持つ被捕食者が生き残ったのだ。

足の速い動物は大半が哺乳類であるが、草原には自然界で最も足の速い鳥たちもいる。ダチョウ、レア、エミューといった飛ぶ力を失った大型種である。彼らは速いときには時速70kmのスピードで走り、そのスピードを30分間は維持することができる。至近距離から襲われない限り、たいていの天敵を振り切るには十分な時間だ。

こうした足の速い動物たちがたくさんいるにもかかわらず、草原は動きがなく静かに見えることが多い。これは走るためにはものすごい量のエネルギーを使うため、動物たちはよほど必要に迫られたときしか走らないからである。被捕食者の動物には、危険の種類によって異なるが、目に見えない"安全地帯"がある。例えば、ガゼルは200mまでならライオンの接近を許すことが多い。この距離で姿の見えるライオンは狩りをするつもりがないことを本能的に知っているからだ。しかし、その4倍離れていても、1匹のチーターを見たとたんガゼルの群れは走り出す。

地下に生きるものたち

草原には、走って逃げるかわりに、地面の穴に隠れて危険を逃れる動物もいる。穴の中にいればほとんどの捕食者は追ってくることができず、また厳しい天候をしのぐこともできる。地下に暮らす動物には、哺乳類から昆虫まで様々な種がいる。特にヘビに多いが、自分で穴を掘らずに元からある穴を利用する動物もいる。最大の巣穴はアフリカのツチブタのものである。その穴は人間が

飛べない鳥
ひなたちを守るように、大きなレアが危険を見張りながら立っている。草原に棲む飛べない鳥の例にもれず、背の高さと大きな目を利用して遠くの天敵を見つけ、早いうちに安全な場所に走って逃げる。

地下の巣
オグロプレーリードッグが巣穴に敷くための草を集めている。コロニーやタウンと呼ばれる彼らの巣は、深いものでは5mにも達するトンネルでできている。

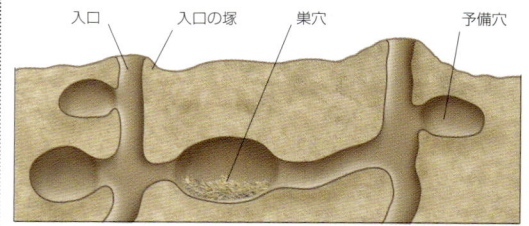

入口　入口の塚　巣穴　予備穴

プレーリードッグの巣

草原の生活

移動するヌー
タンザニアのセレンゲティ国立公園では、成長する時期の異なる植物を新鮮な状態で食べられるように、ヌーが1年サイクルで移動する。雨季は草原で、乾季はサバンナの森林の中で過ごすのである。

火事

落雷によって起こる火事も草原の自然の特色で、これによって枯れ葉が焼き払われ、新しい草が生えてくる。長い目で見れば火事は草原に暮らす野生動物を助けているわけだが、実際に燃えているときには野生動物も死の危険にさらされる。迫りくる炎を前にすると、大半の動物は安全な場所を求めて走ったり、飛んだりして逃げる。普段の用心深さも忘れてとにかく逃げることに必死になる。この火事の混乱に乗じることを覚えた動物がいる。ノガンやコウノトリは火のそばに集まり、逃げまどう昆虫や小動物をついばむ。そして火がよそに移動した後は、死骸を探して焼け残った地面をつつき回る。

火のそばで食事
コウノトリが迫りくる火の前で逃げようとする小動物を探している。草原の上空高く舞いながら、煙を見つけて寄ってきたのだ。

入れるほど大きく、車の走行には非常に邪魔になる。長さの点では、プレーリードッグをはじめとする齧歯類の巣穴が群を抜いている。北アメリカのプレーリーで農業が広まる前は、数千平方キロにも及び、数百万匹が棲むプレーリードッグの巣もあった。

シロアリも巣づくりの名人である。シロアリは地中から地上にまでうずたかく突き出した巨大で精緻な巣をつくる。こうした巣には3000万匹以上を擁する大規模な共同体が協力しあいながら棲んでいる。アリと同様、シロアリもその生息環境の動物の中で非常に数が多く、昆虫を食べる大型動物の食物となっている。

昆虫を食べる動物
オオアリクイは強い鉤爪でシロアリの塚を崩し、中の虫を食べる。

摂食行動

草は栄養分が豊かでどこにでもあるが、消化しにくいという欠点がある。人間も含め、多くの哺乳類は草を完全に分解することはできない。草には大量のセルロースが含まれているためだ。セルロースはほとんどの動物には消化できない炭水化物である。しかし、草食性の哺乳類には腸の中に特殊な微生物がいて、これがセルロースを分解し、栄養をとることができる。哺乳類以外の種にも微生物を使って植物を消化するものがいる。熱帯のサバンナにいるシロアリは、微生物によって枯れ葉や枯れ木を分解している。

セルロースを最も効率的に利用する動物は、レイヨウ、バッファロー、キリンなどの反芻動物である。そのためこうした動物が草原では圧倒的に多い。反芻動物の複雑な胃袋は、発酵タンクの役割を果たし、食物から最大限の栄養素を抽出している。また食物を吐き戻してもう一度噛み、分解しやすくすることで、動物自身もこのプロセスを助けている。シマウマのような反芻しない草食動物にはこれほど効率的な消化器官がないため、生きるために大量の草を食べなければならない。

草しか生えていない草原では、草食動物が同じ食物を奪い合うことになるが、種によって好む草の種類は異なる場合がある。サバンナには木や低木があるので、食物の種類の幅は増える。また草食哺乳類は餌をとる方法をそれぞれに進化させてきたため、競争はさらに少ない。そのため多数の種が共存できている。例えば小型のキルクディクディクというレイヨウは新芽や果実を食べ、草にはめったに口をつけないが、大型のオオカモシカは果実や種子から地面の根まで掘り出して何でも食べる。

鳥やコヨーテ、ジャッカル、ハイエナなどの腐食動物も、生息環境の生態系に重要な役割を果たす。空の腐食動物の代表格はハゲワシだが、コウノトリも数種いる。なかでもアフリカハゲコウは、コンドルと並んで空を飛ぶ動物として最大を誇る。

糞を集める
フンコロガシは、草食哺乳類が出した大量の糞を利用する。糞を集めて玉にし、転がして運んで地面の下に埋める。そこで幼虫の餌にするのだ。

立ち上がって食物をとる
ジェレヌクはレイヨウの中では異色の存在で、後ろ足で立ち上がることができる。そのため、肩までの高さは1mほどしかないが、同じ体の大きさをした他のレイヨウにははるかに届かない2m以上の高さの葉を食べることができる。

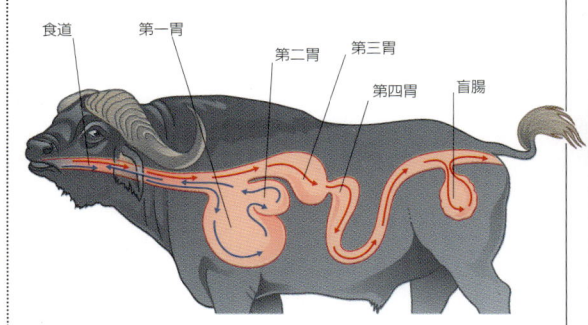

草の消化
バッファローの4つある胃の中でいちばん大きな第一胃には数百万ものバクテリアや原生動物がいる。これらの単純な有機体がセルロースを分解する酵素を出し、セルロースを吸収可能な栄養素にしてくれる。

生息環境

砂　漠

砂漠は極限の場所である。乾燥しきっているだけでなく、陽射しは厳しく、陸上のどんな生息環境よりも日中の温度変化が激しい。雨が降る期間は短いが、すさまじい豪雨になる。強い風が砂塵を巻き上げ、ほとんどそっくりそのまま水平に運んでいく。砂漠は同じものが2つとしてないが、普通は年間の降雨量が15cm以下の地域を砂漠としている。半砂漠地帯の降雨量はもう少し多くて年間40cmほどあり、短めの春の間か旱魃の後にやってくる雨季に降る。

砂漠

世界の砂漠の大半は、南北の回帰線それぞれをまたがる2本のベルト地帯にある。この地域では、高気圧帯が一度に数か月も滞留して低気圧が雨を運んでくるのを妨げている。また、山脈が雨を含んだ風を通さない壁になっていて、しかも沿岸の冷たい潮の流れが空気を冷やすため、内陸にほとんど湿気が送られないような場所にも砂漠ができる。

砂漠は降雨量がごく少ないうえ、降る時期も一定しないので、わずかな植物しか生きられない。砂漠に生えているサボテンのような多肉植物は、自然の恵みの少ない水を集めて蓄えるのが非常にうまくできている。地表近くに網のように広く根をはり、周囲の地面の水分をすっかり吸い上げてしまうので、近くには他の植物がまったく生えないほどだ。

動物に関しては、この乾いた環境が面白い効果をつくり出している。植物があまり生えないので土もわずかしかなく、無脊椎動物もごく限られたものしかいない。昆虫のような小動物は植物についているか、枯れた残骸の下にたちまち集まる。爬虫類や齧歯類など、もう少し大きな動物は、こうした緑のあるところからあえて出ていって活動するが、それでも日中の厳しい暑さは用心深く避けている。

植物が生えていないということは、地面の大半が露出しているということである。むき出しの地面は日が昇ると熱をたちまち吸収し、日が沈んでからその熱を再放射する。乾燥した空気がこの効果をさらに助長するので、日中の地表の温度は70℃以上にまで上がる。そのため、砂漠に棲む動物はほとんどが夜に活動する。動物たちは日中は物陰に隠れ、足跡のほかは気配すら見せない。

サケイは胸の羽毛に水を含んで運び、ひなに与える。

シロオリックスは必要な水分はすべて食物からとり、水を飲まない。

キンイロジャッカルは夜行性で、砂漠で最も過酷な日中の暑さを避けている。

モロクトカゲには身を守るためのトゲとよくできたカムフラージュがある。地表に棲む動きの鈍い動物には、カムフラージュで生き延びているものも多い。

サハラツノクサリヘビのような砂漠のヘビは、獲物を巣穴の中まで追っていく。

コーチスキアシガエルも砂漠に棲む他のカエルのように、一生のほとんどを地下で暮らす。

砂漠は北半球および南半球の真ん中あたりの緯度に分布している。年間の降雨量は5cm以下ということもある。

生息環境

砂漠

半砂漠

砂漠に比べれば半砂漠はより広範囲に分布しており、生物も多く棲んでいる。半砂漠はすべての大陸にあり、熱帯からは遠く離れた地域にも見られる。

半砂漠に少量とはいえ確実に降る雨は、風景を一変させ、その雨を頼りに生きている動物の種類をも大きく左右する。植物が繁茂して互いに絡み合いながら茂みをつくり、動物たちが天候をしのいだり、身を隠したりする場所がたくさんできる。水分を地下の根に蓄える樹木や、地上の肉厚な茎や葉に蓄える多肉植物も生える。砂漠に生える植物種のほとんどは、植物を食べる動物たちからうまく身を守っている。例えば、サボテンには非常に鋭いトゲがあり、タカトウダイ属の植物は傷つけられれば毒のある白い液を出す。しかしこうした防御をものともしない動物たちにとっては、貴重な食物となる。半砂漠には短命植物として知られるものもあり、雨が降った後たちまち芽を出し、花をつけ、種子を落として枯れてしまう。この短い生命も動物たちの食物になり、種子が砂漠に広く運ばれていくことになる。

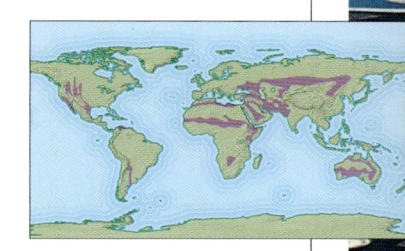

1年を通して温暖であったり暑い気候の半砂漠もあるが、冬になると意外なほど寒くなるところもある。中央アジアやアメリカのグレートベースン（ロッキー山脈と西部の沿岸に連なる山脈にはさまれた地帯）北部の砂漠では、気温がマイナス30℃にまで下がることがある。このような土地では、動物たちは夏の暑さだけでなく冬の寒さにも備えが必要となる。昆虫のような小動物は休眠状態になり、地下に暮らす哺乳類も春まで冬眠するものが多い。

砂漠のコウモリは昆虫を食べ、花の受粉を媒介するので、生態系に重要な役割を果たしている。

オオミチバシリなどの半砂漠に棲む鳥は、天敵からヒナを守るためにトゲのある植物の中に巣をつくることが多い。

ミーアキャットは大きなコロニーをつくって暮らしている。食べられるものが幅広く、協力して餌を集めるので、食物が少ないときでもうまく生き延びることができる。

集団で移動するバッタの習性は、食物の量が不安定で予測できない生息環境への適応である。

タランチュラは主に触覚を頼りに狩りをする。そのため日が暮れてからでも獲物を見つけることができる。

半砂漠は世界の陸塊に最も広く分布しており、南北半球の温帯にまで伸びている。

植物の層

地面

生息環境

砂漠の保全

他の生息環境に比べると、砂漠はわりあい人間の介入が少なかった。石油の採掘が砂漠に環境的な問題を起こすこともあるが、もっと深刻なのは家畜の害である。ヤギなどの草食動物は、低木などの植物の成長を妨げたり、枯らしてしまうことがある。こうした植物が枯れると、わずかな土が浸食され、植物が生えにくくなる。その結果、砂漠化が進む。以前は砂漠でなかったところにまで砂漠が広がってしまうのである。新たにできた砂漠は、野生動物にとってほとんど価値がない。

動物の影響
ヤギはどんなところにでも登ってしまうため、砂漠に生えている低木に大きな打撃を与えている。ヤギが数多く飼われている地域では、砂漠の植物が大きな被害を受けていることが多い。

砂漠の生活

湿気の少ない生息環境では、水を得て蓄えることが最優先の課題となる。砂漠に生きる動物たちは厳しい"水の節約"を実践している。少しでも水のあるところからかき集め、水分の損失は最小限に抑えているのである。しかし、水を節約するだけでは生きていけない。砂漠の動物は、大きな気温の変化や絶え間ない食物不足の脅威に対処するため、様々な適応力を進化させてきた。こうして、地球上で最も乾燥した場所でも棲めるようになったのだ。

水の保存

たいていの砂漠にはオアシスが点在しており、動物たちが水を飲むために集まってくる。水を毎日飲まなければ生きていけない種は、活動の範囲がオアシスから一定の距離までに限られる。体に水を蓄える機能がついていて、気温にもよるが、数日あるいは数週間は水を飲まなくても生きていられる種もある。砂漠の生物の驚くべき特徴は、まったく水を飲まない動物がいることだ。彼らは食物から必要な水分を得ている。食物に含まれる水分をとるものもいれば、食物を利用して代謝によって水分をつくり出しているものもいる。食物のエネルギーが放出されるときの化学反応で水ができるのである。植物の種子を食べる齧歯類がこの点に優れている。水気のないものを食べているように見えるが、必要な水分はすべて代謝によってつくり出しているのだ。

水を飲む動物も飲まない動物も、水をなんとかやりくりしてもたせなければならない。他の生息環境の動物と比べると、砂漠に棲む種は糞や尿として水分を排出することはほとんどなく、皮膚や呼吸から少量の水分を放出するのみである。また砂漠の種は脱水状態にもよく耐える。ヒトコブラクダは体の水分の半分近くを失っても生きていられる。人間であれば5分の1の水分を失えば死んでしまう。

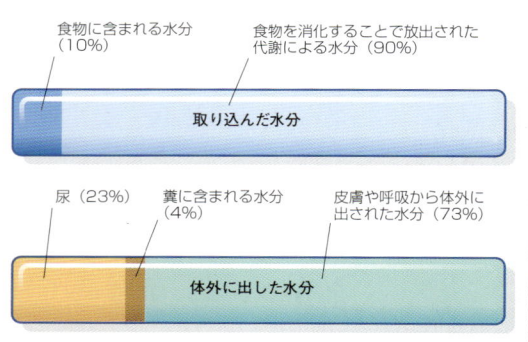

食物の備蓄

食物を得られる機会が不安定な状況に対応できるように、多くの動物が食物を蓄える手段を持っている。食物を備蓄する動物もいる。北アメリカのカンガルーネズミは地下に5kgもの種子を蓄えられる穀物貯蔵庫を掘る。しかし他の動物を捕食したり植物を食べる動物は、このような食料貯蔵庫をつくることはできない。彼らの食物は集めて運ぶことが難しく、かりに蓄えておいたとしても数日もすれば食べられなくなってしまうからだ。そこで、こうした動物たちは体内に食物を蓄える。典型的な例はラクダで、余分な食物をコブの中に脂肪として蓄えておく。ほかにも、アメリカドクトカゲやフクロネコ科のオブトスミントプシスのように尾に食物を蓄える種もいる。

暑さ、寒さとの闘い

砂漠では気温は数時間のうちに変化し、ごく短い間に極端な暑さから極端な寒さへ大きく上下することもある。人間は汗で余分な熱を体外に出すが、気温があまりに高いと、このような冷却の仕組みでは1時間に1リットルもの汗をかかなければならない。砂漠の動物たちにとってはとうてい無理な水分量である。

砂漠の動物たちが暑さに対処する方法は2つある。体に吸収する熱の量を減らす方法と、体外に出す熱の量を増やす方法である。明るい色をした皮膚や毛皮は、太陽の光をある程度反射して、熱の吸収を抑える。しかし、多くの砂漠の動物たちが使うもっと効果的な方法は、日中は地下に潜って過ごし、夜になってから活動することで、最も厳しい暑さを避けるという方法である。巣穴はそれほど深く掘る必要はない。砂漠の地表はさわることもできないほど熱くなるが、数センチも穴を掘れば比較的涼しいのである。

水分のバランス
この表は、カンガルーネズミが食物からとる水分だけで生きている様子を示している。脱水状態を起こさないためには、体内に取り込んだ水分が、失った水分の量と釣り合っていなければならない。

取り込んだ水分：食物に含まれる水分（10%）、食物を消化することで放出された代謝による水分（90%）

体外に出した水分：尿（23%）、糞に含まれる水分（4%）、皮膚や呼吸から体外に出された水分（73%）

すばやい補給
数日間水を飲まずにいたラクダは、ほんの数分で50リットル以上もの水を飲む。また余分な食物をコブの中に脂肪として蓄え、代謝によって水分をつくることもできる。塩分に対する耐性も高い。これは水に塩が含まれていることの多い生息環境で役に立つ。

水を蓄えるカエル
ミズタメガエルは嚢と皮膚の下に水を蓄える。そして蓄えた水が蒸発するのを防ぐために、地下の半透過性の防護膜に入っている。

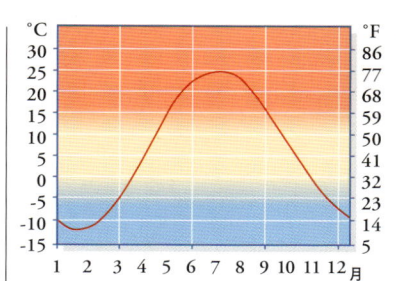

砂漠の生活

寒い砂漠
このグラフはゴビ砂漠西端の年間の平均気温を示している。11月から3月にかけて、気温は零下にまで下がる。

毛皮の生え換わり
中央アジアの砂漠では、凍えるように寒い冬が終わって春になると気温が急上昇する。フタコブラクダは冬は厚い毛皮を生やし、暖かい春になればその毛が抜ける。写真のフタコブラクダはちょうど毛が抜ける途中の状態である。

余分な熱を体外に出すのは、これほど簡単ではない。特に動物の体温が危険なほど上昇した場合には難しい。トカゲやヘビは"変温動物"といわれることが多いが、これは実際には彼らの体温が周囲の気温と同じように上下することを意味している。暖かい環境で最も繁栄し、体温が44℃まで上がっても生きていられるが、1日の中でいちばん暑い時間帯には日陰でじっと耐えていなくてはならない。砂漠の鳥の中には、激しく呼吸することで体を冷やすものがいる。このとき、喉の皮膚の垂れた部分がぱたぱたとあおぐように揺れる。砂漠に棲むカンガルーやワラビーは前足を舐めて唾液をつける。唾液が蒸発すると血液の温度が下がるのである。

夜の活動
砂漠のトビネズミは、乾燥した生息環境に棲む小型の齧歯類の典型だ。完全な夜行性で、主に植物の種を餌としている。トビネズミは尾でバランスをとりながら長い後ろ肢で跳ね、食物を探して10kmも移動することができる。

中央アジアのゴビ砂漠や北アメリカのグレートベースン砂漠のように、緯度の高い位置にある砂漠では、冬は非常に寒くなる。動物たちはこの寒さにも様々な方法で対処している。ほとんどの爬虫類は冬眠し、鳥類は暖かい地方に渡るものが多い。哺乳類は厚い毛皮に生え換わったり、地下に潜ったりして暖をとる。

爆発的な繁殖

砂漠の動物は、繁殖期が一定していないことが多い。1年の決まった時期に繁殖するのではなく、食物がありそうなときに子どもを産む動物が多いのである。例えばメスのカンガルーは食物が豊富なときは頻繁に子どもを産むが、食物が乏しくなるとまったく産まなくなる。このように状況に応じた出産ができるおかげで、親自身が飢えているときにお腹をすかせた子どもに食べさせなくてもすむので、資源を有効に使えるのである。

非常に変わった繁殖のしかたをする種もいる。意外かもしれないが、砂漠には水の中に棲んでいたり、水の中で交尾したりする種が存在する。このような動物たちにとって繁殖は時期の予測がつかないうえ、時間との戦いになる。穴の中で暮らしているカエル、一時的にできた水たまりの中に棲む淡水エビなどがそうで、数か月、

短い生命
たちまち小さくなる砂漠の水たまりにとらわれたこのカブトエビの成体は、わずか数日間しか生きられない。しかし後に残した卵は乾燥した状態で数年も生き長らえることができる。その間にまた激しい嵐がやってきて、卵がかえる。

時には数年もの間、両生類なら地下、エビなら干上がった地面の中に卵の姿で潜んでいる。そして激しい嵐の直後にカエルは地上に姿を現わし、エビは卵がかえる。彼らは、ひとたび活動を開始すると、すぐに繁殖の相手を探し始める。水たまりがまた干上がる前にライフサイクルを完了させなければならないからだ。

砂の上の移動
ヤモリの足指の間の膜は、砂丘を走るときにかんじきのような役割を果たす。

地下からの攻撃
頭上の振動に導かれてキンモグラが巣穴から這い出し、ヤモリに襲いかかる。

動き

砂漠の砂は歩きにくい。大型動物は沈み、小型動物はさらさらと流れる砂の斜面を登り下りするのに苦労する。そこでキンモグラやフクロモグラなどは砂の上ではなく中を動き回る。またラクダやヤモリは足が特別に大きいおかげで、砂の表面にかかる体重が分散され、体の安定が増している。ヨコバイガラガラヘビの場合は、連続的に横に跳んで前進し、独特のJ字型の跡を残す。この移動法はエネルギーの節約になるばかりでなく、熱い地面との接触も最小限に抑えられる。

足を代わる代わる地面につけて熱さをしのぐ昆虫やトカゲもいる。また、脚の長いものは、熱さが最も厳しい砂の表面から体を離しておくことができる。

移動する動物たち

食物や水の獲得が不安定な土地では、移動する習性を持つ動物たちもいる。バッタは大群で移動することが知られており、また砂漠に棲む鳥、特に植物の種を食べる鳥の中にも大きな群れをつくって移動するものがいる。渡りとは違い、移動する動物たちは決まったコースをたどるわけではない。移動のコースは天候によって決まることが多い。また、繁殖の時期も不規則で、食物の豊富な場所を見つければそこで子どもを産む。

野生のセキセイインコ
オーストラリアの移動する鳥にはセキセイインコ、オカメインコ、数種のハトがいる。セキセイインコは生後わずか1か月で繁殖能力を持つようになる。親鳥は続けて何度も繁殖を繰り返すので、群れの個体数が桁外れに大きくなることもある。

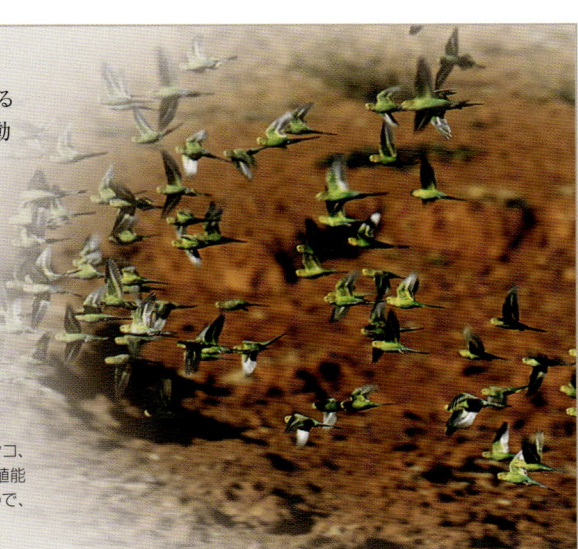

生息環境

熱帯林

　森林は、地球上のどこよりもまず熱帯で早くから栄えてきた。森林に棲む動物種の数が、他の陸上の生態環境すべてを合わせたよりも多いのはそのためである。
　熱帯林の大型動物はほとんどが確認され、分類されているが、無脊椎動物はあまりに種類が多いため、分類作業は永久に終わりそうにない。熱帯林には2つのタイプがある。ひとつは赤道に近い熱帯雨林。もうひとつは熱帯の端に位置する季節林もしくはモンスーン林である。

熱帯雨林

　赤道に近いため、気候は年間を通して暖かく雨が多いので、植物の生育には理想的な条件が整っている。そのため、木をはじめとした森林の植物が、光を奪い合うようにほとんど1年中成長しつづけている。栄養分をすべて幹に注ぎ込んで高く伸びていく植物もあれば、ある程度日陰にあっても生きていけるように適応していった植物もある。このように成長のパターンが様々に異なるおかげで、森林ははっきりと層が分かれており、それぞれに固有の動物種が棲んでいる。
　いちばん高い層はおよそ75mの位置にあり、超高木と呼ばれる巨大な孤立した木々で成り立っている。ここは捕食者の鳥たちの巣やサルの餌場となっている。この巨木層の下にあるのが高木層で、豊かな日の光が降り注ぎ超高木に守られているため、びっしりと生い茂る枝や葉が20mもの深さで重なっている。この層が森林の動物の大半を養い、そのねぐらとなっている。高木層の下が低木層といい、日陰でも育つ木々で構成されたもう少し空間のあいた層である。林床では、枯れ葉がごく小さな動物たちの食物となり、十分に光が差し込む場所に生えている植物や若木の肥料にもなっている。
　この層のパターンは低地の熱帯雨林（最もよく見られるタイプ）に目立つ。高地では木の背丈が低くなり、層ももっと圧縮された形になる。高度が上がるにつれこの傾向が進み、しまいには人間の身長を超えるか超えないか程度の低木林になる。土壌も森林を形成する大事な要素である。南アメリカのリオネグロ地方のように熱帯の中にも痩せた砂の土地があり、木がよく育たず革のような固い葉をつけている。

森林に棲むワシは翼の幅が広い。この翼で高木を縫うように滑空して獲物を探す。

ナマケモノは生涯の大半を高木層の枝にぶら下がって過ごす。カムフラージュによって天敵の攻撃から身を守っている。

熱帯雨林は他の生息環境のどこよりもアマガエルの種類が多い。

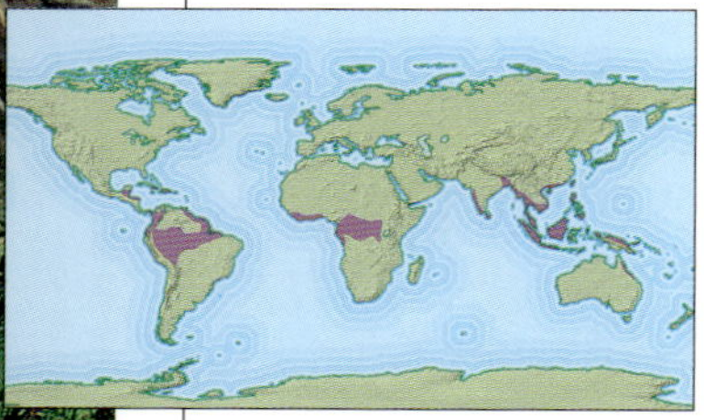

熱帯雨林は赤道の近くに見られる。ここでは年間の降水量が2.5mを超え、また年間を通じてほぼまんべんなく雨が降る。

南アメリカの熱帯雨林にいるホエザルは木の葉を餌とする数少ない霊長類のひとつだ。

ハキリアリは地面から高い木の梢まで、熱帯雨林のすべての層にいる。

バクなどの有蹄哺乳類は熱帯林の林床に落ちた果実を拾って食べる。

巨木層／高木層／低木層／林床

熱帯林

季節林（モンスーン林）

　気候の安定した熱帯雨林とは異なって、季節林は雨季に集中して雨が降る地域にある。この雨季をモンスーンという。わずか3か月の間に、熱帯雨林の1年間の降水量に匹敵する2.5mもの雨が降る。そのため、季節林は熱帯雨林ほど高くならず、高木層も熱帯雨林よりは空間があいていて、そのまま林床まで続いているものが多い。モンスーンの直後に季節林は葉が生い茂って緑に変わる。しかしその後訪れる長い乾季の間に多くの木が葉を落とし、裸の枝の間から強い陽射しが直接地面に届くようになる。葉が落ちた後に花が咲き、実をつける珍しい木もある。このような木のある場所には、鳥や昆虫や哺乳類が餌を求めてたくさん集まってくる。雨季の間は森の動物たちは生い茂る葉で姿が見えないが、葉が落ちた後は見つけやすくなる。
　1年の間に豪雨と乾季のサイクルがあるにもかかわらず、季節林の動物は世界でもいちばんといえるほど数も種類も多い。最も大規模な季節林のある南アジアには、ゾウ、サル、ヒョウ、トラなどがいる。またアジアの季節林には、大型のサイチョウなどの華やかな鳥や、世界でも最大のヘビが何種かいる。アフリカの季節林には草食性のレイヨウが多数おり、中央アメリカの季節林にはピューマ、ハナグマ、オジロジカなどが棲んでいる。このような動物のほとんどは、新鮮な葉に恵まれる雨季に繁殖する。

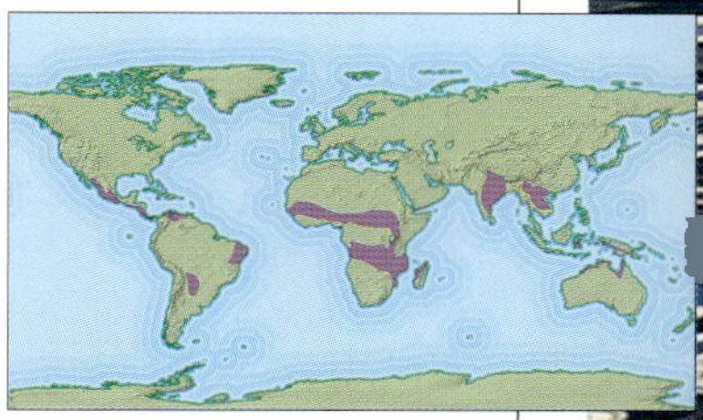

高木層　サイチョウは長いくちばしを使って、季節林の高い木の枝になる果実をとる。熱帯雨林ではオオハシが同じようにして食物をとっている。

ナナフシやコノハムシの高度に発達したカムフラージュは、季節林で生き延びるための命綱だ。

世界最大のコウモリであるロドリゲスオオコウモリは、ほぼすべての熱帯林で見ることができる。

低木層　ヨナグニサンのように世界でもその大きさで指折りの翅のある昆虫が、季節林には数多く生息している。

ネコ科の動物の半分以上が森林に棲んでいる。トラは最大の種で、最も絶滅の危機が懸念されている。

林床　季節林に生息するヘビには地上で狩りをするものや、木に登って獲物を探すものがいる。

季節林は赤道の両端に分布している。赤道から離れるほど乾季が長くなる。

森林の保全

　今、森林の伐採が熱帯中の森林の野生動物を脅かしている。木材を利用したり、農地にしたりするために、世界にもともとあった熱帯雨林の半分近くが過去40年間のうちに破壊され、広大な季節林が切り払われてきた。森林を保全しようとする動きが国際的に始まっており、コスタリカでは国土の3割近くが国立公園に指定されている。しかし熱帯地方の多くの国々では、いまだに森林の伐採が変わらぬ勢いで進んでいる。

かつての森
世界中の森林と同じように熱帯林も伐採されているが、そこに棲む植物や動物への影響はいっそう深刻だ。絶滅を心配されている種の数が熱帯林には圧倒的に多いためである。

生息環境

熱帯林の生活

熱帯林の動物の中には地面の上だけで生活するものもいるが、ほとんどの動物は日中を木の上で過ごす。森林の食物の大部分は高木層にあるので、木の上を動き回るのが得意な動物ほど繁栄する可能性が大きい。木の上での生活にすっかり適応して、そこで餌をとるだけでなく繁殖もするため、めったに林床に降りてこない動物もいる。

互いにしかわからない合図
オスのアマガエルは、鳴嚢を膨らませてライバルのオスを牽制し、交尾の相手をひきつける。メスは自分と同じ種の鳴き声にしか反応しない。オスの声が大きく長いほど、メスに応えてもらえる確率は高くなる。

木の上の移動

小動物は、木の上を動き回るために特別な適応形態を持つ必要があまりない。例えばアリは体重が軽いので、林床を歩き回るのも木を上り下りするのもたいした違いはない。しかし類人猿やサルをはじめとする霊長類のような大きな動物にとって、木を登るのには危険が伴う。実際に時として起こることだが、手をすべらせて落下すれば死ぬ恐れもあるのだ。

たいていの霊長類は、枝の上を跳ねたり走ったりして木に登る。使いなれたルートが木々をまたがって敷かれた高速道路のような役割を果たすことも多い。サルはこのようなルートを、主として視覚を頼りにたどっていくが、ブッシュベビーなどのようなもっと原始的な霊長類の多くは日が落ちてから活動するため、嗅覚も使って進路を識別する。テナガザルはこれとはまた違っていて、手で枝をつかみ、アクロバットのように体を揺らしながら枝から枝へと渡っていく。この一風変わってはいるが非常に効率のよい移動方法は、枝渡りと呼ばれる。

熱帯林には、じつに幅広い種類の飛ぶ動物がいる。鳥、コウモリ、昆虫たちが、木々の間を急降下したり、舞ったりしている。しかし進化の過程で、哺乳類、カエル、ヘビといった、飛ぶこととは縁がないはずの動物たちも、翼に似た皮膚のひだを発達させて、滑空できるようになった。このように滑空する動物たちの中には、木から木へと100mも飛べるものがいる。しかも驚いたことに、その多くは暗くなってから最も活発に活動するのである。

物をつかめる尾
エメラルドツリーボアのような木に登るヘビは尾を使って枝にしがみつく。ヘビの体の前の部分が収縮し、届く範囲に獲物が現れれば、いつでも体を伸ばして襲いかかれるようになっている。

枝から枝へ
"枝渡り"は木から木へと移動するには非常に効率のいい方法である。このシロテテナガザルは一度に5mも飛び移ることができ、地上を走るものを楽々と追い越してしまう。

コミュニケーション

どんな森の中でも、動物が互いに連絡をとりあうのは難しい。高木層では葉や枝のせいで数メートル先もよく見えず、地面の上では木の幹が邪魔になる。そこで森に棲む動物は、視覚的な合図よりも、音や匂いを使ってなわばりを主張したり、交尾の相手をひきつけたりしている。

世界で最も声の大きな動物の中には、熱帯林に棲んでいるものが少なくない。ホエザル、スズドリ、オウム、セミ、そして様々な種類のアマガエルなどである。哺乳類や鳥類と同じように、アマガエルも種によって独特の鳴き声を発する。金属的な声で短く「チッチッ」と鳴くものもいれば、機械のような長いさえずり声を出すものもいる。

音による合図は、交尾の相手だけでなく、天敵を呼び寄せる危険もある。アマガエルとセミはこの危険を最小限にするために、高低を調節して音源の場所をわかりにくくしている。ほかにも多くの哺乳類や昆虫が匂いを使って互いに連絡をとりあっている。匂いの大きな利点は後に残ることである。例えば、ジャガーやオカピがなわばりを示すためにつけた匂いは、数日間は消えずに残る。

危険を避ける

熱帯林には、カムフラージュを施していたり、ほかの動物を模倣したりする動物がたくさんいる。カムフラージュを使う動物は昆虫やクモに多いが、ヘビ、トカゲ、カエルにもいる。彼らは、樹皮やトゲ、鳥の糞から枝や落ち葉まで、様々な無機物をまねた姿をしている。ほとんどの場合、カムフラージュを使うのは見つかって食べられてしまうのを逃れるためであるが、獲物を油断させて襲いかかるためにカムフラージュを使う捕食者もいる。

種の異なる動物のふりをする擬態は、襲われないための巧妙な方法である。比較的害のない種が危険な種の形態をまねるもので、無脊椎動物に最もよく見られる。例えば熱帯林に棲むクモには、外見ばかりか動きまで針のあるアリに似せているものがいる。複数の種が似たような姿をしていてややこしい場合もある。鳥の嫌う毒を持つチョウ

熱帯林の生活

二重の保護
南アメリカのツノゼミは姿だけでなく感触もトゲにそっくりだ。胸部のトゲに似た突起が外見をトゲに見せかけているだけでなく、天敵が呑み込みにくいようにしている。

惑わす"目"
このウンカはカムフラージュで身を守っているが、脅かされると恐ろしげな1対の目玉模様を見せる。害のない虫なので、これははったりである。

みし、種子だけを吐き出す。林床に吐き出された種子は、そこで発芽して成長する。熱帯林の葉は花や果実に比べて消化しにくい。葉を食べる動物は、葉がまだ若くて身を守るための毒素を生成する前に食べる。葉を食べる動物は昆虫に多いが、大型動物の中にもこの難しい食物に頼って生きているものがいる。数種のサルやナマケモノ、南アメリカにいるツメバケイという非常に珍しい鳥などである。ツメバケイは草食動物によく似た方法で食物を消化する。食べた後は体が重くなるため、飛ぶことができない。熱帯林の捕食者は、世界で最も小さな昆虫から最も大型のネコ科動物まで幅広い。隠れる場所がふんだんにある環境であるため、獲物を追いかけるのではなく、こっそりと忍び寄るスタイルの狩りをするものが多い。しかし驚くべき例外はグンタイアリとサスライアリだ。彼らは5万匹以上もの群れで狩りをし、獲物を圧倒して、逃げられなくなったものは何でも食べ尽くしてしまう。

で、互いに関係のない数種が互いを模倣している例である。彼らは同じ警告のトレードマークを進化させてきたのだ。警告のサインが最も発達しているのは、猛毒を持つ動物である。小さなヤドクガエルは他のカエルと違って林床を平気で跳ねていくが、これは目立って鮮やかな体の色のおかげである。この色で他の動物に、自分はまずいだけでなく、食べると危険だと警告しているのだ。

摂食行動

赤道付近では、木は1年中成長し、花をつけ、種子を落とすので、食物の供給が途絶えることがない。コウモリ、鳥、昆虫など、豊富な花の蜜と果実だけを食べて生きている森の動物たちが多い。その中には木が花粉や種子をまくのを助けるものもいる。例えばカザリキヌバネドリは果実を丸呑

繁殖

木に棲む動物の中には、繁殖に変わった適応形態を持つものがいる。アマガエルには林床まで降りてきて卵を産む種もいるが、多くは高い高木層の水をたたえた木の洞や、植物の中にたまった水の中で産卵する。泡の巣の中に卵を産みつける変わり者もいる。泡のおかげで、卵は湿気のある状態に保たれるのである。

熱帯の鳥類は安全な木の洞で生まれるものが多いが、木に登る哺乳類はほとんど巣をつくらず、野ざらしの場所で子どもを産む。サルの子どもは母親の胸にしがみつき、親が枝の上を走ったり、跳んだりする間も、しっかりとつかまっている。アメリカ大陸の熱帯に生息する有袋類のマウスオポッサムの子どもは、母親の体の袋がよく発達していないため、もっと危なっかしい状態にさらされている。肢が発達してしがみつけるようになるまでは、口だけで母親の乳首にぶら下がっている。

卵を守る巣
アフリカに棲むこのアマガエルは、集団で枝に大きな泡の巣をつくる。巣の外側は固くなって卵を守り、内部の泡は湿気を保っている。オタマジャクシがかえると、泡を破って飛び出し、下の川や池に落ちる。

アリを追う鳥たち

中南米の森では、1本のグンタイアリの行列に多ければ30種もの鳥が群がってくる。鳥は、アリの攻撃から逃れようと腐葉土の下から飛び出してくる小動物めがけて舞い降り、捕らえる。アリの行列の上を飛ぶ鳥もいれば、アリの間を縫うように飛ぶ鳥もいる。アリの後を追いかけたり、自分のなわばりの中だけ後を追う鳥もいる。ハチやハネカクシなどのように、アリとともに地上を移動する小動物もいる。一見危険な行動に思えるが、この動物たちはアリの姿をまねしている。この適応形態のおかげでアリに襲われることなく、努力せずに食物をせしめることができるのだ。グンタイアリに寄ってくる動物にはトカゲやカエル、寄生性のハエもいる。ハエは逃げていく動物の体に卵を産みつける。

グンタイアリ

空からの攻撃
青い頭をしたハチクイモドキは、カワセミの遠い親戚にあたり、自分のなわばりを通ったときだけアリの行列の後をついていく。ハチクイモドキもカワセミのように獲物の上に舞い降りて、捕まえると枝に持ち帰り、枝に叩きつけて食べる。

花の蜜を吸う
コウモリが花の蜜を舐めている。コウモリや鳥に受粉を媒介してもらう花は、彼らに傷つけられないように丈夫でなければならない。コウモリも鳥も訪れる花は決まっている。鳥は主に鮮やかな色に、コウモリは強い香りにひきつけられる。

ちゃっかり者の齧歯類
アグーチのような地上に棲む小型の哺乳類は、木を渡っていくオウムやサルの後をついて歩き、彼らが食べこぼして地面に落ちたものを食べる。

生息環境

温帯林

温帯林が分布している地域の気候は多彩だ。冬が寒く夏は涼しいところもあれば、冬はそれほど寒くならないかわり、夏は熱帯にも負けないほど暑くなるところもある。冬に寒くなる地域では、温帯林の木はふつう落葉樹である。つまり冬に葉を落とし、春になると新しい葉をつける。温かい地域では、1年中葉をつけている木が多い。温帯林は熱帯林ほど動物の種が多くないが、それでも陸上では野生動物が豊かな生息環境のひとつである。

落葉樹林

真冬の落葉樹林は何もなく荒涼としていて、動物の姿もほとんど見られない。しかし春になって日がのびてくると木々が芽吹き、鳥のさえずりや動き回る動物で活気づいてくる。これは動物たちの餌となる植物が豊かになるためだ。植物はたくさんの昆虫たちを養い、さらにその昆虫たちを餌とする動物たちも生かしている。森の動物たちの多くは、生まれてから死ぬまでずっと同じ森に棲んでいるが、なかには遠い土地から飛んでくる渡り鳥もいる。

熱帯林と比べると温帯の落葉樹林の樹木の種類は少ない。最も多い北アメリカ東部の森林でも数百種といったところだが、熱帯林には数千種を擁するところもある。しかし、温帯林の木は生命のよりどころである。例えば大きなカシの木は年間25万枚以上の葉をつけ、おびただしいゾウムシやタマバチ、ガの幼虫などの生命を支えている。昆虫たちは木々の葉が最も新鮮で栄養に富んだ春から初夏にかけて、大変な勢いで葉を食べる。

熱帯林と同じように、落葉樹林にもはっきりした層があるが、大きな違いもある。木の高さは30mを超えることはめったになく、高木層は深いもののそれほど密集していないため、日光が低木層にまで届いて、植物がよく育つ。涼しいので落ち葉の腐敗がゆっくり進むため、腐葉土の層が深く、昆虫やワラジムシ、ヤスデの餌や住処となる。小動物には樹皮の割れ目や裂け目に棲むものが多いが、無脊椎動物が最も豊富に見つかるのは木ではなく地面ということになる。

温帯落葉樹林が生育する地域は北半球に多い。南半球にある温帯林の大半は常緑樹林である。

ガは葉や芽や樹皮の上に卵を産みつける。森の中で葉を食べる生き物として最も多いのがガの幼虫である。

キバシリは樹皮の裂け目に隠れている小さな昆虫を探して木の幹を見回る。

リスは秋に食物を集め、冬の食料として蓄えておく。

シカは夏は葉を食べ、冬になると灌木や低木層の若い木の樹皮をはいで食べる。

イノシシは鼻面で腐葉土を掘り、動物や木の実や木の根を食べる。

林床の湿った場所では肺のないサンショウウオが皮膚から酸素を取り入れている。

温帯林

常緑樹林

　温帯の中でも暖かい地域では、広葉樹の多くが常緑樹である。春と夏に成長する落葉樹とは違って、常緑樹は冬と春の間に成長する。この時期は気温が寒いというほどではないが低く、水にことかかないからである。植物学の世界で"硬葉樹林"と呼ばれるこの生息環境は、カリフォルニアの一部や南アメリカの西部、ヨーロッパの地中海地域、オーストラリアの東部と南西部と、幅広く分布している。背の低い森もあるが、ユーカリが大半を占めるオーストラリアの森には世界で最も背の高い広葉樹がある。
　温帯の常緑樹は葉があまり密集していないものが多く、涼しい地域の森ほど層がはっきり分かれていない。また、林床に日光がふんだんに降り注ぐ。そのため、地面を本拠とする動物が豊富にいる。トカゲやチョウなどの暖かい環境を好む動物が、通常なら高いところにいるはずだが、林床で日光浴しているのがよく見かけられる。葉が密集していないおかげで、ワライカワセミのように森に棲むカワセミやブッポウソウ、ヤツガシラなどの鳥にとって、地面で動き回っている動物に狙いをつけて舞い降りるのも楽である。
　常緑樹林の空気はかぐわしい香りがすることが多いが、これはほとんどの葉に強い匂いのついた油が入っているからである。この油が葉の乾燥を防ぎ、動物からも守っている。動物を寄せつけない効果は抜群で、コアラのような特殊な動物を除けば葉を食べる動物は比較的少ない。

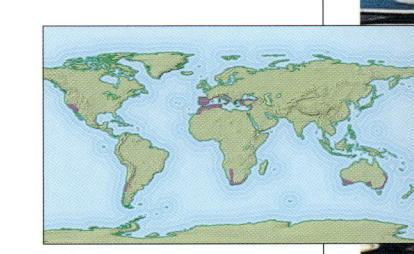

温帯常緑樹林は冬は穏やかで湿気があり、夏は暖かく乾燥した地中海タイプの気候の地域に分布している。

高木層

リングテイルオポッサムには握る力の強い尾があり、この尾を使って高い木の枝を登り、花や果実をとる。

ヤツガシラは高い木の枝から一気に舞い降りて地面にいる動物を捕まえる。

コアラは森の高木層に棲んでいるが、離れたところにある木立ちまで地面を歩いて行くこともある。

低木層

イエアメガエルの皮膚は特別に厚い。これにより水分の損失を最小限に防ぎ、常緑樹林の乾燥した気候に耐える。

キリギリスや甲虫などの昆虫は地上に棲む爬虫類や哺乳類の餌となる。

地面

トカゲやヘビは太陽の光を求めて林床の日だまりで日光浴することがある。

落葉樹林の保全

　落葉樹林はかつて北半球の広域を覆っていた。しかし数百年もの間、農業のための伐採が続いた結果、今ではもともとあった森林が小さく点々と残っているだけになっている。全体的に見ると森林の減少は止まり、国によっては増え始めているところもある。しかし常緑樹林は、木材の伐採や工場や住宅地の開発に現在も脅かされている。オーストラリアでは、保護活動家が林業や農地開拓から自然林を守ろうと懸命の努力を続けている。

塩化
このオーストラリアのユーカリの木々は塩化によって枯れてしまった。塩化とは地面に含まれる塩分が増えることである。塩化は、森林の伐採によって地面に含まれる水分のバランスが変わるために起こる。塩化した土地は農業にも使用できない。

生息環境

ized

温帯林の生活

　温帯林の動物に最も大きな影響を与えている要素は、食物が多種多様だということである。木の上から林床まで、どの層でも温帯林に棲む動物のライフサイクルは季節の移り変わりとともに動いており、食物がいちばん見つかりやすい季節に子どもを産む。春と夏は生きていくのが比較的楽だが、食物が減る冬には生き延びるための特殊な適応形態が必要になる。

摂食行動

　北半球一帯に多く見られる温帯落葉樹林には大きな利点がひとつある。カシやブナなど森に生えている木の葉が、その年の季節が終われば落ちてしまうことだ。そのため葉は薄くできていて食べやすく、春に地上に出てきた無数の昆虫たちの餌となるのである。

　春になっていっせいに数が増える昆虫は、虫を主食とする鳥たちを数多くひきつける。ヨーロッパ、北アジア、北アメリカでは、木々が芽吹くと同時に、数十種のムシクイが北に渡ってくる。この鳥たちはとても目がよく、葉についているどんなに小さなイモムシでも見つけ出し、ピンセットのようなくちばしで捕まえる。キバシリ、キツツキ、ゴジュウカラのような鳥たちは樹皮をあさって、裂け目に潜んでいた小動物を見つけては突き出す。

　夏も半ばになると葉は出なくなり、動物たちの餌をとる行動も変わる。たいていの温帯林の木は風を利用して受粉する。つまり動物をひきつけるような蜜のある花は咲かない。しかし実や種子は豊富について、動物たちにとって貴重な食物となる。葉と違って実や種子は、貯蔵しておいて、食物が不足する時期に食べることができるのである。"貯食"とも呼ばれる食料集めを、多くの森の鳥や哺乳類が行っている。カケスは地面にどんぐりを埋め、ドングリキツツキはどんぐりを木に蓄える。リスはあらゆる種類の種子を埋め、アカギツネは食べ残した食物から包み紙や捨てられた靴まで、ほとんど食べられないようなものまで埋める。匂いで自分が食物を蓄えておいた場所を見つける動物もいるが、ほとんどは記憶だけで正確に見つけ出し、雪の下からでも食物を掘り出すことができる。

　種子の貯食は森の生態系にも重要な役割を果たしている。種子を埋めた動物は埋めた場所をよく覚えているものだが、忘れられてしまう種子もある。種子が齧歯類やその他の動物に見つからなければ、やがては芽を出し、森の木々が増えていく役に立つのである。

冬の貯蔵庫
北アメリカ西部に棲むドングリキツツキは木にどんぐりを蓄える。樹皮にあけておいた穴にどんぐりを詰め込むのである。このように食料を蓄えた木を貯蔵庫という。貯蔵庫1本に、多いときは十数匹のキツツキが5万個ものどんぐりを詰め、共同のねぐらにしている。キツツキは柵の杭や電柱にもどんぐりを蓄えることがある。

木の裂け目に詰め込んだどんぐり

林床で食物を探す
イノシシが子どもたちを見守りつつ、腐葉土をかき回して食物を探している。イノシシはどんぐりなどの木の実を食べたり、鋤のような形をした鼻面で地面を掘って木の根、キノコ、落ち葉や土の中に潜んでいる小動物も食べたりする。

木についた虫こぶ

　広葉樹林によく見られる虫こぶは、虫などがきっかけになってできたものである。虫こぶは葉や小枝についていて、実やボタンに似ているものが多い。虫や微生物の住処兼食料庫、あるいは育児室の役割を果たしており、外からは見つからずに餌が食べられる。広葉樹林に見られる虫こぶのほとんどは小さなハチやハエがつくったものである。種によって使う木は異なり、それぞれ独特の形をした虫こぶをつくるので、どの虫のものかはすぐにわかる。

カシの虫こぶ
このカシについた丸い虫こぶはタマバチのものである。幼虫は虫こぶの中で成長する。やがて成虫になると内側からかじって穴をあけ、外に出てくる。

虫こぶの中のハチの幼虫

冬眠

　秋になると、昆虫を食べる鳥たちは暖かい地方に渡り、後に残された森の動物たちは冬の寒さに立ち向かうことになる。食物を蓄える動物たちは厳しい季節でも活動できるが、そうではない動物たちはまったく違った生き残り法をとる。冬眠して夏の間につけた脂肪だけで生命をつなぐのだ。

　冬眠の長さや眠りの深さは、その動物が棲んでいる場所によって異なる。北西ヨーロッパの森に棲むハリネズミは長ければ6か月も冬眠するが、もっと南に棲むものは冬眠の長さがはるかに短い。北アメリカの東部では、ウッドチャックはふつう10月から2月にかけて冬眠する。アメリカでは、ウッドチャックが年の初めに姿を現せば、春が近いしるしとされてきた。

　冬眠する動物の中には、ヤマネのように、たとえ抱き上げられてもめったに目をさまさないものもいる。しかし違う行動をとるものも多い。気候が暖かくなると短時間起きるようになる。例えばコウモリは、餌をとるために飛ぶ。ハリネズミは、冬眠用の巣を抜け出して別の巣に潜り込んだりすることもある。しかし、森の冬眠動物が途中で起き出すのも、度を越すと危険なことがある。体を動かすことで体内に蓄えた栄養を消費してしまい、本当に冬が終わる前に栄養が足りなくなる恐れがあるのである。

　昆虫の仲間にも冬眠するものが多い。樹皮の下で冬眠するものがよく見られるが、成虫は死んでしまい、後に丈夫な卵が残って冬を越し、春にかえる種もある。

夜の飛翔
北アメリカのモモンガはリスの中では異色の存在で、夜に餌をとる。肢と肢の間の伸縮性のある皮膚のひだを使って50m以上も滑空することができる。方向転換には前足を使い、大きな目で暗闇の中でも上手に行き先を判断する。

眠って寒さをしのぐ
ヤマネは葉とコケで断熱効果にすぐれた冬の巣を、キイチゴなどの植物の茂みにつくる。写真は、巣の一部を取り払って冬眠中のヤマネが現れたところ。尾を体にしっかりと巻きつけて深い眠りに落ちている。

動き

　熱帯で木登りが得意なのはサルとテナガザルだが、温帯で木登りの代表選手といえるのはリスである。木登りをする哺乳類の中では珍しく、リスは木の幹を駆け上がるだけでなく、頭を下にして駆け下りたりすることもできる。長くカーブを描いた後ろ足の鉤爪を樹皮に引っかけるのがその仕組みである。リスは目も非常によくて、天敵らしきものを見つけると本能的に木の後ろに逃げ込む。単純な習性だが、このおかげでなかなか捕まらずにすんでいる。

　温帯林には滑空する齧歯類が棲んでいる。オーストラリアの森には滑空する有袋類もいる。けれども木々の間を正確に飛ぶ技術にかけては、フクロウや猛禽にかなうものはいない。開けた土地に生息する親戚とは違い、この空のハンターたちの翼は比較的短く幅が広いので、うまく体をひねったり方向を変えたりすることができる。森の生活への適応形態をきわめている例がハイタカである。ハイタカは、高く舞い上がってから急降下するのではなく、猛スピードで木々の間や低木の茂みに沿って(時には地上わずか1mほどの高さで)飛び、空中で小さな鳥を襲うと、獲物を鉤爪に引っかけて運び去る。

　地面に棲む動物たちにとって、温帯林には隠れるところがふんだんにある。そのため、ハタネズミやトガリネズミのような小型の哺乳類が林床にはたくさんいる。動き回る姿を見られないために、この動物たちはところどころ草や落ち葉に隠れた通路を使うことが多い。ハタネズミは、視覚、嗅覚、触覚を総動員して通路の中で方向を判断するが、目のよくないトガリネズミは、高い音の振動を発して方向を知る。コウモリの超音波のように、この振動が近くの物体に跳ね返ってくるのである。

腐葉土の中の暮らし

　温帯林の腐葉土は世界でも最も豊かな動物の宝庫である。分解中の物質でできたこの厚い層の中には、哺乳類やサンショウウオのような脊椎動物もいるが、主役は無脊椎動物で、葉のかけらや菌類やバクテリアやお互いを食べて生きている。その中にはムカデやワラジムシのように目に見えるほど大きなものもいるが、顕微鏡でなければ見えないほど小さなものも多い。腐葉土の奥深くに棲む動物たちは暗闇の中にいるので、大半は触覚に頼って食物を探す。捕食者は特にそうである。

　ムカデは長い触角で獲物を見つけ、小さなニセサソリはハサミを覆っている感覚毛を使う。サソリと同じようにニセサソリにも毒があるが、非常に小さいので同じくらい小さな動物以外にはあまり害がない。これはありがたいことである。というのは、わずか数平方メートルの腐葉土の中に数百万ものニセサソリがいることがあるからだ。

　枯れ葉は腐葉土を住処とする動物たちを、林床で餌を探す動物からうまく隠してくれる。しかしまったく安全というわけではない。温帯林にはツグミのように葉をどけて、光から逃げようとする腐葉土の住民たちをついばむ鳥がいるからである。

腐葉土の中のハンター
この写真のようなイシムカデ類は、体が平たいので、地面の上を這うだけでなく葉や倒れた木の下にも入り込める。ジムカデ類は一生を地面の下で暮らすので、幅の狭い、蠕虫に近い体型をしている。

虫の彫刻家
　メスのキクイムシは、樹皮の下の白くて柔らかい液材という部分にトンネルを掘りながら、途中で卵を産みつけていく。幼虫は親が掘ったトンネルと直角の方向に木を食べながら進んでいく。そのため、樹皮が枯れて落ちた後には独特の回廊ができている。幼虫が掘った両脇のトンネルは出口の穴に達し、そこから成虫が現れて飛び去る。落葉樹林にはよく見られるキクイムシは、木に菌類を持ち込むので、時として大変な破壊力を持つ。ニレキクイムシはニレ立ち枯れ病を広め、この菌でヨーロッパと北アメリカの一部ではニレの木が全滅した。

樹皮の回廊
キクイムシの成虫は円筒形の体に先が丸くなった胸部がついていて、頭は大部分が隠れている。回廊の模様は種によって様々に異なる。

生息環境

針葉樹林

　針葉樹は世界で最も丈夫な木である。小さな針の形をした葉は極度の寒さに耐え、強い陽射しや風にも損なわれない。また、比較的細く真っ直ぐ生えるため、集まって育つことができ、雨風や陽射しを通さない密集した森ができる。そのため、針葉樹は北方地域や山脈など広葉樹林がほとんど育たない場所でよく育つ。また豪雨地方にも強い。このような地域では温帯雨林をつくり、世界でも最大級の木が生えている。

針葉樹林ではオオタカのような猛禽は年間を通して食物に不自由しない。

キバチなど木に棲むハチの幼虫は木の幹の中で厳しい冬の寒さから守られている。

亜寒帯林

　タイガとも呼ばれる亜寒帯林は、地球上で最大の規模を誇っている。北方一帯にほとんど途切れめのない帯となって1500万平方キロも広がり、場所によっては北極にまで達している。帯の幅が1600kmを超えるところもある。亜寒帯林全体では、冬の気温はマイナス25℃以下に下がるのが普通だが、北東シベリアのような特に寒い地域ではマイナス45℃以下にまで下がることもある。亜寒帯林の夏は短いが、気温は高くなる。

　緯度の低い地域に生育する森と比べると、亜寒帯林の木は一握りほどの種しかなく、そのため草食動物の食物の種類はごく限られている。植物の種類も、林床まで届く光の量と、酸性の強い針葉樹の葉のために制約がある。夏でも森の中は暗いことが多く、林床には枯れ葉が厚く積もっている。このような条件下では菌類が栄えるが、植物で林床に育つのは乏しい光と酸性の強い土壌に耐えられるものである。

　昆虫以外に針葉樹の葉や木を消化できる動物はほとんどいない。そのため、植物を食べる動物のほとんどは種子や芽や樹皮、あるいは低い灌木になる実を食べている。しかし、種類は少なくても、食物をめぐる争いが比較的少ないため、個体数は多い。鳥からクマまで、亜寒帯林の動物の多くが温暖な地域に棲む種よりも生息範囲が広いのも、ひとつにはそのためである。

ヒグマは木に登ることもできるが、食物の大半を地上でとる。

タイリクオオカミは群れで狩りをする。この方法で自分よりも大きな動物も倒すことができる。食物が少なくなる冬にはこれが特に重要だ。

ヘラジカのような有蹄哺乳類にとって、亜寒帯林は冬の冷たい風や猛吹雪から守ってくれる場所となる。

亜寒帯林は、北方の大部分にまたがっている。南半球にはこれと同じ生息環境は存在しない。

高木層

低木層

地面

針葉樹林

温帯雨林

　世界最大の雨林があるのは熱帯だが、雨林は温帯にも存在する。西に面した山脈が海から吹きつける湿気を含んだ風を遮断するところに生育し、亜寒帯林とは違って1年を通して比較的穏やかな気候である。

　亜寒帯林と比べると、温帯雨林はそれほど多くなく、分布もまちまちである。南半球ではニュージーランドの南島とチリ南部にある。どちらも、雨林の木は大半が広葉樹である。ところがアメリカ北西の太平洋沿岸（世界最大の温帯雨林がある）の木は、ほとんどすべて針葉樹である。高さ75m以上、樹齢500年を超えるものもある。このような針葉樹林は、ほかでは見られない独特の姿をしている。地面や低木層は一面シダや水分をたっぷり含んだコケに覆われている。密に並んだ、時には直径3m以上もある木の幹が、はるか高くの高木層に向かって伸び、空には絶えず雨雲がある。

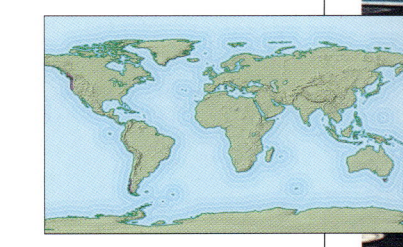

　温帯雨林が養っているたくさんの動物たちは、世界中の針葉樹林で見られるものと同じであるが、さらにここにしかない特徴もある。穏やかで湿気の多い条件であるため、ナメクジやサンショウウオの絶好の住処となっているのである。また倒木が無数にあるので枯れ木を食物とする昆虫にも棲みやすい。人の手が入らない状態であれば哺乳類や、古い大木を巣にするフクロウなどの鳥が数多く集まる。しかし残念なことに、こうした木は林業でも需要が高いため、手つかずの温帯雨林はしだいに稀になりつつある。

温帯雨林は、西側の沿岸にある。ここではほとんど1年を通じて激しい雨が降る。

高い木の上に巣をつくり、虫を食べる小型の鳥が温帯雨林には多いが、アメリカキクイタダキもその一種。

アメリカワシミミズクのように、フクロウは夜活動し、温帯雨林にたくさん生息する小型の哺乳類や鳥を狩る。

カナダヤマアラシは木に登るのが下手でのろいが、それでもなんとか梢にたどり着いて芽や樹皮を食べる。

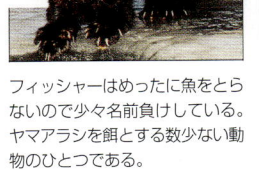

フィッシャーはめったに魚をとらないので少々名前負けしている。ヤマアラシを餌とする数少ない動物のひとつである。

オコジョはほっそりした体を生かして巣穴まで獲物を追いかけるので、逃がすことはほとんどない。

温帯雨林のナメクジには植物を食べるものと、他のナメクジを食べるものがいる。

高木層／低木層／地面

生息環境

針葉樹林の保全

　世界の森の中では、亜寒帯林はこれまで人間の影響が最も少なかった。しかし、軟材や製紙用パルプの需要が高まってきたため事情が変わりつつある。雨林の方は人間によって大きな変化を被ってきた。北アメリカでは太平洋沿岸の雨林の多くが伐採され、原生林はわずかしか残っていない。これは植樹林と区別して"処女林"と呼ばれている。木材の切り出しに脅かされる原生林が多い中、救われた森もある。

見境のない伐採
森林の広い地域の木をすべて切り倒す伐採法のために、そこに生息していた動物たちは別の土地へ追いやられてしまう。

針葉樹林の生活

亜寒帯林の動物と樹木にとっては、長く厳しい冬の寒さをどうしのぐかが大問題となる。オオカミのように冬の間も活動する動物は凍死しないためだけでも常に食物を必要とする。針葉樹は食物になりにくく、針葉樹を食べて生きている動物は特殊な体のつくりや行動上の特徴を発達させている。

とどめの一撃
猛スピードの追跡のあげく、カナダオオヤマネコがカンジキウサギをしとめた瞬間。この２つの種の個体数のサイクルは密接に関連している。

摂食行動

広葉樹と比べると、針葉樹は攻撃に強くできている。葉が固いうえに油性の樹脂を持つものが多く、葉も木の部分も消化しにくい。さらに、樹皮の内側の液材が傷つけられると、この樹脂が染み出して糊のようにまとわりつき、昆虫やクモが身動きできないようにする。

こうした木の防御にも負けず、針葉樹だけを糧にして生きている動物もいる。その代表格が、キバチの幼虫である。イモムシの姿をした幼虫は、木の幹の奥深くに穴を掘り、円筒形のトンネルをつくる。木そのものを食べるのではなく、自分が掘ったトンネルの壁に生える菌類を食べるのである。メスのキバチは成長してその木を出る際に菌類を少し持ち出し、新しい木に卵を産むときに菌類も植えつける。この共生関係がキバチの生命を支えている。しかしこれはキバチだけに見られるものではない。他の生息環境、特に熱帯では、アリやシロアリも菌類を餌にするために"栽培"している。

木に穴を掘って棲む幼虫はたいていの捕食者からは守られているが、襲われる心配がまったくないわけではない。針葉樹林には世界でも最大のキツツキが生息している。彼らは木の幹をつついて中にいる幼虫をほじくり出す。キバチの天敵にはヒメバチもいる。ヒメバチは長い産卵器を木にさし込んで、キバチの幼虫の上に卵を産みつける。ヒメバチは匂いでキバチの幼虫を見つけ出すといわれている。卵がかえると、ヒメバチの幼虫は宿主のキバチの幼虫を生きたまま食べるのである。

オオライチョウやカナダヤマアラシのように、針葉樹の葉を大量に食べる動物もいる。なかでも葉を食べる動物の筆頭にあげられるのはガの幼虫である。針葉樹林の動物の種類は全体的に少ないので、葉を食べる種も数は少ないが、与える害は時として非常に大きい。特にマイマイガの害は深刻である。マイマイガは世界の各地に偶然持ち込まれて生息範囲が広がっている。

種子を抜き取る
イスカは上下のくちばしが交差しており、松の実を抜き取るのにうってつけの道具となっている。短い間であればイスカのひなはマイナス35℃という低温にも耐えることができる。

ガの攻撃
マイマイガ自体は害がないが、幼虫は針葉樹や様々な種類の広葉樹を旺盛な食欲で食べる。

木にドリルのように穴をあけるヒメバチ
足で踏んばりながらメスのヒメバチが枝に穴をあけ、キバチの幼虫の上に卵を産みつけている。

冬期の餌探し

針葉樹は花を咲かせないが、種子はつける。鳥や小型の哺乳類にとって、この種子は冬の間の貴重な食糧である。しかし、針葉樹の種子を手に入れるのはなまやさしいことではない。種子は木質の毬果の中で育つのであるが、毬果は中の種子が成熟するまでは固く閉じているからである。

針葉樹林に棲む動物たちは、木が林床に種子をまき散らす前に種子を取り出すために、様々な方法を発達させてきた。リスは、まだ枝についている柔らかくて未熟な毬果をかじって種子を食べ、残りを下の地面に落とす。キツツキは、落ちた毬果を拾って木の穴や切り株の割れ目に押し込んで固定し、中の種子を突つき出す。イスカはさらに上手だ。くちばしが毬果を扱うのに適した独特の形をしていて、外科医のように正確に種子を抜き取る。種子に比べると、樹皮は食物としての質は落ちるが、冬の間はこれを頼りに生き延びる動物もいる。シカは若木の根元の樹皮をはいで食べ、ハタネズミやヤマアラシは木に登って高いところにある樹皮を食べる。樹皮をはがれると木の成長が止まることが多く、あまりにひどい場合には枯れてしまうこともある。

木の芽を食べるシカ
シカは若芽や樹皮を食べるため、針葉樹林に大きな打撃を与える。シカの多い地域では、芽や樹皮を食べられたために枯れてしまう若木もある（左下）。しかしそのおかげで空き地ができ、光が差し込んで実のなる植物が生えるため、他の動物にとって助かることもある。

寒さとの戦い

針葉樹林にも、一定の季節になると訪れる動物がいる。主に昆虫を食べる鳥たちで、春にやってきて、ひなを育て上げると、南に飛んでいく。しかし森に棲む他の動物たちは長い冬を逃れること

針葉樹林の生活

個体数のグラフ
毛皮猟の記録を見ると、カナダ北部の森林に生息するカンジキウサギの個体数が増減する様子がはっきりとわかる。ピークはほぼ10年ごとに訪れ、その合間に個体数が減少する期間がある。

ものもいれば、シベリアガラのように雪を断熱材に利用して雪の上で眠るものもいる。

個体数のサイクル

　北部の針葉樹林に生息する動物種の数は比較的少ないため、捕食者と被捕食者の生活は密接に関連している。気候の穏やかな年には木がよく育ち、小型動物の数が爆発的に増える。その結果、彼らを獲物とする捕食者の数も増えていく。しかし、この状態は長くは続かない。植物を食べる動物たちが食物の供給量よりも増えてしまい、数が再び落ちてくるのである。減少の速度が速まるにつれて、捕食者の数も同じように減っていく。

　北部の気候は予測がつかないが、意外にもこうした個体数の増減は定期的に起きている。北アメリカには毛皮猟の記録が100年以上も前からあり、長期的な個体数の増減を知る資料となっている。これを見ると、例えばカンジキウサギの個体数は、だいたい10年が1サイクルとなっていて、2～3年は増え、その後はずっと減っていく。カンジキウサギの代表的な捕食者であるカナダオオヤマネコも1～2年遅れて同じパターンをたどっている。ツンドラでもレミングなどの小型の哺乳類が同じサイクルを見せる（65ページ参照）。

　動物自身に増減のパターンを変える力はないが、カンジキウサギなどは条件がよくなればたちまち繁殖して、減っていた個体数を短期間で回復することができる。

はできない。冬眠する種もいるが、多くは寒さに耐えるようにできている体の仕組みを頼りに、厳寒の時期も活動を続ける。

　1つのグループを形成するのが、イタチ科のように非常に断熱効果の高い毛皮を持つ動物である。このグループにはマツテン、クズリ、ミンク、クロテンなどがいるが、いずれも厚い豊かな毛皮を持つことで知られる、すばしこいハンターである。たいていの哺乳類がそうであるように、彼らの毛皮には2種類の毛がある。防水性のある外側の長い上毛と、体に近い空気の層を閉じ込めて熱を逃さない、短くて密生した下毛である。北方の種はすべて夏の終わりに毛が生え換わって、特別に厚い毛皮になる。オコジョのように、生え変わると同時に色も変わり、冬の間のカムフラージュとなる白い毛皮になるものもいる。

　大型の哺乳類は比較的体温を保ちやすい。熱を蓄えておく体そのものが大きいからだ。しかし針葉樹林に棲む小型の恒温動物にとって、冬は寒さへの耐性を限界まで試されることになる。ハタネズミなどの齧歯類は巣穴に隠れることができるが、鳥は一生のほとんどを外で過ごす。体重が10gにも満たないミソサザイやカラ類にとって、冬の夜は特に危険な時間帯である。体が小さいため、熱源となる食物も少ししか体に入れておけず、夜が明けてまた食物を探せるようになるまで生きているには、特別な工夫をこらさなくてはならない。木の洞の中で身を寄せ合って体温を最大限に利用する

雪の上を走る
寒い冬は、クズリにとって食物の得やすい季節である。凍った雪の上を猛スピードで走ることができるので、夏の間は手が出せないトナカイなどの大型動物を捕らえられる。

集団移入

　北方の針葉樹林では、食物の供給は天候と競争の度合いに左右される。冷夏の後の冬は種子や木の実が少なく、種子や木の実を食べる鳥の餌が乏しい。そこで、こうした鳥たちは飢えを待つよりもいっせいに南に渡っていく。これは"集団移入"と呼ばれ、通常の冬の活動範囲をはるかに超え、1500kmと遠くに行くこともある。集団移入をする鳥にはイスカ、レンジャク、カラのほか、ホシガラスなど種子を食べるカラスがいる。

南へ渡る鳥たち
南へ渡るキレンジャクの群れが一休みしているところ。集団移入する他の鳥たちと同様、レンジャクも個体数が多くなると南に渡る。冬の食物不足がきっかけとなって大量移動を行う。

生息環境

山岳地

陸上の生息環境には地域内の気候条件があまり変わらないところが多い。しかし山岳地では、200m上がるごとに平均気温が約1℃ずつ下がり、酸素が少なくなり、紫外線も強くなる。そのため、山岳地ははっきりといくつかのゾーンに分かれ、それぞれに生息する植物や動物は、上下のゾーンとはまるで違っている。標高の低いふもとには幅広い種類の動物がいるが、森林限界より上の厳しい環境で1年中生きていけるのはきわめて丈夫な種だけである。

温帯山岳地

温帯地域の山岳地の気候は、1年を通じて比較的涼しい。しかし四季の変化は熱帯よりもはるかにはっきりしている。森林限界より上の高高度では、春と夏に植物がいっせいに成長する。短い間だけ豊富になる食物をめあてに高高度に移動する動物もいるが、マーモットのようにずっと中高度と高高度の中間に棲み、冬は巣穴の中で8か月間も冬眠して寒さをしのぐ動物もいる。高高度の昆虫は何か月も休眠状態で過ごし、暖かくなると活動を始める。多くの昆虫は卵の状態で休眠し、日が長くなって気温が上がると孵化する。

低高度では気候が暖かく、一般的に周囲の陸地の気候に近い。しかし岩が多く斜面になっていて農耕には向かないため、山腹には平地よりも木がたくさん残っている。人間が入り込まないおかげで、このような山地の森林はクーガー、クマ、シカなどの大型哺乳類や多種多様な種子や昆虫を食べる鳥の生息地となっている。

温帯山岳地には猛禽も多く棲んでいる。ハヤブサのようにせわしなく羽ばたきながら獲物を追う鳥もいれば、ワシやノスリのように上昇気流に乗って空高く舞い上がるものもいる。山岳地特有の種にヒゲワシがいるが、この鳥は山の地形を生かし、動物の死体をつかんで高く舞い上がると、岩の上に落として骨髄を出して食べる。

ビッグホーンのような有蹄哺乳類は高高度でも生きていける。雪線（万年雪の下限）あたりでも見られることがある。

マーモットは巣穴で冬眠するが、山岳地の齧歯類にはナキウサギのように食物を備蓄して冬越えをするものもいる。

ピューマは適応力の高い捕食者で、標高0〜3000mに幅広く生息している。

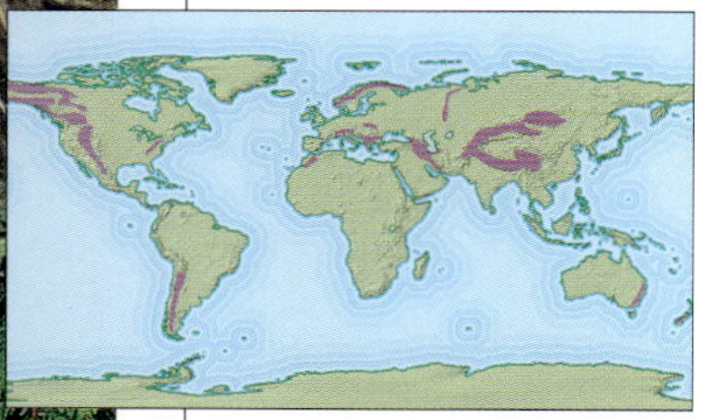

ハヤブサは険しい崖の岩棚を見晴らし台に利用したり、巣をつくったりする。

温帯北部の山脈には、世界で最も高い山も含まれている。南半球の山はもっと低く、孤立したものが多い。

他の多くのシカ同様、オジロジカも垂直に移動し、夏には森林限界の上まで登って食物をとる。

高高度

中高度

中高度

山岳地

熱帯山岳地

　熱帯の気候は全般に暖かいので、山岳地の植生範囲も世界の他の生息環境に比べると、はるかに高いところまで広がっている。例えば赤道直下では、標高4000mの高さまで木が生えていることが多い。熱帯の山々に頂上まで森林で覆われているものが多いのはこのためである。この高度から上は熱帯の高山地帯で、開けた土地に草や特殊な植物が主に生えている。この地帯は雲の上に出ていることも珍しくなく、夜は寒くて霜が降りるが、陽射しは厳しい。

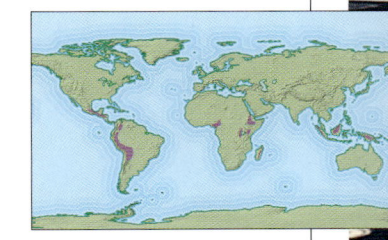

　熱帯では多くの動物が高高度の生活にうまく適応している。南アメリカのアンデス山脈の標高5500mの高さに棲むビクーニャや、ヒマラヤ山脈の熱帯北部の標高6000mにまで生息するヤクなどはそうである。鳥も非常に標高の高い場所に棲んでいる。例えばアンデスヤマハチドリと呼ばれる山岳地に棲むハチドリは、標高4000m以上の高さで餌をとることがよくある。体が小さいため、夜の寒さを生き延びるのに十分なエネルギーを蓄えるのは難しい。そこで、夜になって急激に気温が下がると心臓の鼓動もゆっくりになり、エネルギーを温存する。

　高山地帯の下の雲に覆われた森林は、世界で最も絶滅が危ぶまれる動物たちの生息地となっている。その中には中央アフリカの山の中にしかいないマウンテンゴリラや、中央アメリカの雲霧林に棲む華麗なカザリキヌバネドリがいる。湿気が多いので、森林地帯には様々なカエルが地面や木の上に棲んでいる。

アンデスの山に棲むハチドリは、気温の下がる夜間に休眠状態になって生き延びる。夜だけ冬眠するようなものだ。

ビクーニャは血液中の酸素の濃度が高いので、高高度でも生きていられる。

高山地帯

熱帯山岳地には、アンデス山脈のような大きな山脈や東アフリカと東南アジアにある孤立した山地がある。

マウンテンゴリラは森林地帯に密生する植物を餌とし、住処ともしている。

森林地帯

熱帯山岳地の森にはサルがよく見られる。アフリカのアビシニアコロブスの姿は印象的だ。

低高度

熱帯山岳地の木の上や地面に棲むカエルは、ふもとの森から標高の高い急流まで、あらゆる高度にいる。

生息環境

山岳地の保全

　現在、山岳地の野生動物を脅かしているのは森林伐採、採石、水力発電所やスキーリゾートの開発である。しかしさらに長い目で見ると、地球温暖化によって植生のパターンが変わってしまう脅威はさらに大きい。地球温暖化によって暮らしやすくなる動物もいるが、生息環境がしだいに小さくなっていく事態に直面している動物もいる。孤立した山地や山の頂上など、特定の高度にしか棲まない種にとっては特に問題は深刻である。その多くは他に適した生息地を求めて低地に降りていくことができないからだ。

採石の跡
採石によって貴重な野生動物の生息地が破壊された場所も、世界にはいくつかある。道路や建物の建設は増え続けているので、石の需要も高まる一方である。

山岳地の生活

高い山の上の生活は厳しい。食物は乏しく、天候は変わりやすい。また空気が薄いので呼吸も困難だ。しかし山岳地は空間も広く、人間が入ってくることは比較的稀で、低地よりは捕食者の数も少ない。通常の生息地の延長として高いところまで登ってくる動物も多いが、高地にしか棲まない動物もいる。大きな山脈ではたくさんの動物が幅広い範囲に分布している。しかし孤立した山頂に棲んでいる動物はほかでは見られないものが多い。

薄い空気の中での呼吸

標高6000mの空気の濃度は、標高0mの地域の半分である。そのため、酸素の量も通常の半分しかない。この高さでは呼吸しようとしても、酸素が希薄で意識を保つのが難しい。しかし血中に最大量の酸素を取り入れられる特殊な体の仕組みを進化させて、これより高いところに棲んでいる山の動物もいる。

脊椎動物の中では、鳥が高い高度に棲むものの代表格である。これは空気が肺を出入りするのではなく一方向にしか通らないため、空気中の酸素が血中に入る割合が高いためである。同じ条件で哺乳類の血液に入る酸素よりもはるかに多い量がとれるのである。これは鳥が非常な高さで飛べることからもわかる。ヒマラヤ山脈ではベニハシガラスが標高8000m以上のキャンプ地の周りを飛んでいるところが目撃され、エベレスト山よりはるかに高い標高1万1000mの高さで飛行機と衝突したハゲワシの記録もある。

鳥は高度が急激に変わっても体調が悪化しないが、哺乳類は高度が変わると特別な体の適応が必要になる。これを"馴化"といい、完全に適応するまでには数週間かかることもある。馴化する間に血液中の赤血球の数が徐々に増え、酸素を運ぶ力が高まる。人間も含め様々な哺乳類に見られるこの体の適応は一時的なものである。低地に戻ると、逆の現象が起こる。

しかしビクーニャやアイベックスのような山岳地に棲む哺乳類の場合は、高高度での生活が日常である。ビクーニャは他の哺乳類に比べて血液中の赤血球の量が3倍以上あり、赤血球に含まれるヘモグロビンが酸素を集める効率も非常によい。そのおかげで、ビクーニャはアンデス山脈に長く連なる高高度の高原、アルティプラノをほとんど苦もなく走ることができるのだ。

哺乳類に比べると、爬虫類などの変温動物は酸素の使い方が激しくないため、空気の薄いところでもあまり問題がない。彼らにとって山地に棲むうえで大きな問題となるのは寒さである。気温があまりに低いと体の働きも鈍くなり、筋肉が動きにくくなる。

動き

山岳地は、上昇気流を利用して飛ぶ鳥にとっては、まるであつらえたようにできている。強い気流のおかげで楽に高く舞い上がることができるからだ。しかし、地面の上や地面に近いところを動き回るのは、それほど簡単なことではない。昆虫には翅のないものが多く、飛べる昆虫も岩からあまり離れないようにして、風にさらわれる危険を小さくしている。

大型動物にとっては危険がさらに大きい。一度でも足場を誤れば転落して死ぬ恐れがあるためだ。そこで、岩場に棲む哺乳類は、滑らないような形の足をしているものが多い。オーストラリアにいるイワワラビーは、大きな後肢で4mも跳ぶこと

滑りにくい足
ハイラックスの小さくて付着力の強い足は岩場を歩き回るのに最適だ。この足を利用して木に登る種もいる。イワハイラックスは高い山の上だけでなく、コピというアフリカのサバンナに点在する、浸食された岩でできた小さな山にも棲んでいる。

ができる。長い尾がバランスをとるのに役立っている。アフリカと中東にいるハイラックスは、吸盤のような働きをする特殊な足の裏に助けられて岩の上を走る。しかし、世界中の山岳地で山登りの達人といえば有蹄哺乳類だろう。

蹄は一見すると山登りに向いていないように見える。実際、ウマなど岩の多い斜面を動き回るのが苦手な有蹄哺乳類もいる。しかしシロイワヤギやイワトビカモシカのような岩場に棲む有蹄類の蹄は、山岳地を動き回るのが楽になるように進化している。小さくコンパクトにできているので、狭い岩棚にも載り、端は固くて周りに滑りにくいパッドがついている。このような特徴のおかげで、雨や雪などどんな条件下でも、しっかりと足場を踏みしめることができる。

足場をしっかりと押さえることは、岩の上を移動するのに欠かせないが、優れたバランス感覚と高さに対する判断力も同じくらい重要である。地

上昇気流を利用した飛翔
コンドルのような鳥は上昇気流によってほとんど羽ばたくこともなく空を飛ぶことができる。上昇気流の波に乗って数百メートルも移動することもある。

山岳地の生活

鳥が行っている。岩がむきだしになった山頂から低地の森林に移動するケースが多いが、森林に棲む種にも移動するものがいる。例えば針葉樹の種子を食べるホシガラスのような鳥である。種子が少なくなると、彼らは"集団移入"と呼ばれる散発的な移動をする（57ページ参照）。ロッキー山脈にいるカナダホシガラスはその典型で、通常は2500mの高さにいるが、食物が見つかりにくくなると海抜まで降りてくる。

食物探し

陸上の生息環境がほとんどそうであるように、山岳地の動物もつきつめれば植物に頼って生きている。植物が草食動物の餌となり、その草食動物を様々な捕食者が食べるからだ。しかし山岳地に棲む動物の中にはかなり変わったものを食物にしているものがいる。風にさらされて山の上の氷雪や岩の間に吹き飛ばされてきた小動物（主に昆虫）を食べるのである。

こうして風に飛ばされてきた動物は非常に小さいので、ほとんど肉眼ではわからないほどだが、雪線の上に棲む腐食動物にとっては貴重な栄養源となる。そのほぼすべてがトビムシなどの無脊椎動物で、冬に非常に気温が下がる高高度の山の上でも生きられる。真冬には岩やコケの中に隠れているが、気候がやわらぐと、雪面を跳ね歩きながら低地から風に吹き上げられた死骸を食べている姿が見られる。

上に棲む哺乳類のほとんどは、急斜面を本能的に恐れるが、山に棲む動物たちは幼いうちから、傍目には身の危険も顧みないほどむこうみずな行動をとる。おとなのシャモアは6mも跳躍し、垂直に近い斜面を駆け下りるのも駆け上がるのも自在である。その子どもも生後わずか数週間で親と行動を共にすることができるようになる。

冬越え

熱帯の山岳地では年間を通じて気候が変わらないことが多い。そのため動物たちは一生同じ高度に棲み続けられる。しかし温帯山岳地では季節の変化が食物の供給を左右する。冬は危険な季節で、寒い天候条件や食物不足に耐えられないものは、春が来るまで低地に移動するか、冬眠しなければならない。

高高度に棲む動物は、四季の変化に様々な方法で対処する。昆虫は休眠期と呼ばれる休眠状態に入るものが多い。その間は成長も止まっている。マーモットなど小型哺乳類の多くは冬眠して山の冬を越す。暖かいうちに備蓄した食物で活動を続けるものも多い。例えばナキウサギは葉や草を集めて、巣の周りにある岩のかけらの間に"干草の山"を積み上げる。新しい葉や草を山に積み上げる前に、天日に広げて乾かすこともある。こうすると、食べる前に食物が腐ってしまう可能性が低くなるのである。秋の初雪を合図にふもとに移動する動物もいる。この垂直移動は温帯地域の山岳地ではよく見られ、オオツノヒツジやシカからベニハシガラスや雷鳥など、幅広い種類の哺乳類や鳥が行っている。

垂直移動

山岳地ではアカシカは夏を山の上で過ごす。山の上は食物が豊富で体を刺すハエも比較的少ない。秋になるとふもとへ移動するが、これは発情期と重なることが多く、オスの首の周りにはたてがみが生え、メスを奪い合って争う。

柔軟な移動

温帯山岳地の動物によく見られるように、ホシガラスも条件によって様々な高度に暮らす。寒さが厳しくなるとふもとに下りるが、低地では食物をめぐる争いが激しいため、天候がやわらぐとすぐに山の上に戻る。

穴ぐらの生活

一時的に穴ぐらを利用する動物は多いが、一生そこで過ごす動物もいる。このような地下に棲む動物たちは同じ生活をしている他の動物や、木に止まっていたコウモリや鳥の落とした糞を食べて生きている。

深い穴の中という生活環境には、年間を通じて気温がほぼ一定という利点がある。しかし、暗闇なので目は無用の代物となる。コウモリ、アブラヨタカ、アナツバメは地下ではエコロケーション（高周波の音を出し、その反響で物の位置を知る）を使って飛ぶが、一生を穴の中で暮らす動物たちは主に触感で周囲の状況を知り、食物は匂いで探り出す。カマドウマは触角で食物を感知し、クモとザトウムシは足を使う。地下を流れる川や池では、ホライモリのような穴に棲むサンショウウオは水の振動で周囲を感じとる。穴に棲む魚には体の両脇に1列ずつ圧力センサーがあり、数メートル先にいる他の動物を感知する。

食物は少ないが、動物たちは地面の何十キロも下にいて、地下にしみ込んでくる水以外には地上と何の接点もない隔絶した穴の中にすら見つかることがある。

固くて防水性のある外骨格

大きな触角
カマドウマの触角は体長の2〜3倍もあり、餌となる死骸やコウモリの糞を見つけ出す。

水中の生活
洞穴に棲む水生の無脊椎動物はほとんどそうだが、ホライモリも皮膚に色素がほとんどない。目は退化しており皮膚の下にある。ホライモリは水中で繁殖し、成長してからもずっと水の中にいる。

極地帯

北極と南極は地球上で最も寒い場所である。北極は一部が凍った海で、その周りを広大な吹きさらしのツンドラが取り巻いている。南極は氷に覆われた大陸で、世界で最も荒れた海に囲まれている。この2つはよく似ており、他の生息環境とは違って、夏は24時間日が沈まず、冬は1日中暗いが、動物の生活に及ぼす影響には物理的に様々な違いがある。北極では多くの動物が陸上で暮らしているが、南極ではほぼ完全に海の中が生活の拠点となっている。

北極とツンドラ

面積およそ1200万平方キロの北極海は、世界で最も小さく、最も浅い海である。夏は数か月間太陽が沈まず、エネルギーがとぎれることなく供給され、そのエネルギーは大量の植物プランクトンの藻に利用される。藻は北極海の食物連鎖の最初の鎖となり、最終的にはクジラやホッキョクグマなどの大型動物の生命を支えることになる。

海の氷（氷があるかないか）は大型動物が棲む場所を決める大きな要素で、氷の表面積が最大となる冬の間は特に重要である。ホッキョクグマやホッキョクギツネは氷の上を渡って食物を探すことができるが、アザラシのような海に棲む哺乳類は呼吸のための穴がないと生きていることができない。

氷に閉ざされた条件下ではあるが、北極の海には豊かな生命が息づいている。これは冷たい水の中は酸素が豊富で、海底の沈殿物も栄養に富んでいるためだ。しかし陸上では、冬の寒さが厳しいため樹木は生えない。その結果、ツンドラという何もない単調な平原が広がることになる。表面に凹凸がないのは前回の氷河期に氷河によってならされたためである。今日では北極の氷河は主に山とグリーンランドを覆う氷雪にしかないが、ツンドラの大部分は、地下が恒久的に凍っている。この永久凍土層のおかげで春の雪解け水が流れ出さない。このあたりは水浸しの状態になっているが、降雪や降水量は逆に非常に少ないのである。

晩春から初夏にかけてツンドラの植物はたちまち成長し、花を咲かせる。ガンなどの渡り鳥がやってきて繁殖し、ツンドラの水たまりから膨大な数のカがわく。短い夏が終わりに近づき渡り鳥が飛び立っていくと、生き物たちの1年も一区切りとなる。

シロフクロウは真夏の数週間は明るい太陽の下で狩りをせざるをえない。

ヌマライチョウも他の動物たちのように、冬になると雪の色に溶け込むため白くなる。

ジャコウウシなどのツンドラに棲む草食動物は、蹄で雪をかいて食物を探す。

レミングは、キツネなど北極に棲む動物の餌となる。

初夏に現れるカに哺乳類や鳥たちは悩まされる。

ホッキョクグマは泳ぎが得意で、漂う積氷の上を渡るのもお手のものだ。

本当のツンドラがあるのは北極圏の北部だが、ツンドラのような状態の土地はそれ以外の山の上にもある。

生息環境

陸地

淡水

極地帯

南極

北極とは違って、南極大陸は孤立している。表面を覆う氷は最大4000mも厚さがあり、海まで張り出して大きな氷棚を形成している。南アメリカに向かって細長く突き出た南極半島では夏の気温が氷点よりわずかに上がるが、それ以外の大陸では平均気温が1年中氷点下である。

南極の沿岸には裸の岩に藻や地衣植物が生えているところが多いが、南極半島には南極大陸で唯一、陸生植物が生えている。ここには様々な陸生動物もいる。ただし体長5mmもないようなトビムシ、ダニ、線虫が主である。その他の陸生動物は、ペンギンのように海で食物をとり、繁殖のために岸にやってくる種か、そうした動物たちの繁殖場で餌をあさるトウゾクカモメのような種である。コウテイペンギンを例外として、脊椎動物は夏の終わりには氷の上を離れて冬を海で過ごす。

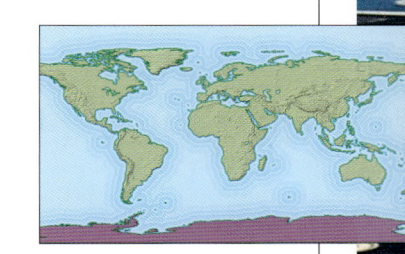

南極大陸を取り巻く南氷洋は、世界でも最も豊かに生命を育む海である。種の数は比較的少ないが、個体数は時として膨大になる。これは夏の間沈まない太陽の光のおかげで、ふんだんな食物が生み出されるからだ。オキアミ（アザラシやクジラの食物となる小さな甲殻類）は特に数が多い。オキアミの群れの中には1000万トンを超えると推定されるものもあり、宇宙衛星から観測されるほど大きい。南氷洋は常に冷たいが、およそマイナス1.8℃の最低気温は保っている。これ以下になると、海の水は凍ってしまう。そのため、南極大陸そのものに比べると、海の方がかなり暖かい。

比較的温暖な南極半島を除けば、南極大陸の大部分が南極圏の南部にある。

北極にも南極にもいるトウゾクカモメは死肉や他の鳥の卵やヒナを食べる。

アデリーペンギンなど、鳥の繁殖コロニーは数百万匹以上にもなることがある。

海から食物をとるものが大半を占める南極の動物の中では珍しく、トビムシは枯れた植物を食べる。

オキアミは植物プランクトンを食べ、多くの南極の食物連鎖の土台となっている。

ヒョウアザラシはオキアミ、魚、海鳥を食べる。南極にはこれとまったく同じ捕食行動を持つ動物はほかにいない。

ヒゲクジラは膨大な数のプランクトンを食べることによって、南氷洋の生態系で大きな役割を果たしている。

陸地

淡水

生息環境

極地帯の保全

1961年に施行された南極条約によって、南極大陸は現在は商業利用から守られている。しかし北極については事情が違い、石油の採掘、採鉱、狩猟があちこちで行われている。北極も南極も——特に南極では——動物たちが、大気中の二酸化炭素の増加（地球温暖化の原因）とオゾン層の減少（紫外線レベルの増加を引き起こす）によってもたらされた生息環境の変化にさらされている。

割れた氷
通常は流氷に覆われている北極に、海面が現れている広大な箇所が見つかったと2000年に海洋学者が報告している。極地の氷床が溶けるという未曾有の事態はおそらく地球温暖化によって引き起こされたものであろう。

極地帯の生活

　北極と南極の動物たちはお互い地球の反対側に棲んでいるが、共通の適応形態をたくさん持っている。なかでも極度の寒さに耐える力は筆頭にあげられる最大の点だが、季節によって差が激しい食物の供給に対応する能力も劣らず重要である。冬に食物が探しやすくなる動物もいるが、大半の動物にとって飢えと寒さの厳しい長い冬は1年の中で危機的な時期である。この過酷な条件のため、他の地域に比べて極地帯に生息する動物の種は非常に少ない。しかし、ここで生きていける動物の個体数は桁外れに多いことがある。

寒さとの戦い

　恒温動物は一定の体温を保っていなければならない。そのため、極地の環境では体温を失わないようにすることが最優先事項となる。

　変温動物は体温が変動しても体が機能するが、それにも限界はある。気温が零下になると凍ってしまう可能性があるのだ。特に魚は凍結のリスクにさらされている。通常、魚の体液はマイナス0.8℃で凍ってしまうが、極地の海はそれよりわずかに低いことが多いからである。凍結を防ぐために、多くの変温動物の血液には通常の凝固点を下げるタンパク質が含まれている。昆虫の中にはマイナス45℃でも体が凍らずに生きていられるものがいる。

　哺乳類や鳥はたとえわずかでも体温が下がっては生きていられないので、暖かさを保つためには断熱材を必要とする。毛皮と羽毛は自然が生み出した最高の断熱材だが、クジラ、アザラシ、ペンギンなどの極地帯の動物にはさらに脂肪層という断熱材がある。これは皮膚の下にある黄色い脂肪の層である。厚いものでは30cmもある脂肪層は非常に断熱効果が高く、脂肪層のある動物は表面をさわると冷たいが、中の体温は38℃以上ある。脂肪層は海の中で特に効果を発揮する。水は空気より25倍も早く体の熱を奪うからだ。脂肪層には、ほかにも大切な役割がある。脂肪にはエネルギーが多く含まれているので、食物が少ないときの蓄えとして使うこともできるのである。

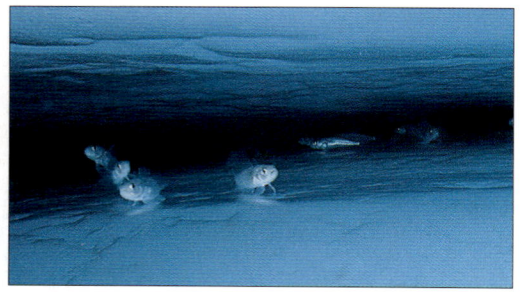

氷の上で眠る
ホッキョクグマの子どもが母親のそばで休んでいる。ホッキョクグマには毛足の長い体毛があり、足の裏も毛皮に覆われている。このおかげで氷の上でも暖かい。また分厚い脂肪層があるため、海の中を泳いでも体温が保たれている。

南極のシラウオ
南極では、魚は氷に閉ざされることの多い海の中で暮らしている。冷たい水には酸素が多く含まれるので、南極の魚の中には血液にヘモグロビンがまったくなくても生きていけるものがいる。そのため、このような魚の血液は赤い色ではなく透明である。

氷の下で生きる

　クジラとアザラシは極地帯の長い冬の間、海の氷で空気との接触が制限されるという問題にさらされる。彼らは餌をとるために氷の下に潜るが、呼吸するために海面に出なくてはならない。低緯度地帯に移動することでこの問題を回避する種もいる。極地帯に残るものは呼吸穴を維持するか、風や海流によって海水が凍らない氷湖（ポリニア）という地域に集まって生き延びる。

　アザラシは氷が薄いうちに歯でかじって呼吸穴をつくり始める。冬が深まり氷が厚くなってくると、アザラシたちは何度もその場所にやってきては穴を歯で削り、氷が張らないようにする。他の種よりも南に棲むウェッデルアザラシは長時間かけて呼吸穴の整備をするので、歯が磨耗して独特の形になってくる。冬の終わり頃には呼吸穴の氷の厚さは2mになることもある。南極の冬は太陽が地平線から出てこない日が何週間も続くので、アザラシは暗闇の中で呼吸穴を見つけなければならない。クジラが呼吸穴をつくることは稀で、そのかわりに氷湖をめざす。氷湖では氷の張っていない海から顔を出して空気を吸うことができる。この方法はそれほど労力がかからず1か所に縛りつけられることもないが、危険もある。だんだん小さくなっていく氷湖にクジラの群れが閉じ込められ、別の氷の張っていない海まで行けなくなることである。世界で最も北に生息するイッカクが数百匹も閉じ込められ、ハンターの格好の標的になってしまった記録もある。

ちょっと一息
ウェッデルアザラシが氷に開けた呼吸穴に向かっている。ウェッデルアザラシは1時間以上も水中にいることができ、空気を吸うために海面に戻ってくるまでに最長10kmも泳ぐ。

体色の変化

　樹木のない北極のツンドラでは、襲われないようにするにも相手に気づかれずに襲いかかるのにも、カムフラージュが最も効果的な方法である。夏と冬では風景がまったく違うので、ツンドラに棲む多くの動物が、年に2回体色を変える。ホッキョクギツネはその典型的な例だ。夏毛は茶色がかった灰色だが、秋の初めに白く生え換わる。春にはその逆の現象が起こり、急速に雪解けが進むツンドラにうまく溶け込むのである。北部地方、特にアラスカ西部やグリーンランド北部ではホッキョクギツネの冬毛は青みがかっている。一部の研究者によると、この青い体毛は雪の少ない沿岸の風景に適応するためのものだということだが、各地で毛皮を目的に養殖もされているので、この説を証明するのは難しい。

　世界最小の肉食動物アメリカイイズナや、ライチョウなど多くのツンドラに棲む鳥も同じように体毛を変える。シロフクロウのように1年中白い羽毛のものもいるが、これは食物を見つけやすい夏よりも、冬の方がカムフラージュが大切だからである。

極地帯の生活

長距離の移動
アラスカやカナダ北部では、トナカイの大群が夏の住処のツンドラと冬の住処の針葉樹林の間を移動する。途中で川や入江を泳いで渡りながら片道1000kmも移動する群れもある。春の移動では妊娠しているメスが群れを先導する。

冬毛

夏毛

季節ごとの体毛
ホッキョクギツネの毛皮は色とともに丈夫さも変わる。白い冬毛には長い上毛と厚い下毛があり、優れた断熱効果を発揮する。茶色い夏毛は短くて下毛も薄く、過熱を防いでいる。

夏の移動

　極地付近では夏は24時間日が沈まず、この理想的な条件の下で植物が急速に成長する。短期間ながら食物が豊富になるためツンドラの状況は一変し、たくさんの動物たちが移動してくる。ガンが渡ってきてくちばしで植物を食いちぎり、渉禽は湿った地面に棲む昆虫を食べに訪れ、アジサシはツンドラや岸辺近くの水の中で餌をとる。
　海にも毎年たくさんの動物たちがやってくる。世界中のヒゲクジラの多くが夏の間に急増するプランクトンを食べに極地帯の海をめざす。しかし渡り鳥とは違って、こうした大型哺乳類は高緯度地帯では繁殖しない。そのかわりここで体重を増やして、出産のため暖かい海に戻る。繁殖期にはまったく食べないことが多い。

冬の食物

　極地の海の食物は秋になると徐々に減っていくが、それでも動物たちが食べるだけの量はある。しかし陸では状況が厳しくなる。ツンドラの植物はまったく成長しなくなり、しかも植物そのものが深い雪の下に埋もれてしまうことも珍しくない。草食動物にとっては、1年のうちでも過酷なこの時期に食物まで容易にたどり着けないことが大問題となる。北極のツンドラでは、植物を食べる動物たちが植物を食べる方法は2つある。トナカイやジャコウウシは蹄で雪の下に埋もれていた地衣類や矮小化したヤナギを掘り出す。レミングは雪を逆に利用して穴を掘る。穴の中にいれば、捕食者からも外の天候からも守られる。地表がどれだけ寒くても風が吹きすさんでいても、レミングは快適な微気候（洞穴などごく狭い場所の気候）の中で1年中食物に困らない。
　南極大陸には陸生植物はほとんど生えていない。そのため、冬に陸地で集めた食物を頼りに活動する動物はまったくといっていいほどいない。氷が多いので、海でも食物を探すのは困難だ。卵を守るオスのコウテイペンギンは食物を探そうともせず、長い冬の夜に身を寄せ合いながら食物なしで春を待つ。

雪の下の通路
レミングが生きていくためには身を隠す場所が必要だ。冬になるとレミングの前足の爪は大きく伸びて、雪の中にトンネルを掘ることができるようになる。トンネルのおかげで安全だが、冬のわずかな食物で我慢しなければならない。雪が解けるとレミングは地下に移動する。

ツンドラの昆虫

　南極大陸とは違い、北極のツンドラには昆虫がたくさんいる。アブラムシ、マルハナバチ、イトトンボ、そして想像を絶する数のカである。カは幼虫から蛹までの時期をツンドラの水たまりの中で過ごし、初夏に成虫となって現れる。恒温動物にとって、ツンドラのカは深刻な問題だ。メスは繁殖前に血が必要なので、容赦なく襲いかかる。カの季節がたけなわになると高い場所に移動する動物もいるが、ほとんどの動物は我慢するしかない。しかしカにも役に立つ面はある。カの幼虫や蛹は、水鳥や猛禽のタンパク源となるからである。

水の中から空へ
夏の日に照らされたカの群れ。成虫になるとツンドラのカは2～3週間しか生きられない。秋の霜で繁殖場の水たまりに氷が張るまでの短い間に餌をとり、交尾し、産卵する。

生息環境

淡　水

　年間におよそ10万立方キロの水が世界中の海から蒸発し、凝結し、やがて雨や雪になって降る。その水の大半は大気に戻ってこのサイクルを続けるが、3分の1ほどは地表や地下を流れて海に注ぎ込む。この一定の淡水の供給が世界中の陸生生物の生命を支え、また同時に小川、川、湖から葦原、湿地、沼地まで、多様性に富む生息環境をつくり出している。そしてそこには様々な動物や植物が生きている。

湖と川

　一生を水の中で暮らす生き物にとって、湖と川の中の生活は様々な要因で成り立っている。そのひとつは水の化学成分で、水底の岩の種類で決まることが多い。例えば硬水は殻をつくる動物に好都合である。水中に含むカルシウムが殻を形成する物質に使用できるからだ。酸素を豊富に含む水はサケやマスなど運動量の多い捕食者の魚にとって重要だ。反対に酸素が不十分な水には動物は棲みにくい。特殊な蠕虫を除き、その水の中で生きていられる水生種は比較的少ないためである。

　湖や川では、水生動物が生息するゾーンは、ふつうはっきり分かれている。水面に近い明るい水の中にはミジンコやケンミジンコなどの微小な動物が集まっていることが多い。彼らがここに棲んでいるのは植物プランクトンを食べるためである。これは微小な藻で、夏には非常に数が多くなる。中間ゾーンや水面付近で餌をとるのは、流れの力に負けない魚などの大きな動物である。泳ぐ力の弱いものは、流れの緩やかな岸辺近くか水底の石や沈殿物の間に棲んでいる。流れが遅いかまったくない水では、表面張力が昆虫の体を支えるので、水の上を歩いたり走ったりして狩りをすることができる。

　淡水の生息環境にかかわりのある動物の中には一生を水中で過ごさないものもいる。彼らは水と水辺の陸上で半々に暮らし、狩りや繁殖や子どもを育てる場所として湖や川を利用している。

サギは獲物に気づかれないように狩りをする。川や湖の岸で、魚が射程距離に入ってくるまでじっくり待つのである。

トンボも他の多くの昆虫と同じように、生まれてから成虫になるまで淡水の中で過ごし、繁殖できるようになってはじめて水の外に出てくる。

カエルによって水との相性は様々だ。ワライガエルは成体になってからもほとんど水の中にいる。

クシイモリなど多くの両生類は、植物の繁茂した流れの遅い、またはまったく流れのない水に卵を産みつける。

小型の甲殻類も池の全層と湖の水面に棲む動物プランクトンの一種である。

カワカマスは獲物を待ち伏せするタイプの捕食者で、密生した水辺の植物に身を隠しそこから獲物に襲いかかる。

湖と川は地質学的に変わりやすい。湖にはしだいに沈殿物が蓄積され、川はコースを変えることがよくある。

淡水

湿地

湿地とは地上が水に浸っていて水生植物に覆われている地域をいう。葦原や沢などの湿地の中には、水面が完全に見えないほど植物に覆われているところもある。しかしほとんどの湿地には水が出ている部分と植物が密生している部分があり、豊かで複雑な生息環境をつくり出している。あらゆる種類の動物がここで暮らすことができる。

生物学的に見ると湿地は内陸の生息環境の中で最も豊かなもののひとつで、ここで生み出される動物の食物の量では雨林をしのぐこともある。温帯地域の湿地では春と夏に食物の生産力がピークを迎えるが、熱帯と亜熱帯では水量に左右される。南アメリカのパンタナール湿地のような熱帯湿地は乾季にはほとんど干上がるが、いったん雨が降れば広大な湖のようになる。

湿地は水深が1mを超えないことが多く、そのため水底と水面それぞれに棲む動物たちが互いにそれほど離れていないことになる。このような環境はヘビやカメのように水中を泳ぐが空気呼吸をする動物や、普段は陸に棲んでいるが危険を逃れるために一時的に水に入る動物には理想的である。大きな湖とは違って、湿地には水面から水の外に生えている挺水植物もある。こうした植物の大きさは、小型の草や昆虫が水に浸からないですむだけの背丈しかないイグサから、35mもの高さに成長する水を好む樹木まで様々だ。木は水鳥の大事なねぐらや繁殖の場で、雨風や陽射しをしのいだり、捕食者から身を隠したりするのに役立つ。また木のおかげで餌場の近くにいることができる。

挺水植物

サンショクウミワシは長い鉤爪を使って水面から魚を捕まえる。

ナンベイレンカクは足の指が長く、体重が分散されるので、水に浮かぶ葉の上に立つことができる。

水面

世界最大の齧歯類カピバラは陸上で餌をとるが、捕食者に襲われると水の中に隠れる。

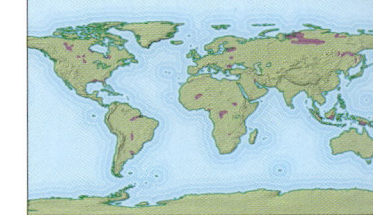

淡水湿地には南アメリカのパンタナール湿地や、南アフリカの内陸デルタ地帯のオカバンゴがある。

水中

カイマンをはじめとする多くのワニは、湿地が干上がったときも泥の中にねそべって何週間も生きていられる。

オーストラリアナガクビガメは代謝がゆっくりなので長い時間水中に潜っていられる。

水底

肺魚は防水性の繭に守られ、泥の中で休眠状態になって渇水期を生き延びる。

湿地の保全

淡水の生息環境は様々な形で人間の活動の影響を受けている。一般に問題になっているのは水質汚染で、多様な動物に深刻な結果をもたらしている。しかしこれに加えて、湿地の広大な部分が農業利用のため水を抜かれている。湿地は土壌が肥沃なためである。農業や家庭で利用するために湿地から水を引くと、淡水の生息環境への脅威も高まる。湿地を保護しようという動きにより、いくつかの国際条約が生まれた。1971に採択されたラムサール条約は水鳥が渡ってくる湿地を対象としている。

干上がる湖
中央アジアにある巨大な内陸湖であるアラル海は、流れ込む川の水が畑の灌漑に利用されるようになったため、大幅に縮小している。

生息環境

淡水の生活

淡水は陸に棲む動物すべてにとってなくてはならない資源だが、それ自体も重要な生息環境である。淡水の生息環境は一時的にできた水たまりから巨大な湖まで、小さな小川から数千キロの距離を流れる川までと、じつに様々だ。そのため、動物たちがその環境で生き延びるために乗り越えなければならない問題も、生息環境ごとにまったく違う場合がある。急流、定期的に起こる渇水、食物をめぐる熾烈な争いなどの問題と動物たちは戦わなければならない。

流されない仕組み

流れの速い川に暮らす動物は、常に流れと戦わなければならない。その方法は大きく2つある。ひとつは、流れが比較的緩やかな川底近くにいることである。カワゲラやカゲロウの幼虫など多くの無脊椎動物は絶対に川の真ん中には出ていかない。また1か所にとどまる力をより強くするために、体の形が平べったいことが多い。上流に頭を向けていれば、流れが背中を押しつけてくれるので川底の同じ場所にとどまりやすい。おもしろいことに、同じ方法をカワガラスという水中で餌をとる唯一の鳴禽も使っている。普通なら体が浮かび上がってしまうが、川底を上流に向かって歩くので、流れの力に押しつけられて水の下にいられるのである。

もうひとつの方法は流れに逆らって泳ぐことである。流れを避けて生活するわけにはいかない種は川の流れと同じくらいの速さで泳ぎ、1か所にとどまっている。眠っているときでも彼らはずっと泳ぎ続けているのである。

流れとの戦い
マスは流れの速い冷たい水の中に棲んでいる。そこでは1か所にとどまっているだけでも相当のエネルギーを要する。流れに負けずにいられるのは流れの速い水の中には酸素が豊富に含まれているからで、これこそ筋肉を動かし続けるために必要なものなのだ。

回遊

川や湖は淡水の住人を養うだけでなく、海からの訪問者も受け入れている。淡水と塩水の生息環境を半々に暮らし分ける回遊性の魚である。サケのような昇河回遊魚は川で繁殖するが、成長してからはほとんど沖合いで過ごす。一部のウナギのような降河回遊魚はまったく逆の行動をとる。淡水に棲んでいるが、繁殖のときだけ海に泳ぎ出す。

たいていの魚にとって、淡水は海よりはるかに安全に子どもが育つ場所であり、産卵のためにわざわざ長い旅をして川を遡るのにもそれだけの理由があるのである。しかし淡水で得られる食物には限りがあるため、稚魚はやがて危険は高いが餌も豊富な外洋に出ていく。同じ種で回遊するものとしないものがいる魚を見ると、生息環境としての海のよさがはっきりとわかる。海に出ていった魚は川に残っている魚よりずっと大きく成長するのだ。

渡り鳥と同じように、回遊する魚も驚くほど正確に自分の生まれた場所を探し当てて帰っていく。内陸をめざして、時には2500km以上にもなる旅をして産卵するのである。どの川にも独特の化学的な特徴があり、回遊性の魚は鋭い嗅覚で稚魚時代に後にしてきた河口を識別することができる。上流に向かって進みながら水の匂いを嗅ぎ取り、産卵場所にたどり着く。

回遊性の魚が行く手をさえぎられることも多い。サケは滝や急流を飛び越えることで知られているが、ウナギは障害物をよけて陸を這って進む。これは日が落ちた後の湿気のあるときに行う。皮膚から呼吸することによって水から出ても生きられるのである。

水の中と外の生活

カエルのような両生類はたいてい淡水で成長して、成体になると陸で暮らし、繁殖するためにまた水に戻ってくる。しかし昆虫は最初の両生類が登場する以前から両生類的な生き方を進化させていた。現在、小さな水たまりから大きな湖まで、淡水のあるところには必ずといっていいほど昆虫が棲んでいる。カの幼虫は淡水に棲む微生物を食べ、トンボやイトトンボの幼虫はマスクと呼ばれる伸縮する顎でもっと大きな獲物を襲って捕まえる。こうした昆虫は成体になると水を出るが、水生甲虫や水生の半翅類は一生を水の中で過ごす。けれども飛べるので簡単に水から水へと生息範囲を広げることができる。

大型動物の中にも、陸上と水中の両方で暮らすようになったものがいる。ヘビは泳ぎが上手で、ヨーロッパヤマカガシなどのように

昼間の隠れ家
カバは日中は川や湖の中でゆっくりと過ごし、夜になると水から上がって、時には15kmも移動してよい餌場となる草地を探す。カバの皮膚は薄くてほとんど毛がないが、特殊な分泌物を出して昼間の日の光から体を保護する。

旅の終わり
ほとんどの回遊性の魚は一生のうち数回、川を遡って繁殖する。しかしベニザケは一度産卵するとたいていは死んでしまう。繁殖間近のベニザケは顎が鉤形になり、背中が隆起する。

淡水の生活

乾季
干上がった湖の泥の中から黄色い目を2つ覗かせているのはカイマンである。渇水期には、泥が湿っている限り、何か月も中に埋まって生き延びることができる。

水面で呼吸
カの幼虫が水面に逆さにぶら下がり、シュノーケルのような管から呼吸している。管の先端にある水をはじく毛で水面の膜を破る。

水生動物を専門に捕まえる種も多い。世界で最も体重の重いアナコンダは、身を隠し、体を支えるのに水を利用する。大きな体も水に浮かんで体重がないも同然になるため、相当な速さで泳ぐことができる。

淡水は一部の陸生動物にとって食物を与えてくれるだけでなく、捕食者や昼間の暑さから逃れる場としても貴重である。夕暮れになると鳥たちが湖や貯水池をねぐらにする。昼間はカバ、カピバラ、ビーバーが水の中で過ごし、夜になってから暗闇にまぎれて餌をとるために陸に上がる。

葦をねぐらに
ツバメやムクドリなど群れをつくる鳴禽はよく葦をねぐらに使う。葦の周りは水に囲まれていることが多いので、眠っていても捕食者に襲われる危険が比較的少ない。

渇水を生き延びる

暖かい地域、特に熱帯では、年に数か月間も川や湖が完全に干上がってしまうことが珍しくない。このような条件の下では、淡水に棲む動物たちは生き延びるために普通とは違った適応形態を持たなくてはならない。

湖の水位が下がると水温は上がる。ぬるくよどんだ水には酸素がほとんど含まれないため多くの魚が窒息するが、肺魚（熱帯の湖や湿地特有の魚）は渇水を生き延びる達人である。肺魚は水面で空気を吸い、住処も干上がり始めると泥に穴を掘って粘液質の繭の中に体を密閉する。その後激しい雨が降って泥にしみ込むと、繭が破れて肺魚は外に這い出すのである。カイマンやカメもこのような方法で身を潜めるが、鱗のついた水をはじく皮膚があるので繭は必要ない。変温動物なので生きるために必要とするエネルギーの量は比較的少なく、渇水によって食物が不足しても数か月間生き延びることができる。

渇水を生き延びられない動物たちは渇水に強い卵を残して死ぬことが多い。再び水が戻ってきたときに卵は孵化する。雨季と雨季の間の空白を埋める優れた方法である。この生存戦略を使っているのは、ミジンコ、ワムシ、クマムシなどのように一時的にできた水たまりやコケなどの植物を覆う薄い淡水の層に棲む、多くの微小な動物たちである。

空気を吸いに水面へ

淡水に棲む動物は酸素を呼吸しなければならない。魚は鰓を使って水から酸素を抽出するが、多くの無脊椎動物は空気から酸素をとる。空気呼吸する動物には巻貝、昆虫、ミズグモがいる。ミズグモは完全に水中で生活する唯一のクモである。

水面で暮らす動物たちは簡単に空気に接することができる。しかし水中で暮らす動物が呼吸するためには、定期的に水面に出て空気の蓄えを補充しなければならない。昆虫は体の中か表面に空気を蓄える。これは薄い膜のような泡になっていることが多く、昆虫が銀色に輝いて見える。ミズグモが空気を蓄える方法は念が入っている。糸で"潜水鐘（釣鐘形の水密装置）"をつくってその中に大きな空気の泡を閉じ込めるのである。潜水鐘はねぐらにも育児室にもなる。水面下で陸上に似た生息環境をつくっているユニークな例である。

塩湖に生きる

塩湖と塩水湖は地球上で最も塩分の強い生息環境で、多いときには海水の10倍もの塩が水に含まれている。塩湖や塩水湖ができるのは降雨量が少なく、気温が40℃以上まで上がることが多いため水分の蒸発量の多い場所である。このような厳しい条件に耐えられる動物は比較的少ないが、生息する動物の個体数は非常に多い。競争が少ないためである。塩湖の食物連鎖を根本で支えているのはシアノバクテリアという、日光のエネルギーを食物に変える植物に似た微生物である。

塩水の中で生きる
ブラインシュリンプは塩分の強い砂漠の湖に棲む小型の甲殻類である。繁殖が早く、渇水が数年続いても持ちこたえることのできる卵を産む。

水をこして餌をとる鳥
コフラミンゴはくちばしを使って水から微生物をこし取る。大きな群れだと1日に1トンのシアノバクテリアを食べることもある。

海

海はひとまとまりの生息環境としては地球上で最大のものであり、また生命が最初に進化したのもおそらくここだろう。海の中には山、火山、崖、深い谷、広大な平原があり、その多くが陸上のものよりはるかに大きい。地球の表面の4分の3以上を占める海は非常に広大で、探索が難しいため、海の生物についての科学的な調査は陸上生物に比べると遅れている。しかしこれまでの研究で、太陽の光を浴びた水面から水深11kmの海溝まで、あらゆる層に生物がいることがわかっている。

沿海

沿海には非常に浅いところがあり、世界の海の水位が75m下がっただけで、海底が顔を出してしまう地域は広大なものになるだろう。例えば西ヨーロッパの海岸は200km伸び、シベリアの一部は700km以上も広がってしまう。海が浅いのは大陸棚のせいである。大陸棚とは深い海盆の側面に位置する、緩やかな斜面になった海台のことだ。大陸棚は海の生物にとっては重要な生息環境で、魚の大群や、ロブスターやカニから軟体動物、穿孔動物まで様々な動物たちの生命を支えている。これだけ多様な生物が棲めるのは、浅い水の中では太陽の光が海底まで届き、藻や海草をはじめ、生きるために光からエネルギーをとらなければならない無数の生物の成長を助けるからである。陸の植物と同じように、これらも年間を通じて動物たちの食物となり、また身を隠す場所や繁殖の場になっている。

ロブスターやカレイなど沿海の動物の中には一生のほとんどを海底で過ごすものがおり、海中や海面だけで一生を送るものも多少ある。それ以外の動物は一生の各段階を違う生息環境で過ごす。例えば幼魚のうちは海面のプランクトンの一部として成長し、成魚になると海中や海底に移動したりする。

沿海には外洋から訪れる動物たちもいる。クラゲのように流されてくるものも多いが、クジラやサメのように自分で泳いでくるものもいる。繁殖のためにやってくるものも、偶然来てしまい、また深い海に戻っていくものもいる。偶然の訪問者が災難にあうこともたまに起こる。クラゲが海岸に打ち上げられたり、クジラが無事に外洋に戻るかわりに浅瀬に迷い込んで座礁したりすることもある。

沿岸の海面近くにいるプランクトンの中には、海洋生物の幼体もいる。

動物プランクトンの個体としては最大の大きさを持つクラゲは、海面近くを漂うだけでなく自力で泳ぐこともできる。大きいものはさしわたし2m以上ある。

サメは深海よりも大陸棚の比較的浅い海に棲むものがほとんどである。

タラのような魚は海底近くに大量の卵を産む。卵はしだいに海面に浮いていき、幼魚は海面の近くで暮らす。

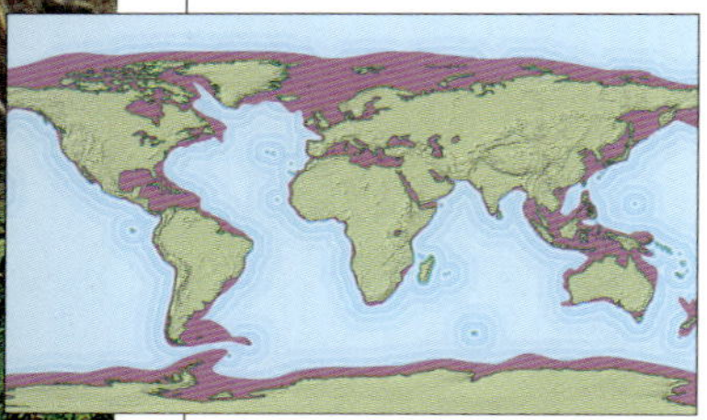

ロブスターは海底で食物をあさる代表的な動物。生きた獲物や死骸を探して海底を這う。

多くのカレイ目と同じように、ツノガレイも海底に棲んでいる。沈殿物と同じカムフラージュをしている。

大陸棚の幅は深い海溝近くの沿岸の数キロから、1000km以上までと様々だ。

海

外洋

どんなに澄んだ海水でも、光は海面から約250mまでしか届かない。これは海の生物にとって何にもまして重大な影響力を持つ。食べるものを左右されるからだ。明るい海面では微小な藻が光のエネルギーを利用して成長し、動物プランクトンの餌となる。動物プランクトンも食物連鎖の次の動物に食べられて食物が受け渡されていき、最終的にはサメなどの大型の捕食者に行きつく。光が届かなくなるところでは、その場で食物が生成されない。この深さから下では動物たちが互いを食べたり、絶えず海面から沈んでくる死骸を食べたりしている。

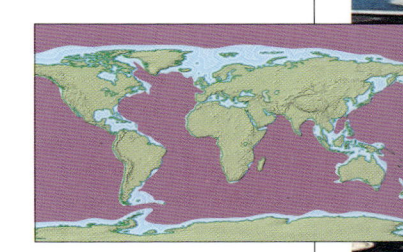

海は想像を絶するほど広いにもかかわらず、外洋に棲む動物種はわずか（5％ほど）である。そのほとんどが食物が比較的豊富な海面近くにいるため、広い海中やその下の深海に棲む動物は少ない。

この中間層とは対称的に、海底のほとんどには動物がたくさん棲んでいる。ひとまとめに底生動物と呼ばれている深海の生物には、海底の上を泳いだり、這ったりする種、穴を掘ったり柔らかい沈殿物をあさって食物をとる種がいる。その多くは数百年前からほとんど変わっていないようだ。深い海の底では水が非常に冷たく水圧も大きいが、海底は海面ほどには条件の変化にさらされていないからである。そのため、地球上でも最も安定した生息環境のひとつといえる。

海面

ネッタイチョウのように海をさらう鳥は、一生の大半を海で過ごし、繁殖のときだけ陸に戻ってくる。

海中

大きなマンボウは遠海魚の典型である。一生を外洋で過ごし、陸地から数百キロ離れたところにいることも珍しくない。

ウミガメは餌場と繁殖の場である海岸との間を長距離移動することがよくある。

大陸棚を除けば、世界の海盆の深さは平均およそ4000mである。

深海

イルカは流線形の体のおかげで非常に泳ぎがうまい。陸地からは見えないほど遠出することもある。

多くの深海魚と同様、ホウライエソも獲物をおびき寄せるために光を出す。

海底

クモヒトデのような海の腐食動物は海底に沈んでくる有機物を食べる。

海の保全

海の生物にとっての大きな脅威は汚染と乱獲である。海水に溶け込んだ汚染物質や浮遊する廃棄物は今や世界中の海で見つかっている。しかし沿海の生物にとっていっそう深刻な問題は乱獲である。技術の進歩や漁船の増加に伴い、一部の魚の数が大幅に減り、大陸棚の生態系にとり返しのつかない変化を及ぼしている恐れもある。現在、国際協定で影響されやすい海域の漁獲を制限しているが、商業的な圧力から多くの魚が今でも回復不能な勢いで捕獲されている。

大漁
写真のように従来の漁獲法でも魚はよく獲れることがあるが、現代のトロール漁船は魚群の位置を正確に突き止め、確実に漁獲をあげることができる。

生息環境

海の生活

数十億年以上も前に最初の動物種が進化してから、海での生存競争は熾烈さを増してきた。今日、海は地球最大の捕食者や、海面に漂う目に見えないほど微小な無数の動物たちの住処となっている。陸と同様、海の生物もその場所の条件に影響を受けるが、中でも重要なのは食物である。また多くの動物にとっては攻撃から身を守れるかどうかも生存を左右する。生物の個体数がごく少ない海域もあるが、海ほど動物の数が豊富なところはほかにない。

食物

海は非常に広いため、栄養に富んだ食物がたくさんあるとはいっても、海の動物たちにとってはエネルギーを使いすぎずに十分な食物を得ることが課題となる。

大きな獲物だけを食べるものもいる。例えば、マッコウクジラは水深1000m以上の海で巨大なイカを狩るが、獲物を追うスタイルの狩りをする動物は、深海よりも海面近くで食物を探すものがほとんどだ。大型の海洋動物には小さな獲物を大量にすくい、鰓でふるいにかけて食べるものもいる。これを濾過摂食といい、ヒゲクジラや大型のサメやエイがこの方法をとっている。ほとんどの濾過摂食動物はプランクトンを食べて生きている。プランクトンは非常に数が多いので、それを食べる動物は大きな体に育つのである。海面を浮遊する動物もプランクトンを食べるが、量はずっと少ない。クシクラゲやテマリクラゲは触手を魚網のように使ってプランクトンをたぐり寄せる。

海底の動物のほとんどは、上から絶えず沈んでくる有機物の死骸に依存している。クモヒトデはそうした腐食動物の典型で、腕で細かい食物を集める。しかし、真っ暗な海底や海底付近で狩りをする捕食者もいる。海底の動物は数が少ないため、こうした捕食者は食物を得るどんな機会も逃せない。そのため、多くは巨大な口と、自分と同じくらい大きな獲物でも呑み込める伸縮性のある胃を持っている。

浮力のコントロール

深く潜水する哺乳類を除いて、海のすべての層に見られる海洋動物はほとんどいない。大半は決まった水深の範囲内で生きられるようにできており、体に備わった浮力の仕掛けによってその層にとどまっている。巻貝なのに海面を漂うものもいて、その体には単純なウキブクロがついている。中には水より軽い物質が詰まっており、波が強くても海面に浮いていられるようになっている。

海中に暮らす動物たちが一定の水深にとどまっているためには、より複雑な仕掛けが必要になる。最も適した深さに浮いていなければならないが、必要があれば浮かび上がったり、沈んだりできなければならない。体内にある浮力を調節できる器官を使って浮いたり沈んだりする動物もいる。例えば、硬骨魚にはウキブクロというガスの詰まった空洞が背骨のすぐ下にある。沈みたいときにはウキブクロからガスを血液中に送り込み、浮かび上がりたいときにはガスを戻す。サメのような軟骨魚にはウキブクロがない。そのかわり大きな脂質の肝臓に頼って浮いている。多くのサメは海水よりわずかに重い。泳ぐことで体が持ち上がり、水深をコントロールできるのである。

浮遊する巻貝
粘液で固くなった"泡のいかだ"からぶら下がる巻貝の1種。より浮力がつくように、殻は非常に薄い。海流とともに漂い、海面に棲む他の動物を食べている。

濾過摂食
マンタは、頭の両脇にある大きな鰭を使って、プランクトンを口に送り込む。マンタのような濾過摂食動物は、ふるいのような鰓に引っかかるものは何でも呑み込んでしまう。

生物発光

様々な海の動物が光を出す。仲間と連絡をとるために光を出すものもいれば、獲物をおびき寄せるために発光するものもいる。プランクトンを形成する無脊椎動物など、なぜ光を出すのかよくわからない種もいる。生物発光は半深海魚(非常に深い外洋)に最もよく見られる。通常、光は発光器という皮膚の器官でつくられる。光を出すのは動物の体だけではない。光る煙幕を吐き出して捕食者の注意をそらし、その隙に逃げる魚もいる。

闇の中の光
ヨコエソ科の魚の中には、黄色がかった緑の光を出す発光器を持つものがいる。発光する魚の大半は、発光器が独特の形に並んでいて、暗闇の中でも同じ仲間だとわかるようになっている。発光器は続けて長い時間光らせることも、点滅させることもできる。

捕食者から身を守る

外洋には隠れる場所がないので、捕食者に襲われやすい。生き延びるためにカムフラージュや擬態に頼るものもいれば、攻撃しにくい行動をとるものもいる。

プランクトンを形成する動きの遅い無脊椎動物にとって、最も効果の高いカムフラージュは透明であることだ。動物プランクトンはガラスのように透明なものが多く、近くからでも目に見えにくい。このような動物は体長数ミリしかないが、被嚢動物の中には3m以上もある半透明の管状のコロニーをつくるものもいる。

小さいうちは透明で、大きくなると別のカムフラージュを使う魚もいる。光で明るく照らされた外洋に棲む種はほとんどといっていいほど暗い色の背中と白っぽい色の腹をしている。この現象をカウンターシェーディングといい、2方向から魚を守っている。下にいる捕食者からは明るい空の色に溶け込んで隠れ、海鳥など海面の捕食者から

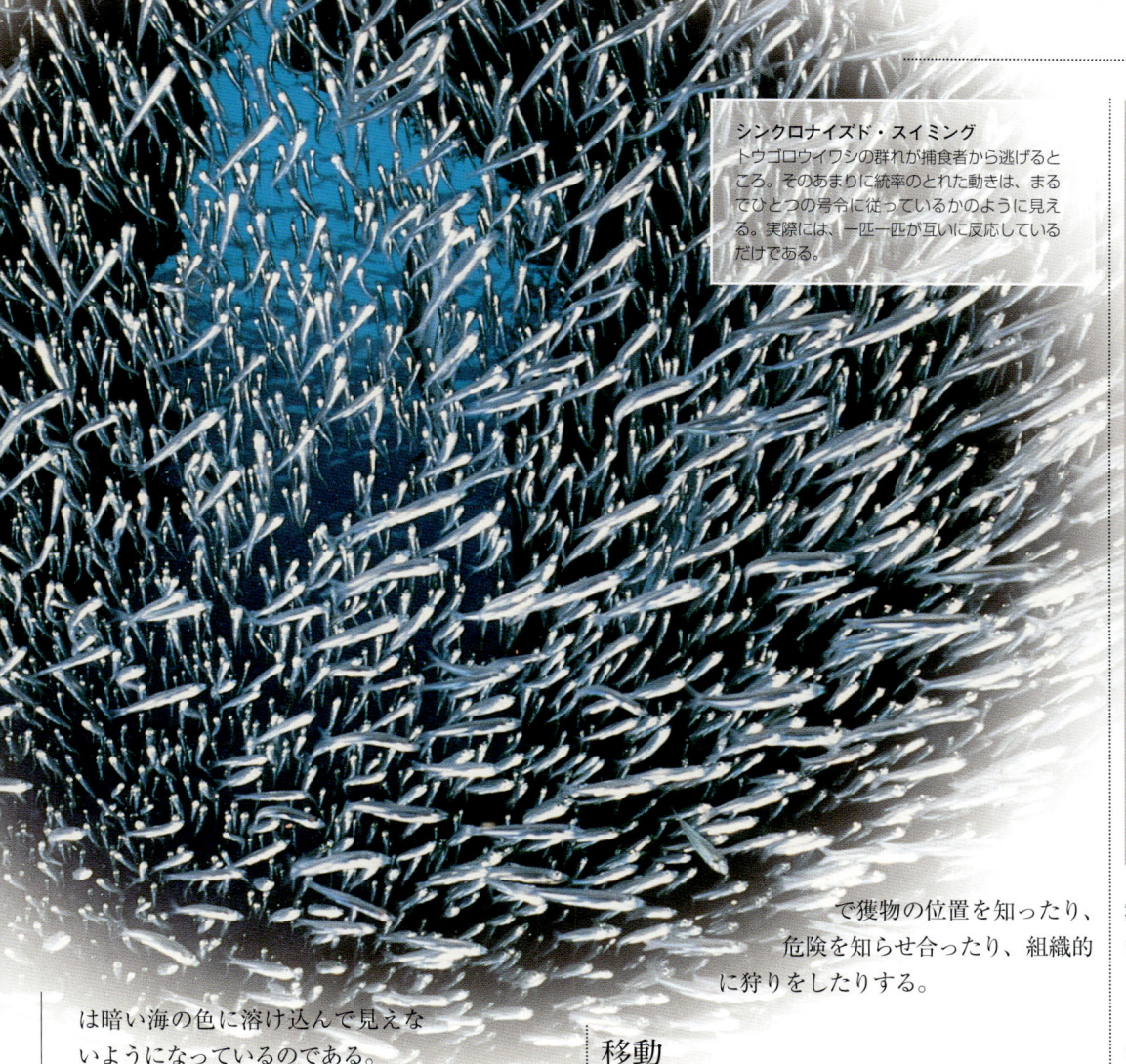

海の生活

シンクロナイズド・スイミング
トウゴロウイワシの群れが捕食者から逃げるところ。そのあまりに統率のとれた動きは、まるでひとつの号令に従っているかのように見える。実際には、一匹一匹が互いに反応しているだけである。

熱水噴出孔
ガラパゴス諸島の沖合いで1977年に初めて観測された熱水噴出孔は、深海の海底にある生態学上のすばらしいオアシスである。火山活動でできた穴からミネラルを含む高温の水流が噴出しており、生物が太陽エネルギーに頼らずに生きている数少ない生息環境のひとつである。特殊なバクテリアがミネラルを利用してエネルギーを生成し、穴に暮らす動物たちはバクテリアや互いを食べて生きている。300種以上の動物が穴の周囲で発見されている。そのほとんどはほかでは見られない生き物たちだ。

幽霊のようなカニや貝
穴に暮らす動物のほとんどがそうだが、水中用の強力な光に照らし出されたこのカニや二枚貝には色素がほとんどないため、白っぽい外見をしている。

は暗い海の色に溶け込んで見えないようになっているのである。

群れの生活

陸上でも動物の群れは非常に大規模になること

透明な生き物
樽のような形をしたサルパはクラゲに似た透明な体をしており、捕食者から見えにくい。大きいものでは10cmある彼らは群れをつくって暮らし、海面に数百キロも広がることがある。

があるが、海の動物の群れの規模にはとうてい及ばない。魚は数千匹、時には数百万匹もの群れで暮らすことが多く、動物プランクトンの群れは100km以上に及ぶことがある。

こうした巨大な群れは捕食者から見ると格好の標的となる。クジラはオキアミを無造作にくらいやすやすと呑み込む。魚の群れを襲う捕食者もいる。しかし一般的には群れで生活する方が単独で暮らすよりも安全である。1匹だけを選んで襲うのは難しく、気づかれずに襲いかかるのはさらに難しいからだ。イルカのように高度な社会生活を送る動物も少数いる。イルカはエコロケーションで獲物の位置を知ったり、危険を知らせ合ったり、組織的に狩りをしたりする。

移動

巨大なクジラも含め、多くの海の動物が熱帯の繁殖場と高緯度の餌場との間を移動している。最も長距離を移動するのはおそらくコククジラだろう。毎年の移動距離を累計すると、一生の間に80万km、地球から月までの距離の2倍を旅していることになる。マグロも長い旅をすることで知られている。群れによっては地中海を横断するものもいる。太平洋では、メキシコで標識をつけて放流されたマグロが日本の沖合いで発見された例もある。カメには非常に正確な移動パターンがあり、毎年産卵のために同じ海岸に戻ってくる。カメが成熟するまでには20〜30年かかることを考えると驚くべき現象である。カメは成熟するまでの間も自分が生まれた場所を正確に覚えているので、繁殖できるようになると長い距離を泳いで帰っていくのである。

規模は小さくなるが、産卵のために沿海に向かう魚は多く、動きのゆっくりした動物は海底を歩いて移動する。カリブ海のイセエビは、繁殖場となっている浅いサンゴ礁と越冬する深い海の間を旅する。彼らは1列になり、前の仲間の尾の後を追って移動する。

このような移動は普通は毎年行われる。しかし毎日餌をとるために移動するものもいる。動物プランクトンは夜になると海面に浮き上がり、昼は深いところに沈んでいる。プランクトンを食べる動物の中にはその行動をまねするものもいて、多くの動物がこの24時間のサイクルに従っている。この垂直移動は船の水中音波探知機ではっきりと観測でき、日の入りとともに浮かび、日の出とともに沈む光を反射する層が見える。

移動するクジラ
北アメリカのコククジラは毎年、メキシコ北西沖合いの冬の繁殖場とベーリング海にある夏の餌場との間を移動する。数は少ないが韓国とシベリア東部の間を移動するものもいる。

→ 主な移動ルート
■ 冬の生息地
■ 夏の生息地

生息環境

海岸とサンゴ礁

自然界では、異なる環境同士の境界部分が生き物たちの豊かな生息環境となっていることが多い。海岸は2つの生息環境が境を接する例の最たるもので、陸で暮らす動物と海に棲む動物が同居している。海岸の生物はその土地の条件によって様々であるが、岩場や砂浜では動物たちの生息範囲が潮の干満によってはっきりと分かれている。サンゴ礁は海岸の生息環境としては特殊である。色と形の見事さで有名なサンゴ礁は大規模に成長することもあり、そこに生きる水生生物の多様さはほかに例を見ない。礁をつくるサンゴには特殊な条件が必要だが、特に重要なのは1年中暖かく、太陽の光に恵まれていることである。そのため、サンゴ礁は主に熱帯にしか見られない。

海岸

毎年ほとんど外観の変わらない生息環境もあるが、海岸は常に変化している。波が岩に当たって岩を削ったり砕いたりし、沿岸の海流も波ほど目立たないが小石や砂を動かして岸の形を変えていく。それに加えて、周期的な潮の動きもある。その1日2回のサイクルは海岸の生き物に大きな影響を及ぼしている。

潮の干満は地域によって大きく異なる。海の中の島では干満の差が30cm以下ということが多いが、大陸沿岸の水深の深い湾や入江では10m以上にもなることがある。水位の差にかかわりなく、潮の干満は海岸を3つの分布帯に分け、それぞれに固有の動物が暮らしている。

3つの分布帯の中でいちばん高いところにあるのが潮間帯上縁である。これは高潮で海に沈む手前の海岸である。この分布帯は実際には海に沈まないが、塩を含んだ波しぶきがかかるので、塩に弱い動物や植物はこの地帯にはまずいない。この下にあるのが潮間帯で、潮の満ち干のたびに冠水したり、露出したりする。イガイやカサガイのように潮間帯にいる動物は、水の中でも空気にさらされても生きていられなければならない。さらに低い分布帯、潮間帯下縁は干潮時でも常に冠水している。この分布帯に棲んでいる動物のほとんどは完全に海洋性である。ただし繁殖のために水から上がるものも少数いる。

海岸の生物は海岸の地形にも影響を受ける。岩場に棲む動物も多いが、砂や泥の中にだけ棲むものもいる。岩場や砂に比べると、砂利は動物にとっては棲みにくいが、渉禽の中には砂利に巣をつくるものもいる。

サンゴ礁

サンゴには固いものと柔らかいものと2つの種類がある。サンゴ礁をつくるのは固いサンゴである。ポリプと呼ばれるサンゴの個体は外部骨格を分泌し、これが死んだ後も残る。柔らかいサンゴは世界中に見られるが、礁をつくる固いサンゴは水の澄んだ、栄養分の乏しい、サンゴと共生関係にある藻が太陽エネルギーを利用できる海でしか成長しない。サンゴ礁がつくる生息環境は非常に豊かなため、たくさんの動物が同じ食物を争わずに共存することができる。

礁は主に3つのタイプに分けられる。海岸に近接してできる裾礁、海岸とは深い潟で隔てられ100kmを超える幅のものもある堡礁、大洋の島々の周りにできる環や馬蹄形の環礁（火山が海に沈んでいる場所に多い）である。

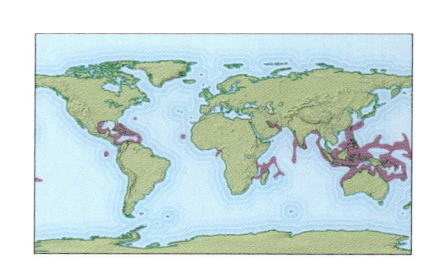

どの礁も独特だが、構造は共通している。水深と海から露出しているかどうかは大きな要素で、これはどれだけ光を必要とするかや、波の力にどれだけ耐えられるかがサンゴによって異なるからだ。最も成長の早いサンゴは大量の光を必要とし、比較的穏やかな波を好むため、礁の中央を形成し、干潮時には海面のすぐ上に出ている。サンゴ礁の陸側は、中央部と陸地の間に礁湖というサンゴ砂を覆う水たまりが広がっていることが多い。一方、海側は海の中に急に深く落ち込んだ崖ができていることが多い。この部分のサンゴは外洋から打ち寄せてくる強い波に耐えなければならないため、固くて回復力が強い。

海岸とサンゴ礁の保全

海岸の生物を最も脅かしているのは汚染である。原油の流出のように影響が目に見えやすいものもあるが、汚水や産業廃棄物のように気づかれないまま汚染に侵される場合もある。さらに観光も問題を広げる可能性がある。開発の進んだ場所では汚染レベルも上がり、カメや鳥などふつう海岸で繁殖する動物たちが寄りつかなくなる。サンゴ礁は魚の乱獲、汚染、サンゴの採取などの問題にさらされているが、世界的に最も深刻な脅威は地球温暖化である。海の水温が一定のレベルを超えると、サンゴは共生関係にある藻を追い出し、主要な食物源を失ってしまう。これは"白化"と呼ばれている。気温が高いまま下がらなければサンゴは死んでしまう恐れがある。大規模な白化現象が世界中の大きなサンゴ礁のほぼすべてで起こっており、元に戻らないものもある。

原油流出の犠牲者
原油取り引きは世界中の海岸の汚染の元凶となっている。原油が海鳥の羽毛にこびりつくと飛べなくなり、狩りができないために鳥は死んでしまう。また魚やカサガイ、イガイなど潮間帯に棲む無脊椎動物も殺してしまう。

崖は多くの海鳥にとって巣となる大切な場所だが、アジサシのように高潮線の上の地面に巣をつくるものもいる。

潮間帯上縁

サンゴ礁は水温が約18℃以上の海に見られる。世界最大のサンゴ礁はインド太平洋海域にある。

礁 湖

エイなどの海底に棲む魚は礁湖のサンゴ砂に潜っている動物を食うまくカムフラージュしているが多い。

海岸とサンゴ礁

ダンゴウオは、吸盤のような腹鰭で水中に沈んだ岩にくっついて1か所にとどまっている。

ヒトデは潮間帯によく見られる捕食者で、特に餌となる二枚貝のたくさんいる岩場に多い。

二枚貝はどのようなタイプの海岸にも見られる。イガイのように岩にしがみつくものもいるが、泥に埋もれているものもいる。

アザラシはほとんど水中で過ごすが、繁殖のために岸に上がってくる。数千匹規模の繁殖コロニーもある。

ゴカイなどの海岸に棲む虫は、海底で狩りをしたり食物をあさったりする。穴を掘って水から食物をこし取る種も多い。

潮間帯　　　　　　　　　　　　　　　　　潮間帯下縁

礁　　　　　　　　　　　　　　　　　　　海側の岩棚

カメは歯のないくちばしを使って藻や、礁の活発に成長している部分に棲む様々な小動物を食べる。

多くのウミヘビが沿海に棲んでいる。サンゴ礁で狩りをし、小さな魚やウナギをとるものもいる。

イロブダイはくちばしのような形をした頭を使ってサンゴを食べる。噛み砕かれた組織は砂となって排出され、礁の上に積もっていく。

枝サンゴは、ほとんどの礁の中央部分に特徴的に見られる。毎年15cmも伸びるものもある。

海綿類は、礁の周りの海水から食物をこし取る。小さなものもあるが、深海に棲むものの中には1mの高さになるものもある。

生息環境

海岸とサンゴ礁の生活

外洋に比べ、海岸とサンゴ礁には海洋生物が格段に多い。岩の多い海岸や干潟には海鳥や無脊椎動物がたくさんいる。サンゴ礁にはおそらく世界の魚種の3分の1はいるだろう。海岸や礁の条件は様々なので、その条件を利用して生きている動物たちは非常に特殊化していることが多い。海岸の広い範囲を動き回るものもいるが、ほとんどの生物にとっては、数メートルの違いが理想的な生息環境と生きていけない環境とを分けてしまう。

潮への適応

海岸に棲む動物の生活は潮のリズムに支配されている。1日2回の満ち干ばかりでなく、通常は14日間隔で訪れる大潮の長いリズムにも適応しなければならない。潮の影響を受ける場所を知っていることは大切で、もし何の備えもなく潮に巻き込まれれば干上がるか溺れるリスクをおかすことになってしまう。

フジツボなどの海岸の動物は、冠水するときとしないとき、それぞれに行動を適応させている。しかし大半の水生動物はもっと洗練されており、

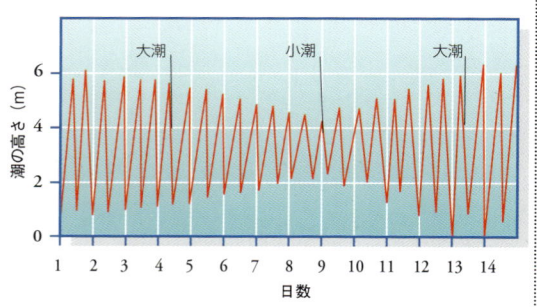

閉じたイソギンチャク / 開いたイソギンチャク
水分の損失を防ぐ
干潮時に干上がるのを防ぐため、イソギンチャクの多くは触手を引っこめ、海岸の岩場でよく見かけるゼリー状の丸い塊になる。直射日光を避けられる物陰に棲んでいることも多い。

潮に合わせて動いている体内時計に反応する。海岸から水槽の中に移されても、潮に合わせた体内時計は動き続ける。

この自然に備わった時間を知る能力のおかげで、動物たちは何が起こるかを予期することができる。例えば、海水に沈んだカサガイは岩に這い登って微小な藻を食べる。しかし住処にしている岩の割れ目から出ているのは危険なため、干潮の前に戻らなくてはならない。体内時計によって戻る時間がわかるので、確実に住処に戻って、潮が引く前に空気にさらされないようしっかりと閉じることができる。反対に、シオマネキの体内時計は干潮になると出てきて餌をとり、満ちてきた潮に呑み込まれる前に地下の巣穴に戻るよう教えてくれる。

潮のリズム
このグラフは14日間の海の水位の変化を示している。大潮と小潮は、太陽と月と地球が直角に位置し、引力が引き合うときに起こる。

マングローブ湿地

マングローブ湿地は、塩分の強い潮間帯の泥でも育つように適応した木が集まって形成されている。熱帯と亜熱帯にだけ見られ、海岸を安定させ、魚をはじめとする海洋動物の住処となることで生態学上重要な役割を果たしている。ほとんどのマングローブはアーチ型の支持根を発達させる。この根は潮が引けば露出し、潮が満ちれば水没する。これらの根に軟体動物がつかまったり、トビハゼが便利な止まり木に使ったりする。マングローブの葉は固くて丈夫で、主に昆虫の餌となる。しかし密生した上の層にはたくさんの鳥が集まってきて、繁殖場やねぐらにする。マングローブ湿地の泥は深くて悪臭を放っていることが多いが、毎日潮が運んでくる有機物で栄養分が豊かである。20世紀後半まで、マングローブは熱帯で大規模に進んでいた森林伐採をまぬがれてきた。しかしエビの養殖が盛んになるにつれ、マングローブも広域にわたって切り倒され、海岸の生物に長期的な影響を与えるのではないかという懸念が起こっている。

湿地の植物
周期的に潮が満ちる泥に育つ木はマングローブのみである。塩分が強いこともあってこの木の葉を食べる動物はほとんどいない。しかし、海岸の森は鳥や海洋動物にとって大切な繁殖の場となっている。

摂食行動

海岸は外洋よりはるかに食物が多様性に富んでいる。海から遠い地帯では、引いていった潮が沿岸線に残した豊富な動物や植物の死骸をトビムシなどの腐食動物が食べ、彼らをまたカモメや渉禽が餌にする。

潮間帯には濾過摂食動物がよく見られる。外洋にいる大型の濾過摂食動物(72ページ参照)とは違い、海岸の濾過摂食動物は一般に小型で、成長してからはずっと同じ場所に棲みついていることが多い。変形した鰓で食物のかけらをこし取るイガイなどの二枚貝がその例である。フジツボの濾過方法はこれとは違う。軟体動物に姿は似ているが、フジツボは甲殻類で羽毛状の足がある。高潮になるとフジツボは殻から足を出して食物のかけらを集める。

岩の多い海岸には、泳ぎの速い動物や、もっとゆったりと食物を探す動物たちがいる。ヒトデやウニは中でも最も動きが遅く、液体の詰まった何百もの足で岩の上を這っていく。

海岸で餌をとる
シギが海の中に入って餌を探している。海岸の渉禽には多いが、彼らも波が引くごとにその後を追うようにして歩き、次の波が寄せてくると岸に駆け戻る。

泥や砂の中の暮らし

岩場の海岸に比べると、泥や砂の浜には限られた数の動物しかいないように見える。しかし見かけにだまされてはいけない。とりわけ泥の中には潮に運ばれてきた有機体を食べる生物がたくさん潜んでいる。

地面の下に棲む利点のひとつは、ダイシャクシギのようなくちばしの長い鳥に襲われることはあるものの、捕食者からうまく守られている点である。逆に大きな難点は、表面が常に動いているため、地面の下の動物が、上を覆う水とそこに含まれる酸素や食物から接触を断たれてしまうことである。

地面の下に棲む動物の中には、特殊化した体の一部で表面とつながりを持てるものもいる。例えばハマグリには呼吸管という丈夫な管がある。呼吸管を殻の中に引っこめられる種が多いが、長すぎてしまいこめないものもいる。このような付属器官のない種は穴の中に棲んでいることが多い。

海岸とサンゴ礁の生活

タマシキゴカイの糞
タマシキゴカイの巣穴には穴が2つ開いている。ひとつは入ってくる水のため、もうひとつは排泄物を出すためである。排泄物はとぐろを巻いており、チューブから押し出された泥の練り歯磨きのように見える。

次の世代へ
オオシャコガイが海中に卵を産んでいるところ。幼生は漂っていって遠くの礁の一部にくっつく。オオシャコガイはひだの中に棲ませている共生相手の藻がつくり出す食物で生きている。

タマシキゴカイがその例で、U字型の穴をつくると内側を粘液で覆い、海水で崩れないようにしている。

共生関係

共生はどの生息環境にも見られる生態だが、特に目立つのは海岸である。パートナー双方が動物ということもあるが、多いのは片方が動物で、もう片方がその動物の体内に棲んでいる微小な藻というケースだ。このような藻を褐虫藻といい、サンゴ、クラゲ、大型のハマグリなど無数の海岸の動物に見られる。

褐虫藻は光合成を行って生きている。植物が成長するのと同じ方法である。複雑な一連の化学反応によって彼らは太陽のエネルギーを利用し、有機物をつくる。宿主の動物は褐虫藻を外部から守り、藻はお返しに自分のつくり出した食物の一部を分け与える。

こうしたパートナーシップは礁をつくるサンゴにとって非常に重要である。これ以外の方法ではあまり食物をとれない場所に棲んでいるからだ。サンゴと褐虫藻の関係がうまくいくためには、サンゴは海面に近い太陽の光がよく降り注ぐ場所に棲んで、藻の成長を助けなければならない。しかし干潮で水から露出する時間が1時間を超えるとほとんどのサンゴは生きていられないため、上方向へのサンゴの成長は制限される。

繁殖

海の生活に適応していった陸生動物は数多い。その一部は現在では完全に海洋性となっているが、カメ、一部のウミヘビ、アザラシとその仲間は、繁殖のために陸に上がらなくてはならない。こうした動物たちは広い地域に散らばって暮らし

相互利益
イソギンチャクは毒のある触手でクマノミを襲うかわりに天敵から守っている。クマノミの方はイソギンチャクを掃除する。しかし、イソギンチャクは単独でも生きられるがクマノミはイソギンチャクが頼りなので、対等の関係とはいえない。

海の生活
カワウソの仲間の中で完全に水の中だけで暮らしているのはラッコだけである。ラッコは海で出産し、腹を上にして浮かびながら子どもに乳を与える。このメスは胸の上に子どもを乗せて泳いでいる。

ていることが多いので、交尾の相手が見つかる可能性を最大限に高めるため、繁殖期になると毎年同じ場所に集まってコロニーをつくる。一方、海岸に棲む多くの無脊椎動物は、成体になってから死ぬまで同じ場所で過ごす。彼らにとって、繁殖は数を増やすだけでなく、生息範囲を広げるチャンスでもある。卵がかえると、幼生はプランクトンとなり、沿岸の海流に乗って遠くまで運ばれていった先を住処にする。フジツボのように、幼生が一度定着したら離れられないため、住処選びをやり直すことができない種もある。一生を決める行動に出る前に、化学的な刺激が"決断"を後押しする。

海岸線には卵を隠す場所がたくさんあるため、岸まで来て繁殖する魚もいる。カリフォルニア・グルニヨンはそうした魚の極端な例で、水の中ではなく海岸の湿った砂に卵を産む。グルニヨンは大潮の夜に集団で産卵する。卵は次の大潮のときに孵化し、幼魚は海に押し流される。

生息環境

都 市

　200年前、都市に住んでいたのは世界人口のわずか約3％だった。現在、その数字は50％にものぼり、人口は6倍近くにまで増えている。都市の驚異的な拡大により、地球も広い範囲にわたって変貌を遂げた。様々な人工的な生息環境（建物の内外）が生まれて、動物たちの住処となるとともに、膨大な量の廃棄物が食物連鎖の基盤になっている。その結果、私たち人間のすぐ隣にもたくさんの動物たちが暮らしている。

都市でもおなじみとなったハトは、もともと人間に飼われていたものが野生化した子孫である。

イエスズメは都市を住処にするようになって、ヨーロッパ、アフリカ、アジアなど世界中に生息範囲を広げていった。

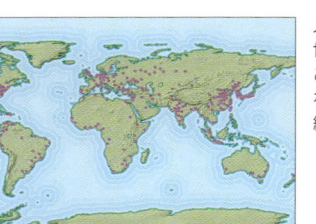

人口100万以上の都市は世界中に散らばっている。このような都市の数は250を超え、なおも急速に増え続けている。

ブラッシュテールオポッサムは庭や公園に棲み、建物の中で繁殖することもある。

屋外

　人間のいる環境でもやっていける動物にとって、都市や町は暮らしやすい場所になる。樹木や窓のひさしから地下道まで、天候をしのいだり、子どもを育てたりするのに適した場所が多く、雑食性の種にとっては食物となる残飯も常にある。冬には建物から排出される人工的な熱気もありがたいものだ。しかも、都市は比較的安全である。イヌとネコは別として、本来の生息環境では避けられない天敵もここにはほとんどいない。

　都市の拡大にうまく適応した動物もいれば、そうでもないものもいる。コンクリートが進出するたびにその場所から立ち退き、都市ではまったく見かけない種もいる。渡り鳥や昆虫のように移動の途中で一時的に立ち寄る訪問者もいる。もう少し適応力の高いアライグマやアカギツネのような動物たちは、町でも田舎でも自然にふるまい、市街地も本来の生息環境の延長として暮らしている。おなじみのハトやイエスズメのような本当の都市生活者は、今ではすっかり都会の暮らしに適応して、ほかの場所ではめったに姿を見かけないほどだ。

　ハトは人や車の行き交う都心部でも生きていけるが、都会に暮らす動物たちの多くは公園や庭に見られる。野生の生息環境のミニチュア版である。世界各地で動物たちの顔ぶれは異なるが、その中には必ずリスやオポッサムなど樹木に棲む哺乳類（はにゅうるい）と様々な鳥たちがいる。郊外の拡大は野生動物には脅威であるが、このような種にとってはむしろ喜ばしいことだ。棲むのに適した生息環境が布を継ぐように増えていき、時には食物をもらえるというおまけもつく。

都市部で繁殖するチョウも多いが、キベリタテハは花の蜜や落ちた果物を探しに一時的に町を訪れる。

アカギツネは餌探しを邪魔されないよう、夜に活動する。

ドブネズミは穴の中で暮らしているので、人間のすぐそばに棲んでいても目に触れにくい。

生息環境

屋根

生活圏

地面

都　市

屋内

　自然界では、多くの動物が巣をつくることによって意図せずに他の動物の生息環境をつくり出している。人間も同じだ。ただし私たち人間の"巣"は非常に大きくて複雑なので、間借りする動物の種類も桁外れに多い。そのほとんどは害がないが、問題を持ち込んだり、不都合をもたらしたりするものもいる。

　屋内の動物たちはほとんどが小型で夜行性のため、人間には気づかれにくい。日常的に人間と同じ場所に棲んでいて残飯をあさる種については、特にそれがいえる。例えばセイヨウシミは暗くなると出てきて小麦粉などのデンプン質製品を探し回り、食器棚や引き出しが突然開けられて光にさらされるとあわてて逃げていく。ゴキブリの行動も似ているが、病気を広めるので迷惑な存在だ。夜が明けると夜行性の動物たちは身を潜め、今度は昼に活動する動物たちの出番となる。例えばイエバエは視覚を頼りに動き回るので、日中最も活動的になる。地下室や屋根裏に棲む動物は昼と夜のサイクルにそれほど左右されず、人間の出入りに邪魔されることもあまりない。野生動物にとって、屋根裏は特大の木の洞のようなもので、地下室は洞穴に似ている。ハチ、鳥、ハツカネズミはみな屋根裏に巣をつくり（入り込めればの話だが）、コウモリとねぐらを共有することもある。地下の物置や食料庫はクモにとって絶好の住処となる。クモは食物がなくても長期間生きられ、暗闇の中でも獲物を捕まえることができるからだ。

　セントラルヒーティングができたことで、人間の住宅を住処に選ぶ動物も増えた。もともと温暖な地域に生息するゴキブリは、今では寒い地域にも広がっている。カーテンやカーペットの存在も一役買っている。これらは家の暖かさを逃さないだけでなく、様々な動物の隠れ場所や巣づくりの材料にもなっているのだ。

屋根裏

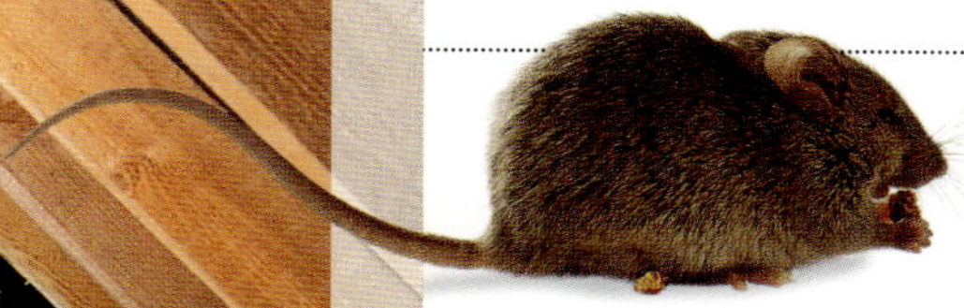

ハツカネズミはもともと中央アジアにいたものだが、今や世界中に広がった。ほかに住宅を住処とする齧歯類には大型のネズミやヤマネの仲間がいる。

ヤモリにとって家の壁は夜に狩りをする絶好の場所となる。近くに照明があって昆虫をおびき寄せてくれればいうことはない。

生活圏

イエバエは食物を求めて家の中に入り込んでくるが、クロバエ科のハエのように屋根裏や人の来ない空き部屋を越冬に使う種もいる。

ゴキブリは温暖な地域やセントラルヒーティングのある住宅を悩ます害虫である。

地下室

セイヨウシミも広い地域に生息しているがほとんど害はない。夜になると活動して、小麦粉から壁紙の糊までデンプン質の物質なら何でも食べる。

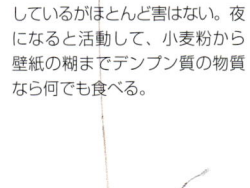

ザトウムシは野生の生息環境では洞穴に見られる。人間の家では地下室や暗い部屋がうってつけの住処となる。

都会の動物の保護

　都会の動物たちは一種の"不自然淘汰（とうた）"にさらされている。都市の生活に適さないものは、野生の環境であればうまく生きられたはずの動物でも容赦なく排除される。場所の乏しさ、騒音、汚染のために都市に定着できない動物は多い。明るい街の光などの環境要因もまたしかりである。都市生活に慣れてうまくやっている動物でも危険に見舞われることがある。なかでも大きなものは交通事故で、このために毎日（人間も含め）数千の生命が奪われている。

危険な道路
都会の交通量はこの50年間で大幅に増え、都市に暮らす動物たちにとって最大の脅威となっている。特にキツネのような夜行性の動物にとっては危険が大きい。

生息環境

都市の生活

　動物は何百年もかけて各地の生息環境に適応してきたが、都市の生活に適応するための時間はわずかしかなかった。にもかかわらず、市街地から離れていないところにも動物の姿がある。これは"前適応"といい、ある生態や生息環境になじむために進化した特徴が、偶然別の生息環境にも適応できたという現象のおかげである。そのため、人間のつくり出した生息環境を自然界のものに見立てて栄える動物たちがいる。また、非常に適応力が高く、人間が意図せずに提供した機会をうまく利用して暮らす動物もいる。

摂食行動

　屋外に暮らす都会の動物の中には野生の環境と同じ食物を食べるものもいるが、アライグマ、キツネ、ハトのような腐食動物の日々の餌（えさ）は、本来の自然環境で食べていたものとはまったく異なることがある。彼らのような雑食動物は、どんなに慣れない外見や匂い（にお）をしたものでもとりあえず食べてみる。この機会を逃さない性質こそ、彼らが都市で生き延びている秘訣（ひけつ）である。食品の包装に手こずることもあるが、彼らはたちまちビニールや紙を破ったり食いちぎることを覚えて、食べられる中身にありつく。

　屋内の動物の食物は3種類ある。人間と同じ食べもの、人間が食べるものを食べて生きている動物、住宅の素材である。1番目のカテゴリーに入るのはラット、ハツカネズミ、イエバエ、ゴキブリなど様々な害獣である。2番目のカテゴリーに入るのは主にクモであるが、温暖な地域ではムカデやヤモリもここに含まれる。クモは屋内の生活にほぼ完全に適応していて、嫌われ者ではあるが、屋内の昆虫をとってくれるので、じつは役に立つ存在だ。3番目のカテゴリーに入るのは招かれざる客のうちでも最もありがたくない動物たちである。シロアリや甲虫など木材を食べる昆虫や、ウールなどの有機物を攻撃する昆虫がここに含まれる。こうした動物たちは世界各地で深刻な害をもたらしている。

光と熱

　都市では街灯が夜空を照らし上げ、建物や車から排出される熱気のせいで周辺の田舎よりも気温ははるかに高い。人工的な光は昆虫の方向感覚や鳥の体内時計を狂わせる。そのため、鳴禽が夜中にさえずったり、明るい光にだまされて春が来たと勘違いし、冬に巣づくりを始める動物もいる。

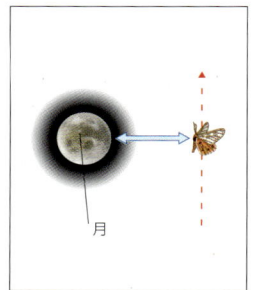

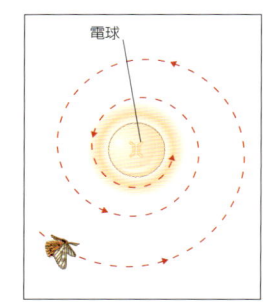

虫はなぜ光に集まるのか
ガは月に対して決まった角度を保つことで方向を判断する。月は非常に遠くにあるため羅針盤の役割を果たし、まっすぐに飛ぶことができる。ところが街灯のように近くにある光では、"羅針盤"が動いて見えてしまう。そこで進路を光に合わせて調整していくと、らせんを描きながらしだいに近づいていってしまうのだ。

夜明けのゴミあさり
危険に気を配りながら、鋭い嗅覚と器用な前足を使って、アライグマが自分で引っくり返したゴミの缶からゴミをあさっている。

移入種

　本来ならなじみのない地域に定着した種が都市部にはたくさんいる。人間によって意図的に持ち込まれたものもいるが、輸入された食品にまぎれてやってきたものもいる。ペットが捨てられたり逃げ出したりして野生化することもある。そのまま都市に残る動物もいるが、北アメリカのツグミのように大陸全土に移り棲んでいったものもいる。

故郷から遠く離れて
本来は熱帯アフリカや南アジアに生息するホンセイインコは寒さに強いので、北アメリカやヨーロッパの一部でも繁栄している。

他の地域よりも暖かいことは、チョウから鳥まで様々な動物に恩恵をもたらしている。ムクドリが冬の午後になると町中に飛んできて、比較的暖かい建物の上をねぐらにする地域もある。

屋根の上の動物たち

　鳥やコウモリにとって、建物の上は理想的な住処（すみか）になる。地面から離れた高いところにあり、人間もあまり来ないので、安心して食物をとったり、繁殖したりできる。屋根裏やひさしの下に巣をつくる種もいれば、煙突の上を好むものもいる。アマツバメ、ツバメ、イワツバメは屋根に棲む鳥の代表だが、前適応の最高の例でもある。彼らは自然環境の中では崖や岩の割れ目に巣をつくるが、町や都市が急速に拡大したため崖や岩壁に似たものが現れ、本来ならあまり見かけない場所にまで生息範囲が広がりつつある。

屋根の上の生活
シュバシコウのつがいが煙突の上の巣から町を見下ろしているところ。巣をつくるのは建物の上が多いが、餌は畑でとる。かつて北ヨーロッパの都市にはよく見られたが、農法が変わったため数が減っていった。

住宅の害虫

　人間が初めて木造住宅を建てて以来、木を食べる昆虫は人間の悩みの種となってきた。木を食べる甲虫は温帯によく見られ、木材に巣食うシロアリは熱帯で活動する。かつては昆虫たちの攻撃に打つ手はなかったが、現在では殺虫剤でこうした虫たちを退治できる。しかしそれでも、木に穴をあける甲虫など多くの動物が、輸出される木材にまぎれてかつてはいなかった地域にまで広がっている。

内側から木をかじる
シバンムシの幼虫が古い木材をかじってトンネルを掘っている。成虫になるまでの5年間に木材を弱らせて倒壊させてしまうこともある。この虫の仲間は家具の木材に被害を与える。

都会のハンター
ハヤブサは猛禽の中でも最も適応力が高い。主に他の鳥を食物とし、空中で捕まえる。都会の建物の屋根やひさしは最高の見張り場所となる。ハヤブサはここから獲物を見つけると、猛スピードで急降下する。

生息環境

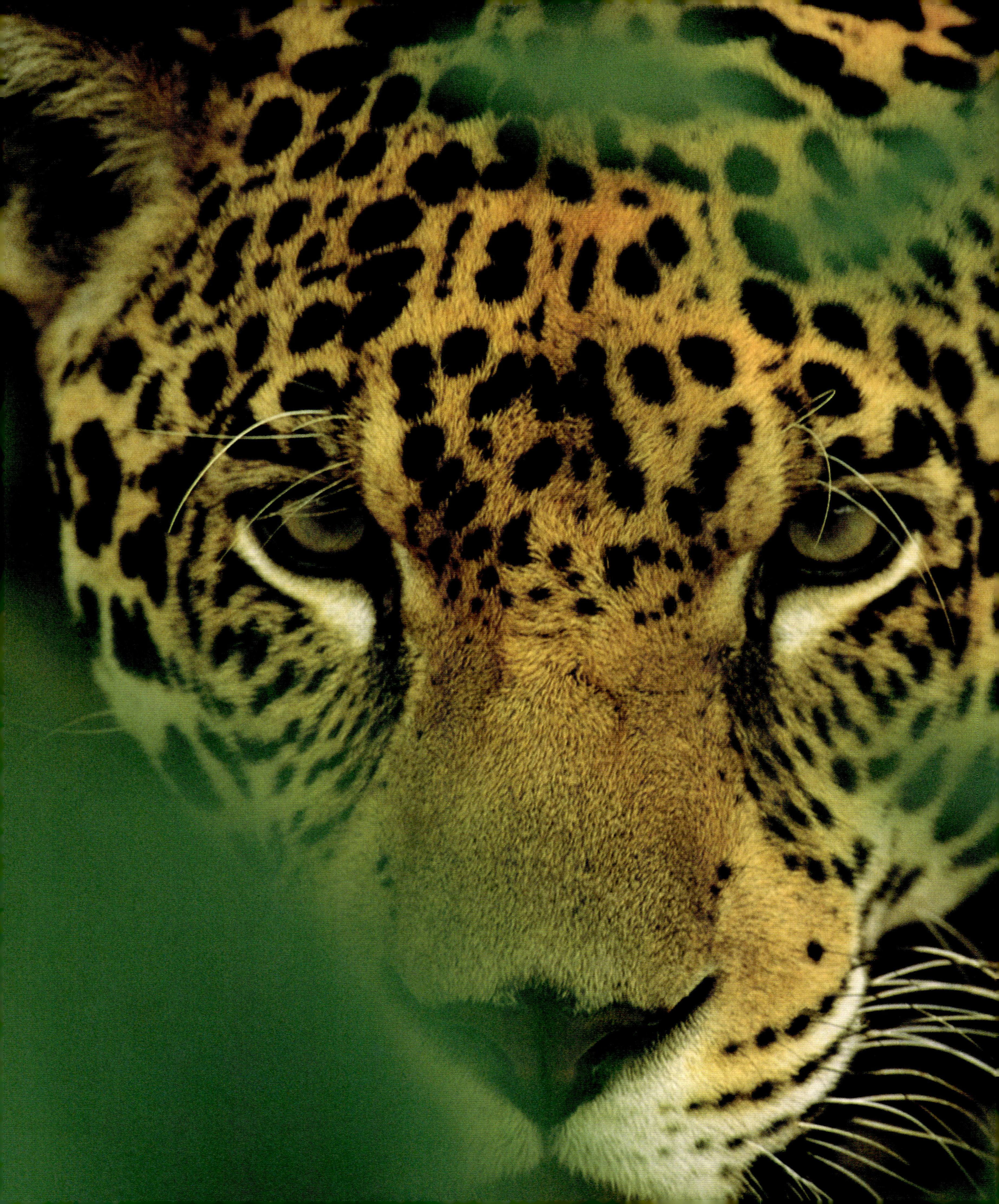

動物界

これまでに200万種近い動物が確認されているが、実際にはその数倍の数の種がいると考えられている。動物界には、肉眼では見えないほど小さな無脊椎動物から、体長30m以上もあるシロナガスクジラまで幅広い仲間がいる。その生態もじつに様々で、海底の1か所から動かず海水から食物を濾過して食べる動物もいれば、時速100kmで走る俊敏な捕食者もいる。このセクションでは動物界の多様さそのままに、世界で最も大きくよく知られたものから最も小さくほとんど知られていないものまで2000種以上を取り上げる。

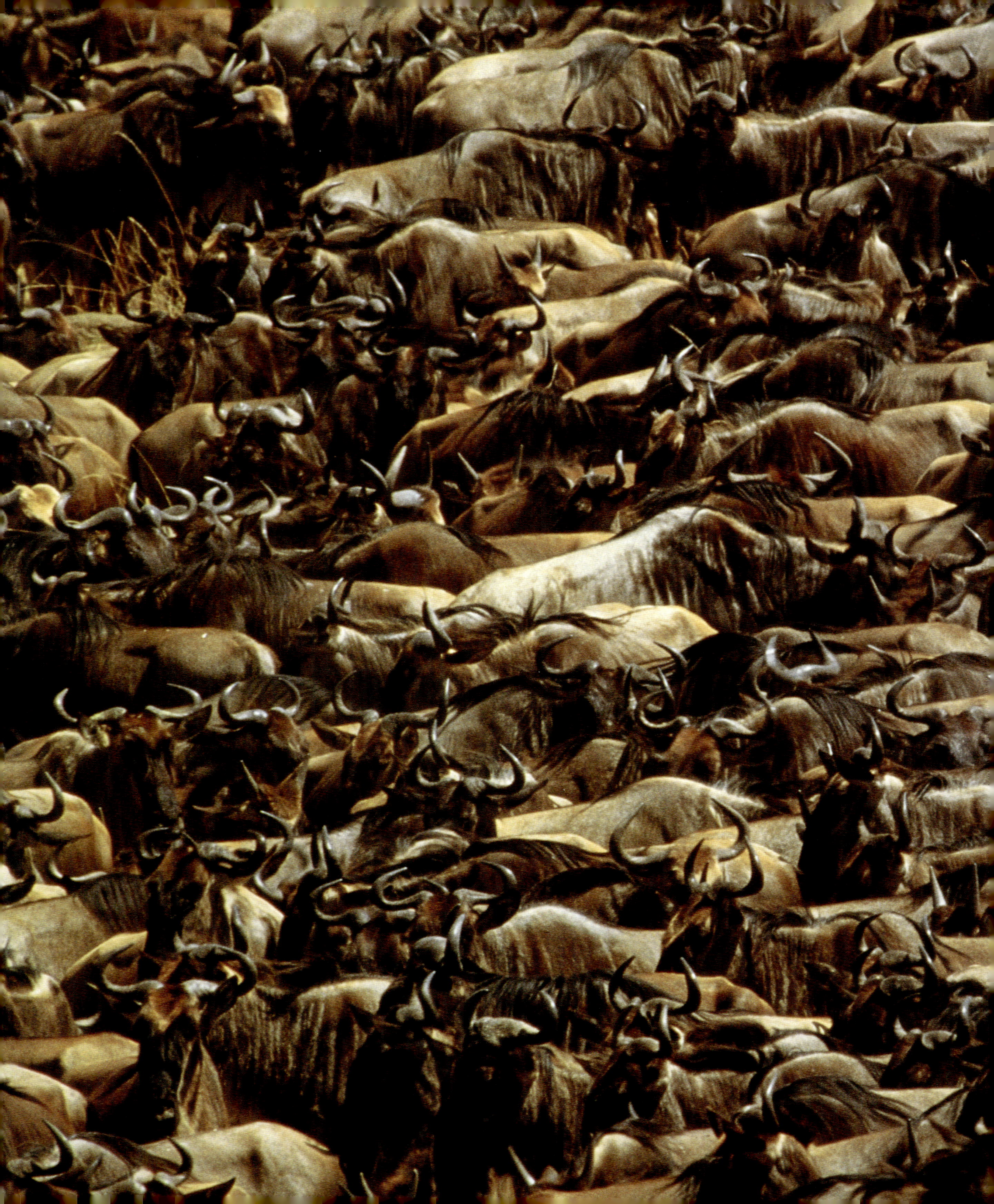

哺乳類

哺乳類

門	脊索動物門
綱	哺乳綱
目	21
科	140
種	4,475

哺乳類は、脊椎動物の中で最もなじみのあるグループで、メスの乳腺から分泌される母乳によって子どもを育てる（このユニークな特徴にちなんで、哺乳類と名づけられている）。哺乳類は、ごく少数の例外を除いて、すでに毛が生えた状態の子どもを産む。陸地に最も広く分布し、多くの種に分化しているが、空中や水中に棲むものもいる。このようにあらゆるところに生息できるのは、外気温が変化しても一定の体温を保てる能力のおかげである。また、環境の変化にうまく適応し、行動様式を変化させてきた。哺乳類の中には、霊長類（人間を含むグループ）のように、複雑な社会をつくるものもいる。

進化

哺乳類の祖先は獣弓目として知られている爬虫類のグループである。小さくて活発な肉食動物である獣弓目は、三畳紀（2億2500万年前）に生息していた。現在の爬虫類と哺乳類を区別する様々な特徴は、とても長い時間をかけ、異なった速さで進化してきたのである。頭骨の形に見られるようないくつかの大きな違い（下のコラム参照）のように、獣弓目は軽くて動きやすい骨格を発達させてきた。

他の大きな違いは肋骨の並び方だが、体の横に並べるよりも下に並べることによって、初期哺乳類はより早く、機敏に動けるようになった。爬虫類から哺乳類への移行は、三畳紀がほとんど終わりになってからだった（1億9500万年前）。この革命的な変化は恐竜の出現と一致しているが、爬虫類は中生代（2億2500万年前から6500万年前）に地球上で最も栄えた生物となり、哺乳類を絶滅寸前まで脅かしていた。体温を一定に保てる哺乳類の能力が、恐竜と違って絶滅しなかった理由ではないかといわれている。中生代の間に、気候は徐々に寒くなり、1日の気温変化も大きくなっていく。他の爬虫類と同じように、恐竜の体は低い気温にさらされて動けなくなっていった。一方、哺乳類はこのような温度変化に影響されなかったので、気候の変化を生き延びることができたと考えられている。

頭骨

- 結合部
- 頭骨の後部の同じ形の歯

初期の爬虫類

- 頬骨弓
- 初期の爬虫類より前方に移動した結合部

三畳紀の哺乳類

- 大きな頬骨弓
- 特殊化した歯

現代の哺乳類

進化する頭骨

哺乳類の祖先となった爬虫類は、同じ形の歯といくつかの骨でつくられた下顎を持ち、上下運動しかできなかった。三畳紀になると、哺乳類の頭骨は力強い筋肉に支えられた頬骨弓と、1本の顎骨（下顎骨）で形成されるようになった。現代の哺乳類は、特殊化した歯と、複雑な動きのできる顎骨を持っている。このような頭骨と力強い顎の筋肉のおかげで、食物を噛むという、哺乳類に特徴的な行動ができるのである。

哺乳類の赤ちゃん

哺乳類が他の動物と決定的に違う特徴のひとつは、メスが乳腺から分泌する母乳によって子どもを育てることだろう。哺乳類の中には、子どもがある程度の年齢になるまで世話をするものがいる。

顎

哺乳類は下顎が直接頭骨に結合する変わった顎を持っている。カバは異常に大きな口を持ち、大きく顎を広げることができる。

体のつくり

哺乳類と他の脊椎動物の骨格の違いは、頭骨にも見ることができる。哺乳類の下顎は、直接残りの頭骨に結合するという変わった構造を持つ。他の脊椎動物では、直接結合しているわけではなく、顎にある別の2つの骨を介して結びついている。この直接的な関節の結合と、下顎が1つの骨からできている（左図参照）ことにより、顎は食物を噛み切ったり、ちぎったりといった力強い動作ができるのである。他の脊椎動物とは異なり、哺乳類は特殊化した歯を持っているが、これはそれぞれの食性をあらわしており、それぞれの食物を食べやすい歯を持っている。すべての哺乳類は3種類の歯を持っている。切歯は噛むのに使われる。犬歯は咬みついて引き裂くために、臼歯（後臼歯と前臼歯）はすりつぶすのに使われる。それぞれの歯の形と大きさは、何を食べるかによって様々である。

他の動物と異なり、ほとんどの哺乳類

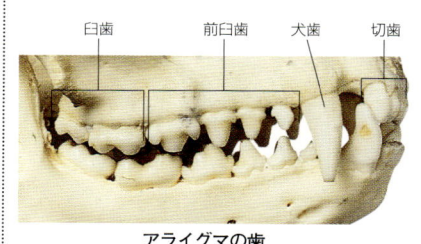

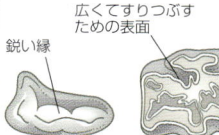

- 臼歯
- 前臼歯
- 犬歯
- 切歯

アライグマの歯

- 鋭い縁
- 広くてすりつぶすための表面
- でこぼこした咬合面

肉食獣の臼歯　草食獣の臼歯　雑食獣の臼歯

哺乳類の歯

アライグマ（上記）のような多くの哺乳類は、それぞれの食性にふさわしい切歯、犬歯、前臼歯、臼歯（頬の歯）を持っている。肉食獣は骨を噛み砕くために鋭い臼歯を持っているが、草食獣の臼歯は植物をすりつぶすために平たくなっている。雑食獣は、様々な食物を噛むために、でこぼこした広い咬合面の臼歯を持っている。

哺乳類

毛

哺乳類は体が毛で覆われている唯一の動物である。毛はタンパク質のケラチンで補強された細長い細胞塊でできている。いくつかのタイプがあり、口髭（くちひげ）、トゲや針状の毛から、サイのような角（つの）までが含まれる。最も一般的なのは被毛だが、普通は下毛の断熱層と皮膚を守り（カムフラージュに役立つ）毛色を決める外部の保護毛からなる。口髭のような毛は、センサーの役割をすることもある。

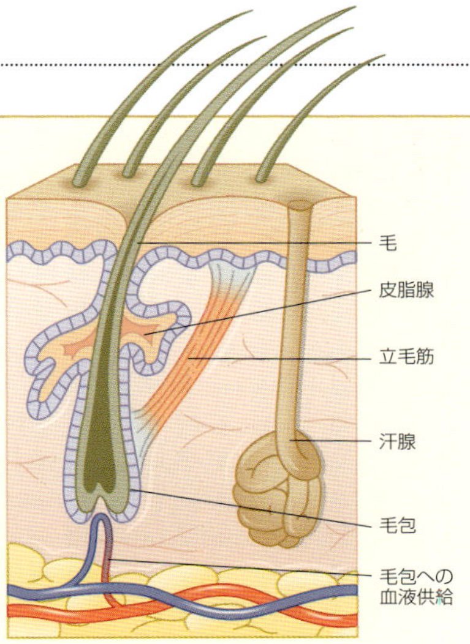

皮膚の断面図
すべての毛は毛包と呼ばれる皮膚の穴から生えている。毛包の隣にある立毛筋は、毛を立たせたり寝かせたりして、断熱性を調節している。

分化した毛
ヤマアラシは口髭と長い体毛のほかに、身を守るためのトゲ（分化した毛）を持っている。

は音を捉えて鼓膜に伝えるために、外に広がった耳（耳介）を持っている。鼓膜では、音は3つの小さな骨を伝わって内耳に到達し、そこから脳へと伝えられる。フェネックギツネはとても大きくて敏感な耳介を持っているが、対照的にアザラシにはまったく耳介がない。

哺乳類の体の中で最も独特な器官のひとつは皮膚だろう。皮膚は2層になっている。死んだ細胞（表皮）でできた保護を行う外層と、血管、神経終末、腺を含む内層（真皮）である。真皮に含まれる腺はかなり特殊である。皮脂腺（または臭腺）は、哺乳類が互いにコミュニケーションをとるための化学物質を分泌し、乳腺は生まれたばかりの赤ん坊を育てるための母乳をつくり、汗腺は、同じく真皮から生えてくる毛と一緒になり（上のコラム参照）、温度調節に重要な役割を果たしている。

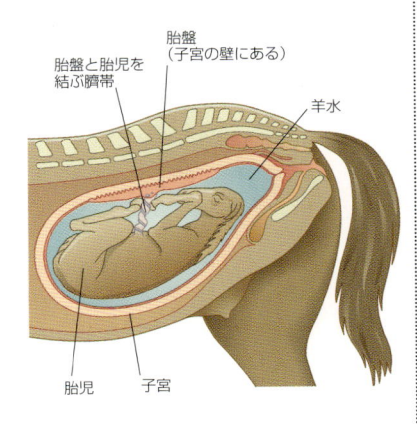

胎盤を持つ哺乳類
ウマのような胎盤を持つ哺乳類では、受精卵は何度も分裂し、胎児へと成長する。胎児が成長するにつれて、子宮は大きく、重くなっていく。ウマの場合、妊娠期間は約11か月である。

繁殖

哺乳類は、繁殖の仕方によって3つのグループに分類される。いずれも受精は体内で行われる（29ページ参照）。1つ目は単孔類（カモノハシとハリモグラからなる）で、卵を産む。他の2つは子どもを産む。ただし、2つ目の有袋類は胎盤（下記参照）を持たない。有袋類の赤ん坊は生まれたときは大半があまり発達しておらず、母乳によって育てられる。なかには、十分な大きさに成長するまで母親の体の外側にある袋に入れて育てられるものもいる。最も多くを占める最後のグループが胎盤を持つ哺乳類である。赤ん坊は母親の子宮で育つ。妊娠中、栄養分と酸素は胎盤と呼ばれる器官を通して母から子へと与えられ、老廃物は逆方向に送られる。胎盤を形成する哺乳類の赤ん坊は、有袋類と比べると、誕生時にずっとしっかり発育している。すべての哺乳類の子どもは母親の乳腺から分泌される母乳を飲む。誕生した子どもは母乳によって元気になる。単孔類を除いて、母乳は乳頭から分泌される。母乳には、栄養分（タンパク質と脂肪が豊富）だけでなく、抗体が含まれており、感染に対する抵抗力がつく。誕生後の数週間を母乳で育てられることによって、赤ん坊は自分で餌を探さなくてもよいため、生き残る確率が高くなる。一度に生まれる子どもの数は、20匹（キタオポッサム）から1匹（オランウータン）まで様々である。また、妊娠期間も12日（オニネズミ）から22か月（アフリカゾウ）まで幅がある。

体温調節

鳥類と同じように、哺乳類も恒温動物だが、これは体温を一定に保つことができることを意味し、外気温が極端に上がろうが下がろうが活動できる。このため（鳥類を除く）他の脊椎動物に比べてどこにでも棲むことができ、広く分布している。太平洋に生息しているアザラシやクジラのような多くの種は、1年の大半または全部が氷点下になるような地方に棲んでいる。脳の視床下部と呼ばれる部分が体温をモニターしていて、必要に応じて調節を行う。代謝率の増加や減少、皮膚の表面に熱を運ぶ血管の拡張や収縮、毛を立てたり寝かせたりすることによる断熱層への空気の取り込みや放出、ふるえ（熱産生）、発汗やあえぐこと（熱放出）によって、体温は維持されている。哺乳類は特別な姿勢をとることで、体温を維持することもある。例えばサルは、寒いときには背中を丸め（そして多くの哺乳類は暖をとるため小さな群れになって縮こまる）、キツネザルは体を起こして前肢を広げ、毛の少ない部分を朝の日光に当てて体を温める。行動パターンも体温調節に役立っている。例えば砂漠や熱帯の草原では、日中暑い時間、齧歯類は涼しいところや湿気のある穴で休み、大型の哺乳類は地面の涼しい窪みで休んでいる。

温かく過ごすために
アカシカのような大型の哺乳類は、冬眠しないので、夏の間に貯め込んだ脂肪を、生きていくためや体温を保つために使う。冬が終わる頃には体重がぐっと減っている。

涼を求めて
暑い気候では、哺乳類は熱射病を避けるため、日中いちばん暑い時間は動かない。また、人間と同じようにハアハアとあえぐことで熱を下げる。あえぎは、舌のような体の内表面から水分を蒸散させることで、体温を下げる効果を持っている。

冬眠

哺乳類の中で特に小型のものは、爬虫類（ガラガラヘビなど）のように冬眠して、寒い冬の数か月はエネルギーを温存している。体温は低下し、呼吸も遅くなり、代謝もほとんど測定できない程度になり、何も食べずに貯えた脂肪で生きている。冬眠中の動物の感覚は鈍くなり、めったなことでは目を覚まさない。例えばナミハリネズミは、外気温が15℃を下回ると冬眠を始め、真冬の体温は約6℃まで低下する。コウモリの中には、冬眠中に直腸温が0℃まで下がるものもいる。アメリカクロクマのような大型の哺乳類は、本当の意味での冬眠はしない。眠って体温も下がっているが、簡単に目を覚ます。冬眠と似たものに夏眠がある。夏眠は夏に見られる活動休止である。冬眠と同じように、食料が不足する時期にエネルギーを節約するのが目的である。

冷たい眠り
温帯に棲むほとんどのコウモリは、冬になると冬眠する。写真のドーベントンホオヒゲコウモリのように、眠っている間、彼らの体温は、止まり木と同じ温度まで下がる。

冬の隠れ家
ハリネズミには、カムフラージュしてくれる環境も冬眠の重要な要素である。

哺乳類

水生の哺乳類

このグループの哺乳類は水生生活に適応し、流線型の体と長時間（といっても呼吸するために必ず水面上に出る）水中にとどまる能力を身につけてきた。最大のグループはイルカとクジラだが、これらがいちばん特殊化している。体毛を失い、一生を水中で過ごす。一方、アザラシやアシカは、クジラと同じように体温を保つために皮下脂肪を使うが、毛皮を持っており、皮脂腺からの油性分泌物で防水性を保っている。海牛類（マナティーとジュゴン）は暖かい沿岸や河口に棲み、唯一の草食の水生哺乳類である。ほかにはラッコがいるが、ほとんどの時間を水中で過ごす。ラッコには皮下脂肪がなく、そのかわり密な毛皮の中に空気を取り込んで保温している。

海に生きる
ザトウクジラのような水生哺乳類は、陸生哺乳類から進化した。後肢は退化したが、クジラの中には、痕跡骨盤帯を持つものもいる。

優雅な動き
アザラシはアクロバティックな水泳選手だが、前肢も後肢も鰭状に変化している。陸の上では不格好で、出産するときでさえ水から遠く離れることはほとんどない。

皮毛の色も重要な因子である。暗色は熱を吸収し、明色は熱を反射する。このため砂漠に棲む哺乳類はほとんどが明るい色で、寒い地方に棲む哺乳類は暗い色をしている。この変化はカムフラージュのために起こることもある。冬に雪が降る地方の哺乳類は、テンのように冬になると白くなるものや、ホッキョクグマのようにずっと白い被毛のものがあり、厚い毛皮を身にまとうようになる。

食事

高くて一定した体温を保つのは"エネルギーを食う"ことである。そのため、哺乳類は栄養に富んだ大量の食事をとらなければならない。初期の哺乳類は捕食者だったようだが、様々な食の要求を満たすために、違う種類が進化してきた。動物を捕らえて食べるのが肉食獣である（昆虫食を含む）。草食獣と呼ばれる他の哺乳類は、植物を食べる。草食の中には、果実食と草食のようなサブタイプがある。雑食獣は動物と植物の両方を食べる。肉食獣の消化管は単純な構造だが、これは特殊化した消化方法によって、肉に含まれるタンパク質、脂肪、ミネラルを少しずつ吸収すればよいからである。一方、植物はセルロースなどの複雑な炭水化物を含んでいる。そのため、草食獣の消化管はこれらのものを分解する微生物を宿すことで、植物を消化できるようになっている。微生物はいくつかの弁のある胃や大きな盲腸（大腸の盲端になった袋）に棲んでいる。動物の大きさは、食性を決める因子である。小型動物は熱産生量に比べて体表面積が大きいので、放熱率が高くなり、エネルギー必要量と代謝率が高いものが多い。草食獣のゆっくりとした複雑な消化プロセスにはとても耐えられないため、500g以下の哺乳類はほとんどが昆虫食である。一方、大型哺乳類はよりたくさんの熱をつくり、熱の損失が少ない。そのため、たまにしか餌がなくても（大きな脊椎動物を捕らえるもの）、ゆっくりとした消化（草食獣）でも耐えられるのである。さらに、500g以上の哺乳類となると、十分な量の昆虫を活動時間中に集めるのはほとんど不可能である。唯一の大型昆虫食哺乳類は、アリやシロアリのように集団生活をする昆虫を大量に食べる。

背伸びして食べる
哺乳類は互いに違うものを食べたり、違った方法で同じ餌を集めたりすることによって競争を避けてきた。例えば、キリンは首が長いおかげで、他の草食獣が届かない高いところにある餌を食べることができる。

社会構造

哺乳類は腺（顔や肢、または鼠径部にある）や尿、糞（性ホルモンを含む）の匂いによって社会的なコミュニケーションをとる。また、しぐさや表情、触ることや音によってもコミュニケーションをとり、複雑なメッセージを発信する。社会化は生まれた瞬間から始まるが、このときは母親とその乳を吸う子どもの間にシグナルが存在する。これは幼児期まで続くが、その後遊びを通じて子ども同士

恐れ　　服従　　興奮

表情
動物によっては表情でコミュニケーションをとる。この能力はチンパンジーのような霊長類でよく発達している。恐れは歯をむき出し、服従は口を尖らした笑み、興奮は歯を出して口を開けることで表現する。

遊び

若い哺乳類は遊びながら多くを学ぶが、闘いや狩りなどのおとなの行動も学習する。遊びは探検だったり、互いを誇示する形をとることもある。シカのように角を持つ哺乳類は、成獣になったときの争いを避けるため、群れの中での順位を確立しておく。深刻な怪我を負うと捕食者に狙われる確率が高くなるからだ。逆に捕食者は、獲物の後をつけて殺すサバイバル術を学ばなければいけない。

生存術
このライオンの兄弟のような将来の捕食者は、跳びかかる、咬む、後ろ肢をすくう、深刻なダメージを与える前にやめるといったことを学習するのに遊びを使う。

地位の確認
多くの草食獣と同じように、この子ゾウは群れの中での地位を確立するのに遊びを使っている。若いゾウは見知らぬものを調べるのにも鼻を使う。

知 性

哺乳類には（霊長類のように）知性があると考えられており、脳や小脳の中の"考える"部分は他の部分よりも比較的発達している。知性を定義することは難しいが、指標として学習能力や状況に応じた行動変更などがあげられる。例えばラットは、新しい習慣を初めて学習するときに大切な能力を持ち、新しい作業を学ぶことができるので、高い知性を持っているとされている。哺乳類では、餌を集めることが知性と関連しているようである。植物を食べるシカは、獲物をだまし討ちするために考えなければいけないネコに比べると、やや脳が小さい。

迷路の中のネズミ
動物の知性は、たいていは餌を褒美とした単純な作業ができるかどうかによって測定される。このアルビノのドブネズミは迷路を進んでいる途中である。

考えるための餌
哺乳類の中でも数少ない霊長類の中には、様々な物を道具として使ったり、食べる前に餌を洗ったりするものがいる。このニホンザルは、水の中に餌を沈めることで、小麦と砂を分離できることを知っている。砂は沈み、小麦は表面に浮かんでくる。

でかかわり合い（前ページのコラム参照）、徐々におとなとしての行動を学習していく。哺乳類の中にはつがいや子どもとしかコミュニケーションをとらないものもいるが、ほとんどはある程度交流が必要な群れを、一時的あるいは常につくっている。

例えば、角を持つ哺乳類は、安全のために捕食者を発見する確率が高くなる群れをつくる。社会行動を共にするのは空間を共有することである。ほとんどの哺乳類は行動圏（個体やグループが活動する範囲）を持っており、この中になわばり（個体やグループが同種の動物に対して守る行動をとる範囲）ができてくる。単独行動をとる哺乳類、例えばほとんどのネコ科の動物は、同じ性別の動物に対してそこを守ろうとするなわばりを持っている。また、メスのトラは自分のなわばりに他のメスが入ってくることを許さないが、オスのトラのなわばりはこのような何匹かのメスのなわばりと重なっている。テナガザルのような哺乳類は、一夫一妻のつがい（と子ども）で生活しており、つがいとしてのなわばりを持ち、そこを守る。ただし最近の研究では"生涯一緒"というわけでもないらしい。つがい以外との交尾も時々あり、多くが数年後につがいを解消して、新しい相手を見つけているようである。

他の哺乳類はもっと大きな社会的群れをつくるが、構成は様々である。アザラシやゾウのような種は、1年の大半はオスとメスが別々に暮らしている。血縁関係のあるメスが社会的な単位を構成し、オスは1匹で暮らすか、小さなオスだけの群れをつくっている。このシステムで暮らしている哺乳類では、オス同士の間につがいを組むための厳しい競争が存在する。最も優位のオスは、たいてい立派な武器（枝角、角、牙）を持った、いちばん体の大きな強い個体である。

ゾウアザラシやトドでは、メスが性的に許容する時期になると、オスは唸って自分の優位性を示す。シマウマなどは、小さくて恒久的なハーレムをつくり、1匹のオスが数匹のメスを率いて繁殖する。下位のオスはハーレムのオスに挑戦して追い出さない限り、数匹のオスグループにとどまるしかない。最後に、哺乳類で認められる大きな社会グループがあるが、これは数匹のオスと数匹のメスからなる個体の集合体である。このような社会は、霊長類と社会性のある肉食獣に限られる（移動するツチブタのような種も、一時的にオスとメスを含んだ群れを形成することがある）。例えばヒヒは、互いに血縁関係を持つメスの群れ（ただしオスとは血縁関係がない）に数匹のオスが合流し、優位な立場を獲得し、メスを手に入れるために争う。このような勢力争いの結果、優位な階級は常に入れ替わっている。ライオンの群れでは、オス同士はそれぞれ血縁であり、メスをめぐって争うというよりは、協力して群れを守っている。オオカミの群れでは、最も優位なつがいのみが子どもを産む。群れに含まれる他の成獣は、前の年までに生まれた子どもであり、群れを出て自分で群れをつくるかわりに、親元にとどまって兄弟たちが育つのを助ける。

移動

哺乳類は様々な生息環境に暮らしているので、多くの違った移動方式を進化させてきた。四足歩行（4本足）の歩き方が一般的であるが、カンガルーなどは二足歩行（2本足）を行う。哺乳類が移動するときに地面と足がどのような関係にあるかで、3つに分けられる（右の図参照）。移動は動物の生活様式にも関連している。捕食者は獲物を捕まえるために、短時間に爆発的なダッシュをすることが必要で、柔らかい背骨を持っている。例えばチーターは陸上で最も速く走る動物だが、前に進むその一足ごとに、背骨が伸びたり縮んだりしている。この動きによって、チーターのスピードは時速30kmほど速くなっていると考えられている。これとは逆に、捕食者の獲物になるガゼルのような種は、長時間逃げ回ることで捕食者から逃れる。これらは強固な背骨を持っており、肢の下部を長くし、筋肉を体幹に近い部分に集中させることで、動きに対する"エネルギー消費"を低くしているのである。

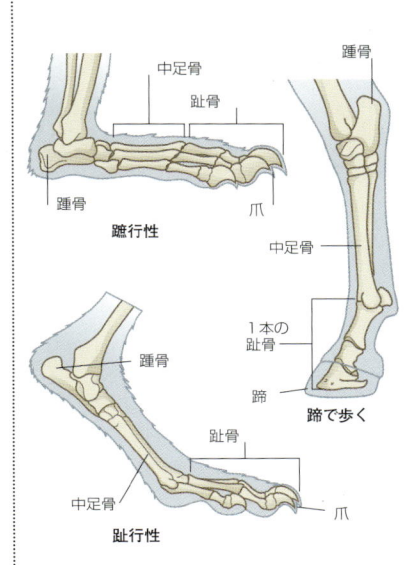

集団生活の利点
群れで暮らすことは、このコビトマングースのような小型哺乳類にとっていくつかの利点がある。例えば、捕食者をより発見しやすくなったり、子育ての責任を分け合ったり、なわばりを集団で守ることができるのである。

歩き方
クマのように蹠行をする哺乳類は、踵骨（かかとの骨）を上げて、中足骨と趾骨を交互に地面につける。イヌのように趾行（爪先で歩く）をする哺乳類は、趾骨だけを地面につけて歩く。馬のような蹄で歩く哺乳類は、趾骨の先端だけで歩いたり走ったりしている。

空中生活をする哺乳類：ナガミミコウモリ

樹上生活をする哺乳類：クロキツネザル

陸上生活をする哺乳類：ユキヒョウ

水中生活をする哺乳類：イルカ

適応する哺乳類
哺乳類の四肢は、長い時間をかけて翼や鰭、物をつかむ手や足に進化した。コウモリは空中に、クジラやイルカは水中で生活するように適応し、霊長類は木の間を自由に行き来できる。ネコのような陸上の捕食哺乳類は、速さとしなやかさを保つ柔らかい背骨と、バランスをとるための長い尾をつくり上げてきた。

哺乳類

単孔類

門	脊索動物門
綱	哺乳綱
目	単孔目
科	2
種	5

単孔類はカモノハシとハリモグラで構成され、卵を産む唯一の哺乳類である。カモノハシにはカモのようなくちばしがあり、ビーバーのような尾と、水かきのついた足を持つ。ハリモグラは管状のくちばしを持ち、穴を掘るための巨大な爪とトゲがある。カモノハシは西オーストラリアの淡水に、ハリモグラはオーストラリアとニューギニアのあちこちに生息している。

体のつくり

単孔類は、小さな頭と小さな目を持つ肢の短い動物である。消化管、尿路、生殖孔が最終的に共通の1つの穴（総排泄腔）につながっている。

くちばしの違い
カモノハシ（上）のくちばしは平たく、敏感な皮膚で覆われている。一方、ハリモグラのくちばしは筒状である。いずれも食物を探すのに使う。

指の間の水かき
水の中でカモノハシは、水かきのついた前足を力強くかいて前に進む。

くっつけて捕らえる
ハリモグラは長く細い舌を使ってシロアリやアリを捕らえる。唾液でべたべたしているので、昆虫は逃げることができない。

水中生活

カモノハシは力強い水泳選手である。被毛は防水性があり密な下毛は熱を遮断する。潜るときは目と耳を閉じている。

食事

カモノハシは敏感なくちばしを使って川底や湖の甲殻類や昆虫の蛹を探す。ハリモグラは力強い爪でアリやシロアリ、ミミズを掘り当てる。ミユビハリモグラはミミズを主食としている。成長した単孔類には歯がない。食物は口の中にあるトゲや口蓋ですりつぶされる。

Short-nosed echidna
ハリモグラ

Tachyglossus aculeatus

体長	30–45cm
尾	1cm
体重	2.5–7kg

分布　オーストラリア（タスマニア含む）、ニューギニア
社会単位　個体
状態　低リスク

ハリモグラのトゲは、トゲの間にある毛に比べて長い。昼も夜も活動し、単独行動をとる。寒い時期や暑い時期には不活発になるが、そのときの体温は正常の31～33℃から、4℃程度にまで下がる。アリ、シロアリ、イモムシなどを食べる。嗅覚を使って行動しているが、長い鼻で電気信号を感知しているともいわれる。小さい頭が肩に続いており、はっきりした首は見あたらない。

Long-nosed echidna
ミユビハリモグラ

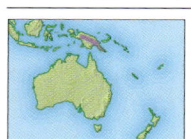

Zaglossus bartoni

体長	60–100cm
尾	なし
体重	5–10kg

分布　ニューギニア
社会単位　個体
状態　絶滅危惧IB類

長くて下向きに曲がった鼻は約20cmもあり、先端には小さな口が、根元には近接した小さな目がついている。他のハリモグラと同じように、メスは卵を産むために穴を掘り、孵化した子どもを袋に入れてそこで授乳する。最大の単孔類で動きは鈍く、危険を感じると丸まってトゲ状のボールになる。トゲは長い毛に隠れて、たまにしか見えない。

Duck-billed platypus
カモノハシ

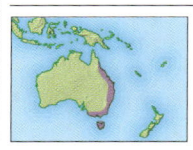

Ornithorhynchus anatinus

体長	40–60cm
尾	8.5–15cm
体重	0.8–2.5kg

分布　オーストラリア、タスマニア
社会単位　個体
状態　絶滅危惧II類†

カモのようなくちばし状の口を持ち、ぽってりした体型で、爬虫類のような歩き方をし、痕跡程度の平たいビーバーのような尾を持っているので、間違えようがない。ほしぶどう色の防水性の毛は滑らかな手触りで、モグラを連想させる。くちばしは非常に敏感で、触覚も優れているが、餌となる水生動物の筋肉から出る電気信号を水中で感知する。赤血球密度が非常に高いため、獲物を追いかけて深く潜ることができる。単独で行動するが、行動圏は重なっている。ただし繁殖期のオスは、なわばりを守るようになる。オスは後肢に1本ずつ毒針を持ち、これでライバルに怪我をさせる。住処は湖岸の穴で、通常5m程度だが、30mに達することもある。1か月の妊娠期間の後、その穴でメスは1～2個の柔らかい革状の殻を持つ卵を10日間ほど温める。卵が孵化すると穴の中で3～4か月母乳を与え、自分が食物を探しにいく（38時間までの）外出時間には、穴をふさいで出かける。

完全に水かきのついた前肢

部分的に水かきのついた後肢

有　袋　類

門	脊索動物門
綱	哺乳綱
目	有袋目
科	22
種	292

分類について
多くの生物学者は現在、有袋類を7科に分類している。アメリカオポッサム、"トガリネズミ"オポッサム、コロコロ、オーストラリアの食肉有袋類、オニネズミ、フクロモグラ、そしてウォンバット・ポッサム・ワラビー・カンガルー・コアラである。繁殖生理が共通なため、この本ではすべての有袋類を1つのグループ（有袋目）として扱っている。

単孔類を除く他の哺乳類と同じように、有袋類は子どもを産み、母乳を与える乳首を持っているが、胎盤哺乳類として一括されている他の動物とは区別されている。有袋類は、胎児の発達のごく初期で産み落とし、胎盤のかわりに新生児を母乳で育てるのである。驚くほど多種に分かれており、カンガルー、ポッサム、オニネズミなどの動物がいる。オーストラリアの有袋類はほかに競合する種がいなかったために、特殊な昆虫食、肉食、草食へといくつもの種へ進化してきた。南アメリカの有袋類は小型で、ほとんどが樹上生活をしている。北アメリカに生息しているのはわずかに1種、キタオポッサムのみである。有袋類は、砂漠から熱帯雨林までの様々な地域に生息している。

誕生後の生活

有袋類の子どもは、とても短い妊娠期間（オニネズミではわずか12日）の後に、ほとんど胎児の状態で生まれてくる。新生児は母親の乳首を探し当て、数週間そこにくっついている。大型の種は1回に1匹の子どもを産むが、小さなクォールやダンナーは8匹も産むことがある。多くのカンガルーは妊娠中にも交尾を行うが、前に誕生した子どもが袋を出るまで、胎児は発育休止状態になっている。

大冒険
小さなタマーワラビーの赤ちゃんは、しっかりとくっつくお母さんのおっぱいを目指してごそごそと進んでいく。多くの有袋類と同じように、乳首は袋の中にある。子どもはずっと乳首を離さず、数か月たってからやっと外の世界を探検しはじめる。

超満員
数匹の子どもがいると、母親の袋はすぐに狭くなる。このマウスオポッサムはどうすることもできずに、子どもをくっつけて運んでいる。

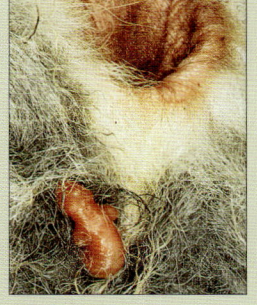

特殊な袋
ほとんどの有袋類は子どもを入れる袋を持っている。写真のクロカンガルーは体の前に袋を持ち、そこから子どもの頭が覗いている。有袋類の中には背中に袋を持つものもいる。

体のつくり

有袋類は、外見的には非常に異なっているが、多くのものはカンガルーのように長い後肢、伸びた吻、大きな目と耳を持つ。有袋類のメスは変わった"二重構造"の生殖器官（下記参照）を持ち、オスはペニスが曲がっているものもある。精巣はペニスの前方にある長くて細い柄の精嚢の中に入っている。その特殊な繁殖方法を除いても、有袋類は胎盤哺乳類と異なっている点がある。それは脳がかなり小さく、脳梁（2つの大脳半球をつないでいる神経管）を欠いていることである。このグループは、カンガルー、オポッサム、ウォンバット、コアラからなり、合指目と呼ばれることもあるオニネズミも含まれる。オニネズミの後肢の第2指と3指は、2本の爪を持った1本の骨になっている。

メスの生殖器官
1つの子宮と腔を持つ胎盤哺乳類（右）と異なり、有袋類のメスは双角子宮を持ち、それぞれが横腟を持っている。子どもは左右のどちらかで生まれ、中央の産道を通る。有袋類の中には、この産道が出産ごとにつくられるものもいる。また、初産後に産道が残るものもいる（ただし、結合組織でふさがってしまうこともあるが）。

卵巣　子宮　横腟　子宮　卵巣　子宮　産道　腟
有袋類　　　　胎盤哺乳類

移動

ほとんどの有袋類は走ったり、ちょこちょこ動き回ったりするが、いくつかの移動方法がある。例えばウォンバットはよたよたと歩くが、コアラやオポッサムは木に登る。カンガルーとワラビーは長い後肢で跳ねるが、これは長く伸びた第3指を使っている。ゆっくりした速さで跳ねるのは4本足に比べるとエネルギーをかなり消費するが、秒速約1.8mを超えると、大型種ではエネルギーの節約になる。これは足の腱にエネルギーが貯えられるのと、重い尾が振り子のように地面を叩き、運動力を加えるからである。

跳ねる
アカカンガルーのような大型カンガルーは、より早く動いた方がエネルギー効率がよくなる。

滑空
グライダーのように滑空することで知られるポッサムは、前肢と後肢の間にある膜をパラシュートとして使っている。

有袋類

Common mouse opossum
ナミマウスオポッサム
Marmosa murina

体長	11–14.5cm
尾	13.5–21cm
体重	15–45g

分布 南アメリカ北部および中部
社会単位 個体
状態 低リスク†

森林や人里近くで見られ、背中側は淡黄色から灰色、腹側はクリーム色、顔面に黒が入っている。昆虫やクモなどの小さな無脊椎動物やトカゲのような脊椎動物、鳥の卵やひな、果実などを食べる。すばやく機敏に木に登り、日中は木の穴や古い鳥の巣、小枝の中などで休んでいる。5～8匹の子どもを産み、60～80日間母乳を与える。

飛び出した目
短くてしっかりした滑らかな毛皮
しっかりと枝をつかむ尾

Water opossum/Yapok
ミズオポッサム
Chironectes minimus 

体長	26–40cm
尾	31–43cm
体重	550–800g

分布 南メキシコから南アメリカ中部
社会単位 個体
状態 低リスク

ミズオポッサムは、唯一の水生有袋類である。密で防水性のある見事な毛皮を持ち、後肢には水かきのついた指がある。オスもメスも水の中でしっかり閉じる袋を持っている。魚やカエル、淡水生物などを食べるが、爪のない前肢で器用に獲物を捕まえる。ミズオポッサムは、日中は木々の茂った川岸の穴で休んでいる。

先端の白い尾

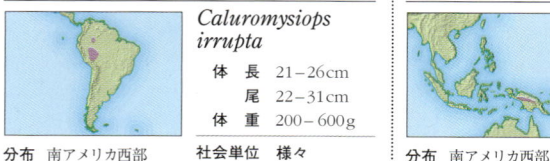

Black-shouldered opossum
セスジウーリーオポッサム
Caluromysiops irrupta

体長	21–26cm
尾	22–31cm
体重	200–600g

分布 南アメリカ西部
社会単位 様々
状態 絶滅危惧II類

肩から前肢にかけて見られる幅広い黒帯が特徴である。夜になると木々の間で果実やイモムシなど様々な餌を探す。密な毛の生えた尾は灰色で、先端は白く、下側には毛がない。13～14日の妊娠期間の後、2匹の子どもを産む。

Long-clawed marsupial mouse
ツメナガフクロマウス
Neophascogale lorentzii

体長	16–23cm
尾	17–22cm
体重	200–250g

分布 南アメリカ西部
社会単位 個体
状態 低リスク†

濃い灰色の上毛に長く白い毛がまだらに見える。短くて力強い肢と、すべての指にとても長い爪を持っている。日中、イモムシなどの獲物を探して穴を掘る。巣づくりと繁殖に関する情報は非常に少ない。メスの袋に4匹の子どもがいたという報告がある。

Virginia opossum
キタオポッサム
Didelphis virginiana 

体長	33–50cm
尾	25–54cm
体重	2–5.5kg

分布 アメリカ西部、中部、東部、メキシコ、中央アメリカ
社会単位 個体
状態 低リスク†

高度に適応したキタオポッサムは、北アメリカの広い範囲で見られる。ゴミの山や納屋に巣をつくったり、残り物を餌にするなど、人間社会を利用している。完全な雑食動物で、イモムシや卵から、花や果実、腐った肉まで食べる。農家のニワトリを襲ったり、植物をだめにしてしまうこともある。アメリカの有袋類の中では最も大きい。夜行性で、通常は陸上で生活しているが、木登りもうまく、泳ぎも力強い。なわばりは持たないが、繁殖期以外は互いを避ける。メスは1回の出産で18匹の子ども産むこともあるが、乳首は13個しかない。うまく乳首にくっつくことができた子どもは、70日目に袋から出ていく。

役者オポッサム

驚いたキタオポッサムは、死んだふりをして捕食者の気をそらす。横たわってまったく動かず、6時間もの間、丸まったままでいる。口も目も開いたままで、触っても動かない。さらに効果を出すために、肛門からひどい匂いの液体をまき散らすこともある。

淡い灰白色の顔
足は長い爪のある5本指
毛がなく物をつかめる尾

襟巻きのような姿
キタオポッサムの毛は、灰色、赤、茶、黒まで様々である。長くて先端の白い保護毛と厚い下毛によって、もじゃもじゃに見える。

Inland ningaui
ナイリクニンガウイ
Ningauri ridei

体長	5–7.5cm
尾	5–7cm
体重	6–12g

分布 オーストラリア中部
社会単位 個体
状態 低リスク†

正式な科学的記述は1975年にあるだけである。小さく獰猛で、単独行動をとる。夜行性の、トガリネズミに似た捕食者で、甲虫やコオロギ、クモなどのほぼ1cm以下の無脊椎動物を食べている。ハンモックグラスの藪の中で、嗅覚と聴覚を使って狩りを行い、日中はトカゲや齧歯類、大型のクモが掘った穴や茂みの中で休んでいる。13～21日の妊娠期間の後、6～7匹の子どもを産む。子どもは母親の少し開いた袋の中の乳首に6週間くっつき、13週で離乳する。

有袋類

Fat-tailed dunnart
オブトスミントプシス

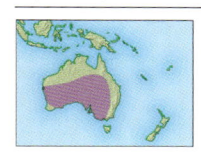

Sminthopsis crassicaudata

体長　6〜9cm
尾　　4〜7cm
体重　10〜20g

分布　オーストラリア
社会単位　個体
状態　低リスク↑

　オブトスミントプシスは、森や茂み、草原に広く分布し、牧草地の農地が拡大するのに合わせて広がっていった。淡黄褐色から茶色の上毛と白い下毛を持つ。夜間よく動き回り、土や葉の中にいるイモムシや小さな無脊椎動物を探す。8月から3月までの繁殖シーズン中は単独行動をとるが、その他の時期は10匹以下の小さな群れをつくり、岩の割れ目や倒木、穴の中で寒さをしのいでいる。

脂肪を貯えた広い尾の付け根

Kultarr
フクロトビネズミ

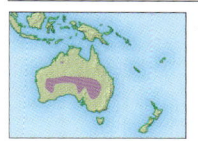

Antechinomys laniger

体長　7〜10cm
尾　　10〜15cm
体重　25〜35g

分布　オーストラリア中部、南部
社会単位　個体
状態　絶滅危惧II類↑

　フクロトビネズミは木のまばらな土地から、低木の多い半砂漠までの様々な地方によく適応し、夜になると小さな昆虫などを捕らえて食べる。体に比べて大きな4本指の後肢で跳ねるが、ウサギのように前肢で着地する。大きな耳、黒目がちの目、細くて尖った顔、コンパクトな体をしている。背側は淡黄褐色から茶で、腹側は白い。

Dibbler
ハンテンフクロネコ

Parantechinus apicalis

体長　10〜16cm
尾　　7.5〜12cm
体重　40〜125g

分布　オーストラリア南西部
社会単位　個体
状態　絶滅危惧IB類

　80年間の空白の後、1967年にオーストラリアの最南西部で再発見、1985年には沿岸の2島でも見つかった。特徴は目の周りの白い輪、白い粉がかかったような"白髪交じりの"灰色から茶色の被毛、毛の生えた短い先細りの尾、獲物を殺すための大きな犬歯である。昆虫その他の無脊椎動物をはじめ、マウスや鳥、トカゲのような小さな脊椎動物を食べる。

Kowari
オオネズミクイ

Dasycercus byrnei

体長　13.5〜18cm
尾　　11〜14cm
体重　70〜150g

分布　オーストラリア中部
社会単位　個体
状態　絶滅危惧II類

　リスのような外見と黒い房のついた尾にもかかわらず、穴を掘る肉食動物である。トカゲや鳥、齧歯類のような大きな獲物を前肢で捕まえて、すばやく何度も咬んで殺す。1cm以上の昆虫を食べることもある。単独行動をとり、植物がまばらに生えた砂漠に棲む。雨の後、土が柔らかくなると穴を広げる。尿や糞、顎や胸の腺から出る匂いを使って自分の巣穴やなわばりをマーキングするが、周囲にいるオオネズミクイとは、鳴き合ったり叫んだり、尾をばたばたさせたりすることでコミュニケーションをとっている。

Mulgara
ネズミクイ

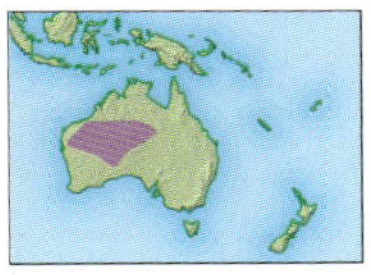

Dasycercus cristicauda

体長　12〜20cm
尾　　7.5〜11cm
体重　50〜150g

分布　オーストラリア西部、中部
社会単位　個体
状態　絶滅危惧II類

　まばらなハンモックグラスのある砂地に生息し、オオネズミクイ（上）に体型が似ている。いくつかの近縁種と同様、尾の付け根が脂肪で太くなっている。被毛は背側が砂のような茶色で、腹側が灰色がかった白、尾の先には黒い毛が生えている。巣穴は単純な短い穴から、5〜6個の入口を持つトンネル状のものまである。夜間に小さな齧歯類やトカゲ、鳥、大型昆虫などを捕らえるが、大きなムカデに向かっていくこともある。

Eastern quoll/Spotted native cat
フクロネコ

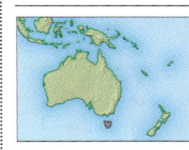

Dasyurus viverrinus

体長　28〜45cm
尾　　17〜28cm
体重　0.7〜2kg

分布　タスマニア
社会単位　個体
状態　低リスク

　ネコに似た有袋類である。オーストラリア本島では、1960年代にシドニー郊外で見つかったのが最後で、それ以降はタスマニアで生息しているだけである。夜間、地上で小さな哺乳類や鳥、他の脊椎動物や大型昆虫を捕まえる。果実や草、腐肉も食べる。木や茂み、農地のようなところにも棲んでいる。オスはメスに比べて体長も長く、体重は50%も重い。

Red-eared antechinus
オブトフクロネコ

Pseudantechinus macdonnellensis

体長　9.5〜10.5cm
尾　　7.5〜8.5cm
体重　20〜45g

分布　オーストラリア西部、中部
社会単位　個体
状態　低リスク↑

　昆虫食の夜行性動物で、餌が十分あるときは、尾が脂肪で膨らみ、ニンジンのようになっている。毛色は灰色から茶色で、耳の後ろに赤い斑点があり、腹側は灰白色である。低い木や草の藪のある乾燥した岩場を好む。45〜55日間の妊娠の後、6匹の子どもを出産する。子どもは40日間母親の袋の中で乳を吸う。14週になるまで巣の中で授乳する。

育児

　多くの有袋類同様、フクロネコは最高24匹の子どもを産むが、乳首が6個しかないため、生き残れるのは6匹だけである。8週間は乳首を吸い続け、その後は母親が餌を探している間は巣の中で待ち、母乳をもらう。母親は子どもをおんぶして、定期的に新しい巣に引っ越す。

まだらの毛皮
細身で機敏なフクロネコは、茶色や黒地に白い斑点を持っているが、尾には模様がない。耳は大きくて立っている。

有袋類

Tasmanian devil
タスマニアンデビル

Sarcophilus harrisii

体長	52–80cm
尾	23–30cm
体重	4–12kg
分布	タスマニア
社会単位	個体
状態	低リスク

最大の食肉有袋類。タスマニアのほぼ全土に生息し、ゴミをあさったり、昆虫からオポッサム、ワラビーまで様々な獲物を捕らえるため、この名前がついた。夜行性で、驚くとキーキー鳴いたり、吠えたり、立ったりする。穴や岩や木の根の間に巣をつくる。妊娠期間は30〜31日。生まれた子どもは母親の浅い後ろ開きの袋の中の、4つの乳首に吸いつく。

腰の白い斑点

奪い合い

タスマニアンデビルは普通は単独行動をとるが、嗅覚が鋭く、大きな死体に群がることがある。力強い顎と鋭くしっかりした歯は皮を引き裂き、軟骨や骨を噛み砕く。初めのうちは互いに唸ったりしているが、本当の喧嘩にはならない。

黒に白
タスマニアンデビルは胸と腰に、長くて白い斑点がある。

Numbat/Banded anteater
フクロアリクイ

Myrmecobius fasciatus

体長	20–28cm
尾	16–21cm
体重	300–725g
分布	オーストラリア南西部
社会単位	個体
状態	絶滅危惧II類

昼行性で単独行動をとり、なわばりの中に同じ性別の侵入者が来ると追い払う。陸上の哺乳類の中で最も多い52本の歯を持っているが、歯はとても小さい。大きな爪のある力強い前肢を使って巣を壊した後で、10cmもの長い舌を使ってシロアリや、ごくたまにアリを食べる。子どもは母親の4つの乳首に4か月間吸いついて育ち、その後さらに2〜3か月、巣の中で母乳を飲む。

ふさふさした尾

Eastern barred bandicoot
ヒガシシマフクロアナグマ

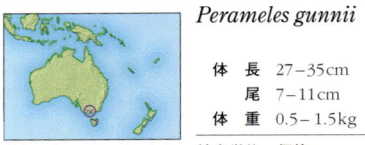

Perameles gunnii

体長	27–35cm
尾	7–11cm
体重	0.5–1.5kg
分布	オーストラリア南東部、タスマニア
社会単位	個体
状態	絶滅危惧II類

数百匹がオーストラリア本島のビクトリアに生息しているが、主にタスマニアで見られる。雑食性で、夜間に単独で餌を探し、日中は草や葉、小枝でできた簡単な巣の中に隠れている。ウサギのような耳と3〜4本の白い縞を背中に持ち、尾は白い。ライフサイクルが速く、妊娠期間は12日、授乳期間は60日、性成熟を迎えるまでは約3か月である。

New Guinean spiny bandicoot
トゲフクロアナグマ

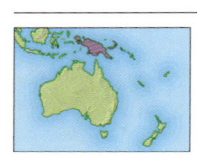

Echymipera kalubu

体長	20–50cm
尾	5–12.5cm
体重	0.5–1.5kg
分布	ニューギニアとその周辺諸島
社会単位	個体
状態	低リスク

ラットからウサギ程度の大きさの有袋類で、ほとんどが昆虫食である。長くてよく動く鼻を持つ。固い外毛は焦げ茶色、銅色、黄色、黒のしっかりした毛で、腹は淡黄色、尾には毛がない。夜中に単独で獲物を探すが、果実や木の実、その他の植物などを食べ、同種の他の個体を激しく追い払う。日中は木や落ち葉の下、自分で掘った穴などに隠れている。

Greater bilby/Rabbit-eared bandicoot
ミミナガフクロウサギ

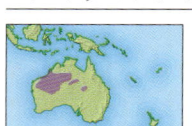

Macrotis lagotis

体長	30–55cm
尾	20–29cm
体重	1–2.5kg
分布	オーストラリア西部、中部
社会単位	つがい
状態	絶滅危惧II類

ビルビとも呼ばれる。雑食種で、巨大な耳、長い後肢、3色に分かれた尾で判別できる。尾は根元が青灰色で、次に黒になり、残り半分は白くて毛が長い。日中は懸命にシェルターを掘っているが、シェルターは長さ3m、深さ2mになることもある。繁殖シーズンにつがいとなり、13〜16日の妊娠期間の後、2匹を出産する。子どもは80日後に袋から出る。

Marsupial mole
フクロモグラ

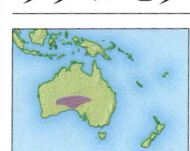

Notoryctes typhlops

体長	12–18cm
尾	2–2.5cm
体重	40–70g
分布	オーストラリア南部
社会単位	個体
状態	絶滅危惧IB類

砂地の砂漠やゆるい土壌の草原、低木の草地に、深さ2.5mのトンネルを掘る。軽い土の中を泳ぐように動くため、土は通った後から崩れてしまい、トンネルにはならない。キノコや地下茎などのほか、出会った生き物は何でも食べる。光沢のある灰色がかった白からシナモンの被毛は、穴を掘るときにこすられるために輝き、土の中の鉄分で赤く染まっていることもある。1〜2匹の子どもを入れたメスの袋は後ろに開くため、袋の中に土が入ることはない。

穴掘り機械
砂や土を金色の鼻先で探り、前肢でかき出し、3本の大きな爪のついた後肢で後ろに蹴り飛ばす。

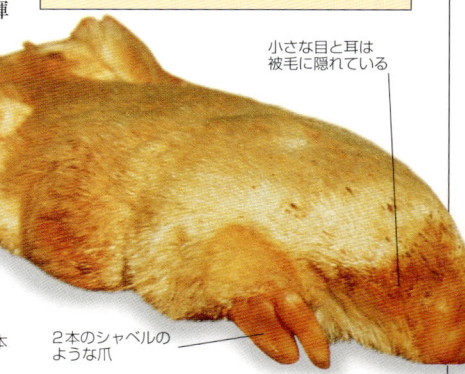

モグラのご飯

フクロモグラは土の中にいる昆虫、ムカデなどのほか、イモリのような小さなトカゲを食べることもある。嗅覚と触覚を使って獲物を捕らえるために、獲物がつくった小さなトンネルをたどっていく。雨上がりには地上で餌を探すこともある。

小さな目と耳は被毛に隠れている

2本のシャベルのような爪

哺乳類

Koala
コアラ

Phascolarctos cineureus

体長	65–82cm
尾	1–2cm
体重	4–15kg

分布 オーストラリア東部　社会単位 個体
状態 低リスク

コアラは生涯のほとんどをユーカリの木の上で過ごす。夜間に約4時間かけて500gの葉を食べ、残りの時間は木の股につかまっている。時々木を変えたり、消化を促進するために土や砂利、木の皮などを食べるために下りてくる。繁殖シーズンにはお互いに唸り、若いオスに比べると優位なオスは、より多くのメスと交尾する。交尾はあっという間で、咬んだり引っかいたりすることがある。35日の妊娠期間の後、1匹が袋の中にたどり着き、そこで6か月母乳を飲む。その後は母親の背中につかまって過ごす。初期の固形食の中には母親の糞があるが、その中には消化を助けたり病原菌を殺す微生物が含まれている。コアラはおとなしそうな外見にもかかわらず、咬んだり引っかいたりする。

保護

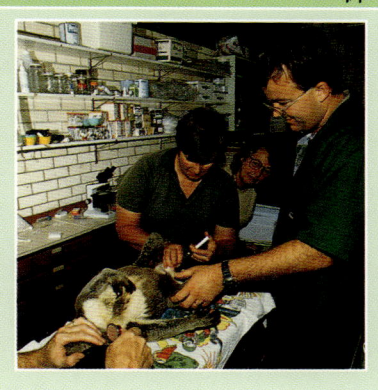

猛禽類を除くと、成長したコアラにはほとんど天敵がいない。しかし、地面に下りている間に飼いイヌに襲われることがあるため、応急手当てが必要になることもある（写真）。クラミジアによる病気で、地域によっては生息数をかなり減少させたが、抗生物質で治すことができる。コアラにとって大きな脅威は、農地や植林、建物のための土地開発である。

クマに似た有袋類
コアラの顔は大きくて平たく、クマに似ており、鼻先は滑らかで黒い。体はずんぐりとしていて頑丈である。被毛は柔らかく長く、ほとんどが灰色から灰茶色で、腹側はやや色が薄く、尻のあたりはまだらである。

大きくて丸いふさのある耳

つかまる
コアラは木の皮や枝をつかむために、短くて力強い足に鋭い爪があり（後肢の第1指を除く）、ざらざらした肉趾を持つ。前肢の第1指と第2指は他の3指と向かい合っているため、大きな枝もつかむことができる。

Common wombat
ウォンバット

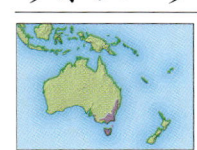

Vombatus ursinus

体長	70–120cm
尾	2–3cm
体重	25–40kg

分布 オーストラリア東部、タスマニア　社会単位 個体
状態 低リスク↑

ウォンバットは、毛のない鼻とクマのような体型をしている。多産の"モグラ"で、トンネルの入口はたいてい1つだが、地下で枝分かれしており、合計距離は200mに及ぶこともある。入江や谷にかかる斜面を好み、そこで草を食べる。主として夜行性で、草やスゲ、木の根、地下茎を食べる。冬の日中は、草を食べたり、日光浴をしたりしている。たいていは単独行動をとり、成長したオスはなわばりから侵入者を追い払うが、互いの巣穴を訪ねていくこともあるらしい。子どもが母親の袋から出た後は、穴の中にある乾いた草や葉を敷いた育児室でしばらく過ごす。人間に危害は与えないが、ウォンバットの穴にウマやディンゴなどが落ちたり、堤防を壊したり、ウサギの柵を壊したりする。

ざらざらして密な、灰色がかった茶色の被毛

外の世界へ
ウォンバットは通常、1匹の子どもを出産し、6〜7か月は母親の袋の中で育てる。その後の3か月間、子どもは時々袋の中に戻り、母乳を飲んだり隠れたりしている。離乳は15か月で行われる。

穴掘り名人
広くて角ばった頭、がっしりした体、幅広の大きな爪のついた強い肢が、穴掘り名人をつくり上げる。

Southern hairy-nosed wombat
ミナミケバナウォンバット

Lasiorhinus latifrons

体長	77–95cm
尾	3–6cm
体重	19–32kg

分布 オーストラリア南部　社会単位 群れ
状態 低リスク↑

ウォンバット（左）よりもいくらかずんぐりとしていて肢が短く、耳がやや長い。長くてつやのある被毛は、茶色と灰色のまだらで、鼻先に灰白色の毛がある。5〜10匹の群れをつくり、数百平方メートルにも及ぶ巣穴（迷路）を守る。夜間、草や丈の低い植物を食べる。年長のオスは、繁殖期のメスでない限り、同種の部外者を追い払う。

有袋類

哺乳類

Common brush-tailed possum
フクロギツネ（フクロロリス）

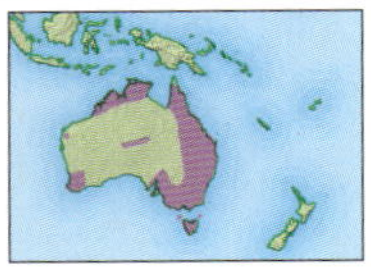

Trichosurus vulpecula

体　長　35–58cm
尾　　　25–40cm
体　重　1.5–4.5kg
分布　オーストラリア（タスマニアを含む）
社会単位　個体
状態　低リスク

公園や庭などを含む多くの地域で見られ、ほとんどが銀色から灰色の被毛だが、北部では短くて赤っぽく、南部では長く濃い灰色をしている。木につかまって登るのがうまく、ユーカリ、アカシア、その他の植物の葉や花、果実、時には鳥の卵やひなを食べることもある。キーキー、シューシュー、ブツブツいったり、唸ったりと、よく声を出すが、わずかな繁殖シーズン以外は単独で過ごしている。木や倒木、岩、屋根の穴や窪みに棲んでいる。普通は1匹の子どもを産み、5か月間袋の中で育てる。

鋭く曲がった爪
残りの指に向かう第1指
部分的に巻きつく尾

Common cuscus
ハイイロクスクス

Phalanger orientalis

体　長　38–48cm
尾　　　28–43cm
体　重　1.5–3.5kg
分布　ニューギニア、ソロモン諸島
社会単位　個体
状態　低リスク

ハイイロクスクスの毛色は、真っ白から黒まで、棲む島によって様々である。ただし、たいていは1本の縞が背中にあり、尾は部分的に毛がなく、白い。ハイイロクスクスはナマケモノとサルの中間のような姿で、ゆっくりと、しかし軽快に木に登り、葉や果実、植物などを食べる。穏やかな性格なので、ペットとして飼われることもある。

Leadbeater's possum
フクロモモンガモドキ

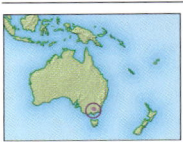

Gymnobelideus leadbeateri

体　長　15–17cm
尾　　　14.5–20cm
体　重　100–175g
分布　オーストラリア南東部（中央高地、ビクトリア）
社会単位　群れ
状態　絶滅危惧IB類

52年間絶滅したと思われていたが、1961年に再発見された。灰色の背側の中央に、頭から尾まで濃い縞があり、腹側は灰色がかった白である。木の間をすばやく跳び、夜間小さな無脊椎動物を食べたり、樹脂、樹液、蜜などの木の汁を吸う。年長の繁殖つがいとその子ども、主にオスからなる8匹程度の群れをつくる。メスが群れのなわばりを守る。

Squirrel glider
オブトフクロモモンガ

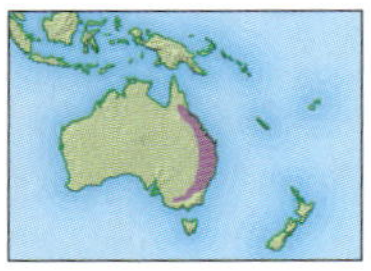

Petaurus norfolcensis

体　長　18–23cm
尾　　　22–30cm
体　重　200–300g
分布　オーストラリア東部
社会単位　群れ
状態　低リスク

滑空用の膜が前肢の第5指から後肢まで伸びている。長くてふさふさした柔らかい毛で覆われたリスのような尾は、他の木に跳び移ったり、敵から逃げるために50mも滑空するときに、舵の役割を果たす。1匹のオスと1〜3匹のメス、季節によっては子どもを含む小さな群れで生活している。昆虫や小さな木につく生物を食べたり、樹液や樹脂、花粉、種子などを食べる。1〜2匹が3か月間ほど袋の中で育ち、4か月で離乳する。

Common ringtail
ハイイロリングテイル

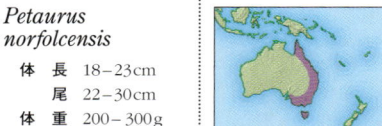

Pseudocheirus peregrinus

体　長　30–35cm
尾　　　22–30cm
体　重　700–1100g
分布　オーストラリア東部、タスマニア
社会単位　群れ
状態　低リスク

赤みがかった灰色から茶色の被毛は、先細りの力強く巻きつく尾の根元まで続いており、そこから白に変わる。群れで穴を掘るハイイロリングテイルは公園や庭などでも見られ、主にユーカリとアカシアの葉を食べる。北部では木の穴に巣をつくり、南部ではリスのような巣に棲む。

Brushy-tailed ringtail
トビリングテイル

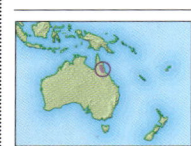

Hemibelideus lemuroides

体　長　31–40cm
尾　　　32–37cm
体　重　800–1000g
分布　オーストラリア北東部
社会単位　様々
状態　低リスク

キツネザル（120〜121ページ）に似た顔と体をしている。長くふわふわした巻き尾は、先端に毛がなく、物にしっかり巻きつき、尾で支えたり、夜行性のトビリングテイルが熱帯雨林の中を3mも"自由落下"できるように舵をとったりする。主食は葉だが、花や果実も食べる。社会単位はつがい、母と幼い子ども、大きな群れまで変化に富む。1匹の子どもを産み、6〜7週間袋の中で育てる。

Striped possum
フクロシマリス

Dactylopsila trivirgata

体　長　24–28cm
尾　　　31–39cm
体　重　250–525g
分布　オーストラリア北東部、ニューギニア
社会単位　様々
状態　低リスク

スカンクに似た黒白の縞と、黒くふさふさして先端が白い尾が判別する手がかりである。スカンク（200ページ）と同じように、外陰部にある腺からひどい匂いの液体をまき散らすことができる。夜間単独で木の枝を渡り歩き、木についている幼虫やアリ、シロアリを、前足の非常に長い爪で掘り出して食べる。果実や鳥、小型哺乳類も食べる。

有袋類

Greater glider
フクロムササビ

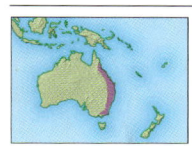

Petauroides volans

体 長	35–48cm
尾	45–60cm
体 重	0.9–1.5kg
分布	オーストラリア東部
社会単位	つがい
状態	低リスク

木の幹に引っかいた後がいくつもあれば、そこがおそらく最大の滑空有袋類であるフクロムササビの着陸場所である。他の樹上生活をする有袋類と同様、木をつかむための鋭い爪を持ち、前肢の2本の指は残りの3本と向かい合っているので、しっかりと枝を握ることができる。夜行性でユーカリの木（熱帯雨林ではない）に棲み、ある種のユーカリの若芽を好んで食べる。オスとメスがつがいをつくり、1つの木の穴で1年のほとんどを過ごす。1匹の子どもを産み、5か月袋の中で育てた後、さらに1〜2か月巣の中や母親の背中で育てる。若いオスは10か月で父親に追い出される。

前から見たところ 
フクロムササビは、大きな目と顔の前についている巨大な耳によって、立体視ができ、立体的に音が聞こえるため、距離が測れる。この能力で、夜間100mを超える水平距離を滑空したり、木の幹に正確に着地することができる。

- 肘と後肢の間にあるふわふわした滑空用の膜
- 腹側は1年中黄色がかった白
- 巻きつかない尾は滑空中の舵に使う

衣替え
季節によって同じ地域でも2種類の毛色になる。1つは濃灰色から黒で、そこに茶が混じる（写真）。もう1つは非常に薄い灰色からまだらのクリーム色である。

Little pygmy-possum
チビフクロヤマネ

Cercartetus lepidus

体 長	5–6.5cm
尾	6–7.5cm
体 重	5–9g
分布	オーストラリア南東部、タスマニア
社会単位	個体
状態	低リスク†

親指程度の大きさである。腹側に灰色の毛を持つ唯一のフクロヤマネで、背側は淡黄褐色から茶色、小さくて尖った顔と、大きくて立った耳を持っている。曲がった尾は体重を支えており、余分な餌を脂肪として貯えるために付け根が大きくなっている。夜行性でたいてい単独行動をとり、低い潅木や茂み、地面で昆虫からトカゲまでの小動物を食べる。

Pygmy glider/Feather-tailed glider
チビフクロモモンガ

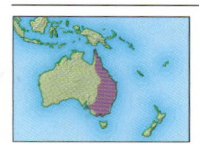

Acrobates pygmaeus

体 長	6.5–8cm
尾	7–8cm
体 重	9–15g
分布	オーストラリア東部
社会単位	群れ
状態	低リスク

小さなすばしこい有袋類で、両側に飾り毛の並んだ長い尾を持っている。滑空用の膜は前肢と後肢の間にあり、"2つの目的のある"足には、木の皮を掘るための鋭い爪がある。広がったパッドのような足の先は、葉のような滑らかで光沢のある表面はもちろん、ガラス窓でさえ滑らずにつかまることができる。舌は長く先がブラシ状になっており、蜜や花粉、花にいる小動物を集める。

Musky rat-kangaroo
ニオイネズミカンガルー

Hypsiprymnodon moschatus

体 長	16–28cm
尾	12–17cm
体 重	375–675g
分布	オーストラリア北東部
社会単位	個体
状態	低リスク

ネズミでもカンガルーでもなく、ネズミカンガルーの仲間である。熱帯雨林の密林を好む。日中に単独で、主にイチジクなどの落下果実を食べるが、松の実、種子、キノコも食べる。また、有袋類としては珍しく、あちこちに餌を貯蔵する。4本足で跳び、後肢の曲がる足でしっかりとつかまる。オスもメスも、特に繁殖期には麝香の匂いを出す。

Long-footed potoroo
アシナガネズミカンガルー

Potorous longipes

体 長	38–42cm
尾	31–33cm
体 重	1.5–2kg
分布	オーストラリア南東部
社会単位	個体
状態	絶滅危惧IB類

このネズミカンガルーは活動的で、単独行動をとり、夜行性でキノコを食べる。カンガルーのように大きな後肢で速く飛び跳ね、短いが力強い前肢で餌をつかむ。30種程度のキノコのうち5分の4が餌となる。また、昆虫や緑の植物も食べる。38日の妊娠期間の後、1匹の子どもを産む。袋で5か月以上授乳し、さらに2〜3月間母親が面倒をみる。

Feather-tailed possum
ニセフクロモモンガ

Distoechurus pennatus

体 長	10.5–13.5cm
尾	12.5–15.5cm
体 重	40–60g
分布	ニューギニア
社会単位	群れ
状態	低リスク

白い顔に4本の黒い縞があり、先端の曲がった羽毛（羽軸）に似た尾で判別できる。木々の間を跳び回ったり、すべての指にある鋭い爪で枝をつかんで移動したりする。昆虫（特にセミ）のほか、花や蜜、果物も食べる。2〜3匹の群れで生活し、メスは2〜3匹の子どもを袋の中で育てるが、巣の近くで背中に乗せていることもある。ただし社会構造や繁殖方法などについてはわかっていない。

- 目から耳にかけて黒い縞がある
- 鋭く曲がった爪

哺乳類

哺乳類

有袋類

Red kangaroo
アカカンガルー

Macropus rufus

体長 1–1.6m
尾 75–120cm
体重 25–90kg
分布 オーストラリア
社会単位 群れ
状態 一般的

現存する最も大きな有袋類であるアカカンガルーはオーストラリアのほぼ全域で見られ、広いサバンナの森林地帯で最も数の多い動物である。年ごとにその数は大きく変化する。雨が多いと1200万匹まで増え、旱魃の時期には500万匹まで減少する。メスは青草を育てるのに十分な雨があるときだけ妊娠する。旱魃が続くとオスは精子をつくらなくなる。水の匂いを嗅ぎ分ける高度な嗅覚を持ち、水不足のときは水を探して通常の生息地から200kmも移動する。主に夜間、水の多く含まれる草の芽やハーブ、葉を食べる。2～10匹の群れで生活しているが、旱魃のときには1500匹以上もが1つの井戸に集まる。群れの優位のオスが、数匹のメスと交尾する。オーストラリアの原住民にとっては害獣で、肉と毛のために狩猟対象となっている。人間と、時々襲ってくるオオイヌワシを除くと、唯一の敵はディンゴである。

警告
アカカンガルーはたいてい頭を下げて草を食べているが、危険があると捕食者に注意を向ける。鋭い目は350m先のディンゴをも見つけ、大きな耳もとても敏感である。

防御方法
群れの中で優位なオスは、他のオスから売られる喧嘩には必ず勝たなければならない。群れの1匹が捕食者を見つけた場合は、足を踏み鳴らしたり、尾を地面に打ちつけたりして、群れに危険を知らせる。群れは逃げ出し、可能であれば水中に避難する。

喧嘩ごっこ
遊んだり仲間同士で喧嘩したりするとき、カンガルーは立って殴り合うが、普通の攻撃は力強い蹴りである。

全力疾走
危険から逃げるために後肢で跳ねる。短時間であれば、時速50kmにも達する。

とても長くて強い尾
短い前肢
大きな後肢

赤茶けたオス
メスの体重の2倍にもなるオスは、普通はオレンジ色がかった赤である。メスは灰青色だが、色は様々である。

袋の中
カンガルーの赤ちゃんは、初めて外に出てくるまで、まる190日間袋の中で過ごす。1歳になると一人前になる。

哺乳類

有袋類

Brush-tailed bettong/Woylie
フサオネズミカンガルー

Bettongia penicillata

体長	30–38cm
尾	29–36cm
体重	1–1.5kg

分布 オーストラリア南西部
社会単位 個体
状態 低リスク

ネズミカンガルーの仲間（97ページ）に似ており、キノコを食べる。夜になると森林の土をあさり、餌の90％を構成するキノコを探す。残りの10％は木の根や球根、地下茎、昆虫などである。頭と体を合わせたくらいの長さの尾には、上側に黒い毛が逆立っている。日中は川岸や落ち葉、草の中にある大きな丸い巣の中に隠れている。

Rufous bettong
アカネズミカンガルー

Aepyprymnus rufescens

体長	37–52cm
尾	34–40cm
体重	2.5–3.5kg

分布 オーストラリア東部
社会単位 様々
状態 低リスク

白い腹

体全体が灰白がかった赤茶の被毛をしているが、白い被毛のものもいる。背の高い三角錐の巣をつくるための草や茎を集めるのに尾を使う。巣は森林地帯の地面や倒木、木などにつくられる。1匹で隠れ家を5つもつくることがある。キノコ、草、根、葉、花、種子、小さな無脊椎動物などを食べる。1匹の子どもを産み、子どもは16週間で袋から出てくる。

Spectacled hare wallaby
メガネウサギワラビー

Lagorchestes conspicillatus

体長	40–48cm
尾	37–50cm
体重	1.5–4.5kg

分布 オーストラリア北部
社会単位 個体
状態 低リスク

もじゃもじゃの白髪交じりの被毛で、灰色から茶色の地色に、目立つオレンジの斑点が目の周りにある。普通は夜間、単独で草やハーブを食べ、日中は穴や藪の中に隠れている。29～31日の妊娠期間の後、1匹の子どもを産み、5か月間袋で育てる。子どもは7か月までに離乳する。

Quokka
チビオワラビー

Setonix brachyurus

体長	40–54cm
尾	25–35cm
体重	2.5–5kg

分布 オーストラリア南西部（ロトネスト島とバルド島）
社会単位 群れ
状態 絶滅危惧II類

オーストラリア本島ではめったに見られず、キツネなどの捕食者がいない南西部沿岸の2島に生息している。この小さなワラビーは、深い森、広い森林地帯、低木地帯、川岸の湿地帯などにいる。日中は草むらの中で休み、夜中に葉や草、果実を食べる。大きな群れの中に小さな家族が含まれ、群れのなわばりを維持している。妊娠期間は27日で、1匹の子どもを産み、6か月間袋で育てる。

保護

チビオワラビーは本拠地のロトネスト島では自由に歩き回っており、旅行者の間でも人気者である。旅行者は、このかわいいワラビーについ餌を与えてしまうが、現代の食物は敏感な消化管には合わない。

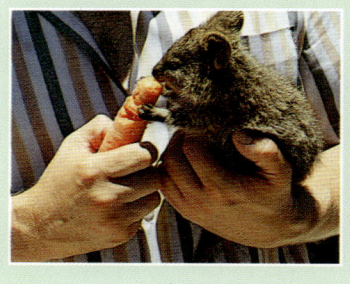

がっしりした体型
丸い体に短い耳と鼻、しっかりした尾をしている。密で滑らかな被毛は茶色で、顔と首の周りだけ赤みがかっている。

Red-legged pademelon
アカアシヤブワラビー

Thylogale stigmatica

体長	38–58cm
尾	30–47cm
体重	2.5–7kg

分布 オーストラリア北部、東部、ニューギニア
社会単位 個体
状態 低リスク

顔が小さく、がっしりした体に太い尾を持つ。熱帯雨林では茶色から灰色だが、広い森林地帯ではもっと薄い淡黄褐色をしている。昼も夜も活動し、たいていは単独行動をとるが、果実がたくさんあるときは群れになる。葉や種子も食べる。

Brush-tailed rock wallaby
オグロイワラビー

Petrogale penicillata

体長	50–60cm
尾	50–70cm
体重	5–11kg

分布 オーストラリア南東部
社会単位 群れ
状態 絶滅危惧II類

濃い茶色の尾

大岩や崖、岩棚や岩場を登ったり、跳んだりできるように進化している。一度の跳躍で4mも跳ぶ。後肢の大きな足裏にはクッションがあり、物をしっかりつかめるようにざらざらしている。日中は涼しい岩の割れ目や穴で休んでいるが、時々日光浴をする。夜になると草やシダ、灌木の葉、果実などを食べる。コロニーは50匹を超えることもある。

Little rock wallaby/Nabarlek
ヒメイワラビー

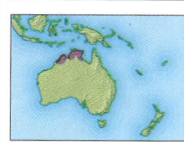

Petrogale concinna

体長	29–35cm
尾	22–31cm
体重	1–1.5kg

生息地 オーストラリア北部
社会単位 個体
状態 低リスク

姿や習性はオグロイワラビー（左）と似ている。短くてつやのある赤茶色の被毛に、肩に濃い縞があり、尾はふさふさしている。夜間に単独で草やスゲを食べるが、乾季の主食は水シダ（固いシダ）である。この食べにくい餌のために、臼歯は離乳時までに顎の中でだんだん前に移動し、それから永久歯に生え変わる。この数回にわたる歯の移動は、有袋類の中でも珍しい。

有袋類

Doria's tree-kangaroo
ドリアキノボリカンガルー

Dendrolagus dorianus

体　長　51–78cm
尾　　　44–66cm
体　重　6.5–14.5kg

分布　ニューギニア
社会単位　個体
状態　絶滅危惧II類

　10種ほどのキノボリカンガルーが、主にニューギニアとオーストラリア北東部に棲んでいる。枝を登るために、短くて広いがっしりした後肢と長い爪を持ち、長い尾を使ってバランスをとる。他のカンガルーと異なり、キノボリカンガルーは後肢を1本ずつ別々に動かすことができる。ほとんどの時間を樹上で過ごし、比較的ゆっくりだが正確に移動し、地面を歩いたりすばやく跳ぶこともできる。ドリアキノボリカンガルーは最も大きい種のひとつで、同じ科の仲間同様、夜行性で単独行動をとり、様々な葉や芽、花、果物などを食べる。黒い耳を持ち、背中の中央につむじがあり、尾は薄い茶色やクリーム色である。約30日間の妊娠期間の後1匹が産まれ、10か月間袋の中で乳首に吸いついて母乳を飲む。他のキノボリカンガルーと同じように、森林地域に棲んでおり、そのために肉目的の狩猟だけでなく、伐採などの森林破壊によって危機に瀕している。

丸くて柔らかい毛に覆われた鼻先
前肢は後肢とほぼ同じ長さ
長くて密な茶色の被毛
クッションのあるざらざらした後肢の足裏
バランスをとるためのまっすぐな尾

Western grey kangaroo
クロカンガルー

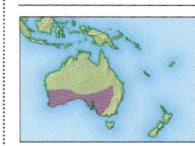

Macropus fulginosus

体　長　0.9–1.4m
尾　　　75–100cm
体　重　15–54kg

分布　オーストラリア南部
社会単位　群れ
状態　低リスク

　最も大型で数の多いカンガルーで、薄い灰茶色からチョコレート色までの厚くて滑らかな被毛をしており、胸と腹の色がやや薄い。ゆっくりと移動するときは前肢を使って尾を支えにしながらウサギのように跳ねるが、速く走るときは後肢だけで跳ぶ。オスはメスの約2倍の大きさになり、一度の跳躍で10m跳ぶこともある。基本的に夜間に食事をとり、草が主食だが、茂みや低い木も食べる。15匹程度までの安定した群れで生活している。普通は優位のオス1匹のみが交尾を行う。妊娠期間は30～31日である。

力強い尾

カンガルーの"ボクシング"

　オスのカンガルーは繁殖期にはメスをめぐって争うが、限られた餌や休息場所しかないときも喧嘩が起こる。競争相手は腕を構えてパンチを繰り出す。尾を使って上体を反らし、後肢でキックもする。この喧嘩で大怪我をすることはほとんどない。

赤ちゃん乗ってます
カンガルーの子どもは130～150日間、袋の中で母親の乳首を吸っている。250日目くらいから短時間袋の外に出るようになるが、危険を感じるとすぐ戻ってくる。

哺乳類

Parma wallaby
パルマワラビー

Macropus parma

体　長　45–53cm
尾　　　41–54cm
体　重　3.5–6kg

分布　オーストラリア東部
社会単位　個体
状態　低リスク

　パルマワラビーは、赤茶から灰茶色の被毛の中央にある首から背中まで続く黒い縞と、鼻の横と頬の白い縞で判別できる。内気で単独行動をとり、密な草むらに上手に身を隠しているので、オーストラリア本島では絶滅したと思われていたが、1967年に再発見された。夜間に様々な植物を食べる。

Wallaroo
ケナガワラルー

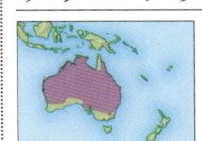

Macropus robustus

体　長　0.8–1.4m
尾　　　60–90cm
体　重　15–47kg

分布　オーストラリア
社会単位　個体
状態　低リスク

　広い範囲に棲み、たいていは岩場、崖、大きな岩がゴロゴロしている場所にいる。日中は厳しい暑さや乾燥などを避けるために隠れ、夕方になると草やスゲ、他の植物を食べに出てくる。茶色のワラビーのようにも見えるが、肩が後ろに下がり、肘を揃え、手首を上げた独特の姿勢をとる。

Swamp wallaby
オグロワラビー

Wallabia bicolor

体　長　66–85cm
尾　　　65–86cm
体　重　10.5–20.5kg

分布　オーストラリア東部
社会単位　個体
状態　低リスク

　他のワラビーとは異なり、オグロワラビーは頭を下げ、尾をまっすぐ後ろに上げて移動する。滑らかな茶から黒の被毛で、顔、鼻先、肢、尾が少し濃い。夜間に様々な植物を食べるが、その中にはドクニンジンのような毒のある植物も含む。

腹側はオレンジがかっている

Honey possum
フクロミツスイ

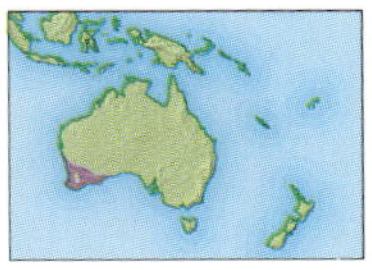

Tarsipes rostratus

体　長　6.5–9m
尾　　　7–10.5cm
体　重　7–16g

分布　オーストラリア南西部
社会単位　群れ
状態　低リスク

　ハニーポッサムとも呼ばれる。最も小さいポッサムの一種で、小さくてすばしこく夜行性である。長く尖った髭の生えた鼻と、長い巻き尾を持つ。小さな群れで生活し、足には柔らかい肉趾と鋭い爪があり、枝や葉をしっかりと握る。2.5cmの先がブラシ状になった舌で花から花粉や蜜を集め、退化した歯（上の犬歯と下の切歯のみ）ですりつぶして食べる。

食虫類

門	脊索動物門
綱	哺乳綱
目	食虫目
科	6
種	365

食虫類は、小さくてほとんどが夜行性の哺乳類で、昆虫やクモ、虫などの無脊椎動物からなる餌を食べている。種や生活様式によって体のつくりは異なるが、一般的に目と耳は小さく、鼻がよく発達している。ハリネズミのような陸生の種もいれば、モグラのように穴掘りに適応しているものもいる。またミズテンレックのように半水生のものもいる。ハリネズミとジムヌラ、モグラとミミヒミズとデスマン、トガリネズミの3科は、世界のほとんどの地域に広く分布している。その他の3科、ソレノドン、テンレックとカワウソジネズミ、キンモグラはもう少し生息地が限られている。

体のつくり

食虫類の多くは長くて細いよく動く鼻が特徴で、それぞれの足には5本の爪を持ち、とても原始的な歯をしている。体型は様々であるが、大きく3つに分けられる。カワウソジネズミ、ジムヌラのような長い体型、モグラのようなずんどう型、ハリネズミのようなずんぐり型である。食虫類は、最も原始的な哺乳類と考えられており、しわの少ない小さな脳や、陰嚢に下降しない精巣といった、古代の祖先の多くの特徴を残している。たいていは足裏と踵を同時に地面につけて歩く蹠行性歩行をする（89ページ参照）。

ヨーロッパモグラ

被毛のタイプ
シマテンレック（左下）のような種では、体毛の中に防御用のトゲが散在している。ハリネズミではこの仕組みがもっと発達している。これに対してヨーロッパモグラ（左上）は、短くて密集した被毛をしており、どの方向にも均等に向いている。このおかげで、地中のトンネルの中で後ろにも前にも自由に動くことができる。

シマテンレック

感覚

ほとんどの食虫類は、小さな耳と、点のような目しか持っていないが、鋭い嗅覚を使って獲物の位置を探り当てることができる。例えばモグラは地中で生活しており、視覚や聴覚は、嗅覚や触覚ほど重要ではない。その結果、外部の耳介はなくなり、目は被毛に隠れてしまった。そのかわり、わずかな匂いも逃さない非常に敏感な鼻と、センサーになる毛が発達した。これに対してハリネズミは、ほとんど聴覚に頼っている。またトガリネズミのある種は、超音波を使って、進行方向にある物体や他の動物から跳ね返ってくる音で自分の位置を特定したり、狩りを行うといわれている。

変わった鼻
ホシバナモグラの鼻を取り巻く明るいピンク色の触手は、モグラの触覚をさらに敏感にしている。この触手は、土の中を進むときや獲物を扱うときにも役立っている。

木登り上手
多くの食虫類と同じように、ヨーロッパトガリネズミは小さな目とよく発達した鼻を持っている。視覚は弱いが、とても機敏に木に登る。また、耳介がないにもかかわらず、聴覚も敏感である。

食事

"食虫類"という名前にもかかわらず、これらの哺乳類の餌は完全に昆虫だけではない（そして、食虫動物だけが昆虫を食べる唯一の哺乳類でもない）。それぞれの種によっていろいろな植物や動物を餌にしている。例えばミズトガリネズミは小魚、カエル、カニなどを食べ、サバクハリネズミは鳥の卵や小型脊椎動物、サソリを餌にしている。多くの食虫動物は特殊な餌に合わせて進化している。例えば、ソレノドンの非常によく動く関節のある鼻や、ジムヌラの細い体などだが、これによって両種とも、限られた場所で餌を得ることができるのである。

餌探し
ナミハリネズミは、ミミズなどの餌を探し当てるのに長くてよく動く鼻を使い、爪のある前足で掘っていく。口が閉じたときには、2本の下の切歯に獲物が突き刺さっているのである。

食虫類

Lesser moonrat
チビオジムヌラ

Hylomys suillus

体 長	10–15cm
尾	1–3cm
体 重	12–80g
分布	東南アジア
社会単位	個体
状態	低リスク†

大型のマウスのように見えるチビオジムヌラは、長くて動く鼻と、特徴的な短くて毛のない尾を持っている。低地や山岳の森林に広く分布し、木にも登るが、主に地上で昼夜餌を食べている。昆虫や小動物のほか季節の果実も食べる。柔らかくて密な被毛は、背側が茶色で腹側の色は淡い。岩や倒木の下の枯れ葉の巣に隠れている。危険な目にあうと、逃げ出して身を守る。

Moonrat
ジムヌラ

Echinosorex gymnura

体 長	26–46cm
尾	16–30cm
体 重	0.5–2kg
分布	東南アジア
社会単位	個体
状態	低リスク†

他のジムヌラと同じように、この種も腐った玉ねぎのようななわばりを示す匂いを出す。ハリネズミと小型のブタの雑種のような姿で、ざらざらとした固いトゲのある毛皮で、白い縞があり、尾にはほとんど毛がない。単独行動をとり、日中は穴や割れ目で休み、夜になると昆虫などの小動物を食べる。魚や水中の獲物を追って泳ぐこともある。

Mindanao moonrat
ミンダナオジムヌラ

Podogymnura truei

体 長	13–15cm
尾	4–7cm
体 重	150–175g
分布	東南アジア（ミンダナオ島）
社会単位	個体
状態	絶滅危惧IB類

フィリピン諸島の1島のみに生息し、あまり知られていない。昼夜、特に沼地や小川の近くの森の地面で餌をあさるが、様々な小動物を食べているらしい。単独で生活し、岩や倒木の下の葉や、見捨てられた穴などの質素な巣に棲む。長くて柔らかい毛は主に灰赤色だが、腹側は灰白色に変わっていく。特徴的な尖った低い鼻は下唇近くまで伸び、尾は短くまばらに毛が生えている。

West European hedgehog
ナミハリネズミ

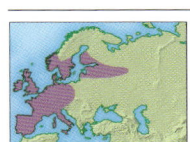

Erinaceus europaeus

体 長	22–27cm
尾	なし
体 重	0.9–1kg
分布	ヨーロッパ
社会単位	個体
状態	一般的

びっしりとトゲの生えたナミハリネズミは、低い生垣や野原、森などと同様に、都会の公園や庭でうろうろしているが、夜になると昆虫やクモなどを、鼻を鳴らしながら嗅ぎつけて捕らえる。また、鳥の卵やひなも食べる。日中の隠れ家は茂みや倒木の下、納屋や古い穴にある草や葉でつくった巣である。冬眠中は夕方起き出して餌を食べる。5〜10月に交尾をし、妊娠期間は31〜35日。4〜5匹生まれる子どものトゲは、誕生後数時間で現れてくる。

身づくろい

ハリネズミが体をよじってトゲや皮膚を舐めたり、泡の多い唾液で湿らす"身づくろい"の目的は、体をきれいにすることではない。マーキングのための匂いを出し、通常は単独行動をとるこの動物が、夜間たまたま隣人に会ったときに認識できるようにしているのである。

すばやい防御

ハリネズミは、驚くほどの機敏さで逃げたり、木に登ったりする。身を守るときはトゲのない頭と肢を腹側にしまい込んで丸くなり、トゲだらけのボールになる。

Long-eared desert hedgehog
オオミミハリネズミ

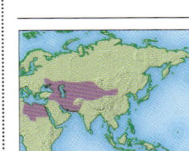

Hemiechinus auritus

体 長	15–27cm
尾	1–5cm
体 重	250–275g
分布	西アジア、中央アジア、東アジア、北アフリカ
社会単位	個体
状態	地域により一般的

オオミミハリネズミは大型のナミハリネズミ（左）と似ているが、顔や肢、腹に粗い毛を持ち、それ以外はトゲで覆われている。トゲの縞は黒から茶色、黄色や白まで様々である。日中は、岩や茂みの下の天然の隠れ家で休んでいる。いろいろな小動物を食べ、餌や水が不足すると休眠することができる。

Hispaniolan solenodon
ハイチソレノドン

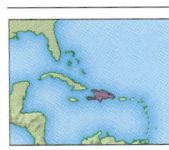

Solenodon paradoxus

体 長	28–32cm
尾	17–26cm
体 重	1kg
分布	カリブ諸島（ヒスパニオラ）
社会単位	個体
状態	絶滅危惧IB類

ソレノドン科の2種は、大きく長い尾を持ち、トガリネズミに似ている。両種とも夜行性で、絶滅の危機に瀕している。ハイチソレノドンは機敏で、鼻は長くよく動く。被毛は黒から赤茶まで様々で、肢、尾、耳の上部は毛がない。嗅ぎ回り、鋭い爪のある前肢で昆虫、トカゲ、果実、植物などを求めて森の地面を引っかき回す。毒を持ち、身を守るときや獲物を気絶させるときには咬みつく。

Indian hedgehog
インドハリネズミ

Paraechinus micropus

体 長	14–23cm
尾	1–4cm
体 重	300–450g
分布	南アジア
社会単位	個体
状態	低リスク†

インドハリネズミはオオミミハリネズミ（右）と外見や習性が似ているが、少しトゲが多く、頭に毛のない部分がある。砂漠や乾燥した藪、湿気の少ない草原などに適応しており、旱魃などの過酷な状態のときには休眠する。岩の割れ目などの自然のシェルターを巣にしているが、巣にするために短い穴を掘ることもある。昆虫やサソリ、他の小さな生物のほか、鳥の卵や腐肉を食べることもある。インドハリネズミは後で食べるために巣に餌を持ち帰り、貯える。毛色は、野生でよく見られる黒から白（アルビノ）まで本当に様々で、茶色や黄色の縞模様のある個体もいる。産子数は少なく、たいてい1〜2匹である。

哺乳類

食虫類

Giant otter-shrew
カワウソジネズミ
Potamogale velox

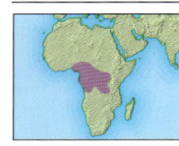

体長 29–35cm
尾 24–90cm
体重 350g
分布 西アフリカ、中央アフリカ
社会単位 個体
状態 絶滅危惧IB類

カワウソジネズミは小型のカワウソ（カワウソは食虫類ではなくイタチ科）と間違えやすいが、丸い鼻先、長くて柔らかい体、水の中で前進するための長くて左右に平たくなった筋肉質の尾を持っている。カワウソジネズミは静かな池から標高1800mにある山の渓流まで、様々な淡水域に生息している。水の中に潜って泳ぐため、目と耳は小さく高い位置についているが、カワウソと異なって指には水かきがない。カワウソジネズミは主に夜行性で、繁殖シーズン以外は単独行動をとり、基本的には夜中に魚やカエル、甲殻類などの淡水生物を食べる。日中は川岸の穴で休んでいる。穴の入口は水面下にある。

Web-footed tenrec
ミズテンレック
Limnogale mergulus

体長 12–17cm
尾 12–16cm
体重 40–60g
分布 マダガスカル東部
社会単位 個体
状態 絶滅危惧IB類

テンレック類唯一の水生種で、絶滅したと思われていたが、野生の状態で再び生存が確認された。情報は非常に少ない。カワウソのような体に広くて丸い鼻のついた頭、長い口髭を持ち、高い位置に小さな目と耳があり、水かきのある後肢の鋭い爪で滑りやすい岩や獲物をつかむ。短くて密な防水性の被毛は赤褐色である。石や海草の間で水生の昆虫やカニ、甲殻類を嗅ぎ回り、長く毛の少ない尾を使って前進する。

耳は被毛でほとんど見えない

Common tenrec
テンレック
Tenrec ecaudatus 

体長 26–39cm
尾 1–1.5cm
体重 1.5–2.5kg
分布 マダガスカル
社会単位 個体
状態 一般的

テンレック類の25種は、主に中央アフリカとマダガスカルに生息し、大半はトガリネズミとハリネズミの雑種のように見える。この種は夜行性で、最大の陸生種である。被毛は灰色から赤灰色で、鋭いトゲがある。長くて動く鼻を使って葉の間から虫などの小動物を探す。ゴミをあさったり、カエルやネズミを襲うこともある。身を守るときはキーキー鳴きながら首の周りから頭にあるトゲを逆立てて跳んだり跳ねたりし、咬もうとする。日中は倒木や岩、茂みの下の草や、葉でつくった巣に隠れている。50〜60日の妊娠期間の後、10〜12匹の子どもが産まれる。子どもは黒と白の縞模様がある。

Nimba otter-shrew
ヒメカワウソジネズミ
Micropotamogale lamottei 

体長 12–20cm
尾 10–15cm
体重 125g
分布 西アフリカ（ニンバ山地域）
社会単位 個体
状態 絶滅危惧IB類

西アフリカにあるニンバ山周辺の、約1500平方キロの高地森林にある小川だけで見られる。肉づきのよい鼻、丸い頭、がっしりした体を持ち、尾は長い。目と耳は、灰色か焦げ茶の長い被毛の中に隠れている。主に夜行性で、少し潜ったり川岸で待ち伏せをしたりして、小魚、カニ、水生昆虫などを捕まえ、陸でそれらを食べる。柔らかい土に短い巣穴を掘る。

Greater hedgehog-tenrec
ハリテンレック
Setifer setosus

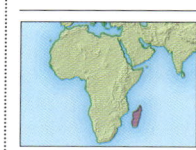

体長 15–22cm
尾 1.5cm
体重 175–275g
分布 マダガスカル
社会単位 個体
状態 地域により一般的

ハリネズミに似たテンレックで、先の白い短くて尖ったトゲを持ち、頭と肢に灰色から黒までのまばらな毛がある。日中活動するが、ハリネズミと同様、危険が迫ると丸まってトゲだらけのボールになる。木登りもうまく、両生類、爬虫類、昆虫、腐肉、果実や木の実など様々なものを食べる。過酷な状況では数週間休眠する。

Streaked tenrec
シマテンレック
Hemicentetes semispinosus

体長 16–19cm
尾 ない
体重 80–275g
分布 マダガスカル
社会単位 群れ
状態 地域により一般的

シマテンレックは、黒と、白、黄、茶色などの様々な2色の縞が背中にあることから、他のテンレックの仲間とは区別できる。被毛にはまばらにトゲが生えており、頭頂部にもとさかのようなトゲがある。主にイモムシを食べ、通常は15匹前後の群れで生活している。メスは2〜4匹の子どもを産み、群れ全体で子どもを守る。

Cape golden mole
ケープキンモグラ
Chrysochloris asiatica

体長 9–14cm
尾 ない
体重 記録なし
分布 南アフリカ
社会単位 個体
状態 地域により一般的

キンモグラはモグラとは別の科を構成する。ケープキンモグラは、モグラに典型的な密な毛を持ち、オリーブ色、茶色、灰色など、光の方向によって様々な色に見える。鼻鏡には毛がなく、耳と目はごく小さく、前肢にはそれぞれ穴掘り用の爪があるが、これらはすべてトンネルを掘る生活に適応したものである。単独で行動し、掘り進んでいくうちに見つけたり、穴の中に落ちてきたイモムシや土壌中の生物を食べている。

輝く密な毛皮

哺乳類

食虫類

Grant's golden mole
サバクキンモグラ

Eremitalpa granti

体長	7–8cm
尾	ない
体重	15–30g

分布　アフリカ南部
社会単位　個体
状態　絶滅危惧II類

長くて柔らかい光沢のある被毛がほぼ体全体を覆っており、毛色は灰色から淡黄褐色、白まで様々である。このモグラはとても小さく、ほとんどわからないくらいの目や耳を持ち、広い爪をしている。その爪でさらさらした土の中をまるで"泳ぐ"ようにかき分けたり、地中の深い砂の中や、地表近くでも固い土壌中に、しっかりしたトンネルを掘る。主食はアリ、シロアリ、甲虫、トカゲ、ヘビなど様々な砂漠に棲む小動物である。単独行動をとり、日中や夜間に短時間ずつ活動する。交尾相手を探すとき以外はめったに地表に出てこない。採鉱や他の人間活動によって、この種が棲む特殊な砂漠の生息地が脅かされている。

灰色から淡黄褐色の背側

Eurasian shrew
ヨーロッパトガリネズミ

Sorex araneus

体長	5–8cm
尾	2.5–4.5cm
体重	5–14g

分布　ヨーロッパから北アジア
社会単位　個体
状態　一般的

最も小さい哺乳類のひとつで、適応能力のある攻撃的な大食漢である。24時間ごとに、体重の80〜90％もの餌を食べなければならず、季節や状態によるが10回ほど狩りをすることもある。餌は昆虫、虫、腐肉などである。成獣は、春や初秋のわずかな求婚期間を除いて単独行動をとる。24〜26日の妊娠期間の後、6〜7匹の子どもを、草や乾いた葉でつくった特殊な繁殖用の巣で産む。これは通常の休息用の巣より大きいが、同じように倒木や木の根、岩の下や古い穴の中につくられる。尖った動く鼻を持ち、肢は短い。被毛は背側が焦げ茶から黒で、脇腹が薄い茶色、腹側が灰白色である。なわばりを持ち、超音波のキーキー声で鳴くが、特にメスが子どもを集めるときにこの声を使う。追いつめられると咬む。

長い口髭

Giant Mexican shrew
オオサバクトガリネズミ

Megasorex gigas

体長	8–9cm
尾	4–5cm
体重	10–12g

分布　メキシコ南西部
社会単位　個体
状態　未確認

大きくてがっしりしているわりに尾の短いトガリネズミで、この科では唯一の種である。イモムシ、ヤスデ、クモなどの小動物を、突き出た尖った鼻で、葉やゆるい土の間から突き刺す。背側は焦げ茶から灰茶色で、腹側にかけて色が薄くなっている。湿気の多い土や草原、森の湿った下生えなどを好み、低地から標高1700mまでに分布する。オオサバクトガリネズミは20匹ほどが報告されているだけであり、巣づくりや繁殖方法などについては知られていない。

Eurasian water shrew
ミズトガリネズミ

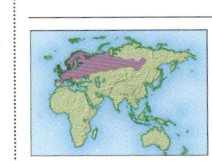

Neomys fodiens

体長	6.5–9.5cm
尾	4.5–8cm
体重	8–25g

分布　ヨーロッパから北アジア
社会単位　個体
状態　一般的

このトガリネズミは、水生昆虫、小魚、カエルを餌にしている。陸地でも餌をあさり、イモムシや甲虫などを食べて、湿気のある森の中で生き延びている。小さな目と耳、長くて尖った鼻は典型的なトガリネズミである。単独行動をとるが、他のトガリネズミほど攻撃的ではなく、数本の逃げ道と穴をつくり、乾いた草と古い葉でつくった巣に棲む。その穴で14〜21日の妊娠期間の後、4〜7匹を産み、およそ6週間授乳する。

水中の活動

ミズトガリネズミは、推進力を増すために房のついた後肢で水をかいて泳ぐ。竜骨のような毛並みが尾まで続き、舵とりを楽にしている。防水性の被毛に包まれた空気が、銀色の縞に見える。

毛色
背中から脇までの光沢のある黒と、灰白色の腹側がはっきりと分かれている。

North American short-tailed shrew
ブラリナトガリネズミ

Blarina brevicauda

体長	12–14cm
尾	3cm
体重	20g

分布　カナダ南部からアメリカ北部、東部にかけて
社会単位　様々
状態　一般的

多くのトガリネズミと同様、この大きなたくましい種は視力は弱いが嗅覚が鋭く、毒のある唾液で獲物を動けなくすることができる。土壌中に棲む動物を主食として、嗅覚や触覚で狩りをするが、ハタネズミやマウスなどの小型哺乳類や植物も食べる。地下10〜50cmのところにある獣道や、モグラやハタネズミの古いトンネルなどで休んだり食事を行い、寒い時期には餌を貯える。目と耳はごく小さく、鼻は太いが他のトガリネズミほど尖っていはいない。

耳は被毛に覆われている

灰色がかった黒い被毛

哺乳類

食虫類

Tibetan water shrew
ミズカキカワネズミ

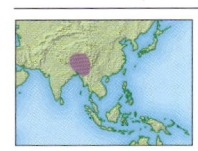

Nectogale elegans

体　長　9–13cm
尾　　　8–11cm
体　重　記録なし

分布　南アジア
社会単位　個体
状態　未確認

ヒマラヤとその周辺の冷たく流れの速い渓流に棲む。小さくて用心深く、すぐに隠れてしまう半水生のトガリネズミで、背側が青灰色で腹側が銀白色である。鼻は短くて太く、目と耳はとても小さく、黒い尾は両側にふさのような毛が生えている。水生昆虫、幼魚などの小さな獲物を捕まえ、川岸や岩などに運んで食べているようである。巣や繁殖などについてはあまりわかっていない。

Malayan water shrew
マレーカワネズミ

Chimarrogale hantu

体　長　8–12cm
尾　　　6–10cm
体　重　30g

分布　東南アジア（セランゴル）
社会単位　個体
状態　絶滅危惧IA類

マレーシアのウルランガット森林保護区の報告しかなく、非常に珍しい種である。体はやや大きいが、体長の割に長い尾と流線型の頭と体を持ち、とても小さな目と耳、水の中で進むのに役立つ固い毛のある肢を持っている。多くのトガリネズミと同様、被毛の防水性を保つため定期的にグルーミングを行い、皮脂を被毛に塗りつける。魚を捕まえる網、公害、伐採などによって危機に瀕している。

Pygmy white-toothed shrew
コビトジャコネズミ

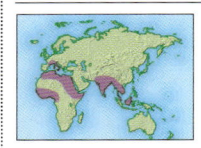

Suncus etruscus

体　長　4–5cm
尾　　　2–3cm
体　重　2–3g

分布　南ヨーロッパ、南アジアから東南アジアにかけて、スリランカ
社会単位　個体
状態　未確認

昼夜を問わず、昆虫、カタツムリ、クモのような小動物をうまく捕らえて食べ、その後、数時間休息する。小さな穴や岩の割れ目に巣をつくり、1年のほとんどは単独行動をとり、繁殖シーズンだけつがいになる。27〜28日の妊娠期間の後、2〜5匹の子どもを産み、多いときは1年に6回出産する。

すばやい食事

コビトジャコウネズミは、とても動きが速い。突然獲物に襲いかかり、強暴な一撃を加えて、自分自身より大きな変温動物を倒すことができる。また、死んだばかりの甲虫やバッタなど見つけて食べることもある（写真）。

古典的なトガリネズミ
この小さな哺乳類は、尖った鼻と大きな耳を持つ。被毛は主に灰色がかった茶色である。

Bicoloured white-toothed shrew
シロハラジネズミ

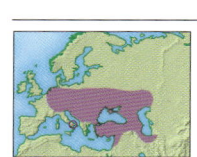

Crocidura leucodon

体　長　4–18cm
尾　　　4–11cm
体　重　6–13g

分布　ヨーロッパから西アジア
社会単位　個体
状態　低リスク↑

シロハラジネズミは灰白色の背側と、黄白色の腹側がくっきり分かれているのが特徴である。長くて太い口髭（感覚毛）が、鋭く尖った鼻に生えており、頭と体の半分以下の長さの尾も2色になっている。草原、雑木林、森の端、公園、庭などのどこにでも生息し、イモムシや小型無脊椎動物などを食べる。主に夜間に狩りを行うが、日中も短時間出てくる。近縁のトガリネズミと同じように、穴や密な下生えに乾いた草で巣をつくる。3〜10月の繁殖季節になると、オスは脇腹にある腺から強い匂いを出す。31日の妊娠期間の後、通常4匹の子どもを産み、26日で離乳する。

Piebald shrew
クラカケジネズミ

Diplomesodon pulchellum

体　長　5–7cm
尾　　　2–3cm
体　重　7–13g

分布　中央アジア
社会単位　個体
状態　未確認

灰色の背中の中央に卵形の白い斑点があり、腹側と肢、尾が白い。トガリネズミの中でも非常に尖った鼻と、長い口髭を持っている。砂漠地帯が涼しくなる夜に活動し、昆虫や栄養のあるトカゲなどを捕まえるが、地表だけでなく、イモムシを捕まえるのにさらさらとした砂を掘ることもある。一度の出産で平均5匹の子どもを産み、環境がよい年には数回出産する。

Forest musk shrew
オオモリジャコウネズミ

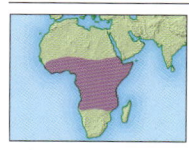

Sylvisorex megalura

体　長　5–7cm
尾　　　8–9cm
体　重　5g

分布　西・東・中央アフリカ、アフリカ南部
社会単位　個体
状態　未確認

主に低地と高地の両方の森林に棲んでおり、湿気があるところにたくさんいるが、乾燥した草原でも見られる。多くの点で典型的なトガリネズミだが、比較的長い流線型の体と、大きくて耳介のある耳、体長よりも長い尾をしている。柔らかくてビロードのような被毛は背側が茶色で、腹側がほとんど白である。陸上と樹上の両方で暮らし、土の中や落ち葉の下、枝（尾でバランスをとる）で、甲虫やイモムシなどの小動物を捕まえる。他の10種程度のモリジャコウネズミの仲間と同じように、昼夜共に数回、活発に動き、24時間でほぼ体重と同じ程度の餌を食べる。生態や繁殖についての詳細はわかっていない。

Armoured shrew
ヨロイジネズミ

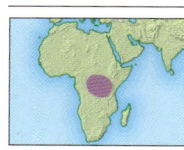

Scutisorex somereni

体　長　10–15cm
尾　　　6.5–9.5cm
体　重　70–125g

分布　中央アジアから東アフリカにかけて
社会単位　個体
状態　未確認

大きくてもじゃもじゃした毛を持つトガリネズミの仲間で、はっきりと曲がった非常に強い背中をしている。これは、脊椎がお互いに結合しており、他の哺乳類では脊椎の横に突起があるだけなのに対して、上下に突起を持っていることによる。単独行動をとり、木登りもうまい。昆虫、クモ、腐肉などを餌にしている。

灰色の被毛

食虫類

Russian desman
ロシアデスマン

Desmana moschata

体長	18–21cm
尾	17–21cm
体重	450g

分布 東ヨーロッパから中央アジアにかけて
社会単位 群れ
状態 絶滅危惧II類

デスマンはモグラの仲間だが、ミズトガリネズミに似ている。尾は体長と同じくらいの長さで左右に平たく、水かきと舵の役目を果たしている。後肢には指先まで水かきがあり、前肢には部分的に水かきがついている。夜間に長く敏感な鼻を使って、川底の泥や石の間で獲物を探す。食虫類にしては珍しく群れで生活し、川底の穴に数匹で暮らしている。40〜50日の妊娠期間の後、3〜5匹の子どもを産む。子どもはメスが世話をして、4週間で離乳する。

保護

デスマンは何百年も捕獲されてきたが、現在では法律で保護されており、再生計画の対象になっている。しかし、水生昆虫、カエル、ザリガニなどの水中生物を餌にしているため、生息地の淡水域の減少に伴ってまだ絶滅の恐れがある。土地の開拓、水路変更、農業および工業による汚染によって、現在もこの状況は続いている。

外と中のコート
柔らかく密な下毛は、長くて粗い保護毛に覆われている。頭と体は濃い茶色で、腹側は灰色になっている。

Pyrenean desman
ピレネーデスマン

Galemys pyrenaicus

体長	12.5cm
尾	14cm
体重	40–50g

分布 西ヨーロッパ
社会単位 個体、つがい
状態 絶滅危惧II類

他の唯一のデスマン種（左）とよく似ているが、もう少し小型で、カゲロウやカワゲラの幼虫のような少し小さな獲物を捕まえ、もっと急流に棲んでいる。その長くて黒い鼻にはほとんど毛がなく、厚い毛皮は背側が茶色で、腹側が銀色をしており、尾は舵のように左右に平たくなっている。オスとメスはつがいを形成する。オスはライバルを追い払い、メスは川岸の穴で巣をつくるが、それ以上のことはわからない。

Asian mole
チビオモグラ

Euroscaptor micrura

体長	7–10cm
尾	1–2cm
体重	50–70g

分布 南アジアから東南アジア
社会単位 個体
状態 低リスク↑

ヨーロッパモグラ（左下）に似ているが体型は少し短くて細く、銀色の光沢のある濃い茶色をしている。大きな前肢と鋭い爪のついた足、密な被毛、ごく小さな目と小さな耳、毛のない敏感な鼻は、トンネルを掘るために進化してきた。他のモグラ類同様、トンネルをパトロールしたり、新しいトンネルを掘ったりするために3〜4時間活発に動き、その間に休憩をはさむ。一度の出産で3〜4匹の子どもを産む。

European mole
ヨーロッパモグラ

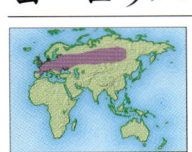

Talpa europaea

体長	10–16cm
尾	2cm
体重	65–125g

分布 ヨーロッパから北アジア
社会単位 個体
状態 一般的

実質的には目が見えず、中央の部屋から放射状に伸びる地中のトンネルで過ごし、昆虫などの土壌中の生物を餌にしている。餌が豊富なときは将来のために咬んで麻痺状態にしておくが、放っておくと回復して逃げてしまう。メスは大きな巣穴を掘り、4週間の妊娠期間の後、3〜4匹を出産する。

トンネルを掘るための道具 
このモグラの大きな前肢には力強い肩の筋肉が続いており、幅の広い外側に向いた足先（写真）には、強くてシャベルに似た爪が指全部に生えている。後肢で体重を支え前肢を使って土をすくい、横や後ろから上に押し上げてモグラ塚をつくる。

リバーシブルな被毛
短くて密な黒い被毛はどちらの方向にも向くので、モグラはトンネルの中で前にも後ろにも移動することができる。

Star-nosed mole
ホシバナモグラ

Condylura cristata

体長	18–19cm
尾	6–8cm
体重	45g

分布 カナダ東部、アメリカ北東部
社会単位 様々
状態 地域により一般的

このモグラは非常に泳ぎがうまい。長くて毛のまばらな鱗状の尾を持ち、冬は脂肪を尾に貯えるため、太くなる。生活様式や習性は他のモグラに似ているが、あまり単独行動をとらず、同種の他の個体に会っても攻撃しない。トンネルは直径約4cmで、深さが5〜60cmである。

星型の鼻 
22本の薄い色の肉質の線（触手）が鼻先についているので間違えようがない。水中で獲物の匂いを嗅いだり、感じたりすることができる。アシやコケなどの植物の間でも餌をあさる。狩りのときは鼻の周りの触手がうねうねと一定の動きをしている。

いろいろな餌
土壌中の生物と同じように、ヒルやカタツムリ、小魚などの水生生物も餌にしている。

密で黒に近い毛皮

コウモリ類

門	脊索動物門
綱	哺乳綱
目	翼手目
科	18
種	977

分類について
翼手類には2つの亜目がある。1科（翼足類）からなるオオコウモリ亜目と、コウモリ亜目（他のすべてのコウモリ）である。前者はキツネに似た顔をしており、エコロケーションは行わない。

"翼手類"とも呼ばれるコウモリの仲間は、羽ばたくための翼を持ち、飛ぶことのできる唯一の哺乳類である（これとは逆にヒヨケザルなどは滑空するだけである）。コウモリの翼の膜（翼膜）は、背中と脇腹の皮膚の延長で、高度な飛行能力を与える。翼幅はとても広く、大きい方ではオオコウモリの1.5mを超えるものから、小さい方ではブタバナコウモリの15cmまでと非常に幅がある。コウモリの半数以上の種は、超音波を使って獲物を捕らえたり、夜間の進路を確認したりする。翼手類はすべての哺乳類の4分の1を占めるほど多くの種があり、種の数は齧歯類に続いて2番目に多い。熱帯や温帯では世界中どこにでも生息しているが、極地方などの寒すぎて餌が十分にない環境では見られない。

体のつくり

コウモリのいちばんわかりやすい特徴は翼であるが、これは両手の長く伸びた指と、両脇の間にある2層の皮膚でできている。血管と神経がこの2層の間に走っている。翼として使うためにはさらに補助が必要だが、このために癒合した脊椎骨、平らな肋骨、強い鎖骨といった特徴を持つ。胸骨（みぞおちの骨）の中央には、翼を上下するときに使う大きな筋肉が付着する突起がある。指が結合している場所に短くて爪のある親指がほとんどの種で認められ、踵関節の中には軟骨の棘（蹴爪）があり、尾の膜が広がるのを助けている。

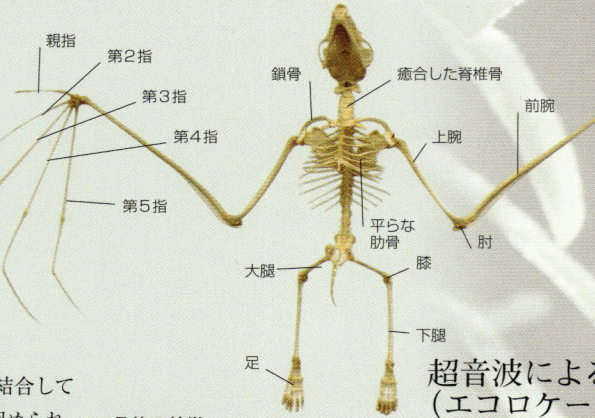

骨格の特徴
コウモリの腕、肢、そして長く伸びた指が翼の骨組を構成している。肢は180度に開いており、膝と足は他の哺乳類とは反対の方向に曲がる。

エコロケーションのための装備
コウモリは目も発達しているが、視覚よりも聴覚と嗅覚の方が重要である。写真の熱帯オオコウモリのような多くのコウモリ亜目のコウモリは、エコロケーションに役立つ大きな鼻葉を持っている。耳珠（耳の前にある突起）の役割はわかっていない。おそらくエコロケーションの精度を上げるのではないかといわれている。オオコウモリ亜目のコウモリは、一般にエコロケーションを使わず、獲物を見つけるための大きな目と、やや小さい耳を持っている。

超音波による位置決定（エコロケーション）

コウモリ亜目のコウモリは、すべて超音波によって位置を確認する。飛行時に、この案内装置を使って上手に狩りを行う。チッチッという音は咽頭でつくられ、鼻または口から発射され、（獲物がいれば）鼻葉で方向や焦点が決まる。物体に音が当たって跳ね返ってくると、コウモリの敏感な耳がそれを捉える。超音波が反射してくるまでの時間で、進行方向にある物体の大きさや位置がわかる。

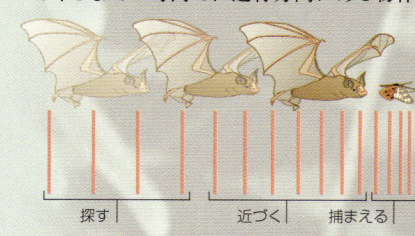

昆虫を捕まえるときの超音波の間隔

音で獲物を見つける
すべての昆虫食のコウモリは、エコロケーションを使って空中の獲物を見つける。カやガのような餌を見つけるときは、この図の中で赤線で示したように繰り返し音を出す。獲物に近づくにつれて、目標物の位置を正確に特定できるようになる。

空中から獲物を捕らえる

1 獲物の上に近づく
写真のフィッシャーマンコウモリは、エコロケーションを使って水面近くを泳いでいる小魚の位置を正確に知る。

2 捕らえる
長くて鋭い爪を使って、あっという間に水中から魚をつかみ取る。

3 持ち直す
魚が逃げないようにすばやく爪から口に移す。

4 食事をする場所を探す
魚を食べるために、まず着地する木を選ばなくてはならない。

採食方法と食事

多くのコウモリは昆虫を食べる。低木や木の間で昆虫を探すものもいれば、森の上部を探すことで高く飛んでいる昆虫を捕らえるものもいる。1匹のコウモリは、1晩に数百匹の力を食べることもある（おかげで他の動物はマラリヤにかかる率が下がる）。昆虫を食べたり、長い舌を使って花粉や蜜を吸うものもいる。吸血コウモリは眠っている動物の皮膚に鋭い歯を使って小さな傷をつくり、血を吸う。肉食コウモリはトカゲやカエルを食べる。魚を食べるコウモリは、力強い肢についている鉤爪を使って魚を捕らえる（下の写真参照）。

果実を食べる
果実を食べるコウモリは視覚と嗅覚で餌を探すので、エコロケーションに使う顔面の飾りがない。このワールベルクケンショウコウモリは、マンゴーを食べている。プランテーションの中にいるこれらのコウモリの群れは、ひどい被害を与えることがある。オオコウモリはよく熟れた果実が常に必要なので、大半は熱帯に棲んでいる。群れで餌をあさり、餌を求めて長距離を飛ぶこともある。

血を舐める
吸血コウモリは血を吸うように進化している。肉に咬みつく鋭い切歯を持ち、血が固まらないようにする唾液をつくる。写真のハジロコウモリは、ニワトリの血を餌にしている。

保護

天敵が非常に少ないにもかかわらず、近年コウモリの数は減少している。世界的には、主な原因は適した生息場所がなくなっているためだが、これは森林地域が伐採されたり、古い建物が取り壊されたりしているからである。コウモリをより理解し保護するために、学者はこのオオコウモリ（写真）のようなコウモリを捕らえ、発信機をつけて、その動きをモニターしている。コウモリは現在ヨーロッパや北アメリカなどでは法律で守られているが、世界中の多くの国ではまったく保護されていない。

飛ぶ哺乳類
コウモリは唯一飛ぶことのできる哺乳類で、鳥と同じように翼を上下運動させることで飛べるような構造に進化している。写真のコウモリは翼を開いているため、隠れていた膜が広がって見える。

ねぐら
1か所に非常に多くのコウモリが集まっていることがあるが、たいてい洞穴や古い建物の屋根裏や、木の洞である。どのねぐらも捕食者や太陽の熱、冬の低温（冬眠用のねぐら）、雨などを避ける休息場所である。バンブーコウモリは木の幹にある穴で休めるくらい小さいが、鼻葉を持つコウモリの中には葉の柄を噛んで垂らし、それを覆いに使うものもいる。

なぜコウモリがそんなに数多く集まるのかについては、完全には解明されていない。しかし、冬眠が終わる頃に集団で生活しているコウモリの方が体重が重いようである。

休息場所
このオオコウモリのようなコウモリは日中は洞穴にぶら下がっていて、夕暮れが迫ると食事に出てくる。種によっては同じ場所を数年間使い、数千匹で集まることもある。

哺乳類

着地
さにつかまりながらも、魚をしっかりとくわえる。

6 むさぼり食う
頭から魚を食べている。コウモリは、餌を支えるのに翼を使うこともある。

7 貯蔵場所
とても弾力のある頬をしていて、食事中はそこを伸ばすことができる。

8 ほぼ終了
食事があらかた終わると、フィッシャーマンコウモリはさらに獲物を求めて狩りを始める。

コウモリ類

Egyptian fruit bat
エジプトルーセットオオコウモリ

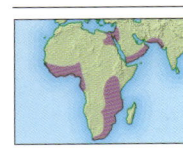

Rousettus aegyptiacus

体長　14–16cm
尾　　1.5–2cm
体重　80–100g

分布　西アジア、北アフリカ（エジプト）、西アフリカ、東アフリカ、アフリカ南部
社会単位　群れ
状態　一般的

広く分布し、適応しているコウモリで、果実と葉を食べる。数が多すぎて農場の穀物に被害を与えることがあるため、害獣とされる。また、小さな昆虫食のコウモリと同じように、エコロケーションの高い音を出す唯一のオオコウモリである。このため、他のオオコウモリとは違って、木で眠らず、暗い洞穴の中で休んだり、動き回ったりすることができる。

被毛で被われた前肢
エジプトルーセットオオコウモリは、背側が焦げ茶から青灰色、腹側は淡いくすんだ灰色である。コウモリには珍しく、両側の前肢の途中まで被毛がある。

くすんだ灰色の腹側

力の強いオスは、黄色や淡黄褐色の被毛をしている

洞穴の寝床
エジプトルーセットオオコウモリは、日中は安全な暗い洞穴で群れている。この環境は外に比べて湿度が高く、気温も一定している。コウモリは体の熱をより効果的に保つために、群れることで寒さに抵抗しているのである。

Franquet's epauletted bat
フランケオナシケンショウコウモリ

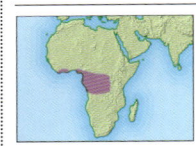

Epomops franqueti

体長　11–15cm
尾　　ない
体重　85–100g

分布　西アフリカ、中央アフリカ
社会単位　群れ
状態　未確認

オスは夜中に、交尾するためモノトーンで高音の口笛に似た音でメスを呼ぶ。オスはメスよりも少し重く、肩に長くて薄い毛の斑点を持つ。いつでも繁殖するが、主食のイチジク、グァバ、バナナなどの果実や、柔らかい若い葉がたくさんあるときは、年に2回繁殖する。

耳の付け根に淡いまだらの毛がある

Wahlberg's epauletted fruit bat
ワールベルクケンショウコウモリ

Epomophorus wahlbergi

体長　12–15.5cm
尾　　ない
体重　65–125g

分布　東アフリカ、中央アフリカ、アフリカ南部
社会単位　様々
状態　一般的

オスの肩にある白い斑点に加え、オスもメスも耳の付け根に2か所白い毛が生えている。これらの白い飾り毛は、下からまばらな葉を見上げたときに輪郭をわからなくするためのカムフラージュだと考えられている。繁殖期にオスはきしんだ独特の声を出してメスを呼び寄せる。

Rodriguez flying fox
ロドリゲスオオコウモリ

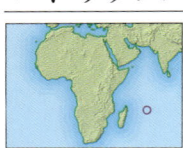

Pteropus rodricensis

体長　35cm
尾　　ない
体重　250–275g

分布　インド洋（ロドリゲス島）
社会単位　群れ
状態　絶滅危惧IA類

以前は500匹以上がねぐらにしている木に止まったり、"キャンプ"をしたりしていたが、嵐による被害や人間の干渉、生息地の減少、食べるために狩猟されたことで、野生の数が数百匹弱になってしまった。しかしいくつかの施設では、飼育個体の繁殖計画が軌道に乗っている。夜中に乾燥した森林でタマリンド、ローズアップル、マンゴー、ヤシ、イチジクなどの様々な果実を食べる。他のオオコウモリと同じように果汁や柔らかい果肉を食べ、固い部分はほとんど食べない。洞穴での観察で、優位なオスが数匹程度のメスを集めてハーレムをつくり、ハーレムを支配して交尾することがわかった。下位のオスや未成熟のオスは、キャンプの別の場所で休んでいる。

鉤のような爪によって、筋肉を使うことなしにずっと休んでいられる

茶色の翼用の膜

茶色の被毛

Proboscis bat/Sharp-nosed bat
ハナナガサシオコウモリ

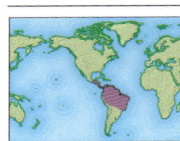

Rhynchonycteris naso

体長　3.5–5cm
尾　　1–1.5cm
体重　3–6g

分布　メキシコから中央および南アメリカにかけて
社会単位　群れ
状態　一般的

ハナナガサシオコウモリは長く尖った鼻と流線型の体をしている。典型的な小型食虫コウモリであるが、枝や木の幹などに日中5～10匹（40匹を超えることはめったにない）の群れが鼻と尾をつけて一直線になるという変わった休み方をする。1匹の成長したオスが群れを支配しており、小型昆虫を捕まえる水辺に近い繁殖地域を守る。

背中に白い縞がある

Mauritian tomb bat
アフリカツームコウモリ

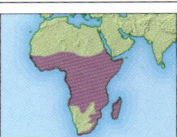

Taphozous mauritianus

体長　7.5–9.5cm
尾　　2–3cm
体重　15–30g

分布　西アフリカ、中央アフリカ、東アフリカ、アフリカ南部、マダガスカル
社会単位　群れ
状態　一般的

サシオコウモリの一種で、人間にも聞き取れるキャーキャー、ギャーギャーといった騒音を出すことで、アフリカ中に知られている。エコロケーションのための超音波も出す。この活発なコウモリは、日中は都会のビルも含めた壁や木の幹などの開けた場所で休んでいるので、よく目にする。開拓地の特に水面上で、飛んでいる昆虫を捕まえる。背側は茶色と黒のまだらで、腹側と翼は白い。

哺乳類

Australian false vampire bat
オーストラリアオオアラコウモリ

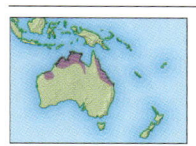

Macroderma gigas

体 長	10–12cm
尾	ない
体 重	75–150g
分布	オーストラリア西部、北部
社会単位	群れ
状態	絶滅危惧II類

オーストラリアオオアラコウモリは、コウモリ亜目としては最も大型の1種である。昆虫や鳥、カエル、トカゲなどを食べる。岩場のねぐらが鉱山や採石場として使われることが増えたために、個体数が減少したといわれている。

Geoffroy's tail-less bat
ハナナガヘラコウモリ

Anoura geoffroyi

体 長	6–7.5cm
尾	7mm以下
体 重	13–18g
分布	メキシコから南アメリカ北部にかけて
社会単位	群れ
状態	一般的

ハナナガヘラコウモリの小さくて被毛のある尾の膜は、毛だらけの肢のように見える。小さくて三角形の上向きの鼻葉と、下顎までかかる長い吻が特徴である。夜間咲く花の前で、変わったブラシ状の先端をした舌で蜜を吸ったり、花粉を集めたりしているが、その舌は頭と同じくらいの長さがある。甲虫やがのような昆虫も食べる。洞穴やトンネルで休んでいる。

Lesser horseshoe bat
ヒメキクガシラコウモリ

Rhinolophus hipposideros

体 長	4cm
尾	2–3.5cm
体 重	4–10g
分布	ヨーロッパ、北アフリカから西アジアにかけて
社会単位	群れ
状態	絶滅危惧II類

頭と体を合わせても人間の親指よりも小さく、森林や茂みに広く分布しているが、危機に瀕している。木の穴、洞穴、煙突、坑道などの夏の日中の隠れ家だけでなく、深い洞穴のような地下の冬眠場所も破壊されているからである。イエネコが木や生垣のそばを頻繁に通ったり、それらを破壊することによって、餌となる小型の飛行昆虫が減っている。ヒメキクガシラコウモリは、キクガシラコウモリ62種の中で最も小さい。

Lesser mouse-tailed bat
コオナガコウモリ

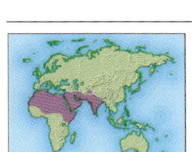

Rhinopoma hardwickei

体 長	5.5–7cm
尾	4.5–7.5cm
体 重	10–15g
分布	西アジアから南アジアにかけて、北アフリカ、東アフリカ
社会単位	群れ
状態	一般的

オナガコウモリ科の4種は、細い跳ね上がった尾を持つ、世界唯一の小型食虫コウモリで、尾は頭と体を合わせた長さがある。コオナガコウモリは低木や半砂漠、熱帯雨林に棲んでいる。餌が十分あるときには体重が約2倍になり、乾季に不活発になる数週間分の脂肪を貯える。

Davy's naked-backed bat
ケナシコウモリ

Pteronotus davyi

体 長	4–5.5cm
尾	2–2.5cm
体 重	5–10g
分布	メキシコから南アメリカ北部および東部
社会単位	群れ
状態	一般的

ケナシコウモリは、街灯に集まってきたハエやガなどの昆虫を食べるため、夜間は都市近辺でもよく見かける。日中は大きな群れで洞穴や古い坑道などで休んでいるが、この隠れ家は餌場からかなり離れていることもある。背中の中央で癒合した翼を持ち、その下の毛ははっきりしない。

Schneider's leaf-nosed bat
シュナイダーカグラコウモリ

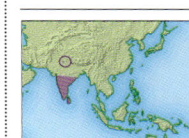

Hipposideros speoris

体 長	4.5–6cm
尾	2–3cm
体 重	9–12g
分布	南アジア
社会単位	群れ
状態	一般的

60種いるカグラコウモリ科の中では中型のコウモリで、典型的な昆虫食である。鼻孔の周りの吻にフラップ状の"葉"を持ち、部分的にU字型に垂れている。日中は洞穴やトンネル、ビルなどで数千匹が休んでいる。

Greater bulldog bat
ウオクイコウモリ

Noctilio leporinus

体 長	6–8cm
尾	1.5–2cm
体 重	15–35g
分布	中央アメリカ、南アメリカ北部、東部および中央部
社会単位	群れ
状態	低リスク↑

ウオクイコウモリ科の2種は、いずれも大きな鼻鏡、垂れた唇、尖った顎を持っている。この種は、オレンジ、茶色、灰色のビロードのような被毛を持ち、背中の中央部にはっきりとした色の薄い縞がある。日中は木の洞や洞穴で休み、夜になると水の上や砂地の海岸で魚、カニなどをあさる。その大きくて力強い鋭い爪のついた後肢を使って、地上や水中の獲物を捕らえる。

Large slit-faced bat
ピーターミゾコウモリ

Nycteris grandis

体 長	7–9.5cm
尾	6.5–7.5cm
体 重	25–40g
分布	西アフリカ、中央アフリカ、東アフリカ、アフリカ南部
社会単位	群れ
状態	未確認

顔に溝があるが、鼻の"葉"で部分的に覆われているため、鼻孔から目にかけて2本のスリットがあるように見える。力強い種で、他のコウモリ、鳥、サソリ、ヒヨケムシ、カエル、水面近くにいる魚などを捕まえる。日中は60匹までの群れで、木や洞穴、建物で休んでいる。

コウモリ類

Fringe-lipped bat
カエルクイコウモリ

Trachops cirrhosus

体長	6.5－9cm
尾	1－2cm
体重	25－35g

分布　メキシコから南アメリカ北部
社会単位　群れ
状態　未確認

　幅広い翼で力強く飛ぶコウモリで、唇に突起状（小さなイボに似た隆起）の飾りがあるが、理由は不明である。カエルを食べるコウモリとしても知られ、小川や溝などの流れで狩りを行い、昆虫やカエル、トカゲなどをその力強い顎で噛んで殺す。獲物の位置は、エコロケーションよりもむしろオスガエルの鳴き声などで知る。他の点では典型的なコウモリで、木の穴、中空の倒木、洞穴などで休む。

Common pipistrelle
ヨーロッパアブラコウモリ

Pipistrellus pipistrellus

体長	3.5－4.5cm
尾	3－3.5cm
体重	3－8g

分布　ヨーロッパから北アフリカにかけて、西アジア、中央アジア
社会単位　群れ
状態　一般的

　ヒナコウモリ科には約70種いるが、この種は最も小さく、広く分布しており、森林から都会の公園までで見ることができる。毎晩最も早く出てくるコウモリで、小型の飛行昆虫を追いかける。日中は洞穴、建物、穴で休んでおり、同じような隠れ家で冬の間冬眠する。子育てのためのコロニーは1000匹もの母親からなり、それぞれが1匹の子どもを育てる。

Vampire bat
ナミチスイコウモリ

Desmodus rotundus

体長	7－9.5cm
尾	6.5cm
体重	19－45g

分布　メキシコから南アメリカにかけて
社会単位　群れ
状態　一般的

　この吸血コウモリは力強く飛ぶが、驚くほどの速さと機敏さで地上を走ったり、前肢と後肢で跳んだりすることもある。夕暮れになると、鳥やバク、農場の動物、時にはアザラシや人間までの恒温動物を探し始める。近くに降りて忍び寄り、被毛や羽毛を噛み取り、30分以上かけて25mlほどの血液を舐めるが、唾液によって血が固まるのを防いでいる。ナミチスイコウモリは木の穴や洞窟、坑道、古い家などに共同で暮らしており、数百匹が集まっていることもある。

カミソリのような牙

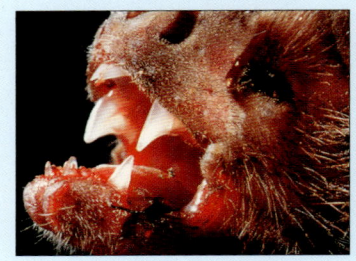

　ナミチスイコウモリの薄い刃のような上顎切歯はとてもよく切れるので、獲物は5mmほど肉を噛み切られてもほとんど気づかない。

毛色
被毛は薄い茶色がかった灰色で、腹側は黄色がかった淡い色をしている。

地面で跳ねるための力強い前肢と足

長い親指

Spix's disc-winged bat
スピックススイツキコウモリ

Thyroptera tricolor

体長	4cm
尾	2.5－3.5cm
体重	3－5g

分布　メキシコから中央アメリカにかけて、南アメリカ、トリニダード
社会単位　群れ
状態　一般的

　丸い吸盤のような構造を翼の先端中央部にある親指の爪に、少し小さいものを両足に持つ。つるつるした光沢のある葉の表面をつかむことで、部分的に巻き込んだ葉の中に隠れることができる。他のほとんどのコウモリと異なり、頭を上にして休む。10匹までの小さな群れをつくり、巻いていない葉の間で休む。スイツキコウモリ科の3種の中で最も小さく、主にハエトリグモのような飛ばない小さな生き物を餌にしている。細くてデリケートであり、背側は焦げ茶から赤褐色、腹側は白茶か黄色である。

Noctule
ユーラシアコヤマコウモリ

Nyctalus noctula

体長	7－8cm
尾	5－5.5cm
体重	15－50g

分布　ヨーロッパから西アジア、東アジア、南アジアにかけて
社会単位　群れ
状態　低リスク↑

　ヤマコウモリ類6種の中では最も広く分布しており、高く力強く飛び、コオロギやコガネムシ程度の大きさの飛行昆虫を捕らえるために急降下する。通常、日中は単独で、木や建物、岩の割れ目など入ることのできる小さな穴で休んでいる。冬と夏では2000km以上も住処を移動することもある。ほとんどの小型コウモリが1匹しか子どもを産まないのとは対照的に、メスは春に3匹を出産する。

短くて幅広の手
赤っぽい黄色か金色の被毛

Tent-building bat
テントコウモリ

Uroderma bilobatum

体長	6－6.5cm
尾	4－4.5cm
体重	13－20g

分布　メキシコから南アメリカ中央部、トリニダード
社会単位　群れ
状態　一般的

　ヘラコウモリ類の約15種が、ヤシやバナナなどの葉を噛み、それを垂らしたり巻いたりしてつくったテント（三角錐や筒のような形をしたシェルター）で休む。1つのテントは2～50匹以上のコウモリを日光、雨、捕食者から守り、3か月以上もつ。テントコウモリは様々な葉や果実を食べ、果肉を噛み、果汁を吸う。灰茶色で、白い縞が顔と頭にある。

果物を運ぶ力強い顎
薄い刃のような鼻葉

False vampire bat
チスイコウモリモドキ

Vampyrum spectrum

体長	13.5－15cm
尾	ない
体重	150－200g

分布　メキシコから南アメリカ北部、トリニダード
社会単位　様々
状態　低リスク

　翼を広げると1mにもなり、アメリカで最も大きいコウモリである。名前が示すとおり吸血はしないが、食物連鎖のほとんどトップにいる強力な捕食者で、そのため生活域が非常に減少している。他のコウモリ、ネズミなどの小型齧歯類、ミソサザイ、ムクドリモドキ、インコなどの鳥を食べる。日中は5匹程度の群れで木の穴などで休んでいる。

哺乳類

コウモリ類

Red mastiff bat
アカオヒキコウモリ

Molossus ater

体長	7–10cm
尾	4–5cm
体重	30–40g
分布	メキシコから南アメリカ中央部にかけて、トリニダード
社会単位	群れ
状態	一般的

中くらいの大きさのオヒキコウモリで、短く柔らかい被毛を持つ。アカオヒキコウモリはしばしば建物に棲み、街灯に集まる昆虫を食べる。他のコウモリとは異なり、明け方と夕暮れに活動し、真夜中は日中と同じように巣で休んでいる。頬袋の中に大量の昆虫を貯め込み、ねぐらに戻ってから食べる。

Brown long-eared bat
ウサギコウモリ
（ミミコウモリ）

Plecotus auritus

体長	4–5cm
尾	4–5cm
体重	7–14g
分布	ヨーロッパ、中央アジア
社会単位	群れ
状態	低リスク↑

小さな顔に比べて耳が大きい。被毛はたいてい茶色がかった灰色で、顔は濃い。ウサギコウモリはがや甲虫などを含む様々な昆虫を捕らえ、止まり木まで持ってきてから食べる。他の習性は小型食虫コウモリの典型で、洞穴や行動、穴ぐらなどで冬眠する。耳の根元は額についている。

耳の根元は額についている

Pallid bat
サバクコウモリ

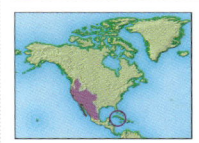

Antrozous pallidus

体長	5.5–8cm
尾	3.5–5.5cm
体重	14–30g
生息地	北アメリカ西部からメキシコ、キューバ
社会単位	群れ
状態	絶滅危惧II類↑

中くらいの大きさで、ブタのような鼻を持つ。乾燥した草原から不毛の砂漠までの環境に耐え、カリフォルニアのデスバレーのようなひどい暑さのところにも棲む。音によって獲物を捕らえ、甲虫やコオロギ、クモ、ムカデ、サソリ、トカゲ、小型ネズミなどを食べる。人間にも聞こえる金切り声を上げ、岩場や木、屋根裏などの住処に向かって群れで飛ぶ。日中は崖や建物の小さな割れ目で休んでいる。晩秋になると、オスは急な崖や高い建物のてっぺん近くまで跳び上がり、求愛のために、きしむような独特の声で鳴く。

Parti-coloured bat
ヨーロッパヒナコウモリ

Vespertilio murinus

体長	5–6.5cm
尾	3.5–4.5cm
体重	10–25g
分布	ヨーロッパから西アジア、中央アジア、東アジアにかけて
社会単位	群れ
状態	低リスク↑

ヨーロッパヒナコウモリの体色は、翼と顔が黒く、腹側は淡いクリーム色、背側は先端が白い茶色と、はっきり分かれ

Mexican funnel-eared bat
メキシコ
アシナガコウモリ

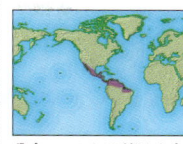

Natalus stramineus

体長	4–4.5cm
尾	4.7–5.2cm
体重	3–5g
分布	アメリカ西部から南アメリカ北部
社会単位	群れ
状態	未確認

メキシコアシナガコウモリは丸い耳と柔らかい毛を持ち、肢まである翼に尾が癒合している、小さくてデリケートなコウモリである。すばやく機敏に飛ぶため、チョウのように見える。小型の飛行昆虫を食べ、日中は洞穴で過ごす。

尾は体長より長い

背側はオレンジ色や黄褐色

Angolan free-tailed bat
アンゴラオヒキ
コウモリ

Mops condylurus

体長	7–8.5cm
尾	4cm
体重	18–35g
分布	西アフリカ、中央アフリカ、東アフリカ、アフリカ南部、マダガスカル
社会単位	群れ
状態	一般的

砂漠から熱帯雨林まで広く分布し、マウスに似た長い"自由な"尾を持つが、これは尾の膜には含まれていない。騒がしく羽ばたく群れで日中の隠れ家から出てくる典型的なコウモリの習性があり、フクロウやタカ、ヘビなどの捕食者から襲われる危険を減らしている。飛行昆虫を捕らえて空中で食べ、肢などの固い部分は吐き出す。

Hemprich's long-eared bat
サバク
オオミミコウモリ

Otonycteris hemprichi

体長	6–7cm
尾	4.7–4.9cm
体重	20–30g
分布	北アフリカから西アジア
社会単位	群れ
状態	未確認

サバクオオミミコウモリは、乾燥した不毛の土地に棲む数少ない種のひとつである。旱魃などの厳しい気候の間は、冬眠に似た休眠を行う。4cmにもなる巨大な耳を持ち、昆虫やクモを捕らえるために急降下するような飛行のときは、耳をほとんど水平にたたむ。日中は岩の割れ目や洞穴、建物で最低20匹ぐらいの群れで休んでいる。

Daubenton's bat
ドーベントンホオヒゲコウモリ

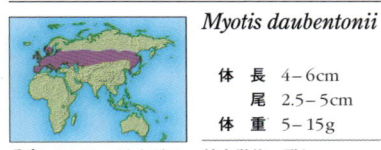

Myotis daubentonii

体長	4–6cm
尾	2.5–5cm
体重	5–15g
分布	ヨーロッパから西アジア、東アジアにかけて
社会単位	群れ
状態	一般的

広く分布するホオヒゲコウモリ類の87種のひとつである。ドーベントンホオヒゲコウモリは、水の上1～2mを飛び、口や曲がった翼、尾の膜を使って、飛んでいる昆虫を捕らえる。水の表面をすくい取って大きな後肢で魚をつかむこともある。日中は木や建物、古い壁、橋などのねぐらで休んでいる。洞穴や坑道にある冬眠用の休息場所まで、300kmも飛ぶことがある。

灰色の飛行用の膜

色の淡い腹側

哺乳類

ヒヨケザル類

門	脊索動物門
綱	哺乳綱
目	皮翼目
科	1（ヒヨケザル科）
種	2

ヒヨケザルの仲間は、体を取り巻く強い膜（飛膜）を伸ばすことで、高度を下げずに、木々の間を100m以上も滑空することができる。イエネコ程度の大きさで、大きな目と短くて太い吻をしており、木登りのための強い爪と、カムフラージュのためのまだらの被毛を持っている。東南アジアの熱帯雨林に生息し、独特の櫛形の下顎の歯を使って、餌（果実や花）を引っぱる。歯は被毛の手入れにも使われる。

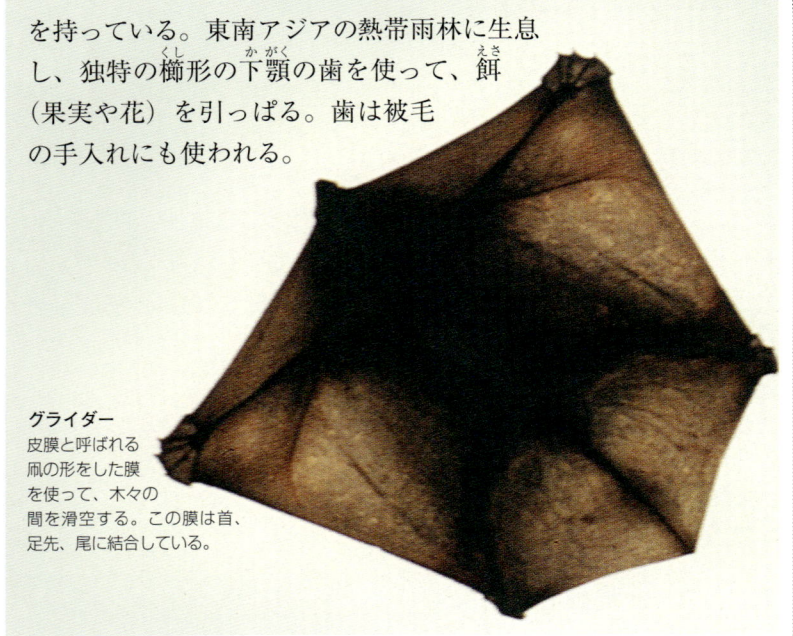

グライダー
皮膜と呼ばれる凧の形をした膜を使って、木々の間を滑空する。この膜は首、足先、尾に結合している。

Malayan flying lemur
マレーヒヨケザル

Cynocephalus variegatus

体 長　33－42cm
尾　　17.5－27cm
体 重　0.9－2kg

生息地　東南アジア
社会単位　様々
状態　一般的

大きくて前についている目

子どもは母親の翼膜の中に入っている

地域によってはよく見られるが、湿地や農地では個体数が急速に減少している。体に比べてやや小さな頭、大きな目、小さく丸い耳、短く太い吻を持つ。密な短い被毛は茶色がかった灰色で、腹側は色が薄い。背側の赤や灰色のまだらはコケに覆われた枝そっくりに見えることがある。黄昏時や夜間に活動し、花や果実、芽、若い葉などの植物の柔らかい部分を食べ、蜜を舐めたり櫛のような下の切歯で樹液をしぼり取ったりする。単独や、小さな一定しない群れで生活し、木の穴に棲んだり、木の頂きにある密な葉の中で休んだりする。約2か月間の妊娠期間の後、1匹の子どもを産み、子どもは母親が木々の間を飛んだり滑空する間もべったりとくっついて離れず、6か月後に離乳する。

ハネジネズミ類

門	脊索動物門
綱	哺乳綱
目	ハネジネズミ目
科	1（ハネジネズミ科）
種	15

長くて尖った鼻は敏感でよく動く。どの種も聴覚と視覚が鋭く、長くて力強い後肢によってなわばりをすばしこく走り回る。この恥ずかしがりやの動物は、アフリカで見つかっているだけで、岩だらけの地面や草原から、森の下生えまでの様々な場所に生息している。主に日中採食し、餌は無脊椎動物である。

巣穴と獣道
ハネジネズミは完全に陸生で、いろいろな場所に棲んでいる。ヒガシイワハネジネズミ（右）は岩地を好み、自分で掘った巣穴や見捨てられた穴に棲む。巣穴から餌場まで続く獣道を使う。この行動パターンは、ハネジネズミの一部に見られる。

Rufous elephant-shrew
アカハネジネズミ

Elephantulus rufescens

体 長　12－12.5cm
尾　　13－13.5cm
体 重　50－60g

生息地　東アフリカ
社会単位　個体　つがい
状態　低リスク↑

や種子、芽も食べる。60日の妊娠期間の後、1～2匹の子どもを産む。オスとメスのつがいでなわばりを守り、後肢を踏み鳴らして侵入者を追い払う。オスはオスを追い払い、メスはメスを追い払う。

灰色から茶色の被毛で、腹側が白、目の周りに外側が濃い色をした白い輪を持つ。小型の動物に加えて、柔らかい果実

Golden-rumped elephant-shrew
コシキハネジネズミ

Rhynchocyon chrysopygus

体 長　27－29cm
尾　　23－26cm
体 重　525－550g

生息地　東アフリカ
社会単位　個体　つがい
状態　絶滅危惧IB類

黒色の肢と耳には毛がない。頭と体はあずき色、尻には金色の毛が生え、尾は黒く、先の白い毛がまばらに生えている。

主食は昆虫やムカデなどの小型の無脊椎動物である。危険が迫るとコシキハネジネズミは葉を尾で叩いて仲間に知らせ、それからすごい速さで逃げる。肢を突き出して飛び跳ね、攻撃する気配を見せることもある。

ツパイ類

門	脊索動物門
綱	哺乳綱
目	ツパイ目
科	1（ツパイ科）
種	19

小さくてリスに似たツパイ類は、完全に樹上生活をしているわけではなく、かなりの時間を地上で過ごしている。実際ツパイ類は、大きな頭骨、オスの精巣が精嚢へ下降していることなど、霊長類としての特徴をいくつか持っている。ツパイは口髭がなく、昆虫のような獲物を探すのによく発達した聴覚、嗅覚、視覚を使う。ほとんどの種には長くて密な毛の尾がある。ツパイ類は東南アジアの熱帯雨林に生息している。

餌を求めて
ツパイは木登りがうまく、走るのも速い。前肢と尖った鼻で餌をあさる。

Pen-tailed tree shrew
ハネオツパイ
Ptilocercus lowi

- 体長 10–14cm
- 尾 13–19cm
- 体重 55–60g
- 生息地 東南アジア
- 社会単位 様々
- 状態 未確認

尾は先端が白いブラシのようになっている以外ほとんど毛がなく、背側は灰色がかった茶色、腹側は灰色がかった黄色をしている。力強く鋭い爪のある手足で上手に木に登り、尾でバランスをとり、ほとんど地上に降りてこない。木の穴や枝に簡単な巣をつくり、つがいや小さな群れで暮らしている。昆虫、マウス、小さな鳥、トカゲ、果実などを含む様々なものを食べる。

Bornean smooth-tailed tree shrew
ミナミホソオツパイ
Dendrogale melanura

- 体長 10–15cm
- 尾 9–14cm
- 体重 35–60g
- 生息地 東南アジア
- 社会単位 個体、つがい
- 状態 絶滅危惧II類

ミナミホソオツパイは、東南アジアの標高900～1500mの山岳森林に生息している。長い手足と長い爪で枝をしっかりとつかみ、他のツパイ類よりも多くの時間を樹上で過ごす。背中側は黒と淡黄褐色かシナモンのぶちで、腹側と肢は赤やオークルである。単独で暮らし、日中食事をとり、夜は葉を重ねた木の巣で眠る。約50日間の妊娠期間の後、3～4匹の子どもを出産する。

Indian tree shrew
マドラスツパイ
Anathana ellioti

- 体長 17–20cm
- 尾 16–19cm
- 体重 150g
- 生息地 南アジア
- 社会単位 個体
- 状態 低リスク

マドラスツパイは小型の細いハイイロリスのように見える。背側に黄色と茶色のまだらがあり、はっきりしたクリーム色の肩のラインがある。尖った吻のある頭、大きな目と毛で覆われた耳を持つ。日中は地面や低木の間で、樹上にいるときと同じように、小さくて食べられるものを活発に探す。主食は昆虫であるが、果実も食べる。夜は岩の割れ目や木の穴で眠る。繁殖シーズン以外は単独行動をとる。知られている限りでは、特になわばりを守らないが、情報は少ない。メスが子どもの世話をする。

長くふさふさした尾で、木登りのときにバランスをとる

Lesser tree shrew
ピグミーツパイ
Tupaia minor 

- 体長 11.5–13.5cm
- 尾 13–17cm
- 体重 30–70g
- 生息地 東南アジア
- 社会単位 個体
- 状態 低リスク†

他のほとんどのツパイ類と比べると、自然の生息地であるプランテーションや公園、庭などが減少していても、生き延びることができる。木登りがうまく、何でも食べる。日中に、木や茂み、倒木、岩の下などで小動物、果実、葉、種子、腐肉などをあさる。46～50日間の妊娠期間の後、2～3匹の子どもを産む。メスは葉の中にある巣に子どもを残して食事に出かけ、時々母乳を与えに戻ってくる。天敵はヘビ、マングース、ネコ、昼行性の鳥である。リスのように前肢で餌を持ちながら尻をついて座り、危険がないか確認するしぐさを見せることもある。

つかむ足
ピグミーツパイは扁平な足、鋭い爪、ぶつぶつの突起のある足裏で、樹皮や岩をしっかりつかむことができる。また前肢を使って腹に枝をこすりつける。これによって腹部の腺でマーキングしている。この匂いは、おそらく行動圏を示すものであるが、他の個体に認識され、同性の個体に対して行動圏を守る働きをする。

感覚とバランス
ピグミーツパイの突き出た鼻、目、耳は敏感である。枝の間を速いスピードで登るときには長い尾でバランスをとる。背中側は、黄色がかった茶色や赤い毛がまだらになっている。

黄色がかった茶色や赤のまだらになった背側の毛

霊長類

門	脊索動物門
綱	哺乳綱
目	霊長目
科	11
種	356

分類について
最近の研究では、霊長類を2つの亜目に分けている。原猿類（キツネザル、ガラゴ、ノリス、ポト）と、真猿類（メガネザル、類人猿、猿）である。メガネザルは2つの亜目の特徴を持っているが、本書では従来の分類のように原猿類に含めた。わかりやすく述べるために、猿と類人猿をここでは別のグループとした。人間はこの本で取り上げていないが、類人猿のヒト上科に分類される。

原猿類　118～121ページ参照
猿類　122～131ページ参照
類人猿類　132～137ページ参照

霊長類のメンバーである原猿、猿、類人猿（"分類について"参照）は、とても複雑な社会単位を構成する多様なグループである。南アメリカおよび中央アメリカ、アフリカとマダガスカル、東南アジア、東アジアに生息している。霊長類はほとんどが熱帯雨林に棲んでおり、器用で物をつかむ（握る）ことのできる手と足は、主に樹上生活に適応したものである（尾でも物をつかむことができる種もある）。伝統的には約180～200種の霊長類が認められている。近年、霊長類の再検討が行われているが、これは保護のためにはっきりした生息数を確認する必要があるためである。その結果、1990年から、多くの新しい種が分類されている。

社会構成
オランウータンとわずかなキツネザル、ガラゴのみが単独で生活し、他のすべての霊長類は社会生活を営む。大半の猿を含む多くの種は、数匹のメスと、1匹から数匹のおとなのオスからなる群れで生活している。マンドリル、ドリル、ゲラダヒヒなどは、若いオスグループ、1匹のオスとハーレムというサブグループに分かれる数百匹の巨大な群れを形成する。チンパンジーとクモザルは20～100匹の大きな群れをつくり、様々な構成のグループに分かれている。新世界猿などの種は、オスとメスがつがいで生活している。

お互いに身づくろい
霊長類の群れのメンバー間の結びつきは、このドグエラヒヒがしているような、お互いのグルーミングによっても維持される。優位のメンバーに好かれて保護を受けるために、下位のメンバーがグルーミングを行う（異論もある）。

体のつくり
霊長類は、35gのコビトキツネザルから200kgにもなるゴリラまでを含み、非常に多種のグループをつくっている。ほとんどの種は指先と爪先に平らな爪を持っている（鉤爪を持つのはごくわずかである）。足の親指には常に爪がある。類人猿を除いて、ほとんどが尾を持つ。ハクジラのような種と異なり、霊長類は体の大きさに見合った、哺乳類の中でも最大の脳を持っており、これによって高い知能の説明がつく。大脳半球（感覚情報と協調反応を司る）はよく発達し、木々を渡り歩くのに必要な視力が鋭くなっている。

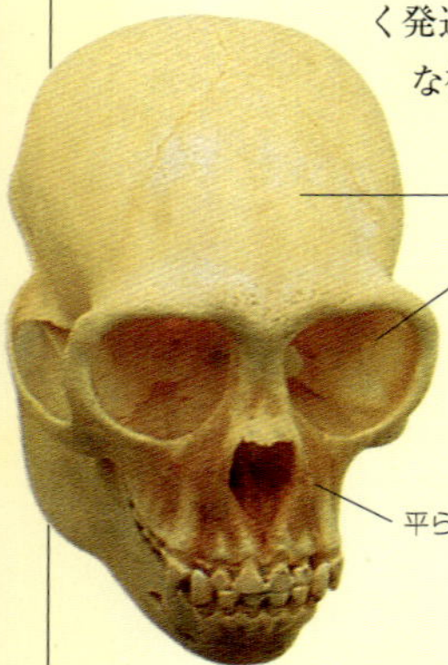

頭骨の構造
霊長類は大きなドーム型の頭骨と、前を向いた眼窩を持っている。この猿の頭骨は顔面が平らであるが、これが大半の猿と類人猿の特徴である。

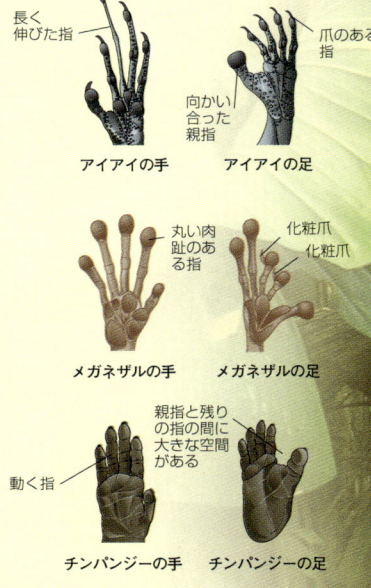

- 大きな頭骨
- 大きくて前を向いた眼窩
- 平らな顔面

アイアイの手 — 長く伸びた指
アイアイの足 — 爪のある指、向かい合った親指

メガネザルの手 — 丸い肉趾のある指
メガネザルの足 — 化粧爪

チンパンジーの手 — 動く指
チンパンジーの足 — 親指と残りの指の間に大きな空間がある

手と足
生活様式によって、手足の構造は様々である。爪（アイアイ）や丸い肉趾（メガネザル）は樹上生活を行う種の把握力を高めている。よく動く手と足（チンパンジー）は、地面と木の間で生活する種にとって必要不可欠である。

シンプルな道具を使う

1 シロアリを探す
このチンパンジーは、手の届かないところにある餌を取るために、棒状の道具をつくった。

2 器用な手
棒を手でしっかりと握ってシロアリのアリ塚に入れている。

3 道具を引き戻す
見張りのシロアリは侵入物に怒り、ペンチのような顎で棒に咬みつく。

4 作戦成功
チンパンジーが棒を引き戻しても、シロアリは棒についたままである。

霊長類

食事

一般的には小型の霊長類は昆虫を食べ、大型の種は葉や果物を食べる（大型の霊長類は、昆虫だけだとお腹がいっぱいにならない）。小型霊長類は代謝率が高く、植物性の餌を処理するのに必要な長い消化時間をとることができない。コロブスやラングールなどの葉を食べる種は、セルロースを分解する細菌を持つ複雑な胃をしている。盲腸や大腸に細菌を持つ種もある。チンパンジーやヒヒなどの数種は、植物性の餌を食べたり、脊椎動物を襲って食べる。メガネザルのみが完全に肉食である。

肉を食べる
機会があれば、（時には協力して）狩りを行い、他の動物を殺す。写真のチンパンジーは、小型のレイヨウを食べている。

植物を食べる
すべての霊長類の中で、ゴリラは最もたくさんの植物を食べているかもしれない。セルロースを壊す（細胞の栄養を取り出す）ために、しっかりと噛まなければいけないので、大きな臼歯と力強い顎の筋肉を持っている。腹は大きく消化管も長い。

保護

生息地の減少や、最近では肉を目的とする保護種（ゴリラなど）の不法狩猟によって、霊長類の数はかなり減少している。その結果、多くの種が絶滅の危機に瀕している。また、医学や宇宙研究の目的でも広く使われている。写真はザンビアのチンパンジーの孤児である。このように保護区や動物園などの繁殖計画によって再び野生に戻されている種もいるが、失敗することもあり、状況はまだ厳しい。

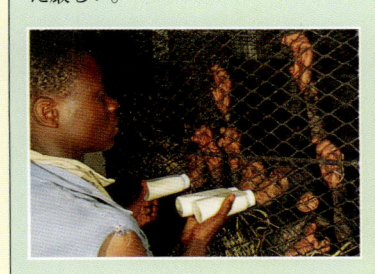

移動

ほとんどの霊長類は何らかの形で樹上で暮らすことがあるため、それに適した進化をしている。枝をしっかりとつかむために、ヒヒを除いたすべての種で足の親指は他の指と離れている。また類人猿と数種の旧世界猿だけは、手の親指も常に他の指と離れていて完全に向かい合っており、同じ手の他の指の表面を触ることができる。腕と手首の骨は癒合しておらず、これによって器用に動かすことができる。霊長類は"自由な"手足を持っている。手足の上の部分を体壁から外に出すことができるので、自由な動きができる（ウマなどの他の哺乳類では、腕の上の部分は体壁の中に入っている。"脇の下"が肘関節に相当するので、動きが制限される）。"5番目の手"として使うことのできる、長くて物をつかむ尾を持っている種もいる。

ぶら下がる
シロテナガザルのようなクモザルとテナガザルは、長い腕を使って枝から枝へぶら下がりながら移動する。これはブランチエーションと呼ばれる。

立つ
チンパンジーのような霊長類は、立って2本足で歩くことができ（二足歩行と呼ばれる）、やや長い足をしている。

登る
最も多い移動法は四足歩行である。ウーリークモザルのように四足歩行をするものは、たいていほぼ同じ長さの手足を持つ。

しがみつく
インドリのように垂直にしがみついたり跳んだりするものは、背中を垂直に保ったまま移動する。木の間を長く跳ぶために、後肢はよく発達している。

木での生活
写真のラングールは樹上生活を行う典型的な霊長類であり、よく曲がる手足を持ち、群れで生活し、葉や果物を食べる。ほとんどの霊長類と同じように、生息地の減少により生存を脅かされている。

哺乳類

バランスをとる
リのついた棒を、反対側の前腕に乗せて安定さ

6 すばやく食べる
前腕の上に乗ったシロアリのほとんどは、逃げる間もなく呑み込まれてしまう。

7 繰り返す
食べてしまったり逃げられたりしてシロアリがいなくなると、チンパンジーはもう一度これを繰り返す。

8 学習
道具をつくったり使ったりすることは、哺乳類では稀である。若いチンパンジーはおとなのまねをすることで、このような技術を習得する

原猿類

門	脊索動物門
綱	哺乳綱
目	霊長目
亜目	原猿亜目
科	6
種	85

猿や類人猿よりも原始的で、マダガスカルのキツネザルとアフリカのガラゴとポト、アジアのロリスからなる。キツネザル（シファカ、インドリ、アイアイを含む）は大きな耳と長い体、長い手足をしており、ほとんどがふさふさした長い尾を持っている。ロリス、ポト、ガラゴは全般的にキツネザルよりも小さく、やや大きな目をしている。原猿類はほとんどが森林に生息し、通常は夜行性である（昼行性のキツネザルもいる）。森林破壊によって、特にキツネザルなどの多くの原猿類が絶滅の危機に瀕している。

体のつくり

黒いイヌのような鼻で、他の霊長類よりもずっと発達した嗅覚を持っている。大きな眼窩と、網膜の後ろに光を反射する透明層がある。これは視神経細胞に入る光の量を増やし、夜間の視覚を改善する。大半の原猿類は樹上生活をするため、手足は物をしっかりつかめるように進化している（それでも猿や類人猿よりは器用でない）。すべての指に平らな爪を持つが、足の第2指だけに長い爪（化粧爪）があり、グルーミングに使う。アイアイを除くすべての種は、4〜6本の下顎の前歯が押されて少し前に出ている。これはお互いをグルーミングする

移動

大半は四足歩行で枝から枝を走ったり、跳んだりする。イタチキツネザル、アバヒ、シファカ、インドリ、ガラゴは垂直につかまったり、跳んだりする（下の写真参照）。地上ではシファカとインドリは2本足で移動し、腕でバランスをとりながら横に跳ねる。ロリスとポトはたいてい枝をゆっくりとよじ登り、一足ごとにしっかりと木にしがみつく（驚いたときには速く動ける）。

コミュニケーション

キツネザルは警告（空からと地上の捕食者を区別して声をあげる）や、群れの中や群れ同士でコミュニケーションをとるために様々な声を出す。インドリのつがいは木の頂上をなわばりにしており、驚くほど大きな声で鳴く。小さなシファカの群れはしゃっくりのような「シーファカ」という声でなわばりを守る。オスのオマキテナガザルとバンブーテナガザルは蹴爪のついた手首の腺を若木に手首をこすりつけてマーキングを行う。これによって、音が出て、跡が残り、匂いを残す。この動作は聴覚、視覚、嗅覚に訴える。ガラゴは足に尿をつけることによって、なわばりに自分の匂いを残す。

メガネザル

メガネザルは厳密には原猿類ではないが（116ページ"分類について"参照）、原猿類と似た多くの特徴を持つ点で変わっている。（ただし、乾いた毛のある鼻のように、猿や類人猿と関係した特徴も持つ）。最も印象的な特徴は、巨大な目である。それぞれの眼球は、脳よりも少し重い。ほかには大きな頭と耳、吸盤のような肉趾が先端についた長い指、非常に長い後肢と長い足首などの特徴がある。メガネザルは、8種が東南アジアの森林で見つかっている。ほとんどの時間は、木の幹に垂直につかまって、地面に獲物がいないか探している。

垂直ジャンプ

ベローシファカは、木から木へ飛び移るときに長い尾を使ってバランスをとり、筋肉質の後肢でジャンプし、物をつかむ大きな手足でしっかり着地する。これは典型的な原猿類の特徴で、つかまったときに背中を垂直なままに保っている。空中では少し上向きに姿勢を維持している。

原猿類

Angwantibo
アンワンティボノロマザル

Arctocebus calabarensis

体 長	22–26cm
尾	1cm
体 重	225–475g
分布	西アフリカ
社会単位	群れ
状態	低リスク

わずか2種のアンワンティボ類の1種で、背側がオレンジ色から黄色、腹側が淡黄褐色である。同じ長さの四肢を使い、用心深く慎重に木に登る。足の第2指は小さく、第1指は他の3本から広く離れており、留め金のようにしっかりと枝をつかむ。夜行性で単独行動をとり、ムカデなどの小さな動物のほか果実も少し食べる。もう1種のゴールデンアンワンティボはもう少し南に棲んでいる。

Slender loris
ホソナマケザル

Loris tardigradus

体 長	17.5–26cm
尾	ない
体 重	85–350g
分布	南アジア、スリランカ
社会単位	個体、つがい
状態	絶滅危惧II類

小さな細い原猿で、4本の手足すべてで枝をしっかりと握り、慎重に移動する。ただし、昆虫やトカゲなどの匂いがしたり、見つけたりすると前肢ですばやくつかむ。柔らかい葉や芽、果実、鳥の卵も食べる。日中は木の穴にある密な葉でできた巣などの安全な場所で、丸まっている。毛色は背側が黄灰色から濃い茶色まで様々で、腹側は銀灰色である。

大きく前に向いた目で、正確に距離を判断する

中央に白い縞のある濃い顔面

家族を育てる

ホソナマケザルのメスは10か月で性成熟に達し、その後は、年に2回オスを許容する。166～169日間の妊娠期間の後、1～2匹の子どもを出産し、6～7か月間授乳する。

4本の手足で握る
両足の親指は他の4本に向かい合っており、ペンチのようにしっかりと握ることができる。ホソナマケザルは枝につかまったまま眠ることもできる。

Slow loris
スローロリス

Nycticebus coucang

体 長	26–38cm
尾	1–2cm
体 重	225–650g
分布	東南アジア
社会単位	様々
状態	未確認

行動がゆっくりしているのでナマケザルとも呼ばれるが、ホソナマケザル（左）と同様、物をつかむ足を持つ、夜行性の樹上生活者である。獲物に注意深く忍び寄り、前肢で捕らえる。単独やつがい、群れで暮らし、成長したオスは尿でマーキングしたなわばりから他のオスを追い払う。密で柔らかい被毛は茶色で、顔と腹は白く、目の周りと耳は色が濃い。

Potto
ポト

Perodicticus potto

体 長	30–40cm
尾	3.5–15cm
体 重	0.85–1.5kg
分布	西アフリカ、中央アフリカ
社会単位	様々
状態	地域により一般的

ポトは、注意深い夜行性の木登り猿で、足の関節がよく動くため、枝の間でどんな角度でもつかまることができる。被毛は灰色、茶、赤で、目と耳は小さく、主食は果実、樹液や樹脂、小動物である。

ポトは注意をそらすために、数時間動かずにいることができる。攻撃されると頭突きを行い、背中の上の方にある尖った骨と固い皮の"盾"で、何度も敵にぶつかっていく。妊娠期間は約200日、平均寿命は25年以上である。

Western needle-clawed galago
ニシハリヅメガラゴ

Euoticus elegantulus

体 長	10.5–27cm
尾	19.5–34cm
体 重	275–350g
分布	西アフリカ
社会単位	個体、つがい
状態	地域により一般的

姿は他のガラゴによく似ており、背側はオレンジ色で腹側は灰色、ピンクの手足と、長くて灰色の先端が白い尾を持つ。卵型の目には白い毛の輪があり、薄くて鋭い爪は枝をしっかりつかむ。すべてのガラゴとロリス同様、足の第2指は上を向き、被毛をこすったり、すかしたりする化粧爪である。特別に長く伸びた前歯で木をはぎ、樹液や樹脂を舐めるが、これが食事の4分の3を占め、そのほかに果実や昆虫を食べる。1晩で1000か所もの"樹脂の舐め跡"をつくることがある。

Thick-tailed galago
オオガラゴ

Galago crassicaudatus

体 長	25–40cm
尾	34–49cm
体 重	1–2kg
分布	中央アフリカ、東アフリカ、アフリカ南部
社会単位	様々
状態	地域により一般的

最大のガラゴで、フトオガラゴ、フサオガラゴとも呼ばれる。夜間に巨大な目と耳を使って昆虫を見つけ、あっという間に手で捕らえる。櫛のように突き出た下顎の切歯と犬歯で、樹脂や樹液も舐める。オス1匹に対しメス1～2匹、それに子どもという小さな家族で生活している。オオガラゴは、近縁の種と比べると4本足で上手に走ることが多く、上を向いた状態で飛び跳ねることは少ない。

被毛は銀色から灰色、茶、黒まで様々

足裏にざらざらした、摩擦をつくる肉趾のある強い足

哺乳類

霊長類

South African galago
ショウガラゴ

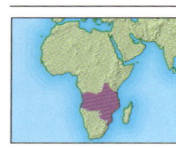

Galago moholi

体長	15–17cm
尾	12–27cm
体重	150–250g

生息地 東アフリカ、中央アフリカ、アフリカ南部
社会単位 様々
状態 一般的

オナガドウケザルとも呼ばれる。垂直に跳び、時には5mものジャンプをし、物をつかむ手足を常に尿で湿らせてしっかりとつかむ。空中の昆虫を手でつかんだり、櫛のような下顎の前歯を使って樹脂を舐めたりすることもある。小さな家族で生活し、日中は集まって眠る。

ダイヤモンド型の黒い目の輪

大きな後肢

Fat-tailed dwarf lemur
フトオコビトキツネザル

Cheirogaleus medius

体長	17–26cm
尾	19–30cm
体重	175g

生息地 マダガスカル西部、南部
社会単位 個体、群れ
状態 低リスク

背中は灰色、赤、または淡黄褐色の被毛

乾季の8か月を生き抜くために食物を脂肪として体や尾に貯えるが、その間はほとんど動かず同種の個体とくっついている。再び活動を始めると単独行動をとり、夜になると木や枝をよじ登り、花や果実、昆虫などを探し求める。日中は木の穴や分岐部の葉と枝でつくった巣で休んでいる。

Brown lemur
カッショクキツネザル

Lemur fulvus

体長	38–50cm
尾	46–60cm
体重	2–4kg

分布 マダガスカル北部、西部
社会単位 群れ
状態 低リスク↑

カッショクキツネザルは、茶色から黄色、灰色まで、亜種によって極端に毛色が違うが、たいていは眉の部分に白い模様のある濃い色の顔をしている。様々な森林に適応でき、いろいろな果実、花、葉、樹液などを食べている。3～12匹の、時々入れ替わる群れで生活し、自分で尿をつけて匂いによって認識する。群れの大きさと構成はしばしば変わる。

Black lemur
クロキツネザル

Lemur macaco

体長	30–45cm
尾	40–60cm
体重	2–3kg

分布 マダガスカル北部
社会単位 群れ
状態 低リスク↑

首と耳の周りの長い毛

首と耳の周囲に長い毛の襟巻きがある。中程度の大きさで、オスだけが長く柔らかい黒い被毛を持つ。メスは赤や茶色、灰色である。夜も活発に動くのは、狩猟などの人間の干渉のせいではないかといわれる。1匹のメスに率いられた5～15匹の群れで、木々の間で果実や花、葉、樹皮などを食べる。

Grey gentle lemur
ハイイロジェントルキツネザル

Hapalemur griseus

体長	40cm
尾	40cm
体重	6–7kg

分布 マダガスカル北部、東部
社会単位 群れ
状態 未確認

湖の周辺のアシやイグサの中で生活するのに適応した唯一の霊長類である。全身が灰色で独特の太くて短い鼻を持ち、アシの茎の間を飛び跳ねながら葉や若枝、芽、芯などを食べる。3～5匹の群れは40匹まで増えることがある。群れを率いているのは1匹の強いオスである。生息地が荒らされ、危機に瀕している。

Ring-tailed lemur
ワオキツネザル

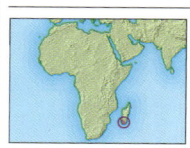

Lemur catta

体長	39–46cm
尾	56–62cm
体重	2.5–3.5kg

分布 マダガスカル南部、南西部
社会単位 群れ
状態 絶滅危惧II類

上手に木に登るが、近縁のキツネザルに比べると地上で過ごす時間が長い。社会性が高く、5～25匹の群れはおとなのメスを中心として、メス同士や他のオスの間ではっきりとした順位づけを行う。若いメスは母親や姉妹と一緒に暮らし、若いオスは他の群れに移動する。手を使って花、果実、葉、樹皮、樹液を集める。134～138日間の妊娠期間の後、メスは1匹（時に2匹）の子どもを産む。最初は腹側にしがみつき、その後は背中にしがみつくようになる。ほとんどのキツネザルと同じように、多くの困難、特に生息地の減少に脅かされている。

ネコに似た外見
体つきも優雅な動きもネコに似ている。白い顔に黒い鼻と目の模様を持ち、腹側は白っぽい灰色である。特徴のある尾は、視覚や匂いのシグナルとして使われる。

黒と白の尾の輪

黒い三角形の目の模様

背側は茶色がかった灰色からピンクがかった褐色

ひなたぼっこ

他の多くのキツネザルと異なり、ワオキツネザルは地面や木でひなたぼっこを楽しむ。頭を上にして座り、手を広げて"日光を拝む"姿勢をとる。危険が迫ると必要に応じて群れの誰かが大きな警告の叫び声を上げるが、これは高度の社会生活のひとつの利点である。

哺乳類

原猿類

Ruffed lemur
エリマキキツネザル

Varecia variegata

体　長	55cm
尾	1.1－1.2m
体　重	3.5－4.5kg
分布	マダガスカル東部
社会単位	群れ
状態	絶滅危惧IB類

体の大きいエリマキキツネザルは、白から赤っぽい白色の体色で、顔、肩、胸、脇腹、肢、尾が黒い。他のどのキツネザルに比べても、果実を食べる割合が高い。このキツネザルは木の穴や木の股に葉でできた巣をつくり、そこに2～3匹の子どもを産む。90～102日間の妊娠期間の後に出産する。子どもは数週間は巣で過ごし、その後、母親にしがみつくようになる。エリマキキツネザルの群れは2～20匹で、数匹の優位なメスがなわばりを守っている。

Verreaux's sifaka
ベローシファカ

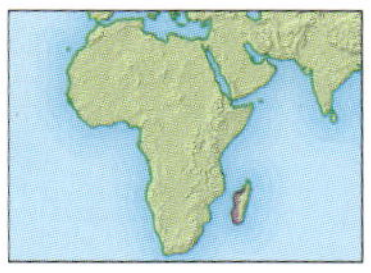

Propithecus verreauxi

体　長	43－45cm
尾	56－60cm
体　重	3－5kg
分布	マダガスカル西部、南部
社会単位	群れ
状態	絶滅危惧IA類†

大型で、体の白いベローシファカは、顔、頭頂部、手足の下側に黒褐色の部分がある。力強い肢を使ってバネのようにかなりの距離を跳び、サボテンのような木を移動する。様々な葉や果実、花、若芽を食べる。様々な社会的群れで生活し、2つの群れがなわばりの境目で出会うと「シファカ」という叫び声を出す。

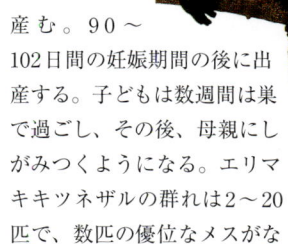

Weasel lemur
イタチキツネザル

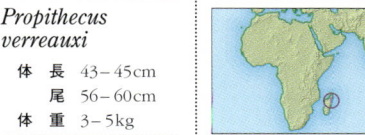

Lepilemur mustelinus

体　長	30－35cm
尾	25－30cm
体　重	1kg
分布	マダガスカル北東部
社会単位	個体
状態	低リスク

夜行性の原猿類で、主に果実と葉を食べている。物をつかむ手足と長くて柔らかい茶色の被毛をしており、尾の先端にいくにつれて色が濃くなっている。他の跳ぶ原猿類と同様、両目は前についていて、立体視ができるようになっており、距離を正確に判断することができる。0.15～0.5ヘクタールのなわばりを持つ。

Indri
インドリ

Indri indri

体　長	60cm
尾	5cm
体　重	1kg
分布	マダガスカル東部
社会単位	個体
状態	絶滅危惧IB類

キツネザルの中で最大で、とても長い後ろ肢を持ち、並外れたジャンプをする。尾はとても短い。昼行性だが、日中に長時間動かないでいることもある。主食の若葉のほかに果実、花、種子なども食べる。インドリは子どもと一緒につがいで暮らす。オスはなわばりを守り、メスが最初に餌を食べる。体色はほぼ黒で、白い模様がある。

Aye-aye
アイアイ

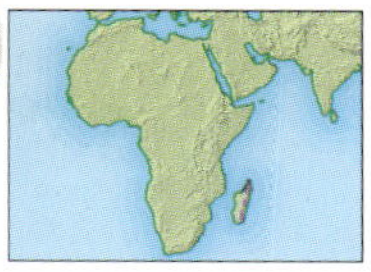

Daubentonia madagascariensis

体　長	40cm
尾	40cm
体　重	2.5－3kg
分布	マダガスカル北西部、東部
社会単位	様々
状態	絶滅危惧IB類

まばらでぼさぼさの黒い被毛で、白い保護毛に覆われている。霊長類の夜の"キツツキ"として特殊化している。長い中指で木を叩き、樹皮の下に穴をあける。昆虫の音を巨大な耳で懸命に聞き、齧歯類のように伸び続ける前歯を使ってかじりながら探し出し、中指で引っぱり出す。ココナツの果肉を含む果実や種子、キノコも食べる。大きな枝でできた巣を共有するが、同時に使うわけではなく、巣を順番に使用する。子どもは2年間母親と暮らす。

長い指
長く伸びた中指は先端が二重関節になっており、樹皮の下から昆虫を引っぱり出すことができる。

Western tarsier
ニシメガネザル

Tarsius bancanus

体　長	12－15cm
尾	18－23cm
体　重	85－135g
分布	東南アジア
社会単位	個体
状態	未確認

長い尾を持つ夜行性のニシメガネザルは、小さくてコンパクトな体をしている。ほとんど木で暮らし、細い指と爪先に肉趾と鋭い爪を持ち、しっかり枝を握る。後ろを見るために頭を反転させることができ、巨大な目と敏感な耳で敵や獲物を見つける。主食は昆虫である。獲物を見つけると近くまで忍び寄り、ジャンプして前肢で捕まえる。約180日間の妊娠期間の後、メスは1匹を出産する。最初は母親が抱いているが、すぐに被毛にしがみつくことを学習する。

保護

研究と、適した生息地に個体を戻すために、いくつかの小さなケージで繁殖群がつくられている。写真は170日間の妊娠期間の後に生まれた生後1日のアイアイで、謎の多いこの種の乏しい知識を改善するために、体重測定をしているところである。アイアイは、1957年に再発見されるまでは絶滅したと思われていた。

哺乳類

猿　類

門	脊索動物門
綱	哺乳綱
目	霊長目
亜目	真猿亜目
科	3
種	242

猿類に属する大型で多様なグループは、大きく分けて2つの地理的に隔たった亜群に分類される。旧世界猿（コロブスやラングール、ヒヒのような大型種）と新世界猿（マーモセットやクモザルなど）で、主として鼻の形によって区別される。猿類は普通は熱帯の森林に生息している。ほとんどが鼻の低い平らな人間に似た顔をしているが、ヒヒとマンドリルはイヌのような鼻をしている。アカゲザルはかつて医学用に広く使われていたが、多くの種が生息地の消失により絶滅の危機に瀕している。

体のつくり

猿類は平らな胸、毛の生えた鼻、比較的大きな脳、深い下顎、鋭い犬歯などの特徴を持つ。猿類は四足歩行だが上向きに座ることができ（そして時々まっすぐ立つ）、器用な手は離れたところにある果実を取るなど自由に動かすことができる。物をつかむことのできる手足をしており、すべての手足に5本の指を持つ。脚は腕よりも少し長い。腕は、レッドコロブスなどの跳ぶ種よりはずっと長く、また背骨が長くてよく動く。たいていは体よりも長い尾を持つが、尾が短かったり、未発達の種もいる。クモザルのような種は尾で物をつかむことができ、先端の毛のない部分はしっかり握るための摩擦を増やすために、しわや突起がある。尾はバランスをとるために使われたり、社会的なジェスチャーを示すのにも使われる。旧世界猿と新世界猿の間には、いくつかの解剖学的な違いがある。旧世界猿は新世界猿よりも類人猿に近く、鼻中隔が狭く、鼻孔は前か下を向いている。新世界猿は鼻中隔が広く、鼻孔は横を向いている。他の大きな違いは、旧世界猿は臀部に固い座りダコを持っているが、新世界猿にはこれがないことである。

社会グループ

新世界猿は様々な社会構成を持っている。例えばマーモセットはたいてい1組のつがいと成熟していない子どもからなる群れで生活しているが、これらの子どもは次に生まれた子どもの世話を手伝う。一方、リスザルは時々100匹を超えるような大きな群れで生活しているが、群れは多くのメスと少数のオスで構成されている。クモザルは大きな群れで生活しているが、餌をあさるときは様々な構成の小さな群れに分かれる。これに対して旧世界猿はわずか2つの社会構成のみである。ヒヒとマカクは大きな何匹ものオスのいる群れで暮らす。マンドリル、ドリル、ゲラダヒヒ、オナガザルとほとんどのラングールは、1匹のオスと数匹のメスというハーレムで生活している。どの社会グループの中でも信頼関係は密で、グルーミングが社会的な結びつきになっている。ただし、ヒヒのような種のオスは、長く鋭い犬歯を使って激しい勢力争いを行う。

知能

猿類は知性的な哺乳類である。学ぶのが早く好奇心があり、すばらしい記憶力を持つ。この能力によって猿類は広い範囲に生息することができる。知らない土地ではどんな食物が食べられるかを学ばなければならず、次に、いつどこで再び餌を手に入れられるかを思い出さなければいけないからである。

機敏な木登り
猿はみんな木登りがうまい。写真のウーリークモザルは長くて物をつかむことのできる尾を持ち、木を移動するときや枝で休むときにそれを"5番目の手"として使う。尾の先端の下側には毛がなく（握るときに便利なように）、自分と子どもを一緒に支えられるくらい十分強い。

猿 類

Grey woolly monkey
フンボルトウーリーモンキー

Lagothrix cana

体　長	50－65cm
尾	55－77cm
体　重	4－10kg

分布　南アメリカ中部
社会単位　群れ
状態　絶滅危惧II類

厚くて柔らかな縮れ毛で、灰色の被毛に黒いまだらがあり、頭と手足、尾の先端が濃い灰色である。個体によっては腹側が赤褐色をしていることもある。混合の群れで生活し、餌をあさるときはサブグループに分かれ、主食は果実だが、葉や花、樹液、種子、小動物も食べる。温和で穏やかな猿で、他の群れのメンバーが自分たちのなわばりに入ってきても、あまり怒らない。233日の妊娠期間の後、1匹の子どもを産み、子どもは母親の腹にしがみつき、7日目に背中に移動する。6か月後に離乳する。成熟するとオスはメスよりも大きくなる。

筋肉質の移動する猿
ウーリーモンキーはがっしりとした体で、腹が出ており、強い肩と尻、尾を持ち、木々の間でぶら下がったり移動したりする。

尾の先端近くの下側には、握るための毛がない肉趾がある

大きな額と頭骨

保　護
フンボルトウーリーモンキーのような猿には、自由に歩き回るための広い空間が必要である。しかし居住している森林は分断され、味がよいとされる肉目的の狩猟もあり、危機に瀕している。

Long-haired spider monkey
ケナガクモザル

Ateles hybridus

体　長	42－58cm
尾	68－90cm
体　重	7.5－10.5kg

分布　南アメリカ北西部
社会単位　群れ
状態　絶滅危惧IB類

額に目立つ三角形の模様がある。腹側が白く背側が茶色である。食事のときには同性の3～4匹のサブグループに分かれる約20匹の群れをつくり、果実やみずみずしい葉、（珍しいことに）腐って柔らかくなった木を食べる。他の個体と再会すると「ワーワー」と叫び声を上げる。他のクモザル同様、長い手足と細い体、親指のない手と物をつかむことのできる尾を持っている。

手足の内側は白

物をつかむことができる長い尾

Black-handed spider monkey
アカクモザル

Ateles geoffroyi

体　長	50－63cm
尾	63－84cm
体　重	7.5－9kg

分布　メキシコ南部、中央アメリカ
社会単位　群れ
状態　絶滅危惧II類

クロテクモザルとしても知られ、黒い手足、フードのような顔の周りの毛を持つ。他のクモザル同様、親指のない手は単純なフックとして働き、木の間をすばしこく移動したり、果実がたくさんある枝を引き寄せたりする。

Black spider monkey
クロクモザル

Ateles chamek

体　長	40－52cm
尾	80－88cm
体　重	9.5kg

分布　南アメリカ西部
社会単位　群れ
状態　低リスク

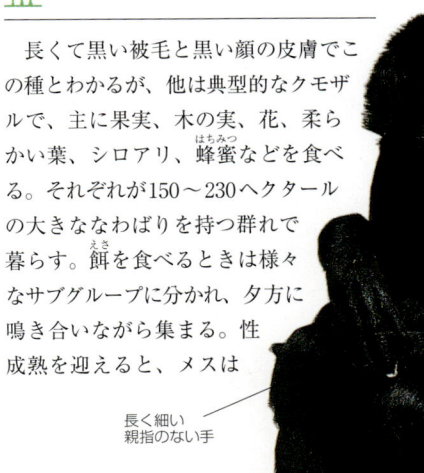

長くて黒い被毛と黒い顔の皮膚でこの種とわかるが、他は典型的なクモザルで、主に果実、木の実、花、柔らかい葉、シロアリ、蜂蜜などを食べる。それぞれが150～230ヘクタールの大きななわばりを持つ群れで暮らす。餌を食べるときは様々なサブグループに分かれ、夕方に鳴き合いながら集まる。性成熟を迎えると、メスは他の群れに加わるために出ていく。225日間の妊娠期間の後、1匹を出産する。生後16週間は母親の背中に乗り、18か月で離乳する。群れの中で優位のメスの子どもは、おとなになるまで生き残ることが多く、その後、他の群れに移動する。

Woolly spider monkey
ウーリークモザル

Brachyteles arachnoides

体　長	55－61cm
尾	67－84cm
体　重	9.5－12kg

分布　南アメリカ中部（ブラジル南東部）
社会単位　様々
状態　絶滅危惧IA類

しっかりした体で、長い手足、フックのような指のついた親指のない手を持つ。最大の新世界猿で、葉を食べるが、大西洋岸の森林破壊により絶滅寸前である。個人の観光牧場にいる4～5個の小さな群れで、わずか数百匹が残されているのみである。

物をつかむことができる長い尾

長く細い親指のない手

哺乳類

Mexican howler monkey
メキシコホエザル

Alouatta pigra

体　長　52-64cm
尾　　　59-69cm
体　重　6.5-11.5kg
分布　メキシコ、中央アメリカ
社会単位　群れ
状態　絶滅危惧II類

かつてはマントホエザルの亜種と考えられていた。オスの白い陰嚢(いんのう)を除けば、真っ黒である。夕暮れや明け方に大きな吠(ほ)え声や叫び声をあげ、25ヘクタールにもなる群れのなわばりを示す。ほとんどの群れは、メスの約2倍の体重を持つ1匹のオスのいる7匹からなっている。メキシコホエザルはあまり栄養のない葉を大量に食べる。

Red howler monkey
アカホエザル

Alouatta seniculus

体　長　51-63cm
尾　　　55-68cm
体　重　7-9kg
分布　南アメリカ北西部
社会単位　群れ
状態　低リスク

9種いるホエザルの中では最も大きく、大声で吠えたり叫んだりし、その声は森の中を2km も響き渡り、群れのメンバーの存在を示したり警告になったりする。主に1匹のオスと、3～4匹のメスからなる群れで生活する。オスはメスに比べてかなり重い。新しいオスは以前の群れのオスを追い出すと、子どもをすべて殺し、自分の子どもがすぐに生まれるようにする。

黄金の背中
北部のアカホエザル（写真）は、栗色の頭、肩、臀部とは対照的な赤っぽい金色の"サドル"を持つ。他の猿は単色の赤である。

木の頂での生活
アカホエザルは、すべてのホエザル同様、木での生活に驚くほど適応している。尾の先端下側には毛がなく、物をつかんだり、5番目の手足として働いている。木登りの能力は、様々な葉や果実をとることを可能にしている。量はあるがカロリーの低い餌(えさ)のため、1日に1kgも食べなければならない。エネルギーを節約するために1日の4分の3を寝て過ごす。

長い顔

強くて物をつかむことのできる尾は体重を支える

Monk saki
モンクサキザル

Pithecia monachus

体　長　37-48cm
尾　　　40-50cm
体　重　1.5-3kg
分布　南アメリカ北部、西部
社会単位　群れ
状態　低リスク

サキザルの7種は広い鼻（特に鼻孔を分けている鼻中隔が太い）、背中と首から横に垂れる細い毛、ふさふさした尾、顔の周りに特に長い毛や赤髭(あかひげ)を持っており、フードのように見える。他の多くの新世界猿に比べるとおとなしく、人見知りをするので、木の頂で静かにしており、気づかれないことを好む。大きな警告の叫び声も出せるが、危険が迫ると歯をむくのが主な防御である。主食は果実と種子で、互いにグルーミングしてほとんどの時間を過ごす4～6匹の、結びつきの強い群れで過ごす。

灰色と黒の毛色

鼻の横にある白い縞

White-faced saki
シロガオサキザル

Pithecia pithecia

体　長　34-35cm
尾　　　34-44cm
体　重　2kg
分布　南アメリカ北部
社会単位　群れ、つがい
状態　低リスク

他の新世界猿は性別でこれほどの差がない。オスは黒くて白か黄金色の顔と黒い鼻をしている。一方、メスは灰褐色で先端の淡い毛を持ち、顔は黒い。草食性だが肉食動物のような歯をしており、果実を刺す鋭い切歯(せっし)と、種子や木の実を割る長い犬歯(けんし)を持つ。典型的なグループは1組のつがいと、1～3匹の子どもである。

薄い色の顔（オスのみ）

鼻の白い縞（メスのみ）

Black-bearded saki
ヒゲサキザル

Chiropotes satanas

体　長　33-46cm
尾　　　30-46cm
体　重　2-4kg
分布　南アメリカ北部
社会単位　群れ
状態　絶滅危惧IB類

典型的なサキザルの長い毛がふさふさした顎髭(あごひげ)を、長くて密な頭部の毛が厚い額の前髪をつくる。手足は物をしっかりつかみ、1本でもぶら下がることができ、その状態で種子や固い果実、小動物をよく発達した臼歯(きゅうし)で砕く。興奮すると尾を振り、つんざくような声をあげる。

猿 類

Bald uakari
ハゲウアカリ
Cacajao calvus

体 長	38–57cm
尾	14–18.5cm
体 重	3–3.5kg

分布　南アメリカ北西部　　社会単位　群れ
状態　絶滅危惧IB類

大きな川沿いの森よりも、小川や池、沼地沿いの水びたしの森を好む。日中は木の間で種子や果実、花、小動物を食べ、通常は10〜20匹であるが、時には100匹を超える大きなオスとメスの群れで生活している。この群れは、同じような霊長類のリスザルなどと一緒に餌をあさることがある。

毛色

亜種は様々な毛色で、色によって名前が違う。写真のシロウアカリはブラジル西部、キンウアカリはブラジル（ペルー国境）、アカウアカリはコロンビア（ペルー国境）、セジロウアカリはさらに東に生息している。

毛のない顔
ハゲウアカリは毛のない顔と額をしており、皮膚の色はピンク色から濃い赤まである。

体と同じ色の短い尾

Dusky titi monkey
ダスキーティティザル
Callicebus moloch

体 長	27–43cm
尾	35–55cm
体 重	0.7–1kg

分布　南アメリカ北部　　社会単位　つがい
状態　低リスク

20種を超えるティティザルの仲間は、すべて厚くて柔らかい被毛、ずんぐりした体、短い肢を持ち（同じサイズの新世界猿の特徴である）、耳が被毛の中に隠れている。主食は果実、葉、種子、昆虫である。背側はまだらの赤で、腹側はほぼオレンジ色である。沼地や淵に近い木での保護色として、くすんだ色合いで動きが鈍い。オスとメスは結びつきの強いつがいを形成し、6〜12ヘクタールのなわばりを守る。夜明け直後に尾を絡ませて"デュエット"をし、家族やつがいの絆を維持して、なわばりを主張する。

Yellow-handed titi monkey
エリマキティティザル
Callicebus torquatus

体 長	30–46cm
尾	37–49cm
体 重	1–1.5kg

分布　南アメリカ北西部　　社会単位　群れ、つがい
状態　低リスク

公式には1種だが遺伝学的な研究では10種がいるとされている。闇に吠えることから、ヨザルと呼ばれる。唯一の夜行性の猿で、枝を注意深くよじ登りながら果実や葉、昆虫などを食べる。オスとメスのつがいで生活し、尿や胸の腺からの分泌物の匂いで、コミュニケーションをとる。120日間の妊娠期間の後、1匹の子どもを産む。8か月で離乳するが親元にとどまるため、4〜5匹の結びつきの強い家族グループができる。

はっきりした白い襟と手を除けば、毛はほとんど焦げ茶色で、ティティザル類に典型的な厚い被毛、耳、がっしりした体、比較的短い手足を持ち、ふさふさして物をつかまない尾は黒くなっている。主な餌は果実で、特にフェセニアヤシを好み、ほかに種子や葉、昆虫も食べる。エリマキティティザルは、他のティティザルよりも鳴くことが少ない。ただし、オスとメスはいつも一緒にいて、互いにグルーミングを行い、尾を絡ませている。子どもは3年以上親元にとどまり、家族をつくる。

Night monkey
ヨザル
Aotus lemurinus

体 長	30–42cm
尾	29–44cm
体 重	900–950g

分布　中央アメリカから南アメリカ北西部　　社会単位　つがい
状態　絶滅危惧II類

背側にまだらの灰色の毛

濃くてふさふさした尾の先

黄色か灰色の腹側

Brown capuchin
フサオマキザル
Cebus apella

体 長	33–42cm
尾	41–49cm
体 重	3–4.5kg

分布　南アメリカ北部、中部、東部　　社会単位　群れ
状態　低リスク

オマキザルの仲間はしばしば最も進化した新世界猿といわれるが、固い木の実を割るのに石を使うなど、フサオマキザルは様々な道具を使う。果実や昆虫、カエル、トカゲなどの脊椎動物や、小さなコウモリまで食べる。両耳に毛でできた角のあるオマキザルとしても知られ、どの新世界猿よりも広い範囲に棲む。オスメスの交じった8〜14匹の群れが普通で、7歳まで性成熟を迎えない。これは同じ大きさの他の猿よりも遅い。

物をつかむ尾は、先が曲がっていることがある

哺乳類

霊長類

Weeper capuchin
ナキガオオマキザル
Cebus olivaceus 

体長 37–46cm
尾 40–55cm
体重 2.5–3.5kg
分布 南アメリカ北東部
社会単位 群れ
状態 低リスク†

ナガオマキザルは、がっちりした体に、比較的短い手足と者をつかめる尾を持つ。他の新世界猿と同じように、尾の下部にも毛が生えている。主な毛色は褐色で、腕は薄く、顔は灰色や黄色である。種子や果実、小さな生物、特にカタツムリや昆虫を主食にしている。30匹以上もの群れをつくるが、ほとんどはメスと子どもである。オスは数匹いるが、優位のオス1匹のみが繁殖する。母親は互いの子どもの面倒をみる（共同保育をする）。群れのメンバーは悲しそうな声を出してコミュニケーションをとる。

尾はいつも巻かれている
四肢の色は薄い
小さな顔

Emperor tamarin
コウテイタマリン
Saguinus imperator 

体長 23–26cm
尾 39–42cm
体重 450g
分布 南アメリカ西部
社会単位 群れ
状態 絶滅危惧II類

マーモセットとタマリンは、はっきりした群れをつくる約35種のアメリカの霊長類である。他の新世界猿と似ているが体のつくりが異なり、爪というよりも鉤爪を持ち、1匹ではなく2匹の子どもを産む。長くて白い口髭で区別することができ、雨季は果実、乾季は花蜜や樹液、そして年間を通じて昆虫、特にコオロギを食べる。しばしば近縁の種と入り交じった群れをつくる。メンバーは、どちらの種も、捕食者が近くに来たことを知らせる警告の叫びに反応する。

口髭
オスとメスの両方にある白くて先がカールした口髭は黒い顔と対照的である。赤や灰茶色のまだらな体と、赤っぽいオレンジ色の尾を持っている。

タマリンの育児
タマリンとマーモセットは、小型哺乳類にしてはやや妊娠期間が長く、コウテイタマリンでは140〜145日である。ほとんどが2匹の子どもを出産し、写真のように父親が子どもを運ぶ。子どもは母乳を飲むときだけ母親にしがみつく。

Bolivian squirrel monkey
ボリビアリスザル
Saimiri boliviensis

体長 27–32cm
尾 38–42cm
体重 950g
分布 南アメリカ西部から中部
社会単位 群れ
状態 低リスク†

他のどんな新世界猿も、リスザルの5種ほどの大きくて活発な群れはつくらない。リスザルはたいてい40〜50匹、時には200匹以上でさえずったり鳴き合ったりしながら、日中に騒がしく移動し、餌となる小動物を捕らえる。また、他の猿が通った道をたどり、活動中の昆虫を捕らえる。果実や種子も食べる。成熟したオスは繁殖シーズンになると肩の周りに脂肪がのり、激しく競争する。勝者はほとんどのメスと交尾する。

尾は頭と体よりも長い
"リス"のような顔
ボリビアリスザルは小さくて白い顔と広い額、黒い頭頂部、黒い鼻先と毛のたくさん生えた耳をしている。

家族で食事
群れの中では、同じ地位の猿でグループができる。おとなのオス、妊娠したメス、子どものいるメス、子どもたちである。誰かが餌を見つけると、サブグループのメンバーは見つけた猿の周りにすぐ集まってくる。

Goeldi's marmoset
ゲルディマーモセット
Callimico goeldii

体長 22–23cm
尾 26–32cm
体重 575g
分布 南アメリカ北西部
社会単位 群れ
状態 絶滅危惧II類

ほとんどのマーモセットやタマリンよりも大きい。長い毛は黒く、頭と首に長い毛の"ケープ"がある。近縁種と異なり、親知らずを持つ。果実、樹液や樹脂（これらを流すために木の幹に切歯で傷をつける）、昆虫、トカゲなどの小型脊椎動物を食べる。主にオスとメスのつがいと子どもからなる安定した10匹程度の群れをつくる。つたが絡まった竹のような密な植物の間に棲んでいる。

細い尾の先はふさふさして黒い

哺乳類

猿　類

Cotton-top tamarin
ワタボウシタマリン

Saguinus oedipus

体　長	20–25cm
尾	33–40cm
体　重	400–450g

分布　南アメリカ北西部　　社会単位　群れ、つがい
　　　　　　　　　　　　　状態　絶滅危惧IB類

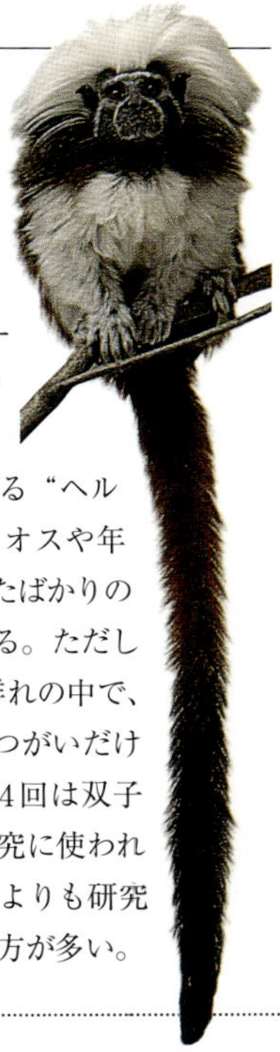

　長くて白い豊かな毛が頭頂部にあるのですぐわかるが、コロンビアのごく限られた地域でしか見られない。他のマーモセットやタマリン同様、様々なものを食べ、子どもを育てる"ヘルパー制度"を持ち、オスや年長の子どもが生まれたばかりの子どもを運んだりする。ただし10～12匹からなる群れの中で、繁殖するのは1組のつがいだけである。5回のうち4回は双子が産まれる。医学研究に使われており、最近は野生よりも研究用のケージ内個体の方が多い。

Silvery marmoset
ギンイロマーモセット

Callithrix argentata

体　長	20–23cm
尾	30–34cm
体　重	325–350g

分布　南アメリカ中部　　社会単位　群れ
　　　　　　　　　　　状態　低リスク↑

　アマゾンの南に暮らす10～15種の非常によく似た近縁種とは、主に色で区別する。キンイロマーモセットは背側が淡い銀灰色、脇はクリーム色で、尾が黒い。顔にはピンクの皮膚と耳がある。それぞれの小さな群れでは、1組のオスとメスだけが繁殖する。残りは子ども、いとこ、他のヘルパーで、赤ん坊を運んだり守ったるするときに手助けをする。

Pygmy marmoset
ピグミーマーモセット

Callithrix pygmaea

体　長	12–15cm
尾	17–23cm
体　重	100–125g

分布　南アメリカ西部　　社会単位　群れ、つがい
　　　　　　　　　　　　状態　低リスク↑

　世界で最も小さなマーモセットで、丸まったピグミーマーモセットは人間の手の平に収まってしまう。それほど小型の哺乳類であるにもかかわらず長生きで、12年生きることもある。他のマーモセットと異なって、樹脂を食べる。毎日樹皮に10個以上の穴をあけ、マーキングを行い、そこに戻ってきて、古い穴から順番に長い下の切歯で樹液をにじみ出させる。花の蜜や果実、昆虫やクモなどの小さな動物も食べる。他のマーモセットと同じ繁殖パターンをとり、5～10匹の群れの中で1組のつがいだけが繁殖する。他のメンバーはほとんどが年長の子どもで、生まれた子どものヘルパーとなり、生後数週間父親が面倒をみた後は、これらの子どもが新しく生まれた双子の面倒をみる。

頭の上に毛の長いフード
まだらの黄褐色の被毛
鉤爪のある指
はっきりしない黒と黄褐色の尾の輪

Geoffroy's marmoset
ジョフロイマーモセット

Callithrix geoffroyi

体　長	20cm
尾	29cm
体　重	350g

分布　南アメリカ東部　　社会単位　群れ、つがい
　　　　　　　　　　　状態　絶滅危惧II類

　このマーモセットは原生林よりも二次林、伐採などの後に再び成長した地域を好む。長い切歯で樹皮に穴を掘り、"自分のもの"というしるしを会陰部の腺からの匂いでつけ、しばらくたってから戻り、流れ出た樹液を舐める。他のマーモセット同様、果実や昆虫も食べる。それぞれの群れには1組の繁殖つがいしかいないが、他のメンバーも赤ん坊を運んだり、守ったりする。

輪のある尾

Golden lion tamarin
ライオンタマリン

Leontopithecus rosalia

体　長	20–25cm
尾	32–37cm
体　重	400–800g

分布　南アメリカ東部　　社会単位　群れ、つがい
　　　　　　　　　　　状態　絶滅危惧IA類

　このタマリンは、平均的なマーモセットやタマリンの2倍の重さがある。顔は濃い灰色で、手、指、爪は長くて厚く、昆虫を捕らえるために樹皮や割れ目に差し込む。ただし、餌の5分の4は果実で、それを樹脂や蜜などで補う。日中に餌をあさり、夜になると草の茂みや木の穴で眠る。4～11匹で構成される群れの中で繁殖するのは、1組のつがいだけであり、子どもを育てるヘルパー制度がある。この群れでは双子の赤ん坊が典型的である。ヘルパーの性活動は抑制されているわけでなないが、群れの中で優位になるまでは、子どもを産むことはない。

保　護

　ライオンタマリンの苦境は、1960年代から森林破壊のシンボルになったり、保護活動の象徴になったりしてきた。(ここで動物園内のケージを使っているように)ケージ内でもよく繁殖するため、1980年代からは飼育したタマリンをブラジル東南部に再び帰す活動が行われている。現在ではケージ内で繁殖したライオンタマリンとその子孫が150匹以上も野生で暮らしているが、状況はまだ厳しい。

ライオンのたてがみ
長くてつやのある赤っぽい金色の頭髪が肩まで垂れ、ライオンのたてがみに似ている。すばらしい外見のため、不法なペット取り引きの対象とされ、危機に直面している。

哺乳類

哺乳類

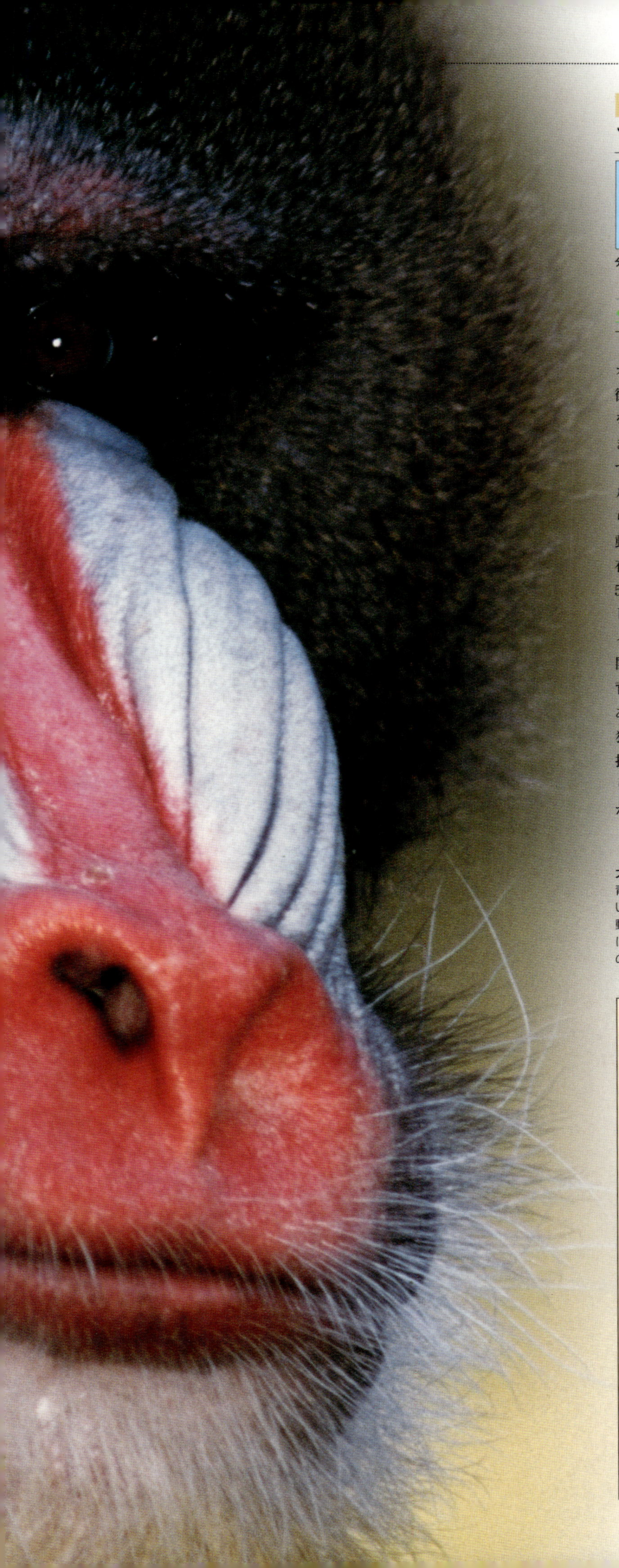

猿類

Mandrill
マンドリル

Mandrillus sphinx

体長	63–81cm
尾	7–9cm
体重	11–37kg

分布　中央アフリカ西部
社会単位　群れ
状態　絶滅危惧Ⅱ類

真紅の鼻に、目立つ両側の青い飾りが、オスのマンドリルの間違えようのない特徴である。メスの顔はもっと柔らかい色をしている。メスはオスの3分の1の大きさで、肩までが60cmにもなるオスは、すべての猿の中で最も大きい。マンドリルは密なアフリカの熱帯雨林に群れで暮らしており、地上の果実や種子、卵や小動物などを探して1日の大半を過ごす。夜になると安全な木に移る。群れは50平方キロにもなる地域を移動し、なわばりに匂いをつけてライバルから守る。マンドリルに関するほとんどの知識は、飼育個体から得られたものである。野生では、肉目的の狩りの対象となったり、伐採などで生息地が荒らされたりしており、徐々に絶滅の恐れが高くなっている。

警告のあくび
天敵やライバルが近づくと、オスは大きく口を開けて恐ろしげな歯をむき出すが、この牙は6.5cmもある。

大胆な広告
青い縞のある真紅の鼻に黄色の顎髭というマンドリルの大胆な格好は、森林の他の動物にその存在を示している。藤紫の臀部とともにこれらの色はオスであることを表し、メスに自分の精力を示すものである。

地上での生活
マンドリルは4本の手足を使い、歩いたり走ったりする。これは前肢を使わないよりもずっと効果的な動き方で、後肢はほぼ前肢と同じ長さをしている。

― まだらなオリーブ色がかった灰色の被毛
― 短い尾
― 鼻縞
― 4本の手足はほぼ同じ長さ

マンドリルの社会

マンドリルは通常約20匹の混合の群れで生活し、それらが集まって250匹もの大群をつくる。群れの中には明らかな順位が存在する。それぞれの群れを優位のオスが率いており、繁殖能力のあるメスと交尾し、ほとんどすべての子どもの父親となる。繁殖しないオスは下位の群れを形成する。

母と子
マンドリルはおよそ18か月ごとに1匹を出産する。最初は母親が抱えているが、成長して重くなると背中に乗せて森の中を移動するようになる。

餌を探す仲間
マンドリルは、常に「ブーブー」いいながらくっつき合っている小さな群れで餌を探す。移動するときには、優位のオスが2段階の鳴き声や唸り声をあげて群れをまとめる。

オスとメス
オスはメスよりもずっと大きく、派手な顔をしている。1匹の成熟したオスに20匹のメスというハーレムで暮らすマンドリルもいる。

哺乳類

霊長類

Patas monkey
パタスザル

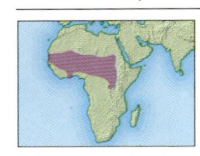

Erythrocebus patas

体長	60–88cm
尾	43–72cm
体重	10–13kg
分布	アフリカ西部から東部
社会単位	群れ
状態	低リスク↑

走るのが最も早い猿のひとつである。長くて細い体と長い四肢、短い指のついた長い手足を持っている。白い口髭と顎髭は黒い顔と対照的である。背側は赤く、四肢と腹側は白い。10匹程度の群れで生活し、1匹のオスが群れの周辺にとどまり、メスや子どもが隠れる間、捕食者のおとりになる。

De Brazza's monkey
ブラッザヒゲザル

Cercopithecus neglectus

体長	50–59cm
尾	59–78cm
体重	7–8kg
分布	アフリカ中部から東部
社会単位	つがい
状態	低リスク↑

20種ほどのアフリカオナガザル類の中で最も地上生活に適応しており、つがいをつくる唯一の種である。広い範囲で生息しているがあまり目立たず、唾液や匂いでなわばりをマーキングし、侵入者と争うよりも、避けるほうを選ぶ。上唇と顎に青白い毛を持ち、白い縞がある。低い唸るような声でコミュニケーションをとり、主に種子や果実を食べる。

White-collared mangabey
シロエリシロマブタザル

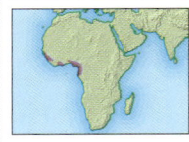

Cercocebus torquatus

体長	50–60cm
尾	60–75cm
体重	10kg
分布	アフリカ西部
社会単位	群れ
状態	絶滅危惧IA類

日中90匹もの群れで、たいていは川岸の行動圏で果実や種子を探している。ほとんど地上にいて、煤色の毛にピンク色がかった灰色の顔、頬の下に窪みを持つ。

強い顎と歯はほとんどの木の実を簡単に割ることができる。オス、メス、そして子どもの交じった群れをつくる。オスには順位があるが、下位のオスも繁殖し、交尾は年長のオスよりも多いことがある。

Olive baboon
ドグエラヒヒ

Papio anubis

体長	60–86cm
尾	41–58cm
体重	22–37kg
分布	アフリカ西部から東部
社会単位	群れ
状態	低リスク

最も大きなヒヒのひとつで、アフリカ西部から北東部にかけてよく見られ、オスはメスの体重の2倍になる。オスもメスも厚い灰色の襟巻きが頬の周りにある。平均的な群れは20〜50匹だが、時には100匹を超えることもある。果実、葉、昆虫、トカゲ、そして時にはガゼルの幼獣のような大きな獲物も食べる。

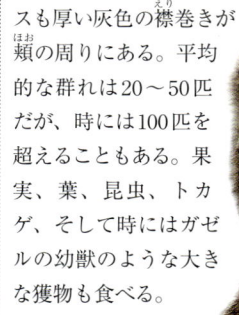

群れの順位

子どもが黒い"子どもの毛"からおとなの毛色になると、メスは群れの順位の最下部に入る。オスは追い出され、他の群れに入るために闘わなければならない。

霊長類の"イヌ"
とても力強くイヌのようなドグエラヒヒの被毛は、まだらな緑色がかったオリーブ色で、顔と臀部が黒い。

Crab-eating macaque
カニクイザル

Macaca fascicularis

体長	37–63cm
尾	36–72cm
体重	3.5–12kg
分布	東南アジア
社会単位	群れ
状態	低リスク

カニクイザルは東南アジアでよく見られる猿で、主に川や海岸、海中の島などの森林やマングローブで生活している。木登りや泳ぎがうまく、地上でも過ごし、人間の住処にもやってくる。20種ほどのマカク類は様々な食物によく適応している。果実や種子のほかに水生動物を食べ、喧嘩好きの大群をつくる。

Celebes macaque
クロザル

Macaca nigra

体長	52–57cm
尾	2.5cm
体重	10kg
分布	東南アジア(スラベシ北部)
社会単位	群れ
状態	絶滅危惧IB類

真っ黒な被毛にとても短い尾を持つ。額から頭頂にかけてたてがみがあることから、カンムリクロザルとも呼ばれる。通常は伏せていて、驚くと立ち上がる。100匹を超えるオスメスの交じった大きな群れをつくるが、一般的にあまり目立たず静かな、果実を食べる森の住人である。

中央のたてがみ

Guinea baboon
ギニアヒヒ

Papio papio

体長	69cm
尾	56cm
体重	17.5kg
分布	アフリカ西部
社会単位	群れ
状態	低リスク

最も小さいヒヒで、オスはほとんど臀部まで届くはっきりした長いたてがみを持つ。ヒヒにしては何でも食べる。固い根からみずみずしい幼虫や卵、時には農場の穀物まで食べる。群れは200匹を超えることもあるが40匹程度が多く、数匹のオスがメスを集めてハーレムをつくる。

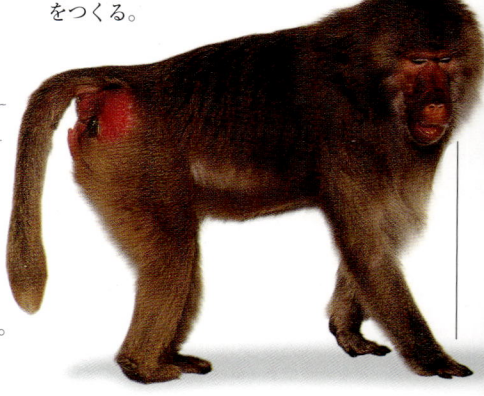

猿　類

Chacma baboon
チャクマヒヒ

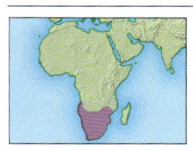

Papio ursinus

体　長	60–82cm
尾	53–84cm
体　重	15–30kg

分布　アフリカ南部　　社会単位　群れ
状態　低リスク↑

　最大のヒヒで、垂れた鼻と突き出た鼻孔を持つ。毛色は灰黄色から黒まであり、吻（ふん）は白い。知性のある進化した霊長類で、生息地の中で非常に流動的な構成の群れを楽しんでいる。根や種子、昆虫、ガゼルの幼獣まで、様々なものを食べる。野生では小枝などの道具を使うことが知られている。

Gelada
ゲラダヒヒ

Theropithecus gelada

体　長	70–74cm
尾	46–50cm
体　重	19kg

分布　アフリカ東部　　社会単位　群れ
状態　低リスク

　ヒヒに近いピンク色の胸を持ち、風の吹く草に覆われたエチオピアの高地だけに棲む。座ったりゆっくり歩いたりしながら、すばやく動く器用な手で捕らえた草の葉や茎、種子などの限られた餌を食べる。1匹のオスが率いる小さな群れが、大きいが結びつきのゆるい群れに合流することがある。

Proboscis monkey
テングザル

Nasalis larvatus

体　長	73–76cm
尾	66–67cm
体　重	21kg

分布　東南アジア　　社会単位　群れ
状態　絶滅危惧IB類

　低地の熱帯雨林やマングローブの沼地、ボルネオ島の海岸などのごく限られた水際にのみ生息している、最も特殊で特徴的な哺乳類である。平均的な群れは1匹のオスに6～10匹のメスとその子どもである。オスが群れを守り、侵入者に対して大きな声で吠え、歯をむき出し、立ったペニスを振る。

部分的に水かきのある足

変わる顔

　生まれてすぐのテングザルの子どもは青い顔、黒い被毛と"普通の"猿の鼻をしている。成長するにつれて色が変化し、鼻も長くなる。メスの鼻はオスよりは短いが、それでも近縁種に比べると長い。

大きな鼻
テングザルの間違えようのない特徴は、その大きな鼻である。成長したオスは、鼻が長くぶらぶらしており、おそらくそれでメスをひきつけるのだろう。

Hanuman langur
ハヌマンラングール

Semnopithecus entellus

体　長	51–78cm
尾	69–102cm
体　重	10.5–20kg

分布　南アジア、スリランカ　　社会単位　群れ
状態　低リスク

　ハヌマンラングールは熱帯雨林地域を除く南アジア全体で見られる。毛色はヒマラヤに棲む焦げ茶色の個体から、スリランカに棲む淡い淡黄褐色まである。メスと子どもの群れが1匹から数匹のオスに率いられているが、他のオスはオスだけの群れをつくっている。

いろいろな餌

　ハヌマンラングールは葉、果実、芽、若木を主食にしているが、これらは仕切りのある胃で簡単に消化される。多くの野生動物同様、塩やミネラルの豊富な土を食べることで栄養分の不足を補っている。群れは人里近くに棲んでいるが、これは残り物だけでなく、この猿をヒンドゥー教の神であるハヌマンとしてあがめる地元の人々からの貢ぎ物があるからでもある。

Eastern black and white colobus
アビシニアコロブス（ゲレザ）

Colobus guereza

体　長	52–57cm
尾	53–83cm
体　重	8–13.5kg

分布　アフリカ中部、東部　　社会単位　群れ
状態　低リスク↑

　コロブスの仲間で、被毛は黒く、顔の縁どりと背中から臀部（でんぶ）まである"ベール"、ブラシのような尾の先端は白い。1匹のオスが4～5匹のメスと子どもからなる小さな群れを率い、叫んだりジャンプしたりして、なわばりを守る。3つに分かれた胃の中の腸内細菌がセルロースを分解するため、葉が主体の餌であっても、他の猿の約2倍の栄養を得ることができる。

Snub-nosed monkey
チュウゴクシシバナザル

Rhinopithecus roxellana

体　長	54–71cm
尾	52–76cm
体　重	12.5–21kg

分布　東アジア　　社会単位　群れ
状態　絶滅危惧II類

　寒冷な山岳地帯に棲み、マイナス5℃という冬の平均気温を耐えられる。長い被毛とブラシのような尾は断熱性があり、丈夫で太い四肢で木や地面を移動する。短く太い指は葉、果実、種子、コケなどをつまみ取る。数百匹の大きな群れが、1匹のオスと何匹かのメスの群れに分かれて餌をあさったり、繁殖したりする。

哺乳類

類人猿

門	脊索動物門
綱	哺乳綱
目	霊長目
亜目	真猿亜目
科	2
種	21

　類人猿は人間に最も近い。外見だけでなく、高い知能を持ち、複雑な社会グループを形成する。小型類人猿（ギボン）と、それより大型でより人間に似た大型類人猿（オランウータン、ゴリラ、チンパンジー）に分けられる。西アフリカと中央アフリカおよび南アジア、東南アジアで見られるが、ほとんどは熱帯雨林に生息している。本質的には草食性で果実が主食だが、雑食性のものもいる。生息地である森林の消失、狩猟や密猟（皮や頭のため）、動物園やペット取り引きのための捕獲などによって危機に瀕している。チンパンジーはかつて医学研究に広く用いられていた。

体のつくり

　類人猿は、重心が低く比較的短く広い骨盤と短い背骨によって、直立した姿勢をとりやすくなっている。類人猿は胸が広く、背中に肩甲骨があるので、肩関節が例外的に広い可動範囲を持っている。例えばゴリラは地面に座り、どの方向にある植物も引っぱることができる。また、平らな顔とよく発達した顎、物をつかむ手足、下向きの寄った鼻をしている。大型類人猿はとても大きい。オランウータンは最も大型の樹上生活者で、ゴリラは体重が200kgを超えることもある。

社会構成

　小型類人猿は一夫一婦性のつがいをつくる。大声で歌って木の頂にあるなわばりを示す。オスとメスはそれぞれ違ったパートを歌う。成熟した子どもは相手が見つかるまでは1匹で歌い、自分のなわばりを確立しようとする。オランウータンは単独行動をとる唯一の大型類人猿である。成長したオスはよく響く低い声で広大ななわばりを守り、領地に入ってきたすべてのメスに接近する。

　他の大型類人猿はよく組織化された社会グループをつくる。ゴリラは5～10匹（時に30匹にもなる）の群れで生活しており、数匹のメス、1匹の優位なオス（シルバーバック）、他の1～2匹のシルバーバック（優位なオスの息子か弟）からなっている。チンパンジーは40～100匹の社会で生活している。優位なオスがいて階級が存在するが、それぞれはほとんど完全に出入り自由である。餌を探すときは小さなグループになるが、この構成は毎日変わる。西アフリカに棲むチンパンジーは特に狩りを好み、オスは協力して一度に数匹の猿を捕まえることもある。チンパンジーは群れの中で習慣や技術を伝達しているが、これは遺伝的な行動ではなく、まねすることによって行っている。

知能

　類人猿は非常に知能が高い（猿よりも高い）。問題があるときは人間と同じ方法で対処する。例えばチンパンジーは、簡単な道具をつくったり、使ったりするが、これはスマトラ島にいるオランウータンの1群でも見られる。オランウータンはいくつかの複雑な仕事をする（例えばある言葉や記号を認識してパズルを解いたりする）類人猿の一例であることが、研究所で確認されている。

お互いにグルーミング
グルーミングは類人猿の社会にとって重要な行為だが、これはグルーミングがこの2匹のチンパンジーのように個体同士の結びつきを強めたり、維持したりするからである。ただし、人気を集めるために行ったり、オスにとっては勢力争いのときに誰の味方につくかを確認する意味もある。

類人猿

Lar gibbon
シロテナガザル

Hylobates lar

体長　42–59cm
尾　なし
体重　4.5–7.5kg
分布　東南アジア
社会単位　つがい
状態　絶滅危惧IB類

夜明け直後だけ活動的になり、そのときにオスとメスはつがいの絆を強める"デュエット"をする。メスは大きく長く吠えて最高潮に達する。オスはそれが消える頃、応えるようにはっきりした、より大きな声を出す。デュエットはしばらく繰り返され、場所によるが15〜20秒続く。生活のほとんどを餌探しと食べることに費やす。餌の半分は果実で、残りは葉、花、昆虫である。毎日15分ほどを、パートナーとのグルーミングに使う。シロテナガザルは夜中はほとんど動かず、木の枝や股で休んでいる。ラーギボンとも呼ばれ、生涯同じペアで過ごすと考えられていたが、最近の研究では時々パートナーの入れ替えもあるようで、さらに一夫一婦性ではない群れもあることがわかっている。群れのそれぞれのつがいは全体の生息地の4分の3からなるなわばりを守る。7〜8か月の妊娠期間の後、1匹を産み18か月授乳する。6年でおとなの大きさになり、9年で完全に成熟する。野生での平均寿命は25〜30年である。人間による伐採と狩猟が主な脅威である。

子どもは母の胸にしがみつく
腕は脚よりも約40％長い
白い飾り毛
このテナガザルの皮膚は黒く、顔の周り、手、足は白い。残りの被毛は、個体によって色が異なり、クリーム色から赤、褐色、黒に近い色まである。
座骨の胼胝（硬い皮膚の座りダコ）

ブランチエーション
腕でぶら下がり揺れることで移動する方法は、"ブランチエーション"と呼ばれる。体を振り子のように揺らすことで運動を維持するので、エネルギーの節約になる。シロテナガザルは揺れの頂点で片手を離す。前についている目は立体視ができ、距離が測れるので、次につかむ場所を決定できるが、時には3mも離れていることがある。小さな親指は手首に近いところにあり、指が鉤のように働く。

手のような足
テナガザルの足はまるで手のような形をしており、毛がない。皮がむき出しの足裏で効果的に握ることができる。大きな足は爪先と反対側に曲がり、木の間を立って歩くことができる。

Siamang
フクロテナガザル

Hylobates syndactylus

体長　90cm
尾　なし
体重　10–15kg
分布　東南アジア
社会単位　群れ、つがい
状態　低リスク

最大のテナガザルで、"立つ"と1.5mになり、声もテナガザルの中で最も大きく、密な家族をつくる。最も支配的なメス、オス、1〜2匹の子どもは30m以上お互いから離れることはなく、たいてい10m以内にいる。餌の5分の3は葉で、3分の1は果実、ほかに少量の花や幼虫などの小さな生物を食べる。家族は約47ヘクタールの行動圏を持つが、その中でなわばりにしているのは60％程度である。なわばりは主に力強い声を使って守る。

腕を伸ばすと1.5mになる
すべて黒
全身が黒い、ぼうぼうとした被毛で覆われている。オスはメスよりも少し大きく、会陰部に飾り毛があるので、尾のように見える。
第2指と第3指の間に水かきがある

吠え声と叫び声
濃い灰色のよく伸びる喉の皮膚は、グレープフルーツほどの大きさにまで膨れるが、これが共鳴器や増幅器として働き、驚くほどの大声を出すことができる。オスの叫び声は他のオスを阻止すると考えられているが、メスの長くてはっきりした吠え声のような連続した声は、なわばりと関係している。

Crested gibbon
クロテナガザル

Hylobates concolor

体長　45–64cm
尾　なし
体重　4.5–9kg
分布　東南アジア
社会単位　群れ、つがい
状態　絶滅危惧IA類

他の"平らな頭"のテナガザルとは異なり、頭頂部に長い毛を持つ。子どもは黄色の被毛で生まれ、成長するにつれて黒くなる。メスは褐色や灰色に変化する。主に葉の新芽、若木、果実を食べ、動物はほとんど食べない。普通はメス、オス、子どもからなる群れで生活する。

頭頂部にあるたてがみ
白い頬の模様

White-cheeked gibbon
ホオジロテナガザル

Hylobates leucogenys

体長　45–64cm
尾　なし
体重　4.5–9kg
分布　東南アジア
社会単位　群れ、つがい
状態　未確認

1989年まではクロテナガザル（左）の亜種と考えられていた。子ども、成長したメス、そしてオスは同じような色をしていて、頭に長いたてがみがある。この2種は主に地理的に区別される。クロテナガザルはベトナムのソンマ川とソンボ川の北東部に生息しており、ホオジロテナガザルは南西部に暮らしている。7〜8か月の妊娠期間の後、1匹の子どもを産み、18か月間は母親が面倒をみる。

腕は脚よりも長い

哺乳類

Silvery gibbon
ハイイロテナガザル
Hylobates moloch

体長	45–64cm
尾	なし
体重	5.5kg
分布	東南アジア
社会単位	つがい
状態	絶滅危惧IA類

　他のテナガザルと同様、家族グループ（メス、オス、子ども）は声でなわばりを守る。シロテナガザル（133ページ）と異なり、オスとメスが一緒にデュエットをすることはない。白い眉毛、頬、顎鬚が、主に銀色の被毛に溶け込んでいる。餌は果実、葉で、時々桃や虫を食べる。

濃い灰色の頭頂部

Bonobo
ボノボ
Pan paniscus 

体長	70–83cm
尾	なし
体重	39kg以下
分布	中央アフリカ
社会単位	群れ
状態	絶滅危惧IB類

　ピグミーチンパンジーとも呼ばれる。チンパンジー（下）よりもわずかに小さいが、同じような体と、比較的長くて少し細い四肢を持つ。主に地上で主食である果実や種子を食べるが、葉や花、キノコ、卵、小動物も食べる。ボノボは80匹もの群れで暮らすことができるが、たいていは餌をあさったりグルーミングをしたりする小さな群れで見かける。オスとメスと子どもの間には様々な組み合わせの性的な関係があり、社会的な緊張を緩和するのに用いられている。メスが支配的であり、成熟すると群れを出ていくが、オスはとどまることが多い。

顔と被毛
ボノボの皮膚は、幼獣の顔も含めてほとんど黒である。頭頂部の毛は"まん中分け"である。

長い幼児期
ボノボは8か月の妊娠期間で産まれ、子どもはおよそ3年間、母乳を飲んでいる。メスはさらに2年、子どもを守ったり、グルーミングをしたりしながら、同じ巣で生活する。出産間隔は約5年である。 

Chimpanzee
チンパンジー
Pan troglodytes

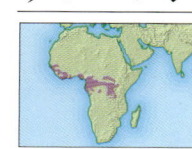

体長	63–90cm
尾	なし
体重	30–60kg
分布	西アフリカから中央アフリカにかけて
社会単位	群れ
状態	絶滅危惧IA類

　15～120匹の群れで生活するが、サブグループの構成は、グルーミング、食事、移動、なわばりを守るなどの行動によって時間ごとに変化する。なわばりを守るのは通常おとなのオスの役目だが、他の群れからはぐれたチンパンジーを攻撃して殺すこともある。日中はほとんど食べることに費やす。主食は果実や葉だが、花や種子も食べる。襲撃部隊が協力して猿や鳥、小さなアンテロープなどの動物を殺して食べることもある。社会的なつながりは数年続くが、繁殖のためのつがいが長期間維持されることはない。8か月の妊娠期間の後、1匹（稀に2匹）を産み、3～4年は餌を与えたり、連れて歩いたり、グルーミングを行ったりする。子どもは母から餌をとる技術を学ぶ。チンパンジーは道具を使うだけでなくつくることもある。例えば小枝から邪魔な横枝を取り除き、シロアリを巣からつり出したりする。人間に非常に近く、知能、感情の幅、コミュニケーションや学習方法などで、コレクターや研究者にとって価値のある動物となっている。また、肉目的で殺されることがある。

顔のつくり
チンパンジーはいろいろな表情を使うが、顔に毛がないのでそれがすぐにわかる。特によく動く突き出た唇がつくるゆがんだ"笑い顔"は実際には恐怖を表している。

顔の毛のない皮膚は年齢とともに濃くなる

まばらな黒い毛がほぼ全身に生えている

腕は足よりも長い

歩くためにこぶしを使う

大きな足の親指は他の指と向かい合っている

話すチンパンジー
チンパンジーは30以上もの違う声を出すことができ、フーという声（写真）も含まれる。これは甲高い唸り声で、2km近く離れても聞くことができる。様々な場面で使われるが、ごく普通のおとなの音である。群れの中では誰の声かわかり、他のメンバーの要求を伝えると考えられている。

夜の巣
おとなのチンパンジーは、夜眠るために毎晩新しい寝床をつくる（古い巣を修繕したり、使い回すことはほとんどない）。多くの枝を曲げたり絡ませたりして、しっかりした葉の床の巣をつくる。巣は通常、森の地面から3～10mの高さで、地上の捕食者からは届かない場所につくる。子どもは5～6歳までは母親の寝床で眠る。

類人猿

Western gorilla
ゴリラ

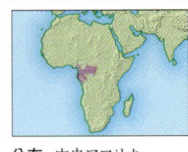

Gorilla gorilla

体長	1.3–1.9m
尾	なし
体重	68–200kg
分布	中央アフリカ
社会単位	群れ
状態	絶滅危惧IB類

成長したオスの"シルバーバック"

相対することのできる足の親指

ほとんど黒の被毛

現存する最大の霊長類であるゴリラは、昼行性の森の住人である。果実、葉、茎、種子が主食で、シロアリのような小さな動物も時々食べる。夜は木の枝や小枝を曲げて寝床をつくる。

シルバーバック（優位のオス）と、子どもを連れたメスからなる3～20匹の結びつきの強い、小さく決まった群れで生活し、様々な表情やジェスチャー、すすり泣き、不平、満足の唸り、警告の吠え声などの声を使ってコミュニケーションをとる。800～1800ヘクタールにもなる行動圏は近隣の群れと重なっているが、喧嘩にはならない。8か月半の妊娠期間の後、1匹の子どもが生まれる。4～6か月間は母親の腹にしがみつき、その後、背中や肩に乗る。子どもは4か月で初めて葉を噛むが、3年間は授乳を続ける。

シルバーバック
成長したオスゴリラはメスの約2倍の体重で、頭頂部に骨性の出っぱりを持ち、長い犬歯と銀色の被毛の"サドル"を持っている。

Eastern gorillaa
マウンテンゴリラ

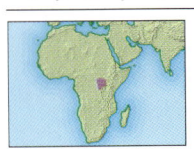

Gorilla beringei

体長	1.3–1.9m
尾	なし
体重	68–210kg
分布	中央アフリカ、東アフリカ
社会単位	群れ
状態	絶滅危惧IA類

以前はゴリラの亜種と考えられていた。この種にはヒガシローランドゴリラ、マウンテンゴリラの1ないし数種の亜種が含まれる。群れは400～800ヘクタールに及ぶ行動圏を歩き回るが、中央の核になる地域を除くと、近隣の群れと行動圏は重なっている。主食は葉、若木、特に竹の茎などだが、果実、根、柔らかい樹皮、キノコも食べる。時々アリをすくい取り、すばやく呑み込む。夕暮れになると群れは休むために落ち着く。おとなのオスは地面で、メスと子どもは木で休むこともある。メスは最後に生まれた子どもと一緒に休む。優位なシルバーバックが群れのほとんど、あるいはすべての子どもの父親である。食べるまねをしたり、フーといったり、胸を叩いたり、植物を打ったり、跳んだり、蹴ったりして、受容的なメスの関心をひこうとする。交尾したメスは、最初の交尾相手が殺されない限り他のオスに乗り換えることはない。子どもは、母親が次に出産するまでの約4年間は母親と一緒にいる。旅行者の寄付で保護されているものもあるが、密猟で危機に瀕しているものもいる。

ゴリラの群れ
40匹にもなる長期間変わらないグループは、通常1匹のオスと数匹のメス、子どもからなっている。時々兄弟や父、子どもが一緒に群れにとどまり、数匹のオスのいる群れができる。

神経質な行動

ゴリラはいらいらすると"あくび"をする（写真）。危険を避けるときは、深い森の中に向かって1列に静かに歩き去る（静かな逃走と呼ばれる）。攻撃するときはシルバーバックが吠え、にらむ。それでも敵が去らないときは突撃する。

保護

ゴリラを脅かしているのは、主に生息する森林の焼畑や、商業的な肉取り引きや、戦利品として飾るための密猟などである。ほぼすべての動物園や公園にいるゴリラはこの種だが、ケージ内の繁殖個体を森に帰す試みはほとんど成功していない。これはゴリラの複雑な、結びつきの強い社会生活による部分もある。生息地の保護が長期の優先課題であるのは変わりない。

温かい被毛

マウンテンゴリラの山に棲む亜種は、長くてふわふわした毛をしており、標高4000mでも体を温かく保つことができる。毛がないのは、顔、手首や足首の先（そしてオスの胸）だけである。

防御のディスプレイ

吠えても敵がひかない場合、シルバーバックはホーホーと鳴く。次に直立して胸をカップ状にした手で叩き（毛のない皮膚が音を拡大する）、植物を投げつける。うまくいかないときは唸りながら跳びかかり、こぶしで叩いたり、パンチを与えたり、咬んだりする。

霊長類

Bornean orang-utan
ボルネオオランウータン
Pongo pygmaeus

体長 1.1 – 1.4m
体重 40 – 80kg
分布 東南アジア（ボルネオ）
社会単位 個体
状態 絶滅危惧IB類

オランウータンはほとんど樹上で生活し、森林の上部で食べたり、眠ったり、繁殖したりしており、オスだけが時々地上に降りる。1日のほとんどを果実や他の餌を探したり食べたりして過ごし、夜になると曲がった枝を集めて寝床をつくる。メスは木のてっぺんの巣で出産し、小さな赤ん坊は母親にやっとよじ登る。つがいは子どもが約8歳になるまで一緒に暮らす。広く散らばった社会で生活しているが、これはおそらく餌が手に入るかどうかで決まる。ほとんど単独でいるが、果実の木などで出くわした若いメス同士は一緒に2～3日旅行することもある。オスは"長い声"で鳴くので、メスも近隣のオスの存在に気づく。ごく最近までオランウータンは単一種だと思われていたが、遺伝学的な研究によって2種に分類されることがわかった。ボルネオオランウータンとスマトラオランウータンである。森林の住処が伐採されたり焼かれたりしており、生息地が消失しているのが両種の主な危機である。ボルネオオランウータンは12000～15000匹と推定されているが、一方のスマトラオランウータンはわずか3000～5000匹が生き残っているにすぎない。

保護
法律で保護されてはいるが、子どもはいまだにペットとして違法に取り引きされている。救出されたオランウータン（成長した個体もいる）を森へ戻すリハビリ計画は高い成功率を上げているが、自然の生活に適応できない個体もいるし、何より自然な生息地が急速に破壊されている。

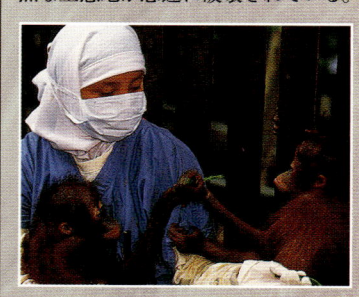

森の人
マレー語で"森の人"という意味のオランウータンは、オスとメスとの外見がかなり異なっている。オスは、成長するに連れて大きくなる大きな頬袋、長い顎髭と口髭、垂れた喉の袋を持っている。また、長い腕の毛をしており、腕を伸ばすとケープのように垂れる。

樹上生活をする類人猿
広げると2.2mにもなる長い腕と、手のように枝をつかむことのできる足を使い、このオラウータンは木の頂上での生活によく適応している。手足はとてもよく動き、手首、腰、肩関節は他の大型類人猿に比べると、動く範囲が非常に広い。

力強く物をつかむ手
体に比べるととても長い腕
手のような足

森の餌
オランウータンの最も好きな餌は果実だが、植物の他の部分や蜂蜜、トカゲなどの小動物、シロアリ、巣にいる鳥や卵なども食べる。

家族グループ
母と子は森で一緒に餌を探し、木から果物や葉をとる。

食習慣
オランウータンは手や歯で餌を加工するが、植物の皮をはいだり、おいしい果肉を出すために果物の皮をむいたりする。

哺乳類

137

哺乳類

貧歯類

門	脊索動物門
綱	哺乳綱
目	貧歯目
科	4
種	29

貧歯類と呼ばれているアリクイ、ナマケモノ、アルマジロは、最も外見の変わった哺乳類である。この3つのグループはお互いに身体的類似点を持たないが、共に背骨が普通と違う関節をしており、脳が小さく、歯が少ない（アリクイにはまったく歯がない）。アルマジロとアリクイは昆虫が主食である。ナマケモノは葉、芽、果実を食べる。これらは南アメリカから合衆国南部の様々な場所で見られる。

シロアリご飯
前肢の鉤爪を使ってアリ塚を壊したら、オオアリクイは長くて太い舌でシロアリを集める。

体のつくり

貧歯類は背中の下側に、特殊な関節を持っているのが特徴である。これらは強固な支持を与え、特にアルマジロが穴を掘るときに便利である。さらにアリクイは長くて管状の鼻先を持つので、判別できる。アルマジロは防御のための固い皮膚が頭、背中、横腹、四肢についている。ナマケモノは短くて丸い頭と、長くてつやのある被毛をしている。

頭の形
アリクイの長い頭（いちばん左）と、対照的に短くて丸いナマケモノの頭（左）。アルマジロの頭（中央）は中間の長さで、骨性の板で守られている。

アリクイ ─ 長い鼻
アルマジロ ─ 鎧に覆われた頭
ナマケモノ ─ つぶれた顔

特殊な鉤爪
ナマケモノは高度に変化した手足に、長くて曲がった鉤爪を持つが、これは完全な樹上生活を送る彼らの生活に理想的なものである。

Lime's two-toed sloth
フタユビナマケモノ

Choloepus didactylus

体長	46–86cm
尾	1.5–3.5cm
体重	4–8.5kg
分布	南アメリカ北部
社会単位	個体
状態	未確認

前肢に2つの鉤爪を持つが、後肢は3本指である。つやのある毛皮は灰褐色で顔は薄いが、他のナマケモノ同様、毛に藻が生えて緑色になる。典型的なナマケモノの餌である葉や果実を食べ、他のナマケモノと同様、単独行動をとり、極端にゆっくりと移動し、地上には排便（週に約1回）のときしか降りない。

前肢は後肢よりも長い

Maned three-toed sloth
タテガミミツユビナマケモノ

Bradypus torquatus

体長	45–50cm
尾	4–5cm
体重	3.5–4kg
分布	南アメリカ東部
社会単位	個体
状態	絶滅危惧IB類

典型的なナマケモノの小さな頭、小さい目と耳、大きな体と力強い四肢と対照的な、毛に覆われた小さな尾を持っている。藻、ダニ、マダニ、甲虫、そして外毛に棲むがも食べるが、被毛は長くて濃く、頭と首、そして肩の周りをたてがみのように覆っている。下毛は細く密で、白っぽい。葉や芽、数種の柔らかい小枝、アカスジシンジュサンと呼ばれるガを食べる。排便のときと、枝を伝って他の木に移動できないときだけ地上に降りる。地上ではナマケモノは長くて強い前肢と爪を使って、のろのろと這うように動く。驚くことに泳ぎはうまい。移動の遅さに加えて、ナマケモノの筋肉は全身の大きさに対して小さくて弱く、代謝もほとんどの哺乳類よりも遅いため、30℃程度の体温しかない。主な防御法はじっと動かないで気づかれないようにすることだが、長い爪で殴りかかることもある。5～6か月の妊娠期間の後、約250gの子どもを1匹産む。子どもはしっかりした鉤のような爪を使って、母親の腹によじ登る。4週間授乳し、離乳後も一緒に生活する。さらに6か月間は子どもを連れて回り、餌のとり方などを教える。

逆方向の被毛
外毛は上向きで、ほとんどの哺乳類とは逆方向であるが、これはナマケモノがいつも逆さまの状態でぶら下がっているからである。

保護

ナマケモノは完全に木に依存しており、伐採者が来ても逃げられないため、森林を伐採する前に、注意深く捕獲している地域もある。将来の参考にするために印をつけて体長や体重を測定し、性別を調べる。遺伝学的な研究のための血液採取など、他の有用な資料も集められ、いまだに謎の多いこの哺乳類を理解する助けとなっている。その後、ナマケモノは安全な場所に放される。

濃いたてがみ

貧歯類

Giant anteater
オオアリクイ

Myrmecophaga tridactyla

体長	1–2m
尾	64–90cm
体重	22–39kg

分布 中央アメリカから南アメリカにかけて
社会単位 個体
状態 絶滅危惧II類

オオアリクイは長くて管状の鼻を持ち、この鼻がごく小さな耳と目のついた小さな顔に続いている。大きな前肢と小さな後肢でゆっくりとした歩調で歩き、大きな前肢の爪がすり減るのを防ぐためにこぶしを使って

アリの視点

オオアリクイはアリの巣やシロアリの塚を大きな爪のある前肢で裂き、60cm以上も伸びる舌を使って獲物を捕らえる。この舌は微小な後ろ向きのトゲとべたべたした唾液に覆われており、小さな獲物がそこにくっつく。残ったシロアリは巣を修復する。

いる。昼も夜も活動し、25平方キロにもなる生息地を歩き回るが、この広さは餌が手に入るかどうかによって決まる。穴や茂みのシェルターで眠るが、尾を頭や体にかけている。狩猟や生息地の破壊から危機に瀕している。

体の両側に、白い中央線の入った黒い縞がある。

薄い体とふさふさした尾
薄い体につやのある長い毛をしている。毛色はほとんど灰色と黒で、白い模様がある。ふさふさした茶色の尾を持つ。

Nine-banded armadillo
ココノオビアルマジロ

Dasypus novemcinctus

体長	35–57cm
尾	24–45cm
体重	2.5–6.5kg

分布 合衆国南部、メキシコ、カリブ諸島、中央アメリカ、南アメリカ
社会単位 個体
状態 地域により一般的

最もよく見られるアルマジロで、多少曲げることのできる8～10枚の骨性の帯が腹の周りにある。骨性の鎧と皮の皮膚は全体重の6分の1になる。多くのアルマジロ同様、長い巣穴を掘る。アリや鳥、果物、木の根までのあらゆる物を食べ、単独行動をとるが、同種の個体と巣穴を共有することもある。子どもはほとんどが4つ子で、同じ性別である。

Silky anteater
ヒメアリクイ

Cyclopes didactylus

体長	16–21cm
尾	16–23cm
体重	150–275g

分布 中央アメリカから南アメリカ北部にかけて
社会単位 個体
状態 未確認

尾の先端の腹側には毛がない

夜行性で単独行動をとり、長くて密な細かい被毛は、おおむねくすんだ灰色に銀色が混じり、体の横に様々な茶色の縞が入っている。樹上生活に適応し、足と鉤のような爪でしっかりと枝をつかみ、さらに先端の腹側に毛がない尾で体重を支える。木に棲むアリの巣を壊し、長くて唾液に被われた舌でアリを舐める。

茶色の体の縞

Southern tamandua
ミナミコアリクイ

Tamandua tetradactyla

体長	53–88cm
尾	40cm
体重	3.5–8.5kg

分布 南アメリカ北部および東部
社会単位 個体
状態 絶滅危惧II類†

長くて薄い頭とまばらに毛の生えた物をつかめる尾を持つ。木登りがうまく、枝でも地面でも食事をし、アリやシロアリ、ハチの巣を壊す。昼も夜も8時間の間隔で活動する。4～5か月の妊娠期間の後、1匹の子どもが産まれ、母親の背に乗って過ごす。

黒いベスト
薄い黄色の被毛に、肩、胸、横腹、背中の下側まである黒い"ベスト"を着ている。

防御

危険にさらされると、木の幹や岩に背をつけて後肢で立ち、尾を支えにして力強い前肢を伸ばして構える。この格好ならば、前肢にある長くて鋭い爪で相手を引っかくことができるからだ。

Hairy armadillo
ケナガアルマジロ

Chaetophractus villosus

体長	22–40cm
尾	9–17cm
体重	1–3kg

分布 南アメリカ南部
社会単位 個体
状態 未確認

不毛の土地に棲み、長くてまばらな毛が、骨性の皮膚からなる18列程度の帯の間から生えている。7～8列はちょうつがい型の関節で、ボールのように体を丸めることができ、柔らかい白から茶色の毛が生えた腹側を守る。夏は主に夜間活動し、昆虫から齧歯類までのいろいろな獲物を食べる。冬は主に日中活動し、植物性の餌が多くなる。

Pichi
ピチアルマジロ
Zaedyus pichiy

体 長	26–34cm
尾	10–12cm
体 重	1–2kg
分布	南アメリカ南部
社会単位	個体
状態	一般的

危険が迫ると地面に伏せ、鋭い爪のある足を体の下に入れ、広くて低いドーム型の鎧で身を守る。もしくは外側に向いた鎧で穴をつくり、地面に半分潜ってしまう。この小さなアルマジロはシェルターとして短いトンネルを掘り、様々な昆虫などの無脊椎動物を食べ、時には死肉をあさる。

Northern naked-toed armadillo
パナマスベオアルマジロ
Cabassous centralis 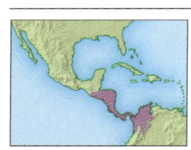

体 長	30–40cm
尾	13–18cm
体 重	2–3.5kg
分布	中央アメリカ、南アメリカ北部
社会単位	個体
状態	未確認

広い範囲に生息する大きな耳のアルマジロで、特に前肢の第3指に大きな爪を持ち、獲物を探して掘ったり日中のシェルターとなる穴を掘る。また、長くて太い舌で、アリクイと同じようにしてシロアリやアリを舐める。他のアルマジロと同じように基本的には静かだが、危険を感じると唸り、地面に潜ってしまうため、体の上にある鎧しか見えなくなる。

Giant armadillo
オオアルマジロ
Priodontes maximus 

体 長	75–100cm
尾	50cm
体 重	30kg
分布	南アメリカ北部、中部
社会単位	個体
状態	絶滅危惧IB類

大型のアルマジロで、11～13枚の少し可動性のあるちょうつがい型関節のプレートで体が覆われている（3～4枚が首を覆っている）。長くて先の細い尾は、鎧のようである。体色は主に茶色で、頭部と尾は薄い黄色から白、プレートの下側には白っぽい帯がある。巨大な前肢の第3指の爪を使って、土壌中の餌（シロアリ、アリ、クモ、小型のヘビ、トカゲなど）を掘る。前肢の爪は日中シェルターとなる穴を掘るのにも使われる。ある場所で2～3週間餌をあさると、次の場所へ移動する。他の多くのアルマジロ同様、社会行動やなわばりを示す行動をほとんどとらない。妊娠期間は4か月で、1～2匹の子どもを6週間授乳し、12か月で性成熟に達する。

丸い鼻先

センザンコウ

門	脊索動物門
綱	哺乳綱
目	有鱗目
科	1（センザンコウ科）
種	7

センザンコウは、アルマジロやアリクイに姿は似ているが、全身が鱗で覆われており、鱗は鎧や保護色として働いている。歯はない。獲物（アリとシロアリ）を舌で集め、胃の力強い筋肉で"噛む"のである。南アジアとアフリカで見られ、生息域は森林からサバンナにまで及んでいる。

長い舌
センザンコウは25cmも伸ばすことのできる舌を使って、アリやシロアリを集める。

Chinese pangolin
センザンコウ
Manis pentadactyla

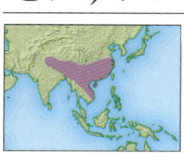

体 長	54–80cm
尾	26–34cm
体 重	2–7kg
分布	東アジアから東南アジアにかけて
社会単位	個体
状態	低リスク

直径5cmにもなる骨性の、白から黄褐色の鱗が全身を覆っているが、鼻先、頬、咽、四肢の内側、腹には鱗がない。ボール状に丸くなると、柔らかい部分はすべて隠れる。40cm程度の細い舌で、アリやシロアリをすくい取る。強く物をつかむ尾と長い爪で、木々の間を驚くほどすばやく動き、力強く穴を掘る。

Temminck's pangolin
サバンナセンザンコウ
Manis temmincki 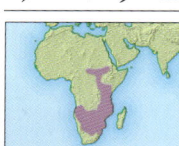

体 長	50–60cm
尾	40–50cm
体 重	15–18kg
分布	東アフリカからアフリカ南部にかけて
社会単位	個体
状態	低リスク

ほとんどの点でセンザンコウ（左）と似ており、木と地面の両方で大きな爪を使ってシロアリの塚やアリの巣を裂き、中にいる幼虫を舐め取る。あまりなわばり行動を示さない。約120日の妊娠期間の後、1～2匹の子どもを産む。

黒から黄褐色の鱗

ウサギ類

門	脊椎動物
綱	哺乳綱
目	ウサギ目
科	2
種	80

これらの小型から中型の"かじる"動物は、(共に大きな切歯を持つなど) 多くの点で齧歯類と似ているが、異なる点もいくつかあり、上顎の切歯に2組目の歯を持っていたり、頭骨の構造が軽くできていたりする。ウサギ目のウサギ、ノウサギ、ナキウサギはすべての動物の中で最も獲物とされやすい動物である。天敵は肉食獣や鳥であるが、その他にスポーツや肉、そして毛皮の目的のために人間からも狩猟対象にされている。すべての種が地上で生活し、北極地方のツンドラから半砂漠のような場所までの、全世界に見られる (西インド、南アメリカ南部、マダガスカル、東南アジアのいくつかの島を除く)。

体のつくり

ウサギとノウサギの身体的特徴は、危険を認知して捕食者から逃げなくてはならない必要性からきている。大きな耳はすばらしい聴覚をもたらし、頭の両側の高い位置についた目は360度を見渡せ、長く伸びた後肢は非常に速く走れる。ノウサギの走るスピードは時速56kmに達することもある。齧歯類と異なり、ウサギとノウサギは小さくて丸い尾を持ち、足裏にも毛が生えているため、走るときに地面をしっかりとつかむことができる。ナキウサギは危険を感じると岩の割れ目や穴に隠れる。外見もマウスに似ており、ほぼ同じ長さの四肢を持つ (速くは走れない)。また、短くて丸い耳と、ほとんど見えない尾を持つ。すべての種がスリットのような鼻孔を持ち、完全に閉じることができる。哺乳類には珍しく、オスよりもメスの方が大きい種がいくつかある。

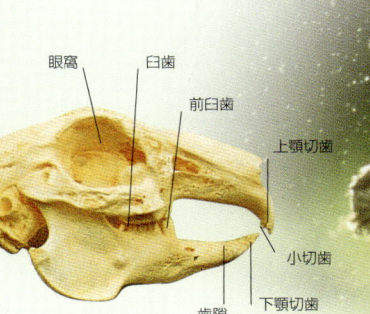

ウサギの頭骨
ウサギ目は、よく発達した常に伸び続ける切歯を持つ。上顎の切歯の後ろに小さな1組の歯を持つ (小切歯)。両顎の切歯と前臼歯の間には広い間隙があり、歯隙と呼ばれる。

食事

ウサギの仲間は草食で、一般的に草や水気のある植物を食べる。1回で消化できないものは湿気のある糞として排泄し、たいていは肛門に口をつけて食べる。乾いた糞として排泄する前に胃の中で他の餌と混ざり、2度目の消化を受ける。このようにしてほとんどの餌は消化管を2度通るが、そうすることで最大限、餌の栄養分を得ているのである。この過程は、リフェクションと呼ばれる。

植物を食べる
このアメリカナキウサギのように、すべてのウサギ目は1日の大半を食べて過ごす。夏は冬のために餌を集めて貯え、岩場のシェルターの外に乾いた草からなる干草の山をつくる。

空中ボクシング
繁殖季節になると、ノウサギはしばしば喧嘩をする。前肢を使ってボクシングをし、力強い後肢でキックする。オスの喧嘩はメスに近づくためであるが、写真のように、交尾の準備ができていないと、メスはオスを相手にしない。

繁殖

ウサギ目の動物は多くの捕食者によって捕獲されるが、繁殖率を高くすることによって数を維持している。排卵は周期的ではなく、交尾刺激によって起こるため、メスは出産直後に妊娠することができる。種によっては1組目の子どもを出産する前に、2組目の子どもを妊娠するものもある。ウサギはウサギ目の中でも最も繁殖率が高いが、12匹もの子どもを年6回も産むことができる。さらに、若齢で性成熟を迎え (アナウサギはわずか3か月で交尾可能になる)、妊娠期間は非常に短い (フロリダワタオウサギは約26日の妊娠期間である)。

よく動く首
ウサギ目ではセルフグルーミングが重要である。個体間でお互いにグルーミングをすることはほとんどない。首はかなりよく動く。このアナウサギは首を180度回転させることができる。このため背中の毛も自分で身づくろいができるのである。

食事の時間
穴で出産するウサギもいるが、ノウサギは子どもを地面に産み落とす。この茶色いノウサギの子どもは日中は隠れており、母ウサギが哺乳のために日が落ちる頃にやってくると、いっせいに集まってくる。

North American pika
アメリカナキウサギ

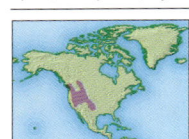

Ochotona princeps

体長	16–22cm
尾	なし
体重	125–175g
分布	カナダ南西部、合衆国西部
社会単位	個体
状態	地域により一般的

高山地方に生息し、高山植物その他の丈の低い草で縁どられた細かい岩の堆積した崖でよく見られる。単独行動をとり、笛のような鳴き声を使ってなわばりを守るが、このなわばりはオスとメスが交互になっており、パッチワーク状になっている。典型的ななわばりは600平方メートルで、餌場と、穴や岩の割れ目などに巣穴を持つ。

卵型の哺乳類
うずくまったナキウサギは卵のような丸いシルエットを見せる。被毛には様々な茶色の陰がある。

冬に備えて

晩夏の間に、草やハーブ、他の植物を集めて、巣の近くに干草の山をつくる。雪があたりを覆っても、簡単に得ることのできる冬用の貯蔵食物である。ナキウサギはいちばん腐りにくい植物を慎重に選んで貯える。

濃い色の耳は両方の表面に毛が生えている

Black-lipped pika
クチグロナキウサギ

Ochotona curzoniae

体長	14–18.5cm
尾	なし
体重	125–175g
分布	東アジア
社会単位	群れ
状態	一般的

背側は砂のような茶色で、腹側は鈍く黄色っぽい白、耳の後ろに錆色の模様があり、鼻と唇は黒い。クチグロナキウサギは、大きな家族がそれぞれの巣穴で暮らし、社会性を持っている。数が増えすぎて害獣とされている地域もある。メスは1年に5回まで出産し、8匹の子どもを産むことができる。子どもは両親で世話をする。

Volcano rabbit
メキシコノウサギ

Romerolagus diazi

体長	23–32cm
尾	1–3cm
体重	375–600g
分布	メキシコ中部
社会単位	群れ
状態	絶滅危惧IB類

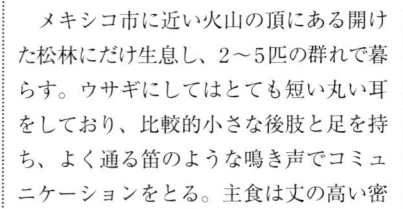

メキシコ市に近い火山の頂にある開けた松林にだけ生息し、2～5匹の群れで暮らす。ウサギにしてはとても短い丸い耳をしており、比較的小さな後肢と足を持ち、よく通る笛のような鳴き声でコミュニケーションをとる。主食は丈の高い密生した草で、巣をつくるのにも使う。

黄色の被毛と黒い保護毛

Amami rabbit
アマミノクロウサギ

Pentalagus furnessi

体長	42–51cm
尾	1–3.5cm
体重	2–3kg
分布	奄美大島、徳之島
社会単位	群れ
状態	絶滅危惧IB類

日本の小さな2島にだけ生息し、まっ黒の被毛、尖った鼻、小さな目と耳、巣穴を掘るための長い爪のある短い四肢という、はっきりした特徴を持つ。夜行性でシロガネヨシの葉、サツマイモのつる、竹の子、木の実、樹皮などの森の植物を食べる。社会行動や繁殖についてはあまり知られていないが、チッチッという音でコミュニケーションをとっている。1年に2回、2～3匹の子どもを産む。

Pygmy rabbit
ピグミーウサギ

Brachylagus idahoensis

体長	22–29cm
尾	1.5–2.5cm
体重	350–450g
分布	合衆国西部
社会単位	個体
状態	低リスク

世界最小のウサギで、不毛の土地に適応している。大きな巣穴を掘り、オオヨモギを食べ、密に暮らしている。背側の長く光沢のある被毛は、冬は灰色、夏は茶色になる。腹側は白っぽい。ウサギには珍しく、餌を探して上手に茂みを登る。単独行動をとるが、ナキウサギのような声で近くの仲間に捕食者の接近を知らせる。繁殖の詳細についてはほとんど知られていない。26～28日の妊娠期間の後、4～6匹の子どもを産み、年3回まで出産する。

短い耳は、内側の端にだけ毛が生えている

Swamp rabbit
ヌマチウサギ

Sylvilagus aquaticus

体長	45–55cm
尾	4cm
体重	1.5–2.5g
分布	合衆国南東部
社会単位	群れ
状態	地域により一般的

目の周りにあるシナモンの輪

必ず沼や入江、池などの水の近くにおり、黒から焦げ茶の被毛をしている。特に危険が迫ったときは、上手にしっかりと泳ぎ、日中や夜間はスゲ、イグサ、ヌマダケを含む水辺の植物を食べている。たいていは優位のオスに率いられた小さな群れで生活しており、植物の軸や茎でできた巣を地上につくる。メスは典型的なウサギの行動として、自分の毛を抜いて繁殖用の巣に敷く。平均産子数は3匹である。

Eastern cottontail
トウブワタオウサギ

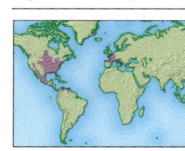

Sylvilagus floridanus

体長	38–49cm
尾	2.5–7cm
体重	1–1.5kg
分布	カナダ南東部からメキシコにかけて、中央アメリカ、南アメリカ北部、ヨーロッパ
社会単位	群れ
状態	一般的

元々の生息地に加え、新しく移入された北アメリカやヨーロッパなどの広い範囲で生息する。先端が赤褐色の白い尾をした、典型的なウサギの姿をしている。夏には青々とした植物を食べ、冬は主に樹皮や小枝を食べている。群れには支配的な階級制度がある。平均産子数は、北アメリカの5匹から南アメリカの2匹までと幅がある。

European rabbit
アナウサギ

Oryctolagus cuniculus

体長	34–50cm
尾	4–8cm
体重	1–2.5kg
分布	ヨーロッパ、アフリカ北西部、オーストラリア、ニュージーランド、南アメリカ南部
社会単位	群れ
状態	一般的

原産はヨーロッパ南西部とアフリカ北西部で、多くの地域に移入され、農地を荒らしたりその地方の野生動物を脅かすために、害獣とされている地域もある。家庭用のウサギ全種の祖先である。夜行性で社会的であり、群れで暮らし、多くの入口と緊急用出口のある複雑なトンネルシステム（巣穴）をつくる。草、ハーブ、枝、樹皮などが主食である。年長のメスはメインのトンネルに巣をつくるが、順位の低いメスは出産のために短い（行き止まりの）穴を掘る。

まだら模様
アナウサギは肩の間がまだらで、目の周り、四肢の内側、腹側に白い模様がある。

長くて先端の黒い耳

被毛の先端は黒と茶色の毛が交じっている

どんどん増える

ウサギの驚異的な繁殖力は、28〜33日の妊娠期間と、条件がよければ8匹にもなる産子数（平均5匹）、そして年6回の出産などによるものである。赤ん坊は目も開いておらず頼りなげで、母親は温かくしておくために、乾草やコケ、自分の腹の毛を抜いて出産する穴に敷き詰めておく。母親は授乳のために、1日にわずか数分間立ち寄るだけである。

Hispid hare
アラゲノウサギ

Caprolagus hispidus

体長	38–50cm
尾	2.5–5.5cm
体重	2–2.5kg
分布	南アジア
社会単位	個体、つがい
状態	絶滅危惧IB類

まばらな焦げ茶の被毛からアラゲノウサギと呼ばれる。背の高いガマのある土地に棲み、夜間に草の柔らかい芽や根を食べる。耳は短く、後肢は前肢と比べてそれほど長くない。穴を掘らずに植物の表面に隠れ、単独またはつがいで生活する。繁殖に関してはほとんど情報がないが、産子数はウサギにしては少なく2〜5匹、毎年2回、もしかすると3回出産しているのではないかと考えられている。

Brown hare
ステップノウサギ

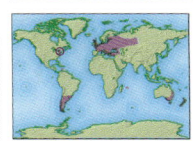

Lepus europaeus

体長	48–70cm
尾	7–13cm
体重	2.5–7kg
分布	ヨーロッパ、オーストラリア、ニュージーランド、北アメリカ、南アメリカ
社会単位	個体
状態	一般的

上が黒で下が白という、目立つ尾を持つ。灰色の耳は外側の先端近くに黒い模様がある。ヨーロッパや西アジアから多くの国に移入され、開けた森、低木林、混合農地、不毛の半砂漠にまで適応している。餌は草、ハーブ、樹皮で、ごくたまに死肉を食べる。夜行性で単独行動をとり、晩冬や春につがいや群れをつくる。このときにはライバルのオス同士や、受け入れないメスと拒絶されたオスの間で"ボクシング"をすることがある。1〜10匹の子どもは、目立たない草や茂みの陰で母乳を飲む。

長くてカールした黄褐色からさび色の被毛

Black-tailed jackrabbit
オグロジャックウサギ

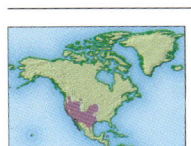

Lepus californicus

体長	47–63cm
尾	5–11cm
体重	1.5–3.5kg
分布	合衆国西部、中部、南部からメキシコ北部
社会単位	個体
状態	一般的

肢が長く痩せたノウサギで、15cmにもなる巨大な耳は、捕食者のわずかな物音をも捕らえ、居住地である不毛の砂漠地帯の暑い夏には、余分な熱を体から逃がす。水気の多い草やハーブを好むが、冬や旱魃のときには木の枝などをかじって生き延びる。最も速いウサギ目の1種で、時速56kmにも達する。複雑な求婚には、つがいのジャンプ、追いかけっこなどが含まれる。

Arctic hare
ホッキョクノウサギ

Lepus arcticus

体長	43–66cm
尾	4.5–10cm
体重	3–7kg
分布	カナダ北部、グリーンランド
社会単位	様々
状態	一般的

同じように冬に白い毛になるカンジキノウサギと間違えられることがあるが、ホッキョクノウサギはツンドラ気候に生きる種である。開けた木のない土地で、長くて厳しい冷たい季節を生き延びることができる。好きな場所は岩が出ているところや、シェルターとなる割れ目や裂け目のある山腹である。単独行動をとるが、ウサギ目にしては珍しく、特に冬は300匹にもなる大きな群れをつくり、移動したり、走ったり、1匹の指揮で向きを変えたりする。餌は背の低い草、ハーブ、低木、コケ、北極のドワーフヤナギの木などである。小動物や大型の動物の死肉を食べることもある。攻撃的な春の求愛期に、オスはメスを追いかけ、出血するほど首を強く咬むこともある。産子数は1〜8匹で、1年に1〜3回出産する。若いウサギ（子ウサギ）は巣や岩の近くの窪みにとどまり、草やコケなどを並んで食べる。母親は18時間ごとにわずか2分間だけ、授乳に訪れる。

冬のコート

ホッキョクノウサギの厚い冬の被毛はほとんど純白で、耳の先端だけが黒い。これは温かさと同時に、雪と氷の中でのカムフラージュになる。ほとんどの地方では春の換毛で灰褐色の夏毛になるが、地方によっては白いままのこともある。換毛時期は日照時間に関係している。視覚で日照時間を感じ、体のホルモン（内分泌）システムを介して調節される。

コンパクトな体
少し長くてコンパクトな体に短い耳と手足をしており、寒冷による熱の放出を少なくしている。耳は後ろに比べ前が黒くなっている。

大きな足は柔らかい雪の上で体重を分散させる

齧歯類

門	脊索動物門
綱	哺乳綱
目	齧歯目
科	30
種	1,702

分類について

学者の中には齧歯目を2つの亜目（テンジクネズミ亜目とリス亜目）に分類する人もいる。一方、顎の筋肉によって3つの亜目に分類する学者もいる。リス亜目（リス型の齧歯類）、ネズミ亜目（マウス型の齧歯類）、テンジクネズミ亜目（モルモット型の齧歯類）。本書では後者の分類を使用している。

リス型の齧歯類
146～149ページ参照
マウス型の齧歯類
150～156ページ参照
モルモット型の齧歯類
157～159ページ参照

齧歯類は、すべての哺乳類のうちの40％以上を占め、繁栄し、高度に適応したグループを形成している。南極大陸を除くほとんど全世界で見られ、例えばレミングは北極のツンドラ地方の寒冷気候を好み、一方グンディーはアフリカ砂漠地方の暑さを好む。このグループは、様々な生活様式や習慣にもかかわらず、多くの共通した特徴を持つ。ほとんどの齧歯類は四足歩行をして、長い尾に、爪のある足、長い口髭、かじるために特殊化した歯（特に長い切歯）と顎を持つ。一般的には地上生活をしているが、樹上生活（樹上性リスなど）や穴で生活するもの（モグラネズミはほとんど完全に地下で暮らす）、半水生（ビーバーなど）のものもいる。ウッドチャックのような種は単独行動をとるが、ほとんどの種は高度に社会化しており、大きな共同体をつくる。

体のつくり

齧歯類の体のつくりは、他のほとんどの哺乳類に比べると画一的で、しっかりした体と長い尾に口髭というような、いくつかの特徴を多くの種が持っている。前肢はたいてい5本指で（親指は退化していたり欠損していることもある）、後肢は3～5本指、普通は蹠行性である。尾は、種によっていろいろな働きをしている。ビーバーの平らな広い尾は泳ぐときに推進力となるし、カヤネズミは長い草に登るときに物をつかむ尾を使う。種によっては捕まえられたときに、尾の一部または全部が抜け落ち、それによって動物が逃げられるようになっているものもある。齧歯類の構造は他の哺乳類に比べて一般的なため、いろいろな地域により適応し、繁栄していくことができる。

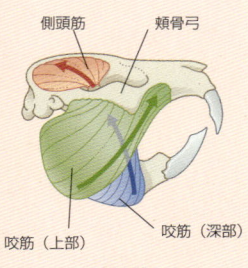

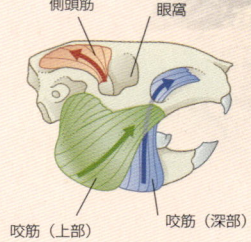

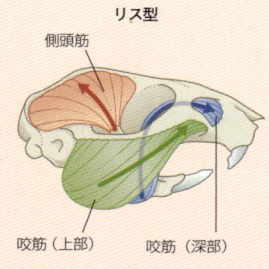

顎の筋肉

齧歯類は大きな咀嚼筋（咬筋）を持ち、下顎を上下、前後に動かすことができる。リス型では咬筋の上部は頭蓋の後部に達し、深部は頬骨弓に伸び、側頭筋は小さい。これは噛むときに、強い前後の動きをつくる。マウス型では咬筋の深部は上顎に伸びており、上部は前に位置し、側頭筋が大きくなっている。これは物を噛むのに適している。モルモット型では咬筋の深部は目の前に伸びており、側頭筋は小さい。これは前後に力強く噛むことができる。

感覚

ほとんどの齧歯類は嗅覚と聴覚が鋭いが、長くてすばらしい触覚を持つ口髭も加わり、周囲の状況をすばやく捉えることができる。夜行性の種は昼行性の種よりも大きな眼球を持ち、網膜の受け取る光の量を最大限にしている（光の量が増えるほど、鮮明でクリアに見える）。齧歯類は臭腺から出る匂いと、様々な声でコミュニケーションをとる。

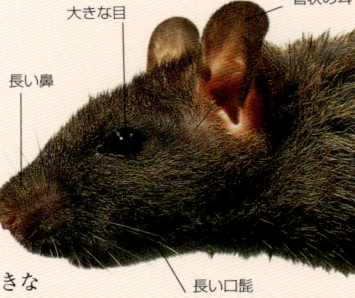

とても敏感
ほとんどの齧歯類には、よく発達した感覚器が備わっており、このドブネズミのような種に適応力を与えている。大きな耳と目、長い鼻、長い口髭は多くの齧歯類の特徴である。

大きな切歯
このマーモセットのように、大きな4本の切歯は齧歯類を他の哺乳類から区別する。これらの歯は長くてカーブしており、常に伸び続ける。ただし、前の表面だけがエナメル質を持つ。後面は柔らかい象牙質で、常にかじっていることですり減っていく。かじることで常に歯を鋭く保てるのである。

齧歯類

食事

ほとんどの齧歯類は植物が主体の餌で、葉や果実、種子や根が含まれる。しかし多くの種がいろいろなものを食べている。水生ネズミとモリネズミはカタツムリを食べ、コメネズミは小亀を食べる。ジャコウネズミはハマグリやザリガニ、バッタネズミはアリやサソリを食べる。クマネズミは人間の食料をあさる。齧歯類は、消化を助けるために大きな盲腸、つまり盲端になった大腸の袋を持つ。盲腸には植物の細胞壁の主成分であるセルロースを、消化しやすい炭水化物に分解する細菌が存在する。齧歯類の中には盲腸で消化された便を肛門から排泄し、再び食べるものもいる。胃に入ると炭水化物（餌の中で80％のエネルギーを占める）が吸収される。この効果的なプロセスはリフェクションとして知られ、排泄されるときには乾いた糞だけになる。

雑食性の餌
雑食性の齧歯類もいる。植物も動物も食べるが、これは何が手に入るかによる。このアフリカトゲネズミは主に草食だが、昆虫を食べることもある。

草食の餌
ほとんどの齧歯類は草食で、植物だけを食べる。ヨーロッパハタネズミは水辺と陸地の植物を食べる。冬場、餌がないときのために貯えておく。

繁殖

齧歯類の高い繁殖率は、厳しい環境でも安定した数を維持するのに役立つ。これは捕食や人間による駆除（毒殺）がこの種の生き残りにあまり効果がないことを示し、好条件下では急速に増える。例えばドブネズミはわずか2か月で繁殖可能となり、10匹以上もの子どもをおよそ月1回の間隔で産むことができる。ハタネズミもよく増える種である（1年に13回も出産することがある）。小型の齧歯類は大型の種（カピバラなど）に比べると多産である。その結果、小型齧歯類は様々な動物の主な餌となっている。齧歯類では性行動から子育てまでの繁殖の周期は、腺刺激分泌物の放出によって支配されている。メスのラットは出産後約8日でフェロモンをつくる。この匂いの化学物質は母親の糞中に分泌され、子どもが母親から離れてしまうのを防いでいる。

カピバラ一家
すべての種がラットやマウスのように多産というわけではない。例えばこのカピバラは、条件がかなりよくない限り出産は通常年1回である。産子数は1〜8匹で、たいていは5匹である。カピバラの子どもは誕生時に十分成長しており、すぐに母親について歩いたり、固形の餌を食べることができる。

社会的な動物
齧歯類では多くの種が組織化された共同体で暮らすが、単独行動をとるものもいる。写真のオグロプレーリードッグは、ほとんどのジリス同様高い社会性を持つ。"タウン"と呼ばれる巣穴システムに棲み、それぞれのタウンは1平方キロ口の範囲にも及ぶ。タウンの中でつながった巣は捕食者から身を守り、子どもを育てるための安全な場所である。プレーリードッグは、タウンの中でサブグループをつくる。仲間のメンバーは協力しあい、なわばりを守ったりする。

齧歯類と人間

齧歯類の一部、主にラットとマウスは人間と餌を競合するため（同じ地域に棲み、同じ餌を食べる）、害獣とされているが、高度に進化している。齧歯類は毎年人間の餌を4000万トンも消費し、尿や糞で貯蔵食料を汚染し、20以上もの伝染性微生物を運ぶ。いくつかの齧歯類コントロールが、罠と毒によって行われているが、多くの種はそれらを避ける高い知能を持つ。齧歯類1702種の中で本当に害獣であるのは数種で、多くは人間にとっても役に立っている。例えば昆虫や雑草を退治してくれたり、菌類を広げることで森林を健全に維持したりする。ビーバーとチンチラは毛皮のために養殖されており、ラット、マウス、モルモットはペットや医学研究に広く使われている。

何でも食べる
齧歯類は高度に群れる動物で、あちこちに定着しているが、特に散らかった小屋や下水道などの人間がつくった場所に棲んでいる。このドブネズミはゴミの間で餌をあさっている。

噛んで被害を与える
すべての齧歯類は、よく発達した切歯で噛む。ビーバーはこの種の木のように、幹をかじることで木を倒すことができる。枝や小さな幹を木から切り取り、巣をつくったり、川にダムをつくったりする。

リス型の齧歯類

門	脊索動物門
綱	哺乳綱
目	齧歯目
亜目	リス亜目
科	7
種	377

顎の筋肉の並び（144ページ）で分類されるこのグループには、ビーバーやリスなどの様々な齧歯類が含まれる。リス科はすべてが長い口髭、筒型の体、ふさふさした尾を持つ。その他の科に含まれる種は、生活様式によって様々な特徴がある。例えばビーバーは半水生で、水かきのついた後肢を持つ。リス型の齧歯類は様々な地域に棲み、全世界に広く分布している。

バランスをとる
ユーラシアアカリスは枝を走るときに、尾でバランスをとる。

Mountain beaver/Sewellel
ヤマビーバー

Aplodontia rufa

体　長	30－46cm
尾	2－4cm
体　重	0.8－1.5kg
分布	カナダ南西部から合衆国南西部にかけて
社会単位	個体
状態	低リスク

倒木の下に巣とトンネルを掘るので、商業的な伐採が行われているところで増加する。単独で生活し、食べるための貯えとして持ち帰った樹皮や小枝、芽、柔らかい植物などの餌の山に、掘ったトンネルの出口が直接向かっている。木登りが上手で多くの小さな木に被害を与える。長い被毛は背側が黒から赤茶色で、腹側が黄褐色、両耳の下に白い模様がある。

Woodchuck/Groundhog
ウッドチャック

Marmota monax

体　長	32－52cm
尾	7.5－11.5cm
体　重	3－5kg
分布	アラスカ、西カナダから東カナダ、合衆国東部にかけて
社会単位	様々
状態	一般的

ジリスの中でも大きくて強い種である。主に昼すぎに餌を食べ、しばしば同種の個体と結びつきの弱い群れをつくり、様々な種子や草、クローバー、果実、バッタやカタツムリなどの小動物を食べる。体の大きさにもかかわらず木に登り、泳ぎもうまい。秋には長い冬眠に備えて深い穴を掘る。北アメリカでは、2月2日がグランドホッグデー（啓蟄）で、この日にウッドチャックが冬の巣穴から顔を出し、気候を調べるといわれている。ウッドチャックは同種に対しては常に好戦的で、特に春の繁殖シーズンになると、オスは優位を争って喧嘩する。また背中を曲げてジャンプを行い、尾を動かしてむき出しの歯を鳴らし、巣穴を守る。

たくましい体格
がっしりとした体に小さな耳、短い肢、ふさふさした尾を持っている。
- 鼻の周りの白い部分
- 白い先端のまだらな毛が背中にある

Eastern chipmunk
トウブシマリス

Tamias striatus

体　長	15.5－16.5cm
尾	7－10cm
体　重	80－125g
分布	カナダ南東部から合衆国中部、東部にかけて
社会単位	個体
状態	地域により一般的

ペットとして広く飼育されており、野生でもおなじみの、キャンプ地の大胆な訪問者である。主に落葉樹、特に樺の木にいるが、人目につかない岩の割れ目などのある森林地域にも棲む。木にも登れるが、主に午前の中頃と午後の中頃、地面で種子や木の実を探し、頬袋に入れて餌を運ぶ。基本的な毛色は、灰茶色か赤褐色で、臀部は薄い赤になっている。冬の冬眠中や巣穴では単独で過ごすが、餌を探す日中は群れをつくることもある。「チップ」や「チャック」という騒々しい声は、仲間やそばに棲む他の小動物に、警告として働く。

- 青白い目と耳の縁
- 白い縁の体の縞

Yellow-bellied marmot
キバラマーモット

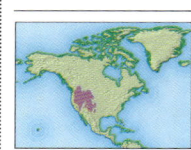

Marmota flaviventris

体　長	34－50cm
尾	13－22cm
体　重	1.5－5kg
分布	カナダ南西部から合衆国西部にかけて
社会単位	群れ
状態	地域により一般的

あちこちに適応し、草や花、ハーブ、種子などの幅広い餌を食べる。主に朝と夕方に餌を食べ、その後、たいていオス1匹、メス数匹からなるコロニーの仲間でグルーミングをする。長い冬眠は8か月も続く。3～8匹の子どもを産み、20～30日間授乳する。

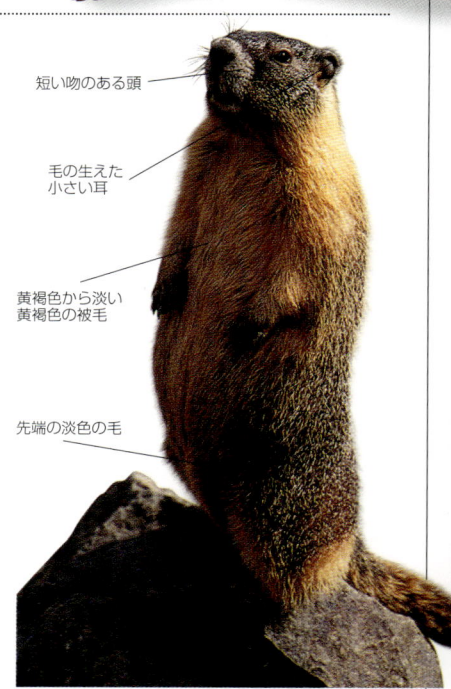

- 短い吻のある頭
- 毛の生えた小さい耳
- 黄褐色から淡い黄褐色の被毛
- 先端の淡色の毛

リス型の齧歯類

Columbian ground squirrel
コロンビアジリス

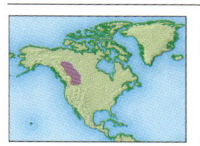

Spermophilus columbianus

体 長	25－29cm
尾	8－11.5cm
体 重	850－1000g

分布　カナダ南西部から合衆国西部にかけて
社会単位　群れ
状態　地域により一般的

コロンビアジリス（"コロンビア"はカナダのブリティッシュコロンビア）は、山の緑草高地や高原の草地にいる。餌は種子、花、球根で、時には空中を飛ぶ昆虫を捕らえる。小さな群れで生活し、他のコロンビアジリスに会うと"キス"をするが、これは口のそばにある臭腺の匂いを体を傾けて嗅いでいるのである。

Black-tailed prairie dog
オグロプレーリードッグ

Cynomys ludovicianus

体 長	28－30cm
尾	7－11.5cm
体 重	0.7－1.5kg

分布　カナダ南西部からメキシコ北部にかけて
社会単位　群れ
状態　低リスク

草地を好み、イヌが吠えるような声を出すことから、ジリスの5種はプレーリードッグと呼ばれている。プレーンプレーリードッグとオグロプレーリードッグは標高1300～2000mの土地を掘り、北アメリカのグレートプレーンズから、もっと南の不毛なメキシコ最北部までに分布する。オグロプレーリードッグの体毛は、冬になると先端が黒くなるが、夏は白く、口髭と尾の先3分の1は黒である。夏には小麦やバッファローグラス、グローブマロー、ラビットブラシのような季節の植物を食べ、冬にはアザミ、オプンチアなどのサボテン、根や球根などを食べる。プレーリードッグはよく増え、33～38日の妊娠期間の後、最高8匹が生まれる。

かつてはその食性が小麦などの穀物に被害を与え、穴に家畜が落ちたりしたため、撲滅運動が行われ、成功した。最近は、主として公園や保護区にのみ生息している。急激に数が減少したのは、実際にはプレーリードッグだけを食べるクロアシイタチ（197ページ）によって脅かされているからである。

グループと共同体

プレーリードッグの基本的な社会単位は、1匹のオス、数匹のメスに子どもというグループである。いくつかのグループが共同体を形成し、メンバーは歯をむき出したり、尾を叩いたりして、なわばりや巣穴を守る。多くの共同体は65ヘクタールにもなるタウンをつくる。

体の色
オグロプレーリードッグは一般的に背側は茶色から赤褐色で、腹側は黒から白っぽくなっている。口髭と尾の先端は黒い。

小さな目

Cape ground squirrel
ケープアラゲジリス

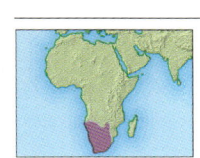

Xerus inauris

体 長	20－30cm
尾	18－26cm
体 重	575ｇ

分布　アフリカ南部
社会単位　群れ
状態　地域により一般的†

ケープアラゲジリスの大きな爪は、固くて乾燥した石の多い土を掘ることができる。背側の毛は茶色がかったピンクで、脇腹と腹に白い縞がある。目は縁どりが白で、吻、足も白である。尾の付け根と先端には黒い帯がある。種子や球根、根から昆虫や鳥の卵まで何でも食べる。このジリスは6～10匹のコロニーで生活するが、30匹近くになることもある。

Eurasian red squirrel
キタリス

Sciurus vulgaris

体 長	20－25cm
尾	15－20cm
体 重	200－475ｇ

分布　ヨーロッパ西部から東アジアにかけて
社会単位　個体
状態　低リスク

背側は、赤から茶色、灰色、黒まで様々で、冬は茶茶色になる。腹側はだいたい薄い色か白である。非常に木登りがうまく、よく跳ね、地面や枝で（特に針葉樹の）種子や木の実、マッシュルームなどのキノコ、芽、果実、柔らかい樹皮や樹液を食べる。子どもを育てるメス以外は単独で生活する。

子育て用の巣

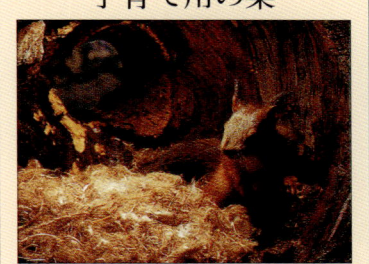

キタリスのメスは2～5匹の目も開いていない裸の赤ん坊を産み、12週間は巣で面倒をみる。巣はボール型の枝でつくった巣をやや大きくしたもので、木の股や木の穴につくる。柔らかで密な素材を敷き詰め、母親が留守にしても子どもが暖かく過ごせるようにしてある。

ふさふさした尾と飾り毛のある耳
キタリスのふさふさした尾はほとんど体と同じ長さがあり、長い密な被毛で覆われている。耳は常に飾り毛があるが、特に冬に目立つ。

前足で餌を持つ

Eastern grey squirrel
トウブハイイロリス

Sciurus carolinensis

体 長	23－28cm
尾	15－25cm
体 重	300－700ｇ

分布　カナダ南部、南東部から合衆国南部にかけて、ヨーロッパ
社会単位　様々
生息状況　一般的

北アメリカからヨーロッパに移入され、背側は灰色で、腹側は白から薄い色をしている。顔と背中、前肢は茶色のまだらになっている。木の実や種子、花、果実、芽、キノコなど様々なものを食べる。草や樹皮を小枝の巣に敷き詰め、冬の貯えとする。

耳に飾り毛はない

哺乳類

齧歯類

Giant flying squirrel
シロフムササビ

Petaurista elegans

体長　30–45cm
尾　　32–61cm
体重　0.5–2kg

分布　東アジア、東南アジア
社会単位　つがい
状態　一般的

シロフムササビは、四肢を伸ばして前肢と後肢の間にある薄いまばらに毛の生えた皮膚を伸ばし、パラシュートのような形になる。飛ぶというよりは滑空して、3倍の飛行率（高さ1に対して3倍の距離を飛ぶ）で、400m以上を飛行し、前肢を使って滑空角度を変更する。滑空は一般に、高い木から、地面ではなく低い木に行うが、しばしば危険から逃げるために使われる。ほとんどのリスと異なり夜行性で、夜間木の穴を出て針葉樹の種や木の実、果実、葉、若木、芽などを探す。毛色は様々だが普通は背側が淡黄色から赤褐色で、夜目の効く大きな目の周りと、毛のない耳に黒い輪がある。

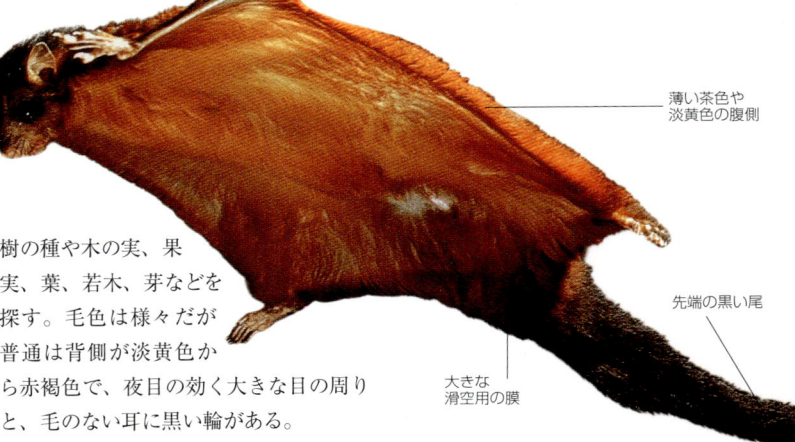

薄い茶色や淡黄色の腹側
先端の黒い尾
大きな滑空用の膜

Prevost's squirrel
ミケリス

Callosciurus prevosti

体長　13–28cm
尾　　8–26cm
体重　150–500g

分布　東アジア、東南アジア
社会単位　様々
状態　低リスク†

最も明るい色の哺乳類のひとつ。木に登り、黄昏時に活動するリスで、背側は黒、腹側は明るい栗色、広い光る白の帯が鼻から大腿部までの両側にある。単独か小さな群れで生活し、鳥のような声を出したり、ブラシのような尾を見せてコミュニケーションをとる。餌は果実、柔らかい種子、油の多い種子、芽や、シロアリ、アリ、虫、鳥の卵などである。46〜48日の妊娠期間の後、木の穴や枝の間に小枝や葉でつくった大きな巣で、2〜3匹の子どもを産む。

Indian giant squirrel
インドオオリス

Ratufa indica

体長　35–40cm
尾　　35–60cm
体重　1.5–2kg

分布　南アジア
社会単位　個体、つがい
状態　絶滅危惧II類

巨大なふさふさした尾は、たいてい頭と体を合わせたよりも長い。背側は暗い色、頭と四肢は赤茶色、腹側は白っぽい。このリスは機敏で慎重で、枝の間を最大6mも跳び、果実や木の実、樹皮、昆虫、卵などを食べる。特徴的な食事のポーズは、座るのではなく、木に後肢でつかまり、尾でバランスをとりながら前や下向きにかがむものである。休憩したり子どもを育てたりするために、典型的なリス型の巣をつくる。

背側は茶、黒、濃い赤
広い手の平

Gambian sun squirrel
ガンビアタイヨウリス

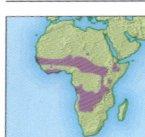

Helioscirus gambianus

体長　15.5–21cm
尾　　15.5–31cm
体重　250–350g

分布　アフリカ
社会単位　個体、つがい
状態　低リスク†

黄色、茶色、灰色の縞があり、被毛によってはまだらのオリーブ色に見える。尾は14本の輪があり、目は白く縁どられている。生息地では種子から鳥の卵までを食べる、典型的な地上および樹上生活種である。日の当たる枝で"日なたぼっこ"をしたり、毎晩、新鮮な葉を巣に敷き詰めるなどといった特徴的な行動をとる。

Botta's pocket gopher
ボッタホリネズミ

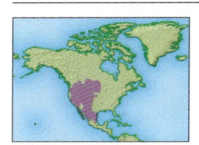

Thomomys bottae

体長　11.5–30cm
尾　　4–9.5cm
体重　45–55g

分布　合衆国西部からメキシコ北部にかけて
社会単位　個体
状態　一般的

主に単独生活をとる。大きな爪のついた強い前肢でゆるい土中に広い巣穴システム（ロッジ）を掘る。ほとんど一生を地下で過ごし、根や地下茎、球根などの植物の地下部分を食べる。背側は灰色がかった茶色で、腹側は茶色がかったオレンジ色である。平らな頭、長い口髭、小さな目、閉じる小さな耳など、典型的な穴掘りに進化している。

Merriam's pocket gopher
メリアムホリネズミ

Crategeomys merriami

体長　14–26cm
尾　　6–13cm
体重　225–900g

分布　メキシコ東部
社会単位　個体
状態　未確認

ホリネズミはポケット状の袋を両頬の毛の生えた皮膚に持ち、餌をそこに入れて巣に持ち帰る。メリアムホリネズミは水面から標高4000mまでの様々な場所に棲む。前の切歯は非常に長く、トゲのあるサボテンや農場の穀物（そのために害獣とされる）から、もみの木の葉や種子までの多種の餌をうまく食べる。背側は黄色、茶色または真っ黒で、腹側は白っぽい。

Large pocket gopher
オオホリネズミ

Orthogeomys grandis

体長　10–35cm
尾　　4–14cm
体重　300–900g

分布　メキシコから中央アメリカ
社会単位　個体
状態　一般的

他のホリネズミと同じように、強く大きな爪のついた前肢を使って巣穴システム（ロッジ）を掘る。根や球根、他の植物の地下部分を食べ、夜になると出てきて幹や若芽をあさり、毛の生えた頬袋に入れてそれらをロッジへ運ぶ。通常は単独行動をとり、繁殖シーズンには1匹のオスに4匹のメスで群れをつくる。ロッジの最も深いところにある草を敷き詰めた部屋で、それぞれのメスが2匹程度の子どもを産む。

哺乳類

リス型の齧歯類

Springhare
トビウサギ

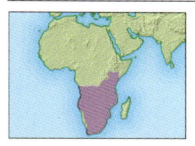

Pedetes capensis

体長	27–40cm
尾	30–47cm
体重	3–4kg
分布	中央アフリカ、東アフリカからアフリカ南部
社会単位	個体
状態	絶滅危惧Ⅱ類

長くてふさふさした尾と大きくて狭い上を向いた耳を持ち、齧歯類の中では唯一カンガルーウサギに似ている。かなりの距離を跳躍し、1回の跳躍で簡単に2mを超える。主食は種子や茎、球根その他の植物部分だが、イナゴや甲虫などの無脊椎動物も食べる。食事するときは体を前に曲げ、ウサギのように4本足でゆっくりと進む。前肢の大きな5本の爪は掘るのに適している。全速力で跳ぶときは尾を上げ、立ち上がるときは尾を補助に使う。うずくまって眠り、後肢の間に頭をはさみ、尾を体全体にかける。夜行性で、単独やつがいで生活し、いくつかの広い巣穴を掘る。特に決まった繁殖シーズンはないようである。1年中いつでも、1匹の子どもを産み、約7週間、繁殖用の巣穴の中で授乳する。

- 灰色から茶色がかったピンク色の背中
- 先端の黒い尾
- とても長い後ろ足

Merriam's kangaroo rat
メリアムカンガルーネズミ

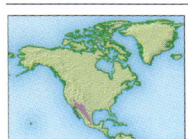

Dipodomys merriami

体長	8–14cm
尾	14–16cm
体重	40–45g
分布	合衆国南西部からメキシコ北部
社会単位	群れ
状態	一般的

比較的大きな後肢でカンガルーのように跳ね、とても長くて細い飾り毛のついた尾でバランスをとり、生息地である砂漠の砂地をかなり速く移動できる。光沢のある被毛は背側が灰色で腹側が白、横腹に濃い灰色と白の細い縞がある。被毛と皮膚を清潔に保つため定期的に激しい砂浴びをする。巣穴や餌を探して土を掘るが、冬は主に雑草やトマトダマシなどの種子、夏はサボテンの種を食べる。

Eurasian beaver
ヨーロッパビーバー

Castor fiber

体長	83–100cm
尾	30–38cm
体重	23–35kg
分布	ヨーロッパ
社会単位	群れ
状態	低リスク

アメリカビーバー（右）に外見や生息地、生活様式は似ているが、体重が重い。近縁種と同様、尾の付け根にある腺から油っぽい防水性の分泌物を出し、グルーミングをしながら毛皮に塗りつける。枝や泥のロッジはつくらず、多くの自然の水辺地域で、川岸に水面下に入口のあるトンネルを掘る。樹皮、葉、植物を食べ、20分間も潜っていることができる。

Dark kangaroo mouse
クロヒメカンガルーマウス

Microdipodops megacephalus

体長	6.5–7.5cm
尾	6.5–10.5cm
体重	10–17g
分布	ヨーロッパ
社会単位	個体
状態	地域により一般的

クロヒメカンガルーマウスは濃い毛の生えた大きな後肢を使って、砂丘や柔らかい乾いた土壌で飛び跳ねたりしている。背側は濃い茶色で、腹側は白い。飛び出た目、大きな耳、長い鼻、ふさふさした口髭は夜行性の生活様式に適応していることを示す。多くの小型砂漠齧歯類と同じように、この種も季節によって食物が変わる。夏は主に昆虫を食べる。冬は外側の頬袋に入れて運んだ食料を、穴の巣に貯め込む種子貯蔵者になる。また、太い尾に体脂肪として餌を貯め込む。それぞれのオスは、同種の個体に対して6600平方メートルにも及ぶなわばりを持ち、攻撃的に守る。メスのなわばりはかなり小さく、400平方メートル程度である。メスは2～7匹の子どもを出産する。

American beaver
アメリカビーバー

Castor canadensis

体長	74–88cm
尾	26–33cm
体重	11–26kg
分布	北アメリカ
社会単位	群れ
状態	地域により一般的

アメリカビーバーは水生生活によく適応している。足は泳ぐために水かきがついており、平らで鱗のついた尾は水面を打ち、大きな警告音を出す。水中では耳と鼻は弁状のフラップで閉じており、唇は切歯の後ろで閉じているので、その状態でもかじったり噛んだりできる。目は透けて見える第三眼瞼（瞬膜）を持ち、水中でも見える。長い口髭によって暗闇でも行き先がわかる。川岸の木や水中植物の葉や小枝、樹皮を食べる。若芽や葉を食べるために、小さな木をかじって倒す。倒した木の枝や小さな幹でロッジをつくったり（コラム参照）、ダムを建設したりするが、強い顎でそれらをダムの場所まで引きずっていく。107日の妊娠期間の後、3～4匹の完全に毛が生えた子どもを産み、2か月間授乳する。

- 平らな鱗のある尾

湖畔のロッジ

ビーバーは日中はロッジで休む。ロッジは湖や池につくった泥や枝の集まりで、水面下の入口は、陸上生活の捕食者が入れないようになっている。ビーバーは水路を掘り、水路を維持するために泥や石、枝でダムをつくるが、これが穀物や木を傷めたり、野生動物に影響を与えていると考えられている。一方で、局地的な洪水を減らし、生息地を自然な状態に戻しているという考え方もある。

2種類の被毛
長い保護毛（外側の被毛）は黄色がかった茶色から黒まで様々だが、たいていは赤褐色である。密な下毛は濃い灰色で、凍るような水中でも体温を保つことができる。

哺乳類

マウス型の齧歯類

門	脊索動物門
綱	哺乳綱
目	齧歯目
亜目	ネズミ亜目
科	5
種	1,137

ネズミ亜目は、他の2つの齧歯類亜目とは顎の筋肉の並び（144ページ）によって区別される。このグループにはラット、マウス（ハタネズミ、レミング、ハムスター、ジャービルを含む）や、トビネズミなどがおり、全哺乳類種の4分の1以上が含まれる。尖った顔と長い口髭を持ち、たいていは小さくて夜行性の種子食である。全世界（南極大陸を除く）で見られ、ほとんどの地方に生息している。ハタモグラネズミのような種は地下に棲む。ミズハタネズミは水辺に棲んでいる。開けた土地に棲む種は、早く逃げるための長い肢と、遠くの危険を察知するための大きな耳を持つ。

多産
このヤマネのようなマウス型の齧歯類はたいてい繁殖力が高く、よく増える。

Burrowing mouse
ウルグアイモグリマウス

Oxymycterus nasutus
- 体長 9.5〜17cm
- 尾 7〜14.5cm
- 体重 90g
- 分布 南アメリカ東部
- 社会単位 個体
- 状態 地域により一般的

大型のマウスでめったに開けたところに出てこない。葉や倒木、石の下で日中、幼虫などの生物を探し、長くてよく動くトガリネズミのような鼻で嗅ぎ回り、長い爪のある前肢で獲物を集める。背側は黒で赤か黄色が混じり、中央線が濃い。横腹は黄褐色、腹側は黄色っぽいオレンジ色に灰色が混じる。短い鱗のある尾には毛がまばらにある。トンネルはあまり掘らず、他の齧歯類のトンネルを使う。

Northern pygmy mouse
キタコビトマウス

Baiomys taylori
- 体長 5〜6.5cm
- 尾 3.5〜4.5cm
- 体重 7〜9g
- 分布 合衆国南部からメキシコ中部
- 社会単位 個体
- 状態 地域により一般的

キタコビトマウスのメスは北アメリカ最小の齧歯類で、新世界マウスの中では最も早く（生後4週間）妊娠することができる。被毛は背側が焦げ茶で、腹側が灰色である。直径30mにもなるなわばりを持ち、薄暗い時間に植物や種子を食べる。倒木や植物の下の穴に棲んでいる。

Sumichrast's vesper rat
ヨルネズミ

Nyctomys sumichrasti
- 体長 11〜13cm
- 尾 8.5〜15.5cm
- 体重 記録なし
- 分布 メキシコ南部から中央アメリカ南部にかけて
- 社会単位 個体
- 状態 地域により一般的

かなりの時間樹上生活をする明るい毛色のラットで、背中側が淡黄褐色かピンクがかった茶色、背中の中央に濃い色の毛がある。色の薄い横腹と白い腹側、目の周りに濃い輪を持ち、茶色で鱗のある毛の生えた尾をしている。耳は短くて密に毛が生えている。両足の第1指は親指に似て、枝をつかむために発達している。群れで生活し、小枝や葉、ツルでリスのような巣をつくり、めったに地上に降りてこない。主に夜活動し、イチジクやアボカドを含む様々な植物を食べる。

American harvest mouse
ヌマチアメリカカヤネズミ

Reithrodontomys raviventris
- 体長 7〜7.5cm
- 尾 4.5〜11.5cm
- 体重 6〜20g
- 分布 合衆国西部（サンフランシスコ沿岸地域）
- 社会単位 個体
- 状態 絶滅危惧II類

ハツカネズミ（156ページ）に似ており、長い耳と長くて細い鱗のある毛の生えた尾をしている。茂みや下生えの地面に草で丈夫な夏の巣をつくり、種子や若芽、昆虫を食べる。冬はトンネルや掘った穴に移動するが、他の齧歯類の掘った穴があればそこに棲む。

White-footed mouse
シロアシネズミ

Peromyscus leucopus
- 体長 9〜10.5cm
- 尾 6〜10cm
- 体重 14〜30g
- 分布 カナダ南部からメキシコにかけて
- 社会単位 個体
- 状態 一般的

広く分布し、よく見られる。他の小型マウスによく似ており、肢と腹が白く、背側は茶色の被毛である。たいていはつがいで生活し、木の根や倒木、石の下、もしくは藪の中の隠れ家にある巣で暮らしている。土に巣穴を掘ったり、他の動物が使わなくなった穴を利用することもある。巣は裂いた茎などの柔らかい乾燥した植物でつくられる。基本的には夜、つがいで餌をあさり、果実や木の実、種子、昆虫などを食べる。上手に木に登ることもできるが、主に地上で生活している。寒い気候では、毎日数時間休眠する。22〜23日の妊娠期間の後、平均4〜5匹を出産する。

肢と腹の毛は白い

マウス型の齧歯類

Giant South American water rat
ボリビアオオリオネズミ

Kunsia tomentosus

体　長	29cm
尾	15cm
体　重	記録なし

分布　南アメリカ中部
社会単位　個体
状態　絶滅危惧II類

あまり知られていない種で、小さな耳に短い尾を持つ大型のラットである。長くてカーブした爪のついた力強い足を使い、ほとんどの時間を穴掘りに費やしている。背側の毛は濃い茶色で固い毛が交じっており、腹側の毛は灰色で先端が白い。穴を掘りながら、根や地下茎、地下の植物部分を食べる。洪水の季節は水がトンネルの中まで入るので主に地上におり、草や若芽などに餌を変更する。

Hispid cotton rat
アラゲワタネズミ

Sigmodon hispidus

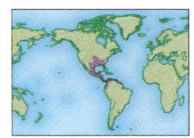

体　長	13－20cm
尾	8－16.5cm
体　重	100－225g

分布　合衆国南部から南アメリカ北部
社会単位　個体
状態　低リスク†

アメリカにいる10種のワタネズミ（コトンラット）のひとつである。極端に珍しいものもいれば、局地的に数が多く、餌が豊富で増えすぎたために害獣とされているものもいる。植物（時々サツマイモやサトウキビの収穫を台なしにしてしまう）、昆虫、虫などの様々な物を食べる。泳ぎもうまく、淡水のカニやザリガニ、カエルなども食べ、アシを登って鳥の卵やひなを食べることもある。昼も夜も活動し、地面の窪みにある目につかない草の巣や、75cm程度の深さの巣に、普通は1匹で生活している。子育ての浅い巣を掘り、餌場まで毎回通う通路を確立する。固い被毛は背側が茶色から茶色がかった灰色で、腹側が灰白色である。メスは6～8週間で性成熟を迎え、27日の妊娠期間の後、12匹の子どもを産む。

Vesper mouse
ヨルマウス

Calomys laucha

体　長	7cm
尾	5.5cm
体　重	13g

分布　南アメリカ中部、東部
社会単位　様々
状態　一般的

ヨルマウスは、外見だけでなく人間の住居の近くで暮らす点もハツカネズミ（156ページ）に似ており、時々爆発的に増加し、害獣となることもある。背側は灰白色で、腹側は薄茶から濃い茶色、中くらいの両耳の後ろに白い模様があり、長くてまばらに毛の生えた尾を持つ。倒木や岩、床板の下などのあらゆる隙間、また木登りも上手なので、時には木の股に草で巣をつくる。主食はあらゆる種類の植物だが、甲虫やムカデなどを食べることもある。

Desert hamster/Dwarf hamster
サバクハムスター

Phodopus roborovskii

体　長	5.5－10cm
尾	4－14mm
体　重	25－50g

分布　東アジア
社会単位　個体
状態　地域により一般的

小型で、尾が短く、耳の突き出た齧歯類で、背側は薄い茶色、腹側は真っ白である。後肢は短くて広く、熱くてさらさらした砂漠の砂を走り回るため足裏に密な毛が生えている。他のハムスターと同じように、内側の頬袋に種子を詰め込み、巣穴に持ち帰ってそれを貯える。甲虫やバッタ、ハサミムシなどの昆虫も食べる。休むための穴はしっかりとした土壌に掘られており、ラクダやヒツジの抜け毛が敷かれている。

Golden hamster
ゴールデンハムスター

Mesocricetus auratus

体　長	13－13.5cm
尾	1.5cm
体　重	100－125g

分布　西アジア
社会単位　個体
状態　絶滅危惧IB類

ペットとしてなじみ深いが、野生では西アジアの狭い地域にだけ生息している。金色の被毛は額に濃い模様があり、両頬から首の上部にかけて黒い縞がある。腹側は白から灰白色の被毛をしている。被毛をよい状態に保つためにグルーミングが重要で、前歯と爪をこのために使う。このハムスターは地下2mのところに巣穴を掘るが、食事のときを除くとほとんど巣穴から離れない。餌は種子、木の実、アリ、ハエ、ゴキブリ、スズメバチ、幼虫などを含む生き物などである。他のハムスターに対しては攻撃的である。

豊かなゴールデンオレンジの被毛

餌でいっぱいの頬袋

丈夫な齧歯類
ゴールデンハムスターは太い鼻先、広い顔、小さな目、突き出た耳、小さな尾を持つ。

孤独なグルーミング

他の多くのハムスターと同様、単独で暮らし、そのため多くの社会性を持つ齧歯類が行うようなお互いのグルーミングができないので、泥や抜け毛、もつれ、ノミのような寄生虫は自分で取り除くしかない。

Common hamster
クロハラハムスター

Cricetus cricetus

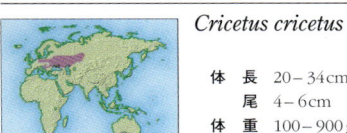

体　長	20－34cm
尾	4－6cm
体　重	100－900g

分布　ヨーロッパから東アジア
社会単位　個体
状態　低リスク†

クロハラハムスターは、最も大型のハムスターで、とても厚い被毛をしており、背側は赤茶色で、腹側はほとんど黒、鼻、頬、喉、脇腹、足先に白い模様がある。背側と比べて腹側の色が濃いのは、哺乳類の中でも非常に珍しい。秋には種子、根などの植物を、大きくてよく伸びる頬袋に詰めこんで巣穴に持ち帰り、貯える。そして春まで冬眠するが、5～7日おきに目覚めて、餌を食べる。夏にはイモムシなどの動物も食べる。18～20日の妊娠期間の後、12匹にもなる子どもを産み、3週間授乳する。子どもは8週間で完全におとなになる。

哺乳類

齧歯類

Malagasy giant rat/Votsotsa
オオミミアシナガマウス

Hypogeomys antimera

体長	30–35cm
尾	21–25cm
体重	1–1.5kg

分布　マダガスカル西部
社会単位　群れ
状態　絶滅危惧IB類

長いウサギのような耳と大きな後肢を持っている。行動もウサギに似ており、走るというよりは跳ね、オス、メス、過去2～3年に生まれた子どもという家族群で生活する。海岸の森林地帯の砂っぽい土に、入口が最大6つもある巣穴を掘る。果実、若木、柔らかい樹皮などを、前肢で抱えて食べる。生息地の消失、外来種のクマネズミとの競合によって危機に瀕している。

ウサギのような耳
よく発達した掘るための爪

Fat-tailed gerbil
オブトアレチネズミ

Pachyuromys duprasi

体長	9.5–13cm
尾	5.5–16.5cm
体重	20–50g

分布　北アフリカ
社会単位　様々
状態　地域により一般的

サハラ砂漠に棲み、長くて柔らかい被毛、尖った鼻、長い後肢を持つ。毛色は、背側と脇がシナモン色で毛の先端が黒く、腹側は淡い色から白になっている。棍棒のような尾には、食料と水分を体脂肪として貯える。夕暮れ時に穴から出てきて、コオロギなどの昆虫を探す。葉や種子、その他の植物も食べる。

Mongolian gerbil
スナネズミ

Meriones unguiculatus

体長	10–12.5cm
尾	9.5–11cm
体重	50–60g

分布　東アジア
社会単位　群れ
状態　地域により一般的

跳ねるための長い後肢

中東からアジア原産の13種のアレチネズミの1種で、ペットとしてなじみ深い。乾燥した草原に穴を掘り、昼も夜も活動し、夏も冬も動き回る。主食は種子で、精巧な巣の中に余分な種子を貯え、つがいや12匹にもなる子どもと分ける。家族はお互いにグルーミングを行うが、侵入者に対してはすばやく攻撃する。先端の黒い茶色の毛で、腹側は灰色か白である。

Brant's whistling rat/Karroo
カローネズミ

Parotomys brantsii

体長	12.5–16.5cm
尾	7.5–10.5cm
体重	85–125g

分布　アフリカ南部
社会単位　群れ
状態　地域により一般的↑

不毛な岩だらけのアカザの茂るところに生息する。用心深く、固い地面に掘った広い巣穴のそばで餌を食べる。被毛は黄色と黒茶のまだらで黄色い耳をしており、腹側は灰白色で、鼻は赤みがかったオレンジ色である。

Bamboo rat
タケネズミ

Rhizomys sinensis

体長	22–40cm
尾	5–9.5cm
体重	1–3kg

分布　東アジア
社会単位　個体
状態　地域により一般的↑

ビーバーに似た大型のラットで、厚い灰褐色の被毛にずんぐりとした鼻とがっしりした体、丸くて鱗のある尾を持つ。竹藪に棲み、根の間にトンネルや巣となる小部屋を掘る。木登りがうまく、様々な種子や果実、竹の根や竹の子を食べる。

Bank vole
ヨーロッパヤチネズミ

Clethrionomys glareolus

体長	7–13.5cm
尾	3.5–6.5cm
体重	12–35g

分布　西ヨーロッパから北アジア
社会単位　群れ
状態　一般的

典型的な太い頭で、背側は黄色や赤から茶色まで様々で、灰色の横腹、灰白色の臀部、白い肢、先端がブラシのような尾をしている。大きさもまちまちで、他の地方に棲むものに比べて、長さで2倍、体重で3倍になるものもいる。非常に適応力があり、穴や茂み、木の切り株などに巣をつくり、キノコやコケから、種子、芽、昆虫、鳥の卵までのあらゆる食物を食べる。

European water vole
ミズハタネズミ

Arvicola terrestris

体長	12–23cm
尾	7–11cm
体重	60–300g

分布　西ヨーロッパから西アジア、北アジアにかけて
社会単位　個体、つがい
状態　地域により一般的

主に草地や木に穴を掘る個体は、川や池、沼地のそばで暮らす同種の個体に比べて、ほぼ半分の大きさである。いずれも植物を食べ、厚い被毛を持ち、背側が灰色、茶色、黒で、腹側は濃い灰色から白、丸い尾は体の半分の長さである。汚染、生息地の減少、天敵である外来種のミンクに脅かされている。

Giant African mole rat
エチオピアオオタケネズミ

Tachyoryctes macrocephalus

体長	31cm
尾	9–10cm
体重	350–1000g

生息地　東アジア
社会単位　様々
状態　低リスク↑

モグラのように生活しており、ほとんどの時間を巣穴で過ごす。この巣穴は長さ50mにもなるが、1匹で棲んでいる。太くて丸い頭、がっしりした体、短い肢、小さな目と耳、厚い被毛という穴掘りに適した体をしている。大きくて常に突き出たオレンジがかった黄色の切歯で根などの植物をかじり、同様にして広いトンネルシステムを掘る。

マウス型の齧歯類

Common vole
ユーラシアハタネズミ

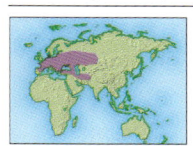

Microtus arvalis

体 長　9–12cm
尾　　3–4.5cm
体 重　20–45g

分布　西ヨーロッパから西アジア、中央アジアにかけて
社会単位　群れ
状態　一般的

中型のハタネズミで、草地や農地で最もよく見られる齧歯類のひとつである。短い被毛で、背側が灰茶色から砂色、腹側は灰色で、太い鼻と小さな目と耳、ずんぐりとした体、毛の生えた尾を持つ。巣や食物を貯蔵するための部屋を掘り、草の葉などのみずみずしい緑の植物を食べる。冬には納屋や干草の山に逃げ込み、柔らかい茎をかじる。

Muskrat
マスクラット

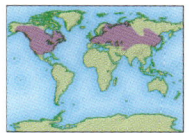

Ondatra zibethicus

体 長　25–35cm
尾　　20–25cm
体 重　0.6–2kg

分布　北アメリカ、西ヨーロッパから北アジア、東アジアにかけて
社会単位　群れ
状態　一般的

たいてい10匹までの群れで生活しており、川岸にトンネルを掘ったり、泥や植物の茎、小枝などからビーバーのような住処（ロッジ）をつくる。アシなどの水辺の草を食べ、時々ザリガニ、カエル、魚、甲殻類などを捕らえる。メスは、乾いたトンネルの部屋やロッジの踊り場に巣をつくり、そこで1～3匹の子どもを産む。糞や尿に麝香を分泌し、なわばりをマーキングする。

泳ぎ上手
マスクラットは、穴を掘るハタネズミの中で最大の種で、泳ぐのに適応している。大きな後肢の指の間には小さな水かきがついていて、一方の端に固い毛が並び、"泳ぐための飾り毛"を形成している。毛のない長い尾は左右に平らになっており、舵として使われる。鼻孔と小さな耳は、約20分の潜水の間、フラップで閉じている。息継ぎをしないで水中を100mも泳ぐことができる。

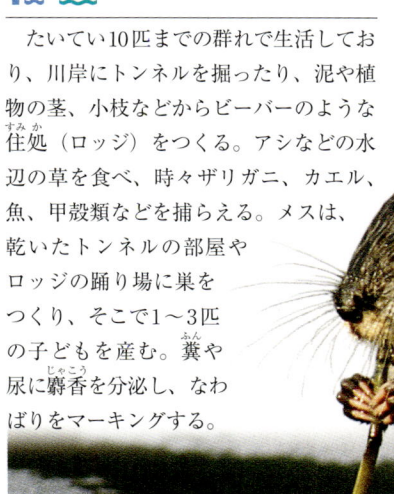

長くてまばらな保護毛と密な下毛

麝香の匂い
鼠径部や会陰部にある腺から麝香のような匂いを出す。この腺は特にオスに目立ち、繁殖期には大きくなる。

Yellow-necked field mouse
キクビアカネズミ

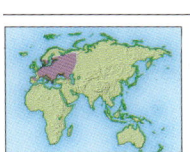

Apodemus flavicollis

体 長　8.5–13cm
尾　　9–13.5cm
体 重　18–50g

分布　西ヨーロッパから西アジア、中央アジアにかけて
社会単位　個体
状態　一般的

この大きな長い尾のネズミの黄色い喉は、背側の茶色や腹側の黄色っぽい白と対照的である。大きくて飛び出した目と大きな耳は、夕暮れや夜間活動することを示し、長い後肢でかなりの距離を飛ぶことができる。20mも木に登り、種子や木の実のほか、ムカデ、クモ、ヤスデなどの小動物を探す。根の間や木の幹などの高い位置にある適当な穴ならすべて巣穴とし、同じようなモリアカネズミ（右）を含む他のネズミを激しく追い払う。

Wood mouse
モリアカネズミ

Apodemus sylvaticus

体 長　8–11cm
尾　　7–11cm
体 重　15–30g

分布　西ヨーロッパから北アジアにかけて、北アフリカ
社会単位　個体
状態　一般的

キクビアカネズミ（左）と間違えられることがあるが、喉が黄色いだけでなく、胸にオレンジがかった褐色の模様を持つ。背側は灰褐色で、腹側は灰白色である。すばしこくて機敏であり、マッシュルーム、木の実、果実、昆虫などを含むいろいろな餌を食べる。穴や木の洞に巣をつくり、尿でなわばりをマーキングし、侵入者とは激しく戦う。

Brown lemming
シベリアレミング

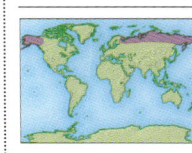

Lemmus sibericus

体 長　12–15cm
尾　　1–1.5cm
体 重　45–150g

分布　北東ヨーロッパから北アジアにかけて、アラスカから北西カナダにかけて
社会単位　群れ
状態　一般的

シベリアレミングは、広い地域に生息している多産な種で、高地の低木草地と荒地の間を季節によって短距離移動し、冬は低地に身を隠している。この移動はノルウェーレミングに比べると地味であるが、時には本能的に川を泳ごうと飛び込んだり、崖を下りたりする。コケやスゲ、ハーブ、柔らかい小枝、時には鳥の卵なども食べる。メスは草や自分の被毛で巣をつくり、18日間の妊娠期間の後、12匹もの子どもを産む。

秋の別荘
元気でよく動き回るシベリアレミングは、活発でうるさく鳴く"穴掘り屋"で、食欲旺盛な動物である。秋は低いツンドラ地域、池や川に移動し、泥炭質の土の下にトンネルを掘って隠れたり、植物の塊に巣をつくったりする。雪の下の通路を通って食事に行く。

小さくて毛に覆われた耳

丸い形
シベリアレミングは太い鼻と厚い被毛と短い尾を持つ。背側の黒い縞は北アメリカに棲む個体にはない。

哺乳類

齧歯類

Steppe lemming
ステップレミング

Lagurus lagurus

体長 8–12cm
尾 0.7–2cm
体重 25–35g

分布 東ヨーロッパから東アジア
社会単位 様々
状態 低リスク

肢や耳まで覆う長い防水性の被毛が、寒い北アジアの草原でもステップレミングを温かく保つ。背側は薄い灰色かシナモン色で、中央に黒い縞を持ち、腹側は色が淡い。深さ30cmの一時的なシェルターを掘るが、もっと長く使う穴（3倍の深さになる）に草を敷いて巣とする。12匹もの子どもを年に5回出産する。

Striped grass mouse
ホシフクサマウス

Lemniscomys striatus

体長 10–14cm
尾 10–15.5cm
体重 20–70g

分布 西アフリカ、アフリカ南部から東アフリカにかけて
社会単位 個体
状態 一般的

背側には濃い色の縞が走っている

東に棲む個体に比べると、西に棲む個体は色が薄く、背側は淡黄褐色かオレンジっぽい赤色に、明るい縞が入っている。腹側は茶色っぽい白である。主に地面で暮らし、草の茎、葉、穀物、時に昆虫などを食べ、餌場に通じる通路を持つ。神経質でジャンプするこのネズミは単独で生活し、死んだふりをしたり、捕食者につかまると尾を自切したりすることがある。

Black rat
クマネズミ

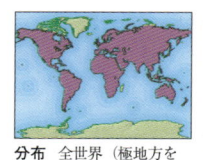

Rattus rattus

体長 16–24cm
尾 18–26cm
体重 150–250g

分布 全世界（極地方を除く）
社会単位 様々
状態 一般的

クマネズミは、はるかローマ時代に、船や積荷に乗ってアジアから全世界に広がった。種子や果実などの植物を好むが、昆虫や死んだ動物、糞、ゴミなどを食べて生きていくことができる。クマネズミは20～60匹の群れで集まり、イヌのような大きな動物を威嚇することがある。基本色は黒だが、焦げ茶もあり、腹側は灰色から白、肢は白かピンク色である。20～24日の妊娠期間の後、4～10匹の子どもを産む。走ったり、木に登ったり、上手に泳いだりすることができ、木や草で巣をつくるが、ほかのあらゆる材料を使って屋根の穴を巣とすることもある。クマネズミの運ぶ

バランスをとるための長く毛のない尾

Giant pouched rat
アフリカオニネズミ

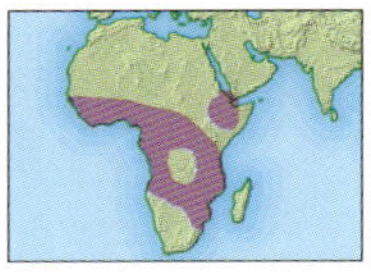

Cricetomys gambianus

体長 35–40cm
尾 37–45cm
体重 1–1.5kg

分布 西アフリカ、中央アフリカ、東アフリカ、アフリカ南部
社会単位 様々
状態 一般的

シロアリからアボカドまでの水気の多い肉質の餌を食べ、アメリカホドイモやトウモロコシなども食べる。大きな頬袋に餌を詰めて巣に持ち帰るが、巣穴には食用、休憩用、繁殖用、排泄用の広い部屋がある。ふさふさした毛は背中が黄色っぽい褐色で、喉や腹側は白っぽく、目の周りに焦げ茶の輪がある。大型で大きな目をしたおとなしいネズミで、ペットや肉用に飼育されている。

Müller's rat/Giant Sunda rat
ミュラークマネズミ

Rattus muelleri

体長 18.5–24cm
尾 22–28cm
体重 150–300g

分布 東南アジア
社会単位 個体
状態 地域により一般的

ミュラークマネズミは大型で毛の固い齧歯類で、背側は黄色っぽい黒色のまだら、腹側は薄い灰色か茶色である。典型的なネズミの顔に小さな耳、ほとんど毛のない肢、茶色い尾を持つ。多くの植物とカタツムリ、昆虫、トカゲなどを含む小動物を食べる。東南アジアではあちこちで見られ、熱帯雨林の地上や地面近くでほとんど過ごし、しばしば人間の住居や屋外にあるトイレなどにやってくる。

ノミが人間に病気を伝播するが、この中には腺ペストも含まれ、何世紀もの間、何十億という人間がこれによって死亡している。

Eurasian harvest mouse
カヤネズミ

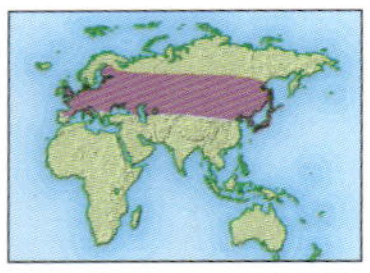

Micromys minutus

体長 5–8cm
尾 4.5–7.5cm
体重 5–7g

分布 西ヨーロッパから西アジア
社会単位 個体
状態 低リスク

物をつかむ尾を持った、唯一の旧世界齧歯類である。小麦などの農場穀物の穂を含む種子や、木の実、昆虫やクモなどの小動物を食べる。繁殖季節には21日間の妊娠期間の後に2～6匹の子どもを出産するが、時には12匹を超えることがある。しかし食料が不足すると自分の子どもを食べてしまう。自分が生き延びるためのこの戦略は、様々な齧歯類で見られる。

毛色
背側は黄色や赤みがかった茶色で、腹側はたいてい白い。顔は丸いが鼻は尖っている。

小さな耳
巻きつく長い尾
物をつかむ幅の広い足

ボール状の巣

カヤネズミは、低木や草の茂みの中に細く裂いた草の葉や茎を使って、時には古い鳥の巣を利用して球状の巣をつくる。巣は直径が8～12cmで、地上から50～130cmくらいの場所にある。メスの繁殖用の巣は、通常の巣に比べるとずっとしっかりしている。

マウス型の齧歯類

Brown rat/Norway rat/Common rat
ドブネズミ

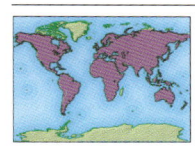

Rattus norvegicus

体　長　20–28cm
尾　　　17–23cm
体　重　275–575g
分布　全世界（極地方を除く）
社会単位　群れ
状態　一般的

鋭い感覚を持つすばしこいネズミで、どんな餌でも食べ、広く世界中に生息している。大型のオスに支配された200匹にもなる群れは、ウサギや大型の鳥、魚さえ襲うことがある。22～24日間の妊娠期間の後、メスは6～9匹の子どもを産む。草や葉、紙、ぼろ布などあらゆる材料で巣をつくる。ペットや科学研究のために繁殖されているネズミの祖先である。

バランスをとるために持ち上げた尾

泳ぐネズミ
ドブネズミは非常に泳ぎがうまく、小魚やザリガニを捕らえたり、水生カタツムリや水生昆虫を食べる。尾はバランスをとるために上げている。

ほとんど毛のない尾

小さな目

毛色
背側は茶色から灰茶色、黒まで様々である。腹側は白い。尾は長く、まばらに毛が生えている。

餌を探す群れ

ドブネズミは基本的には草食動物で、種子（特に穀物）、果実、野菜、葉を食べる。とても敏感な嗅覚を持ち、夜間の餌探しでは3km以上も歩き回る。群れのメンバーを匂いで認識し、ライバルの群れや自分の群れ以外のネズミには、すぐに攻撃を行う。

Smooth-tailed giant rat
ニューギニアオニネズミ

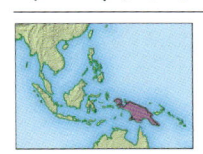

Mallomys rothschildi

体　長　34–38cm
尾　　　36–42cm
体　重　0.95–1.5kg
分布　ニューギニア
社会単位　個体
状態　地域により一般的

大型で、背側が黒から赤褐色、腹側が白っぽく、腹の両側に白い帯がある。若芽、葉、その他の植物性の餌を探して木の間を走り回り、鋭い爪のある足でしっかりと枝をつかむ。

Australian water rat
オオミズネズミ

Hydromys chrysogaster

体　長　29–39cm
尾　　　23–33cm
体　重　0.65–1.25kg
分布　ニューギニア、オーストラリア（タスマニアを含む）
社会単位　個体
状態　地域により一般的

オーストラリア原産の最も重い齧歯類で、泳ぐために広い後肢と水かきのついた指を持つ。背側は茶色から灰色まで様々で、腹側は金色、クリーム色、白まであり、尾は太くて先端が白い。夜明けや夕暮れ時に活動し、甲殻類、水生カタツムリ、魚、カエル、カメ、鳥、マウス、コウモリなどを捕らえて食べる。

Greater stick-nest rat
コヤカケネズミ

Leporillus conditor

体　長　17–26cm
尾　　　14.5–24cm
体　重　150–450g
分布　南オーストラリア（フランクリン島）
社会単位　群れ
状態　絶滅危惧IB類

オーストラリアの1島でのみ生息が確認されている。ほぼウサギと同じ大きさで、長い耳、丸い鼻、細い尾を持つ。背側は灰褐色で腹側は白く、1.5mの高さに枝や小枝で頑丈な表面の巣をつくる。

Spiny mouse
クレタトゲマウス

Acomys minous

体　長　9–12cm
尾　　　9–12cm
体　重　11–90g
分布　ヨーロッパ（クレタ島）
社会単位　様々
状態　絶滅危惧II類

背側の毛はまばらで固い。背側は黄色から赤、灰色、茶色まで様々で、腹側は白い。夜行性で、主食は草の葉と種子だが、食べられるものは何でも食べ、ごく簡単な巣をつくる。群れをつくり、妊娠期間は5～6週間（ネズミにしては長い）。他のメスが出産するときには、片づけたり、手伝ったりする。生まれた子どもはよく発達していて目も開いている。

Spinifex hopping mouse/Dargawarra
トゲトビネズミ

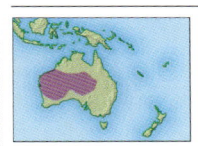

Notomys alexis

体　長　9–18cm
尾　　　12.5–23cm
体　重　20–50g
分布　オーストラリア西部、中部
社会単位　群れ
状態　一般的

トゲトビネズミは、大型のマウスで、砂漠に生息する。すべての水分を葉、種子、木の実などの植物からとっている。まったく水を飲まないため、齧歯類の中で最も濃い尿をつくる。トゲトビネズミは社会性が高く、オスとメスの交じった10匹ほどの群れで生活し、巣を共有している。雨が降るとすぐに繁殖する。

哺乳類

齧歯類

House mouse
ハツカネズミ

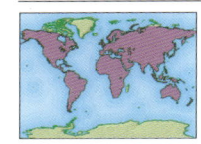

Mus musculus

体長	7–10.5cm
尾	5–10cm
体重	10–35g
分布	全世界（極地方を除く）
社会単位	群れ
状態	一般的

人間の次に全世界に広く分布する哺乳類で、どんな餌でも食べ、優位の1匹のオスと数匹のメスという家族群で生活する。高い周波数の鳴き声でコミュニケーションをとり、匂いや尿を使ってなわばりをマーキングする。8〜10週で成熟し、18〜24日の妊娠期間で3〜8匹を産み、条件がよければ年10回出産する。ペットや科学研究のために広く用いられている。

背中側は黒灰色から赤茶色まで様々

ほとんど毛のない尻尾

Edible dormouse
オオヤマネ

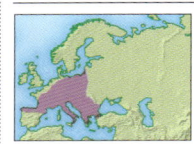

Glis glis

体長	13–20cm
尾	10–18cm
体重	70–150g
分布	中央ヨーロッパ、南ヨーロッパから西アジアにかけて
社会単位	群れ
状態	低リスク

森林や離れなどに棲み、木の穴や屋根の割れ目、床の下などに巣をつくる。秋に脂肪を貯え、穴の奥の大きくて丈夫な巣での7か月にわたる冬眠を乗り切る。葉、種子、果実、木の実、樹皮、マッシュルーム、昆虫などの小動物、鳥の卵やひななどを食べる。他のヤマネ同様、緩やかな社会群をつくり、チューチューという鳴き声やさえずりでコミュニケーションをとる。妊娠中のメスは単独行動をとる。

かつては食用だった
古代ローマで飼育されており、秋には余分な餌で太らせて、ディナーに使われた。

リスのように跳ねる
オオヤマネは長くてふさふさした尾を持ち、大きな後肢で枝をジャンプし、半立ちの姿勢をとるところがリスに似ている。細くて密な被毛は茶色から銀灰色で、濃い模様があり、腹側は白い。

ふさふさした尾

Hazel dormouse
ヨーロッパヤマネ

Muscardinus avellanarius

体長	6.5–8.5cm
尾	5.5–8cm
体重	15–35g
分布	ヨーロッパ
社会単位	個体
状態	低リスク

イエネズミ（上）程度の大きさで、とても上手に木に登り、非常に高くジャンプすることができる。主に樹上で餌を食べるが、春や夏は花や幼虫、鳥の卵を食べ、秋は種子、実、果果実、木の実などに餌を変える。ヤマネは盲腸（大腸の一部）を持たない唯一の齧歯類で、これは餌にセルロースがあまり含まれていないことを示す。深い茂みや木の穴に、草を使って巣をつくる。数匹が近いところに棲み、餌場を共有している。様々な笛のような声や唸り声を使ってコミュニケーションをとる。22〜24日の妊娠期間の後、2〜7匹の子どもを産み、1年に2回まで出産する。ふさふさした尾は、捕食者に捕まえられると抜ける。

深い冬の眠り
ほとんどのヤマネは、冬になると深い冬眠をする。ヤマネは直径約12cmの巣で7か月間くらい眠る。これは夏よりも長い。この巣は穴やコケ、葉の下にある。食糧を巣とともに脂肪として体に貯えるが、そうすることによって寒い季節を生き延びることができるのである。

様々な毛色
ヨーロッパヤマネやヤマネは、背側が黄色、赤、オレンジ、茶色で、腹側が白い。

Desert jerboa
トビネズミ

Jaculus jaculus

体長	10–12cm
尾	16–20cm
体重	45–75g
分布	北アフリカから西アジアにかけて
社会単位	個体
状態	一般的

砂漠の砂によく適応し、非常に長い後肢に3本の指を持ち、足裏には毛が生えている。かなりの速さで跳び、長い尾でバランスをとるが、ふさふさした白い尾の先端近くには黒い帯がある。被毛は背中がオレンジがかった褐色、横腹はオレンジがかった灰色、腹側は白く、尻に白っぽい帯がある。夜に種子や根、葉を食べる。日中は熱や捕食者、他の動物の侵入を防ぐため、穴の入口をふさぐ。

Four-toed jerboa
ヨツユビトビネズミ

Allactaga tetradactyla

体長	10–12cm
尾	15.5–18cm
体重	50–55g
分布	北アフリカ
社会単位	個体
状態	絶滅危惧IB類

後肢には4本目の指があるが、3本の機能的な指に比べると小さい。他の点では典型的なトビネズミで、巨大なジャンプ用の後肢と、長いウサギのような耳を持つ。背側は黒とオレンジのまだら、臀部はオレンジ、横は灰色で、腹側は白い。バランスをとる長い尾は、ふさふさした白い先端近くに黒い輪がある。夜出てきて草、葉、柔らかい種などを食べる。

哺乳類

モルモット型の齧歯類

門	脊索動物門
綱	哺乳綱
目	齧歯目
亜目	テンジクネズミ亜目
科	18
種	188

このグループには様々な種が含まれる。半水生のカピバラ、樹上生ではっきりしたトゲと物をつかむ尾を持つ最大の齧歯類である新世界ヤマアラシ、地下に棲むアフリカデバネズミなどである。テンジクネズミ亜目の特徴は顎の筋肉の並び（144ページ参照）で、ほとんどの種は比較的大きな頭、がっしりした体、短い尾、細い肢を持っている。アフリカ、アジアで見られる。

仲間といると安全
家族的な群れで暮らすカピバラは、捕食者に攻撃される前に誰かが気づくことで、より安全に暮らせる。

North American porcupine
カナダヤマアラシ

Erethizon dorsatum

体長 65–80cm
尾 15–30cm
体重 3.5–7kg

分布 カナダ、合衆国
社会単位 個体
状態 一般的

ずんぐりして、四肢が短く、長い針の大きなとさかが頭に8cmも立っている。力強く広い足は鋭い爪と毛のない足裏をしており、枝をしっかりつかむ助けとなる。特に初冬の求愛期には、鼻を鳴らしたり、叫んだり、ブーブー、フーフー、ミャーミャーといった大声を上げる。

針と被毛
ほとんどの針は黄白色で、先端は黒か茶色である。体の残りは毛と焦げ茶のトゲで覆われている。

ぎこちない木登り
木の上では危なっかしく見えるが、木登りはうまく、芽、花芽、若木、葉、果実、木の実などを食べる。夏は草や農場穀物を食べ、冬は柔らかい樹皮や針葉樹の葉を食べる。1年のほとんどは単独行動をとり、冬眠はせず、寒い時期は巣穴を共有することもある。

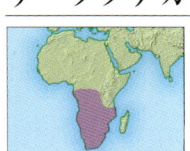

Cape porcupine
ケープタテガミヤマアラシ

Hystrix africaeaustralis

体長 63–80cm
尾 10.5–13cm
体重 20kg

分布 中央アフリカからアフリカ南部にかけて
社会単位 様々
状態 一般的

夜間に単独やつがい、小さなグループで15km以上もの距離を餌を探して嗅ぎ回り、根や球根、木の実、果実などを食べる。日中は穴や岩の割れ目で休んでいる。6～8週間の妊娠期間の後、1～4匹の子どもを産み、オスは子育てを手伝う。針を鳴らしたり、笛のように鳴いたり、ブーブーいうことでコミュニケーションをとる。

トゲで身を守る
ケープタテガミヤマアラシは、針を飛ばすことはできない。危険にさらされると、針を立てて敵に背中を向ける。針は簡単に抜け落ちて、鋭い先端が敵の肉に食い込む。この防御は他の動物からの攻撃には効果的であるが、穀物に被害を与えたり、肉がおいしいために、人間によってかなりの数が殺されている。

短い剛毛に覆われた肢
普通の毛からトゲが突き出ている
丸い顔の後ろについている1組の目

トゲと口髭
背中は先端の白い黒褐色と白い輪のあるトゲで覆われており、毛からトゲが突き出ている。鼻には長くて太い口髭がある。

Prehensile-tailed
オマキヤマアラシ（キノボリヤマアラシ）

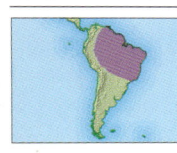

Coendou prehensilis

体長 52cm
尾 52cm
体重 5kg

分布 南アメリカ北部、東部、トリニダード
社会単位 個体
状態 地域により一般的

大型で筋肉質のヤマアラシで、ゆっくりと木に登るが、曲がった爪、毛のない足裏、ほとんど体長と同じ長さの先端にいくにつれて毛のなくなる尾を使って、安全に登る。日中は木の幹や地面の穴で眠っている。夕暮れ時に葉や樹皮、果実、若芽、小動物を食べる。

長い針のたてがみ

齧歯類

Guinea pig
パンパステンジクネズミ
Cavia aperea

体長 20–30cm
尾 なし
体重 500–600g

分布 南アメリカ北西部から東部にかけて
社会単位 群れ
状態 一般的

ペットのモルモットの近縁で、祖先かもしれないこの種は、モルモット型の齧歯類の中で最小の種のひとつである。大きな頭、太い鼻、尾のない体、短い肢、4本指の前肢と3本指の後肢を持っている。長くて粗い被毛は、背側が灰褐色である。葉、草、種子、花、樹皮を食べる。低木の草地に密なグループをつくって生活しており、餌場までの共同の通路を持つが、巣は別々である。

Capybara
カピバラ
Hydrochaerus hydrochaeris 

体長 1.1–1.3m
尾 痕跡
体重 35–66kg

分布 南アフリカ北部、東部
社会単位 個体
状態 一般的

部分的に水かきのついた指を持ち、頭のてっぺんに鼻、目、耳がついているため、泳いでいるときも嗅いだり、見たり、聞いたりすることができる。川や池、沼地で上手に泳いだり潜ったりする。世界で最も重い齧歯類で、つがい、子どものいる家族、群れのメス全部と交配するオスに率いられた混合群など、様々な群れで暮らしている。生息地を歩き回り、匂いでマーキングし、侵入者を追い払う。150日間の妊娠期間の後、1〜8匹（通常5匹）の子どもが生まれる。子どもは完全に毛が生えており、生後数時間で走ったり、泳いだり、潜ったりすることができる。カピバラの多くの敵には、肉や皮を欲しがる人間も含まれている。

頑丈なスイマー
カピバラはしっかりした体に、短いがっしりした四肢、鉤のような爪をしており、尾はほとんどない。

粗い被毛

薄茶から濃い茶色までの被毛に、黄色か灰色の毛が交じる

日課
カピバラは朝は休んでおり、日中の熱いときに水浴びをし、夕方水中植物、芽、柔らかい樹皮などを食べ、深夜は再び休み、夜明け前に再び食事をする。必要に応じて新鮮な草を探して移動し、穀物をあさることもあるために、地域によっては害獣とされている。

Mara/Patagonian cavy
パタゴニアノウサギ
Dolichotis patagonum

体長 43–78cm
尾 2.5cm
体重 2kg

分布 南アメリカ南部
社会単位 つがい
状態 低リスク

マーラとも呼ばれる大型で足の長い齧歯類で、姿や行動はシカに似ている。白い襟のような首の模様と、短い尾の飾り毛がある。吻は長く、目と耳は大きい。上手に走ったりジャンプすることができ、主に草や低木を食べる。つがいは生涯一緒に暮らし、1〜3匹の子どものために大きな穴を掘る。

Azara's agouti
アザラシアグーチ
Dasyprocta azarae 

体長 50cm
尾 2.5cm
体重 3kg

分布 南アメリカ東部
社会単位 様々
状態 絶滅危惧II類

大型で社会性のある昼行性の種で、突き出た耳と短い肢、小さな尾を持つ。被毛は薄茶から茶色のまだらで、腹側に黄色っぽいまだらがある。前肢は5本指だが、後肢は3本指である。様々な種子、果実などの植物を食べ、危険にさらされると吠える。生息地全般で肉のために狩猟されている。

Paca
パカ
Agouti paca 

体長 60–80cm
尾 1.5–3.5cm
体重 6–12kg

分布 メキシコ南部から南アメリカ東部
社会単位 個体
状態 一般的

母親と6週間授乳する1匹の子ども以外は、単独で生活する。泳ぎがうまく、大きな頭、四角い吻、がっしりとした短くて頑丈な肢、小さな尾を持つ。背側は灰色で、両側に4本の薄い"点状の線"が入っている。腹側は白から淡黄褐色である。日中は穴や木の洞で休んでおり、夜になると果実や葉、芽、花などを食べに出てくる。

Plains viscacha
ビスカッチャ
Lagostomus maximus 

体長 45–65cm
尾 1.5–2cm
体重 7–9kg

分布 南アメリカ中部、南部
社会単位 群れ
状態 絶滅危惧IB類

チンチラの仲間の中では最大の種で、20〜50匹の騒々しい群れで暮らしている。300mを超える広さのトンネルを掘る。夜になると草や種子、根を食べ、小枝や石、骨を集めてトンネルの入口に積み上げる。顔は黒と白の縞、背側は灰褐色で、白い腹側に向かって薄くなっており、尾は茶色で先端が黒い。オスの体重はメスの2倍になる。

モルモットに似た齧歯類

Chinchilla
チンチラ

Chinchilla lanigera

体長	22–23cm
尾	13–15.5cm
体重	400–500g

分布　南アメリカ南西部
社会単位　群れ
状態　絶滅危惧II類

長くて柔らかい光沢のある被毛は、生息地である山岳地帯の寒さから身を守る。現在は保護の対象になっているが、多くの地方で狩られたり飼育されたりしている。野生では絶滅の恐れが高い。魅力的な外見と友好的な性格を持つことから、ペットとしてはよく見られる。被毛は背側が銀色がかった灰青色で、腹側はシナモン色から黄色っぽく、尾の上表面に長い灰色と黒の毛がある。野生では岩場で100匹を超す群れをつくり、穴や割れ目に隠れている。ほとんど植物、特に草や葉を食べているが、危険がないか確認しながら前肢に物を抱えて座る。危険にさらされると立ち上がり、激しく怒る。オスよりも大きいメスは、冬の繁殖季節になると他のメスに対してさらに攻撃的になる。通常2～3匹、最高4匹の子どもが111日の妊娠期間の後で生まれ、6～8週間授乳する。

厚い被毛のふわふわした尾
長い口髭
跳ぶための長い後肢

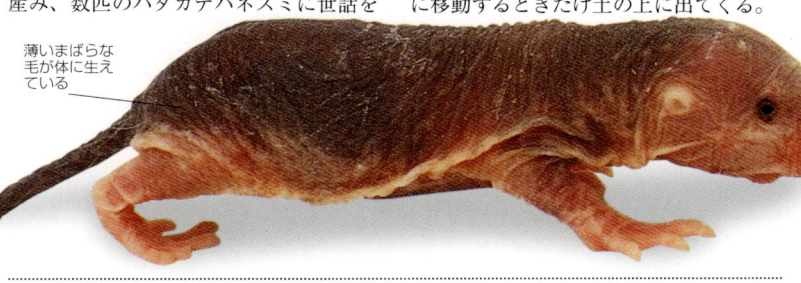

Degu
デグー

Octodon degus

体長	25–31cm
尾	7.5–13cm
体重	175–300g

分布　南アメリカ南西部
社会単位　様々
状態　地域により一般的

黄褐色の被毛
大きくてほとんど毛のない耳

山に棲み、非常に大きなマウスのようにがっしりした体をしている。被毛はほとんどが茶色で腹側が淡く、目の上下に茶色のふさふさとした"縁"があり、黄色い首輪模様を持つ。長い尾は先端に黒い飾り毛があり、捕食者につかまれると簡単に切れてしまう。群れで生活し、広い巣穴を掘る。日中様々な植物性の餌を食べ、乾季には牛の糞を食べる。冬に備えて余分な食糧を穴に貯える。

Coypu/Nutria
ヌートリア

Myocastor coypus

体長	47–58cm
尾	34–41cm
体重	6.5kg

分布　南アメリカ南部
社会単位　群れ
状態　一般的

密な茶色の毛皮のために飼育されていたが、逃げ出した個体が原産地以外の多くの地域で群れをつくっている。大きな手、小さくて頭の上についている目と耳、がっしりとした体、曲がった下半身、長くて丸い尾、すばやく泳ぐために水かきのついた後肢を持つ。主に水生植物などの植物を食べ、家族群で川岸のトンネルに暮らしている。

Desmarest's hutia
デスマレストフチア

Capromys pilorides

体長	55–60cm
尾	15–26cm
体重	4.5–7kg

分布　カリブ
社会単位　個体、つがい
状態　絶滅危惧IB類↑

巨大なハタネズミのように見え、典型的な太い鼻、大きな頭、短い首、小さな耳、ずんどうの体、短い肢をしている。白い鼻で背側は赤茶から黒をしており、腹側は灰色から黄褐色である。強くて先細りの毛の生えた尾と、鋭く曲がった爪は木に登るときにつかんだり、支えたりするために発達しており、様々な果実、葉、柔らかい樹皮、時にはトカゲなどを食べる。産子数は1～4匹である。フチア類はカリブにしか生息しておらず、ほとんどの種は絶滅寸前か、すでに絶滅している。

Naked mole-rat
ハダカデバネズミ

Heterocephalus glaber

体長	8–9cm
尾	3–4.5cm
体重	30–80g

分布　アフリカ東部
社会単位　群れ
状態　地域により一般的

哺乳類の中でも変わった社会構成を持つ。1匹の支配的な"女王"だけが繁殖する。女王は一度に20匹以上の子どもを産み、数匹のハダカデバネズミに世話をしてもらう。これとは別に、頭と尾をつないだ"穴掘り隊"がトンネルを掘り、餌を集める。ハダカデバネズミはピンクがかった灰色の皮膚に薄いまばらな毛が生えている。他のデバネズミ同様、突き出た巨大な切歯を穴掘りや食べるために使い、目や耳はごく小さい。尾は丸く四肢は強く、掘るために5本の厚い爪を持つ。70～80匹がコロニーを形成し、精巧につくられたトンネルに棲む。餌を集めにいく通路は15～50cmの深さで、中央の部屋からは40mも放射状に伸びている。根や球根、他の地下部分を探して、常に新しい通路を掘っている。他のコロニーに移動するときだけ土の上に出てくる。

薄いまばらな毛が体に生えている

Hottentot mole-rat
コツメデバネズミ

Cryptomys hottentotus

体長	10–18.5cm
尾	1–3cm
体重	100–150g

分布　アフリカ南部
社会単位　群れ
状態　地域により一般的

広い頭、小さな目と耳、短くがっしりした四肢、ずんぐりした体に厚くて密な被毛を持つ。毛色は背側がピンクがかった褐色から灰色で、腹側が淡い。巨大な切歯で土壌を噛み、球根、地下茎、根などの地下部分を探す。5～15匹の群れが大きく複雑な巣穴を掘り、余った食料を貯える。年長のつがいだけが繁殖する。

Namaqua dune mole-rat
ナマカデバネズミ

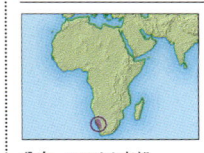

Bathyergus janetta

体長	17–24cm
尾	4–5cm
体重	記録なし

分布　アフリカ南部
社会単位　様々
状態　低リスク

海岸や内地の移動する砂にトンネルを掘り、200mの長さに達するトンネルに小さな群れで暮らしている。大きな頭には大きくて突き出した切歯を持ち、体は筒型で肢は短いが強く、尾は小さい。背側は焦げ茶で、横腹は灰色、頭と腹は濃い灰色である。

哺乳類

クジラ類

門	脊索動物門
綱	哺乳綱
目	クジラ目
科	13
種	83

分類について
本書はクジラ目の伝統的な分類法に従って、ヒゲクジラとハクジラの2つの亜科に分けている。最近の遺伝学的な証拠から、ヒゲクジラはもともとハクジラから分かれたものらしいとされているが、この関係は現在もはっきりとしていない。
ヒゲクジラ
　162〜165ページ参照
ハクジラ
　166〜177ページ参照

クジラの仲間（クジラ、イルカ、ネズミイルカ）は、おそらくすべての哺乳類の中で最も特殊化した動物だろう。クジラは類、魚のような体型、毛のない体、鰭のような前肢、退化した後肢（体壁に含まれる）を持っている。しかし彼らは哺乳類である。肺で呼吸し、子どもに母乳を与える乳腺を持つ。クジラ類はヒゲクジラ（ザトウクジラやホッキョククジラなど）とハクジラ（イルカやネズミイルカ）に分けることができる。世界中の海に生息し、熱帯や亜熱帯の川に棲む種もいる。シロナガスクジラを含む多くの種が相当数狩られてきたために、絶滅の危機に瀕している。

体のつくり

水の抵抗を少なくするために、毛のない流線型の体型をしている。外部に出ているのは本当に必要なものに限られている。舵をとるための鰭、骨のない2本の水平の尾鰭（魚は垂直の尾鰭をしている）、安定のための背鰭である。生殖器すら体壁の中に隠れている。水中生活に適応するための他の部分は、皮下のすぐ下の体熱を保持する厚い脂肪層（脂肪と油）、軽くてスポンジ質の、脂肪が詰まった骨などである。噴気孔から1回（ハクジラ）または2回（ヒゲクジラ）呼吸をする。筋肉質の鼻はほとんど頭の上部についている。ハクジラは霊長類と同じくらい大きい脳を持ち、知性的であることが知られている。ヒゲクジラの脳は比較的小さい。

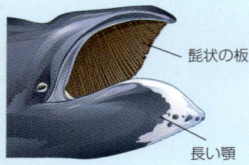

ヒゲクジラ
ヒゲクジラは、歯のかわりに130〜400の硬い髭状の板（髭板）を上顎の両側に持っている。それぞれの内側には毛が生えていて、餌をふるい分けるのに使われる。

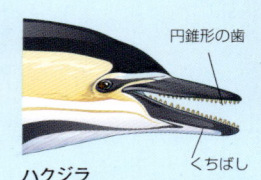

ハクジラ
ハクジラは円錐形で単純な歯をたくさん持っている。顎はイルカに見られるように伸びて、くちばしをつくっている。

力強い尾
クジラ目では、主な推進力は尾の上下運動である。この動きは写真のザトウクジラのようなクジラにも十分なほど強力で、呼吸するときには体の3分の2を水面に押し出す。

感覚

クジラは非常に鋭い聴覚を持っているが、視力は普通である。水中では1m程度は鮮明に見え、空中では2.5m先まで見えるが、色の判別はごく限られている。目の焦点を自分の先、上、後ろで合わせることのできる種もいれば、片目ずつ動かせる種もいる。しかし淡水イルカの中には、ほとんどまたは完全に視力のないものもいる。ハクジラの仲間にはエコロケーションの高周波を出し、人にも聞き取れる広い音域を使って、コミュニケーションをとるものもいる。他のクジラ目もいろいろな声を出すが、あまり研究されていない。嗅覚はない。

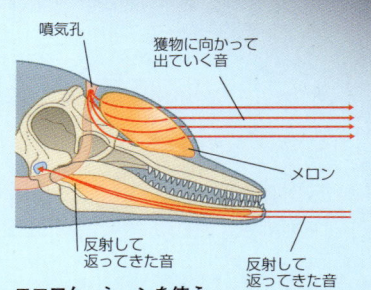

エコロケーションを使う
ハクジラは前方にある障害物に跳ね返る高周波を放射して、障害物を避けて獲物を捕まえる。メロン（液体の詰まった膨大部）は、音の焦点を合わせるために調子を変える。戻ってきた音は顎を通過する。

呼吸

① 上昇
このセミクジラは呼吸を始めたところで、垂直に体を現しているが、水はごくわずかしか乱れていない。

② 鰭が現れる
クジラがより上に進むと、前の鰭が水面に現れてくる。

③ 最頂部
尾の力で最も上昇すると、体の半分が完全に水面上に出てくる。

④ ひらりと身をかわす
水に飛び込むときは体を横にひねる。

海の巨人
このマッコウクジラは典型的な大きな肥大した頭を持ち、それが長くて魚雷型の体に続いている。他のクジラ目同様、マッコウクジラは非常に大きな体になる。オスは体長が18m以上、体重が50トンを超える。

繁殖

ナガスクジラ（ザトウクジラのような）を含むクジラは冬期に交尾する。夏の餌場である極地方の海から、熱帯の海域（たいてい諸島近海や沿岸近く）に移動し、そこで出産し、その直後に再び妊娠する。春になると子どもを育てるために冷たい水に戻っていく。他のクジラも季節的に繁殖するが、このような移動はしない。すべてのクジラ目で、交尾はごく短時間である。S字型をしているオスのペニスは、体壁の内側にしまわれている。血液の流入によって直立するのではなく、筋肉の働きでまっすぐになる。出産後、母（イルカでは他のメンバーも）は子どもが初めての呼吸をしに水面に出るのを助ける。

母乳を飲む
子どものクジラは固形食が食べられるようになるまで母乳を飲む。この太平洋マダライルカの乳首は、クジラ目の典型として体壁の袋の中にしまわれている。

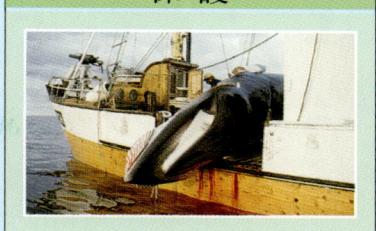

保護
肉や骨、皮下脂肪を目的として、長い間、人間は捕鯨を行ってきた。20世紀には鯨工船（写真）などの集約的な捕獲法や新しい技術が開発され、そのため種によっては個体数が激減してしまった。1966年に国際捕鯨委員会が特定のクジラの捕鯨を禁止し、これによって少し数が戻っている。商業的捕鯨は1986年に完全に禁止された。現在、小型クジラの最も深刻な問題は、魚の網にかかって溺れてしまうことである。

水中で生きる

すべてのクジラは空気で呼吸するが、かなり長時間水中にとどまることができ、水面には吐き出し（潮吹き）だけに戻る。水にとどまるために心拍数は半分に下がっている。また、水圧によって皮膚近くの血管から血液が押し出され、血液は大切な臓器に流れ込む。水圧によって肺も縮み、それが空気を気管や鼻腔に送り込み、そこで一部は呼吸器の壁から出る泡状の分泌物に吸収される。ハクジラの中には獲物を探して、かなりの深さまで潜るものもいる。

深海を探す
イカを探すマッコウクジラは、他のクジラよりもずっと深く潜る。1000mもの深さに潜ることが知られており、水面下に90分もとどまることができる。

潮吹き
クジラは浮上するときに噴気孔を開き、呼吸をする前に空気を爆発的に放出し、油滴のスプレーを出す。

再び水へ
水面を打つときに出る音は、1000m離れても聞こえる。

6 下へ
頭が隠れると、片側の鰭と体の一部しか見えなくなる。

7 水しぶき
最初に表面にできたさざ波に比べると、再び水に入るときには、とても大きな水しぶきがあがる。

8 見えなくなる
一連の順序でクジラは再び跳び上がる。なぜ水面に跳び出るのかははっきり解明されていない。

ヒゲクジラ

門	脊索動物門
綱	哺乳綱
目	クジラ目
亜目	ヒゲクジラ亜目
科	4
種	12

　ヒゲクジラの最も強い特徴はその大きさで、ニタリセミクジラの6.5mからシロナガスクジラの33mまである。他の特徴は水から獲物をこし取る髭板を持っていることである。このグループにはコククジラ、ナガスクジラ（ザトウクジラとシロナガスクジラを含む）、セミクジラなどが入っている。南極や北極地方でも普通に見られるが、世界中の海に生息しており、たいていは深海に棲んでいる。

体のつくり

　このグループに含まれるすべてのクジラは、2列の髭板（160ページ）を上顎の両側に持っている。この構造を助けるために、顎が長い。つまり、2つの噴気孔を持つ頭が、体と比べて大きな比率を持っているのである。セミクジラは、頭が体長の半分にもなり、顎は深く（長い髭板を収容するため）、体は比較的短くて太い。一方、ナガスクジラは体が細くて、髭はかなり短い。

食事

　コククジラは、端脚類と呼ばれる海底の小型甲殻類を食べ、セミクジラとナガスクジラはプランクトンのような海面近くの甲殻類を食べる。セミクジラは口を開けて獲物の大群の中をゆっくりと泳ぐことで餌を食べ、水からプランクトンをすくい取る。ナガスクジラはもっと積極的なハンターで、常に獲物を追い回している。食べるときは喉の溝がゆるみ、下顎が水を貯めておく巨大な袋になる。水が放出されるときに、獲物は髭板に残る。ナガスクジラよりも大型の種は、髭板にもっと細かい剛毛を持ち、オキアミのような甲殻類や時には小さい魚を捕らえる。小型の種はもう少し大きな甲殻類や小型の魚を捕らえるためのまばらな剛毛を持つ。コククジラは、比較的短いがっしりした鼻で堆積物をつついて獲物を呑み込むが、しばしば砂や沈泥、小石なども一緒に呑み込む。

移動

　ほとんどのヒゲクジラは移動する。ナガスクジラは長距離を移動することで有名だが、夏はオキアミが豊富にいる北極や南極地方にいる。秋と冬は熱帯の海に移動する。そこではわずかしか食べないが、出産後、直ちに交尾する。春になると授乳中の子どもを連れて、ゆっくり高緯度地方に戻ってくる。ザトウクジラはたいてい海岸線に沿って移動するが、他のナガスクジラは深海を好む。コククジラはどの哺乳類よりも遠くへ移動する。その距離は毎年約2万kmにも及ぶ。

コミュニケーション

　ヒゲクジラは様々な音を使ってコミュニケーションをとっている。クジラの出す音で最も有名なのは、オスのザトウクジラの"歌"である。これは冬の繁殖期に観察されるが、季節によって少しずつ変化する、高音と低音の繰り返しでできている。この歌は広大な海でのコミュニケーションに必要不可欠である。ほかの種も、それぞれの種に特有の音を使ってコミュニケーションをとっている。例えば、ナガスクジラは人間にも聞き取れる低い波長の音を出し、その音は海を渡ってはるかな距離まで響き渡る。

特殊な食事方法
ヒゲクジラは小さな獲物を大量に食べる。このザトウクジラは小魚の群れの間を泳ぎ回り、口いっぱいの水と魚を呑み込む。口を閉じるときに水は上顎の隙間から押し出され、髭板からこぼれ出るが、魚はそのまま残る。

ヒゲクジラ

Gray whale
コククジラ

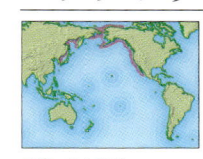

Eschrichtius robustus

体　長	13-15m
体　重	14-35トン
分布　北太平洋	
社会単位	群れ
状　態	絶滅危惧IB類

コククジラは、他のハクジラと同じように餌をこし取って食べるが、食べ方が変わっている。浅い海底に飛び込んで泥を口いっぱいにすくい取り、虫、ヒトデ、エビなどの小動物を短くてまばらな髭板でこし取るのである。ブーブーいったり、鳴いたり、うめいたり、カチカチという音を出すが、音の役割についてはあまりわかっていない。

保護

コククジラは海岸近くで餌をとるため、特に東太平洋でその姿を見ることができる。クジラたちは10匹ほどの群れで夏は餌をとるために北の北極地方へ、冬は休憩と出産のために南の温水のラグーンへと移動する。すべての哺乳類の中で最も長い距離（1年に約2万km）を移動する。東太平洋の生息数は、1946年の保護条約以降、増加している。しかし、西太平洋の生息数はいまだに少ないままである。

スパイホップ

コククジラを含む多くのハクジラは、頭全体を垂直に水から出して"スパイホップ"をする。他のクジラの位置や目標物を確認したり、移動のために海流を調べたりするようである。コククジラは、整列して泳ぎ、1列になっていたり、一緒に水から跳び出したりする。

- 背側の鰭のかわりに8〜9個のコブがある
- まだらの灰色の皮膚はエボシガイ、フジツボ、その他の生物で覆われている
- 切れ込みのある尾鰭
- 長くて細い頭

比較的滑らか
コククジラはセミクジラよりも細身だが、ナガスクジラよりはずんぐりとしている。短い髭を持ち、板は約40cmの長さしかない。顎の両側には130〜180の板がある。

Northern right whale
キタセミクジラ

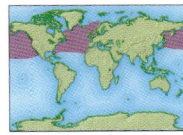

Eubalaena glacialis

体　長	13-17m
体　重	40-80トン
分布　世界中の温帯と亜極帯水域	
社会単位	様々
状　態	絶滅危惧IB類

大型クジラの中で最も絶滅が危惧されている種である。キタセミクジラはゆっくり泳ぎ、潜るのは数分間だけで、海面近くで餌を取るために、船や漁業用具と衝突する恐れがある。夏ははるか北や南に移動し、冬は暖かい中緯度水域に戻ってきて、そこでメスは4〜6mの子どもを1匹産む。2つの噴気孔はV字型の噴気をつくる。鰭を叩いたり、水面に出たりするときに音を出す。

こして食べる

キタセミクジラは、単独や小さな群れで餌を食べるが、口の中に入ってくる水からプランクトンをこし取るために、口を開いたまま泳ぐ。主に濃い藍色で、時に白い色をした狭い髭板は3mにもなる。髭板は特徴的な下に曲がった上顎の両側に、200〜270も並んでいる。

巨大な頭
頭は全長の約4分の1を占め、エボシガイやフジツボに覆われている。

- まだらな白い模様
- 繊維性の増殖物

Bowhead whale
ホッキョククジラ

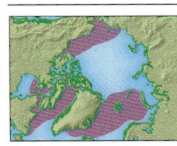

Balaena mysticetus

体　長	14-18m
体　重	50-60トン
分布　北極および亜北極水域	
社会単位	群れ
状　態	絶滅危惧IB類

ホッキョククジラは巨大な頭を持ち、頭は全体重の3分の1を占める。1年中氷の浮く極地方に棲み、数週間の暗闇の期間は、氷盤の間や下を泳ぐのに超音波を使う。わずかに口を開けて海面近くをすくい取る。5〜15分間の潜水で、海中や海底でも餌を食べる。子クジラの体長は4〜4.5mで、5〜6か月間授乳する。

- 下顎と尾の付け根は白

滑らかな表面
ほとんど黒の体には、エボシガイやフジツボ、皮膚の肥厚などの増殖物がついていない。

最大の髭

ホッキョククジラは、クジラの中で最も長い髭を持つ。黒から濃い藍色の髭板は長さが4.6mで、強く曲がった上顎の両側に、240〜340の板を持つ。このクジラには喉の溝と背鰭がなく、体の表面はどちらかというとつるりとしている。

哺乳類

クジラ類

Fin whale
ナガスクジラ

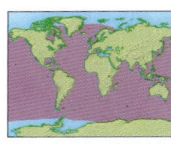

Balaenoptera physalus

体長　9–22m
体重　45–75トン
分布　世界中（東地中海、バルト海、紅海、アラビア湾岸を除く）
社会単位　様々
状態　絶滅危惧IB類

2番目に大きなクジラで、最も速く泳ぐ1種である。ハミングや鳴き声に加えて、とても大きくて太いうめき声を出し、その声は数百キロ離れていても聞こえる。他の大型クジラ同様、夏は高緯度地方で魚やオキアミを食べ、冬になると繁殖する熱帯地方までの長い移動を行う。妊娠期間は11か月で、子どもの体長は6.4mあり、9〜10か月間授乳する。メスは2年に1匹しか子どもを産まないので、数が回復するまでには数十年かかることになる。

鰭、前鰭、尾鰭
ナガスクジラの背中、前鰭、尾鰭は灰色である。背中の3分の2の位置にある背鰭は、後端が窪んでいる。

55〜100本の喉のひだ
白い腹側

右側で食べる
ナガスクジラは、オキアミやカラフトシシャモ、ニシンのような魚を、速いスピードで突進しながら食べる。クジラはいっせいに餌に突っ込み、水を大量に取り込み、口を閉じて髭で魚を捕らえるために水を押し出す。右側で泳ぐが、このために口の左側が黒で右側が白なのかもしれない。このように左右の色が違っているのは、哺乳類ではとても珍しい。

Blue whale
シロナガスクジラ

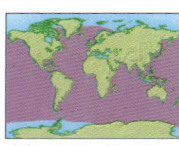

Balaenoptera musculus

体長　20–30m
体重　100–160トン
分布　世界中（地中海、バルト海、紅海、アラビア湾岸を除く）
社会単位　個体
状態　絶滅危惧IB類

地球上で最大の動物であるシロナガスクジラは、餌のほとんどを占めるオキアミ（小さな甲殻類）を6トンも食べる。獲物の群れに突っ込んで、通常の4倍まで喉を膨らませる。口を閉じて水を吐き出し、髭に残った何千という餌を呑む。餌の豊富な極地方やその近くで、主に夏採食する。メスが子どもを産む冬に、低緯度の暖かい海域に移動すると考えられている。子どもは体長7m、体重2.5トンで、6〜8か月間授乳する。通常は単独か母子のペアだが、餌を食べるときは結びつきのゆるい群れをつくる。ブーブーといったりハミングをしたり、うめいたりし、その声は180デシベルを超えて、どんな動物の出す音よりもうるさい。

噴気孔からの噴出
水面に浮上するために、クジラは約9mもの潮を吹くが、これは肺からの温かくて湿った空気と粘液、海水の混じったものである。

流線型の巨人
シロナガスクジラは細い体型で、特に冬は細くなるが、夏はやや太る。小さな背鰭は尾に近い後ろの方についている。色はほとんど薄い灰青色である。

潜水の構造
深い潜水を行うときに、クジラは"頭倒立"を行い、目立つ広い背鰭を出して、それから200mの深さまで急激に潜る。長くて狭い鰭は推進する役には立たず、推進力は下半身の筋肉で、下半身と尾鰭を上下に動かすことによって得られる。

55〜68本の皮膚の溝やひだが、体長の半分近くまで走っている

Pygmy Bryde's whale
ニタリクジラ

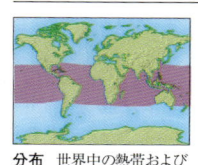

Balaenoptera edeni

体長　9–12m
体重　16–25トン
分布　世界中の熱帯および温暖地域
社会単位　様々
状態　地域により一般的

ニタリクジラは、主に東インド洋と西太平洋の沿岸に棲む。より大型でもっと沖にいるイワシクジラは、大西洋やインド洋、および太平洋の北部、東部、南部で見られる。大きさの違いを除くと、いずれも灰青色の色をしており、腹側が白く、40〜70本の咽の溝を持ち、まばらな剛毛の生えた髭板と、体の3分の2のところに小さな背鰭を持っている。主に魚やオキアミの群れからなる餌を求めて、20分間も潜る。たいていは単独か結びつきのゆるい小さな群れで生活しているが、餌が大量にあるところでは多数が群れる。両種とも速く泳ぎ、自在に速さや方向を変える。水面に飛び出すときはまず頭を出し、体を曲げて下半身を見せるが、潜るときも尾鰭は見えない。メスは8〜11歳で性成熟を迎え、12か月の妊娠期間の後、1匹の子どもを産む。

小さくて三日月型の背鰭
鼻先の3つの隆起
40〜70本の皮膚の溝またはひだ
白い腹側

ヒゲクジラ

Sei whale
イワシクジラ

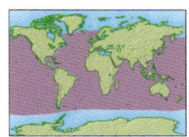

Balaenoptera borealis

体　長　14－16m
体　重　20－25トン

分布　世界中（地中海、バルト海、紅海、アラビア湾岸を除く）
社会単位　群れ
状態　絶滅危惧IB類

イワシクジラは、より広い範囲に分布する近縁のシロナガスクジラやナガスクジラに比べると、8～25℃のもっと暖かい水域に棲んでいる。長くて細い尖った頭と、少し下向きにカーブした顎のラインを持ち、細い体型をしている。背側の表面は濃い灰色で、白から薄い灰色の腹側とはっきり分かれている。上顎の両側には、320～340本の重なり合った細い毛のついた髭板がある。これによって様々なプランクトンを食べるが、餌は1cmに満たないケンミジンコ（ミジンコに似た甲殻類）から、体長30cmの群れをつくる魚やイカまで様々である。2～5匹からなる群れで見られることが多い。300m以上はめったに潜らず、水中にいるのは最高20分程度である。出産するのはほとんど1匹であるが、時には双子が目撃されることもある。

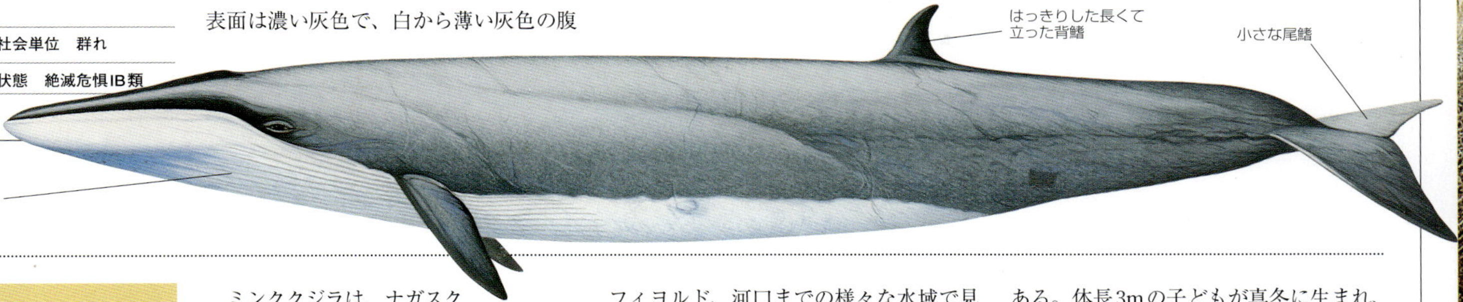

約50本の喉の溝
はっきりした長くて立った背鰭
小さな尾鰭

Minke whale
ミンククジラ

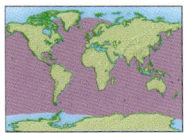

Balaenoptera acutorostrata

体　長　8－10m
体　重　8－13トン

分布　世界中（地中海東部を除く）
社会単位　個体
状態　低リスク

ミンククジラは、ナガスクジラの中で最も小さく、上顎の両側には長さ30cmの髭板を230～360本持っている。一般的な移動パターンを持たず、広い海や、ほとんど氷の張った海、沿岸、フィヨルド、河口までの様々な水域で見られる。単独でオキアミや魚のたくさん集まった群れを呑み込む。人見知りはせず、停泊しているボートに近づくこともある。体長3mの子どもが真冬に生まれ、4か月間授乳する。小型のミンククジラは最近、別の種（ナンキョクミンククジラ）に分類された。

煙のような模様
ミンククジラは黒い背中と白い腹が合うところに煙のような模様を持つ。鰭の上の白い帯は胸まで伸びていることがある。

煙のような模様

イルカに似たクジラ
ミンククジラはイルカのような姿をしており、角張った鼻、尖った頭、鼻から1組の噴気孔までの溝があり、額から後ろに続いている。とても速く機敏に泳ぎ、広い海を回遊する。時々驚くようなジャンプを見せる。

Humpback whale
ザトウクジラ

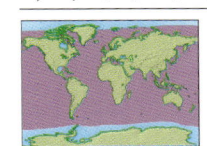

Megaptera novaeangliae

体　長　13－14m
体　重　25－30トン

分布　世界中（地中海、バルト海、紅海、アラビア湾岸を除く）
社会単位　様々
状態　絶滅危惧II類

る。その大きさにもかかわらず優雅で筋肉質であり、水から跳ねることができる（下のコラム）。
餌が豊富な夏の極地方の海から、冬は子育てのために低緯度地方の沿岸の浅瀬に移動する。妊娠したメスは餌場で最も長時間過ごす。様々な餌を集める方法を持ち、小さな群れは協力して水中の泡で魚の群れを追い込む"カーテン"や、"シリンダー"をつくる。とてもよくしゃべるクジラで、様々な音を出す。群れで採食をするときの調和をとっているのかもしれない。冬の繁殖水域では、単独のオスは長くて複雑な様々な音を出す（右下のコラム）。

体と鰭
ずんぐりした体で、背鰭の付け根に脂肪の塊を持つが、ほとんど平らなものから三角形に立っているものまで形は様々である。尾鰭の長さは体長の約3分の1もある。

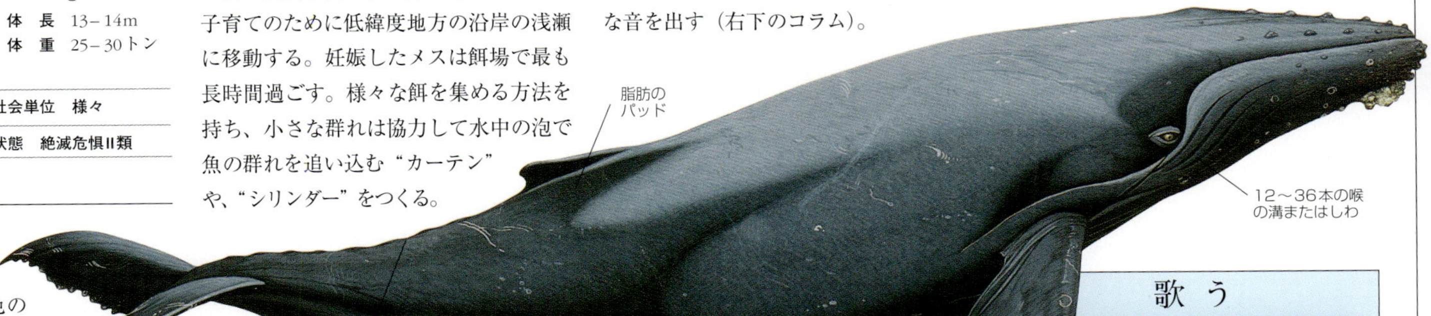

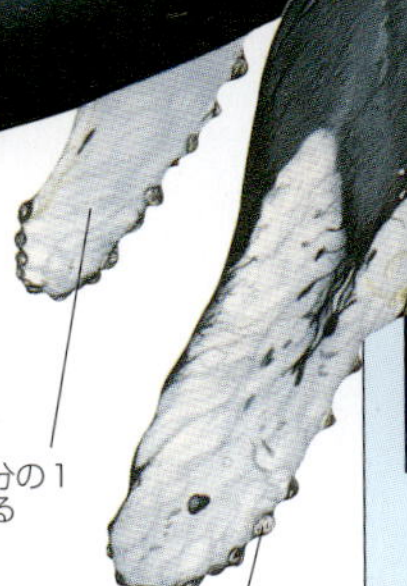

背側は濃い青色ので、淡い青から白の模様が横腹にある。色のバリエーションは、尾の下側が特徴的で、個体識別に使われるが、どのクジラよりも長い尾鰭の端に、小さいコブが並んでい

脂肪のパッド
12～36本の喉の溝またはしわ
背鰭から尾鰭にかけて少し隆起している
鰭は全長の3分の1の長さに達する
鰭（胸鰭）の先端にはコブまたは結節がある

ジャンプ
ザトウクジラは尾で、20トンを超える体を水面から持ち上げるための浮力をつくる。それから体をひねり、ものすごい水しぶきをあげて背中から水に落ちる。水から出る動きを"ジャンプ"と呼ぶが、それを行う理由は不明である。巨大な音波をつくり出したり、皮膚の寄生虫の痒みをやわらげているのかもしれない。

歌う
オスのザトウクジラの歌は毎年つくり出されている。30分以上も続く歌は、メスをひきつけ、オスが近づかないように警告し、他のクジラを発見する音波を出しているともいわれる。オスのザトウクジラは水面下10～40mほどのところで頭を下にして垂直になり、歌うポーズをとる。

哺乳類

ハクジラ

門	脊索動物門
綱	哺乳綱
目	クジラ目
亜目	ハクジラ亜目
科	9
種	71

ハクジラは、ヒゲクジラよりももっと様々な群れを形成しており、すべてのクジラ目のほぼ90％を占めている。イルカ（シャチを含む）、カワイルカ、ネズミイルカ、シロイルカ、マッコウクジラ、オオギハクジラからなっている。マッコウクジラは18mにもなるが、ほとんどが中型で、髭板のかわりにすべてが歯を持っている。前頭部にメロンと呼ばれる液体の詰まった膨大部があり、通常はその前にくちばしがある。ほとんどの種は世界中の深海や沿岸の浅瀬にいるが、淡水に棲むものもいる。移動するハクジラもいるが、長距離を移動するのはマッコウクジラだけである。

体のつくり

ハクジラは単純で円錐形の尖った歯を持っているが、それらは（他の哺乳類とは違って）切歯、犬歯、前臼歯、臼歯に分かれていない。それぞれの歯は単純で、まっすぐか少し曲がっている。1組の歯を一生涯使う。歯の数はイルカの上下の顎にそれぞれ40本以上というものから、オオギハクジラの2本1組（下顎）まで様々である。ヒゲクジラと異なり、ハクジラは1つの噴気孔しか持たず、頭骨は非対称である。1つの噴気孔は通常は頭の上に開口している（マッコウクジラを除く。マッコウクジラでは頭骨の先端に開口している）。多くのハクジラの他の特徴は、流線型の頭とほとんどの種に見られる長くて狭いくちばしである。

食事

ヒゲクジラは獲物を塊で捕らえるが、ハクジラは1匹ずつ捕まえる。ハクジラの仲間に見られる同じような三角錐の歯は、ほとんどの種の餌となっているすべりやすい魚を捕まえるのに適している。マッコウクジラはほとんどイカを食べ（タコのような他の餌も食べるが）、くちばしのあるハクジラは魚とイカの交じった餌を食べる。シャチは他のクジラ（群れになって襲う）、魚などを食べるが、海岸になだれ込む波を使ってアザラシを捕まえることもある。また、氷の塊の上に乗って獲物を水中に叩き落すこともある。（シャチを含む）魚を食べるたいていの種は、のたうち回る獲物をつかむ多くの歯を持つが、イカやタコを食べる種はもっと歯が少ない。マッコウクジラは下顎（とても狭い）にしか機能的な歯を持たず、これらの歯と上顎のざらざらした口蓋で獲物をしっかりと捕まえる。すべてのハクジラは、獲物を探すのにエコロケーション（160ページ）を使う（障害物を避けるのにも使う）。

社会行動

ほとんどのハクジラは群れで生活するが、数は10匹以下から1000匹を超えるもの（イルカの種で見られる）まで様々である。群れの正確な構成はよくわかっていないが、食事のようなそれぞれの仕事を行うのに、サブグループをつくるのではないかと考えられている。これは、ハクジラに複雑な社会構成が存在することを示している。特にシャチなどは協力して狩りを行うようだが、つかまったり囲まれたりするまで、獲物は群れのままである。イルカは列をなして泳ぐときに時々水からジャンプするが、これは単純に遊びの行動か、ある種のコミュニケーションの役割を果たしているのではないかと考えられている。

スピードのための流線型
太平洋のマダライルカは速くて元気なスイマーで、他のいくつかのハクジラと同じように大群で時々移動する。魚雷型の体は、力強い尾の動きによって進んでいく。まだらの体色は、浅瀬の日が降り注ぐ水の中で敵や獲物の目を欺く。

ハクジラ

Ganges river dolphin
ガンジスカワイルカ

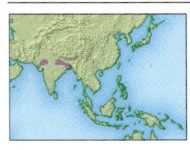

Platanista gangetica

体長　2.1–2.5m
体重　85kg

分布　南アジア（インダス川とガンジス〜ブラーマプトラ川系）
社会単位　様々
状態　絶滅危惧IB類

淡水にだけ暮らすこの種は、目立つ平たい胸鰭と、上顎に26〜39組、下顎に26〜35組の鋭い歯のついた長くて細いくちばしをしている。前歯はくちばしの先端から飛び出しており、海底やその近くにいる魚や甲殻類などの獲物を捕らえる捕獲カゴになる。よく動く首は急な角度に曲げることができ、イルカが泥の中を探したり、エコロケーションの音波を使ってその範囲を捜査するのに役立つ。通常は4〜6匹の小さな群れで生活しているが、時には30匹になることもある。ただし、社会生活や繁殖習慣などはほとんどわかっていない。ガンジスカワイルカ科には2つの亜科があり、インダスカワイルカはインダス川とその流域に棲み、ガンジスカワイルカはガンジス—ブラーマプトラ川系に棲んでいる。いずれも非常に珍しく、人間の活動によって絶滅の危機に瀕している。

- 灰色の背側
- ピンクがかった腹側
- 小さな目
- 長くて細いくちばし

Chinese river dolphin/Baiji
ヨウスコウカワイルカ

Lipotes vexillifer

体長　2.2–2.5m
体重　125–160kg

分布　東アジア（長江）
社会単位　様々
状態　絶滅危惧IA類

ほとんど知られていないイルカで、長江（揚子江）の中流から下流と、それにつながる湖や水路に生息している。他のイルカ同様、長くて細いくちばしとよく動く首で、泥の中から魚などの獲物を掘り出す。上顎と下顎の両方に、釘に似た歯が30〜35組ある。ごく小さな目は完全に形成されていないので、このイルカは触覚やエコロケーションを使って移動している。人見知りをして目立たず、2〜6匹の小さな群れで生活している。釣りすぎによる餌の減少、ダムによる移動水路の封鎖、ボートとの衝突、化学物質や廃棄物による汚染、エコロケーションを妨害するエンジン音など、様々な危機に直面している。肉目的や、漢方に使われる部分があるため、密漁も行われている。

- 背側は灰青色か茶色

Amazon river dolphin/Boto
アマゾンカワイルカ

Inia geoffrensis

体長　2–2.6m
体重　100–160kg

分布　南アメリカ（アマゾン川およびオリノコ川流域）
社会単位　様々
状態　絶滅危惧II類

ボトやボウトとも呼ばれ、アマゾン川とオリノコ川水系に生息する。長くて細いくちばしとよく動く首を持ち、1〜2分の短い潜水で泥の中をつつく。小さな目で暗い水の中で生活しているので、おそらく行き先や獲物を見つけるのに、主にエコロケーションの音波を使っていると考えられている。アマゾンカワイルカは上下の顎の両方に25〜35組の歯を持つ。前方の歯は釘のようで獲物をつかむが、後方は尖った部分のある平らな歯で、淡水ガニや川ガメ、ヨロイナマズなどを噛むのに適している。体長80cmの子どもが1匹、5〜6月に生まれる。

慎重なアプローチ

動きがゆっくりで明らかにんびりした生活様式で知られるアマゾンカワイルカは、通常1〜2匹で生活するが、時々20匹にもなる群れをつくる。好奇心からボートや泳いでいる人に近づくこともあるが、このイルカを狩猟している地域では、用心深くなっている。

- くちばしに触覚のある剛毛
- ピンクや灰色のまだらのある様々な体色
- 背中のコブ　他のカワイルカと異なり、この種には本当の背鰭がなく、背鰭のあるべき場所に低いコブがある。

Beluga
シロイルカ

Delphinapterus leucas

体長　4–5.5m
体重　1–1.5トン

分布　北極海
社会単位　群れ
状態　絶滅危惧II類

シロイルカは北極海の氷原周辺に棲み、300mまで潜ることが追跡されており、エコロケーションを用いて獲物や息をするための穴を見つけると考えられている。このイルカは、キーキー、ヒューヒュー、ミューミュー、カチカチ鳴いたり、ハミングをしたりする。船体やボートの中にいても聞こえるので、そこから海のカナリアというあだ名がついている。外に向くエコロケーションの音は、膨らんだメロンによって焦点が合わせられる。魚、軟体動物などを食べ、上顎の8〜11組の歯と下顎の8〜9組の歯でそれを砕く。子どもは誕生時は濃い灰色で、体長1.5mである。2歳までには色が白くなり、5歳までに青の混じった白になる。

真っ白なクジラ
唯一の真っ白なクジラで、成長したシロイルカは北極海の氷や氷山に溶け込んでいる。夏の脱皮期の前になると黄色が混じる。

- 背中に繊維性の隆起（背鰭はない）

保護

シロイルカは、生息地の水質汚染によって、危機的な状態になっている。少数の狩猟がいまだに許可されていることが、北極地方のシロイルカの生息数を減少させることにつながっている。

哺乳類

クジラ類

Narwhal
イッカク

Monodon monoceros

体長　4–4.5m
体重　0.8–1.6トン
社会単位　群れ
分布　北極海
状態　低リスク

イッカクは、北極の氷原や浮氷の間に棲み、哺乳類の中では最も北に生息していることになる。たった1本の伸びる歯（左上顎切歯）を持ち、長い牙状突起（コラム）を形成する。魚、軟体動物、甲殻類などの獲物を力強い唇と舌を使って呑み込む。シロイルカと同じように（実際しばしば彼らと一緒に）、何千匹もの大群を形成するが、この群れは年齢や性別によって分類されている。個体を識別するハミングのような音を含む、広い範囲の音を使ってコミュニケーションをとっている。

色
イッカク（ここに示したのはメス）は、薄い地色に灰色と黒のまだらがあり、背中では多くのまだらが合わさって濃い灰色の大きな模様をつくっている。

オスのイッカクの牙
イッカクの牙は年齢とともに伸び、上唇を破って時計方向にねじれながら長さ3mにもなる。これは繁殖期にライバルのオスと争う剣のような武器になる。ほとんどのメスにはないがちゃんと生き延びているため、採食にはまったく使わないようである。時には2本の牙を持ったオスや、1本の牙を持ったメスがいる。

- C型の尾鰭
- 先端が上を向いた小さな胸鰭

Harbour porpoise
ネズミイルカ

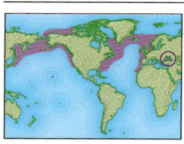

Phocoena phocoena

体長　1.4–2m
体重　50–90kg
分布　北太平洋、北大西洋、黒海
社会単位　様々
状態　絶滅危惧II類

生息地では最も多く見られるクジラだが、他の沿岸に棲む生物と同じように、人間の活動によって危機に瀕している。最大の危険は水中の魚網に引っかかることであり、呼吸ができなくなるために窒息してしまう。人間以外での天敵はシャチ、バンドウイルカ、大型のサメである。一般的には単独で餌を探すが、冬は魚や甲殻類のいる海底まで200mも潜る。非常に高い音のエコロケーションを使い、上顎に22〜28組、下顎に21〜25組ある鋭い形の歯で獲物を捕まえる。浅瀬にいる魚などの獲物は、狭い水域に集まっているため、たいてい群れができる。1匹の子どもが初夏に生まれ、母親が12か月以上世話をする。

- 黒からチョコレート色の背側
- 三角形で少しサメに似た背鰭
- 顎から胸鰭にかけての縞
- クリーム色の腹側

Vaquita
コガシラネズミイルカ

Phocoena sinus

体長　1.5m
体重　48kg
分布　カリフォルニア湾岸
社会単位　様々
状態　低リスク

小型のネズミイルカで、非常に限られた場所、カリフォルニア湾岸の北端で40m以下の浅い海に棲み、そのために海洋哺乳類の中で最も絶滅の恐れが高くなっている。習性はほとんど知られていない。しばしば単独行動をとるが、7匹程度の小さな群れをつくることもある。小魚、イカ、海底やその近くにいる獲物などの交じった餌を食べ、エコロケーションの高い連続音を使う。主な体色は灰色で、下側よりも上側が濃く、目と口の周りも濃くなっている。子どもは誕生時わずか70〜80cmで、数か月間授乳する。魚網への絡まり（年間30匹以上がそれで死亡する）、汚染、ボートの騒音、油田探査などの脅威が、このイルカの未来を暗くしている。

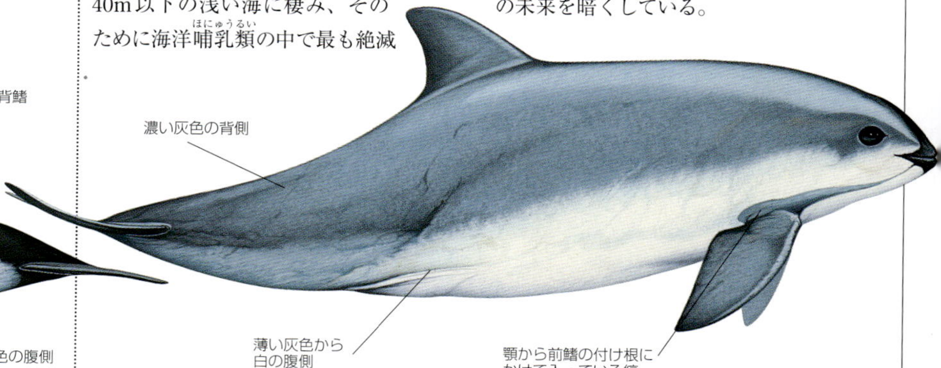

- 濃い灰色の背側
- 薄い灰色から白の腹側
- 顎から前鰭の付け根にかけて入っている縞

Finless porpoise
スナメリ

Neophocaena phocaenoides

体長　1.5–2m
体重　72kg
分布　インド洋、西太平洋
社会単位　様々
状態　地域により一般的

背鰭がないので、この中型のネズミイルカを見つけるのは難しく、呼吸をする間にゆっくりと進んでいるところが少し見えるくらいである。イルカによく似た膨らんだ前頭部と、少し突き出した鼻が、6種のネズミイルカの特徴である。インド洋や西太平洋の沿岸部ではよく見られるが、河口や上流の川にも棲んでいる。他のネズミイルカ同様（そしてイルカと異なり）、ほんのわずかしか水面からジャンプしないが、クジラのやり方で"スパイホップ"（体を垂直にして半分水から出て、立ちながら周囲を眺める）を行う。単独か3〜5匹の小さな群れで餌を食べるが、群れは時に10匹以上になることもある。海底や海底の近くにいる小魚、軟体動物、甲殻類を、上下の顎にある剣のような形の13〜22組の歯を使って捕まえる。小さな群れの獲物を追って、季節的に移動する。

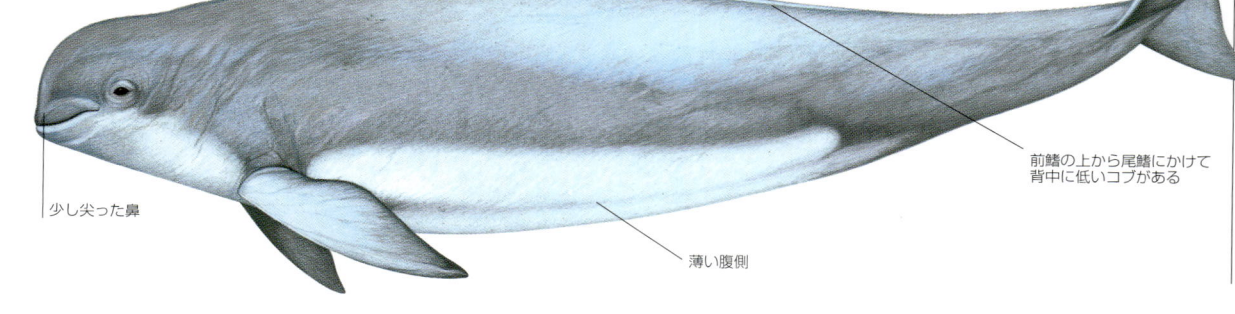

- 少し尖った鼻
- 薄い腹側
- 前鰭の上から尾鰭にかけて背中に低いコブがある

ハクジラ

Dall's porpoise
イシイルカ
Phocoenoides dalli

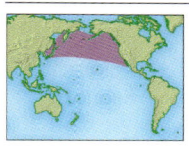

体長　2.2–2.4m
体重　170–200kg
分布　北太平洋
社会単位　群れ
状態　低リスク

大型のずんぐりした体型でとても速く泳ぐイシイルカは、両脇の白い模様と尾鰭、背鰭の白い先端を除くと、ほとんど黒である。頭と前鰭は体に比べると小さく、上顎に23〜28組、下顎に24〜28組の歯を持つ。イシイルカは、小さな群れが集まって、時には数千匹の大群になる。様々なクリック音を出し、魚やイカを食べる。餌には表面にいるマイワシから深海に棲むチョウチンアンコウまでが含まれる。時速55kmで泳ぐことができる。

- 前に傾いた背鰭
- 横腹の白い模様

Atlantic humpback dolphin
アフリカウスイロイルカ
Sousa teuszii

体長　2.4–2.8m
体重　280kg
分布　東大西洋
社会単位　群れ
状態　地域により一般的

浅い沿岸、砂洲、マングローブの沼地、入江、川に棲む。ゆっくりと泳ぎ、主に浅瀬の魚を食べる。上下の顎に27〜38組の短い歯を持つ。25匹までの群れをつくり、人間とも関係を持ち、分け前に預かるために小エビ漁船の後を追って、混乱した魚や魚の群れを岸に近い網へと追い込む。インド太平洋に生息するチュウゴクウイロイルカとよく似ている。ただし、色は青みがかった灰色で、腹側が白い。インド洋にいるものは大型で色が濃く、濃い藍色のまだらをしている。中国周辺にいる個体が最も小型で、頭と目の周辺が灰色のまだらになっているピンク色をしており、背鰭の後縁には内側に切れ込むカーブがない。

- メロンはくちばしと角度をつくっている

Tucuxi
コビトイルカ
Sotalia fluviatilis 

体長　1.3–2m
体重　35–40kg
分布　中央アメリカ、南アメリカ北東部
社会単位　様々
状態　地域により一般的

最小のイルカの一種で、大きな前鰭、尾鰭、背鰭を持ち、ずんぐりしている。南アメリカ北東部の沿岸や河口では海洋型であり、アマゾン川流域の入江や河口では河川型をしている。淡水のアマゾンカワイルカ（167ページ）とは異なる種である。単独か2匹で生活しているが、大きな群れをつくることもあり、川では10匹、沿岸では30匹にもなる。ジャンプをしたり、とんぼ返りをしたり、波乗りをしたりすることもある。ただし、なぜそういう行動をとるのかはわかっていない。35cmまでの獲物を丸呑みするが、餌にはカタクチイワシ、ナマズ、イカなどが含まれる。場所によっては地元の伝統として狩猟を禁じている。しかし、魚網にかかって溺れたりするものもかなりいるのと、肉や漁の餌にするために殺されるものもいる。目などは愛のお守りとして人気が高い。

- 長くて広い尾鰭
- 大きな背鰭
- 淡い腹側
- 突き出したくちばし
- 目から前鰭の付け根までの縞

Dusky dolphin
ハラジロカマイルカ
Lagenorhynchus obscurus 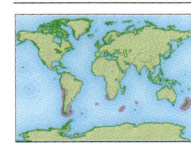

体長　1.7–2.1m
体重　70–85kg
分布　大西洋南部、インド洋、南太平洋
社会単位　様々
状態　地域により一般的

背側は主に濃い灰色から濃い藍色で、腹側は淡い灰色か白である。これらの色は顔から横腹、そして尾の付け根まで続く細くなっていく灰色の縞で分けられている。頭はつるりとしており、くちばしから噴気孔にかけて、徐々に広くなっている。ハラジロカマイルカは、南アメリカ、アフリカ南部、ニュージーランド周辺に棲む3つの亜種に分類される。10〜18℃の水温と、水深200mまでの場所を好む。南アメリカ沿岸では、日中にカタクチイワシやイカのような浅瀬にいる魚を食べている。ニュージーランド沿岸では、主に夜間に、やや深い水中で餌を探す。群れの大きさや構成は次々と変化し、2匹から1000匹までになる。群れは時々順にジャンプしたり、追いかけ合ったり、こすり合ったりしている。

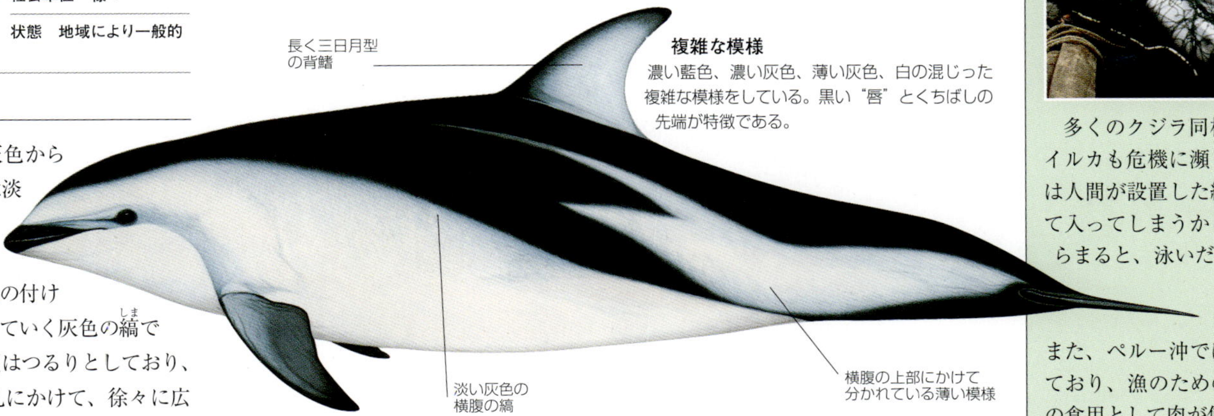

- 長く三日月型の背鰭
- 淡い灰色の横腹の縞
- 横腹の上部にかけて分かれている薄い模様

複雑な模様
濃い藍色、濃い灰色、薄い灰色、白の混じった複雑な模様をしている。黒い"唇"とくちばしの先端が特徴である。

保護

多くのクジラ同様、ハラジロカマイルカも危機に瀕しているが、それは人間が設置した網に同じ魚を追って入ってしまうからである。網にからまると、泳いだり呼吸したりできなくなり、すぐに溺れてしまう。また、ペルー沖では狩猟対象とされており、漁のためのまき餌や、人間の食用として肉が使われている。

哺乳類

クジラ類

Pacific white-sided dolphin
カマイルカ

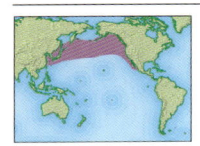

Lagenorhynchus obliquidens

体　長	2.1–2.5m
体　重	75–90kg
分布	北太平洋
社会単位	群れ
状態	一般的

先細りの頭、色合い、長い背鰭で区別することができる。カマイルカは太平洋で、時々波を使って船に乗り上げる。背側が濃く、腹側が灰白色で、くちばしから背鰭の下側あたりまでの横腹に模様がある。薄い縞が尾鰭の付け根から背鰭まで伸びており、そこから枝分かれしていたり、目の近くの肩まで続いていることがある。上下の顎にある23〜36組の小さい歯を使って、様々な魚やイカを食べる。数十匹から数千匹の、次々と変化する群れをつくり、時々他のイルカやクジラとも群れをつくる。10〜12か月の妊娠期間の後、体長90cmの子どもを産む。太平洋北西部の漁業の中には、このイルカが獲物の大半を占めるところもある。

横の縞は尾から目の上まで伸びている

鰭の先端にかけて濃くなっている

White-beaked dolphin
ハナジロカマイルカ

Lagenorhynchus albirostris

体　長	2.8m
体　重	350kg
分布	北大西洋
社会単位	群れ
状態	一般的

大型でずんぐりとしたイルカで、曲芸のような泳ぎをする。短くて太いくちばしは、はっきりした角度で額の膨らんだメロンに続いている。色は主に濃い灰色か黒で、灰色や白の様々なまだらが背側から横腹にかけてある。横側はくちばしも含めて白であることが多い。22〜27組の大きな三角錐の形をした歯が上下の顎にあり、ニシンなどの開けた浅瀬にいる魚を食べるが、海底にいるカレイやイカなども食べる。体長110〜120cmの1匹の子どもが、他の多くのイルカと同じように夏に生まれる。5匹から1000匹を超えるような、変化の激しい群れをつくる。互いにコミュニケーションをとったり、道案内や獲物を探したりするために、マシンガンのような音やキーキーという声を出す。

高い黒色の鎌状をした背鰭

Risso's dolphin
ハナゴンドウ

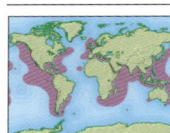

Grampus griseus

体　長	3.8m
体　重	400kg
分布	太平洋、大西洋、地中海、インド洋
社会単位	群れ
状態	一般的

この目立つイルカは、その大きさ、太くてくちばしのない頭、膨らんだメロンにかけての中央のひだ、長い背鰭、白い傷の入ったほとんど灰色の体色からすぐに判別できる。10〜15匹の群れをつくるが、他のクジラ目、特に小型のイルカやゴンドウクジラの交じった数百匹の群れをつくることがある。他のイルカと同じように、ハナゴンドウも人間の活動によって脅かされている。漁業網にかかって溺れたり、食物連鎖の結果、体内に汚染物質が蓄積したり、ゴミやプラスチックの破片を呑み込んだりするからである。

鎌のような高い背鰭

長くて鎌のような前鰭

年々白くなる
怪我や引っかき傷は年とともに積み重なり、これらが治ると白くてかさぶたのような模様になる。30年を超えるような高齢の個体は、ほとんど白に見える。

コミュニケーション

ハナゴンドウは深く潜り、主にイカを食べる。水は深くなるに連れて暗くなり、獲物を探すためには、エコロケーションの音が視覚より重要となる。イルカの群れは互いのクリック音やエコー音をモニターしており、効率的に獲物を見つける。

Bottlenose dolphin
バンドウイルカ

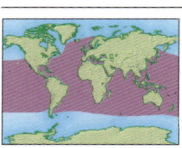

Tursiops truncatus

体　長	1.9–4m
体　重	500kg
分布	全世界（極地域を除く）
社会単位	様々
状態	一般的

くちばしのあるイルカで最大のバンドウイルカは、水族館で芸をしているイルカである。実際は2種に分けられる。バンドウイルカは全世界で見られ、小型のミナミバンドウイルカはインド洋沿岸や西大西洋などの少し限られた地域に棲む。広い範囲にわたって生息していることを考えると、さらに数種がいるのかもしれない。熱帯の沿岸では、バンドウイルカの体長は2mで、やや長い前鰭、尾鰭、背鰭を持つ。寒くて開けた海では体重は2倍になり、外部の鰭は小さくなる。分布にかかわらず、社会的な群れや採食方法は同様で、ジャンプ、水を打つこと、音、呼び声などは似ている。

大きくて鎌状の背鰭

様々な色
濃い灰色か黒い背側に、クリーム色になる腹側が基本だが、個体によって色合いや模様が異なっている。

尖った前鰭

クリーム色の腹

適応能力

バンドウイルカは、適応能力が非常に高く、何でも上手にこなすことができる。いろいろな魚や軟体動物、甲殻類を食べるが、両顎の小さくて円錐型の18〜27組の歯で獲物をくわえる。

ハクジラ

Spinner dolphin
ハシナガイルカ

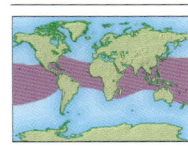

Stenella longirostris

体 長 1.3 – 2m
体 重 45 – 75kg
分布 全世界の熱帯水域
社会単位 群れ
状態 低リスク

他のイルカ、そしておそらくクジラ目のどれをとっても、大きさ、色、模様がこれほど多様なイルカはいないだろう。最低3種の亜種がいる。1種は世界中に分布し、2種は東太平洋に生息しており、そして4種目と考えられている小型の亜種がタイ沿岸のサンゴ礁に棲んでいる。上下の顎にそれぞれの45～65組の鋭い歯がある。色は黒か濃い灰色で、白く淡い色腹側にかけて徐々に薄くなっている。目と唇の端は黒いが、これは個体によって様々である。やや深いところにいる魚やイカを食べるために、深く潜る。数百匹から数千匹もの大群をつくるが、しばしば他のイルカも交じっている。マグロのような捕食性の魚ですら一緒に泳いでいることもあるが、この理由については謎である。

体型
細いが筋肉質で、長くて細いくちばし、高くて三日月型や三角形の背鰭、尖った前鰭と尾鰭を持つ。

灰色の体幹

身をよじる

イルカは高くジャンプしたときに空中で身をよじったり、体軸方向に何回も回転したりする。健康であることを証明しているのか、同種の個体をひきつけるためか、寄生虫を払い落としているのか、その目的は不明である。

Pantropical spotted dolphin
マダライルカ

Stenella attenuata

体 長 1.6 – 2.6m
体 重 120kg
分布 世界中の熱帯および温帯水域
社会単位 群れ
状態 低リスク

マダライルカは、最も一般的なクジラ目の1種で、たいてい22℃以上の水温のところで見られる。細い流線型の体と、上下の顎にそれぞれ40組の歯がある細いくちばしを持つ。長くて卵型の濃い灰色をした"ケープ"が、額から背鰭のすぐ後ろまで伸びている。体は明るい灰色で、腹側は色が白い。数千匹もの大群は、しばしば母と子、年長の子イルカ、その他のサブグループに分かれる。

これらはすべて他のクジラ目、特にハシナガイルカやマグロと群れをつくる。主にサバ、トビウオ、イカなどの表面近くを泳ぐ魚を主食としている。

まだらは年齢とともに増加するが、生息地によって様々である

成長した個体は白い唇をしている

Atlantic spotted dolphin
タイセイヨウマダライルカ

Stenella frontalis

体 長 1.7 – 2.3m
体 重 140kg
分布 大西洋
社会単位 様々
状態 地域により一般的

タイセイヨウマダライルカはくちばしで海底の砂地を掘り、とても深くつつくので頭全体が隠れてしまう。表面や少し深い海にいる魚やイルカなどを捕らえるために、様々な方法を使うこともある。上下の顎に32～42組の歯を持つ。海岸近くで15匹程度の群れをつくるが、季節性の餌を追って大きな群れを形成する。熱帯に棲む近縁種（上）同様、新生児にはまだらがない。まだらは年齢とともに現れ、腹から横腹、背中へと、数年間かけて広がっていく。

がっしりした種
マダライルカとは、主にそのがっしりした体とくちばしで区別される。

生息地を当てる

マダライルカやタイセイヨウマダライルカを含む数種のマダライルカは、濃いまだらや斑点が年齢とともに広がるが、これは生息地によっても変化する。海洋に棲むグループは模様が目立たない。海岸近くに棲むグループは斑点が非常に多く、地色がわからなくなるほどである。

Striped dolphin
スジイルカ

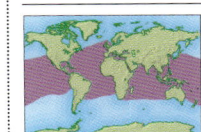

Stenella coeruleoalba

体 長 1.8 – 2.5m
体 重 110 – 165kg
分布 全世界の熱帯と温帯水域
社会単位 群れ
状態 低リスク

水温の変わりやすい地域に棲み、上下の顎にそれぞれ40～55組ある鋭く尖った歯を使って小魚やイカを捕まえるために、200mもの深さまで潜る。背中や体幹にかけての黒と灰色の縞模様の複雑なパターンから、この名前がついた。

この活発なイルカは様々なアクロバティックなジャンプやひねりをすることができる。どちらかというとよく見られる種だが、近年その数は減少している。特に1990年代の初めにはモービルウイルスの感染によって、地中海の生息数が激減してしまった。

サーフィンする群れ

50～500匹のスジイルカの群れが海を横切るが、時には数千匹にもなりながら高くジャンプしたり、連絡をとり合うために笛のように鳴く。移動する大型のクジラのすぐ前や人間のつくり出す船首波を使って波に乗るが、特に地中海や大西洋で見ることができる。

広くて薄い灰色の縞

体色
濃い灰青色の背側に、細い黒と広い灰色の縞が枝分かれしたり、分岐しており、灰青色の横腹、薄いクリームかピンクの腹側をしている。くちばしと目に黒い模様を持つ。

哺乳類

Common dolphin
マイルカ

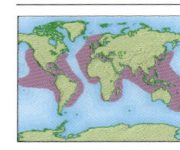

Delphinus delphis

体 長	2.3〜2.6m
体 重	80kg
分布	全世界の温帯および熱帯水域
社会単位	群れ
状態	一般的

顔から背鰭の下までの体幹に、黄色から淡黄色の模様を持つ。徐々に細くなり再び尾にかけて広がっているが、後半は薄い灰色である。また、濃くて狭い縞が口角から目、顎から前鰭にかけてある。上下の顎にそれぞれ40〜55組の小さくて鋭い歯を持つ。沖の深海に棲むが、沿岸型はハセイルカという別の種と考えられることもある。どちらの種も浅瀬にいる魚や300mの深さにいるイカを食べる。

砂時計模様
体幹には黄色とクリームがかった灰色の模様があり、はっきりした砂時計模様をつくっている。

群れる
マイルカはとても社会的で、数千匹の速く泳ぐ群れをつくる。飛び跳ねたり宙返りをしたりり、船やクジラのつくる波に乗ったりしながら、クリック音や呼び声、キーキー音など多くの音を出す。笛のような声は大きいので、近くを通るボートでも聞くことができる。

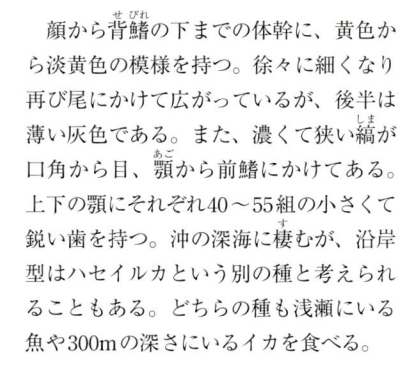

Northern right-whale dolphin
セミイルカ

Lissodelphis borealis

体 長	3m以下
体 重	115kg以下
分布	太平洋北部
社会単位	群れ
状態	一般的

社会性があり、100〜200匹もの群れをつくるが、集まって数千匹にもなることがある。様々な音を出し、他のクジラとも関係し、高くジャンプしたり、船首波で波乗りをしたりする。200m程度の水中に棲む魚やイカが主食である。近縁のシロハラセミイルカは、もっと南に棲む。

保 護
群れる特徴のためでもあるが、太平洋中部にしかけられたイカ釣りのための巨大な流し網にかかって窒息してしまう危険が高い。1980年代には毎年2万匹前後が死亡し、生息数は70%も減ってしまった。

細くて速い
体はスレンダーで、比較的小さな前鰭と尾鰭は、このイルカがとても速く泳ぐことを示している。背鰭はない。

腹側には狭く白い帯がある

Irrawaddy dolphin
イラワジイルカ

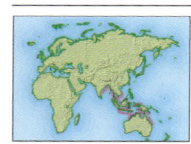

Orcaella brevirostris

体 長	2.1〜2.8m
体 重	90〜150kg
分布	東南アジア、オーストラリア北部
社会単位	様々
状態	地域により一般的

カワゴンドウとも呼ばれる。膨らんだ額、くちばしではなく隆起した唇、頭と体をはっきり分ける"しわ"などのわかりやすい特徴を持つ。頭の筋肉によって様々な表情がつくれるので、人間が見るとアニメのような顔に見える。表情がどんな役割を果たしているのかはまったくわかっていない。淡水に単独で棲むイラワジイルカもいるが、イラワジ川（ビルマ）とメコン川（ベトナム）の主な水系を内陸に1500kmも移動する。しかしほとんどは河口や沿岸に棲んでおり、泥の積もった沈泥のある河口やデルタで暮らす。15匹かそれ以下の群れでゆっくりと泳ぎ、海底や海底近くで魚、イカ、タコ、エビなどの餌をあさり、上下の顎にそれぞれ15〜20組ある歯を使って食べる。妊娠期間は14か月と考えられており、誕生時に体長100cm、体重12kgの子どもを1匹産む。地方によっては、人間と協力して魚の群れを網に追い込み、これによって餌をもらっていたり、聖なる動物として尊ばれているところもある。しかし、別の地域では漁師によって害獣とみなされていたり、肉をとるために殺されていたりする。

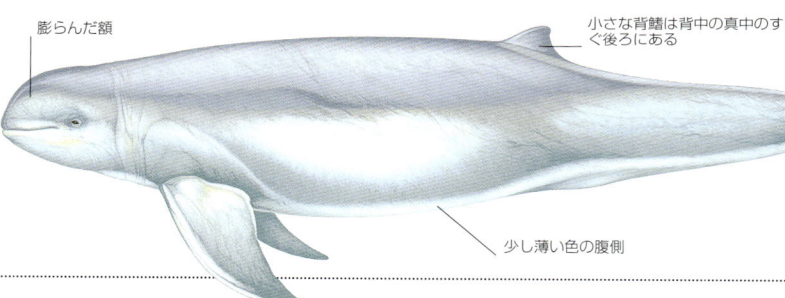

膨らんだ額
小さな背鰭は背中の真中のすぐ後ろにある
少し薄い色の腹側

Commerson's dolphin
イロワケイルカ

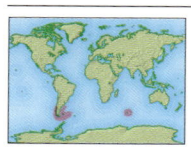

Cephalorhynchus commersonii

体 長	1.4〜1.7m
体 重	86kg以下
分布	南アメリカ南部、フォークランド諸島、インド洋（ケルゲレン諸島）
社会単位	群れ
状態	地域により一般的

シャチと同じような模様をしている。前頭部は滑らかで、鼻からずんぐりとした体まで続いている。体長65〜75cmの新生イルカは灰色で、年齢とともに2色になっていく。10匹以下の群れをつくるが、時には100匹を超えることもある。海底に棲む魚、カニ、ヒトデ、イカなどを食べる。8000km以上も離れた場所に棲む2つの種類（おそらく亜種）が存在し、インド洋に棲む種類に比べると、南アメリカ周辺に棲む種類は25〜30cmも体長が短い。

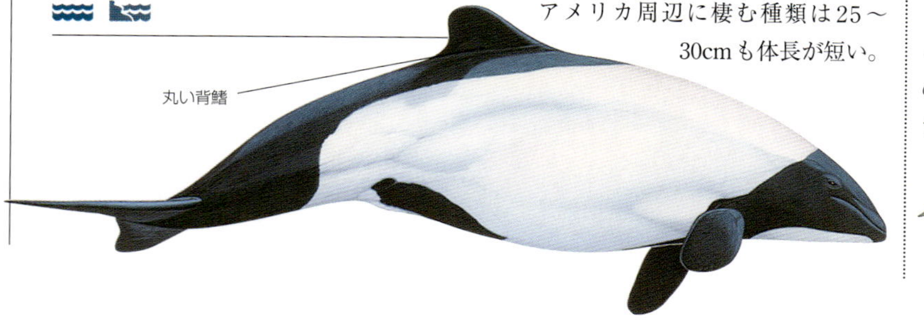

丸い背鰭

Hector's dolphin
ヘクターイルカ

Cephalorhynchus hectori

体 長	1.2〜1.5m
体 重	57kg以下
分布	ニュージーランド
社会単位	群れ
状態	絶滅危惧IB類

最も小型のイルカの1種でネズミイルカに姿が似ており、先細りの滑らかな鼻を持ち、くちばしとメロンの膨らみははっきりしない。黒い前鰭、背鰭、尾のついた灰色の体をしている。腹側の白い模様は、体幹の両側で尾に伸びている。活発で社会的であり、5匹までの小さな群れをつくる。ほとんどの時間を追いかけっこやタッチ、鰭で水を叩いたり、他の個体と関係することで過ごしている。様々な水深で、主に魚とイカを食べる。沿岸種のために魚網に絡まったり、汚染などの危険にさらされている。

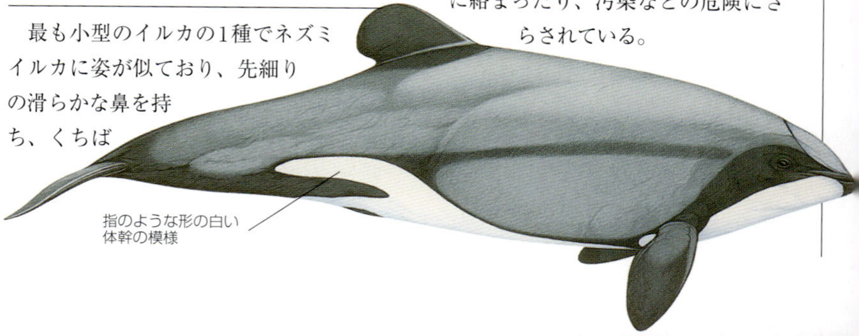

指のような形の白い体幹の模様

ハクジラ

False killer whale
オキゴンドウ

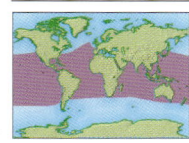

Pseudorca crassidens
体長 5–6m
体重 1.3–1.4トン
分布 全世界の温帯および熱帯地域
社会単位 群れ
状態 地域により一般的

最大のイルカの1種であるこの速いスイマーは、長くて細い体と高い鎌のような背鰭をしている。淡色の黒か青みがかった灰色で、両前鰭の間に薄い色の模様があり、頭の横にも薄い模様があることがある。深海を好むが、時々オセアニア諸島の沖合いにも現れ、10～20匹、ごく稀に300匹もの群れをつくる。この恐るべきハンターは、大きくて三角錐形をした8～11組の歯を上下の顎に持ち、サケやマグロ、カマスのような大型の海洋魚を襲う。イカや小型のイルカまで食べることがある。

保護

様々なエコロケーティングとクリック音、笛の音のようなコミュニケーションの音を出す。また、すばやくジャンプしたり上手に波に乗ったり、船首波に乗る。しかし、このすばらしいナビゲーターも、1000匹を超える群れで海岸に打ち上げられてしまうことがある。理由は解明されていないが、水に戻してやることで生き延びる個体もいる。

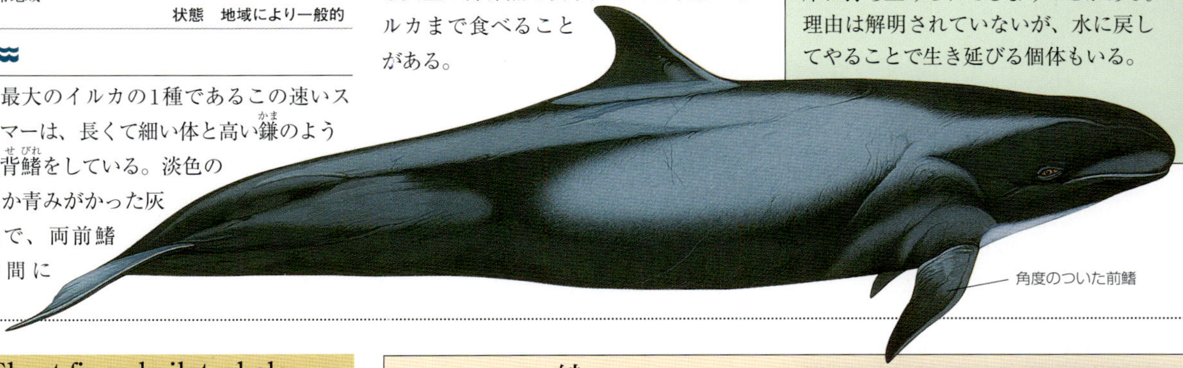

ウシのような鼻をしたクジラ
はっきりとした丸いメロンでくちばしがないために、ウシのような鼻先に見える。

- 角度のついた前鰭

Short-finned pilot whale
コビレゴンドウ

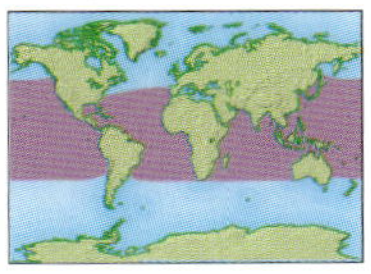

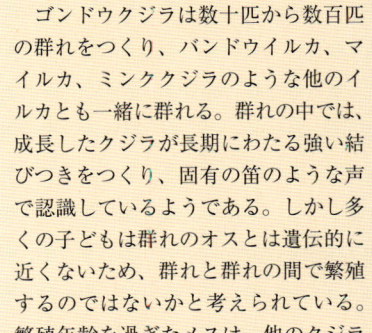

Globicephala macrorhynchus
体長 5–7m
体重 1–1.8トン
分布 全世界の温帯および熱帯水域
社会単位 群れ
状態 低リスク

夜行性のコビレゴンドウは深海のイカとタコを主食としており、500m以上の深さまで15分以上も潜る。2種のとてもよく似た種がおり、コビレゴンドウはヒレナガゴンドウよりも前鰭が小さい。いずれの種も錨型をした薄い色の模様が喉と胸にあり、背鰭と両目に白い線がある。オスはメスの約2倍の体重となるが、15年以上長く生き、60歳以上になることもある。皮膚の傷跡の特徴から、メスをめぐってオスの間で闘争があることがわかる。およそ15か月の妊娠期間の後、体長1.4～1.8mの子どもを1匹産む。ゴンドウクジラは今でも捕鯨の対象になっており、浅瀬に追い込まれて屠殺されている。

絆

ゴンドウクジラは数十匹から数百匹の群れをつくり、バンドウイルカ、マイルカ、ミンククジラのような他のイルカとも一緒に群れる。群れの中では、成長したクジラが長期にわたる強い結びつきをつくり、固有の笛のような声で認識しているようである。しかし多くの子どもは群れのオスとは遺伝的に近くないため、群れと群れの間で繁殖するのではないかと考えられている。繁殖年齢を過ぎたメスは、他のクジラの子どもに授乳することもある。

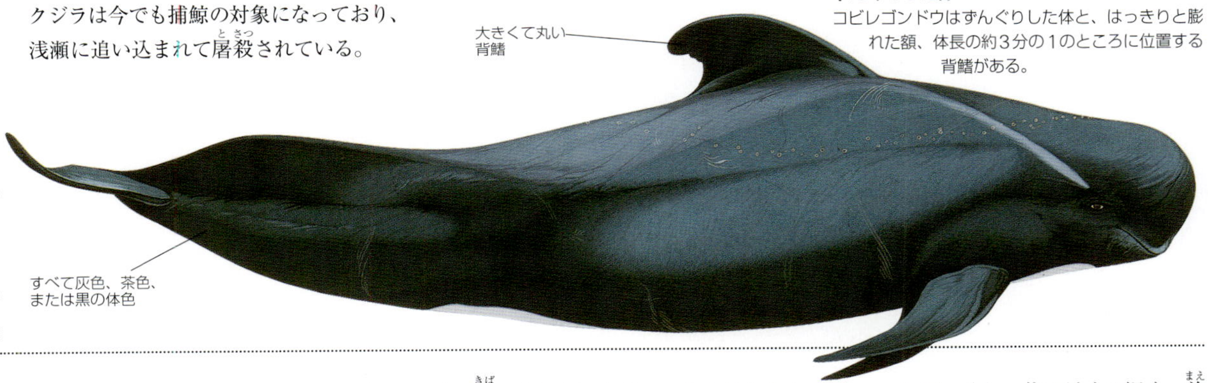

ずんぐりした体
コビレゴンドウはずんぐりした体と、はっきりと膨れた額、体長の約3分の1のところに位置する背鰭がある。

- 大きくて丸い背鰭
- すべて灰色、茶色、または黒の体色

Northern bottlenose whale
キタトックリクジラ

Hyperoodon ampullatus
体長 6–10m
体重 記録なし
分布 大西洋北部
社会単位 個体／群れ
状態 低リスク

キタトックリクジラはくちばしのある19種のクジラの1種である。ほとんどが中型で開けた海に棲み、イカ、ヒトデ、魚、カニ、その他の餌を求めて、長くて深い潜水を行う。この種は膨らんだ額とイルカに似たくちばしを持つ。オスはメスよりも大きくなり、くちばしの先端に2本の牙のような歯を持つ。他の歯も生えてはいるが、歯肉表面からの生長度合い（萌出）はかなり様々である。餌を食べるときは吸引しているようだが、舌をピストンのように使って水や海底の砂、獲物を吸い込む。体は長くて細く、前鰭は小さく、立った背鰭は尾までの約3分の2のところに位置している。他のほとんどのくちばしのあるクジラ同様、キタトックリクジラも10匹までの小さな群れをつくるが、たいていは同じ性別や似たような年齢の個体で構成されている。

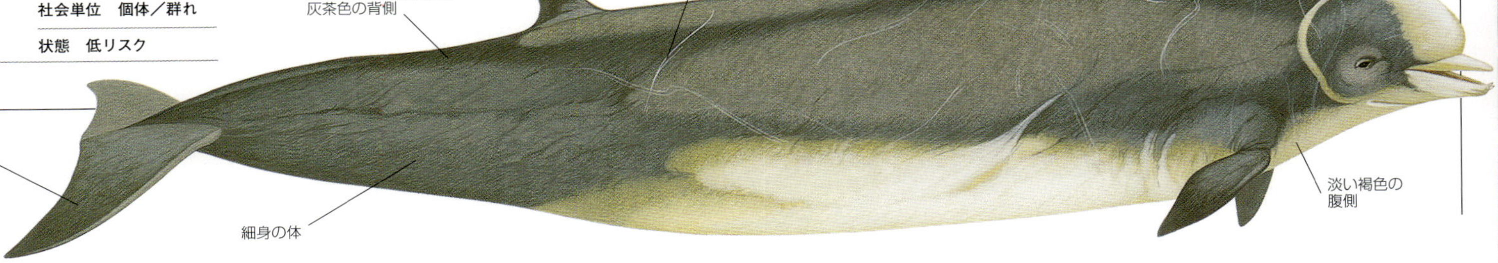

- 流線型の尾鰭
- 細身の体
- オレンジっぽい褐色か灰茶色の背側
- 同種のオスとの喧嘩でできた傷
- 淡い褐色の腹側

哺乳類

クジラ類

Killer whale
シャチ

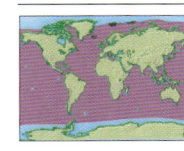

Orcinus orca

体長	9mまで
体重	10トンまで
分布	全世界
社会単位	群れ
状態	低リスク

はっきりとした黒と白の模様をしているので、ハクジラやイルカの中でも最もわかりやすい。高い社会性を持ったクジラで、ポッドと呼ばれる長期間継続する家族群で生活するが、これはおとなのオスとメス、様々な年齢の子どもからなっている。ポッドは通常30匹程度であるが、ポッドが集まってスーパーポッドを形成すると、その数は150匹にも達する。ポッドは女系家族で、子どもは生涯母親と一緒に生活することが多い。子どもが繁殖すると、その子どもも一緒になって、元の母親を核とした数世代に渡る群れをつくり上げる。餌は一般に狩猟テクニックによって異なっている。ニシンからホホジロザメまでの魚や、クジラやオットセイを含む海洋哺乳類などを、カメや鳥同様に食べる。しかし太平洋北部などの地域では、シャチにも2種類いるようである。移動種は、哺乳類、カメ、鳥を食べるが、定住種は魚だけを食べる。シャチは親しみやすく、とても好奇心が強い。様々な複雑な水面での習慣を持つが、その中には、ゆっくりと垂直に頭を水の上に出すスパイホップ、尾鰭と前鰭で水を叩く、呼吸などが含まれる。

子育て
ポッド全体で子育てをするが、子どもは母親のそばにいる。その絆は生涯続く。

ポッドの編成
ポッドは密な編成で移動するが、メスと子どもが中央でオスが周囲に位置したり、1kmにもわたって散らばったりする。高くてはっきりした叫びや鳴き声を使ってコミュニケーションをとるが、これらは群れを主張する社会的なシグナルとしても働いている。

狩猟のための体型
シャチは力強くてがっしりとしたずんどうの、狩猟に理想的な体をしている。広い尾鰭は高速を出すための推進力を生み出し、オスの1.8mにもなる背鰭と舵に似た前鰭は安定性をつくる。水中ではこの模様のおかげで、上からも下からもカムフラージュされる。

- 丸くて先の細くなっている頭
- 目立つ目の模様
- オスの背鰭は長くてあまり曲がっていない
- 灰色のサドル模様
- 広い尾鰭
- 大きな櫂のような前鰭
- 白い腹

すばらしいハンター
シャチは応用のきくハンターでいくつもの違った方法を使うために、海の中でも最も様々な餌を食べる生物になっている。しばしばポッドで狩りをするが、一緒になって獲物や群れになった魚を追い込み、その後、違う角度から攻撃をする。南アメリカ沿岸に生息するものは、オットセイを捕まえるのがとてもうまいが、オットセイを浅瀬まで追いかけて浜辺に自分たちも乗り上げたり（写真）、ほかにもアシカやペンギンのバランスを崩すために流氷を叩いたり、岩の隣で呼吸をして鳥を海にさらったりする。

哺乳類

哺乳類

クジラ類

Cuvier's beaked whale
アカボウクジラ

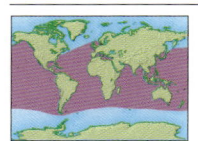

Ziphius cavirostris

体長	7〜7.5m
体重	3〜4トン
分布	全世界の温帯および熱帯水域
社会単位	様々
状態	地域により一般的

アカボウクジラは、長くて細い体と、くちばしを持つクジラの典型的な種よりもずっと後ろにある小さな背鰭を持つ。

キタトックリクジラ（173ページ）同様、深海のイカや他の生物を吸引して食べている。顎のラインは鼻の先端で上に曲がり、そこから下がっている。額は比較的滑らかである。小さな前鰭は体の窪みにぴったりと入っているため、尾鰭だけを使って深海まで速く潜るときは、流線型になる。淡い茶色から灰青色の体は寄生虫に覆われており、また、オスは同種のオスの咬み傷がついている。これらの傷は繁殖期に順位を決める喧嘩でつくと考えられている。年長のオスは単独で生活することが多い。ほとんどのオスは2本の三角錐形の歯を持つが、その歯が下顎から牙のように出ている。メスと若い個体には歯がない。若いオス、メス、そして誕生時体長2.7mの子どもが、通常は10匹以下の群れをつくっている。

ガチョウのようなくちばし
2本の喉の溝
黄褐色または薄い茶色から灰青色の体色
皮膚の寄生虫や、オス同士の喧嘩でできた傷跡

Dwarf sperm whale
オガワコマッコウ

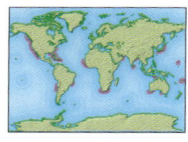

Kogia simus

体長	2.7m
体重	135〜270kg
分布	全世界の温帯および熱帯水域
社会単位	様々
状態	地域により一般的

マッコウクジラ3種の中で最も小さいオガワコマッコウは、魚やイカ、甲殻類、軟体類などを求めて300mも潜る。下顎には7〜13組の鋭い歯があり、大きくて膨らんだ頭の下にサメそっくりについている。上顎の歯は3組しかない。背側、鰭、前鰭、尾鰭は灰青色だが、腹側がクリーム色に変化している。口と目のすぐ後ろに対称的な三日月型の模様があり、その大きさと位置から魚の鰓に見える。人見知りする動物で、単独か少数（10匹以下）の群れで生活しており、捕食者を追い払うために糞を雲のようにまき散らす。繁殖行動についてはほとんどわかっていない。妊娠期間は9〜11か月と幅があるようで、体長1mの子どもが1匹、たいてい秋に生まれる。このクジラは群れで座礁する傾向がある。

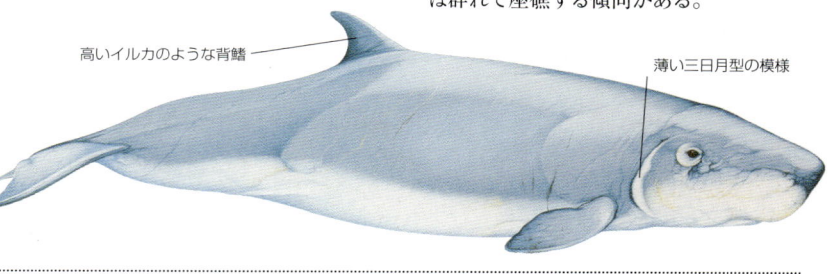

高いイルカのような背鰭
薄い三日月型の模様

Sperm whale
マッコウクジラ

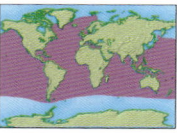

Physeter catodon

体長	11〜20m
体重	20〜570トン
分布	全世界の深海
社会単位	個体、群れ
状態	絶滅危惧II類

世界で最も大きな肉食獣で、イカやタコ、そして魚や巨大イカからなる餌を求めてとても深くまで潜る。まる2時間も潜水することができ、探査機によって1200mまで潜ることが確認されている。胃の中から見つかった深海魚などの間接的な証拠から、3100m以上も潜ることが知られている。このような深い潜水をする能力は、鯨脳（右コラム）のおかげかもしれない。潜水と潜水の間には丸太のように海面に横になり、1回の潮吹きで45度の角度で霧を吹き上げる。長くて狭い下顎は大きな頭の下にあり、三角錐型の丸い先端をした歯が50組ついている。上顎には確認できる歯はない。主な体色は濃い灰色か茶色で、腹側は色が薄く、下顎の周辺が白かクリーム色になっている。オスのマッコウクジラ（ブル）はメスの2倍の体重になり、冷たい水の中を、夏場は餌を求めて、遠く北や南へ移動する。若いときには、結びつきの弱いオスだけのポッドをつくるが、その後は単独で生活するようになる。メス（カウ）は熱帯域にとどまり、子どもや10歳以下の若い個体の交じった群れをつくる。14〜15か月の妊娠期間の後、夏か秋に体長4mの子どもを1匹産み、4年かそれ以上授乳する。

緊密に泳ぐ
マッコウクジラは、時々ごく近くで、接触したり、群れの他のクジラをなでたりしながら泳ぐ。また、大きくてリズミカルなクリック音や爆発音を出すが、これは個体を認識するのに役立っているようである。

体の後半はしわのある皮膚
淡い腹側
背鰭と尾の間の背側に低いコブがある

鯨脳

マッコウクジラの巨大な頭には、鯨脳と呼ばれる器官がある。これはワックスオイルの巨大な塊である。浮力の助けになるようだが、深く潜るために温度や圧力で密度が変化する。イルカのメロンのように音を発散する機能も果たし、クリック音や他の音の焦点を合わせている。

大きな頭
マッコウクジラの長くて狭い箱のような頭は、全長の3分の1にもなる。低い背鰭は後ろにある。

哺乳類

深く潜る
マッコウクジラは海の光が届く上層部から離れて、餌を探すために暗い深海へと向かっていく。どの哺乳類よりも深く潜るが、1秒に3m以上のスピードが出る。光から離れているために目は役に立たず、エコロケーションを使っている。

食肉類

門	脊索動物門
綱	哺乳綱
目	食肉目
科	7
種	249

分類について
本書では食肉目を7科に分類した。ただし、ジャコウネコとその近縁種からマングースを独立させ、8科に分類する学者もいる。
- イヌの仲間　180〜187ページ
- クマの仲間　188〜193ページ
- アライグマの仲間　194〜195ページ
- イタチの仲間　196〜203ページ
- ジャコウネコの仲間　204〜205ページ
- ハイエナとツチオオカミ　206〜207ページ
- ネコの仲間　208〜215ページ

肉食動物というと、一般に肉を食べる動物を指すが、食肉目に属する動物を特定して記述するときにも使う。このグループのほとんどのメンバーは肉を食べるが、なかには雑食や完全に草食のものもいる。肉を食べる食肉目は、どの地域においても優位な捕食者である。体や生活様式は狩猟をするために高度に進化している。しかしこのグループに含まれる動物は様々であり、ジャイアントパンダからブチハイエナまでがいる。哺乳類の中でも特殊で、食肉目は4本の裂肉歯を持つ。また、ペニスの骨（陰茎骨）を持っている。南極を除くほぼ世界中に生息し、オセアニアにも移入されている。

狩り
食肉類の中には、生まれながらに最も上手で効果的に狩りをする捕食者がいる。ほとんどはその敏感な視覚、聴覚、嗅覚で獲物を探し当て、隠れ場所から跳びかかったり、跡をつけて、長い追いかけっこや猛ダッシュで獲物を追いつめたりする。ほとんどは自分より大きな獲物を殺すことができる。イタチは頭の後ろを咬んだり頭骨を割って獲物を殺すが、ネコは首を咬んで脊髄に損傷を与えたり、喉を咬んで呼吸困難にして獲物を殺す。イヌは獲物を勢いよく振り回して首を脱臼させる。

孤独なハンター
ボブキャットは、カンジキウサギのような小型の獲物を主食にしているが、単独で狩りを行う。

体のつくり
食肉類は大きさや形が様々ではあるが、ほとんどは狩猟をする生活様式に合わせたいくつかの特徴を共有している。典型的な食肉類は鋭い歯と爪を持った、速くてすばしこいランナーで、聴覚と視覚が鋭く、嗅覚も非常によく発達している。裂肉歯（下）は獲物を襲って食べる動物にあるが、雑食や草食の種にもあまり発達しない形で存在する。食肉類は各足に4〜5本の指を持つ。チーターを除くネコ科の動物は、鋭くて出し入れのできる爪を持つが、これは獲物を捕まえたり、身を守ったり、木に登ったりするときに使われる。他のほとんどの食肉類は出し入れできない爪を持ち、時々穴を掘るのに使う。

群れで狩りをする
ライオンは、ヌーのような大型動物をしとめるために、たいてい群れで狩りを行う。メス（成長したオスはめったに狩りに参加しない）は獲物の周りをうろつき、たいていの場合30m以内に追い込む。短い突撃の後、動物は体をつかまれて倒され、喉を咬まれて窒息死する。

顎と歯
ほとんどの食肉類は、獲物を殺したり、その腹を裂いたりするために鋭い歯と力強い顎を持っている。側頭筋は顎を開けるときに最も必要な筋肉で、鋭い犬歯の強力なひと咬みをつくり出す。裂肉歯は上下顎にある尖った臼歯で、お互いに完全に咬み合っている。ほぼ完全に口を閉じるときに使われる咬筋と一緒に働き、肉を裂くための力強い切断道具となっている。

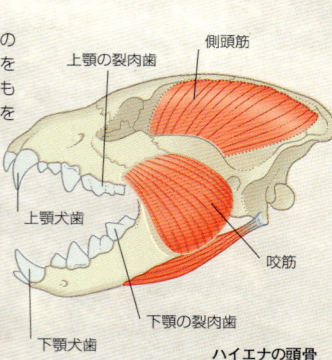

- 上顎の裂肉歯
- 側頭筋
- 上顎犬歯
- 下顎犬歯
- 咬筋
- 下顎の裂肉歯

ハイエナの頭骨

トラの骨格
- 癒合した手首の骨
- 分離した橈骨と尺骨は動きを最大にする
- よく動く背骨は走っているときに後ろに曲げることができる

骨格と動き
捕食者である食肉目はいくつかの身体的な適応点を持ち、それによって獲物を追って地面をすばやく動くことができる。背骨は一般的に動きやすく、後肢は比較的長く、鎖骨は小さくなり肩の可動性を最大限にしている。ストライドの長さを増してさらにスピードをつけるために、すべての食肉目は手首の骨が癒合しており、イヌとネコは（足の裏ではなく）爪先で歩く。

シベリアンタイガー

社会的な群れ
ほとんどの食肉目は単独やつがいで生活しているが、群れをつくるものもいる。群れには様々な形があり、構成も複雑なことが多い。例えばライオンの群れ（プライド）は数匹の血縁関係のある家族で形成されるが、ほとんどのオスは自分の生まれた群れを出ていく。ライオンはほとんどの時間を仲間と過ごし、協力して狩りを行い、他のライオンの子どもの世話もする。他のほとんどの群れでは、個体間の結びつきはもっと弱い。例えば、アカギツネとホッキョクギツネは1匹のおとなのオスと数匹のメスからなる群れで生活するが、それぞれの成獣は群れのなわばりの中の、異なる地域で単独で狩りを行う。

遊び
若い食肉獣は遊びを通じて喧嘩の腕をあげていく。このアカギツネは、一緒に遊ぶことで、痛手を負うことなく、他の動物の強さを知ることができる。

子育てを手伝う
これらの若く尾の細いミーアキャットは、おとなが常に子どもに目を光らせている必要がない。多くの食肉目の社会では、子育てをみんなで分担するのが一般的である。

哺乳類

食事

ほとんどの食肉類は殺したての動物を食べて生きているが、大きさは昆虫や他の無脊椎動物、小型脊椎動物から、バッファロー、トナカイまでの大型動物まで様々である。食肉目は一般的には様々なものを食べ、単一の食物を食べる種はほとんどいない。クマやアナグマ、キツネなどの種は肉と植物の雑食だが、よく知られているジャイアントパンダなどの数種は、ほとんど完全に草食である。

死肉を食べる
ハイエナは、生きた獲物も食べるが、他の動物が殺した残り物も食べる。特に尖った歯と力強い顎によって骨や腱を砕くことができるので、他の食肉類よりもずっとたくましく生きている。

草食種
ジャイアントパンダの主食はほとんどが笹の芽と根で、1日に12時間も食事に費やしている。パンダは他の食肉類に比べると動きがゆっくりとしており、平らな臼歯は切り裂くよりもすりつぶすのに適している。

コミュニケーション

匂いのメッセージは長く残る利点を持ち、なわばりを示したり交配相手を見つけるために使われる。尿をスプレーしたり糞を残したりすることでマーキングをするが、動物によっては顔や爪の間、尾の付け根にある腺からの匂いをこすりつけることもある。動物が顔を合わせると、しぐさや表情、音などを使って情報を伝えるが、この中には恐怖や、パートナーに対するメッセージ、近づく危険に対する警告などが含まれる。

挨拶のポーズ
大きな群れで生活しているリカオンにとって、ボディランゲージは重要なコミュニケーションの形である。この挨拶の儀式では、おとなは互いに鼻を突き合わせる。

なわばりをマーキングする
クマは木を使って、匂いと視覚的なサインの両方を残す。ここでは唾液で匂いをつけたり足の腺から出る匂いをつけているが、その他に鋭い歯と爪を使って木の皮を剥いだりする。

イヌの仲間

門	脊索動物門
綱	哺乳綱
目	食肉目
科	イヌ科
種	36

イヌ科のメンバーには、イヌ、オオカミ、コヨーテ、ジャッカル、キツネが含まれる。(突然猛スピードで走るというよりは) とても忍耐強いことで知られており、何でも食べ、適応能力が高い。スレンダーな体格、長い脚、ふさふさした長い尾がイヌの特徴である。野生のイヌ科の動物は一般的に世界中の開けた草原に棲んでいるが、マダガスカルやニュージーランド (ただし家庭で飼育されているイヌはいる) のような隔離された場所には生息しない。

体のつくり

イヌ科の動物は筋肉質で、被毛で覆われた体は胸が深く、毛色はたいてい単色かまだらである。後肢は力強く頑丈にできている。いくつかの手首の骨はくっついており、前肢は回転させることができない (足の前面の骨が固定されている)。後肢に4本、前肢に5本の指があり、どの指にも固い肉趾がある。爪は短く、出し入れすることはできず、太い (他の食肉目は鋭い爪を持っている)。イヌ科の動物はまた、長い顎、長くて牙のような犬歯 (他の動物を引き裂くのに使う)、よく発達した裂肉歯 (顎の後ろにある肉を削り取る歯) を持っている。獲物を匂いによって追跡するため、長くて尖った吻には大きな嗅覚器が収まっている。聴覚も鋭く耳は大きくて立っており、たいていは尖っている。視覚はあまり重要ではないが、それでもよく発達している。

社会的な群れ

主に小型の齧歯類や昆虫を食べる小型の種は、変化しやすい社会組織をつくることが多いが、つがい (ジャッカルなど) や単独 (キツネなど) で生活しているものもいる。オオカミやリカオンなどの大型の種はパックと呼ばれる社会的な群れで暮らしている。パックは、優位のつがいとその子どもからなり、尿でマーキングしたなわばりを守る。パックの子どもの年齢は様々である。これは年長の子どもが数年間群れに残るためで、子どもたちは、新しく生まれた子どもの世話を手伝う。優位のつがいのみが繁殖し、メスは子どもを産むための巣穴を掘る。パックはしばしば絆を確認する儀式を行うが、これにはお互い舐め合ったり、鳴いたり、尾を振ったりなどが含まれる。狩りの際よく使う戦術は、例えばシカやアンテロープの群れの後をつけ、協力して誘導し、1匹だけがはぐれるようにすることである。はぐれた個体は疲れて倒れるまでパックのメンバーによって追いかけられ、やがて倒される。

イヌ科の動物と人間

歴史をひもといてみると、多くの点でイヌは人間の役に立っていることがわかる。例えば野生のイヌ科の動物は、放っておくとすぐに増える齧歯類の数を調節している。また飼育されている犬 (1万年以上も前のオオカミの子孫) は、人間活動の様々な場面で、常に重要な役割を果たしてきた。ごく小さなチワワから巨大なセントバーナード (飼育されている動物の中で、イヌがいちばん多様な形をしている) まで、狩猟、牧畜、護衛、芸、物を運んだり引いたり、そして愛玩まで、様々な目的のために特殊化するように繁殖されてきた。しかしこれらの因子にもかかわらず、多くのイヌ科の動物は害獣とされている。例えばオオカミだが、大切な家畜を襲う殺し屋として撃たれたり迫害されてきた。その結果ほとんどの場所で非常に少なくなり、多くの地域で絶滅してしまった。ほかの種はさらにひどい状態にある。例えばヤブイヌやタテガミオオカミは絶滅の瀬戸際にある。アメリカオオカミは現在は動物園にいるだけである。一方でコヨーテとアカギツネ (両種とも何でも食べる) は、都会の環境が広がることでより棲みやすくなり、以前よりもずっと数を増やしている。

絆を強める

群れ (パック) のメンバー間の絆を確認して維持することは、社会的な群れで暮らすイヌ科動物が生き残るためにとても大切なことである。リカオンでは、舐めたり、鳴いたりといった結びつきの行動は、しばしば狩りの前に見られる。これは協力してチームで狩りをする動物だけであり、このような行動によって自分たちよりもずっと大きな獲物を追いつめて殺すことができるのである。

イヌの仲間

Red fox
アカギツネ

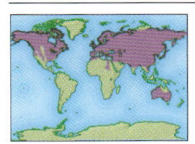

Vulpes vulpes

体　長	58–90cm
尾	32–49cm
体　重	3–11kg

分布　北極、北アメリカ、ヨーロッパ、アジア、北アフリカ、オーストラリア

社会単位　つがい

状態　一般的

アカギツネは、昼も夜も活動し、非常に広い範囲に生息している。北極地方のツンドラから都会にまで棲み、何でも食べる。住処は隠れた場所の地面（巣穴）である。例えば広げたウサギ穴、岩や根の隙間、納屋の軒下などである。基本的な社会単位は、1匹のメスとオスで、1～10平方キロのなわばりを、尿や糞、肛門や他の腺からの匂いでマーキングする。1匹のオスと数匹のメスという群れもあるが、年長のメスのみが繁殖する。交尾は晩冬か初春に行われ、このときメスはものすごい金切り声を上げる。妊娠期間は49～55日で、産子数は12匹までである（ヨーロッパで4～5匹、北アメリカで6～8匹）。6～12週間の授乳期間の後、両親と繁殖しない"ヘルパー"のメスが子どもの世話をし、餌を与える。

気難しくないキツネ

草原や農地では、アカギツネの餌の大半はウサギの仲間である。キツネは獲物の後をこっそりとつけ、巣穴に逃げ込んだり、逃げ去る前に、ダッシュして獲物を捕まえる。キツネは獲物の首をつかみ、人目につかない場所に運んだ後、ゆっくり食べる。アカギツネは他に甲虫、虫、カエル、鳥、卵、ネズミ、モグラ、果実、死肉、ゴミなど――実際、食べられるものはほとんど何でも食べる。

全部赤ではない
毛色は灰色がかった赤から、赤錆色、オレンジまで様々だが、ほとんどは耳の後ろに黒い部分があり、四肢の尖端や肢にも黒が入っていることがある。尾の毛は黒いが先端は薄い。黒や銀白色の個体も時々いる。

ふさふさした尾

Blanford's fox
ブランフォードギツネ

Vulpes cana

体　長	42cm
尾	30cm
体　重	0.9–1.5kg

分布　西アジア、南アジア

社会単位　個体

状態　地域により一般的

この小型のキツネは比較的大きな耳と尾を持ち、黒、灰色、白のまだらの体色をしている。腹側は白く、背中の中央に黒いストライプがあり、こそこそとネコのような動きをする。単独で行動する夜行性のハンターで、昆虫を含む小動物を捕らえ、主に不毛な岩の丘や草の生えた高地に棲んでいる。かなりの量の果実を食べ、果樹園や木立の近くにいることもある。産子数は1～3匹。

Kit fox
キットギツネ

Vulpes macrotis

体　長	38–52cm
尾	22–32cm
体　重	1.5–3kg

分布　合衆国西部

社会単位　つがい

状態　絶滅危惧II類†

スウィフトギツネ（右）と外見や生息地が似ており、どちらも生息しているテキサスでは交雑しているらしい。長くて寄った耳とやや尖った頭、全体的にかなりがっしりとした体格をしている。薄い灰茶色、濃い灰茶色、中間の灰色という3種類の毛色がある。草原から砂漠まで広い範囲に棲み、雑食性である。3～6匹の子どもを両親で育てる。

Swift fox
スウィフトギツネ

Vulpes velox

体　長	38–53cm
尾	18–26cm
体　重	1.5–3kg

分布　合衆国中部

社会単位　つがい

状態　未確認

近年、キットギツネ（左）とは別の種と認定された。やや東部に棲んでいる。毛色はキットギツネと同様だが、背側は少し灰色がかっており、腹側は淡黄のオレンジ色をしている。ふさふさした尾は先端が黒い。両種とも、深さ約1m、長さ約4mのトンネルの巣穴を掘り、12月から1月にかけて交尾する（北部では少し遅い）。妊娠期間は50～60日である。

Fennec fox
フェネックギツネ

Vulpes zerda

体　長	24–41cm
尾	18–31cm
体　重	1–1.5kg

分布　北アフリカ、西アジア

社会単位　群れ

状態　未確認

最小のキツネで、大きな耳を持ち、尾の先端は黒い。毛の生えた足裏は柔らかく、熱い砂の上を歩くのに適している。ほとんどは夜行性で、餌は果実や種子から、卵、シロアリ、トカゲまでである。キツネにしては珍しく10匹までの群れで生活するが、相互関係はあまりわかっていない。各個体が、柔らかい地面に数メートルの巣穴を掘る。交尾は1～2月に行われ、2～5匹の子どもは2か月間メスに守られて巣穴で過ごす。11か月で完全に成熟する。毛皮目的のために狩られたり、ペットとして捕らえられたりしている。

クリームから黄色がかったクリーム色の毛皮

白い腹側

哺乳類

食肉類

Rueppell's fox
オジロスナギツネ
Vulpes rueppelli

体長 40–52cm
尾 25–39cm
体重 1–3.5kg
分布 北アフリカ、西アジア
社会単位 群れ、つがい
状態 未確認

白い顎、喉、腹

アカギツネに似ているが、やや体が細い。生息地に溶け込む砂色から銀灰色の毛色で、被毛は密で柔らかい。吻の横に黒い模様があり、尾の先端は白い。普通は15匹までの群れで生活しているが、地域によっては1組のつがいで生活していることもある。日中は人目につかない割れ目や穴で休み、数日ごとに巣穴を移動する。平均的な産子数は2～3匹で、初春に生まれる。草、昆虫、爬虫類、哺乳類など、かなりいろいろな餌を食べる。

Arctic fox
ホッキョクギツネ
Alopex lagopus

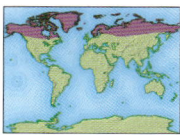

体長 53–55cm
尾 30cm
体重 4kg
分布 カナダ北部、アラスカ、グリーンランド、北ヨーロッパ、北アジア
社会単位 群れ
状態 一般的

ホッキョクギツネには2つの毛色がある。冬の"白い"キツネはほとんど純白で、雪や氷に溶け込んでいる。これは完全なツンドラや開けた木のない平原や、草の生えた岩場で見られる。"青い"キツネはもう少し一般的で、沿岸や低木地域の混じった生息地で見られ、冬には先端に青の入った薄い灰茶色である。主食はレミングだが、鳥や卵、カニ、魚、アシカ、クジラの死体、果実、種子、人間のゴミなど、幅広い餌を食べる。社会的な群れは変化しやすく、つがい、繁殖しない大きな群れ、繁殖するつがいと"ヘルパー"のメスの群れなどがある。巣穴の場所は広範囲で、隠れたり繁殖したりするために複雑な巣穴システムを持っている。繁殖は餌と密接に関係しており、レミングが多いときは1回の出産で15匹以上も子どもを産むが、平均的な年は6～10匹である。

密な毛皮の下はがっしりとした丸い体

夏のコート

ホッキョクギツネの"夏毛"は冬の厚さの半分で、下毛は半分以下しかない。夏には、"白い"キツネは背側が灰茶色から灰色、腹側は灰色になる。"青い"キツネの毛色はもう少し茶色で濃い。

毛皮の塊
北極では熱の放出が早いため、ホッキョクギツネは小さな耳、太い吻、短い肢と尾を持っている。鼻を除いた体全体が密な毛で覆われている。

Grey fox
ハイイロギツネ
Urocyon cinereoargenteus

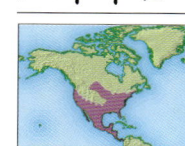

体長 53–81cm
尾 27–44cm
体重 3–7kg
分布 カナダ南部から南アメリカ北部にかけて
社会単位 つがい
状態 一般的

キノボリギツネとも呼ばれるこの長い体をした種は、森林地帯を好む。上手に木の幹によじ登り、ネコのような身軽さで枝を渡り歩く。夜間活動し、様々な昆虫や小型哺乳類を食べるが、季節によっては果実や種子などをよく食べる。小さくて暗い灰色のたてがみと背側の中央に縞があり、首、脇腹、肢に赤い模様を持つ。顎と腹は淡黄褐色から白である。普通は古い穴や倒木に巣穴をつくるが、地面から9m以上の高さの木の穴や建物の軒下や屋根裏に巣をつくることもある。たいていは繁殖するつがいで生活している。

まだらの被毛
被毛がまだらや斑点に見えるのは、それぞれの毛が白、灰色、黒の帯を持っているためである。

かよわい子ども

平均産子数は4匹（1～10匹）。生まれた子どもはほとんどのキツネ同様、毛が黒く、弱くて目も見えない。9～12日で目が開き、4週間後に巣穴から出て、親に守られながら木に登り始める。さらに2週間程度で固形の食事を食べ始める。

Small-eared dog
コミミイヌ
Atelocynus microtis

体長 72–100cm
尾 25–35cm
体重 9–10kg
分布 南アメリカ
社会単位 個体
状態 地域により一般的

コミミイヌの丸くて小さな耳はタヌキ（183ページ）のように見えるが、被毛が短くもっと滑らかで、背側は灰色から黒、腹側は赤茶の混じった様々な灰色になっている。ふさふさした黒い尾はキツネに似ている。主に夜行性で単独行動をとり、熱帯雨林の中で、ひっそりと目立たずに暮らしている。ネコのようにこそこそと移動し、植物も少しは食べるが、主食は小型の齧歯類である。

Culpeo fox
クルペオギツネ
Pseudalopex culpaeus

体長 60–120cm
尾 30–45cm
体重 5–13.5kg
分布 南アメリカ西部
社会単位 つがい
状態 地域により一般的

大型の力強いキツネで、開けた高地の草原やパンパス（アルゼンチン中央部の草原地帯）に棲んでいる。毛皮目的と羊や家禽などの家畜を襲うことから大規模に狩猟されてきた。餌は齧歯類、ウサギ、鳥とその卵、季節の果実などが含まれる。多くのキツネ同様、餌の多いときに余分な餌を埋めたり、木や岩の下に隠してためておき、後で食べる。肩と背側は灰色のまだら、頭、首、耳、肢は明るい色をしている。ふさふさした尾は先端が黒い。

哺乳類

イヌの仲間

Crab-eating fox
カニクイギツネ

Cerdocyon thous

体長	64cm
尾	29cm
体重	5–8kg

分布 南アメリカ北部および東部
社会単位 群れ、つがい
状態 一般的

カニ（海洋生と淡水生の両方）と同じように、魚、爬虫類、鳥、哺乳類、幼虫、果実などを食べる。様々な地域に分布しており、生息地によってかなりの個体差があるが、体色はほとんど灰褐色で、顔、耳、前肢は赤褐色、腹側は白く、耳、尾の先端、四肢の後ろ側は黒い。夜間に活動し、1組のつがいとその子どもからなる結びつきのゆるい群れで生活している。

Raccoon dog
タヌキ

Nyctereutes procyonoides

体長	50–60cm
尾	18cm
体重	7.5kg

分布 ヨーロッパ中部、北部、東アジア
社会単位 群れ、つがい
状態 地域により一般的

アライグマとイヌの雑種のように見え、顔に黒い"マスク"と、肩や尾の上側に様々な黒い被毛を持つ。夜行性で、果実、鳥、ネズミ、カニ、魚など、あらゆるものを食べ、川岸や池の周り、海辺などで餌をあさる。つがいか結びつきの弱い家族群で生活している。平均産子数は4～6匹。日本には多数のタヌキが生息している。移入されたヨーロッパ地方ではまたたく間に広がったが、中国の一部では絶滅してしまった。

冬支度

タヌキはイヌ科の中でも変わった存在である。子どもでも上手に木に登る。また、イヌにしては変わった冬の習慣を持つ。秋の収穫時には体重が50％以上も増え、古いキツネ穴やアナグマの巣で、深い眠りをとるのである。

毛色
このタヌキは、長くて黄色の混じった茶色と黒の体毛（特に冬）をしており、目の下に黒い模様があり、鼻先が白い。肢の毛は短く、尾はふさふさしている。

Bush dog
ヤブイヌ

Speothos venaticus

体長	57–75cm
尾	12.5–15cm
体重	5–7kg

分布 中央アメリカから南アメリカ北部および中部にかけて
社会単位 群れ
状態 絶滅危惧II類

家族がもとになった10匹以下の群れ（パック）で生活している。胴が長く肢が短い。力強くて忍耐強い昼行性の捕食者で、アザラシアグーチ（158ページ）の大きさ以下の齧歯類や、地面にいる鳥を食べる。群れでアメリカダチョウやカピバラのような大型の獲物を襲い、後をつけて泳ぐこともある。夜は、砂漠の穴や木の洞、岩の下などの巣穴で眠る。平均産子数は4匹で、妊娠期間は67日。オスは、巣穴で母乳を与えるメスに餌を持ち帰る。

Maned wolf
タテガミオオカミ

Chrysocyon brachyurus

体長	1.2–1.3m
尾	28–45cm
体重	20–23kg

分布 南アメリカ中部、東部
社会単位 個体
状態 低リスク

タテガミオオカミは、アカギツネ（181ページ）に似ているが、肢が非常に長い。長くて厚い被毛は赤っぽい黄色、首の部分が黒いたてがみを持ち、背側に筋がある。鼻は黒い。植物の間から獲物を見つけたり、危険を察知することができる開けた草地や低木を好む。メスとオスはなわばりを共有し、毎年5～6月に交尾するが、それ以外ではほとんど交流を持たない。夕暮れや夜中に活動し、ウサギ、鳥、ネズミ、アリなどのほか、果実などの植物性の餌もかなり食べている。特に家禽などの家畜を殺すといわれており、地域によっては害獣として駆除される一方、ペットにされることもある。病気によっても脅かされている。妊娠期間は62～66日で、1～5匹（平均2匹）の子どもを、厚い草や茂みでできた地上の巣に産み落とす。

とても長く黒い肢

Side-striped jackal
ヨコスジジャッカル

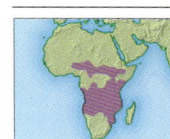

Canis adustus

体長	65–81cm
尾	30–41cm
体重	6.5–14kg

分布 アフリカ中部、西部、南部
社会単位 つがい
状態 未確認

時々都会の真中で夜中に餌をあさっているのが見られるが、草原や森林の周囲、混合農地などでも見られる。他のジャッカルに比べると雑食性が高く、齧歯類、鳥、卵、トカゲ、昆虫、他の無脊椎動物、ゴミ、死肉などのほか、果実のような植物性の餌まで食べる。基本的な社会単位は1組のつがいと6匹以内の子どもである（平均産子数は5匹）。57～70日間の妊娠期間の後、古いシロアリの塚やツチブタの穴などの安全な巣で出産する。10週間授乳し、約8か月で一人前になる。

はっきりしないこともある白と黒の縞
黄灰色の被毛は腹側では淡くなっている
白い尾の先端

哺乳類

食肉類

Golden jackal
キンイロジャッカル
Canis aureus

体長	60–110cm
尾	20–30cm
体重	7–15kg

分布　ヨーロッパ南東部、アフリカ北部、東部、西アジアから東南アジアにかけて
社会単位　つがい
状態　一般的

雑食性で、普通は繁殖するつがいで生活している。人間の生活圏に近いゴミ捨て場など、食べ物が豊富な地域では、20匹程度の群れをつくることもある。妊娠期間は60〜63日で、平均産子数は5〜6匹（1〜9匹）。安全な巣穴で子どもの世話をする。

金色の毛色
被毛は薄い黄色、金色または明るい茶色で、背側は灰色がかっており、腹側は赤っぽい。

赤っぽい耳と目

食事の時間
キンイロジャッカルの子どもは8〜10週で母乳から固形食に移行する。狩りをするには幼すぎるので、親や年長の兄弟、他のおとなたちがうまくしとめた獲物を吐き戻して与える。

Coyote
コヨーテ
Canis latrans

体長	70–97cm
尾	30–38cm
体重	9–16kg

分布　北アメリカから中央アメリカ北部にかけて
社会単位　様々
状態　一般的

多くのイヌ科動物同様、どんな地域にもよく適応している。かつては常に単独行動をとると思われていたが、つがいや（大型の獲物がいるときは）パックをつくる。餌はプロングホーン、シカ、オオツノヒツジから、魚、死肉、ゴミまで様々である。非常に速く走り（時速65km）、ジャックウサギを追うこともある。個体のなわばりを主張したり、近くにいる仲間に自分の位置を伝える夜の遠吠えが有名である。1〜3月に交尾し、妊娠期間は63日、産子数は6〜18匹（平均6匹）である。子どもは安全な巣に産み落とされる。

毛色
まだらの淡黄色の被毛は、耳の外側と肢が黄色っぽい。腹側は灰色か白である。肩、背中、尾はたいてい黒っぽい。

後をつけて襲う
コヨーテは多くの近縁種と同じように、雪や草の中にいるネズミなどの小さな獲物を捕らえるために、特徴的なジャンプをする。ゆっくりと前に動き、視覚と聴覚でチャンスをうかがう。獲物の位置を確かめるとほとんど垂直に跳び上がり、獲物に前肢をかけ、咬み殺す前に地面に押しつける。

Black-backed jackal
セグロジャッカル
Canis mesomelas

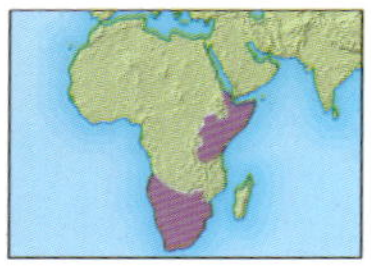

体長	45–90cm
尾	26–40cm
体重	6–12kg

分布　アフリカ東部、南部
社会単位　つがい
状態　一般的

生息地は、都市郊外からアフリカ南部の砂漠までと幅広い。主な毛色は赤毛から赤茶で、はっきりとした黒いサドルが肩と背側にある。尾は黒く、ふさふさしている。オスとメスは生涯を共にする。つがいは、何でも食べる雑食動物として一緒に狩りをし、ヒツジや若いウシのような家畜も襲う。繁殖は他のジャッカルと似ている。

Ethiopian wolf
アビシニアジャッカル
Canis simensis

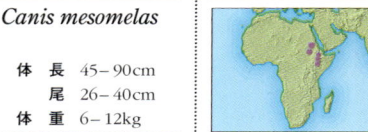

体長	1m
尾	33cm
体重	15–18kg

分布　アフリカ東部
社会単位　群れ
状態　絶滅危惧IA類

エチオピアの高原に生息しているアビシニアジャッカルの生き残りは、生息地の消失、競合、飼いイヌから移される病気、餌となる齧歯類の数を減らす過放牧などによって危機に瀕している。12匹以下の群れは、朝や昼、そして夕方に騒がしく集まる。ほとんどの狩りは夜明けや夕暮れに行う。両親と若い成獣の"ヘルパー"が子どもを守り、餌を吐き戻して与える。

Red wolf
アメリカアカオオカミ
Canis rufus

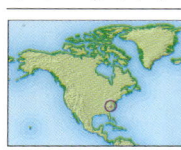

体長	1–1.2m
尾	25–35cm
体重	18–41kg

分布　合衆国東部（ノースキャロライナ）に再移入された
社会単位　群れ
状態　絶滅危惧IA類†

純血種として野生に存在するアメリカアカオオカミは、1970年代に絶滅したと思われていた。迫害と、コヨーテとの交雑が進んだためである。1987年からノースカロライナに再移入され、50匹以上になった。ウサギ、ヌートリア、アライグマのような哺乳類を餌とし、タイリクオオカミ（186ページ）と似た、社会的で組織化された群れをつくる。被毛は明るいシナモンが灰色や黒と混ざっており、背側が最も濃い。

イヌの仲間

Dingo
ディンゴ

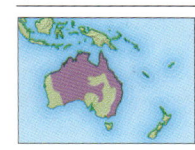

Canis dingo

体　長	72–110cm
尾	21–36cm
体　重	9–21.5kg

分布　オーストラリア
社会単位　群れ
状態　地方により一般的

飼いイヌの亜種、飼いイヌの祖先であるタイリクオオカミ（186ページ）の亜種、または完全に独立した別の種などといった様々な見解がある。ディンゴは1万年前に飼いイヌから枝分かれし、現在は南西部や南東部を除くオーストラリア全土で見られ、そこでは家畜を守るためにフェンスが張られている。農家の家畜を守る、狂犬病のコントロールという2点から害獣とされている。ディンゴに似たイヌも南アジア、東南アジア諸島や本島などで野生、半野生、半飼育で生息している。ディンゴは飼いイヌと交雑でき、オーストラリアのある地域では3分の1の個体が交雑種である。ウサギや齧歯類、ワラビー、小型カンガルー、鳥などを食べる。ただし何でも食べるので、果実や植物、死肉などでも生きていくことができる。パックの社会行動システムはタイリクオオカミに似ている。

不規則な形の白い模様が吻、胸、腹、肢にある

ふさふさした尾は先端が白い

パックの順位

ディンゴの若いオスは単独で放浪している。繁殖する成獣は、広い範囲に散らばらない限り一定のパックをつくるが、つがいが多い。63日間の妊娠期間の後、5匹（1～10匹）の子どもを産む。パックの年長のメンバーは新しく生まれた子どもに群れの中での順位を教える。

ディンゴかイヌか？
ディンゴの被毛は明るい砂色から濃い赤毛まで様々である。ディンゴと飼いイヌの交雑種もよく似ているが、犬歯と裂肉歯の形で区別することができる。

Bat-eared fox
オオミミギツネ

Otocyon megalotis

体　長	46–66cm
尾	23–34cm
体　重	2–4.5kg

分布　アフリカ東部、南部
社会単位　様々
状態　地域により一般的

オオミミギツネの外見的な特徴は、巨大な耳と吻の尖った小さな顔であるが、歯も非常に変わっている。典型的なイヌ科動物の歯よりもずっと小さく、8本もの余分な臼歯があり、有袋類を除くどの哺乳類よりも多い48本以上の歯を持つ。主食は昆虫で、特にシロアリとコガネムシを食べる。ただし、繁殖や社会行動は典型的なキツネである。

哺乳類

Dhole
ドール

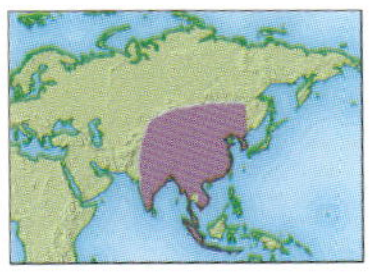

Cuon alpinus

体　長	90cm
尾	40–45cm
体　重	15–20kg

分布　南アジア、東アジア、東南アジア
社会単位　群れ
状態　絶滅危惧II類

アカオオカミあるいはシベリアヤマイヌとも呼ばれるこの種は広く分布しているが、生息地や個体数は減少している。昼行性でなわばりを持ち、5～12匹の群れで生活するが、通常は1家族がもとになっている。毛色は淡黄褐色や濃い赤で、腹は薄く、尾は濃い。肢はやや短い。主食は中型の有蹄類で、それに加えて小型動物、果実や植物を食べる。

African wild dog
リカオン

Lycaon pictus

体　長	76–110cm
尾	30–41cm
体　重	17–36kg

分布　アフリカ
社会単位　群れ
状態　絶滅危惧IB類

最も社会的なイヌ科動物で、成獣と子どもからなる30匹かそれ以上のパックで生活する。優位なつがいのみが繁殖し、69～73日間の妊娠期間の後、10～12匹（2～19匹）の子どもを産む。パック全体で子どもの世話をしたり、守ったり、生後約1年で獲物が獲れるようになるまでは餌を吐き戻して与えたりする。ヌー、ゼブラ、インパラのような大型の獲物をしとめるために協力して狩りをする。長い肢、細身の体にやや小さな頭、大きな耳、短くて広い吻を持つ。イヌ科動物には珍しく、それぞれの足には指が4本しかない。被毛の模様は様々であるが、吻はたいてい黒く、尾の先端は白い。

保護

かつてはアフリカに広く分布していたが、現在はまばらに存在する程度である。現在も、迫害されたり、撃たれたり、罠にかけられたり、交通事故で死んだりしている。生息地の消失と、飼いイヌから移される病気（狂犬病、ジステンパー）の両方で生存が脅かされ、積極的に保護されている。写真はパックの調査のため発信装置つきの首輪をつけているところ。

大きくて丸い耳

濃い吻と額の縞

色鮮やかなオオカミ
リカオンの学名は"色鮮やかなオオカミ"を意味している。これは黒、灰色、黄色、白などの渦巻きや模様のある、様々な毛色を表現したものである。

食肉類

Grey wolf
タイリクオオカミ

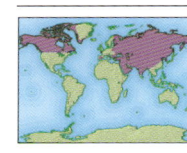

Canis lupus

体長	1–1.5m
尾	30–51cm
体重	16–60kg

生息地 北アメリカ、グリーンランド、ヨーロッパ、アジア
社会単位 群れ
状態 絶滅危惧Ⅱ類

タイリクオオカミはイヌ科の中で最も大きな野生種で、飼いイヌの祖先である。かつては最も広く分布する食肉目であったが、人間の迫害と生息地の破壊が広く行われたため、徐々に分布域が狭くなっている。賢くて社会的な動物で、捕食者としてのサバイバルと繁栄はパックという組織化によっている。パックは通常8〜12匹のオオカミからなる家族群である。広い範囲のなわばりを見回るが、匂いのマーキングによってなわばりを維持する。パックには、生涯を共にする優位な繁殖つがいを中心とした、明らかな順位が存在する。タイリクオオカミは、パックで狩りをすることによって、ヘラジカやカリブーを含む様々な獲物を捕らえることができる。獲物はオオカミの体重の10倍になることもある。

パックで食べる
獲物を捕らえるとパックのメンバーは、優位のつがいが獲物に近づいて殺すのを後ろで待っている。

哺乳類

イヌの仲間　187

子育て

1〜4月の繁殖季節の間、優位なメスは4〜7匹の子どもを産む。1か月の授乳期間が過ぎると、子どもは巣穴から出てきて、両親や他のパックのメンバーが吐き戻した餌を食べるようになる。餌が十分にあるときには、3〜5か月もすると、子どもはパックと一緒に移動できるくらいまでに発育する。次の繁殖季節が来ると、若いタイリクオオカミは群れを出ていく決断を迫られる。

長い吻　大きくて敏感な耳　厚い被毛は熱を保持する
長くて鋭い歯　力強い後肢
大きな足と爪

力強い体型
強くてたくましい体格のタイリクオオカミは、すばらしいハンターである。敏感な鼻と耳は獲物を探すのに役立つ。

捕食者と犠牲者
タイリクオオカミは人間の居住区近くに現れることもあるが、凶暴性にまつわる伝説が、彼らをほとんど絶滅にまで追い込んだ。現在では、ほとんどのタイリクオオカミは保護区に棲んでおり、そこで大型のシカやジャコウウシの群れを餌にしている。

野生の遠吠え
自分の存在を示し、なわばりを主張して守るために、遠吠えをする。遠吠えは10km離れていても聞こえる。これによって敵対するパックとの距離をとり、対決を避けているのである。

哺乳類

クマの仲間

門	脊索動物門
綱	哺乳綱
目	食肉目
科	クマ科
種	8

クマ科には世界で最も大きな地上生の食肉目であるヒグマが含まれる（ヒグマは立つと3.5mにもなる）。クマはがっしりした体格で、大きな頭骨、太い肢、短い尾を持っている。ユーラシア大陸と北アメリカ大陸全体で見られ、主に森林地帯に棲むが、北アフリカや南アメリカの一部でも見られる。多くの食肉類と異なり、食物の大半を植物が占めている。

体のつくり

クマの仲間は大型か中型の大きさで、オスはメスよりも20％ほど大きくなる。ジャイアントパンダを別にすれば、ほとんどのクマ類は黒、茶色、白い被毛をしており、胸に白や黄色のまだらがあるものが多い。嗅覚が鋭いのに比べて、視覚や聴覚はあまり発達していない。これはそのまま大きな鼻と小さな目と耳となって現れている。ほとんどのクマは臼歯の肉を裂く機能を失っている。そのかわり臼歯は平らで先端が丸く、植物をすりつぶすのに有効な道具となっている。前肢は一撃で他の動物を殺すことができるほど大きくて力強く、爪は長くて出し入れができない。

移動

他の食肉目に比べるとクマはゆっくり慎重に歩き、5本の指を踵と同じようにつけて歩く（蹠行性）。必要であれば、すばやく動くこともできる。危険を感じたり、なわばりを守ったりするときには立ち上がり、体をさらに大きく見せる。大半のクマは木登りがうまい。

食事

ほとんどのクマ類は肉（昆虫や魚を含む）と、植物（根や芽から果実や木の実まで）の両方を食べている。例外としてホッキョクグマは肉食で、ジャイアントパンダ（レッサーパンダやタヌキと同じ科に分類されることもある）は、ほぼ完全な草食である。他の食肉類よりも植物性の餌が多いため、日中の多くの時間を食事に費やしている。

巣穴と休眠

ほとんどのクマ類、特に寒いところに棲むクマは、冬に休眠する。準備した巣穴に引き込もり、体脂肪の貯えで生きていく。これは体温が低下する真の冬眠（87ページ参照）とは異なる。メスは休眠中に子どもを産むことが多い。毛が生えていない生まれたての子どもは弱いので、母親の体温がつくり出すぬくぬくとした環境がちょうどいいのである。

保護

クマの仲間には8種いるが、この中で絶滅の危機に瀕していないのはアメリカクロクマとホッキョクグマのわずか2種だけである。この2種の個体数が安定しているのは、おそらく保護の努力によるものだろう。クマ類を脅かす主な要因としては、狩猟、生息地の破壊、伐採や入植などがあげられる。

肉体的な脅し
クマの仲間は、特に繁殖季節の間、他のクマと争うときなどは獰猛になる。オスのヒグマが争うときはできる限り自分を大きく見せ、唸ったり、歯をむき出したりして相手を威嚇する。小さなクマはたいてい大きなクマに譲るが、警告が無視されて実際に闘争が起きると、しばしば重傷を追ったり、死ぬこともある。

クマの仲間

Polar bear
ホッキョクグマ
Ursus maritimus

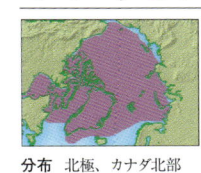

体長　2.1–3.4m
尾　　8–13cm
体重　400–680kg
分布　北極、カナダ北部
社会単位　個体
状態　低リスク

最大の地上生の食肉目としてヒグマと比較されるが、オスはメスの体重の2倍になる。主な生息地は氷山、海岸線の合うところで、アザラシの棲む開けた海である。このクマの中には、夏に100kmも内陸に移動するものもある。鳥の卵、レミング、地衣類、コケ、カリブーやジャコウウシの死肉までの様々な餌を食べる。4〜5月に海氷の上で交尾する。妊娠したメスは、雪や地面に穴を掘り、11月から1月までに2匹（1〜4匹）を産む。子どもは5か月で固形食を食べるようになるが、さらに2〜3年は母乳を吸う。

追跡と待ち伏せ
ホッキョクグマはアザラシや、時にはセイウチなどの獲物を捕らえるのに主に2通りの方法を使う。追跡の場合はクマはゆっくりと獲物に近づくが、白い被毛がカムフラージュになり、アザラシが顔を上げると、フリーズして待つ。最後の15〜30mは時速55km以上でダッシュする。待ち伏せの場合はアザラシの呼吸穴の隣で動きを止めて待ち、表面に出てきたところを捕らえる。アザラシの頭を咬み、食べるところまで引きずっていく。

鰭足
ホッキョクグマは開けた海を時速10kmほどでしっかりと泳ぐ。たくましい前肢を使って水をかき、後肢は舵として引きずっていく。空気の詰まった保護毛（下参照）は浮力をつくり出す。目は開いたまま飛び込むが、息を止めていられる2分間、鼻孔は閉じており、海鳥や海面を泳いでいるアザラシなどの獲物の下に、こっそりたどり着くことができる。

平らな鼻先
他のクマより首の毛が長い

完全に白ではない
ホッキョクグマの保護（外）毛は、真っ白というよりはクリーム色である。中空で半透明の保護毛は、太陽の熱を内部の根元まで伝え、そこで熱は黒い皮膚に吸収される。密な下毛と皮下の脂肪層が断熱を助けている。

部分的に毛の生えた足裏の肉趾は、熱を保持する

American black bear
アメリカクロクマ
Ursus americanus

体長　1.3–1.9m
尾　　7–15cm
体重　55–300kg
分布　北アメリカ、メキシコ
社会単位　個体
状態　低リスク†

どこにでも棲んでいるが、一般的には森林地帯を好む。力強い四肢と短い爪は、イモムシなどを探して古い樹木を切り裂く。木登りもうまく、木に登って、よく動く唇で果実を取ることもある。耳はヒグマより大きくて立っており、肩のコブがない。冬になると休眠し、北部地方では休眠が6か月に及ぶこともある。アメリカクロクマは、人間の残した餌を目当てに納屋や車に侵入することがあるが、鉢合わせすることはあまりない。

黒から青のクマ
東部では黒が主な毛色だが、西部ではシナモンや黄褐色であり、太平洋沿岸では青灰色になる。

主に草食
子ジカを捕まえたり、魚をとったりすることもあるが、餌の95％は植物である。その中には季節によって根、芽、若芽、果実、木の実などが含まれ、それらを取るために木に登ることが多い。

Asiatic black bear
ツキノワグマ
Ursus thibetanus

体長　1.3–1.9m
尾　　記録なし
体重　100–200kg
分布　東アジア、南アジア、東南アジア
社会単位　個体
状態　絶滅危惧II類

アメリカクロクマ（左）に外見や生息地は似ているが、1日の大半を木で過ごす。主食はドングリ、ブナなどの木の実、サクランボなどの果実、タケノコや笹、草、ハーブ、幼虫、アリのような昆虫である。生息地の天然の森林が開墾されたり、断片化された場所では、トウモロコシなどの穀物をあさり、人間を殺すこともある。交尾の8か月後、メスは冬の巣穴で1〜3匹（通常は2匹）の子どもを産む。体の器官（特に胆嚢）目的で狩猟されることもある。それらは食材に使われたり、薬にされる。

白から黄色の胸の模様からツキノワグマと呼ばれる

強い肢は二足歩行を可能にしている

哺乳類

食肉類

Sun bear
マレーグマ

Helarctos malayanus

体長	1.1–1.4m
尾	記録なし
体重	50–65kg
分布	東南アジア
社会単位	個体
状態	絶滅危惧IB類

夜行性で、人目を避けるため、あまり知られていない。熱帯に分布する唯一のクマで、固い木の低木森林に棲んでいる。滑らかでつやのある被毛は黒から灰色、錆色まで様々である。やや短い吻は、色が薄い。ずんぐりとしたイヌのような体格で、頭が小さい。ほとんどの時間を木で過ごし、曲げたり折ったりした枝でつくった樹上の簡単な巣で眠る。いろいろな果実、若芽、卵、小型哺乳類、昆虫、蜂蜜（このためハチミツグマとも呼ばれる）や様々な植物を食べる。森林が伐採されたり、農地にされたりといった生息地の消失が最大の脅威である。穀物をあさったり、若芽を食べるためにヤシのプランテーションに侵入したりするため、農民から迫害されている。

白から赤の胸の模様は、U字、丸、不規則な形まで様々である。

最小のクマ
マレーグマは最小のクマであり、被毛も最も短い。トラなどの捕食者につかまることもあるが、首の周りの皮膚がゆるいため、振り向いて闘うことができる。

木登り用の爪
マレーグマは、木登り用の非常に長い曲がった爪を持っている。木に登るときは、前肢で幹を抱え、歯でつかまりながら体を引き上げる。また爪は、虫や昆虫を掘り出したり、樹皮や古い樹木を裂いてシロアリを出したり、野生のハチの巣から蜂蜜を取ったりするのに使われることもある。

長い舌
マレーグマの舌は昆虫や蜂蜜、穴や割れ目の中の餌を取り出すために25cmも伸びる。また、シロアリの巣に交互に手を入れることもある。シロアリが手につくと、クマはそれを舐め取る。

Sloth bear
ナマケグマ

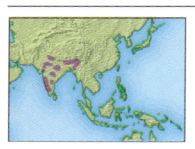

Melursus ursinus

体長	1.4–1.8m
尾	7–12cm
体重	55–190kg
分布	南アジア
社会単位	様々
状態	絶滅危惧IB類

小型から中型のクマで、ずんぐりした体と、短くて力強い四肢を持っている。トゲのある低木林、草原、森林などどんな地域にも生息し、3種類の餌（アリ、シロアリ、果実）によって生活している（蜂蜜や卵も食べる）。爪は長くて出し入れすることができず（上のコラム参照）、木登りをすることはない。他のクマ同様、成獣は繁殖期（6～7月）を除くとほとんど単独行動をとる。しかし特にクマをひきつけるような餌の塊がなくても、5～7匹の群れが観察されている。メスは自然の穴を使ったり、自分で穴を掘って巣をつくり、そこに通常2匹の子どもを出産する（11月から1月にかけて）。子どもは2～3か月巣で過ごし、その後の6か月間は母親の長い毛につかまって背中に乗り、約2年で一人前になる。生息地の消失、漢方で使用する胆嚢目的の密猟、迫害、見世物にするための子どもの捕獲などで、生存が危うくなっている。

白い胸の模様はU字型から、Y字型、O字型まである

ぼさぼさのクマ
ナマケグマは、特に耳の周り、首の後ろ、肩にある長くて粗い毛で判別することができる。毛色は黒から茶色、または赤である。吻はたいてい色が薄いか白い。

匂いで探す
クマは主に嗅覚で餌を探し、長くてよく動く鼻で嗅ぎ回る。ナマケグマは特にアリとシロアリが好物で、8cmもある前肢の爪を使って土や古い樹木、木の中にあるそれらの巣を引き裂く。鼻孔を近づけ、唇を押し当てて、退化した上顎の切歯がつくる隙間から昆虫を吸い取る。アリを吸う音は、100m離れていても聞こえるほど大きい。

立って調べる
他のクマ同様、後肢だけで立つことができる。かつては攻撃のポーズであると考えられていたが、実際は周りをよく見るためであり、もっと重要なのは空気中に漂う匂いから、餌や危険を嗅ぎ分けるのである。主に爪によって人間を傷つけるのは、たいてい驚いたためである。

クマの仲間

Spectacled bear
メガネグマ

Tremarctos ornatus

体長	1.5-2m
尾	7-12cm
体重	140-175kg

分布　南アメリカ西部
社会単位　個体
状態　絶滅危惧II類

　南アメリカに生息する唯一のクマで、バクについで大きな陸生哺乳類である。この科の中では最も樹上生活に適応している。多くのアンデス民族の民話や伝説で語られ、地元の名前もたくさんついている。例えば、"オソ・アチュパヨーロ（ブロメリアドを食べるクマ）"、"ユラマテオ（白い前掛けのクマ）"、"ヤナプーマ（黒いピューマ）"、"ウチュチュ（めったに出さない鳴き声にちなんで）"などがある。かつて沿岸の砂漠から高緯度地方の草原までの広い地域に生息していたが、人間が増えたために標高1000～2700mの密な森林地方へと追いやられてしまった。主に草食で、大きな顎の筋肉と臼歯で、固い植物をすりつぶして食べる。樹上で餌を食べるときは、枝の先端まで行き、果実を手の届くところまで引き寄せるように他の枝を曲げたりする。このクマは簡単な樹上の住処をつくる。これは長さが5mかそれ以上で、繁殖や休息に使う。交尾はたいてい4～6月に行われるが、最も餌が手に入りやすい時期に出産を合わせるために、1年中いつでも交尾できる。つがいは1～2週間一緒に過ごす。子どもの目は生後42日で開き、3か月で穴や木の根にある巣穴から出ていく。子どもは母親の元に2年間とどまり、食事の方法、餌の種類、危険を学ぶ。他のクマ同様、オスは子育てに参加せず、たまたま子どもと会うと攻撃したり、殺したりすることもある。

巣の中の子ども
他のクマの赤ん坊同様、生まれたばかりのメガネグマの子どもはとても小さく、わずか325gしかない。ほとんどは12月から1月の間に生まれる。

穀物と闘争
クマの中で最も草食性であるメガネグマの主食は、ブロメリアドなどの多くの種類の果実、野生のランや同じような花の芽、ヤシの若芽や茎であり、乾燥地方では草の茎やサボテンなどを食べている。動物性の餌には昆虫、鳥、卵、小型哺乳類、死肉などが含まれる。特にトウモロコシなどの穀物をあさったり、家畜を襲ったりするため、農民に殺されることがある。

メガネ
クリーム色がかった白い目の模様は、完全な円から目の上の"眉毛"や目の下の"涙"まで様々で、個体の識別に役立つ。

たいてい黒でときどき赤茶の被毛

哺乳類

Giant panda
ジャイアントパンダ

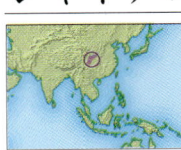

Ailuropoda melanoleuca

体長	1.6-1.9m
尾	10-15cm
体重	70-125kg

分布　東アジア
社会単位　個体
状態　絶滅危惧IB類

　動物保護の世界的なシンボルとして誰でも知っているジャイアントパンダの生存は、いまだに安全とは程遠い。ジャイアントパンダの餌は非常に限定されている。99％は竹で、30種類以上もの竹の様々な部分を使い、春はタケノコ、夏は笹、冬は茎を食べる。死肉や幼虫、卵などを食べることもある。通常は単独行動をとり、主に夜明けや夕暮れに餌を食べ、竹藪で眠る。肛門腺からの匂い、尿、引っかき傷などでなわばりを示し、なわばりが重なる地域では、活動する時間をずらして闘争を避ける。メスは、オスの5分の4の大きさで、唸ったり、鳴いたり、吠えたりして繁殖時期を伝える（11種類もの異なる鳴き声が知られている）。オスはメスをめぐって集まり、闘争する。45日間の妊娠期間の後、木の穴や岩穴の巣で1～2匹の子どもを産む。

保護
100匹以上が動物園で飼育されているが、6か月以上生き延びる子どもはわずか30％である。野生の子どもは巣に4～6週間とどまり、その後は母親の背中に乗る。約6か月で母親の後について歩き、18か月で一人前になる。野生の集団は小さくて離れているため、遺伝的に生存不可能だったり、密猟に脅かされていたりする。居住区の侵入制限や、地元の協力に将来がかかっている。

木登りをするために前肢は後肢よりも筋肉質である

黒と白
ジャイアントパンダは、体が白く、耳、卵形の目の模様、鼻、肩の"サドル"、四肢が黒い。耳は立っており、顔は平らで、目は小さい。

粗くて油っぽい保護毛（外毛）は、10cmもの長さになる

6本目の指
竹を器用に扱うジャイアントパンダは1本の種子骨が手首から伸びて、肉趾に似た"偽の指"をつくっている。これは動かすことができ、本当の親指（第1指）と向かい合っており、茎や葉をつかむことができる。

食肉類

Brown bear
ヒグマ

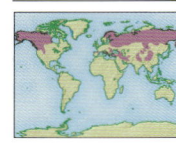

Ursus arctos

体長 2–3m
尾 5–20cm
体重 100–1000kg

分布 北アメリカ北部、北西部、北ヨーロッパ、アジア
社会単位 個体
状態 低リスク†

ヒグマの亜種

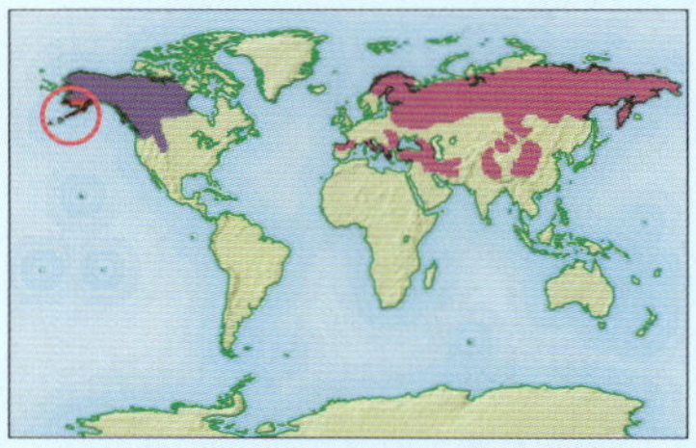

ヒグマには亜種が多い。アメリカヒグマ、アラスカヒグマ、ヨーロッパヒグマ、シリアヒグマ、シベリアヒグマ、ホクマンヒグマ、エゾヒグマなどがいる。これらの分類については論議があり、真の亜種というよりは、得られる餌の量の差による、大きさの違いではないかともいわれている。

■アラスカ ■アメリカ ■ヨーロッパ

アラスカヒグマ
780kgにもなる印象的なアラスカヒグマは、亜種の中で最大のクマである。

アメリカヒグマ
グリズリーとも呼ばれる。灰色の被毛は、根元よりも先端の方が色が薄い。

ヨーロッパヒグマ
このクマは種の中で最も小さい。急速な生息地の消失によって、現在は山岳の森林地帯の小さな地区に存在するのみである。

すべてのクマの中で最も広い地域に分布し、餌や生息地によって大きさに差がある。ヒグマは生存するために、開けた原生林の広大な地域を必要とする。これが、アラスカやユーコンなどの隔離された地域ではかなりの数がいるが、その他の北アメリカの地域やヨーロッパなど生息地の破壊があるところでは劇的に数が減少している理由だと考えられている。ヒグマのはっきりした特徴は、筋肉質の肩のコブと、木の根や球根を掘るのに役立つ長い爪である。危険を確認したり、餌を見つけたりするために、後肢でまっすぐ直立することができる。主に草食だが、手に入るときは肉も食べる。冬の食料欠乏を避けるため丘の中腹や低木林に掘った巣穴で最長6か月も休眠するが、この間にメスは子どもを産む。寿命は野生では25年間で、飼育されているものはもっと長い。

哺乳類

目立つ肩のコブ

窪んだ輪郭

力強い前肢

被毛はたいてい灰茶色だが、金色から黒まで様々である

長くて出し入れできない前肢の爪

密な被毛

鮭を獲る

ヒグマは、滝や浅瀬で獲物を捕らえるために何時間も待つ。産卵のためにサケが上流に泳いでいくと、ヒグマは飛び込んで力強い顎で噛んだり、爪のある大きな前肢で水からたたき出したりする。サケは沿岸地方で暮らすヒグマの主要なタンパク源であり、これらのクマが通常はいちばん大型である。魚は一度捕まると、クマの手から逃げることはほとんど不可能である。

がっしりした体格
ヒグマは大きくて力強い体格の動物である。体長に性差はほとんどないが、オスは、小柄で軽いメスの体重の2倍になる。オスもメスも冬眠に備えて体重を増やすために、春から秋にかけて懸命に餌を食べる。

攻撃的な行動
その力と大きさ、予測できない行動から、ヒグマは長い間人間や家畜にとって脅威であった。アメリカヒグマは開けた土地に棲み、隠れるものがない状況で身を守らなければならないときに、攻撃的に振舞うことがある。子どもを連れた母親は、遭遇した場合、特に危険な動物である。言うまでもないが、クマは人間と接触するような状態になるのを避ける。

哺乳類

アライグマの仲間

門	脊索動物門
綱	哺乳綱
目	食肉目
科	アライグマ科
種	20

分類について
レッサーパンダをアライグマ科に分類している学者が多いが、最近の研究ではジャイアントパンダと同じ科に分類すべきであることが示されている。ここでは一般的に"アライグマの仲間"として扱っている。

アライグマ科は（アライグマがその典型だが）、いたずら好きで器用なことでよく知られている。餌を求めて大胆に人間に近づき、器用に動く手を使ってドアを開けたりすることもある。この科には、アライグマのほかに、アカハナグマ、オオミミアライグマ、キンカジュー、オリンゴ、レッサーパンダなどがいる（ただし左の"分類について"参照）。特徴は、目立つ尾の輪と顔の濃いマスク状の模様である。典型的なアライグマ科の動物は樹上生活をしており、アメリカの森林で見られる。レッサーパンダだけが中国西部とヒマラヤに生息している。

体のつくり

アライグマの仲間はすべて中型で、肢が短く、平らな足（蹠行性）で、クマのように歩く。一般的に尖った鼻、長めの体、平らな顔、丸いか尖った耳、茶色か灰色の被毛をしている（短い顔と赤い被毛のレッサーパンダを除く）。すべての種が短い爪を持ち、アライグマの特徴である前肢は、敏感でよく動く手になっている。オオミミアライグマやキンカジューなどの樹上生活に適した種は、餌をとるときや幹を下りるときなどに、踵の関節を回転させてぶら下がることができる。キンカジューは尾だけでぶら下がることができる。

食事

ほとんどの種は雑食性で、餌は地域、季節、入手しやすさによって異なっている。果実や根、芽、木の実などのほか、昆虫や鳥、両生類、爬虫類などの小型脊椎動物も食べる。キンカジューはもっぱら果実を食べ、熱帯雨林の生息地では、種子の運び屋として重要な役割を果たす。アライグマは器用な前肢を流れに入れて甲殻類や魚、その他の獲物を捕らえる。あまり味覚にうるさくないため都会にも現れ、ゴミをあさったり、餌をねだったりする。レッサーパンダは笹を主食にしているが、ジャイアントパンダとの競争を避けるために、生息地が重なっているいくつかの地域では主に竹の茎を食べる。

何でも食べる
アライグマとその近縁種はどんな餌でも食べる。写真のアライグマは、よく動く前肢と見事な狩猟技術を使って魚を捕らえたところである。

Lesser panda
レッサーパンダ
Ailurus fulgens

体長	50–64cm
尾	28–50cm
体重	3–6kg
分布	南アジアから東南アジア
社会単位	個体
状態	絶滅危惧IB類

笹やタケノコに加えて、他の草や根、果実、昆虫、ネズミやトカゲのような小型脊椎動物、鳥の卵やひななどを食べる。主に夜行性で単独行動をとるが、繁殖期にはつがいになり、子どもは1年ほど母親と一緒に過ごす。糞、尿、肛門腺からの強力な麝香に似た分泌物で、なわばりに匂いでマーキングする。短い笛のような鳴き声や金切り声でコミュニケーションをとる。飼育個体での研究では、妊娠期間は90日程度で、着床遅延によって何日か遅れることがある。原産地は標高1800～4000mの密な温帯の山岳地域である。

木登り
レッサーパンダは部分的に出し入れすることのできる爪を持ち、上手に木に登る。餌をとるときだけではなく、地上生活の捕食者から逃げるときや、冬の間日光浴をするときも木を使う。メスの巣も木の穴であり、葉やコケ、他の柔らかい植物を敷き詰めて1～5匹（普通は2匹）の子どもを育てる。巣をつくる場所としては、ほかに木の股、木の根、竹藪などがある。

くるみ色の毛色
レッサーパンダは、赤茶かくるみ色で、ほとんど白い耳に、頬、吻、目の周りの模様を持つ。顔には茶色の縞がある。

尾には濃い色と薄い色の輪が交互にある

Ringtail
オオミミアライグマ
Bassariscus astutus

体長	30–42cm
尾	31–44cm
体重	0.8–1.5kg
分布	合衆国中部、西部からメキシコ南部にかけて
社会単位	個体
状態	未確認

カコミスルとも呼ばれる。ほっそりしたすばしこい捕食者で、尾は白と黒のくっきりした縞になっている。背側は灰茶色から淡黄褐色、目の周りが黒く、吻と"眉毛"が白い。夜行性で、単独行動をとり、小型の鳥、哺乳類、爬虫類などを捕らえる。また鳥の巣をあさったり、果実や木の実も食べる。糞や尿でなわばりを示し、同性の個体を激しく攻撃する。妊娠期間は51～60日、平均産子数は2～3匹である。

Common raccoon
アライグマ

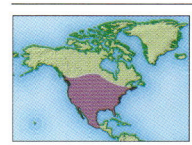

Procyon lotor

体 長 40–65cm
尾 25–35cm
体 重 3–8kg

分布 カナダ南部から中央アメリカにかけて
社会単位 個体
状態 一般的

大胆で適応力があり、何でも食べる。草原から森林地帯、都会の周辺まで、多くの場所でおなじみの動物である。昼夜を問わず活動し、通常は単独行動をとるが、餌が多い場所では群れをつくることもある。オスとメスは、交尾のときには一緒に過ごし、大きな声で鳴いたり騒いだりする。メスは、木の穴や納屋の下など、隠れられる場所ならどこにでも繁殖用の巣をつくる。60～73日間の妊娠期間の後、7匹以下（通常3～4匹）の子どもを産む。子どもは9週間で巣から出て、6か月で一人前になる。

覆面の強盗

アライグマの"強盗の覆面"は、何でも食べる習慣をよく表している。アライグマは、木に登り、地面を掘り、上手にドアを操作し、前肢で錠をはずし、多くの家畜の囲いに侵入するほどすばしこい。また、食べる前に餌から土を払ったり、近くに水があればそれを洗ったりすることもある。

毛色
長い被毛は薄い灰色からほとんど黒までである。尾にはぼんやりとした濃い輪がある。耳は短くて丸く目は小さいが、目は黒い模様のため大きく見える。

Crab-eating raccoon
カニクイアライグマ

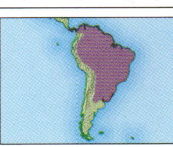

Procyon cancrivorus

体 長 45–90cm
尾 20–56cm
体 重 2–12kg

分布 中央アメリカから南アメリカ南部にかけて
社会単位 個体
状態 一般的

カニクイアライグマは短くて粗い被毛を持っている。夜間に流れや沼、湖、海岸のような水際で獲物を探し、敏感なすばやい手を使って、甲殻類、魚、カニ、水生昆虫、その他の小さな獲物を捕らえる。メスは60～73日間の妊娠期間の後、2～4匹（最大6匹）の子どもを、木の穴にある乾いた葉や草を敷いた巣で産む。オスは子どもの世話をまったくせず、子どもは8か月で独立する。

茶色から灰色の被毛に黒が混じる
黒い顔のマスク

Bushy-tailed olingo
フサオオリンゴ

Bassaricyon gabbii

体 長 36–42cm
尾 37–49cm
体 重 0.9–1.5kg

分布 中央アメリカから南アメリカ北部
社会単位 個体
状態 低リスク†

細くて、ネコのように見えるフサオオリンゴは、特に湿気のある高緯度地方の森林に巣をつくる。しっかりと物をつかむ四肢、そして長くてふさふさした物をつかまない尾を使って上手に木を渡り歩き、めったに地面に下りてこない。夜行性で、オスとメスが互いに騒がしく鳴き合う繁殖期以外は、単独行動をとる。主食は果実であるが、昆虫やその他の小動物も捕らえる。

Kinkajou
キンカジュー

Potos flavus

体 長 39–76cm
尾 39–57cm
体 重 1.5–4.5kg

分布 メキシコ南部から南アメリカ
社会単位 個体
状態 絶滅危惧IB類†

ハチミツグマとも呼ばれる。しっかりと物をつかむ尾と力強い肢で、木の間をすばしこく移動する。元来は夜行性で草食性だが、昆虫や小型脊椎動物も食べる。なわばりを守ったり、交尾相手を呼んだり、敵に警告したりするためにギャーギャー、ピーピー、ブーブーといった声を出したり、唸ったり、吠えたりする。メスは木の巣で1匹の子どもを産む。

淡い金色から灰色の長い被毛

Southern ring-tailed coati
アカハナグマ（ハナグマ）

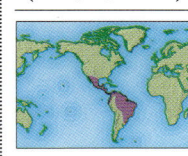

Nasua nasua

体 長 41–70cm
尾 32–70cm
体 重 2.5–7kg

分布 合衆国南西部、メキシコ、中央アメリカ、南アメリカ
社会単位 個体、群れ
状態 地域により一般的

長くて尖った鼻など、はっきりした特徴を持つ。日中は10～20匹（ごくたまに60匹以上）の騒々しい群れで餌をあさり、植物の間で大騒ぎする。キノコ、木の実、昆虫、ネズミなど、食べられるものを探す。群れの端にいる個体は見張り役である。高い声で鳴き、異なる鳴き声と尾の動きで、仲間とコミュニケーションをとる。吠えるような警告の声で、密な茂みや木の頂に逃げるが、戻ってきて攻撃者に群れをなして反撃することもある。木の間で眠る。成長したオスは単独行動をとるが、やや肉食になり、同種の子どもを食べることもある。妊娠期間は10～11週間、2～7匹の子どもが木の巣で隠れている。

赤茶、灰茶色、黄褐色の被毛
ぼやけた縞のある尾

イタチの仲間

門	脊索動物門
綱	哺乳綱
目	食肉目
科	イタチ科
種	67

すべての食肉目の中で、イタチ科が最も多様で、種の数も多い。陸生種（スカンクなど）、樹上種（テンなど）、穴掘りをする種（アナグマなど）、半水生種（ミンクなど）、完全な水生種（カワウソ）までがいる。生活様式も様々であり、種間に見られる主な身体的な類似点は短い肢と長い体である。ユーラシア、アフリカ、アメリカ中で見られる。たいていは森林や低木で暮らしているが、ほとんどどんな場所にも適応している。

体のつくり

イタチ科の動物の多くは、短い耳とそれぞれの足に5本の指を持っている（食肉目の多くは後肢の指が4本しかない）。鼻は短く、長い頭骨と長い尾、長くて出し入れのできない曲がった爪を持っている。体型は、テンのような痩せ型と、アナグマのようなずんぐり型がある。痩せ型のイタチはよく動く背骨を持ち、走り回ったり、跳ぶように歩いたりすることができる。ずんぐり型のイタチはすり足で歩く。被毛は、温かい下毛と長くて粗い保護毛からなっている。被毛の色は焦げ茶や黒からまだら、縞まである。種によっては明暗のコントラストのある模様があり（例えばスカンクは白と黒の縞）、捕食者に警告を発していると考えられている。ほとんどのイタチは嗅覚が優れており、獲物の後をつけたりコミュニケーションに用いる。すべての種が肛門に臭腺を持ち、麝香として知られる油っぽい強烈な匂いの液体をつくり出す。これは糞の中に分泌され、なわばりをマーキングするのに使われる。

食事

異なった生活様式を反映して、様々な餌を食べる。例えばイタチとオコジョはすばしこくて攻撃的であり、ウサギなどの自分たちよりも大きな獲物を殺すことができる。カワウソの中には魚をよく捕らえるものもいる（敏感な手を使って川岸の底から甲殻類を集めて主食にしているものもいる）。ラッコは海面に仰向けに寝て、胸の上に置いた岩にあわびの殻を打ちつけてそれを割る。樹上生活をするテンは、リスや鳥を捕らえて食べるが、穴を掘る種であるゾリラは小型齧歯類、トカゲ、昆虫を捕らえる。

繁殖

イタチ科のメスは自然に排卵することはない。そのかわり約2時間続く交尾の刺激で排卵する。この長い行為は捕食者に姿をさらす危険はあるが、ほとんどの場合、確実に妊娠する。多くの種では受精した卵子は休止状態になり、環境がよくなるまでは着床しない。つまり、妊娠期間はたった1～2か月であるが、妊娠は12か月以上も継続することになる。繁殖季節を除けば、ほとんどは単独行動をとる。

毛皮取り引き

イタチ類の毛皮は柔らかく密で、水をはじくためとても需要が高い。すべての哺乳類の中で、イタチ科は人間が最も毛皮に価値を置く動物である。いちばん高価とされるのは、ミンク、クロテン、オコジョ（白い冬毛のとき）である。アメリカミンクは毛皮のために養殖されており、ヨーロッパではこれらが逃げ出して原産のヨーロッパミンクを犠牲にして、野生群をつくっている。ラッコの毛皮に対する需要はこの種を絶滅の淵まで追い込んだが、北アメリカでは最近、個体数が増加している。

水生のハンター

アメリカミンクは典型的なイタチで、貪欲なハンターである。この種は他のカワウソ同様、非常に泳ぎがうまい。餌の重要な部分を占める魚を追って、30mもの距離を潜水することができる。部分的に水かきのついた足と、厚くて防水性の毛皮などが、半水生の生活様式への適応を示している。

イタチの仲間

Stoat
オコジョ

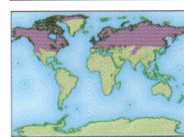

Mustela erminea

体　長	17–24cm
尾	9–12cm
体　重	60–200g

分布	北アメリカ、グリーンランド、ヨーロッパから北アジア、東アジアにかけて	社会単位	個体
		状態	地域により一般的

広い地域に生息するイタチで、様々な場所に適応し、ネズミ、モグラ、小型の鳥からラット、時にはウサギなどを食べる。イタチ科に典型的な、長くて細いよく動く体と、尖った吻、小さな目と耳、短い肢を持っている。生息地の北部では、背側が茶褐色から赤茶色、腹側がクリーム色か白にはっきり分かれた夏の被毛が、冬には真っ白に変わる。ただし尾の先端は常に黒い。

Weasel
イイズナ

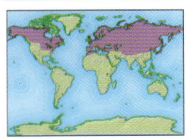

Mustela nivalis

体　長	16.5–24cm
尾	3–9cm
体　重	35–250g

分布	北アメリカ、ヨーロッパから北アジア、中央アジア、東アジアにかけて	社会単位	個体
		状態	地域により一般的

イタチ科の中では最小で、最も広く分布する種である。小さくて平らな頭は首よりも太くなることはなく、そのためネズミの穴に入ることができる。モグラや小型の齧歯類、鳥も食べる。昼夜を問わず活動し、生きていくために毎日自分の体重の3分の1を食べなければならない。全体の大きさは生息地によって幅があり、オスはメスよりも4分の1長く、体重は2倍にもなる。小型のオコジョと大型のイイズナは、オコジョの先端の黒い尾で区別できる。オコジョ同様、北部に棲む個体は冬になると白くなり、雪の中でのカムフラージュになる。また、同じようにこの種も単独行動をとり、割れ目や木の根、使われなくなった穴などに草や獲物の毛、羽毛を敷いたいくつかの巣をつくる。34〜37日間の妊娠期間の後、1〜7匹（平均5匹）の子どもを産む。9〜12週間母親が世話をする。

背中、肢、尾は茶褐色からチョコレート色

European mink
ヨーロッパミンク

Mustela lutreola

体　長	30–40cm
尾	12–19cm
体　重	500–800g

分布	ヨーロッパ	社会単位	個体
		状態	絶滅危惧IB類

ヨーロッパミンクは、生息地や外見はアメリカミンク（下）と同じだが、やや小さい。鳥や哺乳類、カエル、魚、ザリガニなどの小型の獲物を、岸や水中で捕らえる。被毛は焦げ茶からほとんど黒で、狭い白の筋が唇にある。絶滅の危機に瀕しているこのミンクは、飼育下で繁殖され、野生に放されている。

European polecat
ヨーロッパケナガイタチ

Mustela putorious

体　長	35–51cm
尾	12–19cm
体　重	0.7–1.5kg

分布	ヨーロッパ	社会単位	個体
		状態	地域により一般的

長くてしなやかな体形

飼育されているフェレットの祖先と考えられており、淡黄色から黒の毛に、クリーム色から黄色の下毛が見えており、顔には"マスク"がある。走ったり、木に登ったり、泳ぐのがうまい。危険を感じると、刺激臭のある肛門腺の分泌物を放出する。他のイタチ同様、オスはなわばりを主張し、メスもなわばりを守るが、オスのなわばりは、メスのなわばりと重なっていることが多い。

Black-footed ferret
クロアシイタチ

Mustela nigripes

体　長	38–41cm
尾	11–13cm
体　重	0.9–1kg

分布	合衆国中部に再移入された	社会単位	個体、つがい
		状態	野生絶滅

唯一の餌であるプレーリードッグ（147ページ）の減少によって、この種は野生では絶滅したと考えられていた。合衆国ワイオミング州で、捕獲個体の繁殖と放牧によって、少数が再確立された。獲物を穴に追い込んだり、そこに巣をつくりメスは3〜6匹を産む。

先端の黒い尾

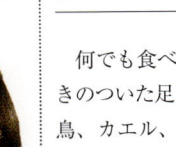

American mink
アメリカミンク

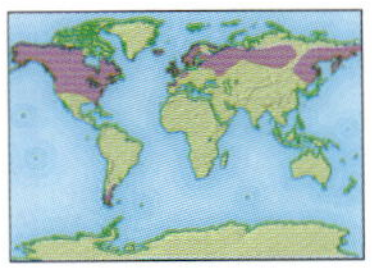

Mustela vison

体　長	30–54cm
尾	14–21cm
体　重	0.7–2kg

分布	北アメリカ、南アメリカ南部、北および西ヨーロッパ、北アジア、東アジア	社会単位	個体
		状態	地域により一般的

何でも食べる捕食者で、部分的に水かきのついた足を使って、ラットやウサギ、鳥、カエル、魚、ザリガニなどの様々な小動物を陸上と水中で捕らえる。視覚は水中であまりよく働かないため、水面で獲物の位置を確認してから追いかける。木の根や岩の間の巣で、メスは3〜6匹の子どもを産み、5〜6週間授乳する。自然の生息地ではかつて数千匹単位で捕らえられていた。1900年頃には南アメリカ、ヨーロッパ、ロシアに毛皮目的の養殖のために移入された。逃げ出した個体が野生化し、地元の野生動物（獲物だけでなくライバルの捕食者まで）を脅している。

毛色のバリエーション
ほとんどのアメリカミンクは焦げ茶から黒だが、10匹に1匹程度は灰青色の個体がいる。

ミンクのなわばり

アメリカミンクの典型的ななわばりの大きさは、メスが直径1〜3km程度、オスが直径2〜5km程度である。なわばりは、尿、糞、肛門腺からの匂いでマーキングされる。2〜4月に、オスは近くのなわばりのメスと交尾を試みる。

哺乳類

食肉類

Beech marten
ムナジロテン

Martes foina

体　長	42–48cm
尾	26cm
体　重	1.5–2.5kg
分布	ヨーロッパ
社会単位	個体
状態	一般的

ムナジロテンは人間の居住区に適応しており、あらゆる小動物を農場や建物の周りで捕らえる。また、ゴミをあさったり、果実も食べる。テンにしてはやや短い体、長い肢、広くて角ばった頭をしている。被毛は茶色で、薄い"ボウタイ"模様が喉にある。典型的な単独行動をとり、巣穴は岩の割れ目、木の穴、古い齧歯類の巣である。80ヘクタールにも及ぶなわばりを糞でマーキングする。ただしなわばり意識は弱く、都市の近くでは納屋に巣をつくったり、同種の個体と餌をあさったりする。多くのイタチ科と同様、交尾の後に着床遅延期間（230～275日）があり、妊娠期間は30日である。平均産子数は3～4匹である。

ふさふさした尾
大きくて丸い耳

European pine marten
マツテン

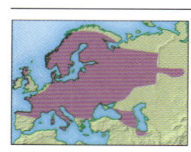

Martes martes

体　長	40–55cm
尾	20–28cm
体　重	0.9–2kg
分布	ヨーロッパから西アジア、北アジア
社会単位	個体
状態	低リスク†

体は長くて細く、被毛はくるみ色から焦げ茶、喉にクリーム色からオレンジ色の"胸当て"を持つ。ネコのように動き、鋭い爪を使って上手に木に登る。木の穴や古いリスの巣穴を巣とする。ふさふさした尾は枝を渡るときにバランスをとるのに使われる。木の上ではすばしこく、ジャンプがうまいが、ほとんどの獲物は地上で捕らえる。小型齧歯類、鳥、昆虫、果実などを食べている。

大きくて丸い耳
クリーム色からオレンジの被毛が喉と胸にある

Sable
クロテン

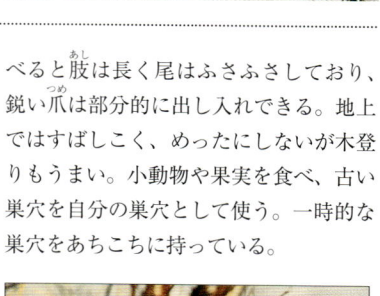

Martes zibellina

体　長	32–46cm
尾	14–18cm
体　重	0.9–2kg
分布	北アジア、東アジア
社会単位	個体
状態	絶滅危惧IB類†

イタチ科の中では、毛皮目的で最も多く狩猟された種である。現在は保護されている地域もある。茶色から黒の被毛で、喉にははっきりしないうす茶色の模様がある。頭は広く、耳は丸い。他の種に比べると肢は長く尾はふさふさしており、鋭い爪は部分的に出し入れできる。地上ではすばしこく、めったにしないが木登りもうまい。小動物や果実を食べ、古い巣穴を自分の巣穴として使う。一時的な巣穴をあちこちに持っている。

Fisher
フィッシャー

Martes pennanti

体　長	47–75cm
尾	30–42cm
体　重	2–5kg
分布	カナダから合衆国北部にかけて
社会単位	個体
状態	低リスク†

ネズミなどの地上の獲物を捕らえたり、死肉をあさったりする。岩や木の根、茂み、切り株や木の高みに巣をつくり、木の上で子どもを育てることが多い。長くて密な毛皮のために狩猟対象とされる。地域によって数は回復してきたが、伐採による破壊などの新しい脅威がある。

Marbled polecat
マダライタチ

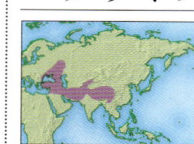

Vormela peregusna

体　長	33–35cm
尾	12–22cm
体　重	700g
分布	ヨーロッパ東南部から西アジア、中央アジア、東アジアにかけて
社会単位	個体
状態	絶滅危惧II類

黒い被毛に、様々な白や黄色の斑点や縞があり、典型的な黒と白の"マスク"を持っている。草原や他の乾燥した広い土地に棲む種で、夜の薄明かりで狩りをし、ハムスターなどの様々な小動物を捕らえる。巣は古い齧歯類の穴を広げたもので、4～8匹の子どもを産む。危険が迫ると頭を曲げて尾を体の上にカーブさせ、刺激のある肛門腺の匂いを放出する。

Yellow-throated marten
キエリテン

Martes flavigula

体　長	48–70cm
尾	35–45cm
体　重	1–5kg
分布	南アジア、東南アジア、東アジア
社会単位	個体
状態	絶滅危惧IB類

マツテン（左）同様、すばしこく木に登り長いジャンプをするが、やや大型で、長くて密な被毛とふさふさした尾を持つ。濃いオレンジっぽい黄色から茶色まで毛色は様々で、喉には黄色か白い模様がある。小型齧歯類、鳥、昆虫、果実を地面や木の上で食べる。つがいや家族群で若いシカを捕らえることもある。

African striped weasel
アフリカシマイタチ

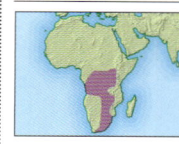

Poecilogale albinucha

体　長	25–35cm
尾	15–23cm
体　重	225–350g
分布	中央アフリカからアフリカ南部にかけて
社会単位	個体
状態	低リスク†

アフリカシマイタチは体が非常に長くて細い。毛色は黒いが、額に白い模様がある。模様は頭から首まで続き、そこで2本の筋に分かれ、さらに2本になり、背中から横腹に続いている。4本の筋は尾で1つになるが、ふさふさした尾は白い。前肢の長い爪で上手に穴を掘り、ネズミのような齧歯類を食べているが、鳥や卵を食べることもある。身を守るときは、肛門腺から刺激のある液体を1m以上も飛ばす。

哺乳類

イタチの仲間

Greater grison
グリソン

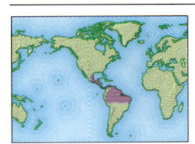

Galictis vittata

体長	47–55cm
尾	14–20cm
体重	1.5–2kg
分布	メキシコ南部、中央および南アメリカ
社会単位	個体
状態	低リスク†

イタチの仲間ではあるが、体は長くしなやかで、細くて尖った頭とよく動く首を持っている。ただし、尾はやや短い。毛色は両目の上から耳を通り、肩近くで細くなる白いU字型の縞のある額を除くとすべて灰色である。吻、喉、胸、前肢の下側は黒い。単独かつがいで生活している。すばやく走ったり、泳いだり、木に登ったりし、様々な小動物（昆虫まで）や果実を食べる。鼻を鳴らしたり、唸ったり、叫んだり、吠えたりといった声を出す。

黒い腹側

Zorilla
ゾリラ

Ictonyx striatus

体長	28–38cm
尾	20–30cm
体重	1.5kg
分布	西アフリカ、東アフリカからアフリカ南部にかけて
社会単位	個体
状態	地域により一般的

小型のスカンク（200ページ）に似ている。体色は真っ黒だが、4本の純白の縞が頭から背中と横腹を通り、尾の付け根まで続いている。ふさふさした尾は白と灰色のまだらである。危険を感じるとキーキー鳴いたり、叫んだり、尾を上げて肛門腺から刺激のある液体をまき散らす。長い爪のある前肢で虫やネズミ、他の小動物を掘り出す。

Wolverine
クズリ

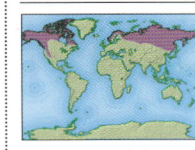

Gulo gulo

体長	65–105cm
尾	17–26cm
体重	8–14kg
分布	カナダ、合衆国北西部、北ヨーロッパから北アジア、東アジアにかけて
社会単位	個体
状態	絶滅危惧II類

イタチ科の中ではオオカワウソについで大きい。オスはメスよりも3分の1ほど大きい。ずんぐりしていて力強く、頑丈な顎は冬場にカリブーなどの凍った肉や骨を噛み砕くことができる。死体の一部は後で食べるために埋めておくこともある。死肉をあさるのと同じように、柔らかい雪の上でも広い足や筋肉質の足先を使って獲物を追いつめる。シカやノウサギ、マウスなどのほか、卵や季節の果実なども食べる。1年中活発に動き、1日に50km以上も移動する。長くて密な被毛は黒っぽい茶色で、体の両側に薄い茶色の縞が、肩から横腹、そして尾の付け根まで続いている。胸に白い模様がある。クズリは木や岩の間に巣をつくり、雪の吹きだまりの中に2mの巣を掘って生活している。平均産子数は2～3匹で、メスは8～10週間授乳する。

薄い縞が横腹と臀部にある

ずんぐりしたクマのような体格

様々な白い胸の模様

Honey badger
ミツアナグマ

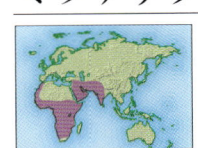

Mellivora capensis

体長	60–77cm
尾	20–30cm
体重	7–13kg
分布	西アフリカ、中央アフリカ、東アフリカ、アフリカ南部、西アジア、南アジア
社会単位	個体
状態	低リスク†

しっかりした体格で、背側、尾の上側が銀灰色、その他は暗褐色である。長い前肢の爪は穴を掘るのに適している。このイタチの餌には虫、シロアリ、サソリ、ハリネズミ、ノウサギなどが含まれる。ハチの巣の場所を教えてくれるノドグロミツオシエ（334ページ）と協力することがある。自分とミツオシエのために、ハチの巣を開いて蜂蜜と幼虫を取り出す。

Eurasian badger
アナグマ

Meles meles

体長	56–90cm
尾	12–20cm
体重	10–12kg
分布	ヨーロッパから東アジア
社会単位	群れ
状態	地域により一般的

アナグマは、イタチ科の中では、集団で穴を掘る数少ない種のひとつである。頭は小さくて尖っており、首は短い。幅広い力強い体に、短くて強い肢、小さな尾を持っている。腹側は黒く、体の大半と尾は灰色である。顔と首は白いが、鼻から目、そして耳にかけて黒い縞がある。視力は悪く、聴覚はややましな程度だが、嗅覚は優れている。夜行性の雑食動物で、季節や入手しやすさによって餌が変わる。ミミズを主食にしているが、昆虫などでそれを補い、カエル、トカゲ、小型哺乳類、鳥や卵、死肉、果実、その他の植物を食べることもある。群れ（コラム参照）で暮らし、巣には乾いた草、葉、コケなどを敷き詰め、定期的に交換する。10か月の着床遅延（卵子は受精していてもすぐには子宮に着床しない）の後、7週間の妊娠期間を経て、6匹以下の子どもを産む。メスは10週間授乳する。

共同生活

それぞれのアナグマの群れは平均6匹である。たいていは優位のオスと、1匹から数匹のメス、そして子どもからなる。巣穴（トンネルと部屋からなる広いシステム）には、10個以上の入口がある。巣穴は清潔に保たれ、数世代にわたって維持され、拡大される。アナグマのなわばりは50～150ヘクタールにも及び、他の群れに対してなわばりを守る。

様々な縞模様
アナグマのはっきりした顔の縞は個体によって少しずつ異なっている。模様は、群れのメンバーの認識や、カムフラージュとして働く。

短い尾
灰色の背側
黒い腹側

哺乳類

食肉類

Hog-badger
ブタバナアナグマ

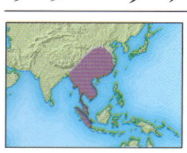

Arctonyx collaris

体長 55–70cm
尾 12–17cm
体重 7–14kg
分布 東南アジア、東アジア
社会単位 群れ
状態 低リスク†

外見と、木の間での姿、そしてブタのように地面を嗅ぎ回ることからこの名前がついた。前肢のかなり長い爪を使って、上手に穴を掘る。外見や習慣はアナグマ（199ページ）に似ており、果実、蜂蜜、昆虫、マウスなど、いろいろな餌を季節によって食べ分けている。白っぽい顔の両側には、2本の黒い縞がある。背側は黄色の混じった灰色で、腹側は黒い。

American badger
アメリカアナグマ

Taxidea taxus

体長 42–72cm
尾 10–16cm
体重 4–12kg
分布 カナダ南西部から合衆国にかけて、メキシコ北部
社会単位 個体
状態 一般的

アメリカアナグマはアナグマ（199ページ）によく似ているが、小型で、単独で行動をとる。ゆるい土壌の開けた土地を好み、プレーリードッグやその他のジリスなどの小型哺乳類を主食にし、巣穴からそれらを掘り出す。ぼさぼさした被毛は背側が灰色、腹側は白っぽい黄色で、肢は黒い。

Burmese ferret-badger
インドイタチアナグマ

Melogale personata

体長 33–43cm
尾 15–23cm
体重 1–3kg
分布 東南アジア、東アジア
社会単位 個体
状態 低リスク†

他のアナグマよりも小型で、ふさふさした尾を持ち、フェレットのようによく動く。夜間に昆虫やカタツムリ、小型哺乳類、鳥、果実などの植物を食べ、時々木に登る。濃い灰色か茶色で、頬と目の間に白か黄色の模様がある。穴に棲み、ほとんどのアナグマと同じように、危険を感じると恐れることなく、肛門腺から臭い物質を放出して、激しく咬みつく。白か黄色の縞が頭の上と首にある

頭の上と首にある白か黄色の縞

Palawan stink badger
パラワンアナグマ

Mydaus marchei

体長 32–46cm
尾 1–4cm
体重 3kg
分布 パラワン諸島、ブスアンガ諸島
社会単位 個体
状態 絶滅危惧II類

動作が鈍く、ゆっくりと動き、攻撃されると肛門腺から非常に臭い液体を1m以上も飛ばす。短い尾に小さな耳と目、典型的なアナグマのずんぐりとした体に、長くてよく動く、ほとんど毛のない鼻を持っている。イモムシやナメクジなどの小型土壌虫を嗅ぎ回って、掘り出す。被毛は暗褐色で、黄色の毛が頭頂にあり、肩の間で縞になっている。岩場の巣や古いハリネズミの巣に単独で暮らす。

Patagonian hog-nosed skunk
フンボルトスカンク（パタゴニアスカンク）

Conepatus humboldti

体長 25–37cm
尾 30–57cm
体重 1.5–3kg
分布 南アメリカ南部
社会単位 個体
状態 絶滅危惧II類†

典型的な小さなスカンクの頭とずんぐりした体、ふさふさした尾に、餌を掘り出す広い鼻先を持っている。被毛は黒か赤褐色で、両側に白い縞がある。縞は頭の上で1つになり、尾まで続いている。食べられるものはほとんど何でも食べるが、主食は昆虫である。他のスカンクと同じように、岩の下や穴の中、茂みの間に安全な巣をつくり、ひどい匂いのする液を敵に浴びせることができる。

Eastern spotted skunk
マダラスカンク

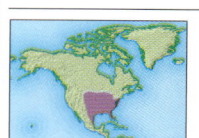

Spilogale putorius

体長 30–34cm
尾 17–21cm
体重 0.5–1kg
分布 合衆国東部から中央部にかけて、メキシコ北東部
社会単位 個体
状態 低リスク†

がっしりとした体格に短い肢を持つ。マダラスカンクは、目立つ毛色によって肛門腺からひどい匂いのする液体を出すことを敵に警告している。体の白い模様は個体によって異なっている。しかしたいていは額に白いまだらがあり、尾の先端は白い。餌には様々な小動物、果実、植物が含まれる。ほとんどは単独行動をとるが、冬は8匹以下で巣穴を共有する。

Striped skunk
シマスカンク

Mephitis mephitis

体長 55–75cm
尾 17.5–25cm
体重 2.5–6.5kg
分布 カナダ中央部からメキシコ北部にかけて
社会単位 個体
状態 一般的

他のスカンク同様、黒と白の警告模様をしている。餌には昆虫、小型哺乳類、鳥と卵、魚、甲殻類、果実、種子、人間の残した食べ物などが含まれる。単独行動をとるが、冬場は、岩や古い巣穴、納屋の下などで共同で暮らす。5～6匹の子どもは1年以上も母親と暮らす。

たちの悪い防御

シマスカンクは、危険を感じると被毛を膨らませ、背中を丸めて尾を持ち上げる。相手が引き下がらなければ前肢で立ち、後肢を空中に持ち上げて体をひねる。それから肛門から伸びている2本の管から、ひどい匂いのする液体を、頭越しに3m以上も飛ばす。

模様
シマスカンクの毛色は黒く、鼻先に白く細い縞がある。この縞は、頭のところで広がり、尾まで続いている。

North American river otter
カナダカワウソ

Lontra canadensis

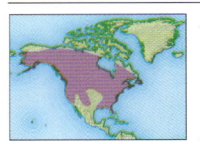

体長　66－110cm
尾　　32－46cm
体重　6－9kg

分布　カナダ、アメリカ合衆国
社会単位　個体
状態　低リスク†

おそらく最も多いカワウソで、ユーラシアカワウソ（下）に似ている。繁殖期を除いて単独行動をとるが、繁殖期にはギャーギャー鳴いたり、騒いだり、口笛のような声を出したりする。川岸や湖岸、海岸で生活し、5～25kmのなわばりを守る。巣は、川岸の穴や岩の下、水辺の藪、ビーバーの巣（ロッジ）などにつくる。

昼または夜活動するハンター

カワウソの主な獲物は魚で、日中狩りをするが、人間に妨害される場所では徐々に夜行性になる。また、ザリガニ、カエル、ヘビ、トカゲ、水生昆虫も同じように食べる。このカワウソはミズハタネズミのような水生哺乳類や、子ガモのような小型水鳥を捕らえることもある。

しなやかで銀色
この体の長いカワウソは、背側が赤褐色や灰褐色から黒の滑らかな被毛で、腹側は薄い銀から灰褐色、頬と喉には白から黄色っぽい灰色が混じっている。

薄い喉
筋肉質の尾は泳ぎを助ける

European otter
ユーラシアカワウソ

Lutra lutra

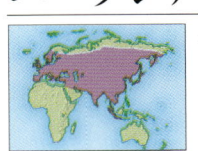

体長　57－70cm
尾　　35－40cm
体重　7－10kg

分布　ヨーロッパ、アジア
社会単位　個体
状態　絶滅危惧II類

毛皮目的、漁業の保護、スポーツのための狩猟で脅かされているが、同様に水質汚染、護岸工事、用水路、レジャーやウォータースポーツなどによる生息地の消失によっても危機に瀕している。防水性の毛皮、水かきのついた四肢、固い髭（水流で獲物の動きを知る）を持ち、水生生活によく適応している。餌は主に魚であるが、カエルや他の水生動物や両生類も捕らえる。毛色はほとんどが茶色で喉の色が淡く、筋肉質の尾は先端から根元にかけて平らになっている。内陸では主に夜明けや夕暮れに狩りをするが、沿岸では日中活動することが多い。巣穴は川岸のなわばりにあり、4～20kmの長さで、匂いや糞によってマーキングする。ほとんど単独行動をとり、初春の2～3か月つがいになる。60～70日の妊娠期間の後、2～3匹の子どもを産む。子どもは3か月間授乳し、1年以上母親と一緒にいる。

保護毛と密な下毛からなる強い被毛

African clawless otter
ツメナシカワウソ

Aonyx capensis

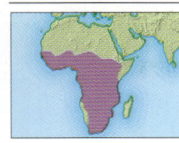

体長　73－95cm
尾　　41－67cm
体重　10－16kg

分布　西アフリカ、東アフリカ、中央アフリカ、アフリカ南部
社会単位　つがい
状態　低リスク†

他のカワウソ同様、長くてしなやかな体、筋肉質の尾、短い肢を持ち、泳ぎや潜るのに適している。カニ、カエル、魚を捕らえ、沿岸ではロブスターやタコをとり、大きな歯で噛み砕く。後肢は水かきがあり、3～4本の足先に小さな爪がついている。爪のない前肢は指に似ており、獲物を捕らえることができる。群れはつがいと2～3匹の子どもからなる。遊び好きで、じゃれ合ったり、泥にスライディングしたり、騒々しく吠えながら追いかけっこしたりする。

Oriental short-clawed otter
コツメカワウソ

Aonyx cinerea

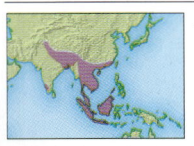

体長　45－61cm
尾　　25－35cm
体重　1－5kg

分布　南アジア、東アジア、東南アジア
社会単位　個体、群れ
状態　低リスク†

カワウソの中では最も小型で、非常に短い爪は、部分的に水かきのある指先から出ることはない。臼歯は広く、イガイなどの固い殻のある餌や、他の甲殻類、カニ、カエルなどをすりつぶす。カワウソにしては珍しく、餌の中で魚はあまり重要ではない。腹側は茶色で、横腹がやや薄く、顔の下、喉、胸に様々な白い模様がある。コツメカワウソは約12匹の結びつきの弱い社会群をつくり、音と匂いで関係を保っている。オスとメスの結びつきはかなり強い。似た種で見られるように、なわばりを尾の付け根にある1対の腺から出る匂いや尿、糞でマーキングする。産子数は1～6匹まで幅があり、平均産子数は2匹である。子どもの世話は両親で行う。

指のような前肢の先で餌をつかむ

Giant otter
オオカワウソ

Pteronura brasiliensis

体長　1－1.4m
尾　　45－65cm
体重　22－32kg

分布　南アメリカ北部、中部
社会単位　群れ
状態　絶滅危惧IB類

イタチ科の中では最も大きく、一般的なカワウソを巨大にしたような姿である。肢は短く、完全に水かきのついた指を持ち、平らで付け根の広い尾を、泳いだり、潜水したりするために使う。固い口髭と敏感な目は、水中でも獲物の動きをすばやく捉えることができる。水中生活に完全に適応しており、陸地では動作がぎこちなく見える。濃い茶色の短くて密な被毛は濡れると黒く見え、顎、喉、胸にクリーム色のまだらや模様がある。両親と子ども、若い成獣で5～10匹の群れをつくる。川岸の巣や穴で一緒に生活し、日中、魚やカニ、他の水生の獲物を捕らえる。

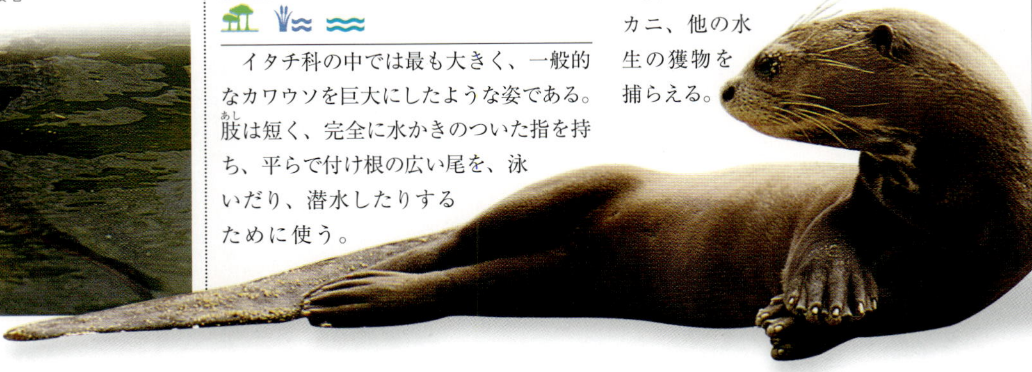

哺乳類

イタチの仲間

優秀なダイバー
ラッコはほとんどの時間海底で餌をあさり、水中生活によく適応している。肺は陸上生活をしている同じ大きさの哺乳類に比べると2.5倍で、水中に入ると30mの深さに4分間潜っていることができる。

Sea otter
ラッコ

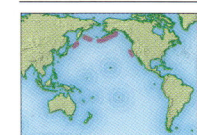

Enhydra lutris

体長	55–130cm
尾	13–33cm
体重	21–28kg
分布	北太平洋
社会単位	群れ
状態	絶滅危惧IB類

保護

狩猟が禁止されたことで、ラッコは今では個体数が増えている。けれどもこれは、もともとの生息地から考えれば一部にすぎない。ラッコの好む生息環境のひとつである海藻林を育て、ラッコの数が回復するように、別の場所に移す取り組みが続けられている。

ラッコは最も小型の海洋哺乳類で、海に棲み、海で餌を食べる。ごくたまにしか陸に上がらないが、沿岸の近く、特に海草林のそばで、手を水から出して仰向けに浮かんでいるところがよく見られる。水生生活によく適応しており、豪華な厚い被毛で、生息地の冷たい水の中でも温かさを保つことができる。強くて平らな尾は舵として働き、大きくて鰭のような後肢は水の中を推進する力となる。やや小さい前肢には、ネコのように出し入れできる爪があり、餌をつかんだり、毛皮を手入れしたりするのに用いる。水中でも海面でも、優れた視覚を持ち、嗅覚も鋭く、敏感な口髭は餌を見つけるのに役立つ。主に海底で餌をあさり、カニや貝、ウニ、アワビなどを見つけると、強い顎でそれらの殻を壊す。眠る前に流されないようにするために海草で体を巻く。ラッコは社会的な動物で、たいてい群れ（ラフト）で生活している。オスはメスとは別のラフトをつくる。アラスカでは数百匹が一緒にいるのを見かけることもある。かつては毛皮目的で狩猟され、地域によってはほとんど絶滅しかけたが、現在は保護種になっている。

- 長くて平らな尾
- 長くて茶色の体毛
- 鰭のような後肢
- 頭には麦わら色の被毛

温かく過ごすためのグルーミング
ラッコはすべての動物の中で最も密な毛皮を持ち、1平方センチあたり15万本もの毛が生えている。毛皮をグルーミングすることは、清潔さや防水性を保つために必要な行動である。

特殊な行動

ラッコは頭がよくて応用力のある動物で、ほとんどの環境に適応するために、様々な行動様式を進化させてきた。おそらく最もわかりやすいのは、甲殻類を開けるために石を道具として使うことだろう。

道具を使う
アワビの殻は固いが、ラッコは確実な方法を使う。仰向けになり、海底から取ってきた岩に打ちつけて殻を壊す。

ウォーターベビー
ラッコは岩で子どもを出産することもあるが、すぐに子どもを水中に連れてくる。子どもが自分で被毛の手入れを覚えるまでは、仰向けになって腹に子どもを乗せて濡れないように保つ。

ジャコウネコの仲間

門	脊索動物門
綱	哺乳綱
目	食肉目
科	ジャコウネコ科
種	76

ジャコウネコ科に属するジャコウネコ、ジェネット、キノボリグマ、マングース（ジャコウネコとは別に扱われることもある）、フォッサなどは、たいてい細い体と長い尾を持っている。ネコとハイエナの近縁であるが、もっと原始的であり、長い鼻と余分な歯を持っている。ジャコウネコはアフリカ、マダガスカル、南アジア、ヨーロッパ南東部の森林、砂漠、サバンナで見られる。ほとんどは地上生活をしているが、樹上生活種や、半水生の種もいる。

体のつくり

ジャコウネコ類は典型的な長い体と尾を持ち、肢は短く、首と頭は長い。鼻は先が細い。ジャコウネコとジェネットは体中に縦に並ぶ斑点を持つ。マングースは単色か縞がある。すべての種は肛門付近に臭腺がある。ジャコウネコの腺から出る物質は、香水をつくるのに使われる。

食事

ジャコウネコ類には肉食もいるが、一方で果実しか食べない種もいる。しかし、ほとんどは雑食性で、小型哺乳類や鳥、トカゲ、無脊椎動物を食べる。獲物を捕らえる種は、たいていネコのようなやり方で獲物の後をつける。

社会的な群れ

この科のほとんどの種は単独行動をとるが、コビトマングースは広い範囲で餌をあさる大きな社会的な群れで暮らす。ミーアキャットは入口のたくさんある穴に家族で暮らしている。1匹が食事をしているときは、別の1匹が見通しのきくところで見張りをしている。

樹上のハンター
大半のジャコウネコやジェネットは地上と同じように樹上で餌を取る。この大きなまだらのジェネットは、鳥の巣や止まり木を探しているところである。

Malayan civet
アジアジャコウネコ

Viverra tangalunga

- 体　長　62－66cm
- 尾　　　28－35cm
- 体　重　3.5－4.5kg
- 分布　東南アジア
- 社会単位　個体
- 状態　一般的

多くの濃い斑点が体中に縞をつくる典型的なジャコウネコの被毛に加え、この種ははっきりとした黒と白の首輪を持つ。腹側は白く、肢は黒い。尾に約15本の輪の模様がある。木にはたまにしか登らず、主食は森林の地上にいる生物で、ヤスデ、ムカデ、サソリ、マウスのような小型哺乳類を食べている。東南アジアに広く分布し、よく見られる。夜行性で単独行動をとり、11年くらい生きる。

Small-spotted genet
ヨーロッパジェネット

Genetta genetta

- 体　長　40－55cm
- 尾　　　40－51cm
- 体　重　1.5－2.5kg
- 分布　西アフリカ、東アフリカ、アフリカ南部、西ヨーロッパ
- 社会単位　個体
- 状態　一般的

ネコに似た種で、ヨーロッパジャコウネコとしても知られる。半分出し入れのできる爪を持ち、とても上手に木に登る。様々な小型哺乳類、鳥、昆虫、果実を食べる。家禽などを狙って農家を襲うため、害獣とされている地域もある。巣穴は厚い茂みの下の隠れた場所などにつくる。70日間の妊娠期間の後、目の開いていない2～3匹の子どもを産むことが多い。

Oriental linsang
ブチリンサン

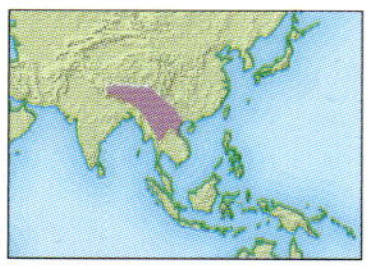

Prionodon pardicolor

- 体　長　37－43cm
- 尾　　　30－36cm
- 体　重　0.6－1.2kg
- 分布　南アジア、東アジア、東南アジア
- 社会単位　個体
- 状態　未確認

小型で細く、しなやかなリンサンで、尾でバランスをとったり、ブレーキとして使ったりしながら、驚くほど優雅に枝を渡る。通常は夜行性で、単独行動をとる。大きな耳と目は夜間行動するのに適している。オスはメスの2倍近い大きさになる。カエルやヘビ、ネズミなどの小動物、死肉などを食べる。平均産子数は2～3匹で、2～8月に生まれる。

Palm civet
マレージャコウネコ

Paradoxurus hermaphroditus

- 体　長　43－71cm
- 尾　　　40－66cm
- 体　重　1.5－4.5kg
- 分布　南アジア、東アジア、東南アジア
- 社会単位　個体
- 状態　一般的

適応力のあるふさふさした尾のジャコウネコ。茶色がかった灰色で、背側に黒い縞があり、濃い体幹の斑点を持ち、ケナガイタチによく似た"マスク"がある。主に木の間にいるが、日中は家の中や納屋の屋根裏で休んでいる。餌は特にイチジクを含む多くの果実、つぼみ、草、昆虫やマウスのような小動物、家禽などである。発酵したヤシのジュースが好物である。

ジャコウネコの仲間

Binturong
キノボリグマ
Arctictis binturong

体 長	61–96cm
尾	56–89cm
体 重	9–14kg

分布 南アジア、東南アジア
社会単位 個体
状態 一般的

ビントロングあるいはイタチグマとも呼ばれる。黒い被毛はぼさぼさで、耳には飾り毛がある。尾は毛が長く、先端で物がつかめる。木々の間をゆっくりと注意深く動き、果実や芽、昆虫や鳥、齧歯類のような小型動物を探す。日中は枝の間に隠れているが、餌は食べる。なわばりを持ち、匂いでマーキングする。92日間の妊娠期間の後、1〜3匹の子どもが生まれ、1年で成獣の大きさまで成長する。

Falanouc
コバマングース
Eupleres goudotii 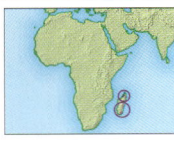

体 長	48–56cm
尾	22–25cm
体 重	1.5–4.5kg

分布 東および北マダガスカル
社会単位 個体
状態 絶滅危惧IB類

背側が黄色で腹側が白っぽい灰色、長くて細い鼻と短くふさふさした尾を持つ。マダガスカルの熱帯雨林や沼地に棲んでいる。長い前肢を使って土を掘り、昆虫、ナメクジ、カタツムリ、齧歯類を探す。通常、1匹の子どもが目が開いた状態で生まれ、2日後には母の後について歩くことができるようになる。9週間授乳する。生息地の消失、人間やイヌ、移入された競合種であるインドジャコウネコなどによって危機に瀕している。

Yellow mongoose
キイロマングース
Cynictis penicillata

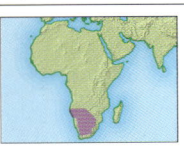

体 長	23–33cm
尾	18–25cm
体 重	450–800g

分布 アフリカ南部
社会単位 群れ
状態 一般的

キイロマングースは生息地の南部では黄色がかった淡黄色だが、北部では灰色である。家族群(繁殖つがいとその子ども、繁殖しない若い成獣)は、ジリスやミーアキャットの掘ったトンネルシステムを引き継いで棲み、拡大する。1つの大きな穴で共同生活をすることもある。主食はシロアリ、アリ、甲虫、バッタで、鳥や卵、カエル、トカゲ、小型齧歯類なども食べる。

まだらの被毛

Banded mongoose
シママングース
Mungos mungo 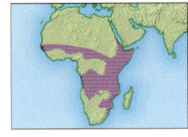

体 長	30–45cm
尾	15–30cm
体 重	1.5–2.5kg

分布 アフリカ
社会単位 様々
状態 一般的

何でも食べるこの太ったマングースは、体の後ろの方にはっきりした横に広がる縞がある。被毛は粗くてまだらで、乾燥した地方に棲む個体に比べると、湿度の高い地方に棲む個体の方が濃い色をしている。ペットとしても飼育され、シロアリから鳥の卵までの様々な小型の食物を食べる。1匹の優位なオスを含む15〜20匹の群れで見られることがある。

臀部にかけて約12本の縞

Dwarf mongoose
コビトマングース
Helogale parvula 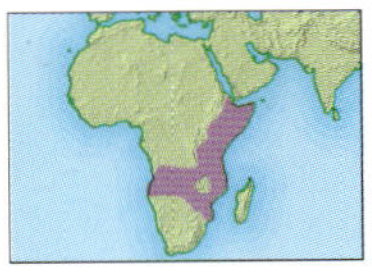

体 長	18–28cm
尾	14–19cm
体 重	200–350g

分布 東アフリカ、アフリカ南部
社会単位 群れ
状態 一般的

最小のマングース。厚い被毛は茶色で、赤か黒の細いまだらが入っている。目と耳は非常に小さく、前肢には長い爪がある。2〜20匹の群れをつくり、交代でなわばりのシロアリ塚を見回る。アリ塚を数日間のシェルターとして使い、昆虫やトカゲ、ヘビ、鳥、卵、マウスを食べる。群れの各メンバーがそれぞれ6匹の子どもの世話を手伝うこともある。

Meerkat
ミーアキャット
Suricata suricatta 

体 長	25–35cm
尾	17–25cm
体 重	600–975g

分布 アフリカ南部
社会単位 群れ
状態 一般的

上手な穴掘り
ミーアキャットの長い前肢の爪は、穴を掘ったり、餌を探したりするのに使われる。主に昆虫やクモ、他の小動物や根、球根を食べる。

ミーアキャットは日中活動し、社会性が高い。30匹にもなるコロニーをつくり、ジリス(147ページ)のつくった巣穴システムを広げて棲んでいる。早朝は座って日光浴をするが、そのときに小さな獲物を食べる。毛色は腹側と顔が薄い茶色で、背側は銀灰色、臀部には8本の濃い縞があり、目の周りと細い尾の先端が黒い。11週間の妊娠期間の後、巣穴の草を敷いた産室で、2〜5匹の子どもを産む。

見張り中 
ほとんどのメンバーが餌を食べている間、数匹がフクロウや他の空中の捕食者などを見張る。見張りはアリ塚や茂みなどの見晴らしのよい場所に立ち、鳴いて警告を出す。金切り声や吠え声は、より緊急の危険を表し、群れはばらばらに逃げる。

Fossa
フォッサ
Cryptoprocta ferox

体 長	60–76cm
尾	55–70cm
体 重	9.5–14kg

分布 マダガスカル
社会単位 個体
状態 絶滅危惧IB類

小型の茶色い"大型ネコ"のように見えるフォッサは、しなやかですばしこく、ジャンプや木登りが非常にうまい。マダガスカルで最大の食肉類である。筋肉質で力強い捕食者で、昼夜を問わず、追跡か待ち伏せで狩りをする。もともとキツネザルを狩るために進化したが、ブタ、家禽、他の家畜を襲う。頂点に立つ動物で、単独行動をとるフォッサは4平方キロを超える大きななわばりを持つため、生息密度は低い。生息地の消失や家畜を襲うことから迫害されたため、危機に瀕している。

哺乳類

ハイエナとツチオオカミ

門	脊索動物門
綱	哺乳綱
目	食肉目
科	ハイエナ科
種	4

ハイエナ科のメンバーは外見はイヌに似ているが、実際はネコやジャコウネコ、ジェネットと近い関係にある。すべての種が肩から尾にかかるはっきりした黒いラインを持っている。ハイエナとツチオオカミはアフリカ原産で(ブチハイエナはアジアの南部にも生息しているが)、サバンナや低木林、半砂漠地域に暮らしている。基本的には夜行性で、成獣や子どもがシェルターとして使う穴を掘る(子どもだけが巣穴に隠れるブチハイエナを除く)。

体のつくり

この科の種で一般的に認められる身体的特徴は、大きな頭と耳、長い前肢と短い後肢、背中まで伸びる首筋のたてがみ(ブチハイエナを除く)、ふさふさした尾、短くて太い出し入れできない爪である。ハイエナは前肢と後肢にそれぞれ4本、ツチオオカミは前肢に5本、後肢に4本の指を持つ。被毛はまだらか縞が入っている(カッショクハイエナは臀部のみに縞がある)。

食事

ハイエナの仲間は、広い吻、強い顎(同じ大きさの動物の中では顎の力が最も強い)、骨を砕く歯を持つ。3種のハイエナのうち、ブチハイエナが最も貪欲なハンターである。協力して狩りをするため、シマウマのような大型の獲物を倒すこともできる。有能な掃除屋でもあり、ライオンをそのしとめた獲物から追い払うこともある。

一方、シマハイエナとカッショクハイエナは、ほとんどの時間を死肉あさりに費やすが、小型の獲物を捕らえることもある。すべてのハイエナ類は、他の哺乳類が消化できない獲物の皮や骨を消化することができる。このため他の動物が取って代わることのできない生態学的な位置を占めていられるのである。靱帯や毛、蹄など、ほとんどの哺乳類が消化できない餌のかけらは、ペレットになって吐き戻される。これらの消化適応性によって、この科のメンバーであるツチオオカミは大型の獲物を食べず、小さな歯と太い舌を使ってシロアリを食べる。競合が少ないので見つけるのに最小限の努力ですむが、シロアリは驚くほど栄養価が高い。ツチオオカミは1晩で20万匹のシロアリを食べることもある。

社会群

ツチオオカミは単独行動をとるが、シマハイエナとカッショクハイエナはつがいか小さな群れで暮らし、ブチハイエナはクランと呼ばれる大きな群れで生活する。これらのクランは80匹からなることもある(オスとメス、そして子ども)。子どもが2〜3か月になると共同の巣穴に移され、そこでは母乳の出るメスがどの子どもにも母乳を与える(カッショクハイエナもこのシステムを使っている)。子どもは、離乳して、おとなと一緒に狩りをしたり、餌を食べられるようになるまでは巣の中にとどまるが、その頃には最低7か月になっている。ハイエナの仲間はすべてなわばりを持ち、肛門の臭腺を使ってマーキングする(この腺は内と外を逆にすることができる)。ブチハイエナのクランは共同でなわばりを見張ったり、守ったりする。

究極の肉食動物
このブチハイエナの食べている獲物は、彼らの群れ(クラン)によって殺されたか、他の捕食者が捕らえた残り物である。ハイエナは、骨も砕ける力強い顎を持っており、ほとんど何でも食べる。ハイエナが去った後には、何も残らない。

Aardwolf
ツチオオカミ

Proteles cristatus

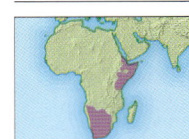

体長 67cm
尾 24cm
体重 9kg

分布 東アフリカ、アフリカ南部
社会単位 個体
状態 低リスク†

ハイエナの小型近縁種で、シロアリ、特に地上で餌をあさるシロアリを食べるのが特徴である。また、ウジやイモムシ、その他の小型で柔らかい動物も食べる。長めの前肢と後ろ下がりの体は、三日月のような背中のたてがみに縁どられているが、最もはっきりしているのは首や肩の部分である。ストレスが加わるとたてがみが立ち、体が大きく見える。被毛は淡黄褐色から白っぽい黄色で、両側に垂直の縞が3本入っている。体の前方と下半身には斜めの縞がある。切歯はハイエナに似ているが臼歯は小型のブタのようであり、餌は筋肉質の胃で細かく砕かれる。夜行性で単独行動をとり、日中は巣で休む。なわばりを尿、糞、肛門腺からの分泌物でマーキングする。90日間の妊娠期間の後に生まれる2〜4匹の子どもは、4週間で巣から出て、9〜11週間母親について餌をあさり、16週で離乳する。

Brown hyena
カッショクハイエナ

Parahyaena brunnea

体長 1.3m
尾 21cm
体重 38〜47kg

分布 アフリカ南部
社会単位 様々
状態 低リスク†

砂漠に生息し、14kmも離れた死肉を嗅ぎつける。典型的なハイエナの力強い顎と、肉を裂く歯を持ち、ナミビ砂漠沿岸のアザラシの子どもを含め、死肉など何でも食べる。トビウサギのような獲物も捕らえる。なわばりを守る結びつきのゆるいクラン（群れ）をつくる。濃い茶色から黒の被毛はぼさぼさしており、薄い黄褐色のマントが首にある。顔は灰色のまだらで肢には横縞が入っている。

Striped hyena
シマハイエナ

Hyaena hyaena

体長 1.1m
尾 20cm
体重 35〜40kg

分布 西アフリカ、北アフリカ、東アフリカ、西アジアから南アジアにかけて
社会単位 個体
状態 低リスク

サバンナや開けた森林地帯を好み、砂漠のような極端な地域は避ける。体色は灰色か淡い褐色で、5〜6本の縞が入る。首のたてがみは背中にかけて短くなり、ふさふさした黒と白の尾に続いている。通常は単独行動をとり、交尾のときに家族を形成する。死肉をあさったり、昆虫からノウサギまでの獲物を捕らえ、果実などの植物も食べる。

焦げ茶から黒の喉の模様

Spotted hyena
ブチハイエナ

Crocuta crocuta

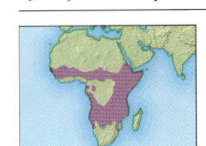

体長 1.3m
尾 25cm
体重 62〜70kg

分布 西アフリカから東アフリカ、アフリカ南部
社会単位 群れ
状態 低リスク

最も大きなハイエナである。メスはオスより10％ほど大きく、外部生殖器が大きくなるため、オスと区別がつきにくい。社会システムは女系でのクランを基本とし、砂漠地帯では5匹かそれ以下のおとなと子どもからなり、獲物が豊富なサバンナでは50匹までの様々なクランを形成する。クランは共同の巣を持ち、共同のトイレを使う。40〜1000平方キロのなわばりを一緒に守り、声や匂いによるマーキング、見張りのパトロールなどで境界を主張する。群れを集めたり、子どもの位置を確認したりする叫び声や、年長のメンバーに同意する有名なハイエナの"笑い"などを含む声を使い分ける。

狩りをするハイエナ

ブチハイエナは力強いハンターである。数匹のクランをつくり、シマウマの成獣のような大型の獲物を倒す。単独で狩りを行うときは、ノウサギや地上生の鳥、浅瀬や沼地にいる魚などを捕らえる。ハイエナは獲物をむさぼり食い、1回の食事で体重の3分の1にもなる獲物を消化できる。

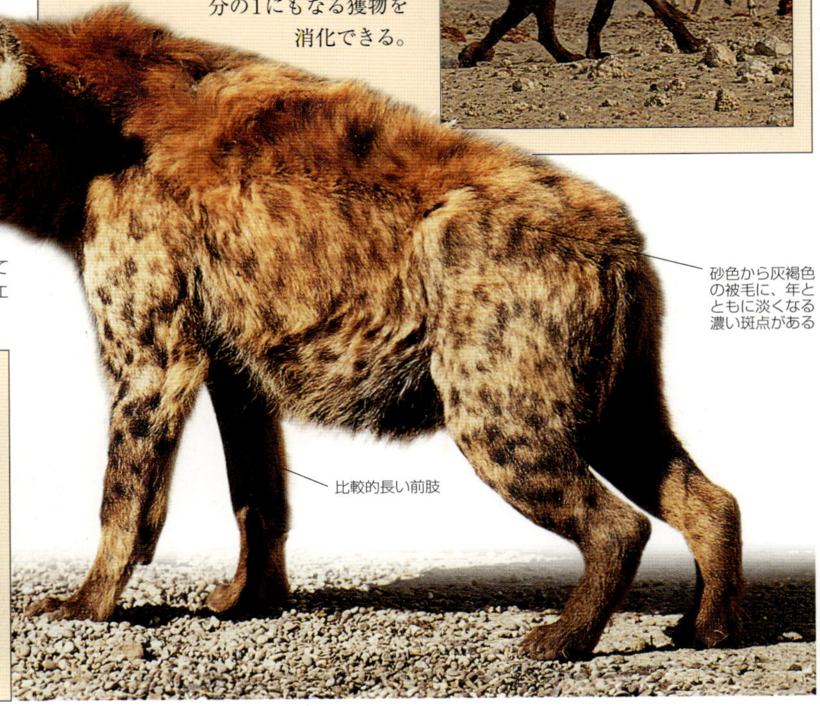

逆立ったたてがみ
ブチハイエナの首と背中のたてがみは逆毛で立っている。背中というよりも前に向かった毛で、ハイエナが興奮すると立つ。

丸くて長い耳

比較的長い前肢

砂色から灰褐色の被毛に、年とともに淡くなる濃い斑点がある

兄弟の競争

ブチハイエナは子育てをメス1匹で行う。オスは何もしない。平均産子数は2匹（1〜3匹）、妊娠期間は100日で、ほぼ完全に成長するまで14〜18か月授乳する。授乳時には強い子どもが母親に近づくのをコントロールするが、母乳が少ないときには、生き残るチャンスを増やすために、自分の兄弟姉妹を殺すこともある。

食肉類

ネコの仲間

門	脊索動物門
綱	哺乳綱
目	食肉目
科	ネコ科
種	38

ネコ科の動物は、しなやかで筋肉質の体と鋭い感覚、高度に進化した歯と爪、すばやい反射神経、カムフラージュに優れた毛色を持ち、理想的なハンターとなっている。実際、ネコの仲間は肉食性の哺乳類として最も進化している。すべての種がよく似ている点も変わっている。例えばトラとネコの差は、驚くほど少ない。結果として小型のネコ種を分類することが非常に難しくなっている。ネコ科に分類されることもあれば、いくつかの他の科に分類されることもある。ネコ類はユーラシア、アフリカ、アメリカ（イエネコは世界中で見られる）で見られ、アルプスの高地から砂漠までに分布している。森林に棲む種も多い。最大の種を除いてほとんどが木に登り、泳ぎの非常にうまい種もいる。ほとんどのネコ類は単独行動をとる。

体のつくり

ネコ科の動物は顔が丸く吻がやや短い（ただし口は大きい）。力強い顎は強力なひと咬みを生み出し、長い犬歯は刺したり、捕らえたりするのに使われる。裂肉歯は骨や靭帯を砕いたりするために進化しており、よく発達している。ネコ類は柔らかい被毛に包まれ、縞やまだらがあるが、毛の生えたよく動く長い尾を持っている。前肢に5本、後肢に4本の指があり、それぞれの指には獲物をつかむための曲がった出し入れできる爪がついている。爪は正常なときはしまわれており、それによって鋭さを保つのに役立つ。しかし必要なとき（例えば木登りのときなど）には、飛出しナイフと同じ仕組みによって前に出てくる。足裏についている裸の肉趾は毛に囲まれており、こっそりと忍び寄るのに役立っている。

感覚

ネコ類はすべて鋭い感覚を持っている。大きくて前に向いた目は正確な距離を判断することができる。瞳孔は明るいところではスリットやピンホール（種により異なる）のように縮めることができ、暗闇では物がよく見えるように広げることができる。大きくてよく動く耳は、獲物が立てる音を聞き逃さず、一方で長くて固くて敏感な口髭は、闇の中で移動したり、狩りをするのを助ける。嗅覚も同様によく発達しており、口蓋には匂いを判別する"ヤコブソン器官"があり、性的な匂いを捕らえることができる。頬と額、尾の下、爪の間にある臭腺からの分泌物は年齢や性別などの情報を伝える。

狩りのテクニック

積極的に獲物を探すものもいるが、身を隠して獲物が通りがかるのを待つものもいる。たいていはこの2つを使い分けている。どちらの場合も、被毛はカムフラージュとなる。例えばトラの縞は丈の高い草にまぎれる。一方、森林に棲む種の多くはまだらだが、これは木々の間から漏れる日光を模している。獲物に跳びつくまでの距離は、種によって異なる。トラのように重量のあるものは後をつけて跳びかかる。チーターは時速110kmに及ぶスピードを使う。サーバルのような小型のネコは、長い草の間で狩りをし、跳び上がることで獲物を驚かせて、追いたてる。ネコ類は捕まえたり打ち負かすことができるのであれば、どんな動物でも襲う。大型のネコ類は自分たちよりも大きな獲物を襲い、かなり離れた安全な場所までその死体を引きずっていくことができる。小型のネコ類は齧歯類や鳥を狙う。スナドリネコのように、流れに飛び込んで魚をすくい取るものもいる。

保護

ネコの仲間は極めて危うい状況にある。ネコ科すべてがCITESに登録されており、数種は絶滅寸前である。偉大な生存種のひとつであるヒョウでさえ危険な状態にある。主な問題は狩猟である。毛皮目的（20世紀に入ってからその要求が非常に高まった）と、伝統医学での使用（毎年大量のトラの骨がトラの骨酒をつくるために中国に密輸されている）の両方である。生息地の破壊も生息数を減少させている。ネコの仲間は餌を得るためには広い土地を必要とするからである。ただし、地域によっては減少した生息数が回復している。ピューマ、トラ、ヨーロッパヤマネコの数は保護策の導入後、少しずつではあるがすべて増加している。

なわばり争い
ネコ類はすべてもなわばりを主張し、匂いによるマーキングや警告の声が無視されると、闘争を始める。ここにいるオスのジャガーはお互いに脅し合い、どちらも譲らない場合は争いになる。平らな耳は恐怖を示し、開いた瞳孔とむき出しの歯は攻撃性を示している。

ネコの仲間

Wild cat
ヨーロッパヤマネコ
Felis sylvestris

体 長	50–75cm
尾	21–35cm
体 重	3–8kg

分布　ヨーロッパ、西アジア、中央アジア、アフリカ
社会単位　個体
状態　低リスク†

イエネコのタビーを少し大きくがっしりした体格にし、（特に冬は）少し毛を長くしたように見える。イエネコと交配可能なアフリカの亜種であるリビアヤマネコがイエネコの祖先であると考えられている。ヨーロッパヤマネコは混合広葉樹林を好むが、生息地の消失と、森林を快適に使用できなくなったことで、針葉樹林や岩の多い高地、荒地、低木林、沼地、沿岸などの周辺地域に追いやられている。

ウサギ、ラット、マウス、モグラ、レミングのような小型齧歯類を食べる。木登りがうまく、枝の間で子リスや鳥を捕らえる。死肉を食べることもある。1～3月に交尾し、妊娠期間は63～68日である。メスは平均3～4匹（1～8匹）の子どもを、木の穴、岩や木の根の間、古いウサギ穴やアナグマの巣などで産む。

- 灰茶色の被毛にはっきりした黒い縞
- 先端の尖っていない黒い尾
- 肢には水平の縞、体には垂直の縞がある

Jungle cat
ジャングルキャット
Felis chaus 

体 長	50–94cm
尾	23–31cm
体 重	4–16kg

分布　西アジア、中央アジア、南アジア、東南アジア、アフリカ北東部
社会単位　個体
状態　低リスク†

ジャングルキャットという名前にもかかわらず、この細身で肢の長いネコは、ジャングルではなく、沼地や川岸、海岸で狩りをし、人間の居住地や周りの水路や池にも現れる。ヌートリアまでの大きさの哺乳類、（家禽を含む）鳥、爬虫類のほか、魚や両生類を捕らえることもある。メスとオスは一緒に暮らし、両方が子どもを守る。

- 模様のない体

Sand cat
スナネコ
Felis margarita 

体 長	45–57cm
尾	28–35cm
体 重	1.5–3.5kg

分布　北アフリカ、西アジア、中央アジア、南アジア
社会単位　個体
状態　絶滅危惧IB類†

太い爪のある指で主食の齧歯類を掘り、時々トカゲやヘビも食べる。日中のシェルターとしての巣も掘る。平均で3匹生まれる子どもは成長が早く、6か月で一人前になる。

餌の水分のみで生き延び、ほとんど水を飲まない。

Iberian lynx
スペインオオヤマネコ
Felis pardina 

体 長	85–110cm
尾	13cm
体 重	10–13kg

分布　ヨーロッパ南西部
社会単位　個体
状態　絶滅危惧IA類†

非常に珍しく、生息地が限られていて、法律によって完全に保護されている。この種は、ヨーロッパオオヤマネコ（右）の約半分の大きさである。現在は、主に人里離れた湿地や高地で見られ、茂みをシェルターとし、開けた場所で、主食のウサギを捕らえる。冬には子ジカやアヒルなどの獲物を食べる。

- 飾り毛のある耳
- はっきりとしたまだらの被毛

Eurasian lynx
ヨーロッパオオヤマネコ
Felis lynx 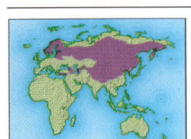

体 長	0.8–1.3m
尾	11–25cm
体 重	8–38kg

分布　北ヨーロッパから東アジアにかけて
社会単位　個体
状態　低リスク†

混合林に棲むネコだが、人間の存在と迫害によって、より開けた森林や岩地の崖などに追いやられている。それでも、すべてのネコ類の中で、最も広く生息する種のひとつである。主な獲物はシカ、ヤギ、ヒツジなどで、自分の4倍までの有蹄類を襲うが、それらがいなければ、ノウサギやナキウサギを食べる。

被毛の模様
ヨーロッパオオヤマネコは、主に3つの毛色がある。ほとんど縞、ほとんど斑点（ここに示した）、そして単色である。

- 地色は錆色から黄色がかった灰色

保護
保護の努力とヨーロッパへの再移入にもかかわらず、ヤマネコは数が増えていない。理由は、家畜を襲われた農夫の復讐、交通事故、オスの子どもが死んでしまうこと（おそらく遺伝的な問題だろう）などである。

Bobcat
ボブキャット
Felis rufus 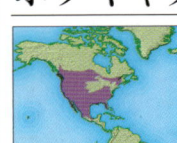

体 長	65–110cm
尾	11–29cm
体 重	4–15.5kg

分布　カナダ南部、合衆国、メキシコ
社会単位　個体
状態　低リスク†

尾が短いことから名前がつけられた。中型のネコで、襟飾りのような顔回りをしている。毛色はほとんど淡黄褐色で、斑点（全身にあることもあれば、腹側だけにあることもある）を持つ。南部ではワタオウサギ、北部ではカンジキノウサギなどが主食であるが、齧歯類、シカ、死肉を食べることもある。生息地は砂漠、混合林、針葉樹林まで様々である。

- 様々な密度の斑点がある

哺乳類

食肉類

Caracal
カラカル

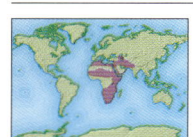

Felis caracal

体 長　60–91cm
尾　　23–31cm
体 重　6–19kg

分布　アフリカ、西アジア、中央アジア、南アジア
社会単位　個体
状態　低リスク†

不毛な土地に生息する。被毛は淡黄褐色から赤で、多くのネコ科の動物同様、時々黒い個体（メラニック）が生まれる（214ページ）。3mも垂直に跳び上がり、前肢で飛んでいる鳥を"叩き落とす"ことが知られている。主食は齧歯類、ハイラックス、ノウサギ、小型アンテロープ、家禽、家畜などである。

狭い飾り毛のある耳

Serval
サーバル

Felis serval

体 長　60–100cm
尾　　24–45cm
体 重　9–18kg

分布　アフリカ
社会単位　個体
状態　低リスク†

小型のチーターのように見え、しなやかな体と長い四肢を持ち、濃い斑点のある黄色っぽい被毛をしている。湿地帯のアシや低木林で生活していることが多い。小型の齧歯類を捕らえるため、農家の助けになっている（めったに家畜を襲わない）。73日の妊娠期間の後、平均2匹の子どもを産む。

やや長い首

肢、肩、首に線がある

頭を上げて
サーバルは非常に肢が長く、首を伸ばすと地面から75cmにもなるが、そのおかげで、長い草の間でもはっきりと見たり聞いたりすることができる。

ネコ跳び
薄暗い中で獲物の位置を（主に聴覚によって）確認すると、サーバルはネコ跳びを上手に行う。水平に4m、そして高さ1m以上もジャンプし、前肢で獲物を叩く。ラットや同じくらいの大きさの齧歯類、鳥、魚、バッタのような大型昆虫を食べる。湿地に棲むサーバルの好物はカエルである。

Marbled cat
マーブルキャット

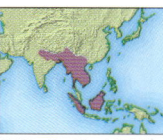

Felis marmorata

体 長　45–53cm
尾　　47–55cm
体 重　2–5kg

分布　南アジアから東南アジアにかけて
社会単位　個体
状態　絶滅危惧II類†

小型のウンピョウ（214ページ）のように見える。主に湿気の多い低地の熱帯林に棲み、長い尾で上手に木に登る。夜行性のハンターで、リスや鳥など木に棲む動物を食べる。あまりよく知られていない種であるが、タイで集められている資料がこの種を知る手がかりになるだろう。妊娠期間は81日で、1～4匹の子どもを産み、21か月で性成熟を迎える。

African golden cat
アフリカキンイロネコ

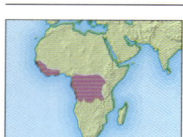

Felis aurata

体 長　61–100cm
尾　　16–46cm
体 重　5.5–16kg

分布　西アフリカ、中央アフリカ
社会単位　個体
状態　低リスク†

あまり資料のない中型のネコで、被毛は灰色から赤茶まで様々で、はっきりしない斑点があったり、単色だったりする。熱帯雨林や森林地帯の、特に川のそばに棲む。主食はラットなどの齧歯類で、ハイラックス、小型の森林アンテロープ、サル（怪我をしているもの）、同様の小型哺乳類を食べる。たいてい地上で狩りをするが、樹上で鳥を捕らえることもある。

Black-footed cat
クロアシネコ

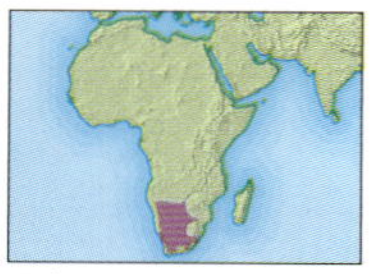

Felis nigripes

体 長　34–50cm
尾　　15–20cm
体 重　1.5–3kg

分布　アフリカ南部
社会単位　個体
状態　低リスク†

最小のネコ類の1種で、小型のイエネコと同じ大きさである。濃い茶色に太い縞がある。肢の縞は太くなり、黒い肢の下側につながっている。獲物も小型で、マウス、シロアリやバッタのような昆虫、クモ、小型のトカゲ、鳥などを食べる。アフリカ南部のカローやカラハリなどの不毛な土地によく適応しており、ほとんど飲み水を必要としない。

Fishing cat
スナドリネコ

Felis viverrinus

体 長　75–86cm
尾　　25–33cm
体 重　8–14kg

分布　南アジアから東南アジアにかけて
社会単位　個体
状態　低リスク

オリーブ色がかった灰色に黒い模様で、尾は短い。川、池、沼地、沿岸のマングローブ林でよく見られる。しかし水への適応はほとんどが行動学的なものである。指にはわずかしか水かきがなく、歯は滑りやすい獲物をつかむために特殊化しているわけではない。生息地域ではよく見られ、水辺の生息地に依存しているため、干拓や農業の近代化、人間の居住、汚染などで湿地が減るに従って、数が減少している。

ジャコウネコのようなネコ
スナドリネコは、ジャコウネコに似た体型をしている。ずんぐりした長い体で、肢はやや短い。

餌は魚
スナドリネコは半水生のハンターで、魚、カエル、ヘビ、水生昆虫、カニ、ザリガニ、甲殻類を食べる。前肢で獲物を水からすくい取ったり、水に飛び込んだり、水鳥に下から近づいたりする。また、マウスのような陸上の小型哺乳類も捕らえる。

ネコの仲間

Flat-headed cat
マレーヤマネコ
Felis planiceps

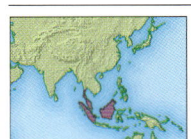

体長	41–50cm
尾	13–15cm
体重	1.5–2kg
分布	東南アジア
社会単位	個体
状態	絶滅危惧II類

耳が小さく、低い位置にあり、頭は平らである。半水生で魚を捕らえる捕食者だが、エビやカエル、齧歯類、小型鳥類も食べる。指は部分的に水かきがついており、爪は完全にはしまえない。上顎の前臼歯は大きくて鋭く、滑りやすい餌を捕まえることができるようになっている。典型的なイエネコよりも少し小型で、川、池、沼、用水路や運河のそばで見られる。

Andean cat
アンデスヤマネコ
Felis jacobita 

体長	58–64cm
尾	41–48cm
体重	4kg
分布	南アメリカ西部
社会単位	個体
状態	絶滅危惧IB類†

習性については、ほとんどわかっていない。小型でたくましく、長くふさふさした尾を持ち、厚くて温かい灰茶色の被毛は、背側に垂直の縞、体幹に複合斑紋、肢と尾に輪がある。乾燥した森林限界、一般には標高3000m以上の岩場の崖に棲み、ビスカッチャのような齧歯類を食べる。以前はチンチラを主食としていた。他の多くのネコ科の動物と異なり、狩猟や生息地の消失で危機に瀕しているのではなく、主食となる獲物が狩猟されてしまったために間接的に減少している。

Ocelot
オセロット
Felis pardalis

体長	50–100cm
尾	30–45cm
体重	11.5–16kg
分布	合衆国南部から中央アメリカ、南アメリカにかけて
社会単位	個体
状態	低リスク†

夜行性で単独行動をとり、木に登る生活様式を持つ典型的なネコ科動物である。広い範囲に生息し、適応しており、草原から沼地までの地域や、ほとんどのタイプの森林に棲んでいる。鎧のような複合斑紋が体にあり、とても目立つ。獲物は主に小型齧歯類だが、鳥、トカゲ、魚、コウモリ、サルなどの大きい動物、カメ、若いシカ、アルマジロ、アリクイなども捕らえる。妊娠期間は79〜85日で、平均産子数は2匹（1〜3匹）である。メスは2歳から、オスは2歳半から繁殖する。

保護

オセロットは1960年代と1970年代に大規模に狩猟され、年間20万枚もの毛皮が取り引きされていた。国際規約によって、現在はほとんどの地域で保護されており、地域によっては生息数が増加している。しかし、伐採による生息地の消失という一般的な脅威によって、この種と他の多くの森林に棲む種は脅かされている。

短くて密でビロードのような被毛

まだらと縞
マーゲイ（下）と同じように体全体に模様があり、淡黄褐色の地色は様々な濃さである。背側と横腹の黒い模様は、肢では斑点に、頭では縞になっている。

腹側は薄い地色

Kodkod
コドコド
Felis guigna

体長	42–51cm
尾	19.5–25cm
体重	2–2.5kg
分布	南アメリカ西部
社会単位	個体
状態	絶滅危惧II類

アメリカで最も小型のネコ科動物である。ジョフロワネコ（下）に似ているが、尾が太く頭が小さい。被毛は黒い斑点のある灰色から黄土色で、尾には輪が、喉には濃い縞がある。アルゼンチンとチリにまたがるアンデスの湿気のある涼しい森林で見られ、裾野の竹藪の中に巣をつくる。主食はマウスやラットのような齧歯類とトカゲで、樹上と地上で捕らえる。夜間同様、日中も狩りをすることがある。

Geoffroy's cat
ジョフロワネコ
Felis geoffroyi

体長	42–66cm
尾	24–36cm
体重	2–6kg
分布	南アメリカ中部から南部
社会単位	個体
状態	絶滅危惧II類†

低木林や、低木林から森林、開けた草原を好む。枝や地面、水中で狩りをし、通常の小型ネコ類の獲物である齧歯類、トカゲ、鳥、（移入された）カッショクノウサギのほかに、カエルや魚を捕らえる。1980年代にオセロット（右上）の毛皮取り引きが禁止された後に、その黄褐色から銀灰色の毛皮目的で狩猟されていた。現在は保護されている。

一定の大きさと間隔の黒い斑点

Margay
マーゲイ
Felis wiedi

体長	46–79cm
尾	33–51cm
体重	2.5–4kg
分布	北アメリカ南部から中央アメリカ、南アメリカにかけて
社会単位	個体
状態	絶滅危惧II類†

マーゲイは非常に木登りがうまい。これは"反転できる"後肢のおかげであり、頭から木を駆け下りたり、枝に片足でぶら下がることができる。ラットやマウス、リス、オポッサム、若いナマケモノ、小型の鳥などの木に棲む獲物、昆虫やクモなどの無脊椎動物を食べる。果実を食べることもある。夜行性で、日中は安全な木の股で休んでいる。妊娠期間は76〜85日、産子数は通常1匹だが、2匹の子どもを出産することもある。オセロット（上）の毛皮取り引きが禁止された後、マーゲイは毛皮取り引きで最もよく目にする小型ネコ類になった。地域によっては違法な密猟が続いているが、いちばんの脅威は森林消失である。

哺乳類

哺乳類

ネコの仲間

若者の生活

若いトラは最初の1年くらいは餌を母親に依存している。2歳くらいまでには十分な力、強さ、経験を積み、自分で獲物を捕らえられるようになる。4〜5歳になると繁殖を始め、平均寿命は8〜9歳である。

行動するトラ
インド北西部のランサンボール保護区のトラは、サンバジカを追って水に入り、獲物と一緒に完全に潜ることが知られている。この地区のトラはクロコダイルを殺して食べることも報告されている。

Tiger
トラ

Panthera tigris

体長	1.4 – 2.8m
尾	60cm – 1.1m
体重	100 – 300kg
分布	南アジア、東アジア
社会単位	個体
状態	絶滅危惧IB類

ネコ科の中で最も大きく、オレンジの被毛に黒い縞と白い模様があり、すぐにわかる。大きさ、被毛の色、模様は亜種によってかなり異なる。8亜種が認められているが、1950年代から3種が絶滅し、残った5種も絶滅の恐れが高い。トラの分布域はかつては東トルコまで広がっていたが、現在は南アジアと東アジアのごく一部に縮小してしまった。野生のトラの生息地は東南アジアの熱帯林からシベリアの針葉樹林体までと広いが、生息するためには、密林、水場、十分な大型の獲物が必要である。主に夜間に狩りをし、シカやイノシシ、地方によってはウシを食べる。サルや鳥、爬虫類、魚などの小型動物のほか、死肉を食べることもある。若いサイやゾウを襲うこともある。1回に40kgもの肉を食べ、3〜6日後に再び大型動物を捕らえる。たいていは単独行動をとるが、社会性がないわけではない。オスはメスや子どもと一緒に休んだり、食事をしたりしているのが観察されており、群れで移動することもある。

目立つ被毛
亜種の中でも最もよく見られるベンガルトラは、典型的なトラの被毛をしている。深いオレンジ色に、腹側、頬、目の周りが白く、はっきりした黒い模様がある。トラの縞は茶色から黒までであり、数や幅、分かれ目は個体によって異なる。まったく同じ模様のトラはいない。

保護

密猟、生息地の消失、狩猟しすぎによる獲物不足は野生のトラの大きな脅威となっているが、東ロシア、中国、スマトラ、ベトナムからインドにかけて少数が生き残っている。ほとんどの地域で保護されてはいるものの、毛皮や漢方で使用する内臓目的の狩猟のため、いまだに違法に殺されている。生息数をモニターしたり、どの保護方法が必要か突き止めるために、様々な計画（写真はネパールのチットワン国際公園）が行われている。密猟を取り締まる部隊がつくられ、漢方薬の使用者に、トラの絶滅に荷担していることを知らせる国際的なキャンペーンも行われている。

白い腹側
長くて敏感な口髭
鋭くて出し入れできる爪

現存するトラの亜種

現存するトラの5亜種はそれぞれが明らかに異なっている。一般的には南方に棲むトラは小型で濃い色をしており、北部に棲むトラは大型で色が淡い。寒い気候に暮らすトラは厚い被毛をしている。

スマトラトラ
最も小型で体色が濃いのは、スマトラトラである。現在ではわずか600匹程度しか存在していないと考えられている。

シベリアの若トラ
シベリアトラは最大の亜種で最も色が薄く、被毛はいちばん長い。その数は150〜200匹と少ない。

哺乳類

食肉類

Jaguarundi
ジャガランディ

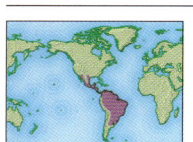

Felis yagouaroundi

体長	55－77cm
尾	33－60cm
体重	4.5－9kg
分布	合衆国南部から南アメリカにかけて
社会単位	個体
状態	低リスク

全体の形はネコというよりはイタチに似ている。尖った鼻、長い体、短い肢をしており、模様のない体色は、黒（主に森林）から、薄い灰褐色か赤（乾燥した低木地帯）までのいくつかの毛色がある。日中しばしば地上で狩りを行い、半乾燥の低木林から、雨林や沼地までに棲む。主食は鳥、齧歯類、ウサギ、爬虫類、無脊椎動物である。

Puma
ピューマ

Felis concolor

体長	1.1－2m
尾	66－78cm
体重	67－105kg
分布	北アメリカ北部、南部、中央アメリカ、南アメリカ
社会単位	個体
状態	低リスク

いくつかの大型ネコ類よりも大きいが、ピューマは小型ネコ類とより関係が近いかもしれない。被毛はほとんどが淡黄褐色一色である。多くの声を出すが、吠えることはできない。驚くほど適応力があり、熱帯雨林や高山、針葉樹林から砂漠までに棲んでいる。多くの地域ではマウス、ラット、ウサギ、ノウサギのような小型哺乳類が主食であるが、ヒツジ、若いウシ、ヘラジカ、他の家畜を襲うこともある。死肉はあまり食べない。2～9月にほとんどの子どもが生まれる。2～3匹（1～6匹）のまだらの子どもが、92日間の妊娠期間の後、岩や茂みの間の巣で生まれる。子どもは6～7週で固形食を食べ始める。

長くて筋肉質な後肢は、力強いジャンプを生み出す

全体のサイズに比べて足が非常に大きい

Clouded leopard
ウンピョウ

Neofelis nebulosa

体長	60－110cm
尾	55－91cm
体重	16－23kg
分布	南アジア、東南アジア、東アジア
社会単位	個体
状態	絶滅危惧II類

大型ネコ類の中で最小の種。淡黄色、灰色または銀色の地色に、縁が黒く中央が濃い不規則な楕円模様がある。極端に人目を避けるため情報は少ないが、木登りは小型ネコ類に匹敵し、多くの時間を樹上で過ごす。サル、ギボン、鳥、ハリネズミ、若いイノシシ、シカを獲物とし、地上で狩りをする。最大の脅威は生息地の消失と、毛皮や肉目的の狩猟である。

Leopard
ヒョウ

Panthera pardus

体長	0.9－1.9m
尾	60－110cm
体重	37－90kg
分布	西アジア、中央アジア、南アジア、東アジア、東南アジア、アフリカ
社会単位	個体
状態	低リスク

野生のネコ類の中で最も外見が多様で、様々な獲物を食べ、分布域も広い。獲物にはコガネムシなどの小型動物から、アンテロープのように自分の体重の何倍もあるような大型哺乳類が含まれる。大型の獲物は2週間分の食料になるが、狩りは通常3日おき、子どもを連れたメスはその2倍の頻度で行う。90～105日の妊娠期間の後、平均2匹の子どもを産み、母親が世話をする。3か月で離乳するが、1年かそれ以上母親の元にとどまり、子どもたちはもっと長くその関係を保つ。人間の存在にも適応し、大都市から数キロのところでも狩りを行う。様々な脅威にもかかわらず、うまく生き延びている。

クロヒョウ

ネコ類や他の哺乳類同様、ヒョウにも黒い個体が生まれる。これは遺伝的変化（突然変異）で、皮膚と被毛に大量の黒い色素（メラニン）が含まれるためである。クロヒョウは湿度の高い密な森林で見られることが多い。"ブラックパンサー"としても知られ、以前は別の種と考えられていた。ヒョウは、砂漠では淡い黄色、草原では濃い黄色をしている。

複合斑紋や斑点はよく見えない

木に隠す

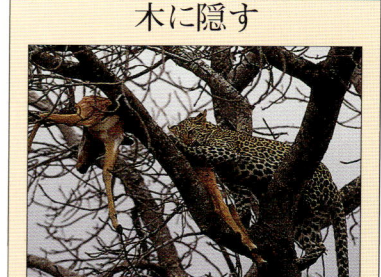

ヒョウは木登りがうまく、強い力で獲物を木まで引き上げる。獲物はすぐに食べることもあれば、後で食べるために隠しておくこともある。樹上では、邪魔されずに食べることができ、肉はハイエナやジャッカルに食べられることもない。

頭と肩
ヒョウの大きな頭には、獲物を咬んだり、殺したり、バラバラにしたりするための力強い顎の筋肉がしまわれている。肩と前肢の筋肉も立派で、倒した獲物を木まで引き上げることができる。

体には中央の淡い複合斑紋がある

単色の黒の模様と斑点がある肢

腹側は淡い色をしている

輪のある尾

Snow leopard
ユキヒョウ
Panthera uncia

体 長	1–1.3m
尾	80–100cm
体 重	25–75kg

分布　中央アジア、南アジア、東アジア
社会単位　個体
状態　絶滅危惧IB類

獲物の幅広さはヒョウ（214ページ）に似ている。ふさふさした被毛を持つ大型ネコで、ステップや岩の低木林、標高5000mまでの開けた針葉樹林にある岩場や尾根を好む。獲物は野生のヒツジ、ヤギ、マーモット、ナキウサギ、ノウサギ、鳥であるが、ヤクやロバを捕らえることもある。繁殖行動は同じ大きさのネコ類と同様だが、4～5匹の子どもを育てる。

木登りに適した、短くてずんぐりした四肢

Jaguar
ジャガー
Panthera onca 

体 長	1.1–1.9m
尾	45–75cm
体 重	36–160kg

分布　中央アメリカから南アメリカ北部
社会単位　個体
状態　低リスク

新世界唯一の大型ネコ。ヒョウ（214ページ）に似ているが、複合斑紋に濃い中央部があり、もう少しずんぐりしていて力強く、大きく広い頭としっかりした筋肉質の下半身を持つ。干上がらない沼や季節的に洪水の起きる森林などの水がある環境を好み、主食はシカやバクなどの中型の哺乳類である。法的な保護と、毛皮目的の狩猟が減少したにもかかわらず、生息地の破壊と、牧場からの追放によって徐々に生存が危うくなっている。

Cheetah
チーター
Acinonyx jubatus

体 長	1.1–1.5m
尾	60–80cm
体 重	21–72kg

分布　アフリカ、西アジア
社会単位　個体、つがい
状態　絶滅危惧II類

世界一速い陸上の動物として有名で、オーバーヒートする前の10～20秒は時速100km以上で走ることができる。ただしこれ以上離れていれば、獲物は必ず逃げ切れる。トムソンガゼルのような中型の有蹄類のほか、大型のアンテロープや、ノウサギのような小型動物も食べる。ライオンを除くと、他の大型ネコの中ではかなり社会的である。子どもは13～20か月で一人前になるが、さらに数か月一緒に暮らす（兄弟は数年間一緒に暮らすこともある）。

保護

ナミビアでは、野生動物の管理と家畜の保護方法を調べるため、チーターを捕まえて発信装置つきの首輪をつけている。放った後（写真）、動物の動きを追跡するのである。

毛色　チーターの被毛は小さな黒い斑点のある黄色である。砂漠のチーターは薄い毛色に小型の斑点、アフリカ南東部のチーターは最も大きな斑点を持つ。

輪のある尾

Lion
ライオン
Panthera leo 

体 長	1.7–2.5m
尾	0.9–1.1m
体 重	150–250kg

分布　アフリカ、南アジア
社会単位　群れ
状態　絶滅危惧II類

ネコ科の中では珍しく、プライドと呼ばれる結びつきの強い長期の社会群を形成する。プライドは、平均4～6匹の血縁があるメスの成獣とその子どもからなる。メスは同時期に出産し、互いの子どもを授乳する。プライドはなわばりを持ち、メンバーは協力してシマウマやインパラ、バッファローなどの大型の獲物を倒す。単独では小型齧歯類や爬虫類などを食べる。おとなのオスは単独で暮らしたり、血縁関係のない2～3匹か、血縁関係のある4～5匹のグループをつくる。このグループは他のオスグループに対してなわばりを守り、その中のメスと交尾するが、この権利は2～3年しか続かない。

オスとメス
メスの平均体重は125kg、オスは180kgである。オスの頭骨は、メスに比べて明らかに大きい。

ロールプレイング

爪と歯を見せていないことから、写真の2歳のメスライオンが狩りの腕を鍛えるために"喧嘩のマネ"をしていることがわかる。取っ組み合いは、どちらのメスが獲物を追いたてて殺すかという役割を決める助けになる。遊びはプライドの中でお互いの社会的地位を確立するのにも役立つ。

単色の淡黄褐色の被毛

保護のための厚いたてがみ

アジアライオン

アジアライオンはインド北西部にわずかに生息しているだけであり、その数は200～300匹といわれている。アフリカライオンに比べるとやや小型で、腹の下側の中央にしわがあり、オスのたてがみは短い。プライドも小さく、たいていは2匹の血縁関係のあるメスとその子どもからなる。

鰭脚類

門	脊索動物門
綱	哺乳綱
目	鰭脚目
科	3
種	34

分類について

アザラシとその同類は伝統的に鰭脚目（ここで用いたシステム）で分類されている。しかし現在ではほとんどの動物学者は、これらの哺乳類が食肉目に含まれていると考えている。アザラシとその同類は、アザラシ、アシカ（オットセイを含む）、セイウチという3つの族に分けられている。アザラシとセイウチはもともとクマに似た祖先から分化し、アシカはカワウソにずっと近い。

陸上では不格好に見えるが、鰭脚類（アザラシ、アシカ、セイウチ）は水中では非常にすばしこい。流線型の体と力強い鰭を持ち、100m以上も潜水することができる。なかには1時間以上も水中にいられる種もいる。鰭脚類は3つのグループからなる。外耳と後ろを向いた足鰭がないアザラシ、小さな外耳と陸で移動するために前に動かすことのできる足鰭を持つアシカ（アシカとオットセイ）、目立つ牙があるセイウチである。アシカとセイウチだけが陸上で半身を起こすことができる。鰭脚類は世界中で見られるが、大半は温帯や極地方の海にいる。

体温調節

鰭脚類はいくつかの体温調節方法を持つ。冷たい水の中では脂肪層が内臓を寒さから守り、鰭への血液供給は制限される。暖かいときは余分な熱を放出するために鰭を動かす種もいる。さらに、アザラシとセイウチは皮膚の表面の血管を縮めたり（凍った水中での熱損失を減らすため）、日光浴をしているときに熱を集めるために血管を広げることができる。一方、アシカはオーバーヒートを避けるために水に入る。

色の変化

セイウチは、皮膚にある血管が広がるため、日光浴のときに熱を最大限吸収することができる。その結果、体はピンク色になる。

水中でのアクロバット

これらのミナミアシカのように、鰭脚類は水中では優雅で活発であり、とても速いスピードで泳ぐことができる。水中でも肺にためた空気を使って出す音でコミュニケーションをとることができる。

体のつくり

ほとんどの鰭脚類は、短い顔、太い首、魚雷型のよく動く体をしている。皮膚の下にある脂肪層は熱を遮断して浮力を加え、エネルギー貯蔵として働くとともに内臓を保護する。ほとんど毛のないセイウチを除けば、すべての種が毛で覆われている。鰭脚類は水中でもよく見える大きな目、優れた聴覚を持つ。耳道と鼻孔は水中で閉じることができ、長い口髭で触覚がさらに敏感になっている。多くの種で明らかに性的二形性（オスとメスで姿が異なる）が見られる。ゾウアザラシのオスはメスの4倍以上の重さになる。

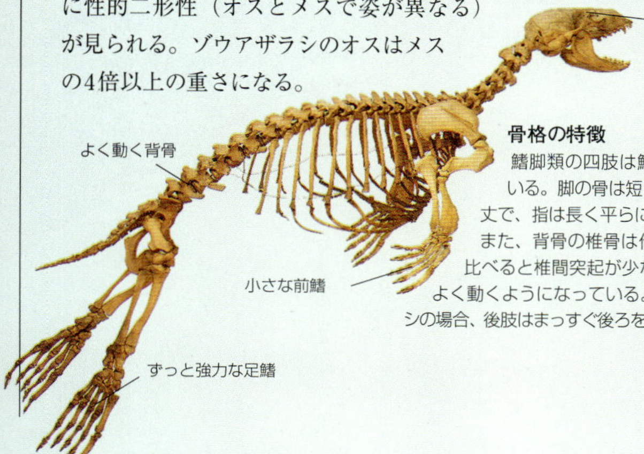

骨格の特徴

鰭脚類の四肢は鰭を形成している。脚の骨は短くて太く、頑丈で、指は長く平らになっている。また、背骨の椎骨は他の哺乳類に比べると椎間突起が少なく、背骨がよく動くようになっている。このアザラシの場合、後肢はまっすぐ後ろを向いている。

- よく動く背骨
- 平らな頭は水中で動きやすい
- 小さな前鰭
- ずっと強力な足鰭

ライフサイクル

他の海洋哺乳類（クジラやマナティー、ジュゴンなど）と異なり、鰭脚類は完全に陸を見捨てたわけではない。ほとんどの種で毎年の繁殖季節の間は、オスは適当な海岸になわばりを確保するために激しく戦い、弱いオスを追い払う。メスは、オスより数週間遅れて海岸に移動し、出産する。子どもが生まれて（普通は1匹）数日たつと、メスはその場所をなわばりとするオスと交尾する。鰭脚類は8～15か月間続く妊娠期間のほとんどを海で過ごし、陸に戻ってくるのは繁殖過程を繰り返すときだけである。

オスの闘争

繁殖季節になると、この2匹のゾウアザラシのように、交尾する権利をめぐってオスの間ですさまじい競争が起きる。最も強いオスだけが繁殖のなわばりを守れる。

巨大なコロニー

繁殖するための海岸は、いつも混んでいる。ミナミアフリカオットセイのコロニーは数千匹になり、オスは7～9匹のメスを支配するハーレムをつくる。

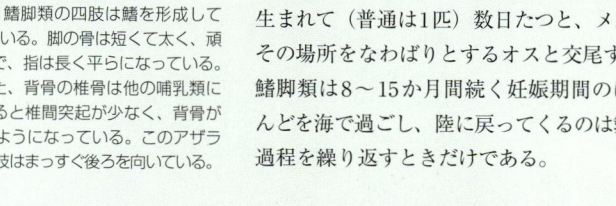

Northern fur seal
キタオットセイ

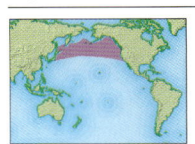

Callorhinus ursinus

体長　2.1mまで
体重　180–270kg

分布　北太平洋
社会単位　様々
状態　絶滅危惧Ⅱ類

オスは灰褐色であるが、メスと子どもは背側が銀灰色、腹側が赤茶で、胸には白っぽい灰色の模様がある。前鰭は長く、手首で"ちぎれた"ように見える。餌は多くの魚で、アビやウミツバメなどの鳥も食べる。8月になると、おとなのオスに率いられて、ほとんどの群れが移動する。子どもは4か月陸にとどまり、11月になると母親についていく。

Cape fur seal
ミナミアフリカオットセイ

Arctocephalus pusillus

体長　1.8–2.3m
体重　200–360kg

分布　アフリカ南部、オーストラリア南西部、タスマニア
社会単位　様々
状態　地域により一般的

南アフリカ沿岸の個体は、オーストラリアの個体に比べて灰褐色が濃く、2倍の深さ（400mまで）に潜る。生まれたばかりの子どもは体長は70cm、体重6kgで、11月から12月にかけて生まれる。子どもは母親が海に餌を食べにいっている数日間は、"託児所"である潮だまりで遊んで過ごす。

長くて目立つ耳介

Californian sea lion
カリフォルニアアシカ

Zalophus californianus

体長　2.4mまで
体重　275–390kg

分布　合衆国西部からガラパゴス諸島
社会単位　様々
状態　絶滅危惧Ⅱ類†

マリンパークや水族館で芸をするアシカである。岸から16km以上離れることはめったになく、餌や隠れ場所を求めて港や入江に入ってくることもある。オスは濃い褐色で、メスと子どもは単色の黄褐色である。オスは頭頂部が突出している。主食はニシンやイカのような浅瀬にいる魚（ガラパゴス諸島周辺ではイワシ）で、75mの深さまで短い（2分間の）潜水をして捕らえる。エルニーニョの年には、餌はニシンやサケに変わり、ウミガラスのような鳥も食べる。5～7月の繁殖季節には、海岸や岩場の小さななわばりをめぐってオスが争う。けれども、2週間後には餌を食べるために海に戻るため、オスはなわばりを取り戻すために再び闘わなければならない。母親は1匹の子ども（たまに2匹）を8日間世話し、その後は2～4日海で餌を食べ、1～3日陸で授乳するというサイクルを繰り返す。これが次の出産までの8か月間続く。

New Zealand sea lion
ニュージーランドアシカ

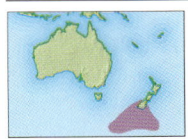

Phocarctos hookeri

体長　2–3.3m
体重　300–450kg

分布　ニュージーランド南部の亜南極諸島
社会単位　様々
状態　絶滅危惧Ⅱ類

ニュージーランド南部の数島にだけ棲んでいる。陸から150kmも離れたところで餌をあさり、内陸に1kmも入り込み、崖や木の間で休む。オスは濃い褐色に、下半身が銀灰色、肩にたてがみがある。メスと子どもは背側が銀灰色か灰褐色で、腹側は黄色か黄褐色である。餌は魚、カニ、ペンギン、アザラシの子どもなどである。

South American sea lion
ミナミアシカ（オタリア）

Otaria byronia

体長　2.3–2.8m
体重　300–350kg

分布　南アメリカ西部、東部、フォークランド諸島
社会単位　様々
状態　絶滅危惧Ⅱ類†

巨大な重い頭と、腹側が淡くなったり黄色になっている茶色の被毛で見分けがつく。移動しない種のオスは、がっしりした肩と胸のたてがみを持ち、メスの2倍の体重がある（ほとんどのアシカと同じ）。繁殖地は休息地として1年中使われる。メスは、生後1～2か月で子どもを水中に誘導する。これはアシカにしてはかなり早い。

Steller's sea lion
トド

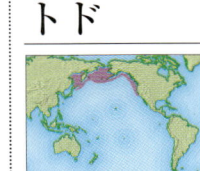

Eumetopias jubata

体長　3–3.3m
体重　585–1120kg

分布　北太平洋沿岸
社会単位　群れ
状態　絶滅危惧ⅠB類

最大のアシカで、オスのトドは広い吻、巨大な頭、太い首をしており、メスの体重の3倍にもなる。オスもメスも黄褐色から淡黄褐色で、黒い鰭には上側だけに毛が生えている。繁殖行動は他のアシカに似ており、コロニーは1000匹を超える。トドは魚やアザラシ、アシカ、カワウソを求めて深く潜る。

濃い褐色から黒の子ども

Antarctic fur seal
ナンキョクオットセイ

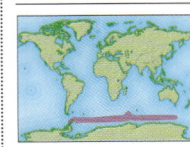

Arctocephalus gazella

体長　1.6–2m
体重　90–210kg

分布　南極海および亜南極水域
社会単位　様々
状態　地域により一般的

オスのナンキョクオットセイのたてがみは、皮下についた余分な筋肉と脂肪に支えられている。オスは濃い灰褐色だが、メスは灰色である。オスは11月に繁殖する島にたどり着き、約5匹のメスと交尾するためのなわばりをめぐって争う。19世紀に毛皮目的で狩猟され、ほとんど絶滅しかけたが、再び危機にさらされている。今回は餌のほとんどを占めるオキアミ漁獲量の増加による。

鰭脚類

Walrus
セイウチ

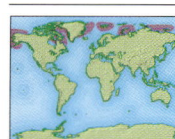

Odobenus rosmarus

体長	3-3.6m
体重	1.2-2トン
分布	北極海域
社会単位	群れ
状態	絶滅危惧II類†

オスのセイウチはメスの2倍の体重がある。セイウチの前鰭はアシカに似ており、足鰭はアザラシに似ている。太くてずんぐりとした口髭のある吻は頭に向かって急に太くなり、首、胸に続き、尾までつながっている。尾には皮膚でできた水かきがある。主食は海底に棲む昆虫、甲殻類、ゆっくりと動く魚などである。100m以上に25分以上も潜り、口鬚と鼻を使って獲物を探す。歯を使うというよりは、口と舌を使って吸い込むことによって餌を食べる。セイウチは社会的な動物であり、陸地や浮氷の上に群がり、数百匹にもなる大きな混合群をつくるが、海では10匹以下の小さな群れに分かれる。若いオスはオス同士で集まることが多い。求愛中のオスは水中で音を出したり、吠えたりしてメスをひきつけ、1〜3月に交尾が行われる。15か月（4〜5か月の着床遅延を含む）の妊娠期間の後に生まれた子どもは、体長1.2m、体重75kgである。6か月間授乳し、さらに18か月かけて離乳する。母親は子どもの面倒をよくみる。孤児になった他のメスの子どもを"養子"にすることもある。

変化する色
セイウチの皮膚は短くて粗い毛を通して見えるが、活動に伴って色が変化する。通常は灰色がかった褐色やシナモン色だが、日光浴のときは日に焼けたように赤くなる。

ごわごわとして重厚なしわのある皮膚

成長したオスの牙は1mにもなる

練習相手

ほとんどのセイウチはおよそ10歳で交尾を始める。オスは牙（極端に長い上顎犬歯）を見せて、繁殖場所を争ったり、メスに近づくために闘争したりする。刺し傷を負うことはあるが、ほとんどの場合、死ぬことはない。年長のオスは傷跡が多い。

Mediterranean monk seal
チチュウカイモンクアザラシ

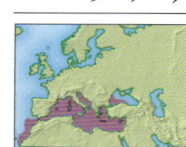

Monachus monachus

体長	2.4-2.8m
体重	250-400kg
分布	地中海、黒海、大西洋（アフリカ北西部）
社会単位	個体、群れ
状態	絶滅危惧IA類

滑らかで濃い茶色の毛皮は腹側が薄く、主にウナギやニシン、マグロのような魚や、ロブスター、タコなどを食べている。他のアザラシのような社会性はなく、母と子、小さなグループが広く散らばっている。この極端に珍しい種は、人間の存在に非常に敏感で、すぐ洞穴に隠れてしまう。洞穴が壊れたり、汚染、魚の乱獲、ウイルス感染などが深刻な脅威である。

Crabeater seal
カニクイアザラシ

Lobodon carcinophagus

体長	2.2-2.6m
体重	220kg
分布	南極海および亜南極水域
社会単位	様々
状態	一般的

長くてしなやかな体のカニクイアザラシは、オール型の尖った前鰭を持ち、銀灰色から黄褐色の不規則な濃い斑点や輪がある。最も数が多く、最も速く泳ぐアザラシの1種で、時速25kmで泳ぐ。餌を求めて5分間で40mの深さまで潜り、のこぎりのような歯を使ってオキアミをふるい分ける。繁殖行動はアザラシの典型だが、生後3週間で離乳するまで、オスはメスと子どものそばにとどまる。

Leopard seal
ヒョウアザラシ

Hydrurga leptonyx

体長	2.5-3.2m
体重	200-455kg
分布	南極海および亜南極水域
社会単位	個体
状態	地域により一般的

単独行動をとるしなやかなヒョウアザラシは、アザラシにしては珍しく肩の部分が広く、前鰭で泳ぐが指には爪がついている。頭は爬虫類のような形で額がなく、下顎は広くて深い。2.5cmの犬歯は小型アザラシ、ペンギン、鳥などを捕らえるのに適している。餌にはイカやオキアミも含まれる。

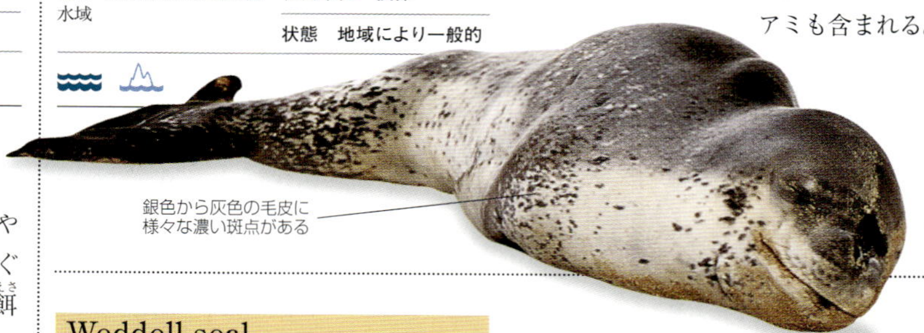

銀色から灰色の毛皮に様々な濃い斑点がある

Weddell seal
ウェッデルアザラシ

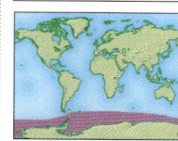

Leptonychotes weddelli

体長	2.5-2.9m
体重	400-600kg
分布	南極海および亜南極水域
社会単位	様々
状態	地域により一般的

体は巨大だが、頭は小さく、鰭も短い。吻は短くて太く、少数の短い口髭がある。魚やイカ、他の餌を探すために、500mの深さまで1時間も潜る。長い上顎切歯で氷を噛んで、氷原に呼吸用の穴をあける。

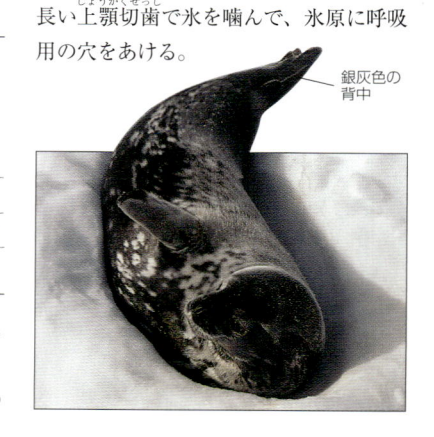

銀灰色の背中

鰭脚類

Ross seal
ロスアザラシ

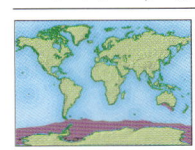

Ommatophoca rossi

体　長　1.7–3m
体　重　130–215kg
分布　南極海域
社会単位　個体
状態　絶滅危惧II類

吻が非常に丸く、広い頭、長い足鰭を持っている。被毛はアザラシの中で最も短く、濃い灰色からくるみ色の体色で、腹側が淡黄褐色、おとなも子どもも体の横に広い黒の帯がある。他のアザラシに比べると社会性が低く、氷の上で単独か母子で生活している。水深数百メートルのところで、イカ、オキアミ、魚を捕らえる。11〜12月に、メスの使う呼吸穴の周りのなわばりをめぐって、オスが争う。

Southern elephant-seal
ミナミゾウアザラシ

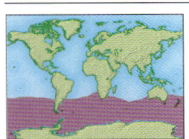

Mirounga leonina

体　長　4.2–6m
体　重　2.2–5トン
分布　南極海および亜南極水域
社会単位　様々
状態　地域により一般的

最大の鰭脚類で、オスはメスの4〜5倍の体重になる。オスの巨大な鼻はゾウの鼻に似ており、2か月間の繁殖季節の間に、ライバルに唸ったりするときには膨らませる。優位を確立するために体を起こし、鰭で叩いたり、頭を突き出したりする。11か月（4か月の着床遅延を含む）の妊娠期間の後、1匹の子どもが生まれ、19〜23日間一緒にいる母親の母乳を飲むが、このときに母親の体重は3分の1に落ちる。繁殖と換毛期の後、南へ移動し、平均で600m、20分間の潜水で魚やイカを食べる。

銀灰色の毛皮で、オスには傷跡や傷がついている

肉づきのよい膨らんだ鼻

Hooded seal
ズキンアザラシ

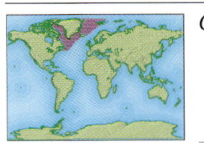

Cystophora cristata

体　長　2.5–2.7m
体　重　300–410kg
分布　北大西洋から北極海にかけて
社会単位　様々
状態　地域により一般的

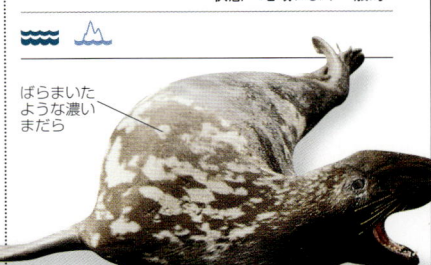

ばらまいたような濃いまだら

ズキンアザラシの吻は広くて肉づきがよく、口の上にかぶさっている。オスは頭の2倍に鼻を膨らませて"頭巾"をつくる。繁殖季節にはライバルを威嚇し、さらに左の鼻孔の内膜を伸ばして膨らませるため、赤褐色の風船のように見える。主に単独行動をとり、繁殖や換毛していないときに流氷について移動する。浮氷の上で生まれる子どもは、体長1.1m、体重30kgで、4〜5日授乳する。この授乳期間は哺乳類の中ではいちばん短い。

Grey seal
ハイイロアザラシ

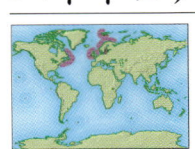

Halichoerus grypus

体　長　2–2.5m
体　重　170–310kg
分布　北大西洋、バルト海
社会単位　様々
状態　一般的

オスのハイイロアザラシは灰褐色で、数個の薄い斑点がある。メスは薄い黄褐色である。顔には小さな目、広く離れた鼻孔、三角形の鼻がある。3つの集団がおり、大西洋北西部に棲む群れは20%ほど重く、12月から2月にかけて繁殖する。バルト海のハイイロアザラシは4月まで繁殖し、北東部に棲む群れは7〜12月に繁殖する。オスのハイイロアザラシはなわばりを特に守らない。

Harp seal
タテゴトアザラシ

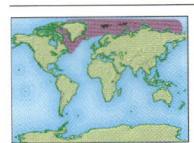

Pagophilus groenlandicus

体　長　1.7m
体　重　130kg
分布　北大西洋から北極海
社会単位　様々
状態　一般的

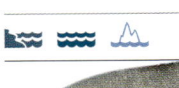

広い顔に寄った目をしており、黒い指の先の爪で、銀灰色の毛皮に黒い曲がった模様が背側にある。タラ、カラフトシシャモなどの魚を食べ、流氷とともに移動する。氷の上でも水中でも社会性があり、結びつきの強い騒がしい群れで移動する。子どもは2〜3月に氷の上で生まれる。誕生後の毛皮は黄色だが、最初の換毛期の2週間前に白くなる。

Baikal seal
バイカルアザラシ

Phoca sibirica

体　長　1.2–1.4m
体　重　80–90kg
分布　東アジア（バイカル湖）
社会単位　個体
状態　低リスク

小型アザラシの1種で、淡水に棲む唯一の鰭脚類だが、海に棲む近縁種によく似ている。ただしほとんど単独行動をとる。また、メスは何年も同じオスと交尾することが多い（逐次単婚）。1匹の子どもは氷の巣で生まれ、6〜8週間後にふわふわした白い被毛が銀灰色のおとなの被毛に換わるが、10週間は授乳している。50〜55年の寿命は、アザラシの中では長い。

Common seal
ゴマフアザラシ

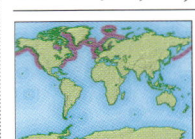

Phoca vitulina

体　長　1.4–1.9m
体　重　55–170kg
分布　北大西洋、北太平洋
社会単位　様々
状態　一般的

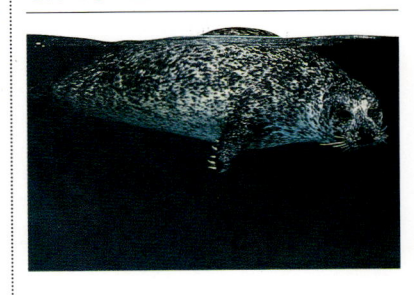

ゼニガタアザラシやトッカリとしても知られる。最も広く分布する鰭脚類で、最低でも5亜種がいる。大きくて後ろについた目の下に、三角の寄った鼻孔がV字をつくっている。体色は主に黒から淡い灰褐色で、小さな輪と斑点があるものまで様々である。何でも食べ、漁場で問題を起こすこともある。主にニシン、イカナゴ、ハゼ、タラなどを、3〜5分間の潜水によって捕らえて食べる。

哺乳類

ゾ　ウ

門	脊索動物門
綱	哺乳綱
目	長鼻目
科	1（ゾウ科）
種	3

陸上で最大の動物である（アフリカゾウのオスは体高4mで体重10トン近くになる）ゾウは、柱のような足、がっしりとした体格に、湾曲した背中、大きな耳（アジアゾウはやや小さい）を持ち、長くてよく動く鼻のついたしっかりした頭をしている。アフリカゾウとアジアゾウは、サバンナやまばらな森林に棲み、マルミミゾウ（最近、種と認められた）はアフリカの深い雨林に棲んでいる（時々サバンナに探検に出かける）。ゾウは約60年生きる。これは人間を除くとどの哺乳類よりも長い。オス（メスも低い割合で）は生涯を通じて成長する。50歳のオスは明らかに20歳のオスよりも大きい。

体のつくり

最も目立つ特徴は鼻である。ゾウの鼻は、上唇と鼻が長く伸びて自由に動くようになったもので、数千の筋肉からなっている。"5番目の肢"として、草をつかんだり、枝を倒したり、倒木を持ち上げたり、水や砂を吹いたりするのに使われる。同じようにすぐに気がつくのは牙（上顎の切歯）である。牙は大きくて太く、大半のオスでは曲がっている。メスの牙は小さい（アジアゾウでは唇より前に出ることはない）。骨格は太くて重い骨で形成されているが、これによって重い体重を支えることができる。大きくてウチワのような耳には血管が網の目のようにあり、熱を放出するために常に動いている。攻撃的なディスプレイのときには、耳は横に広がる。皮膚は厚く、細かいしわがあり、まばらに毛が生えている。

食事

ゾウは大きくて筋のある頰の歯（臼歯と前臼歯）を持ち、樹皮や葉、枝や草（マルミミゾウは果実も食べる）などの粗食を食べる。これらの餌を食べるときにゾウは大きなダメージを与える。草は鼻で抜かれ、枝は折られ、樹皮ははがされ、小さな木は引き抜かれることがある。地域によっては密な森林が開けたサバンナに変わることさえあるが、これはそこに暮らすゾウの数にもよる。

食べ尽くす
ゾウはよく動く鼻で枝を折り取る。おとなは毎日約160kgもの餌を食べる。

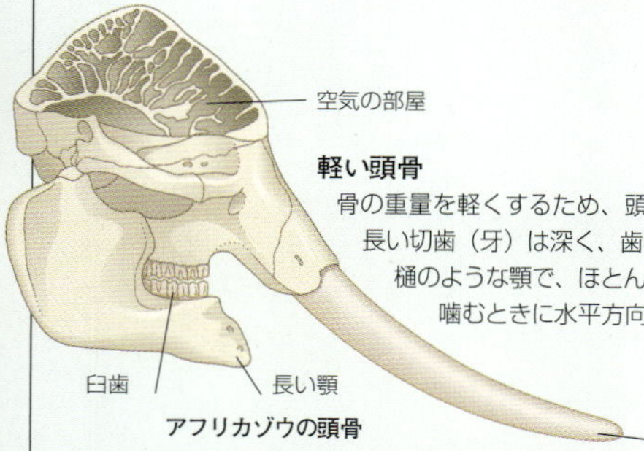

軽い頭骨
骨の重量を軽くするため、頭骨には中空の部分がある。長い切歯（牙）は深く、歯槽は下向きである。下顎は樋のような顎で、ほとんどの哺乳類と異なり、物を噛むときに水平方向に動く。

臼歯　長い顎　切歯（牙）
アフリカゾウの頭骨
空気の部屋

塩を掘る
ゾウは時々食事に加えて余分な塩が必要になる。この若いアフリカゾウは長い鼻を使って、塩の豊富な土をバラバラにしている。どこに行けば塩が見つかるかを、若いゾウは群れの年長者から学ぶ。

鼻の形
アフリカゾウは2つの向かい合った指のような肥大部分（突起）が鼻の先端にある。アジアゾウの突起は1つである。いずれの突起も小さなものを積み上げるのに使われる。

アフリカゾウ（上の突起／下の突起）　アジアゾウ（1つの突起）

砂浴び

1 日課
アフリカゾウは毎日砂浴びをして皮膚を健康に保つ。

2 砂を吸い上げる
上唇が筒状に伸びた鼻で砂を吸い上げる。

3 保護
砂は日焼け止めとして働き、皮膚を直射日光から守る。

4 虫を追い払う
砂は便利な虫除けにもなり、敏感な皮膚を噛まないように虫を追い払う。

社会群

ゾウは家族群で暮らすが、それは最年長の経験豊富なメス（女家長）と様々な年齢のメス（とその子ども）からなる。防御のためや混んだ場所で繁殖するときは、アフリカゾウの小さな群れは集まって数百匹からなる群れをつくる。マルミミゾウとアジアゾウは、小さな家族群だけで生活する。一方オスは、メスが性的に受容的になっている時期だけ群れに合流し、それ以外のときは単独で暮らしたり（年長のオス）、オスだけの群れで暮らす（若いオス）。おとなのオスのアジアゾウは"マスト"と呼ばれる性的に興奮する時期が毎年ある（アフリカゾウも同じような状態になるが、あまり知られていない）。

子どもを守る

ゾウの子どもは、たいてい血縁関係のある群れのすべてのメンバーによって捕食者などの危険から守られている。写真は生後数週間のアジアゾウの子どもが母親にぴったりとくっついているところ。2匹の小型のメスが寄り添っており、必要があれば母親を手伝う。

保護

アジアゾウは人間と土地を競合するために危機に瀕している。アフリカゾウにも同様の問題があるが、アフリカゾウが減少した実際の原因は狩猟である。ゾウの牙が象牙の原料だからである。ゾウの妊娠期間は約22か月と長いため、個体数が回復するには時間がかかる。1989年にケニア政府は、貯蔵してあった大量の象牙を燃やすことで（写真）、"象牙取り引きは許されない"という明らかなメッセージを送った。1990年には象牙の国際的な取り引きが禁止されたが、いまだに需要はある。密猟の心配がある中、1997年にはアフリカの3つの国で制限された販売が行われ、収入の一部は保護の目的に使われている。

一緒に暮らす

写真は典型的なアフリカゾウの家族群である。群れのコミュニケーションは様々だが、声（いくつかは人間の聞き取れる音域より低い）、触れる、足を踏み鳴らす、ポーズをとるなどがある。水浴びのときに見張りを立てるなど、協調的な行動がよく見られる。

砂をかける

ゾウは鼻から砂を吹き、背中や頭に積み上げる。

皮膚を健康に保つ

皮膚をよい状態に保つためには、水浴び同様、定期的な砂浴びも重要である。

African elephant
アフリカゾウ

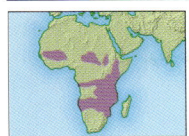

Loxodonta africana

体長	4–5m
尾	1–1.5m
体重	4–7トン
分布	アフリカ
社会単位	群れ
状態	絶滅危惧IB類

3種の中で最大のアフリカゾウは、砂漠から高地の雨林までの様々な地域に棲んでいる。アジアゾウよりも大きな耳を持ち、背中に窪んだカーブがある。鼻先には、1つではなく2つの突起を持っている。アフリカゾウはオスもメスも前方に曲がった牙（切歯）を持つが、時々ミネラルの豊富な土をほぐす道具として使い、それから土を食べる。大量の餌とそれを探す広い土地を必要とするため、特に旱魃が長く続いたときなどに、アフリカゾウの群れは環境を劇的に変えてしまうことがある。

前方にカーブした牙

African forest elephant
マルミミゾウ

Loxodonta cyclotis

体長	3–4m
尾	50–120cm
体重	0.9–3トン
分布	西アフリカ、中央アフリカ
社会単位	群れ
分布	絶滅危惧IB類

かつてはアフリカゾウの亜種とされていたマルミミゾウは、やや小型で皮膚の色が濃く、丸い耳と毛の生えた体を持つ。黄色から茶色がかった牙は平行して下を向いており、密な植物の間を自由に動けるようになっている。

Asian elephant
アジアゾウ

Elephas maximus

体長	3.5mまで
尾	1–1.5m
体重	2–5トン
分布	南アジアおよび東南アジア
社会単位	群れ
状態	絶滅危惧IB類

アフリカゾウに比べて耳が小さく、鼻先が変わっている（220ページ）。牙は小さく、メスにはないこともある（写真）。臼歯は絶滅したマンモスに非常によく似ており、この2種が密な関係であることを示唆している。アジアゾウは人間との歴史が長く、4つの亜種（マレーゾウ、スマトラゾウ、インドゾウ、ヒガシセイロンゾウ）すべてが家畜化されている。

ツチブタ

門	脊索動物門
綱	哺乳綱
目	管歯目
科	1（ツチブタ科）
種	1

管歯目の唯一の生き残りであるツチブタは、アフリカに生息し、単独行動をとる動物である。機能しない管のような臼歯、長い鼻、大きな耳、ブタに似た体、力強い四肢と掘るためのショベル型の爪といった特徴がある。

耳は後ろにたたむことができ、また鼻毛があるため、穴を掘るときに土が入らないようになっている。ツチブタの脳は原始的で、視力は悪い。そのかわり嗅覚は優れている。シロアリやアリの位置を嗅ぎ分け、長くて太い舌でそれらを捕らえる。

穴掘り名人
ツチブタは、すばやくいくつも穴を掘るが、強い爪のある前肢を使って穴を掘り、後肢で掘り出した土を後ろに追いやる。ツチブタの巣穴の中には広いトンネルが網の目のようになっているものもある。一時的な短い隠れ家もある。ここで示したように、ツチブタは常に頭を先にして穴から出てくる。

Aardvark
ツチブタ
Orycteropus afer

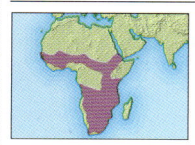

体長	1.6m
尾	55cm
体重	38〜64kg
分布	アフリカ（サハラ砂漠の南部）
社会単位	個体
状態	未確認

アードバークとしても知られるツチブタは、最も強く穴を掘る哺乳類の1種で、2〜5平方キロの生息地の中で、10mの長さになる穴を掘る。243日の妊娠期間の後に生まれる1匹の子どもは、体重1.7kgである。アリの1種を臼歯で噛んで食べるが、他の種類のアリとシロアリはそのまま呑み込み、筋肉質の胃ですりつぶす。

鋭い聴覚のための長い耳

季節の食事

餌として、特に夏は豊富なアリを好むが、アリがいないときにはシロアリもよく食べる。巣や塚は前足を使って壊す。穴を掘るときは、ツチブタの鼻孔の周囲にある毛の密な絡まりが効果的なホコリよけになる。

曲がった背中
明らかに曲がった背中で、鼻、耳、尾は長くて先端が細くなっている。固くてまばらな茶色の被毛は先端が黄色や灰色である。

ハイラックス（イワダヌキ）

門	脊索動物門
綱	哺乳綱
目	イワダヌキ目
科	1（イワダヌキ科）
種	8

大きさと姿はウサギに似ているが、原始的な有蹄類に近いことがわかっている。肉趾は腺からの分泌物で常に湿り、足底が滑りにくくなっている。これは後肢にある向かい合った指とともに、切り立った岩を登ることを可能にしている。アフリカや中東の一部で見られ、岩場の露出部に棲むものもいれば、樹上生活を送るものもいる。どんなタイプの植物も食べ、水は少ししか必要としないので（腎臓が効率的に働く）、食糧不足でも生き抜くことができる。

暖を保つ
体温調節はあまり上手ではない。写真はハイラックスが暖を求めて集まっているところ。

Rock hyrax
ハイラックス
Procavia capensis 

体長	30〜58cm
尾	20〜31cm
体重	3〜5kg
分布	南アフリカ、東アフリカ、西アジア
社会単位	群れ
状態	地域により一般的

ずんぐりした体を持ち、短くて密な被毛は灰色か灰褐色で、腹側は淡い。通常は1匹の優位のオス、その他のオス、メスと子どもからなる4〜40匹のコロニーで生活している。広い範囲で見られるが、たいていは岩の露出した場所や険しい岩山、大きな石の間に棲んでおり、そこに草を敷いた巣をつくる。

小さくて丸い耳

Tree hyrax
キノボリハイラックス
Dendrohyrax arboreus 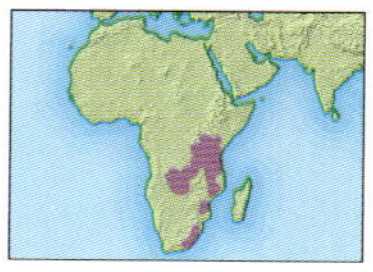

体長	40〜70cm
尾	1〜3cm
体重	1.5〜4.5kg
分布	東アフリカおよびアフリカ南部
社会単位	様々
状態	絶滅危惧II類

体は灰褐色で、背側は淡黄褐色、臀部近くの背側に黄色がかった模様がある。頭、肢、尾はずんぐりした体に比べるとかなり小さい。木や茂み、蔓の間に棲み、木の穴に巣をつくる。地上で餌を食べるのはごく稀である。すべてのハイラックス類同様、この種も体温調節がうまくできないので、暖をとるために日なたぼっこを行い、体を冷やすために日陰で涼む。7〜8か月の妊娠期間の後、1〜3匹の子どもが生まれる。

ジュゴンとマナティー

門	脊索動物門
綱	哺乳綱
目	海牛目
科	2
種	4

海牛類（ジュゴンとマナティー）は、流線型の体をした大型で動きの鈍い生物で、海で暮らす唯一の完全草食哺乳類である。海牛類は呼吸をするために海面に出なければならないが、20分以上も水中にいることができる。

人間を除くと天敵はいないが、生息数はわずか13万匹程度である。これは哺乳類の目の中では最も少ない（右のコラム参照）。

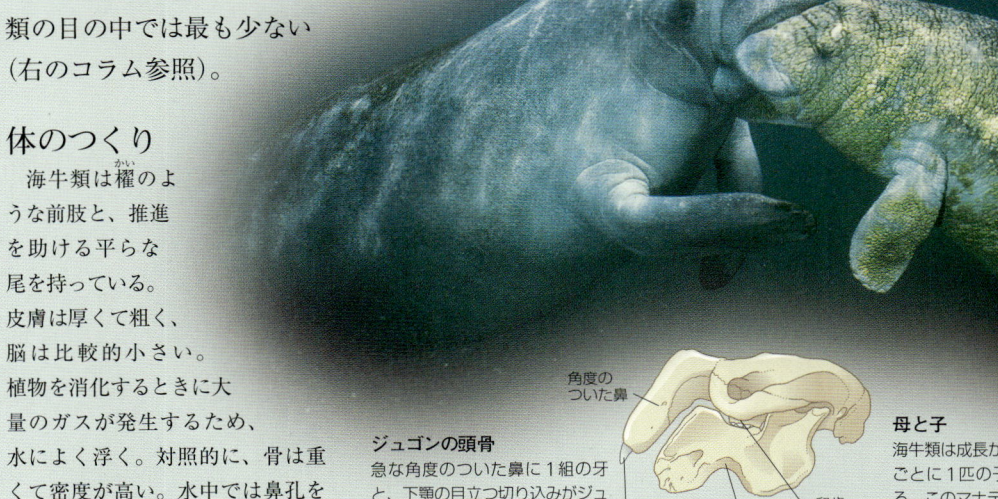

体のつくり

海牛類は櫂のような前肢と、推進を助ける平らな尾を持っている。皮膚は厚くて粗く、脳は比較的小さい。植物を消化するときに大量のガスが発生するため、水によく浮く。対照的に、骨は重くて密度が高い。水中では鼻孔を閉じたり、まぶたを縮ませたりすることができる。

食事

海牛類は大きくてよく動く上唇を使って、植物の皮をはぐ。それから口蓋の前方にある硬口蓋と下顎を使って餌を砕き、その後、歯ですりつぶす。

海底の食事
このジュゴンのような海牛類は、しばしば海底で海草の根茎（地下茎）をあさるが、それには大量の炭水化物が含まれている。

保護

かつて海牛類は、肉、皮、脂肪目的で大量に狩猟されていた。現在は、ボートのプロペラや魚網による怪我（写真）や死亡、沿岸海域の汚染によって絶滅が心配されている。

ジュゴンの頭骨
急な角度のついた鼻に1組の牙と、下顎の目立つ切り込みがジュゴンの頭骨の特徴である。

（角度のついた鼻／切歯（牙）／臼歯／切れ込み）

母と子
海牛類は成長が遅い。たいていは2年ごとに1匹の子どもを産むだけである。このマナティーの母と子がしている挨拶には、家族の絆を強める役割がある。

Dugong
ジュゴン

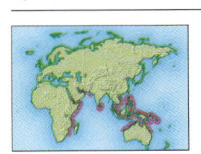

Dugong dugon

体長	2.5-4m
体重	250-900kg

分布	東アフリカ、西アジア、南アジア、東南アジア、オーストラリア、太平洋諸島
社会単位	群れ
状態	絶滅危惧II類

三日月型の尾と、短い前鰭を持っている。基本的に昼行性で、潮の満ち欠けや餌によって、毎日沿岸と沖合いを定期的に移動する。海洋植物の成長に伴って、あるいは冷たい潮流を避けるため、地域によっては長い季節的な移動（時には数百キロに及ぶ）を行うこともある。単独で生活するジュゴンもいるが、ほとんどは平均10～20匹の結びつきのゆるい群れや、あまり社会構造の認められない100匹以上の群れをつくる。メンバーは集まってサメなどの捕食者を威嚇し、追い払う。オスはメスをめぐって、音を出したり、押し合ったりして争う。求婚と交尾（一夫一婦）も同様で、聴覚と触覚によって行う。13～14か月の妊娠期間の後、体長1.2m、体重3.5kgの子どもが1匹生まれる。母親が世話をするが、年長の子どもや血縁のあるメスが手伝い、18か月で離乳する。ジュゴンは70年も生きることがある。

- 三日月型の尾
- 灰色から灰茶色でほとんど毛のない皮膚
- 短くて櫂の形をした前鰭

West Indian manatee
アメリカマナティー

Trichechus manatus

体長	2.5-4.5m
体重	200-600kg

分布	合衆国南東部から北東部にかけて、南アメリカ、カリブ海
社会単位	様々
状態	絶滅危惧II類

3種のマナティー（他の2種はアマゾンとアフリカ）の中で最も知られているアメリカマナティーは、浅い海岸や入江、川のそばや真水のラグーンに棲んでいる。群れは20匹以上で、餌が豊富な場所では100匹以上にもなる。ただしつながりは弱く、広い範囲にわたってそれぞれが出入りしている。繁殖はジュゴン（左）に似ているが、一夫多妻である。

食べる

食事は水深約4mのところで行う。マナティーは前鰭で餌をつかみ、よく動く唇で直接口に餌を入れる。毎日の摂取量は体重の4分の1にもなり、タンパク質を摂取するために魚を少し食べることもある。

太くて短い顔
他の海牛類同様、この種も目が非常に小さく、耳には突き出した部分がない。皮膚は灰色か灰褐色で、腹側は薄く、表面では藻が成長する。

有蹄類

門	脊索動物門
綱	哺乳綱
目	奇蹄目／偶蹄目
科	13
種	244

分類について

有蹄類は2つの目に分類される。奇蹄目（奇数の蹄を持つ哺乳類）と偶蹄目（偶数の蹄を持つ哺乳類）である。外見は似ているが、この2目はあまり近い関係ではない。（本書のように）しばしば一緒にまとめられるのは、いくつかの一般的な特徴を共有しているからである。ゾウ、ハイラックス、ツチブタは、蹄を持っているとみなされて、"有蹄類"に分類されることもある。

有蹄類は非常に繁栄しているグループである。優位な陸上草食動物という地位は、主にその速さと持久力（ほとんどの捕食者から逃げることができる）と、植物性の餌に含まれるセルロースを消化できる能力による。様々な外見にもかかわらず、ほとんどの種は長い吻、複雑な組み合わせのすりつぶす歯、樽のような胴体をしている。このグループは奇蹄類（バクなど）、偶蹄類（シカなど）に分けられる。野生の奇蹄目はアフリカ、アジア、南アメリカ、中央アメリカで見られ、野生の偶蹄目は西インド諸島、オーストラリア、南極を除く全世界で見られる。有蹄類はほとんどがサバンナのような開けた場所に棲んでいる。家畜化された有蹄類は、人間がいるところであればほとんどどこでも見ることができる。

体のつくり

長距離を速く走る有蹄類の能力は主に四肢の構造によるものである。四肢は単純だが強力に前後の運動ができるように進化している。それぞれの脚は肘あるいは膝関節まで体壁に含まれている。この関節から先が橈骨と尺骨（前肢）、または脛骨と腓骨（後肢）であり、さらにとても長く伸びた中手骨、中足骨（人間の手のひらや足の甲の骨にあたる）になっている。この長い下肢（と肩関節の可動域の増加）は、長いストライドを生み出し、スピードをつける。これらの動物では指の数が減少しており、筋肉と靭帯の数が減っているが、そのために少ないエネルギー要求量で動けるのである（これが持久力につながる）。指で走るが、これらの指は蹄で守られている。

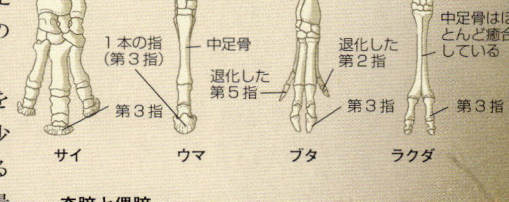

奇蹄と偶蹄
奇蹄類（サイとウマ）では、体重は中央の指（第3指）にかかる。偶蹄類（ブタとラクダ）では体重は第3指と第4指にかかる。第2指と第5指はかなり退化していたり（ブタ）、完全に消失していたりする（ラクダ）。

角と枝角
ほとんどの有蹄類は枝角か角を持っている。枝角は頭骨が外に成長したもので、シカに見られ、毎年抜け落ちる。角は抜け替わらず、骨性の中心部の周りをケラチン質が覆っている。サイの角はすべてがケラチン質でできている。

危険から逃れる

有蹄類は、生き残るために危険をすばやく察知しなければならない。このためによく動く筒状の耳と鋭い聴覚、優れた嗅覚、すべての視野を見渡せる頭の横についた目を持っている。危険が迫ると猛スピードで逃走する。このインパラのようなアンテロープは、逃げるときに驚くような跳躍をすることがある。

蹄から生まれる

1 出産が始まる
分娩中、メスのヌーは無防備で落ち着きがなくなり、立ったり座ったりを繰り返す。

2 頭が出てくる
子どもは頭から生まれるが、長い前肢がまず外の世界に出てくる。

3 新しい生命
ヌーの赤ん坊が出てきたが、部分的にまだ羊膜に包まれている。

4 同調した分娩
ほとんどのヌーは3週間ほどの間に分娩し、ほとんどの子どもが生き残る。

食事

有蹄類はほぼすべて草食である。餌となる植物に含まれるセルロース（植物の細胞壁の主成分で消化できない）は、細菌の発酵によって消化できる炭水化物に分解される。反芻動物（下記参照）では、栄養分を最大限吸収するため、餌はゆっくりと消化管を通過する。これらの動物は質はよいが餌の限られた地域によく見られる。後腸発酵動物（下記参照）では、餌は胃にとどまらず、消化管をもう少し速く通過する。これらの動物は餌が豊富だが質の劣る地域に棲んでいる。その結果、十分な栄養を摂取するためには大量の餌を食べなければならない。

草を食む
草を食べる動物はほとんど草だけを食べる。新鮮な草地を見つけるために、長距離を移動する有蹄類もいる。カバはたいてい夜間に餌を食べるが、固い唇を使って草を刈り取る。

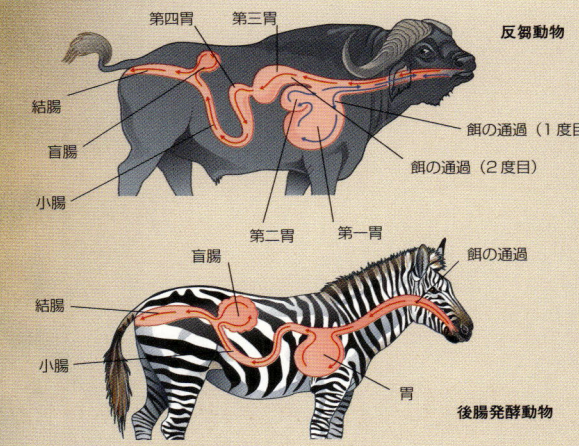

消化器系
バッファローのような反芻動物は複雑な胃をしている。最初の部屋である第一胃で微生物による発酵が起こる。餌は吐き戻され再び噛まれ（反芻）、呑み込まれ、2度目はそのまま消化管を通過する。シマウマのような後腸発酵動物は単純な胃をしており、発酵微生物は盲腸と結腸の起始部にいる。

若芽を食べる
若芽を食べる動物はほとんどどんな植物でも食べる。シロイワヤギはほとんどの時間を山がちな場所で過ごすが、そこには草がわずかしか生えていない。そのためコケ、地衣類、ハーブ、木などで餌を補う。

身を守る方法
このオナガーのように不毛な地域に棲む有蹄類は、しばしばオスとメスの交じった群れをつくる。オスたちは、ハーレムを守るというよりは群れを守る。

ハーレムを守る
繁殖季節にはこのアカジカのように、有蹄類のオスはハーレムをつくるものもあり、激しくそれを守る。大声で吠え、オスの巨大な枝角でライバルを追い払う。

社会構造

有蹄類は様々な社会構造を持つが、これは生息地、体の大きさ、季節繁殖かどうか、移動するかどうかなどの因子による。以下の例は典型的な有蹄類の社会組織である。バクやサイ、数種のアンテロープはほとんど単独で、1匹のオスのなわばりは数匹のメスのなわばりをカバーしている。ディクディクは小さななわばりを持つつがいで暮らす。ガゼルのオスは小さななわばりをつくり、メスの群れがこれらの地域を出入りする。ハーテビーストとほとんどのシマウマは、1匹のオスと数匹のメスからなるハーレムで暮らす。一方アカジカは繁殖季節を除いて、オスとメスが別々の群れをつくる。オスは互いに闘い、最も強いオスが大きなハーレムをつくる。

栄養のある食事
胎盤を食べる。食べ終わると子どもを刺激するためる。

6 守る本能
生まれたての子どもは頼りなく、母は他のヌーが近づくのでさえ嫌がる。

7 立ち上がる
子どもが立とうとしている。45分以内に走れるようになるが、そうすることで捕食される危険を減らすのである。

8 群れに戻る
母と子は群れにすばやく戻る。群れの中なら子どもはあまり目立たない。

哺乳類

ウマの仲間

門	脊索動物門
綱	哺乳綱
目	奇蹄目
科	ウマ科
種	10

優雅さと自由の永遠のシンボルであるウマとその近縁種（ウマ科）は、究極の奇蹄類である。それぞれの足にはたった1本しか指がない。ウマ科には、ウマとロバ（オナガーとキャンを含む）、シマウマが含まれる。ウマ科の仲間は、長い首と頭、長くて細い四肢を持っている。とても持久力があり、足が速い。オナガーは、最もすばしこい野生のウマで、短時間なら時速73kmで走ることができる。アフリカとアジアの草原や砂漠で見られるが、様々な種が世界中に広く移入されている。

体のつくり

ウマ科の動物は深い胸、首のたてがみ、ふさや長い毛のある尾、それぞれの足についた1つの蹄、前肢の肘の内側にある硬くて肥厚した皮膚、よく動く唇と鼻孔によって特徴づけられる。横長の瞳孔をした目は全視野を見渡す（捕食者を発見する）ために、頭の横についている。日中も夜も目が利く。耳は長くて音源を捕らえるために、体を動かさなくてもひねることができる。聴覚は鋭い。すべての種が密な被毛をしており、ウマやロバはたいてい単色である。シマウマは印象的な黒白の縞である。この縞は社会的な認識や温度調節、捕食者を混乱させる"目くらまし"の役割を果たすのではないかと考えられている。

食事

ウマとその近縁種は主に草を食べるが（草を切るために固いものをすりつぶす臼歯を持っている）、砂漠の植物も食べ、樹皮や葉、芽、果実も食べる。ウシとは異なり、例えば反芻する胃はないが、そのかわり後腸発酵システム（225ページ参照）を持っている。これによって大量の餌を食べることができるが、それらは消化管をすぐに通過していく。餌の質は量より重要ではないが、これはウマ科が不毛な土地で生きていけることを示している。たいていは日中の暑い時間は休んでおり、朝や夕方、そして夜に餌を食べる。

社会的な群れ

ノウマ、シマウマ、ヤマシマウマは、メスと子どもからなる群れで生活する。群れはそれを守って統率するオスが率いている。このオスは群れのなわばりを守り、群れのメスと他のオスが交尾するのを防いでいる。若いメスは母と同じ群れにとどまったり、違う群れに合流したりする。若いオスは成熟すると群れを離れ、自分のハーレムをつくろうとする。

一方、ノロバとグレビーシマウマは違う社会構成をしており、長期の関係が存在しない。繁殖をするオスは、15平方キロにも及ぶ広大ななわばりを持ち、糞でマーキングする。オスは自分のなわばりの中にいるメスと交尾する。

ウマ科の動物は、鳴いたり、いななったりすることでコミュニケーションをとるが、声は種によってかなり違っている。メスの性的な状態を調べるために、オスはメスの尿の匂いを嗅ぐ。匂いを細かく分析するために口蓋の特別な袋に入ったヤコブソン器官に空気を吸い込むが、このときに上唇をめくり上げる。これは"フレーメン"反応と呼ばれている。

ウマと人間

ノロバの子孫であるロバは、紀元前3000年以上前に中東で家畜化された。ノウマから家畜化されたウマはもう少し後（紀元前2500年頃）に、おそらく中央アジアから出現する。輸送、農業、戦、娯楽など、様々な目的のためにロバに取って代わったが、荷を運ぶ家畜としてはロバもよく利用されていた。家畜化されたウマ科はずっと人間に使われ、現在生きているウマのほとんどは家畜化されている。ノウマのほとんどは生息地の消失や狩猟によって絶滅寸前である。シマウマとキャンだけが比較的多数生息している。

優位を争う
ウマ同士の喧嘩は繁殖季節にはよく見られる。この喧嘩の間、シマウマのオスは噛んだり後ろを上げたり、前肢を振り回したり、後肢で蹴ったりする。負けた者は去り、勝ったオスがたいてい1～6匹のハーレムを支配する。

ウマの仲間

African wild ass
アフリカノロバ

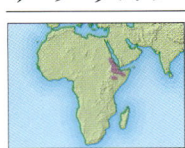

Equus africanus

- 体長　2-2.3m
- 尾　45cm
- 体重　200-230kg
- 分布　東アフリカ
- 社会単位　群れ
- 状態　絶滅危惧IA類

アフリカノロバは地面の温度が50℃を超える岩の多い砂漠に棲んでいる。草からトゲの多いアカシアの低木まで、ほとんどどんな植物でも食べ、数日間は水なしでも生きられる。背側は夏は淡い黄色がかった灰色で、冬は鉄灰色になる。たてがみはまばらだが立っている。メスはなわばりを守っている成熟したオスとだけ交尾する。

肢を横切る様々な縞

Onager
アジアノロバ（オナガー）

Equus hemionus

- 体長　2-2.5m
- 尾　30-49cm
- 体重　200-260kg
- 分布　西アジア、中央アジア、南アジア
- 社会単位　群れ
- 状態　絶滅危惧IA類

草や多肉植物を含む様々な植物を食べる。メスと子どもは結びつきのゆるい群れをつくり、未成熟のオスはオス同士で集まる。繁殖に必要ななわばりを支配するために単独行動をとる成熟したオスは、ライバルを蹴ったり噛んだりする。主に淡黄褐色、淡黄色または灰色で、腹側は白く、たてがみ、背側の縞、耳の先端は色が濃い。尾の先端はふさふさしている。

Przewalski's wild horse
モウコノウマ

Equus przewalskii

- 体長　2.2-2.6m
- 尾　80-110cm
- 体重　200-300kg
- 分布　東アジアに導入された
- 社会単位　群れ
- 状態　野生絶滅

現在は、動物園、公園、保護区で生存しているが、モンゴルにも数回再移入の試みが行われている。結びつきの強い長期にわたる群れで生活し、草や葉、芽を求めて長距離をさまよう。典型的な群れは年長のメスに率いられており、他の2〜4匹のメスとその子ども、群れの周辺にいる1匹のオスからできている。333〜345日間の妊娠期間の後、1匹の子どもを産む。

小型だががっしりしている
がっしりした体格に、太い首、大きな頭を持つ。家畜化されたウマに比べると肢は短い。

濃い茶色の下肢

お互いにグルーミング

多くのノウマと同様に、社会的なグルーミングは重要で、群れの絆を強める効果がある。2匹が違う方向を向いて並ぶのは、どの方向からの危険も見張ることができ、互いに肩やたてがみをかじることができるからである。尾は便利なハエよけになる。

Grevy's zebra
グレビーシマウマ

Equus grevyi

- 体長　2.5-3m
- 尾　38-60cm
- 体重　350-450kg
- 分布　東アフリカ
- 社会単位　群れ
- 状態　絶滅危惧IB類

ウマ科の中では最大の種で、体中に密で狭い縞を持っている。腹と尾の付け根は白い。オスは10平方キロにもなる巨大ななわばりを持つ。メスと子どもは自由に移動し、小さな結びつきのゆるい群れで草を食べることもあるが、長期にわたる群れの絆はない。

Burchell's zebra
サバンナシマウマ

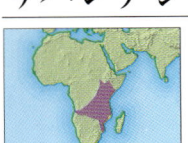

Equus burchelli

- 体長　2.2-2.5m
- 尾　47-56cm
- 体重　175-385kg
- 分布　東アフリカおよびアフリカ南部
- 社会単位　群れ
- 状態　低リスク

1匹のオスと1匹から数匹のメス、その子どもで、長期にわたるハーレムをつくる。成熟したオスは結びつきのゆるいオスだけの群れをつくり、噛んだり蹴ったりの激しい闘争をしながら自分のハーレムをつくろうとする。広範囲に生息するシマウマで、餌の90％までが草（残りは葉と芽）である。子どもは誕生後数分で立つことができ、1週間もすると草を食べるようになる。

背側は広い縞

腹側まで縞が伸びている

フレーメン反応

シマウマのオスは他のウマ科のオス同様、嗅覚をさらに高めるために上唇をまくり上げる。これは"フレーメン反応"と呼ばれ、たいていはメスの繁殖に対する状態を調べるときのオスの行動として見られる。つまりオスは、メスが交尾を受け入れる状態かどうかを、尿に含まれるある種の匂いを嗅ぎ取ることで判断できるのである。

はっきりとした縞
サバンナシマウマはグレビーシマウマ（左）とは模様のパターンが違う。大きな体幹の縞の中にはっきりしない"影の"縞を持つものもいる。

有蹄類

サイ

門	脊索動物門
綱	哺乳綱
目	奇蹄目
科	サイ科
種	5

巨大な大きさ、むき出しでところどころしわの寄った皮膚、比較的短い肢、角のある鼻を持つサイは、外見がほとんど恐竜のように見える。アフリカのサバンナやアジアの亜熱帯林、沼地の草原に棲んでいる。サイはしばしば攻撃的に思われるが、一般的には臆病である（侵入者を追い払おうとすることはあるが。5種すべてが絶滅に瀕しており、そのうち3種は絶滅寸前である。その巨大な体を支えるために、すべての種が毎日大量の餌を必要とする（草や茎、枝、葉など）。

体のつくり

サイは大きくて重たい体をした動物である。シロサイの体重は2.3トンになることがある。アジアで見られる種はその巨体を太い肢で支えているが、アフリカ種の肢は驚くほど細く、時速45km ものスピードで走ることができる。それぞれの足には爪のついた3本の指がある。大きな頭には、鼻に1本か2本（種による）の角を持っている。骨性の中心部（例えばウシやその近縁種にあるような角）のかわりに、サイの角は全体がケラチン質（毛や爪と同じような丈夫なタンパク質）でできており、角は頭骨の結合部の隙間についている。サイは2cmの厚さになる皮膚を持ち、体毛は目立たない（すべての種が尾と耳に飾り毛を持っている）。アジアのサイはしわの寄った皮膚をしており、鎧を着ているように見える。すべての感覚の中で嗅覚が最も強いが、よく動く筒状の耳も聴覚が鋭い。そのかわり目は小さく、視力はあまりよくない。

社会構成

サイはほとんど単独行動をとるが、若いサイはつがいで移動したり、メスのシロサイは時々群れをつくったり、インドサイは攻撃することなしに水浴びをする池を共有したりする。すべての種の成熟したオスは、なわばりを主張するようになる。ただしメスはそうならない。強いオスのインドサイは数匹のメスのなわばりと重なるなわばりを持ち、1m もの高さに糞を積み上げてマーキングする。弱いオスは強いオスとなわばりを共有するが、交配しようとすることはない。2匹の強いインドサイのオスが出会ったときは、牙のような下顎の切歯を使って闘争する。このような闘いは、どちらかが死ぬまで決着しない。シロサイはインドサイと同じく"強い"オスと"弱い"オスのシステムを持っている。強いオスはメスの群れを積極的になわばりに囲い込み、出ていかないようにする。一方、クロサイのなわばりはあまりはっきりしていない。ジャワサイとスマトラサイの社会行動については、ほとんどわかっていない。

保護

サイの仲間はすべてがCITESに記載されているが、これはサイの角が金と同等の価値があるためである。中国ではこれを粉末にして熱を下げる薬として使ったり、イエメンでは角を彫って伝統的な短刀の塚にする。これらの2つがサイの生息数を急激に減少させた主な原因である（サイの角は催淫剤として広く使われている）。サイは現在、わずか1万2000匹のみが生息しているだけである。すべての種は保護されているが、生息地の消失や密猟によってあまり効果が出ていない。

猛スピードで突進
サイは重くて不格好に見えるが、筋肉は非常に強くて発達している。行動が妨害されると、このクロサイのような個体は、時速45km に達するスピードで突進する。猛スピードで走っていても、すばやく方向を変えることができる。

サイ

Sumatran rhinoceros
スマトラサイ

Dicerorhinus sumatrensis

体長	2.5–3.2m
尾	記録なし
体重	800kg以下
分布	南アジア、東南アジア
社会単位	個体
状態	絶滅危惧IA類

毛の生えたサイ。日中は泥の中で休んでおり、夜間小枝や葉、果実を食べ、若芽を食べるために苗を倒す。高地に棲んでいたため、かつては比較的安全だったが、現在は伐採によって脅かされている。角を狙った密猟も大きな脅威である（前方の角は長さ40cmに達する）。7〜8か月の妊娠期間の後、1匹の子どもが生まれる。子どもは、次の子どもが生まれるまでの18か月間、母と一緒に過ごす。

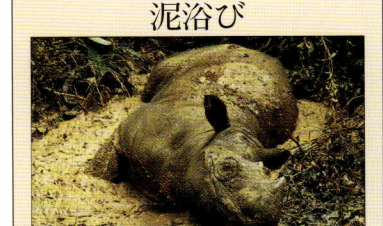

泥浴び
スマトラサイはすべてのサイやカバ、小型の毛がまばらな哺乳類同様、泥浴びをし、泥は皮膚の上で乾く。これは体を冷やしたり、ハエやその他の昆虫からデリケートな皮膚表面を守ったりするためである。

少ないしわ
この小型のサイは首以外にはあまりしわがない。まばらな毛が皮膚表面に生えている。

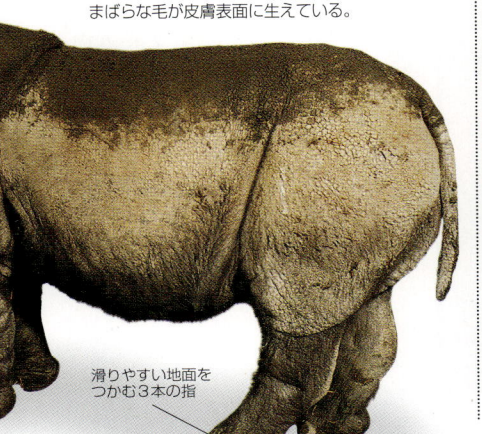

滑りやすい地面をつかむ3本の指

Javan rhinoceros
ジャワサイ

Rhinoceros sondaicus

体長	3–3.5m
尾	記録なし
体重	1.4トンまで
分布	東南アジア
社会単位	個体
状態	絶滅危惧IA類

厚い灰色の皮膚は深いしわで分けられ、首から臀部までの"サドル"をつくったり、結節が鎧のような効果を出している。

珍しい大型哺乳類の1種で、耳と尾の先端を除いて毛がない。1本の角は25cmを超えることはほとんどなく、メスにはない。単独で夜間、若芽をはじめとする植物の様々な部分を食べる。ジャワサイは低木林の伐採によって大幅に減少してしまった。2つの群れが生き残ったが、これは沿岸のマングローブと竹の生えた沼地のおかげである。オスは糞の山と尿の池になわばりをマーキングする。適当な泥の池で交尾相手に会い、16か月の妊娠期間の後、1匹の子どもが生まれる。子どもは2年かそれ以上母と過ごす。

Indian rhinoceros
インドサイ

Rhinoceros unicornis

体長	3.8mまで
尾	70–80cm
体重	2.2トンまで
分布	南アジア（ブラーマプトラ谷）
社会単位	個体
状態	絶滅危惧IB類

他のサイ同様、インドサイも交尾のときに一時的なつがいの関係をつくるのと、母と子という例外を除くと、たいていは単独行動をとる。オスもメスも1本の角を持ち、長さは60cm程度である。オスは繁殖期にライバルと闘うための長くて鋭い牙のような切歯を持つ。他の点では生息地の状況にもよるが、2〜8平方キロまでのなわばりに侵入するものがいても、たいていは怒らない。妊娠期間は16か月で、子どもは約3年後に次の子どもが生まれるまで母のそばにいる。保護計画と生息数の回復支援にもかかわらず、インドサイの生息はまばらで点々としており、いまだに絶滅の恐れがある。角や他の臓器を狙って密猟が続いている。

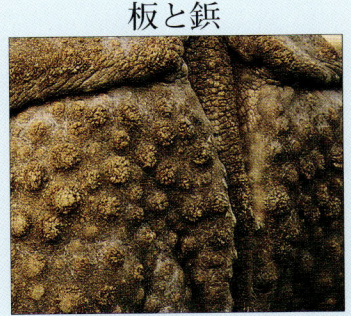

板と鋲
インドサイの皮膚には深いしわがあり、鎧のような表面には結節（コブ）がついている。結節は、特に横と後ろに多く、まるで鋲のようである。しわの内側に入っているピンク色の皮膚には寄生虫がつきやすいが、見張りとしても働くサギやウシツツキがそれらを取り除く。

灰茶色の体色
深い皮膚のしわ

高い草の中で
丈の高い草（雨季の間は8mにも成長し、絶好の隠れ蓑になる）が、インドサイの餌の大半を占める。この種は主に薄明かりや闇の中で食事をするが、上唇を茎の周りにつけて曲げ、柔らかい先端を噛み切る。インドサイは水中にいることが最も多いサイであり、上手に浅瀬を渡ったり、泳いだりする。

哺乳類

有蹄類

Black rhinoceros
クロサイ
Diceros bicornis 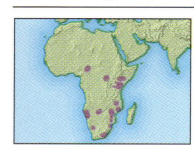

体長	2.9–3.1m
尾	60cm
体重	0.9–1.3トン

分布　東アフリカおよびアフリカ南部
社会単位　個体
状態　絶滅危惧IA類

　主として木の生えたサバンナで、草や木が点々と生えている場所に棲んでいる。様々な灌木や低木の若芽を食べる。他のサイと同様、視覚は弱いが、聴覚と嗅覚は優れている。薄明かりの頃や夜に草を食べる。日中は日陰でぼんやりしていたり、泥浴びをしていたりする。クロサイは単独行動をとり、自分のなわばりを糞の山や大量の尿でマーキングする。侵入者（同種の個体や人間でも）に対しては寛大だが、気まぐれなところもあり、急に突進してきたり、角で突いたりすることがある。2匹のクロサイが一緒にいるときは、たいていは交尾するつがいだが、つがいは数日しか一緒にいることはない。メスは15か月の妊娠期間の後に出産する。子どもは体重40kg、数週間で固形食を食べるようになり、約2年で離乳する。

つかむ唇
クロサイは鉤状の唇が特徴であるが、物をつかむことのできる尖った上唇を持っている。これを新しい枝に巻きつけて芽を口の中に入れ、そこで臼歯によって噛み切る。

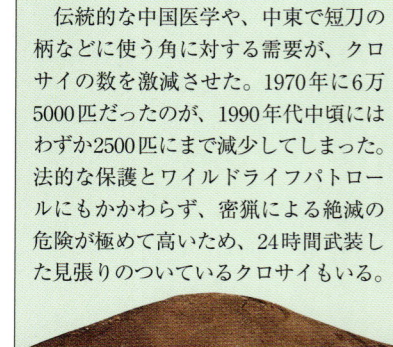

保護
伝統的な中国医学や、中東で短刀の柄などに使う角に対する需要が、クロサイの数を激減させた。1970年に6万5000匹だったのが、1990年代中頃にはわずか2500匹にまで減少してしまった。法的な保護とワイルドライフパトロールにもかかわらず、密猟による絶滅の危険が極めて高いため、24時間武装した見張りのついているクロサイもいる。

前方の角は長さ1.4mにもなる。

黒っぽい外見
クロサイの皮膚は灰色で、まつげ、耳の先端、尾の先だけに毛がある。黒っぽく見えるのは皮膚の上で泥が乾いた結果である。

White rhinoceros
シロサイ
Ceratotherium simum

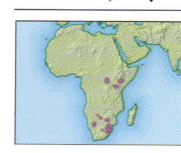

体長	3.7–4m
尾	70cm
体重	2.3トンまで

分布　西アフリカ、東アフリカ、アフリカ南部
社会単位　群れ
状態　低リスク

　最も大きく数の多いサイで、ゾウに次いで大きい陸上哺乳類としてカバと並ぶ。オスはメスより0.5トンも重くなり、長い角と目立つうなじの突起を持っている。前方の角は長さ1.3mにも達し、後方の角は40cmになる。最も社会的なサイでもあり、母と子は長期間一緒に生活し、7匹までの若いサイが小さな群れをつくる。ただし成熟したオスは単独行動をとることが多い。ほとんど完全な草食動物で、広くてまっすぐな唇と固い唇で穀草を口いっぱいに詰め込む。亜種であるミナミシロサイの生息数は適度に守られていて8500匹を超えているが、依然として保護に頼っている。キタシロサイは30匹以下しかおらず、絶滅寸前である。

尿でマーキング
オスのサイのペニスは後方を向いており、尿は肢の間からスプレーされる。オスのシロサイはこのようにしてなわばりをマーキングする。繁殖のために選んだ約1平方キロのなわばりを、それぞれが必要とする。

コブのある肩
耳の後ろにある目立つうなじの突起は、骨、筋肉、靱帯で形成されており、巨大な頭を支えている。

青みがかった灰色から黄褐色の体色

目立つうなじの突起

皮膚のしわは体幹と肘だけにある

長く伸びた頭は草を食べるときに地面に届く

保護
サイの角は麻酔下で簡単に切り落とせる。これによって密猟の主なターゲットを取り除くことができるが、過去200年以上にわたって、シロサイとクロサイはこの角のためにその数が激減してきた。角は毛に似た材料からつくられているため、作業は痛みを伴わず、サイの社会にはほとんど影響がない。

バク

門	脊索動物門
綱	哺乳綱
目	奇蹄目
科	バク科
種	4

バクが"生きている化石"といわれるのは、過去3500万年もの間、ほとんど変化していないからである。中型のブタに似た体がやや長くて細い脚の上に乗っており、短くて伸びる鼻を持つ。バクは東南アジアと南アメリカ、中央アメリカの森林地帯（必ずそばに水がある）に棲んでいる。鼻だけを水から出した状態でほとんどの時間を過ごし、捕食者から逃げたり、涼を保ったりする。マレーバク、ヤマバク、ベアードバクは生息地の破壊と狩猟のため、絶滅に瀕している。

厚い被毛のヤマバクを除くと、体毛はたいていまばらである。ベアードバクとアメリカバクには短くてふさふさしたたてがみ（ジャガーに咬まれたときに防御となる）がある。大半の種は全体が茶色、灰色または黒っぽいが、なかには耳の先端が白いバクもいる。ヤマバクははっきりした白い唇をしているが、アメリカバクとベアードバクは頬、喉、顎の下が淡い。マレーバクだけが体に白い模様がある。子どもは体幹と足に白い模様や縞があり、優れたカムフラージュになる。

体のつくり

バクは流線型の体をしており、そのおかげで密な下生えの間を簡単に移動することができる。顔が長いのは、鼻腔が非常に大きいからである。鋭い嗅覚は餌を見つける手段でもあり、危険や他のバクの存在を嗅ぎ取る。耳は聞こえをよくするために大きくて立っており、小さな目は木のトゲや枝から守るために眼窩に深く入っている。3本の指を広げて柔らかい土をつかみ、体重を支えて沈まないようにしている。短くて幅広い尾と硬い皮膚（柔らかくて敏感な足裏を除く）を持つ。

子どもの被毛
典型的な若いバクは、赤褐色の被毛に水平の白い縞と模様がある。生後約6か月で、おとなの毛色が現れはじめる。

South American tapir
アメリカバク
Tapirus terrestris

- 体長　1.7-2m
- 尾　46-100cm
- 体重　225-250kg
- 分布　南アメリカ北部および中部
- 社会単位　個体
- 状態　低リスク

剛毛を持ち、耳の先端が白く、短くて狭いたてがみがある。水辺を好み、泳ぎがうまい。ピューマやジャガーなどの捕食者から逃げるときには水に飛び込む。夜間餌を選んで食べるが、様々な草やアシ、果実、他の植物などを食べる。

頬、喉、胸は薄い茶色

Mountain tapir
ヤマバク
Tapirus pinchaque 

- 体長　1.8m
- 尾　50cm
- 体重　150kg
- 分布　南アメリカ北西部
- 社会単位　個体
- 状態　絶滅危惧IB類

4種のバクの中で最も毛が多いヤマバクは、厚くて濃い茶色から黒い被毛をしており、生息地の高地の寒さを防いでいる。口唇と耳には白い飾り毛がついている。夜明けや夕暮れに低い茂みや低木の若芽を選んで食べる。他のバク同様、ヤマバクも日中は藪に隠れている。糞の中には多くの種子がそのまま含まれており、それによって植物の散布と森林の生え変わりを助けている。

Baird's tapir
ベアードバク
Tapirus bairdii

- 体長　2m
- 尾　7-13cm
- 体重　240-400kg
- 分布　メキシコ南部から南アメリカ北部にかけて
- 社会単位　個体
- 状態　絶滅危惧II類

アメリカに棲む最大のバクで、濃い茶色に薄い灰黄色の頬と喉、白い縁の耳をしている。芽から葉、落下した果実までの多様な植物を食べる。妊娠期間は約390～400日で、体重5～8kgの1匹（稀に2匹）を産む。子どもとコミュニケーションをとるときや、なわばりから離れていく他の成獣に警告するために金切り声を上げる。

Malayan tapir
マレーバク
Tapirus indicus 

- 体長　1.8-2.5m
- 尾　5-10cm
- 体重　250-540kg
- 分布　東南アジア
- 社会単位　個体
- 状態　絶滅危惧II類

最大で唯一の旧世界のバクは印象的な2色の毛色によって判別できる。黒い被毛に白い"サドル"が背中と腰にかかっているため、薄暗い森の中では体の輪郭がはっきりしなくなる。マレーバクは低木や若木の柔らかい枝や若い葉を食べ、落下した果実も食べる。オスの平均的なテリトリーは13平方キロで、数匹のメスのなわばりと重なっている。

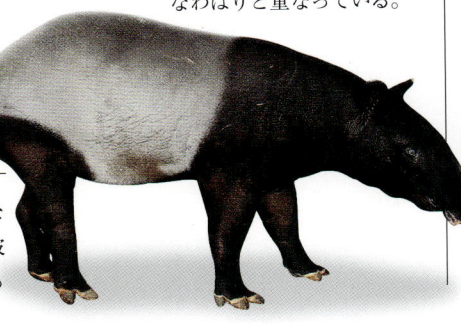

有蹄類

ブタ

門	脊索動物門
綱	哺乳綱
目	偶蹄目
科	イノシシ科
種	14

大食いというイメージにもかかわらず、野生のブタはめったに食べすぎることはなく、知的で適応力のある動物である。ブタの仲間（ブタ、イノシシ、バビルーサを含む）は、完全に草食というよりは雑食で、樽のような体に不似合いな細い肢、短い首、大きな頭が特徴である。アフリカやユーラシア中の森林や草原で見られ、オーストラリア、ニュージーランド、アメリカにも移入されている。バビルーサとコビトイノシシは絶滅の恐れが高いが、これは生息地の破壊によるものである。家畜化されたブタは、ほぼすべてがイノシシの子孫である。

体のつくり

ブタの体の中で最も特徴的な鼻には、先端に軟骨性の板があり、鼻孔を囲んでいる。この板は他の哺乳類には存在しない小さな骨で支えられており、餌を掘るときにはブルドーザーのように使う。ほとんどの種は上下の犬歯が牙になっている。下顎の犬歯の先端は、上顎の犬歯の下側と向かい合っている。ただし、バビルーサではオスの上の牙が顔の皮膚よりも伸びており、後方へカーブしている。メスの犬歯は小さい（メスのバビルーサには犬歯がない）。ブタは分指蹄をしている。2本の大きくて平らな蹄が動物の体重を支えているが、柔らかい地面では2本の短い後肢の蹄が地面に触れて、体重を分散させている。ブタの皮膚は厚く、被毛は長くて硬い（イノシシなど）か、まばらな（バビルーサなど）である。ほとんどの種は首から背中にかかるたてがみを持っている。細くて曲がった尾はよく動き、たいていまばらな飾り毛がついている。

闘争

オスの長い牙は、捕食者から身を守るときや、社会的地位を確立したり、繁殖時に他のオスと闘争したりするときに使われる。ブタには2つのはっきりした闘争スタイルがある。横からの攻撃は互いの肩にぶつかっていく。この闘争スタイルは長くて狭い顔で顔面にコブがなく、小さな牙を持つ野生のイノシシのようなブタで見られる。広い頭、厚い頭骨、長い牙、顔面のコブ（傷の防護になる）を持つブタ（イボイノシシやモリイノシシ）は頭を突き合わせて闘うことが多い。

家族群

ブタの仲間は群れ（1匹のメスとその子どもの家族）で生活し、キーキー、ブー

頭のぶつかり合い
イボイノシシが闘争するときは頭と頭をぶつけ合うが、実際は押し合ってバランスを崩そうとしているだけである。横からの攻撃は、これに比べるとかなりのダメージを与える。

ペッカリー

ペッカリーの3種をまとめてブタとは別の科（ペッカリー科）に分類されるが、この2群は密な関係にある。ペッカリーがブタと違う点は、上ではなく下を向いた短い犬歯、それぞれの後肢にある（2本ではなく）1本の側指、非常に短い尾、臀部の上表面にある特殊な腺、3つの部屋を持つ複雑な胃である。ペッカリーはオスとメスの交じった非常に大きな群れで生活する。この群れは恐れ知らずで、大型ネコ類を襲うこともある。ペッカリーはほとんどが合衆国南部から中央アメリカ、アルゼンチン北部までの森林地域で見られる。チャコーンペッカリーはたくさん狩猟されており、絶滅に瀕している。

ブーという声でコミュニケーションをとる。オスは繁殖季節は群れに合流する。ブタは1匹や2匹ではなく、数匹の子どもを産む唯一の有蹄類である（バビルーサのみ2匹を産む）。

Giant forest hog
モリイノシシ

Hylochoerus meinertzhageni

体長	1.3–2.1m
尾	30–45cm
体重	130–275kg
分布	アフリカ西部、中部、東部
社会単位	群れ
状態	絶滅危惧IB類†

イノシシ科の中で最大で、巨大な頭、両目の後部下方に2つの大きなコブに似た皮膚の隆起（突起物）、顎から水平に出た犬歯を持っている。麦わら色の子どもは茶色になり、その後成長するに従って黒になるが、長くて粗い毛は徐々にまばらになる。他の近縁種と異なり、このブタは土を掘ることはなく、そのかわり草やスゲ、低木などを食べる。

Pygmy hog
コビトイノシシ

Sus salvanius

体長	50–71cm
尾	3cm
体重	6.5–9.5kg
分布	南アジア
社会単位	群れ
状態	絶滅危惧IA類

ずんぐりした肢の短いブタで、イノシシ科の中で最小の種である。先細りの鼻と頭で密な下生えを押し進む。前身が濃い茶色である。オスの上顎犬歯は口の脇から少し突き出ている。オスもメスも大きな窪みを掘り、草を敷いて巣をつくる。法的に保護されてはいるが、密猟や草の多い川岸の生息地がなくなり続けているために、依然として危機に瀕している。

Wild boar
イノシシ

Sus scrofa

体 長	0.9–1.8m
尾	30cm
体 重	200kgまで

分布	ヨーロッパ、アジア、北アフリカ
社会単位	個体、群れ
状態	地域により一般的

イノシシは最も広く分布する陸上哺乳類の1種で、家畜化されたブタの祖先でもある。どんな地域にも棲み、あらゆる餌を食べ、速く走り、上手に泳ぐ。オスは繁殖季節以外は単独で生活するが、繁殖季節にはメスに合流し、ハーレムをつくるためにライバルと戦う。メスは子どもを必死で守り、20匹かそれ以上の群れをつくることがある。

消えていく縞

典型的なイノシシの子どもは薄茶色で、背中や体の横に白い縞がある。これは草やコケでできた巣や、密な藪の葉の中でカムフラージュとなる。生後1～2週間、母はほとんど子ども（通常4～6匹）のそばを離れない。徐々に母と子は巣から出て餌をあさるようになる。子どもは、2～6か月でだんだんしっかりしていき、カムフラージュの必要がなくなるため、縞が消えていく。子どもは7か月で独立する。

長くて飾り毛のある尾

剛毛のブタ
イノシシは厚くてまばらな毛で、背骨にそって長くて狭いたてがみを持つ。他のイノシシと比べると、目と牙は小さい。顔面にはコブがない。

Bush pig
カワイノシシ

Potamochoerus porcus

体 長	1–1.5m
尾	30–43cm
体 重	46–130kg

分布	アフリカ西部から中部にかけて
社会単位	群れ
状態	地域により一般的

カワイノシシは最も赤いブタで、飾り毛のついた長くて突った耳を持ち、背中と顔に白い縞がある。他のブタ同様、雑食の夜行性である。高度に社会的であり、オスはメスと子どもからなるハーレムにとどまり、子どもの世話を手伝う。4～6匹の家族群が集まって、50匹以上にもなる群れをつくることがある。

Babirusa
バビルーサ

Babyrousa babyrussa

体 長	0.9–1.1m
尾	27–32cm
体 重	100kgまで

分布	東南アジア（スラベシ、ドギアン、マンゴール諸島）
社会単位	個体、群れ
状態	絶滅危惧II類

目立つ上顎犬歯は吻から伸びて顔の近くまで反り返っている。長さ30cmにもなり、しっかり固定されておらず、砕けやすい。ほとんど毛のない皮膚は茶色から灰色まで様々な色をしている。オスは原則的に単独行動をとるが、メスと子どもは約8匹の群れで移動する。155～158日間の妊娠期間はイノシシ科の典型である。産子数はわずか1～2匹である。

Warthog
イボイノシシ

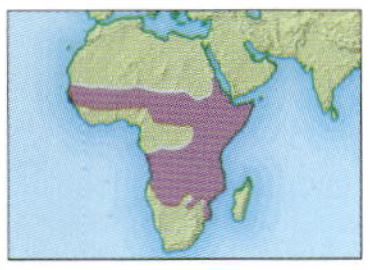

Phacochoerus africanus

体 長	0.9–1.5m
尾	20–50cm
体 重	50–150kg

分布	アフリカ（サハラ砂漠南部）
社会単位	群れ
状態	地域により一般的

肢が長く、頭が大きい。走るときには尾はまっすぐ上に上げる。たいてい日中活動し、若いオスまたはメスと子どもからなる4～16匹の群れで生活する。自分たちやツチブタの掘った穴に草を敷いて隠れ家にしたり、そこで子どもを育てたりする。

草を食べる

イボイノシシは草原で草を食べるのに適応した唯一のブタである。典型的なイボイノシシは肘を曲げて、唇や切歯を使って草の成長する先端を嚙み切る。乾季の間は地下茎（根茎）を食べるが、丈夫な鼻でそれらを掘り出す。

たてがみのあるブタ
イボイノシシの長くて黒いたてがみは、首の後ろから、窪みのある背中の中央まで伸び、そこからさらに臀部まで続いている。

顔のコブ

Collared peccary
クビワペッカリー

Pecari tajacu

体 長	75–100cm
尾	1.5–5.5cm
体 重	14–30kg

分布	合衆国南東部から南アメリカ南部にかけて
社会単位	群れ
状態	地域により一般的

3種のペッカリーの中では最も小さい。濃い灰色で、時々はっきりしないこともあるが、首に白っぽい輪がある。子どもは赤っぽく、背中に黒い縞がある。様々な場所で見られ、主食は木の実、芽、茎、球根などの植物だが、幼虫や、ヘビ、トカゲといった小型脊椎動物を食べることもある。ペッカリーは群れをなし、15匹以上の性別と年齢が交じった群れをつくり、協力して敵を追い払う。群れのメンバーは横に並び、顔をこすり合わせて、互いにグルーミング行う。

カバ

門	脊索動物門
綱	哺乳綱
目	偶蹄目
科	カバ科
種	2

この科のメンバーは半水生のライフスタイルを持つため、他の有蹄類よりもむしろクジラと関係が近いのではないかと考えられている。水に浮いて泳ぐことができ、5分以上も水中にいることができる。アフリカでは川や湖のそばに棲んでいるが、小型であまり水生でないコビトカバは、西アフリカの沼のある森林地域のみに棲んでいる。カバは生息数が多いが、コビトカバは生息地の破壊と狩猟によって絶滅に瀕している。

体のつくり

カバは長くて重い体に、短くて驚くほど小さな肢をしている。巨大な頭はとても大きく開く（150度にもなる）顎がついており、長くて牙に似た犬歯と切歯がある。鼻は広くて、敏感な毛に覆われている。尾は短く、飾り毛があり、平らである。水かきのついた指など、水中生活への適応が見られる。目、耳、鼻孔は頭の上についている（これらはカバが水中から出す唯一の部分となることもある）。水中で鼻孔を閉じることもできる。皮膚は灰色で、腹や目の周り、しわはピンク色がかっている。ほとんどの部分は毛がなく、非常に厚く、脂肪が多い。

カバの皮膚は例外的に皮脂腺を持たない。そのかわりに粘液腺（汗腺の変化したもの）が粘液を出し、空気にさらされたときに皮膚の湿気を保つ。この液は赤い色素が存在するためにピンク色だが、感染を予防したり日焼けを防いだりもする。カバの体重は約1.4トンだが、やや長い肢と細い頭、黒っぽい皮膚を持ち、頭の横に目のついているコビトカバは、平均体重が250kgしかない。

食事

カバは夜間草を求めて内陸に移動するが、一般的には餌場まで続く獣道（糞の山でマーキングする）を通る。毎晩各個体は約40kgもの草を食べる。餌は小部屋に分かれた胃で消化される（前胃にはセルロースを分解する細菌を含む）。この消化システムは遅いが、カバは生活の大半を水中で過ごすために、同じ大きさの動物に比べると餌の量は少しですむ。コビトカバは、根、草、若芽、落下した果実を食べるが、食習慣についてはあまり知られていない。

社会群

コビトカバはたいてい3匹までの小さな群れで見られる。メスとその子どもは、日中たいてい10〜20匹（時々100匹にもなる）の群れを形成する（夜の食事は単独で行う）。水中でもかなりの距離を伝わる唸り声や、ゴロゴロという低い声でコミュニケーションをとる。それぞれの群れは、1匹のオスが支配するなわばりの中で、川岸や湖岸に小さななわばりを持つ。このオスは、尾で糞塊をまき散らして、自分のなわばりをマーキングする。他のオスもなわばりに入ってくるが、服従的で支配する気がないときだけ侵入を許される。交尾は水中で行われるが、子どもはたいてい陸上で生まれる。

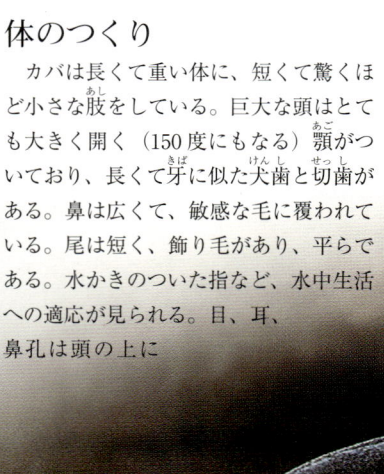

なわばり争い
オスのカバ同士のなわばり争いは珍しくないが、特に生息密度が高い場所ではよく見られる。唸ったり、威嚇行動をとったりした後にどちらのオスも譲らない場合は、喧嘩になる。下顎の犬歯を武器として使い、闘いは1時間も続くことがある。カバはこの闘いで、重傷を負うこともある。

Hippopotamus
カバ

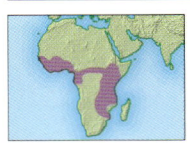

Hippopotamus amphibus

体長　2.7m
尾　56cm
体重　1.4−5トン
分布　アフリカ
社会単位　個体
状態　一般的

その巨体にもかかわらず、カバは水中で優雅に泳いだり歩いたりし、陸上でも短い肢で驚くほど速く走り回る。本当の意味で水陸両用の哺乳類で、皮膚の薄い外層（表皮）は簡単に乾き、ハエなどの害虫による咬傷に敏感である。特殊化した粘液を分泌する皮脂腺を持つにもかかわらず、水か泥で定期的に湿らせないと皮膚がすぐにひび割れてしまう。ただし皮膚の内層（真皮）は3.5cmもの厚さがあり、繊維の密なマットをつくっておりとても丈夫である。カバの主食は草であり、主に夜間草を食べるが、小型動物や腐肉を食べることも観察されている。優位のオスはなわばりの中にいるメスと交尾し、240日間の妊娠期間（大型動物にしては短い）の後、たいてい水中で1匹の子どもが生まれる。母は激しく子どもを守るため、大型ネコ類やハイエナを除くと、子どものカバの天敵はほとんどいない。カバは人を攻撃することが知られているが、これは危険を感じた場合のみである。

浮力
カバの体の密度は水よりもやや高いので、ゆっくりと沈み、水底に足をつけて歩くことができる。ただし水面で呼吸をしたときには、胃に空気をたくさん吸い込むと、余分な空気によって密度が下がり、特に努力しなくても浮かんだままでいることができる。

感覚器は出たまま
カバの鼻孔、目、耳はすべて頭の上についているので、ほとんど完全に沈んでいても、簡単に呼吸したり、周囲を見張ったりしていることができる。鼻孔と耳は潜っているときは水が入らないように閉じている。

一時的な群れ
乾季の間、カバは草を探してさまよわなければならない。日中は個々の動物が、家に戻ってくるかわりに手近な水たまりを一時的な"短期滞在地"とし、それによって草を食べる範囲を広げていく。このためにある水たまりでは多数が集まることになるが、この集団には長期の社会構成やなわばりは存在しない。

薄い外皮（表皮）

草を食べるときに唇でむしる

母と子
子どもは6〜8か月で離乳した後も、約5年間母と一緒に過ごす。このようにして家族群ができる。

Pygmy hippopotamus
コビトカバ（リベリアカバ）

Hexaprotodon liberiensis

体長　1.4−1.6m
尾　15cm
体重　245−275kg
分布　西アフリカ
社会単位　個体
状態　絶滅危惧II類

巨大な近縁種であるカバ（上）の5分の1の体重で、かなり小さくて平らな顔と水かきのない指のついた狭い足を持ち、水中より陸上で時間を過ごすのに適している。低木、シダ、果実などを含む様々な植物を食べる。コビトカバはたいてい単独行動をとる。なわばりは重なっているが、なわばり争いや他の形の相互関係はほとんどないようである。夜間に餌を食べ、使い古した獣道をたどり、日中は沼に隠れていたり、他の動物がつくった穴を広げた川岸の巣にいることもある。196〜201日の妊娠期間の後、水中や巣で1匹の子どもをを産む。クロコダイルやニシキヘビの獲物となる危険があるが、成獣はヒョウと人間を除くとほとんど天敵がいない。飼育されているコビトカバの寿命は、多くのカバの45年に比べると、55年とやや長生きである。

主に陸で餌をあさる
コビトカバのずんぐりした前の狭い体型は、陸上で夜間に餌をあさるときに密な下生えを頭を下げて進んでいくのに適している。

ほとんど黒の皮膚

保護
コビトカバは非常に珍しい種で、リベリアや近隣の西アフリカ諸国の密な森林や沼地で、やっと生息している。法的な保護にもかかわらず、この地域はパトロールが難しく、コントロールされていない伐採が行われたり、肉取り引きのために広く狩猟が行われていたりする。肉はブタに似ているといわれるが、遺伝学的な調査ではブタよりもクジラに近いことがわかっている。

哺乳類

ラクダの仲間

門	脊索動物門
綱	哺乳綱
目	偶蹄目
科	ラクダ科
種	7

ラクダとその近縁種は、長くて細い肢を持ち、"ペーシング（側対歩）"と呼ばれる目立つ歩き方をする。これは同側の前後の肢を揺らしながら一緒に前に出すものである。旧世界のラクダでは、1種（中国西部とモンゴルの国境地域に棲むフタコブラクダ）だけが野生で生き残っている。ラクダは一度に体重の4分の1にあたる水を飲み、その水を数日間貯えることができる。ラクダ科の新世界のメンバーはグアナコとビクーニャで、南アメリカでは野生種が見られる。家畜化された子孫はラマとアルパカで、インカ帝国時代からアンデスで飼育されている。家畜化されたラクダはどれも、人間の存在に欠かせない動物で、毛、乳、輸送手段として利用されている。

体のつくり

ラクダは頭が比較的小さく、首が長くて細く、上唇が分かれている。1つのコブ（ヒトコブラクダ）または2つのコブ（フタコブラクダ）を持ち、この中に脂肪をためて餌のないときに使うことができる。どのラクダも被毛が厚く、日中の暑さを防いだり、高地や夜の寒さでも温かさを保つ。他の有蹄類と異なり、ラクダは蹄ではなく、脂肪のパッドがクッションになっている2本指の下側を使って体重を支えている。これは砂の土を歩くのに適している。ラクダは楕円形の赤血球を持つ点で、他の哺乳類と変わっているが、これは血液が脱水によって濃縮されても簡単に体中を流れることができるようになっていると考えられている。

社会的な相互関係

野生では1匹の優位なオスと数匹のメスからなるハーレムをつくる。あぶれたオスは、オスだけの群れをつくる。南アメリカのラクダ科の社会システムは詳細な部分まで研究されてはいないが、旧世界のラクダでは互いの関係ついてもう少し知られている。どちらの種も、優位のオスが挑戦者に出会った場合、複雑で劇的な儀式的行動をとる。まずハーレムのリーダーは歯をむき、頭の後ろにある腺をコブ（フタコブラクダの場合は前方のコブ）にこすりつけ、尾を臀部に叩きつけて大きな音を出し、後肢、コブ、尾に排尿する。その後2匹は横に並んで歩き、背の高いコブのある体を示し、口の脇から赤い膀胱のような袋を押し出す。

野生と家畜

現存する唯一の旧世界のラクダはフタコブラクダだが、現在その数はわずか1000～2000匹にまで減少している。家畜化されたものよりも背が高く痩せており、ずっと小さくて尖ったコブをしている。家畜化されたフタコブラクダは中国北部からトルコまでの寒い地域で、輸送用として使われている。ヒトコブラクダは野生では絶滅したが、野生に戻された群れが現在オーストラリア中部に生息している。家畜化されたヒトコブラクダはアフリカ北部や北東部の暑い地域、中東、インド北部からカザフスタンまでに棲んでいる。他の家畜化された動物と同じようにいくつか違う品種があり、そのうち1種は速さを競い、ラクダレースに使われている。ラマは野生のグアナコから繁殖された家畜で、アンデスでは伝統的な商隊の動物である。アルパカも同じように家畜化された動物で、細い羊毛をとるために飼育されている。かつてはアルパカはグアナコの子孫ではないかと考えられていたが、最近の遺伝学的分析から、アンデスに棲む野生のラクダで細い毛を持ったビクーニャの子孫であることが示唆されている。

砂漠のスペシャリスト
このヒトコブラクダのようなラクダは、暑い気候での生活に適応している。広い足は砂漠の砂の上でも安定性を保ち、長いまつげと閉じることのできる鼻孔は、砂嵐のときに保護となる。

ラクダの仲間

Guanaco
グアナコ

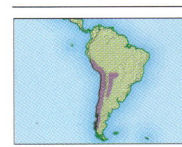

Lama guanicoe

体長	0.9–2.1m
尾	24–27cm
体重	96–130kg
分布	南アメリカ西部から南部
社会単位	群れ
状態	絶滅危惧II類

グアナコは主に草原の寒冷地を好むが、4000m以上の高地の低木林や森林にも棲む。様々な草や低木を食べるが、同じように地衣類やキノコも食べる。典型的な家族群は、1匹のオスと、4～7匹のメス、その子どもからなっている。生息地の北部では子どもは約1歳で群れを離れるが、より南に棲むものでは2年間近く群れにとどまる。若いオスはオスだけの群れをつくり、年長のオスはほとんど単独で過ごす。

毛色
典型的なグアナコの体色は薄茶から濃い褐色で、胸、腹、肢の内側は白い。灰色から黒の頭には目、唇、耳に白い縁どりのある。

ラマ

飼育されているラマは、野生のグアナコから6000～7000年前に家畜化されたものである。アンデスの人々に毛（繊維）、肉、毛皮のために飼育されてきたが、商隊の動物としても使われている。

Vicuña
ビクーニャ

Vicugna vicugna

体長	1.5–1.6m
尾	20–25cm
体重	40–55kg
分布	南アメリカ西部
社会単位	群れ
状態	絶滅危惧IB類

標高3600～4800mのツンドラに似た草原に棲み、限られた草だけを選んで食べ、多年生植物をよく動く裂けた上唇でつかみ、硬い上顎のパッドで先端を噛みちぎる。毎日水を飲まなければならない。1匹のオスと5～10匹のメス、そして子どもからなる家族群はなわばりを持ち、主に糞でその境界を示す。若いオスは放浪する群れをつくる。

アルパカ

アルパカは主にその厚い繊維のために飼育されるが、かつては6000～7000年前のペルー中部のアンデス高地にいたグアナコの子孫と考えられていた。新しい証拠は、ビクーニャが祖先であることを示している。

白いよだれかけ
ビクーニャは薄いシナモンから濃いシナモン色をしており、胸には様々な白い"よだれかけ"を持つ。

Bactrian camel
フタコブラクダ

Camelus bactrianus

体長	2.5–3m
尾	53cm
体重	450–690kg
分布	東アジア
社会単位	群れ
状態	絶滅危惧IA類

野生種（写真は家畜化されているもの）は絶滅の恐れが高いが、この2つのコブのあるラクダは、マイナス29～38℃までの気温に耐えることができる。10分間で110リットルの水を飲むことができ、草や葉、低木を食べる。繁殖期にオスは頬を膨らませ、頭を後ろに投げ出して歯を見せる。勝ったオスが6～30匹のメスと子どもを集める。406日間の妊娠期間の後に生まれる1匹（稀に2匹）の子どもは、1～2年母乳を飲む。メスは3～4年、オスは5～6年で性成熟を迎える。

- かなり小さい耳
- 立ったコブは栄養状態のよいことを示す
- 薄いベージュから濃い茶色までのふさふさした冬の毛
- 長くてほとんどU字型の首
- 広い足のパッドは砂や雪の中で安定性を保つ

Dromedary
ヒトコブラクダ

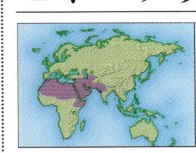

Camelus dromedarius

体長	2.2–3.4m
尾	50cm
体重	450–550kg
分布	アフリカ北部、東部、西アジア、南アジア
社会単位	群れ
状態	一般的

野生では絶滅したが、飼育されているヒトコブラクダは砂漠への生活への適応を数多く示し、餌と水が少ないときには体重が40％以上も減る。暑いときには体温を上げて汗の量を減らし、水分を保持する。様々な植物のほか、骨や乾燥した死体も食べる。数匹のメスと子ども、そして1匹のオスからなる小さな群れをつくるが、オスはつばを吐いたり、噛んだり、敵によりかかったりして群れを守る。

- 脂肪を貯えるための1つのコブ
- クリームから茶色または黒の毛色
- 2列の睫毛と眉毛は砂を防ぐ

哺乳類

シカ

門	脊索動物門
綱	哺乳綱
目	偶蹄目
科	シカ科
種	45

外見はアンテロープに似ているが、シカは固くてたいてい枝分かれしている、毎年抜け落ちて生え変わる枝角（しかく）を持つ。主に森林地帯に棲むが、北極のツンドラから草原までの広い地域で見ることができる。アフリカ北西部、ユーラシア、アメリカに分布し、自然の生息地ではないニュージーランドやイギリス、ヨーロッパ大陸にも移入されている。

体のつくり

ほとんどのシカは長い体、長い首、頭の横についた大きな目、高い位置にある耳、短い尾を持っている。よく発達した第3指と第4指が体重を支える。一方、第2指と第5指は小さく、たいていは地面につかない。毎年最低1回は換毛する。多くの種で子どもはカムフラージュのために被毛に斑点を持つ。しかしシカの最も目立つ特徴はその枝角で、オスにだけある（両性とも角を持つトナカイを除く）。毎年春になると枝角は成長しはじめる。角は頭骨から直接成長し、最初は細かい毛の生えた皮膚（ビロードと呼ばれる）で覆われている。成長するに従ってビロードが乾いて抜け落ち、枝角は繁殖季節（秋）の間に起こる闘争にむけて準備が整っていく。繁殖季節が終わると枝角は抜け落ちる。毎年枝角が抜けて生え変わるのは代謝的に負担が高いため、その理由は不明である。繁殖期に傷ついた枝角を修復する意味があるのかもしれない。枝角は1〜2歳で初めてでき、最初は単純な角である。年を重ねるにつれて徐々に大きくなり枝分かれするが、高齢になると再び発達が悪くなる。大きさは一般的な体の状態を反映している。チャイニーズキバノロのような枝角を持たない種は、そのかわりに牙に変化した犬歯を持つ。

社会群

社会構成は主に餌（えさ）による。小型種はたいてい葉を食べ、普段は単独か小さな群れで暮らしている。これは餌が少量ずつ存在するため、競争が起きるからである。大型の種はもう少し開けた場所で草を食べることが多いので、餌の競争が起こりにくい。これらのシカは捕食者に対する防御のために、しばしば大きな群れで生活している。このような群れは繁殖期を除くとほとんど単一の性別だが、繁殖期になるとオスはハーレムの所有をめぐって闘争し、武器やメスをひきつけるための性的な飾りとして枝角を使う。

ジャコウジカとマメジカ

ジャコウジカ（ジャコウジカ科）とマメジカ（マメジカ科）は、他のシカ（シカ科）とは異なるいくつかの特徴を持っている。例えば、ジャコウジカもマメジカも枝角のかわりに長い上顎犬歯（じょうがくけんし）を持っている。オスではこれらの歯は下顎を超えており、闘争のときに使われる。アジアで見られる7種のジャコウジカは、麝香（じゃこう）のために絶滅の恐れが高い。麝香は繁殖季節にオスの会陰部（えいんぶ）から分泌されるもので、多くの香水の成分として使われている。マメジカ（4種）はアフリカやアジアの雨林に棲んでいる。

辛い時期を生き延びる

これらのシカは、冬の間餌が少なくなる地域に棲んでいるため、生き延びるために様々な植物を食べる。このアカジカのオスはたいていメスよりも長い時間食事をとっているが、これは繁殖期の間にハーレムをめぐって争ったり、ハーレムを守らなければならないので、脂肪を貯える時間が少ないせいかもしれない。

シカ

Water chevrotain
ミズマメジカ

Hyemoschus aquaticus

体長	70–80cm
尾	10–14cm
体重	10–12kg

分布 アフリカ西部から中部にかけて
社会単位 個体、群れ
状態 低リスク†

たいてい水のある場所から250m以内にいる。濃い赤褐色の地色に、背中の斑点、1〜3本の体幹の縞、顎、喉、胸の帯などの白い模様がある。短い肢と耳、ずんぐりとした体で泳ぎがうまく、陸上の捕食者からうまく逃げることができるが、クロコダイルの攻撃を受ける危険はある。葉や落下した果実を食べる。オスは単独で生活するが、メスと子どもは小さな群れをつくる。

Indian spotted chevrotain
インドマメジカ

Tragulus meminna

体長	50–58cm
尾	3cm
体重	3kg

分布 南アジア
社会単位 個体
状態 未確認

他のマメジカ同様、この種もそれぞれの足に4本の発達した指を持つ（シカは2本）。熱帯雨林の草むらや岩場をこそこそと歩く。夜行性で単独行動をとり、まだらの背中で体幹と喉に縞がある。ただしこの薄い模様はミズマメジカ（上）ほどはっきりしてはいない。主な毛色は茶色で、黄色の斑点がある。オスは鋭い牙のような上顎犬歯を使って争う。5か月の妊娠期間の後、1匹の子どもが生まれる。

Alpine musk deer
ヤマジャコウジカ

Moschus chrysogaster

体長	70–100cm
尾	2–6cm
体重	7–18kg

分布 南アジア
社会単位 個体
状態 低リスク

標高2600〜3600mの岩が多い森林のある斜面に棲んでおり、岩や木に登ったり、柔らかい雪の上を移動するためのよく発達した側指を持っている。被毛は厚く濃い茶色に灰色が混ざり、腹は淡く、顎と耳の縁どりは白い。麝香は価値が高い。この種は狩猟対象とされており、野生での生息数が激減している。

Reeves' muntjac
キョン

Muntiacus reevesi

体長	75–95cm
尾	17cm
体重	10–18kg

分布 東アジア
社会単位 個体、群れ
状態 地域により一般的

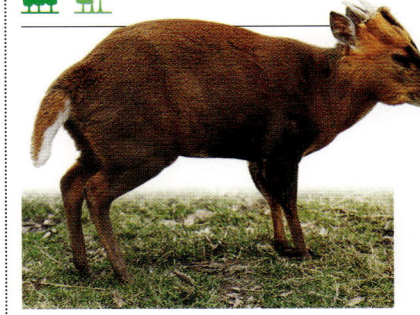

キョンの餌はサボテンの芽、ハーブ、花から固い草や木の実まで幅広い。オスは1年中交尾可能で、短い（10cm以下）尖った角でライバルを押してバランスを崩させるが、牙に似た上顎犬歯でも傷を負わせることができる。ヨツメジカとも呼ばれる。小型のシカで、イギリスやオランダにうまく移入されている。ほかに8種がおり、すべてアジアに棲む。

Fallow deer
ダマジカ

Dama dama

体長	1.4–1.9m
尾	14–25cm
体重	35–150kg

分布 ヨーロッパ
社会単位 群れ
状態 地域により一般的

長い間その美しい姿と肉のために半家畜化されており、アメリカ、アフリカ、オーストラリアにも移入された。薄暗がりの中で活発に活動し、草からドングリまで多くの植物を食べる。群れは100匹を超えることもある。繁殖期にオスは交尾するための小さな土地を守る。

広い枝角

アースカラー
写真のように、一般的には白い斑点のある茶色だが、濃い茶、黒、白の個体もいる。

隠れる

他の多くの子ジカと同様ダマジカの子どもも、母が食事をしている間は深い茂みの中や葉の重なりの中に隠れている。子ジカの本能は"黙って動かない"であり、まだらの被毛は捕食者の目を欺く。母ジカは授乳のために戻り、時々子ジカを別な隠れ場所に連れていく。

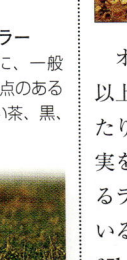

Axis deer
アクシスジカ

Axis axis

体長	1–1.5m
尾	10–25cm
体重	70–79kg

分布 南アジア
社会単位 群れ
状態 地域により一般的

オス、メス、子どもの交じった100匹以上の群れで生活する。草原で草を食べたり、開けた森林で若芽を食べるが、果実を地面に叩き落したり警告を発しているラングール（131ページ）の群れの下にいることも多い。危険を感じると、時速65kmで走ることができる。オスの枝角は前方の分枝（ブロング）と2方向に分かれる後方のまっすぐな主角でできている。

Sambar
ミズシカ

Cervus unicolor

体長	2–2.5m
尾	15–20cm
体重	230–350kg

分布 南アジアおよび東南アジア
社会単位 個体
状態 地域により一般的

被毛は濃い茶色で、顎、肢の内側、尾（先端は黒い）の下側は錆色である。オスの三股の枝角は長さ1.2mに成長する。オスもメスも厚い毛のたてがみを持つが、繁殖期のオスは、よりはっきりとしている。メスと2歳未満の子ども以外は単独行動をとる。夜行性で、様々な植物を食べる。

哺乳類

有蹄類

Red deer
アカシカ

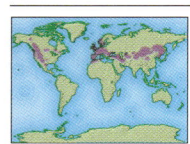

Cervus elaphus

体長	1.5–2m
尾	12cm
体重	65–190kg
分布	ヨーロッパから東アジアにかけて、北アメリカ
社会単位	群れ
状態	地域により一般的

生息地や食事に関して適応力が高く、多くの国に移入され、肉や皮、枝角のために広く飼育されている。28かそれ以上の亜種の中で様々な変異があり、その中には中国や北アメリカに棲むワピチも含まれる。メスは1匹の優位なオスに率いられた群れをつくり、秋の繁殖期以外ははぐれたオス同士で群れをつくる。

様々な方向を向いた枝角

赤というよりも茶色
アカジカは夏は赤茶で、背中と首に黒い線があり、ぼんやりとした体幹の斑点を持つが、冬には鈍い茶色に変わる。

発情
アカジカのオスは他のオスジカ同様、発情期に闘争をする。争いは誇示と身体的なぶつかり合いからなる。うめいて体を下げ、枝角を茂みや木にぶつけ、互いに平行に歩き、闘うかどうかを決める。闘うと決まれば枝角を組み、押したり、ねじったり、押しつけたりする。勝者がハーレムをつくる。

Sika
ニホンシカ

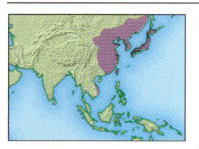

Cervus nippon

体長	1.5–2m
尾	12–20cm
体重	35–55kg
分布	東アジア、東南アジア
社会単位	群れ
状態	絶滅危惧IA類

ニホンシカは何百年も公園などで飼育されており、多くの地方にも移入されている。14亜種の外見は様々で、数種は絶滅の恐れが高いが、一般的に夏は豊かな赤茶に白い斑点、冬はほとんど黒で、メスの斑点ははっきりしないこともある。白い臀部の毛は目印になる。主に草を食べるが、餌には竹や小枝、芽なども含まれる。

Père David's deer
シフゾウ

Elaphurus davidianus

体長	2.2m
尾	66cm
体重	150–215kg
分布	東アジア
社会単位	群れ
状態	絶滅危惧IA類

他のシカとは体型が違い、長くてウマのような顔、広い蹄、長い尾を持つ。オスの"後ろから前に向かう"枝角も変わっている。被毛は冬は灰色がかった薄茶色、夏は明るい赤茶で、濃い背中の縞、臀部の巻き毛模様がある。野生では絶滅し、1900年代からのイギリスでの飼育繁殖によってかろうじて救われた。1980年代からは中国で野生に戻されている。

Mule deer
ミュールジカ

Odocoileus hemionus

体長	0.85–2.1m
尾	10–35cm
体重	55–210kg
分布	北アメリカ西部
社会単位	群れ
状態	低リスク

いろいろな場所に広く分布し、数百にもなる植物を食べることが報告されている。主な毛色は冬は灰褐色で夏は錆色がかった茶色である。オグロジカという別名にもかかわらず、尾は上側表面が黒いだけである。残りは白い。顔と喉にも様々な白い部分があり、顎と額に黒い縞がある。繁殖期は9～11月である。1～2匹の子どもが6月に生まれる。

White-tailed deer
オジロジカ

Odocoileus virginianus

体長	1.8–2.4m
尾	15–30cm
体重	52–140kg
分布	カナダ南部から南アメリカ北部にかけて
社会単位	群れ
状態	地域により一般的

この種は外見も生息地もミュールジカ（左）によく似ており、動物園や公園では交雑することもある。2種の生息地は重なっているが、野生では交雑はめったに起こらない。多くの亜種は生息地の南に近づくにつれて小さくなり、体高はカナダの1.1mからベネズエラの60cmである。バージニアジカとも呼ばれる。

枝角の年サイクル
オスの角は2月までに落ちる。4～5月には再び生え始め、毛に覆われた皮膚（ビロード）に守られているが、9月になるとビロードは木でこすられてなくなり、繁殖期の前にはきれいな骨だけの角になる。

白い警告
危険が近づくとこのシカは尾を上げて、下側の明るい白を見せる。これは群れの他のメンバーに対する警告である。

Marsh deer
ヌマジカ

Blastocerus dichotomus

体長	2mまで
尾	25cm
体重	100–140kg
分布	南アメリカ南部
社会単位	個体、群れ
状態	絶滅危惧II類

長い肢と広い蹄によって、沼や氾濫原の中を簡単に移動することができる。南アメリカ最大のシカで、夏は赤茶、冬は色が濃くなる。下肢は黒く、顔は色が薄く、唇と鼻の周囲は黒い。草、アシ、水草、低木を食べ、単独か2～3匹の群れで生活する。灌漑や、牧草地や穀物の保護による生息地の消失、水質汚染、家畜との競合によって絶滅の恐れがある。

Southern pudu
プーズージカ

Pudu puda

体長	85cm
尾	5cm
体重	15kgまで
分布	南アメリカ南西部
社会単位	個体
状態	絶滅危惧II類

　小型でずんぐりした、2種いるプーズーの1種である。丸い耳のついた淡黄褐色から赤茶の毛色をしている。オスの枝角は単純な突起で、長さ8cmである。昼行性で単独行動をとり、湿気のある森林に棲み、長い下生えに隠れて、樹皮や芽、果実、花を食べる。草はほとんど食べない。6か月で性成熟を迎える。

Reindeer
トナカイ

Rangifer tarandus

体長	1.2–2.2m
尾	10–25cm
体重	120–300kg
分布	北アメリカ北部、グリーンランド、北ヨーロッパから東アジアにかけて
社会単位	群れ
状態	絶滅危惧IB類†

　北アメリカではカリブーとしても知られ、片側にシャベルのような形をした長い枝角を持つ。夏は草やスゲ、ハーブを食べ、長い冬にはコケやキノコなどを食べる。210～240日の妊娠期間の後、1匹の子どもが5～6月に生まれる。

毛色
アメリカで見られる毛色は主に茶色で、肢の色が濃い。ヨーロッパやアジアのトナカイ（写真）は灰色が強い。

移動
　トナカイの中には同じ地域を毎日15～65kmも移動したり、1年に2回1200kmも移動するものもいる。春にメスと子どもが繁殖地に移動し、その後オスが移動する群れもある。

Roe deer
ノロジカ

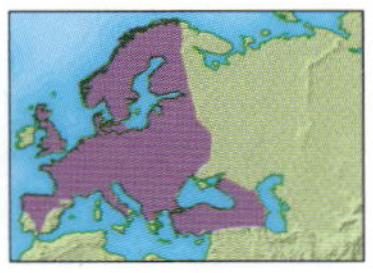

Capreolus capreolus

体長	1–1.3m
尾	5cm
体重	20–30kg
分布	ヨーロッパ、西アジア
社会単位	様々
状態	地域により一般的

　このシカは黒い吻の帯と様々な白い顎と喉の模様を持つ。臀部の白い模様は危険を感じると逆立つが、メスはハート型、オスは豆型（写真）をしている。オスはザラザラした表面の三股の枝角を持つ。滑らかで明るい赤茶の夏毛は、冬には長くて密な灰色の被毛に生え変わる。

Elk
ヘラジカ

Alces alces

体長	2.5–3.5m
尾	10cm
体重	500–700kg
分布	アラスカ、カナダ、ヨーロッパ北部から北アジア、東アジアにかけて
社会単位	様々
状態	地域により一般的

　最大のシカで、オスはメスの体重の2倍になる。沼や湖などの水に近い森林で見られ、夏は水中に潜ってハスの根などの水中植物を食べる。冬の餌の大半は、柳やポプラの枝である。単独か小さな家族群で生活している。オスは9～10月に繁殖期を迎える。242～250日の妊娠期間の後、1～2匹が生まれ、6か月で離乳する。

毛色
夏は茶色がかった灰色で、冬は灰色が多くなる。淡い毛色の長い肢には、泥の中や柔らかい雪を歩くための幅広い蹄がついている。

ふさふさした喉のフラップ（胸垂）

ヘラジカの頭
　ヘラジカのよく動く唇ととても広い吻は、水中植物を噛み切ったり、枝から葉をはぐのに使われる。オスの巨大な枝角は幅2mになることがある。枝角は各20個もの合枝を持ち、手の平のような本幹から出ている。

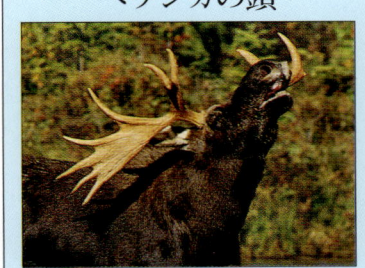

プロングホーン

門	脊索動物門
綱	哺乳綱
目	偶蹄目
科	プロングホーン科
種	1

　プロングホーン科には1種しかいない。角に突起を持つ。角は、アンテロープのように骨性の核と角質の覆いからできているが、シカの枝角と同じように枝分かれし、毎年抜け替わる。

敏捷なランナー
プロングホーンは最も速い哺乳類の1種であり、時速65km以上で走ることができる。冬には1000匹を超える動物が集まって群れをつくることもある。

Pronghorn
プロングホーン

Antilocapra americana

体長	1.0–1.5m
尾	7.5–18cm
体重	36–70kg
分布	北アメリカ西部および中部
社会単位	様々
状態	地域により一般的

　赤褐色から黄褐色の被毛で、腹、顔、臀部、首の帯は白い。オスは黒い首の模様と、中間に前方を向いた突起のついた耳よりも長くなる角を持つ。メスの角は耳よりも短い。冬には1000匹以上の群れをつくるが、夏は小さな群れに分かれる。多くの植物を餌としている。

有蹄類

キリンとオカピ

門	脊索動物門
綱	哺乳綱
目	偶蹄目
科	キリン科
種	2

キリンとオカピはかつてとても繁栄していたキリン科の最後の生き残りである。長い肢、長くて狭い顔に小さな角を持ち、独特の葉状をした下顎犬歯を持つ。キリンは目立つ長い首を持ち、現存する動物の中で最も背が高く、オスは5.5mになることもある。この2種はキリン科として知られているが、行動と生態は異なっており、キリンは木の生えたサバンナ（アフリカのサハラ砂漠南部など）に棲むが、オカピは雨林（ザイール北東部）に棲んでいる。

体のつくり

キリンとオカピは後肢よりも前肢が長く、木の葉を楽に食べられるように体の前方が高い。キリンは特に前肢が長いが、驚くほど頑丈である。時々防御にも使い、一撃でライオンを殺すことができる。両種とも長い首をしているが、予想に反してキリンの長い首には、他のすべての哺乳類と同じように7個の頚椎しかない。ただし、それぞれの頚椎はとても長い。キリンでは両性に角があるが、オカピはオスのみが角を持つ。角は他の哺乳類で見られるものと異なっているが軟骨でできており、先端から基部にかけて骨化し、皮膚に覆われている。キリンは捕食者から身を守るための厚い皮膚をしている。オカピは手触りの滑らかな濃い褐色の被毛で、下半身と肢の上部に白い縞を持つ（膝から下は白い）。キリンの被毛には斑点があるが、模様は生息地によってかなり違っている。両種とも尾は長く多くの飾り毛がついている。

食事

キリンは2〜3葉に分かれた変わった犬歯で芽を食べるが、小枝から葉をとる櫛のように使うことができる。また、薄くてよく動く唇と長くて黒い舌（キリンの舌は45cm以上も伸びる）を使って葉や若芽を集める。4つの部屋に分かれた反芻胃（225ページ参照）を持つ。オスのキリンはメスよりも背が高くなり、そのために高いところにある餌を食べることができる。

社会構成

キリンとオカピは対照的な社会構成をしている。キリンは平均でおよそ160平方キロになるなわばりを持つ。これらが重なると（しばしば起こる）、25匹までの結びつきのゆるい関係ができる。この群れの構成は毎日変化する。オスは特になわばりを主張しないが、"ネッキング"と呼ばれる儀式的な闘争によって優位性を決める。ネッキングは2匹のオスが平行に並び、交互に首を揺らしてお互いを首で叩く。オスのキリンは頭骨全体に余分な骨があり、これが強度をつくっている。高い社会的地位にあるオスのみが交尾する権利を持つ。一方、オカピは単独行動をとり、群れをつくることはない。なわばりもずっと小さく、優位のオスのみがなわばりを維持する（メスはあるなわばりから他のなわばりへと自由に移動する）。オスのオカピは自分のなわばりをさまようメスと交尾する。

哺乳類

敏捷なランナー
危険が迫ると（警告の声を上げることなしに）逃走するが、時速50km以上のスピードに達することもある。この動作は近くにいる個体に同じ行動をとらせる。キリンは歩いている状態からギャロップに直接移行する。これは肢が長く胴が短いので、速歩ではつまずいてしまうからである。

Okapi
オカピ

Okapia johnstoni

分布 アフリカ南部

体　長	2–2.2m
尾	30–42cm
体　重	200–350kg
社会単位	個体、つがい
状　態	低リスク

密な熱帯雨林に生息する恥ずかしがり屋で、日中に葉や柔らかい枝、若芽、果実などの植物を食べる。密な森林で主に聴覚に頼っており、他のオカピと会うと、シュッシュッという音を出す。受動的なメスがいると、ライバルのオス同士はキリンのように"ネックファイト"をし、その間、柔らかいうめくような音を出す。メスは同じような声で準備ができていることを示し、なわばりを匂いでマーキングする。メスはオスよりも少し背が高く、25～50kgほど重い。オスもメスも同じように見える。長い顔と首で濃い吻と体（肩から弧を描いている）、大きくて後ろについた耳、臀部と肢の上側にシマウマに似た縞を持つ。425～491日の妊娠期間の後、8～10月に1匹の子どもを産む。捕食者から子どもを守るが、母と子の絆は多くの有蹄類ほど強くない。

オスの角に似た組織

白またはクリーム色の顔の模様

滑らかな被毛
オカピの被毛は短くて滑らかである。濃い部分は濃い赤、紫、栗色、茶、黒など光の方向によって様々に見える。

森林のシマウマ
オカピは、1900～1901年までは独立した種と認められていなかった。時々目撃されてはいたが、ほとんどは後ろからだった。ひっそりと暮らしており、人目を避けて密な森林にすぐ逃げてしまう。古い皮膚標本で、森林に棲むシマウマという印象が強調されていた。

長い舌
オカピは長くて黒いよく動く舌を葉、芽、小枝の周りに絡ませて、それらを口の中に引き込む。舌はセルフグルーミングや、メスが子どもをきれいにするのにも用いられる。

Giraffe
キリン

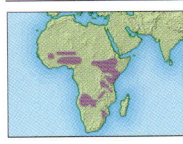

Giraffa camelopardalis

分布 アフリカ

体　長	3.8–4.7m
尾	78–100cm
体　重	0.6–1.9トン
社会単位	様々
状　態	低リスク

乾いたサバンナや開けた森林が原産で、どの哺乳類よりも高いところにある植物を食べる。主食はアカシアや野生のアンズの葉だが、若芽や果実、他の植物も食べる。とても長い舌、頭骨、首、肩周り（上肢帯）と前肢の組み合わせによって、食事のときにかなり高いところまで届く。小枝を長くてよく動く舌で口の中に入れ、それから頭を振って櫛のような形の歯で葉をとる。キリンの目立つ特徴として、大きな目と耳、肩から臀部まで急角度で下がっている背中、大きくて重い竹馬のような肢、ハエを追い払うための長くて黒い飾り毛のついた細い尾などがある。

最も背の高い動物
成長したメスは角の先端まで4.5mになる。オスはさらに1mほど高い。この違いによってオスとメスは異なる高さの植物を食べるので、餌を競合しなくてすむ。たてがみのある首はどの動物よりも長いが、それでもわずか7個の首の骨、頚椎しかない。これはほとんどの哺乳類と同じ数である。

2～4本の特殊化した角はメスよりオスの方が発達している。食べたり、飲んだりする活動は朝や夕方行い、約12時間にも及ぶ。休息は夜、多くの有蹄類同様立ったままとるが、暑い日中は反芻を行っている。メスはその地域で優位なオスと交尾するが、オス同士はぶつかったり、首を絡ませたり、頭を押しつけ合ったりしながら競う。"ネッキング"と呼ばれるこの行動は、力強い衝突というよりはスローモーションのような儀式である。これは若いオスに見られ、新しいオスがその地域に来たときに起こる。勝者は打ち負かした相手にマウンティングすることで、勝利を強調する。457日間の妊娠期間の後、通常乾季に1匹（稀に2匹）の子どもを産む。新生児は体重70kg、体高2mである。母親は10～30日間は子どもを群れから離しておき、13か月で離乳する。キリンの天敵はライオン、ヒョウ、ハイエナである。

脚の下部では模様はだんだん白くなる

模様の分布
キリンの9亜種は皮膚の模様によって認識される。写真はアミメキリンの皮膚で、非常に大きく縁の尖った深いクルミ色の模様が、はっきりした白い線で区切られている。他の亜種は、縁の模様が小さかったり、不規則ではっきりしないものもあるが、黄色から黒まであり、間の白が太いものもいる。キリンの模様は一生変わらず、それによって他のキリンと区別できる。色は季節や健康状態によって変化する。

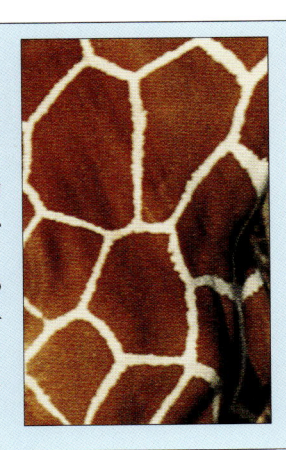

飲水が問題
キリンはとても背が高いので、水を飲むためには前肢を広げなければならないが、さらに肘を曲げることもある。首を伸ばしているときは心臓は脳まで高い圧力で血液を押し上げなければならないが、水を飲むために頭を下げているときは、一連の逆流防止弁が脳に障害が起きないように、血液の圧と流れを調節している。

哺乳類

キリンとオカピ

ウシの仲間

門	脊索動物門
綱	哺乳綱
目	偶蹄目
科	ウシ科
種	140

ウシ科は様々な種からなっている。この中にはウシ（野生と家畜化されたもの）、それらの直接の同類（バイソンなど）、ヒツジとヤギとその近縁種（シャモアなど）、アンテロープ（インパラなど）が含まれ、長くて細い肢をしたウシ科をすべて含んでいる。最も多様なのはアフリカのウシ科で、そこではそれぞれの種は少しずつ違った生態的地位を占めている。ユーラシア、北アメリカでも見られ、数種はオーストラリアにも移入されている。ウシ科はたいてい草原、砂漠、低木林、森林などを好む。

体のつくり

ウシ科は滑らかで優雅なガゼルから、大きくてずんぐりとしたバッファローまで様々な体型をしているが、どの種も骨性の核をケラチン質が覆った枝分かれしない角を持っている。シカの枝角と異なり、角は決して抜け落ちず、ほとんどの種で両性とも角を持つ。角はまっすぐや曲がっていたり、ねじれており、傾いていたり、うねになっていたり、滑らかだったりする。短いものや長いものがあるが、すべて先端が尖っている。ウシ科は分かれた蹄（偶蹄）を持つ。動物の体重はそれぞれの足にある中心の2本の指にかかる（小さな2本の側指もたいてい存在している）。尾も小さくて三角形のものから、長くて飾り毛のついたものまで様々で、被毛は短くて滑らかなものから長くてふさふさしたものまである。ウシ科は時々大型捕食者の餌となるので、全視野を見渡せるように大きくて横を向いた目、長くてよく動く耳を持ち、嗅覚が鋭い。大半の種は顔や蹄の間、または会陰部に臭腺を持っている。蹄の間の腺からは地面に匂いがつき、離れた動物が群れに戻れるようになっている。また、4つの部屋からなる反芻胃（225ページ参照）を持っている。餌（草や葉）は、器用な舌によって引っぱられ、下顎の切歯と歯のない上顎のパッドの間で押しつぶされる。

社会構成

ウシ科の中には様々な社会構成と繁殖システムがある。例えばダイカーは単独で、ディクディクはつがいで生活する。インパラは1匹のオスと数匹のメスの群れで生活する（若くて弱いオスはオス同士で集まる）。オスのガゼルはなわばりを主張する。オスは自分のなわばりに入ってきた群れのメスと交尾する。一方、野生のウシとバッファローはあまり社会構成のない群れで生活しているが、ほとんどの交尾は優位なオスが行う。

ウシと人間

家畜化されたヒツジ、ヤギ、ウシは世界中のほとんどの国で飼育されているが、これは人間にとって非常に経済的に重要であることを示す。ヒツジとヤギはアジア南西部で8000～9000年前に家畜化され、その地方には野生の祖先が今も棲んでいる。一方ウシはヒツジやヤギの2000年後に（やはりアジア南西部で）家畜化されたが、ほとんどの家畜化されたウシの祖先であるオーロクスは、現在絶滅している。大半の野生種は数多く生息している。例えばヌーは何百万匹もいるが、ガゼルの数種を含むいくつかの種は、狩猟によって絶滅に近づいている。

危険から逃れる
ほとんどの有蹄類同様、オオカモシカは感覚が鋭く、危険を感じたり捕食者に追いかけられたときに逃げる。体の大きさとがっしりとした体型にもかかわらず、時速70kmを超える速さで走ったり、逃げる途中の障害物を避けるために空中に1.5mもジャンプすることができる。

ウシの仲間

Sitatunga
ヌマレイヨウ

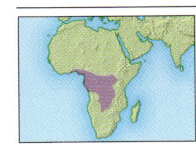

Tragelaphus spekei

体 長	1.2–1.7m
尾	20–26cm
体 重	50–125kg

分布 アフリカ西部および中部
社会単位 様々
状態 低リスク

シタツンガとも呼ばれる。水陸両生で、干上がらない湿地、沼、似たような水辺に棲む。長くて尖った広い蹄ととてもよく動く足の関節は、柔らかくて泥の多い地面に適応している。陸生の捕食者に追われたときは、水中に避難し、目と鼻だけ出して潜ってしまう。夜間、オスは警告したり、他のオスを追い払うために吠える。オス同士が出会ったときは、ポーズをとって地面を"角で刺す"。ヌマレイヨウは、アシ、草、低木の葉を含む様々な水中および陸上の植物を食べる。食事の間、肩まで水に浸かって立っていることもある。オスだけが渦巻きのある角を持っている。被毛は灰色がかっているが、メスは茶色からクルミ色である。オスもメスも、目の周り、頬、体が白い。メスは単独行動をとるか、3匹までの群れで生活している。メスは247日の妊娠期間の後、1匹の子どもを産む。

オスの灰褐色の毛色

Bongo
クチグロスジカモシカ

Tragelaphus euryceros

体 長	1.7–2.5m
尾	45–65cm
体 重	210–405kg

分布 アフリカ西部および中部
社会単位 個体、群れ
状態 低リスク†

ボンゴとも呼ばれる。最も大きく最も目立つ森のアンテロープで、体中に垂直の縞がある。胸の三日月模様、頬の斑点、鼻の山形模様、肢の帯が白い。被毛は背側がクルミ色で腹側が濃く、年長のオスは色が濃くなる。角は竪琴型で、単独行動をとるオスの角は長い(95cmにもなる)。メスは50匹までの群れをつくり、群れのメンバーが子どもの面倒を見る。

垂直の体の縞

Nyala
スジカモシカ

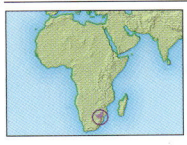

Tragelaphus angasi

体 長	1.4–1.6m
尾	40–55cm
体 重	55–125kg

分布 アフリカ南部
社会単位 群れ
状態 低リスク

ふさふさした濃い尾

オスはメスよりも大きくて重く、頭と体は濃灰色で、体にははっきりしない縞がある。下肢は黄褐色で角は70cmにもなる。メスは子どもと同じく角を持たず、赤茶で目の間に白いV字があり、垂直の白い体の縞を持つ。水に近い密な茂みを好み、草や芽を食べ、高いところの葉を食べるために後肢で立つ。

Bushbuck
ヤブスジカモシカ

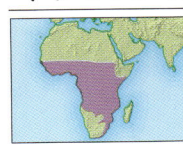

Tragelaphus scriptus

体 長	1.1–1.5m
尾	20–27cm
体 重	25–80kg

分布 アフリカ西部、中部、東部、南部
社会単位 個体
状態 地域により一般的

小型のヌマレイヨウ（上）に似ているが、角はそれほどねじれていない。茂みに棲む群れのメスは白っぽい黄褐色で、森林に棲む群れのメスは赤っぽい。両方の生息地のオスは濃い茶色から黒である。喉、首、体にある白い模様は、亜種によって様々である。若葉を食べ、交尾時や子どもを連れた母以外は単独で行動する。

Greater kudu
ネジツノカモシカ

Tragelaphus strepsiceros

体 長	2–2.5m
尾	37–48cm
体 重	120–315kg

分布 アフリカ東部から南部にかけて
社会単位 群れ
状態 低リスク†

オスは最も高くて長い角（平均1.7m）を持つアンテロープで、長い喉の飾り毛を持つ。オスもメスも毛色は灰色がかった赤か茶色で、6～10本の白い縞が体にあり、鼻と頬に白い模様がある。葉や花、果実、ハーブ、茎などを食べる。メスは6匹ほどの群れをつくり、繁殖季節の競争時以外はオスも群れをつくる。

オスの首から背にかけての突起

Common eland
オオカモシカ

Taurotragus oryx

体 長	2.1–3.5m
尾	60–90cm
体 重	300–1000kg

分布 アフリカ中部、東部、南部
社会単位 様々
状態 低リスク

エランドの2種は最大の、最もウシに似たアンテロープである。オオカモシカのオスは体重が1000kgを超えることもあり、長さ1.2mにもなるねじれた角を持ち、頭に絡まった毛でできた黒茶の"トップノット"がある。メスは600kgまでで、角はオスの半分程度である。全体の体型はアンテロープよりもウシに似ている。ウシと同じようにメスは子どもを守るために集まり、ライオンのような捕食者を追い払う。低木の茂みや平原、開けた森林で葉を食べる。唇で餌を集め、蹄で球根などを掘り出す。ラクダと同様、汗として水分が失われるのを防ぐために、体温を最高7℃上げることができ、これで旱魃を生き抜く。群れは主に子どもや若者を連れたメスで構成されている。年長のオスは単独行動をとることが多い。とても従順で、肉や乳、毛皮のためにアフリカでは飼育されている。また、アジアなどにも輸出されている。

短いたてがみ

肩のコブ

白い縞
オオカモシカはほとんどが灰色がかった淡黄褐色で、背中の中央に黒い縞があり、15本程度のクリーム色の縞が垂直に走っている。

哺乳類

有蹄類

Nilgai
ニルガイ

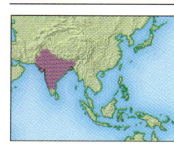

Boselaphus tragocamelus

体　長	1.8-2.1m
尾	45-53cm
体　重	300kgまで
分布	南アジア
社会単位	群れ
状態	低リスク

ウマカモシカとも呼ばれるニルガイは後肢よりも前肢が長い頭の小さなウシで、オスでは先細りの角は長さ20cmである。

オスの被毛は灰色か青みがかった灰色で、メスは黄褐色である。開けた森林から密な森を好み、鋭い感覚を持ち、非常に慎重で、トラなどの捕食者からすばやく逃げる。早朝から午前中、あるいは夕方に様々な草、葉、果実を食べる。オスはなわばりをめぐって争い、2～10匹のメスの群れに近づくため、お互いに膝を折り角で突いたりする。交尾はほぼ1年中行われるが、243～247日の妊娠期間の後、1～2匹の子どもが、6～10月に生まれる。

オスの粗い灰色か青みがかった灰色の被毛
オスは喉に飾り毛がある
下肢は色が濃い
蹴爪のすぐ上に白い輪

Lowland anoa
ヘイチスイギュウ

Bubalus depressicornis

体　長	1.6-1.7m
尾	18-31cm
体　重	150-300kg
分布	スラベシ
社会単位	個体
状態	絶滅危惧IB類

最小の野生ウシの1種で、濃い茶色から黒の被毛に、"よだれかけ"と顔、肢に白い模様がある。太いずんぐりとした体で肢が短く、角は斜め後ろを向いている。これは密な沼地の森林を押すのに適している。繁殖時期を除くと単独行動をとり、主に朝、葉、果物、シダ、若木、小枝などを食べる。9～10か月の妊娠期間の後、1匹の子どもが生まれる。

Mountain anoa
ヤマスイギュウ

Bubalus quarlesi

体　長	1.5m
尾	24cm
体　重	150-300kg
分布	スラベシおよびブトン島
社会単位	個体、つがい
状態	絶滅危惧IB類

大きさや全体の体型は低地の近縁種であるヘイチスイギュウ（左）に似ているが、完全に成長してもふわふわとした被毛で、特に下肢や喉にある白い模様が少ない。角は表面が滑らかで短く、15～20cmの長さである（ヘイチスイギュウの角は18～38cm）。一般にオスはメスより大きくて色が濃く、角が長い。東南アジアに棲む数少ない野生ウシの1種である。荒らされていない森林地帯で見られるが、そのような地域は離れており、現地の調査がしにくいため、この種の詳細な習慣や生息数ははっきりしないままである。目撃例のほとんどは、単独行動をとる成獣か、9～10か月の妊娠期間の後に生まれた1匹の子どもを連れたメスである。餌は様々な葉で、豊富なコケも食べるが、草はあまり食べないようである。

Chousingha
ヨツヅノカモシカ

Tetracerus quadricornus

体　長	80-100m
尾	12cm
体　重	17-21kg
分布	南アジア
社会単位	個体
状態	絶滅危惧II類

ウシ科の中では珍しく、オスは2組の角を持つ。前方の1組はわずか3～4cmで、後方の1組の半分の長さしかない。すぐに逃げてしまうため、習慣についてはほとんどわかっていない。草やスゲ、他の植物を食べるが、たいていは木の生えた丘の水辺におり、互いを認識するために低い金切り声を出したり、警告として吠えたりする。茶色っぽい被毛は、それぞれの足の前方に濃い縞があり、吻と耳の外表面は黒い。

Asian water buffalo
スイギュウ

Bubalus bubalis

体　長	2.4-3m
尾	60-100cm
体　重	1.2トン以下
分布	南アジア
社会単位	群れ
状態	絶滅危惧IB類

体重は1トンを超えることもある。巨大な力強い動物で、どのウシよりも角の間隔が広く、2mを超えることもある。大きくて開いた肢とよく動く球節は朝や夕方、時に夜、餌を食べる泥の多い湿地の地面に適しており、そこで青々とした草や葉の多い水中植物を食べる。子どもを連れたメスの安定した群れは（ゾウと同じように）1匹の年長のメスに率いられており、一方でオスは約10匹のオスだけの群れをつくる。若いオスは優位をめぐって争うが、深刻な闘争にはならず、交尾時期にはメスの群れに合流する。数千年も前から家畜化されており、500kg以下の小型の品種をはじめとする様々な品種が世界中に分布している。現存する野生種の生息数はまばらで少なく、主にインド、ネパール、タイなどに生息しているだけである。

泥浴び

日中の暑い時間、スイギュウは水や泥の池で泥浴びをするが、鼻先だけを残してほとんど完全に潜水することもある。泥浴びは体を冷やすだけでなく、皮膚の寄生虫やサシバエ、熱帯の沼地に多い他の害虫を取り除く役目も持つ。

巨大な角
大きな角は上方の内側に曲がっていたり、横にまっすぐ尖っていたりする。顔は長くて狭く、小さな目をしている。体は黒っぽく青みがかった灰色で下肢は淡い。

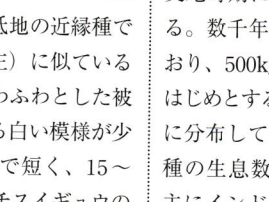

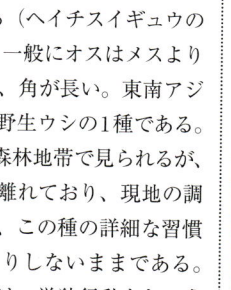

しわのよった角の表面
黒っぽいスレート色の体

ウシの仲間

African buffalo
アフリカスイギュウ

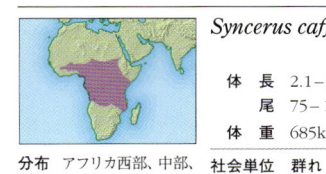

Syncerus caffer

体長	2.1–3.4m
尾	75–110cm
体重	685kgまで
分布	アフリカ西部、中部、東部、南部
社会単位	群れ
状態	地域により一般的†

アフリカ唯一のウシに近い動物で、標高4000mまでの地域に棲んでいる。ただし毎日水が必要で、水から15km以上離れたところには決して行かない。オスはメスの約2倍の体重になり、より丈夫な角は前頭の立派な隆起から生えている。太い首と肩のコブ、喉に小さな毛の固まり（胸垂）を持つ。夜間や1日のうちでも涼しい時間に、様々な草、葉、牧草を食べる。メスや支配的な地位を得るために、オスはポーズをとり、頭で押したり闘争を行ったりする。群れのメンバーはお互いにグルーミングし、移動したり、逃げたり、警告したりといった行動を、主に音で行っている。ライオンのような捕食者を協力して追い払ったりすることもある。340日の妊娠期間の後、1匹（稀に2匹）の子どもが生まれ、母や群れのメンバーによって守られる。

群れの行動

アフリカスイギュウは巨大な群れをつくり、餌が豊富にあるときは2000匹以上になることもある。乾季にはメスと子どもからなる小さな群れ（3歳までのオスを含む）に分かれたり、成長したオスだけの群れをつくる。年長のオスは単独行動をとる。どの群れでも、大きなオスは、小さなオスやメスよりも地位が高い。

暗い毛色
アフリカスイギュウは粗い濃い褐色の被毛で、大きく垂れた縁に毛の生えた耳、毛のない吻、長い尾、大きな肢に丸い蹄を持っている。

C型で先細りの角

お互いの利益

スイギュウにはダニやノミ、シラミなどの小型皮膚寄生虫がつくが、ウシツツキのような鳥はこれらをつついて食べる。鳥は満腹になり、スイギュウは清潔になる。鳥は開いた傷口から血を吸うことも知られており、寄生的な関係と考えられている。

Banteng
バンテン

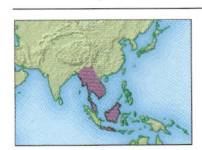

Bos javanicus

体長	1.8–2.3m
尾	65–70cm
体重	400–900kg
分布	東南アジア
社会単位	群れ
状態	絶滅危惧IB類

家畜化されたバンテンの祖先で、全体が飼育されたウシに似ており、オスは黒茶から濃いクルミ色、メスと子どもは赤茶である。オスもメスも、腹、肢、臀部は白い。オスの角は長さ75cmになり、外側に向いて、上に向かっている。メスの角は小さくて三日月型である。バンテンはメスと子ども、そして1匹のオスからなる2〜40匹の群れか、オス同士の群れで生活する。雨季の間は丘に移動し、乾季は低地に戻ってくる。野生の群れは少なく、生息地は急速に消失している。

Kouprey
ハイイロヤギュウ

Bos sauveli

体長	2.1–2.2m
尾	1–1.1m
体重	700–900kg
分布	東南アジア
社会単位	様々
状態	絶滅危惧IA類

ハイイロヤギュウは全体的には家畜化されたウシに似ている。オスは黒か濃い褐色で、ゆらゆらした胸垂、3歳以上で先端の分かれるL字型の角を持っている。オスは灰色がかっている。オスもメスも肢は黄色がかった白で、腹は白っぽい。小さくて結びつきのゆるい群れをつくる。世界で最も珍しい種のひとつで、1937年に確認されているだけで、生息地の消失、政情不安、密猟などの危険によって絶滅に瀕している。

Yak
ヤク

Bos grunniens

体長	3.3mまで
尾	60cm
体重	525kgまで
分布	南アジアおよび東アジア
社会単位	個体、群れ
状態	絶滅危惧II類

家畜化されたヤクは、乳、肉、羊毛、輸送手段として南アジアや東南アジアの多くの人々にとって重要な動物となっている。野生のヤクは少し大型で非常に珍しく、主にカシミール（インド）東部からチベットや青海（中国）の標高6000mまでの風の吹く荒涼な、身を切るように寒いステップに棲んでいる。柔らかくて絡まった毛でできた密な下毛は、一般には濃い褐色から黒の外毛で覆われている。草、ハーブ、コケ、地衣類を主食とし、飲み水のかわりに氷や雪を食べる。メスと子どもは群れをつくり、繁殖季節にはオスが群れに合流するが、それ以外はオスはオス同士で群れをつくったり、単独で生活する。258日の妊娠期間を経て、1匹の子どもが2年ごとに生まれる。

高くてコブのある肩

かなり長い外毛

有蹄類

American bison
アメリカバイソン
Bison bison

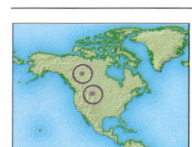

体長	2.1–3.5m
尾	30–60cm
体重	350–1000kg
社会単位	20万頭
状態	絶滅の恐れは低い

分布　北アメリカ西部および北部

巨大な体をしており、体高は2mにも達する。その巨体にもかかわらず、時速60km以上で走ることができる。優れた聴覚と嗅覚が危険を捕らえる主な手段である。1日の大半を食事に費やし、1匹の支配的なオスが率いる結びつきのゆるい群れで生活する。オスはたいていオス同士の群れで離れて生活しており、繁殖季節だけメスと合流する。アメリカバイソンはなわばりを持たず、季節の変化と餌の供給によって移動する。モリバイソンという亜種がいるが、この分類が妥当かどうかはまだ議論中である。最近の遺伝学的研究から、ヨーロッパバイソンは、以前考えられていたよりも、ずっとアメリカの同類に近いことが示唆されている（250ページ参照）。

保護
かつては5000万匹もいたが、現在は野生では事実上絶滅している。これは、ヨーロッパからの入植者によって、商業的な狩猟が広まったせいでもある。その後の保護努力によって生息数は増加したが、ほとんどのアメリカンバイソンは飼育されていたり、飼育されていた個体の末裔である。アメリカ合衆国のイエローストーン国立公園とカナダのウッドバッファロー国立公園は、野生の群れが生き残っている唯一の場所である。

草を求めての移動
自由にさまよう群れだった時代には、バイソンは伝統的な道をたどって毎年数百キロの移動を行っていた。しかし20万匹という最近の生息数では、自由にさまよえるのはわずかであり、国立公園の中をうろつくことしかできなくなった。

冬の被毛
バイソンはアメリカ西部の温暖で乾いた平原にいるが、山のある地方でも見られ、そこでは極端な温度差がある。実際は、厚い被毛と厚いたてがみによって氷や寒さから守られているので、冬でもあまり困ることはない。

オスの権力争い
繁殖期にバイソンのオスは、メスの占有権をかけて、頭と頭をつき合わせて激しく戦う。強いオスと交尾したいメスたちは、闘うライバルたちに駆け寄って、競争をけしかける。

力強い体型
バイソンの巨体は、そびえたつ肩のコブに象徴される。首、肩、前肢にある茶色がかった黒い毛は長くてふさふさしているが、体の残りの部分は短くて明るい色の毛で覆われている。大きくて重い頭が短くて太い首に乗っており、広い額とばらばらの顎鬚のある顎が特徴である。

- 短くて上を向いた角
- 広い額
- オスには目立つ肩のコブがある
- 明るい茶色の短い毛
- ふさふさした被毛
- ばらばらの顎鬚

哺乳類

哺乳類

有蹄類

Gaur
インドヤギュウ
Bos gaurus

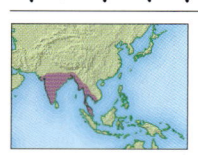

体長	2.5–3.3m
尾	70–100cm
体重	650–1000kg
分布	南アジアから東南アジアにかけて
社会単位	群れ
状態	絶滅危惧II類†

最も大きいウシの1種で、ガウルとも呼ばれる。頭が大きく、体色は赤や茶、黒の陰影のある濃い色合いで、白っぽい丈夫な肢を持つ。S字型の角は長さ1.1mになり、肩のコブは腰の隆起の手前までの背中に続いている。発情したオスは大声で歌う。声の調子は低いが1.5km離れていても聞こえる。社会構成と様々な草の餌は、他のヤギュウと同じである。

European bison
ヨーロッパバイソン
Bison bonasus

体長	2.1–3.4m
尾	30–60cm
体重	300–920kg
分布	ヨーロッパ東部
社会単位	群れ
状態	絶滅危惧IB類†

遺伝学的研究を含む一連の証拠から、ヨーロッパバイソンは、アメリカバイソン（248ページ）と同種であることが示唆されている。野生種は絶滅し、動物園で飼育繁殖されている。原産のバイソンが1910年代まで生き残っていた針葉樹のバイアロワイザ林（ポーランドとベラルーシの国境にある）に再移入された。ヨーロッパバイソンは、アメリカバイソンよりも少し明るく短い被毛をしているが、生息地や群れの行動は似ている。角はオスで大きいが、短くて上を向いている。葉、小枝、樹皮をかじり、背の低い草も食べる。260〜270日の妊娠期間の後、1匹の子どもが生まれる。子どもは生後3時間で走ることができ、1年で離乳する。

よく発達した肩のコブ

Red forest duiker
アカダイカー
Cephalophus natalensis 

体長	70–100cm
尾	9–14cm
体重	13kg
分布	アフリカ東部
社会単位	つがい
状態	低リスク†

18種程度いるダイカーの1種である。ダイカーは小型で背中の曲がったアンテロープで、前肢よりも後肢の方が長い。この種は赤っぽいオレンジから濃い褐色の被毛をしており、首の毛は長くて粗く、尾は先端が黒と白で、付け根が赤い。主に森林や森に棲み、生息地は大半のダイカー（左下）と似ている。

Common duiker
サバンナダイカー
Sylvicapra grimmia

体長	0.7–1.2m
尾	7–19cm
体重	12–25kg
分布	アフリカ西部、中部、東部、南部
社会単位	個体、つがい
状態	地域により一般的

サバンナダイカーは飾り毛のある額、大きくて尖った耳を持つ。オスだけに鋭く尖った長さ約11cmの角がある。背側は灰色から赤っぽい黄色で、腹側は白く、鼻に濃い縞がある。どこにでも棲み、夜間に草を食べ、小型動物や死肉も食べる。単独やつがいで生活し、オスはライバルからなわばりを守る。

Waterbuck
ウォーターバック
Kobus ellipsiprymnus

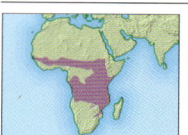

体長	1.3–2.4m
尾	10–45cm
体重	50–300kg
分布	アフリカ西部、中部、東部
社会単位	個体、群れ
状態	低リスク

最も重いアンテロープの1種で、被毛は粗くて長く、つやがある。毛色は灰色から赤茶まで様々で、年齢とともに濃くなる。臀部、喉、吻に白い模様があり、白い"眉毛"を持っている。蹄の上にも白い輪があり、腹側は白い。通常オスだけに見られる角は長さ1mにもなる。餌の90％までは草で、残りが葉である。危険を感じるとたいてい急いで水に逃げ、速く泳ぐか、鼻だけ出して潜水する。若いオスの群れはたいてい2〜5匹で、稀に50匹以上になることもあるが、外見、角の長さ、闘争によって順位が決まっている。年長（6〜10歳）の繁殖するオスがなわばりを支配する。メスは単独か10匹までの結びつきのゆるい群れをつくる。

突き出たねじれのある角

Lechwe
リーチュエ
Kobus leche 

体長	1.3–2.4m
尾	10–45cm
体重	79–103kg
分布	アフリカ中部から南部にかけて
社会単位	群れ
状態	低リスク

アフリカレイヨウとも呼ばれる。草や、氾濫原や沼地の水面で天候によって季節的に表面に出る水中植物を食べる。上手に水中を歩いたり泳いだりし、大きな群れをつくり、コーブ（251ページ）と同じ集団の繁殖システムを持つ。クルミ色から黒の被毛は白い腹側とは対照的であり、肢に黒い縞がある。オスだけが角を持つ。

哺乳類

Kob
コーブ

Kobus kob

体長	1.3–2.4m
尾	10–45cm
体重	50–300kg
分布	アフリカ西部から東部
社会単位	群れ
状態	低リスク

優雅だが力強いアンテロープで、被毛は薄いシナモンから黒茶で、顔と喉に白い模様模様があり、肢の縞と足先が黒い。オスは輪のある竪琴型の角を持っている。多数が集まって生活しており、オスは直径15mほどのわずかな敷地（レックと呼ばれる）を争う。競争の勝者が多くのメスと交尾する権利を手に入れる。

Puku
プークー

Kobus vardonii

体長	1.3–1.8m
尾	18–30cm
体重	66–77kg
分布	アフリカ西部から東部
社会単位	個体、群れ
状態	低リスク

コーブ（左）に似た繁殖システムを持ち、多数が集まった場所にレックを持つ。なわばりは個体数が少ない場合にできる。

Bohor reedbuck
ボホールリードバック

Redunca redunca

体長	1.1–1.6m
尾	15–45cm
体重	19–95kg
分布	アフリカ西部から東部
社会単位	様々
状態	低リスク

小型で体重が軽く、サバンナに棲む。被毛は黄褐色で、腹側、喉、目の周りが白い。耳の下にある灰色の斑点は、臭腺を示している。草や柔らかい柳の若芽を食べる。メスと子ども、あるいは角のあるオスからなる小さな群れは、乾季に大きな群れになる。

長い被毛は単色の黄色っぽい金色で、角の長さは約50㎝。朝や夕方草を食べ、他の平原に棲むアンテロープ同様、危険からすぐに逃げる。

黄色から赤茶の被毛

Roan antelope
ローンアンテロープ

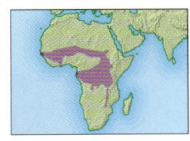

Hippotragus equinus

体長	1.9–2.7m
尾	37–76cm
体重	150–300kg
分布	アフリカ西部、中部、東部
社会単位	個体、群れ
状態	低リスク

赤から茶色の被毛で腹側が白く、顔には黒と白の模様がある。オスもメスも角とたてがみを持つ。乏しい草で生き延び、1日に2〜3回水を飲む。1匹の優位のオスと12〜15匹のメスにその子どもという群れか、若いオス同士の群れがある。

後ろに曲がった角

Sable antelope
セーブルアンテロープ

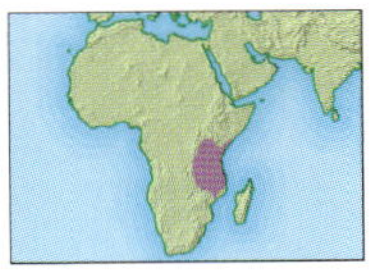

Hippotragus niger

体長	1.9–2.7m
尾	37–76cm
体重	150–300kg
分布	アフリカ東部から南東部
社会単位	群れ
状態	低リスク

ローンアンテロープ（右上）といくつかの点で似ているが、乾季には100匹を超える群れをつくり、そのときはいつもの草ではなく若芽などを食べる。雨季には2〜12匹のオス同士の群れに分かれるが、優位のオスはなわばりを支配し、そこにいるメスと交尾する。最初の隠れ家から出た子どもは、子どもだけの群れをつくり、授乳のときだけ母親に合流する。

おとなのオス
成長したオスの被毛は黒いが、顔の模様はメスと同じである。白い顔の中で、鼻すじと頬に濃い縞がある。オスもメスも丈夫でがっしりした輪のある角を持つ。

顔の模様はおとなと似ている

セーブルの子ども
子どもの毛色は成長したメスと同じで、クルミ色か栗色である。240〜280日の妊娠期間の後で生まれ、最初は群れから離されている。

Scimitar-horned oryx
シロオリックス

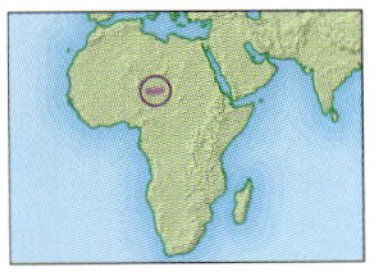

Oryx dammah

体長	1.5–2.4m
尾	45–90cm
体重	100–210kg
分布	アフリカ北部
社会単位	群れ
状態	絶滅危惧IA類†

砂漠や不毛な平原、岩場の丘に適応しており、体の水分を保つ多くの身体的な適応がある。腎臓はとても効率的で、体温が46℃を超えたときだけ汗をかく。大きな蹄は広がっており、ずんぐりした体重を柔らかい砂の上で支える。早朝や夕方、月明かりの中で様々な植物を食べ、日中はあらゆる日陰で休息する。20〜40匹のオスとメスの交じった群れをつくり、オスはメスと交配するためにディスプレイや闘争を行う。222〜253日の妊娠期間の後、母は出産のために群れを離れるが、数時間以内で戻ってくる。子どもは14週で離乳し、2年で性的に成熟する。ほとんど絶滅するまで狩猟され、チャド中北部の保護区でだけ生き残った。飼育繁殖個体が1991年にチュニジアに再移入され、さらに放牧が予定されている。

滑らかな角

はっきりしない縞が下半身にある

赤茶の首と胸

Gemsbok
オリックス

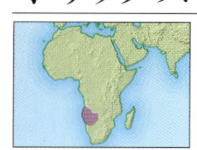

Oryx gazella

体長	1.6–2.4m
尾	45–90cm
体重	100–210kg

分布　アフリカ南西部
社会単位　群れ
状態　低リスク

ゲムズボックとも呼ばれる。大型で、はっきりとした色彩のアンテロープで、不毛な草のある茂みや砂漠に棲む。体温が45℃を超えるまで荒い息づかいをしない、汗をかかない、腎臓で非常に濃い尿をつくる、糞が乾燥しているなど、水分保持の適応がある。主食は草と低木林で、野生のキュウリ、メロンなど水分補給になる植物を食べる。25匹までの遊牧する群れはメス、子ども、数匹のオスからなる。多くの砂漠に棲む種同様、1年中いつでも餌のあるときに繁殖する。260〜300日の妊娠期間の後、1匹（稀に2匹）生まれる子どもは、群れの近くに隠れ、母親が時々授乳に訪れる。子どもは約6週間母乳を飲む。

輪のある角
横の腹側にある黒い縞

日陰の安息

暑く乾燥した生息地で生きていくために、主に夕暮れや夜の涼しい時間に餌を食べる。午前10時から午後2〜3時までは、日陰に集まっている。大半のアンテロープでは個体が集まると、優位や交尾のために闘争が起こるが、オリックスは生き抜くために社会的な関係を一時棚上げにしておく。

黒、白、灰色の色合い
淡黄褐色の混ざった灰色の体とは対照的に、顔、耳、腹、肢は黒と白である。広い口吻と広い切歯の並びは、固い草を食いちぎるのに適している。

Addax
アダックス

Addax nasomaculatus

体長	1.5–1.7m
尾	25–35cm
体重	60–125kg

分布　アフリカ北西部
社会単位　様々
状態　絶滅危惧IA類

人里離れたところに生息し、砂漠で生き延びていくために、オリックス（左）と同じような適応を持つ。雨の後は植物を探し回り、日中は日陰で休んでいる。以前は数が多く、1匹の年長のオスに率いられた20匹以上の混合群をつくっていた。現在は単独か2〜4匹の小さな群れで生活している。被毛は冬は灰褐色で、夏は砂色から白になる。白い顔の上にはクルミ色の額の飾り毛を持ち、角はねじれている。

Bontebok
ボンテボック

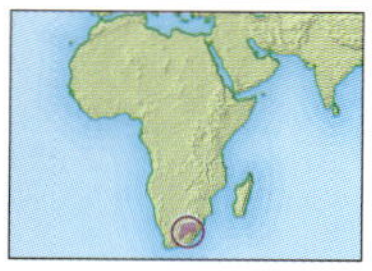

Damaliscus dorcas

体長	1.2–2.1m
尾	10–60cm
体重	68–155kg

分布　アフリカ南部
社会単位　群れ
状態　絶滅危惧II類

鼻先が長く、目のところで狭くなる白い筋が、平らで竪琴型の角に続いている。角は70cmで、大半に輪がある。成長したオスはポーズをとり、角で打ち合うが（喧嘩はめったにしない）これはなわばりを守るためである。これによってメスと子どもの群れを支配することができる。オスは群れのメンバーを集めて移動の先頭に立つ。メスは昔から決まった場所で出産するが、妊娠期間は約8か月で1匹の子どもを産む。多くの似たようなアンテロープと異なり、群れから子どもを離したり、隠したりすることはない。子どもは誕生後5分以内に歩き、すぐに母親についていく。6か月で離乳する。早朝か夕方に、様々な草やハーブを食べる。1830年代には野生ではほとんど絶滅したが、公園や保護区で生き残っていた。現在でも非常に珍しい南アフリカのアンテロープである。

豊かな茶色の被毛は紫の光沢がある

Topi
ダマリスクス

Damaliscus lunatus

体長	1.2–2.1m
尾	10–60cm
体重	68–155kg

分布　アフリカ西部、中部、東部、南部
社会単位　群れ
状態　低リスク

頭が長く、肩にコブがあり、背中が後方に向かって下がっている。つやのある赤茶の被毛は、肢の上側が紫がかり、吻の上、腹、下肢は濃い。角にはL型の輪がある。季節的に洪水の起こる草原に棲む。移動する群れではレック（251ページ、コーブの項）、定住する群れではオスがなわばりを持ちハーレムをつくるという、2つの繁殖方法を使い分ける。

Hartebeest
ハーテビースト

Alcelaphalus buselaphus

体長	1.5–2.5m
尾	30–70cm
体重	100–225kg

分布　アフリカ西部、東部、南部
社会単位　群れ
状態　低リスク

ダマリスクス（左）に餌や体型などが似ているが、角の輪が多く、亜種によってねじれていたり竪琴型だったりする。毛色はクルミや淡黄褐色から灰褐色まで様々で、臀部に薄い模様があり、額、口吻、肩、大腿部に黒い模様がある。300匹にもなる大きくて高度に組織化された群れをつくり、優位なオスが支配する。群れはなわばりを持たないオスや、子どもを連れたメスなどのサブグループを含む。

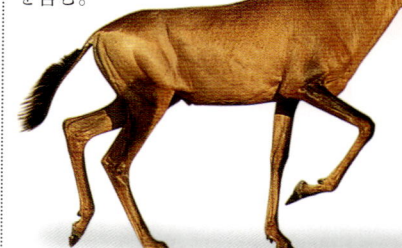

Wildebeest/Gnu
ヌー

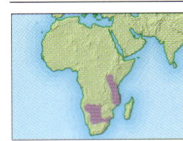

Connochaetes taurinus

体 長	1.5–2.4m
尾	35–56cm
体 重	120–275kg
分布	アフリカ東部および南部
社会単位	群れ
状態	低リスク

吻の長い大きな頭、ウシに似た角を持ち、肩が高い。8〜9か月の妊娠期間の後、1匹の子どもを産む。子どもはヒツジのように鳴き、母親は家畜のウシのような声でそれに応える。1〜4歳のオスはオス同士の群れをつくり、「ゲ、ヌー」という声を出したり、押し合ったり、儀式的にポーズをとったりして自分だけのなわばりを築こうとする。勝ったオスだけが交尾できる。

角はオスで長さ80cmにもなる。

長いたてがみ
首から肩に伸びる豊かな黒いたてがみを持ち、髪の毛が額にかかっている。主な毛色は銀灰色から後躯にかけて薄くなっていく茶色で、長い尾は黒い。

危険な旅

居住地にとどまるヌーもいるが、大半の群れは大きな群れをつくり、季節的な餌場を求めて毎年数百キロの旅をする。道はあちこちに草を生やす突然の雨によって変わる。写真のように川を渡るときはクロコダイルに襲われる危険がある。

Klipspringer
イワトビカモシカ

Oreotragus oreotragus

体 長	0.8–1.2m
尾	5–13cm
体 重	8–18kg
分布	アフリカ東部、中部、南部
社会単位	つがい
状態	低リスク

小型で吻が短く、蹄が小さい。生息地の山や渓谷の険しい岩場を上手に跳び回る。短い尾と密でつやのあるオリーブ色の被毛は黄色と茶色が混じり、腹側と肢は徐々に白くなっている。オスは小さくて尖った角を持つ。常緑樹や低木を食べ、つがいと1〜2匹の子どもで生活している。

小さな蹄

Oribi
オリビ

Ourebia ourebi

体 長	0.9–1.4m
尾	6–15cm
体 重	14–21kg
分布	アフリカ西部から東部にかけて、南部
社会単位	様々
状態	低リスク

小型でほっそりとし、首が長い。細くつやのある被毛は、背側は砂色から赤茶、腹側と顎、臀部は白く、膝に長い飾り毛がある。オスは2本の小さくて尖った輪のある角を持つ。草や、乾季には低木の葉も食べる。つがいや2〜3匹のオスを含む7〜8匹の小さな群れをつくることもある。オスは、2か月で離乳する子どもの体を清潔に保つのを手伝い、子どもを守る。

Kirk's dik-dik
キルクディクディク

Madoqua kirkii

体 長	52–72cm
尾	35–56cm
体 重	3–7kg
分布	アフリカ東部および南西部
社会単位	つがい
状態	地域により一般的

ディクディクには4種ある。キルクディクディクは柔らかくつやのない被毛で、灰色から茶色のまだらがあり、額にとさかのある頭は赤茶が強い。蹄の基部は弾力性があり、岩を効果的につかむ。様々な植物を食べ、結びつきの強いつがいで生活する。169〜174日の妊娠期間の後、1匹の子どもを産む。子どもは2〜3週間隠れており、3〜4か月授乳する。

Blackbuck
ブラックバック

Antilope cervicapra

体 長	1.2m
尾	18cm
体 重	32–43kg
分布	南アジア
社会単位	群れ
状態	絶滅危惧II類

ブラックバックは、穀物の実を含む草を食べる。メスは淡黄褐色から黄色で優位なオスは年齢とともに黒くなり、他のオスは茶色である。腹、吻、目の輪が黒い。オスの角は長さ68cmにもなり、基部に輪があり、5回もねじれている。繁殖時期にオスはなわばりとハーレムを守る。

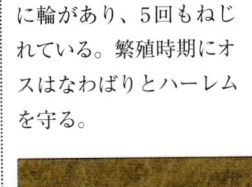

Steenbok
スタインボック

Raphicerus campestris

体 長	61–95cm
尾	4–8cm
体 重	7–16kg
分布	アフリカ東部および南部
社会単位	個体、つがい
状態	地域により一般的

スタインボックは、単独か、かなり離れたところにいるつがいで生活し、匂いや糞でマークしたなわばりを持つ。草や若芽を食べ、横の2本の指がない足で、根や球根を掘り出す。毛色は明るい赤茶から淡黄褐色で、銀灰色が混ざることがあり、腹側は色が薄い。目に白い縞や輪、耳に黒い指のような模様があり、鼻や角の間にまだら模様がある。オスだけが角を持つ。

哺乳類

ウシの仲間

有蹄類

Impala
インパラ

Aepyceros melampus

体　長	1.1–1.5m
尾	25–40cm
体　重	40–65kg

分布　アフリカ東部および南部
社会単位　群れ
状態　低リスク

　インパラは騒々しいアンテロープである。角のあるオスは発情期にしゃがれた大きな声を出す。子どもはヒツジのように鳴く。そしてすべてが大きな警告の声を出し、高く跳び、後肢を蹴り上げて、4本足で着地する。草や若芽を食べ、乾季はオスとメスの交じった群れをつくる。繁殖時期にオスは、なわばりとメスをめぐって争う。被毛は赤っぽい黄褐色で臀部と尾に黒い線がある。

Gerenuk
ジェレヌク

Litocranius walleri

体　長	1.4–1.6m
尾	22–35cm
体　重	28–52kg

分布　東アフリカ
社会単位　個体、群れ
状態　低リスク

　キリンレイヨウとも呼ばれ、長くて細い首と肢を持つ。背骨をS字に曲げることができ、後肢で体重を支え、長時間垂直に立つことができる。このおかげで、開けた森林やまばらな茂みの土地で同じ大きさの草食動物よりも高い位置にある葉を食べることができる。前から見ると、首、頭、長くて尖った吻はとても狭いが、これはアカシアや他のトゲのある葉に対応したものである。長くて尖った舌とよく動く唇、尖った縁の歯を使い、ごく小さな葉をむしったり、つみ取ったりする。主に赤っぽい淡黄褐色で、背側と上半身に広くて濃い帯があり、腹側、首、顎、唇、目の周りは白い。尾には黒い飾り毛がある。オスだけが長さ35cmの角を持つが、かなり太くてカーブしている。つがいか、1匹のオスに子どもを連れた2～4匹のメスという小さな群れをつくる。なわばりを持つオスのみが、およそ3歳で交尾する。若いオスはオス同士の群れをつくるが、1匹のオスがメスの群れの周辺部に位置し、時々メスも単独で行動する。

Springbok
スプリングボック

Antidorcas marsupialis

体　長	1.2–1.4m
尾	15–30cm
体　重	30–48kg

分布　アフリカ南部
社会単位　群れ
状態　低リスク

　この適応力のある草食動物は、非常に大きな群れをつくるが、かつては百万匹以上いた移動群は、現在わずか1500匹である。跳ねるウシの仲間で、丈夫な肢で高く何回も飛ぶように跳ねる。この行動は捕食者に襲うのを思いとどまらせる効果がある。繁殖習性は、他のガゼルと同じである。

顔には赤っぽい茶色の帯
白い腹

Thomson's gazelle
トムソンガゼル

Gazella thomsonii

体　長	0.9–1.2m
尾	15–20cm
体　重	15–30kg

分布　アフリカ東部
社会単位　群れ
状態　低リスク

　この小型のガゼルは優雅ですばしこい。ガゼルを主食とするハイエナやジャッカルのような食肉獣が近づいたときのように、危険が迫るとスプリングボックのように跳ねる。局地的には最もよく見られるガゼルで、インパラや他のガゼルと群れをつくる。主食は短い草だが、葉も食べる。雨季（草原）や乾季（低木林）の間、10～30匹のメスと子どもからなる群れは、移動するためにオスだけの群れや、1匹のオスと合流する。160～180日の妊娠期間の後、通常1匹の子どもを産む。子どもは親よりも体色が濃いが、1～2週間で淡い色になる。

濃い輪のある角
（写真のオスはメスより長い）

濃い指のような模様が耳の内側にある

早い繁殖
　トムソンガゼルは、ウシの仲間にしては珍しく、1年に2回繁殖できる数少ない種である。雨の後1月か2月に最初の子どもが生まれ、次は7月である。赤ん坊はすぐに自分の足で立つが、3～4週間して群れに追いつけるようになるまで、数週間はうずくまって隠れている。4か月で離乳する。

はっきりした模様
黒い体幹の帯が、背中の砂色がかった黄褐色と白い腹側を分けている。赤茶の頭は、濃い鼻筋と黒い頬の縞の上で吻に続く白い目の周りの輪を持つ。

Saiga
サイガ

Saiga tatarica

体　長	1–1.4m
尾	6–12cm
体　重	26–69kg

分布　中央アジア
社会単位　群れ
状態　絶滅危惧IA類

　下を向いた鼻孔のある広い鼻を持ち、これで体温調節をしたり、鋭い嗅覚を生み出しているのではないかと考えられている。厚くて細い被毛は背中側がシナモン色から淡黄褐色で、腹側は白っぽく、冬にはとても厚くなる。乾燥したステップに棲み、様々な植物を食べる。小さな繁殖グループが合流して、移動する大きな群れをつくる。オスだけが角を持つ。

ウシの仲間

Mountain goat
シロイワヤギ

Oreamnos americanus

体長　1.2–1.6m
尾　　10–20cm
体重　46–140kg

分布　カナダ西部、合衆国北部および西部
社会単位　様々
状態　地域により一般的

細い毛のヤギで氷、雪、岩、氷山の中で生きている。大きくて鋭い蹄は縁が固く、内側のパッドは柔らかい。これは滑りやすい表面をしっかりつかむためである。白っぽい黄色の長い外毛と、厚くて密な下毛が体温を保つ。鋭くて後ろに曲がった角は長さ25cmで、オスの角は太く、メスよりも30％も大きい。このヤギは草、コケ、地衣類、小枝を食べる。夏には4匹以下の群れをつくるが、冬には集まって大きな群れになる。

Chamois
シャモア

Rupicapra rupicapra

体長　0.9–1.3m
尾　　3–4cm
体重　24–50kg

分布　ヨーロッパ、西アジア
社会単位　個体、群れ
状態　絶滅危惧IA類

すばしこく、登りが得意なヤギで、高さ2mも跳ね、長さ6mも跳び、時速50kmで走る。よく動く蹄のパッドはでこぼこした滑りやすい地面を確実につかむ。オスもメスも細くて黒い間の狭い角を持ち、長さ20cmほどで先端が後ろにカーブしている。夏の間は高地の牧場でハーブや花を食べ、冬は低地に移動してバラバラの群れでコケや地衣類、若芽を食べる。

淡黄褐色の被毛は冬に濃くなる

喉に白い模様

Ibex
アイベックス

Capra ibex

体長　1.2–1.7m
尾　　10–20cm
体重　35–150kg

分布　ヨーロッパ南部、西アジア、南アジア、アフリカ北部
社会単位　個体、群れ
状態　絶滅危惧IB類†

アイベックスは標高6700mを超える樹木限界やその上に棲む。夏の間、メスは黄褐色、オスは背中と臀部に白っぽい黄色の模様がある豊かな茶色の被毛である。オスもメスも冬はもっと様々な色の厚い被毛になる。春に高地の牧草地に登り、秋に芽や若木を食べるために下りてくる。メスと子どもは安定した10～20匹の群れをつくり、オスはオスだけの群れをつくる。

角のぶつかり合い

多くのヤギ同様、オスのアイベックスは群れの中での地位とメスをめぐって、ポーズをとったり頭を突き出したりして闘う。競争相手は後肢で立ち、前にかがみ、頭骨がきしむような力で頭と角をぶつけ合う。

刀型の角

巨大な角

アイベックスは、太くてカーブした角を持つ。オスは1.4mにもなるが、メスの長さはオスの4分の1である。

ふさふさした顎髭

Tahr
ヒマラヤタール

Hemitragus jemlahicus

体長　0.9–1.4m
尾　　9–12cm
体重　50–100kg

分布　南アジア
社会単位　群れ
状態　絶滅危惧II類

首と肩のふさふさした豊かなたてがみは膝まで伸びている。顔と頭の毛は対照的に短い。角は横が狭く平らで、オスは40cm（メスの2倍）に達する。多くの山岳地方に棲む哺乳類同様、タールも春はヒマラヤの高地に移動し、標高5000mのところで様々な植物を食べる。秋には標高2500mの温帯林に戻ってくるが、このときに2～23匹のメスの群れは発情期のオスと合流する。オスは角を組み、お互いを押して相手のバランスを崩そうとする。子どもは次の年の5～6月に生まれる。

赤味がかった茶色の被毛

非常に短い尾

Muskox
ジャコウウシ

Ovibos moschatus

体長　1.9–2.3m
尾　　9–10cm
体重　200–410kg

分布　北アメリカ北部、グリーンランド
社会単位　群れ
状態　地域により一般的

ジャコウウシは発情期のオスが出す強い匂いにちなんで名づけられた。オスは、メスをめぐって追いかけ合ったり、激突したりする。オスもメスも幅の広い角を持ち、中央のコブでほとんどつながっているが、一度下に曲がり、先端が上を向いている。体は巨大で、首、肢、尾は短い。夏には谷のスゲや草を食べる。冬は風が地面の雪を吹き飛ばす高い地域で餌を食べる。人間のせいでほとんど絶滅しかけたが、野生動物保護と再移入によって再び生息数が増えている。

二重の被毛

濃い褐色の保護毛からなる外毛はほとんど地面に届き、雨や雪を効果的に遮る。細くて柔らかい白茶の毛からなる下毛は、断熱性に優れている。

背中の中央が白い

肩のコブ

白っぽい肢

ディフェンスサークル

オオカミやホッキョクグマなどの危険が迫ると、おとなのオスとメスは外を向いて円形に集まる。傷つきやすい子どもを中央に置いて、守るのである。群れの中でも大型のメンバーがサークルから出て、敵と戦ったり、追い払ったりする。

哺乳類

有蹄類

Wild goat
ノヤギ
Capra aegagrus

体長	1.2–1.6m
尾	15–20cm
体重	25–95kg
分布	西アジア
社会単位	群れ
状態	絶滅危惧II類

　おそらく家畜化されたヤギの祖先で、不毛な低木林から標高4200mにもなる高山の牧草地までの様々な場所で、葉や草を食べる。メスは赤灰色から黄褐色である。おとなのオス（写真は若いオス）は顎髭があり、濃い模様のある銀灰色である。オスもメスも角を持つ。オスはオス同士の群れでの地位と、メスをめぐって争う。

黒い肩の縞

Markhor
マーコール
Capra falconeri 

体長	1.4–1.8m
尾	8–14cm
体重	32–110kg
分布	中央アジア、南アジア
社会単位	様々
状態	絶滅危惧IB類

　標高700〜4000mの様々な土地に棲み、夏は草を食べ、冬は低木の葉や枝を低地の崖で食べる。赤灰色の短い被毛は、冬になると灰色の長い被毛に変わる。ねじれた角は、ふさふさした喉の毛を持つオスでは1.6mにも達するが、メスではわずか25cmである。この角が、狩猟によって減少してしまった理由のひとつである。

Blue sheep
アオヒツジ
Pseudois nayaur

体長	1.2–1.7m
尾	10–20cm
体重	25–80kg
分布	南アジアから東アジアにかけて
社会単位	群れ
状態	低リスク

　バーラルとも呼ばれる。樹木限界と万年雪の間の岩の多い氷のある高山地帯で生き延びるためのカムフラージュになる毛色をしている。オスは灰褐色に青みがかった灰色が混じり、腹側と"眉毛"は白く、体幹と肢の縞は黒い。滑らかな80cmの角は外側を向いている。メスは短い角を持ち、やや小柄で、黒い模様はほとんどない。繁殖習性は他のヒツジに似ており、ハーレムをめぐって争う。

Barbary sheep
バーバリーシープ
Ammotragus lervia 

体長	1.3–1.7m
尾	15–25cm
体重	40–145kg
分布	アフリカ北部
社会単位	個体、群れ
状態	絶滅危惧II類

　被毛は赤茶から淡黄褐色で、短くて上を向いたたてがみが首と肩にあり、それよりもずっと長い毛が喉、胸、前肢の上側にある。オスもメスも長さ84cmになる三日月型の角を持つが、オスの方が発達している。様々な植物を食べる。オス同士は、地位と繁殖するためにメスの群れに近づく権利をかけて、頭を下げて闘争をする。

Argali
アルガリ
Ovis ammon

体長	1.2–1.8m
尾	7–15cm
体重	200kgまで
分布	中央アジア、南アジア、東アジア
社会単位	個体、群れ
状態	絶滅危惧IB類

　オスの発情期の闘争は、頭をぶつけるだけでなく、平行に走って相手の体幹や胸に角でぶつかっていく。最も大きい野生のヒツジで、複雑なうねりのある角（オスは1.5mになる）は、横にらせん状に突き出ており、年齢とともに360度以上もねじれる。豊かな被毛は様々な白っぽい褐色に、肢と臀部に白い模様がある。狩猟によって脅かされており、家畜のために生息地が減少している。2匹の子どもが生まれることがよくある。

Asiatic mouflon
アジアムフロン
Ovis orientalis

体長	1.1–1.3m
尾	7–12cm
体重	25–55kg
分布	西アジア
社会単位	個体、群れ
状態	絶滅危惧IB類

　最も小型の野生ヒツジで、おそらくすべての家畜化されたヒツジの祖先だが、高地や茂み、草のある平原で見られる。被毛は赤茶で濃い背中中央の縞が薄い"サドル"模様に挟まれており、短くて広い黒い尾と、白っぽい腹をしている。曲がった角は長くて、オスでは65cmになる。他の多くの野生ヒツジ同様、メスは子どもと一緒に小さな群れで生活するが、単独やオス同士で暮らすオスは、地位とメスへの権利を争う。押したり突いたり激突する力によって決まるが、6〜7歳になるまでは繁殖せず、晩秋に発情する。

Bighorn sheep
ビッグホーン
Ovis canadensis 

体長	1.5–1.8m
尾	7–15cm
体重	55–125kg
分布	カナダ南西部、合衆国西部および中部、メキシコ北部
社会単位	個体、群れ
状態	低リスク

　カールした灰色の下毛を覆う保護毛は、夏はつやのある茶色で、冬には色が薄くなる。発情期の前にオスはポーズをとり、互いに歩き去り、振り向いて威嚇のジャンプをし、それからものすごい力で頭をぶつける。これは一方が降参するまで何時間も続く。1〜3匹の子どもが150〜180日の妊娠期間の後に生まれる。

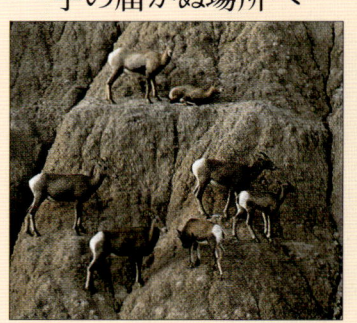

臀部の薄い模様

大きめの角
オスの角はほとんど円を描き、残りの骨格と同じくらい（約14kg）重くなる。メスの角は小さくて少し曲がっているだけである。

手の届かぬ場所へ
多くの野生ヒツジ同様、危険を感じるとしっかりした蹄と岩場を登る能力を使って、ほとんど垂直の崖に避難する。そこまで行くとほとんどの捕食者は追うことができない。若いビッグホーンは群れのおとなから、季節の獣道やふさわしい習慣を学ぶ。

哺乳類

危機に瀕した哺乳類

本ページのリストには、国際自然保護連合（IUCN：31ページ参照）によって"絶滅寸前（絶滅危惧IA類）"と認定された哺乳類の種名を収めている。ほとんどの主なグループには非常に危うい種がいるが、その中でもいくつかは特に悪い状態にある。特に霊長類が最悪で、40以上の種や亜種が今にも絶滅しそうな状況にあり、大半は住処の森林破壊によるものである。生息地の変化は食虫類、コウモリ類、ウサギ類、齧歯類にとっても主な脅威だが、イルカ類、食肉類、有蹄類については、現在見られるような不安定な数に減少させてしまった主因は、人間による狩猟である。リストに載っている有袋類の数は比較的少ないが、このグループの多くはすでに絶滅しているからである。特にオーストラリアでは、小型哺乳類は外来種に脅かされている。

有袋類

Gracilinanus aceramarcae（ボリビアマウスオポッサム）
Lagorchestes hirsutus（1亜種：ルーファスヘアワラビー）
Lasiorhinus krefftii（キタケバナウォンバット）
Marmosa andersoni（アンダーソンマウスオポッサム）
Marmosops handleyi（ハンドリーマウスオポッサム）
Perameles gunnii（1亜種：ヒガシフクロアナグマ）
Sminthopsis griseoventer（1亜種：ボウレンジャースミンフシス）

食虫類・コウモリ類

Amblysomus julianae（ジュリナキンモグラ）
Aproteles bulmerae（ニューギニアフルーツコウモリ）
Biswamoyopterus biswasi（ナムダファモモンガ）
Chaerephon gallagheri（ザイールヒヒゲコウモリ）
Chimarrogale hantu（マレーカワネズミ）；*C. sumatrana*（スマトラカワネズミ）
Chlorotalpa tytonis（ソマリミギンモグラ）
Chrysochloris visagiei（ビサギィキンモグラ）
Coleura seychellensis（セーシェルサヤコウモリ）
Congosorex polli（ザイールモリジネズミ）
Crocidura anselloum（ホクセイザンビアジネズミ）；*C. caliginea*（カリギルネジネズミ）；*C. desperata*（デスペレートトガリネズミ）；*C. dofarensis*（ソマリジネズミ）；*C. eisentrauti*（アイゼントラウトジネズミ）；*C. gracilipes*（アシボソジネズミ）；*C. harenna*（ハレンナネズミ）；*C. jenkinsi*（ニコバルジネズミ）；*C. macmillani*（エチオピアコウジネズミ）；*C. macowi*（マコウジネズミ）；*C. negrina*（クロジジネズミ）；*C. phaeura*（オグロジネズミ）；*C. picea*（カルムーンクロジネズミ）；*C. polia*（クロロガリネズミ）；*C. raineyi*（ラネイジネズミ）；*C. telfordi*（ウルガリジネズミ）；*C. ultima*（ニシケニアジネズミ）
Cryptochloris zyli（ジルキンモグラ）
Euroscaptor parvidens（ビオモグラ）
Hipposideros nequam（マレーカグロコウモリ）
Hylomys parvus（ヒメツマオハリネズミ）
Latidens salimalii（サリムアリフルーツコウモリ）
Mops niangarae（ニアンガオヒヒゲコウモリ）
Microgale dryas（キノボリテンレック）
Murina tenebrosa（クチバテングジコウモリ）
Myosorex rumpii（ルンビーモリジネズミ）；*M. schalleri*（ヒガシザイールモリジネズミ）
Myotis cobanensis（グアテマラホオヒゲコウモリ）；*M. planiceps*（メキシコヒラガシラホオヒゲコウモリ）
Nyctimene rabori（ラボールテングフルーツコウモリ）
Otomops wroughtoni（ロートンオヒコウモリ）
Paracoelops megalotis（ベトナムオナシカグラコウモリ）
Paracrocidura graueri（ヒガシザイールジャコウジネズミ）
Pharotis imogene（ニューギニアオオミミコウモリ）
Pipistrellus anthonyi（アンソニーアブラコウモリ）；*P. joffrei*（ビルマアブラコウモリ）
Pteralopex acrodonta（フィジーキツネオオコウモリ）；*P. anceps*（ソロモンキツネオオコウモリ）；*P. atrata*（トガリバキツネオオコウモリ）；*P. pulchra*（モンタナキツネオオコウモリ）
Pteropus insularis（ムナジロオオコウモリ）；*P. livingstonei*（コモロオオコウモリ）；*P. molossinus*（カロリンオオコウモリ）；*P. phaeocephalus*（トラックオオコウモリ）；*P. pselaphon*（オガサワラオオコウモリ）；*P. rodricensis*（ロドリゲスオオコウモリ）；*P. voeltzkowi*（ペンバオオコウモリ）
Rhinolophus convexus（キクガシラコウモリ）
Scotophilus borbonicus（マダガスカルイエローハウスコウモリ）
Sorex cansulus（チュウゴクガリネズミ）；*S. kozlovi*（ミールトガリネズミ）
Soriculus salenskii（サレンスキーケムリトガリネズミ）
Suncus ater（クロジネズミ）；*S. mertensi*（フローレスジネズミ）；*S. remyi*（ガボンジネズミ）
Talpa streeti（ペルシャモグラ）
Taphozous troughtoni（トガリツメコウモリ）

霊長類

Alouatta belzebul（1亜種：アカテホエザル）；*A. coibensis*（1亜種：マントホエザル）；*A. guariba*（1亜種：ノーザンカッショクホエザル）
Ateles geoffroyi（1亜種：アズエロクモザル、カッショククモザル）
Brachyteles arachnoides（ウーリークモザル）；*B. hypoxanthinus*（ノーザンムリキ）
Callicebus barbarabrownae（バビアブロンドティティザル）；*C. coimbrai*（1亜種：コインブラティティザル）
Cebus albifrons（1亜種：トリニダードシロガオオマキザル）；*C. apella*（1亜種：マルガリータフサオマキザル）；*C. xanthosternos*（イエローブレストキザル）
Cercocebus atys（1亜種：タナリバーマンガベー）；*C. galeritus*（1亜種：タナリバーマンガベー）
Cercopithecus diana（1亜種：ロロウェイザル）；*C. nictitans*（1亜種：スタンプテイルナジロザル）
Eulemur fulvus（1亜種：シロエリビキツネザル）；*E. macaco*（1亜種：スラターロキツネザル）
Gorilla beringei（2亜種：ビンディーゴリラ、マウンテンゴリラ）；*G. gorilla*（1亜種：クロスリバーゴリラ）
Hapalemur aureus（キンイロジェントルキツネザル）；*H. griseus*（1亜種：アラオトラジェントルキツネザル）；*H. simus*（ヒロバナジェントルキツネザル）
Hylobates lar（1亜種：シロテナガザル）；*H. moloch*（1亜種：ワウワウテナガザル、ニシジャワテナガザル、ジャワテナガザル）
Leontopithecus caissara（ブラックフェイスライオンタマリン）；*L. chrysopygus*（キンクロライオンタマリン）；*L. rosalia*（ライオンタマリン）
Macaca pagensis（3亜種：メンタワイクロザル、パガイクロザル、シベルクロザル）
Nomascus concolor（3亜種：ニシユンナンクロテナガザル）；*N. concolor*（ジャケツテナガザル）
Oreonax flavicauda（ヘンリーウーリーモンキー）
Pongo abelii（スマトラオランウータン）
Procolobus badius（3亜種：ミスドレンコロブス）；*P. pennantii*（3亜種：ピオコキエルロコロブス）；*P. rufomitratus*（アカコロブス）
Propithecus diadema（3亜種：シルキーシファカ、ダイオウシファカ、ベリエシファカ）；*P. tattersalli*（キンイロシファカ）；*P. verreauxi*（1亜種：クラウンシファカ）
Rhinopithecus avunculus（トンキンシバナザル）
Saimiri oerstedii（1亜種：セアカリスザル）
Trachypithecus delacouri（フランソワコノハザル）
Varecia variegata（1亜種：アカエリクロシロキツネザル）

ウサギ類・齧歯類

Acomys cilicicus（アフリカトゲマウス）
Allactaga firouzi（イラニッコビトビトビネズミ）
Chinchilla brevicaudata（チビオチンチラ）
Chrotomys gonzalesi（イサログシマハナナガネズミ）
Craterumys paulus（ミンドロアカオネズミ）
Crunomys fallax（ナゲレネズミ）
Dendromus vernayi（アフリカキノボリマウス）
Dicrostonyx vinogradovi（ウランゲルレミング）
Dipodomys heermanni（1亜種：モロウカンガルーネズミ）；*D. ingens*（オオカンガルーネズミ）；*D. insularis*（サンホセカンガルーネズミ）；*D. margaritae*（マルガリータカンガルーネズミ）；*D. nitratoides*（2亜種：フレスノカンガルーネズミ、チプトンカンガルーネズミ）
Eliurus penicillatus（フデオアシナガマウス）
Gerbillus bilensis（ビレンアレチネズミ）；*G. burtoni*（バートンアレチネズミ）；*G. cosensis*（コーセンズアレチネズミ）；*G. dalloni*（ダロンアレチネズミ）；*G. floweri*（オオエジプトアレチネズミ）；*G. grobbeni*（グロビアンアレチネズミ）；*G. hoogstraali*（モロッコアレチネズミ）；*G. lowei*（ロウアーアレチネズミ）；*G. mauritaniae*（モーリタニアアレチネズミ）；*G. occidentis*（モグリアレチネズミ）；*G. principulus*（アケボノアレチネズミ）；*G. quadrimaculatus*（フォースポットアレチネズミ）；*G. syrticus*（リビアアレチネズミ）
Heteromys nelsoni（ネルソンヒゲポケットマウス）
Hylopetes winstoni（クサビオモモンガ）
Isolobodon portoricensis（ムカシフチア）
Leimacomys buettneri（トーゴキノボリネズミ）
Leptomys elegans（アシナガミズネズミモドキ）；*L. signatus*（フライミズネズミモドキ）
Macrotarsomys ingens（オオアシナガマウス）
Macruromys elegans（ニシコネズミ）
Makalata occasius（ヨロイトゲネズミ）
Mallomys gunung（ウザンオニネズミ）
Melomys rubicola（ブランブルケイモロミス）
Meriones chengi（チェンスナネズミ）
Mesocapromys angelcabrerai（カブレラフチア）；*M. auritus*（2亜種：コビトフチア）；*M. sanfelipensis*（ニシキューバフチア）
Microtus evoronensis（エボロンハタネズミ）；*M. mujanensis*（シベリアハネズミ）
Mus kasaicus（カサイハツカネズミ）
Mysateles garridoi（ガリドフチア）
Neotoma fuscipes（1亜種：クロアシキネズミ）
Nectomys parvipes（ギニアミズコメネズミ）
Nesolagus netscheri（スマトラウサギ）
Ochotona helanshanensis（ヘランシャンナキウサギ）；*O. pallasi*（1亜種：パラスナキウサギ）；*O. thibetana*（1亜種：ムーピンナキウサギ）
Orthogeomys cuniculus（タルトゥーサホリネズミ）
Oryzomys galapagoensis（サンクリストバルコメネズミ）；*O. gorgasi*（ゴルガスコメネズミ）
Pappogeomys neglectus（ケレタロホリネズミ）
Perognathus alticola（シミミミポケットマウス）；*P. longimembris*（1亜種：パシイヨウポケットマウス）
Peromyscus polionotus（1亜種：ベルグイーチマウス）；*P. pseudocrinitus*（ニセキャシエンシロアシマウス）；*P. slevini*（サンタカタリナシロアシマウス）
Pogonomelomys bruijni（ヒゲメロミス）
Potorous gilbertii（ギルバートネズミカンガルー）
Pseudohydromys murinus（ヒガシニセハナナガマウス）
Pseudomys fieldi（フィールドニセマウス）；*P. glaucus*（クイーンズランドニセマウス）
Rattus enganus（エンガノクマネズミ）；*R. montanus*（スリランカクマネズミ）
Rhagomys rufescens（キノボリコメネズミ）
Sicista armenica（アルメニアオオトビネズミ）
Sigmodontomys aphrastus（コスタリカコメネズミ）
Spermophilus brunneus（1亜種：アイダホジリス）
Sylvilagus insonus（オルメワタオウサギ）
Tamias minimus（1亜種：ニューメキシコチビシマリス）；*T. umbrinus*（1亜種：ホドソンフォレストシマリス）
Tamiasciurus hudsonicus（1亜種：グラハムマウンテンアカリス）
Thomomys mazama（1亜種：カスラメットホリネズミ）
Tokudaia muennniki（ケナガネズミ）
Tylomys bullaris（チアパスオオボリネズミ）；*T. tumbalensis*（トゥンバラオオボリネズミ）
Typhlomys chapensis（ホウオトイヤマネ）
Zyzomys palatilis（キタイワイワネズミ）；*Z. pedunculatus*（キタオブトイワイワネズミ）

クジラ類

Balaena mysticetus（ホッキョククジラ）
Cephalorhynchus hectori（ヘクタールイルカ）
Eschrichtius robustus（コククジラ）
Lipotes vexillifer（ヨウスコウカワイルカ）
Orcaella brevirostris（イラワジイルカ）
Phocoena sinus（コガシラネズミイルカ）

食肉類

Acinonyx jubatus（1亜種：アジアチーター）
Canis rufus（アメリカアカオオカミ）；*C. simensis*（アビシニアジャッカル）
Panthera leo（1亜種：アジアライオン）；*P. pardus*（4亜種：アラビアヒョウ、アムールヒョウ、アフリカヒョウ、アナトリアヒョウ）；*P. tigris*（3亜種：スマトラトラ、チョウゴクトラ、アムールトラ）
Puma concolor（2亜種：フロリダピューマ、イースタンピューマ）
Ursus thibetanus（バルチスタンツキノワグマ）
Viverra civettina（ビルマジャコウネコ）

鰭脚類

Monachus monachus（チチュウカイモンクアザラシ）

有蹄類

Addax nasomaculatus（アダックス）
Antilocapra americana（1亜種：カリフォルニアプロングホーン）
Bos sauveli（ハイイロヤギュウ）
Bubalus mindorensis（ミンドロスイギュウ）
Capra aegagrus（1亜種：チルタンノヤギ）；*C. falconeri*（1亜種：タジマーゴール）；*C. walie*（ワリアアイベックス）
Ceratotherium simum（1亜種：キタシロサイ）
Cervus duvaucelii（1亜種：ヌマジカ）；*C. eldii*（1亜種：マニブルターミンジカ）；*C. nippon*（5亜種：サンモイシカ、リュウキュウジカ、ニシチュウゴクジカ、ミナミチュウゴクジカ、タイワンジカ）
Damaliscus hunteri（ハンターハーテビースト）
Dicerorhinus sumatrensis（スマトラサイ）
Diceros bicornis（クロサイ）
Elaphurus davidianus（シフゾウ）
Equus africanus（アフリカノロバ）
Gazella gazella（1亜種：アカシアガゼル、マスカットガゼル）
Hexaprotodon liberiensis（1亜種：コビトカバ）
Hippotragus niger（1亜種：ジャイアントセーブルアンテロープ）
Ovis ammon（2亜種：キタチュウゴクアルガリ、カラタウアルガリ）；*O. canadensis*（1亜種：ウィームオオツノヒツジ）
Procapra przewalskii（プシバルスキーレイヨウ）
Rhinoceros sondaicus（ジャワサイ）
Rupicapra rupicapra（2亜種：シャトレーゼシャモア、タトラシャモア）
Sus cebifrons（ビサヤイボイノシシ）；*S. salvanius*（コビトイノシシ）

ユキヒョウ

見事な毛皮を持つことと、家畜を襲うために迫害されたことから、ユキヒョウは近年、"絶滅危惧IB類"に分類されている。離れた生息地である中央アジアの山岳では、生息数を確認することさえ困難である。

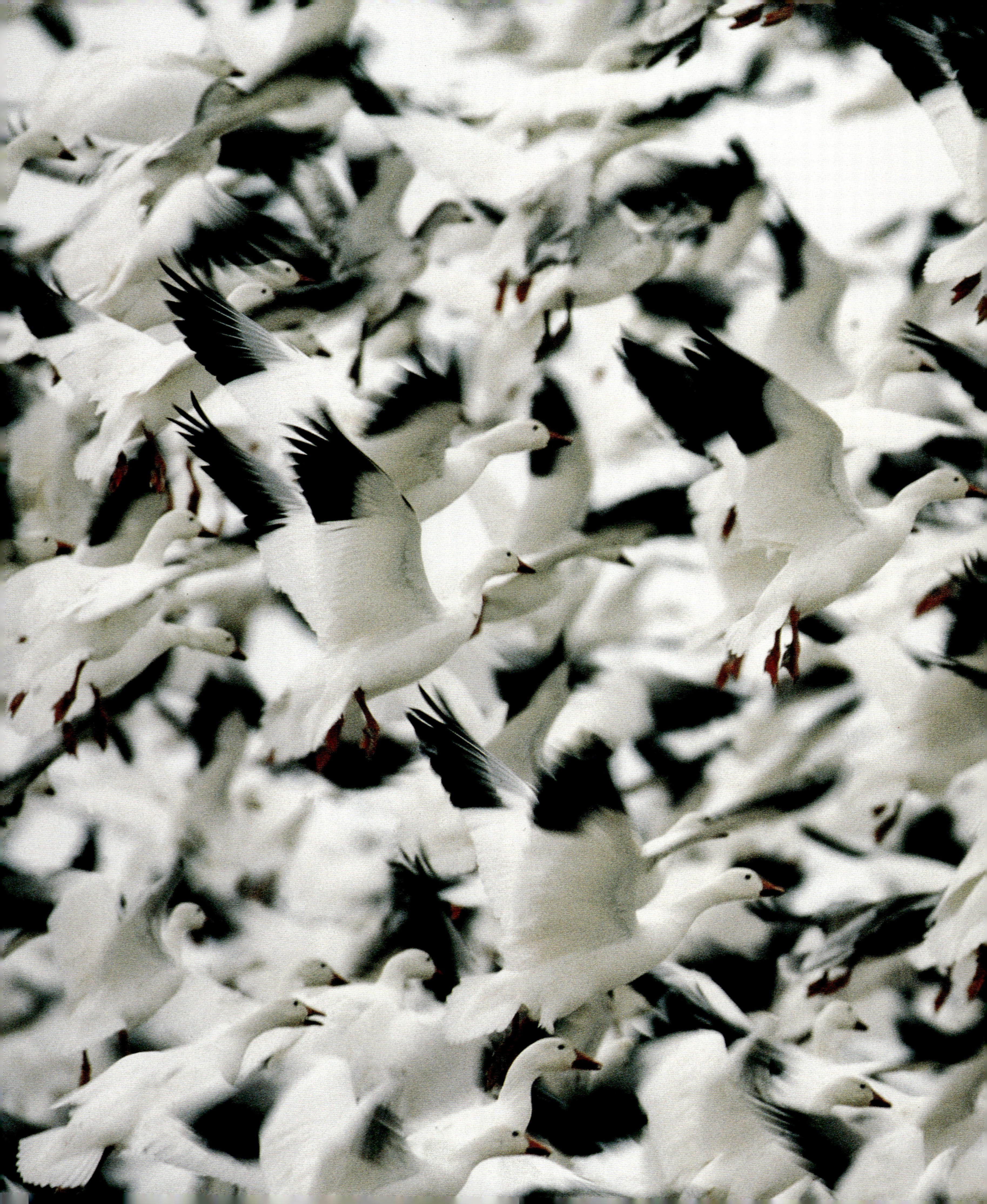

鳥類

鳥類

門	脊索動物門
綱	鳥綱
目	29
科	約180
種	約9,000

鳥類は、あらゆる空を飛ぶ動物の中で最もよく発達した生き物である。彼らはその飛翔能力によって、離島や南極大陸など、他の動物が到達しえなかった地まで、世界中に広く分布した。鳥類は、哺乳類と同じように、恒温の脊椎動物である。ただし、産卵によって繁殖する点が大半の哺乳類とは異なっている。翼や羽毛、軽くて頑丈な骨格、効率の高い呼吸システムなど、鳥類には飛翔への適応がいくつか認められる。

進化

鳥類は、爬虫類に似た先祖から進化してきたものである。あるいは鳥類の祖先は、樹上に棲み、昆虫を常食としていた恐竜だったかもしれない。樹上で捕食する生活が、大きな目、物をつかめる足、やがてくちばしへと進化していく長い口吻など、鳥らしい特徴の発達を促したと考えられる。その中には変温動物から恒温動物への変化も含まれる。寒冷期に動きが鈍る昆虫を常食とするには、恒温動物の方が有利だからである。爬虫類の鱗に由来する羽毛は、もともとは体温を逃がさない目的で進化したものだろうが、非常に早い時期から飛翔の目的に使われたことは疑いがない。

最古の鳥の化石として知られるものは、ジュラ紀（2億5000万〜1億4200万年前）にあたる1億5000万年前のものである。始祖鳥として知られるこの動物はカラスほどの大きさで、爬虫類と鳥類の特徴を併せ持っていた。すなわち、鳥のような翼と羽毛を持ちながら、口元はくちばしというより口吻であり、歯の生えた爬虫類の顎を持っていた。始祖鳥には力強い飛翔に必要な筋肉を支える竜骨突起を備えた胸骨がなかったので、飛ぶことができたのか、単に滑空できたに過ぎないのか、疑問が呈されている。

白亜紀（1億4200万〜6500万年前）になると鳥類は多様化し、より効率よく飛べるように身体構造が進化した。今日の鳥類の祖先が現れたのはこの時代である。白亜紀末期近くには、恐竜が絶滅した。このとき鳥類がなぜ生き延びたかは明らかでない。恐らく恒温動物であったことが、気候の変化に耐える一助となったのであろう。ともかく生き延びたからこそ、鳥類は様々な姿で繁栄し、今日に至っているのである。

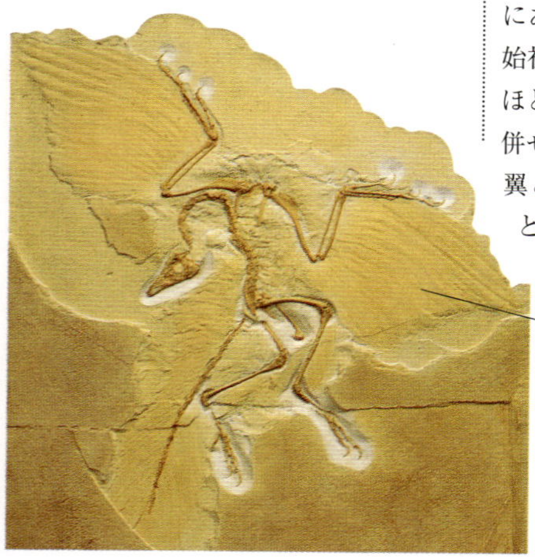

羽毛の痕

始祖鳥の化石
始祖鳥は、爬虫類から鳥類への進化の過程を示す代表的な生物と考えられている。顎、口吻、椎骨に支えられた尾などの特徴は爬虫類のものだが、羽毛は鳥類に似ている。

体のつくり

鳥類には飛翔に適したいくつかの身体的特徴がある。胴体は短く頑丈で引き締まっており、力強く舞い上がり、ふわりと舞い降りる翼と、丈夫な脚を支え動かす強靭な筋肉を持っている。

飛翔
鳥類は飛ぶことによって空中における生態的地位を確立した。ソウゲンワシのような猛禽類は力強い翼、優れた視力、鋭いくちばしと爪とで、多くの生息地において捕食動物の頂点に君臨している。

羽毛は飛行を可能にする（下と次ページのコラム参照）と同時に、身体を保護し、体温を保つ役割も担っている。

鳥類の骨格は軽さと頑丈さを兼ね備えており、力強い飛翔に欠かせないものとなっている。体重を抑えるために多くの

骨の断面図
大腕骨や頭蓋骨の一部、骨盤も含め、多くの鳥の骨は中空構造になっている。これにより、鳥は自重を軽くして飛ぶためのエネルギーを温存しているのだ。骨は内部の柱状組織で支えられ、強化されている。

羽毛

羽毛は非常に複雑な構造を持ち、鳥に特有なものであるが、哺乳類の被毛や爬虫類の鱗と同様にケラチンでできている。羽毛は傷んだりすり切れたりしやすいので、よい状態を維持するために、始終くちばしを使って羽毛の汚れを落とし、油分を補い、つくり直しをする。この行動が羽づくろいである。その他の手入れとしては、足でかいたり、水浴びをしたり、日光浴をすることなどがある。羽毛は少なくとも年1回は自然に落ちる（生え換わる）。飛翔能力のある鳥類には4種類の羽毛があり、それぞれ異なる用途に特化した形状に変化している。飛ぶための羽毛は2種類（風切羽と尾羽）あり、同様に綿羽と正羽がある。

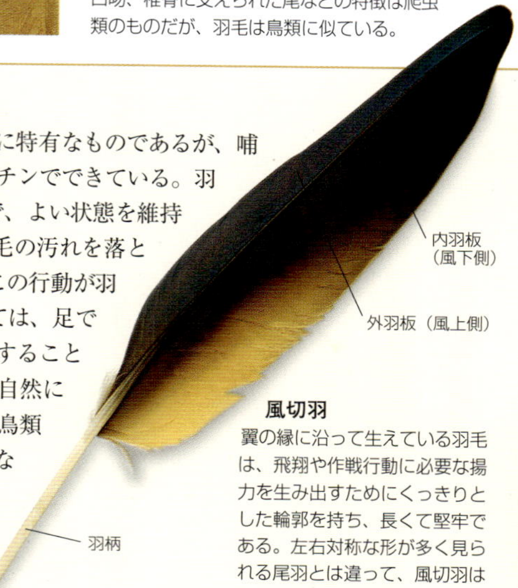

内羽板（風下側）
外羽板（風上側）
羽柄

羽毛の種類
正羽が体表面で滑らかな毛流れを形づくっているのに対し、綿羽は体温を逃がさない下着の役割を果たしている。長い尾羽は飛行と舵取りに用いられる。

正羽　　綿羽　　尾羽

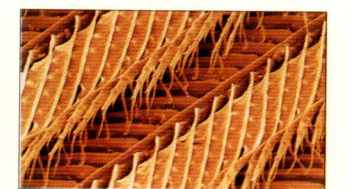

風切羽
翼の縁に沿って生えている羽毛は、飛翔や作戦行動に必要な揚力を生み出すためにくっきりとした輪郭を持ち、長くて堅牢である。左右対称な形が多く見られる尾羽とは違って、風切羽は内側と外側で形が異なる。

羽毛の構造
羽毛は非常に複雑な構造をしている。大多数の羽毛は中心に軸（羽軸）があり、そこからびっしりと生えた枝（羽枝）が外側に広がって平らで滑らかな表面を形づくっている。羽枝はごく細かい枝（小羽枝）で互いにつながっている。

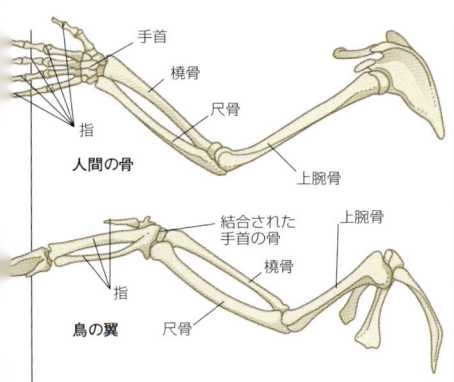

消化機構

鳥類には歯がないため、胃で食物を細かく砕かねばならない。前胃が胃液を分泌するのに対して、砂嚢は食物をこなす役割を担う。この作業は、しばしば呑み込んだ砂粒や小石を混ぜた糊状の磨き砂の助けを借りて行われる。多くの場合、消化吸収は後回しにされ、食物は食道に蓄えられる。食道の底部近くに袋状の"そ嚢"を持ち、食物をたくさん蓄えられるようになっている鳥もいる。食物はすばやくここにためられるので、短時間で大量の食物をとることが可能である。これは、食事中に狙われる危険の高い鳥にとっては便利な機能である。

食事と食物の蓄え
鳥類の消化機構は、動的な生活形態に適したものである。食物は丸呑みにされて食道やそ嚢に蓄えられる。このため、鳥類は食事に要する時間を短縮し、安全な場所で消化することができる。

そ嚢を活用した給餌
ハトの成鳥は、そ嚢でひなに与えるためのミルク状の分泌物をつくる点が独特である。写真はコキジバトがひなに、そ嚢でつくったミルクを与えているところ。

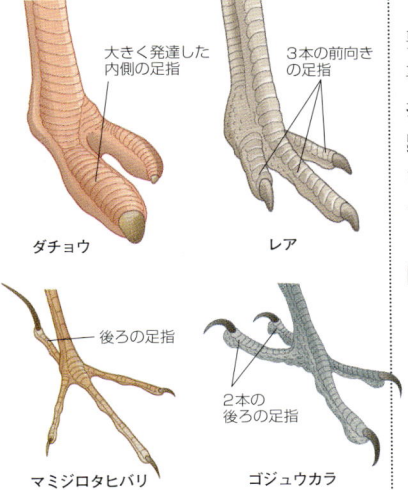

腕の骨と翼の骨
人間の腕と比較して、鳥類の前肢（翼）は骨の数が著しく少ない。この特徴は、特に手首や手先部分において顕著である。

骨で小型化が進み、骨同士がくっついて、筋肉や靱帯で支えることなく堅固な骨格を形成している例も多い。また、鳥類の骨は、ほとんどが骨髄のない中空構造になっている。力のかかるところは、内部の支柱組織（小柱）で支え合って、軽いわりには強度が保たれている。上腕骨を含むいくつかの骨には気嚢があり、骨を軽くしている。気嚢は呼吸にもかかわっている。

鳥類の翼は解剖学的には人間の腕に相当するものであるが、相対的に指は少なく、"手"の骨のいくつかは融合して、構造を堅牢にしている。同様に"肘"と"手首"の関節も垂直方向には動かない。結果として鳥類が飛んでいるとき、翼はまっすぐに伸び、羽ばたきは肩の力だけで行われる。しっかりした構造を保つと同時に、無駄な動きを排してエネルギーを節約しているのだ。力強い翼の筋肉は、竜骨（胸骨から直角に張り出した大きな突起）につながっている。

鳥類だけに見られるもうひとつの特徴は、軽くてよく動くくちばしを持つことである。哺乳類の場合、動くのは下顎だけだが、鳥類がくちばしを開くと、上顎と下顎の両方が動いて、大きな口が開く。くちばしは軽くて頑丈な角質で覆われており、じつに様々な形がある。くちばしの形状はその鳥に固有の食性に適合し、常食を反映したものである。例えばアトリ類は種子を割るために円錐形の頑丈なくちばしを持っているのに対し、サギ類は魚をつかむために先の尖った短剣のようなくちばしを持っている。ウグイス類のように昆虫を食べる鳥類のくちばしは小さくほっそりしているが、タカ類のような肉食の鳥類の場合、獲物を引き裂くために、鋭いくちばしが鉤状に曲がっている。

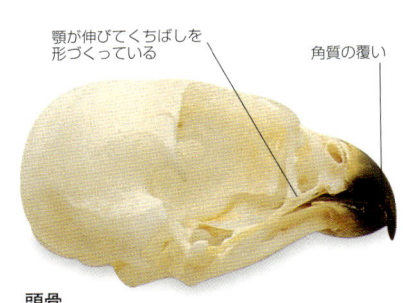

鳥類には2〜4本の足指があり、その形や並び方は生活方法によって様々である。大半は前に3本、後ろに1本の4本の足指を持ち、木に止まるのに適している（336ページ参照）。多くの水鳥には、足指の間に水かきがある。

頭骨
多くの骨が結合されているため、鳥類の頭骨は非常に軽い。くちばしは上下1対からなり、形状は極めて多様である。

足指
ダチョウ類やレア類は大多数の鳥類に比べて足指が少なく、そのため速く走ることができる。マミジロタヒバリの足は、典型的なスズメ目の形で、前向きに3本、後ろ向きに1本の足指を持ち、木に止まるのに適している。ゴジュウカラの足指は、全方位にやすやすと上れるような並び方である。

呼吸と循環

鳥類は代謝率が高く、活動的な動物である。彼らは、空気中から酸素をたっぷり摂取できる効率的な呼吸機構と、取り入れた酸素を速やかに体のすみずみまで行きわたらせられる循環機構を備えている。酸素を効率よく摂取することは、酸素の薄い上空でも地上と変わらず活動的であるためにも必要なことである。鳥類の肺は小型であるが、全身に分布した気嚢と結ばれている。気嚢は肺呼吸を補助する器官である。哺乳類では呼気と吸気が交互に流れるが、鳥の場合は一方通行である。この効率的な酸素摂取機構と連携するため、鳥類の心臓は大きく、拍動も比較的速い。

鳥類は活動的であるために体温を約40℃に保つ必要がある。このため鳥類は、体温の放散を調節している（下図参照）。いくつかの種では、代謝を維持する活動力がなくなると体温が下がり、遅鈍と呼ばれる不活発な状態になる。高空で生活する鳥類の中には、ある種のハチドリ類のように一晩中不活発になるものがいる。また、アマツバメ類やヨタカ類の仲間には、この状態で数日から数週間過ごすものさえ存在する。

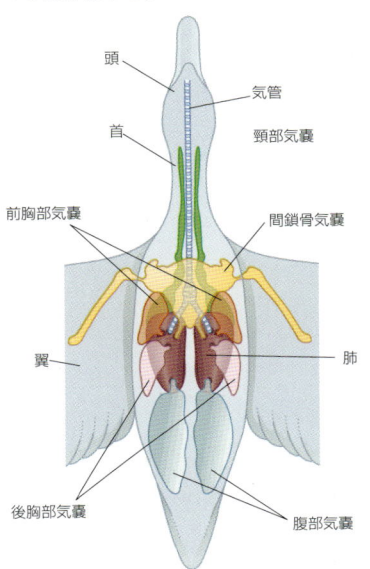

人間と同様、鳥類にとっていちばん重要なのは視覚で、聴覚を補いとしている。事実、多くの鳥類は非常に優れた視覚を持っており、フクロウ類や猛禽類は特に顕著である。高速で空を舞う生活をしているため、鳥類はめったに（場合によってはまったく）嗅覚を用いることはない。

気嚢
鳥類の肺は、空気を取り込む機構の一部にすぎず、気嚢とつながっている。気嚢には薄い非筋肉の内壁があり、人間の横隔膜に似た働きをする。気嚢は全部で9個あり、うち8個は対になっている。

体温の放散防止
鳥類（写真はコマツグミ）は、羽毛を逆立てたり膨らませたりして、皮膚と体表の間に含ませる空気を増減し、体温が失われる量を調節している。含ませる空気の量が多いほど、体温は逃げにくい。

鳥類

速く飛ぶ鳥
色鮮やかな羽毛と長く優美な尾を見せつけて飛ぶルリコンゴウインコ。コンゴウインコ類の翼は比較的幅が狭く先細りであるため、大きな体にもかかわらず、非常に速く飛べる。

飛翔

自ら羽ばたいて空を飛ぶ動物は鳥だけではない（コウモリや昆虫も同様である）が、空飛ぶ動物の中で最も力強く、最も種類が多いのは鳥類である。

鳥類の翼が揚力を得る仕組みは航空機と同じである。鳥が前に向かって飛ぶと、翼の上側では下側より空気が速く流れ、上下面に圧力の差が生じる。空気はゆっくり動いている方が圧力が高いので、結果的に身体を押し上げる力が働く。

この上向きの力（揚力）は、翼の大きさと前進速度に比例する（コラム参照）。

飛翔は羽ばたきと滑空（あるいは急上昇）の2種類に大別される。羽ばたきは直接、揚力を生じさせるわけではないが、翼の上面側に気流を生じる水平方向の運動を起こさせる。そのため大多数の鳥類が飛び立つ際に羽ばたくのである。滑空時は羽を広げ、風に対して安定している。滑空している鳥はエネルギーを消費しないが、滑空中はスピードと同時に高度も失われるので、結果的に揚力の総量は落ちていく（上昇気流に乗っているときを除く）。

鳥類の翼の形は、その飛び方や生態を反映して非常に多様である。補食動物から逃れる高速巡航能力を持たず、すばやく飛び立つ力に依存する種は、求められる初動加速を満たすべく、翼は幅広く丸い形状をしている。体力を温存しつつ長距離を渡る種は翼が長い。アマツバメ類やハヤブサ類のように高速で力強く飛ぶ種の翼は、長く緩やかな弧を描き、抗力を減らすために先端が尖っている。尾の形もまた重要である。ツバメやトビのように中空で急に方向転換をする種は、しばしば尾が二股に割れている。

大多数の鳥類は空を飛ぶことができるが、ダチョウ、レア、ヒクイドリ、キーウィ、エミュー、ペンギンなどのように飛ばない鳥もいる。これらの鳥の祖先はかつては飛翔能力を備えていたと考えられる。なぜなら、中空になった骨や翼など、飛翔への適応が見られるからである（とはいえ、飛ばない鳥の多くは翼が退化して小さくなっている）。彼らが飛ばなくなった要因はいくつか考えられる。比較的捕食動物の少ない環境下で飛ぶ必要がなくなった鳥がいる。ニュージーランドのニュージーランドクイナやタカヘ（ともにツルの近縁種）のような離島の鳥の多くがこの部類に属する。また、生き延びるためには飛翔よりも身体の大きさと地上における力の強さがものをいう状況下で後者を選択した側面もあるだろう。ダチョウがこれに当てはまる。ダチョウは翼でバランスをとりながら非常に速く走り、長い脚は力強い蹴りで捕食動物を撃退することにも一役買っている。ペンギンの翼は胸鰭に似た形となり、水の中を進むために用いられる。

作戦飛行
グンカンドリの極めて特徴的な点は、餌を求めて大海原の上を舞い、滑翔することである。翼は幅が狭くて角があり、高速かつ敏捷に飛びまわることができる。また、二股に分かれた長くて特徴的な尾は、舵とりの役に立っている。

生殖

大多数の鳥類は一夫一婦制で、つがいで繁殖を行う。一般に、求愛行動はオスが目に見える形で示したり、歌を歌うなどしてメスの気をひく。なかには身体特徴を生かした華麗な愛情表現を見せる種もいる。有名な例としては、クジャクやフウチョウのまばゆいばかりの鮮やかな羽毛、求愛のダンス、タカの劇的に上から襲いかかる仕種や急降下といった曲飛行などがある。また、多くの鳥類が歌によって相手の気をひこうとする。歌は個々の種に特有のもので、他のオスを撃退し、繁殖用のなわばりを確保すると同時に、結婚相手をひきつける役目を担っている。

鳥類は卵生であり、卵を守ることにかける努力は並々ならぬものがある。大多数は隠れた場所か捕食動物の手にかからない場所に特別な巣をつくって卵を産みつける。多くの場合、抱卵はメスを含む1匹かそれ以上の成鳥によって行われる。

羽ばたき飛行
鳥は、上昇するために羽ばたく場合（イラスト左側）、翼の先端が体側に向くように力を込めて翼を曲げる。下降するために羽ばたく場合はほとんど力がいらないので、翼はいっぱいに広がっている。

求愛のダンス
繁殖期の初めになると、タンチョウのオスとメスは繊細で独特な動きのダンスを披露する。おじぎをするような仕種をしたり、頭をひょいと動かしたりして宙に飛び跳ねる。

鳥はいかにして飛ぶか

鳥類は竜骨を備えた大きな胸骨を持っており、飛翔を司る力強い筋肉を支えている。この筋肉が収縮すると、翼は下方に羽ばたいて前に進む力を生み出し、筋肉が弛緩すると翼は上方に引き戻される。羽毛（260ページ参照）もまた、効率的な飛翔を可能にしている。体の表面を覆った羽毛（正羽）が飛行中の胴体を流線型に形づくっているのに対して、翼の後縁にある羽毛と尾羽は揚力を生み、空中での機動性を補助している。大多数の鳥にとって、飛翔とは羽ばたきと滑空である。なかには空中で停空飛翔できる種もあり、ハチドリは後ろ向きに飛ぶこともできる。

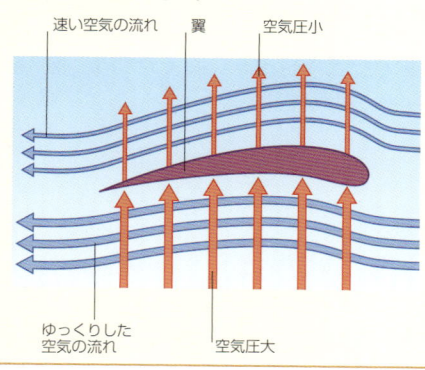

翼の航空力学
鳥の翼は上方に山なりにカーブしている。その結果、翼の上側を通る空気は、下側を通る空気よりやや長い距離を速いスピードで通り抜けなければならない。翼の下側をゆっくり流れる空気は相対的に大きな空気圧を生じ、揚力といわれる上方向への力を発生させる。

鳥類

卵と巣づくり

地面やその他の物体の表面に産卵する鳥類も多いが、大多数の鳥類は卵を置くために巣をかける。巣は安全で保温性があり、成鳥が卵やひなを養うことに集中できる決まった場所である。巣づくりで重要なことは、捕食動物から見つかりにくく、手の届かない適切な立地を選定することである。巣の材料は様々で、何が手に入るかによって異なる。普通は植物が使われるが、動物の毛や羽毛、脱皮したヘビの抜け殻や人工物が使われる場合もある。

安全な巣
最も一般的な巣は、蓋のないカップ状のものである。大多数の巣は複数の材料を用いてつくられている。このアトリの巣は、コケ、地衣類、草、羽で形づくった上からクモの巣で覆われている。

ウスハグロキヌバネドリ　セグロヤブモズ
スゲヨシキリ　ヨーロッパウグイス　コバネヒタキ

卵の色
鳥の卵にはたいへん様々な色がある。しかし、すべての殻の色のもとになっている色素は、ヘモグロビンと胆汁由来色素のたった2種類である。これらは、卵がメスの産道を降りてくる際に添加される。

1回の産卵で産まれる卵の数は種によって大幅に異なり、年に2回以上卵をかえす種もいる。

鳥類の卵は軽くて丈夫な殻で覆われている。卵殻には発育途中のひなを保護すると同時に、細菌を寄せつけない働きもある。卵殻はメスが食物中から取り入れた炭酸カルシウムでできている。硬そうに見えるが、卵殻は多孔質であり、外界と内部とで酸素と二酸化炭素を交換できるようになっている。卵の内部ではひなが潤沢な栄養分に囲まれてすくすくと育つ。それにもかかわらず、往々にして孵化したばかりのひなは極めて未熟である。

アオガラの孵化幼体

アヒルの孵化幼体

生後間もないひな
スズメ目の鳥（写真のアオガラなど）を含め、大多数の鳥のひなは、食べることも体温を保つことも親がかりで、卵は厳重に守られた巣に産み落とされる。渉禽、水鳥、狩猟鳥のひなはぐっと独立性が高く、生後数時間のうちに歩いたり自活したりできる。

大多数の種において孵化幼体は目が見えず、羽毛も生えていない。体温を保つ能力も持ち合わせていないので、親鳥に抱かれていなければ生きられない。このように自分だけでは何もできないひなは留巣性幼体と呼ばれ、暖をとることも食べることも、すべて親がかりである。これに対して、ガンやカモのような水鳥や狩猟鳥など、いくつかのグループのひなは離巣性幼体として孵化する。これらの幼体は綿羽が生えており、生後数時間のうちに自分で餌を食べられるようになる。

社会的集団

鳥類は、種によって仲間同士のかかわり方がじつに様々である。あるものは単独かつがいで、限られたなわばりで生活する。多くの種は、ねぐらにつく、食事をする、繁殖するなどの特定の行動に際して群れを成す。その他の種は、生涯を通じて群れで行動する。

社交的な生活様式には利点もあれば欠点もある。群れで力を合わせて餌を求めることは、とりわけ餌の少ない場合において有効である。また、捕食動物の手にかかる危険性も低くなる。集団に埋没することで、特定の標的として狙われる可能性が下がり、各個体も捕食動物の気配をより早く察知して警戒に入りやすくなるのである。このように集団的警戒状態にあれば、単独で行動する場合よりも、食事をしたり、眠ったりする時間をゆっくりとることができる。

さらに、ねぐらにつくときに群れで身体を寄せて暖め合い、体温を逃がさないようにしている種もある。しかし、群れには短所もある。もし食料が乏しければ、グループ内で争いが起こり、力の弱い個体は仲間はずれにされ、満足な量の食べ物を食べられなくなって、捕食動物に狙われやすくなる。このような鳥は群れを離れて単独で生活した方がよいであろう。集団生活のもうひとつの問題点は、病気の脅威である。ひとたび感染者が出ると、

共同での食事
フラミンゴはすべての鳥類の中で最も社交的な種で、生涯を巨大なグループ（時として100万匹あるいはそれ以上の群れ）で過ごし、あらゆる生の営みを仲間と共にする。求愛行動までもが共同的で、同時に起こることなのだ。

群れ集まる
ホシムクドリは、集団で餌を食べたりねぐらについたりし、大半は小さなコロニーで子育てを行う。ホシムクドリの帰巣は、すさまじい迫力で集団飛行することで知られている。いちどきに200万羽もの鳥が帰巣行動を共にするのだ。

単独生活を営む種よりも蔓延スピードが速いのである。

渡り

季節によって渡りを行う鳥るいは多い。渡りを行う種の大多数は、春から夏にかけて高緯度地方の日の長さを利用して繁殖し、冬は低緯度地方に戻る。多くの種が複雑な移動パターンをとり、一定の個体数（メスだけの場合もある）だけが仲間を置いて繁殖地を後にする。このようなものを不完全候鳥という。渡りは大変なエネルギーを消耗することもあって、すべての鳥が渡りを行うわけではない。渡りをまったく行わない種（多くの南国の鳥も含めて）は留鳥と呼ばれる。

鳥類を渡りへ駆り立てるきっかけは、体内の生理的サイクル（ホルモンレベルなど）と日中の長さの変化である。渡りの時が近づくと、鳥類は旅に備えて脂肪を蓄え、そわそわと落ち着きのない様子を見せる。なかには数千キロの旅をして目的地にピンポイントでたどり着く驚異的なナビゲーション能力を持つ種もいる。

渡りのルート

鳥類は様々な方法でナビゲートを行っている。方位合わせは、主に優れた体内時計によるものである。この時計によって、太陽の位置や夜間の月や星の位置と同じように、日中の長さの変化を測っているのだ。多くの種が、地球の磁場の違いをも探り当て、コンパスとして利用している。数回の渡りを経験した鳥は、目印を思い出したり、匂いや超音波といった手がかりも利用していると考えられている。

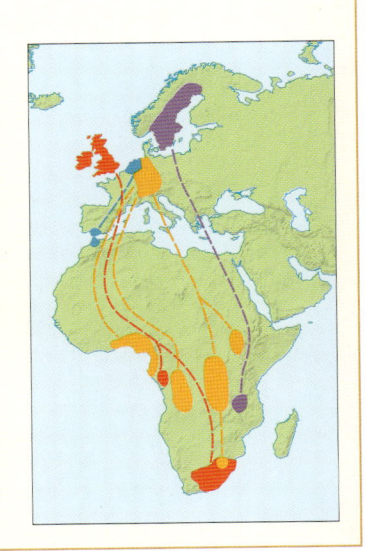

長距離の渡り
北部ヨーロッパの異なる地域で冬を過ごすツバメの群れの渡りルートには幅がある。あるグループはスペイン南部から北アフリカにかけて、比較的短距離の移動を行い、他のグループはアフリカ大陸を縦断している。

ダチョウ

門	脊索動物門
綱	鳥綱
目	ダチョウ目
科	1（ダチョウ科）
種	1

ダチョウが鳥類の中で最も大きいことは、見た目に明らかである。ダチョウは、長くて毛のない首に小さな頭、がっしりした胴体、筋肉質の長い脚を持っている。翼は小さく、密度の粗い羽毛で覆われている。ダチョウには足指が2本しかなく、鳥類の中でも特異な存在である。体が重すぎて飛ぶことこそできないものの、めざましいスピードとスタミナで走ることができる。時速70kmもの速さで30分間も走り続けられるのだ。ダチョウは、1種のみで鳥類の中に1目を成している。

闘うオス
オスのダチョウは、なわばりや社会的地位をめぐって攻撃的なディスプレイを行い、時には闘うこともある。争いの勝者はなわばりと数匹のメスを手に入れる。しかし、抱卵や子育てを通じてオスの元に残れるのは"第一メス"と呼ばれるメスただ1匹である。

Ostrich
ダチョウ
Struthio camelus

頭高	2.1－2.8 m
体重	100－160kg
羽色	雌雄異なる
分布	アフリカ西部から東部（サハラ砂漠南部）、アフリカ南部
渡り	留鳥
状態	地域により一般的

かつてはアフリカや西アジアに広く分布したが、現在では主にアフリカの東部と南部に限られる。飼育は世界各地で行われている。野生のダチョウは半遊牧性で、草やその他の食物となる植物を求めて長い距離を旅する。雌雄混成の群れをつくるのが特色で、単独で発見されることはめったにない。オスは繁殖期に唸るような大声を上げ、凝ったディスプレイを見せる。しばしば1つの巣に数匹のメスが卵を産み、その総数は30個もなる。オスは抱卵に参加し、約40日後に卵がかえると、ひなの世話を一手に引き受ける。

オスは黒と白の羽毛
2本の足指

で求愛する。オスは12匹までのメスと交尾し、穴を掘って巣をつくる。メスたちはそこに最大60個に及ぶ卵を産む。卵が産みつけられると、オスは抱卵と孵化後の幼いひなの保護を一手に引き受ける。個体数は比較的多いが、狩猟の標的にされる、生息地の消失などの問題に直面している。

レア類

門	脊索動物門
綱	鳥綱
目	レア目
科	1（レア科）
種	2

レア類はダチョウに似て見えるが、ずっと小型で（2本ではなく）3本の足指を持っている。頭、首、太股はすべて羽毛で覆われ、翼の先端には爪がついていて、捕食動物と闘う際に用いられる。レア類は走るときは翼でバランスをとる。南アメリカの大部分の高知および低地の草原に生息している。

ひなの世話
抱卵やひなの世話を行うのはオスだけである（写真はダーウィンレア）。メスは別のオスを探し求めて立ち去ってしまう。

Common rhea
レア
Rhea americana

頭高	0.9－1.5m
体重	15－30kg
羽色	雌雄異なる
分布	南アメリカ東部および東南部
渡り	留鳥
状態	低リスク

脚が長くて飛べないこの鳥は草原や湿気の少ない低木地に棲む。普通は茶色がかった灰色と白で、丈の高い草や低木に紛れやすい保護色である。オスの首の付け根近辺には、繁殖期になると濃色の飾り羽が現れる。社交的な鳥で、群れをつくって生活するが、子育て中のオスは1年のうちのいくばくかを単独で暮らす。交尾期にオスは唸り声を上げてメスの気をひき、翼を使う印象的なディスプレイ

濃い色の飾り羽
密生した翼の羽毛
3本の足指

ヒクイドリ類とエミュー

門	脊索動物門
綱	鳥綱
目	ヒクイドリ目
科	2
種	4

オーストラリアとニューギニアに棲むこれらの大きくて飛べない鳥は、長い首と長い脚を持ち、小さな翼は密度の粗い体毛のような羽毛の下に隠れている。彼らは速く走れるばかりでなく、泳ぐこともできる。ヒクイドリ類もエミューも足指は3本である。ヒクイドリはいちばん内側の足指に長さ10cmにもなる鋭い爪を持ち、敵に致命傷を与えることができる。ヒクイドリ類には、頭を保護する兜状突起と首に肉垂がある。肉垂は鳥の気分を反映して色が変わる。

父親の世話
オスのエミューは飲まず食わずで卵を抱く。卵がかえった後は、8か月もの間、ひなの面倒を見る。

Southern cassowary
ヒクイドリ

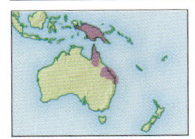

Casuarius casuarius

頭 高	1.3–1.7m
体 重	17–70kg
羽 色	雌雄同じ
分布	ニューギニア、オーストラリア北東部
渡り	留鳥
状態	絶滅危惧Ⅱ類

ヒクイドリ類は皆、熱帯の密林に棲んでいるため、めったに姿を見られない。ヒクイドリ（3種の中で最大のもの）は、ニューギニアだけでなくオーストラリアでも発見された唯一の種である。繁殖期にオスは低い唸り声を上げてメスの気をひくが、繁殖期以外には成鳥は単独で行動する。主食は地面に落ちた果実である。

力強い脚

Emu
エミュー

Dromaius novaehollandiae

頭 高	1.5–1.9m
体 重	30–60kg
羽 色	雌雄同じ
分布	オーストラリア
渡り	留鳥
状態	地域により一般的

オーストラリア固有の鳥の中で最大で、もじゃもじゃとたれ下がった灰茶色の羽毛と大きな脚、小さな翼を持つ。群居性が高く、大勢で緩やかな群れをつくって生活する。主食は種とベリー類で、食物が見つかりにくくなると長い距離を旅する。現在、タスマニアでは死滅してしまったが、オーストラリア本土では穀物農場に居候を決め込んでおり、地域によっては被害が深刻である。

毛皮のような羽毛
3本の足指

キーウィ類

門	脊索動物門
綱	鳥綱
目	キーウィ目
科	1（キーウィ科）
種	3

奇妙なこの鳥の太った胴体は、柔らかい体毛のような羽毛に覆われている。また、細長くてカーブしたくちばしを持ち、尾がない。他の大型の飛べない鳥と異なり、4本の足指がある。夜行性で、原産地はニュージーランドである。

感覚
キーウィは視力は悪いが、聴覚と嗅覚が鋭敏で、くちばしは触覚がとても敏感である。

Brown kiwi
キーウィ

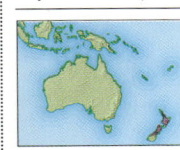

Apteryx australis

頭 高	50–65cm
体 重	1.5–4kg
羽 色	雌雄同じ
分布	ニュージーランド
渡り	留鳥
状態	絶滅危惧Ⅱ類

ずんぐりした茶色の鳥で、かつてはニュージーランド全土にいたが、森林伐採の影響や、ブタ、イヌ、ネコ、シロテンなどの外来の捕食動物の脅威をまともに受けている。食事のときは地面をくちばしでコツコツ叩き、匂いを嗅ぎながらゆっくりと歩く。ミミズ、幼虫、ムカデ、地面に落ちた果実などを探して、地中にくちばしを15cmも潜らせることができる。メスは体の割に大きな卵を一度に1～2個産む。

長いくちばし
太くて短い脚

シギダチョウ類

門	脊索動物
綱	鳥
目	シギダチョウ目
科	1（シギダチョウ科）
種	45

ライチョウ類やミヤマテッケイ類に似た、地上で生活するシギダチョウ類は、まるまると太った胴体と小さな翼を持っている。心臓が小さいので、走ったり飛んだりすると疲れやすい。中央アメリカ、南アメリカ一帯の森林、低木林、草原でごく普通に見られる。

カムフラージュ
このアンデスシギダチョウは、脅されると、周りの自然にうまく姿を紛らわせ、動かずにじっとしている。

Elegant crested-tinamou
カンムリシギダチョウ

Eudromia elegans

頭 高	37–41cm
体 重	400–800g
羽 色	雌雄同じ
分布	南アメリカ南部
渡り	留鳥
状態	地域により一般的

カンムリシギダチョウは、通常前方にカーブした長い冠羽が特徴である。翼は薄茶から濃茶で白い斑点があり、目の後方と下側には淡色のラインが走っている。比較的臆病な鳥で、普段は小規模から中程度のグループをつくって、森林、草原、ジャングルを移動する。

鳥類

ペンギン類

門	脊索動物門
綱	鳥綱
目	ペンギン目
科	1（ペンギン科）
種	17

飛べない海鳥であるペンギン類は、泳ぐことと極寒の中で生き延びることに適応している。ペンギン類は生涯の大半を水中で過ごし、魚やヤリイカ、オキアミを追ってアザラシの鰭脚に似た翼で水をかいて進む。短くて硬い羽毛は生え重なって分厚いコートとなり、胴体を流線形に形づくると同時に、水をはじき、体温を保っている。大多数の種が温暖な季節は繁殖のために陸に上がり、通常、大きなコロニーをつくる。陸上では、腰をかがめた一般的な鳥の止まり姿ではなく、直立してよちよちした足どりで歩く。ペンギン類の生息域は南半球の海に限られる。寒冷気候下で最も普通に見られるが、いくつかの種は寒流が北上して熱帯に流れ込む地域でも見られる。南極大陸で冬を越すのは、コウテイペンギンとアデリーペンギンの2種だけである。

泳ぎ

ペンギン類は3種類の泳法を駆使する。慌てる必要がない場合は、頭と尾を水上に出し、水面を翼で漕ぐようにしてゆったりと泳ぐ。獲物を追うときは水面下に潜り、翼を羽ばたいて効率よく水中を飛び回る。潜水はおおむね1分ほどだが、20分潜っていたという記録もある。第3の泳法は疾走と呼ばれ、ペンギンは水面近くを泳ぎ、周期的に息継ぎのために空中に躍り出る。

潜水
ペンギン類（写真はオウサマペンギン）は陸上よりも水中の方が効率よく動くことができる。なかには時速14kmで泳げる種もいる。

体のつくり

ペンギン類は、まるまる太った胴体に短い脚、水かきを備えた足を持っている。陸上では、ぴんと張った尾と足でバランスをとりつつ直立しなければならないので、足は体のずっと後方についている。歩くときは足の裏に体重がかかるため、結果的にぎこちない足どりになる。雪や氷の上では足や翼を推進力に、腹ばいになってそりのように滑ることもある。ペンギンの胴体は水中では流線形をしており、非常に短い羽毛が滑らかで摩擦のない表面をつくっている。翼は鰭足状に特別平たくなっている（下記参照）。水中では足と尾で舵をとる。ペンギン類は防水と保温のために3層の守りを固めている。びっしり密生して重なり合った油分を含む羽毛、分厚い皮下脂肪、そしてその間に胴体で暖められた空気の層がある。ペンギン類の羽毛は背側が黒か灰色で腹側は白い。色や飾り（冠羽や目元の飾り毛など）があるのは頭部と首まわりに限られる。

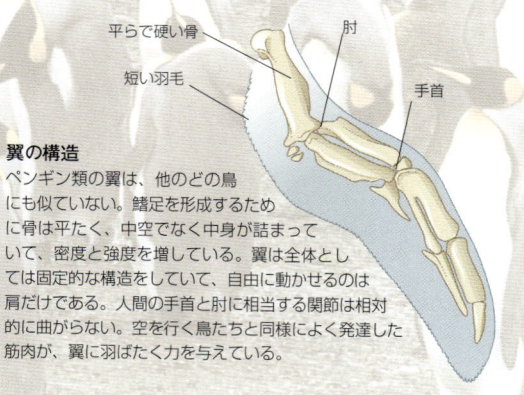

翼の構造
平らで硬い骨／肘／短い羽毛／手首

ペンギン類の翼は、他のどの鳥にも似ていない。鰭足を形成するために骨は平たく、中空でなく中身が詰まっていて、密度と強度を増している。翼は全体としては固定的な構造をしていて、自由に動かせるのは肩だけである。人間の手首と肘に相当する関節は相対的に曲がらない。空を行く鳥たちと同様によく発達した筋肉が、翼に羽ばたく力を与えている。

コロニーでのコミュニケーション
キンメペンギン以外のすべてのペンギン類は（このオウサマペンギンのように）、コロニーをつくる。大勢が集まると、鳴き声や目に見えるディスプレイを使って、つがいの相手やひなに呼びかける。

コロニー

大多数のペンギン類は数十万匹にも及ぶコロニーで繁殖する。巣は草や羽毛、小石などでできており、メスは1～2個の卵を産む。いくつかの種では、メスは卵を1個産むと巣を空けて食物をとりに出てしまう。その間、オスは足の甲に卵を載せ、腹の皮膚のひだの下で温める。ペンギンはこのように卵を抱いた状態でも歩くことができる。抱卵の初期、オスは数週間から数か月間食物をとらず、脂肪の備蓄だけで命をつなぐ。メスが戻ってきて卵の番を交代すると、手の空いたオスは海へ食事に出る。

穴に棲む
すべてのペンギンが地上に巣をつくるわけではない。マゼランペンギンは、風雨をしのぎ、哺乳類や他の鳥などの捕食動物から身を守るため、広々と開けた土地に浅い穴を掘って巣をつくる。

寄り集まる
厳しい気候の中、コウテイペンギンとひなたちが互いに寄り集まって暖をとっている。集団の中央は周縁部に比べて10℃暖かくなる。鳥たちは交代でいちばん外側を務める。

Emperor penguin
コウテイペンギン

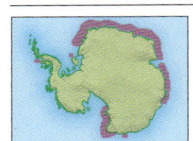

Aptenodytes forsteri

頭 高	1.1m
体 重	37kg 以上
羽 色	雌雄同じ
分 布	南極大陸周縁地域
渡 り	留鳥
状 態	地域により一般的

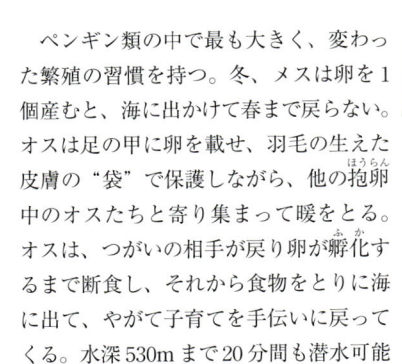

ペンギン類の中で最も大きく、変わった繁殖の習慣を持つ。冬、メスは卵を1個産むと、海に出かけて春まで戻らない。オスは足の甲に卵を載せ、羽毛の生えた皮膚の"袋"で保護しながら、他の抱卵中のオスたちと寄り集まって暖をとる。オスは、つがいの相手が戻り卵が孵化するまで断食し、それから食物をとりに海に出て、やがて子育てを手伝いに戻ってくる。水深530mまで20分間も潜水可能で、食物を求めて1000kmも旅をする。

Adelie penguin
アデリーペンギン

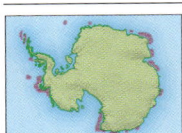

Pygoscelis adeliae

頭 高	46-61cm
体 重	4-5.5kg
羽 色	雌雄同じ
分 布	南極大陸周縁地域
渡 り	候鳥
状 態	一般的

南極大陸本土に巣づくりする数少ないペンギンの一種で、夏場は氷のなくなる岸辺に巣をかける。アデリーペンギンは濃紺の背中に純白の腹部を持ち、目の周りに白い輪があるのが特徴である。夏は、同時に20万匹かそれ以上のつがいが巨大なコロニーをつくって繁殖する。それぞれのメスはおおむね2日間隔で2個の卵を産み、オスとメスが交代で卵を抱く。比較的攻撃的で、成鳥が隣の巣から石を盗むところがしばしば観察される。

目の周りの白い輪
白い腹部

Chinstrap penguin
ヒゲペンギン

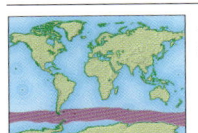

Pygoscelis antarctica

頭 高	71-76cm
体 重	3-4.5kg
羽 色	雌雄同じ
分 布	南極大陸周縁地域
渡 り	留鳥
状 態	絶滅危惧Ⅱ類

少量の浮氷塊のある地域を好み、海岸の氷結しない場所に集まり、コロニーをつくって繁殖する。コロニーは時として大規模になる。顎の下を通って耳から耳までつながった細いラインが特徴である。体色は濃紺を基調に、腹部、頬、顎、喉が白い。巣は、小石で円形の壇を組んだ内側の浅い穴で、骨や羽毛も材料に用いられる。ヒゲペンギンの繁殖の成否はきわめてむらがあり、海氷がコロニー近くにとどまり続ける年は、成鳥が海に食物をとりに行きづらくなるために成功率が低下する。

濃紺色の背中

Humboldt penguin
フンボルトペンギン

Spheniscus humboldti

頭 高	56-66cm
体 重	4.5-5kg
羽 色	雌雄同じ
分 布	南アメリカ西部
渡 り	留鳥
状 態	絶滅危惧Ⅱ類

このペンギンの小さなコロニーは、寒流ながら魚の豊かなフンボルト海流の流れる南アメリカ西部で見られる。体色は黒っぽい灰色を基調に白い腹部をしているが、成鳥には胸元に蹄鉄形の黒い帯、頭部に白いラインという特徴的な模様が現れる。通常、フンボルトペンギンは海面近くでイワシやカタクチイワシの群れを追ってグループで狩りをし、地下の穴や洞窟、巨礫の間の割れ目を巣にする。人間に捕まえられたり、魚の乱獲に影響され、個体数が減少している。

頭の白いライン
くちばしの付け根は肉を思わせるピンク色
脇腹から腿まで走る黒い帯
黒い肢

Little penguin
コビトペンギン

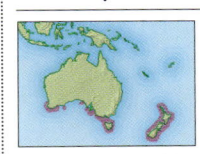

Eudyptula minor

頭 高	41cm
体 重	1kg
羽 色	雌雄同じ
分 布	オーストラリア南部（タスマニアを含む）、ニュージーランド
渡 り	不完全候鳥
状 態	一般的

ペンギン類の中で最も小さいこの鳥は、青灰色を基調とした羽色で、日没後も活発に動き回る数少ない種のひとつである。日中は海で食物をあさっているが、繁殖期は日が暮れてから陸地に戻り、辺りが闇に包まれた後、陸に上がる。鳴き声は非常に大きく、海でも陸地でも鳴く。通常は地下の穴に巣をつくるが、洞窟や岩の割れ目、岩場に生えた植物の下や、時には人家の床下で子育てすることもある。

小枝や草でつくったベッドに2個の卵を横たえ、オスとメスが交代で卵を抱く。親鳥がひなを養うのは7～10日間で、その後、13～20日程度ひなを保護する。海では単独か小グループで食物をとり、海面下で小魚を捕らえて呑み込む。

Macaroni penguin
マカロニペンギン

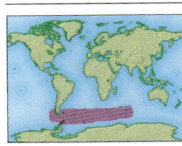

Eudyptes chrysolophus

頭 高	71cm
体 重	3.5-6.5kg
羽 色	雌雄同じ
分 布	チリ南部、大西洋およびインド洋南部
渡 り	留鳥
状 態	絶滅危惧Ⅱ類

飾り毛のある6種のペンギンの例にもれず、大きな目立つ金色の冠羽を持つ。オレンジがかった茶色のくちばしは大きく丸みを帯びており、成鳥ではうねがある。やかましく攻撃的で、感情を露骨に表し、陸上のコロニーではロバのように耳障りな声をたて、海では短く吠えるように鳴く。2個の卵を抱くが、半人前まで生き延びるのは、通常第2卵である大きい卵の方のひな1匹だけである。オス、メスとも卵を抱くが、他のペンギン類と異なり、メスが抱卵を主導する。

アビ類

門	脊索動物門
綱	鳥綱
目	アビ目
科	1（アビ科）
種	5

アビ類はすばらしく潜水泳法に適応した鳥である。流線形の胴と、体の後方にあって効率的な推進力を生み出す脚、水かきを備えた力強い足を持つ彼らは、75mもの深さまで、数分間潜ることができる。羽毛は密生し、生息域である北極や亜北極の冷たい海から体温を守っている。小さくて尖った翼と針のような尾に似ず、アビ類は飛ぶのがうまい。しかし、足が極端に後ろについているので、陸上を歩くことはほとんどできない。

羽毛
アビ類は毛づくろいに非常に時間をかける鳥で、腹の羽毛を手入れするために首を横腹側に倒して丸まっている姿がしばしば見受けられる。多彩な生殖羽（写真はシロエリオオハム）は、冬季には色味の少ない地味なものに生え換わる。

Red-throated diver
アビ
Gavia stellata

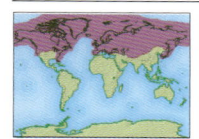

頭高	55–70cm
体重	1–2.5kg
羽色	雌雄同じ
分布	北アメリカ、グリーンランド、ヨーロッパ、アジア
渡り	候鳥
状態	一般的

太く長い首の付け根を彩る赤茶色が特徴で、肉づきのいい卵形の胴体を持つ。背側は暗灰色から黒に白い斑点が入っており、腹側は白っぽい。沿岸の湾や入江に棲むが、繁殖期には湖や沼を求めて北方の森林や北極地方のツンドラなど内陸に移動し、つがいの相手の気をひき、なわばりを確立するために裏声を交えたり泣き叫ぶような大声を出して鳴く。求愛行動は水をはね上げて飛び込んだり、くちばしを下に向けてかぶりを振るようなそぶりをしたり、2匹で水の上を走るように渡ったりする。通常、巣はアシやイグサその他の草を用いた簡素な壇である。

Great northern diver
ハシグロアビ
Gavia immer

頭高	70–90cm
体重	3–4.5kg
羽色	雌雄同じ
分布	北アメリカ、グリーンランド、ヨーロッパ西部
渡り	候鳥
状態	一般的

黒っぽい灰色と白をまとったこの鳥は、繁殖期以外には300匹もの大群をなして沿岸で食物をあさる姿が見られるが、通常は単独かつがいで生活する。他のアビ類と同様、魚や水生の無脊椎動物を追って水中深く潜ることができ、くちばしでつかんだり、時には突き刺したりして漁をする。哺乳類やタカ類などの捕食動物から逃れるために潜水することもある。オス、メスとも子育てに参加し、ひなは生後10〜11週間、一人前になるまで親鳥とともに過ごす。時には親鳥がひなを背中に乗せて泳ぐ姿も見られる。

背中の白くて大きな格子柄
太い首

カイツブリ類

門	脊索動物門
綱	鳥綱
目	カイツブリ目
科	1（カイツブリ科）
種	22

カイツブリ類は世界各地の湖沼に生息し、泳ぎと潜水が得意で、水上生活に理想的に適応している。小さな頭と細い首は食物を求めて潜水するのに好都合だし、胴体の後方についた足には水かきとたいへん柔軟な関節が備わっており、非常に敏捷に泳げるようになっている。また、柔らかくて密生した羽毛は耐水性に富む。カイツブリは多くの場合、独創的な求愛の儀式を行う点できわだった存在である。

水草の儀式
求愛中のオスとメス（写真はカンムリカイツブリ）は、潜水してくわえた水草を、浮き上がってきて高く掲げ、顔を見合わせる"水草の踊り"の儀式を行う。

Little grebe
カイツブリ
Tachybaptus ruficollis

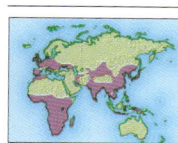

頭高	25–29m
体重	125–225g
羽色	雌雄同じ
分布	ヨーロッパ、アジア、アフリカ、マダガスカル、ニューギニア
渡り	不完全候鳥
状態	地域により一般的

ヨーロッパとアジアのカイツブリ類の中で最も小さい。茶色で、くちばしは短く、喉と頬が明るい栗色である。他のカイツブリ類に比べ、陸上で立ったり歩いたりすることが得意で、渡りで空を飛ぶ傾向も強い。オスとメスが共同で巣づくりし、水草でつくった巣を水面に浮かぶ植物や水中に生えた木の小枝に固定する。

短くがっしりしたくちばし
濃茶色の背中

Black-necked grebe
ハジロカイツブリ
Podiceps nigricollis

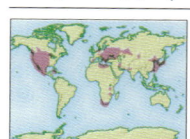

頭高	30–35cm
体重	250–600g
羽色	雌雄同じ
分布	北アメリカ、ヨーロッパ、アジア、北部および南部アフリカ
渡り	候鳥
状態	地域により一般的

やや上向きの細いくちばしを持つ小型で濃色の鳥（写真は生殖羽でない姿）で、一年中群れで生活する。繁殖期以外は塩水を好み、数千匹で塩湖に集まっているが、繁殖は淡水湖や沼沢で、水上に巣を浮かべて行う。ひなは、生後数週間は親鳥が背中に乗せているが、3週間もすると親の世話はほとんど必要なくなる。

カイツブリ類

Great crested grebe
カンムリカイツブリ

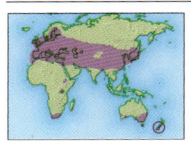

Podiceps cristatus

頭 高	46-51cm
体 重	0.6-1.5kg
羽 色	雌雄同じ

分布 ヨーロッパ、アジア、アフリカ、オーストラリア、ニュージーランド
渡り 不完全候鳥
状態 地域により一般的

ヨーロッパと北アフリカでは最も大きなカイツブリで、複雑で儀式めいたポーズをとったり、潜水したり、首を振るなど、極めて手の込んだ求愛ディスプレイを行うことで知られる。求愛ディスプレイの間、冠羽は逆立ち、肩衣のような羽毛は扇形に広がる。この鳥は水面を泳ぎながら水中をじっと見つめて魚影を突き止め、30mも潜水する。個体数は19世紀中頃に減少したが、保護を受けたことと、砂利採取場や貯水池といった人工の生息環境が増えたことで持ち直している。

冠毛と肩掛け
この優美な鳥の特徴は、頭上にいただいた装飾的な黒い冠毛と、栗色と黒の細長い頬の羽毛（肩掛け）である。

- 灰味の茶色の背中
- 茶色と黒の肩掛け
- 白い腹部

親の世話
カンムリカイツブリの親鳥は交代でひなを背に乗せたり、ひなに食物を運んだりする。オスもメスもひなを選り好みする傾向があり、お気に入りをえこひいきするために、生まれたひなを峻別して引き離す。

Hooded grebe
パタゴニアカイツブリ

Podiceps gallardoi

頭 高	34cm
体 重	525g
羽 色	雌雄同じ

分布 南アメリカ南部
渡り 留鳥
状態 低リスク

1974年に初めて記述された。黒と白の羽色にシナモン色と黒の冠羽、小さくて尖ったくちばしを持つ中型のカイツブリである。求愛行動には、オスとメスが向き合って頭を力強く上下させるユニークな"空を突き刺す"ディスプレイがある。個体数は少なく、パタゴニアの人里離れた土地にある湖に暮らし、海岸沿いの保護された湾内で冬を越す。公害や、繁殖期に生息地を侵されるなどの影響が懸念される。

Pied-billed grebe
オビハシカイツブリ

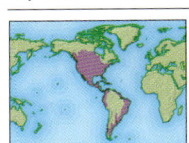

Podilymbus podiceps

頭 高	31-38cm
体 重	250-575g
羽 色	雌雄同じ

分布 北アメリカ、中央アメリカ、南アメリカ北西部および南東部
渡り 不完全候鳥
状態 一般的

小さくずんぐりした体つきに、短くて弓なりに曲がったくちばしを持つ茶色と白のカイツブリである。繁殖期は淡水の湖で過ごし、不凍湖や汽水の入江で冬を越す。なわばり意識が強く攻撃的な性格で、同種の仲間でも他の水鳥と同じように脅したり追い払ったりする。侵入者を追い出すと、つがいは顔を向き合わせて直立し、前後に回る動作で"勝利の儀式"を行う。

- くちばしの濃色の帯
- 喉に黒い斑

Western grebe
クビナガカイツブリ

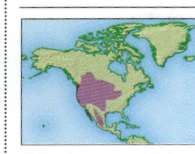

Aechmophorus occidentalis

頭 高	55-75cm
体 重	1-2kg
羽 色	雌雄同じ

分布 北アメリカ中部および南部
渡り 候鳥
状態 地域により一般的

黒と白の羽毛を持つ大型のカイツブリで、首が長くほっそりしている。オスとメスは、つがいになるときから子育てまで、とてもよく協力しあい、水面に浮かぶ植物に固定して巣をつくる。ひなが生まれて2～4週間は、親鳥が交代で背中に乗せ、8週齢まで食事の世話をする。絹のような腹の羽毛をコートや帽子に使用する目的で19世紀末に数万匹が乱獲された。個体数こそ持ち直したが、今も公害や油漏れ、生息地の喪失、人間による介入などの危機にさらされている。

通年型の羽毛
他の北米原産の小型近縁種と異なり、クビナガカイツブリは繁殖期に特別な羽毛を生じることはなく、年間を通じて頭上に黒い冠羽をいただいている。

- 黒い冠羽
- 黒い背部
- 短く退化した尾の房

求愛のラッシュ
クビナガカイツブリの求愛行動はとてもエネルギッシュで、カンムリカイツブリと同様の儀式を行う。最もよく知られたディスプレイが"ラッシュ"（写真）で、2匹が並んで水上を駆ける。お互いが気に入ると、潜水してとってきた水草を横並びの姿勢から向き合いながら高く掲げる"水草の踊り"（268ページ参照）を披露する。カップルが成立すると、オスがメスに魚を運んでくる。

Short-winged grebe
コバネカイツブリ

Rollandia micropterum

頭 高	39-45cm
体 重	625g
羽 色	雌雄同じ

分布 南アメリカ西南部（チチカカ湖、ポーポー湖）
渡り 留鳥
状態 絶滅危惧Ⅱ類†

この珍妙な鳥は、主に標高約3600mのアンデス山脈にある2つの大きな湖で見られる。中央部南アメリカ原産の中型の鳥で、冠羽のある頭、背と横腹が茶色で腹部が白く、遠目には他の多くの近縁種と同じように見える。しかし、翼がとても小さいため飛ぶことができない。身の危険を感じても飛び立つことができないため、翼を激しく羽ばたきながら、水の上をパタパタと高速で走る。

Hoary-headed grebe
シラガカイツブリ

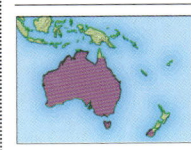

Poliocephalus poliocephalus

頭 高	29-31cm
体 重	225-250g
羽 色	雌雄同じ

分布 オーストラリア（タスマニアを含む）、ニュージーランド南部
渡り 遊牧性
状態 低リスク†

頭と首の上部の"逆毛を立てたような"白くて体毛のような羽毛が特徴で、他のカイツブリ類とは多くの点で異なる。他種に比べてよく飛び、おそらくはカイツブリ類の中で最も物静かで社会的な種で、しばしば巨大な群れで発見される。求愛行動も他のカイツブリ類に比べてシンプルで、巣づくりはより浅い池などで行う。くちばしは黒っぽく、先端は灰色。オスのくちばしはメスより長い。

鳥類

アホウドリ類とミズナギドリ類

門	脊索動物門
綱	鳥綱
目	ミズナギドリ目
科	4
種	108

アホウドリ類とその近縁種は大洋に棲む鳥で、世界中に分布している。通常、陸地からははるかに離れた洋上で、波の上を低く飛ぶ姿、さっと水に潜って魚やプランクトンなど様々な海の生き物を食べる姿などが観測される。このグループには非常に大きなアホウドリが属するかたわら、やや小ぶりのミズナギドリ類や、ウミツバメ類、モグリウミツバメ類といったごく小さい鳥も含まれる。このグループの鳥たちはみな、上側のくちばしに鳥類には珍しい管状の鼻孔を持っている。

生殖

このグループの鳥はみな陸上で繁殖し、繁殖場所の大半は容易には近づけない島や絶壁である。彼らは年ごとに決まった繁殖場所に戻り、100万匹ものつがいが大きなコロニーをつくる。メスが一度に産む卵は常に1個で、産卵場所は柔らかい土に掘った穴か、岩の割れ目が多い。長い抱卵期間を経て、親鳥はひなをストマックオイルで養う。これは滋養豊富な分泌液であるが、非常に臭い。

繁殖コロニー
グループ内の他種と同様、ミズナギドリ類は容易には近づけない安全な場所で密なコロニーをつくる。捕食動物から身を守るため、多くの種が日が落ちてからコロニーに戻る。

体のつくり

アホウドリ類とその近縁種は、首、尾、脚が短い。足指は前向きに3本で、水かきでつながっている。大多数の種は翼がとても長く、ワタリアホウドリには翼長3.5mという鳥類の最長翼長記録がある。このグループのもうひとつの特徴に、食物を探したり暗がりで巣の場所を特定したりすることに役立つ、ずば抜けて鋭敏な嗅覚があり、鳥たちは1匹1匹が固有の匂いを発すると考えられている。

帆翔
マユグロアホウドリの長い翼は長時間の帆翔に適応し、数時間も羽ばたかずに飛ぶことも珍しくない。

アホウドリのくちばし
このグループの鳥のくちばしは刃のように鋭く薄く、先端がかぎ状に曲がって、滑ってつかみにくい魚などの獲物を扱いやすくなっている。アホウドリの鼻孔は上側のくちばしの片一方にしかなく、左右の鼻孔が鼻腔内で合流する他の種とは異なる(左図参照)。

- 管状の鼻孔
- 角質でできたくちばし
- 鉤状の先端

飛翔

大海原を行くこれらの鳥たちは跳び続けることに適応しており、しばしば強い嵐を乗りきって非常に長い距離を移動する。飛び方は体の大きさと翼開張によって変わる。アホウドリ類を含む大型の種は、体力を温存しつつ長距離を移動する手段として風の起こす上昇気流に乗って波の上を滑空する(大帆翔という)。小柄で体の軽いウミツバメ類は羽ばたきと滑空を組み合わせた飛び方をする。

食物探し
ウミツバメ類は、食物を探す際に水面のすぐ上を飛ぶ。足先で水面を軽く波立たせて獲物をおびき寄せる種もいる。

Wandering albatross
ワタリアホウドリ

Diomedea exulans

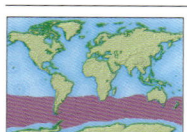

全 長	1.1m
体 重	8～11.5kg
羽 色	雌雄同じ
分 布	南極大陸周縁地域
渡 り	候鳥
状 態	絶滅危惧II類

翼開張は3.5mにも達することがあり、鳥類で最大の部類に属する。主に水面付近で獲物を捕らえ、主食はヤリイカである。1年がかりで子育てをするため、繁殖は多い場合でも2年に一度しか行わず、その間の年には換羽する。個体数減少の主因はマグロなどの延縄漁で、釣り針に引っかかってしまうことによる。

変化する羽毛
この鳥は若間の間は顔と翼の下面が白い以外は全身がチョコレート色であるが、成長するにつれて白くなる。成鳥のオス(写真左)は翼と尾の先端が黒い以外は真っ白だが、メスはやや茶色がかっている。

巣づくり
ワタリアホウドリは地面に草やコケを盛り上げ、簡素ながらも頑丈な巣をつくる。親鳥はただ1つの卵を交代で抱き、ひながかえると子育てに9か月かそれ以上の期間をかける。

Atlantic yellow-nosed albatross
キバナアホウドリ

Thalassarche chlororhynchos

全 長	76cm
体 重	2.5kg
羽 色	雌雄同じ
分 布	南大西洋
渡 り	候鳥
状 態	低リスク

黒と白をまとった南方の海では最も小さなアホウドリで、黒いくちばしのてっぺんが黄色く、先端がオレンジ色である。主にヤリイカと魚を食べるが、海に捨てられる生ゴミを目当てに船の後を追うこともある。オスもメスもひなが飛べるようになるまで面倒を見るが、期間は約4か月とアホウドリにしては短い。

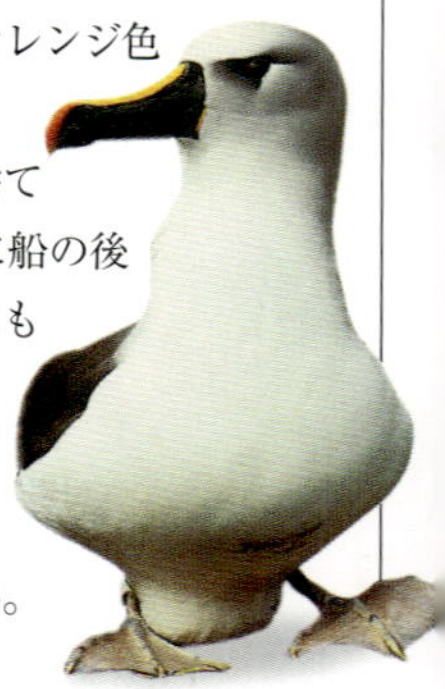

アホウドリ類とミズナギドリ類

Southern giant petrel
オオフルマカモメ

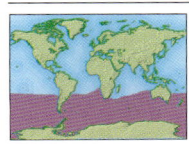

Macronectes giganteus

全 長	92cm
体 重	5kg
羽 色	雌雄同じ
分布 南極大陸周縁地域	渡り 候鳥
	状態 一般的

大型で攻撃的な性格を持ち、主に陸上で食物をとる数少ないミズナギドリ類である。オスはアザラシやペンギンのコロニーを襲ったり、打ち上げられたクジラの体をついばんだりする。通常、成鳥の羽毛は灰色がかった茶色のまだらであるが、白地に黒い斑点のある個体もいる。

Northern fulmar
フルマカモメ

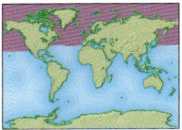

Fulmarus glacialis

全 長	45–50cm
体 重	700–850g
羽 色	雌雄同じ
分布 北極海、北太平洋、北大西洋	渡り 候鳥
	状態 低リスク↑

ピンと張ったまっすぐな翼で飛ぶ姿が特徴的な、北方の海ではおなじみの鳥である。この200年で特に温帯域の北大西洋で急増したが、背景には海の魚を根こそぎさらっていくトロール船からの生ゴミが増えたことが考えられる。船のおこぼれをあさるだけでなく、魚やヤリイカ、動物プランクトンなども食べる。水面近くで獲物を追う場合が多いが、時には水に潜ることもある。

滑翔のためにまっすぐ伸ばした翼

灰色の背面

ほとんどのミズナギドリ類は自分の生まれたコロニーに戻って子育てを行うが、フルマカモメはめったにそれをしない。一般に、絶壁の岩棚で土か草が緩衝材になった窪みを見つけて卵を産むが、捕食動物の脅威がなければ平らな地面に巣をつくる。成鳥はひなが2週齢になると食物を探しに出る。ひなは身に危険が迫ると激しい勢いで非常に臭いオイルを吐き出して身を守る。

Snow petrel
シロフルマカモメ

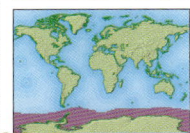

Pagodroma nivea

全 長	32cm
体 重	250–450g
羽 色	雌雄同じ
分布 南極大陸周縁地域	渡り 候鳥
	状態 低リスク↑

真っ白な羽毛　黒い目

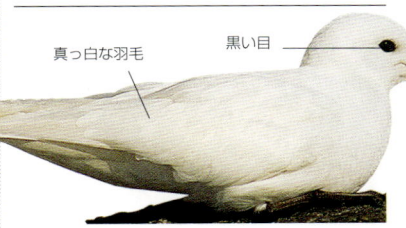

姿はハトに似ており、ペンギン類以外に南極大陸で繁殖する数少ない鳥の1種である。浮氷塊から離れた場所ではめったに見られない。凍らない海から300kmも離れた内陸に巣をつくるが、繁殖は降雪状況に大きく左右される。巣にはとても臭いオイルを吐きかけ、他のミズナギドリ類から死守しようとする。

Cahow
バミューダミズナギドリ

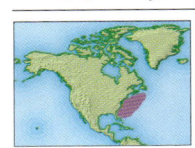

Pterodroma cahow

全 長	33cm
体 重	250g
羽 色	雌雄同じ
分布 バミューダ諸島（1000kmの海域）	渡り 候鳥
	状態 絶滅危惧IB類

世界で最も希少な海鳥の一種で、外来の哺乳類による捕食と、営巣地をめぐるシラオネッタイチョウとの争いから、早くも17世紀には絶滅の淵に追いやられた歴史を持つ。体は黒、灰色、白。現在では自然保護政策によって個体数が少しずつ増えている。

Broad-billed prion
ヒロハシクジラドリ

Pachyptila vittata

全 長	28cm
体 重	150–225g
羽 色	雌雄同じ
分布 南大西洋、南太平洋、南インド洋	渡り 候鳥
	状態 低リスク↑

灰色の体の両翼をまたぎ、ひときわ濃い色で"M"の字を描いた羽毛と、白い腹部が特徴である。くちばしは幅広く、櫛の歯のような形状で、海からプランクトン類をすき取る。主に、翼を広げて足で波を蹴り、海面をくちばしでさらいながら獲物をより分けて食べる。

Wilson's storm petrel
アシナガウミツバメ

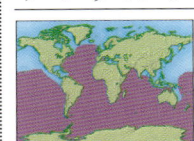

Oceanites oceanicus

全 長	17cm
体 重	40g
羽 色	雌雄同じ
分布 太平洋、大西洋、インド洋	渡り 候鳥
	状態 一般的

すすのように真っ黒な体にくっきりと白い臀部が特徴の小さな鳥で、最も個体数の多い鳥の1種とされることも多い。南極大陸周辺で繁殖するが、南半球が冬の時期は北に飛び、特に北インド洋や北大西洋に現れる。海に降りることはめったになく、海面をぱちゃぱちゃと走ったり、海面の真上で停空飛翔したりして、小魚や甲殻類を捕らえる。獲物は匂いで嗅ぎ分けるが、水かきのある黄色い足を水面付近で揺らめかせると、獲物がつられて寄ってくるという説もある。捕食動物に出くわすと、キーキー鳴いて相手にストマックオイルを吐きかける。

Manx shearwater
マンクスミズナギドリ

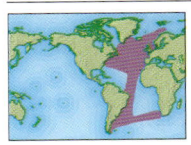

Puffinus puffinus

全 長	31–36cm
体 重	375–500g
羽 色	雌雄同じ
分布 大西洋	渡り 候鳥
	状態 低リスク↑

主としてウェールズ西岸沖のスコマー島、スコックホルム島、アウター・ヘブリディーズ諸島などの北大西洋の沖合いの島でコロニーをつくって繁殖し、繁殖期には、辺り一帯に金切り声のような鳴き声を響き渡らせる。昼間は海で食物をとるが、カモメ類の襲来を避けるため、コロニーで活発に動き回るのは日が暮れた後だけである。一般に、地面の穴を巣とするが、岩の下に卵を産むこともある。卵は一度に1つしか産まない。抱卵はオスとメスが6～7日交代で行い、ひなが自力で飛び始める約1週間前の70日齢まで食事の世話をする。冬が近づくと、暖かい海を求めて遠くブラジルまで南下する。

鉤状のくちばし
マンクスミズナギドリは、比較的細く鉤状に曲がったくちばしを使い、水面で魚をとる。時には獲物を追って数メートルも潜って泳ぐことがある。

黒い背面

配色

イワシのように群れを成す小魚を求めて海上を飛ぶ姿は、羽ばたくたびに黒い背中と白い腹部が明滅するようにひらめいて、特徴的である。

ペリカン類とその近縁種

門	脊索動物門
綱	鳥綱
目	ペリカン目
科	6
種	65

この大型の海鳥たちのグループには、ペリカン類、ウ類、ヘビウ類、ネッタイチョウ類、グンカンドリ類、カツオドリ類が含まれる。水かきのついた4本の足指を持つ唯一の鳥類で、泳ぎがたいへん得意である。大多数の種が幅広い翼を持っており、グンカンドリ類とネッタイチョウ類は生涯のほとんどの時間、空を舞って過ごす。一方、カツオドリ類、ウ類、ヘビウ類も外洋上を飛び続けることができる。このグループの鳥たちは皆、魚を食べる。いくつかの種は、相当の高度から獲物に向かってまっしぐらに飛び込んで襲いかかり、身体構造も入水時の衝撃をやわらげるように適応している。

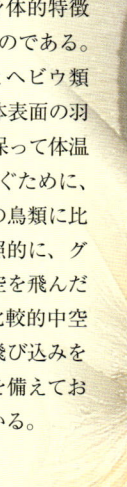

体のつくり

ペリカン類とその近縁種の持つ一連の身体的特徴は、水中の獲物を捕らえることに役立つものである。グループ内で最も水中活動の得意なウ類とヘビウ類は、浮力をそいで潜水を容易にするために体表面の羽毛の親水性が高い。内側の羽毛は撥水性を保って体温を逃がさない働きをする。さらに浮力をそぐために、彼らは石を呑み込むこともする。また、他の鳥類に比べて骨の中空部分が少なくなっている。対照的に、グループ内の他の鳥たちは、水に浮かんだり空を飛んだりしやすいように水をはじく性質の羽毛と比較的中空部分の多い骨を持っている。まっしぐらな飛び込みをする種類の鳥たちは、皮膚の下に別の気嚢を備えており、水面にぶつかる際の衝撃をやわらげている。

足
ペリカン類とその近縁種は、水かきのついた大きな足を推進力と舵とりの両方に用いる。写真のアオアシカツオドリなど、いくつかの種では、足はディスプレイや卵を温めることにも使われる。

鼻孔
水に潜ったときに気道内に水が入らないように、ペリカン類とその近縁種の鼻孔は、小さかったり閉じていたりする。鼻孔が完全に閉じているウ類、カツオドリ類（写真）は口で呼吸をする。

飛翔

ペリカン類とその近縁種は魚をとるために一連の方法を用いる。ウ類は獲物を追って水中を泳ぐ。ヘビウ類も水面下で獲物を狩るが、魚をくちばしで刺す前に1分ほど待ち伏せをする。カツオドリ類とネッタイチョウ類、カッショクペリカンは、30mもの高さから斜めがけて飛び込み、時速95kmという速さで襲いかかる。グンカンドリ類は獲物をくわえた他の鳥をしつこく追いかけ回して魚を横取りする。これに対して、ペリカン類はしばしば協力して狩りをし、ラインをつくって魚を浅瀬に追い込む。

まっしぐらに飛び込む
カッショクペリカンは、まっしぐらな飛び込みをする唯一のペリカン類である。彼らは水面に突入する直前に翼と足を後方に引き、スピードを最高に上げて口を開け、獲物を捕らえる態勢を整える。

水面で魚を捕らえる
ペリカン類は、大きな喉袋を持ち、魚を水面直下からすくい取る。喉袋は、雨水を蓄えて、飲み水や暑いときの冷却用に供する役割も担っている。

生殖

ペリカン類とその近縁種はコロニーで巣をつくり、捕食性の哺乳類の手が及ばない孤島や崖を営巣地に選ぶ。ある種のペリカン類、ヘビウ類、ウ類、グンカンドリ類は木に巣をつくる。オスは派手な求愛ディスプレイでメスの気をひく。例えばカツオドリ類は頭と尾を空に向け、翼を高く上げる（これをスカイポインティングという）。巣はおおむね大型で、オスとメスが協力してつくる。ひなを誕生直後はまったく無力で、親が吐き戻した食べ物で養われる。特にグンカンドリ類など、いくつかの種では、ひなは飛べるようになってから何か月も親がかりで生活する。

ひなを養う
ひなは、親鳥のくちばしに顔を突っ込んで吐き戻してもらった食物を食べる。ペリカンの成鳥（写真はカッショクペリカン）がひなにつくってやる食物はフィッシュスープといわれることもある。

巣づくり
このグループの鳥の大多数（写真はホオグロムナジロヒメウ）は頑丈な巣をつくる。彼らは巣材調達のために繰り返し往復する労をいとわない。

ペリカン類とその近縁種

Red-billed tropic bird
アカハシネッタイチョウ

Phaethon aethereus

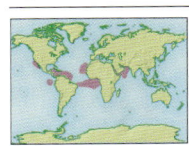

全 長	78−81cm
体 重	600−825g
羽 色	雌雄同じ
分 布	太平洋東部、大西洋中部、北インド洋
渡 り	候鳥
状 態	低リスク↑

極めて飛翔能力の高い鳥で、泳ぎが苦手でほとんど水上生活をしないにもかかわらず、しばしば陸地から数百キロも離れた洋上で見られる。まっしぐらな飛び込みで獲物のヤリイカや魚を捕らえて食べ、特にトビウオを好む。つややかな白に薄紅色を刷いた羽毛をまとった優美な姿で、求愛ディスプレイでは長くひいた飾り尾を左右に揺らめかせてあでやかに空を舞う。熱帯にしか棲まず、3種しかいないネッタイチョウの1種である。

Dalmatian pelican
ハイイロペリカン

Pelecanus crispus

全 長	1.6−1.8m
体 重	10−13kg
羽 色	雌雄同じ
分 布	ヨーロッパ南東部、アジア南部および南西部、アフリカ北西部
渡 り	不完全候鳥
状 態	低リスク

ヨーロッパで見られるペリカン類の中で最大の種である。大柄で体重も重いが、飛翔能力に優れ、渡りの間は大きな幅広の翼で空高く舞い上がる。羽毛は銀白色で翼の先端が黒く、くちばしは薄黄色で先端がオレンジ色をしている。くちばしの下には朱色の土袋がある。食物は、様々な魚を1日に平均1kgも食べ、水面を泳いで逆立ちするような姿勢で獲物をとる。時には共同作戦を展開し、大勢で半円を描くように並んで魚を浅瀬に追い込んですくい取る。しばしば大きなコロニーで繁殖し、通常、各つがいが1匹のひなを育てる。ひなは3〜4週齢になるとかなり親の手を離れて"ポッド"と呼ばれる小グループで生活するようになるが、食事は相変わらず親がかりである。ひなは約6週齢から魚をとり始め、その後1か月ほどで一人前に飛べるようになる。

- 喉袋には大量の食物を取り込むことができる
- 黒い翼の縁
- 鉛色の肢

Brown pelican
カッショクペリカン

Pelecanus occidentalis

全 長	1−1.5m
体 重	3.5kg以上
羽 色	雌雄同じ
分 布	南アメリカ北部および中部、カリブ海
渡 り	不完全候鳥
状 態	一般的

銀ねず色と茶色を基調に、白または白と黄色の頭、栗色のたてがみを持つ鳥である。顔と喉袋の緑がかった皮膚は、繁殖期にはひときわ鮮やかさを増す。ペリカン類では唯一、水面を泳ぐのではなくまっしぐらな飛び込みで食物をとる。翼を伸ばして水面すれすれを飛び、獲物の魚を見つけると10mも上昇し、翼を後方にたたんでまっしぐらに海に飛び込む。通常、樹木や潅木に巣をつくり、マングローブがよく利用される。ただし、カッショクペリカンの1種であるペルーペリカンは地上に巣をつくる。

- 濃茶色のうなじ
- 緑がかった顔の皮膚

集団生活
カッショクペリカンは群生志向が強く、ねぐらにつくのも、渡りをするのも、食事をするのまで集団行動をとることが多い。繁殖も、地面の露出した低地の島で群れをなして行う。

子育て

親鳥はオスとメスが数時間交代で卵を抱く。成長するのは1匹か2匹、ごく稀に3匹だけである。最初は親鳥が巣の中に食物を吐き戻してひなを養うが、生後10日程度になると、ひなが親鳥のくちばしから直接魚をもらって食べるようになる。

Blue-footed booby
アオアシカツオドリ

Sula nebouxii

全 長	80−85cm
体 重	1.5kg
羽 色	雌雄同じ
分 布	メキシコ西部から南アメリカ北西部、ガラパゴス諸島
渡 り	不完全候鳥
状 態	地域により一般的

鮮やかな青色の肢が特徴的な海鳥で、9種からなるカツオドリ類の1種である。他の仲間の鳥たちと同様、まっしぐらな飛び込みに適応した葉巻形の胴体をしており、水に突っこむ直前に幅の狭い翼を後方に引いて抵抗の少ない鋭角をつくり出す。オスはメスよりも小型で、岩だらけの磯もものともせずごく浅い海に潜る名手である。小グループで狩りをすることもあり、獲物は主にトビウオ、イワシ、カタクチイワシ、サバの仲間、ヤリイカなどである。分布域が限られており、カツオドリ類の中でも珍しい部類である。分散も限られていて、例えばガラパゴス諸島の鳥が隣のエクアドルに渡るという程度である。

- 密生した筋のある頭
- 長く尖った尾
- 鮮やかな青色の肢

Brown booby
カツオドリ

Sula leucogaster

全 長	64−74cm
体 重	0.7−1.5kg
羽 色	雌雄同じ
分 布	いずれも熱帯域の太平洋、大西洋、インド洋
渡 り	不完全候鳥
状 態	地域により一般的

カツオドリ類全般と同じく、海で食物をとり、潜水に優れ、特化した能力を持つ。胴体は流線を描いた葉巻形で、まっしぐらな飛び込みの衝撃をやわらげる気嚢と、魚をつかみやすい長くて先細のくちばしを備えている。30mもの高さから目の覚めるような急降下で海に突っこみ、深く潜ってヤリイカやボラなどの魚群に襲いかかる。また、長くて頑丈な翼で優美に空を舞い、カツオドリ類では唯一、オスが飛びながら求愛のしぐさを見せる。

- 長くてがっしりしたくちばし
- チョコレート色の羽毛
- 白い腹部

鳥類

鳥類

ペリカン類とその近縁種

Northern gannet
シロカツオドリ

Morus bassanus

全　長	80 – 90cm
体　重	2.5 – 3kg
羽　色	雌雄類似

分布	北大西洋、地中海
渡り	不完全候鳥
状態	地域により一般的

見事な流線形の海鳥で、魚雷形の胴体、長くて幅の狭い翼、短剣のようなくちばしと、魚をめがけたまっしぐらな飛び込みに完璧なまでに適応している。密集したコロニーか、険しい崖や斜面の高みにあるガニトリー（カツオドリの繁殖地）で巣をつくる。巣づくりの季節のつがいの絆はたいへん深く、ひとたびつがいになると、何年も連れ添って季節がめぐるたびに同じ巣に戻ってくる。最初の繁殖は3〜5歳の間に訪れ、1つだけしか産まれない青みを帯びた白い卵をオスとメスが交代で温める。ひなはおおむね孵化後3か月ほどで親元を離れて渡りに出る。若鳥は、生後5年のうちに完全な成鳥の羽毛になる。

外鼻孔がない
頭と首は淡い黄色
翼の先端は先細りで黒い
力強いくちばし
水かきのついた足
純白の羽毛

巣づくり
コロニー内の巣の間隔は鳥2匹分程度しか離れていない）。ガニトリーは鳥が非常に密集した状態になるので、遠目にはあたかも高い斜面や崖が雪で覆われているように見える。

まばゆい羽毛
シロカツオドリはとても特徴的な海鳥である。羽毛の大部分はまぶしいほどの白さで、翼の先端は漆黒、頭とうなじは淡い黄色をしており、氷を思わせる青い目とくちばしがくっきりと際だっている。

攻撃性
シロカツオドリは営巣地を守るためには並外れた攻撃性を見せ、頑丈なくちばしで相手を突いたりがっちりつかまえたりして闘う。

行動パターン
シロカツオドリほど行動パターンが洗練された海鳥はほとんどいない。まっしぐらな飛び込みの技術、深い絆で結ばれたつがいの行動は極めて印象的で、ひなに対する接し方も進歩的である。

劇的な飛び込み
シロカツオドリは、海上45mの上空を飛びながら両眼視で魚を探し出し、時速100kmものスピードで飛び込む。

求愛中のカップル
つがいは深い絆で結ばれたディスプレイの中で、メスがオスの攻撃性をやわらげようとして互いのくちばしを受け流すしぐさを見せる。

幼いひなを養う
ひなは親鳥の喉の奥まで頭を突っこんで吐き戻された魚を食べる。

鳥類

ペリカン類とその近縁種

Double-crested cormorant
ミミヒメウ

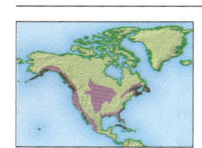

Phalacrocorax auritus

全 長	76–91cm
体 重	1.5–2kg
羽 色	雌雄同じ
分布	北アメリカ
渡り	不完全候鳥
状態	一般的

　北アメリカで海岸のみならず内陸部にも広く分布する唯一のウである。他のウ類と同じく、流線形の胴体にヘビのような首、水かきのついた大きな足を持っている。変わっているのは、春の間の一時期、頭に二重の冠羽(かんう)を生じることである。個体数の増加は、ミシシッピ川のナマズ養殖場に深刻な打撃を与えている。

Great cormorant
カワウ

Phalacrocorax carbo

全 長	80–100cm
体 重	3.5kg以下
羽 色	雌雄同じ
分布	北アメリカ東部、グリーンランド南部、ヨーロッパ、アジア、アフリカ中央部〜南部
渡り	不完全候鳥
状態	一般的

　世界中の沿岸で最もポピュラーな海鳥の1種で、ヨーロッパ、アジア、アフリカに分布する。淡水、汽水、塩水、天然池、人工池にかかわりなく様々な水場に生息するため、内陸でもごく普通に見られる。崖やむき出しの岩場から樹木やアシ原まで、生息地のどこにでも巣をかける。コロニーで繁殖し、毎年同じ場所に戻ってくることもあるが、つがいは通常1シーズンを共にするだけである。

ブロンズのような光沢を放つ黒い体

がっしりした足

力強い泳ぎ

カワウは水深の浅い場所で魚をとることを好むが、30m以上の深さまで潜ることもできる。水中では、翼をぴったりと胴体に寄せ、獲物の下を泳ぐ。大きな水かきのついた頑丈な足は、力強く前進するのに役立っている。

しなやかな肢体
カワウはほっそりとした流線形の胴体と自在に動かせるヘビのような首を持ち、鉤状に曲がった頑丈なくちばしで魚をつかむ。

Blue-eyed cormorant
ズグロムナジロヒメウ

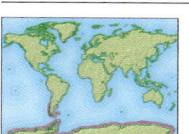

Phalacrocorax atriceps

全 長	68–76cm
体 重	2.5–3.5kg
羽 色	雌雄同じ
分布	南極大陸周縁地域、南アメリカ南部、フォークランド諸島
渡り	不完全候鳥
状態	一般的

　ズグロムナジロヒメウは、黒と白の体に目の周りの青い輪が特徴的である。南半球に生息する鳥で、主に岩の多い海岸や島に棲む。群居性が高く、冬場は密集して沖に食料をあさりに出る。夏場は通常、単独で食事をする。色や斑紋が若干異なる亜種が数種存在する。

Flightless cormorant
ガラパゴスコバネウ

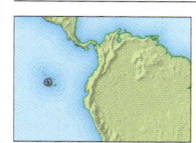

Nannopterum harrisi

全 長	89–100cm
体 重	2.5–4kg
羽 色	雌雄同じ
分布	ガラパゴス諸島(イザベラ島、フェルナンディナ島)
渡り	留鳥
状態	絶滅危惧IB類

　申し訳程度の翼しか持たない大型のウで、飛翔(ひしょう)能力をなくして久しい。ガラパゴス諸島には陸生の捕食動物がいなかったため飛ぶ必要がなくなったものと考えられる。整羽腺(はんせん)から分泌される油はとても少ないが、体毛に近い質感の柔らかく密生した羽毛が空気を閉じ込めるので、ずぶ濡れになることはない。長くて力強いくちばしを持ち、海底からタコや魚に一気に襲いかかる。繁殖は小さなグループで行う。オスはひなに食物を与えて数か月間養うが、メスはオスとひなを見捨て、新しい相手を求めていなくなってしまう。

ばさついた黒っぽい茶色の翼

体毛のように密生した羽毛

黒っぽい胴体

短い尾羽

Indian darter
アジアヘビウ

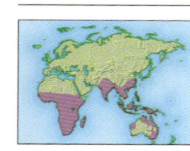

Anhinga melanogaster

全 長	85–97cm
体 重	1–2kg
羽 色	雌雄異なる
分布	アフリカ(サハラ砂漠以南)、アジア南部および南東部、オーストラリア、ニューギニア
渡り	不完全候鳥
状態	低リスク

　アジアヘビウは4種類いるウ類の類似種の1種で、通常、体を水に沈め、頭と首だけを水面上に出して泳ぐ。首を一気に伸ばして、尖ったくちばしで獲物をひと突きに狙えるように、頸椎(けいつい)はZ字形にねじれている。小枝で巣をつくり、時には水上5mもの高所に巣をかけることもある。

Great frigatebird
オオグンカンドリ

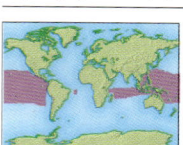

Fregata minor

全 長	85–105cm
体 重	1–1.5kg
羽 色	雌雄異なる
分布	いずれも熱帯域の太平洋、大西洋、インド洋
渡り	不完全候鳥
状態	一般的

　非常に軽い体にすらりと伸びやかな翼を備えたオオグンカンドリは、海の上を苦もなく滑翔し、食物を海面から採取したり、他の鳥から横取りしたりする。羽毛に防水性がないため、食物をとるときはくちばしだけを水に突っ込み、翼は濡らさないように空中姿勢を維持している。5種いるグンカンドリ科の1種で、典型的なグンカンドリの特徴である長く鉤(かぎ)状に曲がったくちばしと二股(ふたまた)に分かれた長い尾を持つ。オスは緑の光沢を放つ黒色の体に、長くて青白い翼帯を持ち、求愛時には真紅の風船のような喉袋(のどぶくろ)を誇示する。メスは黒と白。数千匹ものつがいでコロニーをつくり、小さな無人島で繁殖する。

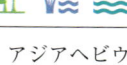

青みを帯びた黒の細いくちばし

オスの膨らました喉袋

鳥類

サギ類とその近縁種

門	脊索動物門
綱	鳥綱
目	コウノトリ目
科	6
種	119

　この渉禽類のグループには、サギ類、シラサギ類、ヨシゴイ類、コウノトリ類、トキ類、ヘラサギ類が含まれる。どの種も胴体はふっくらと丸く大きく、首が長くて、くちばしの力が強い。長い脚を利用して浅い水の中を歩き、魚や両生類、カタツムリ、カニを食べる。他の鳥に獲物を横取りされないように通常は単独で食物をとるが、夜はねぐらにつくために集まり、多くの種がコロニーをつくって繁殖する。淡水に棲み、世界中に分布しているが、大半は冬季に凍結しない温帯域に集中している。

体のつくり

　サギ類とその近縁種には、浅い水の中を歩いて食物をとることへの適応がいくつか見られる。脚が長いので、首を伸ばして頭を水面近くまで下げても羽毛が濡れることはない。4本の足指は指同士の間隔が広く、前向きの3本が水かきでつながっており、ぬかるみや湿地を歩く際に体重を分散して支えている。グループ内のどの鳥も幅広い翼を持っている。サギ類、ヨシゴイ類、シラサギ類は首を引っこめて飛ぶが、コウノトリ類、トキ類、ヘラサギ類の大多数は首をまっすぐ伸ばして飛ぶ。

くちばしの形状

長いくちばしは水やぬかるみの中から獲物を引っぱり出すのに重宝する道具である。トキ類は、長くて細い下向きにカーブしたくちばしを持っている。サギ類のくちばしは長くまっすぐで先細りになっている。コウノトリ類のくちばしも似たような形だが、先端が上か下にカーブしている場合が多い。他方、ヘラサギ類のくちばしは平らで、先端に向かって幅広くなっており、へらによく似た形をしている。

トキ類
サギ類
コウノトリ類
ヘラサギ類

食事

　大多数のサギ類とその近縁種は視力が優れており、水面をじっと見つめ、水中で動く獲物の気配を読んで狩りをする。見つかったが最後、魚やカエルはくちばしの餌食になって捕まってしまう（突き刺されることはめったにない）。なかにはさらに狩りの技術を進化させた鳥もいて、例えばクロコサギは翼を広げて水の上に影を落とし、日陰に魚をおびき寄せる。すべての鳥たちが生きた獲物を食べるとは限らず、アフリカハゲコウの主食は死骸である。

内陸で食物をとる
アマサギは食物の大半を水辺から離れた場所で調達する。たいていは牛やその他の大型哺乳類の周りに群れ集まり、動物の歩みに阻まれて動きの鈍った昆虫を食べる。

獲物を襲う
サギは首を独特なS字形に曲げて狩りをし、獲物を見つけると目にもとまらぬ速さで頭を突き出して襲いかかる。捕まったが最後、獲物はくちばしでひと突きにされて仕留められてしまう。

徒渉
サギ類とその近縁種はゆっくり悠然と水やぬかるみを渡る。写真のヘラサギは触覚が敏感に発達したくちばしで水をさらい、小魚や甲殻類を探し当てる。

Grey heron
アオサギ

Ardea cinerea

全長	90～98cm
体重	1～2kg
羽色	雌雄同じ
分布	ヨーロッパ、アジア、アフリカ
渡り	不完全候鳥
状態	一般的

　ヨーロッパで最もよく見られ、最も広く分布しているサギで、淡水の浅い水場であればあらゆる環境に生息する。翼を深く折り曲げ、ゆっくり羽ばたきながら飛ぶ。つがいは生涯の伴侶となり、共同で巣をつくる。高い木に巣をかけることが多いが、時には地上に巣づくりすることもある。他のサギ類と同様に、首を反らせて高く伸び上がるなど、求愛や防御に儀式めいたディスプレイを見せる。

外観
アオサギは長い首と長い脚を持つ大型の特徴的な鳥で、羽毛は灰色、白、黒である。

- 黒い冠羽
- 肩の黒い斑紋
- 灰色の横腹
- 長くて幅の狭い足指

目で見て魚をとる
アオサギはすばやくこっそり動いて獲物を捕らえる。魚をとるときは、水際近くに立って近寄ってくる魚の動きを注意深く見張る。魚が射程内に入ってくると、くちばしで急襲する前に首を少しだけ伸ばした姿勢で爪先立ちし、そろりと前進する。小さな魚は丸呑みするが、大きな魚は陸に持ち帰る。

鳥類

サギ類とその近縁種

Great egret
ダイサギ
Casmerodius albus

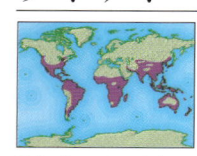

- 全 長　85–100cm
- 体 重　950–1000g
- 羽 色　雌雄同じ
- 分 布　北アメリカ、中央アメリカ、南アメリカ、アフリカ、アジア、オーストラリア
- 渡 り　候鳥
- 状 態　一般的

最も広く分布しているサギで、アメリカからアジア、オーストラリアのあらゆる湿地帯で見られる。羽毛は純白で、肢は黒い。繁殖期には背中に長い飾り毛を生じ、控えめな尾の上まで長くたなびかせる。単独か緩やかな集団で獲物に忍び寄るが、各自が小さななわばりを守る。巣の中のひなは極めて攻撃的な性質を持ち、弱いひなを殺してしまう。

Green-backed heron
ササゴイ
Butorides striatus 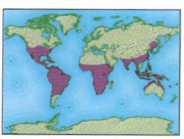

- 全 長　40–48cm
- 体 重　125–225g
- 羽 色　雌雄同じ
- 分 布　北アメリカ、中央アメリカ、南アメリカ、アフリカ、アジア、オーストラリア
- 渡 り　不完全候鳥
- 状 態　一般的

変異性の高い中型のサギで謎も多いが、水中に餌を落として魚をおびき寄せる数少ない鳥の1種である。約30の亜種が存在し、熱帯域と亜熱帯域をまたいで分布する。写真は南アメリカでよく見られる灰緑色の種だが、ガラパゴス諸島に棲む亜種は全身が濃灰色である。

Black-crowned night heron
ゴイサギ
Nycticorax nycticorax

- 全 長　58–65cm
- 体 重　500–800g
- 羽 色　雌雄同じ
- 分 布　北アメリカ、中央アメリカ、南アメリカ、アフリカ、アジア、オーストラリア
- 渡 り　不完全候鳥
- 状 態　一般的

小型のゴイサギは夜間や夕暮れの薄暗がりの中、並外れた視力を利用し、音にも反応して正確に獲物を仕留める。水中で立ち止まったり、ゆっくり歩いたりしながら獲物をくちばしで捕らえる。単独で食物をとるが、巣づくりや繁殖はコロニーをつくって行う。木登りが得意で、水際近くの木の根や枝をよじ登る姿がよく見られる。

American bittern
アメリカサンカノゴイ
Botaurus lentiginosus 

- 全 長　60–85cm
- 体 重　500–900g
- 羽 色　雌雄同じ
- 分 布　北アメリカ、中央アメリカ、カリブ海
- 渡 り　候鳥
- 状 態　一般的

縞とまだらの交じった茶色い羽毛持ち、みっしりと生い茂ったアシ原や草ぼうぼうの低湿地にうまく紛れ込んで生きている。日中食物をとり、短剣のようなくちばしを電光石火の早業で繰り出し、主に魚やカエルを突き刺して捕らえる。身に危険が迫ると他のヨシゴイ類と同様にくちばしを上に向けて首を反らせる独特のポーズをとり、周囲の草と一緒に風にそよいで身を隠す。

Hamerkop
シュモクドリ
Scopus umbretta 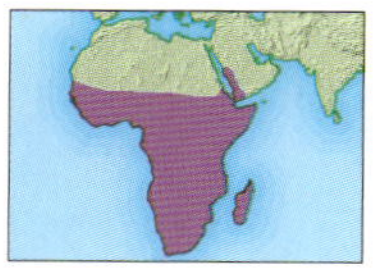

- 全 長　40–56cm
- 体 重　425g
- 羽 色　雌雄同じ
- 分 布　アフリカ（サハラ砂漠以南）、マダガスカル島、南西アジア
- 渡 り　留鳥
- 状 態　地域により一般的

英名は"ハンマーの頭"を意味するドイツ語に由来し、短めのくちばしと後頭部に大きく張り出した冠羽が形づくる異形の容貌をよく言い表している。羽毛は茶色で初列風切羽の色が濃く、顎と喉は色が薄い。多くの水鳥は魚を主食とするが、この鳥は主に両生類を食べる。浅い水底をくちばしではくように調べてカエルや魚を食べるが、オタマジャクシの群れの上を飛んでさらい取ることもある。小枝、泥、草を用いて入口にトンネルのついたかまど型の巣を木の高みにかける。巣の大きさは間口と奥行き2mに及び、鳥類で最大である。個別に繁殖するが、巣は近い場所で発見されることが多い。

Shoebill/Whale-headed stork
ハシビロコウ
Balaeniceps rex 

- 全 長　1.1–1.4m
- 体 重　4.5–6.5kg
- 羽 色　雌雄同じ
- Location Central Africa
- 渡 り　留鳥
- 状 態　低リスク†

大きく幅広で木靴のような形をしたくちばしが特徴的な鳥である。干上がった水場で狩りをすることが多く、肺魚を主食に、カエル、小型の哺乳類なども食べる。獲物の上から落下するように襲いかかり、くちばしをハサミのように動かして、切り分けてから呑み込む独特の狩りの方法を多用する。容易には近づけないようなパピルスの生えた沼地で繁殖し、浮き草に巣をつくる。暑いときはくちばしいっぱいに水をくんで卵にかけて冷やす。

American wood stork
アメリカトキコウ
Mycteria americana 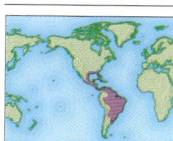

- 全 長　85–110cm
- 体 重　2.5kg
- 羽 色　雌雄同じ
- 分 布　北アメリカ、中央アメリカ、南アメリカ、カリブ海
- 渡 り　不完全候鳥
- 状 態　一般的

視覚と触覚を用いて獲物を探り当て、昼も夜も汚い水の中でも食物をとることができる。羽毛は泥につかると汚れてしまうので、鱗に覆われた頭部と首はむき出しである。長くて分厚いくちばしを開き、水の中を端から端まで動かしながら探り歩いて触覚で獲物を追う。獲物に出くわすと反応がすばやい。体は白く、翼の先端は黒、頭部と首は暗灰色である。単独でもグループでも食物をとり、コロニーで繁殖する。水の上に張り出した木の頂上付近に巣をかけるが、陸生の捕食動物がいないと、稀に地面に巣をつくる。

サギ類とその近縁種

European white stork
コウノトリ

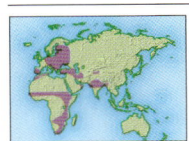

Ciconia ciconia

全 長	1～1.3cm
体 重	2.5kg
羽 色	雌雄同じ

分布　ヨーロッパ、アフリカ、アジア
渡り　候鳥
状態　地域により一般的

黒と白の優美な姿を持つこの鳥は、南アフリカで冬を越して北ヨーロッパ各所に飛来し、春を告げる。生息地の変化が原因で、北欧での繁殖はめっきり減ってしまったが、今でも屋根の上に巣をかけられるのは幸運の証と考えられている。主に浅い水場や草原で食物をとるが、田畑の縁にも現れる。上昇温暖気流に乗って帆翔するため、渡りは主に陸上を飛ぶ。

Marabou stork
アフリカハゲコウ

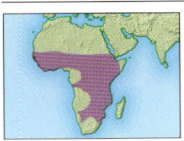

Leptoptilos crumeniferus

全 長	1.2m
体 重	5～7.5kg
羽 色	雌雄同じ

分布　アフリカ（サハラ砂漠以南）
渡り　留鳥
状態　一般的

優美さとはほど遠い巨大なコウノトリで、体は青みがかった灰色に黒と白、3m近い翼開張は陸生の鳥としては最大の部類に属する。優美に帆翔する様子は、地上にいるときの背中を丸めた姿とは極めて対照的である。食性（下のコラム参照）が幸いしてよく栄え、生息地のいたるところで個体数を増やしている。

さえない外見
往々にして"醜い"と形容されてしまうこの大きな鳥は頭にほとんど羽毛がなく、くさび形のくちばしは大きく頑丈である。ピンクから淡い赤紫色をした喉袋は肉垂のようでもあり、くちばしの下端から35cmも伸びる。

大きく黒い翼
喉の肉垂

腐肉をあさる
この鳥はコウノトリではあるが、ハゲワシ類のような行動をとることが多い。食物を探して高空を帆翔し、大きなくちばしで動物の死骸から腐肉をはぎ取る。本物のハゲワシ類同様、頭と首にはほとんど羽毛がない。これは、食物をとる際に羽毛を汚さないための適応である。

Sacred ibis
クロトキ

Threskiornis aethiopicus

全 長	65～89cm
体 重	1.5kg
羽 色	雌雄同じ

分布　アフリカ（サハラ砂漠以南）、マダガスカル島、アルダブラ諸島、西アジア
渡り　不候鳥
状態　地域により一般的

この中型の白いトキは羽毛のない頭と首の上部が漆黒で、古代エジプトでは人々にあがめられていた。雑食性で人間と苦もなく共生でき、人家周辺では生ゴミ、草原では昆虫、浅い水場では水生動物という具合に様々なものを食べる。

はげた頭と首
黒い脚

Scarlet ibis
ショウジョウトキ

Eudocimus ruber

全 長	56～68cm
体 重	775～925g
羽 色	雌雄同じ

分布　中央アメリカ南部、南アメリカ北部および東部
渡り　留鳥
状態　地域により一般的

鮮やかな色彩を持つこの鳥は、繁殖期になると南アメリカ北部沿岸の湿地帯や沼地、潟、マングローブ沼沢地、感潮河川などに集まり、時には数万匹に及ぶ巨大な群れをつくる。繁殖のためコロニーで2匹ずつに分かれ（他の相手とつがいになることも多いが）、水際の木に巣をつくる。他のトキ類と同様、視覚よりも触覚を優先して食物を探す。普通は歩きながら、長く緩やかにカーブしたくちばしを、柔らかい泥の中に差し入れて旦念に調べていく。また、ヘラサギのようにくちばしで水の中を端から端までさらうこともある。主食はカニ、貝、水生昆虫などである。

長くて緩やかにカーブしたくちばし

木のてっぺんのねぐら
ショウジョウトキは日中は地上で食物をとるが、夕暮れになると水辺の木に飛び上がってねぐらにつく。トキ類やサギ類とその近縁種に多く見られるこの行動は、夜行性の捕食動物から身を守る術である。

鮮やかな色彩
鮮やかな赤い羽毛と先の黒い翼を持つショウジョウトキは、世界中で最も目立つ色合いの鳥の1種である。

黒い翼の縁

Northern bald ibis
ホオアカトキ

Geronticus eremita

全 長	80cm
体 重	記録なし
羽 色	雌雄同じ

分布　アフリカ北西部、西アジア
渡り　候鳥
状態　絶滅危惧IA類

かつては広く分布していたが、今日では極めて稀少なトキ。赤い頭には羽毛がなく、うなじには黒いぼさぼさの冠羽があり、茶色にを帯びた黒い羽毛は虹色の光沢を放つ。水場付近や干上がった川床で長くカーブしたくちばしを使ってゆるい地盤を探り、昆虫などを捕らえて食べる。ひなが外敵に襲われる危険が少ない険しい崖にコロニーで巣をつくる。

African spoonbill
アフリカヘラサギ

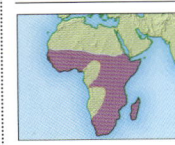

Platalea alba

全 長	75～90cm
体 重	2kg
羽 色	雌雄同じ

分布　アフリカ（サハラ砂漠以南）、マダガスカル島
渡り　不完全候鳥
状態　一般的

白い体に赤い脚を持つ優美な鳥。幅広で先がスプーンのようなくちばしに名の由来を持つ6種のグループに属する。仲間同様、水の中でくちばしを端から端まで動かし、水流を起こして魚を引き寄せ、一網打尽にする。夜に食物をとることもあり、短い距離なら走って追いかける。

鳥類

フラミンゴ類

門	脊索動物門
綱	鳥綱
目	フラミンゴ目
科	1（フラミンゴ科）
種	5

極めて長い脚と首、ピンクや赤などのカラフルな羽毛を持つ背の高い渉禽類で、よく目立って見分けがつきやすい。熱帯と亜熱帯に暮らし、一般に塩湖や汽水湖などのようなアルカリ性を示す浅い湖に、時に100万匹にも及ぶ巨大な群れで見られる。弱そうな外見に似ず、他の動物がほとんど生きられないような土地で観察されることも多い。しばしば塩分濃度やアルカリ度がきわめて高い環境で見られ、気温の変化に対する耐性が非常に優れている。下向きに曲がった独特な形状のくちばしで水中から非常に細かい植物や動物をこし取るという特殊な方法で食物をとる。

コロニー

最も社交的な鳥に数えられるフラミンゴは、求愛ディスプレイまで集団で行う。数千匹の鳥たちが、おのおのの羽を広げ、あるいは頭を上げて振り向くしぐさがひとつの巨大な動きになる。集団ディスプレイはコロニーの鳥たちにいっせいにつがいになる準備を整えさせ、状況が許せばできるだけ早く同時に産卵することを保証しているようである。繁殖コロニーは、塩湖の水位が下がり、フラミンゴの巣となる堆積した泥が表面に現れたときに形成されることが多い。親鳥がひなの世話をするのは最初の1〜2週で、ひなは歩けて泳げるようになると"クレイシュ（共同保育場）"に参加する（右参照）。

集団ディスプレイ
フラミンゴ類は求愛ディスプレイの中で首とくちばしを上げて頭を左右に振る"頭上げディスプレイ"を行う。

クレイシュ（共同保育場）
フラミンゴのひな（写真はコフラミンゴとオオフラミンゴ）は30万匹にも及ぶ大きなグループをつくる。食事は相変わらず親がかりだが、彼らを守るのは別の成鳥たちである。

飛翔
細い首と脚をまっすぐ伸ばして空を行くフラミンゴは見誤りようがない。しばしば大きな群れが長い曲線を描いて飛んでいく。長い翼と軽い体のおかげで飛び立つのは比較的早い。

体のつくり

細身の体をすらりと伸びた長い脚に載せたフラミンゴは、胴体に対する脚の長さの比率が他のどの鳥よりも大きい。肢にはまったく羽毛がないので、塩分濃度やアルカリ度が高い水場に深く踏み込んで渡っても羽毛を汚すことはない。長くて自在に曲がる首は、大型種では非常に細い。頭は小さく、くちばしは特徴的に下向きに曲がっている。上下のくちばしは縁に沿って並んだ櫛の歯のような角質で連結されており、水から食物をこし取る道具になっている（右参照）。フラミンゴ独特のピンクや赤の色は、藻類やエビなどの食物から得られる色素がもとになっている。

水の中に立つ
フラミンゴ（写真はオオフラミンゴ）はしばしば1本脚で長時間立ち続け、寝るときでさえ反対の脚を腹の下に畳んで頭を胴体に載せた姿勢である。肢から体温が奪われるのを抑えているのだ。

足
長い脚に比べてフラミンゴ類の足は比較的小さい。前向きの3本の足指は水かきでつながり、後ろ向きの1本はごく小さいか欠ることしている。水かきは泥などの柔らかい地面を歩くのに適している。

食事

一般にフラミンゴは浅瀬を渡りながら足で水底の泥をかきまぜ、頭を水面につけるような姿勢（くちばしは上下逆さまになり、先端は後ろ側を向く）で、頭を左右に動かして食物をとる。舌をすばやく動かし、ポンプの要領で薄く開けたくちばしから水をとり入れては吐き出す。くちばしの内側の縁にはラメラといわれる角質の列があり、いくつかには繊毛が生えている。フラミンゴはラメラと繊毛を通して食物をこし取っている。食物の大きさは種によって異なり、大きなフラミンゴは甲殻類、軟体動物、虫などを、小さな種は藻類を食べる傾向にある。

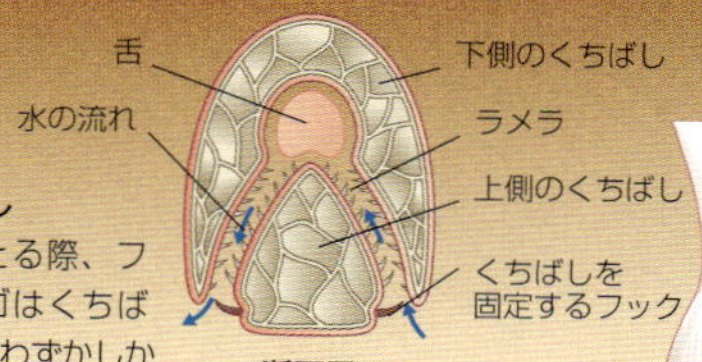

くちばし
食物をとる際、フラミンゴはくちばしをごくわずかしか開かず、不必要な大きい物体が中に入らないよう選り分ける。第二段階はくちばしの中での選別である。多くの場合、繊毛の生えた小さな角質の列がふるいの役割を果たし、フラミンゴにとって必要な細かい粒子をこし取っている。

断面図：舌／水の流れ／下側のくちばし／ラメラ／上側のくちばし／くちばしを固定するフック

食物をとる：舌／ラメラ

藻類を食べる
コフラミンゴ（左の写真）および他の小型種は一般に水面から食物をとる。大型種は頭をすっかり水に浸して食物をとる。

フラミンゴ類

Greater flamingo
オオフラミンゴ

Phoenicopterus ruber

全 長	1.5m
体 重	4kg 以上
羽 色	雌雄同じ
分布 中央アメリカ、南アメリカ、カリブ海、南西ヨーロッパ、アジア、アフリカ	渡り 不完全候鳥
	状態 地域により一般的

オオフラミンゴは、非常に長い首と脚を持つ、フラミンゴ類の最大種である。淡水および塩水の様々な生息地で観測され、特に塩湖、入江、潟に多い。熱帯域以外の個体は、しばしば冬に備えてより暖かい地方に渡り、また、どの地方の個体も食物を求めて時には500kmにも及ぶ長距離を夜の間に飛んでいく。他のフラミンゴ類の餌場は浅瀬に限定されるが、オオフラミンゴは体が大きいため、比較的深い水場も難なく渡ることができる。時には泳ぎ、カモ類のように逆立ちして食物をとる。普通は頭をすっかり水に沈めて食物をとり、20秒も潜っていることもある。小型のフラミンゴ類と異なっているのは水面からはほとんど食物をとらない点であり、結果的に食物を奪い合わずにすんでいる。オオフラミンゴは昆虫、やごく細かい藻類、植物の一部など様々なものを食べ、炎天下でも日中に食物をとる。一夫一婦制で群居性が高く、20万匹ものカップルで繁殖コロニーを形成している。求愛行動では、たくさんのオスとメスが首を伸ばしたり、儀式めいた毛づくろいをしたり、大声で鳴き交わしたりしながら、複雑なダンスをいっせいに披露する。食物をとっているときは小声で鳴く。

巣とひな
オオフラミンゴの巣は他のフラミンゴ類全般と同様に円錐を潰したような形の泥製で、浅い"堀"で囲まれていることが多く、隣からつつかれないように巣と巣の間は1.5mほど空いている。1つの卵をオスとメスがともに抱き、繁殖期には巣を守るが、平時はなわばりには無頓着である。ひなは歩けるようになると、少数の成鳥が見守る大規模なクレイシュに集まる。

大集団での繁殖
社会的な種として、オオフラミンゴは極めて大規模なコロニーをつくる。膨大な数のフラミンゴが繁殖コロニーを構成する地方もあるが、ガラパゴス諸島のようにせいぜい数十匹程度というところもある。この変異性は、飼育環境下にあるオオフラミンゴが、他の仲間に比べて比較的繁殖が容易であることの一因である。

- 極めて長く細い首
- ピンクまたは赤: 一般にオオフラミンゴはピンク色であるが、色調の異なる2種類の亜種が存在する。西半球の亜種は東半球のそれに比べて赤の色合いが濃い。
- 鼻孔
- 先の丸い曲がったくちばし
- 短く、水かきでつながった足指
- ずば抜けて長い脚

Puna flamingo
コバシフラミンゴ

Phoenicoparrus jamesi

全 長	1.1m
体 重	2kg
羽 色	雌雄同じ
分布 南アメリカ西部	渡り 留鳥
	状態 低リスク

アンデス山脈の高所にある高原に生息するフラミンゴで、塩湖に豊富な微小藻類であるケイ藻を食べる。日中の浅瀬で、くちばしをほんのわずかだけ水にひたしてゆっくり歩きながら、水の中からケイ藻をこし取って呑み込む。食物をとっているときにも、空を飛んでいるときにも様々な鳴き声を出す南アメリカ原産の3種のフラミンゴの1種で、ほかにチリーフラミンゴ（*Phoenicopterus chilensis*）、アンデスフラミンゴ（*Phoenicoparrus andinus*）がいる。一般に、3000m以上の高地の塩湖で3種類が混在して観察される。大多数のコバシフラミンゴは冬は高度の低い土地に渡るが、温泉のある土地では残る鳥もいる。求愛や繁殖の習性はオオフラミンゴ（上）に似ている。

保護
個体数が少なく分布域も限られているコバシフラミンゴは、少しでも繁殖活動を妨げる要因があると、非常に影響を受けやすい。幾世紀にもわたって卵をアンデス山脈に暮らす人々に食料として奪われてきたことは、今日の個体数減少の遠因であろう。今日では最も重要な繁殖地では警備員が保護にあたっている。また、フラミンゴの食物である藻類を損なう公害も潜在的な脅威である。

- ピンク色の体
- 赤い縞
- 色合い: ピンク色の体で、繁殖期になると鮮やかさを増す赤い縞模様が入っている。
- 短くてかぎ状に曲がったくちばし
- 長くてほっそりした脚

Lesser flamingo
コフラミンゴ

Phoeniconaias minor

全 長	1m 以上
体 重	2kg 以上
羽 色	遊牧性
分布 アフリカ西部、中央部および南部	渡り 留鳥
	状態 地域により一般的

フラミンゴ類最小種だが個体数は最も多く、ピンク色の濃淡に比較的長くて暗い色のくちばしを持っている。渡りは行わないが、食物を求めて新しい土地に腰軽く移動する。主食は炭酸を含む水質に豊富なラン藻類で、ほとんどそれしか食べない。日中の激しい風を避け、夕暮れから夜にかけて浅い水場で食物をとる。なかには100万匹を超すコロニーもあり、世界最大の鳥類の集団である。求愛の儀式では数百匹の鳥がいっせいに動いてディスプレイを披露する。

鳥類

水禽類

門	脊索動物門
綱	鳥綱
目	ガンカモ目
科	2
種	149

狩猟鳥としても知られるこのグループにはカモ類、マガン類、ハクチョウ類、南アメリカ原産の3種類のサケビドリ類が含まれる。水を弾く羽毛と水かきのある足を持ち、淡水の湿地帯では圧倒的個体数を誇る。入江や沿岸で見られることもあり、少数ではあるが完全に洋上で生活する種もいる。水禽類は泳ぎがたいへん巧みである。食物の大半を水面からとるが、カモ類の多くは食物を探して水に潜り、いくつかの種（特にマガン類、ハクチョウ類、サケビドリ類）は陸上で草を食べる。水禽は飛ぶことも得意で、毎年の渡りで越冬地と繁殖地の間の数千キロもの旅に出る種もいる。

繁殖

水禽類の繁殖サイクルは、寒さや捕食動物の危険と隣り合わせの水上生活に適したものである。鳥類には珍しく、オスはペニスに似た器官をメスの総排泄腔に挿入するので、水上でも交尾が可能である。一般に水辺に巣をつくり、草むらを利用することが最も多いが、木の穴や岩の割れ目を利用する種もある。ケワタガモ類などいくつかの種のメスは、卵を寒さから守るために自分の綿羽をむしって覆いをつくる。

ひな
水禽類のひなは、十分に発達してから孵化するので、生まれたときには目も開いており、体を覆った綿羽もじきに乾く。写真のカナダガンのように、ひなは生まれて数時間もすれば歩いたり泳いだりできるようになる。成鳥の後を追い、巣から離れて比較的安全な水域に入ると、すぐに自分で食物を探すようになる。

鳥類

体のつくり

水禽類の胴体は丸々太って浮力に優れ、頭は小さく、一般に尾は短い。大半の種が幅広で平らなくちばし（下参照）と水中の食物に届く長い首を持っており、派手な色の鳥が多い。換羽時は大半の種で風切羽が一度にごっそり抜け落ちてしまう。飛べない期間中、捕食動物から身を守るために、オス（カモのオス）は冬羽と呼ばれる地味で単調な色をまとう。水鳥は綿羽と皮下脂肪で寒さを遮断する。サケビドリ類は脚が長く、翼角に爪があり、ニワトリのようなくちばしを持ち、足指の付け根にしか水かきがないなど、いくつかの点で他の水鳥と異なる特徴を持つ。

くちばし
大多数の水禽類と同じく、ツクシガモは幅広で平らなくちばしを持っている。くちばしの縁にはラメラと呼ばれる小さなうねがあり、獲物をつかんだり水の中から食べられるものをこし取ったりするために用いられる。上側のくちばしの先端は植物を引き裂くために硬化して爪になっている。

毛づくろい
水禽類にとって羽毛の防水性を保つことは不可欠なので、写真のハイイロガンのような羽毛の手入れはとても大切である。尻には脂を分泌する腺があり、くちばしで刺激して脂を出し、羽毛をこすり合わせたり、くちばしで整えたりして全身に塗り広げる。

足
水禽類の足は水上を行くときの強力な推進力になっている。水かきでつながっているのは前向きの3本の足指だけで、小さな後ろ向きの足指はやや上方についている。このため、水鳥はよちよちとではあるが地上を歩くことができる。

離陸

水の上からほぼ垂直に飛び上がれる水禽類もいるが、体の重い種は離陸のために助走をつける。特にハクチョウ類は長い助走を必要とし、水面をバタバタと走りながらスピードを上げていく。

移動

水禽類には水上を容易に移動するための適応が見られる。なだらかな体の輪郭は水の抵抗を減らし、水かきのある足（左参照）は力強い櫂の役割を果たす。分厚い羽毛は浮力を増しているが、水に潜って食物を探すカモの仲間の多くは潜水前に羽毛をなでつけて空気を追い出し、浮力をそぐ。サケビドリ類は非常に翼が大きく、骨も著しく軽量であるため、しばしば滑翔という形で何時間も飛び続けられる。他の水禽類はサケビドリ類より翼が小さいので、飛行中は絶えず羽ばたいていなければならない。とはいえ、ひとたび舞い上がれば水禽類は高速で力強く空を飛び、なかには時速100kmを上回るスピードで飛べるものもいる。

編隊飛行
水禽類の群れ（写真はハクガン）は特徴的なV字形を描いて空を行く。先頭の鳥の後ろにつくことで、後続の鳥は風の荒れによる影響を受けにくくなり、体力を温存できるのだ。負担の大きい先導役は規則的に交代する。

水禽類

Horned screamer
ツノサケビドリ

Anhima cornuta

全　長	84cm
体　重	2－3kg
羽　色	雌雄同じ
分布	南アメリカ北部
渡り	留鳥
状態	地域により一般的

シチメンチョウに似た体つき、幅の狭いくちばし、長い脚、部分的に水かきでつながった足など、サケビドリ類には様々な特徴がある。黒と白の羽色のこの鳥はサケビドリ科3種の中で最も大きく、額から前に向かって上にカーブした10cmもある細くて長い角が生えている。水上より陸上で食物をとる点は仲間と同じである。メスは地面につくった巣に4〜6個の卵を産み、約6週間で孵化する。

Plumed whistling duck
カザリリュウキュウガモ

Dendrocygna eytoni

全　長	40–60cm
体　重	0.5－1.5kg
羽　色	雌雄同じ
分布	オーストラリア北部および東部
渡り	不完全候鳥
状態	地域により一般的

長い脚、水かきでつながった大きな足、カモよりマガンに多く見られる足首と踵の網目模様など、フエフキガモ類全8種に共通の特徴を持つ。また、主に陸上で草を引き、短く切って食べるという行動もマガンに似た特徴である。一夫一婦制で伴侶と生涯を共にするといわれ、オスも子育てに参加する。

麦わら色で先の尖った横腹の飾り羽

長い脚

Mute swan
コブハクチョウ

Cygnus olor

全　長	1.5m
体　重	12kg
羽　色	雌雄同じ
分布	北アメリカ、ヨーロッパ、アフリカ、アジア、オーストラリア
渡り	不完全候鳥
状態	地域により一般的

ヨーロッパと中央アジア原産の極めて優美な鳥で、観賞用として世界各地に広く紹介された。ひなは灰色がかった茶色だが、成鳥は純白の羽毛に朱色のくちばし、黒い肢という姿である。空を飛ぶ鳥としては最も体重の重い部類で、水上を走ったり漕ぐように足を動かしたりして飛び立つが、ひとたび空に舞えば翼から独特の振動音を発しながら力強く飛んでいく。主に水上で食物をとり、水底の泥から植物や小さな動物をとるために逆立ちする姿がよく見られる。つがいは生涯を共にし、水際や小島に植物を塚のように盛り上げて巣をつくる。巣はしばしばさしわたし1m以上にもなる。メスは一度に最大8個の卵を産み、抱卵を一手に引き受ける。ひなの誕生後は独り立ちできるまでの約5か月間、オスとメスが共に面倒を見る。この期間以降もひなが両親と一緒にいることは多いが、次の繁殖期の始まりにはオスに追い払われる。ひなが完全に成熟し、子育てができるようになるまでには3〜4年を要する。

水中から食物をとるための長くて自在に曲がる首

くちばしは朱色でコブとくちばしの先端は黒い

幅広で力強い胴体

頑丈な黒い脚

鳥類

Black swan
コクチョウ

Cygnus atratus

全　長	1.1－1.4m
体　重	6kg
羽　色	雌雄同じ
分布	オーストラリア（タスマニアを含む）、ニュージーランド
渡り	遊牧性

ハクチョウの仲間では唯一、ほぼ全身が真っ黒な鳥である。いちばん奥の風切羽は奇妙にねじれており、脅されるとこれらの羽を立て、白い初列風切羽を現す。まったくの菜食主義者で水生植物を食べるが、時には陸上で草を食べることもある。他の

首の長いハクチョウ類
コクチョウの首はハクチョウ類でいちばん長く、飛行姿勢の全長に対して半分以上の長さを占める。

鮮やかな赤色のくちばし

白い初列風切羽

家族の結束

他のハクチョウ類と同じように、コクチョウも一夫一婦制を厳格に守る。オスとメスは固い絆で結ばれ、巣づくりも子育ても共同参加で行う。

大多数のハクチョウ類と比べて群居性が高く、半遊牧性を持っている。繁殖を終えると、数千匹規模の群れをつくることがある。

Magpie goose
カササギガン

Anseranas semipalmata

全　長	75–90cm
体　重	3kg
羽　色	雌雄同じ
分布	ニューギニア南部、オーストラリア北部
渡り	不完全候鳥
状態	地域により一般的

カササギガン科唯一の種で、水禽類の中では異彩を放っている。足指は水かきでつながっているだけで、後ろ側の足指が並外れて長く、小枝に簡単に止まることができる。また、脚がたいへん長く、飛行姿勢で尾よりも脚が後ろにはみ出す唯一の水禽類である。1匹のオスに2匹のメスという繁殖グループも水禽類ではほかにはない。オスはメスより大きく、頭頂部に特徴的な骨質のコブがある。

Greylag goose
ハイイロガン

Anser anser

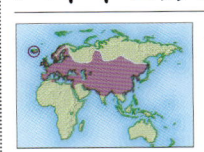

全　長	75–90cm
体　重	3－4kg
羽　色	雌雄同じ
分布	ヨーロッパ（アイスランドを含む）、アジア
渡り	候鳥
状態	一般的

家禽であるガチョウの野生の祖先で、元来は中部ヨーロッパで繁殖し、人間とガチョウのかかわりの一大原点となった。英名の"greylag（灰色のびりっけつ）"は羽色と渡りのタイミングが遅いことに由来する。オスはメスの気をひくために横柄で不自然な態度をとり、つがいになる前にはよく互いの頭をつつき合う。

ピンク色のくちばし

水禽類

Canada goose
カナダガン
Branta canadensis

全 長	55－100cm
体 重	3－6kg
羽 色	雌雄同じ
分 布	北アメリカ、北ヨーロッパ、東北アジア、ニュージーランド
渡 り	候鳥
状 態	一般的

北アメリカ原産の社会性の高い鳥で、北ヨーロッパやニュージーランドにも広く移入されている。様々な気候に適応して環境の変化にもよく耐え、丈の低い植物ばかりでなく草も食べるので、ますます個体数を増やしている。ガン類の中でも体格のばらつきが著しい種のひとつで、せいぜい2kgほどの北極圏の最小亜種から、時に8kgにもなる南方の個体群まで幅広い。

羽色
頭と首が黒く、頬は白い。体は茶色で、翼の先端が黒っぽく、腹部の色は淡い。くちばしと脚は黒い。

黒い脚
黒っぽい尾の下は白い

草を食べる
昼間食物をとり、水上だけでなく乾いた陸上にも植物を求める。原産地近郊の公園では、明け方に群れが水場を離れて草や種子、穀物をついばむ光景がおなじみになっている。

Cape Barren goose
ロウバシガン
Cereopsis novaehollandiae

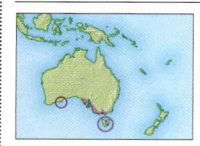

全 長	75－91cm
体 重	4－6kg
羽 色	雌雄同じ
分 布	オーストラリア南部（沖合いの島々およびタスマニアを含む）
渡 り	留鳥
状 態	低リスク↑

足指の水かきは退化し、陸上での生活に適応している。上側のくちばしの付け根には肉でできたクッションのような薄緑色の蝋膜（ろうまく）があり、黒く頑丈なくちばしをほぼ覆い隠している。攻撃的でなわばり意識が強く、数種類の威嚇ディスプレイを使うほか、咬（か）みついたり、翼で殴りかかったりする。交尾は陸上で行い、ライバルのオスとの激しい闘いを終えたつがいは"勝利の歓喜"の儀式を行う。

Egyptian goose
エジプトガン
Alopochen aegyptiaca 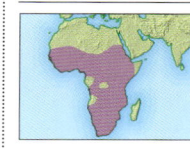

全 長	63－73cm
体 重	2.5kg
羽 色	雌雄同じ
分 布	アフリカ（サハラ砂漠以南）
渡 り	留鳥
状 態	地域により一般的

ツクシガモ（左下）の極めて近い近縁種に当たる脚の長い鳥で、湖や川、亜熱帯の湿地帯に生息するが、陸上で生活する時間も長い。同種間でも攻撃性が強いが、自分より小さな種に対する"いじめ"行動も顕著である。恋の季節にはさやあてが数多く演じられ、メスは最も攻撃的なオスを選ぶ。メスが声高にさえずるのに対してオスの鳴き声はしゃがれている。

Common shelduck
ツクシガモ
Tadorna tadorna

全 長	58－67cm
体 重	1－1.5kg
羽 色	雌雄異なる
分 布	ヨーロッパ、アジア、北アフリカ、北大西洋東部、地中海、西太平洋
渡 り	不完全候鳥
状 態	地域により一般的

主に海または塩水の環境に棲み、緑がかって玉虫色に輝く黒と白、栗色の羽毛を持つ。オスは赤いくちばしの上にコブがあるが、メス（写真）にはない。ツクシガモ類全般と同様、マガン類と典型的なカモ類の中間的な生態を持つ。波打ち際で食物をあさり、水中に浅く踏み入れ軟体動物その他の海生無脊椎動物を探す。他の動物が捨てていった巣穴などを巣にすることが多い。

ピンク色の脚

Mallard
マガモ
Anas platyrhynchos

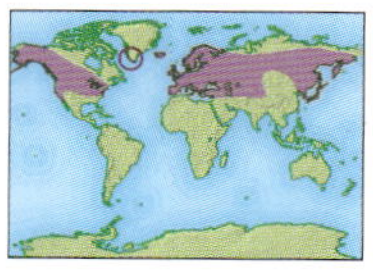

全 長	50－65cm
体 重	1－1.5kg
羽 色	雌雄異なる
分 布	北アメリカ、グリーンランド南部、ヨーロッパ、アジア
渡 り	不完全候鳥
状 態	一般的

マガモは、非常に環境順応性が高く、都会を含むどのような水場でも繁殖に利用し、様々な方法で食物をとることができる（コラム）ため、北半球に非常に広く分布している。オスは低いガーガー声と甲高いピーピー声の2通りの鳴き方しかしないが、メスはとてもやかましく、鳴き声もバラエティに富んでいる。

繁殖期のオス
繁殖期のオスは白い首輪のある緑色の頭に赤褐色の胸、灰色の横腹、黒い尻をしており、白い尾の中央にある羽毛は反り返っている。くちばしは黄色い。

首輪

逆立ち
マガモは水中の植物や無脊椎動物（むせきついどうぶつ）を食べるため逆立ちをする。また、くちばしを水中に突っ込んで食物をとったり、草を食べたり、浅い水に飛び込んだりする。穀物畑の常連でもある。

メス
メスは茶色に淡黄色または白のまだらである。繁殖期外のオスもこれと似た姿で、その羽毛は冬羽といわれる。

反り返った尾の中央の羽毛

Green-winged teal
コガモ
Anas crecca

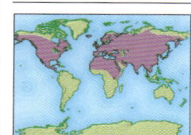

全 長	34－38cm
体 重	350g
羽 色	雌雄異なる
分 布	北アメリカ、ヨーロッパ（アイスランドを含む）、アジア、アフリカ北部～中部
渡 り	不完全候鳥
状 態	一般的

北アメリカとヨーロッパで最小のカモで、ツンドラや草原、森林とその周辺、比較的小さな湖などで繁殖する。水生植物の細かい種子を食べるのに適した小さなくちばしを持ち、軟体動物、甲殻類、昆虫なども食べる。オスには鮮やかな生殖羽があり、低い声でコオロギに似た鳴き方をする。メスは高い声でガーガーと鳴く。オスもメスも翼には翼鏡といわれる緑色のパッチがある。

鳥類

水禽類

Mandarin
オシドリ

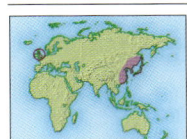

Aix galericulata

全　長	41–49cm
体　重	625g
羽　色	雌雄異なる
分布	北西ヨーロッパ、東アジア
渡り	不完全候鳥
状態	地域により一般的†

生殖羽をまとったオスは、最も華麗で美しい鳥のひとつである。頭上に目立つ冠羽を戴き、首回りの羽毛は金色で、両翼の内側には明るい黄色の帆の形をした羽毛を1対持つ。これは横腹の上部にピンと立たせることができ、純粋に飾り用のものである。メスと繁殖期以外のオスは全身ほぼオリーブブラウンである。カモ類の中で最も樹上生活に適した種のひとつで、小枝でひと眠りしたり、止まり木にしたりする姿が多く見られ、木の洞に巣づくりをする。ひなは生後1日で巣穴から地面に飛び降りなければならない。爪は小枝に捕まりやすいように鋭く、幅が広く長い尾は木から飛び降りて着地する際にブレーキの役割をする。目が大きく、夜目が利く。地上や樹上以外に、水上でも食物をとり、くちばしをすばやく水中に突っ込んだり、逆立ちをしたり、稀に飛び込むこともある。昆虫や陸生の巻き貝などに加え、種子や木の実も食べる。求愛行動は社会性が高く、数匹のオスがメスの関心をひこうと競う。東アジア原産で、移入先の西ヨーロッパにも定着した。

目立つ冠羽　大きな目
鋭い爪

Muscovy duck
ノバリケン

Cairina moschata

全　長	66–84cm
体　重	2–4kg
羽　色	雌雄同じ
分布	中央アメリカ～南アメリカ中部
渡り	留鳥
状態	一般的

大きくて貫禄十分な体つきのカモで、成鳥はおおむね黒っぽい（若鳥は茶色っぽい黒）。長い尾に幅広の翼、鋭い爪のある足指など、木に止まるための適応が見られる。また、成鳥のオスは頭頂部に小さな冠羽と鼻孔の上にコブがあり、目の周りの皮膚はイボだらけで羽毛がない。家禽種は様々な色の変異を生じている。カモ類には珍しく、ほとんど鳴かない。

Steller's eider
コケワタガモ

Polysticta stelleri

全　長	43–47cm
体　重	650–900g
羽　色	雌雄異なる
分布	北アメリカ北西部、北ヨーロッパ、北西アジア
渡り	候鳥
状態	絶滅危惧II類

ケワタガモ類4種の中で最も小さく、胸元と腹部を錆朱に染める（繁殖期のオスのみ）唯一の種である。灰色のくちばしの両縁が柔らかく垂れ下がるような形であるのは無脊椎動物を岩から引きはがすための適応か、深くて暗い水中で食物を探す際に触感を確かめる役割を担っていると思われる。繁殖期にツンドラの草原に巣づくりする姿が沿岸周辺で見られる以外は外洋で暮らしている。

Blue duck
アオヤマガモ

Hymenolaimus malacorhynchos

全　長	53cm
体　重	775–900g
羽　色	雌雄同じ
分布	ニュージーランド
渡り	留鳥
状態	絶滅危惧II類

水禽類には珍しい青灰色の羽毛を持ち、他の鳥はほとんど生きていけない清冽な急流での生活に非常によく適応している。トビゲラやカゲロウなどの幼虫を主食とし、水に潜って獲物を狙う。水面付近にくちばしを突っこんだり、逆立ちして食物をとることもある。川床の岩や石を探るときには、独特な形のくちばしで岩から水を含んだ藻類を引きはがす。

Torrent duck
ヤマガモ

Merganetta armata

全　長	43–46cm
体　重	450g
羽　色	雌雄異なる
分布	南アメリカ西部
渡り	留鳥
状態	低リスク

見事な流線形の体つきをしたアンデス山脈のカモで、他のカモ類では流れの速さに負けてほとんど食べ物をとれないような山の急流だけに棲む。生態的には、ニュージーランドのアオヤマガモ（上）に極めて近い。川に潜って水底近くを上流に向かって泳ぎ、岩の下や石の隙間を調べて昆虫の幼虫や蛹を探す。オスは黒と白だが、メスは赤褐色である。

Velvet scoter
ビロードキンクロ

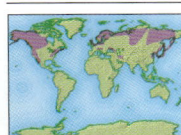

Melanitta fusca

全　長	51–58cm
体　重	1.5–2kg
羽　色	雌雄異なる
分布	北アメリカ北西部、西部および東部、ヨーロッパ、アジア北西部および東部
渡り	候鳥
状態	一般的

内陸の淡水で繁殖し、時には大きな湖で越冬するが、1年の大半を海で過ごす鳥である。7mもの深さまで潜って食物を探し、水中で1分近く活動することも珍しくない。深い場所ではさらに長時間潜っていることもある。軟体動物を食べるのに適した大きなくちばしを持ち、体はでっぷり太っている。大きな鼻孔は飲み込んだ海水の塩分を体外に排出する精妙な器官とつながっていると考えられる。

Goosander
カワアイサ

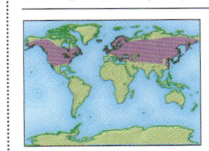

Mergus merganser

全　長	58–66cm
体　重	1.5–2kg
羽　色	雌雄異なる
分布	北アメリカ、ヨーロッパ（アイスランドを含む）、アジア
渡り	不完全候鳥
状態	一般的

最もすばしこい水禽類の1種で、魚を食べるアイサ類7種の中で最も大きい。流線形の体はすばやく水中を泳いだり空を飛んだりすることに適し、時速100kmで空を駆ける。主食は魚で、滑りやすい獲物を捕らえられるように、くちばしは細く長く、のこぎりの歯のような形状をしている。オスの背中は黒いが、メスは体の上側が灰色である。

メスの頭は赤褐色

鳥類

猛禽類

門	脊索動物門
綱	鳥綱
目	タカ目
科	5
種	307

猛禽類は、あらゆる鳥の中で比類なき肉食性と最も熟達した捕食能力を誇る。生きた動物を捕らえて食べる鳥は多いが、飛翔能力と洗練された狩猟技術に加え、卓越した視力と筋肉質の脚、鋭いくちばしと鉤爪を持つ猛禽類は別格である。タカ、ハゲワシ、ノスリ、ミサゴ、ハヤブサなどをはじめ、たくさんの鳥がこのグループに分類され、大多数が昼間に狩りをする点がフクロウ類とは異なる。一口に生きた動物を食べるといっても、グループ全体としてみれば、獲物は昆虫やカタツムリから、魚類、爬虫類、両生類、哺乳類、他の鳥などじつに多岐にわたり、腐肉も食べる。ほぼ世界中に分布するが、暖かい地方の田園に最も多く見られる。

狩り

生きた獲物を捕らえることは熟練を要し、失敗する確率も高い。一般に若鳥に比べて成鳥のほうが狩りに長けているが、それでも獲物を仕留めるよりは逃すことのほうが多い。いくつかの種は獲物に合わせて狩りの方法を使い分ける。例えばノスリ類は小型哺乳類には空から襲いかかる一方、ミミズを求めて地面を探し歩くこともある。また、ミサゴの狩りはたいへん独特である（下記参照）。大半の猛禽類は単独で狩りをするが、タカ類の一部を含むいくつかの種ではつがいが協力しあい、一方が獲物を捕らえて他方がとどめを刺す。

魚を捕らえる
ミサゴはほとんど魚しか食べず、低い角度から降下して長い脚を前方に投げ出し、鉤爪で引っかけるように魚をつかむというユニークな狩りをする。獲物をがっちり捕らえるために、前向きの足指の1本を裏返しに使うこともある。

体のつくり

イエスズメほどの大きさのハヤブサ類から翼開帳3.2 mにもなるコンドルまで、猛禽類には様々な大きさの鳥がいる。あるものは幅の広い翼を備えて体も重く、またあるものはほっそりとした流線形である。大多数の種は頭が大きく、首が短いが、ハゲワシ類の首は腐肉を深くまであさるために長くて羽毛がない。このグループのいちばんの特徴はくちばしである。ほぼすべての種が生肉を引き裂けるように先の尖った力の強いくちばしを持っている。細部の様々な違いは食物の違いによるものである（右下参照）。もうひとつの猛禽類の武器は、鉤爪といわれる長くて鋭い爪を備えた頑丈な筋肉質の足である（左下参照）。羽色は大多数の種が地味な色（茶色、灰色、黒または青）で、白との組み合わせになっていることが多い。

鉤爪
大多数の猛禽類はくちばしよりも鉤爪で獲物を仕留める。鉤爪で急所を突き刺し、細い骨をへし折るのだ。4本の足指のうち3本は前を向いており、1本は後ろ向きである。写真のオジロワシを含め、多くの種で後ろ向きの爪が最も長くて鋭い。これによって、強力なペンチのように足で獲物をがっちりつかんで握りつぶし、逃げられないようにすることができるのである。

くちばし
くっきりと鉤形に曲がり、刃のように鋭く尖ったハクトウワシのくちばしは、典型的な猛禽類のもので、他種にはこのバリエーションが見られる。タカ類とハヤブサ類は上側のくちばしに歯に似たうねがあり、獲物の背骨を噛み砕くことができる。一方、カタツムリトビは長くて鉤形に曲がったくちばしでカタツムリを殻から引っぱり出す。

- 分厚い鱗状の皮膚
- 鋭くて曲がった鉤爪
- 後ろ向きの長い鉤爪
- 鉤状のくちばし — ハクトウワシ
- 歯のようなうね — セアカノスリ
- 長くて鉤状に曲がったくちばし — カタツムリトビ

五感

猛禽類は優れた視力を持ち、主に視覚を頼りに狩りをする。視認能力は少なくとも人間の4倍と推定され、はるか彼方から獲物を見分けることができる。これは、非常に集中した網膜錐体細胞を持っているためで、目が大きいことも関与している。また、特にチュウヒ類のように、植物が密生した場所で獲物を追いくつかの種では聴覚がとてもよく発達している。優れた嗅覚を利用して物陰の腐肉を嗅ぎ分けるハゲワシ類も数種いる。

目の保護
多くの猛禽類と同様、ハヤブサの目の上はひさしのように盛り上がっている。これは直射日光を防ぎ、渾身の力で暴れる獲物から目を守るためのものである。目は透き通った第三眼瞼（瞬膜）で保護されている種が多い。

- 深い眼窩
- 前を向いた目

鳥類

食事

　大多数の猛禽類は生きた動物を食べ、大型種ほど大きな獲物を運ぶことができる。例えばハクトウワシはよほど重たくない限り子ジカを運ぶ能力がある。特定のものしか食べない種は多く、例えばヨーロッパハチクマはスズメバチなどのハチとその幼虫を、ヘビクイワシはもっぱらヘビを食べる。また、多くの鳥たちが生きた獲物だけでなく腐肉も食べることもある。なかにはハゲワシ類やトビ類のようにほとんど腐肉専門という種もいくつかある。ヒゲワシは腐肉を食べるものの1種で、骨を食べ、大きな骨を岩の上に落として細かく砕く。ヤシハゲワシは主食が植物という変わりだねである。

腐肉を食べるもの
一口に腐肉といってもハゲワシ類の好む部位は様々で、最大6種が一体の死骸に群がることがある。例えば、あるものは柔らかい胴体の部分を好み、別のものは皮膚や皮を食べるという具合である。ミミヒダハゲワシ（写真左）はハゲワシ類最大の種のひとつで、しばしば場を仕切っている。

食事用の止まり木
猛禽類には仕留めた獲物を飛びながら食べるよりも自分の気に入った止まり木に運んで食べるものが多い。食べる前に口に合わない部位をじっくり選り分けるのである。写真上のハイタカはクロウタドリの羽毛をむしっている。

飛翔

　猛禽類はいずれも飛翔能力が高く、狩りの方法に合わせて飛び方を使い分ける。ハゲワシ類とコンドル類は大きな幅広の翼を利用して上昇温暖気流や崖の際に起こる上昇気流に乗り、ほとんど羽ばたかずに何時間も空を舞って、見晴らしのよい高空から腐肉を探す。対照的に、ほっそりした体のハヤブサ類は長くて薄い先の尖った翼で飛び回り、他の鳥に中空で襲いかかる。彼らは時には大きな高度差をつけての急降下や雷撃を用いる（下記参照）。タカ類は攻撃を計画し、急加速して獲物を脅したり待ち伏せに出たりする。チュウヒ類はゆっくりと地上付近を飛び、油断している獲物を頭上から襲う。ハヤブサ類とノスリ類は停空飛翔しながら眼下の獲物の動きを観察し、鉤爪で突き入れる。

空からの刺客
地上、水中、空中を問わず、獲物を足でわしづかみにして仕留める姿は、猛禽類に特有のものである。写真のオオワシはタイヘイヨウサケを足でつかんでいる。オオワシはマガン類、ノウサギ、アザラシの子どもなどを襲うこともある。

帆翔
コンドル類とハゲワシ類は猛禽類で最も翼が大きく、写真上のヒゲワシは最大3mの翼開帳を誇る。いずれの種も上昇気流に乗って高空を舞いやすい山岳地帯ではごく普通に見られる。

保護
猛禽類は多くの種が危機に瀕している。ハヤブサ類は全種がワシントン条約に挙げられ、カリフォルニアコンドルの個体数は170匹に過ぎず、世界で最も絶滅が危惧されている動物のひとつである。写真のハヤブサのような猛禽類は食物連鎖の頂点に立つため獲物が被る影響にも敏感に反応する。家畜を守るために、当たり前のように殺されてしまう種もいる。

雷撃
大多数の大型のハヤブサ類は獲物から身を隠す場所の乏しい田園に棲む。そのため、羽ばたいて逃げる術を持つ鳥を襲う場合、彼らは高く舞い上がって急降下または雷撃を多用する。急降下するときのハヤブサ（写真右）のスピードは時速200kmにも達する。

猛禽類

鳥類

Turkey vulture buzzard
ヒメコンドル

Cathartes aura

全　長	64−81cm
体　重	25−2kg
羽　色	雌雄同じ
分布	カナダ南部〜南アメリカ南部
渡り	不完全候鳥
状態	一般的

カナダ南部からティエラ・デル・フエゴに至る地域に分布し、生息地は極めて幅広い。鋭敏な嗅覚を持ち、うっそうと繁ったジャングルでも食べ物を嗅ぎつけることができる猛禽類は、ヒメコンドルと直近の近縁種に限られる。日の出とともに出動して帆翔や滑翔を始め、車にはねられた動物の死体をあさることも多いので、居住地内の個体数は増加していると考えられる。求愛行動についてはほとんど解明されていないが、地上で儀式めいたダンスを行う姿が観察されている。メスは卵を2個産み、オスもメスもそ嚢から食物を吐き戻してひなに与える。生後1年を経過したひなの寿命は、12〜17年であると見られる。

頭と首には羽毛がない
帆翔に適した長くて幅広の翼
頑丈で羽毛のない脚

Andean condor
コンドル

Vultur gryphus

全　長	1−1.3m
体　重	11−15kg
羽　色	雌雄異なる
分布	南アメリカ西部
渡り	留鳥
状態	低リスク

コンドルは、すべての鳥類の中で翼の面積が最も大きい。そのため、山地や海沿いの崖などに生じる上昇気流に乗って空を舞い、自力ではごくたまに羽ばたく程度で非常に長い距離を飛ぶことができる。地上から見上げると、大きな風切羽が手指のように広がった姿が非常に特徴的である。猛禽類には珍しく、メスよりオスの方が大きい。いずれも頭には羽毛がなく、オスは首の付け根に特徴的なひだ襟状の羽毛があ

る。主食は腐肉で、食物を探して5500mもの高空を飛ぶ。獲物は山岳動物にこだわらず、アザラシやクジラなどの打ち上げられた海洋動物も食べる。地域によっては水鳥のコロニーを襲って卵をごっそり略奪することもある。子育ては内陸の崖で行う。およそ2年ごとに卵を1個産むペースで、繁殖には時間がかかる。

外向きに広がった風切羽
オスの首には白いひだ襟状の羽毛がある

Andean condor
カリフォルニアコンドル

Vultur gryphus

全　長	1.2−1.3m
体　重	8−14kg
羽　色	雌雄同じ
分布	米国西部（カリフォルニア、アリゾナ）
渡り	留鳥
状態	絶滅危惧IA類

北アメリカ最大の飛鳥であると同時に最も危機的状態にある鳥のひとつである。かつてはカリフォルニアからフロリダにかけて生息したが、野生の個体は1987年までに死に絶え、人工繁殖計画（コラム）によって細々と命脈を保っている。帆翔の名手で、活動時間のほとんどは高い空を舞っている。往時はヤギュウやエダヅノレイヨウの死骸を主食としていたが、十分にあった食料はヨーロッパ人の流入とともに急速に減少してしまった。今日、人工繁殖で自然に帰された個体は、主に家畜のウシやシカの死骸を食べている。

首のひだ襟状の羽毛
黒い羽毛
羽色はおおむね黒で、小さい風切羽の先端が白く、首元に黒いひだ襟状の羽毛がある。頭と首には羽毛がない。

保護

人工繁殖による回復計画の下、1980年代にはわずか27匹にまで落ち込んだ個体数は170匹まで回復し、40匹は野生に帰されて生活している。放された鳥のすべてが必ずしも自然界にうまく適応できたわけではないが、この計画の目的はカリフォルニアコンドルを再び野生繁殖する鳥に戻すことであり、その成就にはなお数年の歳月が必要である。

Osprey
ミサゴ

Pandion haliaetus

全　長	1.5−1.7m
体　重	1.5−2kg
羽　色	雌雄異なる
分布	世界各地（南極大陸を除く）
渡り	候鳥
状態	一般的

最も広く分布する猛禽類の1種で、南極大陸以外のすべての大陸で見られる。腹部が白く、背中はチョコレート色、目を前後に挟むように濃色の縞模様があり、鉤爪とくちばしは鋭く曲がっている。足から着水する急降下で生きた魚を水中からさらい、水に潜ることもある。足裏にはトゲのある乾いた鱗があり、外側の足指は空中でも魚を運べるよう逆手に使えるなど、滑りやすい獲物をつかむための進化が見られる。

Red kite
アカトビ

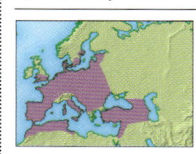

Milvus milvus

全　長	61−62cm
体　重	750−1,000g
羽　色	雌雄同じ
分布	ヨーロッパ、アジア西部、アフリカ北部、カナリア諸島、カーボベルデ
渡り	不完全候鳥
状態	絶滅危惧II類

敏捷に空を行くトビ類は、長い脚と二股に割れた尾が特色である。アカトビは最も大きく、小型哺乳類や腐肉、鳥のひなを主食とする。翼を部分的に曲げ、尾を舵のように使って常に傾斜姿勢で飛びながら食物を探す。19世紀初頭頃のヨーロッパの市街地ではアカトビがゴミをあさる姿がごく普通に見られたが、ゴミ処理の進歩によって個体数が大幅に減少した。木に巣をつくり、しばしばカラスの巣のお古を利用する。毎年2〜3個の卵を産む。

青白い頭
帆翔に適した長い翼
長くて二股に割れた尾

Western honey buzzard
ヨーロッパハチクマ

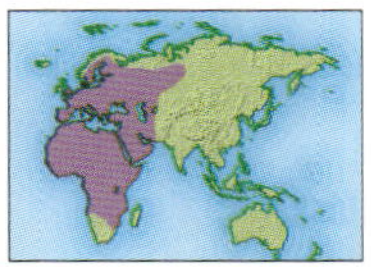

Pernis apivorus

全　長	52－60 cm
体　重	450－1,000g
羽　色	雌雄同様
分　布	ヨーロッパ、アジア西部及び中部、アフリカ
渡　り	候鳥
状　態	一般的

同じような大きさの他の猛禽類に比べ、足が小さく、鉤爪も比較的小ぶりで、くちばしは浅く曲がっている。これはスズメバチなどの昆虫を食べるという特異な生態に由来する。空を飛びながら食物を捕らえるほか、昆虫の後を巣までつけていって発育半ばの幼虫も食べる。食物を昆虫に依存するため、冬季は南方に渡っていく。

浅いくちばし
比較的長い尾

Snail kite Everglades kite
カタツムリトビ

Rostrhamus sociabilis

全　長	40－45 cm
体　重	350－400g
羽　色	雌雄で異なる
分　布	北米国南東部（フロリダ）、キューバ、中央アメリカ、南アメリカ
渡　り	不完全候鳥
状　態	地域により一般的

この鳥は水生カタツムリしか食べない。浅い沼地の上をゆっくりと飛び、水面で食物をとっているカタツムリをさらう。細く鋭く曲がった鉤状のくちばしをカタツムリの中に差し込んで、殻につながる筋肉を断ち切り、身を引き出す。成鳥のオスは濃灰色で初列風切羽が黒いが、メスは茶色で腹部が淡黄色の縞模様である。フロリダ南部の分布域では個体数がめっきり減ってしまったが、アルゼンチンのパンパなど、他の地域にはたくさん生息している。

Snail kite Everglades kite
サンショクウミワシ

Haliaeetus vocifer

全　長	63－73 cm
体　重	2－3.5kg
羽　色	雌雄同様
分　布	アフリカ（サハラ砂漠以南）
渡　り	留鳥
状　態	一般的

頭を後ろに反らせて大きなかん高い鳴き声を上げる。白い頭が特徴で、川辺で高い枝に止まっている姿がよく目につく。魚を見つけると上から襲いかかり、脚を後ろに振り上げてつかみ取る。小型哺乳類や鳥類、腐肉を食べることもあり、他のタカ類や釣り人から魚を失敬することもある。

黒い翼
白い尾

Lammergeier
ヒゲワシ

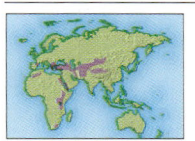

Gypaetus barbatus

全　長	1－1.2m
体　重	4.5－7kg
羽　色	雌雄同様
分　布	ヨーロッパ、アジア、アフリカ北東部及び南部
渡　り	留鳥
状　態	地域により一般的

ヒゲワシは旧世界では最大のハゲワシ類の1種で巨大な翼とよく目立つさび形の尾を持ち、くちばしの付け根に顎髭のような羽毛がある。腐肉を食べるが、大きな骨を空高く持ち上げ、岩の上に叩き落として食べるという特殊な食性も併せ持つ。骨が砕けたところで舞い降りて、骨髄をついばむのである。

Egyptian vulture
エジプトハゲワシ

Neophron percnopterus

全　長	58－70 cm
体　重	1.5－2kg
羽　色	雌雄同様
分　布	ヨーロッパ、アフリカ、アジア
渡　り	不完全候鳥
状　態	一般的

旧世界では最小のハゲワシで、名前から想像されるよりずっと広範囲に分布する。成鳥は顔が黄色く、黒い風切羽を除いて羽毛は生成り色だが、若鳥（写真）は茶色のまだらである。腐肉なら何でも食べるが、ダチョウなどの卵を石を使って割ることで知られている。体が小さいため、他のハゲワシ類との死骸の争奪戦に勝つのは難しく、食物にありつくのはたいてい最後である。

長くて薄いくちばし
生成り色の羽毛
黒い風切羽

African white-backed vulture
コシジロハゲワシ

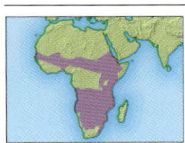

Gyps africanus

全　長	84 cm
体　重	4－7kg
羽　色	雌雄同様
分　布	アフリカ（サハラ砂漠以南）
渡　り	留鳥
状　態	一般的

アフリカに広く分布する腐肉食鳥で、シロエリハゲワシの1種である。このグループは7種からなり、一見羽毛がなさそうな長い首は細かい綿羽で覆われている。首に長い羽毛がないため、死骸の奥深くまでくちばしを入れても汚れない。背中の上部の白い羽毛の首飾りは、灰色の首とコントラストを描いている。アフリカで最も普通に見られるハゲワシ類のひとつで、食物が見つかりそうな場所に大勢で集まる。食べ物をめぐって争うときは、シューッという威嚇音やクワックワッという鳴き声など様々な声を上げる。

食事

コシジロハゲワシの食物を探す能力の高さはよく知られている。嗅覚は乏しいが、卓越した視力を持っており、高空から死骸のありかを突き止める。また、互いの動きも監視しあい、1匹が食物を見つけて急降下を始めると、他の鳥もすぐさま後に続く。

羽毛の首飾り
白い初列風切羽
綿羽の生えた頭と首

大きな翼
大きな幅広い翼で上昇気流に乗って円を描くように何時間も帆翔し、腐肉を探し求める。

鳥類

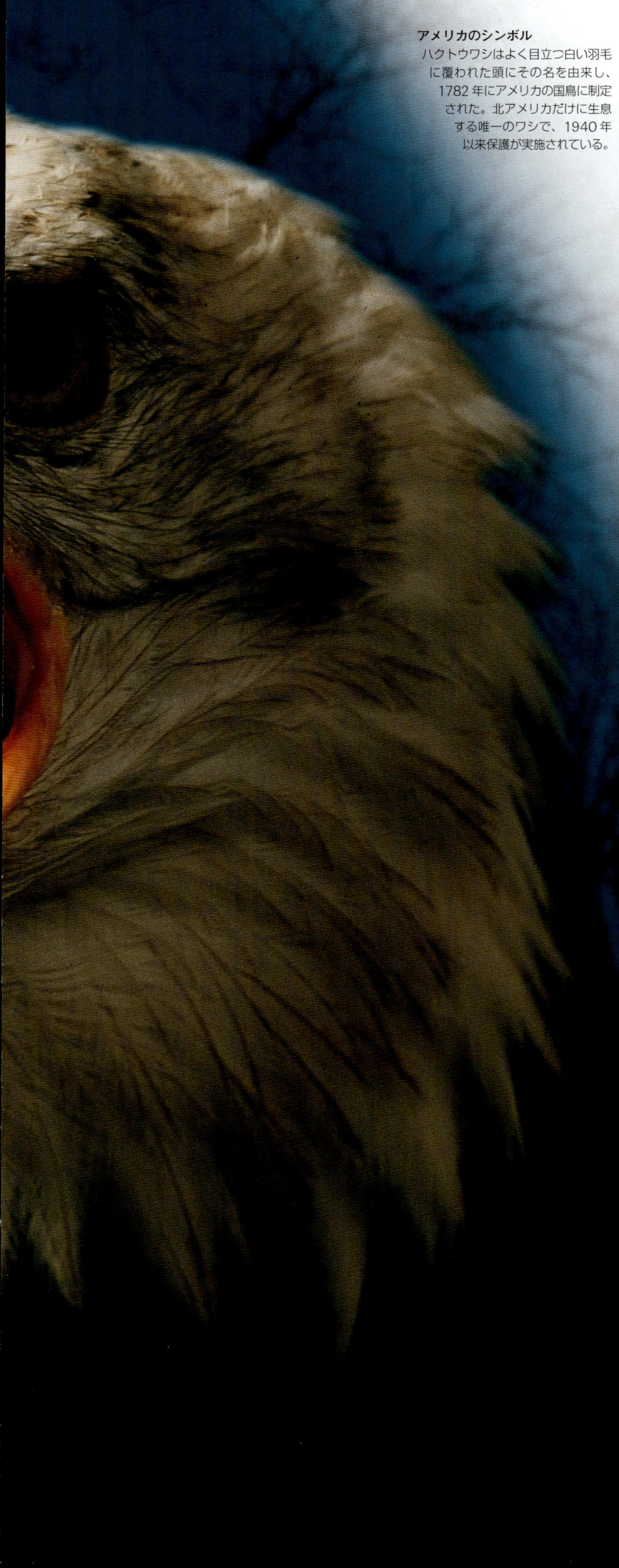

Bald eagle
ハクトウワシ

Haliaeetus leucocephalus

全　長	71–96 cm
体　重	3–6.5 kg
羽　色	雌雄類似
分布 北アメリカ	渡り　不完全候鳥
	状態　絶滅危惧Ⅱ類†

アメリカのシンボル
ハクトウワシはよく目立つ白い羽毛に覆われた頭にその名を由来し、1782年にアメリカの国鳥に制定された。北アメリカだけに生息する唯一のワシで、1940年以来保護が実施されている。

威風堂々たるハクトウワシは、翼開帳2.5mを誇る大きな力強い体つきの鳥である。冬季には水辺からはるかに離れた場所で多く観察されるが、一般に魚が潤沢に手に入る湖や川、海岸近くで見られる。つがいは生涯のパートナーになるが、留鳥が1年中行動を共にするのに対して、ハクトウワシはオスとメスが個別に渡りを行った後、繁殖地で合流する。しばしば見事な飛行ディスプレイでつがいの絆を深め合い、波うつような飛び方や、互いに上から覆いかぶさるようなしぐさ、足をつないでの側方宙返りなどを披露する。木の中や時には地面にオスとメスが共同して高さ4mにもなる巨大な巣をつくる。繁殖を始めるのは約5歳齢からで、通常2～3個の卵を産む。ひなは何週間にもわたって両親の世話を受けるが、生後1年を迎えずに命を落とす確率が高い。

白い頭と首　大きな黄色いくちばし　濃茶色の翼　力強い鉤爪　白い尾羽

たぐいまれな容貌
純白の頭と尾、幅広で茶色から黒色をした翼、大きな黄色いくちばしを持つハクトウワシはすぐに見分けがつく。若鳥の羽毛が完全な成鳥の姿に生え換わるには5年を要する。

食　性

小型の鳥、腐肉（特に冬季）、魚など、生きているか死んでいるかにこだわらず、ハクトウワシは様々なものを食べる。ミサゴ（288ページ）とは異なり、魚を捕らえるときに水には入らず、死んだ魚か、水面近くにいる瀕死の魚を探す。

魚を捕らえる技術
鋭い爪のある強力な足で、魚を水面からさらう。

食物の奪い合い
ミサゴなど他の猛禽類の食物を横取りするだけでなく、同種間でも獲物をめぐって争いを展開する。

冬季の食物
冬場はサケの産卵場所付近で大きな群れをなすハクトウワシが時折観察される。

猛禽類

Black-breasted snake eagle
ムナグロチュウヒワシ

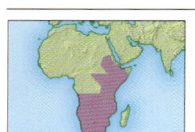

Circaetus pectoralis

全 長　65cm
体 重　1〜2.5kg
羽 色　雌雄同じ
分 布　アフリカ東部〜南部
渡 り　留鳥
状 態　一般的

もっぱら爬虫類を食べる鳥で、ヘビの牙に備えて、肢には細かい網目状の鱗がある。頭でっかちで黄色い目がぎょろりと大きく、羽毛のない強靭な脚と小さな足を持つ。獲物を探してしばしば開けた丘の斜面の上を飛ぶ姿が見られ、時には停空飛翔もする。好物はヘビで、通常、毒ヘビは避ける。トカゲや鳥、コウモリ、魚などを襲うこともある。メスは卵を1個産み、48日間抱卵する。子育てはオスとメスが共同で行い、ひなは生後6か月ほどで独り立ちする。

Bateleur eagle
ダルマワシ

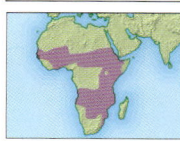

Terathopius ecaudatus

全 長　60cm
体 重　2〜3kg
羽 色　雌雄異なる
分 布　アフリカ（サハラ砂漠以南）
渡 り　留鳥
状 態　一般的

ダルマワシは、背中には赤褐色の襟羽、胴体と頭は黒、羽毛のない顔は赤ないしオレンジと、色彩豊かなワシである。メスは肩部分が灰色で白い次列風切羽に黒の縁どりがあるが、オスの次列風切羽は黒い。空を行く姿は、長く先細であたかもハヤブサのような翼と短い尾で見分けがつく。左右に体を傾けながら飛ぶさまは綱渡り芸人が体のバランスをとっているようである。主食は腐肉であるが、小型哺乳類や鳥、爬虫類、魚、卵、昆虫なども食べる。シロアリの成虫が繁殖のために巣を空けている隙にアリ塚に群がることもある。求愛行動では派手で格好いい曲飛行を披露し、空中で翼を広げたままほぼ静止して見せたりもする。小枝を集めた大きな巣を枝のまばらな木にかける。

Bateleur eagle
ハイイロチュウヒ

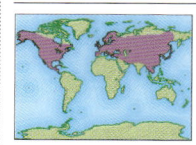

Circus cyaneus

全 長　43〜52cm
体 重　350〜525g
羽 色　雌雄異なる
分 布　北アメリカ〜中央アメリカ北部、ヨーロッパ、アジア
渡 り　候鳥
状 態　一般的

ハイイロチュウヒは帆翔こそしないが、翼を浅いV字形に保って地面すれすれを飛び、優れた視力と鋭い聴覚で草むらに隠れた小動物を見つけだす。メス（写真）は灰色のオスより大きく、茶色い体で尻が白い。猛禽類には珍しく地上に巣をつくり、巣材は小枝や草を用いる。

Northern goshawk
オオタカ

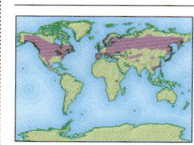

Accipiter gentilis

全 長　48〜70cm
体 重　1〜1.5kg
羽 色　雌雄同じ
分 布　カナダ〜メキシコ、ヨーロッパ、アジア
渡 り　不完全候鳥
状 態　一般的

オオタカは高速で飛ぶ森のハンターで、幅広い生息域に分布し、かなりの変異が見られる。一般に北アメリカの個体は頭が黒っぽいが、アジアに棲むものは色が薄い。メスはオスよりも大きく、時にはオスの1.5倍にもなる。ひなは茶色で、やがて灰色に変わる。カラスかハト程度の大きさの鳥や、小型のノウサギ程度の大きさの哺乳類を食べる。森の縁で木に止まった姿勢から狩りを行うことが多く、短い円弧形の翼に、舵とりとブレーキの両方の役目を果たす長い尾と、獲物に肉薄する追撃に適した体つきをしている。獲物を背後から急襲すること以外の生態には謎が多い。将来のパートナー同士は帆翔しながら呼び交わして求愛し、巣をつくった後は極めて強いなわばり意識を持って、邪魔者はすべて追い払う。食物が乏しく寒い冬場は、通常の生息域よりかなり南の地方で見られることがある。

Common buzzard Eurasian buzzard
ノスリ

Buteo buteo

全 長　50〜57cm
体 重　525〜1,000g
羽 色　雌雄同じ
分 布　ヨーロッパ、アジア、アフリカ北部および東部〜南部
渡 り　不完全候鳥
状 態　一般的

上昇温暖気流に乗っての帆翔に適した大きな幅広の翼とやや短い尾を持つ中型の猛禽で、羽色は多様である。体が大きい割には各種のネズミや昆虫など小さな獲物を狙い、特に冬場は地上で昆虫やミミズをついばむ姿がよく見られる。求愛行動では目の覚めるような急上昇や急降下を織り交ぜて高空を帆翔し、オスがメスに空中で巣材を投げ渡す。

Galapagos hawk
ガラパゴスノスリ

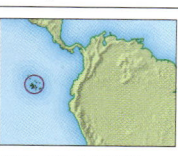

Buteo galapagoensis

全 長　55cm
体 重　650〜850g
羽 色　雌雄同じ
分 布　ガラパゴス諸島
渡 り　留鳥
状 態　絶滅危惧II類

ガラパゴス諸島で唯一の昼行性の猛禽であると同時に、協同的な繁殖習慣を持つ数少ない鳥の1種である。メスにとってつがいの相手以外にも協力してくれるオスがいれば、より確実にひなを産むことができる。全身がすすけた茶色で、尾に灰色の縞があり、メスはオスよりかなり大きい。主に空中で狩りをし、獲物に音もなく忍び寄るが、停空飛翔することもできる。食物は小型哺乳類、鳥、爬虫類、昆虫である。ひなは通常1匹で、オスとメスが世話をする。最長4か月までは親元に置くが、その後は突き放す。

猛禽類

Golden eagle
イヌワシ

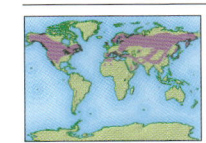

Aquila chrysaetos

全　長	75–90cm
体　重	3–6.5kg
羽　色	雌雄同じ

分布　北アメリカ、ヨーロッパ、アジア、アフリカ北部

渡り　不完全候鳥

状態　地域により一般的

北半球に生息する陸生タカ類の中では最大種のひとつで、人目を引く2.3mの翼開帳を誇る鳥である。羽色は通常、濃茶色で、うなじと頭頂部は黄褐色から黄金色である。帆翔（はんしょう）はお手のもので、狩りに適した地形を見きわめ、低空をゆっくりと飛んで獲物を狩る。崖の岩棚や高い木の中で子育てを行い、さしわたし2mにもなる壇状の巣をかける。イヌワシは、かつては家畜を襲うものと誤解を受けて非常に迫害されたが、現在は多くの国で保護されている

ひなを養う
腐肉から生きた動物まで食べ物の幅は広い。獲物はウサギ、リス、ライチョウなどで、南方の生息地ではカメも食べる。ひなの羽毛が生え揃ってから数か月間、両親は食物を細かく裂いてひなを養う。ひなは4〜5年で成鳥に育つが、死亡率は高く、特に生後1年以内に死亡することが多い。

幅広の翼
イヌワシは帆翔に適した幅広の翼と、手指のように広げて揚力を増す"溝のある"風切羽を持っている。できるだけ羽ばたく回数を抑えて相当な高空を帆翔し、地上を見下ろして食物を探す。

大きな鉤爪

Philippine eagle
フィリピンワシ

Pithecophaga jefferyi

全　長	86–100cm
体　重	4.5–8kg
羽　色	雌雄同じ

分布　フィリピン

渡り　留鳥

状態　絶滅危惧IA類

この巨大なワシは、森林伐採（ばっさい）と狩猟に脅かされ、世界で最も稀少な猛禽のひとつになっている。サルを含め、様々な種類の動物を食べ、低空から襲いかかって獲物を捕らえる。人工繁殖の試みは行われているが、生息域は急激に縮小してきており、将来は予断を許さない。

Wedge-tailed eagle
オナガイヌワシ

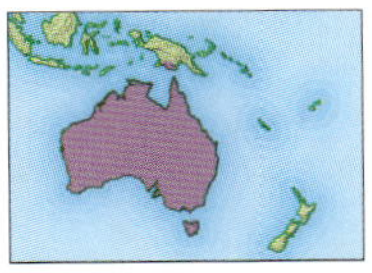

Aquila audax

全　長	81–100cm
体　重	2–5.5kg
羽　色	雌雄同じ

分布　ニューギニア南部、オーストラリア（タスマニアを含む）

渡り　留鳥

状態　一般的

オナガイヌワシは、濃茶色の羽毛をまとったオーストラリア最大の猛禽（もうきん）で、飛んでいると長い凸形の尾がよく目立つ。他の鳥やウサギなどいろいろな動物を食べる一方で腐肉も食べ、ハゲワシ類のいない大陸で彼らに取って代わっている。通常、木の中に巣をかけ、木の葉を使って巣に内張りを施す。

Martial eagle
ゴマバラワシ

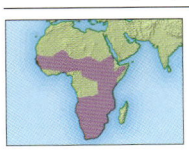

Polemaetus bellicosus

全　長	78–86cm
体　重	3–6kg
羽　色	雌雄同じ

分布　アフリカ（サハラ砂漠以南）

渡り　留鳥

状態　絶滅危惧II類†

ゴマバラワシは、アフリカでは最大、世界的に見ても最大級のタカ類である。半砂漠や大草原から、山のふもとの丘、そこそこ木の茂った土地まで、様々な生息地で観察される。突き出た額が不気味な印象で、白い腹部には灰色から黒のまだらがある。天気のよい日には長時間の帆翔（はんしょう）に出て獲物を探す。獲物は、狩猟鳥やノウサギ、ハイラックス、小型のレイヨウ、オオトカゲなどのような、中くらいの大きさの脊椎（せきつい）動物である。

Harpy eagle
オウギワシ

Harpia harpyja

全　長	89–100cm
体　重	4–9kg
羽　色	雌雄同じ

分布　メキシコ南部〜南アメリカ中央部

渡り　留鳥

状態　低リスク

大型のワシで生息環境や生態はフィリピンワシ（上）に極めてよく似ているが、まったく別の地域に生きている。大きな体に似合わず動きは並外れて敏捷（びんしょう）で、樹上から木の間越しに獲物を狙う。重量で換算すれば、ナマケモノが食物の3分の1を占めるが、ヘビ、トカゲ、コンゴウインコなど、他の様々な動物も食べている。古木の高い場所に小枝でつくった巣をかけ、見晴らしのよい枝に止まって眼下の森を見張り、獲物の気配をうかがっていることが多い。

力自慢の捕食者
オウギワシは灰色、黒、白の羽毛をまとい、尾は長くて縞模様がある。冠羽は二重になっており、がっしりとしたくちばしと極めて太くたくましく強力な肢を持つ。

保護
オウギワシの個体数は生息地の破壊によって減少している。彼らは非常に広い狩り場を必要とし、そのため広大な森林が分断されると生命を脅かされてしまうのだ。現在は、生息域と生存に必要な土地の広さを測定するために、若鳥が衛星を介して無線追跡されている。

鳥類

猛禽類

Secretary bird
ヘビクイワシ

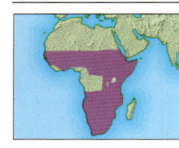

Sagittarius serpentarius

全　長	1.3–1.5m
体　重	2.5–4.5kg
羽　色	雌雄同じ

分布　アフリカ（サハラ砂漠以南）
渡り　留鳥
状態　一般的

ヘビクイワシは、コウノトリに似た脚と長いくさび形の尾を持っており、後頭部には黒い冠羽がある異色の猛禽である。

長い冠羽は、羽根ペンが並んでいるように見える。黒い風切羽を除けば、胴体の羽毛は灰色をしている。ヘビクイワシは、長い脚で獲物を攻撃するほか、逃げ足の速い相手を追うこともある。獲物を探して草原を1日に最大24kmも歩き、バッタ、イナゴ、キリギリスなどの大型昆虫や小型哺乳類、トカゲ、カメなどを食べる。草の茂みを踏みつぶして獲物を追い出し、走って追いすがると、怪力の足で繰り返し踏みつけて仕留める。翼は、ヘビを襲うときに盾として使う。

冠羽／オレンジ色の顔／長く力強い脚／長い尾羽

Mauritius kestrel
モーリシャスチョウゲンボウ

Falco punctatus

全　長	20–26cm
体　重	175–225g
羽　色	雌雄同じ

分布　モーリシャス
渡り　留鳥
状態　絶滅危惧II類

栗色の背中にクリーム色の腹部といういでたちの鳥で、自然の生息地である常緑の原生林の破壊によって絶滅寸前まで追い込まれた。現在は動物園で飼育され、二次林や雑木林への定着支援も図られている。1970年代には個体数が4～8匹まで激減したが、繁殖計画の成功により500匹を超えるまでに回復している。

Common caracara
カラカラ

Caracara plancus

全　長	49–59cm
体　重	0.85–1.5kg
羽　色	雌雄同じ

分布　米国南部、カリブ海、南アメリカ
渡り　留鳥
状態　地域により一般的

濃茶色の羽毛にクリーム色の頭、胸元と背中の上部は細い縞柄、羽毛のない顔はオレンジ色と、よく目立つ。日常の大半を地面を歩いて過ごす。腐肉にありつけるかどうかは運任せで、食物を求めて地面を掘ったり、ハゲワシなどの猛禽を含む他の鳥の後をつけたりする姿がよく見られる。獲物は腐肉に始まり、卵、鳥のひな、カエル、車にひかれた動物、腐った野菜、魚、昆虫など、手当たり次第に何でも食べる。

羽毛のない脚

Barred forest falcon
ヨコジマモリハヤブサ

Micrastur ruficollis

全　長	33–38cm
体　重	150–225g
羽　色	雌雄同じ

分布　メキシコ南部～南アメリカ北部
渡り　留鳥
状態　地域により一般的

他のハヤブサ類と比べ、モリハヤブサ類の翼は短くて丸く、樹間での狩猟行動に適している。ヨコジマモリハヤブサは脚が長くて細く、小さな足には鋭い鉤爪がついている。樹上から短くダッシュしてトカゲを捕らえたり、地上でグンタイアリを捕らえることもある。

Common kestrel
チョウゲンボウ

Falco tinnunculus

全　長	32–39cm
体　重	125–325g
羽　色	雌雄異なる

分布　ヨーロッパ、アジア、アフリカ
渡り　不完全候鳥
状態　一般的

チョウゲンボウは栗色の羽毛をまとった小型のハヤブサで、尾の先が黒く、体には黒い縞とまだらの模様がある。中型の鳥としては珍しいことに、長時間の停空飛翔能力を備えている。様々な生息環境で狩猟生活を営み、とりわけ他種が敬遠する主要街道沿いのような場所でも生きられる。主食は各種のネズミを含む小型哺乳類、昆虫、両生類である。

Eleonora's falcon
エレオノラハヤブサ

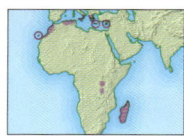

Falco eleonorae

全　長	36–42cm
体　重	350–400g
羽　色	雌雄同じ

分布　ヨーロッパ南部、アフリカ北部及び東部、マダガスカル
渡り　候鳥
状態　絶滅危惧II類†

小ぶりながら典型的なハヤブサらしい流線形の体を持つが、長い翼はむしろアマツバメに似ている。羽色には、背中は黒っぽく腹はクリーム色に斑点が入る通常型と、全身が黒っぽい黒色素過多症型の2種類がある。秋に絶海の孤島で繁殖し、主食は小鳥である。

Peregrine falcon
ハヤブサ

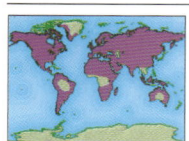

Falco peregrinus

全　長	34–50cm
体　重	0.55–1.5kg
羽　色	雌雄同じ

分布　世界中（南極大陸を除く）
渡り　不完全候鳥
状態　地域により一般的

ハヤブサは、世界最速の鳥のひとつであると同時に、南極大陸以外のすべての大陸と多数の島々に生息し、昼行性の陸生鳥類として最大の分布域を誇っている。メスはオスに比べて最大30％ほど大きい。ハヤブサの先の鋭く尖った翼は、機敏さと操作性のよさを両立させており、帆翔より羽ばたき飛行を多用する。通常は獲物に対して力強い急降下や雷撃で襲いかかり、そのスピードは時速230kmにも達する。求愛行動では、やかましく鳴きながら空中ディスプレイを行う。1950年代から1960年代にかけて、ハヤブサは特にヨーロッパと米国でDDT汚染による手痛い打撃をこうむったが、現在は徐々に回復してきている。

追跡飛行

ハヤブサは、特にハト類などの獲物を狙うときは、を早く疲れさせるために追い回すことがある。通常は、獲物を鉤爪で襲い、地面に落として料理する。

羽色
腹部は白からクリーム色ないし赤褐色で、背中は黒、灰色、青である。若鳥は茶色で正羽に黄褐色の縁どりがあり、胸に縦縞が見られる。

先の尖った翼

狩猟鳥

門	脊索動物門
綱	鳥綱
目	キジ目
科	6
種	281

主に地面に巣をつくる鳥からなる本グループには、人間にとって最も有用な鳥たちが属している。ニワトリを含む飼育種は食用として重要であり、それ以外のキジ類、ミヤマテッケイ類、ライチョウ類などはスポーツや肉を目的とする狩りの標的となる。人目をひくホウカンチョウ類や地味な外見のホロホロチョウ類、ツカツクリ類も同じ仲間である。狩猟鳥は北極圏まで含めてほとんど世界中に分布し、密林から高山まで、幅広い生息地に暮らしている。

ディスプレイ
パラワンコクジャクのディスプレイ。扇に見られる目玉模様がメスの気をひくと考えられている。

体のつくり

大多数の狩猟鳥は丸々とした体で頭が小さく、翼は短くて丸い。力強い飛翔用の筋肉は逃げるにはよいが、重い体を支えて長距離を飛ぶ力はない。短いくちばしは少しカーブし、食物をとる際に引っかかったり穴を掘ったりする足がっしりして力強い。多くの種で色のついた皮膚が露出した部位、または長く目立つ尾や冠羽が見られる。

飛び立ち
大多数の他の狩猟鳥と同じく、オナガキジは危険を避けるために慌ただしくすばやく羽ばたいて宙に舞い上がる。

カムフラージュ
地面に巣をつくる鳥は、写真のクロライチョウ（メス）のように敵の目を欺く保護色の羽毛を必要とする。同属のライチョウは季節によって羽色を変える。

生殖

大多数の狩猟鳥は地面の浅い窪みに巣をつくる。変わりだねはツカツクリ類で、塚や巣穴に産卵し、卵を抱いて温めるかわりに太陽熱や微生物の活動、あるいは地熱を利用して温める。狩猟鳥のひなはたいてい孵化後1週間以内、ツカツクリ類に至っては孵化後2〜3時間で飛べるようになる。

ひとかえしの卵
多くの狩猟鳥は他の鳥に比べて一度に多くの卵を産む。なかには最大20個もの卵を産む種もある（写真はコウライキジの卵）。

Mallee fowl
クサムラツカツクリ

Leipoa ocellata

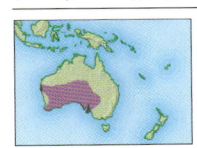

全長	61 cm
体重	2kg
羽色	雌雄同じ
分布	オーストラリア西部および南部
渡り	留鳥
状態	絶滅危惧II類

クサムラツカツクリとその近縁種を含めたツカツクリ類は、卵を直接抱いてかえさない唯一の鳥類である。彼らは木の葉や小枝、樹皮をうずたかく積み上げて高さ1.5m、さしわたし4.5mにもなる巨大な塚をつくり、その中に卵を産む。そして、塚の素材が腐敗する際に出す熱で卵をかえす。最長11週にも及ぶ長い孵卵期間中、親鳥たちは塚にぴったり寄り添ってくちばしで塚の温度を確かめ、温度が高くなりすぎていれば塚の素材を少し減らし、温度が低すぎれば追加する。ひなは孵化すると自分で通り道を掘って外に出る。羽毛が生え揃い、自立した姿である。つがいの関係は何年も続くが、普段はまったく別々に暮らし、繁殖期の夏になると一緒になる。食物の大半は果実、木の実、種子などの植物だが、アリ、甲虫、クモ、ゴキブリなどの無脊椎動物も食べる。

- 小さな頭と短いくちばし
- 脇にはびっしりと斑点が入っている

Little chachalaca
カワリヒメシャクケイ

Ortalis motmot

全長	38 cm†
体重	600 g
羽色	雌雄同じ
分布	南アメリカ北部
渡り	留鳥
状態	地域により一般的

南・北・中央アメリカ原産の狩猟鳥の1科であるホウカンチョウ科最小の鳥である。ホウカンチョウ類に比べると、ヒメシャクケイ類は体つきがほっそりしており、羽色も地味で冠羽がない。英名どおり「チャチャラカ」と鳴くやかましい鳥で、約12種類いる。主に樹上で生活し、漿果その他の果実類を食べる。

Yellow-knobbed curassow
キコブホウカンチョウ

Crax daubentoni

全長	90 cm
体重	記録なし
羽色	雌雄同じ
分布	南アメリカ北部
渡り	留鳥
状態	低リスク

森に棲み、他のホウカンチョウ類同様、主に地上で食物をとるが、身に危険が迫ると樹上に飛び上がる。最も目立つ特徴は、前方にカールした羽毛の冠羽とくちばしの付け根の黄色い肉質のコブである。果実、木の葉、種子、小動物を食べる。ホウカンチョウ類は狩猟鳥には珍しく、地面から離れた場所にオスとメスが共同で巣をつくる。一度に産む卵は2個、地面に巣づくりする狩猟鳥に比べて少ない。

狩猟鳥

Common turkey
シチメンチョウ

Meleagris gallopavo

全　長　1.2 m
体　重　10 kg
羽　色　雌雄異なる
分　布　北アメリカ
渡　り　留鳥
状　態　一般的

大型の狩猟鳥で、虹のような光沢を持つブロンズ色の羽毛である。皮膚がむき出しの頭に、目をひく青と赤の肉質の飾りがあり、オスは胸の上部に髪の毛に似た羽毛の"顎髭"がある。1年の大半は20匹前後のグループで過ごすが、繁殖期になるとオスは固有のなわばりをつくる。一夫多妻制で、求愛時には尾を扇のように広げて翼は低い位置で広げ、頭を高く上げてゴロゴロと独特の鳴き声を上げる。何でも食べる鳥で、ひなは1日に4000匹もの昆虫を食べる。成鳥は昆虫だけでなく種子、ハーブ、木の根、新芽、花なども口にする。身を守るときには、くちばしでつつく、爪で引っかく、翼で戦うなどの技を繰り出す。

California quail
カンムリウズラ

Callipepla californica

全　長　25 cm
体　重　175 g
羽　色　雌雄異なる
分　布　カナダ南西部、米国西部、メキシコ北西部
渡　り　留鳥
状　態　一般的

優美な姿の狩猟鳥で、涙のしずくの形をした長くて黒い冠羽、黒と白の顔の羽毛、腹部の鱗のような羽毛と、際だった特徴を持つ。メスはオスよりも小さく、冠羽も小ぶりで、外見上の華に欠ける。用心深く逃げるのもうまいため、姿を見せず声だけを響かせることが多い。通常、25～30匹ほどの小さな群れで暮らし、木の葉や新芽のほか、様々な種子や球根を食べる。

―鱗のような羽毛

Western capercaillie
ヨーロッパオオライチョウ

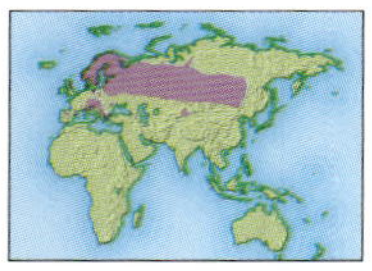

Tetrao urogallus

全　長　80－115 cm
体　重　4－4.5 kg
羽　色　雌雄異なる
分　布　ヨーロッパ北部、西部および南部、アジア西部から中央部
渡　り　留鳥
状　態　低リスク

森の縁に棲む貫禄十分なライチョウで、冬場はほとんど松葉ばかり食べている。夏には木の葉、新芽、漿果などを食べる。食物は地上に求めるだけでなく、木に飛び上がって探すこともある。オスの黒い羽毛は青緑色の光沢を放つが、メスはぐっと小さいうえに羽毛は黒、灰色、黄褐色のまだらである。ひなは、生後初めての冬の間に4分の3までが死んでしまう。原因は寒さ対策や食物探しでの経験不足と考えられる。

色と斑紋
オスの胸はつややかな緑に彩られ、濃茶色の翼には変則的に白い斑紋が現れる。目の上の赤い皮膚には羽毛がない。

求愛の場

他の多くのライチョウ類同様、オスは"レック"（集団求婚場）と呼ばれる場に集い、相手を求めて張り合う。オスは頭を空に向け、翼と尾の羽毛を扇状に広げて、気どった足どりで輪になって歩き回る。鳴き声は独特で、ビンのコルク栓を抜くときのような音を立てる。

Willow grouse
カラフトライチョウ

Lagopus lagopus

全　長　38 cm
体　重　550－700 g
羽　色　雌雄異なる
分　布　北アメリカ北部、ヨーロッパ北部、アジア北部
渡　り　留鳥
状　態　低リスク

20の亜種のあるすばらしく頑健な狩猟鳥で、北国の厳しい冬によく適応している。体温を逃がさないように鼻孔と脚が羽毛で覆われている点は、他のライチョウ類と同様である。雪中にトンネルを掘って暖をとり、イギリスの亜種を除いて、冬には羽毛が通常の赤茶から白に換羽して、優れた保護色になる。

Caspian snowcock
カスピアセッケイ

Tetraogallus caspius

全　長　60 cm
体　重　記録なし
羽　色　雌雄異なる
分　布　ヨーロッパ南東部、アジア西部
渡　り　留鳥
状　態　低リスク

5種のセッケイ類の代表的な鳥で、茶色、灰色、白のまだらの羽毛はむき出しの岩場で保護色になる。小さい群れで食事をとり、季節とともに経線に沿って渡りを行う。冬は樹木限界線より南にいる。

Grey partridge
ヨーロッパヤマウズラ

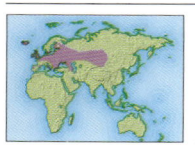

Perdix perdix

全　長　31 cm
体　重　300－450 g
羽　色　雌雄異なる
分　布　ヨーロッパ、アジア西部および中央部
渡　り　留鳥
状　態　地域により一般的

農地の鳥で、牧草地と同じように農作物の中で食事や巣づくりをする。頭は黄褐色で胸は灰色味を帯び、オスの腹部にはよく目立つ栗色の蹄鉄形模様がある。冬には15～20匹で群れをつくって生活を共にするが、春の足音を聞く頃には、オスが攻撃的になって内輪もめに発展するため、たもとを分かつ。相手を変えることは出会いの直後には珍しくないが、間もなく安定したカップルを築く。通常、オスとメスとは別の群れの出身である。

―黄褐色の頭
―灰色味を帯びた胸

Common quail
ヨーロッパウズラ

Coturnix coturnix

全　長　18 cm
体　重　70－150 g
羽　色　雌雄同じ
分　布　ヨーロッパ、アジア、アフリカ、マダガスカル
渡　り　候鳥
状　態　地域により一般的

極めて用心深い小型の狩猟鳥で、姿を見せず声だけを響かせることが多く、存在を確認するきっかけの大半は、オスが繰り返す「フィッフィッフィッ」という鳴き声である。繁殖期のオスとメスは互いに鳴き交わして出会いを求め、安全に身を隠したままつがいの相手を探す。夜はびっしりと寄り集まって地面のねぐらにつく。食べ物は種子、花のつぼみ、木の葉、小さな果実、昆虫その他の無脊椎動物など、非常に雑多である。長距離の渡りを行う数少ない狩猟鳥のひとつで、ヨーロッパで繁殖する個体は春にアフリカからやってくる。

―横腹は黒と黄褐色の縞模様
―くすんだ灰色の腹部

狩猟鳥

Temminck's tragopan
ベニジュケイ

Tragopan temminckii

全 長	63cm
体 重	記録なし
羽 色	雌雄異なる
分布	アジア東南部
渡り	留鳥
状態	低リスク↑

オスの狩猟鳥には華麗な羽毛を持つものが多く、ベニジュケイもその例に漏れない。とはいえ、オスの最も目立つ特徴はカラフルなよだれかけのような青と赤の喉の肉垂である。他のジュケイ類4種（すべて中央アジアと南アジア原産）と同様、ベニジュケイも森林の鳥で、しばしば茂みや木の下方に小枝でつくったシンプルな壇の巣をかける。最高で4500mもの高地に暮らし、主食は若芽や漿果を含む植物だが、林床から掘り出した昆虫も食べる。

食料の調達
多くの狩猟鳥と同様にベニジュケイも大きな足で木の葉をかき分け、土を引っかいて小さな虫を掘り出して食べる。

オスの喉にはカラフルな肉垂
まだらの羽毛
力が強く頑丈な脚と大きな足

大げさなディスプレイ

求愛ディスプレイの間、ベニジュケイのオスはカラフルな肉垂を胸元を覆うほど広げて誇示し、左右に揺すってメスの気をひく。メスの心を十分動かさなければ交尾できない。

Common peafowl
インドクジャク

Pavo cristatus

全 長	1.8-2.3m
体 重	4-6kg
羽 色	雌雄異なる
分布	アジア南部
渡り	留鳥
状態	地域により一般的

虹色の光沢を放つ体を持ち、長い飾り尾を扇のように広げてメスに求愛するクジャクのオスは世界で最も華麗な狩猟鳥に数えられる。飾り尾は尾ではなく、長く伸びた尾筒で、先端にカラフルな"目玉模様"がある。メスは相対的に地味で、飾り尾は短く、"目玉模様"がない。メスは基本的に見かけでつがいの相手を選ぶ。通常、オスは振り返ってメスと向き合い、ピンと立てた飾り尾を扇形に広げて揺らし、アピール効果を高める。一夫多妻制で、オスは声高に「キーオゥ」と鳴いて自分の存在をメスに知らせる。巣づくりや子育てにオスは一切関知しない。ほぼすべての狩猟鳥と同じく地面で食物をとるが、夜は大多数の捕食動物の手を逃れられる高い木にねぐらを求める。

Red jungle-fowl
セキショクヤケイ

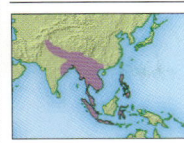

Gallus gallus

全 長	80cm
体 重	0.5-1.5kg
羽 色	雌雄異なる
分布	アジア南部〜東南部
渡り	留鳥
状態	地域により一般的

初めて飼育されたのは少なくとも5000年以上前で、家禽化されたニワトリの祖先にあたる。オスが鮮やかな色をまとい、真っ赤な肉垂と肉冠を持つのに対して、メスは体も小さく地味である。メスとひなは互いの意思を通じ危険を知らせ合うために鳴き交わす。オスの「コケコッコー」という鳴き声は、メスの気をひき、ライバルのオスに存在を知らせるために用いられる。

Great argus pheasant
セイラン

Argusianus argus

全 長	1.9m
体 重	記録なし
羽 色	雌雄異なる
分布	アジア東南部
渡り	留鳥
状態	低リスク

世界最大のキジ類に数えられ、オスはとても大きな次列風切羽に卵形の"目玉模様"があり、尾もメスよりかなり長い。つがい相手の気をひくために、オスは声高に鳴いて尾を高く上げ、翼を扇状に広げる。一夫多妻制で、メスは子育てを一手に引き受ける。

Helmeted guineafowl
ホロホロチョウ

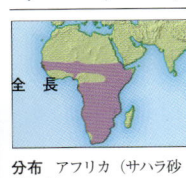

Numida meleagris

全 長	55cm
体 重	1-1.5kg
羽 色	雌雄同じ
分布	アフリカ（サハラ砂漠以南）
渡り	留鳥
状態	地域により一般的

古くから食用として家禽化された。群れをつくる鳥で、自然界ではアフリカ熱帯域の開けた草原に生息する。最もよく目立つ特徴は斑点のある羽色と皮膚がむき出しの頭のてっぺんにある角に似た骨質のかぶとである。オスは他のオスと遭遇したり求愛するときに横向きで背中を丸める独特のポーズをとる。他の大多数の狩猟鳥に比べて防衛能力が高く、くちばしでつつく、爪で引っかく、翼で戦うなどで自分とひなの身を守る。やかましい鳥で、驚くと「ケッ、ケッ、ケケッ、ケッケッケッ」と短く区切るように鳴く。

Common pheasant
コウライキジ

Phasianus colchicus

全 長	89cm
体 重	0.75-2kg
羽 色	雌雄異なる
分布	北アメリカ、ヨーロッパ、アジア
渡り	留鳥
状態	一般的

オスは紫や緑の光沢を帯びた黒っぽい頭をして顔には赤い肉垂があり、多くの個体に白い首輪ととび茶色の胸が見られる。茶色くて地味なメスに比べ、オスはカラフルで体も大きく、長い尾を持っている。30以上の亜種があり、主に食用として狩れるという理由で広く移入されている。

オスの長い尾

黒っぽい羽毛に白い水玉柄

鳥類

ツル類とその近縁種

門	脊索動物門
綱	鳥綱
目	ツル目
科	6
種	281

脚の長いツル類とその近縁種は、それぞれ外見は異なるが消化機構にそ囊がないなど体内の構造に共通の特徴を持つ鳥たちである。ツル類以外では、クイナ類、ノガン類、ラッパチョウ類、ジャノメドリなどがこのグループに入る。科の規模としてはクイナ類（よく知られたオオバン類、バン類を含む）が突出して大きい。クイナ類は世界中に分布しているが、その他の科は分布域がさほど広くない。

体のつくり

このグループの鳥のほとんどは、脚が長くてほっそりしたくちばしと丸い翼を持ち、羽色は地味で身を隠すのに適している。しかし、これらの共通点を除くと、姿形は生息地や生態に依存し、種によってじつに様々である。湿地帯を歩いて渡る種（ツル類）や浮き草の上を歩く種（ツルモドキ）は、体重を分散させるために長くて細い足指を持っている。完全に陸の住人であるノガン類の足指は短く、脚は乾燥した大地を駆けるために頑丈である。一方、水辺に暮らすオオバン類とヒレアシ類は、泳ぎに適した鰭のついた足を持つ。ツル類が長い幅広い翼で非常に長距離を飛ぶのに対して、クイナモドキ類とミフウズラ類は小さな丸い翼しか持たず、わずかに飛べる程度かまるで飛べない。

渡り

ツル類の多くは渡りを行い、繁殖地と越冬地の間のはるかな距離を旅する。道中、長年の間に定着した中間着陸地に立ち寄り、旅を続ける前に数日間休む。ツル類は湿地帯で繁殖し、北極圏のツンドラ、ステップ地帯、標高の高い高原、森に囲まれた沼地など、人里離れた場所を求める。同じグループ内でも、何種かのツル類とその他の鳥たちはまったく渡りを行わない。

巣づくりするウズラクイナ
ウズラクイナは長距離の渡りを行う少数派のクイナの1種で、夏にヨーロッパで繁殖し、サハラ砂漠以南のアフリカで冬を越す。

北への渡り
カナダヅルの中の一部の鳥たちは、毎年、越冬地のテキサスから夏の繁殖地であるアラスカまで約6500km もの長旅を敢行する。

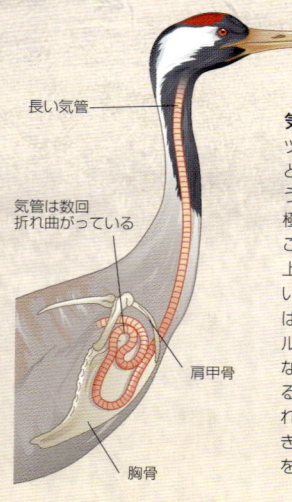

気管

ツル類とツルモドキ独特の特徴として、胸骨周辺でホースのようにぐるぐる巻きになっている極端に長い気管がある。彼らはこれによって声のボリュームを上げ、大きな鳴き声を響かせている。ツル類のかん高い鳴き声は数キロ先まで届くほどで、ツルモドキは"絞め殺されるような"あるいは"悲鳴を上げているような"など、様々に描写される鳴き方をする。どの種も聞き分けることのできる独自の音を持っている。

求愛

このグループの鳥のいくつかは精巧な求愛儀礼を持ち、つがいが終生連れ添うツル類が展開するディスプレイは最も優美なものに数えられる。つがいになったオスとメスは、繊細で美しい調和を奏でるダンス（下参照）で絆を保っていく。似たような求愛ディスプレイを行うものにはクイナ類、数種のノガン類（右参照）などがある。ジャノメドリはしばしば輪になって、跳んだり走ったりしながら翼を広げて大きな目玉模様を見せつけ、尾を扇形に広げる。クイナ類は求愛ディスプレイに加えて、大きな特徴的な声で鳴いてメスの気をひく。

生殖羽
繁殖期のノガン類のオスは喉袋を誇示することで羽毛の一部を膨らませ、体を大きく見せながらやかましく鳴く。写真のノガンなど、多くの種で首まわりにひだ襟状の羽毛が見られる。

保護

ツル類とその近縁種は、その他のグループに比べ、種全体の数に対して危機的状況にある種の数の比率が高く、近年もいくつかの種が絶滅した。原因は生息地の破壊、移入された陸生の捕食動物、狩猟などである。ツル類だけを見ても、全15種のうちソデグロヅル、アメリカシロヅルを含む7種が絶滅の危機にさらされており、その他の種にも危険が迫りつつある。長距離の渡りを行うツル類の保護には多くの国の協力が不可欠で、それが保護を難しくしている。

求愛のダンス

1 跳び上がる
2匹のホオジロカンムリヅルが翼を上げ、空中に跳び上がる。

2 儀礼的に飛ぶ
つがいのうちの1匹が翼を羽ばたき、もう1匹に向かって飛び跳ねる。

3 翼を羽ばたく
飛び跳ねた鳥が近づいてくると、相手の鳥は翼を高く上げる。

4 後ろに下がる
飛び跳ねた鳥は少し後ろに下がっておじぎを始める。

5 おじぎをする
2匹の鳥たちは翼を下げ、互いにおじぎをしあう。

ツル類とその近縁種

White-breasted mesite
ムナジロクイナモドキ

Mesitornis variegata

全 長	31cm
体 重	100g
羽 色	雌雄同じ
分布	マダガスカル
渡り	留鳥
状態	絶滅危惧Ⅱ類

クイナモドキ科3種はすべてマダガスカルの固有種で、自然の生息地の破壊によって生存が脅かされている。この種の短く丸い翼、頑丈な脚は地上で暮らす鳥に典型的なものである。主に昆虫とクモを食べ、落ち葉の隙間からくちばしを差し入れたり、大きい葉を除けたりして獲物を探す。地上1～3mの樹木か茂みの中に植物の塊をため込んで巣にする。

Common crane
クロヅル

Grus grus

全 長	1.2 m
体 重	5–6kg
羽 色	雌雄同じ
分布	ヨーロッパ、アジア、アフリカ北部
渡り	候鳥
状態	一般的

ツル科の他の鳥たちと同様、クロヅルは長いくちばしと長い脚を持つ大型の優美な鳥である。羽色は灰色で頭と首が黒く、うなじから下に白い縞が走り、頭頂部に赤い点がある。胸骨と融合した長い気管に共鳴させてラッパのような大きな声で鳴く。

長いくちばし
食物あさりに適した長い脚

Painted button-quail
ササフミフウズラ

Turnix varia

全 長	17–23cm
体 重	55–95g
羽 色	雌雄で異なる
分布	オーストラリア南西部および東部、ニューカレドニア
渡り	留鳥
状態	地域により一般的

引き締まった体と保護色の羽毛を持つミフウズラ類は、ウズラ類にとてもよく似ているが、近縁種ではない。本種は比較的大きくて羽色が赤っぽく、びっしり斑点(はんてん)がある。種子や昆虫などの食物をあさるときは片方の足を軸にして回転しながら反対の足で地面を引っかくため、円形の跡が残る。

Japanese crane
タンチョウ

Grus japonensis

全 長	1.5 m
体 重	7–12kg
羽 色	雌雄同じ
分布	アジア東部
渡り	候鳥
状態	絶滅危惧ⅠB類

複雑な求愛のダンスと伴侶と生涯を共にする習性を持つこの優美な鳥は、古くから幸福と幸運の象徴と

Sandhill crane
カナダヅル

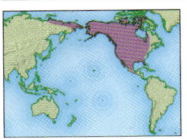

Grus canadensis

全 長	1.2 m
体 重	4–5.5kg
羽 色	雌雄同じ
分布	北アメリカ、アジア北東部
渡り	候鳥
状態	地域により一般的

北米原産のツル類2種のうち、小型で、個体数がはるかに多い方である。羽色は灰色で額が赤く、比較的短いくちばしを利

Plains wanderer
クビワミフウズラ

Pedionomus torquatus

全 長	15–19cm
体 重	40–80g
羽 色	雌雄異なる
分布	オーストラリア南東部
渡り	留鳥
状態	絶滅危惧ⅠB類

引き締まった体に小さな頭、よく発達した脚を持つクビワミフウズラは、ヒメミフウズラに似ているが、ややひょろりとしていて、狩猟鳥と紛らわしい。時折爪先立(つまさきだ)ちして自分の棲(す)む草原を検分する。メスはオスより大きく、羽色も鮮やかで、黒地に白まだらの首飾りと胸元に栗色のパッチがある。クビワミフウズラは、農業の普及に伴って草原の生息地が破壊されたことにより、深刻に生存が脅かされている。

色の薄い目
黄色いくちばし
後頭部は絶壁
まだらの羽毛

保護

かつては日本の主要四島すべてで繁殖していたらしいが、狩猟（渡りの最中に撃ち落とされる）や生息地の喪失により、1890年代以降は北海道にしかいない。保護計画によって、1920年代には20匹ほどだった個体数は約600匹にまで回復した。

されてきた。ツル科の中で最も重く、風切羽と顔と首が黒い以外、体の大部分が白い。冬季は食事場所に大勢の群れが集まるが、繁殖期のつがいはなわばりを持ち、他のツルに対して死守する。

求愛のダンス
求愛中のタンチョウが披露する込み入ったダンスには、頭をひょいと動かす、おじぎをする、爪先で回る、跳びはねる、空中で巣の材料を投げ渡すなどの動作が含まれる。

用して植物、昆虫からネズミなどの小動物まで様々な食物を食べる。冬になると北方にいた個体は南へ渡るため、途中に1か所しかない一時滞在地には4万匹もの鳥が集中することがある。そのようなときは盛大な鳴き声がはるか遠くまで響く。

Grey crowned crane
ホオジロカンムリヅル

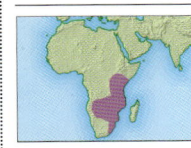

Balearica regulorum

全 長	1–1.1m
体 重	3–4kg
羽 色	雌雄同じ
分布	アフリカ東部および南部
渡り	留鳥
状態	地域により一般的

カンムリヅルの仲間は、金色の"冠"と、他のツル類は不得手な木に止まる能力とで容易に識別することができる。湿地帯と耕作地の両方に生息し、水辺近くに暮らす他のツル類とは異なる、短めで用途の広いくちばしを持つ。食物をあさるときは隠れた獲物を飛び立たせるために足を踏みしめるように歩く。大型哺乳類についていき、彼らの動きに驚いてばたつく昆虫を食べることもある。アフリカ熱帯域に見られるカンムリヅルは非常に近い近縁種である。

喉の赤い肉垂
灰色の羽毛
木に止まるために後ろ向きの足指がよく発達している

鳥類

ツル類とその近縁種

Limpkin
ツルモドキ

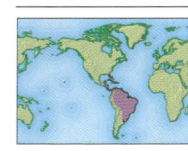

Aramus guarauna

全長	56–71 cm
体重	1–1.5 kg
羽色	雌雄同じ
分布	アメリカ南東部（フロリダ）、中央アメリカ、南アメリカ
渡り	留鳥
状態	地域により一般的

ツルモドキは、白と茶をちりばめた首が印象的な、トキに似た姿をした鳥で、特徴的な長くて細いくちばしは先が尖ってややねじれているため、巻き貝を貝殻から簡単に引っぱり出すことができる。ツルモドキのつがいは年々歳々関係を維持することが多く、オスは巣を守るために侵入者を足で攻撃し、この世のものとは思えないほど不気味な哀調を帯びた声で鳴く。

細くて鋭いくちばし

Common trumpeter
ラッパチョウ

Psophia crepitans

全長	50 cm
体重	1–1.5 kg
羽色	雌雄同じ
分布	南アメリカ北部
渡り	留鳥
状態	低リスク↑

すべて南米で発見されたラッパチョウ科3種のひとつで、黒い体で背中が丸い。6～8匹の小グループで林床に暮らし、水浴びやねぐらを共にし、地面に落ちた果実をあさり歩く。大きなかん高い声で鳴き、危険を知らせる、食物を乞う、なわばりの主張、侵入者の威嚇などで様々な声色を使い分ける。鳥には珍しく、1匹のメスに複数のオスがつがう。

Spotted crake
コモンクイナ

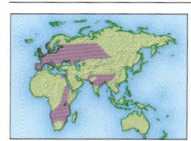

Porzana porzana

全長	22–24 cm
体重	55–150 g
羽色	雌雄同じ
分布	ヨーロッパ、アジア西部～中央部、南部、南東部、アフリカ
渡り	候鳥
状態	地域により一般的

小型でなかなか姿を見せない湿地帯の鳥。胴体の幅が狭く、水辺の植物が生い茂る中を歩きやすい。ぎくしゃくした足どりが特徴的で、頭をひょこひょこ動かし、尾をパタパタ振りながら歩くことが多い。明け方と夕暮れが最も活動的で、主食の昆虫を求めて陸上と水中を探索する。極めて用心深く、邪魔が入ると隠れ場所に走って逃げ込むか、飛び去ってしまう。静かな鳥だがメスの気をひくときには鳴き声を上げる。

Corncrake
ウズラクイナ

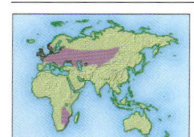

Crex crex

全長	27–30 cm
体重	125–200 g
羽色	雌雄同じ
分布	ヨーロッパ、アジア西部～中部、アフリカ南東部
渡り	候鳥
状態	絶滅危惧II類

保護色に身を包んだこの鳥は、見かけるより耳にする方が多い。なわばりを主張するときとメスの気をひくときには耳障りな大声で2音節の鳴き声を上げる。交尾前や他のオスが近づいてくるときは、鳴き声が唸り声やブタのような金切り声に変わる。農法の変化による打撃をまともに受け、住処の湿った牧草地もどんどん排水されて耕されるに及び、生息地の多くで個体数が減少している。

Common coot
オオバン

Fulica atra

全長	36–39 cm
体重	300–1,200 g
羽色	雌雄同じ
分布	ヨーロッパ、アジア、オーストラリア、ニュージーランド、アフリカ北部および西部
渡り	不完全候鳥
状態	一般的

他の近縁種と比べて強引、あるいは攻撃的な性格を持ち、ライバルと争うときは真っ黒な体とコントラストを描いた前額の白い"額板"を誇示する。身に危険が迫ると、集まって水しぶきを浴びせるか、くるりと背中を向けて足を蹴り上げて追い払う。泳ぎや潜水に適応して足指は浅く裂けた葉のような形をしており、潜水前には浮力をそぐために羽毛から空気を押し出す。

Common moorhen
バン

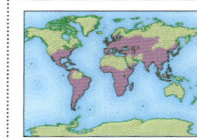

Gallinula chloropus

全長	30–38 cm
体重	175–500 g
羽色	雌雄同じ
分布	オーストラリアを除く世界中
渡り	不完全候鳥
状態	一般的

淡水に棲む鳥としては世界に最も広く分布する鳥の1種で、クイナ科に属する。横腹に特徴的な白い模様があり、目立つ赤い"額板"と先の黄色い赤いくちばしを持つ。他のクイナ類ほど臆病でなく、大っぴらに移動する姿もよく見られるが、身の危険を感じると隠れ場所に逃げ込む。

横腹の白い模様

Purple swamphen
セイケイ

Porphyrio porphyrio

全長	38–50 cm
体重	500–1,300 g
羽色	雌雄同じ
分布	南ヨーロッパ、アジア西部・南部・および東南部、オーストラリア、アフリカ
渡り	留鳥
状態	一般的

クイナ科で最も大きい鳥のひとつで、ほぼニワトリほどの大きさがある。紫と黒の羽毛に覆われた体は力強くがっしりとしており、くちばしは朱色で、脚と足指が長い。あらゆる種類の植物を食べるばかりでなく、水生および陸生の無脊椎動物も食べる。他の水鳥の卵やひなをも襲い、必要があれば巣をめがけてよじ登る。分布域は非常に広く、地域によって羽色や行動の異なる種がいくつかある。例えば、ひとつところにとどまるものもいれば、食物を求めて長距離を移動するものもいる。多くの地域でオスとメスはつがいをつくって繁殖に臨むが、ニュージーランドでは1～2匹のメスと2～7匹のオスが複雑な繁殖グループを形成する。卵は1か所の巣にまとめて産み落とされ、グループの全メンバーが抱卵と子育てにあたる。

カラフルな羽毛

分厚い朱色のくちばし

ツル類とその近縁種

Sungrebe
アメリカヒレアシ

Heliornis fulica

全　長	26–33cm
体　重	125–150g
羽　色	雌雄異なる
分布	中央アメリカ、南アメリカ
渡り	留鳥
状態	絶滅危惧Ⅱ類†

カイツブリに似たこの鳥は3種から成るヒレアシ科の一員である。浅く裂けた葉のような形の足を持つため、水中でも陸上でもフットワークが軽い。オスは左右の"脇の下"の皮膚にある袋にひなを入れて運ぶ（飛ぶこともある）のが特徴である。体はほっそりし、尾の幅は狭い。

Kagu
カグー

Rhynochetos jubatus

全　長	55cm
体　重	900g
羽　色	雌雄同じ
分布	ニューカレドニア
渡り	留鳥
状態	絶滅危惧ⅠB類

がっちりした体、力の弱い翼、大きく立ち上がる冠羽を持つカグーは、独特な外観と生態を進化させた典型的な離島の鳥である。地上で暮らし、しばしば片方の足でじっと立って獲物を見張り、耳を澄ます。攻撃を外した場合、くちばしで獲物を掘り出す。鼻孔の上の皮膚は蓋のような独特の形で、土中で食物をあさっても屑が鼻に入らない。身の危険を感じると毛足が長くてもさもさの冠羽を立ち上げ、翼を広げて風切羽の盾のような模様を露出する。

- 青っぽい灰色の羽毛
- 両眼視 カグーの目は前向きについており、落ち葉の中から昆虫その他の小動物を見つけ出すのに役立っている。

保　護

地面を住処とするカグーは捕食動物に攻撃されやすい。1991～1992年の調査では成鳥は500匹に満たず、1993年のある月には1つの個体群から14匹がイヌに殺された。また、ブタはカグーの卵を食べてしまううえ、食物を争い合う相手でもある。

Sunbittern
ジャノメドリ

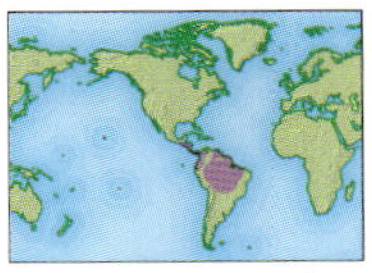

Eurypyga helias

全　長	43–48cm
体　重	200g
羽　色	雌雄同じ
分布	中央アメリカ、南アメリカ北部
渡り	留鳥
状態	絶滅危惧Ⅱ類†

日陰の熱帯雨林で川のほとりに暮らす用心深い鳥で、ゆっくりと慎重に獲物に忍び寄り、細いくちばしですばやく突き刺す。巣の中で身に危険を感じると、首を前後に動かして「シューッ」とヘビのような音を立てる。巣以外の場所では捕食動物と面と向き合い、尾を扇形に開き翼を広げて、カグー（上）のように、大きな"目玉"と翼と尾の広がりで大きく堂々たる風貌を装う。身を隠すのに適したまだらの羽毛は柔らかく、静かに飛ぶことができる。単独生活を好み、つがいの成鳥でも一緒にいる姿はめったに見られない。

- 赤い目
- 長いくちばし
- まだらの羽毛

Red-legged seriema
アカノガンモドキ

Cariama cristatus

全　長	75–90cm
体　重	1.5kg
羽　色	雌雄同じ
分布	南アメリカ東部
渡り	留鳥
状態	地域により一般的

姿形も行動もヘビクイワシ（294ページ）に似た鳥である。いずれも脚と冠羽が長く、地上を大股に歩き回って獲物を捕る。アカノガンモドキはしばしば大きな獲物をくちばしで捕らえ、地面に叩きつけてずたずたに引き裂く。通常、捕食動物からは走って逃げるが、横になり保護色の羽毛を利して追っ手の目をくらますこともある。繁殖期以外は非常によく鳴き、その声は南米の草原で最も特徴的な音色に数えられる。一般に単独で生活するが、群れで見られることも時々ある。

- 灰茶色の羽毛

Houbara bustard
フサエリショウノガン

Chlamydotis undulata

全　長	65–75cm
体　重	1.5–3kg
羽　色	雌雄異なる
分布	カナリア諸島、アフリカ東部、アジア西部・中央部・東部
渡り	留鳥
状態	低リスク

ノガン科に属する22種類の鳥たちはいずれも東半球でしか発見されていない。がっしりした体つきで脚の長い本種は、典型的なノガン科の鳥である。羽毛は他のノガン類と同様、身を隠すのに適した色で、上手に空を飛べるにもかかわらずほとんど地上で生活する。砂漠を根城に食物を求めて歩き回り、種子、新芽、昆虫、トカゲなどの小型爬虫類を食べる。ノガン類の中で砂漠に最もうまく適応しており、必要な水分は食物から摂取してほとんど水を飲まない。オスはつがいの相手を求めて慣例的な土俵を用い、頭の上にひだ襟状の羽毛と冠羽を逆立てて土俵の周りをやみくもに早足で駆けるという奇妙な方法でメスの関心をひく。世界的に生存が危ぶまれているわけではないが、分布域の至るところで急速に個体数が減少しており、西アジア各地では集中的な保護の対象となっている。フサエリショウノガンは狩猟鳥として価値が高く、ハヤブサを使った狩りの的にされる。

- 黄褐色の羽毛に茶色の斑点

Kori bustard
アフリカオオノガン

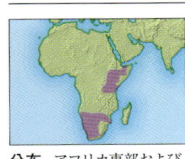

Ardeotis kori

全　長	1.2m
体　重	11–19kg
羽　色	雌雄同じ
分布	アフリカ東部および南部
渡り	留鳥
状態	低リスク†

体重19kgにもなるアフリカオオノガンは空を飛ぶ鳥としては世界一重いもののひとつである。他の近縁種同様、陸に棲み、深刻な危機的状況に陥らない限り、めったに飛ばない。大型の群生動物についていき、群れに驚いて姿を現した昆虫を食べることが多い。火災にあった地域にも生息し、草の新芽や身を隠す植物がなくなって丸見えになった昆虫を食べる。

鳥類

渉禽類、カモメ類、ウミスズメ類

門	脊索動物門
綱	鳥綱
目	チドリ目
科	18
種	343

これらの鳥たちは世界中あちこちの海、海岸沿い、湿地帯でごく普通に見られる。大多数が高い飛翔能力を持ち、水中や水辺の他の動物を食べる。渉禽類、ソリハシセイタカシギ類、タシギ類、ダイシャクシギ類などの海岸に棲む鳥たちは脚が長く、水際で食物をとる。カモメ類(アジサシ類、トウゾクカモメ類、ハサミアジサシ類を含む)は飛翔能力を利用して食物をとる。ウミスズメ類(ツノメドリ類、ウミバト類を含む)は水に飛び込んで食物をとる。ウミスズメ類は見た目がペンギン類に似ているが、飛ぶことができるうえ、北半球にしか生息しない。渉禽類、カモメ類は世界中に分布しているが、多くの種が生息地の破壊や油による海洋汚染、狩猟によって生命を脅かされている。

体のつくり

このグループの鳥たちは大多数が黒、白、茶、灰色など抑えめな色の羽毛をまとっているが、中にはくちばし、目、脚、口の周りなど皮膚が露出した部分が鮮やかな色のものもいる。季節の合間と成鳥になる過程ですっかり羽毛を着替える種が多い。渉禽類、カモメ類、ウミスズメ類の3グループに特に顕著な差が見られるのはくちばしと脚で、渉禽類はくちばし、脚ともに長いが、丸々と太って直立したウミスズメ類はいずれも短く、足に水かきがある。ほとんどの種は目の上に塩類腺を備えており、海水から必要な水分を抽出し、余計な塩分を鼻孔から排出する。

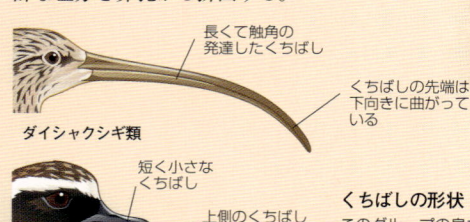

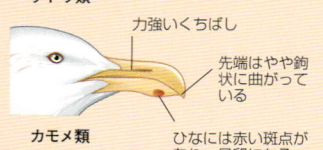

ダイシャクシギ類 — 長くて触角の発達したくちばし / くちばしの先端は下向きに曲がっている

チドリ類 — 短く小さなくちばし / 上側のくちばしは先端が盛り上がっている

カモメ類 — 力強いくちばし / 先端はやや鉤状に曲がっている / ひなには赤い斑点があり、目印になる

くちばしの形状

このグループの鳥たちはそれぞれの食性に適した非常に様々な形のくちばしを持っている。ダイシャクシギ類のくちばしは長くて下向きに曲がっており、食物を求めて泥の中深くまで探るのにもってこいである。対してチドリ類のくちばしは短くハトのようで、触角ではなく視覚で確認した食物を拾い歩く。カモメ類のくちばしはがっしりしていて用途が広く、食物を引き裂くためにやや鉤状に曲がっている。

アジサシ類の巣づくり

大多数のアジサシ類(写真はユウガアジサシ)はコロニーで繁殖し、安全を確保するために孤島や岩礁を探す。一般にコロニーは平らな開けた地面に見られ、鳥たちが密集していることが多い。

魚をとる

① 獲物を見つける
1匹のアメリカオオセグロカモメが水面下に魚を見つけ、急降下してくる。

② 獲物を捕らえる
翼をすばやく羽ばたきながら、頑丈なくちばしを水中に差し入れ、不意打ちで魚を捕らえる。

③ 飛び立つ
首尾よく獲物を捕らえたカモメは、魚を口にくわえて飛び立つ。

④ 悠然と飛ぶ
ごちそうを食べる場所を求めて、カモメは水面を飛んでいく。

渉禽類、カモメ類、ウミスズメ類

生殖

本グループの鳥のほとんどは地面に巣をつくり、1～6個の保護色の卵を産む。その他の種は崖に巣をかけ、少数派ではあるが、アジサシ類やウミスズメ類など木を好むものもいる。多くは非常に大規模な群れ（ウミスズメ類の中にはつがいが数百万を超すものもある）で巣づくりし、極端に密集する種もある。例えばウミバト類は隣の鳥同士、肩が触れ合わんばかりの寿司詰め状態で卵を抱く。シギやチドリの仲間にはオスもメスも複数のつがい相手を持つ風変わりな交尾体系のものが多い。レンカク類、タマシギ、ヒレアシシギ類では、華やかな色彩のメスが求愛ディスプレイをリードし、オスが単独で抱卵と育児を担う。

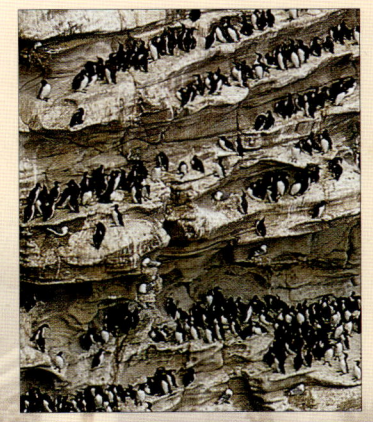

崖のコロニー

ウミツバメ類のコロニーは、往々にして非常に密集度が高い。ウミガラス（写真）は崖の縁に1平方メートルにつき最大20組ものつがいがびっしりと集結し、ほとんど身動きできないほどである。どのつがいも1個ずつ卵を産み、殻の模様はそれぞれに異なる。同じような卵がごろごろした営巣地の中で自分の卵を見分けるためである。

飛翔

ウミツバメ類は短い先細の翼で速く飛ぶことができるが、航続可能距離は限られる。彼らは水中を泳ぐときの推進力として翼を利用する。渉禽類の翼は長くて先細で、スピードと航続距離を両立しているが、ペースや方角をすばやく変えることができるにもかかわらず、帆翔することはできない。長い時間飛び続け、しばしば海を越えたはるかな旅を行うカモメ類とその近縁種には帆翔能力が見られる。北極圏の北方で繁殖し、南極大陸で冬越しするキョクアジサシは、片道1万6000kmもの長距離を毎年移動する。

長距離の渡り

キョクアジサシは生涯の大半を大空で過ごし、飛びながら、中空では昆虫を、海面近くでは魚を捕らえて食べる。繁殖も渡りも大集団で行う。どのアジサシ類も空中で見事な求愛ディスプレイを見せる。

獲物を運ぶ

ニシツノメドリは極めて大きく鮮やかな色のくちばしを持つ。ツノメドリ類はいずれも上側のくちばしと舌が釘状の突起で縁どられていて一度にたくさんの魚をまとめてくわえることができる（62匹という記録がある）。

食事

植物しか食べないヒバリチドリ類を除き、このグループの鳥たちは他の動物を食べるものばかりである。シギやチドリの仲間は砂浜、入り江や河口の泥地、腐葉土などを旦念に調べて無脊椎動物を食べる。カモメ類は魚、卵、小型の鳥や哺乳類などを手当たり次第に食べるご都合主義者で、時にはゴミ捨て場をあさることさえある。また、カモメ類、トウゾクカモメ類は、時として自分より小さい鳥を脅して獲物を巻き上げるという海賊行為で食物を調達する。アジサシ類は魚に向かってまっしぐらに飛び込むが、ハサミアジサシ類は水面すれすれを飛んで下側のくちばしだけを水につけ、獲物に触れるとすばやくくちばしを閉じる。ウミスズメ類は水中で獲物を追う。

水の上を歩く

レンカク類（写真はトサカレンカク）は長い足指で体重を分散させて支え、沈まないように水面に浮かんだ植物の上を歩く。食物は木の葉の下から見つける昆虫や種子である。

渉禽類の食事

アメリカセイタカシギが水中やこく柔らかい泥の中でくちばしを左右にサッと動かして獲物を捕らえている。この方法はサイジング（大きまで刈る）と呼ばれ、くちばしを動かして食べられるものに触れると一瞬動きを止める。

鳥類

敵襲！
匹の鳥が現れ、ギャーギャー騒いで翼を羽ばたかカモメに繰り返し攻撃を仕掛けてくる。

⑥ 進路を変更する
カモメは横を向き、当初とは違う方角を目指して追っかから逃れようとする。

⑦ 空中での強奪劇
追いかけていた鳥の一方がカモメに追いつき、くちばしから魚を引ったくる。

⑧ 逃げる
まんまと魚を横取りした"海賊"カモメは、他の2匹に追われながら逃げていく。

渉禽類、カモメ類、ウミスズメ類

Wattled jacana
ナンベイレンカク
Jacana jacana

全長	17–25cm
体重	90–125g
羽色	雌雄同じ
分布	中央アメリカ南部、南アメリカ
渡り	留鳥
状態	地域により一般的

レンカク類には8種あり、いずれも長い脚と極めて大きな足が特徴的で、両翼の最先端に独特の蹴爪(けづめ)がある。ナンベイレンカクは昆虫その他の無脊椎(むせきつい)動物を主食とし、稲から米を失敬することもある。オスに比べてかなり大きく、体重約150g になるメスは最大3匹までのオスと交尾する。オスはそれぞれに巣づくりし、卵を抱いて子育てをする。メスは侵入者からなわばりを守る。

赤い肉垂

彩り
黒と濃い栗色をまとった小型の鳥で、黄色いくちばしの周りに大きな赤い肉垂がある。翼を広げると、黄色い風切羽が濃色の羽毛にとてもよく映える。

極めて長い足指

水の上を歩く
他のレンカク類同様、極めて長い足指が歩くときに体重を分散させるので、水面に浮いた水草の葉の上をたやすく歩くことができる。このことからレンカク類は、英語でリリートロッター（軽やかにスイレンの葉を渡る者）の異名がある。

Crab plover
カニチドリ
Dromas ardeola

全長	38–41cm
体重	225–325g
羽色	雌雄同じ
分布	アフリカ東部、アジア南西部・南部・南東部
渡り	不完全候鳥
状態	地域により一般的

ずんぐりとした黒と白の鳥で、極端に大きく力の強いくちばしでカニの甲を砕いて丸呑みにする。たったひとつの卵を産むためにくちばしで細長い穴を掘る点も、シギやチドリの仲間では異色である。

Painted snipe
タマシギ
Rostratula benghalensis

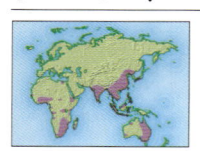

全長	23–28cm
体重	90–200g
羽色	雌雄異なる
分布	アフリカ、アジア南部・東部・南東部、オーストラリア
渡り	留鳥
状態	絶滅危惧II類†

淡水の沼地に生息する中型の鳥で、両目の周りのくっきりとした幅広のパッチが特徴である。ほとんどの時間を深い藪に潜んで過ごす。主に夜、泥の中から食物を探り当てるために出てくる。飛ぶのは得意でなく、脚をぶらぶらさせて翼をバタバタと羽ばたきながら飛ぶ。産卵後のメスは別の相手を求めて出ていくため、一般にオスが卵をかえし、子育てをする。

Eurasian oystercatcher
ミヤコドリ
Haematopus ostralegus 

全長	40–48cm
体重	400–800g
羽色	雌雄同じ
分布	ヨーロッパ、アフリカ北西部・北部・東部、アジア南西部・中央部・東部・南部
渡り	候鳥
状態	一般的

海岸と淡水の両方に広く分布する鳥で、やかましい鳴き声と鮮やかなオレンジ色のくちばしでよく知られている。主食はムール貝、カサ貝、トリ貝で、2枚の貝殻をつなぐ筋肉を切って中身をつついたり、岩場やしっかりした砂地で殻を叩き壊したりして食べる。

Ibisbill
トキハシゲリ
Ibidorhyncha struthersii

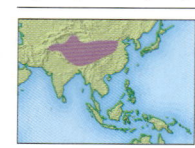

全長	38–41cm
体重	275–325g
羽色	雌雄同じ
分布	アジア中部・東部
渡り	留鳥
状態	低リスク

トキハシゲリは長くて細く、下向きにカーブした赤いくちばしが独特である。背中は灰色がかった茶色、胸元から首と頭が青っぽい灰色、顔は黒で、脚は赤い。目立つ配色にもかかわらず、石の多い川岸に非常にうまく紛れる。山あいの川で食物をとり、獲物を求めて川面を子細に観察し、石の下を旦念に調べる。

Black-winged stilt
セイタカシギ
Himantopus himantopus 

全長	35–40cm
体重	150–200g
羽色	雌雄異なる
分布	ヨーロッパ、アジア、アフリカ
渡り	候鳥
状態	一般的

鳥類の中で胴体の大きさに比べて脚が最も長く、他の渉禽類よりも深い水場で食物をとることができる。視覚と触覚で狩りをし、細くてまっすぐなくちばしを使って獲物を探す。水面や水上で昆虫も捕らえ、獲物を追って身をよじったり、飛び跳ねたりすることが多い。

Pied avocet
ソリハシセイタカシギ
Recurvirostra avosetta

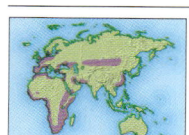

全長	42–45cm
体重	225–400g
羽色	雌雄同じ
分布	ヨーロッパ、アジア、アフリカ
渡り	候鳥
状態	一般的

ソリハシセイタカシギ類4種の中で最も分布域が広い。冬季には主に海岸や入江、湿地の周辺で大きな群れをなす様子が観察される。水上で浮かんだり、泳いだりしながらねぐらにつくことが多く、群れが大きな"いかだ"をなす様子は遠目にはカモメ類とよく似て見える。繁殖期には内陸の汽水から塩水の沼地に移動する傾向がある。ソリハシセイタカシギ類は非常に激しくなわばりを守り、危険を感じると大声で鳴き立てて侵入者を追い払う。

上向きに反った細いくちばし

水中で食物をとる
上向きに反ったくちばしの先だけが水につかる加減で水面を左右に掃くような動作をする。食べられるものを見つけると、すばやくつつき、時には頭を水に潜らせて獲物を追う。

黒い翼のマーク

上向きに反ったくちばし
ソリハシセイタカシギは渉禽類の中で白さが最も際立った鳥で、頭と翼に黒いマークがある。しかし、この鳥の最大の特徴は上向きに反り返った長く細いくちばしである。オスのくちばしはメスより長くて、反り具合が小さい。

渉禽類、カモメ類、ウミスズメ類

Burchell's courser
スナバシリ

Cursorius rufus

全　長	20–23cm
体　重	70–80g
羽　色	雌雄同じ
分布	アフリカ南部
渡り	留鳥
状態	低リスク

全8種のスナバシリ類はその名のとおりすばやく走り回り、乾燥した生息地に暮らす変わりだねの渉禽類である。スナバシリのやや錆色を帯びた砂色（写真は若鳥）の羽毛は、住処とする不毛の大地では格好の保護色となっている。身に危険が迫ると直立不動の姿勢で追っ手をやり過ごしてから一目散に走って逃げる。いざとなれば高く遠くまで飛んでいく。コマ送りを見るようなギクシャクした動きで地面から昆虫を捕らえて食べる。

Australian pratincole
アシナガツバメチドリ

Stiltia isabella

全　長	21–24cm
体　重	60–70g
羽　色	雌雄同じ
分布	アジア南東部、オーストラリア
渡り	不完全候鳥
状態	低リスク

オーストラリアの鳥で、長い脚と並外れて長い翼がツバメチドリ類8種の中で異彩を放つ。背中は淡い黄褐色味の茶色で、横腹にある大きな濃い栗色のパッチ以外、腹部は薄い黄褐色である。赤いくちばしは下向きにカーブし、先だけが黒い。地上では猛スピードで走って虫を捕らえるが、飛びながら食物をとることもあり、時には相当な高空で群れをなして狩りをする。

長い脚

Blacksmith plover
シロクロゲリ

Vanellus armatus

全　長	28–31cm
体　重	125–225g
羽　色	雌雄同じ
分布	アフリカ南部・東部
渡り	留鳥
状態	地域により一般的

アフリカ南部および東部に広く分布する中型から大型の渉禽類で、黒、白、灰色の羽毛に長くて黒い脚、燃えるような赤い目と、たいへんよく目立つ。食物は様々な無脊椎動物で、夜、特に月の明るい晩に狩りをすることが多い。オスもメスもひなをとてもよく守り、侵入者に対しては、追い払うか立ち向かう。鋭い金属的な声で鳴く。

American golden plover
ムナグロ

Pluvialis dominica

全　長	24–28cm
体　重	125–200g
羽　色	雌雄異なる
分布	北アメリカ北部、南アメリカ南部
渡り	候鳥
状態	一般的

中程度の大きさのチドリで、北行のときは陸上を、南下のときは海上を飛ぶ珍しい渡りのパターンを持つ。渡りの距離は非常に長く、南アメリカの沿岸近くの低湿地や内陸の草原で冬を越し、繁殖は乾いた気候の北極圏ツンドラで行う。冬場の羽色は茶色のぶちだが、美しい生殖羽を持ち、黒い背中に金をちりばめ、黒い顔には額から目尻をめぐって首へと続く白い縁どりがある。

Ringed plover
ハジロコチドリ

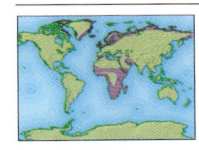

Charadrius hiaticula

全　長	18–20cm
体　重	50–70g
羽　色	雌雄同じ
分布	北アメリカ北部、グリーンランド、ヨーロッパ、アジア、アフリカ、マダガスカル
渡り	候鳥
状態	地域により一般的

くちばしが短く、白い首飾りと頭と胸元に走る黒い帯が特徴である。非常に幅広い生息地で繁殖するが、冬場はほとんど砂地の海岸か内陸の湿地帯で過ごす。様々な無脊椎動物を食べ、夜間、特に満月の晩に狩りをする。オスもメスも子育てに参加し、捕食動物をおびき寄せて巣を守るために、よく目立つ"翼が折れたふり"のディスプレイを披露する。

白い首飾り　オレンジ色がかった黄色の脚

Wrybill
ハシマガリチドリ

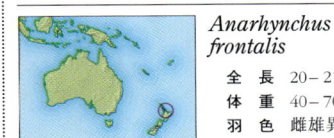

Anarhynchus frontalis

全　長	20–21cm
体　重	40–70g
羽　色	雌雄異なる
分布	ニュージーランド
渡り	候鳥
状態	絶滅危惧II類

横に曲がったくちばし

くちばしが横向きに曲がった唯一の鳥である。くちばしは横から見るぶんにはチドリの仲間にしてはわずかに長い程度であるが、上や正面から見ると奇妙な形がわかる。横向きのカーブは砂利浜での食事に役立ち、昆虫や虫を捕らえるときに石を横にはじき飛ばすことができる。羽色は背中が柔らかい灰色、腹部が白で、胸元にある幅の狭い黒い帯は、メスよりオスの方がくっきりしている。

Eurasian curlew
ダイシャクシギ

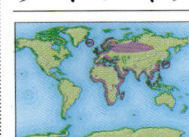

Numenius arquata

全　長	50–60cm
体　重	150–1,350g
羽　色	雌雄同じ
分布	ヨーロッパ、アジア、アフリカ
渡り	候鳥
状態	地域により一般的

尻上がりの美しい鳴き声で知られる大柄な鳥である。羽毛は茶色い縞模様で、非常に長い下向きにカーブしたくちばしを持つ。19cmもの長いくちばしは、泥や砂に深く埋もれて隠れている動物を引っぱり出す理想的形状である。内陸では主に昆虫やミミズを、海岸では貝や甲殻類を食べる。とりわけエビとカニが好物で、脚をもいで丸呑みにする。砂丘や湿原、沼沢低地から高地の荒野や草原まで、様々な生息地で繁殖し、この時期は極めてなわばり意識が強くなる。オス、メスともに独特のうねるような飛行でなわばりを守る。翼を浅い"V"字形に保ち、ヒューヒュー、あるいはブクブクといった音を立てながら滑空する。なかには翼で殴り合いまで始めるオスもいる。本種を含むダイシャクシギ類8種は世界の様々な地域に分布する。ねぐらにつくときはとても大きな群れをなすが、食事は小さなグループでとる。移動性の強い種が大半で、本種はさいはての北極圏で繁殖し、ヨーロッパ西部から東アジアに至る地域の砂地や、泥地の河口で冬越しする。最高で37年生きる。

茶色い縞の羽毛　とても長くて下向きに曲がったくちばし

渉禽類、カモメ類、ウミスズメ類

Greenshank
アオアシシギ

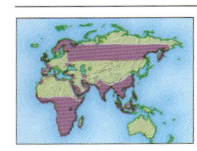

Tringa nebularia

全長　30－35cm
体重　125－300g
羽色　雌雄同じ

分布　ヨーロッパ、アジア、アフリカ（主にサハラ砂漠以南）
渡り　候鳥
状態　一般的

くちばしの長い鳥で、シギ属の9つの近縁種と同様、湿気の多い土地から離れた場所ではほとんど見られない。羽色は黒っぽいが腹部は色が薄く、長い脚は灰緑色である。食物をとるときは同属の他種に見られるように"歩いてはつつく"テクニックを使う。獲物は魚、甲殻類、昆虫、無脊椎動物などで、多くは直接襲いかかるか、くちばしで水をサイジング（大がまで刈る）して食物を探る。よく響く鳴き声は、動揺すると鋭くなる。

Spotted sandpiper
アメリカイソシギ

Actitis macularia

全長　18－20cm
体重　35－70g
羽色　雌雄同じ

分布　北アメリカ、中央アメリカ、南アメリカ
渡り　候鳥
状態　一般的

小型のシギ類で、短い脚と2色の頑丈なくちばしを持つ。背中は緑がかった茶色で、夏は青白い腹部に茶色の斑点が浮かぶ。斑点はメスの方が大きく色も濃い。地上で食物を求めて、直線的に頭を上下するしぐさが見られる。メスが求愛し、尾を扇形に広げ、翼を揺らしてオスを誘う。子どもの世話はせず、1シーズンに4匹のオスと交尾するものもいる。

Grey phalarope
ハイイロヒレアシシギ

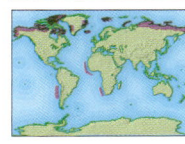

Phalaropus fulicarius

全長　20－22cm
体重　40－80g
羽色　雌雄異なる

分布　中央アメリカ、南アメリカ北部
渡り　候鳥
状態　一般的

水際とその周辺で暮らしている大多数の渉禽類とは異なり、極めて泳ぎがうまく、生活時間の大半を海か泥の多い池で過ごす。水面にいる小さな動物を食べ、しばしば小さな円を描くように泳いで水面を揺り動かし、獲物を目立ちやすくする。高緯度の北極圏ツンドラの湿地で繁殖し、アメリカイソシギ（左）同様、求愛するのはメスで、抱卵と子育て担当はオスという非常に珍しい繁殖行動をとる。

役割の逆転

ハイイロヒレアシシギの繁殖は、オスとメスの役割がほとんど通常と正反対である。さえない羽色のオスよりもメス（写真右）の方がずっと自己主張が強く、なわばりをつくってディスプレイを行い、オスの気をひく。子育てはオスの役目である。

太っちょのシギの仲間
小型で太鼓腹気味のシギの仲間で、脚はとても短く、かなり頑丈なくちばしを持っている。足指の間の浅く裂けた葉のような水かきは泳ぎに役立っている。

白い顔のパッチ
短い灰色の尾
黄色いくちばしは先が黒い

Great snipe
ヨーロッパジシギ

Gallinago media

全長　27－29cm
体重　150－225g
羽色　雌雄同じ

分布　ヨーロッパ北部、アジア北西部、アフリカ
渡り　候鳥
状態　低リスク

くちばしが長く、美しい保護色の羽毛をまとったタシギ類16種は、闇に紛れて食物をとる。他の多くのタシギ類と同様、くちばしは先が尖り、2色になっている。腹部には広範囲に濃色の縞があり、他のタシギ類に比べ、尾の隅に白い部分が多い。繁殖期にはオスはレック（集団求婚場）に集い、様々な鳴き声で競い合う。交尾後、メスは単独で巣づくりをする。

Red knot
コオバシギ

Calidris canutus

全長　23－25cm
体重　100－225g
羽色　雌雄同じ

分布　南極大陸を除き、世界中
渡り　候鳥
状態　一般的

シギ類で最も種類の多いグループのひとつに属す。コオバシギは冬には灰色の羽毛をまとっているが、繁殖期には顔と腹部がレンガ色に染まり、背中は黒っぽい地色に薄い栗色の斑点が入る。繁殖のため1万2000kmもの旅をし、食物をとるときとねぐらにつくときは大きな群れをなす。

Pale-faced sheathbill
サヤハシチドリ

Chionis alba

全長　34－41cm
体重　450－775g
羽色　雌雄同じ

分布　南アメリカ南東部、フォークランド諸島、南極半島
渡り　不完全候鳥
状態　絶滅危惧II類†

サヤハシチドリ類2種は、鳥の中では唯一、繁殖域が全く南極大陸か亜南極に限られる科である。本種はペンギンやアザラシのコロニーを襲い、卵、ひな、アザラシの後産などを食べたり、ペンギンをしつこく攻撃して、彼らがひなのために運んできた食物を吐き出させたりする。草、骨、小石、貝殻、羽毛などを用いてカップ型の巣をつくる。

Brown skua
オオトウゾクカモメ

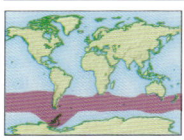

Catharacta antarctica

全長　52－64cm
体重　1－2kg
羽色　雌雄同じ

分布　南極大陸周縁地域
渡り　候鳥
状態　一般的

高緯度地帯で繁殖し、時には南極の氷の付近まで至る。同属4～6種のうちで最南の地に最も広く分布する。カモメに似た姿の強奪者で、ペンギン類、ミズナギドリ類その他南の海で暮らす海鳥をえじきにし、とりわけ卵とひなを好む。また、漁船の周りでゴミもあさる。

茶色の羽毛
翼に白い模様

渉禽類、カモメ類、ウミスズメ類

Long-tailed skua
シロハラトウゾクカモメ

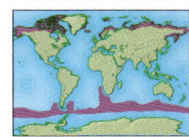

Stercorarius longicaudus

全　長	48–53cm
体　重	225–350g
羽　色	雌雄同じ
分布　北極周縁地域、南極大陸	渡り　候鳥
	状態　一般的

灰色と黒をまとうこの鳥が他のトウゾクカモメ類と異なる点は、非常に長い中央の尾羽で、飛んでいるとすぐわかる。この羽毛の長さは体長の半分ほどにもなる。最も長い距離を渡る鳥のひとつで、北極から南の海まで飛んでいく。地上にあってはレミングを食べるが、海では魚を食べたり、他の鳥の獲物を横取りしたりすることもある。

黒い帽子／白い腹部／長い尾羽

Ivory gull
ゾウゲカモメ

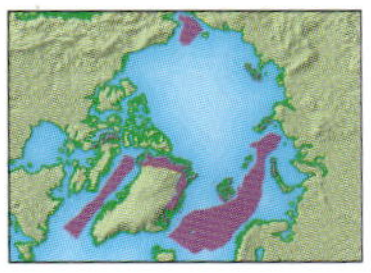

Pagophila eburnea

全　長	44–48cm
体　重	525–700g
羽　色	雌雄同じ
分布　北極地方周縁地域の大部分	渡り　不完全候鳥
	状態　絶滅危惧Ⅱ類†

カモメ科には約50種の鳥が含まれ、そのうち約35種が北半球で見られる。多くは沿岸地方でも内陸でもおなじみの鳥たちだが、この鳥はあまり知られていない。一生を高緯度の北極圏で送り、ほとんど氷山の縁に止まっている。主食は魚と無脊椎動物だが、ホッキョクグマの食べ残しをあさることもある。

頑丈なくちばし

Herring gull
セグロカモメ

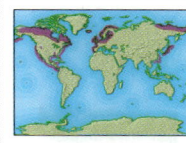

Larus argentatus

全　長	55–67cm
体　重	0.73–1.5kg
羽　色	雌雄同じ
分布　中央アメリカ、中央アメリカ、ヨーロッパ、アジア北東部・東部	渡り　不完全候鳥
	状態　一般的

北アメリカの大部分とヨーロッパの沿岸地域では最もありふれた鳥で、この1世紀で北半球の個体数が急増している。繁栄の鍵は適応性の高さである。ゴミ捨て場、埋め立て処分場、下水流出物などをあさり、ありとあらゆるものを食べる。また、他のカモメ類、アジサシ類、開けた土地に巣をつくる鳥たちの卵やひなを盗むこともある。騒々しく、特に繁殖コロニーはやかましい。成鳥は毎年同じ場所に戻る傾向がある。

若鳥
セグロカモメの若鳥は茶色い縞入りの羽毛をまとう。成鳥の羽毛に換羽するには4年を要する。

灰色の成鳥
カモメ類の中では大きい方で、ピンク色の脚に灰色の背中と翼を持ち、翼の先端は黒と白である。頭と腹部は白く、黄色いくちばしの下半分には赤い点がある。

白い頭（生殖羽）／赤い点／灰色の背中／翼の先端は黒と白

Kelp gull
ミナミオオセグロカモメ

Larus dominicanus

全　長	54–65cm
体　重	0.9–1.5kg
羽　色	雌雄同じ
分布　南アメリカ、南極大陸、アフリカ南部、オーストラリア南部、ニュージーランド	渡り　不完全候鳥
	状態　一般的

海岸で暮らす大きな鳥で、赤道以南で最も広く分布する。背中と翼は黒く、頭、尾、腹側は白い。大きな黄色いくちばしの下半分に赤い点がある。クジラの起こす潮に巻き上げられる無脊椎動物を食べたり、アジサシ類から獲物を横取りしたり、マガン類ほどの大きさの鳥を殺すこともある。シロアリの大群を襲ったり、魚肉加工工場などのゴミをあさることもある。

Black tern
ハシグロクロハラアジサシ

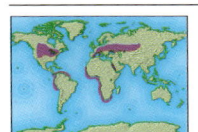

Chlidonias niger

全　長	23–28cm
体　重	60–75g
羽　色	雌雄同じ
分布　北アメリカ、中央アメリカ、南アメリカ北部、ヨーロッパ～中央アジア、アフリカ	渡り　候鳥
	状態　地域により一般的

細身の体に二股に割れた尾を持つアジサシ類は優美な鳥である。大半の種は白い羽毛に黒い帽子という出で立ちだが、本種の羽色は黒っぽい。海岸でなく、内陸の湖、沼、湿地で繁殖する点もアジサシ類としては異色である。ここでは水面から離れ、昆虫を植物からつまみ取るか、空中で捕えて主食とする。繁殖期以外の海岸に戻る時期には、食物の大部分は小型の海水魚になる。

黒い帽子／青灰色の体／二股に割れた尾

Caspian tern
オニアジサシ

Hydroprogne caspia

全　長	48–56cm
体　重	575–775g
羽　色	雌雄同じ
分布　北アメリカ～中央アメリカ、ヨーロッパ、アフリカ、アジア、オーストラリア、ニュージーランド	渡り　不完全候鳥
	状態　地域により一般的

翼開帳が最大1.4mと、大型のカモメ類に迫る大きさになるアジサシ類の最大種である。冬季は湖、海岸、入江で過ごし、繁殖期には淡水の生息地で見られることが多い。まっしぐらな飛び込みで魚を捕らえ、空を飛びながら頭から丸呑みにする。

翼の先端は黒い／赤いくちばし

Arctic tern
キョクアジサシ

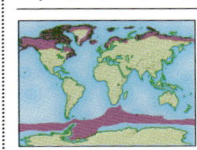

Sterna paradisaea

全　長	33–35cm
体　重	95–125g
羽　色	雌雄同じ
分布　北極地方、北アメリカ北部、南極大陸	渡り　候鳥
	状態　一般的

年に2回、少なくとも1万6000kmと、鳥類全体の中でも最も距離の長い渡りを行う鳥のひとつである。毎年秋に北方の営巣地から、南半球の夏を求めて南極大陸に移動するため、両半球で太陽の恩恵を一身に受けている。おそらく、日光を浴びている時間が最も長い生物だろう。主食は魚で、停空飛翔からまっしぐらに飛び込んだり、サッと水に入ったりして捕らえる。

灰色の翼／黒い帽子／白い頬

鳥類

渉禽類、カモメ類、ウミスズメ類

Sooty tern
セグロアジサシ
Sterna fuscata

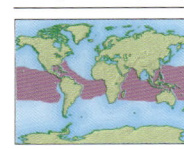

全 長	35–45 cm
体 重	150–250 g
羽 色	雌雄同じ
分 布	世界中の熱帯海域
渡 り	不完全候鳥
状 態	一般的

熱帯域に広く分布するアジサシ類で、腹部は白いが背中はほぼ一面に黒っぽい茶色をしている。陸地から何キロも離れた海上で大群をなして飛ぶ姿が多く見られる。多くの近縁種とは異なり、まっしぐらな飛び込みで食物をとることはない。そのかわり水面近くまで急降下し、魚や他の小型動物をさらうので、ほとんど濡れることはない。巣は熱帯域のいたるところの離島に見られ、巨大なやかましいコロニーが多い。

Inca tern
インカアジサシ
Larosterna inca 

全 長	39–42 cm
体 重	175–200 g
羽 色	雌雄同じ
分 布	南アメリカ西部
渡 り	留鳥
状 態	地域により一般的

白い口髭と黄色のパッチ

アジサシ類には見分けのつきにくいものもいるが、南アメリカに棲むこの鳥は青灰色の体に頬から伸びた5cm強ほどのくっきり白い"口髭"でひと目でわかる。フンボルト海流の流域に生息し、栄養豊富な海に潤沢な小さいイワシを食べる。食事中のアシカやザトウクジラの頭上に大挙して集まり、おこぼれにあずかる。

African skimmer
アフリカハサミアジサシ
Rynchops flavirostris

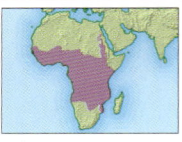

全 長	36–42 cm
体 重	100–200 g
羽 色	雌雄同じ
分 布	アフリカ
渡 り	不完全候鳥
状 態	地域により一般的

くちばしは下半分が長い

ハサミアジサシ類は姿形と全体の色はアジサシ類に似ているが、くちばしの形状が独特である。下側のくちばしは上側に比べてかなり長く、平らな側面ははさみの刃を思わせる。全3種のいずれもが水の上を低く飛びながら下側の"刃"で水面を耕すようなしぐさを続け、魚に触れたらすぐに挟みつける。食事の時間帯は、ほぼ明け方と夕暮れである。他の2種のハサミアジサシ類と同じく、黒い体の腹部が白い。肢とくちばしは鮮やかな朱色である。

Little auk
ヒメウミスズメ
Alle alle

全 長	19–23 cm
体 重	150–175 g
羽 色	雌雄同じ
分 布	北極地方周縁地域
渡 り	候鳥
状 態	一般的

黒と白のこの鳥は大西洋では最も小型のウミスズメ類で、くちばしが短く、姿勢は直立している。他のウミスズメ科の仲間同様、獲物を追って潜水し、ずんぐりした翼を鰭足のように使って追う。主食はプランクトンで、くちばしは特に細かい獲物を捕らえるのに適した形である。北極地方の切り立った断崖でコロニーをつくって繁殖し、洋上で冬越しする。

腹側は白い

Least auklet
コウミスズメ
Aethia pusilla  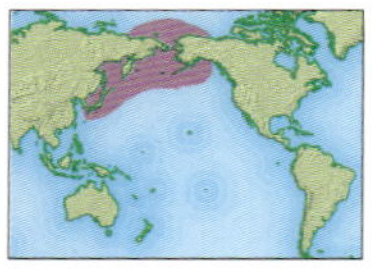

全 長	15 cm
体 重	85 g
羽 色	雌雄同じ
分 布	北太平洋、北大西洋
渡 り	不完全候鳥
状 態	一般的

ウミスズメ類の最小種で、体長はイエスズメと同じほどであるが、体つきはよりずんぐりしている。繁殖コロニーには100万匹もの鳥が集まり、いっせいに食物をとりに出かける様子は昆虫の大群のようである。プランクトンしか食べず、主食はカイアシ類だが、甲殻類の幼生や稚魚も食べる。波間に漂う群れを追って潜水する。岩のひびや割れ目に年に1個だけ卵を産む。

Atlantic puffin
ニシツノメドリ
Fratercula arctica 

全 長	28–30 cm
体 重	400 g
羽 色	雌雄同じ
分 布	北大西洋、北極海
渡 り	候鳥
状 態	一般的

色とりどりのくちばしと明るいオレンジ色の肢を持ち、北大西洋で最もカラフルなウミスズメ類である。主食である魚の群れを求めて、時には60mも潜水する。獲物はイカナゴ、カラフトシシャモ、ニシン、イワシなど、冬は動物性プランクトンを食べる魚たちである。地面に1mかそれ以上の隠れ穴を掘って巣をつくり、羽毛や植物で内張をすることが多い。オス、メスともにただひとつの卵を抱き、子育てをする。小魚を横向きにたくさんくわえて巣に戻り、ひなに食べさせる。

繁殖期の装い
ニシツノメドリの三角形のくちばしは、繁殖期には赤、黄、青に染まる。夏の終わりが訪れ、外縁の鱗がはがれ落ちるとともに、色もさめていく。

比較的大きな頭
黒い背中
明るいオレンジ色の肢

ツノメドリの社会

大多数のウミスズメ類と同じく、ニシツノメドリも高度に社会的な鳥で、岩の多い海岸や沖合の離島でコロニーを成して巣をつくる。陸上ではグループでまとまっているが、食物をとりに海に出るときは"いかだ"を組む。通常、コロニーから10km以内で食物を調達する。

Common guillemot
ウミガラス
Uria aalge

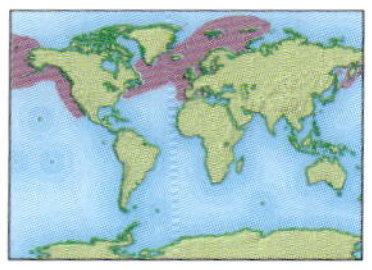

全 長	39–42 cm
体 重	850–1,100 g
羽 色	雌雄同じ
分 布	北大西洋、北太平洋
渡 り	候鳥
状 態	一般的

比較的大型であり、黒っぽい茶色と白をまとった群居性の鳥で、しばしば密度の高い繁殖コロニーを形成する。どのつがいも卵をひとつずつ、むき出しの岩に産み落とす。卵は先端が鋭角的に尖り、少々動かされても巣の岩棚から転がり落ちることはなく、その場で円を描くように回る。ひなは生後3週齢ほどで岩棚を巣立ち、海で成長を続ける。

直立した姿勢
黒い脚

ハト類

門	脊索動物門
綱	鳥綱
目	ハト目
科	1（ハト科）
種	309

世界中の市街地や田園でおなじみのハト類は、多様な種を含むこのグループのほんの一部に過ぎない。熱帯雨林の地上や樹間にはじつに様々な種が生息し、鮮やかな色彩を持つものも多い。成鳥はひなを育てるために栄養豊かな"そ嚢ミルク"を分泌する。

体のつくり

ハト類はまるまると太った胸の豊かな鳥で、頭とくちばしは小さい。歩くたびに頭がひょこひょこ動くのは胴体との位置関係を一定に保つためである。飛ぶことが得意で、総じて幅広の翼は力強い胸の筋肉に支えられており、相当な速度で長旅をこなすことができる。羽毛は密生していて柔らかいが、大半の種は両目の周りに皮膚の露出した部分がある。

羽色
ワーブーアオバト（右）のように、多くの熱帯のハト類は色鮮やかで変化に富んだ羽毛を持つ。その他の種（左のヒメモリバトなど）は目立つ色とはいえないが、小さな虹色のパッチがある。

虹色に輝く羽毛　鮮やかな色彩

食事

ハト類の主食は植物で、種子を食べるものと果実を食べるものの2グループに大別される。どの種の消化管も食性に特化して、発達したそ嚢と頑丈な筋肉質の砂嚢を持つ。砂嚢は食物をすりつぶす器官で、鳥が呑みこんだ小砂や小石を利用する。果実は種子に比べて消化が容易なため、果実を食べるものは消化管が短い。

ねぐらにつく
ハト類は共同体でねぐらにつくことが多く、このレンジャクバトのように隣同士でやや間隔を開けて並ぶか、または群れ集まる。邪魔が入ると、ねぐらの鳥数羽が急激に羽ばたいて飛び立ち、相手を動揺させる作戦で捕食動物を驚かす。

ひなを養う
コキジバトのひなが母鳥のそ嚢から分泌される"ミルク"で養ってもらっている。タンパク質と脂肪に富むそ嚢ミルクはオス、メスの両方が分泌する。

Rock dove
カワラバト

Columba livia

全長	31-34 cm
体重	200-300 g
羽色	雌雄同じ
渡り	留鳥
状態	一般的

分布　北アメリカ、中央アメリカ、南アメリカ、アフリカ、ヨーロッパ、アジア、オーストラリア

原産地は南ヨーロッパ、アジア、北アフリカ。町に棲むドバトの野生の祖先で、世界に最も広く分布している野生化した鳥のひとつである。野生種は一般に灰色で首と胸元に虹色のパッチが入っているが、町に棲むドバトは極めて多様である。いくつかの野生化した種族がめざましい帰巣能力を備えていることとは逆説的に、野生個体の大部分は定住性である。野生のカワラバトは海に面した断崖や岩場に巣をつくる。町に棲むドバトには、橋や窓の縁が格好の営巣地になっている。

翼に黒い帯

Wood-pigeon
モリバト

Columba palumbus

全長	41-45 cm
体重	275-700 g
羽色	雌雄同じ
渡り	不完全候鳥
状態	一般的

分布　ヨーロッパ、アフリカ北西部、アジア西部・中央部

ヨーロッパで見られる最大のハトで、農業の結果として繁栄し、農場主の頭痛のたねになった。地面で群れをなして食物をとることが多いが、木の上でも敏捷で、小枝の先までよじ登って果実や種子にありつく。オスは恋に熱心で、飛びながら翼を羽ばたいてディスプレイを行い、つがい相手の気をひこうとする。メスは1シーズンごとに一度、1～2個の卵を産む。ひなは巣の中で両親の世話を受ける。

虹色の首のパッチ　白い首のパッチ

Pink pigeon
モーリシャスバト

Columba mayeri

全長	30-40 cm
体重	300-325 g
羽色	雌雄同じ
渡り	留鳥
状態	絶滅危惧IB類

分布　モーリシャス

移入された捕食動物や生息地破壊に脅かされている多くの離島の生物種のひとつであると同時に、世界で最も稀少な鳥でもある。1980年代には野生の個体数が20匹を切るまでに減少したが、人工繁殖させて自然に帰す取り組みが功を奏し、個体数は増加に転じている。柔らかいピンク色の胴体をした大型のハトで、顔と額が白く、一般に翼は茶色い。適度に長いくちばしは先端が鉤形に曲がっていて強力である。

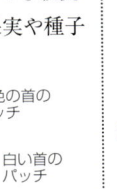

Eurasian collared dove
シラコバト

Streptopelia decaocto

全長	31-34 cm
体重	150-200 g
羽色	雌雄同じ
渡り	不完全候鳥
状態	一般的

分布　ヨーロッパ、アジア、アフリカ北東部

ほっそりとした体形でほんのりピンクがかった黄褐色の体に特徴的な黒の首飾りがある。20世紀に劇的に増殖し、ヨーロッパのほぼ全土でおなじみになったが、増殖の原因は解明されていない。普通は地面をつついて食物をとり、主食は穀類を含む草の種子と果実、ハーブで、時には無脊椎動物や植物の緑の部分も食べる。繁殖期にはやかましく鳴き、学名の"decaocto（8分の10拍子）"はオスの求愛の鳴き声のリズムを表している。

鳥類

Mourning dove
ナゲキバト

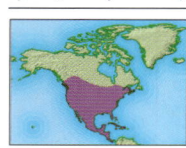

Zenaida macroura

全 長	23-34cm
体 重	100-175g
羽 色	雌雄同じ
分 布	北アメリカ、中央アメリカ、カリブ海
渡 り	不完全候鳥
状 態	一般的

北アメリカに広く分布し、名前はもの悲しげな4音節の鳴き声に由来する。小柄なほっそりした鳥で、翼は長くて幅が狭く、長い尾の先は尖っている。メスはオスより若干色が薄い。オスは滑翔や、らせんを描くような飛行、翼の先端を胴の下に回してメスの上を飛ぶなどの求愛ディスプレイを行う。繁殖のペースが速く、誕生した季節のうちに交尾するものもある。

首にはブロンズ色の光沢
茶色い羽毛

Victoria crowned pigeon
オウギバト

Goura victoria

全 長	66-74cm
体 重	2.5kg
羽 色	雌雄同じ
分 布	ニューギニア北部
渡 り	留鳥
状 態	絶滅危惧II類

世界最大のハト類のひとつで、頭上に戴いたレースの扇のような冠羽が特徴である。全体的に青みを帯びた灰色で胸元は赤紫色、先端が濃い紫色の翼には淡灰色のパッチがある。日中は落ちた果実を食べながら地上で過ごし、夜は森の木のねぐらに帰る。森林が失われ、羽毛目当ての人間やコレクターなどに狙われて、種の存続は微妙な問題である。

Magnificent fruit pigeon
ワープーアオバト

Ptilinopus magnificus

全 長	29-55cm
体 重	250-500g
羽 色	雌雄同じ
分 布	ニューギニア、オーストラリア北東部・東部
渡 り	不完全候鳥
状 態	絶滅危惧II類

"ワープー"という鳴き声にその名を由来する。大型で体重が重く、尾が長い果実食のハトで、生息地の喪失によって窮地に陥っている。彩り豊かな羽色（黄色と緑を基調に、胸から上腹部は深紫、灰色から緑がかった灰色の頭部と首）にもかかわらず、住処である林冠では驚くほどうまく背景に溶け込んでしまう。木から果実（通常イチジク）をとって食べ、めったに地上には降りてこない。

New Zealand pigeon
ニュージーランドバト

Hemiphaga novaeseelandiae

全 長	46-50cm
体 重	600-800g
羽 色	雌雄同じ
分 布	ニュージーランド
渡 り	留鳥
状 態	低リスク

ニュージーランドでは最大のハトで、移入種でなく同島唯一の固有種である。黒っぽい背中と胸は虹色に輝くブロンズと緑のハイライトに彩られ、腹部と胸の下方は白い。くちばしを大きく開けて、丸ごと口に入る植物や果実なら、選り好みなく食べる。ニュージーランド原産の木のいくつかは、ほとんどがこのハトに頼って種子を分散させていると言っても過言でない。

サケイ類

門	脊索動物門
綱	鳥綱
目	サケイ目
科	1（サケイ科）
種	16

複雑な柄を持つ鳥で、アフリカからアジアにかけての不毛の地に生息する。茶色または灰色の羽毛にはまだらか縞があり、大半の時間を過ごす地上では優れたカムフラージュになっている。サケイ類はライチョウ類とハト類の両方に似ている。小さな頭とずんぐりした体、脚に羽毛のある点はライチョウ類と共通であるが、ハト類と同じように長くて先が細い翼をすばやく羽ばたき続けて力強く飛ぶ。太い首と短い脚もハト類に似ている。

水分を保つ
写真のシロボシサケイを含めて、多くのサケイ類は1日に1～2回水を飲めば事足りる。一般に、巣は水場から遠く離れているので、彼らは腹部の羽毛に水を含ませて持ち帰り、ひなを養う。

Crowned sandgrouse
ササフサケイ

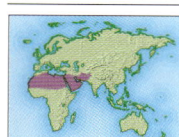

Pterocles coronatus

全 長	27-30cm
体 重	250-300g
羽 色	雌雄異なる
分 布	アフリカ北部、アジア西部～南部
渡 り	留鳥
状 態	一般的

砂漠の中の砂漠に生息し、カムフラージュに優れた鳥である。省エネ型で水分をあまり必要とせず、気温が50℃を超す環境でも数時間耐えられる。水の塩分濃度が高くても問題にしない。オスには砂のようなオレンジ色の冠羽とくちばしの付け根に黒いマスクがある。メスはオスより灰色っぽく、縞が多い。

Namaqua sandgrouse
クリムネサケイ

Pterocles namaqua

全 長	28cm
体 重	175-200
羽 色	雌雄同じ
分 布	アフリカ南部
渡 り	留鳥
状 態	一般的

砂漠特有の適応をササフサケイ（左）と数多く共有する。食物や水をほとんど必要とせず、分厚い羽毛で高温にも低温にも断熱効果を発揮する。頭は淡い茶色で胸元には白い帯があり、茶色まだらの翼は石ころだらけの土地や砂地での優れたカムフラージュになっている。唯一の食物である種子を求めて、雨の恩恵に十分浴した土地へと旅をする。

インコ類

文	脊索動物門
綱	鳥綱
目	インコ目
科	2
種	353

鮮やかな色彩が目を引く鳥たちで、大部分の温暖な気候帯に棲み、特に熱帯雨林に多い。このグループには純粋なインコ類に加え、おなじみのコンゴウインコ類、オウム類、オカメインコ類、ヒインコ類、セキセイインコ類などが含まれる。野生では騒々しく社会性の高い鳥たちだが、美しさ、賢さ、人間の音声を巧みにまねることでも明らかな学習能力の高さを愛され、古くからペットとして定着している。食料あさりの行動範囲は適度に広いが、真性の渡り鳥はほとんどいない。

体のつくり

大きな頭、短い首、鋭く鉤形に曲がったくちばしと、インコ類にはひと目でそれとわかる特徴がある。際立った光沢を放つ羽毛は硬く、森の青葉に紛れやすい緑を基調に、鮮やかな差し色のパッチをちりばめた色合いが一般的である。2本ずつ前と後ろに向いた足指は木登りに用いられ、ものに登ったりつかまったりする際にくちばしが第3の足として活躍することも多い。翼は通常、幅が狭く先細で、非常に速く飛ぶことができ、機動性も高い。

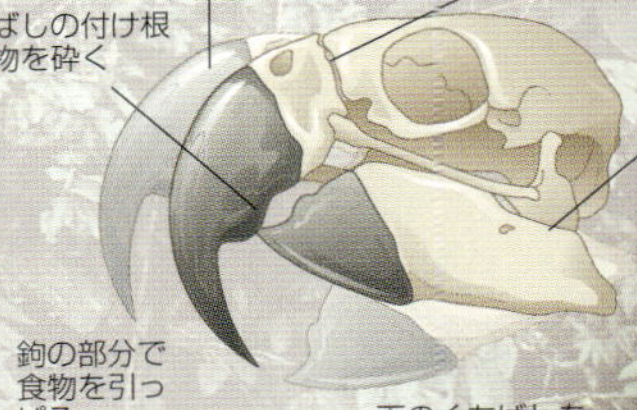

インコ類のくちばし
嘴ぎ形に曲がったインコ類のくちばしは非常に融通の利く構造をしている。上側と下側のくちばしはそれぞれ別のちょうつがいで頭骨とつながっており、互いに独立した動きをすることができる。

- 上側のくちばしを開いたところ
- 上側のちょうつがい
- くちばしの付け根で食物を砕く
- 下側のちょうつがい
- 鉤の部分で食物を引っぱる
- 下のくちばしを開いたところ

食事

ほとんどすべてのインコ類が種子や木の実、果実、花の蜜、花などの植物を食べる。食事は、足で食物をつかんで口元に運んで食べることが多い。大多数のインコ類は樹間で食物をとるが、食物をあさりに進んで地上に降りるものも多い。

花の蜜を食べる
写真のゴシキセイガイインコのようなヒインコ類は花の蜜を食べる。彼らの舌は先端がブラシのような形状をしており、蜜をかき寄せて口に入れやすくなっている。

社会的グループ
インコ類(写真はベニコンゴウインコとコンゴウインコ)はしばしば大規模な騒がしいグループをつくり、耳障りなギャーギャー声から身をつんざくような悲鳴まで、様々な声音を使って意思を伝え合う。つがいの絆を長年にわたって維持する種が大半を占める。

保護

野生のインコ類全種のうち、少なくとも4分の1が危機的状況にあり、現に数種は絶滅してしまった。ペットにするための生体取り引きが最大の脅威に数えられ、毎年数十万匹が、捕らわれては死んでいく。また、森林伐採も個体数を脅かす要因のひとつである。

Rainbow lorikeet
ゴシキセイガイインコ

Trichoglossus haematodus

全 長	30cm
体 重	150g
羽 色	雌雄同じ
渡 り	留鳥
状 態	一般的

分布 ニューギニア、アジア南東部、太平洋南西部、オーストラリア(タスマニアを含む)

がっちりした体つきと先の尖った尾を持つ鮮やかな色合いの鳥である。外観は極めて多様で、大きさや色、あるいはその両方が異なる亜種は22種を数える。若鳥のくちばしは濃茶色だが、成鳥ではオレンジ色か赤になる。他の多くのヒインコ類と同じく、舌の先端はブラシ状で、花から花粉や蜜を集めやすくなっている。飛ぶときは、色鮮やかな翼の下面を見せつけながらキイキイと金切り声で鳴く。食事中は抑えたトーンでさえずる程度であり、身を隠すのに適した羽色と相まって、緑の葉陰から見つけ出すのは難しい。特にオーストラリアで、果樹園やワイン用のブドウ畑に害を及ぼしている。

- 青紫の縞のある頭
- 緑色の背中

集団で食物をとる 
ゴシキセイガイインコの群れは食物を求めて花の咲いている木に集まり、花の蜜や果実を食べる他の鳥たちの集団に交じって見られることが多い。くちばしで果物の果肉を砕き、果汁や種をむさぼる。また、昆虫とその幼虫も食べる。

鮮やかな彩り
驚くほど色鮮やかなこの鳥の羽色は極めて多様である。大半の亜種は背中が緑色で、頭には青紫の縞があり、オレンジから赤色の胸元に黒っぽい波形模様がある。

Blue-streaked lorikeet
アオスジヒインコ

Eos reticulata

全 長	31cm
体 重	175g
羽 色	雌雄同じ
渡 り	留鳥
状 態	低リスク

分布 インドネシア(タニンバル諸島、カイ諸島、ダマル島)

赤を基調に、うなじから背中にかけてすみれ色の縞がある。朱色のくちばしは細く、脚は灰色をしている。やかましくてよく目立ち、かん高い声で鳴き交わしながら高空を敏捷に飛ぶ姿が最も多く見られるが、樹上で食物をとったり、休んだりしている時間も長い。他のヒインコ類同様、舌の先はブラシ状になっている。

インコ類

Palm cockatoo
ヤシオウム

Proboscieger aterrimus

全　長	60cm
体　重	1kg
羽　色	雌雄同じ
分　布	ニューギニア、オーストラリア北東部
渡　り	留鳥
状　態	地域により一般的

オウム類約18種の中で最も大きいことに加え、漆黒の羽毛、ヤシの実や固い殻に包まれた種を叩き割る大きな鉤状のくちばし、鋭い笛の音のような鳴き声も特徴的である。後ろ向きにカーブした細い羽毛の冠羽を持ち、興奮したり驚いたりするとこれを逆立てる。また同時に、肌の露出した真紅の頬が色を深め、"紅潮"する。

- 優美な冠羽
- 頬に真紅のパッチ

Sulphur-crested cockatoo
キバタン

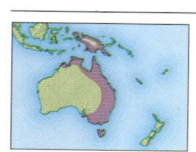

Cacatua galerita

全　長	50cm
体　重	950g
羽　色	雌雄同じ
分　布	ニューギニア、オーストラリア（タスマニアを含む）
渡　り	不完全候鳥
状　態	一般的

大型の白いオウム類で、翼の下側と尾が黄色く、同じく黄色い冠羽は前向きにカーブした細い羽毛でできている。朝と午後遅くに騒々しく活動的になり、群れで食物をあさる。群れの規模は数ダースから数百匹までと幅がある。夜になると、いつものねぐらに戻る。ねぐらは水路際の樹上にあることが多い。ペットとして非常に人気が高く、成鳥、ひなともに生け捕りで取り引きされるため、一部の個体群は生存が脅かされている。

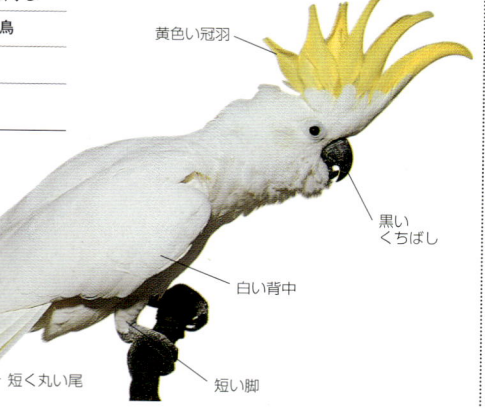

- 黄色い冠羽
- 白い背中
- 黒いくちばし
- 短く丸い尾

Galah
モモイロインコ

Eolophus roseicapillus

全　長	35cm
体　重	325g
羽　色	雌雄同じ
分　布	オーストラリア（タスマニアを含む）
渡　り	留鳥
状　態	一般的

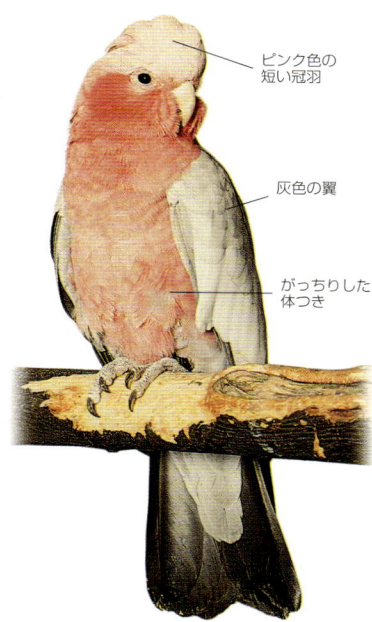

- ピンク色の短い冠羽
- 灰色の翼
- がっちりした体つき
- 短い脚

オウム類としては最も分布域が広くて個体数も多く、オーストラリアでは一般的な鳥である。やかましくて群生性があり、市街地の公園と同様に不毛の低木地でも群れをなしている。農業によって食物が潤沢になったため、順調に個体数を伸ばした。冠羽は比較的小さく、空中で向きを変えるたびに灰色の背中とピンク色の腹部が交互にひらめいて見える。

Cockatiel
オカメインコ

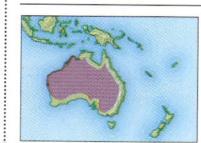

Nymphicus hollandicus

全　長	32cm
体　重	90g
羽　色	雌雄異なる
分　布	オーストラリア
渡　り	遊牧性
状　態	一般的

ペットとして人気が高く、人工繁殖の個体は色のバリエーションが多い。オウム類の中で最小で、先の尖った長い尾を持つ唯一の種である。先細の冠羽は休んでいるときは寝ており、食事中も寝ている場合がある。飛びながら独特の声でさえずるが、地上で食物をあさったり水たまりで水を飲んでいるときの方が騒々しい。

- オスの黄色い冠羽
- メスの灰色の冠羽
- 耳を覆うオレンジ色のパッチ

Kea
ミヤマオウム

Nestor notabilis

全　長	48cm
体　重	825g
羽　色	雌雄同じ
分　布	ニューギニア（南島）
渡　り	留鳥
状　態	絶滅危惧Ⅱ類

- 黒っぽい縁どりのある翼
- 鋭くて長いくちばし
- 地上で食物をあさるためによく発達した足

大型でがっちりした鳥で、山に棲む。オウム類の中では好奇心と食物の多様性が際立っている。食べられそうなものは端から吟味し、並外れて長く猛禽に似たくちばしで腐肉を引き裂いて食べることが多い。成鳥は大部分がオリーブグリーンで、翼の下側がオレンジ色をしている。

Crimson rosella
アカクサインコ

Platycercus elegans

全　長	36cm
体　重	150g
羽　色	雌雄同じ
分　布	オーストラリア東部・南東部
渡　り	留鳥
状　態	一般的

流線形の体と長い尾を持つヒラオインコ類8種のひとつで、分布域はオーストラリアとその周辺諸島に限られる。頬のパッチと翼の外側を覆う羽毛がすみれ色で、尾は濃青色をしている。背中と翼は赤と黒のまだらである。農地や庭園の周辺で人に懐く傾向がある。地面に降りてくるかと思えば、滑るように上空に舞い上がり、それから着地するといった具合に波うつような飛び方をする。

- ほおにすみれ色のパッチ
- 濃青色の尾

Eclectus parrot
オオハナインコ

Eclectus roratus

全　長	35cm
体　重	500g
羽　色	雌雄異なる
分　布	アジア南東部、ニューギニア、オーストラリア北東部、太平洋南西部の島々
渡　り	留鳥
状　態	地域により一般的

オスとメスはあまりにも外観が違うため、昔の学者はこれらを別種と判定したほどである。オスもメスも大きくがっちりとした体つきと角張った尾、たくましいくちばしは共通だが、オスは鮮やかな緑色で横腹と翼の下側が赤く、くちばしが黄色いのに対して、メスは赤く、腹と翼が青い場合もある。また、メスのくちばしは真っ黒である。

- メスの青いうなじ
- オスの鮮やかな緑色の体

鳥類

インコ類

Swift parrot
オトメインコ

Lathamus discolor

全　長	25cm
体　重	65g
羽　色	雌雄同じ
分布 オーストラリア東部・南東部	渡り 留鳥
	状態 絶滅危惧IB類

緑色の背中
赤い顔
黄色っぽい腹部

木の茂った場所に暮らし、好物の木のあるところなら郊外の公園や庭園を含めて生息地の幅は広い。タスマニアでしか繁殖せず、オーストラリア東部で越冬する。長くて先の尖った翼と流線形の体ですばやく飛び回る小型のインコである。冠羽は濃青色で、顔と翼の下側の赤とコントラストを形成している。

Budgerigar
セキセイインコ

Melopsittacus undulatus

全　長	18cm
体　重	25g
羽　色	雌雄同じ
分布 オーストラリア	渡り 遊牧性
	状態 一般的

セキセイインコは、インコ類の中で最も個体数が多いもののひとつで、ペットとしても非常に人気が高いことから、知名度は一番である。飼育種の羽色の多様さとは対照的に、野生の個体は一様に緑色で、顔が黄色く尾が青い。黒と黄色の縞になった背中は植物の中で食物をとっているときに優れたカムフラージュになる。往々にして遊牧性で、通常、大規模なやかましい群れをなす。

Red-fan parrot
ヒオウギインコ

Deroptyus accipitrinus

全　長	35cm
体　重	225g
羽　色	雌雄同じ
分布 南アメリカ北部	渡り 留鳥
	状態 絶滅危惧II類

首の羽毛は赤に青い縁どり

特徴はうなじ周辺に広がった深紅の羽毛で、興奮したり驚いたりしてこれをひだ襟か扇のように逆立てる姿は壮観である。長くて先の丸い尾も特徴的で、目元がタカに似ているため、木に止まった姿は猛禽を思わせる。森に暮らし、通常、つがいか小さなグループ（20匹を超えることはめったにない）で現れるが、なかなか見つけにくい。しかし、姿が目に入らなくとも鳴き声がよく聞こえることは多い。

Grey parrot
ヨウム

Psittacus erithacus

全　長	33cm
体　重	400g
羽　色	雌雄同じ
分布 アフリカ西部から中部	渡り 遊牧性
	状態 地域により一般的

黄色い目

がっちりとした尾の短い鳥で、人間の言葉をまねたり、いたずらしたりする能力があるため、ペットとして極めて人気が高い。ペット市場を当て込んだ密猟が横行しているが、生息地ではまだ普通に見られる。主に低地の多雨林に棲むが、山地の多雨林、森の縁、プランテーション、農地、庭園などにもいる。一風変わった体色は、灰色の羽毛に、鮮紅色か深いえび茶色の尾がコントラストを描く。群れの仲間同士は空を飛びながら絶え間なく鳴き交わしたり、赤い尾を見せつけるようにしてコミュニケーションをとる。

Kakapo
フクロウオウム

Strigops habroptilus

全　長	64cm
体　重	2kg
羽　色	雌雄同じ
分布 ニュージーランド（沖合の3島）	渡り 留鳥
	状態 野生絶滅

保護
フクロウオウムは、今日では生存個体数が100匹を割り込み、種を絶滅から救う計画が進められてる。鳥たちは捕食動物のいない沖合の3つの島々に移され、写真のメスのように経過が注意深く見守られている。

世界で最も危機的状況にあるインコ類のひとつで、飛ぶことができず、特殊な食性を持つ。黄昏時に活発に動き回り、食物をとりに遠くまで出歩く。植物を噛んで汁を吸う。また、くちばしで地下茎を掘り起こしたりつつき壊したりもする。オスはレック（集団求婚場）に集まって穴を掘り、大きな声を響かせてメスの気をひく。成鳥、ひな、卵のいずれもが外来の捕食動物によって危機にさらされている。

黄色っぽい縞
短い翼

飛べない鳥
インコ類の中で最も重く、丸くなった翼は空中で自重を支えることができない。力強く畝の立ったくちばしは植物の汁を絞り出すことに適応したものである。

Masked lovebird
キエリボタンインコ

Agapornis personatus

全　長	14.5cm
体　重	50g
羽　色	雌雄同じ
分布 アフリカ東部（タンザニア）	渡り 留鳥
	状態 地域により一般的

ボタンインコ類のつがいは、ほとんどの時間を寄り添って過ごし、羽づくろいしあう。全9種はすべて小型で尾が短く、がっちりした体つきをしている。キエリボタンインコは黒っぽい頭に白いアイリングと鮮やかな赤のくちばしが目立つ。食物は種子や果実、新芽である。穴に直接卵を産まず、巣をつくる点がインコ類では異色である。

白いアイリング

Blue-fronted parrot
アオボウシインコ

Amazona aestiva

全　長	37cm
体　重	400g
羽　色	雌雄同じ
分布 南アメリカ中央部	渡り 留鳥
	状態 一般的

大きくて丸々と太ったインコで、黄色い頭とくっきりした青い額が特徴である。アカボウシインコは、空を飛んでいるときは目立つうえにやかましいが、樹上で食物をとったり、休んだりしているときは静かなもので、地面に果実のかけらでも落ちていなければ、いることさえもわからない。夜はいつも群れを成してねぐらにつくが、つがいのオスとメスは常にぴったり寄り添っている。

短い翼

鳥類

インコ類

Rose-ringed parakeet
ホンセイインコ
Psittacula krameri

全長	40cm
体重	125g
羽色	雌雄同じ
分布	アフリカ西部～東部、アジア南部・南東部
渡り	遊牧性
状態	一般的

細身の鳥で、緑色の体のうなじ辺りにバラ色の首飾りがある。自然分布域は、インコ類の中で最も広い。飼い慣らされた個体が野生化したものはヨーロッパや北アメリカの一部でも見られる。中央の尾羽は長くて幅が狭く、後ろに裾をひくような翼は空を舞うときの特徴的な流線形のシルエットをつくり出す。

Monk parakeet
オキナインコ
Myiopsitta monachus 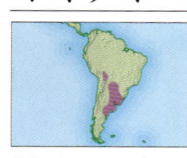

全長	29cm
体重	125g
羽色	雌雄同じ
分布	南アメリカ中央部・南部
渡り	留鳥
状態	一般的

インコ類としてはユニークな巣づくりの習性を持つ緑色の鳥である。つがいは数組集まって共同の巣をつくり、そこを日々の活動の中心とする。元からある巣の横や上に新たな巣ができるとコロニーも拡大していく。尾は長く緑色で、腹はオリーブグリーン、顔と喉は灰白色である。南アメリカの一部では、農作物に深刻な被害を与えている。

緑色の背中
白っぽい喉

Yellow-headed conure
ナナイロメキシコインコ
Aratinga jandaya 

全長	30cm
体重	125g
羽色	雌雄同じ
分布	南アメリカ東部
渡り	留鳥
状態	地域により一般的

中米から南米にかけて発見されたクサビオインコ類30種のひとつで、細くて先の尖った尾を持つ小型のインコである。頭と首は黄色く、朱色の胸と腹に向かってグラデーションになっている。背中と翼は大部分が緑色である。非常に活発な鳥で15匹ほどまでの騒々しい群れで見られることが多く、大半の時間を果実を求めて高木や潅木の枝をよじ登って過ごす。邪魔が入ると、けたたましい金切り声を上げながらすばやく飛び立つ。

背中と翼は緑色

Spix's macaw
アオコンゴウインコ
Cyanopsitta spixii 

全長	55cm
体重	記録なし
羽色	雌雄同じ
分布	南アメリカ東部
渡り	留鳥
状態	絶滅危惧IA類

青い色のコンゴウインコ類の中では最小で、型にはまった生活パターンを持つ。いつも決まって高い木のてっぺんにあるお気に入りの止まり木で羽を休め、毎日同じ道筋を飛ぶ。木の枝を登りながら種子、木の実、果実を食べる。

青いインコ
長くて先の細い尾と銀青色の頭を持ち、目の周りには濃い灰色の肌が見えている。背中と翼はやや暗い青で、くちばしは黒い。

保護
もともとアオコンゴウインコはありふれた鳥ではなかったようであるが、生息地に開拓者が入り、営巣地の林を破壊したことが、結果としてこの鳥の分布域をブラジル北東部の狭い地域に限定し、絶滅の瀬戸際まで追いやることになった。違法な取り引きも個体数減少に追い討ちをかけている。しかし、1980年代後半から始まった保護政策の結果、今日では50匹を超す個体の人工繁殖に成功している。とはいえ、野生状態では、最後に確認された個体も今は消えてしまったと考えられるため、アオコンゴウインコの種の存続は、ひとえに人工繁殖させて自然に帰す取り組みの成功にかかっている。

Green-winged macaw
ベニコンゴウインコ
Ara chloroptera 

全長	90cm
体重	1kg
羽色	雌雄同じ
分布	南アメリカ北部・中央部
渡り	留鳥
状態	地域により一般的

目を奪うばかりに鮮やかな色合いと耳障りな鳴き声で注意をひく。大きな鳥で、他の多種のコンゴウインコ類に見られるように羽毛は部分的に赤く、背中と尻が薄青色をしている。長い尾は先端が青い。青い翼には深緑色の上側 雨覆羽がある。若鳥は成鳥と似た姿だが、尾が短い。湿気のある低地の森を好むが、生息域南部で個体数のより多いコンゴウインコがいないところでは、落葉樹林など開けた場所にもしばしば姿を見せ、高い木のてっぺんに突き出た枝に止まる姿がよく見受けられる。通常はつがいか家族と見られる小グループで観察されるが、時には他のコンゴウインコ類と合流し、特に鉱物質を含んだ砂粒が露出した土手で大群をなす。空を飛んでいるときは大声で互いに鳴き交わす。食物は種子、果実、木の実で、他のコンゴウインコ類の食物より大きく固いものを食べることが多い。成鳥は食用や羽毛目当てに殺されるが、ひなは生体取り引き用に巣から連れ去られる。

Hyacinth macaw
スミレコンゴウインコ
Anodorhynchus hyacinthinus

全長	1m
体重	1.5kg
羽色	雌雄同じ
分布	南アメリカ中央部
渡り	留鳥
状態	絶滅危惧IB類

最大にして、おそらく最も豪華なインコである。顎のパッチとアイリングの明るい黄色とコントラストをなす鮮やかなコバルトブルーの羽毛、長くて先の尖った尾が抜群の存在感を放つ。がっしりしたくちばしで固いヤシの実を砕く。主に樹上で食物をとるが、落ちた果実や木の実を拾いに地上にも降りてくる。ペットとして珍重されることが個体数の大幅減少を招いた。

黄色い顎のパッチ
尾は長く幅が狭い

白い顔の皮膚
赤い頭と肩
深紅の羽毛
深緑色の上側雨覆羽

カッコウ類とエボシドリ類

門	脊索動物門
綱	鳥綱
目	カッコウ目
科	3
種	160

大きな声で鳴くカッコウ類とエボシドリ類であるが、謎の多い鳥たちである。カッコウ類は世界中に分布し、羽色はおおむね灰色か茶色だが、よく目立つパッチや縞のあるものもいる。エボシドリ類は生息域がアフリカに限られ、一部の種は独特な赤や緑の色素で鮮やかな色をまとう。カッコウ類もエボシドリ類も翼が短く尾が長い。また、足指は前後各1対で、木に止まるだけでなくよじ登るのもうまい。カッコウ類、エボシドリ類のほか、別の科に分類されるツメバケイも本グループに含まれる。

托卵で育てられるひな
一部のカッコウ類は他の鳥の巣に卵を産み落とし、ひなは托卵で育てられる。卵は往々にして宿主の卵にとてもよく似せられている。カッコウ類のひな(写真はカッコウ)は宿主の卵やひなを巣から排除し、新しい"親"(写真はヨーロッパヨシキリ)が運んでくる食べ物を食べる。

Great spotted cuckoo
マダラカンムリカッコウ

Clamator glandarius

全 長	35-39cm
体 重	125g
羽 色	雌雄同じ
分布	ヨーロッパ南部、アジア西部、アフリカ
渡り	候鳥
状態	地域により一般的↑

姿の美しいこの鳥はヨーロッパで見られる最大のカッコウ類で、カラス類やカササギ類、ムクドリ類の巣に卵を産みつける。カッコウとは異なり、本種のひなは宿主のひなを追い出しこそしないが、他のひなより成長が早く、養い親の運んでくる食物をあらかた食べてしまう。そして生後わずか8日で巣立ち時の半分ほどの大きさにまで成長する。

背中に白い斑紋がある

Red-crested turaco
アカガシラエボシドリ

Tauraco erythrolophus

全 長	40-43cm
体 重	200-325g
羽 色	雌雄同じ
分布	ヨーロッパ南部、アジア西部、アフリカ
渡り	留鳥
状態	絶滅危惧II類↑

他のエボシドリ類同様、鮮やかな色はエボシドリ類特有の銅を主成分とする色素による。樹上に棲んで果実を食べ、大半の時間を枝から枝へ跳び移って過ごす。飛ぶことは大変な重労働である。通常、家族でグループをつくって生活し、多雨林を覆うように繁った枝々の中で食物をあさる。他のエボシドリ類や果実食の鳥たちに対して食物をとる場所と営巣地を精力的に守る。

幅広で濃青色の尾

Hoatzin
ツメバケイ

Opisthocomus hoazin

全 長	62-70cm
体 重	700-900g
羽 色	雌雄同じ
分布	南アメリカ北部
渡り	留鳥
状態	地域により一般的

原始的な容姿を持つ。樹上に暮らす鳥で、ほとんど葉しか食べない。これは、大きな胃袋で草食哺乳類と同じように植物質を消化できるためであり、他種ではほとんど実現不可能である。ひなは飛べるようになる前に巣を離れ、小さな翼についた爪で植物によじ登り、身に危険が迫ると水に飛び込む。一緒に暮らすのは8匹までで、共有のなわばりを防衛し、子育てを助け合う。

Common cuckoo
カッコウ

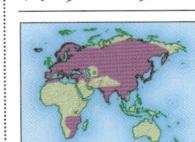

Cuculus canorus

全 長	32-33cm
体 重	125g
羽 色	雌雄同じ
分布	ヨーロッパ、アジア、アフリカ北西部・南部
渡り	候鳥
状態	一般的

胴は長い
腹には黒い縞

灰色の体で、腹は白地に黒い縞という姿が一般的で、主にヨーロッパとアジアの森林で繁殖し、冬を越すためにアフリカや南アジアまで長い旅をする。様々な他の鳥の巣に卵を産み落としては托卵でひなを育てさせる典型的な鳥である(上参照)。

Greater roadrunner
オオミチバシリ

Geococcyx californianus

全 長	56cm
体 重	325g
羽 色	雌雄同じ
分布	北アメリカ南部
渡り	留鳥
状態	一般的

この脚の長いカッコウ属の鳥は、空を飛ぶことができるにもかかわらず、ほとんど地上で生活し、わずかの距離を走る間に時速30kmまで加速することができる。トカゲ、ヘビ、鳥、小型哺乳類など

Smooth-billed ani
オオハシカッコウ

Crotophaga ani

全 長	35cm
体 重	125g
羽 色	雌雄同じ
分布	北アメリカ南東部、中央アメリカ、南アメリカ、カリブ海
渡り	留鳥
状態	地域により一般的

顔の奥まった位置からアーチ形のくちばしが生えている。食事は主にウシについていき、ウシが動くたびに出てくる昆虫を捕らえて食べる。つがい数組程度のグループで生活し、托卵や子育てを共同で行う。ひなは自分たちが育った巣にとどまり、次の繁殖の手伝いをする。

の獲物を追い出すように砂漠を歩いたり走ったりし、捕らえたものは何でも鋭く尖った力強いくちばしを見舞って殺してしまう。走るのは捕食動物から逃れる意味もあり、疾走しているときは長い尾を舵のように左右に揺らして向きを変える。

びっしりと縞の入った体

フクロウ類

門	脊索動物門
綱	鳥綱
目	フクロウ目
科	2
種	205

声を聞くことはよくあっても姿はめったに見られないフクロウは、主に夜間に活動するハンターだ。獲物を捕らえて抑えつけるための鋭い鉤爪と鉤形のくちばしがあるところは、昼間に飛び回るタカやハヤブサに似ているが、フクロウには暗闇で狩りをするのに役立つ適応形態がある。少しでもたくさんの光を集めるために目が非常に大きく、しかも距離を測れるよう正面についている。聴覚も研ぎ澄まされており、また羽毛が柔らかいため、飛んでも音がしない。フクロウ類の2科（フクロウ類とメンフクロウ類）は樹木の生い茂る森からツンドラまで、ほぼ全世界の生息環境に見られる。

繁殖

フクロウ類は自分では巣をつくらない。かわりに、他の鳥が前年につくった巣を使うか、地面や木、岩の裂け目、建物の適当な空洞部分を見つけて巣にする。ほぼ球形に近い卵は巣の中か、物の表面に直接産みつける。大体2～7個の卵を産み、卵はふつう2日の間隔を置いて孵化するので、1腹のひなの齢にはかなりの開きがある。餌が少ないと、与えられた餌を年長のひながほとんど食べてしまうため、年少のひなが飢える場合がある。

ひな
1腹のひなの中でも、最初にかえったものと最後にかえったものとの間には2週間もの差が生じることがある（写真はシロフクロウ）。

体のつくり

フクロウ類は直立した姿勢、大きな丸い頭、短い尾と、非常に独特の姿をしている。外趾は前にも後ろにも向けられ、止まり木に止まったり獲物をつかむのに都合よくできている。視力も優れており、昼間はもちろんのこと夜目もきく。また聴覚もずばぬけていて、小型の哺乳類がたてるかすかな音を、たとえ雪の下でもやすやすと聞き分ける。種によっては完全な暗闇の中で狩りができるものがいるが、これは耳孔が左右非対称になっていて音を三次元でとらえることができるおかげである。フクロウ類はみな羽毛が柔らかく密生しており、風切り羽に柔らかい房がついていて空気の振動する音を消してしまう。

視覚
フクロウの眼球は筒形で、回転させることができない。そのため、横を見るときには頭全体を動かさなければならない。これを補うために、フクロウは頭と首を270度以上も回すことができる。

水晶体／虹彩／大きな瞳孔／筒形の眼球／眼窩に固定された目

夜のハンター
小さなフクロウが夜の闇にまぎれて静かに獲物に接近する。鋭い鉤爪と優れた視力、そして驚異的な聴覚を備えたフクロウは、恐るべき夜間の捕食者だ。

魚を食べるフクロウ
魚を食べるフクロウも数種いる。写真（右）のウオクイフクロウもその1種。さっと舞い降りて水面から魚をさらい、鉤爪で突き刺してから剛毛の生えた肉趾でしっかりと固定する。

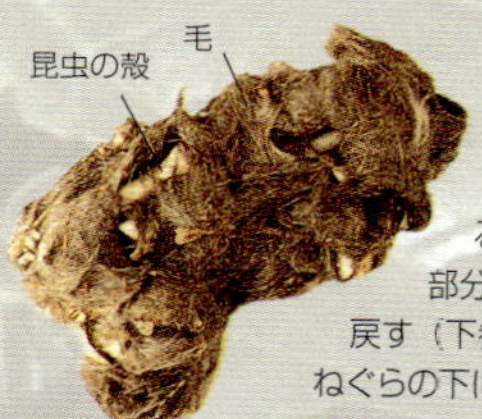

摂食行動

フクロウ類は幅広い種類の生きた獲物をとる。獲物の大きさもフクロウ種によって様々である。大半は昆虫、鳥、小型の哺乳類を食べ、大型のフクロウが小型のフクロウを捕らえて食べることも珍しくない。森林に棲むフクロウ類は決まった場所から急降下して獲物を襲うことが多いが、開けた田園地帯に生息するものは飛びながら狩りをしなければならない。獲物を探しながらゆっくりと低空飛行する。

ペリット
フクロウ類は一般的に食物を毛、羽毛、骨、昆虫の殻ごと丸呑みする。そして後から消化できなかった部分を圧縮されたペリットとして吐き戻す（下参照）。吐き出したペリットは巣やねぐらの下にたまっていく。

昆虫の殻／毛

吐き戻し

1 獲物を呑み込む
メンフクロウが毛や骨など大量の不消化物ごと獲物を丸呑みする。

2 吐き戻しの準備
食べてからおよそ6～7時間後、フクロウは食物の消化できない部分を吐き戻そうとしている。

3 ペリットをまとめる
食道を通過しやすいように、不消化物は丸められてペリットになる。固いものは毛や羽毛に包まれる。

4 喉に詰まる
丸められてはいても、食道を逆流するときには一苦労。

5 ペリットを吐き出す
ようやく、つやつやした黒いペリットが口から吐き出される。次のペリットを吐き出すのは24時間後だ。

鳥類

Barn owl
メンフクロウ

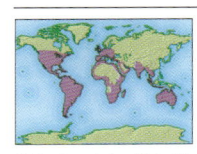

Tyto alba

全長	29–44cm
体重	300–650g
羽色	雌雄同じ
分布	北・中央・南アメリカ、ヨーロッパ、アジア、アフリカ、オーストラリア
渡り	留鳥
状態	一般的

南極大陸を除くすべての大陸に見られる。フクロウ類としては最も生息範囲が広く、陸鳥の中でも分布地域が最も広い鳥のひとつである。ハート形の白っぽい顔、白い羽毛に覆われた長い脚を持ち、尾はとても短い。メスは木の洞や廃屋に卵を産む。オスが運んできた餌をメスがひなに与える。孵化してから3週間後、体温を保つのに必要な綿羽が生え揃うまで、メスはひなたちを抱いている。農法が変わってきたためにメンフクロウの食物は減っており、地域によっては今や珍しい存在となっている。

狙いをつける
メンフクロウは狩りの達人である。優れた視覚と聴覚のおかげで、暗闇の中でも正確に獲物に狙いをつけられる。メンフクロウはゆっくりと音をたてずに低空を飛び、すばやく地面に舞い降りる。最後の瞬間、両脚を前に出して鋭い鉤爪を備えた足指を広げ、獲物をつかんで殺す。

- 黒っぽい目
- 外側の風切り羽は縁がぎざぎざになっている
- 白い羽毛に覆われた長い脚
- ハート形の顔 — メンフクロウはハート形をした白っぽい顔と黒っぽい目ですぐに見分けがつく。
- 短い尾

食事はひと呑み 
メンフクロウの主食は、ハツカネズミ、ネズミ、ハタネズミなどのような小型齧歯類である。獲物は殺して丸呑みにし、消化できないものは、後でペリットにして吐き戻す。餌を待つひながいるときは、獲物をくわえて巣に持ち帰る。

Eurasian scops owl
ヨーロッパコノハズク

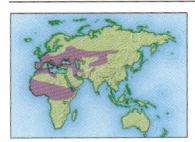

Otus scops

全長	16–20cm
体重	60–125g
羽色	雌雄同じ
分布	ヨーロッパから中央アジア、アフリカにかけて
渡り	候鳥
状態	地域により一般的

小型で、カムフラージュに優れており、姿はなくとも声はよく聞こえる。数秒おきに繰り返す低い口笛のような鳴き声を出す。灰色または赤みがかった茶色い地色に細かい黒の斑点が散った羽毛のおかげで、木の幹とほとんど見分けがつかない。警戒すると枝をまねて体を伸ばして揺らすので、居所がつかめない。このフクロウは昆虫を主食とし、止まり木から襲いかかる。クモ、爬虫類、コウモリ、小鳥なども食べる。

Sunda scops owl
ヒガシオオコノハズク

Otus lempiji

全長	20cm
体重	100–125g
羽色	雌雄同じ
分布	東南アジア
渡り	留鳥
状態	一般的

茶色い目と耳羽を持つ小型のフクロウである。茶色がかった灰色のものと赤みがかった色のものがいる。森林、森林の周縁、植林地、公園や村など木が散在する地域に生息し、日中はほとんど隠れ場所にカムフラージュされた姿でじっとしており、夕方に狩りをする。獲物は主に昆虫である。オスとメスは落ち着いた声で短くホーホーと鳴き交わす。

- 突き出した耳羽

Spectacled owl
メガネフクロウ

Pulsatrix perspicillata

全長	43–52cm
体重	600–1000g
羽色	雌雄同じ
分布	南メキシコから中央・南アメリカ
渡り	留鳥
状態	一般的

アメリカの熱帯では一般的なこのフクロウの名は、目を取り巻く白い羽毛の輪（メガネ）に由来している。密生した多雨林に最もよく見られるが、森林の周縁やコーヒー農園にも棲む。飛びながら獲物を探す多くのフクロウとは違い、メガネフクロウは止まり木から地面や葉むらの獲物に襲いかかる。通常は森林に棲む小型の哺乳類や昆虫を食べるが、水辺でザリガニやカニをとることもある。

- 白い羽毛のメガネ
- 胸の上部を横切る濃い茶色の縞

Pel's fishing owl
ウオクイフクロウ

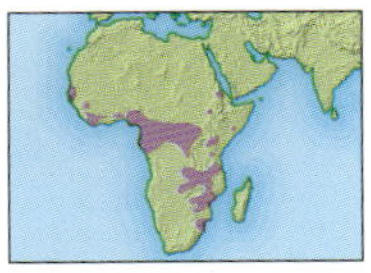

Scotopelia peli

全長	55–63cm
体重	2–2.5kg
羽色	雌雄同じ
分布	アフリカ
渡り	留鳥
状態	地域により一般的

このフクロウは、魚やカエルなど淡水に棲む動物だけを食べる3種のアフリカ種の1つである。類縁種と同様、ウオクイフクロウには羽毛のない長い脚と、すべりやすい獲物をつかむのに適した湾曲した鉤爪がある。羽色は一般的に明るい栗色で、濃い色の斑点や縞があり、ねぐらにいるときのカムフラージュとなっている。この大型のフクロウは湖、川、沼、湿地の周縁の森林に棲んでいる。日が暮れてから狩りを始めるが、止まり木から飛び立つと水面を低空飛行する。獲物を捕らえると、止まり木に戻って食べる。通常は水辺の木の洞に巣をつくる。メスは1～2個の卵を産むが、実際に育つひなはふつう1匹のみである。オスとメスがともにひなに給餌して子育てをし、ひなは巣立ってからも8か月までは巣の近くにとどまることがある。

- 非常に小さな顔盤
- 濃い色の斑点と縞
- 湾曲した鉤爪
- 幅の広い風切り羽

鳥類

鳥類

Great horned owl
アメリカワシミミズク
Bubo virginianus

全長	50–60 cm
体重	675–2,500 g
羽色	雌雄同じ
分布	北・中央・南アメリカ
渡り	留鳥
状態	一般的

特徴のある耳羽を持つアメリカワシミミズクは、アメリカのフクロウとしては最大で、アメリカ大陸全土に見られる。生息環境も森林から砂漠まで幅広く、高い所に巣をかけることで知られる。通常は他の大型の鳥の巣を使うが、木の洞や崖の縁を巣にする場合もある。一般的に定住性の鳥で、特に繁殖期には巣や狩りの範囲でなわばり意識が強くなる。日が暮れてから夜が明けるまでの間に活動するのが普通で、夜間の視覚と聴覚が非常に優れており、優秀なハンターである。主な獲物は小型の哺乳類であるが、昆虫、爬虫類、両生類、他のフクロウ類も含む鳥も捕らえる。アメリカワシミミズクは特に求愛の時期によく鳴く。ホーホーという大きな鳴き声は、典型的なフクロウの鳴き声そのものである。

大きな角のような耳羽
淡黄色の目
鋭い鉤形のくちばし

力強い体格
鋭いくちばし、大きな翼、強力な鉤爪を持つこの大型のフクロウは、まさに狩りをするための体をしている。射抜くような黄色い目と突き出した耳羽も恐ろしげな外見に迫力を加えている。

鋭い鉤爪を備えた大きく力強い足

静かなハンター
アメリカワシミミズクはアメリカのフクロウの中で最大であるばかりでなく、獰猛さでも一番といっていいだろう。なわばり内のあちこちにある気に入った見張り場所で獲物を待ち伏せて狩りをする。動きが俊敏で、標的を見つけるとまったく音を立てずに舞い降り、強力な鉤爪で獲物を捕らえる。

親鳥とひな
アメリカワシミミズクは、とても子育て熱心である。オスとメスの両方で、羽毛が生え揃ってからも最低6週間はひなに給餌し、面倒を見る。また巣を守るのにも熱心で、なわばりに入ってきた人間を巣に寄せ付けまいと追い払う。

巣
アメリカワシミミズクは1～5個の卵を産む。餌が豊富なほど卵の数も多い。

若鳥
アメリカワシミミズクは生後2か月ほどで羽毛が生え揃い、短い距離なら飛べるようになる。この時期になると羽毛を膨らませて翼を前に広げ、実際以上に大きく見せて身を守る。

フクロウ類

Snowy owl
シロフクロウ

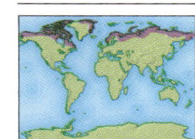

Nyctea scandiaca

全 長	55–70 cm
体 重	1–2.5 kg
羽 色	雌雄異なる
分布	北極周辺
渡り	不完全候鳥
状態	一般的

全身真っ白なシロフクロウのオスは、フクロウ類の中では最も独特といえる姿をしている。密生した長い羽毛が足指まで覆い、くちばしも大部分が覆われているので寒さからしっかりと守られている。

このフクロウは夕方と明け方に活動するが、ずっと日が沈まない夏の間は昼行性になる。一日の大半を地面の上か低い岩に止まって過ごし、驚異的な視覚と聴覚で遠くや雪の下にいる獲物を見つけると、音を立てずに襲う。シロフクロウの餌となるのはレミング、ウサギ、ノウサギ、水鳥である。繁殖サイクルはレミングの数に左右される。レミングの数は3～4年周期で増減する傾向があるが、シロフクロウの数もそれと連動するのである。

斑点のあるメス
シロフクロウのメスには黒い斑点がある。これは雪がほとんど解けた後、地肌が露出した岩場の巣に入るメスを目立たなくする色合いである。メスはオスよりもかなり大きい。

斑点のある羽毛

地面の上で

シロフクロウはツンドラに営巣する。地面にごく浅い窪みをつくり、そこに卵を産みつける。メスがオスの運んできた食物をひなに与えて世話をする。

Tawny owl
モリフクロウ

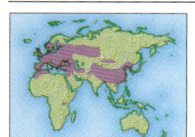

Strix aluco

全 長	37–39 cm
体 重	450–550 g
羽 色	雌雄同じ
分布	ヨーロッパ、アジア、アフリカ北西部
渡り	留鳥
状態	一般的

モリフクロウは昼間のねぐらとなる木さえ十分にあるところならば、幅広い生息環境に見ることができる。ふつうは栗色に縞や斑点がたくさん入った羽毛で、枝や葉の中で優れたカムフラージュとなる。鳴き声の種類が豊富で、よく知られているのが繁殖期の「トゥイットゥー」である。止まり木を起点に狩りをするが、音だけで主な獲物となる小型の哺乳類、鳥、爬虫類、昆虫を見つけることができる。

Burrowing owl
アナホリフクロウ

Athene cunicularia

全 長	19–25 cm
体 重	125–250 g
羽 色	雌雄異なる
分布	北・中央・南アメリカ、カリブ海上諸島
渡り	部分的渡りをする
状態	地域により一般的

大半のフクロウ類は木をねぐらや巣にするが、アナホリフクロウは地下にマイホームをつくる。これは南アメリカの大草原から空港、ゴルフコースなど、木のない開けた場所に棲むための適応である。穴の外で警戒にあたっているときには直立姿勢をとって、ガラガラヘビをまねたと思われる耳ざわりな鳴き声を出す。一日の大半は地面で狩りをしている。

Pearl-spotted owlet
アフリカスズメフクロウ

Glaucidium perlatum

全 長	17–20 cm
体 重	50–150 g
羽 色	雌雄同じ
分布	アフリカ（サハラ砂漠以南）
渡り	留鳥
状態	一般的

アフリカのフクロウの中では活動時間が最も長く、時間帯を問わず狩りをする。足の力が強く、自分より大きな獲物も捕らえられる。頭の後ろに白い縁どりのある黒い斑点が2つある。この"偽の目"のおかげで捕食者が背後から襲うのを躊躇したり、獲物がどちらに逃げてよいか惑ったりする。

Boobook owl
ニュージーランドアオバズク

Ninox novaeseelandiae

全 長	30–35 cm
体 重	150–175 g
羽 色	雌雄同じ
分布	オーストラリア（タスマニア南部含む）、ニューギニア南部、東南アジア
渡り	留鳥
状態	地域により一般的

がっちりした小型のフクロウで、いくつかの系統に分かれる。クイーンズランドに生息するものは濃い茶色であるが、タスマニアとニュージーランドに棲むものは色が明るく、対照的な色の斑点があり、別の種とされることもある。いずれも甲高い「ブーブーク」という2音節の鳴き声を出す。棲む場所にかかわらず、日中は木のねぐらで眠り、夕暮れから出てきて餌をとる。空中で昆虫や鳥を狩るスペシャリストである。

Short-eared owl
コミミズク

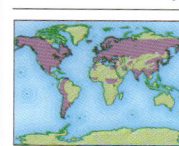

Asio flammeus

全 長	37 cm
体 重	200–500 g
羽 色	雌雄異なる
分布	北アメリカ、南アメリカ西部および南部、ヨーロッパ、アジア、アフリカ
渡り	不完全候鳥
状態	地域により一般的

翼が長く、羽ばたきながら低空飛行をするため、タカに間違えられやすい。単独行動をとり、地面をねぐらとするが、冬、特に雪が降ると集団で木に止まる。食物が乏しいときに大きな群れで移動したり、食物がふんだんにある特定の地域に集団でいるところが見られる。獲物は主に小型の哺乳類、時には小鳥を食べるが、飛びながら見つけて空中から飛びかかる。ヒース、草、穀物畑に窪みを掘ってそこに固定するように卵を産みつける。フクロウとしては珍しく、メスが近くに落ちている小枝で巣をつくる場合もある。低く落ち着いたホーホーという鳴き声を出す、比較的おとなしいフクロウである。全身に斑点がある。

真昼のハンター

昼行性のフクロウであるコミミズクが昼間、地上わずか数メートルのところを飛びながら狩りをしている姿がよく見られる。チョウのように飛び、大きな翼のおかげで失速せずにゆっくり飛べる。

丸い顔
コミミズクは大きな丸い頭をしており、模様のある顔盤、鮮やかな黄色の目、耳のような2つの短い耳羽がある。

ヨタカ類とガマグチヨタカ類

門	脊索動物門
綱	鳥綱
目	ヨタカ目
科	5
種	118

翼の長いヨタカ類とガマグチヨタカ類は、類縁のアメリカヨタカ、タチヨタカ、ズクヨタカ、アブラヨタカとともに、主に空中で過ごす生活に適応している。大半は歩いたり跳ねたりできない。夕暮れ、明け方、または夜間に飛びながら昆虫を捕らえるスタイルで狩りをし、日中は木か地面のねぐらでじっとしている。独特の大きな鳴き声で知られる種が多い。ヨタカ類はほぼ全世界の森林や開けた環境に生息するが、類縁の鳥たちの分布域はアメリカ大陸、アジア、オーストラリアに限られている。

体のつくり

ヨタカとその仲間は体が丸く、頭が大きく、首が短い。口が非常に大きく、昆虫を捕らえるために大きく開けることができる。ほとんどの種は尾と翼が長く、高速で飛びながら食物を追って急に方向転換するのに都合がよい。ズクヨタカ以外は脚が短く足も小さくて弱いため、歩くのには適さない。通常、このグループの鳥は茶色か灰色で、羽毛に保護色の模様が入っている。

大きく開けた口
ヨタカとその仲間のくちばし（写真はアカエリヨタカ）はほとんど頭と同じ幅があり、非常に大きく開けることができる。ヨタカにとってはこの口が、空中で一度にたくさんの昆虫を捕らえるのに好都合な仕掛けとなっている。

摂食行動

このグループの鳥は大半が昆虫を主食とし、空中で捕らえたり、急降下して地面にいる昆虫をとったりする。多くの種が継続的に飛びつづけるが、（タチヨタカなど）止まり木から定期的に短時間の出撃をするものもいる。ガマグチヨタカは昆虫だけでなく他の鳥や哺乳類、両生類も食べる。アブラヨタカは果実しか食べない。

剛毛
ヨタカ（写真はヨーロッパヨタカ）や一部の類縁にはくちばしの縁に剛毛が生えている。この剛毛は触覚を助けるものと思われ、また一部の種にとっては昆虫を捕らえて口に入れる役割を果たしているのだろう。

身を隠す
垂直に伸びた枝に止まったハイイロタチヨタカは翼を体にぴったりとつけ、くちばしをわずかに開けて頭を上に向けている。この姿勢とカムフラージュ色で折れた枝に見せかけ、捕食者から身を守っている。

Oilbird
アブラヨタカ

Steatornis caripensis

全 長	40-49cm
体 重	350-475g
羽 色	雌雄同じ
分 布	北・中央・南アメリカ
渡 り	留鳥
状 態	地域により一般的†

アブラヨタカはユニークな種で、世界で唯一、夜行性で果実を食べる鳥である。日中は、時には1kmも地下にある深い洞穴の中にいる。夜になると洞穴から出てきて、食物を探して75km以上も飛ぶことがある。アブラヨタカは視覚とおそらく嗅覚も使って、月桂樹やヤシの木の実を見つけ、舞い降りて枝から摘み取る。

口の大きな鳥
アブラヨタカは赤みがかった褐色で頭と喉と翼に白い斑点がある。大きな口のおかげで餌を待つひなたちに大量の食物を運ぶことができる。巣は泥、糞、腐った果実、種子でできた塚である。

エコロケーション
アブラヨタカは、洞穴に大きなコロニーで巣とねぐらをつくる。暗闇の中でもエコロケーションで方向を判断している。信号は比較的低い音程で、人間の耳にはカチカチと聞こえる。互いに連絡を取り合おうと鳴き交わすため、洞穴が大きい耳ざわりな叫び声でいっぱいになる。

Tawny frogmouth
オーストラリアガマグチヨタカ

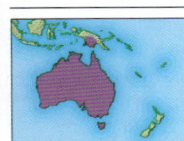

Podargus strigoides

全 長	34-53cm
体 重	175-675g
羽 色	雌雄異なる
分 布	ニューギニア南部、オーストラリア（タスマニアを含む）
渡 り	留鳥
状 態	一般的

ガマグチヨタカはヨタカに外見が似ているが、狩りの方法は飛びながら夜行性の昆虫を捕食するのではなく、地面にいる小型の動物や大型の昆虫に襲いかかる。オーストラリアガマグチヨタカはその大きな目のおかげで暗闇の中でもよく見え、夜はなわばり内を飛びながら適当な止まり木に立ち寄っては、付近で動く獲物がいないか見張る。場合によっては大きな動物を叩き殺してから呑み込む。つがいか家族で生活し、餌をとったり繁殖の場となる大きななわばりの中で互いに連絡をとるために頻繁に鳴く。巣は木の股につくった単純な小枝の台である。

防御の姿勢
オーストラリアガマグチヨタカは、脅されると直立して、折れた枝に見せかける。この姿勢をとりながら、幅のある大きな口を開けるディスプレイをすることもある。

カムフラージュ
オーストラリアガマグチヨタカの赤か茶の斑紋が入った灰色の羽毛は、木や低木の枝の色にうまく溶け込んでいる。

- 大きな頭
- ずんぐりした体
- 短い脚

鳥類

ヨタカ類とガマグチヨタカ類

Common potoo
ハイイロタチヨタカ

Nyctibius griseus

全　長	33－38cm
体　重	150－200g
羽　色	雌雄同じ
分　布	中央アメリカ南部、南アメリカ
渡　り	留鳥
状　態	一般的

中央および南アメリカに見られるおよそ5種のタチヨタカの1種で、単独行動をとる。日中は木の上で過ごすが、直立して止まり、折れた枝に見せかけている。よく目立つ黄色い目は捕食者に見つかるのを避けるために閉じているが、まぶたの隙間から危険がないか見張っている。ハイイロタチヨタカが活発になるのは夜で、止まり木からすばやく飛び立って空中で昆虫を捕らえる。繁殖のためにつがいを形成し、木の節穴や枝の窪みに卵を1個産む。

Australian owlet-nightjar
オーストラリアズクヨタカ

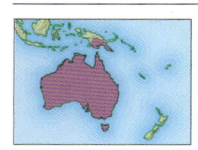

Aegotheles cristatus

全　長	21－25cm
体　重	35－65g
羽　色	雌雄異なる
分　布	ニューギニア南部、オーストラリア（タスマニアを含む）
渡　り	留鳥
状　態	地域により一般的

木に棲む小型の鳥で、夜行性で昆虫を捕食し、外見は小型のフクロウそっくりである。他のヨタカに比べるとよく発達した肢を持ち、尾は長くて細い。顔と頭にはっきりした黒っぽい模様がある。縞のある羽毛はオスは灰色、メスは茶色である。オーストラリアズクヨタカは曲芸飛行の名人で、空中か地面にいる昆虫を捕らえるために短い丸い翼で止まり木から短距離飛行をする。哺乳類やオオトカゲが天敵である。

顔に黒っぽい模様がある

Common nighthawk
アメリカヨタカ

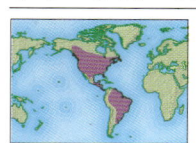

Chordeiles minor

全　長	22－25cm
体　重	45－100g
羽　色	雌雄異なる
分　布	北・中央・南アメリカ
渡　り	候鳥
状　態	一般的

北アメリカのほぼ全土に毎夏訪れるおなじみのこの鳥は、ヨタカ科の大半の種に比べると日中に活発に活動する。明け方と夕暮れに飛びながら昆虫を狩る姿がよく見られ、鼻にかかった独特の鳴き声でそれとわかる。オスは求愛時に高度な曲芸飛行のディスプレイをする。翼をブーンと鳴らしながら求愛の相手にぶつかりそうなほど低く降下してみせるのである。見通しのよい様々な場所がこの鳥の巣とねぐらになる。アメリカ合衆国の一部の地域では、砂利を敷いた平屋根に巣をつくる習慣がある。このような場所であれば捕食者を避けられるからである。巣は簡単に地面に掘った浅い窪みであることが多く、卵やひなの世話はメスだけがする。巣に立ち入られると飛び立って近くに止まるが、侵入者に飛びかかることもある。繁殖期が終わると大群で越冬のために南に移動し、はるばるアルゼンチンに向かう。

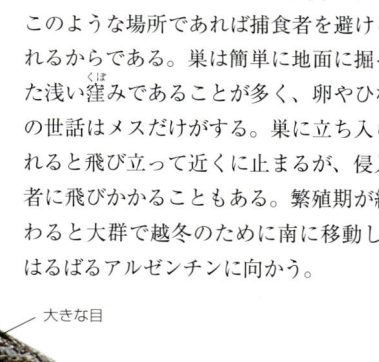

大きな目
斑紋のある茶、黒、白の羽毛

Common poorwill
プアーウィルヨタカ

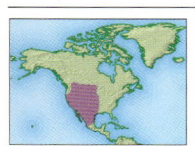

Phalaenoptilus nuttallii

全　長	18－21cm
体　重	30－60g
羽　色	雌雄異なる
分　布	カナダ南部、アメリカ合衆国西部および中部、メキシコ北部および中部
渡　り	不完全候鳥
状　態	地域により一般的

北アメリカで最も小型のヨタカで、プアーウィルという名はオスが求愛のときに繰り返す2音節の鳴き声に由来している。日中は地面の上におり、複雑な模様の入った羽色が生息環境の乾燥した地域では効果的なカムフラージュとなっている。夜に採食し、止まり木から飛んでいる昆虫めがけて襲いかかる。珍しいことに、冬になると鳥類にはめったに見られない休眠状態（冬眠に似た状態）になり、エネルギーを温存する。

European nightjar
ヨーロッパヨタカ

Caprimulgus europaeus

全　長	25－28cm
体　重	50－100g
羽　色	雌雄異なる
分　布	ヨーロッパ、西アジアから東アジア、北西アフリカ、西アフリカおよび東南アフリカ
渡　り	候鳥
状　態	一般的

ヨーロッパ北部に生息する唯一のヨタカである。日が暮れてから舞い上がり、飛びながら昆虫を捕らえる。オスはなわばりを定期的に見回り、侵入者を追い払う。繁殖期にはオスが飛びながら機械音に似たブーンという歌声を出す。また翼を打ち合わせて、外側の風切羽の白い斑紋を見せる。この鳥は巣をつくらず、木や低木近くの地面に直接卵を産みつける。最初はメスが子育てをするが、2週間ほどすると、メスはひなたちをオスの元に残して去り、次の卵を産む。

茶色に斑紋
ヨーロッパヨタカは黒と灰色の斑紋の入った茶色の羽色で、先のとがった長い翼である。

カムフラージュ

他のヨタカと同様、ヨーロッパヨタカも日中は地面か低い枝に止まって過ごす。くすんだ斑紋のある羽色のおかげで、地面に生えた植物にまぎれてほとんど見分けがつかない。

Standard-winged nightjar
ラケットヨタカ

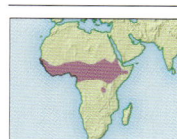

Macrodipteryx longipennis

全　長	21－25cm
体　重	60－90g
羽　色	雌雄異なる
分　布	アフリカ西部、中部および東部
渡　り	留鳥
状　態	一般的

ラケットヨタカのオスは飛んでいればすぐにわかる。生殖羽に2枚の長い翼の羽があるからである。この羽は長いものになると78cmにも達する。高木層で飛びながら求愛ディスプレイを行い、それをメスが追いかけることもよくあるが、止まり木に止まってそこでこの吹き流しのような羽を誇示することもある。ヨタカの中では昼間に活発な方で、つがいか結束のゆるい群れ採食するが、このときはメスがオスについていく。地面からかなりの高度を飛び、飛びながら昆虫を捕らえる。

ハチドリ類とアマツバメ類

門	脊索動物門
綱	鳥綱
目	アマツバメ目
科	3
種	424

ハチドリ類とアマツバメ類は同じ独特の翼の構造をしており、空中で非常に複雑な動きができるが、姿と生態はまったく違う。アマツバメ類は地味な羽色で地面に降りることはめったになく、空中で無脊椎動物を探す。飛びながら眠ったり、交尾したりできる。ハチドリ類は多彩な羽色で花の周りでホバリングして餌をとり、いつでも止まり木に止まることができる。アマツバメ類は全世界に分布するが、ハチドリ類はアメリカ大陸にしかいない。

花蜜を吸う
餌をとるとき、ハチドリ(写真はコスタリカのミドリハチドリ)は花の前で停止し、くちばしを花の筒に差し入れて長い舌で花蜜を吸い上げる。

体のつくり

ハチドリ類とアマツバメ類はいずれも引き締まった筋肉質の体に、比較的小さな足をしている。アマツバメ類は地味な色だが、ハチドリ類は目にも鮮やかな色と模様が際立っている。ハチドリ類のくちばしは花から花蜜を吸い出すのに適した特殊なもので、長さや形は様々であるが、その鳥が餌とする花の形状に合っていることが多い。アマツバメ類はくちばしが小さく、飛びながら小型の昆虫を捕らえるために大きく開く。ハチドリ類の仲間には世界最小のグループに入る鳥が多い。

翼
ハチドリ類とアマツバメ類の上腕と下腕の間の関節、つまり"肘"は体にとても近い位置にあり、翼に非常な柔軟さと大きな梃子の作用をもたらしている。この特徴によってハチドリは空中で停止することができるのである。

飛翔
ハチドリ類は翼を8の字形に打ち振る。この飛び方のおかげで空中で自由自在に動ける。ハチドリ類は後ろ向きや上下逆さまになって飛ぶことのできる唯一の鳥なのである。小型種になると1秒に80回も翼を羽ばたかせることがある。アマツバメは空中で停止こそしないが、羽ばたくスピードを変えて急旋回できる。

アマツバメの飛行
アマツバメはツバメに似ているが、それほど近い類縁関係はない。アマツバメの方が空中で過ごす時間が長く、飛び方も速くて複雑な動きをする。アマツバメよりもツバメの方が止まり木によく止まる。

Black swift
クロムジアマツバメ
Cypseloides niger

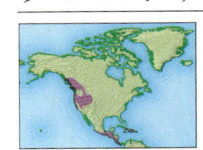

全長	18〜20cm
体重	45g
羽色	雌雄同じ
分布	北アメリカ西部、中央アメリカ、カリブ海上諸島
渡り	候鳥
状態	地域により一般的†

典型的なすすのように黒いアマツバメで、先の尖った長い翼にわずかに二股に分かれた尾をしている。飛ぶスピードが速く、翼を広げたまま舞い上がることがよくある。他のアマツバメ同様、ほとんど空中で過ごし、群れで空を旋回しながら昆虫を採食する姿がよく見られる。繁殖のときだけ地上に降りてくる。滝や川の近くを選んで、コケやゼニゴケなどの植物を泥で固めた半カップ形の巣をつくる。

White-bellied swiftlet
シロハラアマツバメ
Collocalia esculenta 

全長	最大11.5cm
体重	記録なし
羽色	雌雄同じ
分布	中央・東・東南アジア、オーストラリア東部
渡り	不完全候鳥
状態	地域により一般的

非常にアクロバティックな飛行をするこの鳥は、洞穴に巣をかける少数種のひとつで、数千匹強のコロニーをつくることも多い。巣は特別に大きな唾液腺から出す唾液を乾燥させたものだけでつくる。他のアマツバメと同様、空中を飛ぶ昆虫を食べ、森林や険しい岩間を獲物を追って急降下する姿がよく見られる。東南アジアのある地域では、アマツバメの巣を採集してスープの食材にしている。

White-throated needletail
ハリオアマツバメ
Hirundapus caudacutus 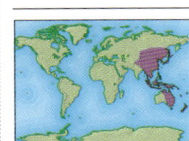

全長	最大21cm
体重	記録なし
羽色	雌雄同じ
分布	中央・東・東南アジア、オーストラリア東部
渡り	候鳥
状態	低リスク†

ハリオアマツバメの名は、羽の先から尖った先端が突き出している尾羽に由来している。このグループには4種いるがいずれも非常に飛ぶのが速く、派手な求愛ディスプレイの際には時速125kmにも達する。ハリオアマツバメは小さな群れか大きな集団で生活し、農地や町などありとあらゆる生息環境で餌をとる。地面の近くで採食することが多いが、暖かい上昇気流に巻き込まれて空高くさらわれた昆虫を、自分も空に舞い上がって捕らえることもある。アジアとヒマラヤ山脈で繁殖し、岩の隙間や木の洞に浅いカップ形の巣をつくる。秋になると赤道を南下して、遠くタスマニアまで渡る。

Chimney swift
エントツアマツバメ
Chaetura pelagica

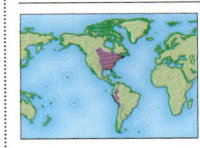

全長	12〜15cm
体重	19〜25g
羽色	雌雄同じ
分布	北アメリカ東部、南アメリカ北西部
渡り	候鳥
状態	一般的

くすんだ褐色の小型鳥で、北アメリカ東部で繁殖する唯一のアマツバメである。煙突や古い納屋などの建物に、小枝を唾液でつなぎ合わせた小さな半カップ形の巣をつくる。繁殖期以外、特に渡りの間やその直前には数千匹がねぐらに集まってくる。ねぐらに使われるのは大きな煙突で、夕暮れになると鳥たちが吸い込まれるように煙突に入っていく。

ハチドリ類とアマツバメ類

African palm swift
ヤシアマツバメ
Cypsiurus parvus 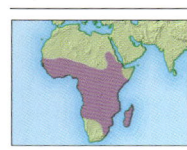

全長　14－16cm
体重　10－18g
羽色　雌雄同じ
分布　アフリカ、マダガスカル
渡り　不完全候鳥
状態　一般的

　中型で黒みがかった褐色のこのアマツバメが好んで巣をつくるのはオウギヤシの木であるが、他のヤシにも巣をかける（橋などの人工物を使うこともある）。巣（写真）は羽毛と植物の繊維をパッド状にしたものを、垂れ下がったヤシの葉に唾液で垂直に接着させ、卵も唾液で固定する。ひなには長い鉤爪があり、巣が風で揺れてもしがみついていられる。

Eurasian swift
ヨーロッパアマツバメ
Apus apus 

全長　16－17cm
体重　35－50g
羽色　雌雄同じ
分布　アフリカ北部および南部、ヨーロッパ、西アジアから中央アジアにかけて
渡り　候鳥
状態　一般的

　空中生活が最も長い鳥の1種といえるヨーロッパアマツバメは、飛びながら採食し、交尾し、睡眠までとってしまう。巣は空中で集めた植物と羽毛を唾液で接着させたカップ形の台で、本来は岩の隙間にかけるが、今では人工の建造物を使うことが多い。気候が寒くなると親鳥は巣から数千キロメートルも離れてしまう。ひなは冬眠状態になって生き延び、暖かくなると目覚め、親が戻ってきて給餌する。ひなは巣立つと3年間はずっと空で過ごし、繁殖期になってようやく地上に降りてくる。夏の繁殖場にいる時間は比較的短い。

幅の狭い翼
ヨーロッパアマツバメは独特の幅の狭い翼と二股に分かれた尾をしている。くちばしは短く、足は小さく、羽色は黒みがかった褐色である。

空を飛ぶ

町中を飛んだり、小規模の群れで餌をとっている姿がよく見られる。他のアマツバメと同様、速く飛び、機敏である。左右の翼をそれぞれ違う回数で羽ばたかせることによって、飛ぶ方向を変える。

長く幅の狭い翼
二股に分かれた尾

Grey-rumped tree-swift
カンムリアマツバメ
Hemiprocne longipennis

全長　23cm
体重　記録なし
羽色　雌雄同じ
分布　東南アジア
渡り　留鳥
状態　一般的

　カンムリアマツバメ科には3種いるが、みな東南アジアに生息している。本種もアマツバメ科と同様、飛びながら昆虫を捕らえるが、空中で過ごす時間はアマツバメ科の鳥よりも短い。採食時以外は枝に止まっている。これはアマツバメ科にはできないことである。長い鎌形の翼と深く切れ込んだ二股の尾があるが、最大の特徴は短く立った冠羽で、上くちばしの付け根についている。この鳥はごく小さな巣を枝に付着させてかけ、卵を1個産む。親鳥が交代で卵を抱くが、巣の下にある枝に止まると巣が体で完全に覆われてしまう。小さな群れでいるところがよく見られ、つがいは自分のなわばりを守って攻撃的になることで知られる。

White-tipped sicklebill
カマハシハチドリ
Eutoxeres aquila

全長　12－14cm
体重　10－13g
羽色　雌雄同じ
分布　中央アメリカ南部から南アメリカ北西部にかけて
渡り　留鳥
状態　低リスク†

　大型のハチドリで、上部が緑色で腹側に縞があり、尾羽は先端が白く、下向きに湾曲したくちばしがトレードマークである。このくちばしで、ヘリコニアをはじめとする花喉の湾曲した花から花蜜を吸う。大半のハチドリとは違って、餌をとるときには花に止まっている。またクモの巣からクモを採食したり、飛んでいる昆虫を捕らえたりする。ヤシの繊維でゆるく編んだカップ形の巣を、垂れ下がった木の葉の先端にクモの糸で付着させる。

Tufted coquette
ホオカザリハチドリ
Lophornis ornatus

全長　7cm
体重　2g
羽色　雌雄異なる
分布　トリニダード、南アメリカ北部
渡り　留鳥
状態　低リスク†

　赤みがかった短いくちばしを持ち、鮮やかな緑色の臀部に白っぽい縞のある小さな鳥である。オスには長い赤い冠羽と、頬に扇状の長い飾り毛がある。求愛時にはメスの周りを半円を描いて舞いながら頬の房を広げ、冠羽を立てる。主食は花蜜と小型の昆虫で、決まったルートをたどりながらそれぞれの花の前で停空飛翔し、花筒をくちばしで刺して花蜜を集める。メスは細い植物の繊維とクモの巣でカップ形の巣をつくり、枝分かれした股の部分に接着させる。メスだけでひなの世話をするが、羽毛が生え揃った後も1か月半まで面倒を見る。

Booted racquet-tail
ラケットハチドリ
Ocreatus underwoodii 

全長　11－15cm
体重　3g
羽色　雌雄異なる
分布　南アメリカ北西部および西部（アンデス山脈）
渡り　留鳥
状態　絶滅危惧II類†

　オスは、長い尾羽にむきだしの羽軸があり、その先端に青みがかった黒の"ラケット（飾り羽）"がある（メスにはない）。求愛の際、オスは見事な飛翔ディスプレイを披露する。ふわふわした白か茶色の綿毛（脚の羽毛）を誇示しながら、尾羽を上下に振って鞭のような音を出す。採食時にはオスとメスが決まったルートを飛びながら、互いに鳴き交わして連絡を取り合う。花の前で停空飛翔して花筒をくちばしで刺して花蜜を吸う。停空飛翔の際の速い羽ばたきが、独特のハミングのような音を出す。大半のハチドリ同様、夜は休眠状態になり、体温を気温と同じ程度まで下げ、エネルギーを節約しているのである。ハチドリは非常に体が小さいため、一晩中通常の体温を維持していると餓死する危険があるのだ。

短い黒いくちばし
金属光沢のある緑の羽色
茶色い脚の綿毛
内側の尾羽は短い
むきだしの尾の羽軸
オスは長い尾羽の先端にラケット（飾り羽）がある

ハチドリ類とアマツバメ類

Crimson topaz
トパーズハチドリ

Topaza pella

全 長	21–23cm
体 重	10–15g
羽 色	雌雄異なる
分布	南アメリカ北部
渡り	留鳥
状態	低リスク†

わずかに湾曲した比較的短いくちばしのおかげで、この大型のハチドリは多雨林の様々な花から花蜜を吸うことができる。地上にいるところはめったに見られず、森林の中層部と上層部で生活している。花が咲く時期には木の梢（こずえ）全体を守ることがある。オスの羽色はきらびやかな深紅色から紫で、先端に向かって交差している黒みがかった非常に長い尾羽がある。メスはオスほど派手ではなく、一般に緑色で尾は短い。

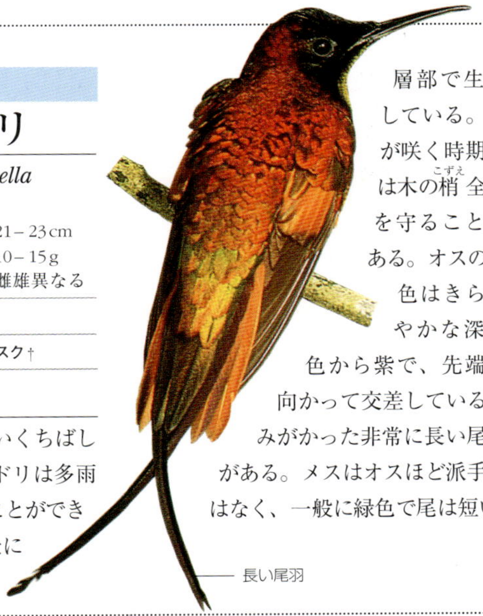

― 長い尾羽

Sword-billed hummingbird
ヤリハシハチドリ

Ensifera ensifera

全 長	17–23cm
体 重	12–15g
羽 色	雌雄同じ
分布	南アメリカ北西部および南西部（アンデス山脈）
渡り	留鳥
状態	低リスク†

濃い緑の羽色に深く切れ込んだ二股（ふたまた）の黒っぽい尾をした鳥で、長さ11cmにもなる剣の形をした細いくちばしがある。くちばしが体よりも長い唯一の鳥である。止まり木で休んでいるときには、首への負担をやわらげるため、くちばしをほぼ垂直にしている。くちばしを大きく開けて飛んでいる昆虫を襲うほか、パッションフラワーやチョウセンアサガオのような花筒の非常に長い花を専門に花蜜（かみつ）を吸う。これらの花はふつう下向きに垂れているので、花の真下を停空飛翔（ひしょう）しながらくちばしを上向きに花に押し込み、花蜜を吸う。この種は罠点検法という採蜜戦略をとる。ハチドリによっては一群の花々を他の鳥やチョウから守るものがいるが、罠点検法をとる鳥はあちこちに点在する花を覚えていて、決まったルートで定期的に訪れる。訪れるまでに間が空くので、その間に花蜜がたまっているのである。

― 非常に長いくちばし
― ハチドリの典型ともいえる、目の後ろの白い斑点
― 濃い緑色の体
― 先の尖った長い翼

Giant hummingbird
オオハチドリ

Patagona gigas

全 長	20–22cm
体 重	18–20g
羽 色	雌雄同じ
分布	南アメリカ西部（アンデス山脈）
渡り	留鳥
状態	地域により一般的

ハチドリ類最大での種で、羽色はハチドリにしては地味である。全身が褐色がかっており、臀部の羽が白っぽい。乾燥したアンデス山脈の峡谷や乾ききったステップ草原のような山の斜面をすばやく、時には滑空するように飛ぶ。ヒラウチワサボテンやプヤの群生しているあたりによく見られ、花蜜（かみつ）をとる間は停空飛翔をしているが、大きな花にはしがみついていることもある。

Ruby-throated hummingbird
ノドアカハチドリ

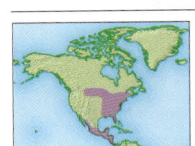

Archilochus colubris

全 長	9cm
体 重	3g
羽 色	雌雄異なる
分布	カナダ南部、アメリカ合衆国中部および東部、メキシコから中央アメリカ南部
渡り	候鳥
状態	一般的

中央アメリカから毎年3000km以上も旅して、はるか北のカナダにまで渡る、数少ないハチドリの1種である。メキシコ湾を休まずに約850kmも飛んで渡る鳥もいるが、これほど小さな動物にとっては膨大な距離である。このハチドリは花蜜（みつ）を餌とするが、シルスイキツツキが樹幹にあけた穴を利用して、樹液や樹液に集まってきた昆虫を食べることもある。

オスとメス
喉のきらびやかな赤い斑点で、この金属光沢のある緑色の小さなハチドリはすぐに見分けがつく。メスにはオスのような鮮やかな色はない。

― 赤い喉
― 二股に分かれた尾

ひなへの給餌
他のハチドリと同様、この鳥もひなには主に昆虫を与える。花蜜はエネルギー源としては優れているが、成長や発達に必要なタンパク質が十分に含まれていないためである。

Bee hummingbird
マメハチドリ

Mellisuga helenae

全 長	5–6cm
体 重	2g以下
羽 色	雌雄異なる
分布	キューバ、ピノス島
渡り	留鳥
状態	低リスク†

鳥類の中で最も小さいマメハチドリのオスは体重がわずか1.6gしかない。羽色は緑で腹部が灰色がかった白、頭は金属光沢のある燃えるような赤、首も鮮やかである。メスは少し大きく体重2gで、頭にも首にも金属光沢はない。この鳥は花蜜を主食とし、体を水平の姿勢に保ちながら停空飛翔（ひしょう）して短いまっすぐなくちばしを花に押し込む。卵は6mm程度である。

Andean hillstar
アンデスヤマハチドリ

Oreotrochilus estella

全 長	13–15cm
体 重	8–9g
羽 色	雌雄異なる
分布	南アメリカ西部（アンデス山脈）
渡り	留鳥
状態	地域により一般的

標高5000mまでの山腹の岩場（草や低木のある）によく見られる。採食するときは停空飛翔（ひしょう）せずに、花に止まる。高いアンデス山脈では夜は非常に寒くなるため、夜間の休眠は大切である。体温が日中と同じであったら生きていけないだろう。オスはメスとは違い、首周りが金属光沢のあるエメラルドグリーンで、黒い縁どりがある。

鳥類

ネズミドリ類

門	脊索動物門
綱	鳥綱
目	ネズミドリ目
科	1（ネズミドリ科）
種	6

齧歯類のように走ることができるネズミドリは、木の芽や葉や果実を探して枝を俊敏に走り回る。足は外側の2本の足指が反転させることのできるユニークなもので、残りの2本と足指とともに前に向けてぶら下がることも、後ろ向きにして物をつかむこともできる。ネズミドリは群れで生活し、アフリカのみに生息している。

木に止まる
写真のシロガシラネズミドリのように、ネズミドリは変わった木の止まり方をする。肩と同じ高さに足を上げて、柔軟な足指で枝にしがみつくのである。逆さまに止まることもできる。

Speckled mousebird
チャイロネズミドリ
Colius striatus

全長	30－40cm
体重	45－75g
羽色	雌雄同様
分布	アフリカ中部、東部および南部
渡り	留鳥
状態	絶滅危惧II類

この丸々とした鳥は、幅が狭くて固い羽でできた長い尾、柔らかい冠羽のあるずんぐりした頭と、太くて短い下向きに湾曲したくちばしを持つ。全体的に褐色と灰色で、翼、首、喉に薄い縞や斑模様があり、肢は赤い。くちばしは上が濃い灰色から黒、下は明るい灰色をしている。すべてのネズミドリ類同様、つがいに若鳥の交じった4～20匹の集団を形成してぴったりと体を寄せ合い、枝からぶら下がって眠る。互いに羽づくろいをしたり、食物を与え合うこともある。農業では害鳥と見なされ、農場や庭園で駆除の対象となることが多い。

- 冠羽のある頭

キヌバネドリ類

門	脊索動物門
綱	鳥綱
目	キヌバネドリ目
科	1（キヌバネドリ科）
種	35

鮮やかな色をした鳥で、アメリカ大陸、東南アジア、アフリカのサハラ以南の熱帯林に棲む。翼は丸くて短く、尾は長く、柔らかい羽毛を持ち、玉虫色の光沢のあるものが多い。目の周りの羽毛のない皮膚には明るい色の斑点がある。2本の足指が前、残りの2本が後ろを向いた小さな足で枝につかまる。1本目と2本目の足指は後ろを向いている。短いくちばしを大きく開けて、飛んでいる無脊椎動物を捕らえる。

巣づくり
キヌバネドリは空洞を巣にする。樹幹にあらかじめ空いている穴を巣にすることもあれば、腐った木に自分で穴をうがったり、ガやシロアリの巣を使うこともある。写真のオグロキヌバネドリはシロアリの巣穴を巣にしている。

Respendent quetzal
カザリキヌバネドリ
Pharomachrus mocinno

全長	35－40cm
体重	200－225g
羽色	雌雄異なる
分布	中央アフリカ
渡り	留鳥
状態	絶滅危惧II類

オスは世界で最も美しい鳥として広く知られている。きらびやかな色彩の羽毛（金属光沢のあるエメラルドグリーン）を持ち、胸は豊かな深紅色である。オスの特徴は、尾の雨覆羽が尾そのものよりもはるかに長く伸びて優美な垂れ尾を形成していることと、短いトゲのような冠羽があることである。オスメスとも丸々した体にずんぐりした頭をしている。長時間、まったく身動きせずに木に止まっている習性があるので、見つけにくい。果実や昆虫を探して木々の間を飛び回る。つがいで卵を抱き（オスが抱卵しているときは巣穴から尾羽が飛び出している）、ひなへの給餌もオスとメスで行う。

- 先端がわずかに下に湾曲した短いくちばし
- とげのような冠羽
- 深紅色の胸

Violaceous trogon
ヒメキヌバネドリ
Trogon violaceus 

全長	23－26cm
体重	45－65g
羽色	雌雄異なる
分布	メキシコ南東部から南アメリカ中部にかけて
渡り	留鳥
状態	地域により一般的

一般的には単独で行動するこの鳥は、中南米の熱帯雨林と森林地帯（乾燥した低木地や農地の場合もある）に見られる。オスは頭が黒と金属光沢のある青紫色、背中と尾の上部が緑色、胸がイエローオレンジをしているが、メスはおおむね灰色である。巣はふつう木に穴を空けてつくるが、シロアリやガの古い巣穴を使うこともある。果実、昆虫、その他の無脊椎動物を食べる。

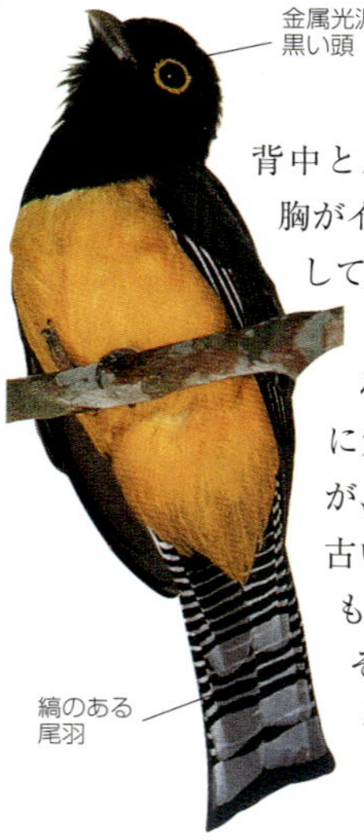

- 金属光沢のある黒い頭
- 縞のある尾羽

カワセミ類とその近縁種

門	脊索動物門
綱	鳥綱
目	ブッポウソウ目
科	10
種	191

華麗な水中ダイブで有名なカワセミ類は誰もがよく知っている鳥だろう。しかし、このグループにはそれぞれ個性的な科が10もあり（ハチクイ類、コビトドリ類、ハチクイモドキ類、ブッポウソウ類、サイチョウ類など）、ほとんどは水辺の鳥ではない。この鳥たちは全世界の主に森林に生息し、みな穴を巣にしている。体の大きさは、体長10cmの小さなコビトドリ類から体長1.5mにもなる大きなサイチョウ類まで幅広い。

魚を捕らえる
カワセミは、どこかに止まったり、水面の上を飛んだりしながら、生き物が動く気配を見張る。魚を見つけると頭から真っ逆さまに飛び込んで獲物をつかむ（突き刺すことはない）。

体のつくり

このグループの鳥は大半が比較的大きな頭とくちばしを持ち、体は引き締まってこじんまりしている。脚が短く、足も弱いものが多い。前の足指の2本が付け根近くで部分的に融合している。ほとんどの種は翼の幅が広いが、空の生活を送る優美なサイチョウ類は翼が長くて先が尖っている。ハチクイモドキ類、ジブッポウソウ類、ハチクイ類、サイチョウ類など、カワセミの仲間の多くは尾が長く、また鮮やかな羽色の種も数多い。

ハチクイ類 — 長く湾曲したくちばし
カワセミ類 — まっすぐな短剣形のくちばし
サイチョウ類 — 角状突起、幅の広い湾曲したくちばし

くちばしの形
このグループの鳥はほとんどが、獲物の動物を捕らえて食べるのに便利な頑丈なくちばしの持ち主である。しかし、くちばしの形と大きさは様々だ。ハチクイ類とヤツガシラのくちばしは長くて湾曲しているが、カワセミ類とコビトドリ類の場合は短剣形である。そしてサイチョウ類のくちばしは大きく広がっていて角状の突起がついていることが多い。

昆虫を捕らえる
ライラックニシブッポウソウ（左）のようなブッポウソウは、高い止まり木から急降下して地面にいる獲物を捕らえる。また飛んでいる昆虫を空中で捕らえるものも少数いる。

果実を食べる
写真（右）のオオサイチョウをはじめ大型のサイチョウ類は果実を主食としている。長いくちばしで木になっている果実をとり、呑み込む。

摂食行動

カワセミ類はこのグループの多くの鳥に共通する狩りの戦略をとっている。じっと止まって周囲の動きに目を配り、それから獲物を追って水中や地面や空中に飛び出し、また止まり木に戻るというやり方である。魚は滑りやすくて扱いにくいので、カワセミはよく獲物の魚を固い物に叩きつけて気絶させてから呑み込む。このグループの鳥は大半が肉食で、他の鳥類、魚、哺乳類、昆虫など、ありとあらゆる動物を食べる。サイチョウ類はそれに加え果実も食べる。

Belted kingfisher
アメリカヤマセミ
Ceryle alcyon

全長	29 cm
体重	150 g
羽色	雌雄異なる
分布	北アメリカから南アメリカ北部にかけて、カリブ海上諸島
渡り	不完全候鳥
状態	一般的

北アメリカに生息する数少ないカワセミの1種である。尾は短く角張っており、いかつく直立した冠羽がある。メスは胸の下部によく目立つ赤みがかった茶色い縞が入っている。魚を獲るところや見晴らしのよい止まり木に止まっているところが目につきやすいが、驚くと大きなわがわれた鳴き声を出しながら水面の上を飛んでいく。魚が主食であるが甲殻類、両生類、爬虫類も食べる。求愛時には頭上高く円を描いて飛び、甲高い鳴き声を発しながら互いに追いかけ合う。オスが止まっているメスに魚を捧げるのも求愛の儀式のひとつである。このカワセミは地中に掘った穴の奥の部屋に巣をつくる。通常は植物の生えていない川岸の土を巣にするが、人間のつくった盛り土を選ぶこともある。生息範囲の北部に棲む鳥たちは、湖や川が凍結すると南に渡る。

Pied kingfisher
ヒメヤマセミ
Ceryle rudis

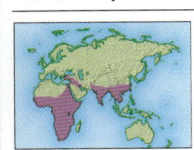

全長	25 cm
体重	90 g
羽色	雌雄異なる
分布	アフリカ、西アジア、南アジア、東南アジア
渡り	留鳥
状態	一般的

大型ではっきりした模様の入ったカワセミで、アフリカ西部および南部から極東の中国にまで生息している。ぼさぼさの冠羽があり、よく目立つ胸の縞はオスは2本、メスは縞の一部が欠けている。他のカワセミ類とは違って、淡水でも海水でも上手に狩りをするため、河口や浅い海岸まで遠征することもある。飛ぶスピードは速いが、獲物を見つけると飛び込んで捕まえる前に水面の上をホバリングすることが多い。ヒメヤマセミは砂の岸に巣をつくり、協同繁殖もよく見られる。1組のつがいを、多ければ4匹の繁殖しない成鳥が手助けするのである。積極的によく鳴く鳥で、飛びながら、高い音程の鳴き声を出すことが多い。

ぼさぼさの冠羽
目立つ模様
メスは胸の縞が一部欠けている

カワセミ類とその近縁種

Eurasian kingfisher
カワセミ

Alcedo atthis

全　長	16 cm
体　重	35 g
羽　色	雌雄同じ

分布　ヨーロッパ、アジア、北アフリカ
渡り　不完全候鳥
状態　一般的

カワセミはヨーロッパの大部分で見られる唯一のカワセミ類である。体が小さく俊敏で活発な鳥で、独特の鮮やかな羽色である。体の大きさと羽色は、生息地によって異なる。分布範囲は西ヨーロッパと北アフリカから東アジアと東南アジアにまで及び、7種の亜種も見つかっている。生息範囲の西部では最も水に近い環境に棲むが、低地の淡水の川を好む。東部では海岸や海岸に近い環境、特に河口、マングローブ、潮間帯の潮だまりによくいる。高緯度地方では水が凍結するため、冬になると渡りをするが、温暖な地方では同じ地域内を移動するか、一部では留鳥である。補足的に甲殻類、両生類、昆虫も食べるものの、カワセミの主食は小型の魚で、水に飛び込んでとる。繁殖期になるとつがいで川岸沿いの大きいものになると1キロ四方のなわばりを守る。繁殖期が終わるまでつがいの結びつきは維持され、オスとメスで協力して卵を抱き、生後4週間で巣立つまでひなの世話をする。

目にも鮮やかな羽色
カワセミは腹部が濃いシナモン色、頭頂部と背中と翼は緑がかった青、臀部と尾はきらびやかなコバルトブルーの色鮮やかな鳥である。鋭いくちばしは、魚を突き刺したりつかんだりするのに都合よくできている。

― 長くて鋭いくちばし
― 白い耳の房
― コバルトブルーの羽色
― シナモン色の腹部

求愛中のつがい
求愛行動は複雑で、不規則に方向を変える飛翔のほか、交尾の直前に互いに魚を与え合うような求愛給餌がある。

ダイビング

カワセミは気に入った見張り場所や、稀に停空飛翔の状態から急降下して水中ダイブすると、水深25cm以下のところにいる魚を捕らえる。自然の浮力と、翼をすばやく下に振り下ろすことによって、水面から飛び出す。

電光石火の攻撃
カワセミは迫力のある水中ダイブで獲物を捕らえると、止まり木に持ち帰り、魚を何度も突き刺してから頭から丸呑みする。消化できなかったものはペリットとなって吐き戻される。

鳥類

鳥類

カワセミ類その近縁種

Laughing kookaburra
ワライカワセミ

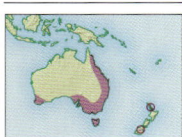

Dacelo novaeguineae

全　長　42 cm
体　重　350g
羽　色　雌雄同じ

分布　オーストラリア東部、南東部、南部（タスマニアを含む）、ニュージーランド
渡り　留鳥
状態　一般的

カワセミ類の中で最大の種で、騒々しい鳴き声でオーストラリア中に知られた存在である。尾を上に立て、半開きにしたくちばしを空に向けて鳴くのである。都市部ではよく人になれ、手から餌を食べることもある。結束の固い家族集団で行動し、昼間は目や耳で互いを確認できる距離にいて、夜は一緒にねぐらにつく。オーストラリア南西部、タスマニア、ニュージーランドに移植されている。

摂食行動

川辺のカワセミとは異なり、地面で獲物を捕まえる。突き出した止まり木にとまって昆虫、カタツムリ、カエル、小鳥、魚、爬虫類など、獲物になりそうな動物を待ち構え、上から襲いかかる。小さな獲物ならくちばしで砕いてしまうが、写真の鳥が捕まえたヘビのように大きな獲物は枝に叩きつけて殺す。

目の縞模様
ワライカワセミの背中と翼は濃い褐色であるが、腹部はくすんだ白である。白い頭部には目のところに独特の黒い縞が入っている。

Shovel-billed kingfisher
ハシブトカワセミ

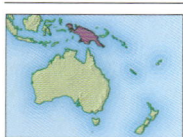

Clytoceyx rex

全　長　34 cm
体　重　300g
羽　色　雌雄異なる

分布　ニューギニア
渡り　留鳥
状態　一般的

水気のある小峡谷、深い渓谷、まったく日の射さない川辺に棲んでいる。大型でがっちりしたカワセミで、頭部、後頸部、背中の上部、翼が濃い褐色、背中の下部と臀部が鮮やかな水色をしている。尾はオスはくすんだ青、メスは赤みがかっている。若鳥は腹部の羽に細い黒ずんだ縁どりがあり、首の後ろを取り巻く輪の模様がある。特徴のあるずんぐりした幅の広いくちばしは、森床の地虫を掘り出すための適応形態である。わずかに角度をつけて柔らかい土にくちばしを差し入れ、虫を捕らえるまで左右に動かしていく。この鳥の習性についてはあまりわかっていない。臆病で用心深いため、1匹かつがいで地面から飛び立ち、高木層に向かう姿しか人の目に触れることはない。

Jamaican tody
ジャマイカコビトドリ

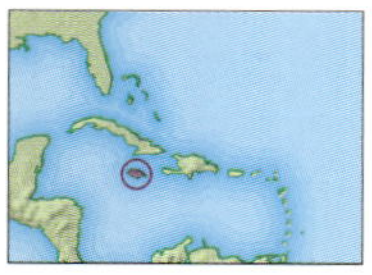

Todus todus

全　長　11 cm
体　重　6g
羽　色　雌雄同じ

分布　ジャマイカ
渡り　留鳥
状態　一般的

小型で鮮やかな緑色をしており、頭は大きく、長くて平らな2色のくちばしとよく目立つ深紅色の胸を持つカワセミの近縁5種のひとつである。くちばしを上に向けて小さな枝に止まり、上から垂れた葉や小枝の裏側の昆虫を探す。速く飛んで獲物を捕らえるが、ホバリングすることもある。明け方から夕暮れまで非常に活発に活動し、鳥の中でも最もよく食べる部類に入る。鼻にかかった「ビープ」という大きな鳴き声を出す。

Blue-crowned motmot
ハチクイモドキ

Momotus momota

全　長　47 cm
体　重　150g
羽　色　雌雄同じ

分布　中央アメリカから南アメリカ中部、トリニダード・トバゴ
渡り　留鳥
状態　一般的

がっしりとたくましい鳥で、中央の尾羽が長く、先端以外は羽毛がない。羽色は全体的に緑で、目のところに黒い縞が入っている。おとなしい鳥で、昼間はほとんど低い枝に止まって、断続的に先端が飾り羽になった尾を振り子のように揺らしている。しかし早朝と夕方は、よく通る「フー、フー」という鳴き声を出しながら活発に動き回る。ハチクイモドキは主に昆虫を地面で捕らえたり、落ち葉を探ったりして食べる。また樹幹から獲物をとることもある。

European bee-eater
ヨーロッパハチクイ

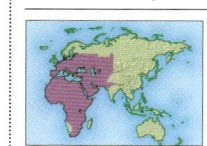

Merops apiaster

全　長　30 cm
体　重　70g
羽　色　雌雄同じ

分布　アフリカ、ヨーロッパ、西アジア、中央アジア、南アジア
渡り　渡り鳥
状態　一般的

ハチクイ類の中で最も空の生活が長い中型の鳥で、長い翼と鋭く尖ったくちばしがある。日中は電線やフェンスや枝に止まっている。針を持つ昆虫を餌とするが、昆虫の尻の先を止まり木にすばやくこすりつけ、くちばしにはさんで圧迫して針と毒を絞り出し、無毒化する。コロニーで繁殖し、穴に巣をかける。

濃い色の目の縞
黄色い喉
青みを帯びた緑色の尾

White-fronted bee-eater
シロビタイハチクイ

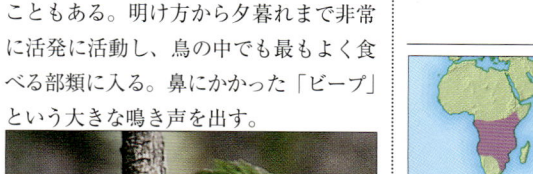

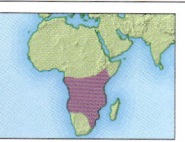

Merops bullockoides

全　長　23 cm
体　重　35g
羽　色　雌雄同じ

分布　南アフリカ
渡り　部分的渡りをする
状態　一般的

クランという社会的単位をつくって生活している。クランは最大16匹の個体からなり、クランが集まって500匹以上の営巣コロニーを形成する。クランごとに採食のなわばりを熱心に守るが、クランの違う鳥同士が互いにあいさつしたり、営巣コロニーでは他の巣穴を定期的に訪れたりする。

真紅の喉

European roller
ニシブッポウソウ

Coracias garrulus

全 長	32 cm
体 重	150 g
羽 色	雌雄同じ
分 布	アフリカ、ヨーロッパ、西アジア、中央アジア
渡 り	候鳥
状 態	一般的

ニシブッポウソウは大柄でがっしりした鳥で、青とタバコ色の目立つ羽色を持ち、翼の先が黒い。裸の枝や電線など見晴らしのよい止まり木に長時間止まって、地面にいる獲物を探す。主食は昆虫であるが、小型の爬虫類や哺乳類、鳥、果実も食べる。枝の洞や木の穴に巣をつくる。

青い腹部

Hoopoe
ヤツガシラ

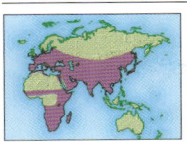

Upupa epops

全 長	28 cm
体 重	75 g
羽 色	雌雄同じ
分 布	ヨーロッパ、アジア、アフリカ、マダガスカル
渡 り	不完全候鳥
状 態	一般的

派手な羽色、長くて湾曲したくちばし、扇形の冠羽で、ヤツガシラは見間違えようがない。日中はほとんど地面にいて、くちばしで土をつついて昆虫を探している。ほかにカタツムリ、ナメクジ、クモなども食べる。力強く羽ばたき、合間に翼を休めながら、波のように上下する飛び方をする。ヤツガシラは臭くて不潔なことで知られており、排泄物、食べ物の屑、ひなの体から出る分泌物が集積した巣の悪臭のおかげで、捕食者が寄りつかないと考えら

縞のある翼

Great Indian hornbill
オオサイチョウ

Buceros bicornis

全 長	1.5 m
体 重	3 kg
羽 色	雌雄同じ
分 布	南アジア、東南アジア
渡 り	留鳥
状 態	低リスク

サイチョウ類の中でいちばん派手な外見の鳥で、まずその大きさ、よく響く鳴き声、そしてバサバサと音を立てる羽ばたきが特徴である。大きくて重たげなくちばしには盛り上がったかぶと状の突起があり、翼は長くて丸みを帯びている。くちばし、かぶと状突起、白い頭、首は尾腺から分泌された油で黄色く汚れていることが多い。ほとんど森の高木層で過ごし、横に跳ねてやすやすと枝から枝に移動する。1日の行動はいつも決まっており、毎日同じ時間に特定の木を訪れる。主食は果実で特にイチジクを食べるが、爬虫類、両生類、小型の哺乳類、鳥類も餌とする。果実や小型の獲物はくちばしの先でつかみ、頭を上下に振りながら喉に送り込む。大きな獲物はくちばしで砕き、枝に叩きつけてから呑み込む。他のサイチョウ類と同様、この種も樹幹に自然にできた穴に巣をかけ、穴を小さな隙間だけ残して泥で密閉し、その隙間からオスが卵を抱くメスに餌を与える。メスは約3か月後に巣を離れるが、入り口はひなによってまた密閉され、それからさらに1か月ひなへの給餌が続く。

大きくて重たげなかぶと状突起
黒い顔
大きなくちばし
尾腺から出た黄色い油汚れ
黒い風切り羽の大きな白い斑点

Green wood hoopoe
ミドリモリヤツガシラ

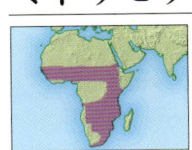

Phoeniculus purpureus

全 長	38 cm
体 重	75 g
羽 色	雌雄同じ
分 布	アフリカ（サハラ以南）
渡 り	留鳥
状 態	一般的

ほっそりした鳥で、長い尾に細長い下向きに湾曲したくちばしを持つ。羽色は黒で、光の加減で色や濃さの変わる緑と濃い紫の光沢がある。くちばしは隙間や樹皮の下にいる昆虫を探すのに適し、木に登って餌を探す。結束の固い集団で生活しているが、支配的なつがいを頭に最大16匹がグループを構成している。近くにいるグループ同士が出会うと、1～2匹が樹皮の切れ端を振る独特の"旗振り"ディスプレイが始まる。他のメンバーは互いに身を寄せ合って、体を揺らしながら大声で鳴く。

Southern yellow-billed hornbill
キバシコサイチョウ

Tockus flavirostris

全 長	50～60 cm
体 重	250 g
羽 色	雌雄同じ
分 布	アフリカ南部
渡 り	留鳥
状 態	一般的

小柄なサイチョウで、くちばしは鮮やかな黄色、黒い翼に白い斑点がある。昆虫と果実、特にイチジクを食べる。コビトマングースと採食のための協力関係をつくることがある。マングースがセミを追い立てると飛び立ったセミを食べ、危険が近づくとマングースに知らせる。

白い斑点のある翼
大きく湾曲したくちばし
長くて黒い尾

Southern ground hornbill
ミナミジサイチョウ

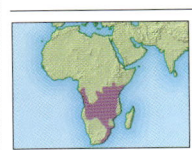

Bucorvus leadbeateri

全 長	1.3 m
体 重	記録なし
羽 色	雌雄同じ
分 布	アフリカ南部
渡 り	留鳥
状 態	一般的

シチメンチョウほどもあるこの鳥は、ジサイチョウと並んで最大のサイチョウ類であり、主に地上で餌をとる数少ないサイチョウ類の1種でもある。羽色は翼の白い斑点を除いてほぼ全身が黒く、顔と喉に羽毛がなく鮮やかな色の皮膚がむきだしになっているのが最も際立った特徴といえる。オスには赤い肉垂があるが、メスの肉垂は青い。最大8匹のグループで生活し、小型の動物を主食としている。木の洞に巣をつくるが、繁殖するのは支配的なつがいのみで、若鳥たちは食物を集めたり、巣を守ったりするのを手伝う。

鮮やかな色の斑点
赤い肉垂

鳥類

キツツキ類とオオハシ類

門	脊索動物門
綱	鳥綱
目	キツツキ目
科	6
種	380

樹木に棲むこのグループには、キツツキ類、オオハシ類、ゴシキドリ類、キリハシ類、ミツオシエ類、オオガシラ類がいる。みな2本の足指が前、2本が後ろを向いた同じ足のタイプで、これによってうまく木に登ることができる。また、このグループの鳥はすべて穴に巣をかける。キツツキ類とゴシキドリ類は自分で巣穴を開ける。なかでもキツツキ類は、丈夫なくちばしをのみのように使う。主に南国に棲む鳥たちであるが、キツツキ類だけは温帯地域にも広く分布している。不思議なことにオーストラリアに生息する種はまったくいない。オオハシ類とゴシキドリ類は木の種子を食べ、体の中を通過させることで、ある種の木の種子が拡散するのを助ける。またキツツキ類は木についた虫を食べることによって、一部の木の病気が広まるのを防ぐ。

体のつくり

このグループの中でも木登りが得意なキツツキ類とゴシキドリ類は脚の筋肉が強く、尾を支えにして樹幹に垂直に体を立てて止まる。キツツキ類にはこのための特殊な固い尾羽がある。木に穴をうがつときには木の表面を力強く叩くので、キツツキ類の頭蓋骨は衝撃を吸収するために非常に分厚い。鼻も木の削りくずが気道に入り込まないように、スリット形をしている。またキツツキ類の舌は昆虫を捕まえるために伸張性に富んでいて小さなとげが生えており、ねばねばする物質に覆われている。ミツオシエ類はハチの針から身を守るために皮膚が厚く、腸に特殊なバクテリアがいて蜜蝋を消化することができる。

キツツキ類 のみのような形のくちばし

ゴシキドリ類 円錐形のくちばし

オオハシ類 縁に刻みが入っている

オオガシラ類 細く鋭いくちばし

くちばしの形
このグループはくちばしの形が変化に富んでいる。キツツキの長くて鋭いくちばしは木をうがつのに最適な形であり、ゴシキドリの頑丈なくちばしは獲物の動物を扱いやすくできている。オオハシ類の刻みの入った大きなくちばしは果実をつかんで摘み取るのに適している。オオガシラ類とキリハシ類はハエを捕らえるための先端の鋭いくちばしをしている。

足
キツツキ類やその仲間の足は対指足と呼ばれる。2本の足指が前を向き、2本が後ろを向いている。この形のおかげで、樹幹を登ったり止まっていることができる。

摂食行動

このグループの大半の鳥が主食にしているのは昆虫である。キツツキ類は木の表面からも、長い舌を使って樹皮に空いた深い穴からも昆虫を探し出してとる。他の種は空中で昆虫を捕らえる。飛びながら昆虫をとるキリハシ類は、アメリカの熱帯にいるモルフォチョウを食べる唯一の鳥で、翅を取り除いて食べる。オオハシ類とほとんどのゴシキドリ類は主に果実を餌とする。セルロースを分解できるミツオシエ類は、蜜蝋を食べる唯一の鳥である。ほかにも昆虫や果実を食べる。

案内
コハシブトミツオシエ(右)のようなミツオシエ類の名は、大型の哺乳類をハチの巣に案内する習性に由来する。

果実を食べる
オニオオハシ(左)のようなオオハシ類は、果実を主食としている。長いくちばしのおかげで、普通なら届かない、細い枝の先にある果実も食べることができる。

繁殖

このグループの鳥はみな穴に巣をかけるが、生木に棲むものばかりではない。小型のキツツキ類は枯れ木や腐りかけた木の柔らかい樹皮に穴をうがつのを好む。キリハシ類、オオガシラ類、ゴシキドリ類は地面やアリ塚に穴を掘ることもある。ミツオシエ類は仲間とは違って托卵によって繁殖する鳥で、キツツキ類など他の鳥の巣に卵を産みつける。オオハシ類のひなのかかとにはスパイクのように飛び出した肉趾がついており、内張りをしていない巣の床で足首が傷つかないように守っている。

営巣
ゴシキドリ類の大半がそうだが、写真のクビワシキドリも枯れ木に巣をかける。共同で営巣することもある。土手やアリ塚に穴を掘る種も数種いる。

営巣とひなへの給餌
キツツキ類は頑丈なくちばしを使って樹幹に巣穴をうがち、穴に巣をかける他の鳥や動物から必死で巣を守る。写真のヨーロッパアオゲラは地面から集めてきたアリをひなに与えている。

キツツキ類とオオハシ類

Rufous-tailed jacamar
アカオキリハシ

Galbula ruficauda

全　長　25cm
体　重　25g
羽　色　雌雄同じ

分布　中央アメリカ南部、南アメリカ北西部および中部
渡り　留鳥
状態　一般的

中南米にのみ生息するキリハシ類は17種からなる科で、光沢のある鮮やかな羽色の鳥である。大型の昆虫を食べ、チョウ、ハチ、羽アリ、トンボなどを空中で捕らえて食べる。アカオキリハシは頭と胸の上部が金属光沢のある金緑色で、胸の下部、腹、尾は赤みがかっている。短剣形のくちばしはまっすぐで細長い。オスは顎が白いが、メスは淡黄褐色である。ひなは大半のキツツキ目の鳥とは異なり、綿羽の生えた状態で産まれる。普通はつがいか血縁関係のあるグループを形成し、見晴らしのよい枝に垂直に止まり、獲物を待つ。オスとメスで協力して卵を抱き、ひなに給餌する。不気味な憂いを帯びた鳴き声を出す。

Collared puffbird
アカガオオオガシラ

Bucco capensis

全　長　21cm
体　重　55g
羽　色　雌雄同じ

分布　南アメリカ北部
渡り　留鳥
状態　一般的

オオガシラ科には約32の種がある。くすんだ羽色で小型から中型のこの科の鳥は、待ち伏せして狩りをする。大半のオオガシラ類は木の梢で狩りをし、大型種は頑丈な鉤形のくちばしで小型爬虫類を捕らえることもある。この種はくちばしはオレンジ色、体の上部は褐色で、腹側は白っぽく、胸に1本大きな縞がある。羽毛はふわふわしており、足は小さい。湿気の多い低地の森に棲み、いつも静かに木に止まっている。時折、頭を動かして周囲を見渡し、獲物を探す。

Swallow-wing puffbird
ツバメオオガシラ

Chelidoptera tenebrosa

全　長　18cm
体　重　35g
羽　色　雌雄同じ

分布　南アメリカ北部
渡り　留鳥
状態　一般的

体に比べて翼が非常に長く、飛ぶ姿はコウモリか大型のチョウのように見える。飛行の名手で、空高く飛翔するのもうまい。黒から濃い灰色の羽色で、日なたにいることが多く、他のオオガシラ類と比べて見つけやすい。木の梢で獲物を待ち伏せ、狩りに飛び立つと長時間飛んでいられる。ホバリングすることもある。口笛のような声を繰り返して鳴く。

Bearded barbet
ヒゲゴシキドリ

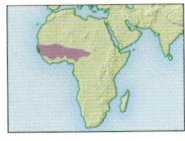

Lybius dubius

全　長　25cm
体　重　70-125g
羽　色　雌雄同じ

分布　西アフリカ
渡り　留鳥
状態　一般的

ゴシキドリ類はアジア、南アメリカ、そしてこの種のようにアフリカに生息し、華麗な羽色でがっしりした体格の鳥たちである。大半の鳥にはくちばしの付け根によく目立つ剛毛がある。ヒゲゴシキドリは体の上部が黒く、腹側は赤くて胸に黒い縞があり、脇腹は白い。くちばしは大きくて力強く、主に果実を食べるが、カプリイチジクを特に好む。また樹皮から昆虫をとって食べる。

Great barbet
オオゴシキドリ

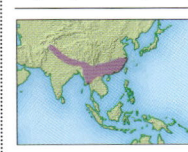

Megalaima virens

全　長　32cm
体　重　200-300g
羽　色　雌雄同じ

分布　中央アジア、東南アジア、東アジア
渡り　留鳥
状態　一般的

不格好な鳥で、ゴシキドリの中では最大の部類に入り、大きな白っぽいくちばしには無数の長い剛毛がある。他のゴシキドリ同様、オスとメスがかわるがわるさえずってデュエットする。数分間、音楽的な音色を大声で単調に繰り返す鳴き方だが、その間くちばしは閉じたまま、喉が膨らんだりしぼんだりする。普段は単独で行動するが、木の梢で群れで採食している姿が見られることもある。木に穴をあけて巣をかけ、オスとメスでひなに給餌する。

腹に濃緑色か青い筋がある

D'Arnaud's barbet
ゴマフオナガゴシキドリ

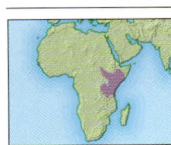

Trachyphonus darnaudii

全　長　20cm
体　重　30g
羽　色　雌雄同じ

分布　東アフリカ
渡り　留鳥
状態　一般的

大半のゴシキドリは樹上に棲むが、中には少数ながら（特に熱帯アフリカに生息するものは）地上でも生活する鳥がいる。この種も、土がむきだしになった地面や草の中を跳ねて餌を探す姿がよく見られる。また低木や木で昆虫、果実、種子を採食することもある。木がまばらに生えた草原、低木地、開けた森林などの平地に棲む。ゴマフオナガゴシキドリは人間がそばにいても物怖じせず、つがいで一緒にさえずることでよく知られている。鳴いているときは頭頂部の羽毛を立て、尾を時々上下に振っている。警告の叫びなど、鳴き声には様々なバリエーションがある。黄色がかったオレンジと黒と赤い羽色のこのゴシキドリは、ディスプレイの際に尾を広げて揺らし、頭を振り、くちばしをこすりつけるしぐさをする。社会性のある鳥で、つがいか小規模な血縁集団で生活する。集団は繁殖するつがいとそれに従属する個体で構成され、つがいの子育てを他の鳥たちが手伝うことがある。つがいはなわばりを積極的に守り、2匹でさえずることで境界線をつくっている。オスとメスで協力して地面に垂直の巣穴を掘り、草で内張りをする。

翼に白い模様がある

尾には黄色がかった白い縞が入っている

Yellow-rumped tinkerbird
キゴシヒメゴシキドリ

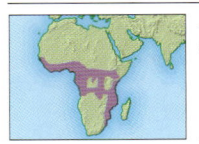

Pogoniulus bilineatus

全　長　10cm
体　重　13g
羽　色　雌雄同じ

分布　西アフリカから東南アフリカにかけて
渡り　留鳥
状態　一般的

顔に白い縞がある

黒いくちばし

アフリカに広く分布している鳥で、地域によって模様や色が異なる。ポンポンとはじけるような音が連続する、金属的な鳴き声の持ち主である。鳴いているときは直立姿勢で喉を膨らませ、臀部の羽毛を立てる。この小さなゴシキドリは高木層、低木、蔓植物の中をすばやく動き回って果実や昆虫をとる。また時折、飛びながら昆虫を狩る。他の小型のゴシキドリに対しては攻撃的で、熱心になわばりを守る。求愛時には舞うように飛ぶ。

鳥類

キツツキ類とオオハシ類

Black-throated honeyguide
ノドグロミツオシエ

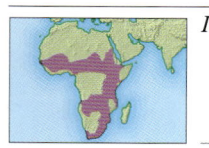

Indicator indicator

全　長	20cm
体　重	50g
羽　色	雌雄同じ
分　布	アフリカ（サハラ以南）
渡　り	留鳥
状　態	一般的

ノドグロミツオシエは、人間や動物（ミツアナグマなど）を野生のハチの巣に案内することで知られる。巣が壊されると、舞い降りて食べ始める。蜜蝋とハチのほかにも、アリ、シロアリ、その他の昆虫の幼虫、他の鳥の卵まで食べる。ノドグロミツオシエは托卵する鳥で、自分では巣をつくらない。ひなは鉤形のくちばしをしており、それで託卵相手のひなを殺してしまう。

Lyre-tailed honeyguide
タテゴトミツオシエ

Melichneutes robustus

全　長	9.5cm
体　重	55g
羽　色	雌雄同じ
分　布	中央アフリカ
渡　り	留鳥
状　態	一般的

尾が竪琴のような形で、外側の羽毛に白い模様の入った褐色の羽色をしている。低地や低い山岳地の森に棲むがコーヒー農園にも見られる。ノドグロミツオシエ（左）とは異なり、他の動物をハチの巣に案内するかどうかはわからない。この鳥は1年を通して行われる見事な飛翔ディスプレイで有名である。ディスプレイはオスもメスも行い、森の上空高く舞い上がってからジグザグまたはらせんを描きながら急降下する。飛んでいるときに聞こえる音はおそらく尾羽を空気が通って出る音だろう。この変わった行動は採食の場所（ハチの巣）と関係がある。主食は蜜蝋であるが、飛びながら昆虫も狩る。ノドグロミツオシエと同様に自分では巣をつくらず、ゴシキドリに托卵していると考えられている。

Emerald toucanet
キバシミドリチュウハシ

Aulacorhynchus prasinus

全　長	30cm
体　重	150g
羽　色	雌雄同じ
分　布	メキシコ、中央アメリカ南部、南アフリカ西部
渡　り	留鳥
状　態	地域により一般的

ミドリチュウハシ類はオオハシ類の中では中型の大きさの仲間で、くちばしも比較的小さい。この種は山岳地の森林によく見られる高地の鳥で、つがいか小規模な集団で生活し、穴に巣をかけ、ねぐらにする。騒々しい集団で果実をつけた木に群れることがある。鳴き声は大きく、様々なバリエーションがあり、その地域の鳥の鳴きまねもする。付け根の白い、黒と黄色の長いくちばしが、果実や獲物の動物をとるのに役立っている。

Chestnut-eared aracari
チャミミチュウハシ

Pteroglossus castanotiss

全　長	33–40cm
体　重	300g
羽　色	雌雄同じ
分　布	南アメリカ北部から中部にかけて
渡　り	留鳥
状　態	一般的

黄色い腹

他の多くのオオハシ類と比べると、チュウハシ類は体が小さくて軽く、くちばしがほっそりしている。この種は、鮮やかな色の長いくちばしに、黄色い歯に似た模様がある。森林や森の周縁に棲み、高木層を跳ねている姿が見られる。小さな集団で木の洞に身を寄せて眠ったり、昆虫や小型動物を一緒に採食する。大きな群れが果実をつけた木に集まることもある。つがいは互いに食物を与え合ったり羽づくろいをしあう。他のオオハシ類同様、波のように上下する飛び方をする。

Toco toucan
オニオオハシ

Ramphastos toco

全　長	53–60cm
体　重	550g
羽　色	雌雄同じ
分　布	南アメリカ南東部から中部にかけて
渡　り	留鳥
状　態	一般的

くちばしに黒い卵形の斑点がある
目の周りの黄色からオレンジ色をした羽毛のない皮膚
光沢のある黒い羽色

オオハシ類中最大の鳥で、大きいものでは19cmもある見事なオレンジ色のくちばしを持つ。大きなくちばし、白い臀部、赤い尾の下の雨覆羽は、羽ばたきと滑空を交互にまじえて波形を描きながら飛んでいるときにことのほか目立つ。オニオオハシは森林地帯、河谷林、樹木の茂ったサバンナ、小規模な果樹園、開けた田園地帯にも見られる。ふつうは止まり木からくちばしを伸ばして果実や獲物をとるが、地面に降りて落ちた果実を拾うこともある。大きなくちばしのおかげで、鳥の体重を支えきれない細い小枝の先の食物もとることができる。食物をとると、頭をすばやく後ろに振ってくちばしの先から喉に放り込む。他のオオハシ類ほどの社会性はないが、時々、年によって集団で新しい地域に進出する。また冬の間、狭い地域内で移動することもある。オニオオハシは枯れ木や生木、土手の穴に巣をかける。地面に棲むシロアリの巣も利用する。深々とした低いいびきのような声で、高い枝の上から鳴いていることが多い。

northern wryneck
アリスイ

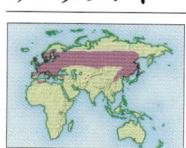

Jynx torquilla

全　長	16cm
体　重	10g
羽　色	雌雄同じ
分　布	ヨーロッパからアジアにかけて、西アフリカ
渡　り	候鳥
状　態	一般的

首をヘビのようにひねったりねじったりする習性があるが、これはなわばりを守るディスプレイである。斑点のある褐色、灰色、淡黄褐色、白の羽色は地面や樹皮にうまく溶けこむカムフラージュとなっている。アリの幼虫と蛹を食べるが、くちばしでアリ塚を開け、粘着力のある舌で餌をとる。

White-barred piculet
シロスジヒメキツツキ

Picumnus cirratus

全　長	10cm
体　重	10g
羽　色	雌雄同じ
分　布	南アメリカ北東部および中部
渡　り	留鳥
状　態	一般的

ヒメキツツキ類（約30種）はキツツキ科の中で最も小さい仲間である。典型的なキツツキ類とは異なり、木にとまる支えに尾を使うことはない。この種は短く柔らかい尾を持ち、羽色は茶色がかった灰色、オスには独特の赤い頭頂部がある。生息環境は多様で、開けた森林地帯、サバンナ、低木の茂み、森の周縁に見られる。細い小枝や植物の蔓、竹の低い位置で採食する。この小さな鳥は精力的に木をつついて小型の昆虫をとって食べる。枯れ枝の穴に巣をつくり、ねぐらにする。

キツツキ類とオオハシ類

Acorn woodpecker
ドングリキツツキ

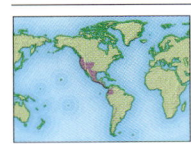

Melanerpes formicivorus

全　長　23cm
体　重　65-90g
羽　色　雌雄同じ
分　布　北アメリカ西部から南アメリカ北部にかけて
渡　り　留鳥
状　態　地域により一般的

ドングリキツツキが日常的に摂取している食物の半分は乾燥したどんぐりで、そのどんぐりを貯蔵するユニークな習性がある（コラム）。ほかにも種子や樹液、果実を食べることが知られている。ひなの重要な栄養源となっているのは昆虫である。オスメスとも頭頂部が赤いが、メスは頭の前部が黒い。尾とくちばしは比較的長い。オークとパインオークの森にのみ生息し、社会性があって3～12匹の個体で形成された集団（繁殖ユニット）がよく見られる。その集団で共同でどんぐりを貯えたり、営巣したり、共通のなわばりを守ったりする。なわばりには採食場、樹液の出る木、集団の食糧貯蔵場所、ねぐら、巣がある。ドングリキツツキの特徴は"一夫多妻"ともいうべき複雑な繁殖パターンである。つがいだけで繁殖する場合もあるが、ふつうは前の繁殖期に育てた若いオスやメスが手伝う。手伝いをするオスは母親の後を別のメスが引き継ぐまでは繁殖に参加しない。

比較的長いくちばし

光沢のある黒い羽色

対照的な色合い
ドングリキツツキは光沢のある黒、白、赤の派手な羽色をしており、すぐに見分けられる。

どんぐりの貯蔵

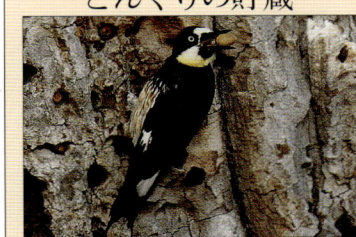

ドングリキツツキは樹幹に小さくきれいな穴をうがって、ひとつひとつにきっちりとどんぐりを詰める。同じ1つの繁殖ユニットの鳥たちが協力して、1本の"貯蔵木"に多ければ5万個のどんぐりを貯えることがある。この食糧で一冬を乗り越えるのである。

Yellow-bellied sapsucker
シルスイキツツキ

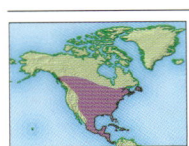

Sphyrapicus varius

全　長　22cm
体　重　60-80g
羽　色　雌雄異なる
分　布　北および中央アメリカ、カリブ海上諸島
渡　り　候鳥
状　態　一般的

シルスイキツツキは、木に穴をうがって甘い樹液を吸う。カエデや果樹、カバ、ポプラなどの広葉樹の樹幹に一連の穴をうがち、しばらくしてから戻ってきて、にじみ出した樹液や樹液に集まった昆虫を食べる。ネコのような鳴き声を出す。

Green woodpecker
ヨーロッパアオゲラ

Picus viridis

全　長　32cm
体　重　200g
羽　色　雌雄異なる
分　布　ヨーロッパ、西アジアから中央アジアにかけて、北アフリカ
渡　り　留鳥
状　態　地域により一般的

赤い頭頂部

緑がかった羽色

ハシボソキツツキ（下）と同様、主に地上で採食するが、避難場所や繁殖場として木を利用する。舌がキツツキ類の標準から見ても非常に長く、その舌でアリの巣を探って、粘着力のある先端でアリを捕らえる。ヨーロッパアオゲラは笑い声に似た大きな鳴き声を出し、急勾配の波形を描いて飛ぶ。

Great spotted woodpecker
アカゲラ

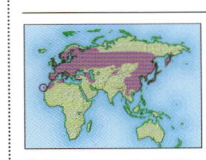

Dendrocopos major

全　長　20-24cm
体　重　65-100g
羽　色　雌雄異なる
分　布　ヨーロッパ、アジア、北アフリカ
渡　り　留鳥
状　態　一般的

アカゲラは、小さな黒と白のキツツキで、下腹と尾の下の雨覆羽が赤い。オスは、襟首に赤い縞が入っている。

Black woodpecker
クマゲラ

Dryocopus martius

全　長　45cm
体　重　350g
羽　色　雌雄異なる
分　布　ヨーロッパからアジアにかけて
渡　り　留鳥
状　態　一般的

カラスほどの大きさもあるこの鳥は、ユーラシア大陸最大のキツツキで、大きさとともに真っ黒な羽色と赤い頭頂部で簡単に見分けられる。メスの方がオスよりも頭頂部の赤い部分が小さくて後ろについているが、それ以外はオスとメスは同じ外見である。成熟した森林や森林地帯に棲み、活発に穴をうがって生木や枯れ木の奥に隠れている獲物を掘り出す。ハバチの幼虫やアリのような穴に棲む昆虫を食べ、餌を探して最大50cmもの穴を垂直に掘ることができる。このキツツキが穴を掘ると、洗濯ばさみほどもある削りくずができて森床に積もる。

キツツキの典型ともいえる強い足、固い尾とくちばしと舌は、木に登ったり、穴をうがったり、洞の中を探ったりするための適応形態である。アカゲラは果実、ベリー類、樹液、昆虫やその幼虫、他の鳥のひなまで食べる。繁殖期の始まりには大きなドラミングの音で居場所がすぐにわかる。

また倒木の切り株に毬果をはさんで実をついばんだりする。毎年新しく掘った穴に多くて6個の卵を産む。古い巣穴は他の鳥にとって重宝な存在で、もともとの持ち主が出ていった後に利用される。

Northern flicker
ハシボソキツツキ

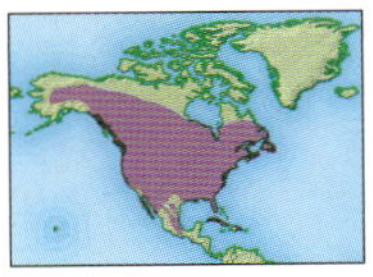

Colaptes auratus

全　長　30-35cm
体　重　100-175g
羽　色　雌雄同じ
分　布　北および中央アメリカ
渡　り　不完全候鳥
状　態　一般的

ハシボソキツツキのくちばしは、長くて先が尖り、わずかに湾曲している。他の鳥と対決するときにはくちばしを前に突き出し、頭と体を揺らすような動きをしながら、尾と翼を振ったり広げたりする。地上で見られることが多く、地面に穴を掘ったり長い舌を使ってアリの巣を襲い、アリを主食としている。樹上で採食するときは木の枯れた部分ばかりを狙う。メス（写真）には、オスにある黒い口髭のような縞がない。

長い尾

斑点のある白い腹部

鳥類

スズメ類

門	脊索動物門
綱	鳥綱
目	スズメ目
科	約80
種	5,200～5,500

世界の鳥類種の大半はスズメ目である。スズメ目はパーチングバード（止まり木にとまる鳥）と称されることもあるが、これはどんなに細い枝もつかめる独特の形の足をしているところからきている。スズメ目のもうひとつの特徴は、多くの種が複雑な鳴き声（さえずり）を発することである。このさえずりは鳴管という発声器官を使って発せられる（鳴管は他の鳥にもある）。スズメ目は鳥類の中で最も高度に発達しているとされ、ずばぬけた知能を示すものが多い。低木や高木に棲むものが大半だが、地上での生活に適応しているものもおり、またほぼ一生を空で過ごすものも少数いる（ツバメなど）。スズメ目は乾燥した砂漠から熱帯雨林まで地球上のあらゆる環境に生息し、多くの種は建物の周辺や庭でよく見られるおなじみの存在である。

体のつくり

スズメ目ならではの特徴に、止まり木に止まるために特化した足（"止まり木に止まる"参照）と、よく発達した喉頭（鳴管ともいう、"さえずり"参照）がある。しかしこの2つの共通点を除けば、スズメ目の鳥はじつに多種多様だ。多くは地味な色合いをしているが、目にも鮮やかな極彩色や、変わった飾り羽を持つものも多い。例えば珍しい姿をしたフウチョウ、多彩な色を持つフウキンチョウやアトリ類などだ。オスの方がメスよりも色や模様が派手なことが多い。スズメ目は大半が小型の鳥であるが、その大きさは最大体長65cmにもなるカラスやワタリガラスのような大型の鳥から、体長わずか7cmのコビトタイランチョウまで幅がある。さらに、同じスズメ目でも種によって大きく異なるのがくちばしの形で、ここから食物の嗜好がわかることが多い（下参照）。

くちばしの形状
カワラヒワ　モリムシクイ　オオモズ　タイヨウチョウ

スズメ目のくちばしの形状は、その鳥の食生活を知る重要な手がかりとなる。種子を食べる種（カワラヒワなど）のくちばしは短い円錐形をしていることが多いが、無脊椎動物を食べる鳥（モリムシクイなど）は薄いくちばしを持つ。オオモズは捕食者のスズメ目によく見られるように、比較的大型の獲物を抑えつけるのに向いた鉤型で刻み目のあるくちばしをしている。花蜜を吸うタイヨウチョウのくちばしは長くて薄く、下向きに湾曲していることが多いが、この形のおかげで花の内部までくちばしが届くのである。

さえずり

スズメ目がさえずることができるのは複雑なつくりをした鳴管のおかげである。スズメ目の鳴管は他の鳥よりも高度に発達している。種ごとに特有のさえずり、つまり決まったリズムと構成を持った一連の発声がある（そのパターンも1つとは限らない）。多くのスズメ目の鳥、例えばヒバリ、ミソサザイ、ツグミ、ナイチンゲール、コトドリが美しく複雑な歌声を持っている。ひなが同じ種の成鳥のさえずりを聞いて歌を覚える種もあれば、生まれつき身に備わっていて習う必要のない種もある。さえずるのは主にオスで、その目的はなわばりを主張し守るためだったり、メスをひきつけるためだったりする。

止まり木に止まる

スズメ目の鳥は枝やアシ、草の茎にまでしっかりと止まることができる。4本の指のうち3本が前を、1本が後ろを向いている。足の指は1本ずつ別々に動かすことができ、前を向いた指は後ろの指と向かい合わせにできる。後ろの指は特に力が強い。スズメ目以外の鳥の多くとは違って、4本の足の指はすべて同じ高さについている。スズメ目が舞い降りて止まり木に止まるとき、体重によって足の腱が締まり、指がしっかりと止まり木を握る。握る力は、鳥が眠っているときも機能している。しかし、あまり止まり木に止まらない鳥もいる。例えばヒバリは基本的に生活の場が地面の上であり、走るときにバランスがとれる比較的まっすぐな足をしている。

止まり木に止まるのに適した足
スズメ目の鳥によく見られるように、カエデチョウは長くて細い足の指をしており、小さな茎を楽々と握ることができる。後ろ向きの指が強く、スズメ目以外の鳥のグループとは対照的に、逆に動かすことはできない。スズメ目のほとんどには緩やかに湾曲した鋭い爪があり、これで様々なものの表面を握ることができる。

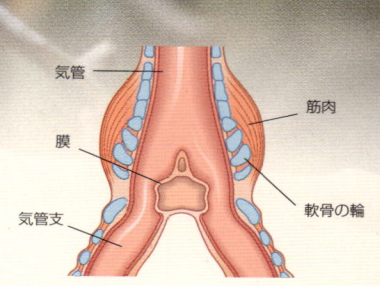

歌うオス
ナイチンゲールのオスは鳥の歌の中でも最も変化に富んだ声を出す。それを独特のクレッシェンド（しだいに声を大きくしていく）をつけてさえずることが多い。昼も夜も歌うが、昼間の歌はなわばりを主張してライバルを寄せつけないため、夜の歌はメスを誘うための歌である。

鳴管
鳴管は気管の中にある。鳴管の中の膜が振動して、その上を空気が通るときに音が出る。鳥は軟骨の輪についている筋肉を使って音を調節する。

繁殖

フウチョウとマイコドリは鳥の中でも格別に凝った求愛ディスプレイを行う。オスは飛び跳ねたり、上下逆さにぶら下がったり、変わった音をたててメスの気をひく。しかしほとんどのスズメ目の鳥のディスプレイはこれほど派手ではない。巣づくりの名人が多く、小枝や葉や柔らかい素材で地面から離れた場所にカップ形の巣をつくるのが典型であるが、もっと手の込んだ構造の巣もたくさんある。ひなは卵からかえった時点では羽毛のない裸の状態で、目も見えず無力なので、食物を完全に親鳥に頼っている。やがて生後10〜15日になると巣立ちの準備ができる。

交尾の相手の気をひく
ニワシドリのオス(左はマダラニワシドリ)は求愛ディスプレイのために手の込んだ"舞台"をつくる。特定の地面を選んだり、時には特殊な構造物(あずまや)をつくると、それを種子、草、コケ、人間から拝借してきた物など様々なもので飾り立てる。

空中の巣
キムネコウヨウジャク(右)などのハタオリドリは枝から吊り下げられた非常に精緻なドーム形の巣を、特に水の上につくることが多い。巣には入口の部屋とひなを育てるための部屋があり、その下に長いチューブ状の部分が垂れ下がっている。ハタオリドリは、しばしば巣の群落をつくることがある。

入口のチューブ

摂食行動

スズメ目の大半は体が小さいため、多量のエネルギーを生む食物を必要とする。そこでほとんどの種が無脊椎動物か種子、あるいはその両方を食べている。花蜜をとるものもおり、特にハチドリがそうである。フウチョウ、マイコドリ、カザリドリなど熱帯雨林に棲む科の鳥はほぼ果実だけを食物としている。多様なスズメ目の鳥の中には変わった摂食の習性を持つものもいる。モズは肉食だが、捕まえた獲物を"食糧貯蔵庫"に貯め込む習癖がある。食べる前に大型の昆虫や小型の脊椎動物の死体を、植物のトゲや有刺鉄線に突き刺しておくのである。イスカは針葉樹の種子だけを食べる。交差した両方のくちばしをピンセットのように使って毬果の鱗片をよけ、種子を取り出す。

道具を使う
ガラパゴス諸島のキツツキフィンチは道具を使って獲物をとる数少ない動物の1種である。この鳥は小さな枝やサボテンの棘をくちばしにくわえ、それを使って樹皮の裂け目から昆虫をほじくり出す。

水中での摂食行動
カワガラスは水中で行動するスズメ目の変わりだねである。餌をとるために、浅くて流れの速い川に飛び込み、翼で潜って泳ぎながら獲物を捕らえる。また川底を歩きながらくちばしで地虫をついばむ。

アリ浴び

ヨーロッパのムクドリやクロウタドリなど、スズメ目の中には"アリ浴び"という風変わりな行動をとるものが少数ながらいる。アリ浴びとは、くちばしにアリを含んで、羽毛にこすりつけることである。また、しゃがんでアリを羽毛の中に入らせる場合もある。鳥がアリ浴びに選ぶのは蟻酸を出すアリだけなので、羽毛から寄生虫を取り除くための習性だろうと考えられている。またスズメ目に特有なのが"アリ追い"である。熱帯林を行進するグンタイアリの行列を追うのである。アリそのものを食べるのではなく、アリの通り道から逃げていく小型の昆虫を捕らえる。

アリ浴び
カケスがアリの群れの真ん中で身を伏せ、虫たちに羽毛の中を這い回らせている。なぜアリ浴びをするのかはわかっていないが、特定の種類のアリから出る酸が虫除けや殺虫剤、あるいは羽毛の潤滑油の働きをするのではないかと考えられている。

求愛ディスプレイ
スズメ目の鳥はほとんどが一夫一婦制である。繁殖期の間、一般的にオスとメスはつがいになり、なわばりを確立して巣をつくる。この行動パターンの例外はフウチョウ(例えば写真のアカカザリフウチョウ)である。フウチョウのオスは繁殖アリーナでメスに対してディスプレイをする。交尾が終わるとメスは巣をつくり、単独で卵とひなの世話をする。

スズメ目

ヒロハシ科
ヒロハシ類

体長　13-28cm
種　14

西アフリカからフィリピンにかけて、湿気の多い熱帯の低木林や森林の周縁の雑木林、マングローブ湿地、内陸の森林、山岳のコケの生い茂った森林などに棲む。丸々として頭が大きく、くちばしは平たくて幅が広く鉤状に曲がっている。オスはふつう鮮やかな緑、赤、ピンクまたは青い色をしており、メスはくすんだ色合いだがオスよりも体が大きいことがある。主に果実と昆虫を食べるが、トカゲを食べる種や、カニや魚までとる種もいる。多くは森林の中層で、葉や枝から昆虫をついばんで摂食する。単独かつがいで餌をとるヒロハシもいるが、繁殖期以外は20〜30匹の採食グループを形成するものもいる。下半分に張り出した入口のついた、大きな洋ナシ型の巣をつくる。細い根や葉や小枝を編んだもので、クモの巣や地衣類が飾りのようについていることも多く、近づきにくい枝から吊り下がっている。メスは一度に1〜8個の卵を産む。

- 黒い翼帯
- 短く丸みのある尾
- 羽毛で覆われた幅の広いくちばし

ミドリヒロハシ
東南アジア種のミドリヒロハシ（*Calyptomena viridis*）は体長20cm。くちばしが隠れてしまうほどの羽毛でくちばしの周りが覆われ、黒い翼帯が3本ある。小規模の群れをつくって低い位置の枝で熟した果実や木の芽を食べる。また、シロアリなどの昆虫を食べることでも知られる。

オニキバシリ科
オニキバシリ類

体長　14-37cm
種　52

アメリカ種で、ほとんどが南アメリカに棲む。ヨーロッパ種とアメリカ種のキバシリ（351ページ）と類似した行動をとる。羽軸が固くて内側に曲がった独特の長い尾をしている。キバシリやキツツキ同様、尾を支えにして木に登る。また強い足と長く鋭い爪があり、これも木登りの役に立っている。オリーブブラウンの地色に翼と尾が赤褐色で、くちばしは頑丈で比較的長く、まっすぐか少し下向きに反っているものが多い。くちばしが細めではっきり下向きに湾曲したものもいる。極端な例はクロユミハシオニキバシリで、長い鎌の形をしたくちばしが体長の3分の1を占めている。昆虫などの無脊椎動物をとるために、木の裂け目やはがれかけた樹皮、コケや木を覆う植物を探してまっすぐからせんを描きながら木を登っていく。1本の木を探しつくすと隣の木の根元に飛び移る。大型種はトカゲや小さなカエルも食べる。グンタイアリの群れを追って、グンタイアリの行進から逃げ惑う昆虫を食べる種もいる。キツツキが空けた穴や木の裂け目に巣をつくる。

- 頑丈なくちばし
- オリーブブラウンの地色

チビオニキバシリ
主にアマゾン川流域の湿気の多い低地の森林に生息するチビオニキバシリ（*Glyphorhynchus spirurus*）は体長14cm。めったに姿は見られないが、くしゃみのような「チーフ」という鳴き声が際立って聞こえることが多い。

カマドドリ科
カマドドリ類

体長　15-25cm
種　約221

カマドドリ類はたくさんの亜科を持つ大きなグループである。一般に腹が白っぽく茶色い小型の鳥で、中南米に見られる。生息地は幅広く、高木層に棲むものもいれば、木の葉の間を飛び回ったり、密生した下生えに潜むものもいる。純種のカマドドリ類やセアカカマドドリなど多くの種は開けた土地を好むが、アライソカマドドリは水辺に棲んでいる。また沼地に生息する種もいくつかある。パタゴニアカマドドリやチャイロエボシカマドドリのように、飛ぶよりも走る方が得意な種も多い。カマドドリはほとんどが昆虫を採食するが、種子を食べるものもいる。営巣の習慣も多種多様で、純種のカマドドリ類が木の枝の上に泥で固めた堅固なドーム形の"かまど"をつくるのに対し、多くの種が自然にできた穴や動物がつくったトンネル、自分で掘った穴などに棲みつく。ノドジロエボシカマドドリは使い終わってから何年ももつような大きな巣を枝でつくる。ほとんどのカマドドリ類は白い卵を一度に3〜5個産む。最大9個の卵を産む種もいる。多くは15〜20日で孵化し、ひなは13〜18日で巣立つ。カマドドリが使った巣を他の鳥が使うことも多い。

- 地面をつつくくちばし
- 赤みがかった尾
- 地味な色合いの羽毛
- 下側は白っぽい
- 目の後ろに縞模様がある
- 赤みを帯びた翼
- バランスをとるための長い尾

パタゴニアカワカマドドリ
南アメリカ南西部に棲むパタゴニアカワカマドドリ（*Cinclodes patagonicus*）は必ず淡水か海の近くにいる。岩の多い川を移動しながら小型の水生動物を食べる。体長21cmで普通は川岸の岩穴に巣をつくる。鋭い「ブー」という鳴き声を出す。

セアカカマドドリ
アルゼンチンの国鳥であるセアカカマドドリ（*Rufous hornero*）は、名前に反して背中の赤みが少ない。体長18〜20cmで、地面や枝の上を這い回る。泥で固めたかまど型の巣を柵の杭や電柱のてっぺんにつくり、一度しか使わないが、巣は何年も崩れずに残っている。

キビタイマユカマドドリ
コスタリカからアルゼンチンにかけて湿気の多い山岳地の森林でよく見られるキビタイマユカマドドリ（*Philydor rufus*）は体長19cm。高木層で器用に木から逆さまにぶら下がって獲物の昆虫を探す。

アレチカマドドリ
広大な隔絶された半砂漠地帯に生息するアレチカマドドリ（*Phacellodomus rufifron*）は体長16cm。枝でできた大きな吊り下がった巣をつくるが、巣にはいくつかの部屋があり、使用後に他の鳥が使うことがよくある。南アメリカに生息するこの鳥はつがいか集団で樹上にいることが多い。

アリドリ科
アリドリ類

体　長　8–36cm

種　約236

この科にはグンタイアリの後を追う種が多い。しかしアリそのものを食べることは稀で、アリたちが狩り出す昆虫や小動物を獲物にする。アリの群れを追いながら若木からすばやく獲物の上に舞い降りるものや、群れの周辺を歩いて追いかけるものがいる。中南米に生息するアリドリには、ムシクイに似た小さなヒメアリサザイ、大型のアリモズ、アリキバシリ、アリヤイロチョウ、アリツグミ、アリモズモドキなどがいる。目立つ模様をしたものが多い。低地、山地の熱帯林、サバンナや低木地に棲み、50種までがア

ジアリドリ
ガイアナ、スリナム、仏領ギアナ、ブラジルに生息するジアリドリ（*Grallaria varia*）は体長20cm。アリヤイロチョウの典型ともいえる長い足と短い尾を持つ。森床の葉を蹴散らして地虫や昆虫を探す。

マゾンのごく狭い地域内に見られる。大半が生涯つがいで行動し、協力して単純なカップ形の巣をつくる。メスは2個、稀に3個の卵を産む。オスメス協同で卵を抱き、ひなの世話をする。鳴き声は単純で、口笛のような音か、けたたましいさえずりを続ける。

鱗のような羽毛

直立した姿勢

長い肢

ハゲアリドリ
中央アメリカとコロンビア北部に生息するハゲアリドリ（*Gymnocichla nudiceps*）は、湿気の多い低地の森林に見られる。体長約16cmで、ほとんど地上で過ごし、餌をとるときに尾で地面を叩く。オスは鳴くときに尾を震わせる。

とさかは立てることができる

オスには黒と白の横縞がある

鮮やかな青色をした羽毛のない頭

ずんぐりした体

短い肢

幅広いくちばし

幅の広い尾

シマアリモズ
中南米の密生した茂みや低木に棲むシマアリモズ（*Thamnophilus doliatus*）は体長16cm。オスは頭のてっぺんが黒く、全身に黒と白の横縞が入っている。メスは赤褐色で、黒と白の横縞は頭の側面と首にだけある。この鳥は、通常つがいで見られ、草木の間を跳ねていたり、葉むらの中を覗き込んでいたりする。オスもメスも鳴くが、メスはオスの鳴き声を繰り返すことが多い。

オタテドリ科
オタテドリ類

体　長　11–25cm

種　30

主に南アメリカ南部に見られるオタテドリは、基本的に地上に棲む鳥である。肢が長く、足先は強くて大きく、尾の長いこの鳥は、飛び跳ねるよりも走ることが多い。翼は短く丸みを帯びており、少ししか飛べない。独特の動かせる皮膚のひだが鼻孔を覆っている。目立たない行動をとるので姿はあまり見られないが、大きな鳴き声で存在がわかる。しかし、腹話術のような鳴き声なので、いる場所を特定するのは難しい。昆虫などの無脊椎動物を食べる。一般的に地面の高さの穴や裂け目、自分で掘った穴に巣をつくり、2～4個の白い卵を産む。

ムナフオタテドリ
チリ北部の温帯雨林や竹林に生息するムナフオタテドリ（*Scelorchilus rubecula*）は、一見ヨーロッパコマドリに似ている。腹に黒と白の縞模様があり、体長は19cm。

カザリドリ科
カザリドリ類

体　長　9–45cm

種　65

カザリドリ類の外見は多種多様である。鮮やかなオレンジ色の2種のイワドリ、華やかな青いカザリドリ、傘のようなとさかのあるカサドリ、髭のついているスズドリなどがいる。大半は低地の森林に棲むが、山地の森やアンデス山脈の低木地に生息するものもいる。すべて果実食であるが、昆虫を食べるものもいる。オスがメスを誘うためにレック（ディスプレイの場所）でディスプレイする種もいれば、小さな台に載った巣をつくる種もいる。卵を1個産む。23～28日で孵化する。

大きなとさかでくちばしが隠れている

オスは翼と尾が黒い

セアカスズドリ
中央アメリカに棲むセアカスズドリ（*Procnias tricarunculata*）は体長25～30cm。オスは鳥の中でもいちばん声が大きく、森林の高木層一帯に耳をつんざくような「ボック」という鳴き声を響き渡らせる。くちばしを大きく開けて大きな果実でも丸呑みしてしまう。

オスには3本の髭がある

メキシコルリカザリドリ
中央アメリカの森林の高木層に棲むメキシコルリカザリドリ（*Cotinga amabilis*）は体長20cm。求愛のとき、オスの翼の外側の羽毛がチリチリという音を立てる。メスはひなが巣立つと捕食者に住処をさとられないように、巣を壊すこともあるが、巣は再利用されることも多い。

喉は紫がかった青

アンデスイワドリ
名前からもわかるようにアンデス山脈に生息するアンデスイワドリ（*Rupicola peruviana*）は、体長は30cm。求愛の際、オス同士がレックで互いに積極的に競い合い、メスが現れるとディスプレイも激しくなる。

カサドリ
アマゾン川とオリノコ川流域やアンデス山脈東部の森に生息するカサドリ（*Cephalopterus ornatus*）は、体長41～49cm。求愛のとき、オスはとさかと髭を広げながら「ブーン」という深い唸り声を出す。メスの方が体が小さい。

黒いくちばし

翼に黒い模様がある

赤褐色の羽毛

アカチャムジカザリドリ
中央アメリカと南アメリカ北西部に生息するアカチャムジカザリドリ（*Lipaugus unirufus*）は体長23cm。オスはレックでのディスプレイはしないが、互いに聞こえる範囲で大きな口笛のような鳴き声を出すことがある。

目 スズメ目（続き）

マイコドリ科
マイコドリ類

体　長　9–15cm
種　　　約51

小柄で尾とくちばしが短く、ビーズのような目をしたマイコドリは主に中南米の低地に棲む。オスは鮮やかな色合いをしているものが多く、メスは通常オリーブ色である。オスに変形した羽毛があり、求愛の際に機械的な音を出す種もいる。ハリオマイコドリのオスは湾曲した長い針金のような尾羽で、寄ってきたメスの喉をくすぐる。地上か枝の上のレックにオスが集まり、ディスプレイする種もいる。うまくいけば1匹のオスが複数のメスと交尾する。木の股にカップ形に編んだ巣はメスだけでつくり、抱卵も子育てもメスの役目である。普通は2個の卵を産み、12～15日でかえる。ひなは昆虫を食べるが、成鳥は主に飛びながら果実をつまんで食べる。これまでに研究されたマイコドリはすべて渡りはしない。

シロクロマイコドリ
南アメリカに棲むシロクロマイコドリ（*Manacus manacus*）は、体長は10cm。オスは、レックで若木をディスプレイの足場にし、様式化された動きで飛び跳ねながら翼の羽毛で音を出す。

セアオマイコドリ
南アメリカに棲むセアオマイコドリ（*Chiroxiphia pareola*）は体長12cm。2匹のオスが、枝の上で互いの上を飛び越えてディスプレイを行う。勝ったオスは短時間、円を描きながら求愛の飛翔を行う。

タイランチョウ科
タイランチョウ類

体　長　5–38cm
種　　　375–397

タイランチョウ科は大規模な科で多様性もあり、学者によってはさらに細かい分類をしている。この鳥の仲間には世界最小のスズメ目で体長わずか5cm、全翼長3.5cmのコビトタイランチョウがいる。大規模で種類も豊富なこの科は体の大きさも様々で、中型の鳥も多い。生息地もアラスカ南部のタイガから北アメリカ一帯と西インド諸島、南アメリカ南端にかけて、そしてガラパゴス諸島など沖合いの島々と幅広い。しかし大多数は中南米に生息し、北アメリカで繁殖するのは30種にすぎない。北米種はみな秋になると南に渡る。タイランチョウは全身が灰色がかった黄褐色で、オスメスとも外見が似ている。ただし頭頂部に色とりどりの模様の入った例外も数種いる。大半は昆虫を食べるが、カエルやトカゲをとるものもおり、熱帯種は果実を常食としている。ほとんどのタイランチョウは一夫一婦制のつがいを形成し、求愛のときには翼を広げたり羽ばたいたりするディスプレイをするものが多い。コロニーはつくらず、巣も1つ1つまったく違う。分かれた枝の上に単純なカップ形の巣をつくる鳥が多いが、枝から吊り下がった大きな巣をつくるものもいる。木の洞を巣にするものもたくさんいる。新熱帯区のタイランチョウのメスは2～3個の卵を産むが、北アメリカでは一度に産む卵の数はそれよりも多い。メスは卵を14～20日間抱き、ひなは14～23日で巣立つ。普通はオスとメスが協力して巣をつくり、ひなを育てる。

ハシナガタイランチョウ
ハシナガタイランチョウ類の中で最も一般的で生息範囲の広いハシナガタイランチョウ（*Todirostrum cinereum*）は、葉の間をすばしこく動きながら昆虫を捕まえる。飛び跳ねたり羽ばたいたりして絶えず動き回るさまは愛嬌たっぷりだ。体長9cmで、中央アメリカと南アメリカの一部に生息している。

オオタイランチョウ
アメリカ合衆国のテキサスからアルゼンチン南部にかけて生息するオオタイランチョウ（*Pitangus sulphuratus*）は、体長21～24cm。生息範囲が広く、あちこちで見られる。けたたましい鳥で、「キスカディー」と聞こえるさえずりをはじめ様々な鳴き声を出す。昆虫と果実を食べるが、止まり木から水に飛び込んで、魚やオタマジャクシも捕食する。

ズグロタイランチョウ
北アメリカで繁殖し中南米で越冬するズグロタイランチョウ（*Tyrannus tyrannus*）は体長20cm。夏は昆虫を食べ、冬は果実を食べる。なわばり意識が強いことで知られ、よく他の鳥を攻撃する。飛んでいる鳥の背中に飛び乗って打撃を与えることさえある。

チビメジロハエドリ
タイランチョウ科の中で最初に北に渡り、最後に南に渡るチビメジロハエドリ（*Empidonax minimus*）は、体長12.5～14.5cm。カナダ東部とアメリカ合衆国で繁殖し、メキシコからパナマにかけての地域で越冬する。止まり木から飛び出して昆虫を捕まえ、木の股にもろそうなカップ形の巣をつくる。

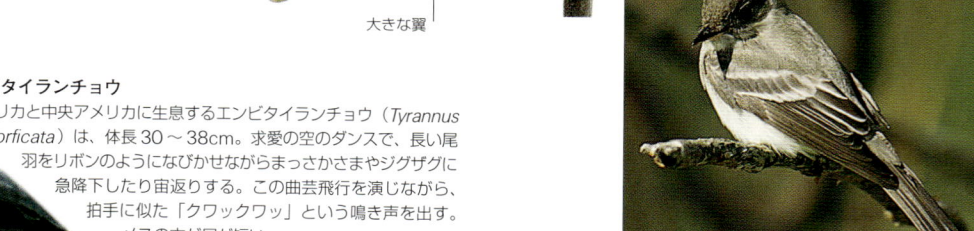

エンビタイランチョウ
北アメリカと中央アメリカに生息するエンビタイランチョウ（*Tyrannus forficata*）は、体長30～38cm。求愛の空のダンスで、長い尾羽をリボンのようになびかせながらまっさかさまやジグザグに急降下したり宙返りする。この曲芸飛行を演じながら、拍手に似た「クワックワッ」という鳴き声を出す。メスの方が尾が短い。

ツキヒメハエトリ
アメリカ合衆国、カナダ、メキシコに生息しているツキヒメハエトリ（*Sayornis phoebe*）は、体長18cm。かすれた声で「フィー・ビー」と鳴く。農地や路傍の森林で狩りをするが、昆虫を攻撃して着地するときに尾を揺らす。ハエを追いながら短時間、水面を舞うこともある。

オウギタイランチョウ
鮮やかな色合いの扇のようなとさかを持つオウギタイランチョウ（*Onychorhynchus coronatus*）は、体長16cm。オスのとさかは赤で先端が青く、メスは黄色で先端はやはり青い。普段はとさかはたたんでおり、時々頭の後ろから突き出していて槌のように見える。中南米に生息する。

トガリハシ科
トガリハシ
体長　17cm
種　1

この科に属するのは1種だけであるが、カザリドリ（339ページ）やタイランチョウ（340ページ）の仲間とする学者もいるので注意が必要だ。コスタリカからブラジル南部にかけての標高1600mまでの湿潤な森林に分布している。単独かオスメスの交じった群れで見られ、機敏な動きで昆虫や無脊椎動物を捕らえる。カラ類（351ページ）のように逆さまにぶら下がることもある。小柄でずんぐりした鳥で、くちばしが鋭く尖り、遠くまでよく響くオスのさえずりが注意をひく。鋭く長い口笛のような声で鳴く。

鱗に覆われた顔
非常に尖ったくちばし

クサカリドリ科
クサカリドリ類
体長　18-19.5cm
種　3

ペルークサカリドリ、チリクサカリドリ、アカハラクサカリドリは3種とも大柄でアトリ類に似ており、南アメリカの別々の生息地に分布する。農地に棲みつくため、農民には害鳥と見られることが多い。カザリドリ科（339ページ）に分類する学者もいるが、名前は端がのこぎり状になった丸いくちばしで葉やつぼみ、新芽、果実をつみとるところからきている。巣は根の繊維を乱雑に絡めたプラットフォーム型で、メスは緑がかった青に濃い色の模様のある卵を2～4個産む。

アカハラクサカリドリ
ボリビア、パラグアイ、ウルグアイ、アルゼンチンの乾燥した低木林やアカシアの森に棲むアカハラクサカリドリ（*Phytotoma rutila*）は、体長19cm。短いとさかがあり、機械的な鳴き声を出す。

ヤイロチョウ科
ヤイロチョウ類
体長　15-28cm
種　29

人目を嫌う鳥でめったに見られない。ずんぐりした姿で嗅覚が鋭く、アジア、オーストラリア、アフリカの森床に棲み、昆虫、クモ、カタツムリその他の無脊椎動物を食べる。カラフルな羽色をしているにもかかわらず、森床にうまく溶け込んでいる。メスは2～7個の卵を産み、オスとメスが協同でひなを育てる。

アフリカヤイロチョウ
唯一のアフリカ種のアフリカヤイロチョウ（*Pitta angolensis*）は密生した常緑樹林に見られる渡り鳥である。体長20cmで、普段は鳴き声を出さない。

イワサザイ科
コビトサザイ類
体長　8-10cm
種　3

この科はニュージーランドにしか見られない小柄でがっしりした鳥で、コビトサザイ、イワサザイ、ヤブサザイがいる。コビトサザイとイワサザイはオスとメスの両方で抱卵し、ひなに給餌する。4種目のハシナガヤブサザイは飛ぶ力の弱い鳥で、1894年に発見されてからまもなく絶滅した。ヤブサザイの亜種 Stead's bush wren は1965年に絶滅した。

コビトサザイ
北島と南島に生息し、数が多く分布範囲も広いコビトサザイ（*Acanthisitta chloris*）は、体長8cm。スズメ目には珍しく、メスの方が大きい。縞模様もメスの方がはっきりしている。

マミヤイロチョウ科
マミヤイロチョウ類
体長　10-15cm
種　4

体長の短いずんぐりした鳥で、湿潤なマダガスカル島東部の密生した常緑樹林にのみ見られる。キバラマミヤイロチョウは島の北西部にも棲む。ビロードマミヤイロチョウとキバラマミヤイロチョウは低木の果実を主食とし、マミヤイロチョウの2種は昆虫を食べたり、花蜜をとるために花をついばんだりする。巣は、ビロードマミヤイロチョウのもの（白い卵が3個入った洋ナシ型の吊り下げる構造）しか見つかっていない。生息地の森は農地の拡大により急速に姿を消しつつある。

ニセタイヨウチョウ
落葉層から高木層まで森のあらゆる層に棲んでいるニセタイヨウチョウ（*Neodrepanis coruscans*）は、体長10cm。下向きに湾曲したくちばしを持つ。

コトドリ科
コトドリ類
体長　90-100cm
種　2

オーストラリア東部と南東部の多雨林と低木林に生息している。2種のうち、アルバートコトドリの方が体が小さく羽毛の色が栗色がかっており、コトドリはそれよりも灰色がかっている。いずれの種もオスは見事な尾羽で有名で、コトドリの尾は長さ60cmもあり、独特の堅琴形の羽根が2本ある。コトドリのオスは真冬にディスプレイを始める。アルバートコトドリは蔓植物のディスプレイ台で舞い、コトドリは自分のなわばりの周りに低いディスプレイ用の塚をたくさんつくる。オスの力強い歌声にはものまねも入る。オスは鳴きながら尾を背中に反り返らせ、揺らしながらゆっくり回る。

コトドリ
オーストラリア南東部に棲むコトドリ（*Menura novaehollandiae*）は、体長86～100cm。タスマニア島にも移植された。この種のオスは6～8歳になってようやく尾が完全に発達する。

クサムラドリ科
クサムラドリ類
体長　16-23cm
種　2

オーストラリアに棲む茶色い鳥で、個体数と生息地は1800年代半ば以降減り続けている。人目につきたがらず、湿潤な森林の植物が密生した地面の上で大半を過ごす。昆虫、トカゲ、カエルを食べ、2種はいずれもドーム型の巣をつくる。

ワキグロクサムラドリ
オーストラリア東部の狭い範囲にある高地の多雨林に生息しているワキグロクサムラドリ（*Atrichornis rufescens*）は、よく通る声で鳴くが、居場所は非常につかみにくい。体長16.5～18cmで、飛翔力が弱く、落葉層をネズミのように小走りに走る。

目 スズメ目（続き）

ヒバリ科
ヒバリ類

体長　13〜20cm

種　約81

ほぼ全世界（南北アメリカ、アフリカ、ヨーロッパ、アジア、オーストラリア）に見られる。飛びながら遠くまでよく通る声で歌うヒバリ類は、この科で最も有名な鳥である。ヒバリ類は地上を住処とし、茶の縞のある保護色が生息地の野原や砂漠では優れたカムフラージュとなっている。黒と白の模様のある種もいる。オスとメスは通常同じ外見をしている。ヒバリやカンムリヒバリのようになわばりや求愛のディスプレイをしたり、歌うときに冠羽を立てるものもいる。ヒバリ類は力強くうねるように飛ぶが、短距離はばたばたと羽ばたいて飛ぶ。ヒバリが歌いながら飛翔するときは垂直に空高く舞い上がる。その他の多くの種は歌いながら飛ぶときに円を描いて上昇する。ヒバリは無脊椎動物、植物、種子を食べる。多くの種が秋と冬には群れをつくり、渡りをする種は少ない。メスは斑点のある卵を2〜6個、地面につくった巣に産む。ひなは飛べるようになる前に巣を離れる。

チャエリヤブヒバリ
ずんぐりして尾の短いチャエリヤブヒバリ（*Mirafra africana*）は、アフリカ南部の開けて低木の生えた草原に生息している。体長15〜18cmで、直立した姿勢で歩き、哀調を帯びた口笛のような鳴き声を発する。

赤みがかった翼

ヒバリ
農地や開けた土地で見られるヒバリ（*Alauda arvensis*）は、体長18〜19cmで、茶色い地に縞がある。空を舞いながら継続的に歌い続けることで知られる。北アフリカ、ヨーロッパ、アジアの各地ではおなじみの鳥で、オーストラリアとニュージーランドにも移植された。北部に棲む個体群は冬になると南に渡る。

ハシナガヒバリ
北アフリカの砂漠および半砂漠地帯（サハラ砂漠を含む）や西アジアに生息するハシナガヒバリ（*Alaemon alaudipes*）は、体長18〜20cm。飛ぶよりも走ることが多い。飛ぶときに、翼のはっきりした黒と白の模様が一部見える。

白っぽい体

顔にはっきりした黄と黒の模様がある。

ハマヒバリ
ヨーロッパのツンドラやステップ、北アメリカの草原、農地、砂漠に棲むハマヒバリ（*Eremophila alpestris*）は、体長約14〜17cm。小さな羽の"角"がある。北アフリカとアジアでも見られる。

ツバメ科
ツバメ類とショウドウツバメ類

体長　12〜23cm

種　約81

ツバメ類は凍てついた北極地方と南極地方を除く世界中に生息する。体の上部が暗い青か緑色で、下部が白っぽいことが多い。一般的に二股に分かれた尾を持ち、尾に長い飾り羽がついているものもいる。くちばしは短いが大きく開けることができ、飛びながら昆虫を捕らえるのに都合がよい。飛んでいる昆虫を食べるため、多くの種が渡りをする。繁殖は温帯地方で行うが、気候が寒くなり獲物の昆虫が姿を消すと、熱帯や温帯の南部に飛んでいく。しかし1年を通して熱帯に棲む種も多い。ツバメ類がつくる巣には3つのタイプがある。木や崖にできた自然の穴や建物の穴、川岸に掘ったトンネルや採掘坑、崖や建物につけた泥のカップ形の巣である。2〜3腹のひなを育てる種もおり、一度に1〜8個の卵を産む。

オスは青みがかった黒

ムラサキオオツバメ
北アメリカで繁殖し、アマゾン川流域で越冬するムラサキオオツバメ（*Progne subis*）は、体長約18cm。人間がつくったツバメ用の巣箱や、木にキツツキが開けた穴を巣にする。コロニーに200匹ものつがいが集まることもある。オスは全身が青みがかった黒だが、メスは上部がもっとくすんでいて下部は淡い灰色をしている。

二股の尾

イワツバメ
夏に北アフリカ、ヨーロッパ、アジア北部を訪れ、冬をアフリカ（サハラ砂漠の南部）と東南アジアで過ごすイワツバメ（*Delichon urbica*）は、体長12.5cm。人間とのつき合いは長く、建物の軒下に集団で泥の半カップ形の巣をかける。

独特の白い臀部

サンショクツバメ
アラスカからメキシコにかけての地域で繁殖し、南アメリカで越冬するサンショクツバメ（*Hirundo pyrrhonota*）は、体長約13〜15cm。コロニーで巣をつくり、軒下や崖にひょうたん形の泥の巣をかける。メスは4〜6個の白い卵を産む。

白い喉

滑空に適した幅の広い短い翼

タイワンショウドウツバメ
タイワンショウドウツバメ（*Riparia paludicola*）はモロッコとアフリカのサハラ砂漠南部に広く生息し、通常は内陸の湿地近くにいるが、フィリピン諸島東の南アジアにも見られる。体長約13cmで、普通は腹が白いが、全身が褐色のものもいる。大群を形成する。

2枚の長い尾の飾り羽

ツバメ
夏に北アメリカ、北アフリカ、ヨーロッパ、アジアを訪れ、アフリカのサハラ砂漠以南、南アジア、オーストラリア、南アメリカで越冬するツバメ（*Hirundo rustica*）は体長18cm。快活にさえずり、よく農家の付属建築物の梁に半カップ形の泥の巣をかける。赤い斑点のある白い卵を4〜6個産む。

スズメ類

セキレイ科
セキレイ類とタヒバリ類

体長　14–19cm
種　　54–58

セキレイ類はヨーロッパ・アジア・アフリカ、タヒバリ類は世界中に見られる。地上を住処とし、長い肢と長い爪を持つが、後肢の爪は木に止まる鳥の中で最も短い。多くのタヒバリ類は縞のある褐色の羽毛がカムフラージュとなるが、セキレイ類は白、黒、黄色、青灰色の対照的な色合いの羽毛である。タヒバリ類はふつう地面の上に営巣し、セキレイ類は大半が岩棚に巣をかける。セキレイ類は一般に水辺に見られる。キセキレイなどは高地の急流近くにいるが、低地の川の堰近くに見られるものもいる。タヒバリ類はオスメスとも同じ姿をしているが、セキレイ類は外見がかなり異なる。いずれもメスは白、茶、灰色の卵を2〜7個産み、2〜3週間抱卵する。ひなは12〜18日で巣立つ。タヒバリ類のひなは飛べるようになる前に巣を離れる。この科では多くの種が渡りをする。

ハクセキレイ
イギリス諸島に生息するハクセキレイ（*Motacilla alba*）はヨーロッパハクセキレイの亜種である。水辺や芝の上によく見られ、体長18cm。地上で餌をとる際に立ち止まっては尾を振り、すばしこく前に歩いてくちばしで昆虫をついばむ。ハクセキレイは水辺の建物や橋に巣をかけ、5〜6個の淡い灰色の卵を産む。

マミジロタヒバリ
マミジロタヒバリ（*Anthus novaeseelandiae*）は、アフリカ（サハラ砂漠以南）、アジア、オーストラリアに生息しているが、秋になるとヨーロッパを訪れることもある。歌声は甲高いさえずりと声を震わせたフレーズを反復するもので、飛びながら「ブリープ」という大きな鳴き声を出す。地上に巣をつくり、斑点のある卵を4〜6個産む。体長約18cm。

目のところに青白い縞がある
茶色い縞の保護色

サンショウクイ科
サンショウクイ類

体長　14–40cm
種　　約70

この科は熱帯種で、アフリカから南アジアおよび東南アジアを経てオーストラリアと太平洋西部の島々にかけて生息する2つのグループからなる。ただしサンショウクイ属はアジアにのみ生息する。木のないオーストラリアの平原に見られるジサンショウクイ以外は、普通は木に棲む。サンショウクイ属は色彩豊かで、大きさはセキレイ類ほどである。オスは赤と黒が多いが、メスは黄色かオレンジに黒か灰色の組み合わせである。その他のサンショウクイは飛ぶ姿はカッコーに似ており、色はくすんだ灰色が多く、大きさはスズメからハトぐらいのものまで様々だ。後者のグループはメスの方が色が薄いことが多く、また多くの種にはくちばしの付け根から剛毛が生えている。高い木の中に巣をかけ、メスは2〜5個の卵を産み、通常メスだけで抱卵する。

くすんだ灰色がかった色合い

セミサンショウクイ
オーストラリア、パプアニューギニア、インドネシア東部に生息するセミサンショウクイ（*Coracina tenuirostris*）は、多雨林などの森林地帯の高木層に棲む。メスの方が茶色がかっており、腹に縞がある。オスはセミに似た耳ざわりな、最初高くてしだいに音程が下がってくる鳴き声を繰り返す。体長24〜26cm。

オレンジ色の臀部

ベニサンショウクイ
ヒマラヤ山脈から中国南部と東南アジアを経てボルネオ島にかけて生息するベニサンショウクイ（*Pericrocotus solaris*）は、見通しのよい林間部を住処としている。体長19cm。オスは喉が灰色で腹はオレンジ色だが、メスの方がくすんだ色合いで、腹はオレンジというよりは黄色をしている。

ヒヨドリ科
ヒヨドリ類

体長　15–27cm
種　　約124

ヒヨドリ科124種のうち約51種はアフリカかマダガスカル島のみ、2種はアフリカとアジア、その他が主にアジアに棲む。おおむね森林にいるが、開けた人工の環境に適応しているものもいる。ガーデン種は森林種よりも群れを形成することが多く、騒々しい。鳴き声で居場所がわかり、識別できることが多いが、音楽的な歌声を持つヒヨドリは少ない。多くの種は小型から中型で、くすんだオリーブ色、茶色または灰色の羽毛を持ち、腹部が黄色いものもいる。冠羽

シリアカヒヨドリ
中国南西部とミャンマーからスリランカにかけて見られるシリアカヒヨドリ（*Pycnonotus cafer*）は、インドではおなじみのガーデンバードである。体長約20cm。騒々しく活動的な鳥で、甲高い声でさえずる。群れで果実を食べ、夕方には飛んでいる昆虫を捕食する。フィジー、シンガポール、オーストラリア、ニュージーランドに移植されている。

赤い尻

クロヒヨドリ
マダガスカル島、コモロ諸島、南アジアおよび東南アジアに見られるクロヒヨドリ（*Hypsipetes madagascariensis*）は、体長23cm。中国とベトナム北部にいる亜種は頭と喉が白い。最大100匹にもなる騒々しい群れをつくってベリー類と昆虫を食べる。鳴き声は子ネコに似ている。

サンゴのような赤いくちばし
先端が白い尾

キジマミドリヒヨドリ
中央および東南アフリカの山岳地の多雨林という隔絶した土地に生息しているキジマミドリヒヨドリ（*Phyllastrephus flavostriatus*）は、主に木に棲む昆虫を捕食する。キツツキと同じように昆虫を探して木の幹を回りながら、繰り返し片方ずつ翼を羽ばたかせ、翼の下の黄色い羽毛を覗かせる。体長15〜27cm。

のある種もいる。またほとんどの鳥にはくちばしの付け根から剛毛が生え、先端に向かって下向きに湾曲している。多くのヒヨドリは果実やベリー類、またはつぼみと花蜜を食べるが、昆虫だけを食べるもの、雑食性のものもいる。通常メス一度に2個の卵を産む。巣は水はけがよいように、開放的な構造が多い。

アカメアフリカヒヨドリ
ナミビア、ボツワナ、南アフリカ西部の川に近い森や水辺の乾燥した低木地に生息するアカメアフリカヒヨドリ（*Pycnonotus nigricans*）は騒々しい鳥である。体長約20cm。11月から3月にかけて巣をつくり、メスは濃い斑点のあるピンク色がかった卵を3個産む。

コウラウン
インドから香港にかけて生息しているコウラウン（*Pycnonotus jocosus*）は、ありふれたガーデンバードで、体長約20cm。オスメスとも目の後ろに赤い斑点がある。また先端が前を向いた黒い冠羽を持っている。

目の後ろの赤い斑点
白い喉

鳥類

スズメ目（続き）

コノハドリ科
ルリコノハドリ
体長 25–30cm
種 2

木に棲むこのグループの鳥は、アジアの常緑樹林や半落葉樹林に見られる。ルリコノハドリはインドの湿潤な地域、ヒマラヤ山脈、中国南西部、ボルネオ島とフィリピン諸島のパラワン島までの東南アジアに生息し、スミレコノハドリはそれ以外のフィリピン諸島に棲む。非常に長い上下の雨覆羽が有名で、尾のほとんど先端まである。日中に高木層を動き回って果実を探すが、木に咲く花にくちばしを入れて花蜜も吸うことがある。大きく幅広いタイプの鳴き声があり、飛ぶときには鋭い鳴き声を出す。ルリコノハドリは小さな木の股に巣をかけ、メスが小枝で台をつくり、2～3個の卵を抱く。オスもひなの給餌を手伝う。

ルリコノハドリ
輝く青い羽毛を持つルリコノハドリ（*Irena puella*）のオスは、高木層にいると姿が目立たない。しかし鋭い口笛のような二拍子の鳴き声を繰り返すため、居所はわかりやすい。メスはオスよりくすんだ青である。体長27cmで、他の種に交じってイチジクの木に集まって餌をとる。

- 赤い目

モズ科
モズ類
体長 15–35cm
種 約69

小型から中型のこのグループの鳥は、スズメ目の中で最も捕食性が強い。すべて上部が歯のように尖った鉤型のくちばしを持ち、獲物をつかむのに適した強い足と鋭い爪がある。モズは昆虫を食べるが、トカゲ、小鳥、齧歯類まで食べることで知られるものもいる。植物のトゲや有刺鉄線に獲物を突き刺して食糧を備蓄するものもいる。開けた低木地を住処とし、なわばり意識の強い種もいて、越冬場所でもなわばりを守る。低木のてっぺんに止まって周囲を見回して獲物を探し、尾を上下や左右に振っていることが多い。チャイロヤブモズ類とカブトモズ類はアフリカのみに生息するが、モズ属はアフリカ、ヨーロッパ、アジア全土に広く見られ、2種は北アメリカに棲む。北方種は秋になると南に渡る。モズは木や低木に巣をかけ、メスはおよそ2～7個の卵を産む。

エボシカブトモズ
体長15～25cmのエボシカブトモズ（*Prionops plumata*）はカブトモズ類の中で最も一般的で生息範囲が広く、アフリカのサハラ砂漠以南の低木地に見られる。また農耕地や開けた森林にも棲む。群れをつくるにぎやかな鳥で、5～12匹ほどで集まり、餌を探しながら大きな声でさえずっている。

- 黄色い目の肉垂れ
- 白から淡い灰色の冠羽
- 黒と白の羽毛

チャイロヤブモズ
アフリカ北西部、サハラ砂漠南部、東南アジアに見られるチャイロヤブモズ（*Tchagra senegala*）は、体長22cm。開けたサバンナの林や農耕地の近傍に棲み、モズというよりはツグミ（346ページ）のように地面をあさって、昆虫や幼虫を探す。

- 赤みがかった翼

キノドミドリヤブモズ
アフリカ南部に生息するキノドミドリヤブモズ（*Telephorus zeylonus*）は、低木林、開けたサバンナ、農園、庭園などで見られる。大きなけたたましい声で鳴き、体長22cm。ツグミと同じく1日の大半を地面の上で過ごす。春になると美しい求愛のダンスを披露する。

- 黒い喉
- 黄色い腹部

カタジロオナガモズ
サハラ砂漠南部からケープまでアフリカに広く生息するカタジロオナガモズ（*Lanius collaris*）は、開けた森林、公園、庭園に棲む。他の鳥の巣を襲ってひなを食べ、体長約22cm。杭や電線に止まり、地面を見渡して昆虫、ネズミ、小鳥を探す。なわばりに他の鳥が入り込むと攻撃する。

- 黒い頭
- 背中に白いVの字
- 長い尾

マダガスカルモズ科
オオハシモズ類
体長 12–30cm
種 14

湿気の多い東部の常緑樹林、サバンナ西部の林間部、半砂漠地帯の低木地で見られる。14種のうち13種はマダガスカル島に棲むが、ルリイロマダガスカルモズはコモロ諸島のムワリ島にもいる。木に棲む鳥で、黒と白のはっきりした模様があり、どっしりしたくちばしは先端が鉤型になっているものもよく見られる。昆虫が多いが、アマガエルや小型の爬虫類を食べるものもいる。採食のためおおまかな群れをつくり、他の種と交じることもある。小枝でカップ形の巣をかける種もおり、3～4個の卵を産む。オスメスで協力してひなを育てる。

カギハシオオハシモズ
カギハシオオハシモズ（*Vanga curvirostris*）は、単独性の鳥で、体長25～29cm。どっしりした鉤型のくちばしを持ち、マダガスカル島の常緑樹林、雑木林、造林、マングローブに棲む。

- 鉤型のくちばし
- 黒と白の頭
- 白い腹部

レンジャク科
レンジャク類
体長 15–23cm
種 8

3種のレンジャク属と5種の類縁種（ハイイロレンジャクモドキ類4種とミミグロレンジャクモドキ）がいる。3種のレンジャクはヨーロッパ北部、アジア北部、北アメリカのほぼ全土で繁殖し、南で越冬する。肉づきのよい淡黄褐色の鳥で、独特の冠羽があり、羽が絹のようである。2種には次列風切羽に封蝋のようなしずくがある。社会性の鳥で、緩やかなコロニーをつくって営巣し、巣は小枝や草を使って枝にかける。主にベリー類を食べ、普段は見かけない地域にまで群れで現れ、ベリーの茂みをたちまち丸裸にしてしまう。アメリカ合衆国南西部と中央アメリカに棲むレンジャクモドキもレンジャクと同様、絹のような羽毛と目立つ冠羽を持つ。飛んでいる昆虫を捕まえるところはタイランチョウに似ている。ミミグロレンジャクモドキは果実を食べる鳥で冠羽があり、西アジアのみに見られる。

ヒレンジャク
ヒレンジャク（*Bombycilla japonica*）はシベリア東部のタイガの森で繁殖し、はるか南の日本と韓国で越冬する。仲間のレンジャク2種とは異なり、次列風切羽の先端には封蝋のようなしずくがない。体長16cm。飛翔力が強い。

- この科独特の目立つ冠羽
- 羽の先端が赤い
- 黒い胸部

スズメ類

ヤシドリ科
ヤシドリ

体長　18cm
種　1

この科に属する唯一の種であるヤシドリはハイチ（ゴナーブ島を含む）とドミニカ共和国にのみ生息する。その地域ではありふれており、時として攻撃的な、大声で声を合わせてさえずる騒々しい鳥である。集団で行動することのあるレンジャク（344ページ）と同様、群れでいることが多い。1日の大半を木の上で過ごし、地面にはまったく降りてこない。頑丈でどっしりしたくちばしでベリー類や花を食べる。営巣の習性はレンジャクとは異なり、ヤシの木の幹や低い位置にある葉の周りに大きな共同の巣を編むことで知られる。

巣は枝で編み上げられ、柔らかい樹皮や草で内張りされており、2組から、多いときには30組ものつがいの部屋に分かれ、つがいはそれぞれ専用の入口を持っている。メスは灰色の斑点で覆われた2～4個の白い卵を産む。繁殖期以外は共同の巣を夜のねぐらに使っている。

濃いオリーブ色の尾
腹部にはっきりした縞がある

カワガラス科
カワガラス類

体長　15–21cm
種　5

丸々して尾の短いこの鳥は、ヨーロッパ、アジア、南北アメリカに生息し、水辺で生活するミソサザイ（左下）のような感じである。ミソサザイと同じようによく尾をぴんと立て、コケでドーム形の巣をつくるところも似ている。巣は草や葉で内張りされ、側面に入口の穴がある。巣は岩の隙間や木の根の間、橋の下、滝の裏側などに隠されている。メスは3～6個の白い卵を16日間ほど抱き、オスとメスでひなに給餌する。ひなは巣だってすぐに水中で餌をとるようになる。カワガラス類の5種はすべて丘や山の急流の近くに棲み、岸でカゲロウなどの昆虫を捕らえたり、川の中を歩き回って川底の小石の間や岩から昆虫の幼虫やカタツムリ、魚の卵をとる。カワガラスの尾腺は他のスズメ目の10倍も大きく、このおかげで羽毛が水をはじくようになっている。

白い胸
羽毛は水をはじく

ムナジロカワガラス
丸々とした太鼓腹のムナジロカワガラス（*Cinclus cinclus*）は水中を歩くことのできる数少ない鳥の1種で、体長は18～21cm。きしむような「ストリッツ」という鳴き声を出す。ヨーロッパ、北アフリカ、アジア北部に見られ、翼でブーンという音を立てながら水面低く飛ぶ。橋の下の隙間や横桟に巣をかける。

ミソサザイ科
ミソサザイ類

体長　8–22cm
種　約69

北・中央・南アメリカ、ヨーロッパ、アフリカ、アジアに広く生息するミソサザイは、小さな体には似つかわしくない大きな鳴き声で知られる。短い尾をぴんと立て、くちばしは細く尖っていて下向きに湾曲しているものもいる。まっすぐ飛ぶが、長距離は飛べない。地面に近い密生した下生えなどに見られ、餌となる昆虫や無脊椎動物を探している。巣をつくるのは主としてオスで、なわばりの中に5～6個のドーム形の屋根つきの巣をつくってから、最後に本格的な巣をつくる場合がある。メスが巣を選んで内張りをし、2～10個の斑点のある白い卵を産む。ほとんどの場合メスだけで抱卵するが、ひなの給餌はオスとメスで行う。

ぴんと立てた短い尾

ミソサザイ
アメリカ大陸以外に生息する唯一の種であるミソサザイ（*Troglodytes troglodytes*）は、体長8cm。大きな活発な鳴き声で知られる。北方種は冬になると南に渡る。

サボテンミソサザイ
北アメリカのネバダ州からメキシコに棲むサボテンミソサザイ（*Campylorhynchus brunneicapillus*）は、体長20cm。ミソサザイの中では大柄である。

マネシツグミ科
マネシツグミ類

体長　20–33cm
種　30

マネシツグミは北・中央・南アメリカ、西インド諸島、ガラパゴス諸島に生息し、大体地面の上か低木や藪の中を住処にしている。ほとんどの種は鳴き声で知られ、名前からわかるように鳴きまねの非常にうまいものもいる。多くが繁殖期の夜間に鳴く。一般的に尾の長い鳥で、大半は白、灰色、または茶色であるが、2種は青で1種は黒い。ツグミ（346ページ）の近縁で、ツグミと同じカップ形の巣を低木や木の中につくり、メスは2～5個の卵を産んで抱く。マネシツグミは熱心に巣を守ることで知られており、脅されると捕食者を攻撃して打撃を加える。

ガラパゴスマネシツグミ
ガラパゴス諸島に生息するガラパゴスマネシツグミ（*Nesomimus parvulus*）は、体長25～27cm。飛ぶよりも走る方が多く、集団で卵や若鳥、死肉、果実などを食べる。

黒っぽい尾

マネシツグミ
アメリカ合衆国南部に特によく見られ、合衆国の5つの州で州鳥となっているマネシツグミ（*Mimus polyglottos*）は、体長23～28cm。月明かりの夜に歌い、他の鳥の声を歌声に織り交ぜることで知られている。

長い尾
翼の白い斑点

イワヒバリ科
イワヒバリ類

体長　14–18cm
種　12

イワヒバリはヨーロッパ、北アフリカ、アジアに生息し、目立たない行動をとることで知られる。地面で食物を探すときには、茂みや岩など身を隠す場所の近くを、すり足か、ゆっくり跳ねて前進する。主に夏は昆虫、冬は種子を食べる。全身が灰色と茶色で、オレンジまたは黒と白の対照的な模様が入っているものもいる。また背中に縞があることが多い。成鳥のオスとメス、若鳥のいずれも外見が似ている。イワヒバリは低くまっすぐ飛び、普通は飛距離が短い。歌いながら飛ぶ種もいるが、それ以外は木などに止まって歌う。普通は一夫一婦制のつがいであるが、ヨーロッパカヤクグリなど一部の種は一夫多妻や一妻多夫の組み合わせをつくることもある。メスは3～6個の青みがかった卵を産み、卵は最大2週間で孵化し、ひなは2週間後に巣立つ。

ヨーロッパカヤクグリ
ヨーロッパ原産のヨーロッパカヤクグリ（*Prunella modularis*）は、体長14cm。口笛のような鳴き声を出す。潅木の下にいることが多く、そこで昆虫をあさっている。優位のオスが複数のメスと交尾するとき、劣位のオスもそこにいて、劣位のオスが交尾に成功すると、そのオスがひなの給餌を手伝う。

縞模様の背
くすんだオレンジ色の肢

鳥類

目 スズメ目（続き）

ヒタキ科
ツグミ類

体長　12.5-30cm
種　約63

ウタツグミやクロウタドリなどおなじみの鳥のいるツグミ類は、ヨーロッパ、アフリカ、アジア、オーストラリア、北アメリカに広く分布している。ツグミ類は南極大陸とニュージーランド以外のほぼ全域の土着の鳥なのである。クロウタドリやウタツグミをはじめ多くの鳥が美しい声で歌うが、なかでも最も有名なのはナイチンゲールである。ツグミ類は強固な群れを形成することがあり、なわばりを主張するために歌う。1年の非常に早い時期に営巣するヤドリギツグミのような種は、真夜中にも鳴くことがある。

ツグミ類はふつう低木や木の枝分かれした部分に草とコケでカップ形の巣をかける。求愛ディスプレイは、ロビンなら赤い胸、ウタツグミは斑点のある胸など、体の特徴を強調するものが多い。求愛の際、ロビンなどいくつかの種のオスはメスに給餌する。しかし営巣、抱卵、子育てはメスだけが行う。北欧のワキアカツグミやノハラツグミなど一部の種は冬になると南に渡る。渡りをする種は大きな群れをつくることが多いが、渡りをしない種は1年を通してつがいで行動する。

ナイチンゲール
ヨーロッパ、北アフリカ、アジアの原産で、秋になると南に渡るナイチンゲール（*Luscinia megarhynchos*）は、体長16.5cm。長く変化に富んだ歌声は、夜に最もはっきり聞かれる。歌っているときは姿を見せない。ナイチンゲールは見つけにくいことでも有名である。メスは地面に近い目につかない場所につくった巣に4〜5個のオリーブブラウン色の卵を産む。

淡黄褐色の背
赤錆色の尾

ルリツグミ
北アメリカに生息するルリツグミ（*Sialia sialis*）は体長14〜19cm。2月末か3月に北部に姿を現すので春を告げる鳥とされている。オスが先に訪れることが多く、見事な歌の飛翔を披露する。歌いながら木のてっぺんから30m以上も上空に舞い上がる。木の洞や巣箱に巣をかけ、メスは淡い青色の卵を3〜7個産む。

頭と背中が青い
赤みがかった胸
青い尾

コマツグミ
北アメリカではロビンと呼ばれるコマツグミ（*Turdus migratorius*）は、人間の近くでの生活によく適応している。体長約25cm。地面で餌をとり、頭を立てて地虫などの無脊椎動物の動きを見張っている。渡りをする個体が多く、2月に北に移動する。オスが先に旅立つ。オスとメスで協力してカップ形の巣をつくり、2腹か3腹のひなを育てる。

シラボシヤブコマ
ケープからマラウィまでのアフリカ東部の高地の森林に生息しているシラボシヤブコマ（*Pogonocichla stellata*）は、体長15cm。体と尾が黄色く、頭が青灰色で、目の上に白い斑点（星）がある。甲高い声でさえずるときに喉の白い斑点を見せる。

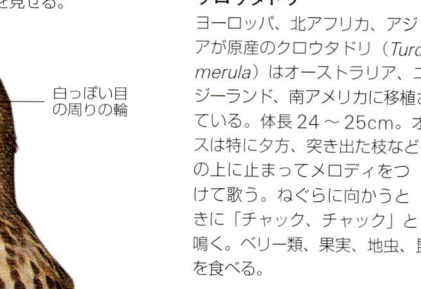

目の上の白い星
鮮やかな黄色の体

ヨーロッパコマドリ
独特の赤い胸をしたヨーロッパコマドリ（*Erithacus rubecula*）は活発で大胆な鳥で、ヨーロッパ、北アフリカ、アジア北西部に生息する。若鳥は胸と頭に茶色の斑点がある。体長約14cm。細かく波打つようなさえずりをし、警戒したときには鋭い「チック」という鳴き声を出す。昆虫とベリー類を食べ、地面ではふつう跳ねるように歩く。メスは4〜6個の赤い斑点のある白い卵を産む。

背は全面が茶色い
赤い胸の縁は灰色

クロウタドリ
ヨーロッパ、北アフリカ、アジアが原産のクロウタドリ（*Turdus merula*）はオーストラリア、ニュージーランド、南アメリカに移植されている。体長24〜25cm。オスは特に夕方、突き出た枝などの上に止まってメロディをつけて歌う。ねぐらに向かうときに「チャック、チャック」と鳴く。ベリー類、果実、地虫、昆虫を食べる。

オスは目の周りにオレンジ色の輪がある
鮮やかなオレンジ色のくちばし
オスは全身が黒い
長い尾

ウタツグミ
ヨーロッパ、北アフリカ、アジア北西部の原産のウタツグミ（*Turdus philomelos*）は歌の名手（夕暮れ時に歌うことが多い）で、同じフレーズを3〜4度繰り返す。オーストラリアとニュージーランドに移植されており、庭園や森林に棲む。体長約23cm。ベリー類、昆虫、地虫を食べ、石を台にしてカタツムリの殻を割ることで知られる。

白っぽい目の周りの輪
細いくちばし
腹にはっきりした斑点がある

ハシグロヒタキ
開けた高台に棲むハシグロヒタキ（*Oenanthe oenanthe*）は北ヨーロッパのサバクヒタキ属で、夏になるとアフリカの越冬場所からやって来る。飛んでいるときに、はっきりした白い臀部と尾の先端の黒い"T"の字が目につく。体長15cm。昆虫を食べ、隙間や古いウサギの穴、岩の下などに巣をつくる。メスは5〜6個の淡い青色の卵を産む。

オガワコマドリ
オガワコマドリ（*Luscinia svecica*）には2つのヨーロッパ亜種がいる。北欧種（写真）は喉に赤い斑点があり、ヤナギやカバの林で繁殖し、大陸種は喉に白い斑点があって湖畔の湿地や低木の生えた水路に巣をつくる。トルコにもオオオガワコマドリ（*Luscinia svecica magna*）などの亜種がおり、こちらは喉全面が青い。いずれも体長14cm。

北欧種には喉に赤い斑点がある
赤錆色の尾の付け根

ヒタキ科
チメドリ類

体長　10〜35cm
種　約256

北アメリカ（1種）、アフリカ、アジア、オーストラリアに生息し、ほとんどはくちばしがずんぐりして、がっしりした体つきである。群居性の鳥で控えめな鳴き声で連絡を取り合っている。定住する傾向が強く、数種だけが渡りを行う。チメドリの多くは昆虫を食べるが、果実を食べるものもおり、雑食性の鳥も多数いる。地面で落ち葉をかき分けて餌をとるものもいるが、樹上に棲むものは葉や樹皮についた無脊椎動物を食べることが多い。営巣の習性は様々である。低い位置や地面の高さにドーム形の巣をつくる種が多いが、ウタイチメドリは藪や木の中に開放型の巣をつくる。協同繁殖する種もおり、繁殖しない鳥が親になった鳥の抱卵やひなの世話を手伝う。抱卵と子育てには各13〜16日かかる。若鳥は1年以上も成鳥の集団と一緒にいることがある。

アカオガビチョウ
ガビチョウ属は約140種いるが、アカオガビチョウ（*Garrulax milnei*）は中国南部と東南アジアの標高1000m以上の低木林、草地、再生林に見られる。体長26cm。赤い翼を持ち、背中から尾にかけても赤い。腹は黒い。

赤みがかった頭頂部と首筋
赤い翼
尾は赤く裏が黒い

スジカブリヤブチメドリ
イラクから東のバングラデシュにかけて生息するスジカブリヤブチメドリ（*Turdoides caudatus*）は、協同繁殖をする鳥である。体長23cm。小規模の群れでつがいを助けて抱卵やひなへの給餌を行う。森や庭園の下生えを動き回って昆虫、種子、ベリー類を食べる。

長い尾

ソウシチョウ
ヒマラヤ山脈から中国南部と東南アジアに生息するソウシチョウ（*Leiothrix lutea*）はその音楽的なさえずりと魅力的な羽色でペットとして非常に人気がある。メスの喉と胸はオスのものより白っぽく、オスにはある翼の赤い色彩がメスにはない。体長15cm。他のチメドリ類と一緒に竹や低木で餌を探す。

赤いくちばし
オレンジ色の胸

ムナフジチメドリ
インドから東南アジアに生息するムナフジチメドリ（*Pellorneum ruficeps*）は、姿を見るより声を聞くことの方が多い鳥で、口笛のようなさえずりと大きな鳴き声はジャングルでおなじみの音である。標高0〜1300mの低木の茂みや竹林に棲む。体長16cm。小規模な群れで移動することが知られている。

赤い頭頂部
膨らんだ喉の羽毛
胸に濃い茶色の縞がある

オオマルハシ
パキスタンから中国南部および東南アジアにかけて見られるオオマルハシ（*Pomatorhinus hypoleucos*）は、標高2300mまでの常緑樹や竹林に広く生息し、森床を住処として長いくちばしで土に穴を掘ることもよくある。体長は28cm。音調の高い柔らかい鳴き声を出す。

下向きに湾曲した長いくちばし

スグロウタイチメドリ
スグロウタイチメドリ（*Heterophasia capistrata*）はヒマラヤ山脈の鳥で、パキスタン北部から中国南部にかけて生息する。体長21cm。落葉樹林、特にカシやナラの林を好むが、針葉樹林でも見られる。樹皮の穴からしみでてくる甘い樹液を飲み、昆虫を食べることも知られている。

黒っぽいくちばし
黒い頭
赤みがかった背
赤みがかった腹
縞のある黒い尾

鳥類

ヒタキ科
マルタバシリ類

体長　18〜30cm
種　19

このグループに属する種は互いに近い類縁関係があるものとないものがある。マルタバシリ類2種、ウズラチメドリ6種、シラヒゲドリとカンムリハシリチメドリ3種、クイナチメドリ4種、その他が4種である。インドネシアに生息する2種以外はすべてオーストラリアとパプアニューギニアに分布している。普通は地面で昆虫を食べ、落ち葉を蹴散らして食物を探す。大半の種は地面かその近くで繁殖し、巣の形は多種多様である。一度に産む卵の数は1〜3個である。この科の鳥はよく小さな集団で行動している。

ハシリチメドリ
ハシリチメドリ（*Orthonyx temminckii*）は体長18〜20cm。つがいや家族でオーストラリア南東部の多雨林の森床に見られる。

ヒタキ科
ダルマエナガ類

体長　12〜15cm
種　19

大半の種がヒマラヤ山脈と中国に棲むが、ヒゲガラはイギリスから中国東部に棲む。多くはくちばしが奇妙に曲がり、オスとメスは外見が似ている。群れで生活し、餌も一緒にとる。飛ぶ力は弱いが餌をとるときは機敏である。多くは草などの植物を編んだ複雑な巣をつくり、メスは様々な色合いの卵を2〜4個産む。

ヒゲガラ
ヨーロッパとアジアに生息するヒゲガラ（*Panurus biarmicus*）は、同じ科の仲間とは違ってくちばしの形は普通である。密生した植物を住処とする他のダルマエナガ類とは異なり、葦原に棲み、葦の間や上を飛びながら昆虫、クモ、葦の種子を食べる。体長16.5cm。年に3〜4腹のひなを育てる。オスとメスは協力して卵を抱き、ひなに給餌する。

オスには垂れ下がった黒い髯がある

目 スズメ目（続き）

ヒタキ科
ハゲチメドリ

体長	39–50cm
種	2

頭の皮膚がむきだしになっている珍しい鳥で、西アフリカの標高2100m以下の湿潤な高地の多雨林に棲む。なわばりの内の岩穴に営巣し、岩肌に泥でつくった2〜4mの高さの巣を付着させる。メスは茶と灰色の斑のある卵を2個産む。

ハゲチメドリ
ギニアとシエラレオネから東のトーゴにかけて生息するハゲチメドリ（*Picathartes gymnocephalus*）は、体長40cm。社会性のある鳥で、低いしわがれた鳴き声を出す。跳ねるように動き回りながら地面をあさり、昆虫、カエル、カタツムリを食べる。

ヒタキ科
ブユムシクイ類

体長	10–13cm
種	約13

北・中央・南アメリカに生息するこの鳥は旧世界ムシクイ類（下）に分類されることもある。森の中で葉や小枝についた虫を食べ、飛び立った虫を追って飛んだりする。花びらや植物の綿毛をクモの巣やコケや地衣類で固めた繊細な巣を、水平な枝の上につくる。オスとメスで協力して4〜5個の卵を抱く。

ブユムシクイ
カナダ南部からグアテマラとキューバにかけて生息するブユムシクイ（*Polioptila caerulea*）は体長11〜13cm。黒と白の長い尾があり、かぼそい鼻にかかった鳴き声を出す。

ヒタキ科
旧世界ムシクイ類

体長	9–20cm
種	376

ヨーロッパ、アジア、アフリカ、オーストラリア、太平洋信託統治諸島に棲む。最も小さいキクイタダキ類にはヨーロッパ最小の鳥がいる。ズグロムシクイなど歌声で有名なものも多い。ムシクイ類は一般に森林や低木林に棲む鳥で、草原にいることもある。ヨーロッパヨシキリの仲間は葦原で餌をとり、営巣もする。太平洋にはコロニーをつくっている島々もある。チャガシラウグイスは標高4000mのヒマラヤ山脈の竹林でも見られる。ヤブオウギセッカはヨーロッパ中の藪や林に巣をつくる。小さなメボソムシクイ類は木の高層で葉についた虫を食べる。大半の種が渡りをし、北で繁殖した後、秋に南の暖かい地方に飛んでいく。シベリアのキタヤナギムシクイは片道1万2000kmも移動する。地面に近い茂みの中や地面の上に巣をつくり、メスは3〜7個の卵を産む。オスとメスで協力してひなに給餌する。

セッカ
ヨーロッパ、アフリカ、アジア、オーストラリアに生息するセッカ（*Cisticola juncidis*）は、体長わずか10cmと小柄だが、小さな体に似合わず非常に活発でけたたましい。歌いながら弾むように円を描いて飛ぶ。翼をすばやく羽ばたかせて舞い上がり、「チッ」と鳴いてから急降下し、また舞い上がる。扇のような形の尾には裏に黒と白の模様がある。

マミハウチワドリ
アジアとアフリカ南部および東部に棲むマミハウチワドリ（*Prinia subflava*）は、体長12cm。単調に「チップチップ」とさえずり、しわがれた「シビー」という鳴き声を出す。絶えず動き回っている活発な鳥で、つがいか小さな群れで、低木や植物の茂みで餌をとる。

アメリカキクイタダキ
北アメリカに棲むムシクイ類の中では最小のアメリカキクイタダキ（*Regulus satrapa*）は、体長8〜9cm。ニューイングランドの松林で厳しい北部の冬に耐えることができる。トウヒの木で繁殖し、枝の下に苔や羽毛でつくった球形の可憐な巣をつくる。メスは小さな白っぽい卵を8〜10個産む。

ノドジロムシクイ
夏の間はヨーロッパと西アジアに棲み、サハラ砂漠の南部で越冬するノドジロムシクイ（*Sylvia communis*）は、体長14cm。低木の頂で元気よくわめきたてるようにさえずったり、歌いながら舞い上がってはまた低木に舞い降りてくる。低木や野原の周縁に営巣し、濃い斑点のある白っぽい淡黄褐色の卵を4〜5個産む。

ヤチセンニュウ
ヨーロッパとアジア西部に生息するヤチセンニュウ（*Locustella naevia*）は、アフリカとインドで越冬するが、だんだん数が少なくなっている。体長12.5cm。牧草地、水路、湿地の周縁を好み、雑草や草の間を歩いては茎に登ったりする。非常に長い虫の音のような鳴き方で、ごく短い中断が入る。

キタヤナギムシクイ
夏に北ヨーロッパに渡り、冬はアフリカに棲むキタヤナギムシクイ（*Phylloscopus trochilus*）は、ヤナギとは特に関係はない。体長約10〜11cmの小柄な鳥で、よく似たチフチャフ（*Phylloscopus collybita*）とは鳴き声で識別できる。哀調を帯び、唐突に終わる歌声である。葉の間で昆虫を探し、逆さまにぶら下がることもよくある。

オナガムシクイ
西ヨーロッパとアフリカ北西部に棲むオナガムシクイ（*Sylvia undata*）は、この地域の渡りをしないムシクイの1種である。オナガムシクイ、特に生息範囲の北限に位置するイギリスの種にとって冬は厳しい時期である。体長13cm。尾が長く、その尾をぴんと立てていることが多い。翼は短い。

チュウヨシキリ
アジアとオーストラリアの湿地帯に棲むチュウヨシキリ（*Acrocephalus stentoreus*）は体長18〜20cm。普通は水の上の、葦などの湿地に生える草の間に巣をかけ、チョウ、トンボ、ハエなどの昆虫や小型のカエルを食べる。メスは濃い斑点のある白い卵を3〜6個産む。オスは歌いながら同じフレーズを3〜4回繰り返す。

ヒタキ科
旧世界ヒタキ類

体長	10–21cm
種	約147

ヨーロッパ、アフリカ、アジア、オーストラリアに分布しており、止まり木から勢いよく飛び立って、飛んでいる昆虫をくちばしで捕まえる。普通はくちばしの付け根が広く、剛毛に囲まれており、獲物を捕まえやすくできている。北方で繁殖する種は昆虫が少なくなり始める秋になると南に渡る。この機敏な鳥たちの羽毛の色は様々で、茶色のものもいれば鮮やかな色彩のものもおり、オスとメスでは羽の色が違うことが多い。オスの方がしばしば体が大きい。種によっては冠羽があり、顔に鮮やかな肉垂を持つものも少数いる。大半はしわがれた鳴き声で、全体としてはムシクイやツグミににに遠く及ばない。木や低木の枝にカップ形の開放的な巣をつくり、メスは1～11個の斑紋のある卵を産む。

ロクショウヒタキ
インドから中国南部およびボルネオ島の南に生息するロクショウヒタキ（*Muscicapa thalassina*）は、体長17cm。目立つところに止まって大きな声で美しくさえする姿がよく見られる。オスは緑がかった青で、翼と尾が濃い色をしている。メスはオスよりもくすんで灰色がかっている。
- 目の前が黒い
- 白い眉毛
- 喉はオレンジがかった赤色

コチャバラオオルリ
コチャバラオオルリ（*Niltava sundara*）はヒマラヤ山脈から中国南西部にかけて生息し、標高1000m以上のミャンマーの山の上にも棲んでいる。体長約18cm。低い低木林や森の下生えで昆虫を狩る。オスは喉が黒く、メスには喉に白い斑点がある。

ノドグロヒタキ
ノドグロヒタキ（*Ficedula strophiata*）は、インド北部のカシミールからヒマラヤ山脈を経て中国南西部と東南アジアの一部に生息し、標高1000m以上の森林や森林の周縁を住処としている。体長14cm。メスの喉の斑紋の方が小さくて白っぽい。鳴き声は、低いしわがれた声と甲高い「ピンク」という声の2種類がある。

ヒタキ科
メガネヒタキ類 セワタビタキ類

体長	8–16cm
種	31

すべてアフリカに生息し、ほとんどが森か森の周縁に棲んでいる。メガネヒタキ類には目の周りにカラフルな肉垂があり、セワタビタキ類とは共通の特徴がある。例えば、臀部に長い綿毛状の羽毛を背中の上に膨らませて立てることができること、翼を羽ばたかせる音、多少音楽的な鳴き声などが同じである。セワタビタキ類は昆虫を食べる鳥で、飛んでいる虫を捕らえるのがうまい。カップ形の巣をつくり、2～5個の卵を産む。オスは灰色、黒、白である。セワタビタキ類は種が違っても外見が非常によく似ており、取り違えやすいが、分布で区別できる。

アゴフセワタビタキ
スーダン、ケニア、アフリカ南西部とモザンビークに生息するアゴフセワタビタキ（*Batis molitor*）は開けた森林地帯を訪れて、ヒタキのように昆虫を追って飛ぶ。葉に止まった昆虫を探して空中を舞うこともある。体長10cm。頭頂部が灰色である。

ヒタキ科
オーストラリアムシクイ類

体長	12–19cm
種	24

オーストラリア、パプアニューギニア、インドネシア東部に生息する鮮やかな色彩の鳥で、尾をミソサザイ（345ページ）のようにまっすぐ立てたり、背中の上に反らしたりする。金属的な輝きを帯びた青、紫、赤、黒、白などの色をしている。一般的にオスとメスでは外見が異なる。多くは歌がうまく、鳴きまねが上手なものもいる。下草の中で昆虫とその幼虫を狩るが、群れでいることも多い。巣はふつうドーム形で草とクモの巣でできており、羽毛や植物の綿毛で内張りがしてある。2～4個の斑点のある白っぽい卵を産み、12～15日間抱卵する。ひなは10～12日で巣立つ。

エミュームシクイ
オーストラリア南部とタスマニアの細長い沿岸地帯に棲むエミュームシクイ（*Stipiturus malachurus*）は体長15～19cm。6枚の繊細な羽のある非常に長い尾を持つ。

ルリオーストラリアムシクイ
オーストラリア南東部とタスマニアに棲むルリオーストラリアムシクイ（*Malurus cyaneus*）、体長13～14cm。金属的な鳴き声を出す。
- 鮮やかな青の頭頂

セアカオーストラリアムシクイ
オナガムシクイ類の中で最も小さいセアカオーストラリアムシクイ（*Malurus melanocephalus*）は体長10～13cm。オーストラリア北部と東部に生息し、丈の高い草地から農園や庭園まで様々な場所に棲み、11月から3月にかけて繁殖する。
- オレンジがかった紅色の背
- ぴんと立てた尾

ヒタキ科
トゲハシムシクイ類

体長	9–13cm
種	約65

オーストラリアとその近隣の島々に棲み、一部の種はニュージーランドにいる、非常に生息範囲の限られた鳥である。大半はオーストラリアの一部地域にのみ生息し、その範囲もかなり狭いものもいる。しかし生息地がはっきりと違うおかげで、種の識別はしやすい。普通はオリーブ色、茶色、黄色で、オスとメスは外見が似ている。多くの種は昆虫を食べるが、種子を食べるものもいる。つがいや家族でいるところがよく見られる。種の異なるもの同士で群れをつくることもある。ほとんどは渡りをしない。

チャイロトゲハムシクイ
オーストラリア東部および南東部とタスマニアに生息するチャイロトゲハムシクイ（*Acanthiza pusilla*）は、体長10cm。灰色の喉に細い縞がある。低い小枝の間で餌を探し、叱るような鳴き声など様々な鳴き声を出す。下生えの低い位置に巣をかける。

植物の繊維でドーム形の巣をつくり、巣に張り出し玄関があることも多い。メスは2～4個の白い、時に斑点のある卵を産む。抱卵と子育ては各15～20日ほどである。

タカネセンニュムシクイ
ニューギニアの標高1100～3300mの山地の原生林に生息するタカネセンニョムシクイ（*Gerygone ruficollis*）は、体長9cm。歌声は口笛のような高い音調を長々と続ける独特のものである。巣は球形の吊り下げ型で側面に入口がある。

スズメ目（続き）

ヒタキ科
カササギビタキ類　オウギビタキ類

体長　12-30cm

種　約164

アフリカ、アジア、オーストラリアの多雨林や開けた森林、サバンナの低木地帯に棲み、ほとんど渡りをしない。昆虫やクモを翼を羽ばたかせたり尾で叩いて草むらから追い立てたり、空中で襲ったりして食べる。大半の種が果実も食べる。貝やカニを食べるものも1種、地虫を食べるものも1種いる。鳴き声は弱々しいが、大きな力強い声でさえずる種もいる。一部のカササギビタキ類はオスとメスの羽毛の色が違うが、オウギビタキ類はオスメスの外見が同じである。枝や木の股の上に巣をかけ、オスとメスが協力して14〜17日間卵を抱く。

アフリカサンコウチョウ
アフリカのサハラ砂漠以南の森林や川辺の林に生息するアフリカサンコウチョウ（Terpsiphone viridis）は体長40cm。オスの尾の長さは20cm。オスもメスも尾が小さなカップ形の巣から垂れ下がっている。

ハイイロオウギビタキ
パプアニューギニアからオーストラリアとニュージーランドにかけて様々な生息環境に棲むハイイロオウギビタキ（Rhipidura fuliginosa）は体長14〜17cm。生息範囲の一部に渡りをするものもいる。

ヒタキ科
キバラヒタキ類

体長　11-18cm

種　39

このグループは胸が赤く、移民たちにヨーロッパコマドリを思い出させたことから、英名をAustralasian robin（南太平洋諸島のコマドリ）という。この小鳥たちもコマドリのように直立した姿勢をとり、時折、下に垂れた尾を振る。オスとメスは外見が違うことが多く、メスの方がくすんでいる。樹上に棲み、地上で昆虫やその幼虫を食べるが、飛んでいる昆虫を襲うこともある。コケをクモの巣でつなぎ合わせた小さなカップ形の巣を枝の上につくる。メスは淡い青か緑色で赤茶から紫色の斑点のある卵を2〜4個産み、メスだけで12〜14日間抱卵する。多くの種が部分的な渡りをする。

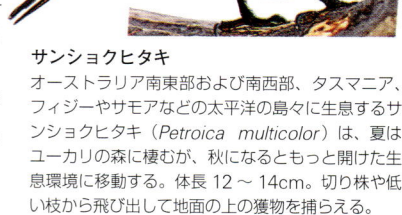

サンショクヒタキ
オーストラリア南東部および南西部、タスマニア、フィジーやサモアなどの太平洋の島々に生息するサンショクヒタキ（Petroica multicolor）は、夏はユーカリの森に棲むが、秋になるともっと開けた生息環境に移動する。体長12〜14cm。切り株や低い枝から飛び出して地面の上の獲物を捕らえる。

チャタムヒタキ
チャタムヒタキ（Petroica traversi）はニュージーランドの東部にあるチャタム諸島で絶滅の危機にあった。かつては4つの島々でありふれた鳥だったが、持ち込まれたネコによって絶滅寸前に追い込まれ、1976年にはわずか7匹を残すまでになった。人工繁殖により個体数が回復した。

ヒタキ科
モズヒタキ類

体長　12-28cm

種　約52

主にオーストラリアとパプアニューギニアに集中しているが、一部の種はインドからマレーシアを経てインドネシア諸島に見られ、東のフィジーなど太平洋の島々に棲むものもいる。ほとんどの種は渡りをしない。モズヒタキ類は力強い歌声の持ち主で、大きな口笛のような声をしている。カンムリモズヒタキは腹話術のような鳴き声で知られる。多くのモズヒタキは先が鉤型になった太いくちばしを持つが、モズ（344ページ）に似ているのはそこだけである。大半は昆虫を食べ、葉や枝や木の幹から獲物をついばむ。マングローブで小型のカニを捕る種や、鳥の卵やひなを食べる種もいる。果実を食べるものも数種いる。繁殖についてはあまり知られていないが、普通はオスとメスの両方で抱卵する。1腹の卵の数は、モリモズが1〜2個、モズヒタキが3〜4個、モズツグミが4〜5個である。

キバラモズヒタキ
インドネシア、オーストラリア南部と東部、タスマニア、フィジーに幅広く分布するキバラモズヒタキ（Pachycephala pectoralis）は約73の亜種があり、体長16〜18cm。オスは黒と白と黄色、メスは灰褐色で、種の交じった群れでいることがある。

ハシブトモズヒタキ
オーストラリア各地で見られるハシブトモズヒタキ（Falcunculus frontatus）は多雨林から庭園まで様々な生息環境に棲む。強いくちばしで浮いた樹皮をはぎ取って、昆虫を探す。体長15〜19cm。黒い冠羽がある。メスは喉がオリーブ色、オスは黒い。

エナガ科
エナガ類

体長　11-14cm

種　7

北および中央アメリカ、ヨーロッパ、アジアに棲む。ヒマラヤの亜種は標高3400mまで生息するが、冬は山を降りる。短い円錐形のくちばしを持ち、チメドリ類（347ページ）に最も近いかもしれない。チメドリ類と同様、渡りはせず、小さな集団で生活し、協同繁殖が多く、共同のなわばりを守る。集団でねぐらに集まり、同じ枝に並んで身を寄せ合う。繁殖するつがいには時々、交尾はせずにひなの給餌を手伝う"ヘルパー"がつく。ドーム形の巣は羽毛で内張りされ、営巣には20日間もかかることがある。1腹で4〜12個の卵を産む。

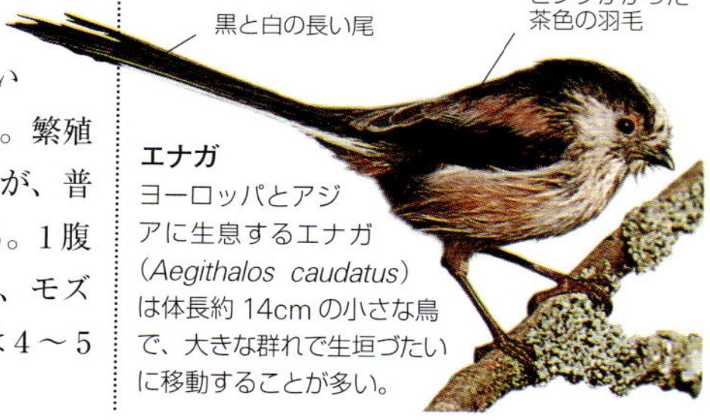

エナガ
ヨーロッパとアジアに生息するエナガ（Aegithalos caudatus）は体長約14cmの小さな鳥で、大きな群れで生垣づたいに移動することが多い。

ツリスガラ科
ツリスガラ類

体長　8-14cm

種　10

北アメリカ、ヨーロッパ、アジア、アフリカに棲む。運動能力が高く、枝の下側を歩くことができる。枝や葉から無脊椎動物をついばみ、種子や果実も食べる。細い尖ったくちばしを持つ小さな鳥で、集団で餌をとり、コロニーで営巣する。巣はさいふ形の変わった構造で、入口が雨樋のような形のトンネルがあり、草と木の根を編んで、枝の先から吊り下げられている。メスは5〜10個の白い卵を12日間抱卵し、ひなは16〜18日で飛べるようになる。

ツリスガラ
ツリスガラ（Remiz pendulinus）は体長11cm。住処の沼地に生えているガマの綿毛で巣をつくり、遠慮がちな声で鳴く。

スズメ類

シジュウカラ科
シジュウカラ類

体　長　11–22cm
種　　　約50

多くの種が人間との共存に適応し、庭などに設置した給餌台をよく訪れ、巣箱を利用して繁殖することも珍しくない。北および中央アメリカ、ヨーロッパ、アフリカ、アジアに生息し、小柄で運動能力の優れた鳥で、葉から昆虫をついばんだり、吊り下げ式の餌台からピーナッツをつまんだりする。秋と冬には多くの種が、異種混成の群れをつくって採食し、昆虫を探して生垣を移動しながら頻繁に鳴き声をあげている。一般的に木の洞や巣箱に巣をつくり、コケで内張りして多くの卵を産みつける。13〜14日で孵化し、ひなは17〜20日で巣立つ。

アメリカコガラ
アメリカコガラ（Parus articapillus）は北アメリカで最も広く分布しているカラ類で、"チッカディーディーディー"という鳴き声から"Black-capped chickadee"と名づけられた6種の1つである。体長13cm。春になるとつがいの相手を見つけて枯れた切り株に巣穴を掘り、草とコケと羽毛でつくったカップ形の巣にメスが6〜8個の卵を産む。

シジュウカラ
ヨーロッパでは給餌台で最もよく見かけるシジュウカラ（Parus major）は体長14cm。冬になると他のカラ類と群れをつくって昆虫を探し、種子や果実も食べる。鳴き声は様々で、「ティーティートゥー」と口笛のような音を続けてさえずる。メスは赤っぽい斑点のある白い卵を5〜11個産む。

アオガラ
アオガラ（Parus caeruleus）は非常に運動能力が高く、草むらを昆虫を探しながら逆さまにぶら下がって昆虫を食べる。木の洞や巣箱に巣をつくり、赤っぽい斑点のある白い卵を6〜12個産る。体長11.5cm。

ハイイロガラ
アフリカ南西部に棲むハイイロガラ（Parus cinerascens）は、乾燥したサバンナやカラハリ砂漠のトゲのある低木地帯を住処とする。採食しながらよく逆さまにぶら下がる。枝から枝へと飛び移り絶えず動き回っている。昆虫を探してアカシアの莢を破ることができる。

キバシリ科
キバシリ類

体　長　10–16.5cm
種　　　7

北および中央アメリカ、ヨーロッパ、アフリカ、アジアに生息する樹上生の鳥で、下向きに湾曲した細いくちばしと褐色の羽毛を持ち、腹が白っぽい。固い尾でバランスをとって木を登り、樹皮の下の昆虫を探す。ゴジュウカラ類（右上）とは違って、上に向かって登る。鳴き声と歌声は甲高い。枝や樹皮やコケでハンモックのような巣をつくる。2〜9個の卵を産み、多くはメスが抱卵し、14〜15日でかえる。子育てはオスとメスの両方で行い、ひなは14〜16日で巣立つ。

アメリカキバシリ
アメリカキバシリ（Certhia americana）はヨーロッパのキバシリ類の亜種と考えられており、アラスカからニューファンドランド、南はニカラグアにかけて繁殖し、生息範囲の南部で越冬する。体長13〜14cmでらせん形を描いて木を登る。昆虫を探して木の梢から別の木の根元に飛ぶ。

ゴジュウカラ科
ゴジュウカラ類

体　長　10–20cm
種　　　25

北および中央アメリカ、ヨーロッパ、北アフリカ、アジアに生息し、生涯木の上で過ごす。木の幹や枝を登るも降りるも自由自在である。しかしイワゴジュウカラの2種は例外で、岩肌や建物を住処とする。キツツキ（332ページ）やキバシリ（下）とは違って、先が角張った短い尾をバランスをとるためには使わない。足と爪が頑丈で長く、登るときには片足をもう一方の足より高い位置に置き、下の足でバランスをとる。樹皮から昆虫や無脊椎動物を探すが、種子や木の実もくちばしで割って食べる。木の洞や岩穴に巣をかけ、腐った木に自分で穴を掘る種も少数いる。メスは赤い斑点のある白い卵を4〜10個産む。多くの種は背中が青灰色であるが、東南アジアの3種は青緑色である。一部のムネアカゴジュウカラ類を除いて、渡りはしない。

ゴジュウカラ
鮮やかな紺ねずみ色とオレンジ色のゴジュウカラ（Sitta europaea）は体長11〜13cm。「ピーウー、ピーウー」とさえずる。巣穴に泥を塗りつけて開口部を小さくする。昆虫、種子、木の実を食べるが、木の実は樹皮にはさんでくちばしで割る。

キバシリモドキ科
キバシリモドキ類

体　長　15cm
種　　　2

あまり知られていない科で、フィリピン諸島の一部の島にしか見られない。比較的ありふれているキバシリモドキは低地にいるが、ムジキバシリモドキは標高900m以上の地域に棲む。羽毛は褐色で腹部が白っぽい姿はキバシリ（左）に似ているが、くちばしはもっとまっすぐでずんぐりし、先の角張った尾は固くなく、木登りには使わない。主に高木層で餌をとるが、木の幹でも採食する。木の洞に巣をかけると考えられている。

キバシリモドキ
キバシリモドキ（Rhabdornis mystacalis）は昆虫をついばんだり、果実を食べる。花の中にもくちばしを入れるが、先端がブラシのような舌で花粉を集めているのだろう。体長約15cmで、小さな群れで採食し、他の種と一緒に行動することもある。

ゴジュウカラ科（続き）
ムネアカゴジュウカラ
ムネアカゴジュウカラ（Sitta canadensis）は体長11〜12cm。北アメリカの針葉樹林に生息し、北はアラスカやニューファンドランドにまでいる。冬になると針葉樹の種子を食べ、食物がなくなると大群で南に移動する。巣穴の周りに松の樹脂を塗りつけるが、これはアリ除けのためと思われる。

キノボリ科
キノボリ類

体　長　10–17.5cm
種　　　8

7種はオーストラリアだけに棲むが、1種はニューギニアにいる。主にアリを食べ、木の洞に巣をかける。コミュニティをつくって繁殖する種もある。2〜3個の卵を産み、16〜23日間抱卵する。

ノドジロキノボリ
ノドジロキノボリ（Cormobates leucophaeus）はオーストラリアの東部および南東部の様々な生息環境に分布している。体長は16〜17.5cm。

目 スズメ目（続き）

ハナドリ科
ハナドリ類

体長　7-19cm

種　約48

東南アジアとニューギニアに棲み、5種（ホウセキドリ類4種とヤドリギハナドリ）がオーストラリアに生息している。ホウセキドリ類を別の科に分類する学者もいる。くちばしが短く尾も太くて短い。生息環境は多雨林、山地、竹林、庭園と様々だ。全般的には渡りはしないが、ヤドリギハナドリは移動をする。大半のハナドリは一度に1～4個の卵を産む。巣はドーム形で小枝から吊り下げられている。しかしホウセキドリ類は木のうろや地面の穴に巣をつくる。摂食行動も多種多様で、ベリー類も昆虫も食べるハナドリ類もいれば、ニューギニアにいる種は果実だけを食べ、ホウセキドリ類は昆虫しか食べない。ほとんどヤドリギの果実だけしか食べない種もおり、その種子を遠くに運ぶ大切な役割を担っている。

オレンジハナドリ
アジアに生息しているオレンジハナドリ（Dicaeum trigonostigma）は、体長9cmで、常緑樹とマングローブを住処とする。オスは背と頭と胸の上部が灰色、腹と臀部がオレンジがかった黄色をしているが、メスは胸が灰色を帯び、臀部が黄色い。

短い尾

キボシホウセキドリ
オーストラリア固有の鳥であるキボシホウセキドリ（Pardalotus striatus）は、ユーカリの森などの森林でよく見られる。体長約10cm。少なくとも5つの地理的な亜種がいる。頭部は黒いか、または縞がある。

タイヨウチョウ科
タイヨウチョウ類
クモカリドリ類

体長　8-22cm

種　約130

アフリカ全土とアジアからオーストラリアにかけて生息し、タイヨウチョウのオスはほとんどが金属光沢のある羽毛を持つが、メスはくすんだ緑色である。繁殖期が終わるとオスもメスのようなくすんだ色の羽に換羽する。タイヨウチョウは花蜜や昆虫をとるのに適した長いくちばしと、体長の半分近くを占める長い尾を持つ。クモカリドリ類の10種はタイヨウチョウとよく似ているが、くちばしが長く体もずんぐりしており、東南アジアにのみ生息する。タイヨウチョウ類とクモカリドリ類はハチドリ類（323）に姿も採食方法も似ているが、羽ばたきはハチドリよりもゆっくりしている。コケとクモの巣でつくった繊細な巣は卵形で、普通は枝から吊り下がっている。なわばり意識の強い攻撃的な鳥で渡りはしないが、ナイルタイヨウチョウは毎年スーダンからコンゴに移動する。ほかに少なくとも2種、季節ごとに移動するタイヨウチョウがいる。

湾曲した長いくちばし

ヒムネタイヨウチョウ
西および東アフリカとアフリカ南部の開けた森林や庭園に広く分布しているヒムネタイヨウチョウ（Nectarinia senegalensis）は黒っぽいがっしりした鳥で、くちばしが長くて、湾曲している。体長約15cm。オスは胸の上部が鮮やかな真紅色をしている。

キタキフサタイヨウチョウ
キタキフサタイヨウチョウ（Nectarinia osea）は体長10～11cm。西アジアと中央アフリカに生息している。

長いくちばし

オスは体の上部が青みがかった紫色

カワリタイヨウチョウ
カワリタイヨウチョウ（Nectarinia venusta）は西および東アフリカとアフリカ南部の開けたサバンナの森林や庭園に広く分布する。オスは体の上部が金属光沢のある青で、胸の上部が青みがかった紫色をしているが、メスは体の上部がオリーブブラウンで、胸は淡黄褐色がかった白である。

黄または白い腹

わずかに青の入った黒い尾

キバラコバシタイヨウチョウ
キバラコバシタイヨウチョウ（Anthreptes collaris）はサハラ砂漠以南のアフリカの森や森林地に生息し、海岸や河岸の森を住処としている。体長10cm。オスはメスより鮮やかな羽毛をしている。

黄色い胸

タテジマクモカリドリ
インドから中国、さらに南のマレーシアで見られるタテジマクモカリドリ（Arachnothera magna）は、密林や植物の生い茂った森の中の空き地に生息している。体長約17cm。下向きに湾曲した長いくちばしがある。

メジロ科
メジロ類

体長　10-14cm

種　約94

アフリカとアフリカの島々、西アジア、南および東南アジアから日本にかけて、インド洋および太平洋、オーストラリアに分布し、一般的に標高3000mまでの森林の周縁と高木層に生息している。わずかに下向きに湾曲した鋭いくちばしを持ち、花蜜を吸うために先端がブラシのようになった舌と小さな丸い翼がある。最も目立つ特徴は名前の由来ともなっている目の周りの白い輪で、種によって形も大きさも様々である。科のほとんどすべての鳥は淡い緑色でお互いによく似ている。同じ「ピーウー」という鳴き声を出し、オスもメスも外見が似ている。移動性の高い鳥で、ほとんどのメジロは寒くなると渡りをする。しかしインド太平洋の島々には渡りをしない個体群もおり、異常気象に弱い。この鳥たちは独特の亜種を形成しており、遠隔地に棲む動物に典型的な遺伝上の変形は見られない。

メジロ
南および東南アジアに広く分布しているメジロ（Zosterops japonica）は、ハワイにも移植されている。体長10.5cm。喉と顎が黄色、頭部と背と尾がオリーブグリーンをしている。

ウスイロメジロ
ウスイロメジロ（Zosterops pallidus）はボツワナ、レソト、モザンビーク、ナミビア、南アフリカ、スワジランドの森林や庭園によく見られる鳥で、体長約11cm。

ミツスイ科
ミツスイ類

体長　9.5–32cm

種　約174

主にパプアニューギニア、オーストラリア、アジア、太平洋信託統治諸島に生息し、花蜜を吸うのに適した独特のブラシのような舌で花蜜や果実を食べる。舌を1秒間に約10回も花蜜の中に差し込むことができる。一般的にくすんだ色合いの鳥で、オスとメスは同じ外見をしているが、キガオミツスイは黄色と黒の鮮やかな羽毛を持ち、クレナイミツスイはオスは赤くメスは茶色と外見が異なる。この科の鳥は体の大きさにかなり幅がある。ムシクイやツグミに似ているものもいれば、ハチドリのような姿をしたものもおり、大型のミツスイはカササギに間違えられるほどである。顔に羽毛がなく発達した肉垂のある鳥もいる。すべて森林に棲み、わずかな種のみが地面に降りてきて餌をとる。繁殖期以外は花の咲く木を探して渡りをすることが多い。

アオツラミツスイ
オーストラリアの北端と東端、およびニューギニアに分布しているアオツラミツスイ（*Entomyzon cyanotis*）は、開けた森林や農地に見られる。体長31cm。オスとメスは同じ外見で、頭は黒く、首筋には白い斑点があり、黄色い目の周りの顔の皮膚は、独特のツートンカラーの青い色をしている。

― 青い顔の皮膚
― オリーブグリーンの背と尾
― 白い胸と腹

クロガオミツスイ
タスマニアを含むオーストラリア東部のみに生息するクロガオミツスイ（*Manorina melanocephala*）は、騒々しい群生の鳥で、体長26cm。オスメスとも外見が似ている。6〜12月にコロニーをつくって繁殖する。

エリマキミツスイ
ニュージーランド固有の鳥であるエリマキミツスイ（*Prosthemadura novaeseelandiae*）は、原生林や低木林に生息する。金属光沢のある紫がかった緑色を帯びた光沢のある黒い羽毛で、喉に2枚の白い飾り羽がついている。エネルギッシュな鳥でゆたかな音楽性のある歌声を持ち、花蜜、果実、昆虫を食べる。オスは体長30cmでメスよりも大きい。

ヒメハゲミツスイ
オーストラリア、パプアニューギニア、インドネシアの小スンダ列島に棲むヒメハゲミツスイ（*Philemon citreogularis*）は体長27cm。16種いるハゲミツスイの仲間の中で最も小さい。

ホオジロ科
ホオジロ類
スズメ類

体長　10–20cm

種　321

大規模な科で全世界に分布している。ホオジロ類はヨーロッパ、アフリカ、アジアに、スズメ類とヒメウソ類は南北アメリカに生息する。小型の鳥で、脚の長さは中くらいだが足先は大きく、地面を引っかいて食物を探すのに適している。羽毛の色も非常に様々であるが、際立って鮮やかな羽色を持つものはいない。尾は長く、二股に分かれているものもあり、翼は長く、たいていは先が尖っている。ホオジロ類はくちばしが円錐形で短く、種子の殻をむくのに都合がよい。大半の種が開けた田園地帯に棲むが、生息地の好みは多種多様である。南アメリカの南端にある荒涼としたティアラ・デル・フエゴからユキホオジロの繁殖地であるグリーンランドの北端まで、海岸からアンデス山脈の不毛の高地までが住処となり、湿気の多いところから乾燥しきった場所、猛暑の土地から酷寒の地まで極端な気候にも耐える。巣はカップ形でドーム形の屋根があるものも多く、低木や木の低い位置か地面の上につくられる。メスは、淡い地色に赤、茶または黒の模様のある2〜7個の卵を産む。大半が渡り鳥である。越冬地とはかなり離れた場所に姿を現すことがあるが、野鳥の飼育愛好家に人気があるため、観察された鳥が人間の元から逃げ出したものである可能性もある。

キアオジ
農地や開けた田園地帯でよく見かけるキアオジ（*Emberiza citrinella*）はヨーロッパ一帯に広く分布し（ただし西部では数が減りつつある）、アジア大陸や西アジアの耕作地にも棲んでいる。1860年代にはニュージーランドにも移植された。体長16cm。

ウタスズメ
北部のツンドラと一部の南部州を除いた北アメリカのほぼ全土に見られるウタスズメ（*Melospiza melodia*）は、森林以外の幅広い生息環境に数多くいる。体長17cm。比較的長い丸みのある尾があり、頭部は茶色で、中央に1本の灰色の縞が入っている。頬は灰色で、茶色い縞がある。胸も灰色で、黒い縞があり、背と尾は赤みがかっている。4〜7月に繁殖する。

― 胸の斑点
― 長い丸みを帯びた尾

サボテンフィンチ
ガラパゴス諸島のほとんどに生息するサボテンフィンチ（*Geospiza scandens*）は、体長は14cm。ウチワサボテンの種子だけを食べ、そのために他のヒワ・アトリ類よりもくちばしが長く、もっとはっきりと先の分かれた舌をしている。

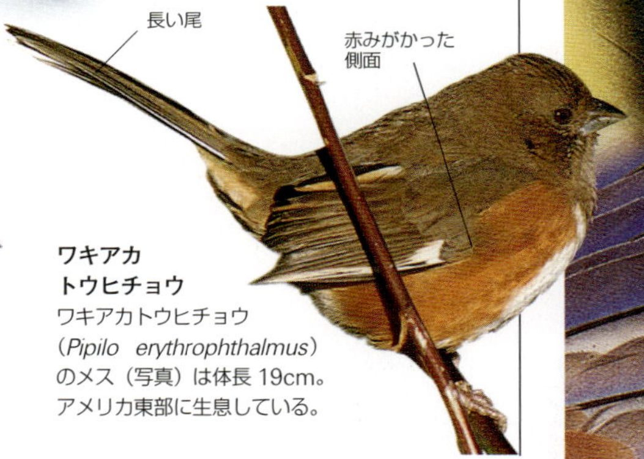

ユキホオジロ
ユキホオジロ（*Plectrophenax nivalis*）は、ヨーロッパのツンドラからアジア北部とシベリア東部にかけて、また北アメリカにも広く分布する。北極で繁殖するが、冬になると緯度の低い地域に渡る。5〜8月に繁殖する。体長17cm。頭が白く翼にも白い縞の入ったオスの方がメスより鮮やかな色をしている。

― 白い頭
― 白い翼の縞

ユキヒメドリ
ユキヒメドリ（*Junco hyemalis*）は大きく5つの亜種に分けられる非常に変化に富んだ種で、中部州を除いた北アメリカ全土に分布している。体長約16cm。森林地帯で繁殖し、アメリカ合衆国とメキシコの多数の生息地で越冬する。

― 灰色の背

ワキアカトウヒチョウ
ワキアカトウヒチョウ（*Pipilo erythrophthalmus*）のメス（写真）は体長19cm。アメリカ東部に生息している。

― 長い尾
― 赤みがかった側面

スズメ目（続き）

ホオジロ科
ズキンコウカンチョウ

体長　14cm
種　1

この種の分類上の位置づけは、鳥類学者の間で長年議論の的となってきた。これまではヒワ・アトリ類またはフウキンチョウの仲間とされるか、独立した科とされている。ボリビア、コロンビア、エクアドル、ペルー、ベネズエラに生息し、標高1800〜2900mの雲霧森の空き地に見られる。頭の前部が鮮やかな黄色、首筋が黒、背と翼と尾が濃い灰色、腹部は栗色である。

黄色い頭部
濃い灰色の翼
栗色の腹

ホオジロ科
マミジロイカル類 コウカンチョウ類

体長　12.5–22cm
種　約43

マミジロイカル類とコウカンチョウ類はくちばしの太い"種子を噛み砕く鳥"で、"種子の殻をむく"ホオジロ類やスズメ類（353ページ）とは構造が異なる。ムナグロノジコは種子を噛み砕くことも殻をむくこともできるので、中間的な存在といえる。この鳥たちはアメリカ大陸、特に熱帯地域のみに生息する。マミジロイカル14種、フウキンチョウ17種、ルリノジコ類7種がこのグループに属する。マミジロイカル類は中央および南アメリカにのみ生息し、大体はカラフルでくちばしの大きな鳥である。コウカンチョウ類のオスはふつう鮮やかな色合いをしており、ルリノジコ類、特にゴシキノジコも同様である。

長い深紅色の尾
赤いくちばし

ショウジョウコウカンチョウ
北アメリカ南部および東部からメキシコ、ベリーズ、グアテマラ、バミューダの森林の周縁や庭園に見られるショウジョウコウカンチョウ（*Cardinalis cardinalis*）は体長22cm。オスは鮮やかな深紅色で、喉が黒く、くちばしが赤い。メスはオリーブがかった淡黄褐色である。オスメスとも大きな澄んだ口笛のようにさえずる。

ムナグロノジコ
ムナグロノジコ（*Spiza americana*）は、3〜7月に北アメリカ中部および南部で繁殖し、南アメリカで越冬する。体長16cm。胸が黄色く、頭は灰色で、目のあたりに白っぽい縞が入り、黄色っぽい眉毛があり、背は灰色がかっている。オスは胸が黒いのですぐわかる。

紫がかった青い冠毛
緑色の背
赤い胸
茶色がかった尾

ゴシキノジコ
アメリカ合衆国最南端の各州のみで繁殖するゴシキノジコ（*Passerina ciris*）は、北アメリカで最もカラフルな鳥の1種である。オスは紫がかった青い冠羽があり華麗な羽色の持ち主である。メスは体の上部が鮮やかな緑色で腹部が淡い黄緑色をしている。体長14cm。

ホオジロ科
フウキンチョウ類

体長　10–28cm
種　256

西半球のほぼ熱帯のみに生息するこのグループには、アメリカで最もカラフルな鳥たちが属している。熱帯林の密生した部分に棲むフウキンチョウ類は比較的少なく、特に繁殖期以外は数種で混成した群れをつくって高木層を飛び回っている。この科の大半の鳥はカップ形をした開放的な巣をつくるが、地面の上ということは稀である。低い茂みで餌をとるものもいるが、地面に棲むものは少ない。果実と昆虫を食べる。このグループに属するスミレフウキンチョウはヤドリギ類の果実を食べ、ミッドリ類は花蜜を吸うのに適したくちばしと舌をしている。数種はグンタイアリの行列の後を追い、アリに狩り出された昆虫やクモを捕らえる。1年中つがいで行動するものが多く、そのためほとんど歌わないが、アカフウキンチョウなど数種は魅力的な歌声を持つ。

カササギフウキンチョウ
南アメリカに広く分布しているカササギフウキンチョウ（*Cissopis leveriana*）は、雲霧森や多雨林、耕作地や郊外の低木に棲んでいる。体長28cm。頭、襟羽、喉、胸が青みがかった黒をしている。黒くて長い尾は端が白く、翼は黒と白で、腹は白い。

灰色がかった白い腹

ヤブフウキンチョウ
メキシコやベリーズからアルゼンチン、ボリビア、コロンビアなど南アメリカのほぼ全土にかけて生息し、標高900〜3000mの雲霧林や多雨林を住処とするヤブフウキンチョウ（*Chlorospingus ophthalmicus*）は体長14cm。小さな黒い斑点のある白っぽい喉をしている。頭頂部と頭の両脇は暗褐色で、目の周りに白い輪がある。

真紅色の頭
黒い翼

アカフウキンチョウ
落葉樹林に見られるアカフウキンチョウ（*Piranga olivacea*）は、5〜7月にかけて北アメリカ東部で繁殖し、南アメリカのコロンビアからボリビアで越冬する。カリブ諸島にいる鳥はほとんど渡りをしない。体長17cm。オスは頭と体が鮮やかな真紅色をしている。

青みがかった黒の翼
冠毛と喉が青い
黒い胸

アオクビフウキンチョウ
ボリビア、ブラジル、コロンビア、エクアドル、ペルー、ベネズエラに生息するアオクビフウキンチョウ（*Tangara cyanicollis*）は、標高300〜2400mの孤立した木のある開けた場所に見られる。オスとメスは外見が似ており、体長12cmで冠毛と喉が青い。翼は青と黒または緑と黒で、亜種により色が違う。

黄色いくちばし
青みがかった緑色の体

ズグロミツドリ
ズグロミツドリ（*Chlorophanes spiza*）は南アメリカ北部のほとんどの国に広く分布し、よく見られる鳥で、トリニダード・ドバゴにも生息する。体長約14cm。標高1500m以下の森林の高木層に棲む。オスは全身が鮮やかな青みがかった緑色をしており、黒いマスク（顔の模様）がある。オスメスともくちばしが黄色く目が赤い。

スズメ類 355

ホオジロ科
ツバメフウキンチョウ

体長　15cm
種　　1

南アメリカ中部と北西部から、南はパラグアイとアルゼンチンまで分布する。オスはほぼ全身がターコイズブルーで、下腹が白く黒い顔の模様（マスク）を持ち、メス（写真）は緑色である。オスメスとも目は赤い。湿潤な森林のある標高1500mまでの丘陵地に30匹以上の群れをつくって棲んでいる。

マミジロミツドリ科
マミジロミツドリ

体長　11cm
種　　1

マミジロミツドリはアメリカムシクイ科（下）の1種とされることもある。変化に富んだ種で、41の亜種が確認されている。南アメリカの北部と東部、カリブ諸島に広く分布し、生息範囲の中でも北部ではよく見られるが、森林の奥地には比較的少ない。花蜜が主食であるが、果実も食べる。オスメスとも頭頂部とマスクが黒く、目に白い縞があり、胸と腹が鮮やかな黄色をしている。

アメリカムシクイ科
アメリカムシクイ類

体長　10-16cm
種　　約116

アメリカムシクイ類には、鮮やかな羽の色をした鳥が多く、オレンジや黄色の斑模様がよく入っている。広範囲の森林や低木林に生息しており、多くは冬になると北アメリカから中央および南アメリカの熱帯に向かう。しかし人間の住宅や農耕地が進出して生息地が狭まり、繁殖する個体数が大幅に減った。主に昆虫を食べるが、渡りの間は果実も食べる。歌声は種によってそれぞれに発達しているが、それでも似通っているのでバードウォッチャーを惑わす。

カートランドアメリカムシクイ
米国ミシガン州のバンクスマツの森でのみ繁殖し、バハマ諸島で越冬するカートランドアメリカムシクイ（Dendroica kirtlandii）は、生息環境の管理により営巣の条件が向上した。体長15cm。オスメスとも（写真はメス）上部が青みがかった灰色で、目の周りに白い輪がある。

クロズキンアメリカムシクイ
アメリカ合衆国東部と中部で繁殖し、中央アメリカと西インド諸島で越冬するクロズキンアメリカムシクイ（Wilsonia citrina）は飛んでいる昆虫を捕まえる名人で、湿地の森林や木の生い茂った沼地の地面か地上数メートルのところに棲む。体長14cm。オスメスとも動き回っているときには白い尾の斑点が見える。

白い尾の斑点

カオグロアメリカムシクイ
北アメリカ全土に分布し、アメリカ合衆国南部と南アメリカで越冬するカオグロアメリカムシクイ（Geothlypis trichas）は体長13cm。野原や沼地の背の低い草木を好む。オスには灰色の縁どりのある黒い顔のマスクがあり、喉と胸が黄色く、尾の下に雨覆羽がある。メスもオスに似ているが、マスクはない。

黒い顔の模様（マスク）
黄色い胸

シロクロアメリカムシクイ
カナダとアメリカ合衆国東部で繁殖し、はるばる南アメリカ北部で越冬するシロクロアメリカムシクイ（Mniotilta varia）は、体長11.5～14cm。枝づたいに餌を探し、長いくちばしで昆虫をとる。甲高い口笛のような鳴き声である。

オスは頭部が頭巾をかぶったように黒い
黒と白の縞
オスは喉が黒い

キヅタアメリカムシクイ
北アメリカで最もありふれた鳥の1種であるキヅタアメリカムシクイ（Dendroica coronata）は、繁殖期にはカナダとアラスカ、そして中西部一帯に見ることができる。体長14cm。2種の亜種がいるが、いずれも灰色の羽毛で臀部が黄色い。

東部の種は喉が白い
黄色い臀部
灰色の羽毛

ハワイミツスイ科
ハワイミツスイ類

体長　10-20cm
種　　23

自然保護の観点から重要な科である。半数近くが絶滅の危機にある。これはおそらく持ち込まれたカによる鳥のマラリアのためと考えられている。現存しているのは23種であるが、もとははるかに大規模な科で、化石によって少なくともさらに15種が確認されている。くちばしは、摂食行動に合わせて変わった形をしている。種子を割るための力強いくちばしから、非常に細く先細りになっていて下向きに湾曲したものまで様々である。ある種ではくちばしが体長の3分の1もあり、カワリカマハシハワイミツスイは上くちばしが下くちばしの2倍近くも長い。下くちばしで樹皮を割り、上くちばしで昆虫を引きずり出す。ほとんどが花蜜と果実を食べるが、昆虫を食べるものもいる。ハワイ固有の鳥であるが、ふもとにあった本来の生息環境が破壊されたため、今では標高3000mまでの火山の山腹にある湿潤な森林にのみ生息している。渡りはしないが花の咲く木を探して移動する。一般的に2～6月が繁殖期である。

カワリハシハワイミツスイ
ハワイ島の火山の山腹で標高1000m以上のコアの森にしか生息していないカワリハシハワイミツスイ（Hemignathus munroi）は、絶滅寸前の種である。体長約12.5cm。オスは背がオリーブグリーン、腹と頭が黄色である。メスはオスよりも小柄で、くすんだ色合いをしている。

オリーブグリーンの背
黄色い頭

ベニハワイミツスイ
ハワイ島、カウアイ島、マウイ島ではありふれた鳥であるベニハワイミツスイ（Vestiaria coccinea）は、ハワイの他の島では稀である。標高700m以上の原生林に棲む騒々しい種で、成鳥は体長約13cm。鮮やかな朱色の体にピンク色の下向きに湾曲した長いくちばしを持ち、目の周りに黄色い輪がある。

鳥類

目 スズメ目(続き)

モズモドキ科
モズモドキ類

体長　17–20cm
種　　約52

この科の鳥にはヒメモズモドキ類、ミドリモズ類、カラシモズ類がおり、体重は9～25gである。特徴のある刻み目の入ったくちばしはアメリカムシクイ(355ページ)より大きく、目の縞もはっきりしており、羽色の緑はもう少しくすんでいる。モズモドキ類は広葉樹林か広葉樹と針葉樹の交じった森に棲み、別々の地域で餌をとるので、異種の鳥同士が共存している。主食は昆虫であるが、季節によっては果実も食べる。渡り鳥で、アメリカ合衆国から北はカナダ北部にかけての地域で繁殖するが、冬は中央アメリカか南アメリカに移動する。一部のモズモドキ類は繁殖期と冬にカリブ諸島でも見られる。

アカメモズモドキ
アカメモズモドキ(*Vireo olivaceus*)は体長約15cm。北アメリカの落葉樹林に生息し、冬になると南アメリカに渡る。

キガシラヒメモズモドキ
南アメリカ北部の森林に生息しているキガシラヒメモズモドキ(*Hylophilus ochraceiceps*)は体長11.5cm。頭部は錆色がかったオレンジである。
淡い褐色の腹部

ムクドリモドキ科
ムクドリモドキ類

体長　15–53cm
種　　約97

非常にカラフルなアメリカムクドリモドキ、クロムクドリモドキ、マキバドリから暗い色調のオオクロムクドリモドキまでその顔ぶれは様々だ。外見がむしろカラス(360ページ)に近いオオツリスドリもこの科の仲間である。これらの種はすべて南北アメリカとカリブ諸島にしか見られない。多くは人間の居住地の近くに棲み、農業の恩恵にあずかるものもいるが、ハゴロモガラスのように穀物の害鳥となることも多い。順応性にすぐれているが、一部は非常に稀で、生息地が限られている。種によってオスとメスでは体の大きさと羽の色が異なる。ほとんどは円錐形で刻み目のない尖ったくちばしをしているが、オオツリスドリは上くちばしが広がっていてかぶと状の突起を形成している。騒がしい科で、オオツリスドリの鳴き声は印象的である。コウウチョウは他の種の巣に托卵してひなを育てる。一般に渡りをしないが、ボボリンクは毎年北アメリカからアルゼンチンまで大移動する。

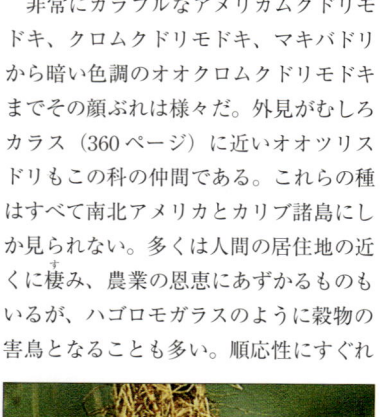

カンムリオオツリスドリ
中南米北部とトリニダードトバゴに広く分布するカンムリオオツリスドリ(*Psarocolius decumanus*)は体長47cm。喉を鳴らすような大きな耳障りな鳴き声、アイボリー色のくちばし、青い目、光沢のある黒い羽の色で異彩を放っている。コロニーで巣をつくる。

ヒガシマキバドリ
白っぽい眉毛
斑点のある腹
アメリカ合衆国南部と東部の開けた野原や平原に棲むヒガシマキバドリ(*Sturnella magna*)は体長24cm。鮮やかな黄色い胸に独特のVの字形の黒い縞が入っている。背は茶色で斑紋がある。

ボボリンク
淡黄褐色の首
アメリカ合衆国北部とカナダ南部に生息し、アルゼンチンで越冬するボボリンク(*Dolichonyx oryzivorous*)は体長18cm。オスは主に黒、メスは黄色がかった茶色で縞がある。

ハゴロモガラス
北アメリカほぼ一帯の沼沢地域に生息し、冬になると大規模な群れをつくるハゴロモガラス(*Agelaius phoeniceus*)は体長22cm。オスは全身が光沢のある黒で、肩にあざやかな赤い部分があり、杭に止まって歌いながらディスプレイする際に膨らませる。

ボルチモアムクドリモドキ
翼の大きな白い斑点
オレンジ色の頬
カナダ南西部、アメリカ合衆国西部、メキシコ北部の落葉樹林に棲み、中央アメリカで越冬するボルチモアムクドリモドキ(*Icterus bullocki*)は体長21cm。アメリカ合衆国のグレートプレーンズでは近縁の東部種と異種交配する。

オオクロムクドリモドキ
西部州を除く北アメリカの農場や公園、都市圏に多く見られ、その地域では最もありふれた鳥の1種であるオオクロムクドリモドキ(*Quiscalus quiscula*)は体長32cm。オスは頭と首が光沢のある紫色をしている。オスメスとも奇妙にねじれた尾を持ち、飛んでいるときによく見える。

コウウチョウ
オスは頭部が茶色
光沢のある黒い羽
コウウチョウ(*Molothrus ater*)は体長約19cm。オスは頭部が茶色いことでわかる。アメリカ合衆国の沿岸部と南部に生息し、夏になると中部州とカナダを訪れる。

アトリ科
アトリ類

体長　11–19cm

種　約134

北アメリカ、アフリカ、ヨーロッパ、アジアに棲み、種子を食べるのに合わせて進化したくちばしをしている。非常に固い種子を割るために特に丈夫な頭蓋骨と大きな顎の筋肉を持つものもいる。この鳥たちは口蓋の両脇にある特殊な溝に種子をはさみ、下顎を上げて割る。殻は舌でむいて、実を呑み込む。一部のアトリ類は渡り鳥であるが、寒い気候の土地から食物を探すために短距離を移動するにすぎない。なわばりを持つものが大半だが、協同繁殖をする種もいる。

ズアオアトリ
ズアオアトリ（Fringilla coelebs）はヨーロッパ、北アフリカ、西アジア、パキスタンで一般的な鳥で、開けた田園地帯や森林に見られる。体長15cm。

キビタイシメ
体長20cmと大柄なキビタイシメ（Coccothraustes vespertinus）は北アメリカ北部の針葉樹林に生息し、冬になると南に移動する。群生のにぎやかな鳥である。

ゴシキヒワ
ゴシキヒワ（Carduelis carduelis）は体長14cmの華奢な鳥で、特徴のある赤い顔とベージュ色の体をしている。ヨーロッパとアジアの田園地帯ではよく見かける鳥である。

褐色の翼

イスカ
北アメリカ、ヨーロッパ、アジアに棲むイスカ（Loxia curvirostra）は、くちばしが非常に変わっている。上くちばしと下くちばしが交差しているのだ。この特徴によって熟した松かさから種子を取り出すことができる。体長17cm（写真はメス）。

灰色の背

オスは胸がピンク色

カナリア
カナリア（Serinus canaria）はペットとして飼われているカナリアの先祖にあたる野鳥で、体長13cm。灰色がかった黄色の羽毛をしている。カナリア諸島、アゾレス諸島、アフリカ西岸の沖合いにあるマデイラ諸島固有の鳥である。

翼の黄色い縞

ウソ
ヨーロッパ全土から東の中国まで分布しているウソ（Pyrrhula pyrrhula）は体長16cm。魅力的な姿をした鳥であるが、洋ナシの木からつぼみを食べ尽くしてしまうため、果樹園農家では嫌われ者である。オスは胸がピンク色で背は灰色、翼が黒と白なのですぐにわかる。

尾の下側に白い雨覆羽

カエデチョウ科
カエデチョウ類

体長　9–13cm

種　約133

分類学上の議論の対象となることが多く、カエデチョウ類、クサビオノジコ類、セイコウチョウ類、キンパラ類が含まれる。アフリカ、アジア、オーストラリアの開けた草原、ニューギニアに生息している。大部分は留鳥で、食物や水を求めて移動するだけである。主に草の種子を食べ、多くが生涯つがいで連れ添う。大半は草でドーム形の巣をつくるが、穴に巣をかけるものもいる。4～8個の白い卵を産み、卵は10～21日間で孵化する。繁殖期が終わると社会的な行動をとり、安全のために群れをつくる。

キンカチョウ
オーストラリア本土一帯に棲み、水辺に群れをつくるキンカチョウ（Taeniopygia guttata）は体長10cm。目の下に黒い涙のような筋がある。

オレンジ色の頬の斑点

ブンチョウ
主に街中や庭先にいるブンチョウ（Padda oryzivora）は、大群で農地に集まり、稲田やトウモロコシ畑の害鳥になる場合もある。体長14cm。ジャワからスラウェシ島にかけてのインドネシアが原産で、アジア、オーストラリア、タンザニアに移植された。

赤いくちばし

コキンチョウ
オーストラリア北部のサバンナの森林、岩山、密生した草地のみに生息するコキンチョウ（Chloebia gouldiae）は、ダニによる感染症のために近年個体数が激減し、オーストラリアでは最も絶滅の危機に瀕している鳥である。体長14cm。頭が黒い鳥が大半だが、稀に頭の赤いものや金色をしたものもいる。

ハタオリドリ科
ハタオリドリ類

体長　13–26cm

種　約114

主にアフリカに棲む大規模なグループで、ほとんどはハタオリドリ類の名で知られる。くちばしは円錐形で短く、翼も短くて丸く、羽毛の色は黄色か茶色、またはその両方である。互いに取り違えるほどよく似た種もいる。ほとんどは屋根つきの巣をつくり、ヤシの木の葉や茎を裂いて編んだ長い管状の入口がついているものもある。完成したばかりの巣からオスが逆さまにぶら下がってメスの気をひく姿は、アフリカではよく見かける。大半は種子を食べ、渡りをするサバンナの鳥であるが、昆虫を食べ、渡りはせず森林に棲むものもいる。他の鳥がつくった巣に卵を産みつけ托卵する種もいる。

イエスズメ
世界で最もありふれた都会種のイエスズメ（Passer domesticus）は人間と楽々共存している。体長15cm。アジア原産であるが、今では多くの国々で見られる。ただし個体数の減少が確認されている。

シャカイハタオリ
ナミビア、ボツワナ、南アフリカにのみ生息するシャカイハタオリ（Philetairus socius）は、多ければ300匹もの大きなコロニーをつくって営巣する。巣は木や杭の上にかけるが、互いに隣接してつくるので大きな塊になる。体長14cm。

紫色の光沢

クロシコンチョウ
クロシコンチョウ（Vidua funerea）はカゲロウチョウの鳴きまねをし、托卵する。ケニアから南アフリカにかけてと西アフリカの一部に生息する。体長12cm。

黒いマスク（顔の模様）

コウヨウチョウ
コウヨウチョウ（Quelea quelea）は体長12cmでアフリカの37か国に生息し、世界で最もよく見られる鳥と考えられている。コメとトウモロコシを食べるため、穀物畑の害鳥である。

ホウオウジャク
群生の鳥であるホウオウジャク（Vidua paradisaea）は、アフリカの東部と中部一帯でよく見られる。オスは体長33cm、メスは12cm。繁殖期になるとオスは見事な尾でさらに体長が21cmほど伸びる。巣はつくらず、ニシキスズメの巣に卵を産みつける。

オスは尾が非常に長い

目 スズメ目（続き）

ムクドリ科
ムクドリ類

体長　16〜45cm

種　約114

聞いた音をまねする能力が特徴で、物まね名人のハッカチョウ類とキュウカンチョウ類もこの仲間である。ムクドリ類はアフリカ、ヨーロッパ、アジアに生息するが、ホシムクドリは世界中に移植され、今では119か国に見られる。脚とくちばしが丈夫で、羽毛の色はおおむね黒であるが、金属光沢のあるものも多く、特にアフリカ種ではそれが目立つ。オナガテリムクのように尾の長いものもおり、長さ35cmにも達することがある。顔、特に目の周りに羽毛のない皮膚がむきだしのムクドリ類もいる。またトサカムクドリは頭に肉垂というたるんだ皮膚のひだがある。ほとんどは地面を自由自在に動き回り、人間の住む場所に入り込んでいる種もいくつかある。大半が留鳥であるが、部分的な渡りをするものもおり、冬に食物を求めて移動する。ほとんどが雑食性で、青みがかった緑色の、時に褐色の斑点のある卵を2〜6個産む。

キュウカンチョウ
南アジアと東南アジアのほとんどに分布するキュウカンチョウ（*Gracula religiosa*）は、湿潤な森林に棲む。体長28〜30cm。耳をつんざくような様々な鳴き声が特徴で、ペットショップや鳥類飼育場にもよくいる。

目の後ろに黄色い肉垂がある
羽色は光沢のある黒と紫

セイキテリムク
アフリカの多くの国々、28か国に分布し、森林に棲むセイキテリムク（*Lamprotornis splendidus*）は体長27cmの鮮やかな色彩をした鳥である。非常に臆病な鳥で、大規模な森林伐採のために各地で数が減少している。繁殖期以外は群れをつくる。

紫色の喉と胸
光沢のある鮮やかな青みがかった緑の羽色

ホシムクドリ
119か国に生息しているホシムクドリ（*Sturnus vulgaris*）は人間の近くで生活することに適応した、世界で最もありふれた鳥の1種である。体長21cm。大群で餌をとったり、眠ったりする。夜は建物のひさしにとまっていることも多い。

緑、青、または紫の金属的な光沢

アカハシウシツツキ
アフリカに生息するアカハシウシツツキ（*Buphagus erythrorhynchus*）は体長20cm。バッファローやサイのような大型の哺乳動物の傷口から出る血を吸う。櫛のようなくちばしで哺乳動物の皮膚をこすって食物を探し、宿主の体からマダニやヒルを取り除く。

オナガテリカラスモドキ
唯一のオーストラリア原産のムクドリであるオナガテリカラスモドキ（*Aplonis metallica*）は、毎年ニューギニアや近隣の島々から訪れ、クイーンズランドの沿岸で繁殖する。1本の木で数百匹が子育てしているのが見られることもある。体長22cm。羽色は光沢のある緑と紫で、鮮やかな赤い目をしている。野生や果樹園の果実を食べる。

コウライウグイス科
コウライウグイス類

体長　20〜30cm

種　29

がっしりして、くちばしが下向きに湾曲し、翼は長くて先が尖っている。アフリカ、アジア、ニューギニア、オーストラリアの森林に生息し、ユーラシア大陸に棲むものも1種いる。ほぼ全身が黄色で、頭か翼が黒いものが多い。一般にメスの方がくすんでおり、縞模様が目立つ。このグループはすべて昆虫と果実を食べ、ズキンコウライウグイスの1種は花蜜も食べる。美しく澄んだ独特のさえずりはかなり遠くからでも聞こえる。大半が深いカップ形の巣を、水平に枝分かれした木の股に吊り下げてつくる。多くは渡り鳥である。

ズキンコウライウグイス
アフリカ中央部、東部、南部に見られるズキンコウライウグイス（*Oriolus larvatus*）は体長22cm。騒々しい鳥で、大きく澄んだ鳴き声でよく目立つ（高木層にじっと止まっていることが多い）。種子、穀物、果実、青虫を食べる。

オウチュウ科
オウチュウ類

体長　18〜72cm

種　約23

アフリカ、アジア、オーストラリアに分布する。長い二股に分かれた尾を持ち、2種を除いてすべて光沢のある黒である。ずんぐりしたくちばしはアーチを描いてかすかに鉤型に曲がっており、小さな刻み目がついている。鼻孔は密生した羽毛で隠れていることが多い。標高3300mまでの主に森林に棲むが、木がまばらに生えた開けた土地にも見られる。主食は昆虫だが、トカゲや小鳥も食べる。採食方法はタイランチョウと似ており、枝から飛び立って獲物を捕まえると枝に止まって食べる。自分の数倍も体の大きな猛禽を追い回すことでも知られる。

マダガスカルオウチュウ
コモロ諸島とマダガスカル島のみに棲むマダガスカルオウチュウ（*Dicrurus forficatus*）は、その国々では唯一のオウチュウ類である。体長26cm。くちばしの付け根から飛び出した冠毛がある。

ホオダレムクドリ科
ホオダレムクドリ類

体長　25〜48cm

種　2

ニュージーランドに棲み、最も有名なのがハシブトホオダレムクドリである。1970年代の調査で、北島にのみ小さなコロニーが残っていることがわかっている。保護活動家が乗り出し、マキ科の森林の保全や卵とひなの捕獲管理などを行った。現在では30ほどの個体群があるが、まだ危険を脱したわけではない。残存している別の1種がセアカホオダレムクドリ（写真）である。ホオダレムクドリは1907年に目撃されたのが最後だが、オスとメスでくちばしの形が違う点がユニークであった。オスのくちばしはまっすぐで先が尖り、メスは細くて下向きに湾曲していた。羽毛を目的に捕獲されたり、生息環境を破壊されたために絶滅している。

セアカホオダレムクドリ
セアカホオダレムクドリ（*Creadion carunculatus*）は体長25cm。飛ぶ力が弱く、木々の間を縫って跳ねたり走ったりしながら樹皮を探って昆虫をとる。離島に巣をつくるため、めったに姿は見られない。最近、小規模な個体群がオークランド港のある島に移植され、飛来する鳥の数が安定してきている。

スズメ類

ツチスドリ科
ツチスドリ類

体　長　20–26cm
種　　　2

ツチスドリ科に属する鳥は、オーストラリアとニューギニアに生息するツチスドリと、ニューギニアにいるヤマツチスドリの2種のみである。ツチスドリは営巣に泥を使うため、水辺から離れたところではめったに見られない。

ツチスドリ
オーストラリアの地表水の近くでよく見られるツチスドリ（*Grallina cyanoleuca*）は体長20cm。大きな5音程の甲高い声でさえずる。都会にもなじんでおり、路傍で餌をとる姿も見られる。

オスは喉が黒い
長い脚

モリツバメ科
モリツバメ類

体　長　12–20cm
種　　　11

モリツバメ類はアジアの一部、太平洋諸島、ニューギニア、オーストラリアに生息する。科の名前は"モリツバメ"であるが、ツバメ類と近縁関係はない。しかし飛ぶ姿はイワツバメに似ていないこともない。体長12〜20cmで、頑丈なくちばしと短い脚を持ち、翼はかなり短くて先が尖っている。モリツバメ科の特徴は枝の上に身を寄せ合う習性で、特に眠るときにその体勢をとる。昆虫を食べる鳥で、食物のほとんどは飛びながら捕らえる。すべての種がコロニーを形成し、主に切り株や大きな枝の上、あるいは穴の中に営巣する。メスは赤茶色の斑点のある白かクリーム色の卵を2〜4個産む。

カオグロモリツバメ
オーストラリア、ニューギニア、ティモール、小スンダ列島に分布するカオグロモリツバメ（*Artamus cinereus*）は、この科では最も一般的な鳥である。体長19cm。他のモリツバメとは異なり、それほど移動しない。

黒いマスク（顔の模様）

フエガラス科
フエガラス類

体　長　18–53cm
種　　　約12

たくましい体、がっしりしたくちばし、脚に鱗があるところがカラスに似ている。しかし、はっきりした肉食性ではなく、果実も含め幅広い食物を食べる。アジア、オーストラリア、ニューギニアに分布し、なかでも最も一般的なのはカササギフエガラスである。この科にはほかに6種のモズガラスと3種のフニガラスがいる。ニューギニアのセジロヒタキとヤマセジロヒタキ（モリツバメの仲間とされることもある）は羽色が黒く、顔に白い斑紋があり、尾の下に赤い雨覆羽がある。

カササギフエガラス
オーストラリア、ニュージーランド、ニューギニアに棲むカササギフエガラス（*Gymnorhina tibicen*）は、生ゴミをあさったり、小鳥や齧歯類を殺したりする。体長42cm。ほとんどは背が黒いが、地域によって様々なバリエーションがある。

ニワシドリ科
ニワシドリ類

体　長　21–38cm
種　　　20

ニワシドリ類のオスはメスの気をひくために手の込んだあずまやをつくることで知られる。複雑な構造で、鮮やかな色の物体で飾り立てている。またディスプレイの場も羽毛、花、葉、小石、時には洗濯ばさみや色のついたビニールや紙の切れ端などで飾る。1匹ないし複数のメスと共同生活し、メスが子育てをする。ニューギニアとオーストラリアに分布し、ほとんどが湿気の多い森に棲むが、もっと乾燥した地域を好むものもいる。主食は果実であるが、葉、花、種子、無脊椎動物も食べる。地面の上から高木層まであらゆる層で餌をとる。

アオアズマヤドリ
オーストラリア北東部および南東部に生息するアオアズマヤドリ（*Ptilonorhynchus violaceus*）は、体長31cm。オスは光沢のある青みがかった黒で（ニワシドリの中では撮影されることが最も多い）、小枝で"並木"型のあずまやをつくり、鮮やかな青や黄色の物体で装飾する。くちばしは淡い黄色。

鳥類

フウチョウ科
フウチョウ類

体　長　12–100cm
種　　　約144

フウチョウ類はオスの華麗で装飾的な羽毛で知られ、ディスプレイに使われるが、一部の種はオスとメスが同じ外見をしている。この科の鳥は体の大きさが様々で、尾の長さにも非常に幅がある。短いまっすぐなくちばしをした種もいれば、長い湾曲したくちばしの種もいる。しかし大半の鳥は丸い翼に丈夫な脚をし、交尾の相手をひきつけるために大きな鳴き声を出す。フウチョウ類の大部分はニューギニアに生息し、大体は湿気の多い山地の森に棲む。この科の鳥は主に果実を食べる。巣は葉やシダや小枝でつくった大きなもので、一般に木の股にかけられる。鳴き声は長々と続く弱いものから、銃声のような大きな爆発音まで多種多様である。捕獲された少数の種は物まねを披露する。

ヒヨクドリ
ヒヨクドリ（*Cicinnurus regius*）のオスの求愛ディスプレイは派手で、羽毛を膨らませてほとんど球形になり、頭の上の緑色をした飾り羽を振る。体長16〜17cmで、それに加え2本の細い尾羽が14cmある。

アカカザリフウチョウ
ニューギニアのみに棲んでいるアカカザリフウチョウ（*Paradisaea raggiana*）は最も有名なフウチョウである。体長35cm。成鳥のオスはレックに、多いときには20匹う集まって一緒にディスプレイする。

背の真紅がかったピンク色の羽毛
飾り羽のついた2本の長い尾羽

アカミノフウチョウ
インドネシアのイリアンジャヤに棲むアカミノフウチョウ（*Cicinnurus respublica*）は、体長16cm。頭の後ろに羽毛がなく、青い皮膚がむきだしになっている。オスは翼が赤く、尾羽は針金状のらせん形である。

オオフウチョウ
アルー諸島とニューギニア南部に生息しているオオフウチョウ（*Paradisaea apoda*）は、体長42〜45cm。求愛の際には12〜20匹のオスが木に集まり、翼を広げてダンスをする。その間、優位のオスが中央にいる。

針金状のらせん形の尾羽
脇腹の羽毛
尾の飾り羽

スズメ目（続き）

カラス科
カラス類

- 体長　20〜66cm
- 種　　約117
- 生息地　全土

カラスの仲間は北極と南極を除くほぼ全世界に分布している。鳥の中で最も高度に発達しており、知能が高く社会性があり、順応性に優れている。またほとんどが幅広い食物を食べる。この科の多くが黒い羽色をしているが、カケス類とサンジャク類は色彩が豊かである。低地と高地の開けた田園地帯や森林に見られ、渡りはしないが季節ごとに狭い範囲で移動することはある。つがい単位で営巣するのが普通だが、ミヤマガラスは例外的にコロニーで巣をつくる。典型的なカラスの巣は、木や低木、時には穴の中に小枝でつくられ、2〜8個の卵がある。

カササギ
カササギ（*Pica pica*）にはよく似てはいるが見分けのつく亜種が12おり、北アメリカの中部および西部、ヨーロッパ、北アフリカ、アジアに分布している。体長47cmのありふれた鳥で人間のすぐそばで生活している。繁殖期以外は群れをつくり、冬にはねぐらに100匹以上も集まることがある。高い木の上に小枝を積んでドーム形の巣をつくる。

- 金属光沢のある羽毛
- 約20cmある独特の尾

カケス
ヨーロッパとアジアに生息するカケス（*Garrulus glandarius*）には多くの亜種がいるが、頭の模様が少しずつ違う。体長はすべて33cm。森林の住人としておなじみだが、多雨林やタイガなど他にも様々な生息環境で見られる。生息範囲の大部分でどんぐりを集め、冬の食物として備蓄している。

- 翼の青い羽毛

ベニハシガラス
ヨーロッパ、北アメリカ、南アジアの山岳地や岩の多い沿岸地域に生息するベニハシガラス（*Pyrrhocorax pyrrhocorax*）は体長40cm。群生する鳥で、特に繁殖期以外には群れをつくる。昆虫、特にアリをとるが、ベリー類も食べる。求愛の際には見事なアクロバットを披露する。崖の岩棚か洞穴に営巣する。

- 下向きに湾曲した赤いくちばし
- 赤い足

ハイイロホシガラス
北アメリカ西部の山地のみに生息するハイイロホシガラス（*Nucifraga columbiana*）は、ビャクシンとマツの森を住処としている。俊敏に渓谷を飛び回るが、長距離は飛べない。常に木の梢に見られる。体長31cm。

- 金属光沢のある緑がかった青い羽毛

アオカケス
北アメリカ中部と東部の森林や樹林草原でよく見られるアオカケス（*Cyanocitta cristata*）は体長約30cm。つがいか小さな群れで見られ、独特の「ピーア、ピーア」という鳴き声でいつもにぎやかである。泥で巣をつくる。

- 首に細い黒の輪

ニシコクマルガラス
ヨーロッパ、西アジア、北アフリカの一部に広く分布するニシコクマルガラス（*Corvus monedula*）は、ミヤマガラスと一緒に飛んだり、餌をとったりしているおなじみのカラスである。生息範囲のほとんどでは農地を住処とするが、険しい岩崖や海の岩壁にも棲み、そのような場所や建物、木の洞などに巣をかける。繁殖期以外には数千匹の群れでねぐらにつく。体長約34cm。

- 黒い頭部
- 灰色の首筋

サンジャク
サンジャク（*Urocissa erythroryhncha*）は体長68cmのうち尾だけで47cmもある印象的な姿をしている。南アジアと東南アジアの標高1500mまでの落葉樹林に生息し、群れをつくって高度の低いところで狩りをする。木の上に粗くつくったもろい巣をかける。

- 赤いくちばし
- 黒い頭

ワタリガラス
北半球では最大のカラスであるワタリガラス（*Corvus corax*）は体長65cm。北および中央アメリカ、ヨーロッパ、アジア、北アフリカに分布している。開けた生息環境に棲み、一部では都市部にも見られ、エベレスト山の標高6350mにもいる。まだ地面に雪が残っているときに巣をつくることも多い。

- 大きなくちばし
- 楔形の尾

ハシボソガラス
ヨーロッパでは多くの人からカラスの典型と思われているハシボソガラス（*Corvus corone*）は体長約50cm。漆黒の鳥で、森林、荒野、農地、町など様々な生息環境に暮らしている。西アジア、ベトナムと韓国を含む東アジアにも（羽色に灰色が混じっているが）見られる。単独でふつう木に巣をかけるが、山地では崖の岩棚に営巣することも多い。

- がっしりした黒いくちばし
- 真っ黒な羽色

危機に瀕した鳥類

このページには、国際自然保護連合（IUCN：31ページ参照）によって"絶滅寸前（絶滅危惧IA類）"とされた鳥の名を収めた。スズメ目以外の鳥類に対する脅威としては、狩猟、生息地の環境変化に加え、特にインコ目についてはペット市場目当ての乱獲が挙げられる。また、猛禽も食物連鎖の頂点に立つため食物供給にかかわる変化には極めて敏感に反応し、多くが危険な状態にある。スズメ目の鳥に関しては、生息地の環境変化が主な脅威要因である。ニュージーランドツグミやキバシリハワイミツスイのように島に暮らす鳥については、外来種との競争や鳥マラリアの影響など、別の問題が生息環境を悪化させている。

スズメ目以外の鳥類

Aceros waldeni（アカハシサイチョウ）
Aegotheles savesi（ニューカレドニアズクヨタカ）
Amaurornis olivieri（マダガスカルクロクイナ）
Amazilia castaneiventris（クリハラエメラルドハチドリ）；*A. luciae*（ホンジュラスエメラルドハチドリ）
Amazona vittata（アカビタイボウシインコ）
Anas nesiotis（Campbell Island teal）
Anodorhynchus glaucus（ウミアオコンゴウインコ）；*A. leari*（スミレコンゴウインコ）
Anthracoceros montani（ハシグロサイチョウ）
Ara glaucogularis（アオキコンゴウインコ）
Athene blewitti（モリキンメフクロウ）
Aythya innotata（マダガスカルメジロガモ）
Bostrychia bocagei（dwarf olive ibis）
Buteo ridgwayi（ヒスパニオラノスリ）
Cacatua haematuropygia（フィリピンオウム）；*C. sulphurea*（コバタン）
Calyptura cristata（キクイタダキカザリドリ）
Campephilus imperialis（テイオウキツツキ）；*C. principalis*（ハシジロキツツキ）
Caprimulgus noctitherus（ホイップアーウィルヨタカ）
Carpococcyx viridis（Sumatran ground-cuckoo）
Centropus steerii（ミンドロバンケン）
Charmosyna diadema（アオクビジインコ）；*C. toxopei*（ブルインコ）
Chondrohierax wilsonii（カギハシトビ）
Columba argentina（ギンモリバト）
Columbina cyanopis（アオメヒメバト）
Corvus hawaiiensis（ハワイガラス）
Crax alberti（アオノブホウカンチョウ）
Crypturellus saltuarius（アカアシシギダチョウ）
Cyanopsitta spixii（アオコンゴウインコ）
Diomedea amsterdamensis（アムステルダムアホウドリ）
Ducula galeata（マルケサスコブバト）；*D. whartoni*（クリスマスミカドバト）
Eriocnemis godini（アオノワタアシハチドリ）；*E. mirabilis*（ニシキワタアシハチドリ）；*E. nigrivestis*（black-breasted pufflleg）
Eutriorchis astur（マダガスカルヘビワシ）
Francolinus ochropectus（ソマリアシャコ）
Fregata andrewsi（シロハラグンカンドリ）
Gallicolumba erythroptera（ソシエテマムナジロバト）；*G. keayi*（ネグロシムネバト）；*G. menagei*（タウイタウィムネバト）；*G. platenae*（ミンドロムネバト）；*G. salamonis*（ソロモンバト）
Gallinula pacifica（サモアクイナ）；*G. silvestris*（サンクリストバルグロバン）
Gallirallus lafresnayanus（ニューカレドニアクイナ）
Geopsittacus occidentalis（ヒメフクロウインコ）
Geronticus eremita（ホオアカトキ）
Grus leucogeranus（ソデグロヅル）
Gymnogyps californianus（カリフォルニアコンドル）
Gyps bengalensis（ベンガルハゲワシ）；*G. indicus*（インドハゲワシ）
Haliaeetus vociferoides（マダガスカルウミワシ）
Hapalopsittaca fuertesi（アオガオインコ）
Heliangelus zusii（Bogotá' sunangel）
Heteroglaux blewitti（モリキンメフクロウ）
Himantopus novaezelandiae（クロセイタカシギ）
Lanius newtoni（サントメオナガモズ）
Lepidopyga lilliae（ルリハラハチドリ）
Leptodon forbesi（white-collared kite）
Leptotila wellsi（グレナダバト）
Lophornis brachylopha（short-crested coquette）
Megapodius pritchardii（トンガツカツクリ）
Mergus octosetaceus（クロアイサ）
Neophema chrysogaster（アカハラワカバインコ）
Ninox natalis（Christmas Island hawk-owl）
Nothoprocta kalinowskii（ペルーシギダチョウ）
Numenius borealis（エスキモーコシャクシギ）；*N. tenuirostris*（シロハラチュウシャクシギ）
Oceanodroma macrodactyla（グアドループウミツバメ）
Odontophorus strophium（クビワウズラ）
Ognorhynchus icterotis（キミミインコ）
Ophrysia superciliosa（ケバネウズラ）
Otus capnodes（カッショクコノハズク）；*O. insularis*（セーシェルコノハズク）；*O. moheliensis*（Moheli scops owl）；*O. pauliani*（Comoro scops owl）；*O. siaoensis*（Siau scops owl）
Papasula abbotti（モモグロカツオドリ）
Penelope albipennis（ハジロシャクケイ）
Phapitreron cinereiceps（オオテリアオバト）
Pipile pipile（ナキシャクケイ）
Pithecophaga jefferyi（フィリピンワシ）
Podiceps taczanowskii（ペルーカイツブリ）
Procellaria conspicillata（spectacled petrel）
Pseudibis davisoni（アカアシトキ）
Pseudobulweria aterrima（マスカリンミズナギドリ）；*P. becki*（セグロシロハラミズナギドリ）；*P. macgillivrayi*（フィジーミズナギドリ）
Psittacula eques（モーリシャスホンセイインコ）
Pterodroma axillaris（チャタムミズナギドリ）；*P. caribbaea*（ズグロシロハラミズナギドリ）；*P. madeira*（マデイラミズナギドリ）；*P. magentae*（マジェンタミズナギドリ）；*P. phaeopygia*（ハワイシロハラミズナギドリ）
Ptilinopus arcanus（ネグロスヒメアオバト）
Puffinus auricularis（オオセグロミズナギドリ）
Rhinoptilus bitorquatus（クビワスナバシリ）
Rhodonessa caryophyllacea（バライロガモ）
Sapheopipo noguchii（ノグチゲラ）
Sephanoides fernandensis（フェルナンデスベニイタダキハチドリ）
Siphonorhis americanus（ジャマイカコヨタカ）
Sterna bernsteini（ヒガシシナアジサシ）
Strigops habroptilus（フクロオウム）
Tachybaptus rufolavatus（マダガスカルカイツブリ）
Tadorna cristata（カンムリツクシガモ）
Thalassarche eremita（ハジロアホウドリ）
Thaumatibis gigantea（オニアカアシトキ）
Vanellus macropterus（ジャワトサカゲリ）

スズメ目

Acrocephalus familiaris（レイサンヨシキリ）
Alauda razae（ラザコヒバリ）
Antilophia bokermanni（Araripe manakin）
Apalis fuscigularis（カロリナセグロムシクイ）
Aplonis pelzelni（ヒメカラスモドキ）
Atlapetes pallidiceps（エクアドルヤブシトド）
Camarhynchus heliobates（マングローブフィンチ）
Cinclodes aricomae（カマユジカマドドリ）
Clytoctantes atrogularis（Rondônia bushbird）
Colluricincla sanghirensis（Sangihe shrike-thrush）
Conothraupis mesoleuca（コンバルシフウキンチョウ）
Copsychus sechellarum（セーシェルシキチョウ）
Cureaus forbesi（コミネムクドリモドキ）
Cyornis ruckii（ミゾロヒタキ）
Dicaeum quadricolor（ヨイロハナドリ）
Eurychelidon sirintarae（アジアカワツバメ）
Eutrichomyias rowleyi（バンガイヒタキ）
Foudia rubra（モーリシャスベニノジコ）
Geothlypis beldingi（キイビカゲグロムシクイ）
Hemignathus lucidus（マウイコウワハシハワイミツスイ）
Heteromirafra ruddi（ニセヤブヒバリ）
Icterus oberi（モントセラートムクドリモドキ）
Junco insularis（ユキヒドリ）
Laniarius liberatus（Bulo Bu'ti bush-shrike）
Leucopeza semperi（セントルシアアメリカムシクイ）
Leucopsar rothschildi（カンムリシロムク）
Macroagelaius subalaris（フキムクドリモドキ）
Melamprosops phaeosoma（オオグロハワイミツスイ）
Merulaxis stresemanni（オオヤビタイオタテドリ）
Mimodes graysoni（ソコロマネシツグミ）
Monarcha boanensis（カンガオササギビタキ）
Myadestes lanaiensis（ラナイヒトリツグミ）；*M. myadestinus*（カウアイヒトリツグミ）；*M. palmeri*（カウイアイツグミ）
Myrmotherula fluminensis（ブラジルヒメアリサザイ）；*M. snowi*（トウパラアリサザイ）
Nemosia rourei（バラオビズキンフウキンチョウ）
Neospiza concolor（サントメシコ）
Oreomystis bairdi（カウアイハシリ）
Orthotomus moreaui（ハンナガイロムシクイ）
Paroreomyza maculata（キバシリハワイミツスイ）
Philydor novaesi（Alagoas foliage-gleaner）
Phyllastrephus leucolepis（リベリアヒヨドリ）
Phylloscartes ceciliae（long-tailed tyrannulet）；*P. roquettei*（アカガオコバシエントリ）
Pitta gurneyi（クロハラマシコチョウ）
Pomarea nigra（タヒチヒタキ）；*P. whitneyi*（オオマルケサスヒタキ）
Psittirostra psittacea（キガシラハワイマシコ）
Pyriglena atra（ウロコアカアリドリ）
Rukia ruki（アカガメジロ）
Scytalopus psychopompus（Bahia tapaculo）
Sporophila insulata（ツマミヒメソ）；*S. melanops*（ズキンヒメソ）；*S. zelichi*（クイロヒメソ）
Synallaxis infuscata（ブラジルオナガカマドドリ）
Telespiza ultima（ニホアハワイマシコ）
Terpsiphone corvina（セーシェルサンコウチョウ）
Thryothorus nicefori（オリーブマユミソサザイ）
Toxostoma guttatum（コスメルツグミモドキ）
Turdus helleri（ズグロオリーブツグミ）；*T. ludoviciae*（オリーブツグミ）
Vermivora bachmanii（ムナグロアメリカムシクイ）
Vireo caribaeus（セントアンドリューモズモドキ）
Zoothera major（トラツグミ）
Zosterops albogularis（ノーフォークメジロ）；*Z. modestus*（セーシェルメジロ）；*Z. natalis*（クリスマスメジロ）；*Z. nehrkorni*（Sangihe white-eye）；*Z. rotensis*（Rota bridled white-eye）

ハイイロペリカン

ヨーロッパ最大の水鳥の1種で、ヨーロッパ南東部およびロシアの浅い湖や河口の三角州に暮らし、汚水公害、地元漁師による迫害などで、いくつかの脅威に直面している。現状は"低リスク"のカテゴリーに挙げられているが、命運は保護政策にかかっている。

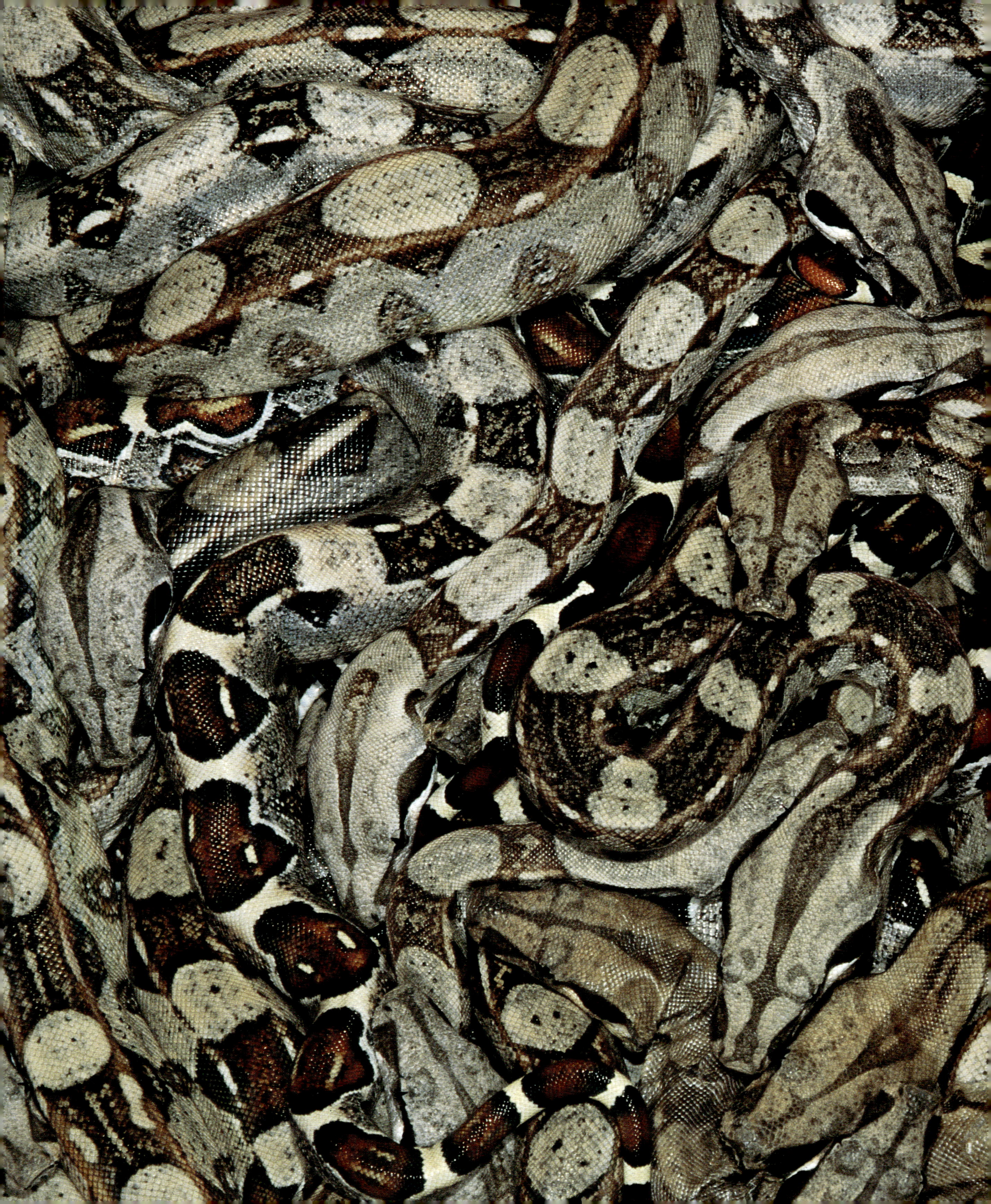

爬虫類

爬虫類

門	脊索動物門
綱	爬虫綱
目	4
科	62
種	7,984

爬虫類は卵生の脊索動物で、鱗に覆われた強靭な皮膚を持っている。この変温動物は体内で熱を発生することができない。爬虫類には4つの目がある。有鱗目（ヘビとミミズトカゲとトカゲ）、ワニ目（クロコダイルとアリゲーターとカイマン）、カメ目（リクガメとウミガメ）、およびムカシトカゲ目である。主に水中に生息するものも含め、大部分の爬虫類は陸上に卵を産む。子どもは幼生の段階を経ることなく、完全な姿で生まれてくる。

鱗
アメリカドクトカゲは爬虫類の中で最も種類の多い有鱗目に属する。爬虫類は両生類の系統を引くものではあるが、滑らかで湿り気のある皮膚を持つ両生類とは異なり、すべて鱗がある。

進化

爬虫類が最初に出現したのは約3億4000万年前で、初期の両生類から進化したものである。最初の爬虫類は、祖先である両生類とは2つの重要な点が異なっている。彼らは固く、鱗のある外皮を発達させ、皮膚がはがれたり、乾燥したりすることから身を守った。さらに重要なのは、殻に覆われた羊膜のある卵を発達させたことである。卵によって外界から守られた胎児は、液嚢いっぱいの水の中で発育した。これらの特徴のおかげで、爬虫類は両生類を拘束していた水辺から離れ、陸地に進出することができた。中生代（2億3000万年～7000万年前）までには、爬虫類は非常に多様になり、最も優勢な陸生動物となった。カメ類は比較的早い段階で分化しており、2億年前までには、現在我々が見るものとよく似た種がすでに存在していた。その少し後に、爬虫類の種類は爆発的に増え始めた。この時期に出現した目の中には、翼竜目や恐竜目、そして現在も生き残っているワニ目とムカシトカゲ目がいた。後に別の進化ラインが有鱗目、つまりトカゲ、ミミズトカゲ、最終的にはヘビの出現を導いた。中生代には20目前後が存在していたことが知られているが、現在生き残っているのは4目だけである。

カメの化石
2億年前のカメの化石。カメは当時からほとんど変化しておらず、現生の爬虫類の中では最も古いグループである。

体のつくり

爬虫類の外見を解剖学的に見ると、細長く四肢のないヘビの形状から、短く、がっしりした甲に覆われたカメの体まで、非常に多様である。しかし爬虫類すべてに共通する特徴は、皮膚の剥離、捕食者や寄生虫の攻撃、乾燥から守るバリアとなっている鱗（下のコラム参照）である。鱗は爬虫類の種類によってかなり異なっており、体の部分によって形や大きさの異なる鱗を持つ種もある。鱗の下の色素はその動物に固有の色や模様を与え、場合によってはカムフラージュやディスプレイにも役立つ。爬虫類の一部、特にトカゲのオスは、一連の鱗が目立つえり飾りや角、その他の特徴に進化して、ディスプレイに用いられている。

トカゲの骨格
トカゲは非常に多様な生物である。トカゲの大部分は、このオオトカゲの骨格に見られるように、長い尾とよく発達した四肢と指がある。しかし、まったく四肢を持たないヘビそっくりの種もある。

肩帯
肋骨は脊柱に関節している
四肢は体の側面についている
腰帯
長い指

爬虫類の内部骨格は骨質の要素でできており、両生類よりも頑強な固い支持機構を形成している。それはまた爬虫類を陸上での生活にさらに適応させている。哺乳類や鳥類とは異なり、爬虫類の四肢は胴体を側面で支えており、そのため爬虫類は移動する際に、くねるような歩き方をする。ヘビ、ミミズトカゲの大部分、トカゲの一部には機能する肢がない。

頭骨に見られる相違は、爬虫類の様々なグループの進化の源泉を反映しており、分類の際には有効な特徴となる。カメ類は側頭部に開口部分がないが、ワニ目とムカシトカゲ目は両側に2つの開口部分がある。トカゲ目は両側に2つずつ開口部分があるが、融合して1つの大きな開口部分になっている場合もある。多くの爬虫類は、性的に成熟しても骨の成長が止まらない。そのため、長生きをした成

皮膚の構造

爬虫類の皮膚は、上皮（外層）と真皮（下層）という、2つの主要な層で構成されている。鱗は、上皮の上だけに存在し、ケラチンという角質状物質（人間の毛髪や爪と似た成分）でできている。真皮は上皮を支え、栄養を与えるための神経細胞、血管を含む。爬虫類の鱗は、魚類とは異なり、1枚ずつはがすことはできない。すべての爬虫類は脱皮によって鱗を新しくする。脱皮は、さらに体を大きくすることを可能にし、古い皮膚を更新することができる。ヘビは一続きになった皮を丸ごと脱ぐが、トカゲ、ワニ、カメ、ムカシトカゲは、いくつかの塊や小さな薄片の形で皮を脱ぎ捨てる。ヘビは脱皮の後は以前よりさらにはっきりした色彩になることが多い。

鱗のタイプ
爬虫類の鱗は大きさ、形状、きめの細かさなど、じつに多種多様である。滑らかなものもあれば、ざらざらしたものもあり、また重なったもの、互いにぶつかり合うようなもの、間に伸縮できる皮膚の層をもったものもある。ワニ類の背面の鱗は、骨質のプレートによって補強されている。

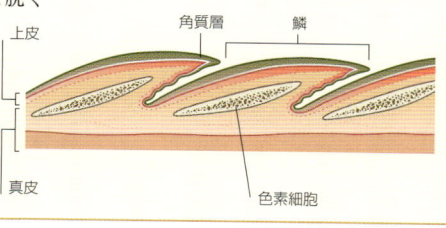

ヘビの鱗　トカゲの鱗　ワニの鱗

ヘビの皮膚の断面図
爬虫類の鱗を形成しているのは、皮膚の中の厚い角質の外層である。鱗は可動性のちょうつがい部で隣の鱗とつながっているので、体を動かしたり曲げたりできるのである。真皮の中にある色素細胞がその動物の色を決める。

上皮　角質層　鱗
真皮　色素細胞

四肢の痕跡
ドワーフボアやボア、ニシキヘビのようないくつかの科には、退化した後肢の痕跡がはっきり残っているものがあり、ヘビとトカゲの進化上のつながりを示している。

行動パターン

昼行性トカゲの行動を示したこのグラフが示すように、最適な体温を維持することは、爬虫類が生き残る生活様式の鍵となる。夜と早朝は、穴の中で寒さから身を守る。気温が上がると、食物を探すのに必要なエネルギーを得るために日光浴をしなければならない。正午頃には体温が上がりすぎるのを防ぐため、隠れ家を探さなければならないが、その後涼しくなると、再び姿を現わして餌を探しにいく。

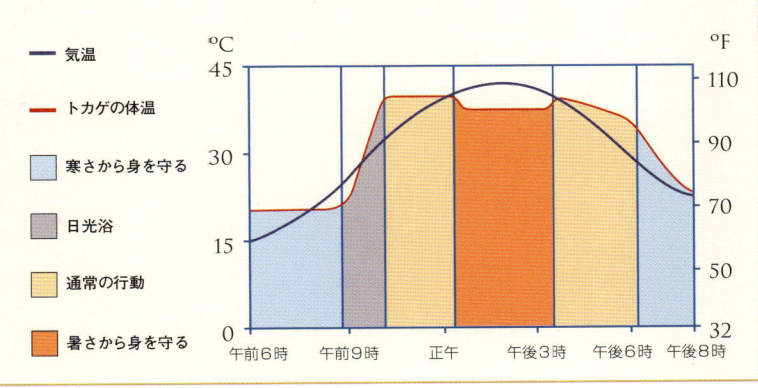

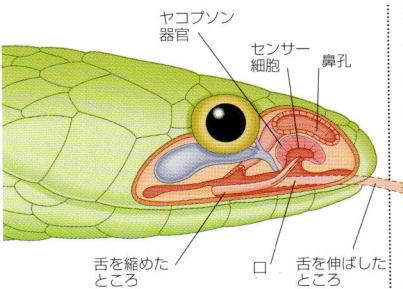

体は非常に大きくなることがある。

感覚

爬虫類の感覚は両生類よりもずっと発達しており、動物界でほかに類を見ないほど発達した感覚器官を備えているものもいる。目はよく発達していることが多い。ただしヘビの多くは視力が弱いし、穴の中に棲む有鱗目の中には目が退化したり、目を失ったものもいる。カメ、ワニ、トカゲの大部分は動かせるまぶたを持っているが、ヘビと一部のトカゲのまぶたは動かすことができない。トカゲとムカシトカゲの頭骨の頭頂部には光を感じる部分があり、第三の目として知られている。これは昼間の長さを測ったり、一日の行動周期や季節による行動周期をコントロールしていると考えられている。爬虫類の聴覚は一般に貧弱である。外耳の開口部や中耳をまったく持たず、頭骨を通して音を伝えるものもいる。爬虫類にとって味覚は重要なものではないが、嗅覚は高度に発達している。ヘビの中には顔面に熱感知器官を備えているものもおり、わずかな温度変化を感知して、獲物を探し出すのに役立てている。

ヤコブソン器官
ヘビや大部分のトカゲは、舌を伸ばしてちろちろ動かすことで周囲の匂いの分子を集める。舌を縮めたときに分子を口の中にあるヤコブソン器官へ運び、そこで匂いを分析する。

目の覆い

ワニ、カメ、大部分のトカゲには動かすことのできる2つのまぶた（上まぶたと下まぶた）と瞬膜がある。瞬膜は皮膚の透明な層で、横から目の上にかぶさって目を保護しているが、物を見るのに差し支えはない。ヘビと一部のトカゲは、下まぶたは透明で、上まぶたと融合して固定された透明な防護カバーとなって目を覆っており、眼鏡様鱗として知られている。

眼鏡様鱗の脱皮
ヘビが脱皮するときには、眼鏡様鱗の外層も一緒に脱いでしまう。写真はジュウジアレチヘビ。

体温調節

爬虫類は体内で熱を発生することができないので、外的要素に頼って体温を安全な範囲に保っている。爬虫類が好む範囲より温度が低いときは（大部分の種類では30〜40℃）動きがにぶくなり、体温を上げるための行動、おそらく日光浴をするだろう。体を平たくしたり、太陽の方向に向けたり、腹面を温かい岩に押しつけたりするのも体温を上げるための行動である。極めて低い温度下では体の機能は非常に低下するが、爬虫類はふつうそうなる前に、穴か岩の下の隠れ家に身を隠す。温帯地域では、冬は長い間隠れ家に這い込んだり、冬眠をしたりすることもある。同様に暑い乾燥した気候に棲む種は、一年のうち最も暑い時期に隠れ家にこもる。この行動は夏眠として知られている。熱帯地方に棲む爬虫類は、日光浴する必要はほとんどない。

繁殖

爬虫類の求愛行動についてはあまり知られていないが、おそらく化学的コミュニケーションが重要な役割を果たしているのだろう。繁殖期に鳴き声を出す爬虫類もかなりいる。トカゲ類の多くとその他の爬虫類数種のオスは、明るい色彩のたてがみや喉袋を用いてディスプレイを行う。ディスプレイはなわばりをつくるのにも役立つ。ほとんどの場合、メスはオスによって受精させられるが、トカゲの数種とヘビの1種はメスが受精の必要なしに繁殖する単為生殖を行う。

爬虫類の大部分はふつう陸地に卵を産むが、トカゲとヘビの中には胎生で子どもを生むものもかなりいる。爬虫類の卵は鳥類のように固い殻を持つものもあるが、大部分のものは、胚を成長させる水分と酸素を通すことができる皮状の殻である。爬虫類は穴や腐食した植物、またはそれに類似した場所に卵を隠す。抱卵期間は数日の場合もあれば、数か月に及ぶこともある。子どもが巣の中で冬を越し、1年近くたってようやく巣から出てくる種もある。胎生の種は卵を体内に保ち、胎盤を通して栄養を与えるものもいる。爬虫類の孵化幼体や新生幼体は親とほぼ同じ姿をしているが、色や模様が親と異なるものもいる。親が子どもの世話をすることは稀だが、ワニ類は例外で、2年あるいはそれ以上子どもの世話をすることがある。またトカゲ類にも子どもが生まれた後に世話をする種がある。

冬眠の終わり
冬の寒さの到来以来冬眠をしていた集団越冬地からアカハラガーターヘビの一団が出てきたところ。

誕生
胎生トカゲのメスは、孵化の準備ができるまで卵を体内にとどめておく。卵が母体の外に産み落とされると、2〜12匹の幼体がすぐに卵から出てくる。幼体たちは親の世話を受けずに生活できる。

カメ類

門	脊索動物門
綱	爬虫綱
目	カメ目
科	11
種	約294

カメ類は現生の最も古い爬虫類に属する。およそ2億年前に始めて出現したが、その後わずかしか進化していないので、現生種は恐竜と同時期に存在していた動物と非常によく似ている。カメの最大の特徴は固い甲であるが、これは捕食者や環境から身を守ったり、カムフラージュするのにも役立つ。カメには歯がなく、餌を食いちぎるときには鋭い顎を用いる。陸地にも、淡水または海にも生息するが、すべての種が陸地で産卵する。カメは熱帯地方に最も多く生息するが、温帯にもいる。海生の数種は餌探しのため、あるいは営巣地にたどり着くために長距離を移動する。

海を探す
写真のアオウミガメのように、ウミガメ類の子どもは卵から孵化すると海への道を探し出さなければならない。子ガメたちは本能的に浜辺の勾配を低い方へ降りるか、または陸地と海の明るさのわずかな違いを感知して海へ向かうと考えられている（昼でも夜でも海の方が明るい）。子ガメたちは、カモメやカニなどの捕食者たちに追いつかれないうちに海に入らなければならない。

体のつくり

すべてのカメ類には、甲と四肢と、顎には角質で歯のないくちばしがある。甲は上部と下部からなり（背甲、腹甲と呼ばれる）、前肢と後肢で両側が骨橋によってつながれている。甲全体は下部の骨質層と外側の外皮層の2層になっている。外側の層は薄い角質のプレート（角質板）で、それぞれの種を特徴づける色彩をつくり出す色素を含む。なかには角質板を持たず、柔らかい皮状の甲を持つものもいる。四肢の形は陸生と水生では異なる。陸生種の大部分は棍棒のような短い四肢を持っているが、水生のものは水かきがあるか、または鰭状の四肢になっている。カメの肋骨は甲と融合しているので（下の図参照）、肺に空気を送り込んだり、肺から出したりするのに肋骨を動かすことはできない。そのかわりカメ類は、肢のいちばん上の筋肉を使って呼吸に必要なポンプ運動を行う。

骨格
カメの骨格は独特である。肋骨と一部の椎骨は甲の内側と癒合しており、腰帯と肩帯は胸郭内の特異な位置にある。頭骨は重厚なつくりで、他の爬虫類とは異なり眼窩の後ろの開口部がない。首の長さは種によって大きな差があり、首を甲の中に引っこめる方法は、首の長さによって異なる（右参照）。

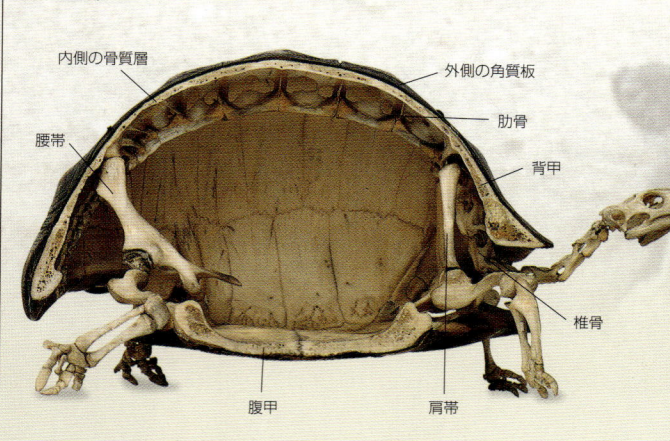

内側の骨質層　外側の角質板
腰帯　肋骨
　　　背甲
腹甲　肩帯　椎骨

ドーム状の甲

流線型の甲

甲の形状
カメの甲の形はそれぞれの生活様式を反映している。インドホシガメ（写真上）のような陸生種カメの甲は、捕食者が咬みついたり押しつぶしたりしにくいように、高くドーム状に盛り上がっている。ミシシッピアカミミガメ（写真下）のような水生種カメの背甲は、水中を楽に動けるように、平たく流線型である。パンケーキリクガメのように柔軟性のある甲を持つ種もわずかながらある。ハコガメの甲にはちょうつがいがついているため、完全に閉じることができる。

曲頸亜目と潜頸亜目
カメ類は甲の中に首を引っこめる方法によって、2つの主要な亜目に分けられる。曲頸亜目（ヨコクビガメ類）は首を横に曲げて、頭を甲の縁の下に置く。曲頸亜目はすべて水生か半水生で、淡水性である。潜頸亜目（陸生のカメすべてと水生カメ数種を含む）の首はもっと短く、首を垂直方向にS字型に曲げられるので、まっすぐ後方に引っこんでいくように見える。

頭は甲の縁の下　　頭は甲の中に引っこんでいる

曲頸亜目　　潜頸亜目

移動

ウミガメの一部は、餌をとる場所から産卵する浜辺まで長距離の移動をする。例えばアオウミガメの中にはブラジルの海岸で餌をとり、大西洋東部のアセンション島に産卵するものもいるが、これは少なくとも4500km移動することを意味する。繁殖期の成体は、営巣地の浜辺に数週間のうちに次々と到着する。カメたちがどのようにして航海を可能にしているのかについては、まだあまり解明されていないが、おそらく地球の磁場、潮流の方向、水の成分、そして記憶を組み合わせているのだろう。最も長い距離の移動を行うのはオサガメである。このカメは熱帯の海からほとんど北極海に至るまで、好物のクラゲを追い求めながら泳ぎ回るのである。

泳ぎ
ウミガメ類(写真はタイマイ)は泳ぐときには前肢で推進力をつくり、後肢は舵をとるのに使う。泳ぐ速度は種によって異なるが、時速は3〜30km程度である。

繁殖

カメ類はすべて陸上で産卵する。熱帯に生息する種には、1年を通して数回産卵するものもいるが、温帯に棲む種は繁殖期に1度か2度だけ産卵する。メスは精子を貯蔵しておくことができるので、交尾のずっと後になっても繁殖力のある卵を産み続けることができる。小型のウミガメは1〜4個の卵を産むが、最も大きい種は100個以上産むことができる。アオウミガメは最も多産で、100個以上の卵を2週間おきに最高6〜7腹産む。ウミガメは幼体の育児をしない。しかし、少なくとも1種は、産卵の後も卵を捕食者から守るために、産卵場所に数日間とどまる。

卵
大型のカメ類の卵はほとんど球形である。しかし小型のカメ類の卵は細長いものが多い。殻は固いものもあれば、もろいもの、しなやかなものもある。このヒョウモンガメの幼体は、卵角を用いて殻を破っている。卵角は、孵化後しばらくするととれてしまう。

産卵
カメ類のメスの中には、腐った植物の下や、他の動物が使った穴に卵を産むものもいる。しかしたいていの種は(このアオウミガメのように)後肢を使ってフラスコ型の特別室を掘る。卵を産んでしまうと、捕食者の目から隠すため、砂や土を注意深くかぶせ、きれいになでつける。

淡水肉食種
カミツキガメの仲間は浅い湖、川、沼に棲んでいる。このカミツキガメは(写真右)鋭い顎と大きな口に入ってくるものは、呑み込める大きさであれば何でも捕食しようとする。

食性

カメ類は動作が遅いため、活動的な獲物を追跡するのには向いていないが、水生カメの中には(たいていは暗く濁った水に棲んでいる種だが)待ち伏せで狩りをするものもいる。魚か甲殻類がうっかり通りかかることを期待して、じっと動かずにいるのだ。リクガメは本来草食性で、草や若葉、果実などを食べる。毛虫のような動物を食べる種も多いが、それは餌として偶然紛れ込んだだけのようである。たいていのカメはチャンスがあれば腐肉も食べようとする。淡水性のカメは、しばしば昆虫食者として人生をスタートする。主に水生動物の幼虫やその他の小さな獲物を十分に食べて生きていくが、成体になると水生植物を主とする食性に切り替える。ウミガメの中には成体になると海藻だけを食べるものもいるが、クラゲ、ウニ、軟体動物などを含む無脊椎動物を食べるものもいる。

ベジタリアン
ガラパゴスゾウガメ(写真左)のようなリクガメ類は、草、丈の低い植物、低木の若芽などを食べる。彼らは、活動している間ほとんどひっきりなしに食べ続けている。もっと滋養分のある果実が落ちていたり、動物の死骸があったりすると、手に入れようと急いでやってくる。

カメ類

Pig-nosed river turtle
スッポンモドキ

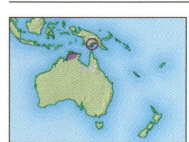

Carettochelys insculpta

- 体 長　70－75 cm
- 繁 殖　卵生
- 習 性　水生
- 分 布　ニューギニア南部、オーストラリア北部
- 状 態　絶滅危惧Ⅱ類

　この奇妙なカメは淡水に生息するが、海に棲むウミガメとの共通点も多い。四肢は幅広く鰭状で、わずかに鉤爪がある。灰緑色または灰色がかった茶色の背甲は、柔らかい皮膚の層で覆われている。甲の表面には、あばた状か彫刻のような模様がある。活発な捕食者で、カタツムリ、小魚、果実を食べる。英名（ブタのような鼻のカワガメの意）は吻の形に由来する。この吻は潜水時の呼吸に用いられる。メスは川の土手に深い穴を掘り、薄い殻の卵を最高22個まで産む。

Green turtle
アオウミガメ

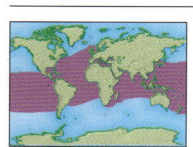

Chelonia mydas

- 体 長　1－1.2 m
- 繁 殖　卵生
- 習 性　水生
- 分 布　世界中の熱帯、亜熱帯、温帯海域
- 状 態　絶滅危惧ⅠB類

　優雅な流線型の泳ぎ手であるアオウミガメは、最も広い範囲にわたって活動しているウミガメの一種で、世界中の熱帯、亜熱帯の海にいる。頭、四肢の鱗板と盾の形をした背甲の縁の甲板に、特徴的な明るい縁どりが必ずある。成体はマングローブの根や葉、海藻を食べるが、若いアオウミガメはクラゲや軟体動物、海綿なども食べる。アオウミガメは産卵のため遠く離れた砂浜に向かい、1000km以上も海を旅することがある。浅い水中で交尾した後、メスは暗くなってから浜辺を這い進み、満潮時でも潮の届かない場所に深い穴を掘り、100～150個の卵を産む。卵は約6～8週間で孵化するが、幼体の多くは海にたどり着く前にカニ、カモメその他の海鳥に食べられてしまう。

流線型の大きな体
体重が65～300kgの大きなアオウミガメは、滑らかな甲と力強い鰭を持ったすばらしい泳ぎ手である。成体は緑がかった茶色か黒で、茶褐色、赤褐色または黄色の筋が入ることもある。

- 小さな頭部
- 背甲の甲板は滑らかで、重なりがない
- 大きく白い腹甲
- 四肢は鰭状に変化している

Common snake-necked turtle
オーストラリアナガクビガメ

Chelodina longicollis

- 体 長　20－25 cm
- 繁 殖　卵生
- 習 性　半水生
- 分 布　オーストラリア東部および南部
- 状 態　一般的

　頭が小さく首が極端に長いこのカメは、オーストラリアで最も特徴のある淡水生カメ類のひとつである。頭と首を合わせた長さは甲より長いことも多く、魚やオタマジャクシ、甲殻類といった獲物が通ったときにこの首で襲いかかるのである。流れの緩い川や沼沢地の水底で休息するときにも、この長い首が"シュノーケル"の役割を果たす。夏になると水を求めて陸地を長距離移動することもある。襲われると分泌腺から悪臭を放つ液体を放出する。メスは草地か砂地に、夜または雨の後に掘った穴の中に6～24個の殻のもろい卵を産む。

Matamata
マタマタ

Chelus fimbriatus

- 体 長　30－45 cm
- 繁 殖　卵生
- 習 性　水生
- 分 布　南アメリカ大陸北部
- 状 態　地域により一般的

　水生のカメの大部分は活発に餌を探すが、ごつごつした甲を持つマタマタは、独特のカムフラージュで姿を隠し、浅い濁った水に身を潜めている。三角形の頭部についている目は小さいが、外に突き出た大きな鼓膜と、知覚機能のあるひだ状の皮膚が、動いている獲物を探知するのに役立つ。シュノーケル状の鼻のおかげで、水面に上がらずに呼吸ができる。マタマタのメスは、一度の産卵で最高28個の卵を産む。

- 首にフリル状の皮膚
- ごつごつした背甲

保護

　アオウミガメは商業的カメ漁の主要な資源であったため、絶滅の危機に瀕することとなった。産卵に適した浜辺が減少したことも影響している。アオウミガメを保護するため、カメや卵の捕獲の法律による禁止、産卵場所となる浜辺のパトロール、人工孵化などの対策がとられている。それによって、孵化した子ガメたちは最も危険な段階を乗り越えて、安全に自然へ帰ることができる。

Twist-necked turtle/Flat-headed turtle
ヒラタヘビクビ

Platemys platycephala

- 体 長　14－17 cm
- 繁 殖　卵生
- 習 性　半水生
- 分 布　南アメリカ大陸北部
- 状 態　一般的

　脅されると頭をひねりながら甲の中に引っこめる。あまり知られていない種だが、甲は極端に扁平で、岩や石の下に隠れるのに都合がよい。背甲は黒褐色、栗色または黄色で、茶色の斑紋があり、縦に2本の隆起線がある。泳ぎはへたで、浅い池や水たまりにいるか、森の地面を歩き回っている。水生昆虫、ミミズ、カタツムリ、オタマジャクシなどを捕らえて食べる。メスは浅く掘った窪みか、直接地面の上に卵を1個だけ産み、腐敗した植物で隠す。

- 黒褐色の頭、頭頂部は黄色

Hawksbill turtle
タイマイ

Eretmochelys imbricata

- 体 長　60－80 cm
- 繁 殖　卵生
- 習 性　水生
- 分 布　大西洋温帯海域およびインド洋熱帯海域
- 状 態　絶滅危惧ⅠA類

　タイマイはウミガメ類の中では最も小さい部類に入るが、背甲中央の隆起と鋸歯状の背甲縁とで簡単に判別できる。よく見ると背甲には美しい模様がある。これがタイマイが乱獲された理由である。タイマイの寿命は長いが、移動距離は他のウミガメ類ほど長くはない。海綿、軟体動物、海底やサンゴ礁にいるその他の生物を、細い吻で捕食する。

- 力強い鰭
- 暗色の背甲に明るい模様

Loggerhead turtle
アカウミガメ

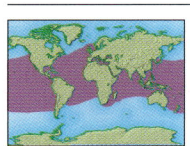

Caretta caretta

体　長	70–100 cm
繁　殖	卵生
習　性	水生

分布　世界中の熱帯、亜熱帯および温帯海域
状態　絶滅危惧IB類

　アカウミガメは他のウミガメ類と比較して頭が大きく、強い顎を持ち、カニ、ロブスターなど硬い獲物を嚙み割る力がある。広い海ではふつう海面近くを漂っているが、入江や湾では海底近くにとどまり、呼吸をするときだけ海面に出てくる。アカウミガメは2年に一度あるいは数年に一度だけ産卵する。およそ100個の卵を最高5腹産む。

olive ridley turtle
ヒメウミガメ

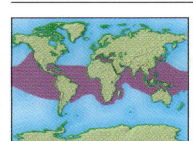

Lepidochelys olivacea

体　長	50–75 cm
繁　殖	卵生
習　性	水生

分布　大西洋、インド洋、太平洋の熱帯海域
状態　絶滅危惧IB類

　海生のウミガメ類の中で最も小さいこのカメの背甲は、暗いオリーブ色または明るいオリーブ色で、模様はない。活発な捕食者で、甲殻類、魚、イカを食べる。集団で産卵場所へ移動する。かつては巨大な艦隊を組んで、砂浜へ産卵にやってきたものである。人間による略奪がこのスペクタクルに終止符を打った。

Common snapping turtle
カミツキガメ

Chelydra serpentina

体　長	25–47 cm
繁　殖	卵生
習　性	水生

分布　北アメリカ大陸東部および中央部、中央アメリカ、南アメリカ大陸北西部
状態　一般的

　大きくて暗い色のこのカメは気が短く、脅されると獰猛に咬みつく。頭ががっしりしており、腹甲は小さく、背甲はざらざらして、藻で覆われていることもある。淡水かs水に生息し、植物の多い場所を好む。よく目と鼻孔だけを覗かせ、泥の中に隠れている。昼間は獲物が来るのをじっと待ち伏せしているが、夜は活発な捕食者となり、口を開けて突進し、小型哺乳類、鳥、魚、無脊椎動物、植物を呑み込む。交尾は前置きなく行われるが、オスとメスが互いに首を伸ばして顔を向かい合わせる儀式が観察されている。メスは産卵期に20～30個の卵を1腹、フラスコ型の穴の中に産むが、マスクラットの巣穴に産むことも多い。メスは精子を次の産卵期まで保存しておくことができる。

Alligator snapping turtle
ワニガメ

Macroclemys temminckii

体　長	40–80 cm
繁　殖	卵生
習　性	水生

分布　アメリカ合衆国南東部
状態　絶滅危惧II類

　この恐るべき動物は、世界最大の淡水性のカメで、体重は最大で100kg以上にもなる。マタマタ（368ページ）と同じように、主に待ち伏せによる狩りをするが、ワニガメはルアー（疑似餌）を装備して、はさみのように鋭い顎に魚を誘い込む。夜は活発な捕食者となる。オスは一生湖や川の底で暮らすが、メスは春になると卵を産むために水から上がり、泥か砂の中に、10～50個の球形の卵を数腹産む。

ごつごつして隆起のある背甲
ワニガメの甲はごつごつしており、鋸歯状の隆起が3本ある。また両側には特別製の甲板が1列ある。

ごつごつした背甲　上縁甲板　がっしりした頭

ルアー
ワニガメは昼間は顎を開いて、舌の上にある小さなピンク色のミミズ状の突起をくねくね動かして魚をおびき寄せる。鉤のような形の上顎と下顎で咬む力は大変なものである。 

Central American river turtle
カワガメ

Dermatemys mawii

体　長	50–65 cm
繁　殖	卵生
習　性	水生

分布　メキシコ南部から中央アメリカ
状態　絶滅危惧IB類

　カワガメは灰色がかったオリーブ色のカメで、水かきのある肢と流線形の甲は泳ぐのに適している。陸地ではほとんど無力である。メスは頭頂部がオリーブ色（オスは黄色いし赤みがかった茶色）で、尾は非常に短い。夏に、泥で濁った川の土手に6～20個の卵を産み、土で埋めてしまうか、腐食した植物で覆う。成体は草食性だが、幼体は軟体動物や甲殻類、そしておそらくは魚も食べる。天敵はカワウソと人間である。

楕円形の背甲

Painted turtle
ニシキガメ

Chrysemys picta

体　長	15–25 cm
繁　殖	卵生
習　性	水生

分布　北アメリカ大陸
状態　一般的

　淡水性のこのカメは北アメリカ大陸に最も広く分布するもののひとつである。東海岸から中西部の端に至るまで、湖や池、流れの緩やかな川に見られる。4つの亜種があるが、どれも平たく滑らかな背甲を持っている。ただし、甲に赤い縁どりのあるもの、背中に赤い縞模様のあるもの、首に黄色や赤の縞模様のあるものなどの違いが見られる。特に午前中は長時間日光浴をするが、お気に入りの倒木の上で何匹ものニシキガメが互いに重なり合っている。雑食性で、昼は活発に餌を追い求め、夜は水底で眠る。鳥、魚、アライグマの餌食となるが、頭を甲の中に隠したり、泥の中に潜ったりして身を守る。冬眠するが、その長さは生息場所によってまちまちである。たいていのメスは砂地に掘った穴に2～20個の卵を3腹産む。ただし、すべてのメスが毎年産卵するわけではない。

首に黄色い縞　非常に滑らかな背甲

Spotted turtle
キボシイシガメ

Clemmys guttata

体　長	10–12.5 cm
繁　殖	卵生
習　性	半水生

分布　カナダ南東部、アメリカ合衆国東部
状態　絶滅危惧II類

　小型のカメで黒い背甲、頭、首、四肢に黄色い斑点がある。雑食性で活発な捕食者であるが、このカメ自身も鳥や小型哺乳類に狩られる身である。半水生で、夏に湖や川の泥の中あるいはマスクラットの巣穴の中で夏眠する。冬に同様の場所で冬眠することもある。

爬虫類

カメ類

Galapagos tortoise
ガラパゴスゾウガメ

Geochelone nigra

体　長	最大1.2 m
繁　殖	卵生
習　性	陸生
分　布	ガラパゴス諸島
状　態	絶滅危惧Ⅱ類

鞍型の甲は首を大きく動かすのに便利である

長い首は潅木や茂みに伸ばすことができる

現生では最大のリクガメで、巨大な背甲、どっしりした四肢と長い首を持つ。甲の形と全体の大きさは、ガラパゴス諸島のどの島の出身かによって、非常にまちまちである。小さな群れで草を食べたり、水たまりや泥水の中で日光浴をするのにほとんどの時間を費やす。オスは繁殖期にはなわばりをつくり交尾の相手を探すが、メスはその間に卵を産むための穴を地中に掘る。100年以上生きる個体がいるにもかかわらず、稀少種になっている。最大の脅威は、子ガメのときにネズミやネコなどの移入動物に襲われることと、餌となる植物をめぐってヤギやウシと競争しなければならないことである。

甲の形状
ガラパゴスゾウガメの甲は多様性に富むが、甲の形は食性と密接に関係している。ドーム型の甲は草を食べる亜種によく見られ、鞍型の甲は潅木を食べるのに適している。

保　護
チャールズ・ダーウィン研究ステーションは、減少している個体数を増加させるために、卵を人工孵化させて自然に戻す活動を1965年以来続けている。2000年3月までに1000匹のガラパゴスゾウガメを自然に戻した。

間違えようのない巨人
ガラパゴスゾウガメの印象的な大きさは、おそらく食物の供給があてにならない困難な環境で生きていくためのものであろう。体が大きければ、それだけ蓄えられる栄養も多くなるからだ。

何でも食べる草食動物
ガラパゴスゾウガメの強くて歯のない顎は、固いサボテンも含め、どのようなタイプの植物でも食べられるようにできている。

爬虫類

交尾

ガラパゴスゾウガメのオスの求愛は断固としたものだ。よさそうなメスを探し出すと、強引に服従させ、メスの肢(あし)をはさんで動けないようにする。それからメスの背中に馬乗りになって交尾するのである。

爬虫類

カ メ 類

Leatherback turtle
オサガメ

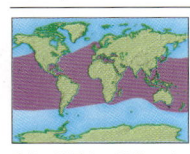

Dermochelys coriacea

体 長	1.3–1.8 m
繁 殖	卵生
習 性	水生

分布 世界中の熱帯、亜熱帯、温帯海域
状態 絶滅危惧IA類

最高800kgにもなるオサガメは、ウミガメ類中文句なしに最大のものであり、動物界中最大の航海者でもある。識別用のタグをつけた個体の追跡から大西洋を横断していることがわかっている。限度はあるが体温をつくり出す能力のおかげで、高緯度地域の冷たい海域にまで進出している。オサガメの肉体は、他のウミガメと比べて大きいだけでなく、幅の狭い皮状の甲、鉤爪のない鰭状の四肢という特徴がある。主な餌はクラゲで、滑りやすい獲物が逃げるのを防ぐため、咽に後ろ向きのトゲ状突起がある。通常は海面近くで餌をとるが、水深400mまで潜ることもできる。30分程度は息を止めたまま、おそらく1000mまでは潜れるだろう。普通は海にいるが、産卵期には海岸に集まり、オスは産卵に来たメスを奪い合う。他のウミガメ同様、オサガメのメスには強い帰巣本能があり、彼らを海岸の特定の範囲へと導く。そこでメスは、目につかないように、月のない闇夜に卵を産む。孵化した幼体の甲は小さな真珠のような鱗に覆われているが、すぐに消えてしまう。

保 護
オサガメは熱帯の砂浜を掘って産卵するが、多くの浜辺が開発の対象となったり、観光客に荒らされたりしている。また、巣穴は元来の捕食者だけでなく、人間や野犬にも襲われる。オサガメを保護するため、卵を集め、安全に孵化させて幼体を海に返す対策がとられている。

- 皮革状の背甲に沿って5本の隆起がある
- 頭は大きく、首は短く太い

浜辺へお出かけ
産卵のために海中から出てきたオサガメのメスは、苦労して浜辺へ這い上がる。メスが陸地で過ごす時間は、平均して1年に2時間にもならない。

Wood turtle
モリイシガメ

Clemmys insculpta

体 長	14–19 cm
繁 殖	卵生
習 性	半水生

分布 カナダ南東部、アメリカ合衆国東部
状態 絶滅危惧II類

非常に達者な登り手であるだけでなく、天然の放浪者である。特に雨が降った後、よく野原や道路を横断している。背甲の甲板には同心円状の黒っぽい筋があり、効果的なカムフラージュになる。雑食性で、ミミズ、ナメクジ、昆虫、オタマジャクシなどのほか、木の葉、ベリーなど植物性のものも食べる。交尾は水中で行い、メスはフラスコ型の巣穴に1年に7～8個の卵を産む。昔は成体が食料として大量に捕獲されていた。

- ピラミッド型の甲板
- 首と肢の皮膚は赤みを帯びている

Yellow-marginated box turtle
セマルハコガメ

Cuora flavomarginata

体 長	10–12 cm
繁 殖	卵生
習 性	半水生

分布 アジア東部（台湾と琉球諸島を含む）
状態 絶滅危惧IB類

腹甲にちょうつがいがあり、甲の中に引っこんだとき完全にふたをしたようになる。また、背中と両目から首にかけて黄色い筋がある。たいていは水田、池、流水で過ごすが、陸地で日光浴したり歩き回っていることもある。魚、甲殻類、ミミズ、果実などを食べる。土か砂地に巣穴を掘って、メスは1個、場合によっては2個の卵を年に数腹産む。

- 黄色い筋

Asian leaf turtle
ノコヘリマルガメ

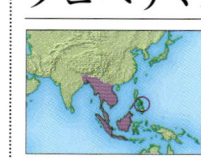

Cyclemys dentata

体 長	15–24 cm
繁 殖	卵生
習 性	半水生

分布 アジア南東部
状態 低リスク

楕円形の背甲には尾の近くに鋸歯状の縁があり、色は明るい茶色から黒褐色（赤褐色のこともある）で、かすかに黒い模様がある。ちょうつがいのある腹甲には、各甲板の中心から放射線状に延びる大胆な模様がある。たいていのカメと同様、オスはメスよりも小さく、尾はメスよりも長くて細い。雑食性で、無脊椎動物、オタマジャクシ、植物も食べる。陸上でも水中でもたいへん活発で、山や低地の浅い流れを好む。危険が迫ると甲に引っこむか、水に飛び込み、水底の泥の中に隠れてしまう。メスは巣穴を掘って、2～4個の比較的大きな卵を年に最高5腹まで産む。珍しいことに、このカメの腹甲は産卵の際には柔らかくなる。孵化した幼体は成体よりも水を好み、背甲の縁周辺にトゲのようなものがついているが、成長とともに消える。おそらく捕食者をためらわせるためであろう。

- 後部中央に盛り上がった隆起
- 黒褐色の背甲
- 明るい茶色から赤褐色の肢
- 赤褐色の頭

カメ類

European pond turtle
ヨーロッパヌマガメ

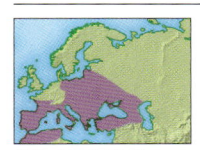

Emys orbicularis

体長	15–20 cm 最大 30cm
繁殖	卵生
習性	半水生

分布 アフリカ北部、ヨーロッパ、アジア西部

斑紋のある甲

ヨーロッパに棲む2種の淡水性カメのひとつで、オリーブ色、茶色または黒色である。背甲は滑らかで、腹甲の前方にちょうつがいがあり、頭を引っこめて腹甲を引き上げることができる。成体は甲を完全に閉じることができない。石や倒木の上で日光浴をして過ごすが、危険を感じると水に潜ってしまう。水中か陸上でカエル、魚その他の小動物を食べる。

Carolina box turtle
カロリナハコガメ

Terrapene carolina

体長	10–21 cm
繁殖	卵生
習性	半陸生

分布 アメリカ合衆国東部
状態 低リスク

捕獲されて100年も生きていたことが知られている。野生の状態では草地、湿地または湿気のある森林地帯などの、湿った場所を好む。朝、特に雨の後は非常に活発で、ナメクジ、ミミズ、キノコ、ベリーなど、何でも食べさせる。真昼と真夏には、暑さを避けるために隠れ家か泥の中に隠れる。冬は数か月冬眠して寒さから身を守る。メスは一度交尾すると、数年にわたって多数の卵を産むことができる。成体には天然の天敵はほとんどいないが、子ガメはアライグマのような哺乳類や猛禽類の餌食となる。

箱の中

カロリナハコガメの腹甲の前部にはちょうつがいがあって、甲の中に引っこんだときは腹甲を引き上げることができる。これは"箱"に閉じこもって防御するようなもので、効果的である。

黄褐色のカメ
写真の個体の甲は黄褐色だが、普通に主にオレンジ色か黄色で、なかには黒っぽい甲に黄色い線が放射線状に入っているものもいる。

ドーム型の甲

Red-eared turtle
ミシシッピアカミミガメ

Trachemys scripta elegansa

体長	20–30 cm
繁殖	卵生
習性	水生

分布 アメリカ合衆国南部中央
状態 低リスク

緑の甲に黄色い模様
目の後ろに赤い縞

ミシシッピアカミミガメの特徴は目の後ろにある赤い縞である。淡水性で、北アメリカの湖、川、運河に生息する24種以上のカメのひとつである。近縁種の多くと同じように、日光浴を好み、日光浴の場所が狭いときには重なり合っていることもある。危険を感じるとすばやく水中に飛び込む。成体は完全に植物食だが、子ガメはオタマジャクシや無脊椎動物を食べる。

Yellow mud turtle
キイロドロガメ

Kinosternon flavescens

体長	12–16 cm
繁殖	卵生
習性	主に水生

分布 アメリカ合衆国南部中央、メキシコ西部
状態 一般的

甲に引っこんで防御体制に入る際に、腹甲の下にある2対の分泌腺から悪臭のある分泌物を出すことができ、場合によっては咬みつくこともある。特別

甲板に黒い境界線がある
滑らかで丸みを帯びた甲

強力な顎を持ち、カタツムリ、ミミズ、昆虫、オタマジャクシなどの獲物を噛み砕く。本来は昼行性で、牧草地の流れの緩やかな浅い水の中で過ごす。真夏はマスクラットの巣穴か落ち葉の積もった下に掘った穴に潜って、暑さから身を守る。寒い地域では冬眠する。

Stinkpot
ミシシッピニオイガメ

Sternotherus odoratum

体長	8–13 cm
繁殖	卵生
習性	主に水生

分布 アメリカ合衆国南部および東部
状態 一般的

防御のために分泌腺から悪臭を出す。邪険に咬みつくこともある。底が泥で覆われた静かで浅い水から出てくることはめったになく、体が藻で覆わ

れていることが多い。日中は活発だが、夜に狩りをすることもあり、顎にある1対の突起が獲物を探すのに役立つ。主に昆虫、軟体動物、植物性物質、腐肉などを食べる。ハクトウワシ、カタアカノスリ、アリゲーター、オオクチバスに捕食される。メスは木の切り株の下やマスクラットの巣の壁に、1腹で1～5個の卵を産む。

背甲にかすかな3本の隆起線
顎の突起

African helmeted turtle
ヌマヨコクビガメ

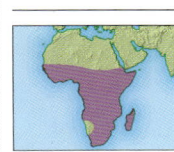

Pelomedusa subrufa

体長	20–32 cm
繁殖	卵生
習性	半水生

分布 アフリカ（サハラ以南）

扁平な背甲

動作が鈍く、平原の水たまりや水のたまった穴などに棲む。雨季にはカエルやオタマジャクシ、軟体動物、無脊椎動物、死肉をあさって水たまりから水たまりへと歩き回る。乾季には泥に潜って夏眠することもある。クロコダイルその他の肉食動物に襲われると、ちょうつがいつきの腹甲を使って甲の中に引っこむ。また強烈に臭い分泌物と総排泄腔の内容物を発射することもある。

Chinese soft-shelled turtle
ニホンスッポン

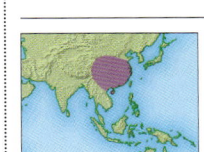

Pelodiscus sinensis

体長	15–30 cm
繁殖	卵生
習性	水生

分布 アジア東部
状態 絶滅危惧II類

浅い水の中で、長い吻とチューブ状の鼻を"シュノーケル"として使う。肢は鰭状で、泳ぐのに適している。休息するときは水底の砂か泥の中に潜り、呼吸のためか獲物を捕らえるために頭を持ち上げている。夜に甲殻類、軟体動物、昆虫、魚、両生類などを捕らえて食べる。甲の中に完全に引っこむことはできず、危険が迫るとひどく咬みつくことがある。

パンケーキ状の背甲には骨質層がない

爬虫類

カメ類

Red-footed tortoise
アカアシガメ

Geochelone carbonaria

体　長　40–50 cm
繁　殖　卵生
習　性　陸生

分布　南アメリカ大陸北部から中央部
状態　地域により一般的

ホシガメ類には、世界最大のリクガメ類と、南米に棲むこのカメのような小型の種も含まれる。アカアシガメの肢には赤か黄色っぽいオレンジ色の斑点がある。成体のオスの甲は非常に長く、中央がくびれている。ほとんどの近縁種と同様、アカアシガメは主に木の葉、落下した果実など植物性のものを食べるが、動物の死体の後始末もする。メスはほぼ球形の卵を年に数回、2～15個ずつ数腹産む。

甲板に年輪がある
甲板に黄色か赤みがかった斑紋
前肢に赤みがかった鱗

Indian starred tortoise
インドホシガメ

Geochelone elegans

体　長　最大 28 cm
繁　殖　卵生
習　性　半水生

分布　アジア南部
状態　絶滅危惧II類†

アジアに生息するこの種は、星型の模様とこぶ状の背甲のため、世界で最も特徴的なカメのひとつである。各甲板は丸く盛り上がり、な場所に生息する。寒い地域では潜って冬眠することがあり、熱い地域では夏眠することもある。草食性で、草を食んだり、落下した果実、キノコ、多肉植物の葉を食べる。産卵期になるとメスは固い土を柔らかくするために排尿しながら後肢でフラスコ状の穴を掘り、1か月の間隔を置いて5～30個の卵を3～6腹産む。孵化幼体は、雨が降って地表まで掘り進めるほど土が柔らかくなるまで、数週間巣穴の中で待つこともある。幼体はオオトカゲ、コウノトリ、小型哺乳類の餌食となる。

甲板は丸く盛り上がっている
黄色っぽい茶色のラインが甲板の縁に向かって放射線状に伸びる

Leopard tortoise
ヒョウモンガメ

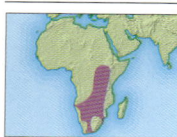

Geochelone pardalis

体　長　30–70 cm
繁　殖　卵生
習　性　陸生

分布　アフリカ東部から南部
状態　未確認

背甲は黄色っぽく、大胆な黒い模様が四方に散らばるようについているが、孵化幼体は模様が少ない。個体によっては体長70cmになることがある。砂地、海岸沿いの藪、牧草地、半砂漠など様々

側面が垂直になったドーム状の背甲
甲板に年輪がある
黒い模様が四方に散らばる

Desert tortoise
サバクゴファーガメ

Gopherus agassizii

体　長　25–36 cm
繁　殖　卵生
習　性　陸生

分布　アメリカ合衆国南西部、メキシコ北西部
状態　絶滅危惧II類

前肢は厚いシャベル状で、穴掘りに適している。この穴で昼の砂漠の激しい暑さや夜の寒さをしのぐ。非常に暑いときや乾燥したときは穴の中に1匹ずつ隠れているが、寒さをしのぐときは、砂利の多い土手に大きな共同の巣穴を掘って、多数集まることもある。少なくとも50年は生き、主にサボテンや草、時には昆虫も食べる。オスの腹甲の前には長い突起があり、繁殖期には他のオスとぶつかり合うことがある。

背甲は全体が際立ったドーム状である。水が豊富な場所を必要とし、最も活動的なのはモンスーンの時期である。乾燥した時期は朝と午後遅くしか活動しない。メスは毎年10～15cm深さのフラスコ状の巣穴に最高10個の卵を数腹産む。

彫刻のような模様のある甲板
どっしりしたつくりのドーム型背甲

Serrated hinge-back tortoise
モリセオレガメ

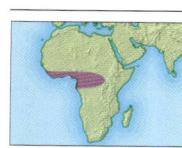

Kinixys erosa

体　長　25–32 cm
繁　殖　卵生
習　性　半陸生

分布　アフリカ西部から中央部
状態　未確認

背甲の後方にちょうつがいがあり、甲の中に引っこんで完全に閉じてしまうことができる。泳ぎはかなり上手で、森林地帯の沼地や川の土手などに棲む。陸地にいるときはたいてい木の根や倒木の下に潜って過ごす。雑食性で、植物、果実、無脊椎動物、死肉などを食べる。繁殖期にはメスは地面に最高4個の卵を数腹産み、木の葉で覆う。

ちょうつがいのある背甲
フレアーつきの縁甲

Pancake tortoise
パンケーキリクガメ

Malacochersus tornieri

体　長　14–17 cm
繁　殖　卵生
習　性　陸生

分布　アフリカ東部
状態　絶滅危惧II類

背甲が極端に扁平なだけでなく、非常にしなやかであるが、これは下層の骨に隙間があるためである。そのおかげで狭い裂け目に潜り込み、哺乳類や鳥類の捕食者から逃げることができる。安全のために前肢の鉤爪を突き立てて前肢をねじり、簡単には引っぱり出せないように潜り込むこともできる。主に朝のうちに草、木の葉、果実を食べるが、夜を過ごす岩から遠く離れることは決してない。夏には平たい石の下に這い込んで暑さを避けて夏眠する。メスは繁殖期を通して卵を1個ずつ数腹産む。

黄色から黄褐色の細長い背甲

Speckled padloper
シモフリヒラセリクガメ

Homopus signatus

体　長　6–8 cm
繁　殖　卵生
習　性　陸生

分布　南アフリカ西部
状態　低リスク

世界最小のカメで、とりわけオスは小さい。この小さなサイズのため、肉食の哺乳類や鳥類に襲われやすい。しかし、小さいおかげで岩の下に潜って攻撃を逃れたり、太陽の熱から身を守ったりすることもできる。甲は扁平で、茶色、オレンジがかった赤あるいはサーモンピンクで、美しい黒い模様がある。乾燥した場所に生息し、小さな多肉植物を食べる。

Hermann's tortoise
ヘルマンリクガメ

Testudo hermanni

体 長	15–20 cm
繁 殖	卵生
習 性	陸生

分布 ヨーロッパ南東部、地中海諸島
状態 低リスク

ギリシアリクガメ（右）と混同されやすいこのカメは、南ヨーロッパに生息する3種のうち最も小さいリクガメである。背甲はドーム状で、少しでこぼこしており、黄色、オリーブ色または茶色で不規則な黒い斑紋がある。大部分のリクガメと同じく、オスはメスよりわずかに小さく、尾はメスより長く、腹面が窪んでいる。おおむね草食性で、果実、花、木の葉を食べるが、ナメクジ、カタツムリ、動物の死体も食べる。植物が密生して覆っているような場所に棲み、短いが強い肢で植物を押し分けて歩く。夏の日中、暑い間は活発ではなく、生息地の南端では休眠する。冬に寒い地域では毎年数か月間冬眠をする。リクガメの大部分に一般的であるように、この種は特に繁殖期にシュッとかブウブウという声を出す。交尾を終えるとメスはフラスコ型の巣穴を掘り、最高12個の卵を産む。ギリシアリクガメと同じくヘルマンリクガメも、ペットにするために大量に捕獲されたが、現在は厳重に保護されている。

- 鱗のある前肢
- 丸みのあるドーム状の背甲
- 不規則な黒い斑紋

Spur-thighed tortoise
ギリシアリクガメ

Testudo graeca

体 長	20–25 cm
繁 殖	卵生
習 性	陸生

分布 ヨーロッパ南部、アジア南西部および西部、アフリカ北西部、地中海諸島
状態 絶滅危惧II類

ギリシアリクガメには後肢に目立つ蹴爪があり、これによって同属のヘルマンリクガメ（左）と区別できる。甲はヘルマンリクガメと似ているが、より滑らかである。草地や砂丘に棲み、木の葉、果実、時には死肉や哺乳類の糞も食べる。メスは最高12個の卵を数腹産む。

Angulate tortoise/Bowsprit tortoise
ソリガメ

Chersina angulata

体 長	15–20 cm
繁 殖	卵生
習 性	陸生

分布 南アフリカ
状態 地域により一般的

背甲は、高く盛り上がったドーム状になっている。草、多肉植物を食べ、冬は冬眠する。立派な装甲にもかかわらず、オオトカゲ、肉食哺乳類、さらには鳥の餌食になる。珍しいことに、オスの方がメスよりもわずかに大きく、繁殖期の始まりにはライバルと戦う。メスは卵を1個産むが、稀に2個産むこともある。

- 黒い三角模様

ムカシトカゲ

門	脊索動物門
綱	爬虫綱
目	ムカシトカゲ目
科	1（ムカシトカゲ科）
種	2

ムカシトカゲは、2億年以上前に繁栄した爬虫類グループの中で生き残っている唯一の後継者である。ニュージーランドの海岸から離れた小さな島々のうち、2つのグループの島々に生息している。外見はトカゲに似ている。穴に棲み、主に夜活動する。他の爬虫類と比較すると寒さに強く、10℃前後の気温でも活動できる。成長が遅く産卵回数も少ないが、たいへん長生きをする（100歳以上になることもある）。

体のつくり

ムカシトカゲは頭が大きく、尾が長く、四肢がよく発達している。トカゲとは頭骨の構造が異なる（下図参照）。またトカゲと違って鼓膜も中耳もなく、オスは体外に出る交接器官を持たない。"第三の目"が頭頂部にあるが、機能している証拠はない。

頭蓋骨の形状
ムカシトカゲの頭骨には、後方に2対の開口部がある。トカゲの大部分にはこのような開口部は1対しかない。歯は1本ずつ分かれた構造ではなく、上顎と下顎の縁に沿って鋸歯状に並んでいる。

- 骨弓
- 後頭部に開口部

日光浴
ムカシトカゲは通常夜行性だが、時には晴れた日に岩の上で日光浴をする姿が見られる。新陳代謝率が低いので、呼吸回数が少なく、休息しているときは1時間に1回しか呼吸しないこともある。

食性
ムカシトカゲはほぼ完全に昆虫食で、海鳥のコロニーに集まってゴミなどをあさる甲虫類やコオロギを大量に食べる。その他の無脊椎動物、小型のトカゲ、時には巣を共有している海鳥の卵やひなも食べる。

穴を掘る
ムカシトカゲは自分で穴を掘るか、ウミツバメのような海鳥が産卵のために掘った巣穴に棲むこともある。普通は穴の入口の外で獲物を狩る。

Tuatara
ムカシトカゲ

Sphenodon punctatus

体 長	50–60 cm
繁 殖	卵生
習 性	穴居生

分布 ニュージーランド（沿岸諸島）
状態 地域により一般的

トゲだらけの突起と、鱗のあるたるんだ皮膚は、イグアナ（406〜407ページ）に似ている。かつてはニュージーランドに広く分布していたが、現在は移入された哺乳類のいない沖合いの小さな島々に残っているだけである。成体は暗くなってから主にクモ、昆虫、ミミズを食べる。成長は非常に遅く、メスは少なくとも20歳にならないと産卵できない。卵はメスの体内で1年間発育し、産卵後孵化するまでに少なくとも1年かかる。最近までこの種はムカシトカゲの唯一の種と思われていた。しかし遺伝学的分析の結果、北ブラザー島のムカシトカゲ群はギュンタームカシトカゲという別種であることがわかっている。

- メスのトゲ状突起は短い

ヘビ類

門	脊索動物門
綱	爬虫綱
目	有鱗目
亜目	ヘビ亜目
科	18
種	約2,900

ヘビ類は高度に進化した恐るべき捕食者である。ヘビ類には四肢もまぶたも外耳もないが、能力豊かなこの動物は楽々と動き回り、洗練された感覚を駆使して獲物を見つける。ヘビ類はアリからアンテロープに至る他のすべての動物を食べるが、獲物を締めつけるものもいれば、特別仕立ての牙で咬みつき、毒液を注入するものもいる。食物を嚙むことはできないが、頭部は軽い構造で、関節の自由度が高いので、顎を大きく開いて獲物を丸ごと呑み込むことができる。ヘビ類は世界中の主な陸地（南極を除く）すべてと海洋の島々に定着している。毒を持つのはヘビ類の約10分の1にすぎず、人間にとって危険なのは、そのごく一部だけである。

分類について

ヘビはトカゲ類、ミミズトカゲ類と近縁関係にある。ヘビの様々なタイプの関係については多くの議論があり、普遍的な分類システムはない。議論の大部分は科の数に関するものである。多くの学者が承認しているのは18科だが、そのうちのいくつかは亜科で、例えばボア類とニシキヘビ類は同じ科であり、したがって科はもっと少ないと考えている研究者もいる。

体のつくり

普通はヘビの体の形は生息する場所を反映している。木に登る種は細長くなる傾向がある。穴を掘る種は体が短くて太く、尾も短く、吻が丸いものが多い。ウミヘビ類の体は扁平で、尾が鰭状になっている。他の爬虫類とは異なって、ヘビ類には腹面に1列に並んだ鱗（腹板）があり、一般に腹板は幅広く、背面の鱗は小さい。頭部に大きな規則正しい鱗板があるものや、小さな鱗板がところどころついているものもいる。左右の目は透明鱗に覆われており、脱皮のときにはこの鱗も更新される。鱗には滑らかなもの、隆起のあるもの、粒状のものがある。内部器官は細長い体に適応したものになっている。対になった器官は体腔内部で互い違いに収まり、肺は片方のみ機能し、もう片方は縮小している。ウミヘビ類には大きな肺があり、一部は浮き袋になっている。

原始的なヘビ — 短く重い顎
後牙類 — 牙は目の後方にある
前牙類 — 固定された中空の牙

骨格 — 体に沿った肋骨、頭骨、脊椎骨、尾に肋骨はない

ヘビの脊椎骨は最高400もあり、互いに関節でつながっている。骨格は非常にしなやかだ。脊椎骨には翼のような形の突起があり、脊柱がねじれるのを防いでいる。肋骨は脊椎骨についているが、尾の部分にはない。腰帯のある種もあり、原始的なヘビには退化した後肢が小さな痕跡として残っている。しかし、肩帯のあるヘビはいない。

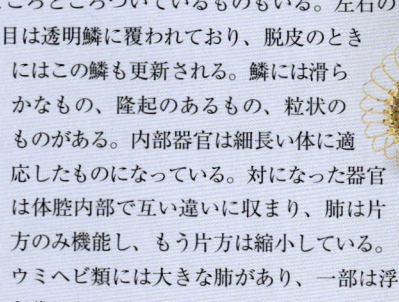

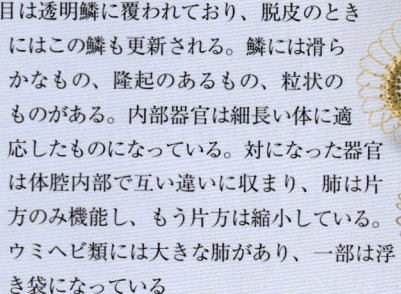

頭骨と歯

原始的なヘビの頭蓋骨は重く、歯は少ししかない。その他のヘビの大部分は頭蓋骨は軽く、顎の骨はゆるく組み合わされていて、別々に動かすことができる。歯は上顎か下顎、または口蓋に固定されている。毒ヘビの牙は口の前方または後方にある。前方にあるヘビの中には、牙がちょうつがいで上顎についているものもいる。

感覚

ヘビの視力と聴力は貧弱で、そのかわり他の感覚に頼っている。高度に発達した嗅覚はヤコブソン器官（365ページ参照）によって補強され、活動中のヘビは周囲の匂いを集めるために常に舌を出し入れしている。マムシ類と数種のボア類とニシキヘビ類はピット器官と呼ばれる顔面の器官を使って、気温のわずかな変化を感じることができる。

ピット器官 — 目と吻の間のピット器官
フォーク状の舌 — 閉じた上顎の小さな穴を通して舌を伸ばす

ヤモリを呑み込む

1 忍び寄る — 何も知らないヤモリに、ツルヘビが枝に沿って慎重にゆっくり忍び寄る。

2 攻撃 — すばやい一撃でヘビはヤモリの上に弧を描き、後部の牙で毒を注入する。

3 保持 — ヤモリは木から落ちるが、ヘビは尾を枝に巻きつけてヤモリをくわえたまま保持する。

4 くわえ直す — ヤモリが死ぬと、ヘビはヤモリをくわえ直して、込む態勢に入る。

動き方

ヘビ類は肢がないのを補うために、いくつかの移動方法を発達させた（右図参照）。この方法には肋骨とそれに付随する筋肉の何通りかの使い方が含まれるが、ヘビの体重、必要なスピード、地表のタイプによって異なってくる。大部分のヘビは必要に応じていくつかの移動方法を使い分けることができる。ここに示した方法と並んで、クサリヘビ類の中にはさらさらした砂を渡るのにサイドワインディング（横ばい）と呼ばれるテクニックを用いるものもいる。

直進
体の重いヘビや、ゆっくり移動しているか獲物に忍び寄っているヘビはまっすぐ前進することがあるが、道のでこぼこに腹板の縁を引っかけて這う。この動きを波状に連続させることで、ヘビは体を前方へ押し出す。

蛇行
道のでこぼこに体の各ポイントをかわるがわる押しつけて、左右にくねって進む。この移動方法は泳ぐときにも使われるが、木に登るのにも使われることがある。

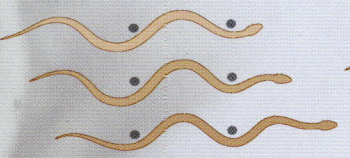

アコーディオン運動
ヘビが地中トンネルの中を進むときは、体の後端を壁に押しつけて支え、頭を伸ばし、次に前方を固定して尾を引きつける。

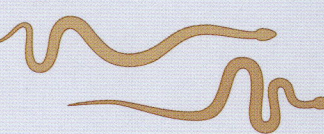

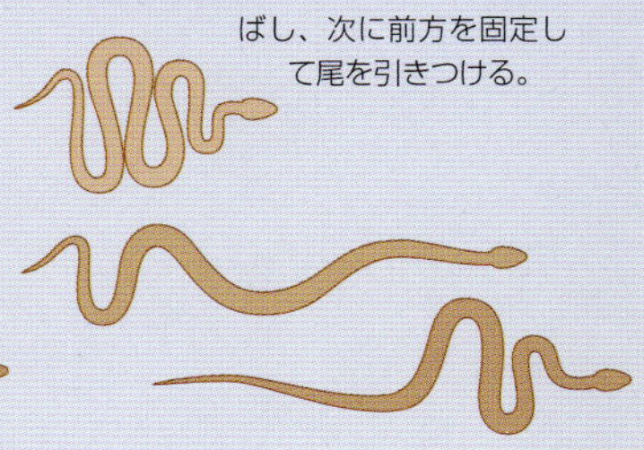

狩りと食性

特別な餌しか食べないヘビ類もいるが、普通は他のヘビも含む様々な獲物を食べる。小さな動物や抵抗できないものは、捕まえて呑み込むだけですが、大きな動物や防戦できるものは、食べる前に倒すか絞め殺すかしなければならない。大きな食物を消化するには時間がかかるので、口の中ですでに強力な唾液を使って消化を始める。毒液自体は消化液が変化したものの混合物で、獲物の神経系統や血液組織にすばやく作用する。

丸呑み
このアフリカタマゴヘビのように、柔軟な顎と伸縮自在の皮膚のおかげで、ヘビ類は自分の頭よりも大きな獲物を食べることができる。大きな食物を呑み込むには数時間かかることもある。

絞め技
大型のヘビは獲物を窒息死させる。このニシキヘビは犠牲者が息を吐くたびにきつく締めつけ、息の根を止める。

繁殖

ヘビ類の多くは卵を産むが、幼体を産むものもかなりいる。温帯に生息するヘビは、ふつう冬眠から目覚めたばかりの春に交尾し、卵か幼体を夏に産む。熱帯の種は降雨に反応して産卵するものや、繁殖期が長いものもあり、毎年数腹の卵を産む。オスとメスは化学的な匂いを追跡することで互いを見つけるが、求愛行動はあまり洗練されていない。ヘビ類は親としての役割を果たすことは少ないが、ニシキヘビ類と他の数種のヘビは抱卵を行う。

卵と幼体
ヘビの孵化幼体は、写真のタイコブラのように、鋭い卵歯を使って卵の殻を割って出てくる。卵歯は孵化後抜け落ちる。ヘビは殻の中でとぐろを巻いていることが多く、幼体は卵の7倍の長さのこともある。

木登り
木の上を楽に動き回れるように、樹上生のヘビは地中に棲んで穴の中を這い回るヘビよりも細く軽い体をしている。枝をつかむための長い尾と、枝の間の広い隙間を横切るための強靭な脊椎骨を持っている。写真のシュルツェハブは夜行性のハンターで、大きな目とピット器官を使って獲物を追跡する。

爬虫類

頭から呑み込む
Jを頭から呑み込むのは、この向きの方が四肢をみ込めるからである。

6 顎を広げる
非常に柔軟な顎を広げ、後方の牙でヤモリを口の中に押し込む。

7 筋肉の動き
獲物がだいたい喉に入ると、筋肉を波打つように収縮させ、獲物を胃の中に送り込む。

8 消化
完全に呑み込んだら、食物を消化するために静かな場所を探す。

ボア・ニシキヘビの仲間

門	脊索動物門
綱	爬虫綱
目	有鱗目
亜目	ヘビ亜目
上科	ムカシヘビ上科
科	11
種	149

ボア類とニシキヘビ類は獲物を絞め殺す強力なヘビである。ボアの一種であるアナコンダや網目模様のあるアフリカニシキヘビやインドニシキヘビのような、世界最大のヘビがこのグループに含まれる。ボアとニシキヘビでは繁殖の方法が異なる。また分布域も別である。ニシキヘビはアフリカ、アジア、オーストラリアに生息するが、ボアは主にアメリカ両大陸に生息し、アフリカ、アジア、太平洋の島々にほんの数種いるだけである。ボアとニシキヘビの仲間も大部分は絞め殺しタイプで、虹色のサンビームヘビと水生のヤスリヘビが含まれる。

体のつくり

このグループは比較的原始的なヘビであるとみなされている。もっと進化したヘビ類(ナミヘビ類、コブラ類、クサリヘビ類)よりも頭骨が重く、顎の可動性も低い。また、四肢を持つ動物が祖先とする解剖学的特徴がある。すなわちこのグループの大部分には小さな爪、後肢の痕跡として腰帯が残っているのである。どの種も肺は両方とも機能している。いくつかの種には口の縁の鱗に熱を感知するピット(孔)があり、暗闇の中で獲物を追跡するのに用いる。

ボア類、ニシキヘビ類の近縁種には、小柄だが外見がよく似ているものもいる。ヒメボア類やボアモドキ類などである。明るい色彩のものも少しはいるし、またサンビームヘビ類のように美しい虹色のものもいる。ヤスリヘビ類は水中生活に適応しており、陸上ではうまく動けない。ヤスリヘビ類の鱗はざらざらした粒状で、餌となる魚をつかんで絞め殺すのに適している。

絞め殺す

ボア類、ニシキヘビ類およびその仲間だけが獲物を絞め殺すわけではないが(ナミヘビ類にもこの方法をとるものがいる)、絞め殺し屋の大半はこのグループが占めている。獲物を見つけると、その体にとぐろを1回または数回巻きつける。犠牲者が息を吐くたびにますますきつく巻きつける。その結果、獲物は体を押しつぶされるというよりは、息が吸えなくなるか、心臓が血液を送り出せなくなって窒息死してしまう。獲物が死ぬと、ヘビは締めつけを緩めて頭をさぐる。まず頭を呑み込み、体の残りの部分からもしだいにとぐろをほどいていく。この絞め殺しという方法は鳥類や哺乳類に対して最も効果的である。このような恒温動物は頻繁に呼吸しなければならないからである。

繁殖

ボア類とニシキヘビ類の最も顕著な相違点は繁殖方法である。ボア類は(1種は例外であるかもしれないが)幼体を産む。ヒメボア類、パイプヘビ、ヤスリヘビ類、トゲオヘビ類も同様である。ニシキヘビ類、サンビームヘビ類、ボアモドキ類は卵を産む。ニシキヘビ類は親としての世話をする数少ないヘビ類のひとつである。大型種の場合、卵の数は最高100個にもなるが、メスは2〜3か月の抱卵期間中ずっと卵の周りにとぐろを巻いて、捕食者から守る。ニシキヘビ類のうち1種か2種は、代謝熱で卵の温度を調節できるユニークなヘビである。

保護

ボア類、ニシキヘビ類のうち、とりわけ大型のもの数種は、人間の活動によって不幸な影響を受けてきた。この大型の捕食者は獲物を狩るために邪魔の入らない広い土地を必要とする。そのうえ、この種のヘビの多くは人目につきやすく、動作が鈍いため、肉や皮目的、あるいは単なる偏見から、彼らを狩るハンターの格好の標的となった。しかしこれらのヘビ類の中には、町や集落に集まる齧歯類の数を減らすことで人間の役に立っているものもいる。

食性

たっぷりした食事をとれば、ヘビは数週間か数か月は食べないですむ。このアナコンダのような大型のヘビは渉禽類の鳥(ツル、サギなど)、シカ、若いジャガー、写真のようなカイマンまでの様々な動物を殺すことができる。大きな体と体重にもかかわらず、アナコンダ類は水中を楽に動き、浅い流れの中で獲物を待ち伏せている。

ボア・ニシキヘビの仲間

South American pipe snake
サンゴパイプヘビ

Anilius scytale

体　長	70－90 cm
繁　殖	卵胎生
習　性	地中生

分布　南アメリカ大陸北部　　状態　地域により一般的

サンゴパイプヘビ科の唯一のメンバーで、あまり知られていないヘビだが、地中でひっそりと暮らしており、円筒形の体は地中での生活に適応している。赤と黒の印象的な体色は、同じ地域に生息する有毒のサンゴヘビ類の擬態であり、防御行動も模倣している。サンゴパイプヘビは地中で狩りをするが、ヘビ類も含む脊椎動物を食べていると思われる。他のヘビ類に捕食されることもある。

Red-tailed pipe snake
アカオパイプヘビ

Cylindrophis ruffus

体　長	70－100 cm
繁　殖	胎生
習　性	地中生

分布　アジア南東部　　状態　地域により一般的

体は細長く、尾の腹面が赤い。背面は黒く、頭の後ろに赤い模様が入ることが多い。主に地下で暮らすが、水田や沼などの水辺で見られることもある。小型のヘビやウナギ類を活発に捕食する。天敵は大型のヘビ類、鳥類、哺乳類で、防御の際には尾を持ち上げ、赤い腹面を見せるが、これはアマガサヘビのような毒ヘビの擬態か、頭を攻撃から守るための行動と思われる。

尾の腹面は赤い
滑らかで光沢のある鱗

Large shield-tailed snake
オオタテオヘビ

Pseudotyphlops philippinus

体　長	45－50 cm
繁　殖	胎生
習　性	地中生

分布　スリランカ、標高1000m以下のところ　　状態　地域により一般的

短く太い体で、主として茶色、鱗の縁は黄色く、尾は1枚の盾のように平たくなっており、斜めに叩き切ったかのように見える。盾状の尾は小さな突起で覆われ、縁には特に突起が集中している。これはこのヘビが活動する穴をふさぎ、捕食者から身を守るのに役立つと思われる。地表に出ることは稀で、体は円筒形、頭は尖っており、地中生のヘビ特有の滑らかな鱗を持っている。地下で見つかるミミズを食べる。ミジカオヘビ科の他の種同様、このヘビの社会行動、防御、繁殖についてはあまりわかっていない。

Mexican burrowing snake
メキシコパイソン

Loxocemus bicolor

体　長	1－1.3 m
繁　殖	卵生
習　性	地中生

分布　メキシコ南部から中央アメリカ　　状態　絶滅危惧IB類↑

狭い頭部と、円筒形で地中生特有の筋肉質の体をした絞め殺しタイプのヘビ。体は灰色で、不規則な白い鱗の斑点は年齢とともに増える。齧歯類、トカゲ、爬虫類の卵を食べ、天敵は鳥類と哺乳類である。メスは土や堆積した落ち葉に掘った穴の中に、厚い殻の大きな卵を3～6個産む。

小さくて光沢のある鱗
筋肉質の体

Sunbeam snake
サンビームヘビ

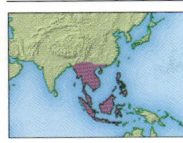

Xenopeltis unicolor

体　長	1－1.3 m
繁　殖	卵生
習　性	陸生

分布　アジア南東部　　状態　一般的

円筒形の体
くさび形の頭
輝く鱗
均一な暗い灰色

非常につやのある虹色の鱗を持ち、地中生活に適応したヘビに典型的な体つきをしている。夜だけ地上に現れ、カエル、トカゲ、ヘビ、小型哺乳類を食べる。土中の巣穴や堆積した落葉の下に6～9個の卵を産む。幼体にははっきりした白い首輪模様があるが、2～3回脱皮をした後は消えてしまう。

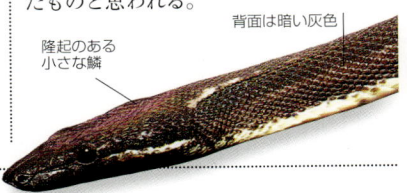

Dumeril's boa
デュメリルボア

Boa dumerili

体　長	1.5－2 m
繁　殖	卵胎生
習　性	陸生

分布　マダガスカル南部および西部　　状態　絶滅危惧II類

茶の濃淡の複雑な斑紋があり、口の周りには光沢のある黒い目立つ模様がある。かなり不活発で、乾燥した森の地面に堆積した落ち葉の中に隠れるのを好むが、体色は落葉の中にほとんど気づかれないほど溶け込んでいる。待ち伏せをして哺乳類、鳥類などの獲物を絞め殺すが、ボア類が恒温動物を探査するのに用いるピット器官は顔面にはない。生まれてくる幼体は比較的大きく、通常6～7匹である。

Calabar ground boa
ジムグリニシキヘビ

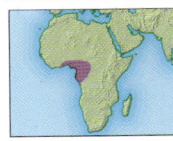

Calabaria reinhardtii

体　長	0.9－1.1 m
繁　殖	卵生
習　性	地中生

分布　アフリカ西部および中央部　　状態　一般的

区別するのが難しいような丸い頭と尾を持っている。危険が迫るとボール状にとぐろを巻き、尾を"偽物の頭"として持ち上げ、本物の頭を守る。鱗は黒か茶色で、赤かオレンジ色の斑紋が散らばっている。地中のトンネルや巣の中で小型哺乳類を狩り、地上に現れることは稀である。以前はニシキヘビ類に分類されていたが、現在は、ボア類の中で唯一卵を産む種であると考えられている。

尾の下に白い斑紋
尾を持ち上げて頭に見せかける

Round Island boa
モーリシャスボア

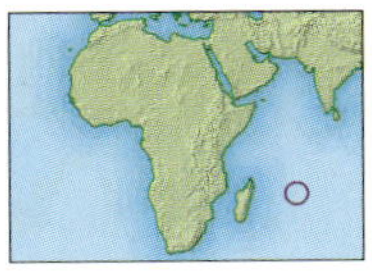

Casarea dussumieri

体　長	1－1.5 m
繁　殖	卵生
習　性	陸生

分布　インド洋ラウンド島　　状態　絶滅危惧IB類

ほとんど知られておらず、また稀にしか見られない、世界で最も個体数の少ないヘビのひとつで、野生のものは500匹もいないと思われる。トカゲを食べるが、狭い頭部と細い体は、岩の間に潜り込み、獲物に忍び寄るのに都合がよい。幼体を産む本当のボア類とは異なり、落葉の堆積した岩の割れ目に卵を産む。現在、このヘビを救うために繁殖計画が行われている。しかし、最も近い種であり同じラウンド島のボアモドキは、1975年以来目撃されておらず、おそらく絶滅したものと思われる。

背面は暗い灰色
隆起のある小さな鱗

爬虫類

爬虫類

ボア・ニシキヘビの仲間

獲物に忍び寄る
ボアコンストリクターは有利な場所に身をおいて獲物を見張りながら待つ。完璧な攻撃のタイミングをはかり、前方に突進し、犠牲者を顎で捕まえてから体を巻きつける。それからきつく締めつけて獲物を倒す。この過程は非常にすばやく、小型動物なら数秒で殺されてしまう。

Common boa
ボアコンストリクター

Boa constrictor

体　長	1〜4m
繁　殖	卵胎生
習　性	陸生／樹上生
状　態	一般的

分布　中央アメリカ、南アメリカ大陸、カリブ諸島の一部

ボアコンストリクターは幅の狭い頭と尖った吻を持つ大型ヘビである。体色は多様性に富むが（右写真参照）、背面に暗色の鞍型斑紋があり、尾の部分が暗赤色になることもある。10種類ほどの亜種があると思われる（右写真参照）。適応力に富み、熱帯の森林から乾燥したサバンナまで広大な生息地に棲む。都市部で見かけられることもある。木登りが得意だが、乾燥した生息地では、地上で狩りをすることもある。乾燥地では夏の酷暑の数か月間、夏眠して身を守ることもある。泳ぎもうまく、自発的に水に入ることがよくある。こっそり行動し、動作はかなりゆっくりしている。気候に応じて、昼または夜に行動する。様々な種類の哺乳類、鳥類を食べるが、筋肉で締めつけ、窒息死させてから丸ごと呑み込む。

ボアコンストリクターの亜種

ボアコンストリクターは亜種によって大きさや体色が非常に異なる。ホグアイランドボアのような小型の島嶼型種は1mほどにしかならないが、大型種のボアは3m程度で、例外的に4mにもなるものもいる。体色は主として黒（アルゼンチンボア）かオリーブグリーン（コロンビアボア）から、明るい色ではピンクがかった種、あるいは銀灰色の種（ホグアイランドボア）まであり、尾は色のコントラストが目立つことが多い。すべての種に鞍型斑紋がある。

中央アメリカ産のボアコンストリクターの基亜種
アルゼンチンボア（幼体）
ホグアイランドボア

保護色
ボアコンストリクターの体色や模様は大切な目的のためにある。体の輪郭を消して、周囲の物の中に溶け込んでしまうのを助けているのである。

特徴的な鞍型斑紋
目の後ろに暗色の縞

出産
亜種にもよるがボアコンストリクターは体長35〜60cmの幼体を1腹で6〜50匹産む。新生幼体は生まれたときに包まれている柔らかい膜から出ると、すぐ自活していく（写真は基亜種）。

ヘビ類

Pacific ground boa
パシフィックボア

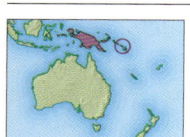

Candoia carinata

- 体長　70–100 cm
- 繁殖　卵胎生
- 習性　陸生／樹上生
- 分布　アジア南東部、ニューギニア、ソロモン諸島
- 状態　一般的

多様性に富み、2亜種がある。写真のパシフィックグラウンドボア亜種は、体は太く、尾は短く、赤か灰色がかった茶色から灰色がかった白まであり、完全な陸生である。パシフィックツリーボア亜種は、体が細長く尾も長い。体色は茶色か灰色で、総排泄腔の上に灰色がかった白い斑紋があり、木に登る。どちらもトカゲ、カエル、小型哺乳類を食べる。

Rubber boa
ラバーボア

Charina bottae

- 体長　35–80 cm
- 繁殖　卵胎生
- 習性　地中生
- 分布　カナダ南西部、アメリカ合衆国西部
- 状態　絶滅危惧Ⅱ類†

ゴムのような感触のボアである。ジムグリニシキヘビ（379ページ）と同様、頭も尾も丸く、区別がつきにくい。やはり頭を尾に見せかける防御行動をとる。

危険な哺乳類や猛禽類が近づくと、ボールのようにとぐろを巻き、尾を持ち上げて"偽物の頭"に見せかけ、本物の頭を攻撃から守る。ラバーボアは無毒でおとなしいヘビである。地中生ヘビ特有の体をしており、地下や岩石の下などに隠れて暮らし、地中や木の洞で鳥類、爬虫類、小型哺乳類などを捕らえて食べている。冬は長期間冬眠する。交尾のときには、オスが後肢の痕跡である蹴爪でメスを刺激し、尾をメスの尾に絡ませる。メスは一度に2～8匹の幼体を産む。幼体は体長がおよそ15cmで、ピンクがかった色または黄褐色をしている。

（ラベル: 扁平な頭、丸い尾、小さくて滑らかな鱗、丸い頭、太い体）

Rosy boa
ロージーボア

Charina trivirgata

- 体長　60–110 cm
- 繁殖　卵胎生
- 習性　地中生
- 分布　アメリカ合衆国南西部、メキシコ北西部
- 状態　地域により一般的

クリーム色、淡黄色または灰色の体色に、通常は黒、茶色、赤褐色またはオレンジ色の3本の太い縞模様が入る。体色と体の大きさは亜種によって異なる。地中に棲み、たいてい岩の下か裂け目の中に隠れて、鳥類、爬虫類、小型哺乳類を狩る。寒い地域では冬眠する。交尾の際、オスはメスの背に沿って這いながら、後肢の痕跡の蹴爪でメスを刺激する。生まれてくる幼体は3～5匹だが、例外的に12匹にもなることもある。

（ラベル: どっしりした体、滑らかで輝く鱗）

Emerald tree boa
エメラルドツリーボア

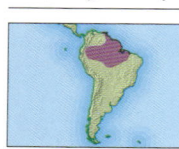

Corallus caninus

- 体長　1.5–2 m
- 繁殖　卵胎生
- 習性　樹上生
- 分布　南アメリカ大陸北部
- 状態　地域により一般的

幼体の体色
エメラルドツリーボアは繁殖期ごとに3～15匹の幼体を産む。幼体の体色は赤レンガ色、オレンジ色、明るい赤または黄色で、約1年後に緑色に変わる。

ボア科の多くの種、特にミドリニシキヘビ（384ページ）と同様、南アメリカ産の攻撃的なエメラルドツリーボアは特に樹上生活に適応している。どぎつい緑色の体色は生息地である雨林の木の葉に溶け込んで、猛禽類に襲われるのを防いでいる。握力のある尾で枝にしっかり絡みついて、鳥や通りかかった哺乳類に襲いかかる。瞳孔は垂直に長く、動きを感知する役割を果たす。口の周りの鱗には、獲物が発する熱を追跡する深いピット器官がある。交尾の際にはオスはメスの上に這い上がり、互いに尾を絡み合わせる。

攻撃態勢
エメラルドツリーボアは枝の上に同心円状にとぐろを巻いて枝を覆う特徴的な態勢で、頭を下に垂らして攻撃準備をする。獲物は小型哺乳類や鳥類で、獲物をしっかり捕まえるための長い歯がある。

（ラベル: 背面に白い模様）

Amazon tree boa
アマゾンツリーボア

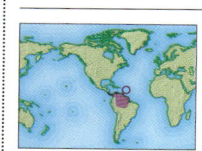

Corallus hortulanus

- 体長　1.5–2 m
- 繁殖　卵胎生
- 習性　樹上生
- 分布　中央および南アメリカ大陸、カリブ諸島南部
- 状態　一般的

体は細長く、ほぼ完全な樹上生。扁平な体は枝の間を移動するのに都合がよい。トカゲや鳥を捕まえるために、よく枝からぶら下がっている。夜は地面に降りてくることもある。茶色か灰色がかった色で、背面に横縞や斑紋のあるものから、無地のオレンジ色、黄色、オリーブ色まで様々である。

（ラベル: 奥行きと幅のある頭）

Rainbow boa
ニジボア

Epicrates cenchria

- 体長　1–2 m
- 繁殖　卵胎生
- 習性　部分的に樹上生
- 分布　中央アメリカおよび南アメリカ大陸
- 状態　一般的

体色は黒褐色から暗いオレンジ色まで様々である。どの亜種も鱗は滑らかで光沢があり、美しい虹色に輝いていることも多い。背面には黒い円形の模様があり、脇腹には中心が明るい色の斑紋がある。昼は休息し、夜になると鳥類、トカゲ類、小型哺乳類を活発に捕食する。南部に生息する種だけは冬眠する。幼体の体長と数は亜種によって非常にまちまちである。

ボア・ニシキヘビの仲間

Anaconda
アナコンダ

Eunectes murinus

体　長	6–10 m
繁　殖	卵胎生
習　性	半水生

分　布　南アメリカ大陸北部、トリニダード
状　態　一般的

体色は緑と黒、最大重量は250kg近くにも及ぶアナコンダは、世界で最も体重の重いヘビである。生涯の大部分を浅い水に半ば潜った状態で過ごし、目につかずに動けるように、植物がびっしり茂った場所を好む。主として日没後に狩りをする。カピバラ、シカなどの哺乳類を待ち伏せするが、カイマンの成体を殺すことさえできる。人間が襲われた記録もあり、時には不幸な結果になることもある。オスはメスより小さいが、後肢の痕跡である大きな蹴爪を求愛行動に用いる。メスは4〜80匹の幼体を数腹産み、幼体は6年で成熟する。25年以上生きることもある。

水への適応

アナコンダの目と鼻孔は頭の上の方についている。そのため、水中に体を半分沈めていても、物を見たり呼吸したりすることができる。

鼻孔は上の方にある
小さな目の瞳孔は垂直
頭は比較的小さい
滑らかな鱗

巨大な絞め殺し屋
アナコンダの強靭な体は、ウマのような大型哺乳類を窒息死させることができるほど強い。獲物が水を飲みにくるのを待ち伏せていることが多い。

中心が明るい色の小さな斑紋が脇腹にある
オリーブグリーンの背中に黒い楕円形の模様

Black-headed python
ズグロパイソン

Aspidites melanocephalus

体　長	1.5–2.5 m
繁　殖	卵生
習　性	陸生

分　布　オーストラリア北部
状　態　地域により一般的

体は細長く、頭と首は真っ黒で、胴には茶色とクリーム色の不規則な縞模様がある。攻撃的なヘビではなく、哺乳類あるいは猛禽類の捕食者に襲われると、穴か岩の裂け目に逃げ込む。ズグロパイソンは小型哺乳類、鳥類、毒ヘビをも含む爬虫類を食べる。メスは倒木や木の根の下または地中の巣穴に1腹で最高18個の卵を産み、ニシキヘビ類の多くの種と同様、卵の周りにとぐろを巻いて守り、孵化するまで温度を調節する。

Children's python
チルドレンニシキヘビ

Antaresia childreni

体　長	75 cm　最大 100 cm
繁　殖	卵生
習　性	陸生

分　布　オーストラリア北部
状　態　一般的

オーストラリアの小型ニシキヘビで、生涯の大半を洞穴や岩の裂け目に隠れて過ごす。本来はもっぱらトカゲを食べるが、鳥類やコウモリを含む哺乳類を待ち伏せすることもある。攻撃されると咬みつくが、他のニシキヘビ同様、無毒である。オスはメスより尾が長く太い。幼体には成体よりも濃い色の斑紋がある。名前はヴィクトリア朝時代（1837-1901）の動物学者J・G・チルドレンに由来する。

ぼんやりした暗色の斑紋

抱　卵
写真のように、チルドレンニシキヘビは卵の周りにとぐろを巻いて守り、孵化するまで温度を調整する。メスは毎年1腹8〜10個の卵を木の洞や地中の巣穴に産む。

小さなヘビ
ニシキヘビとしては非常に小さいこのヘビは、茶色から赤褐色で、輪郭のぼやけた濃い色の斑紋がある。

Carpet python
ジュウタンニシキヘビ

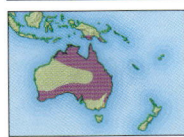

Morelia spilota

体　長	2 m　最大 4 m
繁　殖	卵生
習　性	主に陸生

分　布　ニューギニア南部、オーストラリア
状　態　一般的

オーストラリアに最も広く分布するヘビのひとつであり、生息地も非常に変化に富む。また、最も多様性に富むヘビの一種で、いくつかの亜種があり、それぞれ異なる一般名がつけられている。どの亜種にも共通する特徴は、くっきりした不規則な斑紋である。茶色、灰色、赤褐色、黒などの模様が、様々な地色の上に見られる。夜も昼も活発に行動し、トカゲ類、鳥類、小型哺乳類を狩る。他のニシキヘビ類と同じように無毒であるが、咬まれると痛い。メスは最高50個の卵を数腹、腐った植物の中や木の幹の洞に産み、卵の周りにとぐろを巻いて孵化するまで守る。

ダイヤモンドニシキヘビ
ジュウタンニシキヘビの基亜種で最も目立つダイヤモンドニシキヘビには、頭から尾まで複雑なダイヤモンド型の斑紋がある。

ジャングルジュウタンニシキヘビ
亜種のジャングルジュウタンニシキヘビはクイーンズランドの雨林に棲み、ほとんど樹上で過ごしている。

複雑な模様
熱を感知する大きなピット器官

ヘビ類

Green tree pythonn
ミドリニシキヘビ

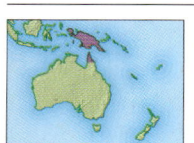

Morelia viridis

体　長	1.8 – 2.4 m
繁　殖	卵生
習　性	樹上生

分布　ニューギニアおよび周辺の島々、オーストラリア北端
状態　地域により一般的

明るい緑色のニシキヘビ。エメラルドツリーボア（382ページ）同様、樹上生活に適応し、細長い体、握力のある尾、緑色の体色が特徴である。休息や狩りの方法も同じで、枝を囲むようにとぐろを巻き、頭を垂らして獲物に襲いかかる準備をする。口の周りの鱗すべてに目立つピット器官がある。メスは木の洞か着生植物の間に6～30個の卵を産む。明るい黄色か赤い色をした幼体は猛禽類の餌食になることがある。

明るい緑色

Burmese python/Indian python
インドニシキヘビ

Python molurus

体　長	5 – 7 m
繁　殖	卵生
習　性	陸生

分布　アジア南部および南東部
状態　低リスク

非常に大きなヘビで、淡黄色か灰色の皮膚に、黒褐色の斑紋が組み合わさった模様は、すぐれたカムフラージュになっている。体色は地域により様々であるが、頭頂部には必ず"矢じり"模様がある。他のすべてのニシキヘビと同様、顎に沿ってピット器官がある。天敵はいないが、成体は脅されるとシュッという音を出し、襲いかかって咬みつく。しかし、無毒なので、人間にとって危険はない。強靭な絞め殺しタイプであるインドニシキヘビの餌は、哺乳類や鳥類である。待ち伏せをし、シカのような大きな獲物を絞め殺す。乾燥した生息地では夏眠することもある。メスはオスより大きく、木の洞や地面に掘った窪みに一度にふつう18～55個の卵を産み、孵化するまで温度を調節する。インドニシキヘビは、筋肉を震わすことで抱卵中の自分の体温を上昇させるのに必要な熱を十分発生することができる。生息地が破壊された結果、個体数は深刻なまでに減少したが、現在は法律で保護されている。

矢じり型の模様
保護色になっている体色

Royal python
ボールニシキヘビ

Python regius

体　長	0.8 – 1.2 m
繁　殖	卵生
習　性	陸生

分布　アフリカ西部から中央部
状態　一般的

体は太くて短く、黄褐色または黄色っぽい地色に黒褐色の斑紋があり、口の周りには目立つピット器官がある。哺乳類や鳥類といった捕食者に対しては、体をボールのように丸めて頭を中心に隠す防御姿勢をとる。乾季には地下で夏眠することもある。メスは岩の間や土中の巣穴に3～8個の卵を産んで抱卵する。

Reticulated python
アミメニシキヘビ

Python reticulatus

体　長	6 – 10 m
繁　殖	卵生
習　性	陸生

分布　アジア南東部
状態　一般的

世界で最も体長の長いヘビで、体重も最高200kgになることもある。黄色か黄褐色の体に黒い斑紋があり、顎に沿って目立つピット器官がある。泳ぎもうまいが、水中より陸上で過ごすことの方が多く、巣穴から遠く離れることはめったにない。鳥類、哺乳類、そしてごく稀に人間を食べる。メスは木の洞や地中の巣穴に30～50個の卵を産んで抱卵する。寿命は最高30年になることもある。皮をとるために広い範囲で狩られ、大きな個体は稀少になりつつある。

目立つ黒い斑紋
滑らかな鱗

Cuban wood snake
キューバヒメボア

Tropidophis melanurus

体　長	80 – 100 cm
繁　殖	胎生
習　性	陸生

分布　カリブ諸島
状態　地域により一般的

ずんぐりしたヘビで、普通は灰色、茶色、淡黄色の地色に暗色の斑紋があり、尾の先端は黒みがかっている。オレンジ色の体で、尾の先端が黄色っぽいものもいる。主に地上で暮らすが、潅木や岩の上に登ることもある。防御の際には丸くなり、総排泄腔から悪臭を放つ粘液を出す。カエル、トカゲ、小型のヘビ、齧歯類を食べる。メスは一度に8匹程度の幼体を産む。

太い胴体

Arafura file snake
アラフラヤスリヘビ

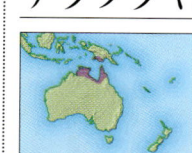

Acrochordus arafurae

体　長	1.5 m 最大 2.5 m
繁　殖	卵胎生
習　性	水生

分布　ニューギニア南部、オーストラリア北部
状態　地域により一般的

アラフラヤスリヘビは、3種からなるあまり知られていないヤスリヘビ科に属する。完全に水生で、水から出ると無力である。皮膚を通して酸素を吸収でき、気管と肺は大きく、水中に長時間とどまることを可能にしている。ヤスリヘビは淡水または汽水の川、湖、沼、大きな池を好み、水底で休息するが、握力のある尾で水生植物に絡みついている。海岸、特にマングローブの森の中にいることもある。動きは鈍く、最も活発なのは夜間である。たまにしか繁殖せず、数年おきに一度、11か月という異常に長い懐胎期間の後、17～32匹の幼体を産む。

ゆるい皮膚

ゾウの鼻のような体
ヤスリヘビはゾウの鼻に似ている。皮膚はゆるく、灰色または黒褐色の地に、不規則な暗色の縞模様が、特に脇腹に多く入っている。

つかむための鱗

"ヤスリヘビ"の名は、頭、胴、尾を覆う目の粗い小さな粒状の鱗にちなんでいる。これは魚にとぐろを巻きつけてつかむのに役立っている。

爬虫類

ナミヘビの仲間

門	脊索動物門
綱	爬虫綱
目	有鱗目
亜目	ヘビ亜目
上科	ナミヘビ上科
科	ナミヘビ科
種	1,858

ナミヘビ類は代表的なヘビともいわれ、ヘビ類全体の3分の2を占める最大の科である。おなじみのガーターヘビやヨーロッパヤマカガシ、ムチヘビなどがこの科に含まれる。ナミヘビは南極大陸を除く世界中すべての地域に分布する。オーストラリア以外のすべての大陸においては、種の数も個体数もナミヘビ類が最も多い。生息地は淡水湖から海岸の湿地、河口の沼地、雨林、乾燥した砂漠まで様々である。生活方法や生息地が多種多様ということは、体の大きさ、形状、体色も多種多様であることを意味する。後牙類の毒ヘビはすべてナミヘビ類である。

体のつくり

ナミヘビ類には共通の解剖学的特徴がいくつかある。どの種も左肺が退化しており、腰帯がない。また、冠状骨と呼ばれる下顎の小さな骨もない。この3つの特徴により、ナミヘビ類はメクラヘビ類、ホソメクラヘビ類、ボア類、ニシキヘビ類といった原始的なヘビとは区別される。これら原始的なグループとは異なり、ナミヘビ類は頭骨の可動性が高く、大きな食物を呑み込むときに大きく広げられる顎を持っている。これは下顎の2つの部分が互いにつながっていないから可能なのである。わずかな例外にあるが、ナミヘビ類の頭部はプレートのような鱗に覆われている。これがナミヘビ類とボア類、ニシキヘビ類、また大部分のバイパー類との相違点でもある。頭部の鱗の並び方は、通常は種によって決まっており、種を同定するのに役立つ。

毒

ナミヘビ類の一部、特にネズミヘビ類は獲物を絞め殺す。ナミヘビ類の大半は無毒であるが、全体の約3分の1は、毒をつくって口の中に後ろ向きに生えている大きな牙に供給するためのドゥベルノイ腺という器官を備えている。有毒ナミヘビ類の大半は牙を1対だけ持っているが、2〜3対持っている種もある。牙は傷をつくり、そこから毒液が毛管作用によって流れ込む。前牙類の一部のものとは異なり、ナミヘビ類の牙は中空ではないが、毒液は牙に沿っている溝を伝わって流れることもある。後牙類の大部分は人間にとってさほど危険な存在ではない。というのは、ある程度咬みついたままでいないと機能しないほど、牙が奥に引っこみすぎているためで、いずれにせよナミヘビ類の毒が弱いためでもある。ただしいくつかの種は、特にブームスラングやツルヘビ類は危険で、人間が死亡した例もある。

繁殖

ナミヘビ類は卵か幼体を産む。卵生の種が1腹で産む卵の数は1個から100個以上まで様々である。幼体は親によく似ているが、幼体特有の体色や斑紋のある種もいる。

ジムグリクサリヘビ類

ジムグリクサリヘビ類は、ナミヘビ類を含む多様性に富む科のひとつとして位置づけられてきたが、現在は一般にジムグリクサリヘビ科という別のグループを形成するとみなされる。このグループには約62種がいる。1種を除き、すべてアフリカに生息する。なかにはちょうつがい式に横向きに動くユニークな牙を持つものもおり、口を開かずに牙を出して、頭を横からぶつけることで毒液を注入できる。

狩り

有毒ナミヘビ類の毒は前牙類に比べると弱く、牙もあまり役立っていない。おそらくそのせいで、ネズミを食べるようなナミヘビ類の一部は、獲物を締め上げて窒息死させるのである。写真のエバーグレイズネズミヘビは鳴いているアマガエルを捕まえたところである。獲物が死ぬと、ネズミヘビは獲物の体をうまく動かして、頭から呑み込めるように態勢を整える。

ヘビ類

Bibron's burrowing asp
ビブロンジムグリクサリヘビ

Atractaspis bibroni

体長	50～75cm
繁殖	卵生
習性	地中生
分布	アフリカ東部および南部
状態	地域により一般的

ビブロンジムグリクサリヘビは、シロアリの古い塚でよく見られる。地中生で、尾の先端に短くて鋭いトゲがあり、穴に沿って通り道を掘り進むとき、また滑らかなトンネルを通り抜けたり、地上を進んだりするときの支えとして役立っている。夜は活発になり、他のヘビ類、小型哺乳類、トカゲ、カエルなどを食べる。大きな牙があり、口を完全に開けずに横から獲物に牙を刺すことができる。狭い穴の中で獲物に咬みつくのに適応しているのである。メスは夏に3～7個の卵を地中に産む。

Trans-Pecos ratsnake
トランスペコスネズミヘビ

Bogertophis subocularis

体長	1～1.3m
繁殖	卵生
習性	陸生
分布	アメリカ合衆国南部、メキシコ北東部
状態	地域により一般的

北アメリカ大陸にはネズミを食べるヘビが6種ほどいるが、どれも細長い体をした捕食者で、日没後狩りをする。トランスペコスネズミヘビは斑紋の多様性に富むヘビの代表である。大きなH字型の斑紋のあるものもいれば、"ブロンド"タイプのものはもっと薄い色の丸い斑紋がある。分布が重なる区域では、この2つのタイプが雑種繁殖している。大きくて目立つ目は、このヘビが完全な夜行性であることを示す。地中生で、日中は岩の裂け目や平たい石の下などに隠れ、極度の高温から身を守る。冬は冬眠する。猛禽類や哺乳類の捕食者に襲われると、悪臭のある分泌物を発射するが、咬みつくこともある。メスは、腐った植物の中に掘った穴か岩の下に4～8個の卵を産む。

Common egg-eating snake
アフリカタマゴヘビ

Dasypeltis scabra

体長	70～100cm
繁殖	卵生
習性	陸生
分布	アフリカ（主にサハラ以南）
状態	一般的

アフリカタマゴヘビとその近縁種は、歯を持たない唯一のヘビ類である。ヘビ類の多くは殻の柔らかい爬虫類の卵を食べるが、このアフリカの夜行性のヘビは、もっぱら殻の固い鳥類の卵を食べる。鳥の繁殖期間にたっぷり卵を食べ（丸呑みする）、1年の残りの期間は何も食べない。

クサリヘビの擬態
蹄鉄型にとぐろを巻き、顕著な隆起のある脇腹の鱗をこすり合わせて耳障りな音を出すことで、カーペットクサリヘビ（395ページ）の擬態を行う。

卵を食べる
非常に可動性の高い頭骨、口、喉のおかげで、このヘビは卵を食べることができる。卵が喉までいくと背骨の突起で卵の殻を割り、殻を吐き出す。

Mangrove snake
マングローブヘビ

Boiga dendrophila

体長	2～2.5m
繁殖	卵生
習性	樹上生
分布	アジア南東部
状態	一般的

体色は主に光沢のある黒で、口と脇腹にどぎつい黄色の模様がある。この強烈な体色は捕食者に対する警告として作用するらしい。胴はわずかに横に平たく、背面中央には目立つ隆起がある。脅されると平たい頭を後ろに引いて攻撃姿勢をとり、口の黄色い鱗を膨らませる。夜行性のハンターで、トカゲ、カエル、鳥類、小型哺乳類を獲物にしている。昼間は木の股で休むか、植物の間にとぐろを巻いてじっとしている。メスは堆積した落葉の中や腐った切り株や木の洞に4～15個の卵を産む。

Golden tree snake/Flying snake
ゴールデントビヘビ

Chrysopelea ornata

体長	1～1.3m
繁殖	卵生
習性	樹上生
分布	アジア南部および南東部
状態	一般的

ゴールデントビヘビは肋骨を広げて腹面をへこませることで、熱帯林、公園、庭などの高い木の間を滑空することができる。猛禽類や肉食哺乳類に脅されると高い枝から跳んで逃げる。追い詰められると咬みつこうとする。体は細長く、鱗は緑色で先端が黒くなっている。頭は幅が狭く、目は大きい。オスはメスより尾が太くて長い。木の上や植物の間でよく休息しているが、いつでも油断なく獲物がいないか注意している。ゴールデントビヘビは活発な捕食者で、犠牲者（普通は小型哺乳類、鳥類、トカゲ、カエル）に跳びついて、毒が効力を発揮するまで押さえている。しかし咬む力は強いが、この後牙類のヘビは、人間にとって特に危険なわけではない。メスは土、落ち葉の堆積、腐った木の中に6～14個の卵を産む。孵化した幼体は体長15～20cmである。

European whipsnake/Western whipsnake
ヨーロッパグリーンレーサー

Coluber viridiflavus

体長	1.5m 稀に2m
繁殖	卵生
習性	陸生
分布	ヨーロッパ南部
状態	一般的

細長く、大きな目をしたヘビで、普通は緑がかった黄色だが、真っ黒なものもいる。幼体は成体よりも体色が明るい。動きが速く、機敏なハンターで、トカゲ類、齧歯類、小型のヘビを追いかける際には、主に視力に頼っている。攻撃されると穴や裂け目にすばやく逃れるが、邪険に咬みつくこともある。個体数が多いと、数匹で巣を共有することもある。メスは土、落ち葉の堆積、腐った木に6～14個の卵を産む。

Snail-eating snake
アマゾンマイマイヘビ
Dipsas indica

体　長　60 – 80 cm
繁　殖　卵生
習　性　樹上生

分布　南アメリカ大陸北部
状態　一般的

カタツムリを殻から出して食べるのに適応した顎を持つ、カタツムリ専門のヘビである。下顎を殻の中に押し込み、歯をカタツムリの肉に引っかけて引きずり出す。夜に狩りをし、昼は木の洞で休息している。体は細長く、背面に顕著な隆起が通っている。頭は丸く、吻も丸みを帯び、目が大きい。オスは体がやや小さく、その割には尾が長いことが多い。

Boomslang
ブームスラング
Dispholidus typus 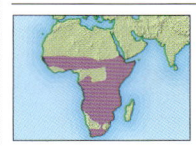

体　長　1 – 1.7 m
繁　殖　卵生
習　性　樹上生

分布　アフリカ（サハラ以南）
状態　一般的

アフリカで最も強い毒を持つ樹上生ヘビのひとつである。"ブーム"はオランダ語で木を表す。非常に敏捷に木に登り、枝から枝へ移動する際や攻撃の準備の際には、両眼視で距離を測る。ブームスラングの餌はトカゲ類、特にカメレオンで、鳥類も食べる。牙は口の後方にあり、獲物に咬みつくと毒液を注入する。成体の体色はじつに様々である。緑色、茶色、ほとんど黒のこともあり、際立った斑紋があるものもないものもいる。オスはメスより色彩豊かである。猛禽類や肉食哺乳類に脅されると、首を平たくして体を大きく見せ、ためらわずに咬みつこうとする。メスは木の洞や枯れた植物の中に最高14個の卵を数腹産む。

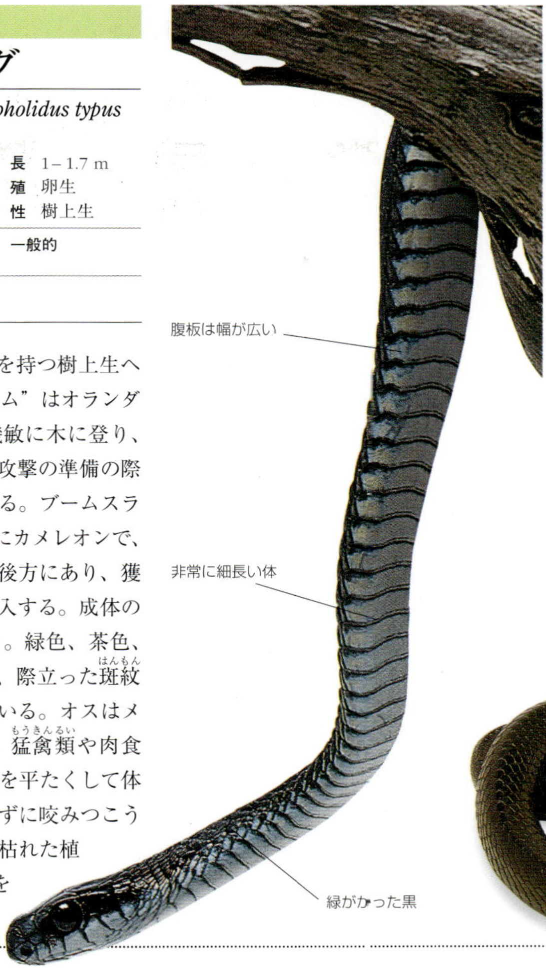

腹板は幅が広い
非常に細長い体
緑がかった黒

Indigo snake/Cribo
インディゴヘビ
Drymarchon corais 

体　長　2.1 – 2.9 m
繁　殖　卵生
習　性　陸生

分布　アメリカ合衆国南部、中央および南アメリカ大陸
状態　地域により一般的

体色は多様で、体色は棲む地域により茶色、黄褐色、黄色っぽい茶色などとなる（写真はフロリダの黒いタイプ）。魚、両生類、トカゲ、他のヘビ、鳥類とその卵、小型哺乳類など、たいていの動物を食べる。非常にすばやく獲物に襲いかかり、時には獲物を穴の側面や固いものに押しつける。メスは木の切り株や植物や穴の中に4～12個の卵を産む。

光沢のある体

Corn snake
コーンスネーク
Elaphe guttata 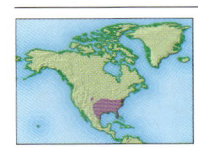

体　長　1 – 1.8 m
繁　殖　卵生
習　性　陸生

分布　アメリカ合衆国中央部および南東部
状態　一般的

ネズミを食べるヘビの中では北アメリカで最も目につくコモンネズミヘビ（右）やトランスペコスネズミヘビ（386ページ）と同じグループに属する。近縁種と同様、このヘビも多様性に富み、4つの亜種がある。下の写真の基亜種は、最もカラフルで合衆国南東部にのみ生息する。中西部の亜種エモリーラットスネークは、灰色の体に、暗い灰茶色の斑紋がある。コーンスネークは地上、樹上、また建物の上、倒木や岩のかけらの下などにいる。他のネズミを食べるヘビ同様、脇腹と腹面は互いに鋭角をなし、樹皮や壁に登るのに都合がよい。成体は主に小型齧歯類を食べるので、農場にとっては益獣である。夜行性だが、涼しい季節には昼もよく活動している。脅されると尾をすばやく振動させるが、攻撃に備えて体を起こすこともある。捕まえられると悪臭のする分泌物を出す。メスは、腐敗した植物の中に最高25個の卵を数腹産む。

淡いオレンジ色の体に濃い赤の斑紋

Aesculapian snake
クスシヘビ
Elaphe longissima 

体　長　1 – 2.2 m
繁　殖　卵生
習　性　陸生

分布　ヨーロッパ南部からアジア西部
状態　一般的

英名はギリシャ神話の医学の神アスクレピウスにちなむ。現在も医学関係の職業のシンボルになっているアスクレピウスの杖カドゥケウスに巻きついているのは、このヘビだと考えられている。体色はオリーブ色か茶色または暗い灰色で、頭のすぐ後ろに1対の明るい斑紋が入ることもある。鱗は滑らかでわずかに隆起があり、輝くような外見を与えている。機敏に泳ぎ、また木などに登る。雑木林、森林の周縁部、野原などにひっそり棲み、寒い間は冬眠する。

細長く筋肉質の体
幅の狭い頭

Common ratsnake
コモンネズミヘビ
Elaphe obsoleta

体　長　1.2 – 1.8 m
繁　殖　卵生
習　性　陸生

分布　カナダ南部、アメリカ合衆国中央部および東部
状態　一般的

体色の変異が非常に多く、明るいイエローオレンジから下の写真の亜種ハイイロネズミヘビのような押さえた色調まで様々である。開けた森林地帯の岩の多い山腹を好むが、水辺にいることも多く、泳ぎもたいへん上手である。齧歯類や鳥を絞め殺して食べる。メスは5～20個、場合によっては最高40個の卵を産む。共同の巣穴に産むことも時々ある。脇腹に沿った隆起は木に登るときに樹皮に体を押しつけるのに役立つ。

長い頭に丸みのある吻
腹面の鱗には顕著な隆起がある

Leopard snake
ヒョウモンヘビ

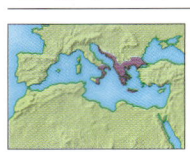

Elaphe situla

体　長	70–100 cm
繁　殖	卵生
習　性	陸生

分布　ヨーロッパ南部および東部、アジア西部
状態　地域により一般的

クリーム色または灰色の体に、黒い縁どりのある赤っぽい斑紋、または黒い縁どりつきの太くて赤っぽい縦縞が背面に2本ある。主に齧歯類を食べるが、草むらか穴の中で捕らえて絞め殺す。脅されると頭を平たくして咬みつくことがある。交尾のとき、オスはメスの頭か首を咬んで押さえ、メスに絡みつく。メスは最高8個の卵を産み、数日間卵のそばにとどまる。

黒い縁のある赤っぽい斑紋
滑らかな鱗

Tentacled snake
ヒゲミズヘビ

Erpeton tentaculatus

体　長	70–100 cm
繁　殖	胎生
習　性	水生

分布　アジア南部中央
状態　一般的

縦に隆起のある鱗がうねになっている

水中に生息するナミヘビ類（全部で30種ほど）に属する風変わりなヘビで、吻についている1対の柔らかくユニークな肉質の突起によって、近縁種とは簡単に区別できる。この突起はセンサーの機能を持つと思われる。動きは緩慢、夜行性で、草のびっしり生えた水中に潜み、獲物が泳いでくるのを待つ。メスは水中で5〜13匹の幼体を産む。

Red-tailed racer
ホソツラナメラ

Gonyosoma oxycephala

体　長	1.6–2.4 m
繁　殖	卵生
習　性	樹上生

分布　アジア南東部
状態　一般的

長くてほっそりしたこのヘビの尾は茶色、オレンジ色、灰色のこともあるが、英名 "red-tailed" に反して、尾が赤いことは決してない。活発な捕食者で、夜に鳥類、コウモリ、小型哺乳類を捕まえる。明るい緑の体色は木々の間では優れたカムフラージュになる。猛禽類や哺乳類に襲われると、喉を縦に膨らませ、S字型の姿勢で攻撃準備をする。交尾は木の枝の間で行う。

頭は西洋の棺のような形

Western hognosed snake
セイブシシバナヘビ

Heterodon nasicus

体　長	40–80 cm
繁　殖	卵生
習　性	陸生

分布　アメリカ合衆国中央部からメキシコ
状態　一般的

斑紋とずんぐりした体のせいで、ナミヘビ類の仲間よりはむしろクサリヘビ（394ページ）のように見える。毒液を備えてはいるが、人間にさほど危険はない。

北アメリカには3種のシシバナヘビがいるが、どの種も落ち葉の堆積を通って獲物を探し、目立つ上向きの吻を使って穴を掘り、地中にいるヒキガエルやその他の両生類を探し出す。いずれも脅されると大きなシュッという音を出し、体を膨らませるが、攻撃のふりをすることもある。それが失敗するとしばしば死んだふりをする。

クリーム色の体に濃い斑紋

Common kingsnake
コモンキングヘビ

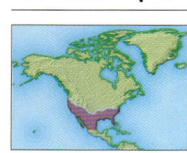

Lampropeltis getula

体　長	1–2 m
繁　殖	卵生
習　性	陸生

分布　アメリカ合衆国西部および南部、メキシコ北部
状態　一般的

力のある絞め殺しタイプのヘビで、活発に獲物を狩り、齧歯類の巣穴に頻繁に入っていく。鳥類、トカゲ類、カエル、毒ヘビをも含むヘビ類も食べるが、ヘビ毒に対しては免疫がある。おおむね陸生であるが、低い木に登ることもあるし、泳ぎも上手である。主に猛禽類と哺乳類である捕食者に脅されると、激しく咬みつくことがあり、捕まえられると捕食者を排泄物で汚そうとする。季節によって、昼間活動したり夜間活動したりする。北の生息地では、南よりも長く冬眠する。交尾の際、オスはメスの背面に沿って這い、首を咬んでメスを固定する。メスは腐敗熱で温かくなった植物や木の中、または地下の巣穴に12個（例外的に最高25個まで）の卵を産む。幼体の体長はおよそ30〜35cmである。飼育下では25年以上生きることがある。

カリフォルニアキングヘビ
このカリフォルニアの亜種は暗い灰色の体に写真のようなクリーム色の横縞が入ることもあり、茶色の体に白い縦縞が入ることもある（右のコラム参照）。

クリーム色の輪紋

驚異的な多様性

コモンキングヘビの体色と模様は、たいへん多様性に富む。多くの爬虫類学者はこの種を7亜種に分けているが、全部で10亜種ほどはあると考える学者もいる。いくつかの亜種は（カリフォルニアキングヘビのように）体色が1種類ではないことが、問題をさらに複雑にしている。

メキシコクロキングヘビ
最も純粋な形では、体色は濃淡のない漆黒であるが、幼体には横縞のぼんやりした形跡が見られることもある。最も美しい亜種のひとつで、ペットとして人気がある。

光沢のある鱗
黒い体に黄色い斑点が入る

サバクキングヘビ
アリゾナ産のこのサバクキングヘビは、1年のうち寒すぎも暑すぎもしない短い期間だけ活動する。

縦縞と横縞
カリフォルニアキングヘビの縦縞型は横縞型（左写真参照）の生息地の一部で見られる。同じ1腹の卵から両方のタイプが生まれることもある。

ナミヘビの仲間

Milksnake
ミルクヘビ

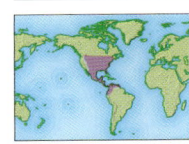

Lampropeltis triangulum

体　長　0.4 – 2 m
繁　殖　卵生
習　性　陸生

分布　北アメリカ大陸、中央アメリカ、南アメリカ大陸北部
状態　一般的

世界で最も広く分布するヘビの一種であり、また最も多様性に富むもののひとつでもある。約30の亜種が確認されており、アメリカ合衆国だけで8亜種がいる。たいていは赤、黒の体に黄色の横縞という鮮やかな色をしている。いくつかの亜種はサンゴヘビ（392ページ）そっくりの模様をしており、防御のための擬態として進化したものと思われる。人目を避けて暮らし、普通は夜行性で、無脊椎動物や両生類、小型齧歯類、他のヘビも食べる。無毒だが、防御の際には咬みついたり、総排泄腔から悪臭のする液体を出したりする。メスは地中、岩の下、木の切り株、腐った植物の中などに巣をつくり、最高17個の卵を産む。

驚かせて防御
ミルクヘビは有毒ではない。しかし有毒のサンゴヘビの体色、斑紋、動作までも擬態するので、サンゴヘビの生息地域ではよく間違えられる。隠れ家から引っぱり出されると転がり回り、その鮮やかな体色で捕食者を驚かせようとする。

小さな頭
体は細長い
滑らかな鱗

体の斑紋
ミルクヘビの体色は普通は赤、黒、白で、胴を取り巻く輪模様があり、背面には鞍型斑紋がある。

Brown house snake
チャイロイエヘビ

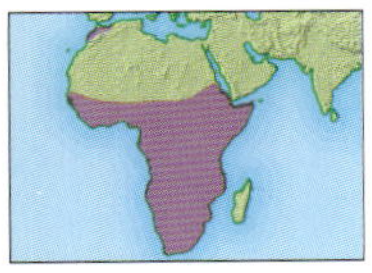

Lamprophis fuliginosus

体　長　0.9 – 1.5 m
繁　殖　卵生
習　性　陸生

分布　アフリカ（主にサハラ以南）
状態　一般的

強力な絞め殺しタイプで、夜間活発に獲物を捕食する。主に齧歯類を食べるが、鳥類やトカゲ類も食べる。体色は黄褐色、茶色、オレンジ色、または黒で、クリーム色の縦縞が1本あるいは頭の両脇に2本ある。オスはメスより小さいが、体の割に尾が長い。繁殖期にメスは6〜16個の卵を2腹あるいはそれ以上産む。猛禽類や哺乳類に刺激されると咬むこともあるが、有毒ではない。

滑らかな鱗の細長い体

Madagascan leaf-nosed snake
マダガスカルテングキノボリヘビ

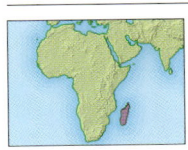

Langaha madagascariensis

体　長　70 – 90 cm
繁　殖　卵生
習　性　樹上生

分布　マダガスカル
状態　地域により一般的

吻で簡単に識別できる。オスは吻の先端に長い尖った突起がある。メスの突起はもっと手が込んでおり、木の葉のような形である。オスの体色は明るい茶色で、腹面は黄色、メスは灰色がかった茶色に暗色の小さな斑紋がある。オスもメスも細長いツル状の体で、生息地である森林では、ツルや枝にまぎれて見事なカムフラージュになっている。昼も夜も活発で、トカゲ類やカエルを待ち伏せする。

Grass snake
ヨーロッパヤマカガシ

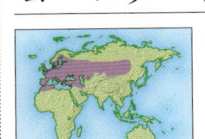

Natrix natrix

体　長　1.2 – 2 m
繁　殖　卵生
習　性　半水生

分布　ヨーロッパからアジア中央部、アフリカ北西部
状態　一般的

半水生の捕食者で、たいてい湿り気のある場所か静かな水の中で過ごしている。泳ぎがうまく、カエルや魚を求めて池の水面をさざ波を立てて泳いでいるのがよく見かけられる。ヨーロッパで最も広く分布するヘビのひとつである。成体の体色はオリーブブラウン、緑っぽい色、灰色で、普通は頭の後ろに体色と対照的な黄色または白が入る。メスはオスより大きく、尾もオスより長くて太い。交尾の後、共同の巣穴に卵を産むことがあるが、そこでは卵の数が200個あるいはそれ以上になることがある。夏でも涼しい地域では、メスは卵を堆肥の中に産むことが多い。腐敗した植物の熱が孵化を助けるからである。ヨーロッパヤマカガシの寿命は約15年である。

死んだふり
ヨーロッパヤマカガシに触られると悪臭のある液体を発射するが、極端な危険に対しては、死んだふりをすることがある。演技に説得力を持たせるために、体の一部を引っくり返し、口を開けて舌を出してしまう。

体を背面にぐっと曲げて死んだふりをする
大きく開いた口

産卵
卵は腐った植物、肥料、堆肥その他の温かい場所に産み落とされる。孵化幼体は体長12〜21cmである。成熟するまでにオスは3年、メスは4年かかる。

Southern water snake
ミナミミズベヘビ

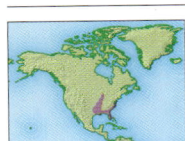

Nerodia fasciata

体　長　0.5 – 1.5 m
繁　殖　卵胎生
習　性　水生

分布　アメリカ合衆国中央部および南東部
状態　一般的

ミナミミズベヘビは、ずんぐりした体にキールのある鱗を持ち、体色は様々で、暗色の横縞か斑紋があるものもいる。目は頭の上の方にあり、体の一部を水中に沈めて物を見るのに都合がよい。気温によって、昼または夜にカエルや魚を狩る。攻撃されると肛門の腺から悪臭のある内容物を出して捕食者を汚すことがある。多数のオスが同じメスと交尾することがある。メスは2〜57匹の幼体を産む。

黄色い部分
体を横切るように暗色の横縞が入る

爬虫類

Tiger ratsnake
トラフネズミヘビ

Spilotes pullatus

体長	1.5–2 m
繁殖	卵生
習性	樹上生

分布 中央アメリカ、南アメリカ大陸北部と中央部　　状態 一般的

体色は、黄色の地に黒の横縞または斑紋が入ることもあり、黒に黄色の縞が入るものや、黒に中心が黄色い鱗が入るものなどもいる。奥行きのある三角形の体は横に平たく、枝の間を渡るときに体を固定するのに都合よくなっている。主に夜活動し、トカゲ類、カエル、小型哺乳類にそっと近づき、突然襲いかかって獲物をびっくりさせて捕まえる。脅されると体の前部を平たくして、S字型にとぐろを巻く。激しく咬みつくこともある。

Rough green snake
ラフアメリカアオヘビ

Opheodrys aestivus

体長	0.8–1.6 m
繁殖	卵生
習性	陸生

分布 アメリカ合衆国南東部　　状態 一般的

特に水辺の丈の低い植物の間でよく見かけられる。体色は明るい緑色で、腹面は白または黄緑色である。鱗にキールがあるため皮膚がざらざらしている。普段はじっと動かずにいるか、昆虫を求めて植物の間をゆっくり動いているが、すばやく動くこともできる。メスは細長い卵を3〜13個産む。

Pine snake
パインヘビ

Pituophis melanoleucus

体長	1–2.5 m
繁殖	卵生
習性	地中生

分布 アメリカ合衆国南東部　　状態 一般的

強力な絞め殺しタイプのずんぐりしたヘビ。鱗には顕著なキールがあり、穴掘りに適して吻は少し尖っている。体色は多様性に富み、真っ黒や真っ白から、クリーム色か黄色っぽい体で、背面と脇腹に茶褐色か黒の不規則な斑紋がついたものまでいる。活発な捕食者で、特に地中にいる小型哺乳類を狙う。メスは自分で掘った穴に3〜27個の卵を産むが、体の前部をループ状にして砂や土をかき出すのに使う。いくつかの亜種が確認されているが、ルイジアナピンクヘビは絶滅危惧種である。

Long-nosed snake
ハナナガヘビ

Rhinocheilus lecontei

体長	50–100 cm
繁殖	卵生
習性	地中生

分布 アメリカ合衆国南部、メキシコ北部　　状態 一般的

ハナナガヘビは岩や倒木の下、齧歯類の巣穴などに棲み、尖った吻を使って穴を掘る。上顎が下顎より突き出ているが、これもまた地下での生活に適応したものである。おおむね夜行性で、小型哺乳類、鳥類、トカゲ類、小型のヘビやその卵を食べる。脅されると、とぐろの中に頭を隠して尾を振動させ、総排泄腔から悪臭のする液体を出す。メスは最高9個の卵を1腹産むが、2腹産むことも時々ある。

African tiger snake
ヒガシタイガースネーク

Telescopus semiannulatus

体長	1–1.2 m
繁殖	卵生
習性	陸生

分布 アフリカ南部　　状態 一般的

夜行性のハンターで、暗闇でもよく見える大きな目を持つ。細長く、鱗は滑らかで、体色は黄褐色、オレンジ色、またはピンクがかった茶色に、背面から脇腹にかけて黒い斑紋が入る。動作が緩慢で、主に地表で暮らすが、潅木、枯れ木、わらぶき屋根に登ることもある。

Western ribbon snake
セイブリボンヘビ

Thamnophis proximus

体長	50–100 cm
繁殖	胎生
習性	半水生

分布 アメリカ合衆国中央部から中央アメリカ　　状態 一般的

近縁種のコモンガーターヘビ（右）と同様、北アメリカ産のこのヘビは動きが速く、機敏で泳ぎもうまい。主にカエル、オタマジャクシ、小型の魚を食べ、水中で獲物を追いかける。1年に最高24匹の幼体を産むが、適当な生息地では相当密集していることもある。

Common garter snake
コモンガーターヘビ

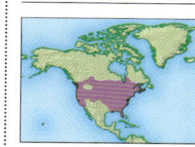

Thamnophis sirtalis

体長	65–130 cm
繁殖	胎生
習性	半水生

分布 北アメリカ大陸　　状態 一般的

常に水の近くに棲むが、アメリカ両大陸のどのヘビよりもずっと北まで繁殖地がある点で、他のヘビ類とは異なる。北極圏の周縁部では集団で冬眠する。春になって多数のヘビがいっせいに出てくるのは大変な見ものである。主にミミズ、魚、両生類を食べるが、コモンガーターヘビ自身は哺乳類や猛禽類に襲われる。

体の外見
コモンガーターヘビには11の亜種があり、体色の変異が非常に多い。写真は鮮やかな縞模様の入る亜種サンフランシスコガーターヘビである。

交尾のパターン

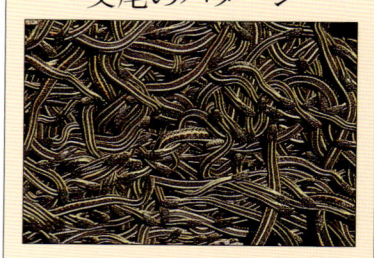

交尾システムは、緯度に応じて異なってくる。北の生息地ではオスはメスを奪い合って争うが、越冬地から出てきたときには大変な数になることがよくある。南の方ではメスの獲得競争はそれほど熾烈ではない。

コブラの仲間

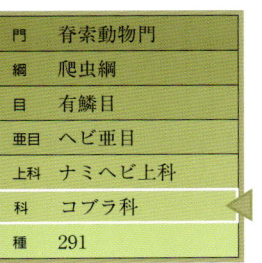

門	脊索動物門
綱	爬虫綱
目	有鱗目
亜目	ヘビ亜目
上科	ナミヘビ上科
科	コブラ科
種	291

コブラ類は世界中のヘビの10分の1にも満たないが、すべて毒を持ち、多くの毒は危険なほど強い。コブラ類、サンゴヘビ類、マンバ類、エラブウミヘビ類、ウミヘビ類がこのグループに含まれており、主に熱帯と南半球に見られる。地表で暮らす種や半地中生の種があるが、樹上で生活し、狩りをする種もある。動きの速い昼行性のハンターもいれば、ひっそりと暗闇の中で狩りをするものもいる。ウミヘビ類とエラブウミヘビ類は完全に海洋生である。コブラ類はナミヘビ類（385ページ）と近縁関係にあり、外見は似ているが、大部分の種が上顎の前方に牙があるところが異なっている。この牙によって、攻撃の際にすばやく致命的な毒液を注入できるのである。

体のつくり

コブラ類は一般的に円筒形の細長い体をしており、鱗は滑らかで光沢がある。独立したウミヘビ科として分類されることもあるウミヘビ類は、他のコブラ類とは異なり、泳ぐために尾が平たくなっている。大半の体色や斑紋はカムフラージュになっているが、サンゴヘビの派手な模様は捕食しようとする動物に警告を与えている。コブラ類には、体の前部を地面から持ち上げ、肋骨を広げてフード型にして敵を威嚇するものもいる。

毒

コブラ類の毒の強さと、どの器官や神経システムに害を与えるかは様々である。コブラそのものも含むコブラ類の大部分の発する毒は、神経組織に作用して、呼吸に使う筋肉を麻痺させる。牙の中の溝を通して毒を注入するものもいれば、牙の中に毒液管のあるものもいる。コブラ類には、タイパンのように世界で最も危険なヘビが含まれる。しかし攻撃的でなかったり、小さすぎたりで、人間に害を与えないものもいる。

繁殖

コブラ類の大部分は卵を産むが、一部は幼体を産む。例えばウミヘビ類は水中で幼体を産むが、エラブウミヘビ類は産卵のために上陸する。アジアのコブラには、枯葉や朽木のくずなどで巣をつくるものもいる。メスは卵を厳重に警護し、捕食者から守る。

ドクハキコブラ
コブラ類の中には（写真のモザンビークドクハキコブラも含めて）、牙の穴から毒液を高速で押し出すことで、犠牲者に毒液を吹きかけることができるものがいる。毒液が目に入れば、激しい痛みを引き起こし、時には永久に失明することもある。

Northern death adder
コモンデスアダー

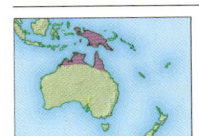

Acanthophis praelongus

体長	30–100 cm
繁殖	胎生
習性	陸生
分布	ニューギニア、オーストラリア北部
状態	一般的

名前に反し、本当のアダー類（394ページ）ではないが、コブラ類としては異常にずんぐりした体格をしている。オーストラリアで最も毒の強いヘビのひとつで、待ち伏せによる狩りをする。少しでも刺激すると攻撃してくる。普通は夜に活動する。昼間は斑紋によるカムフラージュで姿を見られないようにしている。成体の体色は明るい灰色から灰褐色、またはほとんど真っ黒に淡色の輪模様か横縞が入る。主として小型哺乳類、トカゲ類、鳥類を食べるが、ミミズ状の細い尾を疑似餌に使い、獲物を攻撃範囲内におびき寄せる。繁殖のたびに最高8匹の幼体を数腹産む。非常に近い種であるミナミデスアダーは、オーストラリア東部および南部に広く生息し、時には都市部のすぐ近くで見かけられる。北部の相棒と同じく、咬まれると命にかかわる。

くさび形の頭
胴の周りに白い輪模様
太い胴

生きている疑似餌

コモンデスアダーの尾の先端は非常に細長く、体の他の部分とははっきり異なる淡い色をしている。狩りをするときはじっと待ち伏せて、尾の先を振動させ、攻撃できるところまで獲物を十分におびき寄せる。速効性の毒が犠牲者を殺し、ヘビは犠牲者をゆっくり呑み込むことができる。

アダーによく似た姿
太い胴、くさび形の頭、細い首、これはすべてコブラ類というよりラ、普通はクサリヘビ科のヘビに見られる特徴である。コモンデスアダーの目の上には隆起した角状突起もある。

Australian copperhead
オーストラリアカパーヘッド

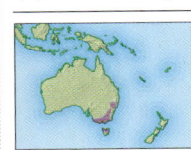

Austrelaps superbus

体長	1.3–1.7 m
繁殖	胎生
習性	陸生
分布	オーストラリア南東部、タスマニア北部

湿地や沼に棲み、昼夜を問わず活動し、主にカエルを食べる。体色は背面が灰色または赤褐色から黒で、脇腹はクリーム色か黄色である。冬は冬眠するが、寒さには強く、他の爬虫類よりも長い期間行動する。

ヘビ類

East African green mamba
ヒガシアフリカグリーンマンバ

Dendroaspis angusticeps

体　長　1.5–2.5 m
繁　殖　卵生
習　性　樹上生
分　布　アフリカ東部および南東部
状　態　一般的

　明るい緑色の体色、ほっそりした体型、長い尾は樹上生活に理想的に適応した動物の特徴である。動作はすばやく機敏で、高い枝の間を通って獲物を追跡する。邪魔が入ると、普通はもっと高い枝へ行くか、枝から別の木の枝へと移動するが、追い詰められると向きを変えて攻撃しようとする。毒は強いが人間とトラブルを起こすことは稀である。

滑らかな鱗
細い頭

Black mamba
ブラックマンバ

Dendroaspis polylepis

体　長　2.5–3.5 m
繁　殖　卵生
習　性　陸生
分　布　アフリカ東部および南部
状　態　一般的

　最も毒性の強いヘビとして知られるが、おそらく最も動きの速いヘビでもあり、そのため世界で最も危険な捕食者のひとつでもある。短距離なら時速20kmも出せる。これは疾走している人間に十分追いつけるスピードである。ブラックマンバというが、実際は黒ではなく、灰色か茶色で、流線型の体は大きく滑らかな鱗で覆われている。なわばり意識が強く、岩の裂け目や木の洞に巣をつくる。昼間活動し、鳥類や小型哺乳類を食べる。メスは地下の巣穴に12〜17個の卵を産む。毒は作用が非常に速く、咬まれたらすぐに手当てをしない限り、致命的である。

木に登ることも
本来は地上で生活し、主に開けた森林地帯で見られるが、木に登ることもある。大きいわりに非常に敏捷で、トゲのある潅木や樹木を楽々とすべっていく。

交尾のための戦い
　繁殖期になると、ブラックマンバのオスは体を持ち上げ、前半分を絡み合わせて戦い、互いに相手を地面に押し倒そうとする。ただし、戦いは儀式的なもので、ひどい怪我をさせることはない。この力比べの後、勝者はなわばり内のどのメスとでも交尾できる。

Sea krait
アオマダラウミヘビ

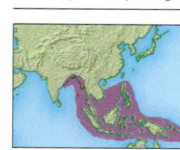

Laticauda colubrina

体　長　1–2 m
繁　殖　卵生
習　性　水生
分　布　アジア南部および南東部
状　態　一般的

　平たい鰭状の尾を持ち、海に棲んで捕食するヘビは40種ほどいるが、青灰色のこのヘビもそのひとつである。沿岸の水中、マングローブの湿原、サンゴ礁に生息し、そこで魚、主にウナギ類を狩る。他のすべてのウミヘビ類と同じく強い毒があるが、人間にとって脅威ではない。咬まないからである。ウミヘビ類の大部分は生涯海中で生活し、幼体を産むが、アオマダラウミヘビとその近縁種は、木の葉の堆積の下に卵を産むため、浜辺にやってくる。

幅の広い黒い横縞

South American coral snake
リボンサンゴヘビ

Micrurus lemniscatus

体　長　60–90 cm
繁　殖　卵生
習　性　半地中生
分　布　南アメリカ大陸北部および中央部
状　態　一般的

　鮮やかな色の爬虫類で、40種ほどいるサンゴヘビのひとつである。サンゴヘビはすべてアメリカ両大陸の暖かい地域にいる。いずれも特徴的なくっきりとした横縞があり、捕食者に対する警告になっている。しかし半地中生という生活様式で、普通は夜にしか現れないので、体色が隠されていることも多い。小型のトカゲ類やヘビを食べる。猛毒があるが、人間が被害を受けることは稀である。

滑らかな鱗
連続した横縞
小さな頭

Indian cobra
インドコブラ

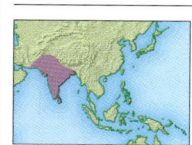

Naja naja

体　長　1.2–1.7m
繁　殖　卵生
習　性　陸生
分　布　アジア南部
状　態　一般的

　ヘビ使いが使うことで有名であるが、インドで最も危険なヘビのひとつである。意外に少ないとはいえ、インドだけで年間合計1万人にも及ぶ咬症による死亡者数の、かなりの部分を占めている。ひとつにはこのヘビが人家に近い水田や道の脇の土手を好むため、人間との接触が多いせいでもある。体色の変異が多く、茶色から黒まで様々である。ただし大部分の個体はフードの背面部に淡色の眼鏡模様がある。他のコブラ類と同じく、脅されるとフードを広げるが、そのほかのときにはフードはたたまれている。日なたで日光浴する姿が時々目撃されるが、夜間が最も活発で、木登りも水泳も上手である。小型哺乳類、鳥類、トカゲ類、他のヘビ類を食べるが、神経毒を使って数秒で相手を殺してしまう。

　インドコブラの主な捕食者は、人間を別にすれば肉食哺乳類、特にマングースと猛禽類である。

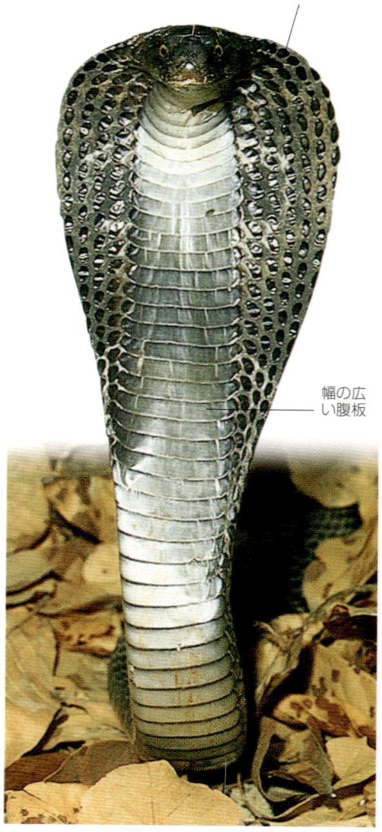

フードを広げたところ
幅の広い腹板

コブラの仲間

Red spitting cobra
アカドクハキコブラ
Naja pallida

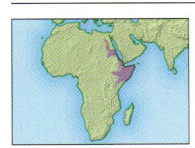

体　長　70–120 cm
繁　殖　卵生
習　性　陸生

分布　アフリカ北部および東部
状態　一般的

ユニークな防御方法をとる数種のアフリカ産コブラのひとつである。脅されると牙の小さな穴から毒液を噴出させることができ、毒液は霧状となって空中に2mもまき散らされる。スプレー状の毒で死ぬことはないが、目に入れば失明の恐れがある。体色は赤から灰色まで様々である。夜間と早朝に活動する。メスは穴か腐った植物の中に最高15個の卵を産む。

幅の狭いフード
咽に黒い横縞がある

Egyptian cobra
エジプトコブラ
Naja haje

体　長　1–2.4 m
繁　殖　卵生
習　性　陸生

分布　アフリカ北部、西部および東部
状態　一般的

体色は普通は茶色か灰色がかった色で黒い横縞が入ることもある。体長は最大2.5mになることもある。砂漠、草地、都市部に生息し、オアシスや涸れ谷の近くの野原でも見受けられるが、密林や極度に乾燥した砂漠は避ける傾向がある。本来は夜行性だが、早朝は日なたで日光浴をすることもある。敏捷な動きで体を起こし、幅の広いフードを丸く広げて敵を脅す。それでも侵入者を引き止められないときは、この強力な毒を持つコブラはシュッという音を立てて、侵入者に向かって前進しようとする。さらに攻撃を仕掛けて咬みつくこともあるが、すぐに血清が用いられないと、人間にとっても致命的である。他のヘビ類、小型哺乳類、ヒキガエル、家禽を含む鳥類を活発に追跡し、速効性の毒で獲物を殺す。なわばりを持ちしばしば闘争する。メスは8～20個の卵を産むが、シロアリの塚に産むことがよくある。卵は約60日間の抱卵期間の後孵化する。

大きな目
口を大きく開けて威嚇する
大きな頭
防御の際にフードを広げる
ずんぐりした体

Blue coral snake
アオマタハリヘビ
Maticora bivirgata

体　長　1.2–1.4 m
繁　殖　卵生
習　性　陸生

分布　アジア南東部
状態　地域により一般的

腹面、頭部、尾の目立つオレンジ色のマークは、捕食者を近づけないための警告になっている。全体長のほぼ3分の1の長さの毒腺を持ち、毒性は非常に強い。英語では"100-pace snake"（百歩蛇）とも呼ばれるが、これは毒にやられた人が倒れるまでに進むことができると考えられている距離にちなんだものである。しかしこのヘビは普通はおとなしく、人間が死亡した記録はわずかしかない。

Australian tiger snake
タイガースネーク
Notechis scutatus

体　長　1–2.1 m
繁　殖　胎生
習　性　陸生

分布　オーストラリア南東部
状態　一般的

大きな鱗

毒性は非常に強く、オーストラリアでのヘビ咬症による多くの死亡例の原因になっている。体色は灰色、茶色、茶褐色、オリーブがかった茶色などで、明るい黄色の細い輪模様があることも多い。主に昼間行動するが、暖かい夜にも活動することがある。気候が寒冷な間はじっと隠れている。獲物は主にカエルで、追いかけてから毒で倒す。防御の際には首を平たくして、体を地面からわずかに持ち上げる。メスは約30匹の幼体を産む。

King cobra
キングコブラ
Ophiophagus hannah

体　長　3–5 m
繁　殖　卵生
習　性　陸生

分布　アジア南部および南東部
状態　低リスク↑

毒ヘビの中では最も体長が長く、他のヘビを狩る専門家である。体長5m以上になることもあり、そのためかなり大型のヘビを圧倒して殺すことができる。脅されると体の前部3分の1を持ち上げるので、高さ1.5mにもなる。幅の狭いフードを立てて、下向きに攻撃することもあるが、咬みつくことは稀である。実際のところ、キングコブラに人が咬まれた記録はわずかである。この内気なヘビは人間との接触を避けて、主に深い森に棲むからである。体は細長く、鱗は滑らかで、泳ぎもうまく、水辺で見られることも多い。成体は茶色一色であるが、幼体は色が濃く、背面に逆V字型の淡い斑紋がある。ヘビとしては珍しいことだが、キングコブラは少なくとも一時的に一夫一婦制を営み、繁殖期の間はつがいが一緒にいるようである。メスは主に枯れた植物の堆積の中に21～40個の卵を産む。卵は孵化するまで両親に守られている。飼育下では20年以上生きることがある。

長い体
滑らかな鱗
幅の狭いフード

Taipan
タイパン
Oxyuranus scutellatus

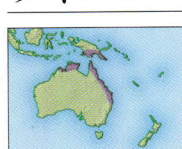

体　長　2–3.6 m
繁　殖　卵生
習　性　陸生

分布　ニューギニア南部、オーストラリア北部
状態　絶滅危惧II類↑

黄褐色か茶褐色一色で、外見に特徴はないが、オーストラリアで最も強い毒を持つ。内気で、めったに人目に触れないが、遭遇すれば致命的なスピードで攻撃する。主に哺乳類を食べるが、鳥類、トカゲ類も食べる。時々地下で獲物を捕らえるために穴に潜る。メスは繁殖のたびに3～20個の卵を産む。咬まれると人間にも致命的だが、有効な血清のおかげで、現在では死亡例は比較的少ない。

隆起のある鱗

爬虫類

クサリヘビの仲間

門	脊索動物門
綱	爬虫綱
目	有鱗目
亜目	ヘビ亜目
上科	ナミヘビ上科
科	クサリヘビ科
種	228

クサリヘビ類は最も高度に進化したヘビである。ちょうつがいのように動く長い牙を持ち、一部のもの（マムシ亜科）には、目と鼻孔の間にピット器官がある。様々な環境に生息し、他のヘビ類に比べると、寒さにもうまく対応できる。多くの種が、冬には寒くなる高所や砂漠に棲んでいる。北極圏の北部で見られるものさえいる。クサリヘビ類は地上か樹上生で、齧歯類の巣穴を一時的な隠れ家として使うものもいる。

体のつくり

クサリヘビ類の大部分は、体が短くてずんぐりしており、頭は幅広く三角形で、鱗には隆起がある。頭部には長い牙と大きな毒腺があり、牙を使わないときは口蓋の方向にたたみ込んでいる。一般にクサリヘビ類は動きが鈍く、見つからずに行動するためにカムフラージュに頼っている。生息する場所に溶け込むような体色であることが多く、体の輪郭を消すために複雑な幾何学模様があるものもいる。マムシ亜科の熱探査は、どのヘビ類よりも一段と進歩している。ピット器官を用いれば、獲物の存在の有無だけでなく、相手の距離や方角まで計測できる。ガラガラヘビ類はマムシ亜科の一種だが、尾の先端におもちゃのガラガラの形をしたユニークな警告装置を持っている。

毒

クサリヘビ類の大半は獲物を待ち伏せするが、鮮やかな色の尾の先端を疑似餌として用いるものもいる。口を大きく開けて突進し、毛皮や羽毛を貫き、長い牙で相手を刺し殺す。毒は種によって多種多様であるが、血液細胞を破壊し、内出血を引き起こすタンパク質を含むことが多い。コブラ類とは異なり、毒の効き目は比較的遅く、毒を多量に用いる。犠牲者はすぐには死なない場合もある。

繁殖

卵を産むクサリヘビもいるが、大部分は幼体を産む。メスは発育中の卵を体内に維持し、胎児の発育を促進するために日光浴をする。2～3年に一度しか繁殖しない種が多いのは、繁殖しない年に餌を食べて体重を取り戻すためである。

攻撃態勢
サハラツノクサリヘビは攻撃準備として口を開け、口蓋の方に折りたたんでいる牙を下向きに動かす。顎を大きく開け、牙の先端を獲物に向かって突き出す。

Hairy bush viper
トゲブッシュバイパー
Atheris hispidu

体長	50－73cm
繁殖	胎生
習性	樹上生
分布	アフリカ中央部（ザイール/ウガンダ国境）
状態	低リスク↑

あまり知られていないヘビで、クサリヘビ類としては珍しく体が細長い。非常に顕著なキールのある鱗で覆われており、頭と首の鱗は立ち上がって小さなトゲ状になっている。オスは黄緑色、メスはオリーブ色がかった茶色である。だいたい夜行性で、カエル、カタツムリ、小型哺乳類を食べる。脅されると頭を後ろに引き、首をS字型に曲げて攻撃してくる。このヘビに咬まれるとどんな血清も効かない。メスは5～12匹の幼体を産む。

Puff adder
パフアダー
Bitis arietans 

体長	1m 最大1.9m
繁殖	卵胎生
習性	陸生
分布	アフリカ（サハラ以南）
状態	一般的

猛毒を持つクサリヘビで、胴は太く、頭は幅広く平たく、吻は丸みを帯びている。オスはメスよりも小さく、体色がさらに鮮やかであることが多い。動作は緩慢で、大きな個体はイモムシのような直線運動で這う。夕方や夜に小型哺乳類、時には鳥類や爬虫類を狩る。獲物を待ち伏せしてすばやく攻撃し、大量の毒を注入する。春になると、オスは互いに戦ってメスの後を追いかける。1腹の幼体の数は20～40匹だが、例外的に最高154匹も産んだ例があり、これはヘビ類の中では最高である。人間にはきわめて危険な種で、アフリカでの咬症による死亡原因の大部分を占める。

体の斑紋
パフアダーの体は黄褐色か灰色で、背面に逆V字型の白い斑紋がある。黄色い斑紋のある個体もいる。

白い逆V字型に暗色の縁どり

丸みのある頭

防御行動

パフアダーは、邪魔が入ると獰猛になる。体を膨らませ、シューッという低く長い音を立てて身を守る。さらに刺激されると攻撃してくる。咬まれると命にかかわる。

Horned adder
ツノマムシ
Bitis caudalis

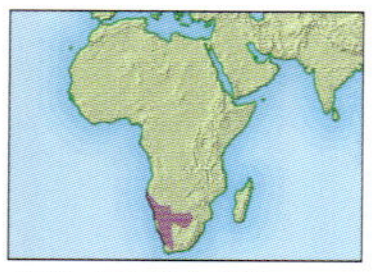

体長	30－50cm
繁殖	卵胎生
習性	陸生
分布	アフリカ南部
状態	一般的

体色は灰色、茶色、赤っぽい色またはオレンジ色で、目の上に1対の角がある。扁平な体とざらざらした鱗のおかげで、粗い砂の中に潜って暑さをしのいだり、隠れたりできる。砂の上ではサイドワインディング（横ばい移動）をする。主に夕方狩りをする。獲物は、ぴくぴく動く尾におびき寄せられることもある。

暗色の斑紋

幅広の頭

Gaboon viper
ガボンバイパー

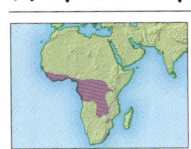

Bitis gabonicus

体 長	1.2m 最大 2m
繁 殖	卵胎生
習 性	陸生

分布 アフリカ西部および中央部
状態 地域により一般的

ずんぐりした巨大な胴、ずっしりした三角形の頭に小さな目、背面の連続した幾何学模様ですぐにわかる。淡い紫色、黄褐色、クリーム色、茶色の独特な斑紋があり、色彩豊かで目立つように思える。しかし野生の状態では、この体色と模様が見事なカムフラージュになっており、見つけるのは非常にむずかしい。動作は緩慢で普段はおとなしい。普通は森の地面にじっと横たわっていて、齧歯類やそれより大きい哺乳類、鳥、カエルなどの獲物が攻撃範囲に入ってきたときだけ動く。大きくて体の重い個体は、普通はイモムシのようにまっすぐ這う。妨害されると、大きな低いシューッという音を出して咬みつくことがあるが、それは最後の手段である。人間が咬まれると、すぐに手当てをしないと致命的である。繁殖期の間、オスは互いに戦う。メスは2〜3年おきに16〜60個の幼体を産む。

毒腺は目の後ろにある
幾何学的な模様

Northeast African saw-scaled viper
ヒガシアフリカカーペットクサリヘビ

Echis pyramidum

体 長	30 – 60cm
繁 殖	卵生
習 性	陸生

分布 アフリカ北部および北東部
状態 一般的

ヒガシアフリカカーペットクサリヘビは、体は小さいが敏捷で、人を殺すのに十分な強い毒を持ち、非常に危険な存在である。顕著な隆起のある鱗を持ち、鱗をこすり合わせてヤスリをかけるような大きなギシギシいう音を出す小型クサリヘビ類（トゲクサリヘビ属）の一種である。脅されると、トゲクサリヘビ属はこの音を警告として使うが、ガラガラヘビ（396ページ）が尾を使うのとよく似たやり方である。近縁種と同様、夜になると小型哺乳類、両生類、爬虫類、無脊椎動物を狩る。メスは6〜20個の卵を数腹産む。

ずんぐりした体
西洋梨型の頭

Norse-horned viper
ハナダカクサリヘビ

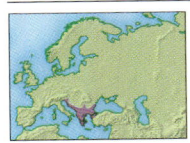

Vipera ammodytes

体 長	65 – 90cm
繁 殖	胎生
習 性	陸生

分布 ヨーロッパ南東部、アジア西部
状態 一般的

体色は明るい茶色、赤褐色または灰色で、咬まれても治療すれば死に至ることはめったにないが、ヨーロッパでは最も危険なヘビである。吻に短い角質の角があるが、機能はわからない。通常は刺激されない限り動きは緩慢で、よく丘の斜面の岩の間に静かにとぐろを巻いている。ほぼ昼行性だが、一部の地域では盛夏に夜行性になることもある。

吻の上の角
背面にジグザグの線

Desert horned viper
サハラツノクサリヘビ

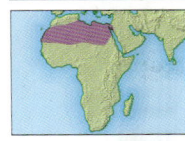

Cerastes cerastes

体 長	30 – 60cm
繁 殖	卵生
習 性	陸生

分布 アフリカ北部
状態 一般的

体が短く、うずくまっているようなヘビで、普通は両目の上にトゲ状の角がある。強い隆起のある鱗のおかげで、砂の中に潜って隠れたり、暑さから身を守ったりできる。夜活動し、齧歯類、トカゲ、鳥などを、時には体の一部を埋めて待ち伏せし、すばやく攻撃をしかける。脅されるととぐろを巻き、脇腹の鱗をこすり合わせヤスリをかけるような音を出す。

埃っぽい色はカムフラージュになる

Russell's viper
ラッセルクサリヘビ

Daboia russelli

体 長	1m 最大 1.5m
繁 殖	胎生
習 性	陸生

分布 アジア南部および南東部
状態 一般的

動作は緩慢で、昼間はとぐろを巻いたまま隠れている。南アジアや東南アジアでは人間にとって最も危険なヘビのひとつである。体は明るい茶色で、背面に黒い縁どりのある茶色の楕円形の斑紋が3列並んでいることで識別できる。待ち伏せ型捕食者で、獲物に見つからないようにカムフラージュで身を隠して攻撃する。防御の際は固くとぐろを巻き、シュッという音を出して、しばしば体が地面から飛び上がることがあるほど激しく跳びかかる。

太い胴に特徴のある斑紋

Adder
ヨーロッパクサリヘビ

Vipera berus

体 長	65 – 90cm
繁 殖	卵胎生
習 性	半陸生

分布 ヨーロッパ、アジア中央部から東部
状態 一般的

ヨーロッパクサリヘビは北西ヨーロッパでは唯一の毒ヘビであり、クサリヘビ類の中では最も広く分布している。ヨーロッパアルプスの標高3000m級の岩山や、北極圏北部のツンドラをも含む多様な環境に生息している。体色のバリエーションは灰色、茶色から黒まであるが、ほとんどの個体は背面に独特のジグザグの線が入っている。時には体長90cmにもなることさえある。主に齧歯類やトカゲなどを食べる。待ち伏せすることもあれば、活発に獲物を追跡することもある。しかしほとんどの時間を日光浴をして過ごしている。冬の間寒くなる北の生息地、例えばスカンジナビアでは、毎年最高8か月も冬眠する。春には交尾のために出てきて、オスはメスとつがいになるチャンスを得るために、長い間闘争行動を行う。メスは2〜3年に一度ぐらいしか子どもを産まない。最高20匹の幼体を数腹産むが、幼体の父親は複数のオスということもある。ヨーロッパクサリヘビの毒は強いものではない。人間が咬まれると、発汗や痛みを引き起こすが、死亡例はほとんどない。

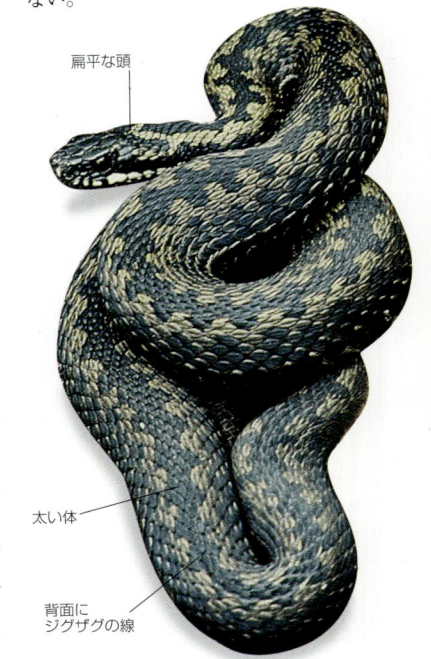

扁平な頭
太い体
背面にジグザグの線

爬虫類

ヘビ類

Western diamondback rattlesnake
ニシダイヤ
ガラガラヘビ

Crotalus atrox

体 長	最大 2m
繁 殖	卵胎生
習 性	陸生
分 布	アメリカ合衆国南部、メキシコ北部
状 態	低リスク†

大きく、体の重いこのヘビは、北アメリカで最も危険なガラガラヘビであり、人間が咬まれて死ぬ確率も最も高い。猛毒を持った有能なハンターで、主に小型哺乳類、鳥類、トカゲ類などを食べるが、もっと大きな動物や人間にも致命傷を与えることがある。最大の特徴であるガラガラは、尾の先端部にある角質部分で、ゆるく組み合わさった節でできており、脱皮のたびに数が増える。これを使って侵入者に警告を発するが、ガラガラは成体では最高10段になる。孵化幼体の体長は約30cmで、ガラガラを持っていないが、かわりに小さな"ボタン"があり、脱皮とともに成長していく。ただし、幼体にもすでに針のように鋭い牙と猛毒が備わっている。性的に成熟するには3～4年かかる。

必殺の攻撃
ニシダイヤガラガラヘビは普通待ち伏せによって犠牲者を捕らえ、毒牙で攻撃してから、倒した獲物を食べる。犠牲者を数秒で殺すほどの毒素の混合液である猛毒は大量に供給されている。

フォーク状の舌
派手なダイヤモンド型
節状のガラガラ

体の重いヘビ
この大きなヘビの体色は生息する場所によって様々で、灰色、茶色、オリーブグリーン、赤褐色などである。尾のちょうどガラガラの前には黒と白の横縞がある。

攻撃と防御

ニシダイヤガラガラは重装備した必殺の捕食者で、獲物を狩るための効果的な手段を発達させている。しかし、単独でいるときに妨害されると、ガラガラを使って侵入者を思いとどまらせ、衝突を避けて引き下がろうとすることが多い。

ピット器官
牙を備えた口
ジージーと音を立てるガラガラ

死のガラガラ
見間違えようのないガラガラで出す音は防御のためで、近づくなという明白な警告である。

獲物に忍び寄る
目と吻の間にあるピット器官を使って恒温動物の獲物を探し出し、追跡する。

犠牲者
ガラガラヘビは毒牙で齧歯類の犠牲者を倒し、相手が死ぬのを待ってから呑み込む。

爬虫類

American copperhead
カパーヘッド

Agkistrodon contortrix

- 体　長　60～130cm
- 繁　殖　胎生
- 習　性　陸生
- 分　布　アメリカ合衆国中央部および南東部
- 状　態　一般的

灰色、黄褐色またはピンクがかった地色に、栗色かオレンジ色の輪模様が大胆に入っている。春と秋の日中は日光浴をしているが、夏は夜行性になる。普通は枯れ葉や岩の間に隠れて、齧歯類、カエル、トカゲ、無脊椎動物を待ち伏せする。目と鼻孔の間にあるピット器官を使って、完全な暗闇の中でも獲物を追跡することができる。有毒であるが、人間に深刻な被害を与えることは稀である。メスは1～15匹の幼体を1年おきに産む。

明るい茶色の輪模様
三角形の頭

Common lancehead
コモンランスヘッド

Bothrops atrox

- 体　長　1m　最大1.5m
- 繁　殖　胎生
- 習　性　陸生
- 分　布　南アメリカ大陸北部
- 状　態　一般的

攻撃のすばやさ、毒の強さ、そして人間の住居の近くに棲む傾向があるため、南アメリカで最も危険なヘビのひとつである。目と吻の間にあるピット器官を使って、暗闇の中でも獲物を探すことができる。オスはメスよりも尾が長く、交尾期間にはオス同士が戦うこともある。メスは最高100匹の幼体を産む。幼体は尾の先端が明るい色をしており、これを疑似餌にして獲物を誘い込む。

暗色の不規則な斑紋

Malaysian pit viper
マレーマムシ

Calloselasma rhodostoma

- 体　長　70～100cm
- 繁　殖　卵生
- 習　性　陸生
- 分　布　アジア南東部
- 状　態　一般的

暗色の三角形の斑紋
両目の後ろにくさび形の斑紋

猛毒を持つヘビで、普通は森の周縁部や開拓地で見受けられる。攻撃は迅速で、東南アジアでは咬症による死亡者が多い。紫がかった茶色で、脇腹には明るい縁どりのある暗色の三角形の斑紋があり、吻は尖っている。夜行性ハンターで、目と吻の間のピット器官を使って暗闇でも獲物を追跡する。大半のマムシ類とは異なり、卵を産む。メスは1年のうちに13～25個の卵を2腹産むこともある。孵化するまではずっと卵の回りにとぐろを巻いている。

Eyelash pit viper
マツゲハブ

Bothriechis schlegelii

- 体　長　45～75cm
- 繁　殖　胎生
- 習　性　樹上生
- 分　布　中央アメリカ、南アメリカ大陸北部
- 状　態　地域により一般的

樹上生ハブの一種で、熱帯林に棲む。樹上生ヘビの大半と同じく、物をつかむ尾とすぐれた両眼視を備えているが、独特の"まつげ"も持っている。これは目の上の鱗が隆起したものである。夜になると活動し、トカゲ類、カエル類、小型齧歯類を捕食する。また森の花のそばで、ハチドリが蜜を吸いに来るのを待ち構えて捕らえる。体色は多種多様で、どぎついオレンジイエローから灰色がかった緑まである。

Tropical rattlesnake
ナンベイガラガラヘビ

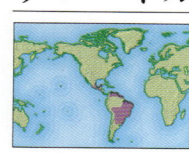

Crotalus durissus

- 体　長　1m　最大1.5m
- 繁　殖　胎生
- 習　性　陸生
- 分　布　中央アメリカ、南アメリカ大陸
- 状　態　地域により一般的

猛毒を持ち、咬まれて処置しなければ死亡率は75％である。14の亜種が確認されており、体色は多様性に富むが、生息地では唯一のガラガラヘビであること多い。体は重たく、頭は丸みを帯び、目立つピット器官があり、完全な暗闇でも獲物を探せる。夜行性で、昼間はとぐろを巻き、植物の間に半ば隠れて過ごす。メスは6～12匹の幼体を産む。

隆起のある頑丈な鱗

Sidewinder
ヨコバイガラガラヘビ

Crotalus cerastes

- 体　長　45～80cm
- 繁　殖　卵胎生
- 習　性　陸生
- 分　布　アメリカ合衆国南西部、メキシコ北西部
- 状　態　一般的

ガラガラヘビの中では最もずんぐりしており、またメスがオスより小さい唯一の種でもある。風にさらされる砂漠での生活に適応した独特の移動方法をとる。主に小さなトカゲ類や齧歯類を捕食し、砂漠にぽつんと生えた灌木に隠れて待ち伏せしていることも多い。攻撃的になることもあるが、咬まれても、特に危険なわけではない。晩夏に6～12匹の幼体が数腹生まれてくる。

体色
体色はクリーム色、灰色、黄褐色、茶色からピンク色がかったもので、生息する地面の色によって様々である。模様ははっきりしない。

砂の上の移動

ヨコバイガラガラの移動方法は、さらさらした砂地に生息するヘビの一部が用いているものである。前にすべっていくかわりに、体を砂に接触させながら、砂の表面に身を投げ出して、斜めに進んでいく。このように動くと、通った跡が独特の平行線となって残る。

扁平な体

Bushmaster
ブッシュマスター

Lachesis muta

- 体　長　2.5m　最大3.6m
- 繁　殖　卵生
- 習　性　陸生
- 分　布　中央アメリカ南部および南アメリカ大陸北部
- 状　態　絶滅危惧II類

世界のクサリヘビ科で最も体が長い。最も強い毒を持つヘビの1種でもあり、治療しても死亡率は20％である。ただし通常は人間との接触を避ける。夜になると哺乳類の通り道でとぐろを巻き、獲物を待ち伏せる。細長く、黄色または黄褐色の地に黒の斑紋がある。マムシ亜科としては珍しく、メスは卵を産み（およそ8～15個）、孵化するまで卵を守る。

White-lipped pit viper
シロクチアオハブ

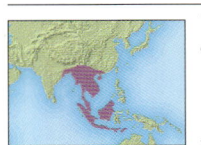

Trimeresurus albolabris

体　長　60～100cm
繁　殖　胎生
習　性　樹上生

分布　アジア南東部　　状態　一般的

同じ地域に生息する緑色のハブと間違えやすいが、このヘビは体がほっそりしており、幅が広く丸い頭には顕著なピット器官がある。樹上に棲み、夜になるとお気に入りの狩り場で頭を垂らして獲物がやってくるのを待ち、攻撃の準備の際には頭を後ろに引く。咬まれると痛いが、毒は弱く、人間が死ぬことは稀である。メスは10～11匹の幼体を産む。

ところどころに黄色い鱗がある

ピット器官

Wagler's viper
ヨロイハブ

Tropidolaemus wagleri

体　長　0.8～1.3m
繁　殖　胎生
習　性　樹上生

分布　アジア南東部　　状態　地域により一般的

マレーシアのペナン島にある蛇寺に半飼育状態で棲んでいることで有名である。多様性に富み、日中は活動が鈍く、木の上で休息している。夜は枝から頭を垂らして小型哺乳類、鳥類、トカゲ類、カエルを待ち伏せしている。体も頭もずんぐりし、体色の組み合わせは多種多様だが、普通は黒の地に緑か黄色の横縞があり、黄色い斑紋が散らばる。幼体は緑色の地に黄色と赤の斑点か、赤の斑点だけがぼんやりした横縞のように並ぶ。幼体の斑紋を生涯持ち続ける個体もいる。咬まれると痛いが、人間が死ぬことは稀である。

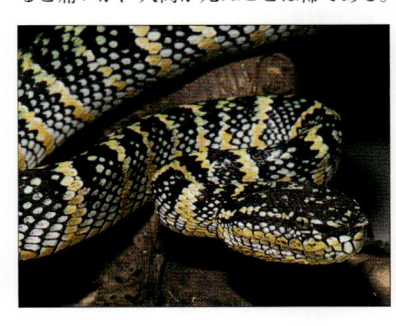

メクラヘビの仲間

門	脊索動物門
綱	爬虫綱
目	有鱗目
亜目	ヘビ亜目
上科	メクラヘビ上科
科	3
種	319

これらの小型ヘビ類は地下で生活し、地上に現れるのは、食物の不足か出水に追い立てられたときだけである。体は細長く円筒形で、滑らかで光沢のある鱗に覆われているため、砂や土の中を楽に動き回ることができる。頭骨は他のヘビ類よりもがっしりしたつくりで、顎を大きく開くことはできず、歯も少ない。目は鱗に覆われて、ほとんど機能していない。生息地は熱帯と亜熱帯に限られている。アリやシロアリの塚にいることが多く、餌の大部分はアリ、シロアリとその幼虫である。

地中生
ホソメクラヘビが地上にいるのは珍しい光景である。この南アフリカのピーターホソメクラヘビは、巣穴から砂交じりの地面に出てきたところだ。

Texas thread snake
テキサスホソメクラヘビ

Leptotyphlops dulcis

体　長　15～27cm
繁　殖　卵生
習　性　地中生

分布　アメリカ合衆国南部、メキシコ北東部　　状態　一般的

細長い体にピンク色がかった茶色をしたヘビで、もっぱら地下で生活し、夜か雨の後だけ地表に現れる。滑らかな鱗、短い尾、鱗に覆われて痕跡化している目は、すべて地中での生活様式を思わせる特徴である。小さな昆虫やクモも食べるが、幼虫を求めてアリやシロアリの巣にも来る。巣に入ると、その昆虫のフェロモンによく似たフェロモンを出す。するとアリたちは、このヘビが同じ巣に棲む仲間だと勘違いして侵入を許し、ヘビは安全に餌を食べることができる。テキサスホソメクラヘビの主な天敵は他のヘビと夜行性の鳥類、哺乳類である。メスは2～7個の卵を産み、孵化するまで卵の周りにとぐろを巻く。

銀色の光沢

Brahminy blind snake
ブラーミニメクラヘビ

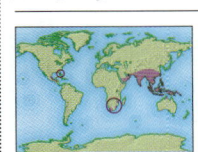

Ramphotyphlops braminus

体　長　15～18cm
繁　殖　卵生
習　性　地中生

分布　アジア西部からオーストラリア北部、太平洋の島々、北アメリカ大陸、アフリカ南部　　状態　一般的

単為生殖をすることで知られる唯一のヘビである。オスが目撃されたことはなく、メスは交尾なしに卵を産む。ブラーミニメクラヘビは、植木鉢に潜り込んで密航する習性があるため、生息地は世界中の温暖な地域に広がっている。鱗に覆われた目、丸い吻、滑らかな鱗は、すべて地中生活に適応した特徴である。危険が迫ると、不快な刺激のある液体を放出することがある。

Schlegel's beaked blind snake
シュレーゲルメクラヘビ

Rhinotyphlops schlegelii

体　長　60～95cm
繁　殖　卵生
習　性　地中生

分布　アフリカ中央部から南部　　状態　一般的

シュレーゲルメクラヘビは、世界中の温暖な地域に散在する約180種のメクラヘビ類の中で最大の種である。他のメクラヘビと同じく地下での生活に適応しており、滑らかな鱗と鱗に覆われて縮小した目を持っている。尾の先は短いトゲのようになっており、全体の色は明るい灰色から、脱皮直後には茶色に斑紋や縞が入るものまで多種多様である。乾燥した雑木林や海岸の平地に棲み、おおむね夜行性で、シロアリやその他の無脊椎動物を食べる。メスは地下の巣穴に、1腹で最高60個の卵を産む。

トカゲ類

門	脊索動物門
綱	爬虫綱
目	有鱗目
亜目	トカゲ亜目
科	19
種	約4,500

分類について
トカゲ類の分類はヘビ類の場合と同じく、特に科の分け方が議論の的となっている。しかし、下のような上科に分ける分類法が、広く受け入れられている。
- イグアナの仲間 402～408ページ
- ヤモリとヒレアシトカゲ 409～411ページ
- トカゲ科の仲間 412～417ページ
- オオトカゲの仲間 418～422ページ

トカゲ類は爬虫類の中で最も成功しているグループである。トカゲ類は簡単に定義できないほど数も多く、多様性に富んでいる。典型的なトカゲは、明確な頭部とよく発達した四肢、長い尾を持っているが、これらの原則にはすべて例外がある。また、トカゲ類の中には、捕食者に攻撃されたときに尾を切り離し、その後再生するという異常な能力に恵まれたものもいる。大部分の種は卵を産んで繁殖するが、幼体を産むものもいる。積極的に子どもの世話をするものも少数ながら存在する。トカゲ類は世界中の生息地で生き残れるように適応してきた（南極大陸にはいない）。大半のものは地上、低い岩場、樹上に棲んでいる。少数ではあるが地中生の種もあり、また海中で餌を食べるものも1種だけいる。一部のトカゲ類、特にヤモリ類は、人間の周辺で生きることに適応しており、世界のいくつかの地域では、建物の壁や天井にごく普通に見受けられる。

砂漠のトカゲ類
砂漠はこのミズカキヤモリのようなトカゲ類にとって重要な生息地である。すべての爬虫類と同じく、彼らも水を大量には必要としない。それは老廃物を排出するのにほんのわずかしか水分を使わないからである。必要とする水分の大部分は、露や霧によって供給される。鰭状の肢は柔らかい砂の上を歩くのに都合がよい。

再生
トカゲ類の中には自発的に尾の一部を切り離すことができるものがいる。この現象は"自切"として知られる。これは尾をつかまれても逃げられる防御メカニズムである。戦略効果を高めるために、尾は鮮やかな色（青いことが多い）で、攻撃者の注意を頭部からそらす。尾は切り離された後も数分間は動き続けることがあるが、これは明らかに捕食者を混乱させるためである。尾はあらかじめ決まっているいくつかの弱い部分（下図参照）のひとつで切れ、切るために引っぱる必要はない。大半のトカゲは切れた尾を再生できるが、新しい尾は元の尾と同じ鱗配列や同じ色ではない。トカゲは一生の間に数回尾を切り捨てることがある。

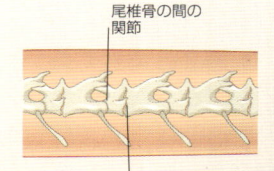

新しい尾
写真のコモチカナヘビは尾を自切し、新しい尾を生やしている。鱗の色が違うので古い尾が切れた部分が確認できる。

自切面
トカゲ類の尾はいくつかの弱い部分で切り離されるが、これは自切面と呼ばれる。自切面は特定の尾椎骨の間ではなく尾椎骨の中を横断しており、筋肉もきれいに切り離されるようにできている。

体のつくり
トカゲ類の大部分は、明確な頭部、四肢、尾とともに、外耳孔と開閉できるまぶたを持っている。しかしトカゲ類の中には肢の短いものや、まったく肢のないものもいる。また目のないものや耳のないものもいる一方で、まぶたが閉じたままで、透明な鱗で目が覆われたものもいる。舌は短いものも長いものもあるが、普通は先端がV字型である。フォーク状の舌を持つ種もある。トカゲ類の鱗は大きなもの、滑らかなもの、重なり合ったものや小さいもの、ざらざらしたもの、鋲のようなものなどがあり、それがありとあらゆる具合に組み合わさっている。不規則な鱗を持つものや、たくさんの小さな鱗の中に大きな鱗が少し散らばっているものも多いが、ヘビの特徴である1列に並んだ幅広の腹鱗（376ページ）を持つものは1種類もない。トカゲ類の大部分には、顎の縁に沿って鋭い歯がある。

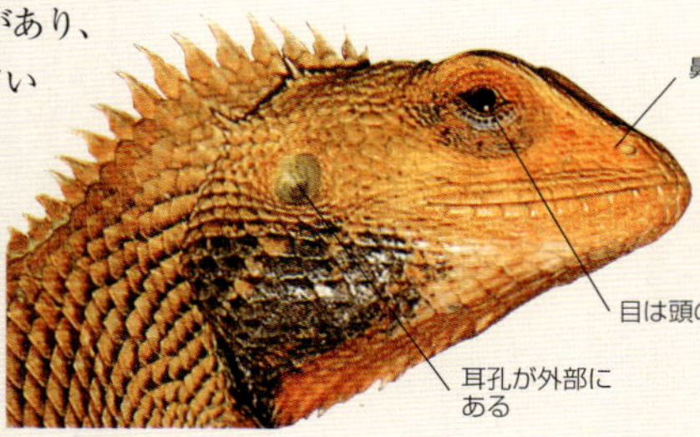

感覚
トカゲ類の感覚は、生活様式に適応したものになっている。地下で暮らす種の多くは目が見えないが、地上にいる種は視力がよい。鼓膜を持ったトカゲ類は、空気中の音を聞くことができる。

肢と鉤爪
大半のトカゲ類は四肢に5本の指がある。多くの種（特にオオトカゲのように木登りをする種）は、鋭い鉤爪を持っている。トカゲ類の大部分は指を向かい合わせにすることはできないが、カメレオンは、指を向かい合った2つのグループに癒合させているので、枝を握ることができる。

肢のないトカゲ類
トカゲ類の中には（写真のバートンイザリトカゲのように）長い間には肢を失ったものもいる。これは土の中の穴や積もった落ち葉の中を楽に通り抜けられるよう適応したものである。

移動

トカゲ類の大部分は歩くか、登るか、土を掘るかして移動する。歩くときには普通は肢を4本とも用いるが（右図参照）、高速で走るときには前肢を地面から離してしまう種もいくつかいる。バシリスク類は、短距離ならばこの方法で水の上でも走ることができる。幅の広い肢が体重を拡散させるからである。木登りのうまいトカゲ類もいる。つかむのに都合がよいように、長く鋭い鉤爪を備えていることもあり、物をつかむのに適した尾を備えたものもいる。ヤモリ類は最も印象的な樹上生活者で、指の先端にある接着性の指下板（409ページ）を使って、滑らかな垂直面や天井でもぴったりと張りつくことができる。地中生のトカゲ類は、穴を掘るのに力の強い前肢を使うものもいるが、四肢が縮小したものや、四肢をまったく持たないものもおり、目の粗い土や砂を"泳ぐ"ようなすばやい動きで押し進むだけである。高い木の上から滑空できるトカゲもいる（下図参照）。

歩き方
トカゲ類の四肢は、胴体を下から支えるというよりは、胴体に対して直角についている。これはトカゲ類が歩くとき、胴体の体重が左右に移動することを意味し、その結果、独特のくねくねした動きを生み出す。尾は平衡を保つために振り動かされる。

頭がわずかに動く
尾は左右に大きく振られる

長い肋骨に支えられた皮膚のフラップ
長い鞭のような尾

飛ぶ
トビトカゲ（上写真）は長い肋骨の間に広げられて翼のような働きをする皮膚のフラップを備えている。似たようなフラップを足指の間に備えた種もいる。トカゲ類は羽ばたいて飛ぶのではなく、木から木へと滑空する。

木に登る
このペレンティーオオトカゲ（右写真）のような大型トカゲ類の中には、驚くほど敏捷に木に登るものがいる。ペレンティーオオトカゲは捕食者から逃れるときだけ木に登るのが普通だが、他のトカゲ類、特にカメレオン類は、一生の大部分を木の上で過ごす。

カムフラージュ
カメレオン類（左写真はケープコビトカメレオン）は、皮膚の外見を変化させる顕著な能力を持っている。色を変えるだけでなく、線や縞模様のような斑紋が現れたり消えたりすることもある。

戦うオオトカゲ
コモドオオトカゲ（右写真）は、すべてのトカゲ類の中で最大のものである。獲物を攻撃するときは、普通はぎざぎざの歯と鋭い鉤爪に頼る。しかし同種の他の個体から身を守るときは、後ろに向いて強力な尾を振り回そうとすることが多い。

防御

トカゲ類は、彼らを食べようとする他の多くの動物から逃れるために、様々な積極的戦術と消極的戦術を用いる。走って逃げるのを別にすれば、消極的戦術にはカムフラージュと、木の枝や葉などへの擬態が含まれる。体色を変えられる種もいれば、影を消すために、岩や木の幹に体をぴったり押しつけて見つからないようにする種もいる。積極的戦術には尾の自切行為（左ページ再生の項参照）や、警告色（アオジタトカゲなど）、体を大きく見せる（エリマキトカゲなど）といった威嚇ディスプレイが含まれる。オオトカゲのような大型種や、小型でも一部のものは、咬んだり引っかいたり、尾を振り回したりして身を守る。アメリカドクトカゲとメキシコドクトカゲの2種は毒を持っている。

爬虫類

トカゲ類

イグアナの仲間

門	脊索動物門
綱	爬虫綱
目	有鱗目
亜目	トカゲ亜目
上科	イグアナ上科
科	3
種	1,412

イグアナ類と近縁種には、すべてのトカゲ類の中で最もカラフルでなじみ深いものが含まれる。ヤモリ類やヒレアシトカゲ類とともに、最も原始的なトカゲ類でもある。イグアナ類は、イグアナ科、アガマ科、カメレオン科の3つのグループに分類される。多くの種、特にカメレオン類は、皮膚の色を変える能力を持っている。非常になわばり意識の強いものや、社会的な儀式的行動を発達させたものもいる。イグアナ類とアガマ類は互いに似ているが、分布区域が異なる。イグアナ類はアメリカ両大陸、マダガスカル、太平洋の島のいくつかにおり、アガマ類はアフリカ、アジア、オーストラリアに分布する。カメレオン類はアフリカ、マダガスカル、アジア、ヨーロッパに生息する。イグアナ類と近縁種は、砂漠、草地、雨林といった様々な環境に棲む。大半の種は卵を産むが、幼体を産むものも少数ながら存在する。

体のつくり

イグアナ類とアガマ類は外見も似ており、同じような生態的地位を占めている。主な違いは両者の歯にある。イグアナ類とは異なり、アガマ類の歯は顎骨に固定されており、失われると再び生えてくることはない。大部分の種は鱗が小さく、頭の下に皮膚のひだ（デュラップ）がある。多くのオスは色彩が鮮やかで、頭の上に飾りがあるものや、背中に沿ってたてがみがあるものも多い。鮮やかな色の喉袋を備え、それをコミュニケーションに用いるものもいる。

カメレオン類は樹上生活に適応している。幅の狭い体や、木の葉によく似た体の側面は、植物の中では見つけられにくい。物をつかむことのできる尾と、指が癒合して2組に分かれた肢で、枝にしっかりつかまることができる。またカメレオンは体色を変える能力（下写真参照）で有名である（誇張されることも多いが）。カメレオンのオスは、頭部にたてがみや角を持っているのが普通である。

体色の変化

このグループのトカゲ類の体色変化には2つのタイプがある。カメレオンは、皮膚の中に点在する色素細胞（色素胞）を拡張したり収縮したりして体色を変える。色素細胞が拡張すると、細胞中のメラニン色素が散布され、皮膚が暗い色になる。細胞が収縮すると明るい色になる。この方法で様々な色や模様がつくり出される。カメレオンは主に体温を調節するため（体温を上げる必要があるときは暗い色になる）と、カムフラージュよりは同種間でのコミュニケーションのために、体色を変化させる。夜眠り込むと、カメレオンは必ず淡い色になる。アガマ類やイグアナ類も体色を変えられるが、カメレオンよりも変化速度が遅い。成熟したオスは、繁殖期には体色が鮮やかになる。メスはオスを受け入れるかどうかで体色を変えることもある。一度交尾してしまうと、オスの気をひくのを避けるために、オレンジ色の斑点（妊娠色と呼ばれる）が現れることが多い。

コミュニケーション

イグアナ類と近縁種の多くでは、オスは鮮やかな体色をメスと他のオスに対するディスプレイとして用いる。有利で目立つ場所を占拠して、うなずくように頭を激しく動かしたり、ひょいひょい上下に動かしたりするが、胸部の派手な色彩の鱗を見せることもある。オスはなわばり意識が非常に強く、他のオスを追い払って、自分のなわばり内に棲むか迷い込んできたメスが自分を受け入れてくれれば、どのメスとでも交尾しようとする。

狩り

このエボシカメレオンのように、カメレオン類は獲物を目で追いながら、ゆっくり忍び寄る。両目は突出部にあり、どの方角にも別々に動かすことができる。筋肉質の舌は極端に長く、先端は丸くて粘りがある。獲物が届く範囲内に来ると、カメレオンは猛スピードで舌を出し、先端部で獲物を捕らえ、口の中に引き戻す。

イグアナの仲間

Mountain horn-headed lizard
ジュウジカクシトカゲ

Acanthosaura crucigera

- 体長　26-30cm
- 繁殖　卵生
- 習性　樹上生
- 分布　アジア南東部
- 状態　一般的

緑がかった黄色い体色は保護色でもあるので、じっと動かずにいれば捕食者から逃れられることが多い。追い詰められると、口を大きく開いて咬みつくこともある。長くて細い四肢と尾を持ち、背中にはトゲ状のたてがみ、うなじと目の上には大きなトゲがある。オスはメスよりも大きく、色が派手で、たてがみもメスより顕著である。昆虫を待ち構え、突然獲物めがけて跳びついて捕まえる。メスは積もった落葉の中や屑の間に10～12個の卵を産む。

目の周辺には黒いマスクがある
首の周りには黒い襟模様

Frilled lizard
エリマキトカゲ

Chlamydosaurus kingii

- 体長　60-70cm
- 繁殖　卵生
- 習性　陸生
- 分布　ニューギニア南部、オーストラリア北部
- 状態　一般的

オーストラリアには様々なトカゲ類が生息しているが、この種がいちばん華々しい。名前は、首の周りにある大きなフリルにちなんだものだが、普段はフリルは肩の後ろに折りたたまれている。しかし、脅されるとフリルを傘のように広げ、同時に体をゆすって、大きく開いた口からシュッという音を出す。このディスプレイは、しばしば捕食者をたじろがせ、エリマキトカゲは逃げることができるのである。

フリルの基部にはオレンジ色の斑紋

防御のための威嚇
このトカゲのフリルは棒状の軟骨で補強された皮膚が垂れたもので、灰色や茶色の体色とは対照的に鮮やかな色が多い。

木に登って安全確保 
エリマキトカゲは木登りがうまく、防御ディスプレイを実行したあと、木の幹に駆け上がり、いちばん上の枝を目指すのが普通である。主に地上で餌を食べている。

Rainbow lizard
レインボーアガマ

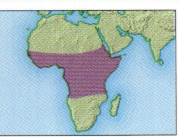

Agama agama

- 体長　30-40cm
- 繁殖　卵生
- 習性　陸生
- 分布　アフリカ西部、中央部および東部
- 状態　一般的

オスはアフリカ大陸で最も目立つ爬虫類の1種である。夜はくすんだ茶色と灰色だが、日なたで体を温めると、頭は明るいオレンジ色、体は青かトルコブルーになる。メスと幼体は、灰色の体で、すぐれたカムフラージュになっている。開けた場所に棲み、建物の近くでもよく見られる。オスはお辞儀のように頭を上下に動かすディスプレイをする。メスは5～7個の卵を地中の穴に産む。

オスの体色は鮮やか
細長い尾

Flying lizard
モナドトビトカゲ

Draco spilonotus

- 体長　15-20cm
- 繁殖　卵生
- 習性　高度に樹上生
- 分布　アジア南東部（スラウェシ北部）
- 状態　地域により一般的

1対の"翼"を持っているが、これは長く伸びた肋骨の間に皮膚が張られたもので、木の幹から他の木へ飛び移って、ヘビ類や鳥類のような捕食者から逃れるのに使われる。離陸するには、肋骨を外側へ開いて皮膚のひだを広げ、着地のときはそれらを再び閉じる。一般に黄褐色か淡い茶色で、ディスプレイに使われる喉のひだは、オスのものは大きく明るい黄色だが、メスのものは小さくて淡い黄色である。非常に敏捷で、木の幹の上に棲み、活発にアリを捕食する。メスは産卵のときだけ安全な木から離れるが、砂か土に掘った穴に、8～12個の卵を産む。

"翼"は木の幹の間を滑空するためのもの

Garden lizard
イロカエカロテス

Calotes versicolor

- 体長　30-35cm
- 繁殖　卵生
- 習性　陸生
- 分布　アジア西部から東部およびアジア南東部
- 状態　一般的

鱗には顕著なキールがある

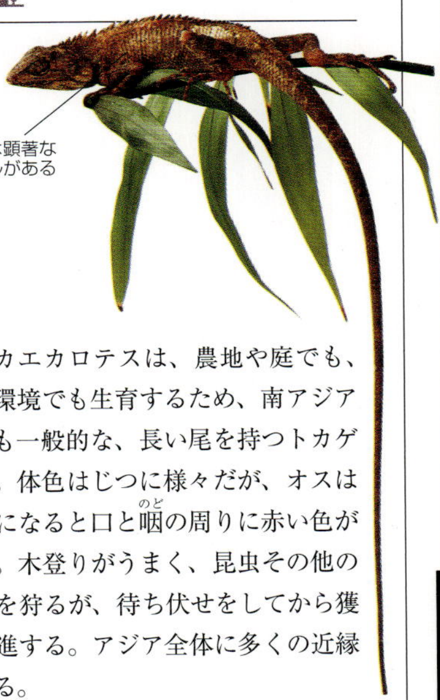

イロカエカロテスは、農地や庭でも、自然の環境でも生育するため、南アジアでは最も一般的な、長い尾を持つトカゲである。体色はじつに様々だが、オスは繁殖期になると口と咽の周りに赤い色が現れる。木登りがうまく、昆虫その他の小動物を狩るが、待ち伏せをしてから獲物に突進する。アジア全体に多くの近縁種がいる。

Southern angle-headed lizard
アングルヘッドドラゴン

Hypsilurus spinipes

- 体長　20-33cm
- 繁殖　卵生
- 習性　樹上生
- 分布　オーストラリア（クイーンズランド南東部、ニューサウスウェールズ北東部）
- 状態　地域により一般的

大きな角張った頭部、盛り上がったたてがみ（オスの方が顕著）、長い尾が特徴のトカゲである。鳥類、哺乳類、オオトカゲ類のような捕食者に狙われないようにフリーズするが、これは有効な戦術である。また非常に長い指と鉤爪を使って、木にすばやく登って地上の危険から逃れることもできる。活発に獲物を探し回り、唯一の食料である昆虫を敏捷に急襲する。メスは地面の窪みや積もった落ち葉の中に卵を産む。

Sailfin lizard
フィリピンホカケトカゲ

Hydrosaurus pustulatus

- 体長　80-100cm
- 繁殖　卵生
- 習性　樹上生
- 分布　フィリピン
- 状態　絶滅危惧II類†

灰色か緑がかった灰色の大型トカゲ。成体はうなじから背中にかけて、歯のような鱗のたてがみが発達している。尾にも最高8cm高さのたてがみがあり、そのおかげで泳ぐことができる。主に猛禽類の捕食者に襲われると、猛スピードで逃げ出し、しばしば水中に飛び込んで難を逃れる。流れの近くに張り出している枝で日光浴することもある。木の葉や果実、場合によっては昆虫も食べる。

Thorny devil
モロクトカゲ

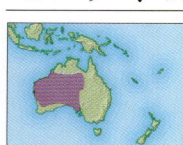

Moloch horridus

体　長	15–18cm
繁　殖	卵生
習　性	陸生

分布　オーストラリア西部から中央部
状態　絶滅危惧II類†

見事なカムフラージュのせいでめったに見られることはないが、淡黄色、黄褐色または灰色のモロクトカゲは、かがんだような体型、動作の遅さ、体を前後に揺り動かすような歩き方、そして鋭いトゲによる武装を見れば、すぐにわかる。全身を覆っているトゲは、頭部と背中が最も大きく、肢はそれよりずっと小さい。モロクトカゲには、このような防具が生命維持のために必要である。というのはトカゲの大半とは異なり、地上の一定の場所で長い時間をかけて餌をとるので、食べている間に攻撃されやすいからである。サバクツノトカゲ（408ページ）と同じように、アリが活動する日中に餌を食べるが、舌を突き出して一度の食事で最高2500匹を食べ尽くすことができる。メスは夏に3〜10個の卵を地下の巣穴に産む。

・頭部は短い
・黒褐色の斑紋に黒の縁どりがある

Thai water dragon
インドシナウォータードラゴン

Physignathus cocincinus

体　長	80–100cm
繁　殖	卵生
習　性	陸生

分布　タイ、カンボジア、ベトナム
状態　一般的

大型のトカゲで、首から尾にかけて歯のような顕著な鱗のたてがみがあり、首にはコブが盛り上がっている。体は緑色だが、顎と喉は白、淡黄色またはピンクがかった色である。繁殖期になるとオスはさらに鮮やかな色になる。普段は水辺で日光浴をしているが、特にヘビや猛禽類に襲われると、水中に飛び込んで身を守ることがある。主に待ち伏せをして、無脊椎動物やトカゲ類のような小型脊椎動物を狩る。しかし、活発に獲物を捕食することもあり、場合によっては植物を食べることもある。メスは長い繁殖期の間に、穴の中または浅い窪みに10〜15個の卵を何腹も産み、土や木の葉で覆い隠す。

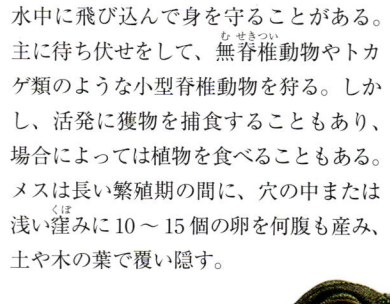

・首のコブと背中のたてがみはオスの方が大きい
・ピンク色がかった顎と首
・すばやく動くための長い後肢

Inland bearded dragon
フトアゴヒゲトカゲ

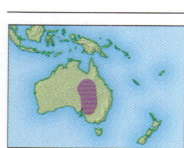

Pogona vitticeps

体　長	30–45cm
繁　殖	卵生
習　性	半樹上生

分布　オーストラリア
状態　一般的

大型のトカゲで、乾燥した森、雑木林などに生息する。木の切り株の上や地面の盛り上がったところで休息し、決まった止まり木の近くで小さな昆虫や植物を食べる。猛禽類、オオトカゲ、ヘビなどの捕食者に出会うと"髭"と呼ばれる喉の黒いフリルを立て、口を大きく開いてみせる。オスもメスもなわばりを持つ。メスは繁殖期を通して15〜30個、時にはそれ以上の卵を数腹産み、砂交じりの土の中に埋める。孵化幼体の斑紋は成体よりはっきりしているが、"髭"はない。

・幅が広く三角形の頭
・鱗の大きさと形状は様々
・灰色がかった体に暗色と明色の模様がある

Natal Midlands dwarf chameleon
ナタールコビトカメレオン

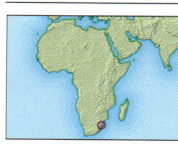

Bradypodion thamnobates

体　長	15–19cm
繁　殖	胎生
習　性	樹上生

分布　アフリカ南部（クワズールーナタール）
状態　低リスク

コビトカメレオン類は大部分がアフリカ南部に限定されており、森林や雑木林に棲んでいる。他の大部分のカメレオンとの違いは、幼体を産むことである。ナタールコビトカメレオンは、高く盛り上がったコブ（かぶと）が首を覆っている典型的な種である。体色は様々だが、尾の長いオスは緑色であることが多く、茶色か灰色のメスや幼体よりもカラフルである。他のカメレオンと同じく、樹上生活に特に適応しており、ねばねばした長い舌で昆虫を捕らえて食べる。

・円錐形の鱗からなるたてがみ

Spiny dab lizard
サバクトゲオアガマ

Uromastyx acanthinura

体　長	30–40cm
繁　殖	卵生
習　性	陸生/地中生

分布　アフリカ北部
状態　地域により一般的

武装した太くて短い尾を持ち、これで巣穴の入口をふさぎ、猛禽類や哺乳類の捕食者をあきらめさせ、穴の中で体を膨らませて、自分の体をしっかりと固定する。尾を棍棒代わりに使うこともある。追い詰められると咬みつくこともある。オスは攻撃的なまでになわばり意識が強いが、時にはメスもそうである。体色は気温によって様々に変化する。寒冷な気候で冬眠するときには灰色か黄褐色で、活動するときはオレンジ色、赤、黄色、緑色になる。暖かい日だけ現れ、餌探しに十分なほど体温が上昇するまで、体を太陽の方に向けて日光浴をする。餌は昆虫と植物で、好物の植物を見つけるために、砂漠に露出した岩の間をジグザグに横断しながら、1km以上も歩くことがある。メスは1年に20〜30個の卵を少なくとも2腹産み、主要な巣穴の脇に掘った小部屋に卵を埋め、土をきれいにならして産卵場所を隠す。

・トゲ状の鱗が尾をらせん状に覆っている
・非常に小さな鱗

イグアナの仲間

Western pygmy chameleon
カメルーンカレハカメレオン

Rhampholeon spectrum

体　長	7-10cm
繁　殖	卵生
習　性	部分的に樹上生

分布　アフリカ西部から中央部
状態　地域により一般的

　世界中で最も小さなカメレオンの1種だが、雨林に棲み、木の葉に似た体色と体型でカムフラージュしている。大半のカメレオンとは異なり、体色を変える能力は限られたものである。積もった落ち葉の中や低い枝で狩りをし、夜は潅木に隠れている。

オスは尾の根元が太い

Panther chameleon
パンサーカメレオン

Furcifer pardalis

体　長	40-52cm
繁　殖	卵生
習　性	樹上生

分布　レユニオン島、マダガスカル東部および北部
状態　一般的

　マダガスカル島と周辺の島々には24種以上のカメレオンがいるが、同程度の広さでこのように多くの種がいる場所は、世界中ほかに例がない。パンサーカメレオン（特に成体のオス）は、最も色鮮やかなカメレオンのひとつで、緑色、赤レンガ色、トルコブルー、あるいはこれらの色調のありとあらゆる組み合わせを含む、あきれるほど多様な配色をつくり出す。急速に体色を変えることができるが、普通は明るい色の横線が残っている。木が少し生えて下生えのある環境に棲み、体の他の部分よりも長く伸ばすことのできるねばねばの舌を使って昆虫や小型動物を捕らえる。普段はゆっくり動いているが、繁殖期が始まるとオスはなわばりを守るために戦う。メスは毎年12～50個の卵を数腹産み、湿った土の中に埋める。

吻に角状突起がある
体色は非常に多様性に富む
普通は明るい色の横筋がある
物をつかめる尾

扁平な吻　大型カメレオンであるパンサーカメレオンには、吻の先端に大きな鱗の房飾りのついた扁平な部分がある。オスには骨質の小さな付属突起があるが、メス（左写真）にはない。

体色の変化

　カメレオンは、カムフラージュのために体色を変える能力があることで有名だが、大部分の種においては、体色変化はコミュニケーションとしても同じくらい重要である。パンサーカメレオンのオスは体色をぱっと急激に変えることでメスを魅惑する。妊娠したメスは、交尾する意思のない印として体色を変える。

Oustalet's chameleon
ウスタレカメレオン

Furcifer oustaleti

体　長	50-68cm
繁　殖	卵生
習　性	樹上生

分布　マダガスカル
状態　地域により一般的

オスのかぶとは大きい

カメレオンすべてに共通の特徴として、物をつかみやすいように指が癒合している

　カメレオンの中では最大だが、体色はむしろ地味で、茶色に少し黄色、赤、または緑がかった斑点が入る。角状突起はないが、頭と首の上には大きく扁平なかぶとがある。カメレオンには珍しく、オスの体色はメスより地味だが、求愛期間中は明るい色になる。メスは積もった落ち葉や土の中におよそ50個の卵を産む。のろのろと悠長に動き、昆虫や小型脊椎動物に慎重に忍び寄ってから、長く伸びる粘着性の舌で獲物を捕まえる。ヘビ類や鳥類などの捕食者に対しては、体を膨らませ、敵に体の側面を見せて口を大きく開いて防御する。またシュッという音を出したり、咬みつくこともある。

Jackson's chameleon
ジャクソンカメレオン

Chamaeleo jacksoni

体　長	20-30cm
繁　殖	卵胎生
習　性	樹上生

分布　アフリカ東部、ハワイにも移入
状態　地域により一般的

　前向きに3本の角状突起があるため、ジャクソンカメレオンのオスはカメレオンの中では最も目立つ存在であり、一時期盛んに捕獲されペットとして売られていた。オスもメスも体は扁平で、背中に鋸歯状のたてがみがあり、首の上には骨質のかぶとがある。普段の色は緑だが、東アフリカの山林に棲むものは、低地に棲むグループよりも色鮮やかで体も大きいのが普通である。主にカムフラージュに頼って攻撃を避ける。しかし追い詰められると体を膨らませ、シュッという威嚇音を出す。メスは卵胎生で毎年最高50匹の幼体を2腹産む。新生幼体は明るい茶色だが、4か月ほどで緑に変わる。その約2か月後にオスは角状突起が生え始める。野生状態での寿命は2～3年と思われる。

背中に沿って鋸歯状のたてがみ

オスの角　ジャクソンカメレオンのオスには、頭部の前方に長く尖った骨質の3本の角状突起があり、他のオスとなわばり争いをするのに用いる。

角のないメス

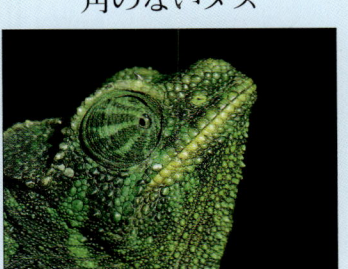

　ジャクソンカメレオンのオスとメスは簡単に見分けられる。一般的にメス（写真）はオスよりもずんぐりしており、角状突起は非常に小さいか、あるいはまったくない。

Parson's chameleon
パーソンカメレオン

Calumma parsonii

体　長	50-60cm
繁　殖	卵生
習　性	樹上生

分布　マダガスカル西部および東部
状態　地域により一般的

　非常に大きく、厚みのある体を持ち、普通は緑っぽい色だが、青いこともある。オスはメスより体も大きく、カラフルで、頭の先のかぶともメスより大きい。またオスの吻にはイボのような扁平な角状突起があるが、メスにはない。主に樹上に棲み、ゆっくり動き、カムフラージュによって攻撃から身を守る。防御行動として体を膨らませ、シュッという音を出したり咬みついたりするが、捕食者に思いとどまらせるために、さらに明るい色になることもある。オスはなわばり意識が非常に強く、メスとの交尾は予備行為を伴わない。メスは16～38個の卵を産み、湿った土に掘った穴に埋める。

木の葉のような形をした体は樹上生活に適応したもの

トカゲ類

Helmeted iguana
スベヒタイヘルメットイグアナ

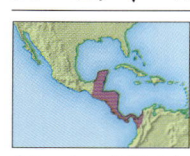

Corytophanes cristatus

体長	30–40cm
繁殖	卵生
習性	樹上生

分布 メキシコ南部から南アメリカ大陸北部
状態 地域により一般的

最も目立つ特徴は、頭からうなじにかけて伸びる、高くて幅の狭いかぶとである。その他の特徴として、細長い肢、幅の狭い胴体、細長い尾があげられる。小さな歯のような鱗でできたたてがみが背中に沿って並び、尾の先端にもある。防御はもっぱらカムフラージュに頼り、鳥類やヘビ類に襲われると逃げ出す。昆虫を食べるが、獲物が近寄るまでじっとしたままでおり、それから飛び出して獲物を捕まえる。メスは積もった落ち葉か土の中に卵を産む。

識別の鍵

頭にある高くて幅の狭いかぶとを見れば、このイグアナをアメリカの熱帯にいる他のトカゲ類と区別できる。このかぶとの正確な機能はわかっていない。なわばりを守るときは頭の下にある嚢を膨らませ、他の動物を退ける。

- 嚢を広げたところ
- かぶとは頭の先端から首にまで伸びている
- かぶととの割に頭が小さい
- 細長い肢

森の中のカムフラージュ
スベヒタイヘルメットイグアナは、カメレオンのように緑から黄褐色、茶色または黒まで自分の意志で体色を変えることができ、そのおかげで生息地である熱帯林で敵から逃れることができる。

Collared lizard
クビワトカゲ

Crotaphytus collaris

体長	20–35cm
繁殖	卵生
習性	陸生

分布 アメリカ合衆国中央部および南部、メキシコ北部
状態 一般的

体色は茶色か緑がかった茶色で、首の周りの黒と白の模様で識別できる。長い後肢のおかげで、危険からすばやく逃れ、巣穴や石の下に退却できることが多い。速く走るときは前肢を地面から完全に離すこともある。暑い昼間だけ活動し、昆虫や自分より小さいトカゲ類を探す。顎が強く、大きな獲物も噛み砕くことができるが、自衛手段としてこの顎で咬みつくこともある。メスは卵を持っているとオレンジ色の斑紋が現れ、巣穴の中か岩の下に卵を産む。

Marine iguana
ウミイグアナ

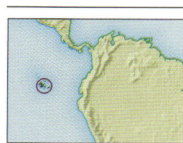

Amblyrhynchus cristatus

体長	50–100cm
繁殖	卵生
習性	半水生

分布 ガラパゴス諸島
状態 絶滅危惧II類

ウミイグアナは頭が大きく、頭と背中に鋸歯状の鱗があるが、海中で餌を食べる唯一のトカゲである。海藻を求めてガラパゴス諸島の海岸から冷たい海中へ飛び込む。ウミイグアナの体は寒さと塩分の過剰に対処することに特別に適応している。大きな成体だと12mも潜り、1時間以上も水中にとどまることができるが、普通の状態では、浅くしか潜らず、10分以下で餌を食べる。食事をしていないときは、岩の上で日光浴をして体を温める。しばしば何千匹ものウミイグアナが同じ浜辺で日光浴をしているのが見られる。繁殖期間中、オスは交尾のチャンスをめぐって激しく戦う。営巣に適した場所が足りないため、何千匹ものメスが一緒に巣をつくり、砂の穴の中に1～6個の卵を産む。2～3か月の孵化期間の後、幼体は潮間帯にやってきて餌を食べ、カモメその他の海鳥の攻撃から身を守るときには、岩の裂け目に隠れる。

様々な隣人
ウミイグアナはよく石灰塗料を塗ったように見えることがあるが、これは鼻の腺から塩分を排出するためである。成体の体重は島によって非常にまちまちである。フェルナンディナ島では、オスは11kg以上になることもあるが、ヘノベサ島では1kgになることさえ稀である。

- オスのたてがみは大きい
- 塩分が皮膚を覆っている

海藻を食べる

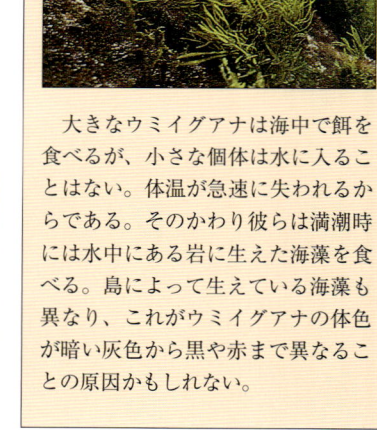

大きなウミイグアナは海中で餌を食べるが、小さな個体は水に入ることはない。体温が急速に失われるからである。そのかわり彼らは満潮時には水中にある岩に生えた海藻を食べる。島によって生えている海藻も異なり、これがウミイグアナの体色が暗い灰色から黒や赤まで異なることの原因かもしれない。

Green anolis
グリーンアノール

Anolis carolinensis

体長	12–20cm
繁殖	卵生
習性	樹上生

分布 アメリカ合衆国南東部
状態 一般的

アノール類はアメリカ両大陸でのみ見られる。250種以上もあるが、グリーンアノールを含む大半の種は、スマートな体に長い尾と四肢を持ち、喉の下にディスプレイ用の目立つ喉袋がある。近縁種の多くと同様、グリーンアノールも樹上に棲み、主に昆虫を食べる。夜は潅木の中で眠り、日中はシュロの葉の表面、木の幹、垣根の杭、壁のような垂直面でよく日光浴をしているが、長い接着性指下板のおかげで、じっと止まっていることができる。通常は明るい緑色で、日陰で休息するときは茶色に変わる。そのため時々誤ってカメレオンと呼ばれる。オスもメスもピンク色の喉袋を持つが、オスの方が喉袋を用いることが多い。ライバルや交尾相手になりそうなメスに合図をするためである。メスは産卵期間に間を置いて、一度に1個の卵を、積もった落ち葉や湿った植物の屑の中に頻繁に産む。

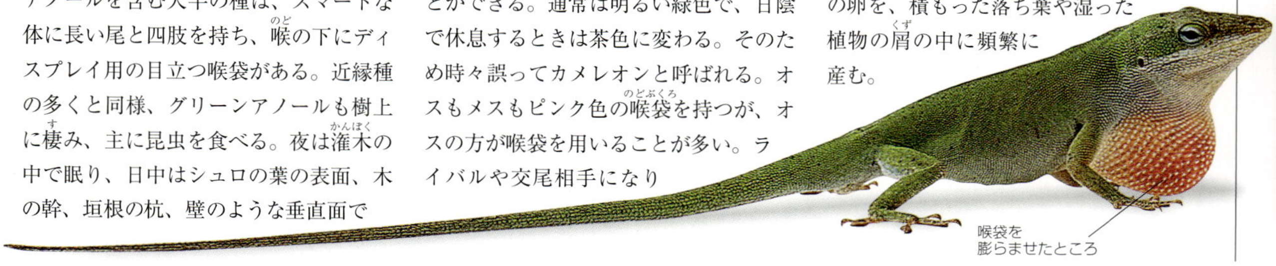

- 喉袋を膨らませたところ

Brown anolis/Cuban anolis
ブラウンアノール
Anolis sagrei

体　長　15–20cm
繁　殖　卵生
習　性　陸生／樹上生
分布　カリブ諸島
状態　一般的

　近縁のグリーンアノール（406ページ）とよく似ている。ただしブラウンアノールは体色変化が可能ではあるが、茶色か灰色に限られる。オスもメスも、オレンジ色に白い縞の入った喉袋にあり、オスは求愛の際のディスプレイに用いる。物をつかむことのできる接着性指下板が指にあり、これを使って壁を登る。冬は活動が鈍くなる。餌はハエその他の昆虫で、天敵は大型のトカゲ類や猛禽類、ヘビ類である。メスは春夏を通して間隔をあけながら頻繁に一度に1個ずつ卵を産む。寿命はわずか2〜3年であるが、適応能力に富むので、新しい環境にもすぐに入り込み、その土地にもともといた種のアノールを駆逐することがよくある。

Plumed basilisk
グリーンバシリスク
Basiliscus plumifrons

体　長　60–75cm
繁　殖　卵生
習　性　樹上生
分布　中央アメリカ
状態　一般的

　体色は明るい緑色か青緑色で、枝の上や潅木の中で休息し、昆虫や小型脊椎動物が近寄るのを待ち、飛び出して獲物を捕まえる。オスはなわばり意識が非常に強く、1匹のオスがなわばりの中に交尾相手のメスのハーレムを持つこともある。メスは1シーズンに約20個の卵を産む。寿命は飼育下で最高10年ほどである。

特徴的なたてがみ
頭部、背中、尾の3か所にたてがみがある。背中と尾のたてがみは泳ぐためのもので、このおかげで捕食者から逃れることができる。

水の上を歩く
グリーンバシリスクは池、流れ、川に面した樹木の上に棲んでいる。襲われると木の枝から飛び降り、水に飛び込んで難を逃れる。後肢で立ち上がって水の表面を走り抜けるというユニークな能力を持つため、"イエス・キリストトカゲ"という英名もある。

Black spiny-tailed iguana
ツナギトゲオイグアナ
Ctenosaura similis

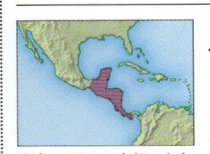

体　長　70–100cm
繁　殖　卵生
習　性　陸生
分布　メキシコ南部、中央アメリカ
状態　一般的

　幼体は明るい緑色で、樹上で暮らし、猛禽類に狩られる身である。成体は大きく、灰色で、幼体よりもトゲの多い尾を持ち、天敵はほとんどいない。成体は岩や切り株の上で日光浴をし、無脊椎動物や昆虫を探し求めるが、木の葉、果実、腐肉、残り物なども食べる。逃げるときは猛スピードで走るが、咬みついて身を守ることもある。メスは巣穴や木の根の間に20〜30個の卵を産む。

尖った頭
トゲのある尾は武器として使われる

Rhinoceros iguana
サイイグアナ
Cyclura cornuta

体　長　1–1.2m
繁　殖　卵生
習　性　陸生
分布　カリブ諸島
状態　絶滅危惧Ⅱ類

　どっしりとした灰色の体を持ち、成体は吻の上にあるいくつかの角のような盛り上がった大きな鱗で識別できる。歩きぶりは重々しく、頭を持ち上げて木の葉や果実を食べるが、危険から逃れるときには非常に速く走る。脅されると、尾で相手を激しく打ちのめしたり咬みついたりして防御する。オスはメスより大きいが、角やたてがみも大きく、なわばり意識が非常に強い。メスは巣穴に2〜20個の卵を産み、攻撃的なほど守る。サイイグアナ科の8種はすべて生息環境の破壊と、ブタ、イヌ、ネズミ、ネコ、マングースといった移入哺乳類による捕食のせいで、絶滅危惧状態にある。

Green iguana
グリーンイグアナ
Iguana iguana 

体　長　1m　最大2m
繁　殖　卵生
習　性　樹上生
分布　中央アメリカ、南アメリカ大陸北部
状態　一般的

　アメリカ両大陸中最も大きなトカゲのひとつである。普通は灰色がかった色か緑色で（一部の地域にはオレンジ色のものもいる）、頑丈な四肢と長い尾、歯のような形のたてがみが背中にある。成体には喉の下に肉質の喉袋があるが、オスの喉袋はメスのものより大きい。幼体は成体よりも食物の許容範囲が広く、昆虫、果実、花、木の葉も食べる。身を守るときは、尾で相手を殴ったり、鉤爪を用いたりする。メスは長い産卵期間の間に最高40個の卵を数腹、地中の巣穴に産みつける。食料として、またペットにするために捕獲されたにもかかわらず、生息地には今でもたくさんいる。

樹上生活への適応
　この大型イグアナの灰色がかった色または緑色の体色は、生息地である森林の高い木々の間では、見事なカムフラージュになる。長い肢を備え、長い鉤爪は木登りにうまく適応している。普通は川のほとりに棲み、鳥類や哺乳類の捕食者から逃れるために、川の上に張り出した枝から水の中へ飛び込む。写真は左側がオスで、喉の下にある大きな肉質の喉袋で、簡単にメス（右側）と区別できる。喉袋はディスプレイに使われる。成体のオスは、なわばり意識が非常に強い。

重い体重
グリーンイグアナの平均体重は最高5kgであるが、例外的に10kgにもなる個体もいる。肉食のように見えるにもかかわらず、成体はほぼ完全に草食で、しばしば木の高いところで食事をしている。

カムフラージュのための緑色の体色
木登りのための長い肢
喉袋
木登りと防御のための長い鉤爪
長い尾は防御の際の鞭として使う

爬虫類

トカゲ類

Desert horned lizard/Horned toad
サバクツノトカゲ

Phrynosoma platyrhinos

体　長　7.5–13.5cm
繁　殖　卵生
習　性　陸生
分布　アメリカ合衆国南西部
状態　一般的

北アメリカ大陸と中央アメリカの乾燥地帯には14の非常に近縁な種が分布しているが、そのひとつがサバクツノトカゲである。サバクツノトカゲは尖った鱗に覆われうずくまったような丸っこい体型をしている。サバクツノトカゲとその近縁種はもっぱらアリを餌とし、主にカムフラージュで身を守る。近縁種のいくつかと比較すると、サバクツノトカゲの皮膚は滑らであるが、頭には大きな角状突起、背中と尾にはトゲ状鱗がある。体色は灰色、赤みがかった色、黄褐色で、砂の上や砂利の多い地面で餌を求めてのろのろ探し回っているときも、体が目立たなくてすむ。アリの行列を探し出すと、伸縮自在の舌でアリを拾い集めてがつがつむさぼる。鳥類や肉食哺乳類などに攻撃されると、まずフリーズする（長時間まったく動かないでいられる）。捕らえられると、体を空気で膨らませる。繁殖期間中、メスは砂やさらさらした土に掘った穴に最高16個の卵を2腹産む。丸く扁平な体のおかげで、朝の日の光で速く体を温めることができる。冬は冬眠する。

頭にある角
波状の横紋
大きな胃
短く、急に細くなっている尾

Chuckwalla
キタチャクワラ

Sauromalus obesus

体　長　28–42cm
繁　殖　卵生
習　性　陸生
分布　アメリカ合衆国南西部、メキシコ北西部
状態　一般的

脅されると、岩の割れ目の中に退却し、首、喉、脇腹のたるんだひだを膨らませ、自分の体で割れ目をふさぐ。そうなると猛禽類や哺乳類の捕食者には、引っぱり出すことは難しい。活動にはかなり暑い状態を必要とするので、寒いときは岩の割れ目にとどまっている。暑い日には外に現れて日光浴をし、果実、木の葉、多肉植物の花などを食べる。メスは通常1年おきに、5〜16個の卵を産む。

尾の付け根が太い
オスは頭が黒い

Western fence lizard
ニシカキネハリトカゲ

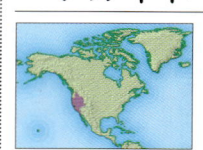

Sceloporus occidentalis

体　長　15–23cm
繁　殖　卵生
習　性　陸生
分布　アメリカ合衆国南西部、メキシコ北西部
状態　一般的

よく見られるトカゲで、腹面に青い斑紋がある60種以上のグループに属している。この種の（その他の多くの種も）青い斑紋はオスの方が目立つ。普通は岩、垣根、その他突き出した場所にいて、頭を上げ下げして、ライバルや受け入れてくれそうな交尾相手に斑紋を見せるディスプレイを行う。たいへん活発で、昆虫を食べあさり、食事の間に日光浴をする。メスは通常3〜14個の卵を1腹だけ産む。

盛り上がって尖った鱗

Madagascan collared iguana
キュビエブキオトカゲ

Oplurus cuvieri

体　長　30–37cm
繁　殖　卵生
習　性　樹上生
分布　マダガスカル、ンジャジャ島
状態　一般的

キュビエブキオトカゲはずんぐりした頭とトゲのある尾を持つ、どっしりしたトカゲである。体は灰茶色で、目立つ黒い首輪模様と茶色の斑点がある。木の幹で動かずにじっとしていることが多く、昆虫が近づくのを待ち、それから飛び出して獲物を捕まえる。猛禽類やヘビ類に脅されると木の幹の裂け目などに退却し、尾を使って、自分と捕食者のバリヤーにする。メスは1シーズンに4〜6個の卵を産む。

身を守るトゲのある尾

Chilean swift/Thin lizard
チリスベイグアナ

Liolaemus tenuis

体　長　19–31cm
繁　殖　卵生
習　性　主に樹上生
分布　南アメリカ大陸南西部
状態　一般的

チリスベイグアナは、体のおよそ2倍にもなる長い尾を持っている。この尾を背中の上方にきちっと持ち上げたまま、獲物にそっと忍び寄る。オス1匹と数匹のメスの小さな集団でなわばりをつくり、樹上に棲んでいる。メスは共同の産卵場所に卵を産むが、樹皮の下であることが多い。1つの産卵場所で400個以上の卵が見つかったこともある。冬の間は冬眠している。

Guianan lava lizard
ギアナヨウガントカゲ

Tropidurus hispidus

体　長　13–18cm
繁　殖　卵生
習　性　陸生
分布　南アメリカ大陸北部
状態　一般的

背面は茶褐色から黒、腹面は白で、首の周囲に黒い首輪模様がある。体が扁平なので、露出した岩の隙間や割れ目に隠れることができる。鳥類、ヘビ類、大型トカゲ類のような捕食者から身を守るには、効果的な体型である。黒っぽい体色は、日光浴をする際に体を速く温めるのに一役買っているのだろう。普通は壁のような垂直面で日光浴をしている。昆虫やクモを活発に捕食する。メスは1年に4〜6個の卵を3腹またはそれ以上産む。

扁平な頭部

Cone-head lizard
カンムリトカゲ

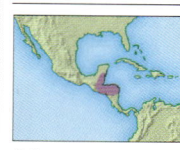

Laemanctus longipes

体　長　40–70cm
繁　殖　卵生
習　性　樹上生
分布　メキシコ南部からニカラグア
状態　未確認

非常にスマートなトカゲで、緑色の体に黄色い顔をしているが、木の葉の間では見事なカムフラージュになる。木登りに適応した長い肢と鉤爪のおかげで、鳥類やヘビ類のような捕食者に襲われても、木の幹をすばやく駆け上がって逃れることができる。昆虫が近寄るのをじっと待ち構え、さっと飛び出して捕らえる。メスは一度に3〜5個の卵を、土の浅い窪みか積もった落ち葉の中に産む。

頭部のかぶとは後方に向かって尖っている
緑色の体
長い尾
細長い肢
濃い緑色の縞

ヤモリとヒレアシトカゲ

門	脊索動物門
綱	爬虫綱
目	有鱗目
亜目	トカゲ亜目
上科	ヤモリ上科
科	4
種	1,054

ヤモリ類は小型で鳴き声を発し、通常は夜行性のトカゲである。一部のものは機敏に木に登り、木の幹や岩の表面、壁、天井などの滑らかで垂直な面や、張り出した面で餌を探して歩き回ることもできる。砂漠に生息する種も多く、多くは巣穴か岩の割れ目に棲んでおり、夜になると、地面に現れて餌をあさる。ヤモリ類は広域に分布し、熱帯、亜熱帯の国々の大部分と、太平洋上の多くの島にいる。このグループには、オーストラリアでのみ見られる肢のないトカゲ類の2つのタイプも含まれる。ヒレアシトカゲ類は、肢のあるべき場所に鱗のついた鰭があって、地表に棲んでいるが、メクラトカゲ類は目が鱗で覆われており、地下の巣穴に棲んでいる。

体のつくり

ヤモリ類の大半は小さくほっそりした体で、頭部は比較的大きく扁平である。普通は夜行性で、大きな目の瞳孔は垂直だが、"ヒルヤモリ"と呼ばれる少数の種は昼行性で瞳孔は丸い。普通のヤモリが、環境に合わせて単調な灰色か茶色であるのに対し、ヒルヤモリはしばしば鮮やかな色をしている。なかには奇抜な姿をした種もいる。木の葉そっくりの尾や、顎の周辺にある奇妙な皮膚のフリルなどはカムフラージュに役立っている。

木などに登るヤモリは長い鉤爪を備えていることが多く、時には指先に扁平な接着性指下板を持つこともある。接着性指下板は、地上に棲む種には普通は見られないが、顕微鏡でしか見えないような組織が何百万と集まって粘着力を生み出し、滑らかな垂直面を登ったり、天井に逆さ向きに張りついたりすることもできるのである。ヤモリ科には可動性のまぶたを持たず、目がヘビのように透明鱗で覆われているものがいる。これらは目の表面を舐めてきれいにする。しかし、トカゲモドキ亜科に属するヤモリにはまぶたがあり、まばたきができる。大部分は砂漠に棲む陸生のものだが、洞窟の中に棲むものや樹上生のものもいる。

ヒレアシトカゲ類の体は細長く、吻が尖っていることもある。ヤモリ類のように、可動性のまぶたはないが、外耳孔があることと、腹面に沿って鱗が何列か並んでいることで、ヘビと区別できる。

繁殖

ヤモリ類が世界中に広がることができたのは、ひとつには弾力のある固い殻と粘着力を持った卵のおかげであろう。そのため、卵は根こそぎになった木や吹き寄せられた植物のくずなどにぴったりくっつくことができる。大半の種は卵を2個ずつ産むが、小型ヤモリ類の中には一度に1個しか産まないものもいる。メスはゆるい樹皮の下や岩の割れ目に卵を産むことが多いが、地中生の種には砂や土の中の穴に産むものもいる。数匹のメスが共同の産卵場所に卵を産むこともあるが、そこでは何ダースもの孵化中の卵と、孵化した幼体の残りがいることがある。主にニュージーランド産のヤモリ類の中には、幼体を2匹ずつ産むものが数種いる。トカゲモドキ類とヒレアシトカゲ類は1～2個の卵を産むが、他のトカゲ類同様、卵の殻は柔らかい。このグループの大半は、孵化時の温度によって子どもの性別が決まる。31℃以上ではオスが生まれ、それ以下の温度のときはメスが生まれる。

発声

ヤモリ類は一連の声を出して交尾相手を魅惑したり、なわばりを守ったりする点で、トカゲ類の中ではユニークである。ヤモリ類のような夜行性の動物にとって、発声はコミュニケーションをとるうえで効果的な方法である。

木登り
ヤモリは、接着性指下板を使って、すべすべの岩やガラスをも含むほとんどどんなものの表面でも登ることができる。このおかげでヤモリは、他の陸上動物ならまず到達できないような場所で、餌をとることができるのである。

Banded gecko
バンドトカゲモドキ

Coleonyx variegatus

体 長	12－15cm
繁 殖	卵生
習 性	陸生
分布	アメリカ合衆国南西部、メキシコ北西部
状態	一般的

可動性のまぶたのある、目立ちやすい目をしている。外見は華奢で、半透明にも見え、非常に小さな鱗は皮膚に絹のようなきめを与えている。夜行性で、昼間は岩の割れ目に隠れ、夜になると小さな昆虫やクモを活発に捕食する。捕らえられると鳴き声をたてて、尾を自切することもある。その他の防御戦術として体を持ち上げ、尾を背中の上に巻き上げて体を大きく見せるが、おそらくサソリの擬態であろう。メスは柔らかい殻の卵を1度に2個産む。

暗色の縞模様がくずれて斑紋になっている

Leopard gecko
ヒョウモントカゲモドキ

Eublepharis macularius

体 長	20－25cm
繁 殖	卵生
習 性	地中生
分布	アジア南部
状態	一般的

太い尾は栄養を貯蔵するのに使われる。食物の豊富なときは尾が大きくなるが、旱魃の間に栄養が使われてしまうと尾は細くなる。防御の際に尾を自切することもあるが、他のトカゲ類のように気軽に切れるわけではない。餌を食べるのは夜である。穴の中や岩の下に隠れて、極端な暑さや寒さから身を守り、冬には冬眠する。夏に夏眠することもある。飼育下では最高25年も生きた例がある。

目立ちやすい目
背中と尾にイボ状突起がある
黄色い体に黒い斑点か横縞がある
オスの頭は幅広い
可動性のまぶた

トカゲ類

African fat-tailed gecko
ニシアフリカトカゲモドキ

Hemitheconyx caudicinctus

体　長	15cm 最大 25cm
繁　殖	卵生
習　性	陸生

分布　アフリカ西部　　状態　地域により一般的

このヤモリの尾は、栄養貯蔵器官として用いられている。餌が十分にあるときは、尾が太くなる。体は黄褐色で、黒褐色の縞が背中を横切っており、頭は黒褐色である。オスは尾の付け根に膨らみがある。用心深い動物で、寿命は約25年、乾燥したサバンナや岩の多い丘の斜面、川の土手などに棲み、昼は穴の中に退却し、夜に昆虫類を活発に捕食する。乾期には夏眠する。防御の際に咬みついたり、尾を自切したりすることもある。

太い尾／黒褐色の縞／ずんぐりした体

Tokay
トッケイヤモリ

Gekko gecko

体　長	18–36cm
繁　殖	卵生
習　性	主に樹上生

分布　アジア南東部　　状態　一般的

名前はオスの出す「トッケイ」と聞こえる大きく激しい鳴き声にちなんでいる。家屋でよく見かけられ、昼間は隠れているが、夜になると餌を求めて現れる。ヘビ類や小型の夜行性哺乳類などに襲われると、激しく咬みつき、捕まると尾を自切する。オスはメスより頭部が大きく、なわばり意識が非常に強い。共食いも行い、他のトッケイヤモリや昆虫その他の小型脊椎動物を食べる。オスは数匹のメスと交尾する。メスは殻の固い球状の卵を2個産み、垂直面に卵を付着させる。樹皮の裏や壁の割れ目や穴に付着させることが多い。

夜の視力
トッケイヤモリは大きく、体は青か灰色がかった青で、暗闇でもよく見える大きな黄色い目をした夜行性の種である。垂直の瞳孔は、昼の光の中では3つの"ピンホール"（針穴）のあるスリットのようになる。

体にオレンジ色の斑点

指先

木に登るヤモリの大部分と同様、物につかまるのに向いた幅広の接着性指下板が指先にある。これで足場を安定させ、壁や木の幹のような垂直面をすばやく動くことができる。

Striped day gecko
セスジゴナトデスヤモリ

Gonatodes vittatus

体　長	7–7.5cm
繁　殖	卵生
習　性	陸生

分布　カリブ諸島南部、トリニダード　　状態　地域により一般的

オスは黄褐色で、吻から尾にかけて黒縁つきの白い線があるが、メスは灰茶色で、目立つ白線が入っている。オスもメスも目は頭の上の方についている。昼行性で、落ち葉の積もった地面に棲むが、木登りもうまい。小さな昆虫やクモにすばやく咬みついて捕らえる。メスは共同の巣穴に棲み、そこに卵を2個（稀に1個のこともある）産む。卵の大きさは乾燥したエンドウマメ程度である。

Common house gecko
ホオグロヤモリ

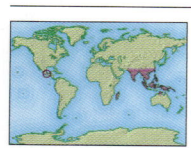

Hemidactylus frenatus

体　長	12–15cm
繁　殖	卵生
習　性	主に樹上生

分布　世界中の熱帯地方　　状態　一般的

ホオグロヤモリは、熱帯地方に広く分布し、適応性に富んでいる。体は灰色か茶色である。主に建物の中に棲み、岩の上や下、木の幹などにいることもあり、多数集まっていることも多い。昼間見られるのは稀で、日没後電灯の近くに集まる昆虫やクモ、小型のヤモリ類を捕まえる。また狩りのなわばりを守ろうとする。捕まえられると鳴き声を出し、尾を自切して逃れる。

Web-footed gecko
ミズカキヤモリ

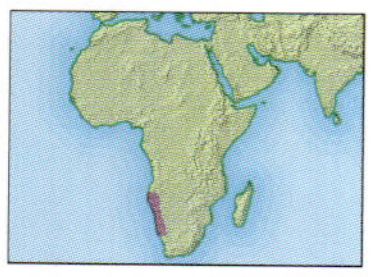

Palmatogecko rangei

体　長	12–14cm
繁　殖	卵生
習　性	陸生

分布　南アフリカ西部　　状態　地域により一般的

ピンク色のヤモリで、特徴的な水かきのある指先のおかげで、風の吹きつけるさらさらした砂に沈むこともなく、砂丘を走り回れる。昼間は砂に掘った長いトンネルで過ごし、夜になると現れて餌をあさる。砂漠には水がないため、霧の日に皮膚で集めた水を飲む。脅されると肢を硬直させて体を持ち上げ、体を大きく見せようとする。

ピンク色の華奢な体／大きな目には繊細な赤い網目がある／暗色の不規則な模様

Madagascan day gecko
マダガスカルヒルヤモリ

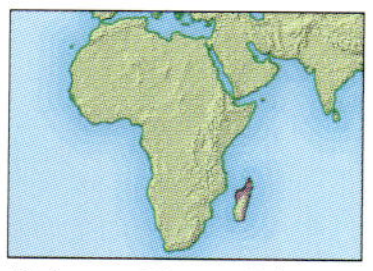

Phelsuma madagascariensis

体　長	22–30cm
繁　殖	卵生
習　性	樹上生

分布　マダガスカル北部　　状態　一般的

ずんぐりしたヤモリで、木の幹や壁で暮らし、指先の接着性指下板の力で垂直面に（しばしば頭を下にして）止まっている。鳥に攻撃されなければ、10年以上生きる。1本の木に複数の小グループが棲み、数匹のメスが樹皮の下や木の裂け目のような同じ場所に卵を産むことがある。オスは尾の根元が膨らんでいる。生殖可能なメスは、カルシウムを貯えており、喉の皮膚を通して見ることができる。

背中に赤い斑点／木登りのためのよく発達した指先の指下板

Common barking gecko
スナホリヤモリ

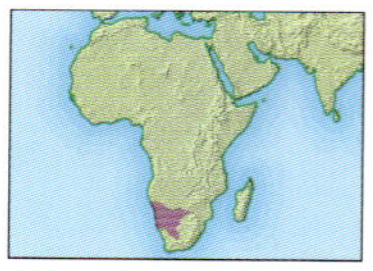

Ptenopus garrulus

体　長	6–10cm
繁　殖	卵生
習　性	陸生

分布　南アフリカ　　状態　地域により一般的

オスもメスも体色は黄色か灰色がかった黄色で、濃い茶色か赤褐色の斑点が入る。頭は丸く、吻も丸みを帯びている。指先は長く、顕著な房飾りのような鱗がある。オスが黄昏時から巣穴の入口で出し始める鳴き声は、南アフリカの多くの砂漠の特徴のひとつとなっている。スナホリヤモリは危険が迫るとフリーズし、捕食者に探知されるのをカムフラージュによって避けようとする。また複雑な構造の巣穴に退却することもある。

ヤモリとヒレアシトカゲ

Kuhl's flying gecko
クールトビヤモリ

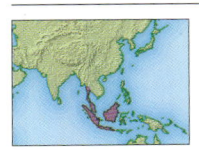

Ptychozoon kuhli

体　長	18–20cm
繁　殖	卵生
習　性	樹上生

分布　アジア南東部　　状態　一般的

熱帯林に棲み、木からジャンプして空中を滑空することで危険から逃れるトカゲ類の1種である。普段は木の幹で頭を下にして休んでいる。この姿勢の方がすばやく離陸できるのである。体は非常に巧妙なカムフラージュになっている。主に昆虫を食べ、獲物を待ち伏せるか、忍び寄って捕まえる。メスは繁殖期ごとに2個の卵を産む。

カムフラージュ
クールトビヤモリは主に茶色か灰茶色で、暗色の不明瞭な斑点がある。夜行性で、昼間はじっと動かず、探知されるのをカムフラージュのおかげで免れている。

飛行のための肢

モナドトビトカゲ（403ページ）とは異なって、主に水かきのある肢を使って滑空する。また脇腹に沿った皮膚のひだと、フリルのついた平たい尾を使い、空中を落下する方向もコントロールできる。

扇型の縁飾りのある尾
皮膚のひだ
水かきのある指

Elegant sand gecko
エレガントボウヤモリ

Stenodactylus sthenodactylus

体　長	9–10.5cm
繁　殖	卵生
習　性	陸生

分布　アフリカ北部および東部、アジア西部　　状態　地域により一般的

かわいらしいヤモリで、肢が長く、尾は細い。ほっそりとした体はベージュか砂色で、背中に暗色の縞と淡色の小さな斑点がある。目は大きく、吻は少し上向き加減である。穴掘りに熟達しており、地中か石の下の穴に棲み、卵を砂の中に埋める。黄昏時以降活動し、シロアリ、アリ、小さなガ、小型の甲虫やその幼虫をとるときには、周囲をよりよく見渡せるように、ぎくしゃくした足どりで歩き回る。鳥などに脅されると、背中を弓なりに曲げて体を大きく見せることがある。

Moorish gecko
ムーアカベヤモリ

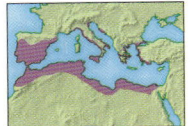

Tarentola mauretanica

体　長	10–16cm
繁　殖	卵生
習　性	陸生

分布　ヨーロッパ南部、アジア西部、アフリカ北部　　状態　一般的

ずんぐりした灰色っぽい色または茶色のヤモリで、岩の多い雑木林の高いところにある巣か、乾いた石の塀や建物に棲む。垂直面に止まり、逃げ込むことのできる割れ目から遠く離れることは稀である。主に夜活動するが、涼しい気候ならば昼間活動することもある。冬は冬眠する。適当な狩り場（照明の近くが多い）で頻繁に待ち伏せして、近づいてきたガなどの昆虫に襲いかかる。岩や敷石のかけらの裏や割れ目の中を共同の産卵場所にして、卵を産むことがある。

尾の鱗はざらざらしている
背中の鱗は大きくイボ状
扁平な体
扁平な頭部

New Caledonian gecko
ツギオミカドヤモリ

Rhacodactylus leachianus

体　長	30–35cm
繁　殖	卵生
習　性	樹上生

分布　ニューカレドニア　　状態　絶滅危惧Ⅱ類†

非常に大きなヤモリで、体長40cmにもなることがあるが、通常はそれより小さい。ぼんやりした茶色で、頭と目が大きく、尾は小さくて細い。森林の高い木に棲み、地上に降りてくることはめったにない。大半のヤモリ類と同じく、昆虫や小型脊椎動物を食べるが、果実も食べる。丈夫な顎で食物を噛み砕き、防御のためにこの顎で咬みついて相手に痛手を与える。オス1匹とメス1匹または数匹と子どもの小さな家族グループをつくって生活しているらしい。メスは木の洞や樹皮の裏に卵を産む。

皮膚にはベルベットのような細かい鱗
指先は太く鉤爪があり、つかまるための接着性指下板がある

Ashy gecko
ハイイロチビヤモリ

Sphaerodactylus elegans

体　長	7–7.5cm
繁　殖	卵生
習　性	陸生

分布　カリブ諸島　　状態　一般的

非常に小さなヤモリで、体は茶色く、ごく細かい白い斑点があり、吻は尖っている。活発だが短命な動物で、いつも積もった落ち葉の間や森や民家近くの屑の中で餌をあさり、すばやく跳びついて小さな昆虫を捕らえる。おおむね昼行性だが、夜に活動することもあり、街灯の近くにいることも多い。メスは樹皮の裏や枯れ葉の間、岩などの割れ目といった共同の場所に一度に1個の卵を産む。

Northern leaf-tailed gecko
オーストラリアコノハヤモリ

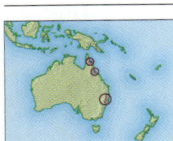

Phyllurus cornutus

体　長	15–21cm
繁　殖	卵生
習　性	樹上生

分布　オーストラリア東部　　状態　地域により一般的

ヤモリは一般的にカムフラージュが特徴ではあるが、オーストラリア東部にすむこの種は、防御手段に関してはずば抜けている。体色は目につきにくいぼんやりした灰色で、扁平な体は影をつくらず、木の葉に非常によく似た尾は、襲われたときには切り離すことができる（オスは尾の付け根に1対の膨らみがある）。実際このヤモリが生息地である熱帯林の幹や葉の間で休んでいると、見つけるのは難しい。動いたときだけその正体が知れる。オスはなわばりを持ち、メスは樹皮の裏の割れ目に、一度に2個卵を産む。主に夜活動し、主食である昆虫を食べあさる。

三角形の頭
長い肢
ざらざらした樹皮を登るための、鉤爪のある細長い指
木の葉型の尾

爬虫類

トカゲ科の仲間

門	脊索動物門
綱	爬虫綱
目	有鱗目
亜目	トカゲ亜目
上科	トカゲ上科
科	7
種	1,890

トカゲ科とその近縁群は、トカゲ類中最大のグループを形成している。トカゲ科の大部分は細長い体をしており、一部には肢のない種もいる。なかにはトカゲ類としてはユニークな手段で繁殖するものもいる。メスが胎児に胎盤を通して栄養を与えるのである。トカゲ科は世界中に分布しているが、最も多いのは熱帯および亜熱帯地域である。大半は地上で暮らし、積もった落葉の中にいることが多いが、樹上生や地中生の種もいる。このグループには、ヨロイトカゲ、ハシリトカゲ、テグートカゲ、カナヘビ、ヨルトカゲがいる。大半はトカゲ科と同じく地上生のトカゲ類である。

体のつくり

少し扁平で細長い体、長い尾、くさび形の小さな頭と小さな目というのが、トカゲ科の典型的な姿である。地中生の種には、土に潜っているときも物が見えるように、癒合した透明なまぶたを備え、また外耳孔を持たないものもいる。トカゲ科には肢が小さいか、または全然肢のないものもいるが、これは地中生活か、密生した植物の中での生活に適応したものである。

トカゲ科は攻撃されるとたやすく尾を自切するが、捕食者の注意を頭や体からそらすために、尾が鮮やかな色をしているものもある。

ヨロイトカゲの鱗は長方形で長く、一枚一枚にキールがある。このキールは先が尖って針のようになっているものもあり、特に頭の後ろや尾のトゲ状の鱗は、ヨロイトカゲが穴や隙間の中まで追跡されたときのバリケードになり、また武器になることもある。アルマジロトカゲは捕食者に襲われると、自分の尾を口にくわえ、攻撃手の前でトゲだらけの輪の形になって見せる。これには容易に手が出せない。

ハシリトカゲとテグートカゲは鱗が小さく、体はほっそりして、吻は尖っており、四肢は長い。ただし、この科には肢のない種もいる。一般にテグートカゲはハシリトカゲよりも大きい。

カナヘビ科とトカゲ科は外見はハシリトカゲ属に似ているが、2つの科はヨーロッパ、アジア、アフリカに生息し、他方ハシリトカゲは両アメリカ大陸に棲んでいる。カナヘビ科、トカゲ科の多くは鮮やかな体色をしており、いずれも自切する。

繁殖

トカゲ科の繁殖方法は多様性に富む。卵を産むものもいれば、幼体を産むものもいる。成育中の胎児に原始的な胎盤を通して栄養を与えるものさえ数種いる。メスが卵を産んでから、孵化するまで卵の周りに体を巻きつけて守るものもいる。危険がさし迫ると、卵を移動させることもある。卵がかえるとメスは幼体をきれいに舐めてやり、幼体は数日間母親のそばにとどまる。

トカゲと近縁なハシリトカゲとカナヘビのグループの中には単為生殖を行うものがあり、オスなしで繁殖することができる。このような種の子どもはすべて母親の正確なクローンであるから、性別はメスであり、性的に成熟すればすぐ自分も卵を産む。いくつかの種はまったくの単為生殖だが、その他の種はオスを含む集団もおり、普通の方法で繁殖する。

食性

地上に棲むトカゲ科の大半はひっそり隠れて暮らす動物で、たいてい積もった落ち葉の下で過ごしている。一般には昼間餌をあさり、夜は倒木や石の下に隠れる。小型のトカゲ科は無脊椎動物を餌とする。大型種は（写真のツトイワトカゲも含めて）、植物性のものも食べるし、齧歯類や鳥類を食べるものさえいる。

トカゲ科の仲間

Armadillo lizard
アルマジロトカゲ

Cordylus cataphractus

体　長　16–21cm
繁　殖　胎生
習　性　陸生
分　布　南アフリカ
状　態　絶滅危惧Ⅱ類

アルマジロトカゲの首と尾は防御向きの頑丈なトゲで覆われ、背中は角張った鱗で覆われている。脅されると自分の尾を口にくわえ、体を輪のように丸めて相手にトゲを向ける。近寄ってきた捕食者をためらわせ、攻撃する勇気を失わせるためである。潅木の茂みや岩の露頭などに棲み、大きな割れ目の中に隠れており、冬は冬眠する。家族単位で暮らしており、メスは1〜2匹の幼体を産んで子どもに餌を与えることもある。これは育児行動をほとんどしないトカゲ類の中では珍しい。餌は主に昆虫とクモであるが、逆にアルマジロトカゲ自身は、猛禽類を含む様々な捕食者に狩られる身である。飼育下では最高25年も生きることがあるが、例外的にもう少し長生きしたケースもある。

- 首に防御のためのトゲ
- 体色は黄褐色
- 防御の際に体を丸める
- 尾を口にくわえる

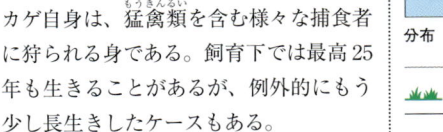

Sungazer/Giant girdled lizard
オオヨロイトカゲ

Cordylus giganteus

体　長　28–39cm
繁　殖　胎生
習　性　陸生
分　布　南アフリカ
状　態　絶滅危惧Ⅱ類

体は黄褐色から黒褐色で、巣穴の入口で、太陽をじっと見つめているような格好で日光浴している姿がよく見かけられる。1日中よく日光が当たるように、巣穴は通常、北または北西を向いている。尖った鱗が輪状にぐるりと巻いて松かさに似ている武装した尾を備えており、これは巣穴の入口をふさぐのにも使われる。捕まえられると、頭と首の長いトゲを巣穴の天井に突き刺し、体を引っぱり出されないようにする。主に昆虫や小型脊椎動物を食べる。メスは1〜2匹の幼体を産み、子どもたちは成体の近くにとどまる。冬は数か月間冬眠する。

Zimbabwe girdled lizard
ジンバブエヨロイトカゲ

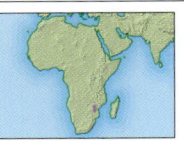

Cordylus rhodesianus

体　長　12–17cm
繁　殖　胎生
習　性　陸生
分　布　南アフリカ
状　態　地域により一般的

オリーブ色がかった茶色のトカゲで、南アフリカの草原地帯に点在する"小丘"（侵食された岩が堆積したもの）でよく見られる。体が扁平なので、襲われたときには狭い割れ目や石の下に隠れることができ、また尖った鱗が輪状に取り巻いている尾はその割れ目をふさいで、ヘビ類、鳥類、哺乳類といった捕食者たちをためらわせるのに使われる。小さな家族単位で生活しており、子どもは両親のそばにとどまる。冬は冬眠する。

- 鱗はキールがあり、弱いトゲがある

Rough-scaled plated lizard
オニプレートトカゲ

Gerrhosaurus major

体　長　40–48cm
繁　殖　卵生
習　性　陸生
分　布　アフリカ中央部、東部および南部
状　態　一般的

オニプレートトカゲの体は四角張ったプレートで覆われているが、プレートの並び方は、猛禽類、ヘビ類、小型哺乳類に襲われたときに引きずり出されないように、体を岩の割れ目にくさびのように押し込んで防御できるようになっている。体は明るい茶色から中くらいの濃さの茶色だが、オスは繁殖期になると喉がピンク色を帯びる。活発な捕食者で、果実、花、無脊椎動物、自分より小さなトカゲ類を含む脊椎動物を食べる。オスはなわばり意識が強く、特に繁殖期は、他のオスとなわばりをめぐって戦う。メスは比較的大きな楕円形の卵を2〜4個、岩の割れ目や湿った土の中または倒木の下などに産む。

- 体は明るい茶色から中くらいの茶色
- 四角いプレートが体を覆っている
- 側面に添って皮膚のひだがある
- 長い尾

Braodley's flat lizard
ブロードリーヒラタトカゲ

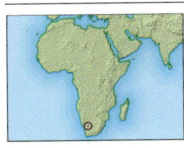

Platysaurus broadleyi

体　長　15–20cm
繁　殖　卵生
習　性　陸生
分　布　南アフリカ（オーグラビーズ滝国立公園）
状　態　地域により一般的

このトカゲが体をくさびのように押し込んだら、引きずり出すのは難しい。頭、体、尾が極度に扁平なので、非常に狭い岩の割れ目に潜り込んで、猛禽類の捕食者から逃れることができる。多くの時間を昆虫、特に滝の近くで群飛している小さなブヨを狩って過ごす。ブヨが止まっているところに跳びかかるか、飛んでいるブヨめがけてジャンプして捕まえる。熟したベリー類も食べる。オスの頭は青みがかっており、背中は緑色、前肢は黄色かオレンジ色、後肢はオレンジがかった黄褐色である。メスと幼体は背中が黒褐色で、3本のクリーム色の縦縞があり、尾は淡黄色である。メスは大きな丸石の間の深い隙間や、岩が薄くはがれたかけらの下などの、特に木の葉や屑が積もったところに、毎年夏に2個の卵を2腹産む。

- オスの頭は青い
- 極度に扁平な体

Sand lizard
ニワカナヘビ

Lacerta agilis

体　長　18–22cm
繁　殖　卵生
習　性　陸生
分　布　ヨーロッパ、中央アジア
状　態　地域により一般的

このずんぐりしたトカゲは、ヨーロッパ、アジア、時には北極圏の北にまで分布するグループのひとつである。イギリスでは荒野や砂丘で見られるが、もっと南では、庭も含めて様々な環境に生息している。丸みを帯びた頭と比較的短い肢を持ち、体色は多様性に富むが、オスは繁殖期に最も鮮やかな色になる。ニワカナヘビは、小型の昆虫やクモを食べるが、ヘビ類、鳥類、哺乳類、特にイエネコに襲われると、尾をすばやく切り離す。メスは春と夏に、3〜14個の卵を数腹産む。成体は冬になると冬眠する。

Schreiber's green lizard
シュライバーミドリカナヘビ
Lacerta schreiberi

- 体長　36cm
- 繁殖　卵生
- 習性　主に陸生
- 分布　ヨーロッパ南西部
- 状態　低リスク

ヨーロッパ各地にいるコモチカナヘビ属の数多い地域的特産種の代表である。オスは緑色の体に小さな黒の斑点が散らばり、繁殖期に喉か頭が（時には両方が）青くなる。メスは茶色か明るい緑色の体に黒い大きな斑紋があり、頭は茶色、幼体は緑色で、黒い縁どりつきの白か黄色の縞が脇腹にある。草原の開けた場所、沼地、丘の斜面、またしばしば流れのそばの見晴らしのよい場所に陣どり、日光浴をしているのが見られる。昆虫が近づくのをじっと待ち伏せしていることが多いが、岩の割れ目の中で餌をあさることもある。妨害されると巣穴に退却するか、水中に飛び込み、川底の石の下に隠れる。襲われると簡単に尾を切り離すことができる。寿命は飼育下では10年以上に及ぶこともある。メスは一度に6～12個の卵を産む。

Viviparous lizard/Common lizard
コモチカナヘビ
Lacerta vivipara 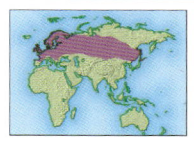

- 体長　10–12cm
- 繁殖　胎生
- 習性　陸生
- 分布　ヨーロッパ、アジア中央部から東部（日本を含む）
- 状態　一般的

陸生爬虫類の中で最も広い連続した生息地を持つ種のひとつであり、その分布は北極圏に達している。コモチカナヘビ属の中では幼体を産む唯一の種であるが、卵を産むのには寒すぎる生息地でも生き残るための適応である。極北地方の生息地では一度に最高8か月も冬眠することができ、2～3年に一度しか繁殖しないこともある。それを寿命の長さで補っている。地表で暮らし、植物がびっしり茂ったところにいるのが普通で、主に昆虫とクモを食べる。日当りのよい土手で体を平たくし、肢を広げて、よく日光浴をしている。

誕生

コモチカナヘビの幼体は、卵膜に覆われて生まれるが、ほとんどすぐ膜から出てくる。幼体の大きさはおよそ4cmで、体は黒い。分布域の南部であるピレネー山脈に棲んでいるコモチカナヘビは、卵を産むことがある。

体色と模様
コモチカナヘビは普通は茶色かオリーブ色だが、真っ黒や明るい茶色の個体もいる。オスには斑点が入る傾向があるが、メス（写真）には通常、縞模様が入る。

Eyed lizard/Ocellated lizard
ホウセキカナヘビ
Lacerta lepida

- 体長　40–80cm
- 繁殖　卵生
- 習性　陸生
- 分布　ヨーロッパ南西部
- 状態　地域により一般的

ヨーロッパ最大のトカゲである。ずんぐりした緑色のトカゲで、脇腹に沿って目玉のような青い斑点が並んでいる。丘の斜面、草原、森の開拓地に棲み、大型昆虫、鳥の卵やひな、他のトカゲ類や小型哺乳類などを捕食する。冬は冬眠するが、暖かい日には出てくることもある。捕まえられると咬みつき、尾を自切し、巣穴に退却する。メスは1年に6～16個の卵を1腹産む。

Lilford's lizard
バレアレスイワカナヘビ
Podarcis lilfordi

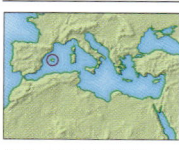

- 体長　18–22cm
- 繁殖　卵生
- 習性　陸生
- 分布　バレアレス諸島
- 状態　絶滅危惧II類

タフで適応能力に富むトカゲで、かなり悪い環境でも生き延びることができる。天敵はほとんどいないが（生息地である島の多くにはヘビ類がいない）、植物がまばらにしかなく、食物が乏しいことが、生き残るうえでの最大の脅威となっている。活発な捕食者で、岩や灌木によじ登り、容赦なく餌を探し回る。餌は昆虫、海鳥の落とした魚、旅行者が捨てた食べ物、花、木の葉などである。全身真っ黒な個体もいるが、その他は茶色か緑色である。メスは、土か木の葉の詰まった岩の割れ目や灌木の茂みに、およそ4個の卵を産む。

Ibiza wall lizard
イビザイワカナヘビ
Podarcis pityusensis 

- 体長　15–21cm
- 繁殖　卵生
- 習性　陸生
- 分布　バレアレス諸島
- 状態　絶滅危惧II類

ほっそりした体に長い指を備えた敏捷な登り手である。壁、岩場の斜面、倒木の上などで、時には大集団となって日光浴をしている姿が見られることが多い。しかし邪魔が入ると、すばやく逃げ去る。オスは体が青く、黒い斑紋が入るのが普通だが、メスは暗色の縞が入ることが多い。しかしオスもメスも、体色や斑紋は生息地によって異なる。餌は昆虫で、卵を巣穴か石の下に産む。寿命は最高6年である。

Eyed skink/Ocellated skink
シロテンカラカネトカゲ
Chalcides ocellatus

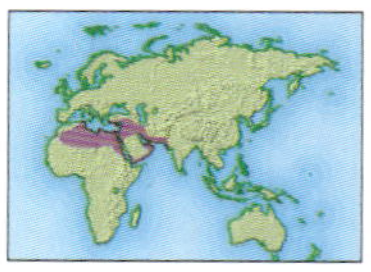

- 体長　30cm
- 繁殖　卵生
- 習性　地中生
- 分布　ヨーロッパ南部、アフリカ北部および北東部
- 状態　未確認

ずんぐりしており、明るい茶色か黄褐色の地色に、小さな白い点に黒い縁どりのある目玉のような斑紋がある。滑らかで光沢のある鱗と小さな四肢は、地中の生活に適応したものである。主に昼間活動するが、非常に暑い天候のもとでは、黄昏時までも活動することがある。古い廃墟のそばや、オリーブの森近くの乾いた石壁のそばで日光浴している姿がよく見られるが、隠れ家から遠くさまよい出ることは決してない。鳥類やヘビ、ネコなどに脅されると、巣穴か岩の隙間などに飛び込んで逃れる。攻撃されると尾を自切することがある。活発な捕食者で、石の下で小さな昆虫やクモを探して食べる。緩やかな集団で生活し、メスは3～10個の卵を産む。

トカゲ科の仲間

Solomon Islands tree skink
オマキトカゲ

Corucia zebrata

体長　最大75cm
繁殖　卵胎生
習性　樹上生
分布　ソロモン諸島
状態　絶滅危惧Ⅱ類†

オリーブグリーンか灰色がかった緑色で、多くの点で非常に変わっている。体はとても大きく、どっしりしたくさび形の頭と、物をつかむことのできる長い尾を持つ。他のトカゲ科とは異なり、完全な草食性で、生息地の森でもっぱら木の葉と果実を食べる。夜に活動し、昼は木の洞の中に隠れている。脅されたり刺激されたりすると、体を持ち上げながらシュッという音を立てるが、咬みつくこともある。長命な種でもある。繁殖と社会行動についてはあまりわかっていないが、一夫一婦制を営んでいるらしく、小さな家族単位か、緩やかな集団で暮らしているようである。オスはなわばり意識が非常に強く、メスもまたある程度までは同様である。メスは1匹か場合によっては2匹の、成体の3分の1という非常に大きな幼体を産むが、幼体は数週間から数か月、母親の厳重な保護のもとにとどまる。現在このトカゲは保護種にはなっていないが、繁殖力が弱いため稀少種である。

・くさび形の頭
・よく発達した肢
・木登りに適した鉤爪のある指
・長く丸まった尾

Berber skink
シュナイダートカゲ

Eumeces schneiderii

体長　40–45cm
繁殖　卵生
習性　陸生/地中生
分布　アフリカ北部、アジア西部
状態　地域により一般的

アフリカ北部、中東、アジア、アメリカ両大陸で見られるトカゲ類の中では最も大きいトカゲである。横断面が四角張った大きな体で、青灰色の背中にはオレンジ色の目立つ鱗がある。耕作地や半砂漠でよく見られ、潅木の根元に巣穴を掘る。攻撃されると巣穴に退却するが、水中に飛び込むこともある。活発で動きも速く、昆虫、クモ、カタツムリ、小型のトカゲ類を捕食する。真昼は日光を避けて隠れており、また、冬の寒い日には出てこられない。メスは3～20個の卵を産み、孵化するまで卵の周りにとぐろを巻いている。

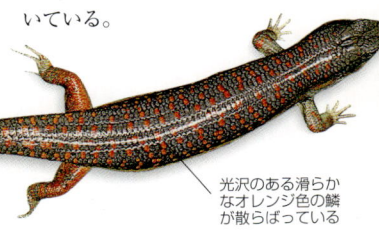

・光沢のある滑らかなオレンジ色の鱗が散らばっている

Pink-tailed skink/San Lucas skink
ラグナヨツスジトカゲ

Eumeces lagunensis

体長　16–20cm
繁殖　卵生
習性　陸生
分布　メキシコ（バハカリフォルニア）
状態　地域により一般的

長いピンクの尾が特徴であるが、このピンクは幼体のときは鮮やかだが、成体になると色あせてくる。なぜこのような色なのか、理由は定かではないが、捕食者の注意を体のもっと弱い部分のかわりに、切り離すことのできる尾へと向けさせるのを助けているのかもしれない。隠れて生活し、積もった落ち葉や植物の間を走り回り、昆虫やクモを探したり、石の下に隠れていたりする。1年中活動するが、バハカリフォルニアの短い冬の間は活動が少なくなる。メスはさらさらした土のトンネルに2～6個の卵を産む。メスは卵が孵化するまでとどまり、洪水など悪い状況に襲われると、卵を移動させることもある。

・茶色の背中にクリーム色の縞
・幼体の尾は明るいピンク色

Emerald tree skink
ミドリツヤトカゲ

Lamprolepis smaragdina

体長　18–25cm
繁殖　卵生
習性　樹上生
分布　アジア南東部、ニューギニア、太平洋の島々
状態　一般的

明るい緑色のミドリツヤトカゲは、ずんぐりした胴体に長い先細りの尾、尖った吻に滑らかで光沢のある鱗をしている。木の幹や森林の大木の葉の間に棲み、昆虫にすばやく跳びかかって活発に食べあさる。主要な捕食者である猛禽類やヘビ類に攻撃されると、侵略者から逃れるために尾を自切する。オスはなわばりを持ち、メスは9～14個の卵を産む。

Major skink
ソトイワトカゲ

Egernia frerei

体長　60–70cm
繁殖　胎生
習性　陸生
分布　ニューギニア南部、オーストラリア北部および東部
状態　地域により一般的

ソトイワトカゲは、オーストラリアとニューギニアに分布するイワトカゲ属20種の中のひとつである。近縁種の大部分と同じく、ずんぐりした姿で、横断面の四角い胴体、太い首、短い頭、筋肉質の四肢を備えている。体色は黒褐色、脇腹はさらに濃い色で、腹面は白、黄色かオレンジ色である。鱗は滑らかでつやがあり、背中には細い線が走っている。日中は大木の根元や倒木の周囲、または岩の露頭近くの日向で日光浴をしたり、昆虫や小型脊椎動物を食べあさっているのが見られるが、隠れ家から離れすぎることは絶対にない。メスは最高6匹の幼体を産む。幼体は脇腹に白い斑点が散らばっているが、成熟すると斑点は消えてしまう。オーストラリアでは、ニューサウスウェールズ、トレス海峡諸島、アーネムランド（ノーザンテリトリー）の森林で見られる。

Long-tailed skink
オナガマブヤトカゲ

Mabuya longicauda

体長　30–35cm
繁殖　胎生
習性　陸生
分布　アジア南東部
状態　一般的

このスマートなトカゲの最大の特徴は、胴体と頭部を合わせた長さの2倍もある、非常に長い尾である。体の鱗はつやがあり、体色は茶色で脇腹は濃い茶色か黒である。森林の開拓地や庭、しばしば水辺に棲み、海岸の潅木の茂みにもいる。活発な捕食者で、昆虫やクモがいそうな落葉の堆積やくずの中に、頻繁に鼻を突っこんで探している。繁殖行動についてはあまりわかっていないが、近縁種の大半は5～10匹の幼体を産む。このトカゲが属するマブヤトカゲ属には、卵を生む種と幼体を産む種がいる。

トカゲ類

African striped skink
タテスジマブヤトカゲ

Mabuya striata

体　長	18–25cm
繁　殖	胎生
習　性	主に陸生

分布　アフリカ東部および南部
状態　一般的

流線型の体を持ち、体色は非常に多様性に富むが、茶色の地に、背面に沿って淡い縞が入ることが多い。頭は尖っており、鱗は滑らかで光沢があり、下まぶたに窓状の透明鱗がある。オスには頭がオレンジ色、喉が黄色っぽいオレンジ色のものもいる。マングローブの生えた湿地から乾燥地まで、様々な環境に広く分布しており、時にはかなり密集しているのが見かけられる。昼間は非常に活発で、灌木や樹木、岩、建物に登り、小さな昆虫やクモを探し、日光浴のために頻繁に立ち止まる。攻撃されると尾を自切することができる。メスは3～9匹の幼体を産むが幼体はおよそ6～8cmで、15～18か月で成熟する。

African fire skink/Fire-sided skink
ファイアースキンク

Lygosoma fernandi

体　長	22–37cm
繁　殖	卵生
習　性	陸生

分布　アフリカ西部および中央部
状態　未確認

短い頭、ずんぐりした体で、背中は茶色、脇腹と顔に赤と黒の横縞、尾には青と黒の横縞が入る。積もった落ち葉の間で暮らし、明け方と日暮れに活動し、昆虫やクモを食べあさる。他の多くのトカゲ類同様、ヘビなど捕食者に攻撃されたときには、尾を切り離すことができる。メスは、積もった落ち葉か腐った木の中に最高8個の卵を産む。野生の状態では稀にしか見られないので、このトカゲに関する情報は、捕獲された個体の観察に基づいている。

滑らかで光沢のある鱗
尾には青と黒の横縞がある

Stump-tailed skink/Shingleback
マツカサトカゲ

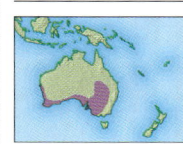

Tiliqua rugosa

体　長	30–35cm
繁　殖	胎生
習　性	陸生

分布　オーストラリア
状態　地域により一般的

モミの松かさのような外見の尾を持ち、背中の鱗は大きくて盛り上がっている。太い尾は栄養貯蔵器官になる。

Giant blue-tongued skink
オオアオジタトカゲ

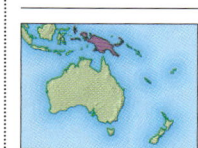

Tiliqua gigas

体　長	50–62cm
繁　殖	胎生
習　性	陸生

分布　アジア南東部、ニューギニア、サテライト諸島
状態　一般的

アオジタトカゲ（下）の近縁種であるインドネシア産の大型トカゲで、アオジタトカゲと同じ防御テクニックを用いる。驚かすような青い舌を出して、攻撃をかわすのである。それがうまくいかなければ、咬みつくこともある。鼻面を積もった落葉の中に突っこみ、昆虫、軟体動物、果実、木の葉などを食べあさっている。集団で生活しているが、リーダーのオスと数匹のメスと幼体で構成されると思われる。メスは8～13匹の幼体を産むが、幼体は数日間、時には数週間母親のすぐそばにとどまる。

短く太い尾
ずんぐりしたオリーブグリーンの体に黒の細い横縞がある

重装備の体は防御のためである。体色は黒褐色からクリーム色まで様々で、明色か暗色の斑点が入ることもある。動作が緩慢で、丸太の下や積もった落ち葉の下で休息するが、活発な捕食者（雑食性）でもある。一時的に一夫一婦制をとり、繁殖期にはつがいは約8週間一緒に暮らし、その後別れるが、翌年また再会して一緒になることが多い。メスは比較的大きな幼体を1～3匹産む。

Blue-tongued skink
ヒガシアオジタトカゲ

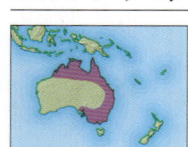

Tiliqua scincoides

体　長	45–50cm
繁　殖	胎生
習　性	陸生

分布　オーストラリア北部、東部および南東部
状態　一般的

動きの緩慢な大きなトカゲで、オーストラリアでは最もなじみ深い爬虫類のひとつである。様々な環境に広く生息し、道路で見かけられることもあるが、ずんぐりした体格とカムフラージュになっている体色のため、倒木の破片のように見える。食物も様々で、カタツムリ、昆虫、腐肉、花、果実、ベリー類などを活発に食べあさる。ピクニック場で残飯を平らげようとすることさえある。繁殖期間中オスはなわばりを持つようになる。交尾は短い追いかけっこの後行われ、オスはメスの頭の後ろに咬みつく。約150日間の妊娠期間の後、メスは1腹あたり最高25匹の幼体を産む。幼体は約3年で成熟する。このトカゲは飼育下では最高25年生きることができる。近縁種がオーストラリアに数種いるが、1種はニューギニアとスマトラにいる。

防御ディスプレイ
アオジタトカゲという名前は、脅されると口から大きくて明るい青色の舌を伸ばすことにちなんでいる。大きなシュッという声と合わせて、この視覚的ディスプレイは攻撃を避けるのに十分であることが多い。咬む力は強いが、たいていは無害である。

目にかけて幅広の暗色の縞模様がある
脇腹に黄褐色の斜線
短い四肢

肉体的外見
どっしりした爬虫類で、幅広い頭、ずんぐりした胴体に比較的短い四肢を持つ。背面は明るい灰色か茶色で、不規則な黒褐色の縞が体と尾にある。

Crocodile skink
ニューギニアカブトトカゲ

Tribolonotus gracilis

体　長	15–20cm
繁　殖	卵生
習　性	陸生

分布　ニューギニア
状態　絶滅危惧II類

骨質の三角形の頭、背中と尾には4列のトゲ、目の周りには眼鏡のようなオレンジ色の輪状紋を持つ。足の裏と腹部にある分泌腺は匂いの分泌やコミュニケーションと関係があると思われる。動作は緩慢で、隠れて暮らし、積もった落ち葉などの中に身を潜めている。邪魔されると大きな金切り声を上げる。通常、1匹のオスが数匹のメスと暮らし、メスは落ち葉や腐った植物の中に非常に大きな卵を1個産む。

トカゲ科の仲間

Gray's keeled water skink
グレイミズトカゲ

Tropidophorus grayi

体　長　20–25cm
繁　殖　胎生
習　性　半水生

分布　フィリピン
状態　地域により一般的

スマートなトカゲで、強く隆起した背中の鱗は後端が尖り、トゲだらけの外観を呈している。尾は頭と体を合わせたのと同じくらい長い。山の渓流の中や周辺などの涼しい環境に棲み、腐った倒木の下にいることも多い。危険が迫ると水中に飛び込み、川底の石の下に隠れることがある。比較的普通に見られるトカゲではあるが、社会行動や繁殖行動については、メスが1〜6匹の幼体を産むこと以外には、あまり知られていない。

強く隆起した鱗
黒褐色の体にさらに暗い色の横縞

Common Ameiva
アマゾンアミーバトカゲ

Ameiva ameiva

体　長　45–50cm
繁　殖　卵生
習　性　陸生

分布　中央アメリカ、南アメリカ大陸北部
状態　一般的

流線型の体と尖った頭を持ち、尾は非常に長くて体の2倍の長さになることもある。オスはメスよりさらにほっそりとして鮮やかな色をしているが、背中の中央に明るい緑色の部分がある。メスは長い繁殖期間（3〜12月）を通して2〜6個の卵を数腹産む。このトカゲは緩やかな集団をつくって、森の開けたところや道路や小道の縁、耕作地など、一般に人間の居住地近くに棲んでいる。陽だまりの中で日光浴し、涼しい日には積もった落ち葉や倒木の下に隠れている。

オスの背中には緑色の部分がある

Desert grassland whiptail lizard
アレチハシリトカゲ

Cnemidophorus uniparens

体　長　15–23cm
繁　殖　卵生
習　性　陸生

分布　アメリカ合衆国南部、メキシコ北部
状態　地域により一般的

砂地、草地、潅木の茂みで見られる。北アメリカ大陸に棲む12種以上の非常によく似たトカゲ類のひとつである。体は細長く、縦縞があり、鞭のような尾がある。最も目立つ特徴は、他のハシリトカゲ数種にも共通していることだが、完全にメスだけの種だという点である。オスは見つかっていない。昼行性のハンターで、昆虫を餌とする。1日の間に短時間日光浴をする。成体は土の中か岩や倒木の下に1〜4個の卵を埋める。生まれたばかりの幼体の尾は鮮やかな青である。

長い尾

縞模様のある体
体色は茶色で、背中に沿って6〜7本の明色の縞模様がある。尖った吻とほっそりした体は先細りになって、非常に長い尾へつながるが、英名（鞭のような尾のトカゲ）は、この体格にちなんでいる。

茶色い地に明るい縞模様
尖った吻

全員メスのトカゲ

単為生殖で繁殖し、交尾なしで繁殖力のある卵を産む。成体も幼体も常にメスである。研究によれば、他の同じような種もそうだが、単一の個体から由来したと推測される。それぞれの種がクローンであり、遺伝学的には同一の生物なのである。

Black tegu
テグー

Tupinambis teguixin

体　長　80–110cm
繁　殖　卵生
習　性　陸生

分布　南アメリカ大陸北部から中央部
状態　一般的

南アメリカ大陸の陸生爬虫類の中で最も大きいもののひとつで、アフリカ、東南アジア、オーストラリアにのみ生息するオオトカゲ（422ページ）と著しい類似点を持つ。力のある四肢と長い鉤爪は穴を掘るのに適し、二股に分かれた長い舌は空気の"味を見る"のに使われる。オオトカゲの大半と同じく食域が広く、昆虫、無脊椎動物、鳥類、小型哺乳類、他のトカゲ類、腐肉などを食べる。森の開拓地や川の土手に棲み、泳ぎもうまい。幼体にとっては、普通はネコなどの肉食哺乳類、トカゲ類、ヘビ類が捕食者であるが、捕食者に出くわすと、咬みついたり鉤爪で引っかいたり、また尾を棍棒がわりに使ったりする。後肢で歩き、大きないびきのような声でコミュニケーションをとるが、この声は静かな大気中ではかなり遠くまで届く。交尾のときオスはメスの首を捕まえて、自分の体をメスの下に潜り込ませる。交尾の後、メスは7〜12個の卵を穴の中に産む。シロアリの塚の根元に産むことが多い。産卵後、シロアリがすぐに修理するので塚の温度は一定に保たれており、卵は3か月後に孵化する。食用になることもあり、皮はファッション用品として取り引きされている。

つやのある体
太い尾

Caiman lizard
カイマントカゲ

Caiman lizard

体　長　0.9–1.1m
繁　殖　卵生
習　性　半水生/樹上生

分布　南アメリカ大陸北部
状態　絶滅危惧II類

比較的大きなトカゲで、頭の短いワニに似ている。体は緑がかった色か茶色で、黄色か黄褐色の斑紋が脇腹にある。オスの喉はオレンジ色と黒で、メスの喉は灰色である。浅い川、湖、流水の底に潜って水生のカタツムリを探し、捕まえると水面まで持ってきて、大きな平たい歯で殻を噛み砕き、柔らかい中身を呑み込む。この珍しい爬虫類についてはあまりよくわかっていないが、卵を産むと考えられている。

背中と尾の鱗は幅が広く円錐形
オレンジ色の喉
力の強い肢

Granite night lizard
ミカゲヨルトカゲ

Xantusia henshawi

体　長　5–7cm
繁　殖　胎生
習　性　陸生

分布　アメリカ合衆国南西部（カリフォルニア南部）、メキシコ（バハカリフォルニア）
状態　地域により一般的

夜行性のトカゲで、岩の薄片の下に潜り込むのに都合のよい扁平な体を持つ。黄色っぽい小さな鱗で覆われているが、大きな黒い斑点が多数入る。夜になると岩の表面で活発に餌をあさり、捕食者に脅されると狭い隙間に逃げ込む。特に稀少な種ではないが、収集家がトカゲ類を見つけるために岩のかけらを動かして生息環境を破壊してしまうので、このトカゲは保護種になっている。

爬虫類

オオトカゲの仲間

門	脊索動物門
綱	爬虫綱
目	有鱗目
亜目	トカゲ亜目
上科	オオトカゲ上科
科	6または7
種	173

オオトカゲ上科には、トカゲ類全体で最も大きなオオトカゲ類、有毒種であるメキシコドクトカゲとアメリカドクトカゲのほか、アシナシトカゲなども含まれる。他のトカゲ類よりもさらに進化していると考えられ、多くの種が牙のような歯と長いフォーク状の舌を持つことから、ヘビ類の祖先であるとの説もある。ほぼ世界中に分布しており、6科に分類するか、7科に分類するかで意見が分かれている。

体のつくり

オオトカゲ上科の中で最大のグループはアシナシトカゲ類である。この細長いトカゲ類は滑らかな鱗を持ち、多くのものは肢が小さく、または（例えばアシナシトカゲのように）肢がまったくない。

オオトカゲ類は、長い首と細い頭、尖った吻、力強い四肢、筋肉質の尾で容易に識別できる。長いフォーク状の舌を持ち、舌で周囲を探査する。この科にはコモドオオトカゲを含む非常に大きな種も含まれる。トカゲ類の中で唯一毒を持つのが北アメリカ大陸のドクトカゲ類である。どっしりした体格、幅広の頭に丸みを帯びた吻、短い肢と膨れた尾を持ち、毒は下顎にある鋭い牙から入る（ヘビ類の毒牙は上顎にある）。

狩りと食性

オオトカゲ類が獲物を探して倒す方法は多種多様である。小型の種はトカゲ類の大半と同じように主に昆虫を食べるが、大きなオオトカゲ類の何種かは、ブタやシカを含む大型哺乳類を倒すことができる。オオトカゲ類は腐肉も食べるが、鋭い嗅覚で腐肉のありかを探知する。ドクトカゲ類も嗅覚を使って狩りをするが、小型哺乳類や鳥類が残した匂いを舌で探知し、長距離にわたって獲物を追跡する。

ドクトカゲ類は地面に産卵する鳥類の卵も食べる。

繁殖

オオトカゲ類には卵を生むものも幼体を産むものもいる。オオトカゲのうち数種は強力な鉤爪でシロアリの巣を壊し、その中に卵を入れて孵化させる。シロアリが巣を修理すれば、卵は温度の調節された環境にうまくしまい込まれ、捕食者から狙われる心配もない。卵は土が柔らかくなる雨季の始まりに孵化することが多い。何種かのメスは幼体が出てくるのを助けるために、シロアリの巣に戻ってくると考えられている。

狩り
オオトカゲは大型爬虫類の割には非常に敏捷である。写真のマングローブオオトカゲは大部分の時間を水中で過ごすが、陸上でも狩りをする。写真の樹上生のヘビのような獲物を探すために、オオトカゲは鉤爪を使って木に登る。

Slow worm
ヒメアシナシトカゲ

Anguis fragilis

体長	30～40cm 最大50cm
繁殖	卵胎生
習性	陸生/地中生

分布 ヨーロッパ、アジア西部、アフリカ北西部
状態 一般的

滑らかな鱗に覆われた体とちろちろする舌を持ち、広範囲に分布する。肢のないトカゲで、ミミズよりはむしろヘビに似ている。近づいてよく見ると、閉じることのできるまぶたを持っていることと、脅されると尾の先端を切り離して捕食者から逃れる能力とで、容易にヘビと区別できる。尾はいったん自切されると、非常にゆっくりとしか再生しないので、成体の多くが尾の先端を断ち切られたような姿をしている。幼体は鮮やかな体色をしていることが多く、金属的な光沢を持ち、中央に縞がある。メスは成体になっても縞が残る傾向があるが、オスは銅のような茶色か灰色一色である。ただし青い斑点の入るものもいる。隠れて生活し、隠れ家を多く提供してくれる環境に棲み、倒木、平たい石、積み重なったがらくたの下などに隠れている。昼間日光浴をすることもあるが、活動するのは主に薄暮の頃で、ナメクジその他の無脊椎動物を食べるために現れる。この食性のため、庭にとっては有益な訪問者である。繁殖期の間オスはなわばり意識が猛烈に強くなる。交尾の後、メスは6～12匹の幼体を産む。寿命は長いが、北の生息地では生涯の半分は冬眠して過ごす。

滑らかな鱗が穴を掘りやすくしている

Arizona alligator lizard
アリゾナアリゲータートカゲ

Elgaria kingii

体長	19～31cm
繁殖	卵生
習性	陸生

分布 アメリカ合衆国南西部、メキシコ北西部
状態 地域により一般的

体は明るい茶色で、濃い色の横縞が入り、尾は長い。鱗は光沢があり、両脇腹に沿って皮膚のひだがある。長くてほっそりした胴体と短い四肢は、草やその他の植物が密生した場所をすばやく動き回るように適応したものである。隠れて暮らす種で、昼間はずっと活動しているが、薄暮の頃冒険に出てくることもある。乾燥した林の中の湿り気のある場所にいることを好み、山の中、高地の草原や流れのそばで、枯れ葉の間や屑の下で昆虫やクモを食べあさる。冬に食料が乏しくなると冬眠する。ヘビ、鳥類、小型哺乳類の餌食となるが、捕らえられると尾を自切し、また排泄物で敵を汚すこともある。緩やかな集団で生活し、繁殖期の間はオスはなわばりを持つ。メスは9～12個の卵を湿った砂か土の中に埋める。生まれてきた幼体には派手な縞模様がある。

脇腹に皮膚のひだがある
つやのある鱗
暗色の横縞
短い四肢

European glass lizard
ヨーロッパアシナシトカゲ

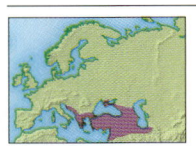

Ophisaurus apodus

体長 1〜1.2m
繁殖 卵生
習性 陸生/地中生

分布 ヨーロッパ南東部、アジア西部
状態 一般的

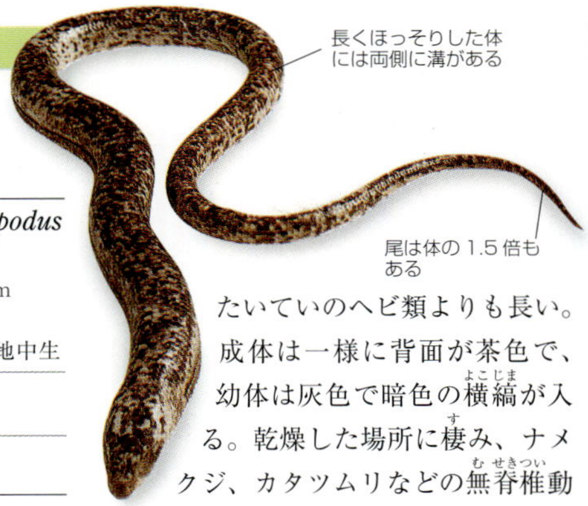

アシナシトカゲ科はヨーロッパより南北アメリカで普通に見られる。このうちヨーロッパアシナシトカゲは体も大きく、たいていのヘビ類よりも長い。成体は一様に背面が茶色で、幼体は灰色で暗色の横縞が入る。乾燥した場所に棲み、ナメクジ、カタツムリなどの無脊椎動物を食べる。捕らえられると尾を自切し、捕獲者を排泄物で汚そうとする。メスは8〜10個の卵を湿った砂や土に埋める。

長くほっそりした体には両側に溝がある
尾は体の1.5倍もある

Eastern glass lizard
トウブアシナシトカゲ

Ophisaurus ventralis

体長 45〜108cm
繁殖 卵生
習性 陸生/地中生

分布 アメリカ合衆国南東部
状態 一般的

肢のないトカゲで、北アメリカ大陸に生息し近縁関係にある4種の中の1種である。体は茶色で脇腹は黒く、主に湿った草地に棲む。地中で過ごす近縁種の一部とは異なり、普段は地表にいる。尾は体の他の部分の2倍以上の長さがある。早朝と雨の後に活発になり、ナメクジ、カタツムリ、昆虫などの小型脊椎動物を食べる。メスは8〜17個の卵を湿った土の中に産み、卵がかえるまで守る。

Baja California legless lizard
カリフォルニアギンイロアシナシトカゲ

Anniella geronimensis

体長 10〜15cm
繁殖 胎生
習性 地中生

分布 メキシコ（バハカリフォルニア）
状態 地域により一般的

小さくてほっそりした種で、銀のような色から明るい茶色の体をしている。永続的な巣穴をつくらず、背の低い灌木の根元周辺が特に多いが、さらさらした砂の表面のすぐ下を"泳いで"いる。夜または薄暮の頃に、砂の中の通り道を離れて地表に出てくることがある。あまり研究されていないが、クモや小さな昆虫を食べる。攻撃されると、逃れるために自切することができる。

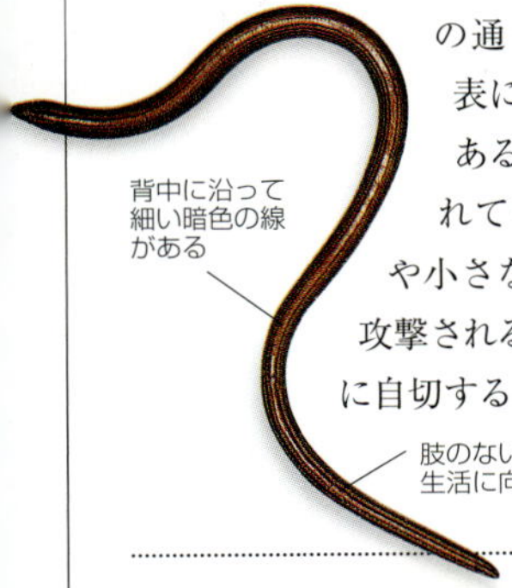

背中に沿って細い暗色の線がある
肢のない体は地中生活に向いている

Gila monster
アメリカドクトカゲ

Heloderma suspectum

体長 35〜50cm
繁殖 卵生
習性 陸生/地中生

分布 アメリカ合衆国南西部、メキシコ北部
状態 絶滅危惧II類

世界に2種しかいない有毒トカゲの1種で、北アメリカ大陸で最も目立つ爬虫類のひとつでもある。ずっしりした体はオレンジ色、ピンク色または黄色に対照的な黒の横縞が入る強烈な配色で、侵入者に対して"咬みつくと有毒だ"という警告になっている。半砂漠地や岩の露頭のある灌木の茂みの、容易に水分がとれそうな場所に棲んでいる。他のトカゲ類の大半と比べると動作が鈍いが、春は日中に、夏の暑さの中では薄暮か日没後に狩りをする。尾はラクダのコブと同じ方法で脂肪を貯えている。食物が乏しくなると、特にアメリカドクトカゲが冬眠する寒い時期には、尾は細くなる。メスは晩夏に、湿った砂に掘った穴に最高8個の卵を数腹産む。

食性

アメリカドクトカゲは、小型哺乳類やウズラ、ハト、爬虫類の卵を食べる。嗅覚によって狩りをし、また舌を使って周囲の空気の"味を見る"。毒はヘビのように上顎ではなく、下顎にある毒腺でつくられる。鋭い歯で猛烈に咬みつき、毒が傷口に入るまで犠牲者を放さない。咬まれると痛いが、おとなの人間にとって致命的ではない。

力強い穴掘り
このトカゲの四肢は力が強く土を掘るのに適しており、ゆっくりとした重々しい足どりで歩く。体色はカムフラージュか捕食者に対する警告になっているのかもしれない。

膨れた尾は栄養を貯えている
ジュズ玉のような鱗
力強い肢
幅の広い頭

Mexican beaded lizard
メキシコドクトカゲ

Heloderma horridum

体長 70〜100cm
繁殖 卵生
習性 陸生/地中生

分布 メキシコ西部
状態 絶滅危惧II類

アメリカドクトカゲ（上）と近縁種である。メキシコドクトカゲも有毒だが、色彩はぐっと控えめである。黒褐色に淡色の斑紋があることが多いが、南の生息地では全身真っ黒である。巣穴の中に隠れ、鳥類、特に雛と卵、小型哺乳類を食べるために出てくる。下顎に生えている溝のある鋭い歯で獲物に咬みつき、毒を注入する。咬まれると痛いが、人間に致命的であることは少ない。メスは4〜10個の大きな長い卵を巣穴に産む。

太く力強い足は穴掘りに向いている

Borneo earless lizard
ミミナシオオトカゲ

Lanthanotus borneensis

体長 40〜45cm
繁殖 卵生
習性 地中生/半水生

分布 アジア南東部
状態 絶滅危惧II類

泳ぎがうまく、流れのそばの水没することもある巣穴に棲む。短い肢と丸みを帯びた吻は地中生活に適応し、透明なまぶたと弁で閉じる鼻孔は水中生活に適応している。夜行性で隠れて暮らし、めったに見ることができない。1878年に最初に記載されて以来、約100匹しか捕獲されていないため、生態はほとんどわかっていない。かつてはドクトカゲ類（上と左）と近縁関係にあると信じられ、後にはオオトカゲ類（420〜422ページ）と近縁関係にあると考えられたが、現在は近縁の現生種はいないと考えられている。

トカゲ類

Komodo dragon
コモドオオトカゲ

Varanus komodoensis

体　長	2–3m
繁　殖	卵生
習　性	陸生

分布　インドネシア（コモド島、リンカ島、パダル島、フロレス島西部）
状態　絶滅危惧Ⅱ類†

平均体重は約70kg、飼育下ではその2倍になることもあるコモドオオトカゲは、世界最重量のトカゲである。体は長く、肢はよく発達しており、深く二股に裂けた舌を持ち、食物を探すときには舌をちろちろ動かす。幼体には灰色かクリーム色の横縞が大胆に入っているが、成熟すると模様が消え、鱗と深いひだの入った皮膚は灰茶色一色になる。

コモドオオトカゲは潅木のある丘の斜面や森の開けた場所、涸れた川床に棲み、もっぱら生きた動物または腐肉を食べる。鋭敏な嗅覚を持ち、最高5km離れた腐肉の匂いを嗅ぎつけることができるが、主に待ち伏せして獲物を狩る。若いコモドオオトカゲはヘビ類、トカゲ類、齧歯類を攻撃するが、成体はもっと大きな獲物、野生のブタ、水牛、シカを狙う。彼らは共食いもする。これは幼体がたいてい木の上で過ごす理由のひとつである。

成体はおおむね単独で行動するが、獲物がある場所では群れをなして集まることもある。繁殖期にオスは交尾のチャンスをめぐって争う。尾を支えにして立ち上がり、レスリングをするのである。交尾の後メスはさらさらした土に巣穴を掘り、最高25個の卵を数腹産む。およそ9か月後に卵が孵化するが、幼体は放置され、自力で何とかやっていく。コモドオオトカゲは性的に成熟するのにおよそ5年かかる。野生状態での最長寿命は約40年である。

食物の匂いを嗅ぎつける

コモドオオトカゲは、視力はよいが、餌はほとんど嗅覚で探し出す。ヘビ類のように匂いの分子を空気中から集める舌で空気を"味わう"のである。鋭い鋸歯状の歯を持っているが、咀嚼することはできないので、食物を引き裂いてから、後ろに放り投げて口に入れる。コモドオオトカゲの唾液には肉の残りかすで成長する有毒バクテリアがたっぷり含まれているので、獲物に咬みつくと、バクテリアが傷口を汚染する。犠牲者は最初の攻撃で倒されなかったとしても、バクテリア感染の結果死ぬことが多い。

保護

世界で最も限定された地域に棲む捕食者で、インドネシアの島々のいくつかにしか生息していない。2500〜5000匹いると推測されるが、これは50年前の何分の1かである。減少の原因は乱獲、獲物の減少、環境の変化である。けれども、観光アトラクションとしてしだいに重要になってきたことが保護のための実際的な刺激となっている。

巨大な捕食者
コモドオオトカゲは見た目は不恰好だが、短距離ならば最高時速18kmで走ることができる。また泳ぎも上手である。大変な大食漢でもあり、一度の食事で自分の体重の半分もの食物を食べることができる。

- 比較的小さな頭に広い顎
- 首の皮にはひだがある
- 歩くときは胴体を地面から持ち上げる
- 成体の場合、小さな鱗は灰茶色
- 鋭い鉤爪は穴を掘ったり餌を掘り出したりするのに使う
- 長くて筋肉質の尾は武器として、また後肢で立ち上がるときの支えとして使われる

獲物を食べるコモドオオトカゲ

1 まず到着
コモドオオトカゲは匂いに導かれて、数時間前から待ち伏せしていたシカを追う。シカは逃れはしたが、咬まれたためにその後死んでいる。

2 食事を始める
オオトカゲはシカの胴体を食べ始める。顎と頭蓋骨の関節は可動性が高いので、大きな塊でも呑み込むことができる。

3 手早い仕事
オオトカゲは大急ぎで肉、皮、骨まで呑み込んで食事をする。その間に死肉の匂いが風下に流れるので、他のオオトカゲたちが近寄り始める。

4 分け前争い
何匹ものオオトカゲがこの場に到着すると、体の大きなものは小さいものを脅して獲物から追い払おうとする。食物が少なければ闘争が始まることが多い。

爬虫類

トカゲ類

Savanna monitor/White-throat monitor
ノドジロオオトカゲ

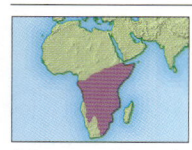

Varanus albigularis

- 体長　1m　最大1.8m
- 繁殖　卵生
- 習性　陸生/地中生
- 分布　アフリカ東部、中央部および南部
- 状態　一般的

ノドジロオオトカゲは、住処とする穴を掘るのに適した力強い肢を持つトカゲである。中空になった木の幹にも棲む。最高18平方キロにも及ぶなわばりを持ち、鳥類、昆虫、カタツムリ、無脊椎動物を食べる。法律で保護されているにもかかわらず、人間に食べられることがある。防御の際は喉と体を膨らませ、尾で相手を打ちすえ、咬みつく。メスは1年に50個程度の卵を2腹産む。

長い頭部に丸く盛り上がった吻　ジュズ玉のような鱗　横縞

Green tree monitor
ミドリホソオオトカゲ

Varanus prasinus

- 体長　75–100cm
- 繁殖　卵生
- 習性　樹上生
- 分布　ニューギニア
- 状態　地域により一般的

樹上生活に適応している。明るい色のほっそりした体は細い枝の上でも安定し、体色は木を背景としたカムフラージュになっている。昆虫、小型脊椎動物、カニ、鳥の卵を食べる。脅されると植物の間を通って逃れるが、追いつめられると咬みつくこともある。生まれつき群居する数少ないオオトカゲ類のひとつで、リーダー格のオス、数匹のメス、従属するメスと幼体からなる小さなグループで生活しているようである。メスは樹上生のシロアリの巣の穴か、積もった落ち葉の中に最高6個の卵を数腹産む。

長い鉤爪が樹皮をつかむ

Lace monitor
レースオオトカゲ

Varanus varius

- 体長　1.5–2m
- 繁殖　卵生
- 習性　樹上生
- 分布　オーストラリア東部
- 状態　一般的

暗い灰色か青みがかった色に白またはクリーム色の斑紋、首と尾は長く、木によじ登るための長い鉤爪がある。脅されると咬みついたり尾で打ったりする。地上や樹上で昆虫、爬虫類、鳥類とその卵、小型哺乳類を食べあさる。メスはシロアリの塚の穴に6〜12個の卵を産み、穴はシロアリが封印する。メスは、幼体が塚を掘って出てくるのを手伝いに戻ってくることがあるらしい。

Dumeril's monitor
デュメリルオオトカゲ

Varanus dumerilii

- 体長　1–1.3m
- 繁殖　卵生
- 習性　主に陸生
- 分布　アジア南東部
- 状態　一般的

ぼんやりした明色の斑紋　細い頭

ほっそりした灰色のトカゲでおおむね陸生だが、泳ぎもうまく、水中でカニを食べようと追跡するときは鼻孔を閉じることができる。昆虫、鳥類、鳥やカメの卵も活発に食べあさる。特に幼体は、哺乳類やヘビなどの捕食者から逃れるために、海中に入ることもある。また樹木や灌木によじ登って逃れることもある。繁殖期の間、オスはなわばりを持つ。メスは交尾の後、土か積もった落ち葉の中に卵を産む。マングローブの林を好むが、海岸から離れた森にも生息している。

Sand monitor/Gould's monitor
スナオオトカゲ

Varanus gouldii

- 体長　75–100cm
- 繁殖　卵生
- 習性　陸生/地中生
- 分布　ニューギニア南部、オーストラリア
- 状態　一般的

この印象的な爬虫類はオーストラリアに生息する約20種のオオトカゲの中でも最大のものである。スマートだが力強い体の色は淡黄色から暗い灰色まで様々で、ほぼ必ず目の後ろから首にかけて暗色の線が延びている。筋肉質の長い尾は、後肢で立ち上がって周囲を偵察する際に支えとして用いられる。脅されると尾を鞭や棍棒がわりに使い、歯や鉤爪で打ってかかる。飽くことを知らない大食漢で、哺乳類、鳥類、他の爬虫類、小型動物、腐肉を食べる。地中の穴や木の洞に隠れ、メスはシロアリの塚を鉤爪で掘って、その中に卵を産むことが多い。

Nile monitor
ナイルオオトカゲ

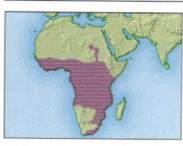

Varanus niloticus

- 体長　1.4–2m
- 繁殖　卵生
- 習性　半水生
- 分布　アフリカ（主にサハラ以南）
- 状態　一般的

灰茶色のトカゲで、水から離れたところでは決して見られない。水辺の岩や切り株の上で日光浴をし、カニ、軟体動物、魚、カエル、鳥、卵、腐肉を食べる。天敵はワニやニシキヘビであるが、身を守るのには尾や鉤爪や歯を用いる。涼しい生息地では共同の巣で冬眠する。メスはシロアリの塚に20〜60個の卵を産み、孵化した幼体は雨の後に柔らかくなった土を掘り進んで出てくる。

鞭のような尾は泳ぎと防御に使われる　ジュズ玉のような鱗

Chinese crocodile lizard
ワニトカゲ

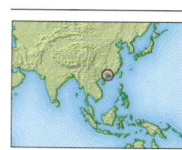

Shinisaurus crocodilurus

- 体長　40–46cm
- 繁殖　胎生
- 習性　半水生
- 分布　アジア南東部（広西壮族自治区）
- 状態　絶滅危惧II類

あまり知られていない珍しいトカゲで、体色はオリーブ色、ワニのような骨質の鱗が背中と尾にある。オスはメスよりもカラフルだが、おそらく繁殖期だけであろう。探知されるのを避けるため、一歩踏み出しかけた姿勢で数時間もフリーズすることができる。体色とあいまって、周囲の背景に溶け込むための戦術である。奇妙な方法で涼しい気温に適応している。例えば非常に寒い夜は、エネルギーを保存するために数時間、体のシステムを"休業"させることができる。メスは2〜10匹の幼体を産むが、それには数日かかることもある。

首に赤褐色の斑紋　明色と暗色のぼんやりした模様

ミミズトカゲ類

門	脊索動物門
綱	爬虫綱
目	有鱗目
亜目	ミミズトカゲ亜目
科	3
種	158

ミミズトカゲ類は、ミミズでもなければトカゲでもない。しかしトカゲ類とは近縁関係にあり、トカゲ類やヘビ類と同じ有鱗目に属する。地下での生活に適応しており、地上に現れるのは激しい雨が彼らのトンネルを水浸しにした後だけである。体温を調節する機能が限られているため、分布は熱帯と亜熱帯に限られる。

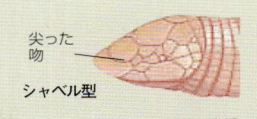

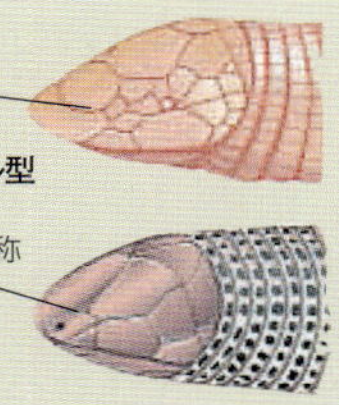

頭の形状
シャベル型／尖った吻
竜骨型／上下対称の吻
ミミズトカゲ類はトンネルを掘るのに、頑丈で重い頭蓋骨を使う。吻の形状はトンネルを掘る方法によって様々である。

穴を掘る
ミミズトカゲは自分で巣穴をつくり、ミミズ、昆虫、幼虫を探して穴の中を移動する。彼らは新しいトンネルを掘るのに自分の頭を穴掘り機として使う。鼻孔はやや後ろにあって、穴掘りの間に泥でふさがれないようになっている。下顎は引っこんでいるので、頭で土の中を押し進んでいるときも口はしっかり閉じられたままでいる。

体のつくり
ミミズトカゲ類の外見は、円筒形の体といい、体の環節のように見える鱗といい、ミミズに似ている。痕跡化した目を持ち、滑らかな頭は側面から見るとくさび形をしている。ミミズトカゲ類には肢がないが、例外的に3種は頭のすぐ近くに前肢があり、肢の先端には土を掘るための長い鉤爪がある。ミミズトカゲ類の多くは体に色素を持たず、ピンクがかった茶色をしているが、もっとカラフルなものも数種いる。

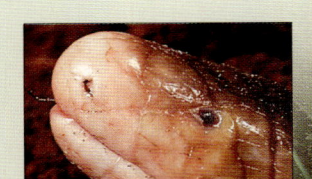

目と耳
ミミズトカゲ類の目は透明な皮膚で覆われ、地中生の多くの動物と同じく視力は弱い。外耳孔も持たない。

四肢
ミミズトカゲ類は生涯の大半を、土、砂、積もった落ち葉の中を掘って地下で暮らしている。大部分のものは肢の痕跡をすべて失ってしまった。しかし写真のフタアシミミズトカゲ科にだけは前肢の名残がある。

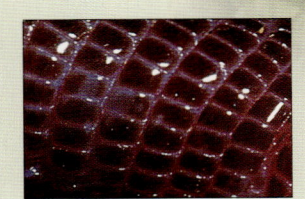

鱗
重なり合っているヘビの鱗とは違って、ミミズトカゲ類の鱗は同心円の環状になっている。

Black and white amphisbaenian
ダンダラミミズトカゲ
Amphisbaena fuliginosa

- 体長 30–45cm
- 繁殖 卵生
- 習性 地中生
- 分布 南アメリカ大陸北部、トリニダード
- 状態 一般的

南アメリカ産のこの種は、目立つ斑紋のせいで最も簡単に識別できる種のひとつである。もっぱら地中に棲み、(夜に地表に現れることもあるが)頭を穴掘り機のように使って地中にトンネルを掘り、体を丸め、蛇腹運動によってトンネルを通り抜ける。実際、どんな昆虫や小型脊椎動物でも強力な頭で攻撃して食べる。脅されると尾の一部を切り離すことがあるが、尾は再生できない。他のミミズトカゲ類同様、生涯のほとんどを地下で過ごすので、この種についての研究は難しい。

頭部は白い／短い尾／白と黒の円筒形の体

European worm lizard
イベリアミミズトカゲ
Blanus cinereus

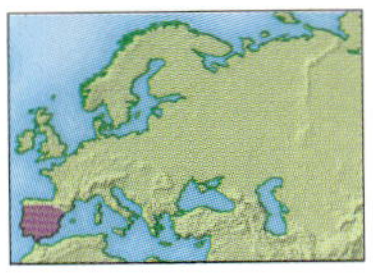

- 体長 10–20cm 最大30cm
- 繁殖 卵生
- 習性 地中生
- 分布 ヨーロッパ南西部
- 状態 一般的

小さな体はピンクっぽい色か紫がかった茶色で、短い頭部、尖った吻、痕跡化した目、環状の溝を持つ。これらはすべて穴を掘るのに役立っている。たいてい岩や倒木の下にいるが、夜、特に激しい雨の後は地表に出てくることもある。地中のトンネルを通ってミミズや小さな昆虫を狩る。モロッコとアルジェリアにいるティンギターナミミズトカゲと同種と考えられることもある。

Ajolote/Mole lizard
アホロテトカゲ
Bipes biporus

- 体長 17–24cm
- 繁殖 卵生
- 習性 地中生
- 分布 メキシコ(バハカリフォルニア)
- 状態 一般的

世界で最も変わった爬虫類のひとつである。丸い頭、円筒形の体、短い尾というミミズトカゲ類として典型的な地中生活への適応を見せているのに、小さいが頑丈な1対の前肢を備えている。アホロテトカゲは鉤爪のある肢という装備で地中に穴を掘りぬいていく。地表にはめったに現れず(激しい雨の後だけである)、トカゲやその他の小動物を待ち伏せして、普通は獲物を地下に引きずり込んで食べる。メキシコでのみ見られる近縁種が2種ある。

前肢／短い尾／ピンクの体には環状に溝がある

Florida worm lizard
フロリダミミズトカゲ
Rhineura floridana

- 体長 25–35cm
- 繁殖 卵生
- 習性 地中生
- 分布 アメリカ合衆国南東部(フロリダ)
- 状態 地域により一般的

ピンクがかった体には肢はなく、外部に出た目も外耳孔もなく、ミミズのように見える。例外的に40cmにもなるものがいる。鱗の輪郭ははっきりせず、円筒形の体の周囲に環状に並んでいる。ほぼ完全な地中生活を送っているが、激しい雨や耕作で無理やり地表に追い出されることもある。穴を掘り進んでいて出会った無脊椎動物を食べる日和見主義的な種である。鳥に食べられるが、モノマネドリがミミズを探していて、このフロリダミミズトカゲを掘り出すことがある。

ピンクがかった体はミミズに似ている／鱗は体を取り巻くように環状に配列されている

ワニ類

門	脊索動物門
綱	爬虫綱
目	ワニ目
科	3
種	23

この大型爬虫類は、恐竜時代からの数少ない生き残りであり、6500万年の間にほとんど変化していない。正確にはワニ目と呼ばれ、クロコダイル類、アリゲーター類、カイマン類そしてガビアル1種が含まれる。ワニ類は恐るべき半水生捕食者である。大部分のものは淡水の川、湖、潟に棲むが、潮が届く範囲に棲むものも数種おり、海に出ていくことさえある。アリゲーター類とカイマン類は（1種の例外はあるが）北アメリカ、中央アメリカ、南アメリカで見られる。クロコダイル類は主にアジア、アフリカ、オーストラリアに生息し、数種が中央アメリカと南アメリカに分布する。

体のつくり

ワニ類はどの種も幅広の少し扁平な体をし、長くて垂直に平たくなった筋肉質の尾、強力な顎を持ち、目と鼻孔は頭の最上部についているので、体の一部を水中に沈めていても、物を見たり呼吸したりできる。透明な第三のまぶたは水中で目を守るために閉じることができる。骨質の大きな鱗は高く隆起しているが、この鱗は他の爬虫類とは異なり、1枚ずつまたはばらばらに脱皮する。大部分はくすんだオリーブ色、灰色、茶色または黒で、幼体には明るい色の斑紋が入ることもあるが、成長とともに斑紋は消える。ワニ類の3つのグループは、吻の形状と歯の並び方が異なっている（下図参照）。

吻の形状

アリゲーター — 比較的短い吻 / 下の第4歯

クロコダイル

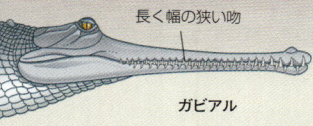

ガビアル — 長く幅の狭い吻 / 気管をカバーする皮膚の垂れ

アリゲーター類とカイマン類の吻はクロコダイル類のものより短く、丸みを帯びている。下の第4歯は上顎の孔にぴったり合い、口を閉じたときはこの歯は見えない。しかしクロコダイル類は下の第4歯がぴったり合うV字型の刻み目が上顎にあり、口を閉じていてもこの歯が見える。ガビアルの口吻は長くて幅が狭く、大きな前歯に少し小さめのサイズの揃った歯が続いて並ぶ。

潜水への適応

ワニ類には水中にいる際にも肺に水が入らないように2つの適応が見られる。喉の奥の垂れが閉じれば気管に水が入ることなく、口を開いて獲物を捕まえられる。似たような垂れが鼻孔と外耳孔にもあって閉じることができる。

繁殖

ワニ類のオスはなわばりを持ち、数匹のメスと交尾する。メスは水の近くで植物か泥の塚の中、地中の巣穴にそれぞれ卵を産む。メスは卵を守り、孵化幼体の鳴き声を聞きつけると、幼体が巣から出てくるのを手伝う。メスは数か月間（アメリカアリゲーターの場合は1年かそれ以上）子どものもとにとどまって捕食者から守ってやる。

育児 — 大半の種のメスは、孵化した子どもを、浅い池か水の淀んだところへ口で運ぶ。

大きな獲物を狩る — ナイルワニのような大型ワニ類は、共同で狩りをすることもあり、ヌーや野牛のような大きな動物を倒すことができる。殺したら、後で食べられるように、張り出した土手の下や水中の倒木の下などに肉を貯えることがある。

狩りと食性

ワニ類は肉食性で、生きた獲物と死体の両方を食べる。狩りには様々なテクニックを使うが、川や湖の縁で、哺乳類が水を飲みに来るか、水を渡ろうとやってくるのを待ち伏せするのが最も一般的な方法である。もうひとつの方法は、水鳥のような獲物がいる方向に漂っていき、油断させて捕まえるというものである。ガビアルのように魚を食べる種は、水の抵抗の小さい幅の狭い顎を横にすばやく振って獲物をとる。鳥類、小型哺乳類、魚は丸ごと呑み込むが、ワニ類は咀嚼ができないので、大きな獲物は水中で死体の一部を顎でくわえて、自分の体を激しく回転して肉をちぎり取る。

忍び寄って狩りをする — ワニ類は目と鼻孔だけを水面に出して、相手に見られずに手の届くところまで近づくことができる。

食料の貯蔵 — クロコダイルはアンテロープを引きずり込んでから、一部食べることもあるが、それから残りを水中の"貯蔵庫"に確保して、ばらばらにしやすいように腐敗させる。

American alligator
アメリカアリゲーター

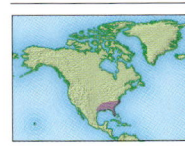

Alligator mississippiensis

体長	2.8–5m
繁殖	卵生
習性	水生

分布　アメリカ合衆国南東部
状態　一般的

皮を取るために広い範囲で捕獲されたため、1950年代には深刻な絶滅の危機に瀕したが、法律による保護で個体数は大幅に回復した。大型で力があり、黒い体に幅広い頭と丸みを帯びた吻を持ち、背中は頑丈なプレートで覆われている。上顎のソケットにすっぽり収まる大きな第4歯が特徴である。淡水の中か近くで、低い枝からひったくった鳥も含め、あらゆる種類の動物を捕らえて食べる。繁殖期の間オスはメスを魅惑するために吠え、水中で交尾する。植物と泥でつくった巨大な巣に25～60個の卵を産み、孵化した幼体が鳴き声を立てると、メスは巣を掘り出す。メスは3年間も子どものもとにとどまることがある。

黒いアリゲーター
アメリカアリゲーターは成体も幼体も黒いが、幼体にははっきりした黄色の横縞がある。

尾の鱗には隆起がある
泳ぐための水かきのある肢

アリゲーターの穴
アメリカアリゲーターは湖、沼、湿地に体を部分的に沈めて漂っているのが好きである。真夏に水位が下がると"アリゲーターの穴"に引っこむ。これは水底の砂や土を掘ってつくったもので、水が少したまっている。水かさの減りつつある淀みにとり残された魚や、やってくる動物を捕らえて食べる。

Spectacled caiman/Common caiman
メガネカイマン

Caiman crocodilus

体長	2–2.5m
繁殖	卵生
習性	水生

分布　中央アメリカ、南アメリカ大陸北部
状態　一般的

鈍いオリーブ色のワニで、目の前方に骨質の隆起がある。たいてい淡水の生息地におり、旱魃によって追い出されない限り水から離れることはめったにない。旱魃時には泥の中に潜ろうとする。昼は水面に浮かんでおり、夜の方が活発である。成体は他の爬虫類、魚、両生類、水鳥を食べる。オスはなわばりをつくり、力関係の順位がある。メスは腐敗した植物と土で水辺につくった塚か、また水面に浮かぶ植物のいかだに14～40個の卵を産む。何匹かのメスが同じ巣を共同で使い、卵を捕食者から守る。皮をとるために乱獲されたが、貯水池のような人工水場のおかげで、地域によっては個体数が増加している。

骨質の隆起

Nile crocodile
ナイルワニ

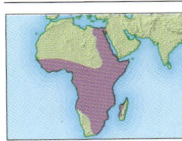

Crocodylus niloticus

体長	3.5m 最大6m
繁殖	卵生
習性	水生

分布　アフリカ、マダガスカル西部
状態　一般的

暗いオリーブ色から灰色の体に暗色の横縞が入る。大きな川や沼、湖を好み、入江や河口でも見られる。暑い日には岸辺にやってきて日光浴することもある。魚、アンテロープ、シマウマ、野牛さえも食べる。巣にいる鳥を飛び上がって捕らえたり、水を飲んでいる動物を水中に引きずり込んだりする。本来は単独で行動するが、協力して魚を浅い水に追い込み、集まって捕食することもある。オスはなわばりを持ち、力関係の順位がある。メスは水位よりも十分に高い土手に掘った穴に16～80個の卵を産み、生涯同じ巣穴を使い続ける。メスは、孵化期間中ずっと卵を守る。幼体は孵化する頃になるとチーチーと鳴くが、それを聞いたメスは彼らを掘り出し、そっと口の中に入れて数匹ずつ水の中に運んでやる。母子は6～8週間一緒に過ごし、その後徐々に別れていく。最初の4～5年は最高3mにもなる穴の中で暮らす。

顎と歯
ナイルワニの長い顎には、口を閉じても見えている歯がある。他のワニ類同様、ナイルワニも咬みつくことはできるが咀嚼ができないので、シマウマや野牛のような大きな獲物を処理するのに問題が生じる。ナイルワニは獲物を水中に引きずり込んでから、咬みついて自分の体を回転させ、肉をちぎり取る。

目は頭部のいちばん上にある
体に暗色の横縞がある
骨質でプレート状の鱗
尾に沿って1対のキールがある
泳ぐための強力な尾

水中生活への適応
大半のワニ類同様、ナイルワニも水中でも物を見たり呼吸できるように目と鼻孔は頭のいちばん上にある。また泳ぐのに都合がよいように、強力な尾と水かきのある後肢を持っている。

爬虫類

ワニ類

Saltwater crocodile/Estuarine crocodile
イリエワニ
Crocodylus porosus

体長　5-7m
繁殖　卵生
習性　水生
分布　アジア南東部、オーストラリア北部
状態　一般的

イリエワニは、灰色、茶色または黒のどっしりした体を持つ世界最大のワニである。記録に残っている最大の個体は体重1トン以上あったが、数十年間乱獲されて、このように巨大なものは今では非常に稀になった。淡水にも海にも同じようにいる。このワニは夜行性の爬虫類であり、哺乳類、鳥類、魚を含む非常に雑多な動物を餌とする。人間にとっても本当の脅威で、多くの死亡例がある。水中で交尾し、メスは水位よりずっと高い土手につくった塚におよそ60個の卵を産む。メスは卵を守り、最初の数週間は孵化幼体のそばに付き添っている。

陸上を歩く
イリエワニの肢は体を地面から持ち上げるのに十分な強さを持っているので、地面を歩くことができる。

深い細孔のある幅広の吻
不規則な斑点
プレート状の大きな鱗
尾に2本の隆起がある

日光浴
暑い日は土手に這い上がり、口をあんぐり開けて日光浴をする。口を開けて体温の上昇を防ぎ、同時に、寄生虫や歯の間に挟まった食物のかすを小鳥にとってもらうのである。 

Black caiman
クロカイマン
Melanosuchus niger

体長　4-6m
繁殖　卵生
習性　水生
分布　南アメリカ大陸北部
状態　低リスク

皮をとる目的で捕獲されたために、生息地の多くの場所で消滅し、個体数は過去100年間で99%減少したと考えられている。平行な吻は先端がとても細く、下顎には灰色の横縞がある。日中は水面に浮かんでいるが、夜は餌を食べるために岸辺へ来ることがある。魚、水鳥、カピバラ、時には家畜や人間さえも餌食となる。メスは30〜65個の卵を産んで守り、幼体が孵化した後もそばにとどまる。

Dwarf crocodile
ニシアフリカコビトワニ
Osteolaemus tetraspis 

体長　1.7m　最大1.9m
繁殖　卵生
習性　水生
分布　アフリカ西部および中央部
状態　絶滅危惧II類

吻は丸く、上向きに反っていることが多い
骨質のプレートが体を覆っている

ニシアフリカコビトワニは、比較的体の短いワニで、アフリカの雨林の常に水のある池や沼に棲んでいる。昼間は穴や水中の木の根の間に隠れ、夜になると水辺で顎を横に振って獲物を捕らえて食べる。洪水の季節のある地域では、魚が雨季の主な食料で、その他の季節は甲殻類が主な食料となるが、カエルも食べる。メスは土と植物でつくった塚に通常10個の卵を産んで守り、生まれた子どもを水中で保護する。このワニは生息地のうちいくつかの地域ではすっかりいなくなっている。

Gharial/Gavial
インドガビアル
Gavialis gangeticus

体長　4-7m
繁殖　卵生
習性　水生
分布　インド亜大陸北部
状態　絶滅危惧IB類

大きいがスマートなワニで、生涯の大半を水中で過ごす。ユニークな細い吻を見れば、即座に識別できる。他のワニ類と比べると、顎は比較的弱く、肢先はおおむね水かきになっている。本来の餌は魚だが、水鳥も食べる。繁殖期の間、オスはなわばり意識が非常に強くなり、メスを集めてハーレムをつくる。メスは水から十分離れたところに穴を掘り、約150gと非常に大きな卵を最高50個産む。メスは孵化した幼体を守るが、水の中に連れていくことはない。おそらく顎の形が子どもを運ぶのに適していないからだろう。インドガビアルは生息地の消滅や捕獲や漁業の影響で1970年代にはほとんど絶滅していた。しかし飼育下での繁殖計画によって、ゆっくりと復活しつつある。

多機能の吻
インドガビアルの細長い吻は華奢に見えるが、非常に鋭い小さな歯で武装している。吻を横に動かして魚を捕らえ、頭から先に呑み込めるようにひょいと振って顎の中に入れてしまう。鼻の先端にある球根状のコブはオスだけにあり、求愛行動の際に音や泡をつくり出すのに使われる。

水中での生活
高度に水生のガビアルは、大きな川の流れの緩やかな淀みに生息し、泥や砂の土手で日光浴するときと産卵のときだけ水を離れる。安全を確保するときは体を深い水の中に沈めてしまう。交尾も水中で行う。ガビアルの肢はあまり発達しておらず、陸地を歩くことはできない。泥の上をどうにかこうにか這い回ることができるだけである。

灰色かオリーブ色の皮膚
球根状のコブ

危機に瀕した爬虫類

　このページは、国際自然保護連合（IUCN：31ページ）によって絶滅寸前とされている爬虫類すべてのリストである。他の脊椎動物と同じく、爬虫類も環境の変化に打撃を受けているが、おそらく他のグループ以上に、乱獲が多くの種を滅亡の瀬戸際まで追いやった重大な要因であると思われる。この点で最も懸念されるのは世界のすべてのウミガメ類である。ウミガメ類は呼吸する必要があるため海で簡単に捕まえられるうえ、上陸して産卵するために、メスと卵の両方が岸辺にいるハンターやコレクターに狙われやすくなっている。淡水性のカメにも似たような理由で絶滅危惧種になっているものもいるが、ヘビ類とトカゲ類については環境問題の方が重大な脅威となる。ここに挙げた深刻な絶滅危惧種の多くは、太平洋の島々の住人であるが、それは環境の変化が悲惨な結果をもたらす可能性の高い場所である。ワニ類は主に皮をとるために捕獲されている。世界中の23種のワニのうち深刻な絶滅危惧種は4種だけだが、他の多くの種も絶滅危惧IB類か絶滅危惧II類なのである。

カメ類

Apalone ater（クロトゲスッポン）
Aspideretes nirgricans（クロスッポン）
Batagur baska（バタグールガメ）
Callagur borneoensis（カラグールガメ）
Chelodina mccordi（マコードナガクビガメ）
Chelonia mydas（アオウミガメ）
Chitra chitra（インドシナコガシラスッポン）
Cuora aurocapitata（コガネハコガメ）; *C. galbinifrons*（モエギハコガメ）; *C. mccordi*（マコードハコガメ）; *C. pani*（シェンシーハコガメ）; *C. trifasciata*（ミスジハコガメ）; *C. zhoui*（クロハラハコガメ）
Dermochelys coriacea（オサガメ）
Eretmochelys imbricata（タイマイ）
Geochelone nigra（ガラパゴスゾウガメ）; *G. platynota*（ビルマホシガメ）
Heosemys depressa（ヒラタヤマガメ）; *H. leytensis*（レイテヤマガメ）
Kachuga kachuga（ニシキセダカガメ）
Lepidochelys kempi（ケンプウミヒメガメ）
Leucocephalon yuwonoi（スラウェシヤマガメ）
Mauremys annamensis（アンナンイシガメ）
Pyrynops dahli（ダールカエルガメ）
Pseudemydura umbrina（オーストラリアヌマガメモドキ）
Rafetus swinhoei（スウィンホースッポン）
Testudo graeca（ギリシアリクガメ）
Trionyx triuguis

ヘビ類

Alsophis antiguae（アンティグヤブヘビ）
A. ater（クロヤブヘビ）
Borthrops insularis（コガネヤジリハブ）; *B. species*
Chironius vincenti（セントビンセントキロンウスヘビ）
Coluber gyarosensis（ギャロスレーサー）
Crotalus unicolor（アルバガラガラヘビ）
Dipsas albifrons（ウスビタイマイヘビ）
Liophis cursor（マルティニクツヤヘビ）
Macrovipera schweizeri（ミロスクサリヘビ）
Natrix natrix（ヨーロッパヤマカガシ）
Opisthotropis kikuzatoi（キクザトサワヘビ）
Vipera bulgardaghica（ブルガルダククサリヘビ）; *V. darevskii*（ダレフスキークサリヘビ）; *V. pontica*（ポンティククサリヘビ）; *V. ursinii*（ノハラクサリヘビ）

トカゲ類

Abronia montecristoi（モンテクリストキノボリアリゲータートカゲ）
Ameiva polops（セントクロイアメイバ）
Anolis roosevelti（ルーズベルトオオアノール）
Brachylophus vitiensis（フィジータテガミイグアナ）
Bradypodion pumilum（ケープコビトカメレオン）; *B. taeniabronchum*（スミスコビトカメレオン）
Celestus anelpistus（イスパニョーラソラギャリワスプ）
Cyclura carinata（ザラハダツチイグアナ）; *C. collei*（ジャマイカツチイグアナ）; *C. nubila*（キューバツチイグアナ）; *C. pinguis*（アネガダイワイグアナ）; *C. ricordi*（リコルドイワイグアナ）; *C. rileyi*（サンサルバドルイワイグアナ）
Diploglossus montisserrati（モンツェラトギャリワスプ）
Eumeces longirostris（バーミューダトカゲ）
Gallotia simonyi（イエロオオカナヘビ）
Lepidoblepharis montecanoensis（パラグアナツチヤモリ）
Lerista allanae（アランナガトカゲ）

ワニ類

Alligator sinensis（ヨウスコウアリゲーター）
Crocodylus intermedius（オリノコワニ）; *C. mindorensis*（フィリピンワニ）; *C. siamensis*（シャムワニ）

タイマイ
肉と甲羅が貴重なものとされたため、タイマイは絶滅寸前（絶滅危惧IB類）になってしまった。タイマイはサンゴ礁周辺の浅い海で餌を食べるが、それがタイマイを槍を使った漁の簡単な標的にしたのである。タイマイは、現在はCITES（33ページ参照）によって製造が禁止されているべっ甲の伝統的な材料である。

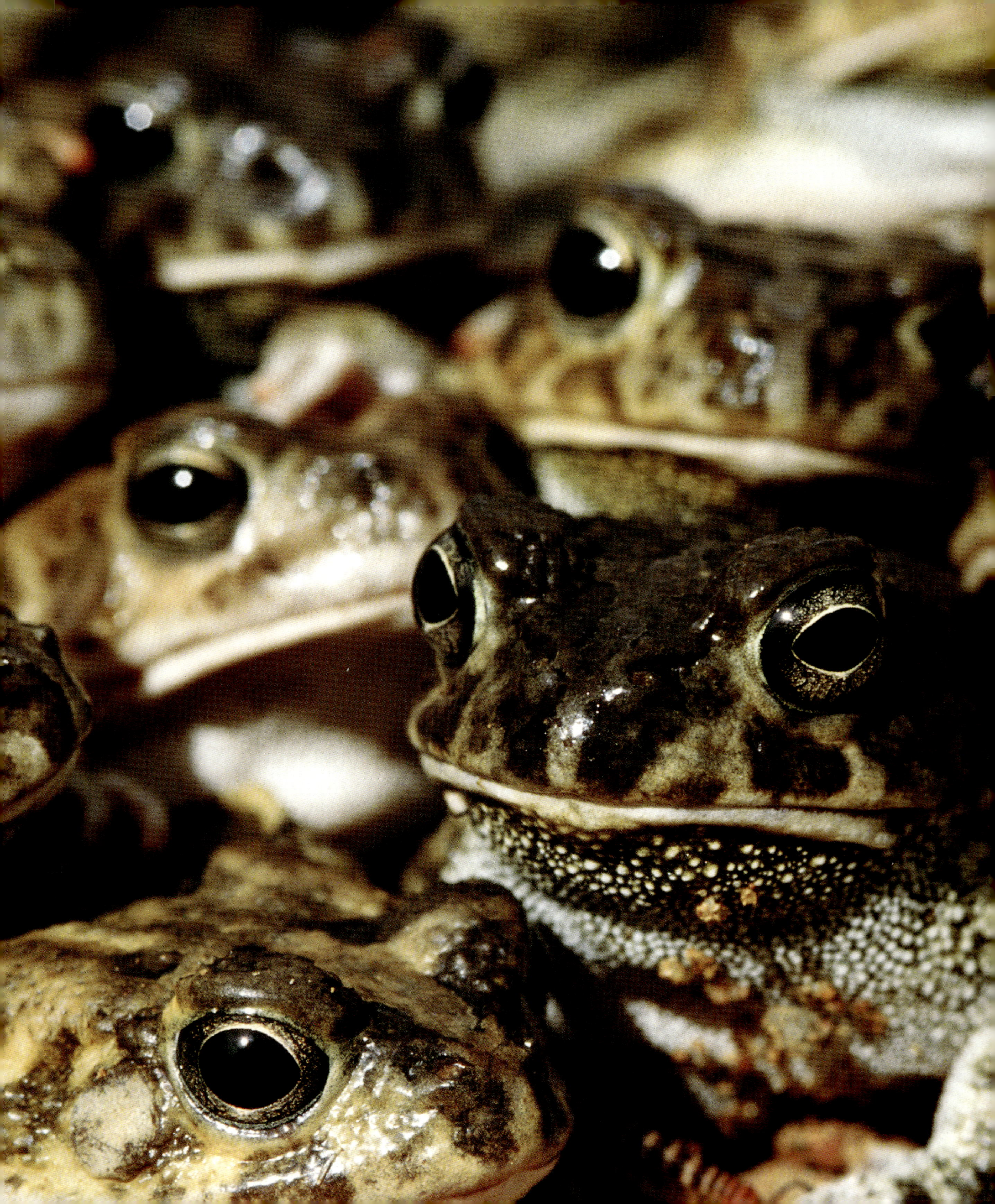

両生類

両 生 類

門	脊索動物門
綱	両生綱
目	3
科	44
種	約5,000

両生類は水と緊密な関係にあり、大部分の種は生涯の一部を水中で、一部を陸上で送る。この変温性の脊椎動物は3つのグループに分けられている。サンショウウオ類、カエル類、そしてミミズに似たアシナシイモリ類である。大半の両生類のライフサイクルは、鰓呼吸をする水生の幼生から肺を通して酸素を取り入れる陸生の成体への変態を含んでいる。両生類の大部分は熱帯か温暖な地域の水辺に棲んでいる。なかには寒さや旱魃に耐え抜くことに適応したものもいる。

アマガエル
ニューギニアとオーストラリア北部の雨林に棲むクツワアメガエルは、湿気のある生息地にうまく適応した湿り気を帯びた皮膚を持っている。

進化

およそ3億7000万年前のデボン紀に登場した最初の両生類は、肉質の鰭を持った魚類の子孫であった。陸地に進出した最初の脊椎動物である初期の両生類は、水生の魚類と完全に陸生の爬虫類をつなぐ中間的な段階にあたる。祖先である魚類と同様に両生類も肺を備え、空気を呼吸していたが、そのほかにも鱗のある皮膚や鰭のある尾など、魚類のような特徴を数多く持っていた。

両生類は陸上での生活に必要な特徴を進化させた最初の生物であった。祖先である魚類の鰭から2対の関節のある肢を発達させた最初の四足動物なのである。このおかげで両生類は胴体を地面から持ち上げることが可能になり、さらに効率のよい移動手段をもたらした。しかし彼らは鈍重な動物で、現生の両生類に比べると、地上での動作は緩慢でぎこちないものであった。また両生類は、空気中でも目の湿り気を保つまぶたや優れた嗅覚、食物を呑み込む前に湿り気を与えることができる舌を発達させた最初の動物でもある。

およそ2億8000万年前には、両生類は陸上の支配的生物になっていた。しかしそれに続く7000万年以上もの間に両生類は、しだいに陸生爬虫類（殻で覆われた卵を陸上に産む能力を発達させていた）に取って代わられ、大半の種が消滅してしまった。

両生類の祖先
ディプロカウルスは約2億8000万年前に生きていたが、異様な形の頭を別にすれば、現生のイモリに似ていたと思われる。

骨格
このオオサンショウウオの幼体の骨格は、両生類の骨格が単純化へ向かう進化傾向を強調している。他の脊椎動物と比べると両生類は骨が少ないし、祖先である魚よりもずっと少ない。

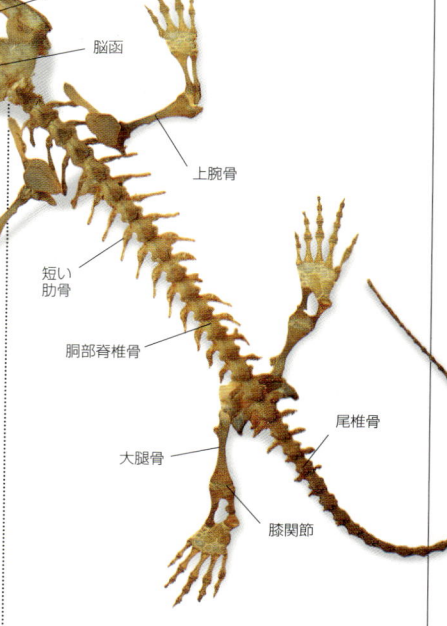

体のつくり

他の脊椎動物と比較すると両生類の体の構造はかなり単純で、水中生活と陸上生活にうまく適応している。成体のほとんどは四肢を持ち、前肢に4本、後肢に5本の指がある。サンショウウオ類は比較的小さな頭と長くほっそりした胴体に、同じ長さの短い肢、そして長い尾がある。しかし、サンショウウオ類の中には肢が非常に小さく、指の数が少ないものや、後肢がないものもいる。カエル類の大半は大きな頭と短い背中、小さな前肢と大きな筋肉質の後肢を持ち、尾がないという、著しくコンパクトな体型をしている。アシナシイモリ類は、肢のないミミズのような体に突った頭と短い尾がある。餌を探すのに嗅覚を用いるアシナシイモリ類を別にすれば、両生類の大半は視力を用いて餌を探すため、夜でも獲物を探知

骨格ラベル: 眼窩、脳函、上腕骨、短い肋骨、胴部脊椎骨、尾椎骨、大腿骨、膝関節

皮膚

両生類の皮膚はむきだしで滑らかであり、鱗にも毛にも防御されていない。皮膚は水を透過するため、おびただしい粘液分泌腺が皮膚の湿度を保っているにもかかわらず、両生類の大半は湿った場所にいないとすぐに皮膚が乾いてしまう。すべての両生類は皮膚に毒腺を持つ。多くの種はいやな味がしたり、強い毒性を持つ分泌物を出して、捕食者を退ける手段にしている。皮膚はふつう多数の色素細胞を含むため、多くの両生類は鮮やかな色をしている。これは特に有毒な種に見られ、くっきりした斑紋が捕食者に対する警告としても役立っている。両生類の多くは皮膚を呼吸に用いるため、常に皮膚の湿り気を保たなければならない。このことが、両生類がどこまで大きくなるかという限界を定めているのかもしれない。十分な量の酸素を吸収するためには、体積の割に広い表面積を維持しなければならないからである。

日なた 
日陰
皮膚の色の変化
両生類の中には湿度、明るさ、気分の変化に応じて基本の色を変えるものがいる。イエアメガエル（左）は、日なたにいるときは明るい緑色だが、日陰に行くと徐々に茶色になる。

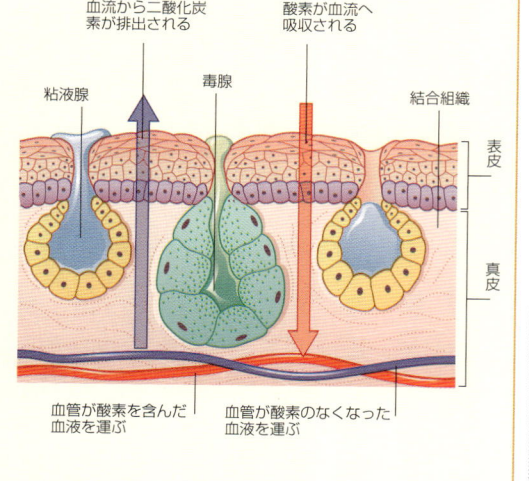

皮膚呼吸
両生類の多くは、皮膚を通して酸素を直接血流に吸収し、二酸化炭素を排出することで呼吸ができる。血管も多数通っており（血管の一部は皮膚の表面からほんの細胞数個分しか離れていない）、皮膚は非常に薄く、ガスも簡単に運ぶことができる。粘液分泌腺は皮膚表面の湿度を保ち、ガスが通過するのを助けている。

図のラベル: 血流から二酸化炭素が排出される、酸素が血流へ吸収される、粘液腺、毒腺、結合組織、表皮、真皮、血管が酸素を含んだ血液を運ぶ、血管が酸素のなくなった血液を運ぶ

両生類

ミミズに似た両生類
長い体に環状体節があり肢がないことから、アシナシイモリ類はしばしば大きなミミズと見間違えられる。たいていさらさらした土か、熱帯林の深く積もった落ち葉の中で見受けられる。

できるように大きな目を持っている。また、両生類の口は極端に大きく、比較的大きな獲物でも食べることができる。

両生類の成体の大部分は肺を使って呼吸するにもかかわらず、肺を膨らませるための胸郭も横隔膜もない。両生類の多くは鰓、皮膚、口の内側を含む他の器官や組織を通して血液中に酸素を取り込むことができる。どの方法が重要かは、成長段階や成体の形態の違いによって様々である。両生類の幼生は外鰓を使って呼吸をするが、サンショウウオ類は幼生の形態を成体の段階まで残す。陸生のカエル類の大半とサンショウウオ類の一部は肺を備えているが、皮膚と口を通して一定量の酸素を吸収してもいる(左ページのコラム参照)。サンショウウオ類のうちアメリカサンショウウオのグループは肺を持たず、もっぱら皮膚と口から酸素を吸収している。

ライフサイクル

両生類のライフサイクルは、卵、幼生、成体という3つの段階からなる。幼生から成体への移行は"変態"と呼ばれる急激な変化を伴う。両生類の大半は卵を水中に産む。しかし陸上に産む種や、卵を様々な方法で体の内部にとどめておく種もいる。ほぼすべてのカエル類の受精は体外で行われる。つまり精子はメスの体の外で卵に入り込むのである。授精の間、ふつうオスはメスを上から抱きしめ、メ

卵を守る
このシロマダラサンショウウオは池の縁で1腹の卵を守っている。メスは卵の周りに体を曲げて、捕食者や細菌の感染から卵を守る。

スが卵を産み落とすのと同じ瞬間に精子を水中に放出する。サンショウウオ類の大半は受精を体内で行う。精子は"精包"と呼ばれる小さなゼラチン状のカプセルに入れられてメスの体の中に運び込まれる。これはオスとメスの正確な共同作業による動きを必要とする。サンショウウオ類の多くは、この目的を達するために精巧な求愛行動を行う。アシナシイモリ類のオスにはペニスのような器官があり、これを用いて精子を直接メスに挿入する。

両生類の卵には殻がないが、ゼラチン状の覆いに包まれており、この覆いは乾燥した状態ではすぐに縮んでしまう。卵は1つずつ産み落とされることも、ひも状や卵塊状に産み落とされることもある。植物その他の固体に注意深く付着させるものもいれば、水中に漂うに任せるものもいる。卵を捕食者や菌による病気の感染から守るなど、親が世話を

親としての世話
ヨーロッパイモリは卵を1つずつ産み、捕食者に狙われないように葉で包む。

するものも数種いる。卵の数は非常にまちまちで、一度にたった1個か2個しか産まない両生類もいれば、最高5万個も産むものもいる。卵が孵化すると小さな幼生が生まれるが、幼生には数日間生命を維持するのに十分な卵黄がある。

両生類の幼生(カエルの幼生はオタマジャクシと呼ばれる)の外見や食性、ライフスタイルは、成体とは大いに異なっている。変態では体のあらゆる器官の大部分が改造される(下のコラム参照)。サンショウウオ類の幼生は肉食で、ごく小さな無脊椎動物を食べる。対照的に、オタマジャクシは普通は草食性で、水中に漂う顕微鏡でしか見えないような植物をこし取って食べるか、植物や岩など、水中の物質を覆う藻を食べる。

幼生段階は両生類にとって重要な成長段階であるが、成体段階よりむしろ幼生

上陸
変態を終えたばかりのヨーロッパアカガエルの群れが、はじめて水を離れる前に池の縁に集まっている。

段階で完成される全生涯での成長量は、種によってかなり異なる。ほとんどすべての両生類は変態の間に実質的に小さくなってしまう。

直達発生(子どもが親に似た形で孵化すること)をする両生類もいる。幼生は卵の中にいる間、自由に泳ぎ回ることはできないが、完全に成長し、成体の形のミニチュア版として卵から出てくるのである。直達発生をするのは、陸上に卵を産む種や、卵を体の内部にとどめておく種に多く見られる。このような種は自由に泳げない幼生の段階を経るので、水のある場所に頼らなくてすむ。

繁殖のための大移動

両生類の大半は成体になると陸上で暮らすが、毎年繁殖のために水中に戻る。繁殖は湿度、降雨、昼の長さなど周囲の要因の組み合わせから刺激を受けるのが普通である。爆発的な繁殖をするといわれるいくつかの種では、成体の集団移動が見られ、全員で繁殖地の池へ向かう。様々な種が嗅覚や太陽光による方角探知能力や地球の磁場のわずかな変化を探知する能力などによって、毎年同じ繁殖地を探し出すことが証明されている。

成長と発育

両生類の成長の3段階はヨーロッパアカガエルの成長を見るとわかりやすい。

胚は塊状に産みつけられた卵の内部で発育を開始する。産卵の約6日後、卵は孵化して球形の体によく発達した尾と外鰓を持ったオタマジャクシになる。4週間たつと外鰓は吸収されて内鰓に取って代わられる。6〜9週目に後肢が発達しはじめ、頭部は以前よりもはっきりし、体は流線型になってくる。この段階で肢が完全に機能するようになり、内鰓は肺に取って代わられる。前肢が現れる9週目頃には、オタマジャクシは成体を小さくしたような形になる。尾はしだいに体に吸収され、およそ16週目には完全に消える。

卵から成体へ
ヨーロッパアカガエルが卵から成体になるまでの成長には約16週かかるのが普通だが、温度や餌条件によって変わる。

- カエルの卵
- 外鰓 / 孵化直後
- 内鰓 / 4週目
- 後肢が現れる / 6〜9週目
- 成体に近い形状 / 収縮しつつある尾 / 長い尾が残っている / 前肢が現れる
- 12週目 / 9週目

カエルの移動
両生類の中にはこのヨーロッパアカガエルのように、毎年大集団で繁殖地まで移動するものがいる。大変な距離の荒地を越えてやってくることもしばしばである。

サンショウウオ類

門	脊索動物門
綱	両生綱
目	有尾目
科	10
種	470

サンショウウオ類は、ほっそりした体に長い尾があり、普通は4本の同じような長さの肢がある。現生両生類の3つの主要グループの中では、両生類すべての祖先である生物に最も近い関係にある。一生にどのような変遷をたどるかという点で、最も複雑で多様性に富む種も含まれている。サンショウウオ類の中には一生水中で生活するものもおり、また完全に陸生のものもいる。生涯の大部分を陸上で過ごすが、繁殖のために水に戻ってくるものもいる。最も原始的な種以外のほとんどすべては受精を体内で行う（カエル類のように体外で行うのではない）。オスはペニスを持たず、そのかわり授精の間に精子のカプセルをメスに渡す。サンショウウオ類の幼生は肉食で、細長い体をしており、丈の高い鰭状の尾と羽毛状の大きな外鰓がある。サンショウウオ類は湿り気のある場所で見られ、分布は主に北半球に限定されている。

体のつくり

サンショウウオ類は、カエル類とは異なり、成体になっても尾が残っている。また頭と目が比較的小さく、食物を探したり社会的な相互作用を感知したりするのに最も重要な感覚は嗅覚である。大部分のサンショウウオ類には4本の肢がある（前肢には4本、後肢には5本の指がある）が、水生サンショウウオの中には後肢がなく、小さな前肢しか持たないものもいる。サンショウウオ類の多くは湿気を維持するための顕著な"肋条"（脇腹にある垂直方向の溝）が体の周囲にある。サンショウウオ類は様々な方法で酸素を取り入れる。滑らかな湿った皮膚を通して呼吸できるものもおり、こういう種の多くは生涯ずっと水中で生活し、幼生段階の特徴である大きな羽毛状の外鰓を保っている。

サンショウウオの狩り
サンショウウオ類は写真のミミズのような大きな獲物も捕まえられる。多くの種が長い舌を持っており、この舌を振り出してから伸ばして獲物を巻き込む。

食性

サンショウウオ類はすべて肉食で、生きた獲物を食べる。彼らは嗅覚と視覚を組み合わせて餌を探し出す。さらに水生種の中には動物の動きによって生じる水流に対して非常に敏感なものもいる。サンショウウオ類は激しく活動することは稀なので、高エネルギーを必要とせず、特に大量に食べた後はそんなに頻繁に食事をする必要はない。食料が豊富なときは脂肪の貯えをつくっておき、餌をとるには乾燥しすぎたり寒すぎたりする時期を生き延びるのに使う。幼生も肉食で、多種多様な水生無脊椎動物を食べる。いくつかの種では、先に成長した幼生が同種の小さな幼生を共食いするようになる。

肺を持たないサンショウウオ類
アメリカサンショウウオ類は完全に陸生のサンショウウオのグループである。肺を持たないが、そのかわりに血液をたっぷり供給する皮膚、口、喉を通して呼吸する。

サイレン類
サイレンには4種あるが、全生涯を水中で過ごす。他の水生サンショウウオ類と同様に肺を持ってはいるが、頭の横にある羽毛状の大きな外鰓を通して酸素を取り込んでいる。早魃期には乾燥した土の繭の中に深く潜り込んで、数週間または数か月間生き延びることができる。その間は大きな脂肪の貯えで生きている。

求愛行動
イモリ類とサンショウウオ類の求愛行動は多種多様で、儀式化されていることも多い。求愛行動は精包と呼ばれる精子のカプセルがオスからメスへ運ばれるのに先立って、あるいは同時に行われる。オスはフェロモンとして知られる化合物を与えることでメスを刺激する。これはふつう鼻を通して伝えられるが、いくつかの種では直接皮膚を通して伝えられる。ヨーロッパのイモリは、写真のアルプスイモリのように（左がオス）、メスに触れて刺激するのではなく、視覚的ディスプレイを用いる。しかしサンショウウオの多くはオスがメスを刺激する間、授精のためにメスを抱きかかえる（これは"抱接"と呼ばれる）。

ライフサイクル

サンショウウオ類のライフサイクルは複雑で、卵、幼生、成体という3つの明確な段階を経るのが代表的な形である。メスは発育中の胚の成長を支える卵黄を含んだ卵を産む。小さな卵をたくさん産むものも、卵黄をたっぷり含んだ大きな卵を少し産むものもいる。卵が孵化して幼生になるが、幼生は羽毛状の外鰓を持ち、小動物を食べる。幼生は成長して成体の形に変態する段階に到達する。変態は鰓の消失と、胚と皮膚を通しての呼吸への切り替えを含む。エフトと呼ばれる幼生段階を陸上で過ごす種もいるが、これは数年続くこともある。成体段階では個体は性的に成熟し、繁殖を始める。繁殖は短期間水に戻ることを意味する場合もある。この基本パターンには多くのバリエーションがあり、その種が水陸両生であるか、陸生であるか、水生であるかということに対応しているのが普通である（右図参照）。

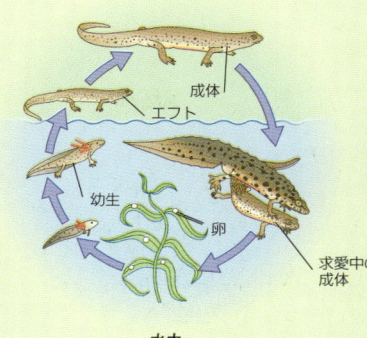

水陸両生
アメリカ、ヨーロッパ、アジアのイモリ類の典型的なライフサイクルである。成体は生涯の大部分を陸上で過ごすが、毎年春には繁殖のために水に戻る。これは変態の部分的な逆行を含んでおり、水から酸素を吸収できる皮膚と幼生のような尾が発達し、水生のイモリが力強く泳ぐことを可能にする。

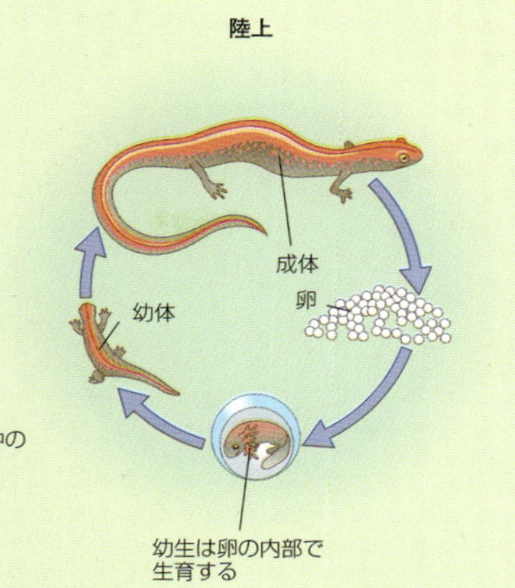

陸生
陸生のサンショウウオ類は卵を陸上に産むのが普通である。一般に卵の数は比較的少なく、大きくて卵黄をたっぷり含み、母親に守られることもある。幼生段階は卵の中で完成され、孵化してくるのは陸生成体のミニチュアである。卵がメスの体内に入れられたままのものも数種いる。メスは水生か陸生の幼体を産む。

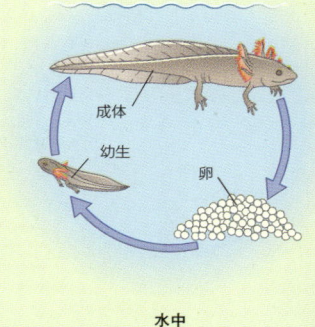

水生
水生のライフサイクルでは生涯のすべての段階が水中で完成される。メスは小さな卵を大量に産むのが普通で、卵の世話はしない。成体は幼生段階の解剖学的・生理学的特徴の多くを残したまま性的に成熟する。多くの種において、水生の生活史を持つ個体と水陸両生の生活史を持つ個体とが並存している。

幼形成熟型のサンショウウオ類
幼形成熟型のサンショウウオ類では、個体は幼生の形状をとどめたまま性的に成熟する。彼らは完全に水生で、大きな羽毛状の外鰓を持っている。最もよく知られた例がメキシコサンショウウオ（写真）であるが、メキシコサンショウウオは甲状腺ホルモンの注射によって人工的に陸生成体に変態させることができる。

背中から尾の先まで鰭が伸びている

外鰓

防御

サンショウウオ類の大半にとって、捕食者に襲われる危険性は、活動を夜に限定することでかなり小さくなる。しかし多くの種は皮膚にある腺からいやな味のする分泌物や有毒分泌物をつくり出す。この分泌腺は頭部や尾に集中していることもある。カリフォルニアイモリの皮膚の分泌物は特に致命的である。このような種は捕食者に対する警告のため、鮮やかな色をしていることが多いが、この体色の効果のほどは、捕食者が不快な結果の連想を学習するかどうかにかかっている。有毒分泌物をつくり出さず、有毒な種の体色パターンを擬態する種も少しばかりいる。いくつかの種は攻撃されたときに尾を切り離すことができる。切り離された尾は落ちてからもぴくぴく動き、捕食者の注意を尾の持ち主であった動物の体からそらす。

反り返り反射
サンショウウオ類の中には奇妙な防御姿勢をとるものがいる。このメガネサラマンドラは捕食者に警告を発し、派手な警告色を見せるために、体を反り返らせる。

体色
サンショウウオ類の多くはカムフラージュになるような斑紋と体色を備えている。しかしその他のものは非常に鮮やかな色をしており、これは有害または有毒分泌物をつくる能力を持っていることを示唆しているのが普通である。しかしいくつかの種では（このアルプスイモリのように）、繁殖期になるとオスはメスの気をひくためにさらに鮮やかな色になる。

Greater siren
サイレン

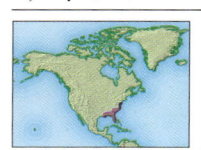

Siren lacertina

体　長	50–90cm
習　性	完全に水生
繁殖期	早春
分布	アメリカ合衆国東部および南東部
状態	未確認

サイレン類は北アメリカ大陸で最も大きい両生類のひとつである。2種いるが、どちらもウナギのような長い体を持ち、羽毛状の外鰓の後ろに1対の肢がある。

サイレンは、普通は灰色かオリーブ色がかった茶色で、この体色は池、湖、流れの緩やかな川の泥水の中では優れたカムフラージュになっている。昼は水底で休憩し、夜になると泥や沈殿物の上を這い回ったり、尾をしなやかにくねらせて泳いだりして餌をあさる。大部分の両生類と同様、ほぼ完全に肉食で、カタツムリ、昆虫の幼虫、小さな魚が主な餌である。しかし干魃期には泥の繭の中に体を閉じ込めて、食物なしに最高2年も生き延びることができる。サイレンは早春に卵を産む。孵化した幼生は、他のたいていの両生類の幼生より少し大きい。

Hellbender
ヘルベンダー

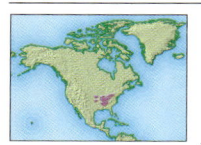

Cryptobranchus alleganiensis

体　長	30–74cm
習　性	完全に水生
繁殖期	秋
分布	アメリカ合衆国東部
状態	未確認

オオサンショウウオ類には3種あり、いずれもしわのある皮膚と途方もない大きさで有名であるが、北アメリカ大陸にいるのはヘルベンダーだけである。体色は緑色、茶色または灰色で、暗色の斑点があることが多い。平たい頭に小さな目、長い鰭状の尾を備えている。夜行性で、ザリガニその他の獲物を頭で掘り出す。咬む力が強く、皮膚からは有毒な粘液が分泌される。メスは秋に卵を産み、孵化するまでオスが卵を守る。

Japanese giant salamander
オオサンショウウオ

Andrias japonicus

体　長	最大1.4m
習　性	完全に水生
繁殖期	晩夏
分布	日本
状態	絶滅危惧II類

オオサンショウウオはチュウゴクサンショウウオと並んで世界最大の両生類である。体色は灰色か茶色で、扁平な体を持つ。目は小さく、這いつくばったような肢がある。頭と喉にはイボがあり、脇腹の皮膚に深いひだがあるのが特徴で、これは周囲の水から酸素を吸収するのに役立っている。主に夜活動し、魚、ミミズ、甲殻類を食べる。繁殖期の間、オスが産卵のための穴を掘り、そこにメスが数珠つなぎになった約500個の卵を産む。その後オスは卵を守り、捕食者が来ると激しい剣幕で追い払う。オオサンショウウオは50年以上生きることがあるが、環境の変化に弱く、最近は稀にしか見られなくなってきている。

Northern dwarf
ヒメヌマサイレン

Pseudobranchus striatus

体　長	10–22cm
習　性	完全に水生
繁殖期	不明
分布	アメリカ合衆国南東部
状態	地域により一般的

ウナギのような姿の小さなサイレンで、背面は茶色か黒、体に沿って黄色か黄褐色の縞が1本以上ある。前肢は小さく、指が3本ずつある。後肢はない。羽毛状の外鰓が酸素の少ない水中での呼吸を助けている。夜行性の両生類で、沼、堀、湿地に棲み、乾季には泥の中で夏眠する。餌は水生無脊椎動物であるが、ヒメヌマサイレン自身は渉禽類、ミズヘビ、ワニ、カメなどの餌となる。メスは卵を水草に付着させる。

Mudpuppy
マッドパピー

Necturus maculosus

体　長	29–49cm
習　性	完全に水生
繁殖期	北部では秋、南部では冬
分布	カナダ南部、アメリカ合衆国中央部および東部
状態	一般的

マッドパピーは、円筒形の長い体に平たい尾、羽毛状の外鰓、それぞれ4本の指がある2対の肢を持っている。色は茶色、灰色または黒で、黒い斑点か斑紋があるのが普通である。様々な環境の淡水に棲み、主に夜、小動物を食べる。メスは初夏に岩や倒木の下に巣穴を掘って卵を産む。約2か月後に孵化するまでメスが卵を守る。マッドパピーは汚染されたり泥が積もったりした川からは姿を消している。

体型
平たくて長いマッドパピーの体型は、岩や倒木の下に潜るのに都合がよい。

融通のきく鰓

マッドパピーの鰓は生息地の酸素含有量に適応できる。冷たくて酸素の多い水中では鰓は小さいのが普通で、よどんだ温かい水中では鰓はかなり大きくなる傾向がある。

Western Chinese mountain salamander
シセンタカネサンショウウオ

Batrachuperus pinchonii

体　長	13–15cm
習　性	だいたい水生
繁殖期	春と夏
分布	チベット東部、中国（四川省）
状態	地域により一般的

たくましい両生類で、淡い茶色かオリーブグリーンの体に暗色の斑点があるのが普通で、脇腹にはおよそ12本の肋条がある。四肢は短く、それぞれ4本の指があり、短い尾は側扁している。夜行性で高地の冷たく澄んだ流れの速い川に棲んでいる。このような水の冷たい川には魚が少ないので、このサンショウウオの卵や幼生は捕食者に食べられる危険性が比較的少ない。メスは流れの中の岩の下の窪みに7～12個の卵を産む。

サンショウウオ類

Olm
ホライモリ

Proteus anguinus

体　長　20–30cm
習　性　完全に水生
繁殖期　不明
分布　ヨーロッパ南部
状態　絶滅危惧II類

洞穴での生活に適応した数少ない両生類のひとつで、非常に細長い体をしている。ピンク色がかった皮膚にはほとんど色素がなく、目は痕跡化している。2対の肢は非常に小さく、前肢の指は3本だが、後肢には2本ずつしかない。赤い外鰓を一生保っている。洞窟内の流れに棲み、時には入口から数キロも奥にいることもある。餌は小型の無脊椎動物である。

Pacific giant salamander
オオトラフサンショウウオ

Dicamptodon tenebrosus

体　長　17–34cm
習　性　主に陸生
繁殖期　春と秋
分布　カナダ南西部、アメリカ合衆国北西部
状態　未確認

黒褐色から黒の体に明るい茶色の斑紋か斑点が入ったがっちりした体形のサンショウウオで、森林地域の流れの中か周辺に生息し、夜活動する。水生の幼生段階を経て成長するまでに普通は数年かかる。成熟すると陸生になる個体もいるが、鰓のある水生の成体になり、水から離れないものもいる。水から離れたものは世界で最も大きな陸生サンショウウオのひとつである。防御行動として尾から有害な粘液を分泌する。伐採や川の汚染による悪影響を受けている。

12本または13本の肋条

Fire salamander
マダラサラマンドラ

Salamandra salamandra

体　長　18–28cm
習　性　完全に陸生
繁殖期　春、夏、激しい雨の後
分布　アフリカ北西部、ヨーロッパ、アジア西部
状態　地域により一般的

マダラサラマンドラは、外見がトラフサンショウウオ（436ページ）と似ている。印象的なずんぐりした体型の両生類で、人目をひく体色は有毒であることを捕食者に警告するためのものである。目の後ろにある耳下腺から分泌される粘液は、有毒でいやな味がする。マダラサラマンドラは丘や山の上の森林に棲み、冬は地下で過ごす。繁殖の際には、オスが交尾相手を下から抱きしめ、精包を出す。

短い尾
頭に毒腺がある
大きな目

体色
体色は生息地によって様々である。黒と黄色のものや、黄色の地に黒の斑点か縞模様の入るものなどがいる。いくつかの地域では黄色がオレンジ色や赤になっている。

食習慣

マダラサラマンドラが活動するのは、主に夜間、特に雨の後である。倒木や石の下から現れて、ミミズ、ナメクジ、昆虫やその幼虫を食べる。

それから体を脇にぐいと動かして、メスを精包の上に落とす。卵は幼生段階になるまでメスの体内にとどまり、その後、池や流れの中に産み落とされる。幼生は輸卵管内部での生育の間に自分より小さな兄弟姉妹や卵を共食いすることがある。高地に棲むものの中には、幼体が母親の体内で成体になるまで成長するものもいる。

Three-toed amphiuma
ミツユビアンフューマ

Amphiuma tridactylum

体　長　46–110cm
習　性　完全に水生
繁殖期　冬と春
分布　アメリカ合衆国中央部および南部
状態　地域により一般的

大型種で、体は長く、ぬるぬるしている。背面が黒、灰色または茶色で、腹面は淡い灰色。尾は側扁しており、非常に小さい肢に指が3本ずつある。堀、沼、流れ、池に棲み、旱魃のときは泥の中に潜って生き延びることができる。夜活動し、ミミズやザリガニを食べる。咬みつかれると非常に痛い。

Great crested newt
クシイモリ

Triturus cristatus

体　長　10–14cm
習　性　主に陸生
繁殖期　春と夏
分布　ヨーロッパ、アジア中央部
状態　低リスク

主に陸上に棲むが、1年のうち約3〜5か月は池、湖、堀で過ごす。背面は黒褐色で独特のイボだらけの皮膚を持ち、腹面は明るいオレンジ色に黒い斑点が入る。繁殖期の間、オスは背中に鋸歯状の大きなたてがみが発達し、尾には白か青の筋が現れる。他の多くのイモリ類同様、オスは水中で複雑なダンスをしてメスに求愛し、ディスプレイの最後にメスに精包を渡す。メスは卵を1つずつ産んで水草の葉で包むが、これはおそらく防御のためであろう。このイモリはヨーロッパに広く分布しているが、多くの地域で繁殖地が干拓されてしまったため、その数は減少している。

オスのたてがみ

Alpine newt
アルプスイモリ

Triturus alpestris

体　長　6–12cm
習　性　主に陸生
繁殖期　春
分布　ヨーロッパ
状態　地域により一般的

体は小さく、背面は青、腹面は明るいオレンジ色で、尾は短い。繁殖期にはオスの背中に丈の低い黒と白のたてがみが発達し、体の側面と尾には黒と白の斑点が現れ、総排泄腔が膨らんでくる。大半のイモリ類と同様、オスは尾を振り動かしてフェロモンをメスの鼻に向かって漂わせ、メスの気をひこうとする。バルカン諸国では、この夜行性動物の一部は、生涯水生で、外鰓など幼生の特徴を成体になっても残している。

両生類

サンショウウオ類

California newt
カリフォルニアイモリ
Taricha torosa

- 体長　12.5〜20cm
- 習性　主に陸生
- 繁殖期　冬と春
- 分布　アメリカ合衆国西部（カリフォルニア）
- 状態　一般的

カリフォルニア州にはサンショウウオ類が特に多いが（20種以上）、その中のひとつである。ざらざらしたイボだらけの背面は茶色か赤レンガ色で、腹面は黄色からオレンジ色。繁殖期の間に池や流れに集団移動を行い、オスの皮膚は滑らかでぬるぬるし、肢には黒い斑紋が現れ、総排泄腔が膨らんでくる。有毒分泌物で守られているため、皮膚も肉も非常に毒性が強い。夜行性で、あらゆる無脊椎動物を食べる。

Sharp-ribbed newt
イベリアトゲイモリ
Pleurodeles waltl

- 体長　15〜30cm
- 習性　完全に水生
- 繁殖期　寒いときを除いていつでも
- 分布　ヨーロッパ南西部、アフリカ北西部
- 状態　未確認

まだら模様のある灰緑色のこのイモリはヨーロッパで最大の有尾両生類である。サンショウウオ類の大半と同様に有毒の皮膚分泌物で守られているが、つかまれると鋭く尖った肋骨が皮膚から飛び出してくる。これは化学的防御とあいまって、たいていの捕食者を思いとどまらせる効果がある。おおむね夜行性で生涯を水中で過ごすが、旱魃時は例外で、再び湿った状態になるまで泥の中に隠れて生き延びる。メスは繁殖期に200〜300個の卵を1つずつか塊状に産み、水草に付着させる。

Eastern newt
ブチイモリ
Notophthalmus viridescens 

- 体長　6.5〜11.5cm
- 習性　だいたい陸生
- 繁殖期　多様
- 分布　カナダ東部、アメリカ合衆国東部
- 状態　一般的

北アメリカ産のブチイモリは複雑なライフサイクルを持っている。淡水の様々な場所で繁殖するが、幼生は直接成体に成長するのではなく、赤いエフトと呼ばれる特殊な幼体型になる。エフトは陸上で生活し（生息地は草地、山林その他湿り気のある場所）、1〜4年後に水へ戻り、そこで成熟する。繁殖期を別にすれば成体は陸上で暮らす。成体とエフトの間は猛毒の皮膚分泌物によって捕食者から守られている。

幼体の体色
若いブチイモリは赤いエフトとも呼ばれ、全身明るい赤、オレンジ色または茶色で、黒い縁どりつきの赤い斑点が背中に沿って入り、皮膚はざらざらしている。この陸生幼体段階は1〜4年続き、その後、水に戻って成体になる。

成体段階
ブチイモリの成長は水中で完成する。黒縁のある赤い斑点が入った背面は緑がかった黄色になり、腹面は黄色になる。繁殖期のオスの尾は非常に奥行きのあるものになり、総排泄腔が膨らみ、腿の内側にはざらざらした隆起ができる。

Crocodile newt
イボイモリ
Tylototriton verrucosus 

- 体長　14〜18cm
- 習性　主に陸生
- 繁殖期　雨季
- 分布　アジア南部および南東部
- 状態　絶滅危惧IB類†

頑丈な体格で、大きな頭とずんぐりした胴体を持ち、皮膚は黒くざらついている。顕著なオレンジ色のイボと隆起と分泌腺は、攻撃されると不快な味の分泌物を出すことを示している。一生の大部分を陸上で暮らし、冬と乾季は地下で過ごすが、雨季の間は繁殖地の池に移動し、卵を水草に付着させる。夜になると活動し、無脊椎動物を食べる。

Golden-striped salamander
キンスジイモリ
Chioglossa lusitanica 

- 体長　12〜14cm
- 習性　主に陸生
- 繁殖期　早春
- 分布　ヨーロッパ南西部
- 状態　絶滅危惧II類

スマートな体と長い尾のおかげでトカゲのように速く走ることができる。体色は黒褐色で、黄色か銅色か金色の縦縞が背中に2本あり、尾の部分ではその縞が1本に溶け合っている。大きな目を持ち、長くてねばねばした舌で昆虫を捕まえる。攻撃されると尾を切り離すことがある。

Tiger salamander
トラフサンショウウオ
Ambystoma tigrinum 

- 体長　18〜35cm
- 習性　主に陸生
- 繁殖期　多様　激しい雨の後
- 分布　北アメリカ大陸
- 状態　地域により一般的

ずんぐりした体型のトラフサンショウウオは北アメリカ大陸で最もカラフルな両生類のひとつであり、地域による多様性に最も富むものでもある。少なくとも6亜種がいることがわかっている。東部の亜種は黒と黄色のまだら模様だが、さらに西へ行くと、右の写真の個体のように黄色の大きな斑紋または横縞がある。一般に成体は陸上で暮らし、他の動物が掘った穴で冬眠する。早春に氷が溶けると、繁殖のために池、湖、人工の池、貯水池などに移動するが、大集団で移動することもある。メスは一度の繁殖期に最高7000個もの卵を産む。幼生は主に無脊椎動物を食べるが、大きな口と特別な歯を備え、共食いする個体もいる。大部分の地域では成体の形状にまで成長すると水を離れるが、いくつかの地域では、特に西に多いが、幼生の形状を一生したまま陸上での生活をせずに繁殖する。トラフサンショウウオの主な捕食者は、幼生を食べる魚である。近年、この種は生息地の汚染や消滅に苦しんでいる。

Axolotl
メキシコサンショウウオ（アホロートル）

Ambystoma mexicanum

体　長　10－20cm
習　性　完全に水生
繁殖期　夏
分　布　メキシコ（ソチミルコ湖）
状　態　絶滅危惧Ⅱ類

この両生類は完全に成体の体型に成長することなく繁殖する（ネオテニー、幼形成熟という）。平たい尾と大きな外鰓を持つが、これはサンショウウオ類の大部分が成熟して陸上生活に入る際に失う特徴である。おおむね夜行性で、主に無脊椎動物を食べ、逆に水鳥に食べられる。唯一生息しているソチミル湖の周辺で近年、急速に都市化が進んだため稀少種となった。かつては珍味として珍重されていたが、現在は法律で保護されている。

アルビノ
メキシコサンショウウオの体色変異のひとつにアルビノがある。滑らかな白い体に赤い鰓がある。

飼育下での形状

野生での体色は黒が主流だが、飼育下ではアルビノ（白い体に赤い鰓）、灰色、白黒まだらなど様々な体色変異が見られる。野生状態よりも飼育状態で見る方が一般的である。飼育されている個体に甲状腺ホルモンを注射すると、鰓がなくなって陸生に変化する。

赤い外鰓
丸みのある口吻
滑らかな白い体

Slimy salamander
ヌメサンショウウオ

Plethodon glutinosus

体　長　11.5－20cm
習　性　完全に陸生
繁殖期　多様
分　布　アメリカ合衆国東部
状　態　地域により一般的

大型のスマートなサンショウウオで、触れられると糊のような粘液を分泌することからヌメサンショウウオという名前がつけられた。粘液は洗い落とすのに数日かかるほど極度にねばねばしており、たいていの捕食者に対して非常に効果的な防御となっている。成体は暗い青か黒で、銀色か金色の小さな斑点が多く入る。繁殖期になるとオスの総排泄腔が膨らみ、顎の下に大きな分泌腺が生じる。夜行性で、森林の丘の斜面や峡谷の中に棲む。

肋条
長い尾
尾の上に銀色の小さな斑点

Red-backed salamander
セアカサンショウウオ

Plethodon cinereus

体　長　6.5－12.5cm
習　性　完全に陸生
繁殖期　秋から早春
分　布　カナダ南東部、アメリカ合衆国中央部および東部
状　態　地域により一般的

小型のサンショウウオで、暗い灰色か茶色の体に、赤または赤茶色の太い縦縞が胴と尾に沿って1本ある。オスはなわばりのマーキングやメスの気をひくのに排泄物を用いる。メスは糞を調べて、シロアリをたくさん食べているオスを選ぶ。オスは毎年繁殖するが、メスは1年おきにしか繁殖しない。卵は地下の巣穴の天井に付着させる。

Long-toed salamander
オオユビサンショウウオ

Ambystoma macrodactylum

体　長　10－17cm
習　性　主に陸生
繁殖期　秋と春
分　布　カナダ南西部、アメリカ合衆国北部
状　態　地域により一般的

じつに様々な陸上の生息地で見られるが、大部分の時間を地下で過ごしている。夜行性で、春になると繁殖のために池に大移動する。体はほっそりとして、色は灰色か黒で、黄色か黄褐色か緑色の縦縞が1本、あるいは斑紋が背中に沿って入る。攻撃されるととぐろを巻くように体を丸めて尾を空中に持ち上げる。生息地が失われたり、繁殖地に魚が移入されて幼生が食べられたりしたため、数が減少している。

脇腹に白い斑紋

Mountain dusky salamander
ヤマウスグロサンショウウオ

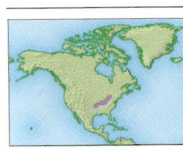

Desmognathus ochrophaeus

体　長　7－11cm
習　性　完全に陸生
繁殖期　春、夏、秋
分　布　アメリカ合衆国東部
状　態　一般的

北アメリカ大陸産の外見上よく似た12種ほどのグループの一員であるが、このグループを識別するには専門的知識が必要なほど、お互いによく似ている。近縁種と同じようにこのサンショウウオも細長い体で、突き出した目と円筒形の長い尾を持っている。体は普通はまだらの入った暗い灰色で、肢の色は茶色から赤まで様々である（下の写真は肢の赤い珍しい変種で、ジョルダンサンショウウオの肢の赤いタイプに対する擬態かもしれない）。成熟すると陸上に棲み、昼間は地下で暮らしている。夜になると現れて昆虫その他の小型動物を食べる。有毒な皮膚分泌物によって防御されており、脅されると尾を切り離すことがある。繁殖期には成体は陸上で授精する。オスはお目当ての授精相手の皮膚にフェロモンをすり込み、皮膚の表面を特殊な歯ですりむいて相手を刺激する。メスは12～20個の卵を房状にして木の幹の下の空洞か地中に産み、孵化するまで卵を守る。幼生は流水の中で成長する。成体は降雨後は特に活発になる。冬は地下で暮らす。

肢は茶色から赤

Jordan's salamander
ジョルダンサンショウウオ

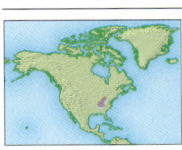

Plethodon jordani

体　長　8.5－18.5cm
習　性　完全に陸生
繁殖期　夏と秋
分　布　アメリカ合衆国東部（アパラチア山脈南部）
状　態　地域により一般的

ジョルダンサンショウウオは、夜行性で、体と尾は長くてほっそりとしている。大きな頭に大きな目があり、肢か頬に赤い斑紋があるのが普通だが、この特徴は集団によってかなり異なる。オスもメスもなわばりを持つ。脅されると尾からいやな味のする粘液を分泌し、攻撃されると尾を切り離すこともある。主にヤスデ、甲虫、昆虫の幼虫を食べる。オスは毎年繁殖するが、メスは1年おきにしか繁殖しない。

長くてほっそりした尾

California slender salamander
カリフォルニアホソサンショウウオ

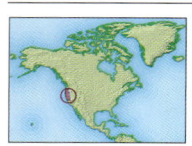

Batrachoseps attenuatus

体　長　7.5–14cm
習　性　完全に陸生
繁殖期　不明

分布　アメリカ合衆国西部（カリフォルニア、オレゴン）

主に地中や倒木や岩の下に棲み、夜に雨が降った後現れる。極端に細長い体をしているので、非常に小さな隙間の中にも入れる。黒褐色か黒で、茶色か黄色か赤の縞が背中に沿って1本入り、肢は非常に小さく、指が4本ずつある。危険が迫ると尾をすばやくぐるぐる巻いたりほどいたりする。攻撃されると尾を切り離すことがある。

Red salamander
アカサンショウウオ

Pseudotriton ruber

体　長　10–18cm
習　性　主に陸生
繁殖期　年中いつでも。普通は夏

分布　アメリカ合衆国東部および南東部
状態　地域により一般的

幼体の体色は鮮やかだが、年とともに暗い色になる。アメリカ合衆国東部の多くの州で、湿気のある場所、泉、冷たい流れなどで見られる。ずんぐりした体に比較的短い尾と肢があり、赤または赤みがかったオレンジ色の皮膚には黒い斑紋がびっしり散らばっている。おおむね夜行性で、主に無脊椎動物や他のサンショウウオ類を食べる。捕食者を追い払うときは、赤い尾を持ち上げて波打たせる。アカサンショウウオは無害だが、赤い体色は有害なブチイモリの幼体（436ページ）とよく似ている。この体色は防御のための擬態の一形態であるかもしれない。メスは約70個の卵を産み、倒木や岩の下に付着させるが、水中に産むこともある。成体は冬は地下で過ごすのが普通である。

Arboreal salamander
コノマサンショウウオ

Aneides lugubris

体　長　11–18cm
習　性　陸生／樹上生
繁殖期　不明

分布　アメリカ合衆国西部（カリフォルニア）
状態　地域により一般的

茶色と白の細長いサンショウウオで、指先が平たく、物をつかめる尾があるので楽に木に登ることができる。三角形の頭部は比較的大きく、顎の筋肉が発達している。これは、仲間同士で戦うときや、例えばヘビのような捕食者から身を守るときに使われる。冬と乾季には地中で暮らす。メスは12〜18個の卵を地下の巣穴に産む。

Mexican mushroom-tongue salamander
メキシコキノボリサンショウウオ

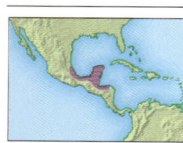

Bolitoglossa mexicana

体　長　12–15cm
習　性　樹上生／陸生
繁殖期　乾季・寒冷期以外いつでも

分布　メキシコ南部から中央アメリカ
状態　未確認

尾は物をつかむことができ、肢はミット状で粘着性がある。体が小さいので、木に登って非常に小さな枝の上で動き回ることに特別に適応している。マッシュルームのような形の舌をひょいと伸ばして昆虫を捕まえる。ブロンズ色またはピンク色の体に黒いまだら模様が入り、攻撃されると皮膚から有毒分泌物を出すぞという警告にもなっている。

Ensatina salamander
エスショルツサンショウウオ

Ensatina eschscholtzii

体　長　6–8cm
習　性　完全に陸生
繁殖期　秋から春

分布　アメリカ合衆国西部
状態　地域により一般的

夜行性で、湿った落ち葉の堆積や倒木の下に棲み、雨の後特に活発になる。体は短く、肢が長く、目が大きい。体色は生息地によって異なる。茶色一色のこともあれば、黒地に白か黄色かオレンジかピンクの斑紋が入ることもある。丸みのある尾は根元が細く、身を守るときは尾を持ち上げ、波打つように振り回し、いやな味のする分泌物を出して捕食者をためらわせる。攻撃されると尾を切り離すこともある。繁殖期の間オスの尾は長くなり、総排泄腔が膨らんでくる。メスは房状の8〜20個の卵を倒木の下に産む。

Mount Lyell salamander
ライエルミズカキサンショウウオ

Hydromantes platycephalus

体　長　7–11cm
習　性　完全に陸生
繁殖期　不明

分布　アメリカ合衆国西部（カリフォルニア）
状態　未確認

このサンショウウオはカリフォルニア州シエラネバダの高地に棲むが、水かきのある肢を持ち、非常に木登りのうまい数少ない種のひとつである。このような種はすべて岩の多い場所に棲み、割れた石の上を苦もなく走り回り、垂直面を登ることさえある。このサンショウウオは幅の広い頭と円筒形の体を持ち、肢は比較的大きい。オスの頭はメスの頭よりも幅が広く、繁殖期になるとオスの顎の下には分泌腺が発達し、授精相手を元気づけるホルモン分泌物がつくられる。夜間に活動し、昆虫、クモその他の無脊椎動物を食べる。マッシュルーム型の舌があり、体長の半分以上の長さに舌を伸ばして獲物を捕まえることができる。脅されると皮膚から出す有毒分泌物で身を守り、ボールのように体を丸める。冬と乾季には地中か岩の割れ目の中で過ごす。

Three-lined salamander
ミスジオナガサンショウウオ

Eurycea guttolineata

体　長　10–18cm
習　性　完全に陸生
繁殖期　秋と初冬

分布　アメリカ合衆国東部
状態　地域により一般的

長くて細い体には13〜14本の肋条があり、目が大きく、非常に長い尾が特徴である。体色は黄色、オレンジ色、または茶色で、黒褐色か黒の縦縞が背面の中央と脇腹に沿って入る。泉や流れのそばの湿った土地で倒木や岩の下に棲み、冬と乾季は地中で過ごす。夜行性の捕食者で、特に雨の後にクモ、ハエ、甲虫、アリなどを食べる。繁殖期になるとオスの上唇に2つの肉質の突起物と2本の飛び出した歯が生じ、総排泄腔が膨らんでくる。卵は湿った穴に産み落とされる。

アシナシイモリ類

門	脊索動物門
綱	両生綱
目	無足目
科	5
種	約170

肢を持たずミミズに似たこの動物は、両生類の主要3グループのうち最も小さなグループである。土の穴の中か水中に棲み、湿潤な熱帯地域にのみ分布するため、人の目に触れることはめったにない。アシナシイモリ類のライフサイクルは多種多様である。卵を産む種もあれば、卵がメスの体内に保持され、孵化した卵から幼体が出てくるまで輸卵管でつくられた分泌物で栄養を与える種もいる。

体のつくり

アシナシイモリ類の体は細長く、四肢がない。体色は黒または茶色からピンク色まで様々である。目は痕跡的で、食物を探したり交尾相手を見つけたりするのは優れた嗅覚に頼っている。ある種は巨大なミミズのようだが、堅く尖った頭をシャベル代わりにして柔らかい土や泥に穴を掘る。水生のアシナシイモリ類はウナギに似ている。尾に鰭があり、力強く泳ぐことができる。

知覚触毛
アシナシイモリ類のユニークな特徴は、両目の下にある小さな触毛状の突起である。この触毛は獲物を探知するのに使われる化学的情報を収集する。主な餌はミミズで、鋭い曲がった歯でミミズを捕らえる。

移動
アシナシイモリ類は胴体を使ってくねるように移動する。体の曲線の両脇が通路表面のでこぼこの抵抗に出合うと、体を前方に押して進んでいく。

目の下の触毛

Ceylon caecilian
セイロンヌメアシナシイモリ
Ichthyophis glutinosus

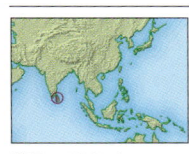

体 長	最高45cm
習 性	陸生／地中生
繁殖期	不明
分布	スリランカ
状態	地域により一般的

長くて細い体ははっきりした環節で区切られており、尾が短いので大きなミミズに似ている。体は茶色で、青みがかったつやがある。鼻孔と目の間に縮めることのできる小さな触毛が1対あり、これを使って匂いを拾い集める。地中で暮らしているが、主に泥土の中か沼地に棲み、ミミズやその他の無脊椎動物を食べる。メスは卵の周囲にとぐろを巻いて守る。

Linnaeus' caecilian
リンネアシナシイモリ
Caecilia tentaculata 

体 長	45–63cm
習 性	陸生／地中生
繁殖期	不明
分布	中央アメリカ南部から南アメリカ大陸北部
状態	未確認

体は太くて扁平、背面は灰色か黒、腹面は明るい茶色で、吻はくさび形。尾がなく、体のいちばん後ろは固い盾で覆われている。非常に小さな鱗が皮膚に100～300の環節をつくり、体を覆っている。触毛は低い位置にあるので、上からは見えない。さらさらした土の中に穴を掘って棲むので、生態はごくわずかしかわかっていないが、単独行動をとり、卵を産むことが知られている。

Mexican caecilian
メキシコハダカアシナシイモリ
Dermophis mexicanus 

体 長	10–60cm
習 性	完全に地中生
繁殖期	不明
分布	メキシコから南アメリカ大陸北部
状態	地域により一般的

数種のミミズトカゲ類（423ページ）が生息している地域に棲み、外見上はミミズトカゲに似ている。背面は灰色、茶色またはオリーブグリーンで、体の周りにははっきりした環帯が入り、吻は土を掘りやすいように尖っている。主に無脊椎動物を食べるが、トカゲ類も食べる。完全に地中に穴を掘って暮らすタイプで、さらさらした土がある所に棲んでいる。卵と幼生はメスの体内で生育する。長い懐胎期間の後、母親は幼体を産む。

光沢のある皮膚

Ringed caecilian
リングアシナシイモリ
Siphonops annulatus

体 長	20–40cm
習 性	完全に陸生
繁殖期	不明
分布	南アメリカ大陸北部
状態	地域により一般的

リングアシナシイモリは森林の土の中に棲み、太くて大きいミミズに似ている。比較的短く太い暗い青の体で、白い縞と多数の環帯が体を取り巻いている。他のアシナシイモリ類と同様、近くにいる獲物の匂いを嗅ぎつけるのに触毛を用いる。獲物はふつうミミズその他の無脊椎動物である。攻撃されるといやな味のする分泌物を出す。卵を土の中に産み、孵化した幼体は成体そっくりのミニチュアである。

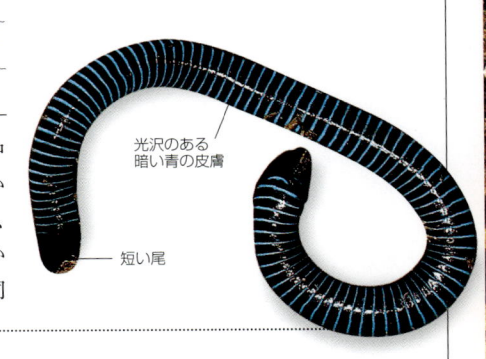

光沢のある暗い青の皮膚

短い尾

Cayenne caecilian
ヒラオミズアシナシイモリ
Typhlonectes compressicauda 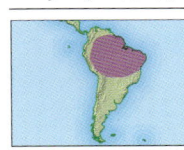

体 長	30–60cm
習 性	完全に水生
繁殖期	不明
分布	南アメリカ大陸北部
状態	地域により一般的

ウナギのような形状で、ウナギのような泳ぎ方をするヒラオミズアシナシイモリは、川、湖、流れに棲む。細長くつやのある黒い体で、腹面は暗い灰色、80～95本の環帯が体を取り巻いている。尾は側扁し、上にわずかに鰭がある。魚などに攻撃されると有毒な分泌物を出す。卵はメスの体内で幼生にまで成長し、成体のミニチュアの姿で生まれてくる。

体の周りにはっきりした環帯がある

カエル類

門	脊索動物門
綱	両生綱
目	無尾目
科	29
種	4380

両生類の3つのグループ中で、カエル類は最も大きなよく知られたグループを形成している。他の両生類とは異なり、カエル類の成体には尾がない。幼生段階から成体段階への変態の間に尾が吸収されてしまうのである。カエル類の幼生はオタマジャクシとして知られており、主に藻や植物性の餌を食べ、独特の球形の体をしているが、このような食料の消化に必要なとぐろ状に巻いた腸を持っている。多くの種の成体はジャンプできるように後肢が変化している。後肢は前肢よりずっと長く、筋肉が発達している。大半のカエル類は繁殖地になる池や流水の近くの湿った場所に棲んでいるが、乾燥した地域に棲むものも数種いる。種の多様性が最も多く見られるのは熱帯、特に熱帯雨林である。

食性

カエル類はすべて肉食で、死肉ではなく生餌を食べる。食物を口の中で咀嚼したり砕いたりできないので、獲物は丸ごと呑み込まねばならない。しかし多くの種が大きな動物（ネズミ、鳥類、ヘビ類など）を食べることができるし、一度の食事で長時間分のエネルギーをまかなえるので、そうたびたび餌を食べる必要はない。活動的なハンターは少なく、最も一般的な食事方法は、獲物が手の届く範囲内に近づくまで待ち、長くねばねばした舌を伸ばすか、または口を大きく開けて突進するという方法である。

捕まえて

餌を呑み込む
カエル類は食物を呑み込むときに目を閉じるのが普通である。まぶたを閉じると眼球が回転して、下に向かって押さえるように動き、口の中の圧力を増す。

飲み込む

体のつくり

カエル類の体は短くて固く、頭は大きくて幅が広い。大半の種では前肢は後肢よりずっと小さい。後肢には足のすぐ上に他の両生類にはない特別な部分がある。たいていの種は目が大きくて突き出しており、目立つ鼓膜が頭の両側にあり、視覚と聴覚の重要性を表している。口は大きく、粘着性の舌を持つ種が多いが、これを高速で打ち出して獲物を捕らえるのである。メスはオスより大きいのが普通だが、多くの種のオスはメスよりも太くて筋肉質の前肢を持っている。オスは授精の間、この前肢でメスをしっかりつかんでいることができる。

肢

カエル類の前肢には4本、後肢には5本の指がある。多くの種、特に水中で生涯の大部分を過ごす種には、指の間に皮膚でできた水かきがある。樹上で生活するカエル類の多くには円盤状の吸盤が指先についており、滑らかな垂直面で足場を確保することができる。地中生の種は後肢に角質化したコブ状の突起があり、土に穴を掘るのに使われる。

水かきのある肢 — 水かきは指の先端まで伸びている

円盤 — 円形の吸盤／広い範囲を握れるように大きく広がった指

鉤爪 — 穴掘りに使われる大きな隆起

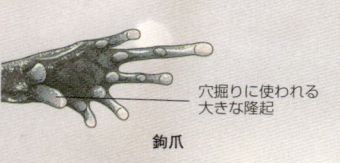

皮膚

カエル類の皮膚は実に多種多様である。極端なものでは、ヒキガエルの中には皮膚が非常に丈夫で皮革のかわりに使われるものもある。反対に皮膚があまりにも薄いので、内部器官が透けて見えるものもいる。ヒキガエル類は、ざらざらしって乾いた皮膚がイボ状の突起で覆われているのが普通で、小さなトゲで覆われているものもいる。カエル類は、滑らかで湿った皮膚であるのが普通である。

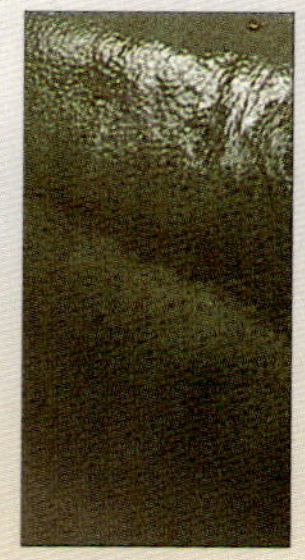

カエルの皮膚　　**ヒキガエルの皮膚**

産卵場所

繁殖に向いた水場は不足していることが多いので、多くのカエル類はこのヨーロッパアカガエルのように、広い範囲から集まって大きな繁殖集団をなす。大きな集団で産みつけられた卵は熱を保ちやすく、早く孵化してオタマジャクシになることを可能にする。1年のうちの一時期涸れてしまう池や流れが使われることが多いが、それは卵やオタマジャクシを食べる他の動物が生活できない場所であるからである。

授精相手を探す

多くのカエル類のオスはメスの気をひいて産卵場所へ呼び寄せるために鳴く。鳴き声のおかげでメスは受精相手を探すことができる。さらに重要なのは、それぞれの種が特有の鳴き方をすることで同種の相手を見つけられることである。多くの種において（右写真の水生カエルのように）鳴き声の効果は、1つかそれ以上の鳴嚢によって高められている。オスは肺と鳴嚢の間を行き来する空気で鳴嚢を満たす。空気が喉頭にある声帯を通過したときに音がつくられる。

カエル類

繁殖

　オスとメスが互いの居所を突き止めると（左ページ参照）、授精が可能になる。オスは"抱接"と呼ばれる姿勢をとる。メスを上から抱きしめるのである（右写真参照）。オスとメスが抱接しあっている間に受精が行われるが、種によって数分しかかからないものもいれば、数日かかるものもいる。少数の種を除いて大半のものが体外で授精を行う。メスが卵を産んだときにオスが精子を卵の上に放出するのである。卵の産み方と産卵のための特定の場所の使い方には、種によってそれぞれ特徴がある。産卵の仕方には、1つずつ産む、塊状に産む、つながったひも状に産むなどがある。メスはふつう水中に卵を産む。卵は湿った状態でしか発育できないからである。卵は水中にまき散らされて浮いたり沈んだりすることもあれば、植物に包まれたり、植物や倒木、岩に付着されることもある。

抱接
抱接は陸上で行われることもあれば、水中で行われることもある。このアマガエル（右写真）は木の枝で授精する。オスがメスの前肢の真後ろをつかむか、あるいは後肢のすぐ前をつかむかは種によって異なる。多くの種で、受精集団の中ではメスよりオスの数が多く、抱接中のオスは彼に取って代わろうとするライバルたちにたびたび攻撃される。

卵
メスが産む卵の数は、20個以下から数千個まで種によって非常にまちまちである。ヨーロッパヒキガエルの卵（左写真）はゼリー状の長いひも状になってぶら下がり、水生植物の水中の茎に絡まっている。

防御

　通常、カエル類は身を守るのに使う大きな歯や鉤爪のような武器を持っていない。大半のものはジャンプして逃げるという方法に頼っている。皮膚にある腺からいやな味がしたり有毒の分泌物を出す種も多いが、毒が致命的なほど強いものもいる。カムフラージュに頼るものもいる。一般にオタマジャクシには防御手段がなく、魚や昆虫の幼虫、例えばトンボの幼虫（ヤゴ）をはじめとする様々な捕食者に食べられている。このためカエル類は多くの卵を産み、生き残る確率を増やしているのである。

警告色
ヤドクガエル類（左写真）は猛毒の皮膚分泌物を進化させなければならなかった。というのは彼らの捕食者（ヘビ類やクモ類など）の多くは、弱い毒に対する抵抗力を進化させたからである。いやな味のする種や有毒の種の多くは鮮やかな体色である。この体色は捕食者に対する警告となっている。

カムフラージュ
カエルの大半は夜だけ活動し、昼はまったく動かずにいる。写真のコノハガエルは背景にぴったり合う体色と、体の輪郭を消してしまう模様のある皮膚を持っている。

動き方

　カエル類の動き方は様々である。ヒキガエル類の大部分は地表に棲み、歩いたり走ったり地面を飛び跳ねたりする。長距離跳ねることのできるものは少ない。跳ね上がる動作が場所から場所への移動手段として使われるのは稀で、主に捕食者から逃れるときに使われる。カエル類すべてがジャンプするわけではない。泳ぎ、穴掘り、そして（いくつかの種においては）滑空といった他のタイプの動き方に適応した後肢を持つものも多い。穴掘りは多くの種にとって重要である。それによって昼間は身を隠し、また寒すぎたり暑すぎたり乾燥しすぎたりして活動できない間、数週間または数か月身を潜めることが可能になるからである。岩や倒木や植物の屑の堆積の下にただ潜り込むだけのこともあるし、地中深く穴を掘ることもある。砂漠に棲む種には穴に潜って最高2～3年生き延びることができるものもいる。

木登り
カエルの中には（左写真のヨーロッパアマガエルのように）全生涯を樹上やその他のタイプの植物の間で過ごすものがいる。彼らの長くてほっそりした肢は、枝の間の隙間をジャンプしたり、またいだりするのに都合がよく、指先の吸盤を使って垂直な面でも登ることができる。

飛び跳ねる
カエル類は、長い後肢のエネルギーを一気に爆発させて空中に跳び上がる。着地のときは前肢が前方に押し出されて衝撃をやわらげる。

脚は空中で伸ばされて流線形となる

目は保護のため細められるか閉じられる

両生類

カエル類

Tailed frog
オガエル
Ascaphus truei

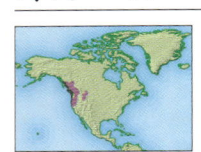

体　長　2.5–5cm
習　性　主に陸生
繁殖期　春から秋

分布　カナダ南西部、アメリカ合衆国北西部
状態　地域により一般的

水生のカエルの中で唯一、体内受精で繁殖し、緑色、茶色、灰色または赤みがかった色をしている。オスだけに見られる尾は総排泄腔の延長で、メスに精子を挿入するのに使われる。メスは冷たい渓流にひも状につながった卵を産み、岩の下に付着させる。オタマジャクシは2年かけて成熟する。オタマジャクシは吸盤のような口を使い、流れの速い水中でも岩に張りついていることができる。

・ざらざらした皮膚
・目を横切って暗色の縞がある

Hochstetter's frog
ホッホシュテッタームカシガエル
Leiopelma hochstetteri

体　長　3.5–5cm
習　性　主に陸生
繁殖期　夏

分布　ニュージーランド（北島）
状態　低リスク↑

このずんぐりした茶色のカエルは湿った地面に棲み、ニュージーランド固有のカエル3種のひとつである。卵は水で満たされた大きな卵嚢に包まれ、孵化したオタマジャクシは成熟するまで餌を食べずに卵嚢の中にとどまる。このカエルは局地的にはたくさんいるが、他の2種は現在では非常に珍しいものとなり、沖合いの島々でしか見られない。

African clawed toad
アフリカツメガエル
Xenopus laevis

体　長　6–13cm
習　性　主に水生
繁殖期　雨季

分布　南アフリカ
状態　一般的

扁平な体といい、水かきのある大きな肢といい、湖や池の水底に棲む生活様式に理想的に適応している。近縁種であるピパ（443ページ）と同様、目と鼻孔は頭のいちばん上にあり、カムフラージュになっている皮膚はアオサギその他の捕食者に対する防御になっている。メスは繁殖期に非常に小さな卵を多数産み、水中のいろいろなものに付着させる。アフリカツメガエルは教育や研究のためによく実験室で飼育されている。

指のある前肢
小さな前肢には3本の指があり、無脊椎動物や小さな魚をこの大食漢の口にさらい込むのに用いられる。

・前肢には3本ずつ指がある
・鉤爪のある指先
・体の両側に"縫い目模様"の線がある
・筋肉質の後肢

感覚器官

アフリカツメガエルの体の両側には、白い"縫い目模様"の線がある。この中に振動を感知する特別な感覚器官があり、暗い水の中でも餌や捕食者を探知することができる。

Oriental fire-bellied toad
スズガエル
Bombina orientalis

体　長　3–5cm
習　性　主に水生
繁殖期　春と夏

分布　アジア東部および東南部
状態　地域により一般的

ずんぐりした少し扁平な体つきのカエルであるが、最大の特徴は明るい赤に黒いまだらが入った腹面である。脅されると背中を弓なりにそらせて体を平たくし、四肢を頭の上に持ち上げ、どぎつい色を見せつける。また皮膚からいやな味のする分泌物も出す。スズガエルは沿岸地方の渓流に棲み、冬と乾燥した時期には岩や倒木の下に隠れている。オスは授精相手の気をひくために鳴く。メスは流れの中の岩の下に大きな卵を数腹産む。

・背面は明るい緑色と黒

Midwife toad
サンバガエル
Alytes obstetricans

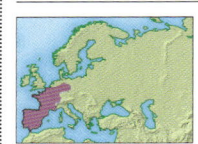

体　長　3–5cm
習　性　主に陸生
繁殖期　春と夏

分布　ヨーロッパ西部および中央部
状態　地域により一般的

非常に変わった繁殖方法で有名である。メスは卵黄で満たされた大きな卵をひも状につなげて産み、受精の間にオスに引き渡す。オスはこれを自分の肢に絡ませるが、別のメスが産んだひもを2本運んでいることもある。卵が孵化する準備ができると、オスは卵を池や水たまりに落とす。サンバガエルは小さくて丸々としており、肢は短く、皮膚は砂色、淡い茶色か灰色で、暗色の斑点がある。森や庭、石の壁、採石場、砂丘、崩れた岩などに棲み、冬と乾燥期には岩の裂け目などに隠れている。夜活動し、無脊椎動物を食べる。オスは裂け目や巣穴で、よく通るブーブーという高い声で鳴いて、メスの気をひく。

・ざらざらした皮膚
・垂直の瞳孔のある大きな目
・力強い前肢は穴を掘るため
・卵はオスに背負われている

Majorcan midwife toad
マリョルカサンバガエル
Alytes muletensis

体　長　3.5–4.5cm
習　性　主に陸生
繁殖期　春と夏

分布　バレアレス諸島（マリョルカ島）
状態　絶滅危惧IA類

この小さなカエルは世界で最も珍しい種のひとつである。飼育下で繁殖させてマリョルカ島の適切な生息地に放す保護計画は成功している。黄色みを帯びた色または淡い茶色の体に暗色の斑点を持ち、オスもメスも鳴き声で授精相手を探知する。メスは卵塊をオスに渡し、オスは卵が孵化する準備ができるまで背負っている。オタマジャクシは非常に大きくなり、成体になってからはほとんど成長しない。

・皮膚に斑紋がある

Surinam toad
ピパ（コモリガエル）

Pipa pipa

体　長　5–20cm
習　性　完全に水生
繁殖期　雨季

分布　アメリカ合衆国、メキシコ
状態　地域により一般的

　背面は灰色、腹面は淡い灰色で、扁平な体と、扁平で三角形の頭を持つ。ピパ科の他のメンバーと同じく、ピパにも舌がない。濁った泥水の緩やかな流れに棲み、完全な水中生活に高度に適応している。強力な後肢は泳ぐため、体の側面にある感覚器官は泥水の中で振動を探知するため、指先の触毛状突起物は獲物を触知するため、そして頭の上についた目は水面の上を見るためである。ピパは非常に風変わりな繁殖行動を見せてくれる。オスはメスを上から抱きしめ、ペアは何度も上下さかさまになる。卵が産み落とされ、受精が行われると、卵はオスの腹とメスの背中の間に落としこまれる。その後卵はメスの皮膚に吸収され、卵嚢の中で成長してから、カエルのミニチュアの姿で現れる。

Mexican burrowing frog
メキシコジムグリガエル

Rhinophrynus dorsalis

体　長　6–8cm
習　性　陸生／地中生
繁殖期　雨季

分布　アメリカ合衆国南部から中央アメリカ
状態　地域により一般的

　奇妙な姿をしたカエルであるが、膨れ上がった体、尖った吻、小さな肢は地中で暮らすことの多い生活に適応している。土が柔らかくて簡単に穴が掘れるような低地に棲み、激しい雨の後だけ姿を現わす。成体は池で繁殖するが、オスは体内の鳴嚢を使ってメスを呼ぶ。卵が孵化した後、オタマジャクシは口の周囲の触鬚で食物をこし取って食べる。

背中に赤い線がある

黒い体に赤い斑点

Couch's spadefoot toad
コーチスキアシガエル

Scaphiopus couchii

体　長　5.5–9cm
習　性　主に陸生
繁殖期　春と夏

分布　アメリカ合衆国南部、メキシコから中央アメリカ
状態　地域により一般的

　北アメリカ産のよく似た6種のカエルのひとつで、黄色または黄色っぽい緑色に暗色のまだらがある。このカエルは地中に潜って旱魃を乗り切る両生類の古典的な実例である。近縁種と同様、後肢に鋤のような黒い隆起があり、この隆起を使ってさらさらした砂混じりの土の中を1mかそれ以上掘る。地中に潜ると皮膚を何層か脱ぎ捨ててつくった防水性の繭で体を覆い、休眠状態のまま雨が降るのを待つ。雨が降ると（数か月後のこともよくあるが）繭が破れ、カエルは地表まで出てきて繁殖する。

垂直の瞳孔のある大きな目

Common spadefoot toad
ニンニクガエル

Pelobates fuscus

体　長　4–8cm
習　性　主に陸生
繁殖期　春

分布　ヨーロッパ中央部および東部、アジア西部
状態　絶滅危惧II類†

　丸々としたカエルで、後肢にある淡色の"鋤"を使って、後ろ向きに穴を掘る。砂丘、荒野、耕作地に棲み、昆虫その他の無脊椎動物を食べる。脅されるとキーキーと鳴き、体を膨らませ、四肢を伸ばして体を持ち上げ、体を大きく見せる。ニンニクのような匂いを放つのは捕食者をためらわせるためだろう。

Asian horned frog
ミツヅノコノハガエル

Megophrys montana

体　長　7–14cm
習　性　主に陸生
繁殖期　雨季

分布　アジア南東部
状態　地域により一般的

　世界で最も効果的なカムフラージュを行う両生類のひとつで、枯れ葉の擬態をして熱帯の森林の地面に棲む。茶色の体色と形状は木の葉によく似ており、吻は尖り、目の上に尖った角があり、皮膚のひだは木の葉の縁にそっくりである。メスは流れの中の岩の下に卵を産む。オタマジャクシは水面から垂直にぶら下がるような格好で泳ぎ、漏斗状の大きな口でごく小さな生物を食べる。

Parsley frog
パセリガエル

Pelodytes punctatus

体　長　3–5cm
習　性　主に陸生
繁殖期　春

分布　ヨーロッパ西部および南西部
状態　地域により一般的

　パセリガエルは池の近くの湿気があって植物が茂った場所に棲む。小さくて敏捷なカエルで、腹を吸盤のように使う変わった方法で、木や岩や壁の垂直面に登る。名前は淡色の皮膚にある緑色の斑紋がみじん切りにしたパセリに似ていることに由来する。大半のカエルと同様、活動するのは夜で、冬と乾燥期は地下に潜って過ごす。餌は昆虫その他の無脊椎動物である。繁殖期の間、オスが水中から鳴き声をあげてメスの気をひくと、メスが鳴き返す。メスは池の中に卵を幅の広いひも状にして産む。オタマジャクシは成体のカエルよりも大きくなることがある。

垂直の瞳孔のある大きな目
長い肢

カエル類

Holy cross toad
カトリックガエル

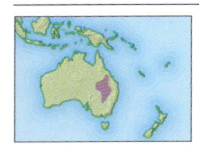

Notaden bennetti

体　長　4〜7cm
習　性　主に陸生
繁殖期　激しい雨の後
分　布　オーストラリア東部
状　態　地域により一般的

背中に十字架型のイボ状突起が並ぶ小さな球形のヒキガエル。オーストラリア固有のカメガエル科に属する。近縁種と同じく乾季は地中で過ごし、雨が降ると現れてアリとシロアリを食べ、繁殖する。触れられるとねばねばした防御用の分泌物を出す。オタマジャクシは一時的にできた水たまりで成長する。

短くてずんぐりした肢

Brown-striped frog
チャスジヌマチガエル

Limnodynastes peronii

体　長　3〜6.5cm
習　性　主に陸生
繁殖期　春と夏
分　布　オーストラリア東部
状　態　地域により一般的

体に暗色の縦縞が入った肢の長いカエル。沼の中や周辺に棲み、夜に昆虫やその他の無脊椎動物を食べる。冬と乾季には地下に潜る。オスはカチカチというような声で鳴いてメスの気をひく。授精の間、ペアは泡で浮き巣をつくり、その中に700〜1000個の卵を産む。卵は短期間で孵化し、オタマジャクシも非常に速く成長する。

強力な後肢

Southern gastric brooding frog
カモノハシガエル

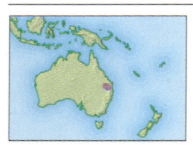

Rheobatrachus silus

体　長　3.5〜5.5cm
習　性　完全に水生
繁殖期　夏
分　布　オーストラリア（クイーンズランド南東部）
状　態　野生絶滅

イブクロコモリガエルとも呼ばれる。非常に稀にしか見られない両生類で、特筆すべき繁殖方法をとることが知られている。メスは18〜25個の卵を産み、受精した後で卵を呑み込み、胃の中で孵化させるのである。卵からの分泌物が母親の胃の消化作用を抑制し、卵の正常な成長を確実にする。オタマジャクシ段階は卵の中で過ごし、孵化すると、ごく小さなカエルが母親の口から出てくる。カモノハシガエルは水生だが、野生状態でのその他の生態はあまりわかっていない。1973年に発見されたが、数年間目撃されておらず、すでに絶滅していると思われる。

Corroboree frog
コロボリーガエル

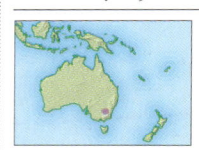

Pseudophryne corroboree

体　長　2.5〜3cm
習　性　主に陸生
繁殖期　夏
分　布　オーストラリア（ニューサウスウェールズ南東部）
状　態　絶滅危惧IB類

オーストラリアの最もカラフルな両生類のひとつで、オーストラリアアルプスのコケに覆われた沼に棲み、水中ではなくコケの中に卵を産む。鮮やかな色の両生類の大半とは異なり、このカエルの皮膚には毒はなく、黄色または黄緑色に黒い縞模様というどぎつい色の理由は不明である。

短くて水かきのない指

Sign-bearing toadlet
ニシチビガエル

Crinia insignifera

体　長　1.5〜3cm
習　性　主に陸生
繁殖期　冬
分　布　オーストラリア南西部
状　態　地域により一般的

オーストラリア産の小さなカエルで、体も肢もスマートである。体色は灰色から茶色で、両目の間に三角形の暗色の斑紋があることが多い。皮膚は滑らかなものもイボだらけのものもいる。冬の雨の後、一時的にできた沼に棲み、昆虫その他の無脊椎動物を食べ、乾季は地下で過ごす。繁殖期の間オスは授精相手の気をひくために鳴く。メスは冬に一度およそ60〜250個の卵を産むが、1つずつ産むこともあれば、卵塊状に産むこともある。卵は池の底に沈む。

暗色の斑点または縞
長い指

Stonemason toadlet
イシクヒシメガエル

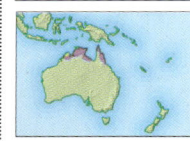

Uperoleia lithomoda

体　長　1.5〜3cm
習　性　主に陸生
繁殖期　冬
分　布　オーストラリア北部
状　態　地域により一般的

小さなずんぐりしたカエルで、求愛の鳴き声が2つの石を叩き合わせる音に似ていることからこの名がついた。ぼんやりした茶色か灰色で、体の両側に金色の筋か、斑点が筋状に並んだものが入り、肢は短く、後肢には穴を掘るための角質の隆起がある。乾季は地中に潜って過ごす。メスは卵を塊状に産み、卵は池の底に沈む。

皮膚にイボ状の腺がある

Cape ghost frog
ケープウスカワガエル

Heleophryne purcelli

体　長　3〜6cm
習　性　主に水生
繁殖期　夏
分　布　南アフリカ（ケープ地方）
状　態　地域により一般的

このカエルは水生生活に理想的に適応している。長い肢と水かきのある後肢は流れの速い川で泳ぐのによく、扁平な指先は、滑りやすい岩や丸石にしっかりつかまるのに都合がよい。繁殖期の間オスの体には非常に小さなトゲが生じる。オタマジャクシは大きな吸盤のような口を使って岩に貼りつく。

扁平な体
緑色、黄色または茶色の体色にまだらがある
滑らかな皮膚

Gardiner's Seychelles frog
ガーディナーセーシェルガエル

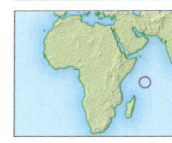

Sooglossus gardineri

体　長　1〜1.5cm
習　性　完全に陸生
繁殖期　雨季
分　布　セーシェル諸島
状　態　絶滅危惧II類

クリームがかった白から黄色がかった緑色の小さなカエルで、繁殖方法が独特である。地面に塊状に産み落とされた卵はオスに守られ、小さなカエルの姿で孵化する。子どもは父親の背中に這い上がり、粘液でくっついて、卵黄を使い果たし、肢が成長するまでとどまっている。

Surinam horned frog
アマゾンツノガエル

Ceratophrys cornuta

体　長　10–20cm
習　性　主に陸生
繁殖期　雨季

分布　南アメリカ大陸北西部
状態　地域により一般的

　この複雑な模様の大きなカエルは特別大きな口をした恐るべきハンターである。待ち伏せして獲物を捕まえるが、脅されると大きな鋭い歯を使って獰猛に自衛する。体はカムフラージュに優れており、肢は比較的短く、両目の上に角がある。オスはメスよりも少し小さく、繁殖期にはウシのような声で鳴いて授精相手を求める。メスは最高1000個の卵を産み、水生植物に絡ませる。オタマジャクシは他の多くの種とは異なり、孵化した瞬間から捕食者で、他の種だけでなく同類のオタマジャクシでさえも攻撃する。このカエルには角質の大きな筋肉の発達した顎がある。

待ち伏せして狩りをする
　アマゾンツノガエルは、他のカエル、トカゲ、ネズミなどを待ち伏せて捕らえる。体の一部を柔らかい土の中に埋め、時には地表に目だけ出して、動物が通りかかるのを待っている。他の両生類と同様、このカエルも振動を感じて行動に移る。獲物が手の届く範囲内に来ると、隠れ家から猛然と跳び出し、牙で犠牲者をしっかり捕まえ、丸呑みする。

がっしりした体格
アマゾンツノガエルはどっしりとして丸々とした体のカエルで、巨大な頭と非常に幅の広い口を持っている。両目の上には角のような顕著な突起がある。

角のような突起物
幅の広い口

Tungara frog
ツンガラガエル

Physalaemus pustulosus

体　長　3–4cm
習　性　主に陸生
繁殖期　雨季

分布　中央アメリカ
状態　一般的

　暗い灰色か茶色で、イボ状突起に覆われている。オスはメスの気をひくために大きな鳴嚢を繰り返し何度も膨らませ、ベースになる「トゥーン」と、「クッ」という大きな声を出す。「クッ」が多いほど、メスを魅惑しやすくなるが、鳴き声は捕食者であるコウモリの気をひいてしまうこともある。メスは一時的にできた池に浮かべた泡の浮き巣に卵を産む。

イボ状突起のある皮膚

Four-eyed frog
ニセメダマガエル

Physalaemus nattereri

体　長　3–4cm
習　性　主に陸生
繁殖期　激しい雨の後

分布　南アメリカ大陸東部
状態　未確認

　背面にある黒と白の2つの目玉模様が特徴である。脅されると体を膨らませ、背面を持ち上げて偽の目玉を見せつけ、捕食者を驚かす。さらに攻撃者を思いとどまらせるために、股の近くにある腺から嫌な味のする物質を分泌することもできる。体は丸々としてヒキガエルに似ており、肢は短い。体色は中くらいの茶色で、様々な濃淡の大理石模様がある。

目玉模様

South American bullfrog
ナンベイウシガエル

Leptodactylus pentadactylus

体　長　8–22cm
習　性　主に陸生
繁殖期　雨季

分布　中央アメリカ、南アメリカ大陸北部
状態　地域により一般的

　このずんぐりした体つきのナンベイウシガエルは、主にアメリカの熱帯に棲む約50種で構成される属の中でも、最も大きい種のひとつである。体は黄色か淡い茶色で、暗色の斑紋があり、肢は長く、目は大きく、顕著な鼓膜が体表にある。オスの前腕は筋肉質で、親指にある鋭い黒いトゲで他のオスと戦って撃退する。水の近くでオスが後肢で粘液を泡立ててつくった泡巣にメスが卵を産む。夜に活動し、昆虫その他の無脊椎動物やその他の動物を食べる。乾季には倒木の下や地中で過ごす。捕らえられると、捕食者が驚いて手を緩めるような大きな叫び声を上げる。ナンベイウシガエルの後肢は食用にされることもある。

滑らかな淡色の皮膚

Greenhouse frog
オンシツガエル

Eleutherodactylus planirostris

体　長　2.5–4cm
習　性　完全に陸生
繁殖期　夏

分布　アメリカ合衆国南東部、カリブ諸島
状態　地域により一般的

　世界最小のカエルの1種で、アメリカ両大陸の温暖な地域に広く分布し、約890種からなるユビナガカエル科に属している。体は茶色か黄褐色で、背中に暗色のまだらな縦縞があり、よく発達した粘着性の吸盤が四肢の指先にある。普通は森林に棲んでいるが、庭にも入ってくる。近縁種の多くと同じように湿った場所の地表に卵を産み、卵は完全なカエルの形で孵化する。

カエル類

Lake Titicaca frog
チチカカミズガエル
Telmatobius culeus

体　長　8－12cm
習　性　完全に水生
繁殖期　夏

分布　南アメリカ大陸（チチカカ湖）
状態　地域により一般的

このカエルはチチカカ湖の酸素の乏しい冷たい水の中での生活に向いたいくつかの適応を見せている。たっぷりした水かきのある後肢は泳ぐため、非常に小さな肺は水中に潜るためのものである。肺が小さいので、主に皮膚を通して酸素を吸収している。体の表面積を増加させるための幅の広い皮膚のひだや、おびただしい数の血管と赤血球とが酸素の吸収を高めている。

皮膚にひだがある

European common toad
ヨーロッパヒキガエル
Bufo bufo

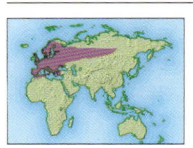

体　長　8－20cm
習　性　主に陸生
繁殖期　春

分布　アフリカ北西部、ヨーロッパからアジア中央部
状態　一般的

ヨーロッパで最も広く分布する両生類のひとつであるヨーロッパヒキガエルは、イボ状あるいはトゲ状の隆起で覆われた皮膚を持つずんぐりした体型の動物である。体色は茶色または緑色から赤レンガ色まで様々で、一般にメスはオスよりかなり大きいが、特に卵を抱えている早春には顕著である。この時期になるとオスとメスは池に集まり、ペアになった後、メスは水草の周りにひも状の卵を産む。他の時期はたいてい水から離れて過ごし、昆虫、ナメクジその他の小動物を食べる。おおむね夜行性で、昼間は倒木の下やそのほか湿り気のある場所に隠れている。

イボ状あるいはトゲ状突起のある皮膚

外見
ヨーロッパヒキガエルの目は大きく、銅色か金色である。繁殖期の間、オスの前肢にはメスをつかむための指下板が発達する。

自衛中

このカエルの両目の後ろには耳下腺があり、いやな味のする分泌物がにじみ出てくる。脅されると空気を呑み込んで体を膨らませ、体を大きく見せるために指先で立ち上がる。威嚇的な姿であるが咬みつくことはめったになく、人間には無害である。

American toad
アメリカヒキガエル
Bufo americanus

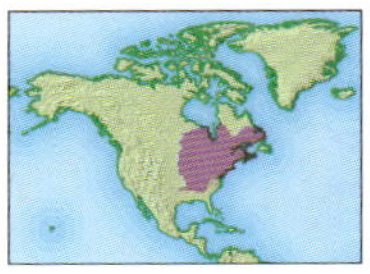

体　長　5－9cm
習　性　主に陸生
繁殖期　春

分布　カナダ東部、アメリカ合衆国東部
状態　地域により一般的

ずんぐりした体格
耳下腺

ヨーロッパヒキガエル（左）と同様、アメリカヒキガエルもイボ状突起だらけの皮膚と大きな目を持ち、頭の両側に大きな耳下腺がある。体色は茶色から鮮やかな色まで様々で、胸に斑紋がある。適応能力に富み、庭や山を含むあらゆる場所に棲み、夜に活動する。求愛行動の間オスは3〜60分も続く音楽的な声を響かせて、授精相手の気をひく。メスは卵を長いひも状にして池の中に産み、植物に巻きつかせる。

Golden toad
オレンジヒキガエル
Bufo periglenes

体　長　4－5.5cm
習　性　主に陸生
繁殖期　雨季

分布　中央アメリカ（コスタリカ中央部）
状態　絶滅危惧IA類

オレンジヒキガエルは破滅的な個体減少を見せた印象的な例である。1987年には1500匹が数えられたが、1989年には1匹、翌年も1匹であった。それ以来1匹も記録されていない。高地の雲に覆われた森林の、10平方キロという小さな領域でしか目撃されていないので、気候の変化の結果、姿を消してしまったのだろう。このカエルは、オスとメスの体色が顕著に異なることで有名である。メスは緑がかった黄色から黒で、黄色い縁どりのある赤い斑点があり、オスは鮮やかなオレンジ色である。繁殖期にはオスとメスが一時的にできる小さな水たまりに集まるので、博物学者たちはもう一度この種を見ることができるのではないかという希望を抱いて、水たまりに注目している。

Green toad
ミドリヒキガエル
Bufo viridis

体　長　6－9cm
習　性　主に陸生
繁殖期　春と夏

分布　ヨーロッパ東部、アジア
状態　地域により一般的

ずんぐりした体型のカエルで、淡色の皮膚に緑色の大理石模様と赤い斑点がある。低地や乾燥地の砂のある場所を好むが、山岳地帯や都市部でも見られる。冬と乾季は、倒木や岩の下か腐った植物の中に潜って過ごす。夜に活動し、主に昆虫を食べる。求愛行動の間オスは高音の鳴き声を出す。メスは一度に1万〜1万2000個の卵を産む。

緑色の大理石模様
イボのある皮膚

Guttural toad
イビキヒキガエル
Bufo gutturalis

体　長　5－10cm
習　性　主に陸生
繁殖期　春

分布　南アフリカ
状態　地域により一般的

大きな目

池、ダム、流れのそばで、隠れる場所のある様々な場所に棲んでいる。都市部でも夜間に街灯の下で昆虫を食べているのが見受けられる。その他の無脊椎動物や、巣を離れて飛んでいるシロアリも食べる。メスはオスより大きいが、オスはメスより前肢が長い。オスメスとも淡い茶色で、黒褐色の斑紋がある。オスは低いいびきのような声を出して授精相手の気をひき、メスは卵を水中に産む。

Raucous toad
レンジャーヒキガエル
Bufo rangeri

体　長　5－11cm
習　性　主に陸生
繁殖期　春

分布　南アフリカ
状態　地域により一般的

川、流れ、池の近くの草地や森に生息し、黄色または淡い茶色に斑点がある。寒い時期と乾季には倒木や岩の下、腐った植物などの中に隠れる。捕食者に追い詰められると、耳下腺からねばねばしていやな味のする分泌物を出す。繁殖期の間オスは大きくて耳障りな「ゲロゲロ」という声を出してメスの気をひく。鳴いたり、戦ったりという繁殖行動は非常にエネルギッシュで、1年のうちこの時期にオスは体重が減ってしまう。

大きな耳下腺
イボだらけの皮膚

両生類

カエル類

Golden frog
ゼテクヤセヒキガエル

Atelopus zeteki

体　長　3.5-6cm
習　性　主に陸生
繁殖期　雨季

分布　中央アメリカ南部
（パナマ）
状態　絶滅危惧IB類†

鮮やかな黄色またはオレンジ色のカエルで、黒い斑紋が入ることもあり、警告色の好例となっている。攻撃されると皮膚から毒を分泌し、捕食者は苦痛を経験することで、鮮やかな体色と有害な刺激物との連想によってこのカエルを避けることを学習する。中央アメリカに棲む多くのカエル類と同じように、近年個体数が極端に減少している。

鮮やかな警告色
黒い斑紋
長い肢

Gold frog
キンイロガエル

Brachycephalus ephippium

体　長　1-2cm
習　性　主に陸生
繁殖期　記録なし

分布　南アメリカ大陸東部
状態　地域により一般的

キンイロガエルは、山岳地方の雨林に生息し、主に積もった落ち葉の間で暮らし、昆虫その他の無脊椎動物を餌にしている。乾季の間は隙間に隠れている。地表に棲み、ジャンプもできないし、木登りもうまくない。切り株のような指先には吸盤がない。背中の滑らかな皮膚下には鞍型の骨板がある。体色は背面が明るいオレンジ色、腹面が黄色である。メスは陸上に大きな卵を5〜6個産む。卵からは、オタマジャクシではなく、小さなカエルの姿で出てくる。

West African live-bearing toad
ニシコモチヒキガエル

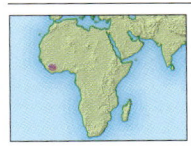

Nimbaphrynoides occidentalis

体　長　1.5-2.5cm
習　性　完全に陸生
繁殖期　春と夏

分布　アフリカ西部
（ニンバ山）
状態　絶滅危惧IB類

このカエルの繁殖形態は非常に変わっている。卵の受精と幼体の成長が母親の体内で行われるのである。9か月の懐胎期間の後、母親は体を空気で膨らませ、2〜16匹の非常に小さなカエルを押し出すようにして産む。乾季には岩の割れ目に隠れている。

Darwin's frog
ダーウィンハナガエル

Rhinoderma darwinii

体　長　2.5-3cm
習　性　主に陸生
繁殖期　一年中

分布　南アメリカ大陸南部
状態　地域により一般的

南アンデスの山林に棲むダーウィンハナガエルは、オスが鳴嚢の中で孵化した卵を育てることで有名である。このような育児行動は他のカエルにはほとんど見られない。背面は茶色か緑色、腹面は黒で、小さな体と鋭く尖った吻

肉質の吻
厚みのない肢

で容易に識別できる。成体は流れの近くの湿って影になった谷に棲み、おおむね夜行性で、昆虫やその他の小型動物を食べる。繁殖期の間オスは柔らかい鐘のような鳴き声でメスの気をひく。

形態的特徴
この小さなカエルには鼻の先端に特徴的な肉質の吻がある。その他の特徴として、厚みのない肢、長い指、指先の水かき、小さな鼓膜、水平な瞳孔のある目があげられる。

Paradoxical frog
アベコベガエル

Pseudis paradoxa

体　長　5-7cm
習　性　完全に水生
繁殖期　雨季

分布　南アメリカ大陸東部、トリニダード
状態　地域により一般的

カエル類の大半はオタマジャクシよりも成体の方がずっと大きいが、このカエルは立場が逆転している。オタマジャクシの期間が非常に長いため、成体の約4倍（最高25cm）まで成長することができる。変態の最終段階の間に縮んでしまうのは、主として非常に長い尾が吸収されるせいである。成体の特徴の大部分は水生の生活に高度に適応したものである。頭の上部にある目と鼻孔はちょうど水面の下を漂うのに都合がよいし、たっぷりした水かきのある後肢は泳ぐのに向いており、皮膚はぬるぬるしている。池、湖、沼に棲み、水生の無脊椎動物を食べるが、肢で泥をかき混ぜて獲物を混乱させてから捕らえる。メスは泡の浮き巣に卵を産む。

力のある筋肉質の後肢
ぬるぬるした皮膚
長い指
水かきのある肢は泳ぎに役立つ

Boulenger's Asian tree toad
ホースキノボリヒキガエル

Pedostibes hosii

体　長　5-10cm
習　性　主に陸生
繁殖期　雨季

分布　アジア南東部
状態　地域により一般的

ヒキガエルとしては珍しく、指先には吸盤があり、木登りが上手である。皮膚にはイボ状隆起と小さなトゲ状隆起があり、体色は緑がかった茶色から黒まで様々で、黄色の斑点がある。メスの中には紫色を帯びたものもいる。普通は森の中の川や流れに沿ったところで見られる。夜に活動し、アリを食べる。メスは流れの中におびただしい数の小さな卵をひも状にして産む。オタマジャクシは岩にぶら下がるために吸盤状の口がある。

大きな目
イボ状隆起だらけの皮膚
指先に粘着性の吸盤がある

子育て

メスが最高40個の大きな卵を地面に塊状に産んだ後、オスは2〜3週間卵を守る。胎児が動き始めると、オスは最高15個まで卵を飲み込んで鳴嚢の中にしまい込み、胎児はそこで孵化して小さなオタマジャクシになる。オタマジャクシが小さなカエルにまで成長するには自分の卵黄があればよい。それから子どもたちは父親の口から出てくる。

両生類

カエル類

Marine toad
オオヒキガエル

Bufo marinus

体　長　5〜23cm
習　性　主に陸生
繁殖期　雨の後
分　布　中央アメリカ、南アメリカ大陸、オーストラリアその他にも移入
状　態　地域により一般的

世界最大のヒキガエル。どっしりした体格で、非常に丈夫なイボだらけの皮膚は革のような手触りである。頑丈な頭には目の上に骨質の隆起があり、大きな耳下腺を備えている。危険が迫るとここからミルクのような毒を分泌する。貪欲な捕食者で、主にアリ、シロアリ、甲虫を食べるが、その他の昆虫、無脊椎動物、他のカエル類など、様々な物を喜んで食べる。繁殖期を除き、普段は単独で行動するが、繁殖期になるとオスはモーターが動いているようなブーブーという規則的な早い声で鳴いてメスの注意をひく。メスはオスよりも大きく、長いひも状のゼリーに包まれた卵を産み、水中の植物や屑に巻きつける。卵は1腹が最高2万個にもなることがある。理想的な状態では、幼体は水を離れて1年以内に成体の大きさに育つ。サトウキビを荒らす昆虫を駆除するだろうという希望のもとに、他の国々に人為的に移入された。

保護

1935年に移入されたオーストラリアでは急速に増加したため、現在では深刻な害獣であるとみなされている。オーストラリア固有のカエルやその他の動物と、隠れ場所や産卵場所を争うこともあるために深刻な影響を与えてきた。このカエルの蔓延をコントロールしようという努力がなされ、捕食者もこの毒性の強い侵入者を安全に食べることや、避けることを覚えつつあるようだ。

恐るべきしぶとさ

オオヒキガエルはしぶとく生き残るという点でも繁殖という点でも、たいへん適応能力に富んでいる。ほとんどどのような環境でも繁栄することができ、塩分を含んだ水でさえも耐えることができる。捕まえられるものならばどのような生物でも食べ、水がなくても長い間生きていくことができる。1年中繁殖が可能で、卵を大量に産む。

大食漢

オオヒキガエルは夜に食事にやってくるが、口に収まるものならば本当に何でも食べようとする。都市部ではよく街灯の下に集まって、光に招き寄せられた昆虫を食べている。

- 骨質の隆起
- 両目の上に顕著なまびさしがある
- 非常に大きな耳下腺
- オリーブ色から赤褐色の皮膚
- 腹面は白か淡黄色で、茶色の斑点が入る
- 前肢には水かきがない

短くてずんぐり

重たげでずんぐりして肢の短いオオヒキガエルは、地上での生活に最もよく適応している。オオヒキガエルは這い回るか、短く跳ね回るのが普通である。

毒による防御

オオヒキガエルは他の動物に対して非常に強い毒性を持っている。脅されたり、捕食者の口の中で押されたりすると、肩の上にある大きな腺から毒がしみ出してくる。体の上にある小さめの腺からも毒が分泌される。この毒を呑み込んだ動物は、あっという間に死ぬ場合がある。

両生類

カエル類

White's treefrog
イエアメガエル
Litoria caerulea

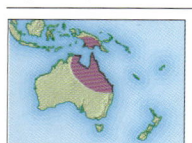

- 体長 5–10cm
- 習性 陸生
- 繁殖期 春と夏
- 分布 ニューギニア南部、オーストラリア北部および東部
- 状態 一般的

ホワイトアマガエルとも呼ばれる。広く分布するオーストラリア産のカエルで、おとなしい態度と人家の中や近くに棲む習慣で知られる。緑色から緑がかった青まで様々で、白い斑点が入ることもある。アマガエル類の大半と同様、指先には吸盤がある。湿気のある状況では深いひだのあるゆるんだ皮膚から大量の水分を取り込める。このため早魃に非常に強い。夜行性のハンターで、昆虫その他の無脊椎動物のほか、ネズミのような大きい動物を食べることもある。オスはメスより小さく、求愛の際はイヌのような耳障りな鳴き声を立てる。授精後、メスは水中に2000～3000個の卵を産む。皮膚から数種類の有益な抗菌性化合物、抗ウイルス性化合物、人間の高血圧の治療に使われる物質などがつくり出されるため、医学の分野で興味をもたれている。

- 丸々とした体
- 大きな頭
- 粘着性の吸盤

Spring peeper
サエズリアマガエル
Pseudacris crucifer 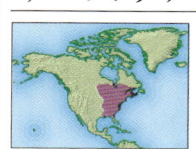

- 体長 2–3.5cm
- 習性 主に陸生
- 繁殖期 春
- 分布 カナダ南東部、アメリカ合衆国東部
- 状態 地域により一般的

北アメリカ大陸東部の大部分では、小さいが非常に敏捷なこのカエルの独特な鳴き声は、今が春だという印である。このカエルは木登りが巧みで、水かきは縮小しており、指先には粘着性の吸盤がある。一時的な池か永続的な池のある森林に棲み、冬と乾季には倒木や腐った植物の下で過ごす。

膨らんだ鳴嚢

サエズリアマガエルのオスは早春に水辺の潅木の茂みや木に集まって合唱団をつくり、高音の笛を吹くような鳴き声でメスの気をひく。オスの鳴嚢は、空気が鳴嚢と肺の間を声帯を経由して往復するときにオスの鳴き声を増幅する。

- 体色
体色は茶色、灰色またはオリーブグリーンで、背中にはふつうX字型の暗色の斑紋がある。

Giant treefrog
クツワアメガエル
Litoria infrafrenata 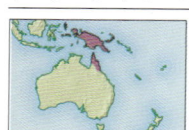

- 体長 10–14cm
- 習性 主に陸生
- 繁殖期 春と夏
- 分布 ニューギニア、オーストラリア北東部
- 状態 地域により一般的

背面は無地の緑色で、下唇に沿って顕著な白い線がある。熱帯性で、オーストラリアでは最も大きく、世界でも最も大きなアマガエル類の一種である。森や庭に棲み、日没後昆虫その他の無脊椎動物を食べる。指先に大きな吸盤があり、生涯の大半を樹上で過ごす。繁殖期の間、成体は木から降り、メスは400個の卵を水中に産む。

- 非常に大きな目
- 細くて白い線

Northern cricket frog
キタコオロギガエル
Acris crepitans 

- 体長 1.5–4cm
- 習性 主に陸生
- 繁殖期 春
- 分布 アメリカ合衆国東部および南部
- 状態 一般的

短いが強力な後肢のおかげで、特別長い距離を飛び跳ねることができる。ざらざらした皮膚、両目の間にある三角形の顕著な暗色の斑紋が特徴である。沼、池、流れ、湖の近くで植物の間におり、よく日光浴をしている。早春に大集団で池に集まり、オスは大きな声（コオロギの鳴き声を思わせるような金属的な連続音）で鳴いてメスの気をひく。地域によってはオタマジャクシの尾の先端が黒いこともある。この尾が捕食者であるヤゴ（トンボの幼虫）の注意をそらし、傷つけられやすい部分を守ることになる。

Green treefrog
アメリカアマガエル
Hyla cinerea

- 体長 3–6cm
- 習性 主に陸生
- 繁殖期 春
- 分布 アメリカ合衆国南東部
- 状態 一般的

明るい緑色の体色は、授精の相手を呼ぶときには黄色に、寒い気候のときには灰色に、すばやく変えられる。繁殖期にオスは池の周囲で合唱団をつくる。オスの一部が授精相手の気をひくために鳴き、その一方で"サテライトオス"と呼ばれる他のオスは黙って、鳴き声に引き寄せられたメスを横取りしようとする。雨の前と雨の最中に鳴く。夜になると窓辺に現れ、明かりに寄ってくる昆虫を食べる。

- 体の脇に淡色の線がある
- 金色の目

European treefrog
ヨーロッパアマガエル
Hyla arborea 

- 体長 3–5cm
- 習性 陸生
- 繁殖期 春と夏
- 分布 ヨーロッパ、アジア西部
- 状態 低リスク

ヨーロッパには2種のアマガエルがいるが、ヨーロッパアマガエルの方が広く分布している。普通は明るい緑色だが、黄色か茶色のこともあり、頭と体に暗色の水平な縞が入っているのが目立つ。水辺で植物が密生しているところに棲み、冬は冬眠する。繁殖期の間、オスは大きなケロケロという声で鳴き、すぐにやかましい合唱団をつくり上げてしまうこともある。

- 木登りのための吸盤

Grey treefrog
コープハイイロアマガエル
Hyla chrysoscelis

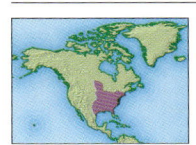

体　長　3～6cm
習　性　主に陸生
繁殖期　春
分布　カナダ南部、アメリカ合衆国中央部および東部
状態　地域により一般的

気候や明るさの違いに応じて体色を変えられる。寒いときや暗いときは暗色に、明るいときは淡色になる。斑紋のある体色は、コケなどの地衣類に覆われた木の幹を背景にすると完全に溶け込んでしまう。血液に含まれるグリセロールが"不凍液"となり零度以下の気温でも生き残ることができる。このカエルは別種のハイイロアマガエルとそっくりだが、ハイイロアマガエルの方は鳴き声が低く、染色体の数も2倍である。

Red-eyed treefrog
アカメアマガエル
Agalychnis callidryas

体　長　4～7cm
習　性　陸生
繁殖期　夏
分布　中央アメリカ
状態　地域により一般的

宝石のような体色と赤い目のため、最も印象的なカエルのひとつである。繁殖期にオスは池の上に張り出した枝に集まり、カチカチという連続音で鳴いてメスを呼ぶ。オスは授精のためにメスの背中によじ登り、メスはオスを背負ったまま池に落ちて水を吸収し、それから木に登って戻り、約50個の塊状の卵を水の上に出ている木の葉に産む。これが数回繰り返され、メスは卵を一塊産むたびに水を吸収する。卵は約5日後に孵化し、オタマジャクシは池の中に落ちていく。

大きな赤い目

体色

緑色の体で、脇腹に青と白の縞模様があり、肢の内側は赤と黄色である。昼間は葉に止まって休んでいるが、鮮やかな体色隠すために、肢を体に沿って折り曲げている。緑色の背中はカムフラージュになっている。

木登り上手
他のアマガエル類同様、アカメアマガエルも木登り用のよく発達した吸盤がすべての指についている。

Orange-sided leaf frog
アカジマメズサアマガエル
Phyllomedusa hypochondrialis

体　長　2.5～4.5cm
習　性　完全に陸生
繁殖期　雨季
分布　南アメリカ大陸北部から中央部
状態　地域により一般的

乾燥した地域に生息する体の細長いカエルで、特別な腺から蝋質の物質を分泌し、水分の損失を少なくするためにこの物質を体中に塗りつける。メスは卵が発育するのに必要な水分を供給するため、液体で満たされた卵嚢で受精卵を包む。捕食者を撃退するために不快な分泌物を出すが、死んだふりをすることもある。

緑色の背中
腹面はオレンジ色

Mountain marsupial frog
ヤマフクロアマガエル
Gastrotheca monticola

体　長　4～6cm
習　性　完全に陸生
繁殖期　春と夏
分布　南アメリカ大陸北西部
状態　地域により一般的

ヤマフクロアマガエルのメスの特徴は背中の保育嚢である。受精の間にオスは卵をこの保育嚢の中に入れ、卵はそこで成長する。発育中の幼生は、哺乳類の胎盤に似た連結によって母親の血液組織と結合される。激しい雨の後、母親はオタマジャクシを水中に解き放つ（近縁種の中にはごく小さな成体の形で子どもを解き放つものもいる）。夜活動し、冬や乾季には倒木の下に隠れている。

幅の広い頭

Giant frog
モグリアメガエル
Cyclorana australis

体　長　7～10.5cm
習　性　陸生／地中生
繁殖期　雨季
分布　オーストラリア北部
状態　地域により一般的

この大きなカエルは土に穴を掘り、皮膚を何層か脱ぎ捨てて体を包む繭をつくり、地下で非常に長く生き延びることができる。膀胱や体腔、皮膚の下に大量の水を貯えることもできる。近縁のミズタメガエルはアボリジニーに"生きている井戸"として使われていた。このカエルを掘り出しぎゅっと握り、飲み水をしぼり出すのである。モグリアメガエルは淡い灰色、茶色または明るい緑色で、目にかけて黒褐色か黒の縞が入る。幅の広い頭に短くて筋肉質の肢を持ち、後肢には骨質の突起物、背中には1対の皮膚のひだがある。繁殖期の間、オスは池の縁から鳴いてメスに呼びかける。メスは最高7000個の卵を塊状にして水中に産み、卵は池の底に沈んでいく。

Red-snouted treefrog
キアシナンベイアマガエル
Scinax ruber

体　長　2.5～4cm
習　性　主に陸生
繁殖期　雨季
分布　中央アメリカ南部から南アメリカ大陸北部、カリブ諸島
状態　地域により一般的

黄色、銀色または灰色のスマートな体をしている。繁殖期の間、オスはやかましく鳴いて授精相手の気をひく。メスはオスより少し大きいが、体の大きさで授精相手を選び、自分より約20％小さいオスを好む。この比率だとオスの総排泄腔と最も密接に接触することができ、その結果受精する卵の数もいちばん多くなる。メスは捕食による影響を小さくするために、卵を池の周囲にばらまく。

尖った吻

Duck-billed treefrog
カドバリカブトアマガエル
Triprion petasatus

体　長　5.5～7.5cm
習　性　主に陸生
繁殖期　雨季
分布　メキシコ（ユカタン地方）、中央アメリカ北部
状態　地域により一般的

アヒルのような吻
灰色の体に暗色の斑点

ユニークな形の頭が特徴的である。アヒルのような平たい吻を持ち、目の後ろには鞍型のフラップがあるが、機能はわかっていない。体は灰色、茶色または緑色で、暗色の斑点があり、後肢には水かき、四肢の指先には吸盤がある。このアマガエルは草地にある潅木の茂みや木の上に棲む。夜だけ活動し、昼間は木の洞に隠れているのが普通で、寒いときや乾季にも木の洞に避難している。

扁平な体

両生類

White-spotted glass frog
シロテンアマガエルモドキ

Hyalinobatrachium valerioi

体　長　2–3.5cm
習　性　主に陸生
繁殖期　雨季

分布　中央アメリカ南部から南アメリカ大陸北西部
状態　地域により一般的

　小さくて優美なこのカエルの皮膚は透明で、まるでガラスでできているような外観を呈している。木登りが非常にうまく、四肢の指先には大きな吸盤がある。メスは流れの上に張り出した植物に卵を付着させる。ピンク色または赤いオタマジャクシは孵化すると水の中に落ち、水底の泥や砂の中に潜り込む。

Green poison-dart frog
マダラヤドクガエル

Dendrobates auratus

体　長　2.5–6cm
習　性　完全に陸生
繁殖期　雨季

分布　中央アメリカ南部から南アメリカ大陸北西部
状態　地域により一般的

　華やかな色合いの熱帯アメリカのカエルであるが、世界で最も毒性の強いものを含む120種ほどの科に属する。近縁種と同様、地表で暮らし、防御手段として毒を用いる。明るい体色が捕食者に対してこのカエルが有毒であることを示しているので、森林の地表を邪魔もされずに跳ね回ることができる。ヤドクガエル間の求愛は非常に変わったやり方で行われる。メスが主導権を握り、背中に乗ったオスを後肢で叩くことで授精へと誘うのである。

警告色
マダラヤドクガエルは尖った頭を持つ小さなカエルである。華やかな体色の種で、黒地に緑色の斑紋があり、金色の光沢を帯びることもある。この体色は捕食者に対する警告として機能している。

父親の育児

マダラヤドクガエルのメスは、積もった落ち葉の中に5〜13個の卵を数腹産むが、卵を守るのはオスの方で、一度に数腹の卵の面倒を見ることもある。オスは、卵が孵化するとオタマジャクシを背中に乗せて木の洞の中の小さな水たまりまで運ぶ。

Strawberry poison dart frog
イチゴヤドクガエル

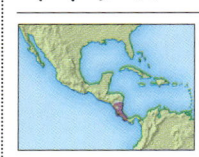

Dendrobates pumilio

体　長　2–2.5cm
習　性　完全に陸生
繁殖期　雨季

分布　中央アメリカ南部
状態　地域により一般的

　最も毒性が強いというわけではないが、中央アメリカ産のこのカエルは非常に毒性が強い。他のヤドクガエル同様、トラブルを免れるには化学的防御システムに頼る。体色は多様で、ある場所では明るい赤、別の場所では茶色、青または緑色である。メスは卵を4〜6個ずつ塊にして産み、水のたまった木の洞に1つずつ入れていく。

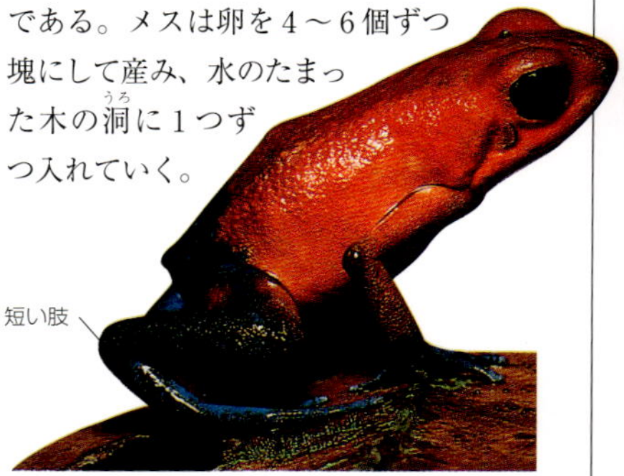

短い肢

Common rocket frog
ミズカキコオイガエル

Colostethus inguinalis

体　長　2–3cm
習　性　主に陸生
繁殖期　雨季

分布　中央アメリカ南部から南アメリカ大陸北西部
状態　地域により一般的

　コオイガエル属の他の種すべてと同じく、ヤドクガエルと近縁関係にあり、生息地も重なっていることが多い。しかしヤドクガエルとは異なり、体色は茶色と黒の保護色で、毒もない。

European common frog
ヨーロッパアカガエル

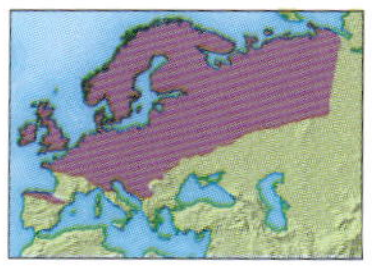

Rana temporaria

体　長　5–10cm
習　性　主に陸生
繁殖期　春

分布　ヨーロッパ、アジア北西部
状態　地域により一般的

　ヨーロッパアカガエルは北部ヨーロッパで最も広く分布している両生類のひとつで、分布域は北極圏まで広がっている。湿った場所に棲み、成体としての生涯の大部分を陸上で過ごし、攻撃から逃れるときと繁殖するときだけ水に戻る。ヨーロッパアカガエルは早春に多数集まって浅い池へと進む。オスは低く唸るようなしわがれ声でメスに向かって鳴き、授精後、メスは数千個の卵を水に浮かぶ塊状の形で産む。暖かい池ではオタマジャクシは6週間で成熟するが、冷たい水の中だと4か月かかることもある。

長くて強力な後肢
体に黒い斑点がある
後肢には黒い縞模様がある

Northern leopard frog
ヒョウガエル

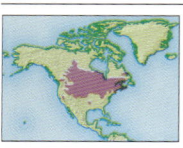

Rana pipiens

体　長　5–9cm
習　性　陸生／水生
繁殖期　春

分布　カナダ南部、アメリカ合衆国北部
状態　地域により一般的

　緑色か茶色で、吻は尖り、淡色の縁どりのついた大きくて不規則な暗色の斑点が2〜3列並ぶ。池、湖、沼地近くの草地に棲み、昆虫など無脊椎動物を食べ、冬と乾季には岩や倒木の下に隠れる。オスの鳴き声は大きく長く太いゴロゴロという唸り声で、合間にブウブウという。3〜12月に繁殖するが、繁殖期は緯度によって異なる。

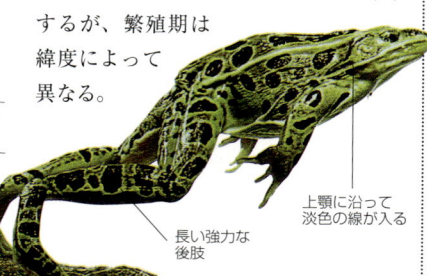

上顎に沿って淡色の線が入る
長い強力な後肢

White-lipped river frog
シロクチカワガエル

Rana albolabris

体　長　6–10cm
習　性　主に陸生
繁殖期　夏

分布　アフリカ西部および中央部
状態　地域により一般的

　アカガエル科に属するカエル類は、しばしば"本当の"カエルと呼ばれるが、600種以上あり、世界中の主な大陸すべてに棲んでいる。アフリカの種は一般には知られていないが、11種がサハラより南に棲んでいる。上唇にある白い線が特徴で、吻は尖り、背中の両側面に沿って皮膚に顕著なひだがあり、指先に大きな粘着性の吸盤を備えている。オスはメスよりも鼓膜が大きく、繁殖期には前肢上腕部に大きな腺が発達し、このおかげで授精の間メスの上にしっかりとしがみついていることができる。シロクチカワガエルは雨林と森林地帯に棲んでいる。オタマジャクシには下唇に沿って皮膚の房飾りがあるが、その機能は定かではない。

カエル類

North American bullfrog
ウシガエル

Rana catesbeiana

体　長　9〜20cm
習　性　主に水生
繁殖期　春と夏
分布　カナダ南東部、アメリカ合衆国西部、中央部および東部
状態　地域により一般的

飽くことを知らぬ貪欲さで有名なウシガエルは、北アメリカ大陸最大のカエルである。湖、池、緩やかな流れに棲み、生涯の大半を水中か水のすぐそばで過ごす。体色は多様性に富む。生息地の一部では背面が無地の緑色で、他の場所では派手な模様が入っている。春と夏の繁殖期にはオスは自分のなわばりを守り、喉の下の鳴嚢を使って低いいびきのような鳴き声を出す。授精の後、メスは数千個の卵を産む。オタマジャクシは成体になるのに最高4年かかる。

両生類の侵略者

ウシガエルは哺乳類、爬虫類、他のカエル類を含む様々なものを食べる。もともと北アメリカ大陸東部産であるが、もっと西の地域数か所に移入され、その土地固有の淡水生態系に有害な影響を与えている。

外見
この大きなカエルの最も目立つ特徴は、長くて力強い後肢と大きな鼓膜である。背面は緑色で、茶色の斑紋が入り、腹面は白い。

大きな鼓膜
茶色の斑紋

Agile frog
ダルマチアアカガエル

Rana dalmatina

体　長　5〜9cm
習　性　主に陸生
繁殖期　春
分布　ヨーロッパ北部、中央部および南部
状態　地域により一般的

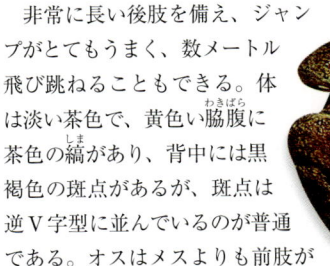

非常に長い後肢を備え、ジャンプがとてもうまく、数メートル飛び跳ねることもできる。体は淡い茶色で、黄色い脇腹に茶色の縞があり、背中には黒褐色の斑点があるが、斑点は逆V字型に並んでいるのが普通である。オスはメスよりも前肢が太いことで見分けられる。開けた森や沼のような草地に棲み、冬と乾季には倒木や岩の下に隠れるか、植物の下に穴を掘って潜って過ごす。ただしオスは池や湖の氷の下で冬を越すことが多い。春に氷が溶け始めるとすぐに繁殖期を迎え、卵は塊状に水中に産み落とされる。

非常に長い後肢
尖った吻

Wood frog
アメリカアカガエル

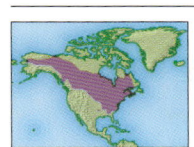

Rana sylvatica

体　長　3.5〜8cm
習　性　主に陸生
繁殖期　春
分布　カナダ、アメリカ合衆国東部
状態　地域により一般的

分布地域の中では南の温暖な森で見られるのが普通であるが、北アメリカ大陸に棲む他のカエルよりもずっと北の北極圏の中でも十分に生き残ることができる。血液中に"不凍液"の機能を持った化学物質が含まれているので、零度以下の温度でも生きていける。地面に雪が残っていたり、繁殖地の池が部分的に凍っているときでも繁殖期を迎えることがある。体色はピンク色から様々な色合いの茶色、黒まで多様性に富み、暗色の斑紋がある。肢に縞があり、目の後ろには暗色の斑紋がある。

Lake frog
ワライガエル

Rana ridibunda

体　長　9〜15cm
習　性　主に水生
繁殖期　春
分布　ヨーロッパ西部およびアジア南西部
状態　地域により一般的

ヨーロッパ最大のカエルであるこの種は茶色か緑色で、長くて強力な特徴のある後肢を持ち、背中には体長に沿って皮膚にひだがあり、両目は互いに接近している。湖、池、堀、流れに棲み、魚、トカゲ類、ヘビ類、ネズミ、他のカエル類、昆虫その他の無脊椎動物を食べる。メスは水中に最高1万2000個の卵を産む。

背中に黒い斑紋
足に黒い横縞がある

Goliath bullfrog
ゴライアスガエル

Conraua goliath

体　長　10〜40cm
習　性　主に水生
繁殖期　雨季
分布　カメルーン、赤道ギニア
状態　絶滅危惧Ⅱ類

世界最大のカエルで、アフリカ西部にのみ見られる。強力な後肢、長くて水かきのある指先、滑らかでぬるぬるした皮膚を持ち、水中での生活にうまく適応し、泳ぎも潜水も非常に達者である。指先が膨らんでいるが、これがどういう機能を果たしているのかは不明である。ジャングルの流れに沿って棲み、他のカエル類、小型爬虫類、哺乳類を食べる。陸上に現れることはめったにないが、たまに現れても脅されたり邪魔されたりするとすぐに水に潜る。カエル類としては珍しいことだが、オスはメスより大きく、授精相手の気をひくために鳴くこともしない。繁殖行動についてはあまりわかっていない。

両生類

Solomon Islands horned frog
ソロモンツノガエル

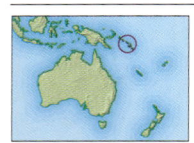

Ceratobatrachus guentheri

体　長	5～8cm
習　性	主に陸生
繁殖期	雨季

分布　ソロモン諸島　　状態　地域により一般的

森の地面に生息するこのカエルは、ミツヅノコノハガエル（443ページ）と非常によく似ているが、近縁種ではない。しかしカムフラージュはミツヅノコノハガエルと同じである。角状突起は頭の輪郭を消す働きをしており、木の葉を背景にすると見つかりにくくなっている。カエルには珍しいことだが、下顎に骨でできた歯状の突起物があり、獲物を押さえるのに使われる。オスはメスよりも大きな"歯"を持っている。メスは大きな卵を塊状にして産み、卵は湿った土の中で直接小さなカエルの姿になって孵化する。ソロモンツノガエルには卵黄の吸収を助けるひだが皮膚にある。

頭に角がある　　平たい三角形の頭

Sharp-nosed grass frog
ハナナガサバンナガエル

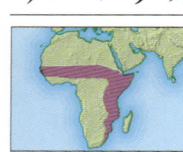

Ptychadena oxyrhynchus

体　長	4～7cm
習　性	主に陸生
繁殖期	春

分布　アフリカ西部および中央部から南東部　　状態　地域により一般的

運動能力が非常に高いカエルで、草の間や水中をとても速く動き回ることができ、強力な後肢のおかげで驚異的な距離を飛び跳ねることもできる。背面は黄褐色で、茶色か黒の斑点と斑紋があり、腹面は白い。非常に尖った吻の上には淡色の三角形の斑紋がある。激しい雨の後一時的に池ができるような開けたサバンナや、トゲのある植物の茂る草原に棲み、昆虫、特にコオロギやその他の無脊椎動物を食べる。乾季や寒いときは隠れたままでいる。オスは高音の規則的な早い鳴き声を響かせてメスの気をひき、受精は激しい雨の後、水面で行われる。卵は空気中で受精し、水面に小さな塊状になって放出される。

鋭く尖った吻　　茶色の斑紋

Green mantella
ミドリマダガスカルガエル

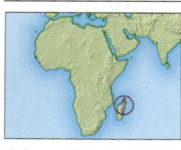

Mantella viridis

体　長	2～3cm
習　性	完全に陸生
繁殖期	雨季

分布　マダガスカル北部および東部　　状態　絶滅危惧II類↑

鮮やかな体色を持つカエル9種で構成されるキンイロマダガスカルガエル属は、マダガスカルにのみ生息しているが、主として生息地である森林の破壊によってどの種も絶滅の危機に瀕している。さらに世界中でペットとして取り引きされているため、数が激減している。ミドリマダガスカルガエルは熱帯林の流れのそばに棲み、背中と頭は黄色または淡緑色で側面は黒く、上唇に沿って白い筋がある。昼間活動し、昆虫その他の無脊椎動物を食べる。オスはカチカチという連続音で鳴いてメスの気をひく。雨季の間に陸上で行われる授精の後、メスは流れの近くに卵を産む。

両側面は黒い　　上唇に沿って白い線　　指先の吸盤

African bullfrog
アフリカウシガエル

Pyxicephalus adspersus

体　長	8～23cm
習　性	主に陸生
繁殖期	雨季

分布　アフリカ中央部から南部　　状態　地域により一般的

アフリカウシガエルは湿ったサバンナまたは乾燥したサバンナに棲み、非常に長い間地中に潜ったままでいることがあるが、激しい雨が降らなければ最高数年間もそのままでいることもある。地中では水分の損失を減らすために体を繭の中に封じ込めてしまう。他のカエル類や昆虫その他の無脊椎動物を食べる。アフリカウシガエルはとても大きく、どっしりした頭で、後肢には穴掘り用の角質の隆起がある。オスはメスより大きく、繁殖期にはオスの下顎に1対の歯のような突起物が生じ、他のオスとなわばり争いをするときに使う。オスはブーンという大きな鳴き声をあげてメスの気をひく。水のみなぎった池での受精の後、オスは卵とオタマジャクシを守り、水路を掘ってもっと広い水場に行けるようにしてやる。

体色は緑か茶色　　皮膚にはイボと隆起がある　　後肢に隆起がある　　とても大きな口

Golden mantella
キンイロマダガスカルガエル

Mantella aurantiaca

体　長	2～3cm
習　性	完全に陸生
繁殖期	雨季

分布　マダガスカル中央西部　　状態　絶滅危惧II類

ヤドクガエル（452ページ）とよく似ているが、マダガスカル産のこのカエルも捕食者に対して有毒だと警告するために鮮やかな体色を進化させた。昼間活動し、森の地面で小型動物を探し回る。繁殖期の間成体は陸上で授精し、メスは湿った落葉の堆積に卵を産む。孵化したオタマジャクシは雨で池まで押し流される。他のキンイロマダガスカルガエル属同様、森林伐採によって生息場所を脅かされている。

黒い目　　オレンジ色の体

Levuka wrinkled ground frog
フィジーエダアシガエル

Platymantis vitiensis

体　長	3.5～5cm
習　性	主に陸生
繁殖期	春と夏

分布　フィジー　　状態　絶滅危惧IB類

スマートな体型のカエルで、フィジーの熱帯林にのみ生息する。扁平な頭に大きな鼓膜があり、皮膚にはしわがあり、水かきのない四肢の指には吸盤がある。メスは地面に大きな卵を少数産むが、卵は直接小さなカエルの姿で孵化し、オタマジャクシの段階は卵の内部で完了する。このカエルの行動やライフサイクルについてはあまりわかっていない。

Mottled shovel-nosed frog
マダラクチボソガエル

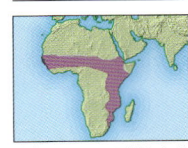

Hemisus marmoratus

体　長　3–4cm
習　性　陸生
繁殖期　雨季

分布　アフリカ西部および中央部から南東部
状態　地域により一般的

　カエルは後肢を使って後ろ向きに穴を掘るが、ずんぐりしたこのカエルは珍しいことに、尖って頑丈な鋤のような形をした吻を使い、頭から先に土を掘っていく。餌はアリとシロアリである。メスは池の近くの地中に掘った穴に最高2000個の卵を産む。卵が孵化するまで守り、その後オタマジャクシを水中に解き放つためにトンネルを掘る。

丸々とした体

Painted reed frog
イロカエクサガエル

Hyperolius marmoratus

体　長　2.5–3.5cm
習　性　陸生
繁殖期　春と夏

分布　アフリカ東部から南東部
状態　地域により一般的

　小さくて優美なカエルである。体色は多様で、縞模様のあるもの、斑点のあるもの、無地の茶色のものなどがある。木登りがうまく、四肢の指には水かきと吸盤がある。いつも水のある池、湖、沼に近いところに棲み、大半のカエル類と同じく、乾季には倒木や岩の下に隠れて過ごす。夜に活動し、昆虫その他の無脊椎動物を食べる。春と夏全体を通して続く長い繁殖期に、オスは池のそばで合唱団を形成し、やかましく鳴き立ててメスの気をひく。メスは1シーズンに2回以上合唱団を訪れることがあり、そのたびに1腹の卵を小さな塊状にして産む。オスが幾夜合唱に加わるかは様々だが、鳴き続けた夜の数が最も多いものが授精回数も最も多くなる。

Greater leaf-folding frog
オオバナナガエル

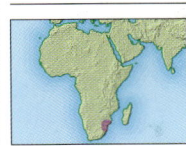

Afrixalus fornasinii

体　長　3–4cm
習　性　完全に陸生
繁殖期　春と夏

分布　アフリカ南東部
状態　地域により一般的

　樹上生のカエルの多くは地面より高いところに卵を産むが、この種はきわめて巧妙なテクニックを持っている。メスは木の上に張り出している葉に卵を産み、その後葉を抱えて、体から分泌される糊で固定する。卵が孵化するとオタマジャクシは下の水の中へ落ちていく。食べられるのを避け、生存競争で幸先のよいスタートを切らせる仕組みである。茶色で、暗色の縦縞があり、ほっそりした四肢には水かきと吸盤がある。池や沼の周囲で植物が密生したところに棲み、夜に活動する。繁殖期の最初に大きなオスたちが植物の高い位置からカチカチと鳴いて、受精相手の気をひく。小さなオスたちはしばしば黙ったまま、鳴いているオスのそばで待つ。メスが接近してくると、鳴かないオスたちが割りこんで授精しようとすることがある。

長い肢　　　背中に沿って淡色の縞模様

African treefrog
カメルーンオオクサガエル

Leptopelis modestus

体　長　2.5–4.5cm
習　性　陸生
繁殖期　春と夏

分布　アフリカ西部、アフリカ東部中央
状態　地域により一般的

　このカエルは幅の広い頭と大きな口、大きな目と顕著な鼓膜を持つ。体は灰色か淡い茶色で、砂時計型の斑紋が背中にある。オスは木の上から低いカタカタという鳴き声でメスに呼びかけ、明るい青または緑色の喉を見せてディスプレイを行う。鳴く場所を守るために戦うこともある。

目は前方についている

Bubbling kassina
セネガルガエル

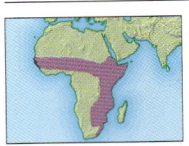

Kassina senegalensis

体　長　3–5cm
習　性　主に陸生
繁殖期　雨季

分布　アフリカ西部および中央部から南東部
状態　地域により一般的

　跳ねるよりは歩くことに適応したカエルで、ほっそりした肢を持ち、後肢の指にはわずかに水かきがある。ふっくらとして長い体の色はベージュまたは黄色から灰色まで様々で、黒褐色か黒の大胆な縞模様と斑紋がある。低地のサバンナや砂丘の池や水たまりの近くに棲んでいる。繁殖期には午後になるとオスは水の方へ進んでいき、地表の隠れ場所から鳴き声を上げる。暗くなってからは木の上で鳴く。受精は水中で行われ、卵は水生植物に1つずつ、あるいは房状につけられる。

Abah River flying frog
ワラストビガエル

Rhacophorus nigropalmatus

体　長　7–10cm
習　性　陸生
繁殖期　雨季

分布　アジア南東部
状態　地域により一般的

　アオガエル属は50種以上からなるが、ワラストビガエルを含む数種は肢を使って木から木へと滑空する。指の間にある水かきがパラシュートの役割を果たすので、空中で舵をとりながらかなりの距離を"飛んで"捕食者から逃れることができる。体は明るい緑色で白い斑点があり、扁平な頭に大きな飛び出した目を持ち、鼓膜が見えている。四肢の指には木登り用に吸盤がついている。オスはメスより小さく、受精の間メスをつかんでおけるようにオスの親指には隆起がある。夜に活動し、たいてい雑木林や森で見られるが、人家近くでも頻繁に見受けられる。繁殖期の間メスは最高800個の卵を水の上に張り出した植物に付着させた泡巣の中に産む。卵が孵化するとオタマジャクシが現れ、下の水の中に落ちる。

垂直な瞳孔のある大きな目
扁平な頭

Grey foam-nest frog
ハイイロモリガエル

Chiromantis xerampelina

体 長 5～9cm
習 性 主に樹上生
繁殖期 雨季

分布 南アフリカ
状態 地域により一般的

力によって有名である。皮膚は水分の損失を少なくすることに適応しており、乾いた排泄物を出す。普通は灰色か淡い茶色であるが、カムフラージュのために体色を変え、夜は暗色になる。しかし真昼にはほとんど白くなることもできる。

樹上で生きる
体はこぢんまりとしており、大きな目には水平の瞳孔がある。長くてほっそりした肢、すべての指先にある吸盤など、樹上での生活様式に適応した典型的な特徴を持っている。四肢の指には水かきもある。

このカエルと近縁種は、その繁殖方法と長い乾季のあるサバンナで生き残る能

粘着性の吸盤

泡巣をつくる

オスは前肢の第1指と第2指にある隆起でメスと区別できるが、繁殖期の間オスは池の上に張り出した枝の上で鳴いてメスに呼びかける。他のオスも、1匹あるいはそれ以上がこれに加わることもある。メスが到着すると、オスのうち1匹がメスを捕まえて授精する。メスが分泌液を出すと、1匹ないし数匹のオスがそれを肢でかき混ぜて泡立てる。その後メスは一度に最高1200個の卵を泡の中に産み、1匹または数匹のオスがその上に精子を放出する。泡巣の外側は卵を守るために固くなるが、内側は湿ったままである。卵が孵化した後、オタマジャクシは泡巣の中を掘り進んで外へ出て、下の水に落ちる。

Ornate narrow-mouthed toad
ヒメアマガエル

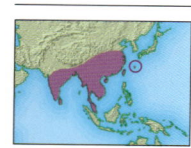

Microhyla ornata

体 長 2～3cm
習 性 主に陸生
繁殖期 雨季

分布 アジア南部および南東部（日本を含む）
状態 地域により一般的

この小さなアジア産のヒメアマガエルは、滑らかな皮膚の丸々とした体をしており、前肢は短く、後肢は長く、頭は小さい。体色は黄色か黄土色で、暗色の大理石模様と縞模様が脇腹に沿って入る。雨林や耕作地帯、特に水田に棲んでいるが、草の中や積もった落ち葉の中でも見られる。餌は昆虫その他の無脊椎動物である。乾季や寒い時期には地下に潜ったまま過ごす。繁殖は池、水田、一時的な水たまりや緩やかな流れで行われる。オスはメスより小さいが、大きな鳴嚢を用いて水の中からやかましく鳴き立て、メスが受精に来るように元気づける。メスは一度におよそ270～1200個の卵を水中に産む。水面を皮膜のように覆う卵は短期間で孵化し、繁殖地の池が涸れてしまう前に、オタマジャクシもとても速く成長する。

Bushveld rain frog
フクラガエル

Breviceps adspersus

体 長 3～6cm
習 性 陸生
繁殖期 雨季

分布 アフリカ南東部
状態 地域により一般的

主に地中に棲み、降雨の後、摂食と授精のためだけに姿を見せる。頑丈な体は明るい茶色か黒褐色。暗色の縁どりのある明るく黄色みを帯びた色かオレンジ色の斑紋が数列並んでおり、短くて太い肢は地中生の種に典型的なものである。

追い詰められると体を膨らませ、穴の中に体をしっかり固定する。メスはオスよりずっと大きい。オスは授精中にメスをつかむには小さすぎるので、メスが背中から分泌物を出す。この分泌物が糊の役目を果たして、授精中にくっついていられる。

球形の体
平らな顔

Banded rubber frog
アカスジクビナガカエル

Phrynomantis bifasciatus

体 長 4～6cm
習 性 主に陸生
繁殖期 雨季

分布 アフリカ南東部
状態 地域により一般的

肢の短いこのカエルは、飛んだり跳ねたりせず、歩いたり走ったりする。体は黒くてつやがあり、主にピンク色か赤の斑点と縞模様が背中に入る。1日のうちに体色を変化させ、明るい光のもとでは淡い色になる。頭は尖っており、目は小さくて瞳孔は丸い。昆虫を食べるが、餌は主にシロアリとアリである。脅されると肢を伸ばして体を持ち上げ、体を膨らませる。皮膚から毒性の強い分泌物を出すが、摂取すると人間にも致命的である。オスは池の縁から速い声で鳴いて求愛する。メスは最高600個の卵を塊状に産み、水生植物に付着させる。

Great Plains narrow-mouthed toad
セイブジムグリガエル

Gastrophryne olivacea

体 長 2～4cm
習 性 主に陸生
繁殖期 春と夏

分布 アメリカ合衆国中央部および南部、メキシコ北部
状態 地域により一般的

このカエルは頭が細くて尖っている。目は小さく、体は太く、短い肢で穴を掘り、小さな割れ目に隠れる。体色は茶色か灰色で、時には背中の表面に暗色の木の葉型模様があることで識別される。春の激しい雨の後、一時的にできた水たまりの周囲に多数集まることで知られる。オスは長く伸びたブンブンという声で鳴き、メスに呼びかける。授精の後、メスは水たまりの中に卵を産む。水が干上がらないうちにオタマジャクシは急速に成長する。

危機に瀕した両生類

このページは国際自然保護連合（IUCN：31ページ参照）によって深刻な絶滅危惧状態にあると分類されている全両生類のリストである。リストは比較的短いが、しかし（ここに挙げられていない）他の多くの種が絶滅危惧種または稀少種であり、特にカエル類の数の減少は重要な問題である。これほど多くの両生類がなぜ同時に減少しているのかは、完全にはわかっていない。疑念の余地なく生息地の環境変化に打撃を受けているものもいるが、この問題が世界規模で広がっていることは、気候の変動などの他の要素も働いていることを示唆している。移入された魚や、限られたケースではあるが、他の両生類に脅かされているものもいる。この現象はオオヒキガエルやウシガエルのような大型で攻撃的な種が偶然あるいは意図的に新しい場所に移入されたところで生じている。

サンショウウオ類

Ambystoma lermaense（レルマサンショウウオ）
Batrachoseps aridus（サバクホソサンショウウオ）
Euproctus platycephalus（サルジニアナガレイモリ）
Salamandra atraaurorae（コガネアルプルサラマンドラ）

カエル類

Alytes muletensis（マリョルカサンバガエル）
Bufo periglenes（オレンジヒキガエル）
Eleutherodactylus karlschmidti（プエルトリコヤスガエル）
Holoaden bradei（ブレイドブラジルヤマガエル）
Litoria fbooroolongensis（ブールーロンアマガエル）；*L.castane*（キボシアマガエル）；*L. lorica*（ソートンピークアマガエル）*L.Litoria spenceri*（スペンサーアマガエル）；*L.verrequ*（ベローアマガエルの亜種ヤマベローアマガエル）
L. nyakalensis（ニアカラアマガエル）
L. piperata（ペパーアマガエル）
Paratelmatobius lutzii（ルッツヒラタサンバウロガエル）
Philoria frosti（ボーボーガエル）
Platymantis hazelae（キノボリガエル）；*P. insulatus*（ギガンテエダアシガエル）；*P.isarog*（イサログヒラタガエル）；*P. levigatus*（スベリタガエル）、*P.negrosensis*（ネグロスヒラタガエル）、*P. polillensis*（ポリロヒラタガエル）；*P. spelaeus*（ケーブヒラタガエル）
Pseudophryne corroboree（コロボリーヒキガエルモドキ）
Rheobatrachus silus（カモノハシガエル）
Taudactylus acutirostris（ハナナガタニガエル）；*T. diurnus*（グロリアスタニガエル）；*T. rheophilus*（ケアンズタニガエル）
Thoropa lutzi（ルッツシブキガエル）
T. petropolitana（ペトロポリスシブキガエル）

ハーレクィンガエル
パナマの熱帯雨林に棲むこのカエルは、現在減少している多くの両生類の代表である。両生類の薄い皮膚は、オゾン減少による紫外線放射量の増加や、おそらくその他の環境の物理的、化学的変化から影響を受けやすいのではないかと考える科学者もいる。

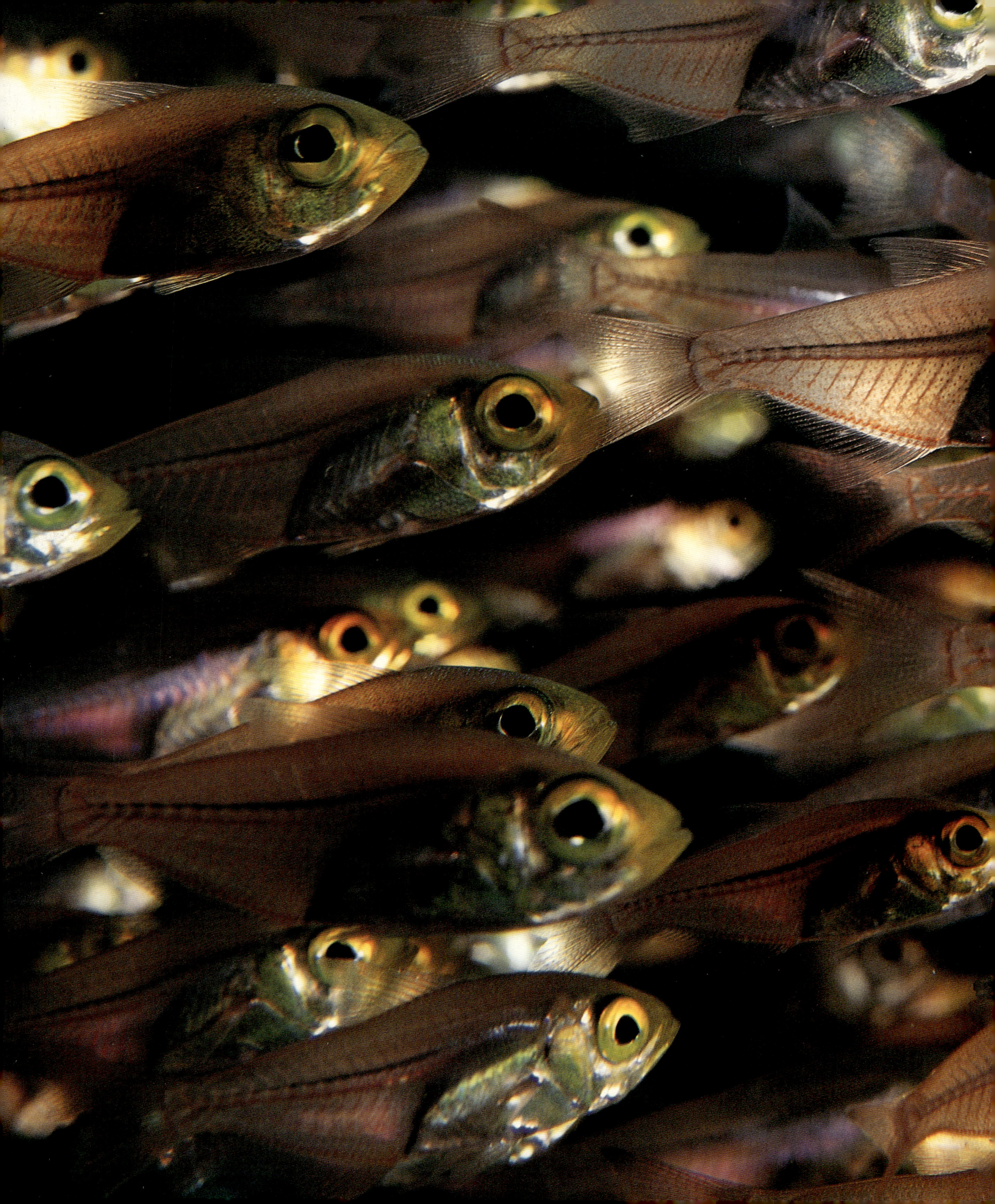

魚

類

魚　類

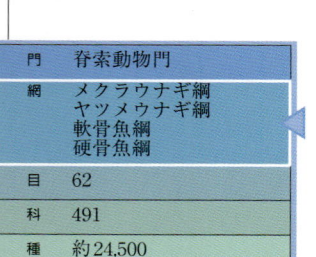

門	脊索動物門
綱	メクラウナギ綱 ヤツメウナギ綱 軟骨魚綱 硬骨魚綱
目	62
科	491
種	約24,500

魚類は地球上に初めて出現した背骨のある動物で、脊椎動物の中ではいちばん大きなグループである。ただし、他の脊椎動物の分類群とは違い、魚類は自然の分類群ではなく、類縁関係の薄い4つの綱をまとめたものである。典型的な魚類は鰓で呼吸し、体は鱗で覆われ、鰭を巧みに使い、変温性の動物である。淡水か海水に棲む種がほとんどであるが、両方を行き来する種も少数ながら存在する。

水中の生活
ほとんどの魚（写真のチョウチョウウオなど）は一生を水の中で過ごすが、水から出ても短時間は生きていられる種もわずかだがいる。

進化

現生種は3つのグループに分けられることが多い。無顎類（2つの綱からなる）と軟骨魚類と硬骨魚類（それぞれ1つの綱からなる）である。この3つのグループはそれぞれ違う祖先から別々に進化してきた。

最初の魚類が出現したのは5億年以上前で、体の柔らかい濾過食性の無脊椎動物から進化したものと思われる。現生の無顎類と同じように、初期の魚類も顎のない丸い肉質の口（角質の歯は備えていた）を持っていた。

動かせる顎を備えた最古の魚類が登場したのは、約4億4000万年前のことである。棘魚類の名で知られるこの魚の顎は、鰓弓が進化したものである。顎の発達に伴って歯も現れた。顎と歯があるおかげで、棘魚類は様々な種類の食物をとることができた。また棘魚類の体の下部には数対のトゲがあり、このトゲが対になった鰭に進化していった。初期の無顎類と違って、棘魚類の体は鱗で覆われていた。

軟骨性の骨格を持つ魚類が出現したのは約3億7000万年前である。今のサメやエイの祖先にあたる。

軟骨魚類が出現するおよそ5000万年前に硬骨性の内骨格を持つ魚類のグループが登場した。硬骨魚類には大きく分けて2つのグループがある。肉鰭類には肉質の突起に支えられた鰭がついている。一方、条鰭類の鰭は長い骨に支えられている。四肢のある最初の陸生脊椎動物の祖先はおそらく肉鰭類だろうと考えられている。条鰭類が現れたのもほぼ同じ頃だが、はるかに大きなグループとして栄えている。彼らは薄い鱗、柔軟性の高い鰭、均整のとれた尾鰭などを獲得することにより、巧みに泳げるようになった。また、動かしやすい顎や鰓腔が進化して、容易に呼吸できるようになったことも重要である。

鰭の種類
硬骨魚類の背鰭、尻鰭、尾鰭は体の正中線に沿ってついており、胸鰭と腹鰭は対になっている。写真のコイには背鰭が1基しかないが、2基または3基の背鰭を持つ魚もいる。

体のつくり

魚類は水中生活に適応した形態的特徴を持っている。体はふつう流線形をしており、滑らかな鱗に覆われている。また、

セファラスピス

スティコセントルス

魚の化石
地球上に出現した最古の魚の中に、セファラスピスと呼ばれるものがいる（上）。顎のない口がついていて、頭と鰓は骨でできた大きな楯板で守られていた。これとは対照的に、硬骨魚スティコセントルス（下）の化石では顎と鱗とはるかに軽くて柔軟性にすぐれた内骨格があるのがわかる。

（コイの体のつくり：鰓蓋、背鰭、鰭条、尾鰭、尻鰭、左の腹鰭、左の胸鰭）

鱗

魚類の鱗にはいくつかのタイプがあり、素材も様々である。軟骨魚類には歯と同じ構造の楯鱗（皮歯とも呼ばれる）がある。原始的な硬骨魚類には厚くて柔軟性の低い鱗がある。ガーパイクの場合はダイヤモンド形の硬鱗、シーラカンスにはコズミン鱗と呼ばれる鱗である。これらも楯鱗と同じように象牙質とエナメル質に似た物質でできている。進化した硬骨魚類には骨質の薄い鱗があり、一方の端は皮膚に埋まっていて、もう一方が外に出ている。円鱗の表面は滑らかだが、櫛鱗は表面がざらざらだったり、トゲ状になっている。

楯鱗　硬鱗　円鱗　櫛鱗

鱗のパターン
楯鱗は基部が皮膚に埋め込まれていて、反対側が体外に出ているので、皮膚がざらざらしている。硬鱗は噛み合った形になっていて、繊維で互いにくっついている。円鱗と櫛鱗は皮膚の外に出ている部分が重なり合うように並んでいて、全体で滑らかな柔軟性のあるカバーになっている。

鰓

魚類の鰓は、体の側面の口のすぐ後ろの体内にある鰓腔と呼ばれる空洞にある。ほとんどの種で、鰓には硬骨または軟骨からなる支持構造があり、これが毛細血管が密に詰まった組織を支えている。水が鰓腔に入ると、まず鰓耙と呼ばれる構造によってこされてきれいになる。鰓耙は鰓弓という支持から伸びる多数の突起である。また鰓弓は、鰓弁の接着点となっている。呼吸効率を高めるため、鰓弁には表面に二次鰓弁というひだがある。二次鰓弁の表面でガス交換が行われ、全身に送られる。二次鰓弁が体の表面積の10倍もある魚もいる。

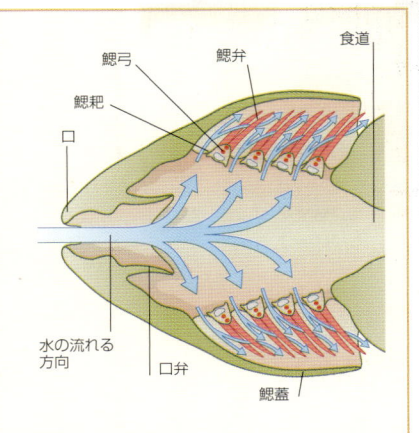

ガス交換
水は口を通って鰓腔に入り、鰓孔から外に出ていく。水が鰓を通るとき、溶け込んでいた酸素が毛細血管の薄い外膜から血液に入る。同時に、二酸化炭素が毛細血管から外に排出される。

水の外での呼吸
トビハゼは鰓腔を湿った状態に保つことによって、長時間水から出ていても生きられる。トビハゼは海岸沿いの湿地に棲み、引き潮のときに発達した胸鰭を使って干潟を動き回る。

が、種によってはこれで水の抵抗を小さくしている。

ほとんどすべての魚類には鰭がある。鰭には主に2つのタイプがある。正中線に沿った（無対の）鰭と、対の鰭である。無対の鰭は背中か腹側の正中線に沿って単独でついている。背鰭、尻鰭、尾鰭がこれにあたる。対の鰭には胸鰭と腹鰭があり、体の左右に1基ずつ、2基1組でついている。鰭は主に遊泳に使われる（462ページ参照）が、ほかにも用途がある。鰭の表面の色や模様が捕食者に対する警告になったり、繁殖相手を誘ったり、なわばりを守ったり、獲物をおびき寄せるのに使われることもある。種によっては鰭にトゲがついていて、捕食者から身を守っている。このトゲには毒腺を備えたものもある。すべての魚類には鰓があり、鰓を使って酸素を血液に取り込んでいる（上のコラム参照）。また、別の方法で酸素を取り入れている魚もいる。例えば肺魚は原始的な肺に似た器官を使って空気呼吸をする。皮膚から酸素を吸収し、二酸化炭素を排出できる魚もいる。

泳ぐための動力源となったり、方向を変えたり、一定の場所にとどまるための鰭がついている。すべての魚類には、水から酸素を得るための鰓がある。

すべての魚類には内骨格があるが、3つのグループごとに異なっている。

無顎類の体は、脊索という単純な棒状の器官に支えられている。未発達の脊椎を持っている種もある。サメやエイでは、炭酸カルシウムが沈着して硬くなった軟骨からなる脊椎などの骨格がある。大部分の魚類には硬骨でできた骨格糸がある。これは頭蓋骨、脊柱などのほかに、硬骨でできた鰭条も含まれる。

滑らかな皮膚の魚もいるが、ほとんどの魚は鱗、板状の骨、またはトゲに体を覆われている。最も一般的なのは鱗で、これは体を保護するとともに、体に当たる水の流れを効率化し、なおかつ魚が自由に動けるようになっている（前ページのコラム参照）。皮膚の腺から分泌される粘液は、バクテリアなどから魚を守る

感覚

魚類は他の動物にもある感覚系（視覚、聴覚、触覚、味覚、嗅覚）を使って周囲の情報を集める。しかし魚類独特の感覚器官もある。

ほとんどの魚には目がついているが、明るさや色や形や距離を感受する能力は種によって大きな差がある。この違いは生息環境や習性などに対応している場合が多い。澄んだ水の中にいる魚は視力がよい傾向があるが、暗い環境（泥水、洞穴、深海など）に生息する魚は視力が弱いか、視力そのものがない場合が多い。深海に棲む魚の中には大きな目をしたものもいるが、これは光をできるだけたくさん集めるためである。

水は音を伝える効果の高い媒体である。大半の魚類は音波を感知できる。音の振動はふつう骨と頭の組織を通って内耳に伝わるが、ウキブクロで音を増幅する種もある。

水生動物の場合、味と匂いの区別はあいまいである。同じ器官が水に溶けている場合でも、食物に含まれている場合でも、その化学物質に反応するからだ。多くの魚類は、鼻孔と呼ばれる匂いを受容する感覚細胞がある感覚孔を使って匂いを嗅ぐ。ほとんどの魚は嗅覚がすぐれており、たいへん薄い濃度の化学物質を感知できるものもいる。味覚の受容器官は口の近くにあるが、鰭、皮膚、あるいは髭のような触鬚を使って底泥中や底に近い餌生物を見つけ出す魚類もいる。

筒型の目

大きな目

目
ほとんど光の届かない生息環境に棲む魚には変わった目を持つものが多い。ヒナデメニギス属（上）は深海魚で、上を向いた筒型の目をしている。ヨゴレマツカサ（下）は浅い水の中に棲んでいるが、直射日光を避け、夜に大きな目を使って食物を探す。

ほとんどすべての魚には側線系と呼ばれるものがあり、これで振動（捕食者や獲物から生じるものもある）や、水圧や水流の変化を探知する。こうした変化を探知するのは、側線系を構成する側線管と呼ばれる管の内面にある神経小丘と呼ばれる感覚器官である。この管は頭の骨の中や、体の側面に沿って鱗の下を通っている。

味覚
ナマズ類は、髭に似た触鬚を持つことから、英名でキャットフィッシュと呼ばれる。触鬚の表面は味蕾で覆われ、食物を探すのに使われる。深い湖の底の暗い水に棲むスクイーカー（写真）のような種にとっては特に役に立つ。

魚類

エイの泳ぎ
ほとんどの魚類は体と尾を左右に動かして前に進むが、エイ類（写真のサカタザメなど）は大きな胸鰭を上下に動かして前進する。

電波や電流を探知できる魚が多い。軟骨魚類の場合は、電気信号をロレンチニ瓶と呼ばれる構造で受信する。皮膚の表面の小さな穴の中にあるこの特殊な神経細胞には伝導性のあるゲルが入っていて、他の動物が活動の際発生させる弱い電流を探知できる。硬骨魚類の中にも電気信号を探知できるものがいる。電界を発生させる器官を持っていて、それを使って見えにくい他の魚や物体を探知したり、仲間とコミュニケーションをとったりする種もいる。

泳ぎと浮力

魚類は筋肉を動かして水の中を進む。背骨の両側に沿って筋節と呼ばれる筋線維の束が並んでいる。この筋節を連続的に収縮させることによって、魚類はすばやく頭から尾にかけて波のような動きをつくり出し、尾部を左右に動かす。この波のような動きによって魚は水の中を進むのである。波の起点はふつう体の後方3分の1か半分のところにあるので、左右に動くのは尾部だけである。魚によっては、尾の先の部分だけが動く（動きの速いもの）。長くて細い体を持った魚ほどはっきりした動きをする。ウナギなどの魚は、波の方向を逆に動かして、後ろ向きに泳ぐこともできる。

鰭は推進力と運動に重要な役割を果たしている。背鰭と尻鰭は、ボートの竜骨と同じような動きをして、体を安定させる。対になった鰭にはいろいろな役目がある。ほとんどの魚類は操縦翼面として使う。つまり、鰭の角度を調整して遊泳方向を変えているのである。サメ類や一部の硬骨魚類の場合は、対になった鰭で前進するときに浮力をつける。海底面上を"歩く"ために対鰭を使う魚もいる。稀に陸上を対鰭で這う魚もいる。尾鰭は主に推進力として使われるが、舵取りの役目もある。

一般的に魚の動きは比較的遅く、時速5kmを超えることはめったにない。しかし、それよりはるかに速く動ける魚もいる。例えばマグロ類に近縁なカマスサワラは、短時間であれば時速75km出すことができる。

魚は泳ぎ方に見合った体の形をしている。広い水域を速いスピードで長時間泳ぐ必要のある魚は、ふつう魚雷型（紡錘形）の体をしている。長くて側面が平たい体形は、泳ぐのにあまり効率的ではないが、サンゴ礁や岩場などに棲む魚類によく見られる。これは、これらの場所では急な方向転換が必要になるためである。ウナギのように細い円筒形をした体を持つ魚は、食物を探したり捕食者から逃げたりするために、狭い隙間に楽々と入り込むことができる。底生魚類はふつう横に広がった平たい体をしているが、そのおかげで海底と見分けがつきにくい。

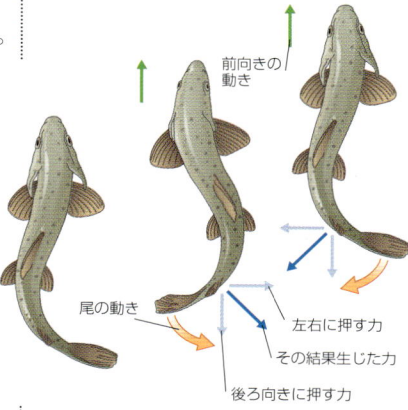

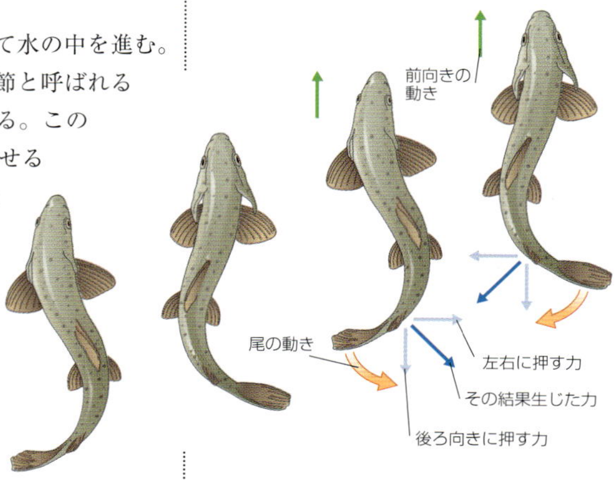

多くの魚には中性浮力がある。つまり、密度が周囲の水と同じなので、水中の一定の深さにとどまっていることができるのだ。その他の魚の大半は浮力がやや弱い。動くと鰭の力で体が浮くが、動かなければ沈んでしまう。エイのような底生魚類にとっては、浮力が低いことが利点となる。ほとんどの魚は水の中を上下に移動する際に、ウキブクロというガスの入った器官を使って浮力を調整している。ウキブクロにガスを出し入れして浮力を強めたり弱めたりする（479ページ参照）のである。軟骨魚類にはウキブクロはないが、脂肪を大量に含む大きな肝臓があり、これが水よりも密度が低いため、浮力を高めている。

推進力
魚の尾が動くと、左右と後ろに水を押すことになる。その結果生まれた力は左右と後ろの中間の角度で働く。尾が左右に動くということは、左右に向かって押す力が結果的に後ろに向かって押す力を生じさせるということである。自然界の力はすべて反対方向に同じだけの力を生むので、後ろ向きに押す力が魚を前に進ませるのである。

海水魚と淡水魚

魚類には体内の水分と塩分の割合を一定に保つ仕組みが必要である。ほとんどの魚類は、体内の塩分のバランスが周囲の水とは違っている。この違いが問題を生じさせる恐れがある。というのは、口や鰓腔などにある組織で起こる水の浸透によって体内の塩分濃度に変化が生じ、それが体に害を及ぼしたり、時には死につながることもあるからだ。

海水魚の場合、体内の塩分濃度は海水よりも低いので、浸透圧により体内の水分が外に出ていく傾向にあるため、体内の塩分濃度が上がる。これに対応するため、大半の海水魚は、大量の海水を飲んで、鰓などの細胞から塩分を積極的に排出するとともに、尿は少ししか排出しない。淡水魚では、体内の塩分濃度が周囲の水より高いので、浸透圧により水分が体内に入ってきてしまい、体内塩分濃度が下がってしまう。このため、水分を大量の薄い尿として排出する一方で水分を飲まず、食物からの塩分以外に、鰓の細胞などから積極的に塩分を取り込んでいる。海水と淡水を行き来する魚は周囲の水の塩分濃度に対応して、塩分を体内に入れることも体外に出すこともできる。このような魚は、海水から淡水へ、あるいは淡水から海水へ移動する際に、汽水域で短い調整時間をとることが多い。

温度のコントロール

魚類は変温動物である。つまり、体温が周囲の水温とほぼ同じである。しかし、周囲の水の状態などに対して、体温を調節する行動をとる種もいる。日光を浴びたり、日陰に入ったり、水温の高い浅いところに上がったり、水温の低い深いところに沈んだりするのである。熱を吸収

寒さの中で生きる
ふつう海水は魚の血液よりも低い温度で凍る。しかし写真のノトセニアやその近縁の魚類のように、海水も凍る極地方の非常に冷たい水の中でも血液が凍らない魚がいる。これは血液の中に不凍剤のような役割を果たすタンパク質が含まれているからである。

淡水と海水で生きる
ヨーロッパウナギは淡水でも海水でも生きられる。成魚になってからはほとんど川で過ごすが、繁殖のために海に戻っていく。サケやマスはその逆で、繁殖のために海から川に戻ってくる。

魚類

する暗い色と熱を反射する明るい色に変わる色素で体の色を変化させ、温度を調節する種もいる。

マグロ類やホホジロザメ類とその仲間のように、恒温動物に似た魚も少数ながら存在する。泳ぎに用いる大きな筋肉から生じた熱の一部を逃がさないための仕組みを持っているため、体温が周囲の水温よりも高くなっている。そのおかげで活発に活動できるのである。

繁殖

魚の繁殖行動は様々である。ほとんどの場合、メスは卵を産み、卵は体外で受精する。しかし、体内受精によりメスが稚幼魚を出産する種もかなりある。

一部の魚類は定期的に繁殖する。年に一度ということが多い。しかし、一生のうち一度しか繁殖を行わない魚類もいる。彼らはだいたい、繁殖行動がすむとまもなく死んでしまう。繁殖の時期は外部要因（温度、光度、日の長さなどの変化）と、それらと関連した体内のサイクル（ホルモンレベルの変化）に左右される。

最も生き延びる可能性の高い場所を選んで産卵や出産をする魚もいる。こうした場所にたどり着くためには、数千キロも移動しなければならない場合もある。種によっては、多数のオスとメスが繁殖のために浅瀬に集まるものもある。この場合、求愛行動はしない。しかし、ふさわしい相手を引きつけるために複雑な求愛の儀式を行う魚もいる。繁殖期には、オスが体の色を変化させるものもある。例えば、ネズッポ類のオスは体の色が濃くなる。入念な動きで回りながら求愛相手にその色を見せるのである。

水生動物の多くがそうであるように、大半の魚類は体外受精をする。メスの体から卵が出てくると、オスがそれに向けて精子を放出する。精液は濃度が高く、精子があまり早く分散しないようになっている。ほとんどの海水魚の卵は小さな油の滴で浮くようにできており、プランクトンの一部となって漂っていく。淡水魚の卵はふつう重くて表面に粘着力があり、水中の物体に付着するようになっている。淡水魚の大半は卵のために巣をつくり、種によっては親が卵を守るものもいる（右コラム参照）。ほぼすべての場合、卵がかえるとまだ体のつくりが未完成な仔稚魚が出てきて、それからしだいに骨格や鰭や器官系が発達していく。体外受精は魚類（をはじめとする水生動物）に適した繁殖方法である。理由のひとつとして、水の方が空気よりも密度が濃いため、卵や精子を運ぶ媒体として適していることが挙げられる。また、水中には卵が育つのに必要な酸素がある。しかし胚子が成魚になるまで生き残る確率は、特に海水魚の場合には比較的低い。これを補うため、メスは多数の卵（種によっては500万個以上も）を産むことが多い。

数は少ないが、体内受精によって繁殖する種もいる。例えばサメ類の場合、オスの腹鰭が交接器官となり、メスの総排出腔に挿入される。海水に押されてオスの精子がこの器官の溝を流れ、メスの体内に入っていく。

受精が体内で行われる場合、ふつうは体内で孵化し、仔魚となって産み出されるが、親から栄養をもらうことは少ない。サメ類やエイ類などの一部では、胎盤によって胚子とメスの間がつながっていて、それを通じて胚子に栄養が送られる。

稚幼魚を出産するメスは、発達していく稚幼魚をお腹で育てるのにかなりのエネルギーを投じる。しかし体外受精で繁殖する魚と比べて、このような魚の稚幼魚は発達した状態で生まれてくるので生き残る可能性が大きい。そのため、体内受精する魚は、産出数が少なくても、種としては安定した個体数を維持できるのである。

他の脊椎動物のグループと比べると、魚には雌雄同体のものが比較的多いが、これはすべて硬骨魚である（479ページ参照）。フナ類の一部やアマゾン・モーリーのように、メスしかいない魚もいる。これは一種の単為発生で、近縁の種のオスの精子によって発生が始まるもので、集団内の遺伝子はほぼ同一になる。

産卵
スズキ類は、多くの魚と同様、大量の卵を産む。少なくともそのうちの一部は確実に生き残って成魚になるようにするためだ。これを放卵という。

卵
卵の中で発達中の胚は、卵黄嚢から栄養をもらう。卵嚢は透明だ（写真のサケの胚子の目は外からでも見えている）。卵がかえるまでの時間は水温に左右される。

胚子の目

幼生
成魚

変態
魚が卵から出てきても、卵黄嚢はまだ体にくっついていて最初の数週間の栄養源となる。ブラウントラウトの幼生（上）が成魚（下）の姿になるまでには3〜4年かかる。

子育て

卵と精子を水の中に放出してしまうと、多くの魚はそれ以降、発達していく卵稚仔と関わりを持たなくなる。しかし、積極的に卵や仔稚魚の面倒を見る種もいる。巣の中に産みつけて卵を守るだけでなく、捕食者を追い払ったり、きれいにして病気を予防したり、鰭であおいで酸素を含んだ水を送ったりして世話をするものもいる。卵がかえると、親は弱い稚魚を様々な方法で守る（写真）。子どもを養う種もわずかながらいる。ディスカスは皮膚から栄養のある液体を分泌し、稚魚に与える。

タツノオトシゴ
オスのタツノオトシゴ（右）は子育てに変わった役割を果たす。メスがオスの腹部の袋に卵を産みつけ、卵はそこで受精するのである。2〜6週間後に卵が孵化して子どもが出てくるが、孵化後も独り立ちするまでオス親が保護する。

オス親
幼魚

口の中で子育て
シクリッドのうち数百種は、卵を口内に抱く。卵がかえると親は子どもを口の中に隠して捕食者から守る。

無 顎 類

門	脊索動物門
綱	メクラウナギ ヤツメウナギ
目	2
科	4
種	約90

無顎類は他の現生種よりも早く、5億年以上前に出現した。かつては種類が多かったが、現在はメクラウナギ類とヤツメウナギ類という2つの比較的小さなグループのみである。いずれも長い体に、鱗のない滑らかな皮膚と、顎のない口があり、この口で餌生物に吸いついてかじりとる。ヤツメウナギは温帯に生息し、成魚は沿岸海域か淡水域に棲み、淡水で繁殖する。メクラウナギは完全に海洋性で、熱帯の深海や冷温帯の浅海域に棲んでいる。

寄生
ヤツメウナギ類の成魚は、吸盤のような口を使って他の魚に吸いつく。一度吸いついたら振り払うのは難しく、宿主は血液を失ったり組織を破壊されて死んでしまうことが多い。

体のつくり

無顎類が現生の他の魚類グループと違うのは、動かせる顎がないことである。そのかわり、食物を食べるのに使う、歯のような鋭い突起物の備わった開いた口がある。骨でできた内骨格はないが、そのウナギのような体は軟骨の管（脊索）で強化されている。頭の後部にある1〜7個の穴は鰓腔である。尾部の先端は平たく、鰭に似た水かきになっている。中央にも体を安定させるための鰭がついているが、対鰭はない。鱗のない皮膚は粘液に覆われている。メクラウナギは捕食者を追い払うために大量の粘液を分泌する。ヤツメウナギはやや視力がよいが、メクラウナギはまったく目が見えない。しかしどちらも嗅覚と味覚は優れている。

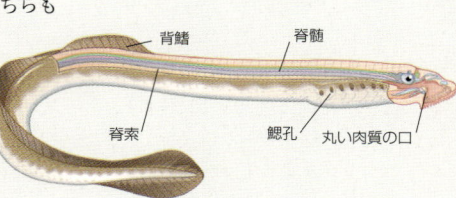

断面図
ヤツメウナギ（イラスト）とメクラウナギの体は脊索に支えられている。どちらにも原始的な脊柱はあるが、ヤツメウナギの方が発達している。

繁殖

大部分のヤツメウナギ類は成魚になってからは海水で過ごし、繁殖のために淡水に移動するが、成魚になってから一生を淡水で過ごす種もある。オスとメスは産卵の準備に川の小砂利底に浅い巣穴を掘り、卵を産みつけて死ぬ。ヤツメウナギの子どもは数段階の幼生を経て成魚になると海をめざす。メクラウナギは海の中だけで暮らし、繁殖する。メクラウナギの子どもには幼生の段階はなく、小さな成魚の姿で卵から出てくる。

メクラウナギの卵
メクラウナギの卵は丈夫な殻に守られており、殻の表面にある小さな繊維で互いにくっついていたり海底につながれている。幼生が卵からかえる準備ができると、殻が弱い線に沿って割れる。

Hagfish/Slime eel
メクラウナギ
Myxine glutinosa

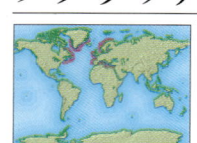

体　長	最大 40cm
体　重	最大 750g
性　別	オス／メス

分布　北太平洋、地中海
状態　地域により一般的

この海洋性の底生魚類は、体の両側に沿って並んでいる穴からおびただしい量のねばねばする粘液を出す。主に死んだ魚や死にかけた魚を食べ、粘液は身を守るために使う。この魚は粘液を払い落としたり、逃げ出したり、食物をとるために体に結び目をつくることができる。食べるときには尾の近くにつくった結び目が頭の方に移動していき、獲物に吸いついた口を引き離す。すると獲物の肉がちぎり取れる。すべての無顎類と同様、メクラウナギにも骨でできた骨格はなく、かわりに軟骨の節でできた脊柱がある。

尾の近くの鰭
ウナギのような体

Brook lampray/Europian river lampray
ヨーロッパスナヤツメ
Lampetra fluviatilis 

体　長	18 - 49cm
体　重	30 - 150g
性　別	オス／メス

分布　北大西洋、地中海
北西部、ヨーロッパ
状態　低リスク

ヨーロッパスナヤツメは一生の3分の1にあたる4〜7年を海で過ごす。他の魚類に寄生して血を吸う他のヤツメウナギとは違って、ヨーロッパスナヤツメの成魚は獲物の魚（特にニシンやスプラットイワシ）、時には死骸にまで食いつく。成魚の歯は鋭いが、性的に成熟すると食物をとらなくなり、鋭さを失う。長ければ6年も続く幼生の時期には歯がなく、目も見えないので、口から吸い込んだ水から藻類や有機物のかけらをこしとって食べる。メスの方がオスよりも体が長く体重も重いが、産卵の時期には小さくなる。成魚は一生に一度だけ川の上流で繁殖し、その後は死ぬ。

Sea lamprey
ウミヤツメ
Petromyzon marinus

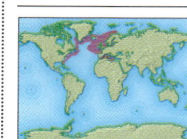

体　長	最大 1.2m
体　重	最大 2.5kg
性　別	オス／メス

分布　北大西洋、地中海、北アメリカ、ヨーロッパ
状態　低リスク†

ウミヤツメの成魚はサケ、マス、ニシン、タイセイヨウサバ、サメなど様々な海水魚や淡水魚を襲って寄生する。歯で獲物にしがみつくと、ざらざらした舌を使って血を吸う。繁殖するために海から淡水域に回遊するが、北アメリカの五大湖に棲むウミヤツメは陸封されており、淡水で一生を送る。1929年にウェランドシップ運河が開通してから五大湖でヤツメウナギが増え、マスをはじめ湖にいる他の魚の個体数が激減した。それ以来、ウミヤツメの個体数は人為的に調節されている。

ウナギのような体
ウミヤツメは成魚も幼生も、頭近くが丸く尾のところが平らなウナギのような体をしている。

吸盤 
ウミヤツメは口のかわりに"吸盤"と呼ばれる円盤を持っている。魚自身の体よりも広い吸盤の端には縁どりがついており、中にはたくさんの小さな歯が同心円を描くように列をつくって並んでいる。大きな歯は開口部を取り巻くように生えている。

軟骨魚類

門	脊索動物門
綱	軟骨魚綱
目	14
科	50
種	約810

原始的な魚類であるとされることが多い軟骨魚類だが、海の捕食者の中で最も体の大きいもの、最も栄えているものもいる。軟骨魚類は3グループに分けられる。サメ類、エイ類、深海魚のギンザメ類である。いずれも骨格が（硬骨ではなく）軟骨でできており、生涯にわたって生え換わる特殊な歯と、歯と同じ構造を持つ皮歯と呼ばれる鱗に覆われた皮膚がある。軟骨魚類の大半は海に棲んでいるが、淡水に入るサメやエイもおり、また熱帯域には淡水だけに棲む種もいる。

摂食行動

軟骨魚はすべて肉食である。しかし、プランクトン食の軟骨魚類は微小な藻類も食べる。ほとんどの軟骨魚類にとって主食となるのは、魚類、無脊椎動物、また時には海の哺乳類など生きた獲物である。また、ほとんどの種が死んだ動物も食べるが、死骸だけを食べる種はわずかしかいない。サメやエイの大型種の中には濾過摂食者もいる。このような種は歯が小さく退化し、鰓弓の固い突起が篩のような器官に発達して、水から小さな動物をこし取っている。

濾過摂食
ジンベイザメがゆっくりと水中を漂いながらプランクトン、小型の魚、イカを捕っている。ジンベイザメは熱帯の暖かい海に棲む。熱帯の海には彼らを養えるだけの豊富な食物がある。

体のつくり

このグループの魚にはすべて、丈夫でしなやかな内骨格がある。ミネラルの沈着で強化されることもあり、硬骨に似た固い背骨を持つ種もいる。しかし、軟骨魚類の骨格は硬骨魚類の骨格よりもはるかに柔軟性があり（478ページ参照）、ミネラルを多く含んでいる。軟骨の骨格は、陸上で大型動物の体重を支えられるほどの固さはないが、空気よりも格段に密度の高い水中では体長10mまでの動物の骨格として使用に堪えうるのである。ほとんどの軟骨魚類の皮膚は、楯鱗（皮歯、460ページ参照）と呼ばれる互いに噛み合った多数の鱗で覆われている。楯鱗は歯と同様の構造と成分を持ち、皮膚の表面は紙やすりのようにざらざらしている。一部のエイには大きなトゲのような鱗があるが、その他のエイやギンザメ類には鱗がまったくない。硬骨魚類とは違って、軟骨魚類にはガスの詰まったウキブクロはない。

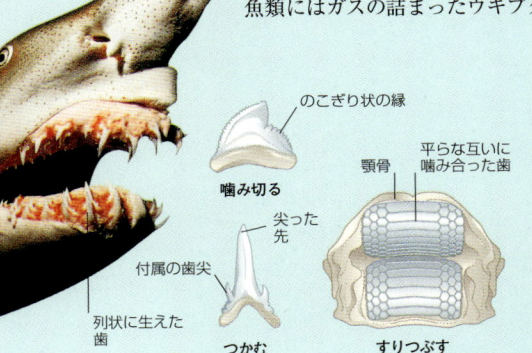

歯

軟骨魚類には摂食行動に見合った形態の歯がある。のこぎり状の歯は噛み切るのに使われ、尖った歯は獲物を捕まえておくのに使われる。エイには食物をすりつぶすための平たい歯を持つものが多い。歯が古くなると脱落し、その後からまた新しい歯が生えてくる。

のこぎり状の縁／噛み切る／顎骨／平らな互いに噛み合った歯／尖った先／つかむ／付属の歯尖／列状に生えた歯／すりつぶす

鰓孔

サメとエイには鰓が5～7対あるが、ギンザメ類には1対しかない。水が口の中に入ってくるときには鰓裂は閉じている。水が開いた鰓孔から出ていくときには口は閉じている。

鼻孔／口／皮膚弁に覆われた対の鰓

泳ぎと浮力

写真のシュモクザメのような軟骨魚類には脂肪の豊富な肝臓があり、これによって浮力がついている。しかし、大半の軟骨魚はそれでも浮力が弱いため、沈まないように常に泳いでいなければならない。

感覚

軟骨魚類は五感が鋭く、遠く離れていたり、沈殿物の下に埋もれている獲物でも見つけ出す。すべての種にロレンチニ瓶と呼ばれるたくさんの孔があり、これを使って他の動物が発する微弱な電気信号を感知する。ほとんどの種に側線感覚器官があり、かすかな振動に反応する。視力がよく、また嗅覚にもすぐれており、ごく希薄な溶液の匂いでも探知することができる。

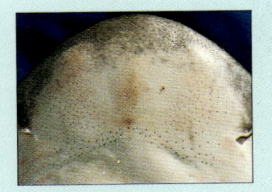

電気信号
ロレンチニ氏瓶（写真はヨゴレザメの吻）は電気受容器につながる深い孔である。

繁殖

すべての軟骨魚類は体内で受精する。オスが変形した腹鰭から、メスの総排出腔に精子を送り込む。繁殖方法は種によって3通りある。1つ目は卵を産む方法、2つ目はメスの体内で卵が孵化し、子どもが体外に産み出される方法、3つ目は子どもが体の中でメスから栄養分をもらいながら育つ方法である。いずれも幼生の段階はなく、子どもは小型の成魚の姿で産まれてくる。

出産
レモンザメの子どもはメスの体内で孵化し、尾から先に産み落とされる。

卵殻
この卵殻に入っているのはトラザメの胎児。外側についている巻き髭で海藻に固定されている。

サメ類

門	脊索動物門
綱	軟骨魚綱
亜綱	板鰓目
目	9
科	33
種	約330

サメ類は恐るべきハンターで、成長すると自然界には天敵がほとんどいない。大半のサメは流線形の体と、鋭い歯がいくつもの列をなす力強い顎を持っている。感覚は鋭く、特に嗅覚は優れている。体の大きさは魚類の中でも最大を誇るジンベイザメから、体長30cmに満たないツノザメ類の一種まで様々だ。温帯と熱帯の海に最も多く、沿岸の海域、外洋、深い海底などに棲む。熱帯の川に入り込んでいるものもいる。

体のつくり

ほとんどのサメは水の中を進みやすい流線形をしているが、底生種にはエイと同じ平たい体をしたものもいる。硬骨魚類と違ってサメ類の鰭は固く、たわんだり曲げたりできないが、それでも泳いでいるときに舵を取ったり、体を前に進めたり安定させたりするのに適している。サメの歯は何列にも重なって生えており、生涯にわたって生え換わる。歯の形は餌によって異なる（465ページ参照）が、位置によって形態の異なる歯を持つ種もいる。

サメにはウキブクロがないが、脂肪の多い大きな肝臓のおかげで浮力がついており、沈みにくい。外洋に棲む魚の多くは、鰓に水を送り込むために絶えず泳ぎ続けていなければならないが、動かなくても鰓に水を送れる種もいる。サメにはふつう頭のどちらかの側に5つの鰓裂があるが、6〜7対の鰓裂を持つ種もある。

摂餌行動

サメが獲物を捕る方法は様々である。捕食性のサメは、広い水中で短時間、猛スピードで獲物を追いかけたり、待ち伏せして襲いかかる方法をとっている。動かない獲物や動きのゆっくりした獲物を探したり、穴に棲む動物を掘り出す種もいる。鋭い嗅覚（100万分の1に希釈された溶液の匂いも感知することができる）で死骸を見つけて食べる腐食性のサメもいる。サメの中でも最も体が大きな3種は濾過摂食動物である。少なくともダルマザメは、他のサメ類や大型の魚類、海洋性の哺乳動物に外部寄生する。

繁殖

サメ類のメスは、沿岸の湾やサンゴ礁、環礁を好んで産卵や出産の場所にする。これらの海域は穏やかで、食物も豊富なため、サメの子どもが育つのに適している。サメの子どもは産まれたり孵化した時点で体こそ小さいが成魚と同じ姿をしており、完全な歯も生えているのですぐに狩りができるようになっている。サメ類はゆっくりと成長する。成魚になるまでに10年以上かかることも珍しくない。その間に多くのサメ類の子どもが自分よりも大きな捕食者の餌食となってしまう。

保護

この数十年で人口が増えたこと、他方で食用魚の資源が減ってきたことなどから、食材としてのサメの人気が高まってきた。さらに、スポーツとしてのサメ釣りの人気が高まっている。アジアでは料理に使用するサメの鰭の需要も伸びている。年間でおよそ1億匹のサメがとられているが、そのうち620万〜650万匹がヨシキリザメである。鰭を主な目当てに漁獲されているのだ。現在では、捕獲数の制限、絶滅の危機に瀕した種の保護、繁殖場の保護などの保護対策がとられつつある。

狩り

外洋種のサメ（写真のヨシキリザメなど）はふつう流線形の体と強い尾鰭を持っており、水中をすばやく前進する。主食はイカ類と魚類だ。狩りをするときは数回、獲物の周りを回った後、下から襲いかかることが多い。

サメ類

Frill shark
ラブカ

Chlamydoselachus anguineus

体長　最大2m
体重　記録なし
繁殖方法　卵胎生
分布　東大西洋、南西インド洋、西太平洋および東太平洋
状態　未確認

この風変わりな深海種はサメというよりウナギに似ている。ひだのある鰓裂に、1枚の小さな背鰭と大きな尻鰭がついている。イカ類のような体の柔らかい動物や魚類を食べる。すでに絶滅した種がそうだったように、近縁関係にある現生種はいない。

針のような歯

Sixgill shark
カグラザメ

Hexanchus griseus

体長　4.8m以上
体重　600kg以上
繁殖方法　胎生
分布　世界中の熱帯および温帯の水域
状態　絶滅危惧Ⅱ類†

主に深海に棲み、ほとんど人目に触れることがない。頭の幅が広く、円筒形の体、普通のサメには5つある鰓裂が6つあり、櫛のような鋭い歯を持つ。エイ、イカ、硬骨魚、アザラシまで食べる。また頭が海底に対して45～60度の位置になるように体を傾け、海底にいる動きの鈍い動物をとる機会も狙う。獲物の真上で口を開けていることになるので、うまくすれば吸い込めるというわけである。

尾に近い1基だけの背鰭
6つの鰓裂
力強い尾

Bramble shark
キクザメ

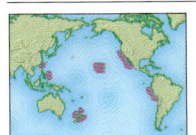

Echinorhinus cookei

体長　最大4m
体重　220kg以上
繁殖方法　卵胎生
分布　西、中央、東太平洋
状態　未確認

最大の特徴は、小歯状の突起が体中を覆っていることである。突起は根元が星型で先が鋭く、いばら（bramble）のトゲに似ている。体が大きく動きはゆっくりしており、一生のほとんどを海底かその近くで食物をあさって過ごす。キクザメは他のサメ、ギンザメ、硬骨魚、頭足類のほか、サメやエイの卵を食べる。大きな咽頭と小さな口を利用して真空掃除機のように獲物を吸い込むこともある。

尾の近くにある第2背鰭

Spiny dogfish/Spurdog
アブラツノザメ

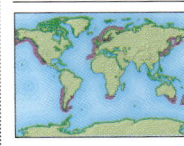

Squalus acanthias

体長　1m　最大1.6m
体重　9kg以上
繁殖方法　卵胎生
分布　熱帯以外の全世界
状態　低リスク

小型の底生魚で、水温15℃以下の沿岸の海に棲んでいる。英名のspiny（トゲのある）dogfishは背鰭の前についているトゲにちなんでつけられた。このトゲは相手に大きな傷を負わせることができる。甲殻類、イソギンチャク、魚類を食べ、オスとメスは別々に大規模な群れをつくることがよくある。2年間の妊娠期間を経て出産するが、サメにしては非常に長い。

Angular roughshark
アングラー・ラフシャーク

Oxynotus centrina

体長　最大1.5m
体重　記録なし
繁殖方法　卵胎生
分布　東大西洋、地中海
状態　未確認

躯幹部は体高のある三角形で、上顎には槍のような歯のある"唇"を持つ。目の後ろには大きな噴水孔がある。広がった体腔と脂肪を含んだ肝臓で浮力を保っているため、多毛類の虫などの無脊椎動物を探しながら海洋底を浮かんでいることができる。ヨロイザメ科の1種である。

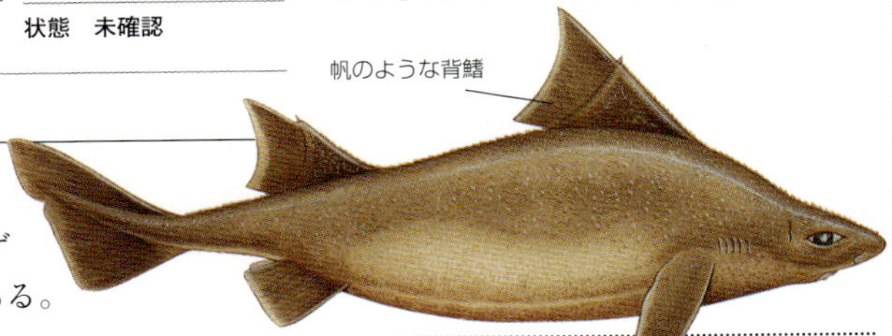

非常に高い帆のような、先端がトゲになった背鰭がある。

帆のような背鰭

Lanternshark/Velvet belly
ランタンシャーク

Etmopterus spinax

体長　45cm　最大60cm
体重　記録なし
繁殖方法　卵胎生
分布　東大西洋
状態　地域により一般的

小型で群れをつくって行動するこのサメには、よく似た仲間が約18種いる。無脊椎動物や小型の魚を食べる。皮膚についている小さな発光器官から光を出し、獲物をおびき寄せたり、仲間を呼んだり、捕食者を脅したり、影を拡散させて目立たないようにする。

Pygmy shark
オオメコビトザメ

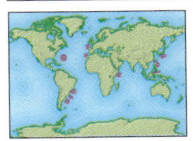

Squaliosus laticaudus

体長　最大25cm
体重　記録なし
繁殖方法　卵胎生
分布　北大西洋、南大西洋西部、西インド洋、西太平洋
状態　未確認

世界で最も小型のサメ類の1種。背鰭棘が1本しかないのが特徴である。腹と側面にはよく発達した発光器官（発光胞）があるが、背にはなく、下から光を発する。発光胞が腹と側面にあるのは、影ができないようにして捕食者に下から見つからないようにするためと考えられている。1908年に日本の沖合いで捕獲されて存在が知られたが、それ以降は1960年代まで捕獲例がなかった。

鰭の端は白みがかっている

最初の食物

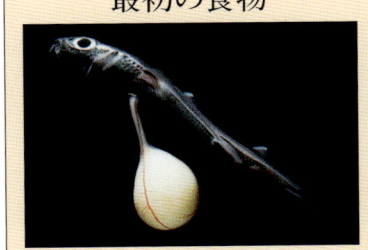

多くのサメと同様、子どもは卵黄嚢をつけて産まれる。卵黄嚢は産まれてから最初の数日間の食物となる。

トゲのついた鰭
背鰭にはそれぞれ前に鋭いトゲがついている。後方の背鰭とトゲの方が前のものより大きい。

トゲ　トゲ

軟骨魚類

Sawshark
ノコギリザメ

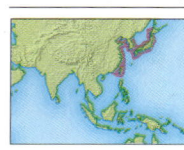

Pristiophorus japonicus

体長　最大1.5m
体重　記録なし
繁殖方法　卵胎生
分布　西北大西洋
状態　絶滅危惧Ⅱ類†

体が平たく、2基の背鰭がついている。エイ類と違うのは頭の両脇に鰓がついていることである。また独特ののこぎり型をした吻に1対の髭がある。髭と吻についている味覚器官で海底にいる小型の魚や無脊椎動物を探す。並外れて鋭い歯は、おそらく獲物を襲ったり身を守るのに使われるのだろう。子どもには生まれたときから大きな歯があるが、母親の体の中にいる間は母親を傷つけないようにこの歯は折りたたまれている。

Port Jackson shark
ポートジャクソンシャーク

Heterodontus portusjacksoni

体長　最大1.7m
体重　記録なし
繁殖方法　卵生
分布　オーストラリア（タスマニアを含む）、ニュージーランド
状態　地域により一般的

大きな頭と力強い顎と破壊力のある歯を持つサメの仲間には8つの種があるが、下のネコザメとともにこのサメもそのひとつである。口は下向きについているので、ヒトデやウニなど海底に棲む動物を食べることができる。沿岸に棲み、らせん形の殻をした大きな卵を産む。

先が細くなった体
このサメの体は、頭から尾に向かってしだいに細くなっている。2基の背鰭の両方にトゲがあり、背中と側面の濃い縞模様は馬具のようだ。

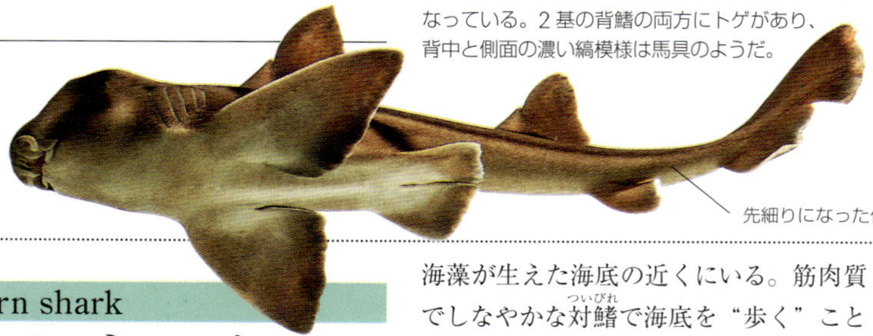

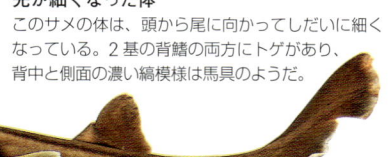

先細りになった体

沿岸で繁殖

繁殖期になるとポートジャクソンネコザメは海岸の近くにやってきて交尾し、産卵する。メスが岩の隙間に卵を押し込むこともある。

Horn shark
ホーン・シャーク

Heterodontus francisci

体長　97cm　最大1.2m
体重　10kg
繁殖方法　卵生
分布　北大西洋東部
状態　地域により一般的

一般に単独で行動する、動きの鈍い夜行性のネコザメ類の一種である。岩や砂の海底、またケルプという大型の海藻が生えた海底の近くにいる。筋肉質でしなやかな対鰭で海底を"歩く"ことができる。日中は岩の間や洞穴でじっとしている。岩の隙間に頭を入れていることも多い。このサメの吻はブタに似ていて、口は小さい。大きな平たい歯は口の奥にあり、ウニやカニ、時には硬骨魚類などの獲物を噛み砕くのに使う。ホーン・シャークは12月から1月にかけて交尾する。メスは30個ほどの卵を岩の下か隙間に産みつける。卵殻は深く彫刻を施したようならせん形をしていて、岩にしっかりと固定される。

目の上の隆起　黒い斑点　きめの粗い皮膚

Spotted wobbegong
クモハダオオセ

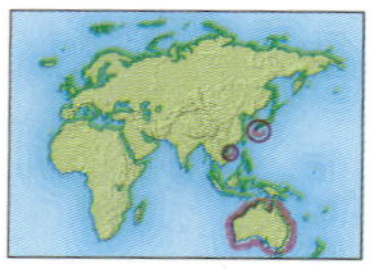

Orectolobus maculatus

体長　1.8m　最大3.2m
体重　記録なし
繁殖方法　胎生
分布　日本、南シナ海、オーストラリア
状態　地域により一般的

平たい体をした、大型で動きの鈍いサメで、岸に近い浅い海に棲んでいる。自分で動いて狩りをするかわりに、海底にひそんで獲物が射程距離内にやってくると襲いかかる。潮が引くと、岩場の潮だまりの間を、時々水から出ながら移動する。普通は人を襲わないが、うっかり踏まれたりすると咬みついて大怪我を負わせることがある。

濃い模様

見事なカムフラージュ

クモハダオオセは平たくざらざらした感触の体とまだら模様のおかげで、見分けがつかないほど海底にうまくなじんでいる。吻の周りの海藻に似た皮膚のひだにだまされてイセエビやカニやタコが近づくと、このサメの口が待ち受けているのである。

斑点と模様
オリーブ色の地色に、明るいO型の斑点と濃い模様が複雑に配されている。

Whitespotted bambooshark
シロボシテンジク

Chiloscyllium plagiosum

体長　95cm
体重　記録なし
繁殖方法　卵生
分布　インド太平洋
状態　地域により一般的

小さな体と魅力的な姿をしたシロボシテンジクは水族館の人気者だ。体は細く、濃い地色に白い斑点と横縞模様が入っている。口の短い髭は食物を探すのに使う。口は目のかなり前についている。分厚い胸鰭と腹鰭を使って岩をよじ登る。

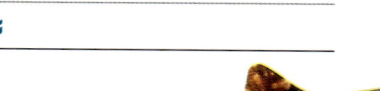

分厚い鰭　白い斑点

Epaulette catshark/Blind shark
ブラインド・シャーク

Hemiscyllium ocellatum

体長　最大1m
体重　記録なし
繁殖方法　卵生
分布　ニューギニア、北オーストラリア
状態　地域により一般的

このサメは、胸鰭の後ろにある大きな、黒い斑点ですぐにわかる。また全身に小さな黒い斑点が散っている。サンゴ礁の近くの浅い海や潮だまりに棲み、分厚い筋肉質の胸鰭と腹鰭を使って海底を這う。エビ・カニ類などの無脊椎動物や魚類などの獲物を岩の隙間に追い込んで獲る。また、カムフラージュとひっそりと目立たない行動で天敵から身を守る。7月と9月に交尾をし、メスは対になった卵を産む。

黒い斑点

サメ類

Zebra shark
トラフザメ

Stegostoma fasciatum

体　長　2.8m
　　　　最大 3.5m
体　重　30kg 以上
繁殖方法　卵生

分布　インド太平洋　　状態　地域により一般的

ベージュの地色に茶の斑点のあるトラフザメは抜群にしなやかな体を生かして、住処にしているサンゴ礁の細い隙間からエビ、カニ、小型の硬骨魚を狩り出す。吻のすぐ後ろにある口は下向きについているので、海底に棲む軟体動物を食べることができる。動かないときは海底に立てた胸鰭を支えに、潮の流れに向かって休んでいる。本科は本種のみからなる。

Nurse shark
ナースシャーク

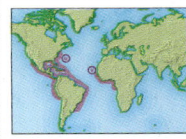

Ginglymostoma cirratum

体　長　3m
　　　　最大 4.3m
体　重　150kg 以上
繁殖方法　胎生

分布　東太平洋、西および東大西洋　　状態　地域により一般的

ことができる。日中は海底の岩の隙間や洞穴で休んでいる。数十匹の集団で互いに重なり合って休んでいることもある。沿岸の浅い海に棲んでおり、胸鰭を足のように使って海底を"歩く"ことができる。一般に人間には害がないが、怒らせるとブルドッグのように執念深く相手に咬みついて離れない。

ナースシャークは非常に皮膚が丈夫で、口の下についている1対の髭で、餌にしている無脊椎動物を感知する。口が小さく咽頭は大きいので強力な吸引効果が発揮され、勢いよく獲物を吸い込む

Whale shark
ジンベイザメ

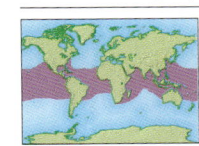

Rhincodon typus

体　長　12m
　　　　最大 14m
体　重　12トン以上
繁殖方法　卵生

分布　世界中の熱帯および温帯の水域　　状態　絶滅危惧Ⅱ類

とる姿も報告されている。プランクトンが豊富な場所にたくさん集まることもあるが、普通は単独で暮らしている。繁殖行動や世界の熱帯の海をどのように移動しているかについてはほとんどわかっていない。

おとなしい巨人
魚の中で最も大きなジンベイザメは、のんびりした動きでプランクトンを食べて生きている。青緑色の皮膚には薄い斑点が散っており、体に沿ってよく目立つ隆起がある。

吸い込んで食べる
ジンベイザメは、食物をとるために、いったん水面上に頭を出してからすばやく沈み、開けた口に水を引き込んで、吸引効果をつくり出す。口に流れ込んだ水は鰓裂にこされて、プランクトン、魚、イカがふるい分けられる。この方法で大量の獲物がとれるのである。

現在わかっている限りで世界最大の魚類である。しかし、外見こそ恐ろしげだが、人間にはまったく無害で、プランクトンを鰓でこして食べる。口はサメ類には珍しく吻の先についており、顎はさしわたし1m以上にもなることがあるが、歯は非常に小さい。このサメは海面近くをゆっくりと泳ぎながら食物をとる。他の生き物が近づいてもほとんど警戒しない。また、体を垂直にし、餌を捕らえる大きなバケツのように口を使って食物を

Goblin shark
ミツクリザメ

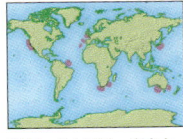

Mitsukurina owstoni

体　長　3.3m
体　重　160kg 以上
繁殖方法　卵胎生

分布　北大西洋、東南大西洋、南インド洋、西および東太平洋　　状態　未確認

Sandtiger shark
スナザメ

Carcharias taurus

体　長　最大 4.3m
体　重　150kg 以上
繁殖方法　胎生

分布　西および東大西洋、南インド洋、西大西洋　　状態　絶滅危惧Ⅱ類

正式に観測されたのは1898年。深海に棲むこのサメは白か灰色で、吻は先端が尖っている。目は小さく、獲物は電界を感知して探すらしい。現生種に近縁はなく、生きた化石ともいわれる。数百万年の間、ほとんど姿が変わっていない。

明るい茶色かベージュの地色に、濃い茶色の斑点が全身と鰭に散在するスナザメは、いかにもサメらしい"乱ぐい歯"が目立つ。大型の不格好なサメで歯が大きく、背鰭は大半のサメと比べるとかなり後ろについている。このサメは海面で空気を吸い、胃にためて浮力を調整している。泳ぎはゆっくりしているが力強く、様々な硬骨魚類、イカ類、カニ、ロブスターなどを食べる。スナザメの群れは協力して獲物の群れを包囲するところが目撃されている。また、胎児は共食いをすることが知られている。同じ卵殻内の仲間を食べて生き残った胚子が孵化すると、歯が発達して子宮の中の胎児同士で食い合う。生き残るのは2つある子宮の中でそれぞれ1匹ずつである。

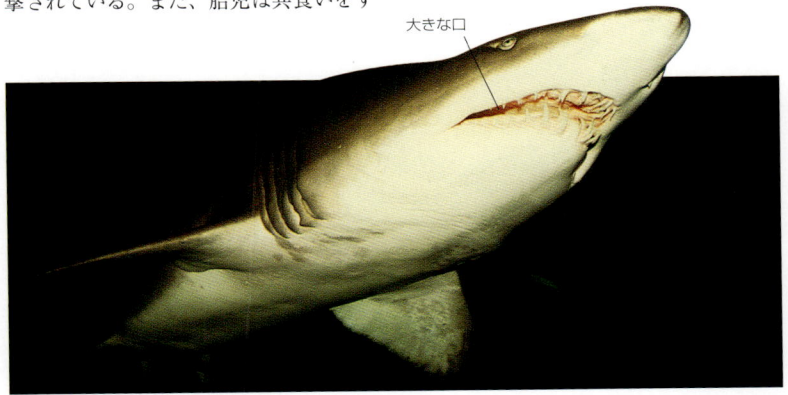

大きな口

魚類

魚類

サメ類

White shark/Great white
ホホジロザメ

Carcharodon carcharias

体長	6m 最大8m
体重	2トン以上
繁殖方法	胎生
分布	世界中の温帯および熱帯の水域、水温の低い水域にいることもある
状態	絶滅危惧II類

ホワイトポインター（White pointer）の名でも知られるホホジロザメは、人を襲うことで悪名高いが、実際の調査では人間を襲った場合はすぐに解放している。力強い泳ぎをするこのサメは海面か海底近くを泳ぎ、かなりの速さで長距離を移動してしまう。短距離の追跡も得意で、海面から飛び出す雄姿も見せる。この科の仲間と同じように、筋肉内に体温を外海の水温より高く保つ仕組みがあり、効率よく泳ぐことができる。普段は単独で行動するが、つがいや集団で死骸を食べているところも目撃されている。その場合は体の大きなものから順に食べる。また、泳ぎ方によって地位を示す。主食はアザラシ、アシカ、イルカ、大型の魚で、他のサメなど捕まえた大型の生き物は何でも食べる。最初は猛然と攻撃し、それからいったん離れて傷を負った獲物が弱るのを待ち、また戻ってきて安全な状態で食べる。メスはオスより大きく、体長1.2m以上ある子どもを4〜14匹産む。子どもは子宮の中で受精しなかった卵や他の胎児を食べて育つ。ホホジロザメは地域によっては保護対象とされているが、ゲームフィッシュとして人気があり、急激に数が減っている。

体の上半分は黒みがかった灰色
三角形の背鰭
円錐形の吻
三日月型の尾鰭
鎌のような形の胸鰭
体の下側は白い

泳ぐ力
ホホジロザメは、尾を左右に振って力強く海の中を進む。動かない胸鰭は沈むのを防ぎ、大きな背鰭は体を安定させる。

恐怖の武器
ホホジロザメの大きな三角形をした粗いのこぎりのような歯は、不運な獲物の肉を引き裂くのに非常に適している。歯をむき出しにしたまま泳ぐこともあるが、これは食物をとろうとする競争相手を威嚇したり、自分のなわばりに別のサメが入り込むのを追い払うためと思われる。

巨大な"人食いザメ"
大きくて恐ろしげな姿をしたホホジロザメは、映画「ジョーズ」の公開でマスメディアの注目が集まったこともあり、人食いザメとして恐れられている。しかし国際的な調査"International Shark Attack File"によると、記録を取り始めてからこのサメの襲撃で人が死んだ例はわずか311件にすぎない。

魚類

軟骨魚類

Crocodile shark
ミズワニ

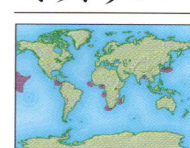

Pseudocarcharias kamoharai

- 体　長　1.1m 以上
- 体　重　記録なし
- 繁殖方法　卵胎生
- 分布　太平洋、東大西洋、西および北インド洋
- 状態　低リスク

小型で円筒形のミズワニは太洋に生息しており、めったに姿が見られない。たいていは遠洋にいるが、沿海にやってくることもある。吻が際立って大きく、歯も大きい。顎を驚くほど前に伸ばして獲物を捕まえることができる。夜は獲物を追って海面近くに移動し、明け方にまた深い海に戻っていく。大きな目は薄暗い状態でも物を見ることができる。サメには多いが、この種も産まれる前に子宮の中で胎児同士が共食いをする。発達の過程で共食いするサメのほとんどは、1つの子宮から1匹しか産まれない。他の胎児は最後に残った1匹にすべて食べられてしまうが、ミズワニの場合は1つの子宮に2匹の胎児が残る。2匹残った段階で共食いしなくなり、2匹とも産まれる。

Megamouth shark
メガマウスシャーク

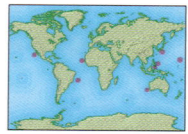

Megachasma pelagios

- 体　長　最大 5.5m
- 体　重　最大 790kg
- 繁殖方法　未確認
- 分布　西および東大西洋、南インド洋、西および東太平洋
- 状態　未確認

メガマウスシャークは、世界の大型ザメの中でもほとんど知られていない種のひとつである。このサメは1976年にハワイ諸島沖で船の錨に1匹が引っかかったことから発見された。それから現在までに目撃されたのは13匹にすぎない。メガマウスザメは濾過摂食に適した異常なほど大きな口が特徴である。3種しかいないプランクトンを食べるサメのひとつであり、夜になるとプランクトンを追って深い海から海面に浮かび上がり、日中は深海にいると考えられている。体が大きいので天敵はほとんどなく、マッコウクジラ（176ページ）がこの大型の魚に匹敵する体格で襲うことができる数少ない捕食者である。しかしメガマウスザメは人間には無害である。

対照的な体の色
このサメの背中は均一に灰色から濃い藍色であるが、腹は白い。上顎のへりには白い縞が入っている。

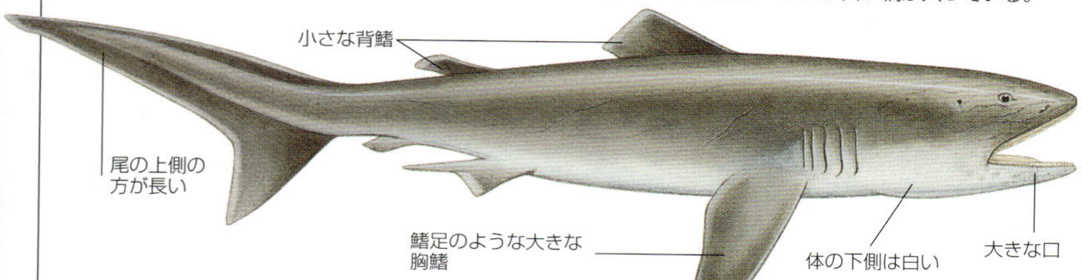

獲物をおびき寄せる
大きな口の中と周りが目立つ色をしているのは捕食行動を助けるためと思われる。上顎のへりの輝きを帯びた縞と銀色の口蓋（口を開けたまま泳いでいるときに見える）は獲物をおびき寄せるのに役立っているようだ。

Basking shark
ウバザメ

Cetorhinus maximus

- 体　長　10m 最大 15m
- 体　重　6トン以上
- 繁殖方法　卵胎生
- 分布　世界中の低温から温暖な海域
- 状態　絶滅危惧Ⅱ類

ジンベイザメ（469ページ）に次ぎ世界で2番目に大きい。ジンベイザメ同様、無害で、プランクトンを追って移動する。海面近くでよく日光浴をし、完全に腹を見せて引っくり返っていることもある。単独で行動するが、プランクトンが大量発生した海域に集まってくることもある。

プランクトンを捕らえる
濾過食者のウバザメは口を大きく開けて泳ぎ、大量の海水とプランクトンを取り込む。海水は大きな鰓裂から体外に出されるが、プランクトンは粘液に覆われた鰓耙で捕らえられ、たちまち呑み込まれてしまう。

水の出口
ウバザメには、ほとんど頭を1周してしまうほどの非常に大きな鰓裂がある。冬になると鰓耙が抜ける。

Shortfin mako/Snapper shark
アオザメ

Isurus oxyrinchus

- 体　長　最大 4m
- 体　重　570kg 以上
- 繁殖方法　卵胎生
- 分布　世界中の温帯および熱帯の水域
- 状態　低リスク

ブルーポインター（blue pointer）、ネズミザメ（mackerel shark）とも呼ばれるアオザメは、世界最速のサメだろう。尾の形と、尾の付け根の両側にある縦の隆起線（竜骨）は、泳ぎの速い魚に共通する特徴だ。大きな刻み目のない短剣のような形の歯で、サバやマグロ、カツオ、イカなど滑りやすくて動きの速い獲物を刺し、捕まえる。獲物を追ったり、釣り針にかかったときは、体長の何倍も高くジャンプすることがある。

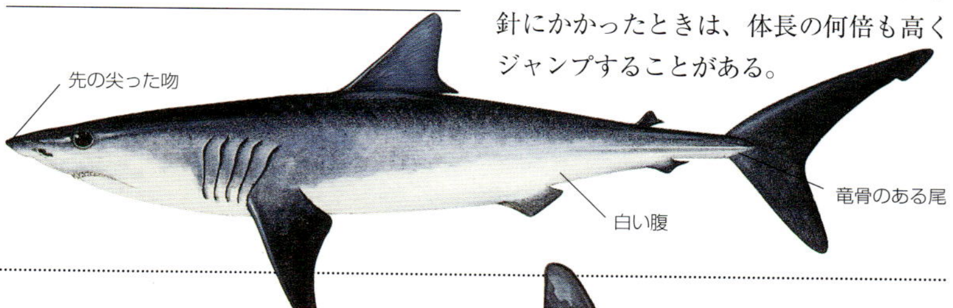

Thresher shark
マオナガ

Alopias vulpinus

- 体　長　最大 5.5m
- 体　重　450kg 以上
- 繁殖方法　卵胎生
- 分布　世界中の温帯および熱帯の水域
- 状態　絶滅危惧Ⅱ類†

マオナガの姿は独特で、尾の上側が体全体と同じくらい長い。この長い尾を使って魚を小さな群れに追い込み、尾で力強く叩いて気絶させる。多数の群れをつくって協力しながらニシンや小型のマグロなどの群れを包囲し、尾で囲っておいて、最後に襲いかかる。マオナガは人間から身を守るために尾を使うことでも知られている。釣り上げられた大型のマオナガは必死で尾を振り回し、ボートを壊してしまうこともあるという。海に棲む捕食者から身を守るにも尾を使うに違いない。マオナガには2種のよく似た仲間がおり、全身は茶色で腹は白い。一般的には深い海の中にしかいないが、子どもや一部の成魚が沿岸の浅い海で見つかることもある。オスはオスだけの、メスはメスだけの群れをつくることもある。

サメ類

Smooth-hound
スムースハウンド

Mustelus mustelus

体長	最大 1.6m
体重	13kg 以上
繁殖方法	胎生

分布　東大西洋、地中海　　状態　一般的

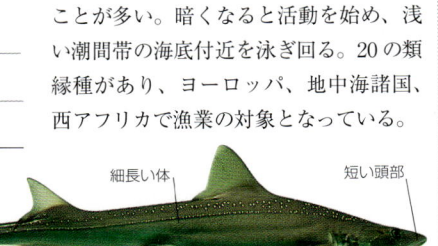

比較的滑らかな皮膚は背中が灰色または灰褐色で、下にいくほど色が薄くなり、模様はないか、あっても少ない。平らなホームベース形をした歯は軟体動物やカニ、イセエビなどの無脊椎動物や硬骨魚を嚙み砕くのに適している。餌は群れになってとることが多い。暗くなると活動を始め、浅い潮間帯の海底付近を泳ぎ回る。20の類縁種があり、ヨーロッパ、地中海諸国、西アフリカで漁業の対象となっている。

細長い体　　短い頭部

Leopard shark
レパードシャーク

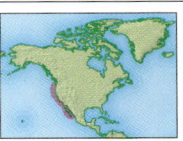

Triakis semifasciata

体長	最大 2.1m
体重	最大 32kg
繁殖方法	胎生

分布　北太平洋東部　　状態　低リスク

独特の黒い模様

レパードシャークは、薄茶の地に体の側面と鰭によく目立つ黒い模様が入った独特の姿をしている。強い顎と小さく鋭い歯のおかげで、地中に潜って生活する無脊椎動物をはじめ、様々な獲物を捕まえることができる。少しでも表に出た部分をすばやくつかんで引きずり出すのである。このサメは昼も夜も捕食行動をとると考えられている。人間には害がない。6種の仲間がいる。

Tiger shark
イタチザメ

Galeocerdo cuvier

体長	5.5 – 7.5m
体重	900kg 以上
繁殖方法	卵胎生

分布　世界中の熱帯および温帯の水域　　状態　低リスク

世界で最も危険な人食いザメの1種として知られるイタチザメには、雄鶏のとさかの形をした独特の歯があり、ほっそりした流線形の体には不釣合いに大きな頭を持っている。一般に沿岸付近の海を好み、夜は餌をとるために海岸に移動する。湾や河口の非常に浅い海にまで入り込むこともある。最近の調査では、広い外洋を長距離にわたって移動することもわかっている。暖かい季節には熱帯から高緯度の海に進出する。イタチザメはメジロザメ科の仲間では唯一の卵胎生種で、メスは子宮内で"乳"を出して胎児に与えるといわれる。肉はそれほど高い価値があるわけではないが、サメ漁の対象になることが多い。

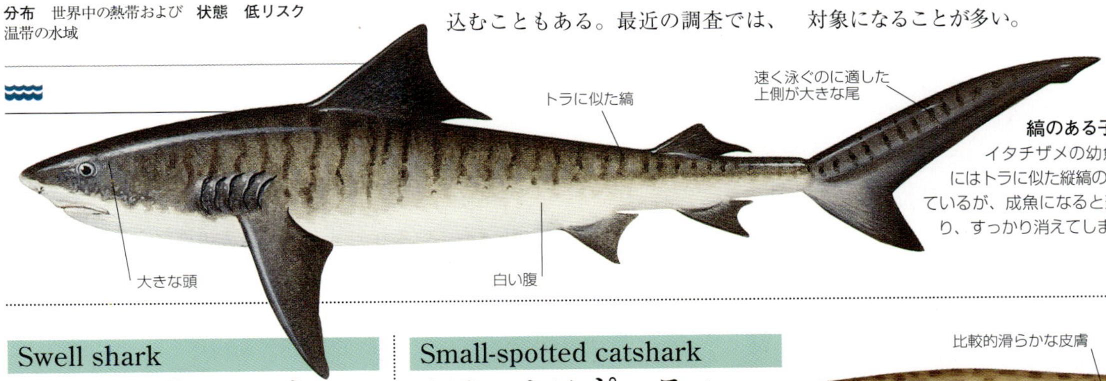

トラに似た縞　　速く泳ぐのに適した上側が大きな尾

縞のある子ども
イタチザメの幼魚や若い魚にはトラに似た縦縞の模様が入っているが、成魚になると薄くなったり、すっかり消えてしまう。

大きな頭　　白い腹

捕食の習慣

基本的に夜に狩りをするイタチザメはサメ類の中で最も餌生物の好き嫌いをしない。一気にスピードをつけ、魚や様々な海洋生の爬虫類、無脊椎動物、哺乳類など生きた獲物を捕まえる。死骸やゴミを食べることもある。

Swell shark
スウェルシャーク

Cephaloscyllium ventriosum

体長	最大 1m
体重	記録なし
繁殖方法	卵生

分布　東北および南太平洋　　状態　地域により一般的

本種は脅されると水や空気を取り込んで体を膨らませる。この方法で、天敵に対して威嚇して見せるだけでなく、安全な岩の隙間にぴったりおさまることでも身を守るのである。トラザメの仲間の中でも大型のこの種には、小さな斑点と濃い茶色の模様が入っている。夜行性で、日中は岩の隙間でじっとしており、夜になると藻の間や海底付近をゆっくりと泳ぎ回って、夜は警戒をゆるめる昼行性の魚をとる。本種には8種の仲間がいる。

Small-spotted catshark
スモールスポッティド・キャットシャーク

Scyliorhinus canicula

体長	最大 1m
体重	3kg 以上
繁殖方法	卵生

分布　北大西洋東部、地中海　　状態　一般的

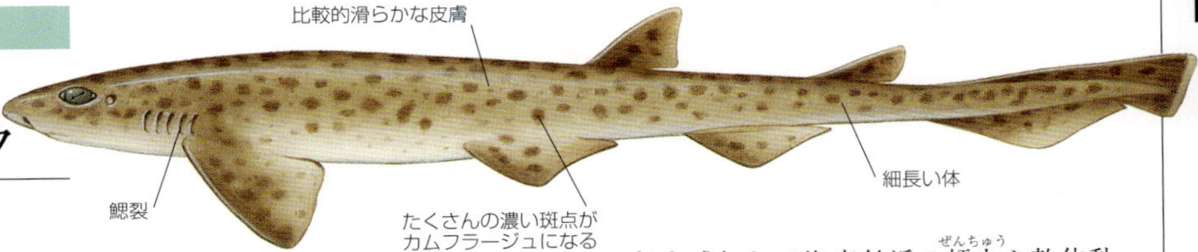

比較的滑らかな皮膚

鰓裂　　たくさんの濃い斑点がカムフラージュになる　　細長い体

皮膚は滑らかで、無数の濃い斑点に覆われ、薄い斑点や白い斑点も少し混じっている。色と模様は様々で、天敵から身を守るカムフラージュになっている。通常は単独で行動するが、群れを形成するときもオスとメスが一緒にいることはめったにない。日中も夜も活動し、匂いと電気を感知して海底付近の蠕虫や軟体動物、甲殻類、小型の硬骨魚類をとる。メスは藻の中に卵を産みつける。卵が海岸に打ち上げられることも多く、人魚のハンドバッグと呼ばれる。卵は長方形で、海藻につかまるために角に巻き髭がついている。ヨーロッパでは食品として、また油をとるために漁獲される。

ヨーロッパでは最も一般的に見られるサメである。小型で細長い体をしており、

Bull shark
ウシザメ

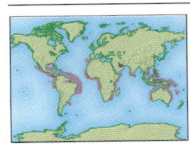

Carcharhinus leucas

体長	最大 3.4m
体重	230kg 以上
繁殖方法	胎生

分布　世界中の熱帯および亜熱帯の水域　　状態　低リスク

小さく丸みを帯びた2基目の背鰭　　大きな1基目の背鰭　　ずんぐりした丸い吻

大きく鋭角的な胸鰭　　大きな鰓裂

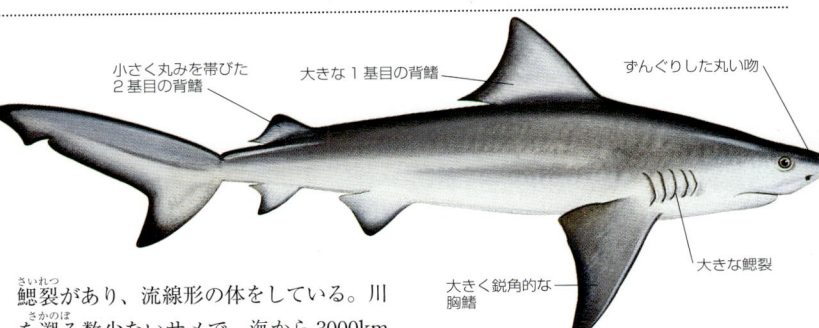

ウシザメはメジロザメ科の仲間と同じように、2基のトゲのない背鰭と5対の鰓裂があり、流線形の体をしている。川を遡る数少ないサメで、海から3000km以上も離れたアマゾン川で見つかったこともある。食物は非常に多種多様で、硬骨魚類、無脊椎動物、哺乳類、他のサメ類、同じブルシャークの幼魚まで食べる。世界で最も危険なサメのひとつで、人間を襲う例も多い。挑発されて襲う場合もあるが、何もされなくても襲うことがある。

軟骨魚類

Blacktip reef shark
ツマグロ
Carcharhinus melanopterus

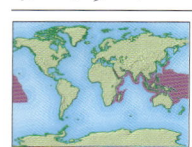

- 体長　最大2m
- 体重　45kg以上
- 繁殖方法　胎生
- 分布　熱帯インド太平洋
- 状態　低リスク

ツマグロメジロザメは熱帯インド・太平洋海域で最もよく見られるサメである。浅い海に棲み、背鰭と上の尾鰭が海面に出ていることもある。人間を襲うことも多く、挑発されて襲う場合もあるが、何もされなくても襲うことがある。ダイバーを見つけると好奇心で近寄ってくるが、追い払うことはできる。流線形の体をしているので活動的で力強い泳ぎをする。名前が表すとおり、鰭の先が黒い。

鰭の先が黒い

Lemon shark/Sharptooth shark
レモンシャーク
Negaprion brevirostris 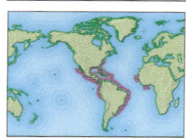

- 体長　最大3.4m
- 体重　185kg
- 繁殖方法　胎生
- 分布　東太平洋、西および東大西洋
- 状態　地域により一般的

レモンシャークは飼育にもよくなじむため、メジロザメ科の仲間の中では最も研究が進んでいる。噛みちぎる力が強く、挑発されると人間を襲うこともある。黄色から薄い茶色で、鰭は大きく、吻は尖っている。塩気の強い水や酸素の薄い海域でも生きていける。主に硬骨魚類、サカタザメ類、アカエイ類を餌とするが、甲殻類、軟体動物、海鳥まで食べることもある。成魚は夜行性だが、幼魚は昼に活動する。

Blue shark
ヨシキリザメ
Prionace glauca 

- 体長　3.8m以上
- 体重　200kg以上
- 繁殖方法　胎生
- 分布　世界中の熱帯および温帯の水域
- 状態　低リスク

脊椎動物としては世界で最も広範囲に生息すると考えられている。季節ごとに冷たい海から暖かい海に移動する。危険なサメで、人間を襲うことで知られている。攻撃する前に獲物の周りを回る場合もある。クジラ類やネズミイルカの死骸に集まり、海面に浮かぶ肉塊を貪欲にむしり取って食べていることがある。トロール漁船の後を追いかけて、網にかかった魚を食べる姿も見られる。

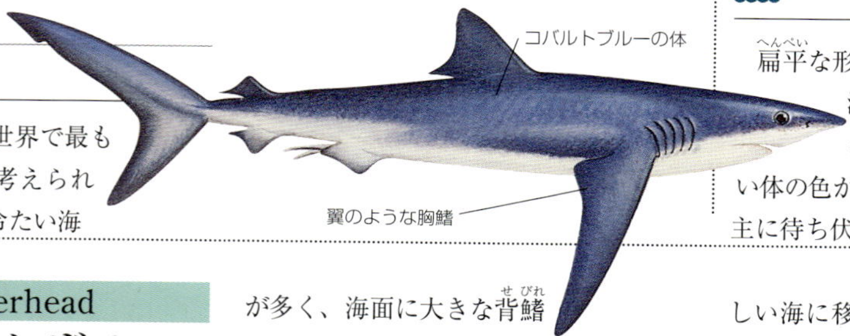

コバルトブルーの体
翼のような胸鰭

Smooth hammerhead
シロシュモクザメ
Sphyrna zygaena 

- 体長　最大4m
- 体重　最大400kg
- 繁殖方法　胎生
- 分布　世界中の熱帯、亜熱帯および温帯の水域
- 状態　低リスク

シロシュモクザメは8種いるシュモクザメ属の1種で、異様な形をした頭ですぐそれとわかる。目は翼のような頭の両端についている。沿海に棲んでいることが多く、海面に大きな背鰭を出し、水を切って泳いでいる姿がよく見られる。気性が荒く、人間を襲うこともある。シュモクザメ属の仲間と同様、多種多様な魚類を餌とし、他のサメ類も食べる。泳ぎも達者で、夏の間は北の涼しい海に移動する。他のサメとは違い、シュモクザメは群れをつくることがある。捕食者から身を守るためだと思われる。幼魚が多数の群れとなって移動している姿が目撃されることがある。

特徴を見分ける
シュモクザメは種同士の違いが見分けにくい。シロシュモクザメの場合、"ハンマー"型をした頭の幅が狭い。

幅の狭い頭
長い上側の尾鰭

Whitetip reef shark/Blunthead
ネムリブカ
Triaenodon obesus 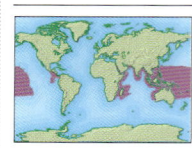

- 体長　1.6m　最大2.1m
- 体重　18kg以上
- 繁殖方法　胎生
- 分布　熱帯インド太平洋
- 状態　低リスク

ほとんどのサメ類が鰓に酸素を含んだ水を通すため、口を開けたまま絶えず泳ぎ続けなければならないのに対し、ネムリブカは自力で鰓に水を送り込み、海底にじっとしていることができる。音と匂いを頼りに獲物を捕らえる。エンジン音を聞くと寄ってきて、銛で突いた魚をしつこく追いかけて漁師に咬みつくこともある。しかし一般的には攻撃性はない。

先が白い背鰭

白い印
細身のネムリブカは、背鰭と尾鰭上葉の先端が白くなっているのが特徴である。

Angelshark/Sand devil
エンジェルシャーク
Squatina dumeril 

- 体長　最大1.5m
- 体重　27kg以上
- 繁殖方法　卵胎生
- 分布　西北大西洋
- 状態　地域により一般的

扁平な形をしたエンジェルシャークは、海底の砂に体の一部を埋めた姿でよく見られる。目立たない体の色がカムフラージュになっている。主に待ち伏せタイプの捕食者で、近づいてきた甲殻類や他の魚類などの獲物に、電光石火の速さで口を伸ばして襲う。カスザメ類には約14種の仲間がいるが、肉や皮、油をとるために漁業の対象となっている。

翼のような胸鰭
平らな体

保護

サメは危険だといわれるが、むしろサメの方が人間に脅かされている。最近では、ネムリブカをはじめとして、世界中で沿海に棲むサメ類の多くが乱獲され、急激にその数が減ってきている。サメ類は鰭をとるだけのために捕らえられ、その他の部分は捨てられてしまうことも多い。

ユニークな体のつくり

シュモクザメ類の風変わりな頭の構造の理由はわかっていない。浮力が増すということもあるが、この頭の形のおかげで嗅覚が鋭く、視界も広くなり、獲物を追うのにも役立っているのかもしれない。

エイ類

門	脊索動物門
綱	軟骨魚綱
亜綱	板鰓目
目	4
科	14
種	約450

エイ類は幅の広い体と翼のような鰭で他の軟骨魚類と見分けがつきやすい。平らな姿は海底の暮らしへの適応形態であるが、マンタやトビエイ類のように常に海の表・中層を泳ぐ種も数種いる。エイ類は世界中の海に見られる。ガンギエイ類を除くエイ類は熱帯に多いが、ガンギエイ類は温帯の海域に広く生息している。ほとんどのエイ類は沿岸に棲んでいるが、深海の海底に暮らすものもいる。淡水と海水の混じる河口に生息するものもいるが、淡水にしか棲まないものもいる。

体のつくり

エイ類は平らな体に大きな胸鰭がついており、この胸鰭で前に進む。大型種はこの鰭を翼のようにはためかせる。エイ類はサメ類のように脂肪を多く含む肝臓で浮力を維持するのを助けているが、サメの肝臓に比べ小さいので、海底に沈んでいることもできる。大半の種が海底と同じ色をしており、海底の砂に体の一部を埋めている場合もある。埋まっているときには、目の後ろにある噴水孔と呼ばれる開口部から呼吸している。水は噴水孔から入って、体の下側についている鰓孔から出ていく。多くのエイ類には鱗がついていないか、身を守るためのトゲ状の大きな鱗がついている。エイには毒腺を備えた鋭いトゲがある。

摂餌行動

エイ類はすべて肉食で、ほとんどが海底に棲む小型の魚類や無脊椎動物を食べるが、種によって食べるものはかなり異なる。食物を捕まえ、こすり取り、噛み砕くようにできている歯があり、舗石状歯列という互いに噛み合った生え方をしている。マンタのように濾過摂食をする種もいくつかある。ざるのような鰓耙で小型の魚や無脊椎動物、プランクトンをこし取るのである。

繁殖

エイ類の繁殖方法は様々である。ガンギエイ類は大半が卵生で、1匹以上の卵の入った大きな革状の卵殻を産む。エイ類のあるものはメスの体内で卵がかえる。子どもは、メスの体内で卵黄から栄養をとって育ち、やがて体外に出ていく。種によっては、胎児が母親の体内で子宮の膜から分泌される液体状の栄養をもらってさらに育ち、産み落とされる。

ギンザメ類

ラットフィッシュ、ラビットフィッシュやその仲間はギンザメ類と総称され、サメ類やエイ類とは異なる軟骨魚類の小さなグループを形成している。これらは全頭亜綱という亜綱を構成し、30種ある。細長くて鱗のないやわらかい体に、大きな虹色の目のついた大きな頭を持っている。北極と南極周辺を含む広い海域の深海を中心に生息し、最深8000mまでの深海に棲んでいる。

群れをつくる

ほとんどのエイは1か所に定住するか、海底か川底をゆっくりと移動している。しかし写真のカリフォルニアエイのように外洋に棲み、大きな胸鰭で泳ぐものもいる。彼らは群れをつくり、群れの個体数は数百匹にも及ぶことがある。

Undulate ray
アンドュレイトレイ
Raja undulata

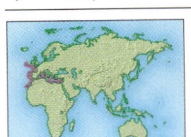

体 長	最大1m
体 重	3 – 4kg
繁殖方法	卵生
分布	東大西洋、地中海
状態	一般的

水深200mの海底の泥や砂にいるこの魚は、赤または茶色の複雑な皮膚の模様で捕食者から身を隠している。繁殖期にメスは、多ければ15個の卵を産む。卵は最大9cmの丈夫な殻に覆われている。

- 斑模様の体
- 白い斑点が散在している

Thornback ray
ホーンバックレイ
Raja clavata

体 長	最大90cm
体 重	2 – 4kg
繁殖方法	卵生
分布	東大西洋、地中海
状態	一般的

茶色がかった灰色の地に濃い大理石模様や斑点が入っている。腹側は色が薄い。オスもメスも背中に大きなトゲがあり、そのためこの名(英名は"トゲのあるエイ"の意)がついた。大半のエイと同様、海底にじっとして体のカムフラージュで身を隠している。

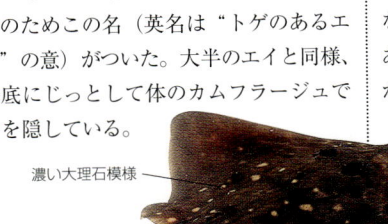

- 濃い大理石模様

Common skate
コモンスケイト
Raja batis

体 長	最大2.5m
体 重	50 – 100kg
繁殖方法	卵生
分布	東大西洋、地中海
状態	一般的

体の上部は茶色がかった灰色地に、濃い色の大理石模様と薄い色の斑点がある。胸鰭の表面に大きな楕円形の斑点がついていることもある。腹側は薄い灰色であることが多い。ホーンバックレイ(左)と同様、オスの方が体の表面が滑らかで、メスには腹側に小さなトゲがついている。メスは毎年10個以上の卵を産む。卵は約20cmの大きさで、濃い色をした分厚くて弾力性のある殻に覆われ、両端に巻き髭状の棘毛がついている。他のエイとは違って、昼も夜も活動する。海底に棲む動物、特に魚類、甲殻類などを食べる。

- 体から尾にかけて1列のトゲが並んでいる

Shovelnose guitarfish
ショベルノーズ・ギターフィッシュ

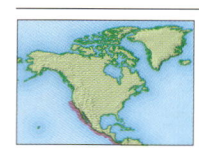

Rhinobatos productus

体長	最大1.5m
体重	15 – 18kg
繁殖方法	胎生
分布	東太平洋
状態	一般的

独特の形からその名がついたショベルノーズ・ギターフィッシュは幅の広い頭を持ち、吻の両側に透き通った軟骨質の部分がある。普通のエイと同じように胸鰭は広いが、それ以外の体はサメ類のような円筒形をしている。東太平洋の暖海域によく見られ、夏の間は沿岸に移動することが多い。一般的に単独で行動するが、多数が集まることもある。これは繁殖のためと考えられている。海岸や入江、河口の浅瀬にいることもよくあり、水底の砂や泥に体の一部を埋めていることがよくある。小型の底生魚類や甲殻類、その他の無脊椎動物を海底から掘り出して食べる。メスは5～25匹の子どもを産む。生まれたときの体長はおよそ15cmほどである。

Smalltooth sawfish
スモールティース・ソウフィッシュ

Pristis pectinata

体長	6m以上
体重	250 – 300kg†
繁殖方法	胎生
分布	西および東大西洋、インド太平洋
状態	絶滅危惧IB類

この体の長いエイ類の1種にはのこぎりのような吻があり、吻の両側には24～32対の尖った歯がついている。大きなのこぎりは備えているものの、一般的には攻撃性はなく、危険なのは捕まって手荒く扱われたり、ダイバーに嫌がらせをされたときだけである。頭は平らで、両脇に小さな目がついている。口と鰓裂は頭の下側にある。海岸や入り江の浅い砂や泥混じりの水に棲んでいることが多いが、河口や淡水の川の中で見つかる場合もある。海底を巡回して小型の生物を吸い込んで食べる。のこぎり部分を使って海底をあさり、埋もれていた獲物を掘り出したりもする。またのこぎりのような吻を魚の群れの中で振り回し、死んだり傷ついて底に沈んだ魚を食べることもある。メスは15～20匹の子どもを産む。子どもは吻に保護膜をつけて生まれてくるが、これは出産のときにメスの体を守るための適応形態である。6種いる仲間の中で、肉は食用に使われ、のこぎり部分が土産物として売れるため、多くの地域で乱獲されている。

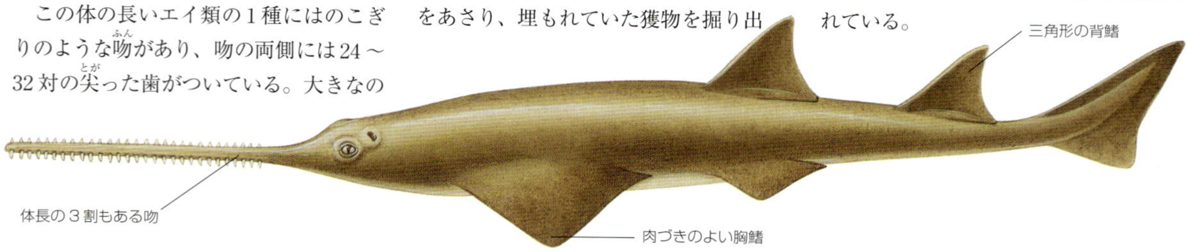

Marbled electric ray
マーブルド・イレクトリックレイ

Torpedo marmorata

体長	最大60cm
体重	10 – 13kg
繁殖方法	胎生
分布	東大西洋、地中海
状態	一般的

軟骨魚類には弱い電気信号を発して獲物を探知するものが多いが、このエイは胸鰭の付け根にある特殊な筋肉から電気ショックを発して他の魚を殺す。人間が死ぬほどの強い衝撃はないといわれるが、接触するのは危険である。日中と夕方に活動し、一般的には海底上に静止している。沈殿物と見分けのつかない体色で、うまくカムフラージュしている。毎年5～35匹の子どもを産むが、体の大きなメスになるほどもっとたくさん産む。

Manta ray/Devil ray
マンタ

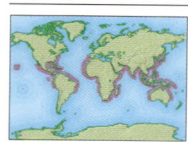

Manta birostris

体長	4 – 7m
体重	最大1.8トン
繁殖方法	胎生
分布	世界中の熱帯、温帯の中でも暖かい海域
状態	絶滅危惧II類

大きなものではさしわたし7mもある世界最大のエイで、ゆったりと翼を動かして飛ぶ大きな鳥のように外洋を泳ぐ。しかし恐ろしげな外見とは裏腹に、鰓でプランクトンをこして食べる温和な魚である。口は他のエイと違って体の前の部分についており、泳ぎながら絶えず食物をとることができる。普段はゆったりと泳ぐが、脅されると急にスピードを上げたり、時にはサメや肉食のクジラのような大型の捕食者から逃れるために海面上に飛び出すことさえある。普通は単独で行動するが、小さく緩やかに統率された群れで泳ぐこともある。暖かい海を好み、夏は沿海に入り込むこともある。繁殖期にはオスがメスを追いかけて、メスの下を泳ぎ、腹側を向き合わせて交接器を挿入する。メスは通常、年に1～2匹の子どもを産む。子どもの体幅は1.2mほどある。

食物を集める

マンタには頭の両側に大きなフラップのような突起がついており、これを使って獲物を口の中に集める。水は鰓を通過するが獲物は鰓耙に引っかかって呑み込まれる。マンタは群れて泳ぐ小型の魚や、さらに小さな動物プランクトンを食べる。

水中の飛翔

マンタには先の尖った三角形の大きな胸鰭と、鰭もトゲもない短い尾がある。普通の状態では胸鰭を4～5秒に1回上下させるが、急にスピードを上げたり、水から跳び出してまた海に跳び込むこともできる。マンタの巨体が海面を打つときの衝撃は大変なものだ。

Eagle ray
イーグルレイ

Myliobatis aquila

体　長　2.5m以上
体　重　20－30kg
繁殖方法　胎生

分布　東大西洋、地中海、南西インド洋
状態　一般的

本種には、長いが幅の狭い胸鰭と先の丸い吻、そして毒腺を備えたトゲを有する非常に長い尾がある。この魚の体色は灰色がかった茶から青銅色または黒まで様々で、体の下側についている口には、平らで噛み砕く力のある歯が7列生えている。世界中の海にいる数多くの仲間と同様、海底で餌をとるが、水中でも自在に行動する。本種は様々な小型動物を食べると考えられており、胸鰭をはためかせたり、水を勢いよく噴出して砂や泥を除いて獲物を掘り出す。泳ぎがうまく、捕食者の攻撃から逃れるために海面から飛び出すこともできる。メスは毎年3〜7匹の子どもを産む。

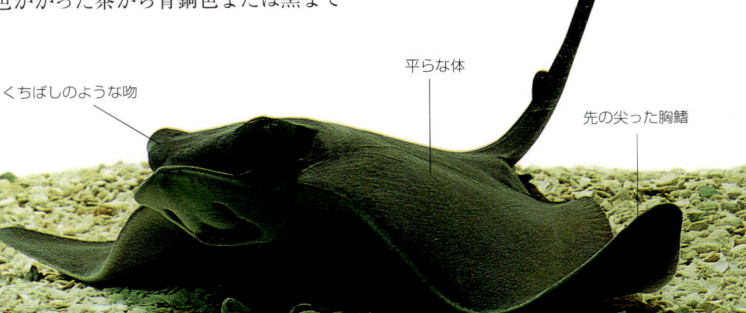

くちばしのような吻
平らな体
毒トゲ
先の尖った胸鰭

Blue-spotted stingray
ブルースポッティド・スティングレイ

Taeniura lymma

体　長　最大2m
体　重　最大30kg
繁殖方法　胎生

分布　インド太平洋
状態　低リスク

アカエイ科の中で最も美しいこの種は、緑または黄色がかった地色に対照的な青い斑点が散っている。さらに尾に沿って青い縞があり、腹側は薄い色をしている。アカエイはみなそうだが、この魚も尾の付け根に毒のあるトゲを持っており、踏んだり、手荒く扱ったりすると、刺されて痛い思いをする。主に昼行性だが、夜に活動することもある。満ち潮とともに浅瀬に移動して小型の魚類や無脊椎動物、特に甲殻類などを食べる。サンゴ礁の周辺の砂地に棲んでいることが多く、餌をとっていないときにはサンゴ礁の洞穴や隙間に潜んでいる。メスは3〜7匹の子どもを産むが、体内ではポタモトリゴン・モトロ（右）と同じように子宮から"乳"を分泌して子どもを育てる。色鮮やかな外見をしているため、水族館でたいへん人気があり、水中写真家にも好まれている。

待ち伏せ

ブルースポッティド・スティングレイは普段は活発に餌をあさっているが、体のほとんどを泥や砂の中に隠して目だけ表面に出し、じっとしていることもある。浅瀬に潜んだエイは、うっかり踏まれやすい。

青い斑点
丸い体
小さな尻鰭
尾の縞模様

色と形
カラフルなリーフスティングレイの小さな目は頭のてっぺんについている。口は丸くて非常に平らな体の下側にある。尾は比較的長い

Round stingray/Stingarees
ラウンドスティングレイ

Urolophus halleri

体　長　50－60cm
体　重　2－4kg
繁殖方法　胎生

分布　北太平洋東部
状態　一般的

普通のアカエイと違って、この仲間はほぼ円形に近い体をしている。体は非常に平たく、尾は比較的短くて、先に丸い尾鰭がついている。暖かい季節には多数が浅い海岸に移動して、運悪く踏んでしまった海水浴客が尾部のトゲに刺されることもある。死ぬ危険はないが、この魚に刺されると非常に痛い。

尾の途中にある針
尾鰭

Freshwater stingray
ポタモトリゴン・モトロ

Potamotrygon motoro

体　長　最大1m
体　重　3－5kg
繁殖方法　胎生

分布　南アメリカ
状態　一般的

この丸い体をしたエイは南アメリカで最も一般的で、広範囲に生息している。海に棲んでいた祖先から淡水で生きられるように進化したアカエイ科に近縁なエイである。短い尾には鰭がなく、小さな尻鰭は胸鰭の下にしまい込まれている。大型の魚やカイマンワニを除いて天敵はほとんどいない。小型の魚類と無脊椎動物を食べる。

茶色がかった地色に濃い色の斑点が散ってカムフラージュになっている
鰭のない尾
丸い胸鰭

Spotted ratfish
スポッティドラットフィッシュ

Hydrolagus colliei

体　長　最大95cm
体　重　2－6kg
繁殖方法　卵生

分布　北太平洋東部
状態　一般的

ラットフィッシュは世界中ほとんどの沿海の深いところに生息しているが、この魚は北アメリカの太平洋岸に棲む2種のうちの1種である。他のラットフィッシュと同様、体とは不釣合いなほど大きな頭を持ち、下向きの口には噛み砕くのに適した大きな歯がついていて、皮膚は鱗がなくすべすべしている。オスには両眼の間に引っこめることもできる棍棒のような突起がついており、求愛行動に用いると思われる。成魚はふつう濃い茶色か灰色の地色に緑、黄色、青が入り、側面には銀色がかった白い斑点がある。泳ぎは遅く、主に有毒の背中のトゲで攻撃から身を守る。海底を巡回して獲物を探し、無脊椎動物や底生魚類を食べる。メスは年に2〜5個の卵を産む。卵は長い紡錘形の殻に入っている。肝臓の油はかつては機械や銃の潤滑油に使われたが、今日では商業的な価値はほとんどない。

硬骨魚類

門	脊索動物門
綱	硬骨魚綱
目	46
科	437
種	約23,500

分類について
硬骨魚類は脊椎動物の中で最も種の数が多く、2つの亜綱に分かれている。肉鰭類には四肢に似た鰭があり、骨格に支えられた肉質の柄で体につながっている。条鰭類には硬骨でできた棘状突起に支えられた鰭がある。これまでにわかっているところでは、条鰭類の方が大きなグループであり、9つの上目に分かれる。新しい種が発見されたり種同士の関係について新たなことがわかったりするため、硬骨魚類の分類は絶えず変わっている。

硬骨魚類は、魚類の中で圧倒的に大きく多様なグループを形成しており、魚類の種数の9割以上を占めている。硬骨魚類は魚類の4つの綱の中で最後に進化し、通常は最も進んだ魚と考えられている。大半は小型であるが、大きさも形も非常に様々である。硬骨魚類にはみな軽くて丈夫な内骨格がある。内骨格は全部または一部が硬骨でできており、これが柔軟性に富んだ鰭を支えており、魚の動きを正確にコントロールすることができる。またほとんどのものにガスの入ったウキブクロがあり、これによってわずかではあるが浮力を調整できる。硬骨魚類は沼、湖、川、海の沿岸、サンゴ礁、深海など水のあるところならほぼあらゆる生息環境にいる。過酷な条件に適応しているものも多く、高緯度の湖、極地の沿岸、温泉、塩分の強い池、酸性の川、酸素の少ない沼などにも棲んでいる。

感覚
ほとんどの硬骨魚類は視覚と聴覚が鋭い。視覚と聴覚はコミュニケーションと社会的行動に使われる。また、発達した群れ行動にも視覚と聴覚が役立っていると考えられている。目は一般的に頭の両脇についており、視野が広い。網膜の桿状体と円錐体によって色や明るさも識別できる。多くの種が鮮やかな色の体をしているが、これによって繁殖の相手を引きつけたり、なわばりを守ったりする。音は水中のコミュニケーションに効果的な手段である。硬骨魚類の中にはウキブクロを使ったり、体の一部をすりあわせたりして音を発するものもいる。

側線
硬骨魚類は動きを探知するために使われる側線系が非常に発達している。この器官のおかげで大きな群れが機敏に動けると考えられる。

体のつくり
硬骨魚類の骨格は大きく分けて3つの部分で構成されている。頭骨、脊柱、鰭条である（下図参照）。硬骨魚類の鰓は対になっており、頭の後方、頭蓋の後下方にある。魚類の他のグループとは異なり、鰓孔は鰓蓋と呼ばれる骨でできた蓋で覆われており、鰓蓋下部には鰓条骨と呼ばれる骨でできた支えがある。この2つの構造のおかげで魚は口の中に水を取り入れ、鰓に送り込むことができる。鰓条骨は口を開けて取り入れる水の量を調節するのを助け、鰓蓋は鰓をふさいで流出する水の量をコントロールする。このようにして、魚は静止しているときでも呼吸できるのである。この2つの構造は食物を捕らえて呑み込むのにも使われる。大半の硬骨魚類には、軽くてしなやかな円鱗または櫛鱗があり（460ページ参照）、粘液を分泌する薄い皮膚の層に覆われている。この粘液は寄生動物や病気のもとになる微生物を追い払うためのものである。また種によっては粘液で水分の損失を防いだりもする。大きな保護鱗を持つものや、まったく鱗のないものもいる（鱗がなくても皮膚から粘液は分泌する）。

骨格
硬骨魚の頭骨は脳を守り、顎と鰓弓を支えている。歯は顎や喉、口蓋、舌に生えている。脊柱は関節でつながった脊椎骨で構成され、腹部の肋骨ともつながって体を支えている。鰭はそれぞれ体に埋め込まれた骨の基部で支えられ、そこから棒状の構造物が延びて体から出ている部分を形成している。

（図の説明：脊椎の神経棘／頭骨／鰭条／骨でできた鰭の基部／肋骨／脊柱／鰓蓋／上下対称の尾）

泳ぎ
写真のフレンチグラントのような硬骨魚は、正確に方向転換ができる。鰭は1枚ずつ別々の筋肉でコントロールされているので、単独で動かせるのである。硬骨魚類の特徴ともいえる対称的な尾は、水の中を進むのに効率のよい道具だ。

群れ

① 捕食者を引きつける
魚の群れは捕食者のターゲットになりやすい。ニュージーランドマアジがカジキに目をつけられた。

② 団結する
カジキが群れに向かって泳いでいくと、マアジは方向を変えて身を寄せ合う。

③ 結束を固める
カジキが群れのそばを回っている間、マアジはいっそう小さく寄り添う。

④ 光を利用する
カジキは群れの下にいる。上からの光で1匹に狙いをつけやすいからだ。

⑤ 攻撃
再びカジキの攻撃。魚たちは2つに分断されても、すぐまた1つにまとまろうとする。

硬骨魚類

浮力

多くの硬骨魚類はウキブクロという、消化管から発達した器官を使って浮力をコントロールしている。ウキブクロにはガスが詰まっていて、魚が水よりも比重が低くなるようにしている。このウキブクロのガスの量と圧力を調整して浮力を調節しているのである。淡水魚類のウキブクロは海水魚のものより容量が大きい。淡水の方が海水よりも密度が低く、魚の体を支える力が弱いからである。ウキブクロがあるおかげで硬骨魚類は（軟骨魚類とは違って）鰭で浮力をコントロールする必要がなく、鰭は泳ぐためだけに使える。

ウキブクロ
原始的な種を除いて、ほとんどの硬骨魚類は血液とウキブクロの間でガスを移動させることによって浮力を調節している。ガスはガス腺を通ってウキブクロに入る。ガス腺には赤斑と呼ばれる毛細血管の網によって血液が送られる。さらに卵円腺という別の器官を使って、ガスがウキブクロから出され、血液に再吸収される。

繁殖

大半の硬骨魚は体外受精するが、体内受精する種もいる。外洋に棲む海水魚は通常、産んだ卵がプランクトンの一部となって漂流する。大量に産卵することが多いが、これは実際に孵化に至る数は少ないからである。沿海に棲む海水魚と淡水魚が産む卵の数は比較的少なく、沈殿物や巣や藻類に産みつける。卵や稚魚の世話をする種も少数だがいる。卵や稚魚を捕食者から守るのが普通だが、稚魚に食物を与える種もいる。硬骨魚類には雌雄同体の種がいる。オスとメスの生殖器官を両方持つ種もいれば、成魚になってから死ぬまでの間に性を変える種もいる。オスがメスに変わると、体が大きくなり卵（精子よりも大きい）を体内に持てるようになる。メスがオスに変わると、社会的集団の中で支配的な地位につく。

卵の世話
イエローヘッド・ジョーフィッシュのオスが卵を口の中に入れて抱いている。シクリッドのように、子どもを口の中に入れて捕食者から守る硬骨魚類もいる。

幼生
ほとんどの硬骨魚類は卵からかえって幼生になる。写真のヨーロッパウナギは変態の最中だ。この時期にはシラスウナギと呼ばれる。

魚類

群れ

多くの硬骨魚類は大きな集団をつくって泳ぐ。群れの個体数は数万単位にも及ぶことが珍しくない。群れはつくるが個体ごとに単独で行動するグループは群集という。しかし群れ（魚群）の場合、魚の動きははるかに調和がとれており、ひとつの生き物のように見えるほどだ。このように統率のとれた泳ぎができるのは硬骨魚類だけである。魚の1匹1匹が周囲の仲間と並行したコースを泳ぎながら、視覚や聴覚、側線系を使って自分の位置を維持する。群れの中の魚は単独で行動するよりも安全である。たくさんの仲間が危険を警戒しているし、捕食者にとっては大きな集団から1匹に狙いをつけるのが難しいからだ（左図参照）。また、群れの中にいた方が繁殖を効率的に行ったり食物を探したりしやすい。

まとまって行動する
群れをつくる魚は1匹1匹が周囲の仲間と体の長さ以上に離れないようにして、互いにしっかりと寄り添っている。写真のハタンポ類の1種のような銀色の体をしていると、わずかな方向転換をしても反射する光の量が大きく変化するため、互いの動きが見えやすい。

肉鰭類

門	脊索動物門
綱	硬骨魚綱
亜綱	肉鰭亜綱
目	3
科	4
種	8

肉鰭類には、内骨格につながる筋肉でできた大きな鰭の基部がある。鰭は泳いだり海底を"歩く"のに使われる。このグループの祖先と類縁関係のある魚の中には、鰭が陸上で動くための四肢に発達したものもおり、肉鰭類の現生種は初期の四肢を持つ陸生動物と最も近い親戚だろうと考えられる。肉鰭類は2つのグループに分けられる。ウナギに似た肺魚には鰓と1〜2個の原始的な肺があり、じかに空気呼吸ができる。肺魚は酸素の少ない沼や水の外でも生きられる。ウェストアフリカン・ラングフィッシュは干上がった湖の底で泥の繭に入って生き延び、次の雨季まで待つことができる。もうひとつのグループであるシーラカンスは、恐竜の時代に絶滅したと考えられていたが、1938年に発見された。シーラカンスはインド洋の深海に棲んでいる。

空気呼吸する魚
南アメリカ肺魚には小さな鰓と2つの肺があり、空気呼吸しかできない。繁殖期になると、オスはひものような鰭の中にある、血液が充満した繊維を通じて水の中に酸素を送り込み、子どもに酸素を与える。

Coelacanth
シーラカンス
Latimeria chalumnae
- 体長 1.5〜1.8m
- 体重 65〜98 kg
- 性別 オス／メス
- 分布 西インド洋
- 状態 絶滅危惧IB類

1938年に初めて科学者によって生存を確認されたシーラカンスは、6500万年以上前に絶滅したと考えられていたグループに入っており、"生きた化石"の典型例といえる。水深150〜700mの深海や、海中で強い潮流にさらされた洞穴のある岩壁沿いに棲んでいる。大きな厚く重い鱗に覆われた体には玉虫色に光る白い斑点が入っている。筋肉質の対になった鰭と、中央にも葉状部のある変わった尾がある。非常によく動く胸鰭を使って岩の隙間にもうまく入り込んで、魚をはじめとする獲物をとる。個体数の記録が乏しく推測値を出すのは難しいが、人間に捕まりやすく、生息地の範囲も限られているため、絶滅の危機に瀕した種となっている。

Indonesian coelacanth
インドネシアン・シーラカンス
Latimeria menadoensis 
- 体長 最大1.6m
- 体重 65〜98 kg
- 性別 オス／メス
- 分布 太平洋（セレベス海）
- 状態 絶滅危惧IB類

1990年末に発見されたシーラカンス類の1種である。その行動や生態はまだあまりよくわかっていない。しかし南アフリカにいるシーラカンス（上）と体のつくりはよく似ているため、生態もおそらく共通しているものと思われる。分子レベルでの解析によると、この2種は470万〜630万年前に分化したらしい。それ以後は海底の地形や海流によって生息地が分かれ、交流を持つことはなかった。アフリカのシーラカンスと同様、ラティメリア・メナドエンシスも外洋では単独で行動するが、洞穴の中に集まっているところも目撃されている。現時点では個体数の推定値はないが、絶滅の危機に瀕していると思われる。このシーラカンスにとって最大の脅威は釣りである。釣りは地理的に非常に孤立した種にとって重大な影響を及ぼしている。

Australian lungfish
オーストラリアン・ラングフィッシュ
Neoceratodus forsteri
- 体長 最大1.8m
- 体重 最大45kg
- 性別 オス／メス
- 分布 東オーストラリア
- 状態 低リスク↑

時折干上がることのある池に棲んでいることの多い他の肺魚とは異なり、ネオセラトダスは植物の密生した干上がることのない水の中、例えば大規模で深い池、貯水池、流れの緩やかな川に棲んでいる。重量のある大型淡水魚で、ひとつの肺として機能する特殊なウキブクロを持っている。通常は鰓呼吸をするが、水中の酸素濃度が落ちると水面で酸素を吸い、肺で呼吸する。アフリカや南アメリカの肺魚とは違って、この種には櫂の形をした対の鰭がある。背鰭と尻鰭は尾鰭とつながっている。本種は乾燥した状態では不活発になり、湿った葉や泥に覆われて湿気が保たれた状態であれば数か月生きていられる。カエル、カニ、昆虫の幼虫、軟体動物、小型の魚類を餌とし、丈夫な板状の歯で噛み砕く。

- 幅広で重量のある体
- 櫂の形をした対の鰭
- 長い先細りの尾

West African lungfish
ウェストアフリカン・ラングフィッシュ
Protopterus annectens 
- 体長 1.8〜2 m
- 体重 最大17kg
- 性別 オス／メス
- 分布 西〜中央アフリカ
- 状態 一般的

本種にはひも状の長い対の鰭があり、アフリカにいる4種の肺魚の中では最大である。他の3種と同様、対になった肺で呼吸する。乾季が始まると泥の中に潜り込んで粘液の詰まった繭をつくる。様々な淡水の生息地に棲み、肉食性で、獲物を追いかけるよりは待ち伏せして捕まえる。

原始条鰭魚類

門	脊索動物門
綱	硬骨魚綱
亜綱	条鰭亜綱
目	ポリプテルス目 チョウザメ目 ガーパイク目 アミア目
科	5
種	43

硬骨魚類の中でも最も原始的な原始条鰭魚類は、一部が硬骨、一部が軟骨でできている変わった骨格をしている。原始条鰭魚は4つのグループに分けられる。チョウザメ類およびヘラチョウザメ類、ガーパイク類、ポリプテルス類、アミア（1種しかないが独立した目に分類されている）である。原始条鰭魚類は淡水種の中では最大で、チョウザメは体長8mにも及ぶ。北半球だけに生息し、大半の種が淡水域に棲んでいるが、淡水域と海水域の間を行き来するものもいる。

体のつくり

ほとんどの原始条鰭魚類は頭骨と鰭の支えは硬骨でできているが、体と尾は原始的な脊椎骨のある軟骨の脊索で支えられている。尾は非対称で、下葉よりも長い上葉まで脊索の末端が伸びている。ガーパイク、一部のポリプテルス、アミアには血管に覆われたウキブクロがあり、水中の酸素濃度が低いときには肺として使われる。

チョウザメ類は水底で餌をとる大型種で、吻が平たく、口は伸ばすことができ、感度のよい髭で食物のありかを探す。大きな厚い鱗（骨質の鱗甲）が数列並び、それ以外に鱗のない体を守っている。ヘラチョウザメには長い櫂の形をした額角があり、これは感覚器官として機能したり、餌をとるときの口への水の流れをよくするものと考えられている。ヘラチョウザメのような濾過摂食をする魚は、大きく開けた口と大きな鰓腔を使って水から小さな水生有機体をこし取るのである。

ガーパイク類は円筒形の体をした非常に貪欲な魚で、待ち伏せをしたり、猛スピードで追いかけたりして獲物を捕まえる。長い額角と顎には鋭い歯が並び、ワニ類であるクロコダイルの吻に似ている。ガーパイクは、滑らかで厚い硬鱗（460ページ参照）に覆われている。

ポリプテルスは細長い体をしており、厚い鱗に守られている。大半の種には背鰭と胸鰭に1列の小さな小離鰭がついており、肉質の葉に分かれている。

アミアは他の原始条鰭魚よりもはるかに小さい。肉食の魚で、先の丸い頭をしており、歯は小さい。

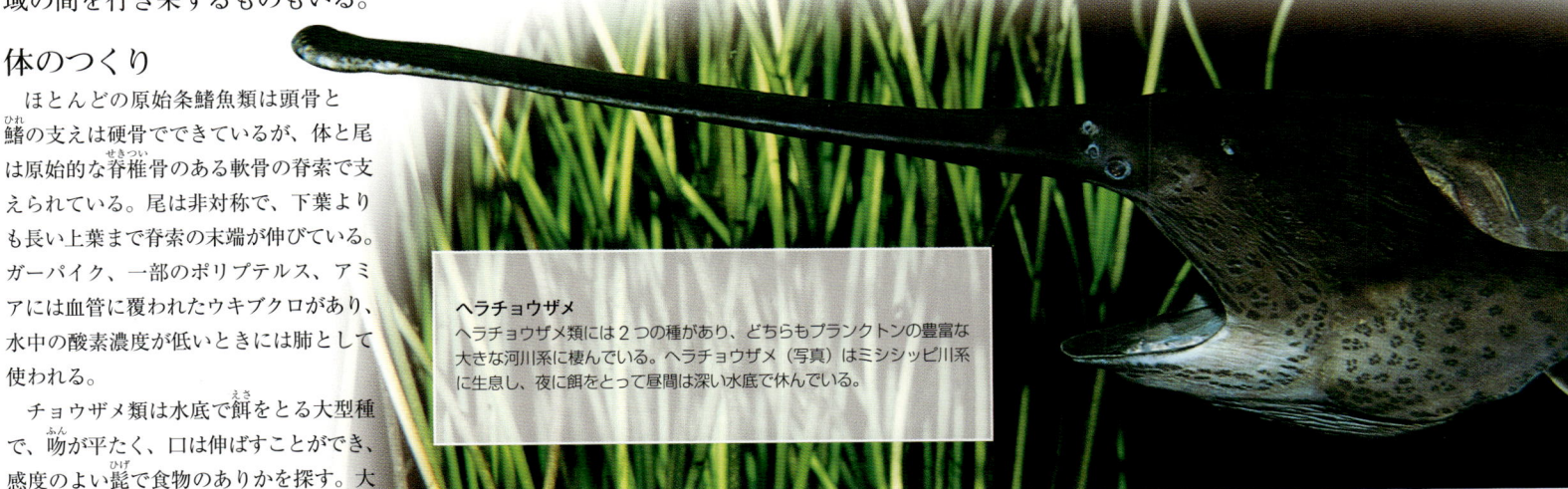

ヘラチョウザメ
ヘラチョウザメ類には2つの種があり、どちらもプランクトンの豊富な大きな河川系に棲んでいる。ヘラチョウザメ（写真）はミシシッピ川系に生息し、夜に餌をとって昼間は深い水底で休んでいる。

European sturgeon
ヨーロピアン・スタージョン
Acipenser sturio

体長	最大 3.5 m
体重	最大 315kg
性別	オス／メス

分布　北大西洋、地中海、ヨーロッパ
状態　地域により一般的

平らな頭
体に沿って5列並ぶ骨の鱗甲

肉と卵（キャビアはメスの体内の卵からつくられる）のために乱獲され、今では珍しい種となってしまった。繁殖のために川を遡る魚としてはヨーロッパで最大で、体色は緑がかった茶色をしている。他のチョウザメと同様、口は下向きである。海から1000km以上も移動して産卵することも多い。卵は川底にくっつく。

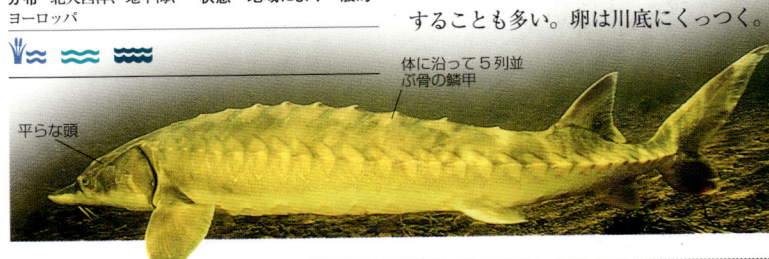

American paddlefish
アメリカン・パドルフィッシュ
Polyodon spathula 

体長	1.2-1.8 m
体重	最大 24kg
性別	オス／メス

分布　北アメリカ中央および南東部
状態　一般的

皮膚は青みがかった灰色で、鱗はない

本種はプランクトンを濾過して食べる、淡水魚としては珍しい魚で"生きたプランクトン網"と呼ばれることもしばしばある。下顎を開け、頭の両脇を漏斗のように膨らませて泳ぎ、大量の水を飲み込んで鰓でプランクトンをこす。独特の櫂の形をした吻のおかげで泳ぐときに体の安定を保っている。この魚は肉と卵のために乱獲され、卵はキャビアとして売られている。

Ornate bichir
オーネイト・ビッチャー
Polypterus ornatipinnus 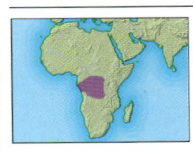

体長	40 cm
体重	最大 500g
性別	オス／メス

分布　西および中央アフリカ
状態　一般的

ビッチャーはタバコ形をした魚で、三角形の小離鰭が背中の後ろ半分に1列に並んでいる。鎧のような鱗と筒形の吻があり、ウキブクロが原始的な肺のような働きをするため、空気呼吸ができる。この魚は、11種あるポリプテルス科の1種で、ベージュの地色に黒い網目模様が入っている。泳ぎはゆっくりで小型の魚や両生類、甲殻類などの獲物にしのび忍び寄り、攻撃範囲内に入るとすばやく吸い込む。

Longnose gar
ロングノーズガー
Lepisosteus osseus 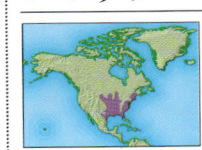

体長	1.2-1.8 m
体重	最大 15 kg
性別	オス／メス

分布　北アメリカ中央および東部
状態　一般的

ダイヤモンド形の鱗

北アメリカにいる原始魚グループの1種で、鋭い歯のある長い顎を持っている。体も長く、推進力のある鰭はカワカマス（494ページ）のようにかなり後ろの方についている。基本的には淡水魚であるが、生息地の南部では成魚が塩水域に見られることが多い。ロングノーズガーは水の中で植物に隠れてじっとしており、獲物が近づくのを待っている。攻撃範囲内に入るとすばやく飛び出して獲物を横ざまにくわえ、数分間もそのままくわえていることもある。この捕食の習性は漁師の間では評判が悪い。網に絡まって破ってしまうことがあるからだ。

オスティオグロッサム類

門	脊索動物門
綱	硬骨魚綱
亜綱	条鰭亜綱
上目	オスティオグロッサム上目
科	5
種	215

オスティオグロッサム類は、ほとんどの種の舌と口蓋に歯が生えている。大きなものは体長3mにもなる比較的大型の種で、熱帯の、主に淡水に棲んでいる。このグループにはアマゾン川に棲む大型のピラルクーから珍しい姿をしたエレファントノーズ（長くて下向きに曲がった口をしている）、ウナギに似たナギナタナマズ、デリケートで装飾的な姿のバタフライフィッシュまで、多彩な魚がいる。ほとんどが肉食性で、主に無脊椎動物を食べるが、有機堆積物や植物を食べる種もわずかにいる。

体のつくり

一部の種は顎にも歯が生えているが、骨咽魚にはすべて舌と口蓋にたくさんの小さく鋭い歯が生えており、獲物を捕まえたときに噛むために使われる。このグループの種はほとんどが比較的長い体に大きな目をしており、大きな固い鱗に覆われ、繊細な装飾がついていることが多いが、なかには鱗が退化したものもいる。背鰭と尻鰭は、通常は体のかなり後方についており、非常に長い。このグループの一部の魚、特にエレファントノーズとナギナタナマズは、電気を発したり感知したりして、泳ぐ方向を判断したり、コミュニケーションをとる。ピラルクーやバタフライフィッシュのようにウキブクロが肺に似ていて、酸素の乏しい水の中で一時的に肺として使える魚もいる。

電気信号を操る
エレファントノーズは電気を使って泳ぐ方向を判断する。特殊な筋肉によって体の周りに電界が張られ、この電界を乱すものが受容体細胞によって感知される。これにより周囲の状況を知ることができる。

Clown knifefish/Featherback
クラウン・ナイフフィッシュ
Notopterus chitala

体 長	最大 87cm
体 重	記録なし
性 別	オス／メス
分 布	南および東南アジア
状 態	一般的

左右に扁平な体をした本種の成魚は背中がこぶのように丸くなっているが、幼魚は比較的ほっそりしている。異常に小さな背鰭は羽毛に似ている。ナギナタナマズ類は大きな尻鰭（主な推進力となる）を波状にくねらせて、前にも後ろにも同じようにうまく泳ぐことができる。ウキブクロが付随的な呼吸器官になっているので、空気を吸い込むために頻繁に水面に上がってくる。水しぶきを上げて引っくり返り、水面に銀色の腹を見せる姿もよく見られる。

Freshwater butterflyfish
フレッシュウォーター・バタフライフィッシュ
Pantodon bucholzi

体 長	10-13cm
体 重	最大 500g↑
性 別	オス／メス
分 布	中央アフリカ
状 態	一般的

この魚は水面で昆虫を食べ、翼のような大きな胸鰭を使って水面から1m以上も飛び出したり、短い距離を滑空することができる。水面でじっとしていられるだけでなく、腹鰭の鰭条を竹馬のように支えにして、浅い水の中で長い間立っている姿もよく見られる。肺のような大きなウキブクロがあり、これは付随的に空気呼吸のための器官として機能すると考えられている。

Arapaima
ピラルクー
Arapaima gigas

体 長	2.5m 最大 4.5m
体 重	最大 200kg
性 別	オス／メス
分 布	南アメリカ北部
状 態	一般的

淡水だけに棲む魚としては世界最大種のひとつで、流線形の体をしており、色は灰色から濃い緑がかった黄色である。尾に近い場所に長い背鰭と尻鰭がついているが、これは獲物を捕らえるために突進する魚に共通する特徴である。鰓だけでは呼吸ができないので、水面で空気呼吸も行う。

Elephantnose fish
エレファントノーズフィッシュ
Gnathonemus petersi

体 長	最大 23cm
体 重	最大 1kg↑
性 別	オス／メス
分 布	西および中央アフリカ
状 態	一般的

川や湖、沼などのよどんで陰になった泥水によく見られる。弱い電気系統を持っており、それが障害物や食物、交尾の相手を感知するレーダーの役割を果たしている。顎についているよく動く指のような付属物で水底の泥をさぐって餌を探す。エレファントノーズの脳は非常に大きく、体の体積との比重は人間のそれに匹敵する。おそらくこのおかげで学習能力が驚くほど高く、茶目っ気のある行動をとるのでペットとして人気がある。

カライワシ類とウナギ類

門	脊索動物門
綱	硬骨魚綱
亜綱	条鰭亜綱
上目	カライワシ上目
目	4
科	24
種	730

このグループは、大きく3つに分けられる。ウナギ類、カライワシ類、トカゲギス類である。成魚になるとそれぞれ外見も行動も異なるが、生まれたばかりの幼魚の間は、透明な体をしている（レプトケファルス幼生と呼ばれる）。この細長い体の幼生は成魚になるまで、長いものでは数年間、海の潮の中を漂って過ごす。ウナギ類はほとんどが海洋性であるが、主に淡水で生活して、繁殖のときに海に戻るものもいる。カライワシ類はだいたい熱帯の沿岸に棲んでいるが、トカゲギス類は世界中の海に生息し、水深1800mまでの深さにいる。

体のつくり

ウナギ類は長いヘビのような体をしている。脊柱には100個以上もの脊椎骨があり、そのおかげで非常に柔軟性がある。長い背鰭と尻鰭はほぼ体と同じだけの長さがあり、腹鰭、胸鰭、尾鰭はごく小さいか、まったくない場合も多い。ほとんどのウナギ類には鱗がないが、皮膚に埋め込まれた細かい鱗を持つ種もいる。カライワシ類はウナギ類よりも他の魚に近い姿をしている。体はもっと幅があり、それほど長くなく、光を反射する大きな鱗がついており、鰭も発達していてそれぞれの特徴がよくわかる。しかしトカゲギスは外見がウナギに近く、大きな頭に円筒形の体をしており、尾が長い。小さな鱗に覆われ、鰭は退化していてその一部には鋭いトゲがある。

繁殖と移動

ウナギの中には、繁殖期になると大移動するものがいる。海洋種の大半は生活している場所の近くで産卵するが、淡水種や一部の海洋種は海から遠く離れた別の場所で産卵する。例えば、アメリカウナギとヨーロッパウナギはどちらも淡水の湖や川に棲んでいるが、6400km以上も旅して西大西洋のサルガッソー海に移動する。4～7か月かかるこの旅の間は食物をとらないと考えられている。その間は体に貯め込んだ脂肪や筋肉組織を消費して生きているのである。または口の内側を覆う組織を通じて栄養分を吸収しているとも考えられる。産卵は深海で行われ、その後成魚は死ぬ。レプトケファルス幼生は潮流に乗って沿岸へと運ばれていく。およそ3年たつと鰭や鱗や色素が発達し、それから川を遡ってたどり着いた場所で成魚に育つ。

狩りと摂食行動

カライワシ類、トカゲギス類、そして大半のウナギ類が肉食性である。泳ぎの速いカライワシ類はスピードを頼りに他の魚を捕まえる。ウナギ類は岩やサンゴ礁の隙間に身を隠して待ち伏せして獲物を襲う。ウナギ類には獲物をつかむための長く鋭い歯を持つものが多い。殻を砕くための厚みのある歯を持つものもいる。少数の種の中には、濾過摂食をし、水底をあさって埋まっている獲物や死体を探すものもいる。深海に棲むフクロウナギは大きな口と広がる胃袋を持っていて、自分よりもはるかに大きな獲物を食べることができる。トカゲギスは無脊椎動物を食べる。

狩り
ほとんどのウナギ類（写真のウツボのような）はカライワシ類のように獲物を追いかけるのではなく、待ち伏せをする。ウツボは熱帯の浅い沿岸の海にいる。岩の隙間に隠れて適当な獲物が攻撃範囲内に入ると、突然飛び出して襲うことが多い。幅の広い口は鋭い歯を備えており、獲物は一度捕まると簡単には逃げられない。

硬骨魚類

Ladyfish/Ten-pounder
レディフィッシュ

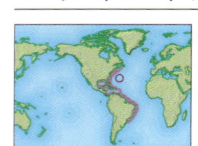

Elops saurus

体　長	最大 1 m
体　重	14 kg
性　別	オス／メス
分布	西大西洋、メキシコ湾、中央アメリカ、カリブ海
状態	一般的

青灰色の優美な流線形の体は、細かい鱗に覆われている。群れで泳ぐ小型魚を襲い、水面を飛び石のように跳んだり、釣り針にかかると跳ねたりすることで知られる。成魚になると沿岸から外洋に出て群れで産卵する。正確な場所は不明だが、海岸から160kmほどの沖合いで産卵すると考えられている。幼生は透明でウナギの幼魚のような姿をしている。潮の流れに乗ったり移動して沿岸の海に戻ってくる。

- 青灰色の体
- 深く切れ込んだ二叉形の尾

Tarpon
ターポン

Megalops atlanticus

体　長	1.3～2.5 m
体　重	160 kg
性　別	オス／メス
分布	西および東大西洋
状態	一般的

大型のパワフルな魚である。体高が高く、口は斜め上方を向き、口裂は目の後縁下に達する。ずば抜けて大きなニシンのような姿をしている。沿海や河口に棲むが、淡水にもいることがある。サーディン、カタクチイワシ、ボラなど群れで行動する魚だけを食べる。肺に似たウキブクロのおかげで、河口やそれに類する生息地で時折起こる酸素不足を、水面で空気呼吸することによって克服している。スポーツフィッシングの対象として人気があり、針にかかると見事な戦いぶりを見せる。成魚は4月下旬から8月にかけて外洋に移動して産卵する。ウナギの幼生に似た透明な幼生はやがて河口にたどり着いて育つが、海とはつながっていない池や湖に現れることもよくある。

- 背鰭の最終鰭条は延長する
- 深く切れ込んだ二叉形の尾
- 並外れて大きな目

Snipe eel
スナイプイール

Avocettina infans

体　長	最大 75 cm
体　重	0.5 kg†
性　別	オス／メス
分布	世界中の熱帯、亜熱帯および温帯の水域
状態	低リスク

深海に棲み、際立って細長い茶または黒の体に、ムチのような尾を持つ。本種が属する科にはおよそ9種の仲間がいる。長くて薄い顎は完全に閉じることができず、歯が無数に生えている。小型の甲殻類だけを食べると考えられている。成魚になる前はオスとメスはほとんど見分けがつかないほど似ているが、オスは性的に成熟してくると、大きく姿を変える。顎が非常に短くなり、歯がすべて抜けてしまう。この時期になるとオスとメスの外見はまったく異なるため、以前は別の科として分類されていた。科学調査のためにつくられた採集器具を使って捕獲されるが、いまだにこの魚とその仲間についてはほとんどわかっていない。

- ムチのような尾部
- 細長く先細りの体
- 大きな目
- 開いた顎

European eel
ヨーロッパウナギ

Anguilla anguilla

体　長	最大 1 m
体　重	4.5 kg 最大 13 kg
性　別	オス／メス
分布	北大西洋東部、地中海、ヨーロッパ
状態	一般的

ヨーロッパのどこにでもいるこの魚は数奇な一生を送る。産卵はサルガッソー海で行われ、幼生は2年半以上かけて潮の流れに乗り、ヨーロッパ沿岸の海に運ばれる。そこで円筒形の、色素のない"シラスウナギ"に変態し、さらに"ハリウナギ"と呼ばれる銀色の幼魚に姿を変え、何百万匹もの群れになって川を遡る。淡水にいる間は食べて成長する時期である。成熟すると、海に向かって泳いでいく。成熟した"シルバーイール"は、晩夏から冬にかけての月がなく暗い嵐の夜に産卵のための旅を開始する。この時期には目が大きくなり、吻は狭く先が尖り、胸鰭は槍形になる。これは深海の暮らしへの適応形態である。他のウナギ類と同様、ヨーロッパウナギも皮膚の鱗が小さく、外見上はないように見える。背中から尾を経て腹にかけて、背鰭、尾鰭、尻鰭が連結した長い鰭が1基だけついている。

- 円筒形の体
- 1基だけの鰭

水から出たウナギ

ヨーロッパウナギは、湿気のある涼しい状態であれば、水から出ても数時間生きられる。成魚は雨の夜に陸上を移動する。暗闇のおかげで、攻撃からある程度守られている。

成魚の色
淡水に暮らしている時期のこの魚は腹が黄色または金色をしている。性的な成熟期に近づくと、腹は銀色になり、背は黒に近くなる（写真）。

Zebra moray
ゼブラウツボ

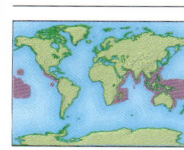

Gymnomuraena zebra

体　長	最大 89 cm
体　重	10 kg
性　別	オス／メス
分布	太平洋、カリフォルニア湾、インド洋
状態	地域により一般的

ウツボ類は体に厚みのあるパワフルなウナギ類の一群で、岩やサンゴの隙間に頭だけ出して潜んでいることが多い。胸鰭と腹鰭がない。仲間は100種以上もおり、ゼブラウツボも含め多くが鮮やかな色をしている。ヘビに似ているこの魚は円筒形をした長い非常に筋肉質の体をしており、大きな口には小石のような丸みのある歯が生えている。この歯は獲物を噛み砕くのに適している。待ち伏せをして餌をとるのが普通で、岩やサンゴの隙間に潜んでいて、いきなり飛び出して獲物を捕らえる。しかし、夜には巣穴を出て獲物を探すこともある。ゼブラウツボは大型で固い殻に守られた獲物、特にサンゴ礁の周辺にいるカニなどの甲殻類を食べる。同じ大きさの他のウツボよりも大きな餌を食べる。攻撃的な魚で、なわばりに侵入されると荒々しく向かっていくことで知られる。本種を含め、一部のウツボ類は皮膚から毒を分泌する。

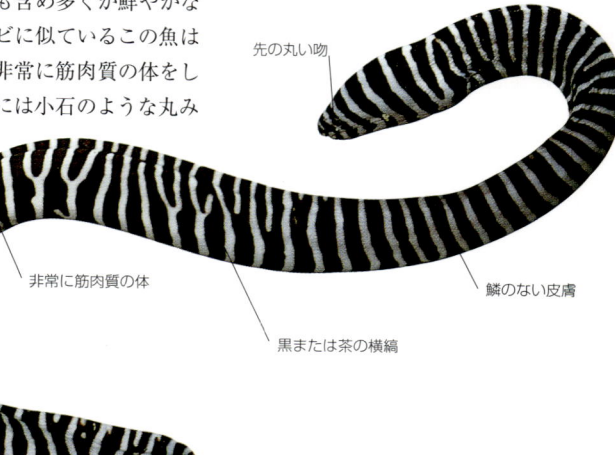

- 先の丸い吻
- 非常に筋肉質の体
- 鱗のない皮膚
- 黒または茶の横縞
- 櫂のような尾

カライワシ類とウナギ類

Gulper eel
フクロウナギ

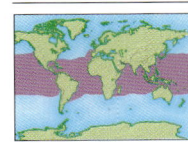

Eurypharynx pelecanoides

体長　60–100 cm
体重　1 kg†
性別　オス／メス

分布　世界中の熱帯および亜熱帯の水域
状態　低リスク†

ウナギ類の中でも最も異色の魚で、平たい先細りの体をしているが、小さな歯が多数生えた巨大な顎を持つ。開いたときの口が非常に大きく、胃が大きく伸びるので、自分と同じくらいの魚でも呑み込んで、消化することができる。体の形が変わっている。華奢なつくりのため、泳ぎはうまくなく、他の魚を追いかけることはおそらくできない。かわりに尾端にある発光器官で獲物をおびき寄せる方法に頼っていると思われる。

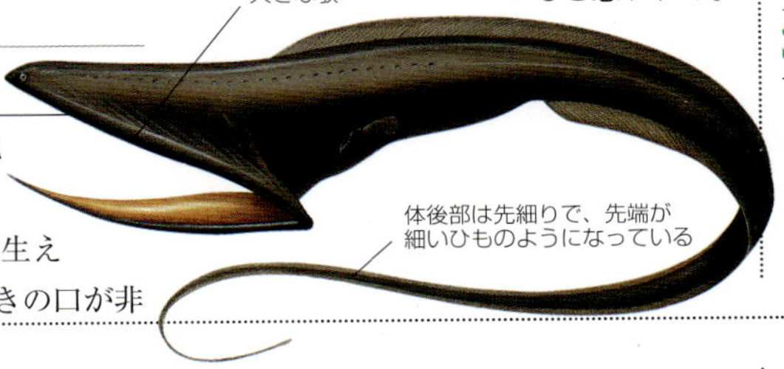

大きな頭
体後部は先細りで、先端が細いひものようになっている

Halosaur
トカゲギス

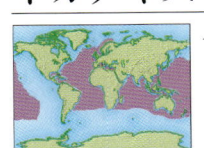

Aldrovandia affinis

体長　最大55cm
体重　6kg†
性別　オス／メス

分布　世界中の熱帯、亜熱帯、温帯の水域
状態　低リスク†

比較的珍しい魚で、水深700〜2000mの中層を漂っている。通常、この種は科学調査のための採集用具で捕獲されるだけである。トカゲギスについてはわかっていることがほとんどないが、オスにはよく発達した嗅覚器官があることから、嗅覚がオスとメスのコミュニケーションの手段として使われているのではないかと思われる。

よく発達した鼻
大きく滑らかな鱗
尻鰭が尾の先まで延びている

Swallower
フウセンウナギ

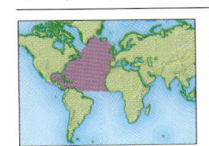

Saccopharynx ampullaceus

体長　最大1.6 m
体重　1 kg†
性別　オス／メス

分布　北大西洋
状態　低リスク†

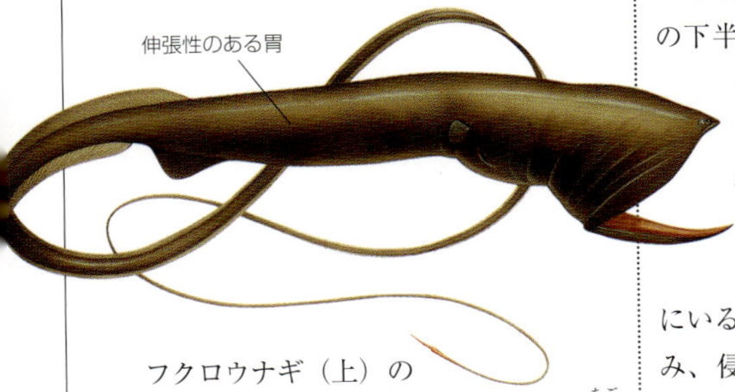

伸張性のある胃

フクロウナギ（上）の仲間で、同じように小さな頭と大きな顎（フクロウナギよりは小さい）を持つ。また尾の先に発光器官があり、口の上に垂らして獲物をおびき寄せるのに使うものと思われる。この魚は巨大な口を大きく開けてゆっくりと泳ぎ、獲物が文字どおりその口の中に泳いで入っていくと考えられている。あまり研究が進んでいないこの魚は珍しい科に属しており、標本数も100以下しかない。

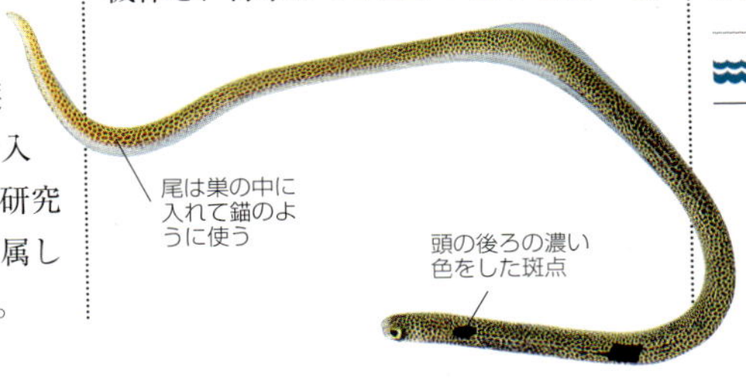

Bonefish
ボーンフィッシュ

Heteroconger hassi

体長　最大1 m
体重　9 kg
性別　オス／メス

分布　大西洋
状態　一般的

ほっそりした流線形の体に長い頭、高い背鰭をした、いかにも魚らしい魚である。沿岸の浅い海に棲み、干潟やマングローブ域によく見られる。食用というよりもスポーツフィッシングの対象として重視されている。満潮時に海底の泥に向かって頭を下に、尾を上にして水を吹きつけ、二枚貝やカニ、エビなどの獲物を探す。体が大きいので捕食者は少ないと思われる。

成魚には薄い縦縞がある
円錐形の無鱗の頭

Conger eel
コンガーイール

Conger conger

体長　2.7 m
体重　65 kg
性別　オス／メス

分布　北大西洋東部、地中海
状態　一般的

本種は、100種以上もいるアナゴ科の仲間で、濃い灰色で厚みのある体を持つ。多くのウナギ類と同様、本種も鱗と腹鰭がない。体が大きく、歯を備えた顎をしているため、天敵はほとんどいない。夜に狩りをして魚類や甲殻類、頭足類を食べる。食用魚として重用され、釣りの対象として大量に捕獲されている。水深100mまでの海底の岩や砂の上に棲んでいるが、夏には成魚は産卵のため、より深い沖合いに移動する。メスは300万〜800万個の卵を産む。孵化後、透明なウナギの幼生に似た幼生期を経る。幼生は1〜2年かけて沿海に流れ、幼魚に成長する。5〜15年で性的成熟に達する。

ヘビのような魚
ヘビのような姿のこのアナゴは長い吻を持ち、鰓孔は体の側面にある小さな三日月型の裂け目しかない。

Spotted garden eel
チンアナゴ

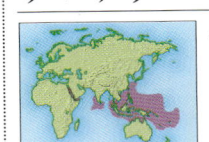

Heteroconger hassi

体長　最大36 cm
体重　2 kg†
性別　オス／メス

分布　紅海、インド洋、西大西洋
状態　地域により一般的

この魚は大きなコロニーをつくり、体の下半分を海底の砂に埋めて生活する。体の上半分は海中に突き出し、潮の流れに優雅になびいて英名のとおり"庭"のような外観をつくっている。コロニーにダイバーが近づくと、ダイバーのいちばん近くにいるものからそれぞれの巣穴に沈み込み、侵入者から隠れる。"庭"の端から端まで見事なウェーブ状に沈んでいく。チンアナゴは小さなプランクトンの無脊椎動物や魚類の幼生のような小型の有機体を、海水から1匹ずつとって食べる。

尾は巣の中に入れて錨のように使う
頭の後ろの濃い色をした斑点

身を隠す

コンガーイールもほとんどの仲間と同じように、日中は岩の隙間に隠れて夜だけ出てきて獲物を襲う。岩の多い海岸の潮だまりや沖合いの岩がちな海には小型のコンガーイールが多く、大型のものは沈没船に棲みついていることがよくある。

Ringed snake eel
シマウミヘビ

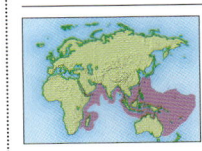

Myrichthys colubrinus

体長　最大88 cm
体重　3 kg†
性別　オス／メス

分布　インド洋、西太平洋
状態　地域により一般的

世界にはおよそ175種の魚類に属するウミヘビ類がいるが、その色や形はじつに様々である。大半は体長1m以下で、ラグーンや干潟、礁の浅い水底の砂や泥に潜っている。この種には固い先の尖った尾があるが、これは尾から先に砂に潜るのに適している。基本的に夜行性で、砂に棲む魚類や甲殻類を食べ、匂いで獲物を探知すると思われる。

固い先の尖った尾
体に25〜30の黒い輪の模様がある

魚類

ニシン類とその仲間

門	脊索動物門
綱	硬骨魚綱
亜綱	鰭条亜綱
上目	ニシン上目
目	1（ニシン目）
科	4
種	363

　この小型で流線形の魚は生息範囲が広く、数も多い。大きな群れをつくることが多く、海の食物連鎖に重要な役割を果たし、沿岸の町の経済にもなくてはならない存在である。ニシンの仲間にはスプラット、シャッド、ピルチャードと呼ばれるものがいる。サーディンもここに入るが、この名称は他のイワシ類の幼魚あるいは成魚を指すのに使われる場合もある。ニシン類やカタクチイワシ類は熱帯から温帯にかけての浅い沿海や淡水の川や湖に生息する。海で暮らすが、産卵は淡水または淡水に近い水域で行う種もいる。

体のつくり

　ニシン類の仲間は、外見がいずれも似通っている。左右に扁平な流線形の体をしており、鱗は大きく、トゲに支えられていないよく発達した鰭がある。大半は背中が緑色か青色みを帯びた銀色をしている。カタクチイワシ類は、一般的にニシンに比べて細長く、口が大きくて吻が下顎より突き出している。カタクチイワシ類もニシン類もウキブクロが耳の器官とつながっており、これによって聴覚がすぐれていると考えられている。かつてはニシン類とその仲間は、幼生が似ていることから、ターポンやウナギと関係があると考えられていたが、現在は独立したグループを形成するものとされている。

摂食行動

　ニシン類とその仲間はほとんどすべて、プランクト類（主に甲殻類とその幼生）を食べる。大きな口を開け、鰓耙を露出して水中からこし取るのである。プランクトンが毎日規則的に水中を垂直に移動するのを追って、ニシン類も夜は水面近くで、日中は深い場所に移動して餌をとる。摂食の習慣は季節によって異なることが多い。ニシンをはじめとするいくつかの種は、繁殖期には食事をしなくなる。このグループの魚はみな密集した群れをつくって餌をとるが、個体数は数万にも及ぶことがあり、他の魚（サケやマグロなど）や海鳥、海洋哺乳類などの捕食者を引きつける。たくさんの種の餌となるニシン類やカタクチイワシ類は、海の生態系の重要な要素をなしているのである。

保護

　ニシン類とカタクチイワシ類は古くから人間に価値を認められ、長らく漁業の対象となってきた。捕獲も保存もしやすいため、食物や油の原料として重視されている。漁船漁業の時代には漁獲量も比較的安定していたが、技術が大きく発展するとともに、地域によっては獲れすぎて経済に打撃を与えるようにもなった。ニシンの漁獲量は現在では広い地域で規制され、多くの漁場が時期によって、あるいは年間を通じて閉鎖されるようになっている。

ニシンの群れ
ニシンの群れは繁殖期に最も大きくなり、暖かい季節になると小さくなる。メスは多いときには4万個の卵を産み、卵は海底に固定される。

Atlantic herring
アトランティックヘリング

Clupea harengus

体長	最大 40 cm
体重	最大 700g
性別	オス／メス
状態	一般的

分布　北大西洋、北海、バルト海

　ほっそりした銀色の鱗を持つアトランティックヘリングは何百年も前から北大西洋で最も重要な漁業の対象となってきた。20世紀に入って漁業技術が向上したため激減したが、積極的な管理のかいあって今では徐々に資源が回復しつつある。多くのニシン類と同様、プランクトンを食べ、非常に動きのすばやい大群をつくって生活する。夜に水面に上がり、日中は深いところで過ごす。広い生息範囲の中でも地域ごとに多数の系群に分かれており、生態や大きさが異なる。系群によってそれぞれ異なった固有の産卵場があり、系群を越えた交配はしない。このヘリングの幼生は、海底で孵化したときはウナギの幼生に似ている。この幼生は、まもなく水面近くに泳いでいって餌をとるようになる。多数が他の魚に食べられ、生き残って成魚になるのはごくわずかである。

背鰭が体の中央にある
強く二叉した尾鰭
どっしりした下顎

ニシン類とその仲間

Hatchet herring
ハチェット・ヘリング
Pristigaster cayana

- 体　長　14.5 cm
- 体　重　記録なし
- 性　別　オス／メス
- 分布　南アメリカ北部
- 状態　未確認

強く側扁したこの淡水魚は、腹部が大きく曲線を描いた独特の形をしている。ニシン科の多くの魚と同様、腹縁には後方に向いた鋭く尖った変形鱗（鱗甲）が1列に並んでいる。身の安全を守るためにいつも群れをつくり、鰓耙でプランクトンをこして食べる。アマゾン川河川流域のはるか西にあるペルーやコロンビアにまで生息している。河口のわずかに塩分を含む水域にもいると考えられているが、明確な記録はない。

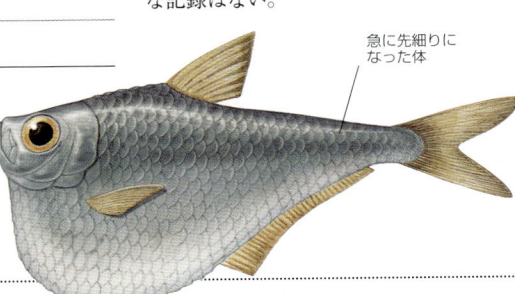

（急に先細りになった体）

Wolf herring
オキイワシ
Chirocentrus dorab 

- 体　長　1 m
- 体　重　400 g↑
- 性　別　オス／メス
- 分布　インド・太平洋
- 状態　一般的

ニシンの仲間の中で最大の種。鮮やかな青色の細長い体を持つ。多数の歯があり、2本の牙のような犬歯は上顎から外に突き出している。ニシン類には珍しく、活発に他の魚を狩る。その行動はほとんど知られていないが、大型の肉食種であることから、多数の群れではなく単独または少数のグループで狩りをすると考えられる。近縁のホワイトフィン・ウルフヘリングとともに、世界各地で大量に捕獲されている。

（体の上半分が鮮やかな青色をしている）

Denticle herring
デンティクル・ヘリング
Denticeps clupeoides 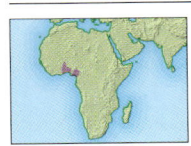

- 体　長　8 cm
- 体　重　記録なし
- 性　別　オス／メス
- 分布　西アフリカ
- 状態　未確認

小型で銀色のこの魚は、ニシン類の中で最も原始的な種で、化石に残っているものとほとんど同じ姿をしている。腹縁に沿った1列の変形鱗は、後方に尖ったのこぎり歯状である。大半のニシン類とは異なり、流れの速い淡水に棲んでいる。また、ニシン類では唯一、体側に1本の側線を持っている。雑食性。

American shad
アメリカン・シャッド
Alosa sapidissima

- 体　長　50-60 cm
- 体　重　2 kg
- 性　別　オス／メス
- 分布　北大西洋西部、北アメリカ東部、東および西太平洋
- 状態　一般的

本種は銀色の流線形の体をしており、ニシン目の多くの魚と外見は似ているが、産卵のために川に入る点が特異である。4～5歳から毎年、生まれた川に産卵のために移動するようになる。産卵はふつう夏の終わりの日没後に、川岸の近くで行う。オスが先に産卵場所に到着し、それからメスが現れて、2匹で水面近くを背鰭を見せながら不規則な泳ぎをする。成魚は産卵後に海に戻り、子どもは川で孵化し、秋になると海に移動する。本種の数はダムの建設や水質汚染のために打撃を受けている。そのため、この魚の太平洋個体群が大西洋へ移植されている。

（背鰭が体の中央にある）
（歯のない顎）

California pilchard
カリフォルニア・ピルチャード
Sardinops caeruleus 

- 体　長　25-36 cm
- 体　重　475 g
- 性　別　オス／メス
- 分布　北太平洋東部
- 状態　一般的

銀色をした中型のマイワシに近縁な種で、体側に何列にも並んだ特有の黒い斑点列がある。カリフォルニアでは缶詰にされて売られており、油や飼料などに幅広く利用される。かつては1000万匹とも推定される群れも見られた。1930年代には年間50万トン以上も捕獲されたが、1950年代に資源が徐々に減少し、1967年頃にはすっかり激減していた。現在ではある程度回復しているが、かつての資源量には遠く及ばない。

Peruvian anchoveta
アンチョベッタ
Engraulis ringens

- 体　長　最大 20 cm
- 体　重　25 g
- 性　別　オス／メス
- 分布　南太平洋東部
- 状態　一般的

近縁のノーザン・アンチョビー（右）と同様、この銀色をした小型の魚もプランクトンを食べる。湧昇流域の食物の豊富な場所に巨大な群れを形成する。プランクトンの移動に合わせて日中は水深50mまで潜り、夜に水面に上がってくる。アンチョベッタが多数の群れをつくるのは身を守るためでもある。主に冬から早春にかけて産卵する。

スリムな魚
ほっそりとしたこの魚は先の尖った吻と深く切れ込んだ二叉形の尾鰭を持ち、ノーザン・アンチョビーとよく似ている。口を開けたまま泳ぎ、細かい鰓耙で濾過摂食をする。

（深く切れ込んだ二叉形の尾部）

保護

アンチョベッタの資源量はエル・ニーニョ（太平洋で周期的に起こる温度上昇）と乱獲がきっかけとなって激減しやすい。1960年代にこの魚の総漁獲量は年間1000万トンを超えることも珍しくなかった。個体の体重が約25gの魚にしては膨大な量である。最近になってアンチョベッタの数はすっかり減少し、地元の人々の生活にも野生の食物連鎖にも深刻な影響を及ぼしている。

Northern anchovy
ノーザン・アンチョビー
Engraulis mordax 

- 体　長　最大 25 cm
- 体　重　50-60 g
- 性　別　オス／メス
- 分布　北大西洋東部
- 状態　一般的

小さいが資源量の多いこの魚は、商業的に重要で、他の魚類や魚類を食べる鳥類の食物となるため、海の食物連鎖でなくてはならない存在である。ほっそりしていて尖った吻を持つ。口を開けたまま泳ぎ、鰓耙でプランクトンをこして食べる。約150種いるカタクチイワシ類の1種だが、仲間の多くはあまり知られておらず区別もつきにくい。カタクチイワシ類は世界の様々な海に生息している。

硬骨魚類

ナマズ類とその仲間

門	脊索動物門
綱	硬骨魚綱
亜綱	鰭条亜綱
上目	骨鰾上目
目	4
科	62
種	約6,000

　ナマズ類とその仲間は、淡水魚類の4分の3を占める。このグループには様々な特徴を持つ魚たちがいるが、いずれもウェーバー器官という骨でできたウキブクロと内耳をつなぐ構造物があり、音の受容器として使われ、聴覚を鋭くしている。この特徴を共有する骨鰾類は4つのグループに分かれる。サバヒーとその仲間、コイ目（最も広く生息しているのはコイとミノー）、カラシン目（テトラ、タイガーフィッシュ、ピラニアなど）、ナマズ目である。生息範囲はほぼ淡水に限られるが、汽水域や海域に出現する種もいる。

体のつくり

　ナマズとその仲間は大きさも形も千差万別である。ほとんどは体長10cm以下の小さな魚であるが、5mに達する種もいる。このグループの魚の大半に共通するウェーバー器官は脊椎骨が変形したもので、ウキブクロが感受した音波を内耳に伝達する一続きの"てこ"として作用する。これによってナマズとその仲間は聴覚が鋭く、音をコミュニケーションの手段に利用している種も多い。

　ナマズ類はふつう頭が平たく口が広い。口の周りにはたいてい髭のような触鬚が生えている。これは触覚と味覚のために使われ、弱い視力を補うものである。大半の種は皮膚が滑らかで鱗がないが、鱗が分厚い甲にまで発達したグループもある。ほとんどすべての種には胸と背に鋭い、またはのこぎり状のトゲがあり、そこに毒腺を備えているものもいる。

　カラシン類とコイ類は似ているが、カラシン類の方が小さく鮮やかな色であるのに対し、コイ類は一般にぼんやりした色合いで体長が最大2mに達することもある。また、これらのグループは歯のつき方に違いがある。カラシン類は両顎に歯があり、実際に使っている機能歯のすぐ後ろにもう1組の代生歯が生えていることも多いが、コイ類は顎に歯がなく、咽頭に歯が生えているのが普通である。またカラシン類にはコイ類と異なり、背鰭と尾の間に小さな鰭（脂鰭）があり、これは鰭条の支えがなく脂肪をたくわえる。

サバヒーとその仲間

（ネズミギス類を含む）は、このグループでは唯一ウェーバー器官を持たない。そのかわり、変形した一組の肋骨によってウキブクロから内耳に振動が伝達される。

摂食行動

　このグループには貪欲な捕食者、腐食者、草食者、濾過食者がいる。ナマズは一般的に捕食者か腐食者で、薄暗い水底近くに棲んでいるが、何種かは草食性である。カラシン類はほとんどが群れで泳ぐか、自由遊泳して植物を食べたり、無脊椎動物や他の魚類を食べる。コイ類は大半の種が下向きの吸盤のような口をしており、両側に1対以上の触鬚がついている。コイはふつう有機堆積物か、沈殿物に埋もれた小さな無脊椎動物や植物を食べる。捕食者はほとんどいない。サバヒーは濾過摂食動物であるが、その仲間の中には小型動物を食べるものもいる。

夜のハンター
ナマズ類の多くは夜行性で単独で餌をとる。口の周りの触鬚は味蕾で覆われており、食物を探すのに役立つ。写真のロング・ウィスカード・キャットフィッシュ（ピメロドゥス科）は南アメリカの熱帯の川にいる。このグループのナマズ類には魚類などの動物を餌とするものが多く、川に落ちたサルを食べることもある。

ナマズ類とその仲間

Milkfish
サバヒー

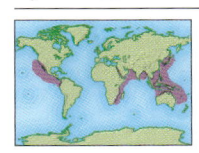

Chanos chanos

体　長	最大 1.8 m
体　重	最大 14kg
性　別	オス／メス

分布　東太平洋、南北アメリカ、インド・太平洋、アジア、オーストラリア
状態　一般的

大型で動きの速い濾過摂食動物。銀色の流線形の体に並外れて大きな、深く切れ込んだ二叉形の尾鰭がある。幅広い塩分濃度に耐性があるが、ライフサイクルの大部分を淡水で過ごし、産卵のときに海に出ていく。稚幼魚は、暖海の淡水性の湿地で成長する。東南アジアや西太平洋ではサバヒーの幼魚を海で捕獲し、池中養殖をしている。食用魚として珍重されている。

Beaked salmon
ビークトサーモン

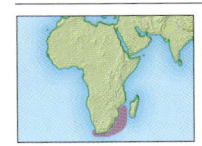

Gonorhynchus gonorhynchus

体　長	最大 60cm
体　重	記録なし
性　別	オス／メス

分布　モザンビーク海峡から喜望峰にかけて
状態　地域により一般的

ビークト・サンドフィッシュの名もある（本物のサケではないので、こちらの方が正確な名前といえる）。この魚は、海底の生活に適応した体をしており、日中は砂や泥の中に隠れて過ごす。体の上半分はうまくカムフラージュされており、目は薄い皮膚に覆われて摩擦から守られている。腹は銀色で、尻鰭と尾鰭の先端がオレンジかピンク色になっている。背鰭は体の後部についている。アフリカ南岸の水深200m までの砂底に棲んでいる。海底の無脊椎動物を食べる。小さな下向きの口の周囲には、乳頭という小さな味覚組織があり、餌生物を探すのに役立っている。

Common carp
コイ

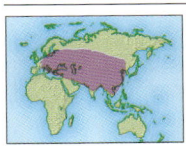

Cyprinus carpio

体　長	最大 1.2m
体　重	最大 37kg
性　別	オス／メス

分布　西ヨーロッパから東南アジア
状態　一般的

ヨーロッパとアジアが原産の、体高の高いこの淡水魚は、何千年も前から人間に飼われてきて、世界各地の川や湖や池に移植された。突き出た口を使って水底の沈殿物を掘り、餌になる植物や動物をとる。

観賞用のコイ

数百年に及ぶ品種改良により様々なコイが誕生した。カガミゴイには大きな鱗があるが、食用のカワゴイにはまったく鱗がない。写真の色とりどりの品種ニシキゴイは観賞用に飼われている。

歯のない顎
コイの顎には歯がない。咽頭部の奥にある歯で食物をすりつぶす。

突き出た口

Bitterling
ビッターリング

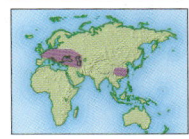

Rhodeus amarus

体　長	最大 11cm
体　重	記録なし
性　別	オス／メス

分布　中央ヨーロッパ、東ヨーロッパ、東アジア
状態　地域により一般的

小型の淡水魚で、比較的酸素濃度が低い植物の繁茂した水路に棲む。メスは銀白色であるが、オスは繁殖期になると玉虫色みのある銀青色になる。繁殖方法は変わっている。メスが産卵管という長い卵管で淡水産二枚貝の鰓の内部に卵を産みつけると、オスがそこに精子を送り込む。子どもはこの"生きた保育室"で成長するが、宿主には害を与えない。

条のある鰭
体高のある体
小さな頭

Chinese sucker
エンツイ

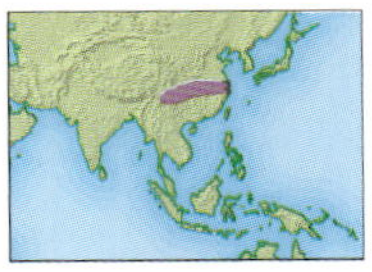

Myxocyprinus asiaticus

体　長	最大 60cm
体　重	記録なし
性　別	オス／メス

分布　東南アジア
状態　地域により一般的

この動きの鈍い、背中の盛り上がった魚はサッカー類の数少ないアジア種である。突き出た肉質の口で川底の泥の中から小型の動物を集める。背中が隆起しており、体腹面部は平らで、体の断面は三角形をしている。餌をとるときは川上を向くので、この体形により水流で川底に押しつけられる。流されてしまわないための適応である。

濃い縞
銀からオレンジの色合い

Clown loach
クラウンローチ

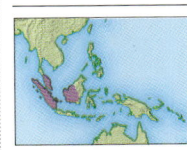

Botia macracanthus

体　長	最大 30cm
体　重	記録なし
性　別	オス／メス

分布　東南アジア
状態　一般的

ペットとして人気の高いクラウンローチは、水底で餌をとる。口部にある4対の髭で水生の無脊椎動物を探り出す。多くのドジョウ科魚類と同様に、本種は眼前の鋭いトゲにより身を守る。このトゲは天敵ばかりでなく、同種の他個体に対して使うこともある。雨季の初めに急流で産卵する。

Zebrafish
ゼブラフィッシュ

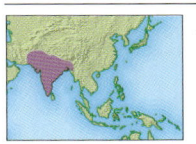

Brachydanio rerio

体　長	最大 6cm
体　重	記録なし
性　別	オス／メス

分布　東アジア
状態　一般的

長い体
4本の濃い横縞

ゼブラダニオとも呼ばれるこの非常に活発な淡水魚は、細長く黄色を帯びた銀色の体をしており、頭から尾の先まで走る4本の縦縞が特徴である。蠕虫や虫の幼虫、甲殻類など淡水の無脊椎動物を食べる。メスはオスより一回り大きく、卵を水中や池の底にまいて繁殖する。ゼブラフィッシュは遺伝子学のモデル生物として広く使われている。ペットとしても人気があり、様々な品種が繁殖家によってつくられている。

髭のような触鬚
3本の楔形をした黒い縞

魚類

硬骨魚類

Tigerfish
タイガーフィッシュ

Hydrocynus vittatus

- 体長　1m
- 体重　最大18kg
- 性別　オス／メス
- 分布　アフリカ
- 状態　一般的

アフリカ大陸の淡水域に棲む獰猛な捕食者で、釣針にかかると抵抗して戦うところから、ゲームフィッシュとしても有名である。均整のとれた銀色の体に暗色の縦縞があり、深く切れ込んだ二叉形の尾は後縁部が黒い。大きな犬歯状の歯がある。餌をとるときは群れで行動し、獲物を頭から丸呑みする。自分の体の半分もある魚を食べることができる。人間を除けば、ミサゴが唯一の天敵である。

同じくアフリカ産でこの種の類縁にあたるジャイアント・タイガーフィッシュは、カラシン類では最大になり、体長1.8mに達する。

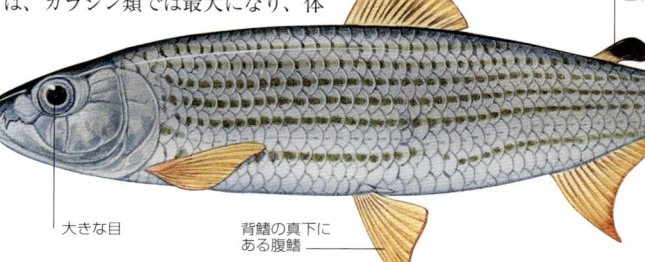

- 脂鰭には黒色斑がある
- 大きな目
- 背鰭の真下にある腹鰭

Siamese algae-eater
サイアミーズ・アルジイーター

Gyrinocheilus aymonieri

- 体長　28cm
- 体重　記録なし
- 性別　オス／メス
- 分布　東南アジア
- 状態　一般的

急流の岩石底などに生息する本種は、ほっそりとした体形をし、口部が変形し、吸盤となっている。これで水底に吸着しながら、付着藻類を食べる。体の上部は金色がかった緑色、下部は銀色。9本の分岐鰭条のある大きな背鰭を持っている。本種は食用として、またペット用として商業的に利用されている。

側面に暗色斑か縞がある

Striped headstander
ストライプト・ヘッドスタンダー

Anostomus anostomus

- 体長　16cm
- 体重　記録なし
- 性別　オス／メス
- 分布　南アメリカ北部
- 状態　地域により一般的

本種は細長い魚雷型の体形。体色は黄金色で、吻から尾鰭にかけて3本の幅広い黒色縦帯がある。吻はやや上方を向く。すべての鰭の付け根が赤い。ヘッドスタンダーの名は、川底に向かって斜め下方を向いて泳ぐ習性からきている。小さな群れ（最大40匹）をつくって泳ぎ、植物の間でじっとしていることも多い。上向きの口をしているので、付着性の餌をとりやすい。

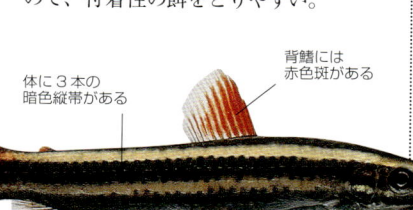

- 体に3本の暗色縦帯がある
- 背鰭には赤色斑がある

Splash tetra/Jumping characin
スプラッシュテトラ

Copella arnoldi

- 体長　8cm
- 体重　記録なし
- 性別　オス／メス
- 分布　南アメリカ大陸北東部
- 状態　地域により一般的

本種は人の指の大きさである。体は細長く、クリームがかった黄色で、頭部には目の中央を通過する黒色帯がある。本種はレビアシーナ科に属する淡水魚で、観賞用として飼育されることも多い。メスは水上から垂れ下がった葉の表面に卵を産みつけるという独特の習性を持ち、水位が下がると補食される心配がなくなる。しかし、そのままでは乾燥してしまうので、オスが水をはねかけて（スプラッシュ）乾燥を防ぐ。本種の英語名は、この習性に由来する。孵化した稚魚は水中に落ち込む甲殻類や水生昆虫の幼虫などを食べる。

- 背鰭はメスの方が小さく明るい色をしている
- メスの鰭には黒色斑点がある

Mexican tetra
メキシカンテトラ

Astyanax mexicanus

- 体長　12cm
- 体重　記録なし
- 性別　オス／メス
- 分布　米国南部から中央アメリカ
- 状態　地域により一般的

本種は、泉や小川に棲み、銀色の体に赤と黄色の鰭をしている。本種には、洞穴に棲み、体の色素が薄く、皮膚に覆われた機能しない眼がある。このため生物学者の関心の的となっている。洞穴に棲む他の魚類と同様、圧力を感知する側線と鋭い嗅覚で食物を探す。体色と眼の発達こそ異なるが、メキシカンテトラとその変種であるブラインドケーブカラシンは、遺伝子レベルでは大きな差異はなく、交配が可能である。

体の色素は薄い

Red piranha
ピラニア・ナッテリー

Pygocentrus nattereri

- 体長　33cm
- 体重　1kg
- 性別　オス／メス
- 分布　南アメリカ北部から中央部
- 状態　一般的

本種は、群れで獲物を襲う習性で悪名高い。生息地によって色も形も様々に異なる。普通は明け方と夕方に、獲物を待ち伏せて、いきなり襲いかかるというスタイルで餌をとる。一般的に昆虫や無脊椎動物や魚類など、自分より小さな動物を食べるが、種子や果実を食べることもある。時には集団で狩りをし、サメを思わせる猛々しさで自分よりもはるかに大きな獲物を殺すこともある。この集団攻撃で、カピバラやウマのような大型の哺乳類を食べたり、人間を襲って死なせることもある。繁殖期になると、メスは最大1000個の比較的大きな卵を、水中に根を張った木の根に産みつける。オスとメス（特にオス）が孵化するまで卵を守る。およそ9～10日で卵は孵化する。

赤い腹
ピラニア・ナッテリーはふつう銀色で、銀を帯びた赤い斑点のある目に頭は上が濃い灰色、下がオレンジがかった赤をしている。大きな個体は体の下部が濃い赤色になっていることが多く、これが英名"レッド・ピラニア"の由来となっている。

- 厚い背鰭
- たくさんの斑点

噛み切る歯

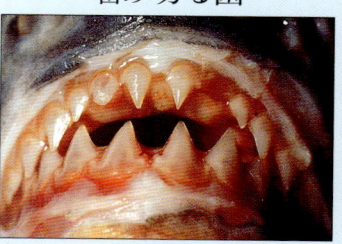

ピラニア・ナッテリーには力強い顎に小さいが鋭い三角形の歯が生えている。口を閉じると上下の歯が噛み合って、肉を噛み切ることができる。丸い吻と上顎よりも大きな下顎のおかげで並外れた力で噛むことができ、攻撃に役立っている。

ナマズ類とその仲間

Spotfin hatchetfish
スポットフィン・ハッチェットフィッシュ

Thoracocharax stellatus

体 長	6.5cm
体 重	記録なし
性 別	オス／メス
分布	南アメリカ大陸北部から中央部
状態	一般的

上向きの口
小さな尻鰭

英名は、体が薄く胸が大きく張り出している姿からつけられている。この銀灰色の魚の最も変わった特徴は胸鰭が非常に大きいことである。脅されたり獲物を追うときはこの鰭を使ってスピードを上げたり、空中に飛び出したりする。マリン・ハッチェットフィッシュ（499ページ）は別のグループで、生態もまったく違う。

Upside-down catfish
サカサナマズ

Synodontis contractus

体 長	9.5cm
体 重	記録なし
性 別	オス／メス
分布	アフリカ大陸中央部
状態	地域により一般的

このアフリカ産のナマズの名は、川の水面近くを腹側を上にして泳ぐことからつけられた。特に水面から餌をとったり面積の広い葉や岩の下側から餌をとるときにはこのような格好で泳ぐ。植物や水生の無脊椎動物、昆虫の幼虫などを食べる。全身が茶色または茶色がかった紫色で、小さな斑点が散在している。ふつう魚類は体背部の色が濃く、腹側が薄い。これをカウンターシェーディングといい、カムフラージュの役割を果たす。この魚の場合は、色のつき方も背腹逆になっていることが多く、体の腹側の方が背側よりも濃い。サカサナマズは音を発するが、おそらく同種の仲間同士のコミュニケーションに使うものと思われる。

Giant trahira
ビッグアイ ブラック タライロン

Hoplias macrophthalmus

体 長	最大1m
体 重	最大2kg
性 別	オス／メス
分布	トリニダード島、中央アメリカから南アメリカ大陸中部一部
状態	一般的

本種は厚みのあるがっしりした体をしており、吻は丸く、目が非常に大きく、丸みを帯びた腹をしている。上顎に2～3本の犬歯状歯と1対の円錐形の歯がある。本種は酸素濃度が低くても耐えられ、夜に陸上を移動することで知られる。食用魚として重用され、養殖されている。

Wels
ヨーロッパナマズ

Silurus glanis

体 長	最大5m
体 重	最大300kg
性 別	オス／メス
分布	中央ヨーロッパから西アジア
状態	低リスク

この巨大な底生ナマズは世界最大の淡水魚のひとつ。記録に残る最大の標本は19世紀に南ロシアのドニエプル川で捕獲されたもので、体長4.5m以上、体重は300kg以上あった。しかし、生息地の大部分で乱獲されているため、現在ではこれほどの大きさのヨーロッパナマズはいないだろうと思われる。ヨーロッパナマズは単独で行動し、川や大きな湖の底に潜んでいる。主に夜になってから活動し、緑がかった灰色の模様がカムフラージュとなって、川底の泥と見分けがつきにくくなっている。たいていのナマズと同様、貪欲な捕食者で水鳥や水生哺乳類、甲殻類、小型魚類などを食べる。水温が20℃を超えるとメスは卵を産む。主にオスが卵と稚魚を守る。

大きな平たい頭

Brown bullhead
ブラウンブルヘッド

Ameiurus nebulosus

体 長	最大52cm
体 重	2.5～3.5 kg
性 別	オス／メス
分布	北アメリカ大陸東部
状態	一般的

肉質の触鬚
斑点の散った体

本科の多数の種が北アメリカ大陸に生息するが、本種はこれら本科の他種と同様、食用魚として重用されている。体には鱗がなく、大きな口の周りには4対の肉質の触鬚があり、これを使って食物を探す。短剣状の胸鰭棘には毒腺が備わっており、捕食者から身を守るための武器となっている。オスとメスで、鰭であおいで卵に巣の中の酸素を送るなどの保護をする。稚魚は体長5cmに達するまで、しっかりと密着した群れにして守る。

食物センサー

ヨーロッパナマズには上顎に2本の非常に長い触鬚と、口の下に4本の小さな触鬚があり、食物を探すのに役立っている。

隠れた巨人
並外れた大きさで知られるこのカムフラージュの巧みな魚は、大きな平たい頭と腹側の半分以上もある長い鰭を持つ。

長い尻鰭

Glass catfish
グラスキャットフィッシュ

Kryptopterus bicirrhis

体 長	15cm
体 重	記録なし
性 別	オス／メス
分布	東南アジア
状態	一般的

ナマズ類には濃い色の模様でカムフラージュしているものが多いが、このほっそりした種は透明に近い体の色で身を守る。唯一はっきりと見えるのは、背骨と眼と、消化器官や生殖器官のある頭の直後の部分だけである。体が透明なのは、皮膚が透明であり、体の組織に油が詰まっているとともに色素胞を持たないためである。体は左右に扁平で、背鰭は1、2本の条に退化しているか、まったくない。他の多くのナマズ類と同様、尻鰭が非常に長く、頭の直後から始まって尾鰭と融合している。この魚は低地の氾濫原や水のよどんだ大きな川に棲む。水面に対して斜めに定位した小さな集団をつくる。ほかにも透明かほぼ透明に近い体をした種を含むグループがある。インディアン・グラスフィッシュは本来は東南アジアが原産であるが、ペットにされていることも多い。

深く切れ込んだ二叉形の尾鰭
透明な体
並外れて長い尻鰭

魚類

硬骨魚類

Bushymouth catfish
ブッシィマウス・キャットフィッシュ

Ancistrus dolichopterus

体長	最大 13cm
体重	記録なし
性別	オス／メス
分布	南アメリカ大陸北部
状態	一般的

本種やその近縁種に"bushy mouth"という英名がつけられたのは、上顎周辺に特異な肉質の触手がついているためである。オスの方がメスよりも触手の数が多く、そこから繁殖に関係があるのではないかという説があるが、定かではない。脅されると胸鰭と背鰭のトゲ、また頭の両脇にあるトゲを立てる。

枝分かれした触手
体に甲状の板がある

Twig catfish
ツウイング・キャットフィッシュ

Farlowella acus

体長	最大 15cm
体重	記録なし
性別	オス／メス
分布	南アメリカ大陸北部および中央部
状態	未確認

長い吻
骨の鱗甲が体を覆っている

ナマズはほとんどすべて底生魚であるが、体の形はじつに様々である。本種を含むファロウェラ属は並外れて細長く、吻は尖っており、沈んだ木の枝に似せたカムフラージュをしている。日中はこの擬態で攻撃から身を守っている。流れの緩やかな川に棲み、日が暮れてから主に川底の藻類を食べる。メスは川底に卵を産み、孵化するまでオスが守る。

Walking catfish
ウォーキングキャットフィッシュ

Clarius batrachus

体長	最大 40cm
体重	記録なし
性別	オス／メス
分布	南アジアおよび東南アジア
状態	未確認

胸鰭で、体を引き寄せるようにして陸上を這うところから、この名前がつけられた。陸上では、専用に変形した鰓で呼吸する。この鰓には丈夫な繊維があって、空気にさらされても形を保ち、崩れないようになっている。流れの緩やかな水の中に棲むが、環境が悪化すると、適した生息環境にたどり着くために陸上を移動する。ペットとしても人気が高い。写真のまだら模様の突然変異種は人工品種のひとつである。

長い背鰭
触鬚

Knifefish/Banded knifefish
バンデッド・ナイフフィッシュ

Gymnotus carapo

体長	60cm
体重	記録なし
性別	オス／メス
分布	中央アメリカから南アメリカ大陸中部
状態	一般的

この南アメリカ産の淡水魚は、デンキウナギ（下）に近縁で、尾に向かって先細りになった円筒形の体と鰭のない棒のような尾をしているところがよく似ている。弱い電流を発して周囲を感知するが、電流はデンキウナギよりははるかに弱い。濃い色と薄い色の縞模様が薄暗い水の中でカムフラージュになっている。腹側にある長い鰭を波打たせて泳ぐ。

Candiru
ヴァンデリア・キローサ

Vandellia cirrhosa

体長	最大 2.5cm
体重	記録なし
性別	オス／メス
分布	南アメリカ北部
状態	一般的

薄い先細りの体

細長く透明に近い体をした小型のナマズで、変わった生態の持ち主である。水中で餌をとる代わりに大型の魚（特に大型のナマズやカラシン）の鰓腔に入りこみ、自分の鰓蓋の大きな鉤型をしたトゲを使って宿主の鰓の組織に体を固定させる。そして細かい櫛のような歯で鰓をかじり取り、出てきた血を吸うのである。川で用を足している哺乳類、時には人間の尿道を泳いで遡ってくることでも悪名高い。これは尿の流れを大型の魚の鰓から排出される水の流れと勘違いするためと考えられている。用を足していた動物や人間は非常に痛い思いをする。

Gafftopsail catfish
ガフトップセイル・キャットフィッシュ

Bagre marinus

体長	最大 1m
体重	最大 4kg
性別	オス／メス
分布	中央大西洋西部、メキシコ湾、カリブ海
状態	一般的

食料として漁業の対象となっているこの大西洋のナマズは、主に海洋性であるが、河口の比較的塩分濃度の高いところに入ってくることもある。頭に固い骨質の甲がある。最も目立つ特徴は、口角部にある非常に長くて扁平な触鬚と、背鰭と胸鰭から弧を描いて延びる長いトゲである。鋸歯縁を持つこのトゲは有毒であり、刺されると痛い。脅されると背と腹のトゲを立てる。この魚は水底で甲殻類や他の魚を食べる。繁殖期（5〜8月）になるとオスがメスの卵に授精し、孵化するまで卵を口に抱いて保護している。

深く切れ込んだ二叉形の尾鰭
有毒の鋸歯縁を持つ背鰭棘

Electric eel
デンキウナギ

Electrophorus electricus

体長	最大 2.5m
体重	最大 20kg
性別	オス／メス
分布	南アメリカ大陸北部
状態	地域により一般的

本種は、名前とは異なり、ウナギ類ではなく、ウナギのような体形をしたカラポ科の大型の1種である。成長すると人間の太腿ほどの太さになり、南アメリカ大陸で最大の淡水魚のひとつである。腹部正中線に沿って、たいへん長い尻鰭があるが、背中には鰭がない。尾は先細りになって、尾鰭のない鋭い先端で終わっている。デンキウナギは視力が弱く、普段は微弱な電気を使って方向や周囲の状況を知る。しかし、全身にわたる変形した筋肉（発電器官）を使って、最大600ボルトもの電撃を発することもできる。他の魚を殺すには十分な強さで、人間さえも殺す威力がある。

鰭のない先細りの尾
腹側のひと続きの尻鰭

サケ類とその仲間

門	脊索動物門
綱	硬骨魚綱
亜綱	条鰭亜綱
上目	原棘鰭上目
目	3
科	14
種	316

サケ・マス類には、一生の間に海（成魚になってからの住処）から淡水の湖や川（繁殖場所）へと想像を絶する距離を旅する種がたくさんいる。その近縁にはガラクシアス類と呼ばれる淡水魚のグループがいる。ほかにも、淡水魚のカワカマス類、海洋種のニギス類（ハナメイワシ科やヒナデメニギスなど）が類縁にあたる。サケ・マス類、カワカマス類は北アメリカ、ヨーロッパ、アジアが原産であるが、他の地域にも持ち込まれている。ガラクシアス類は南半球にのみ生息するが、ニギス類は世界中の海の陸棚や中・深層に棲んでいる。

体のつくり

サケ・マス類は、ほっそりした先細りの体をしていて、よく発達して泳ぎに適した筋肉がついている。鰭は比較的小さいが、尾鰭は大きくて力強く、泳いだり機敏に体を動かすことができる。ほとんどの種には脂鰭という小さな肉鰭が尾柄部背面にある。体の後部に腹鰭がついている。鱗は小さいか、まったくない。肉食で様々な獲物を餌とし、大半の種が、鋭い歯をたくさん備えた大きな口をしている。獰猛なカワカマス類は獲物を押さえるための長い歯を備えた格別に大きな口を持ち、自分の体の半分ほどもある獲物を呑み込んでしまう。サケ・マス類、カワカマス類は獲物を待ち伏せたり、短距離を猛スピードで追いかけて獲物を襲うことが多い。

ガラクシアス類は体長25cm以下の小型の魚がほとんどで、筒形の鱗のない体をしている。尾は角張っていて、同じグループの他の魚類たちとは異なり、脂鰭はない。

サケ・マス類に近縁なグループのうちには深海に適応するために変わった形態を持つものがいる。例えばニギス類の中には前方や上方を向いた大きな筒型の目をしたものがいる（双眼鏡のようによく見える）。発光器官を持つものもいる。

ライフサイクル

このグループには一生を海だけ、または淡水だけで終える種もいるが、サケ・マス類など、一生のほとんどを海で過ごすが繁殖のために淡水に移動する種も多い。このようなライフサイクルを遡河という。オスとメスは淡水の川で産卵し、卵が孵化すると稚魚は短期間だけ淡水に育ち、海に移動する。そして数か月から数年後を経て成魚になり、生まれた川に産卵のために帰ってくる。数千キロにも及ぶことがある旅の間には、急流や地形の険しい場所も通らなくてはならない。魚たちは水の上を跳ねて上流へと進んでいく。繁殖期の成魚は回遊を始める前から何も食べなくなる。そして移動にエネルギーを使い尽くし、産卵の直後に死んでしまう。魚が自分が生まれた場所をどのようにして知るのかは解明されていないが、嗅覚や、太陽光を利用した包囲の認識などの能力があり、これらに依存していると考えられている。もっとも、サケ・マス類のすべての種がこのような一生を送るわけではない。陸封型の個体群は一生を淡水で過ごす。

ガラクシアス類にも遡河する種がいる。小さな稚魚は淡水で孵化すると、海へと流されていく。数か月後、彼らは幼魚となって淡水に戻り、そこで成魚に育つ。

繁殖期のオス
繁殖場所へと移動する間に、サケ類のオスの体は大きな変化を遂げていく。体にこれまでとは違う色や模様が出てきたり、背中にこぶができたり下顎が大きくなり上向きに曲がる種もある。写真は、太平洋からやってきたカラフトマスがアメリカ合衆国のアラスカにある川の上流を遡っているところ。

硬骨魚類

Northern pike
ノーザン・パイク

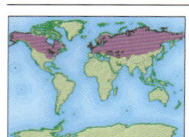

Esox lucius

体 長	最大 1.3m
体 重	最大 34kg
性 別	オス／メス

分布　北アメリカ、ヨーロッパ、アジア
状態　一般的

本種は、力強い体のつくりをした捕食者で、北極の海岸平野を除いた北半球高緯度の冷温帯以上淡水域に広く生息する数少ない魚の1種である。体の薄い色の模様が見事なカムフラージュになっている。近縁のアメリカカワカマス（下）と同じように、頭は長くてスコップのような形の吻をしている。浅く切れ込みの入った二叉形大きな尾鰭を持つ。背鰭が1基ある。一般には早春の氷が溶けた頃、日中に産卵をする。つがいで産卵するが、その後オスかメスが新しいパートナーをつくることがある。求愛のとき、オスはメスの頭部と胸鰭を吻でつつく。メスの方がオスよりも成長が早く、体も大きくなる。

気配を殺したハンター
本種の背鰭が1基で、体の後方、尾鰭に近い位置にあるため、水面にいる獲物に近づくときも波がたたず、警戒されずにすむ。

- 頭の長さが体長の4分の1もある
- スコップのような吻
- 突き出た下顎
- 濃い体の色に薄い色の模様が入っている
- 背鰭

静かに待ち伏せ

巧妙にカムフラージュされたこの魚は、水草の間に身を潜め、獲物が攻撃範囲内に入った瞬間、隠れ場所から飛び出すスタイルで狩りをする。獲物は主に魚類だが、昆虫、カエル、ザリガニ、ミズハタネズミや水鳥のひななど水辺や水面にいるものまで、何でも食べる。

Muskellunge
マスクランゲ

Esox masquinongy

体 長	最大 1.8m
体 重	最大 45kg
性 別	オス／メス

分布　北アメリカ大陸東部
状態　地域により一般的

本種（"マスキー"とも呼ばれる）はカワカマス類としては最大の魚で、釣り針にかかると激しく抵抗するため釣り人の間でも有名である。他のカワカマス類と同じように、口が非常に大きく、顎がスロープを描いていて、くちばしに似た両顎をしている。流線形の体をしているので尾部を振ると急に加速できる。待ち伏せタイプの捕食者で、マスクラットのような大きな動物を襲って食べる。まず口で獲物をくわえた後に向きを変え、頭から呑み込む。春に氷が溶けた後、植物の上に産卵する。メスは複数のオスと交尾することがある。この魚は植物の繁茂した湖や川に棲み、一般的にはキタカワカマス（上）よりも暖かい水域にいるが、2種が同じ生息環境に暮らしていることもあり、交配することさえある。こうして生まれた混血種ははっきりした縞模様のある丈夫な魚である。混血種のオスは繁殖力がないが、メスは繁殖力を持つことが珍しくない。

- 薄い地に濃い色の模様
- 長い頭
- 大きな尻鰭

Ayu
アユ

Plecoglossus altivelis

体 長	最大 35cm
体 重	記録なし
性 別	オス／メス

分布　北大西洋西部、東アジア
状態　一般的

アユは側扁形をし、背部中央に背鰭がある。尾鰭は二叉形である。変形した歯で石の表面の微小な付着藻類を食べる。腎臓などの器官が塩分濃度の変化に対応できるので、海域と淡水域の間を行き来できる。産卵は河川で行われ、孵化するとすぐに海に下り、冬の間は沿岸で過ごす。春になるとアユの稚魚が河口で群れをつくり、上流に遡っていく。

Barrel-eye
バーレルアイ

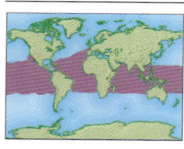

Opisthoproctus soleatus

体 長	最大 10.5cm
体 重	記録なし
性 別	オス／メス

分布　世界中の熱帯および亜熱帯海域の中深層
状態　地域により一般的

比較的小さな魚で、上を向いた筒型の目をしていることから英名がついた。この目は下から他の魚を襲うための適応形態だと思われる。ヒナデメニギス類（右）と同じ科に属し、ヒナデメニギス類と同様、1対の胸鰭以外ほとんどの鰭が体後部についている。体の上半分が濃い色をしており、下半分は銀色である。直腸に発光バクテリアの共生によって光る発光器官がある。光はレンズを通して輝き、ソール（蹄底）と呼ばれる扁平な腹部に反射して全身に広がる。こうして拡散された光は水面からの淡い光と同じなので、この魚の姿は下からは見えなくなる。主に熱帯・亜熱帯域の水深約800mのところに棲んでいる。

- 筒型の目
- 大きな背鰭

Spookfish
スプークフィッシュ

Dolichopteryx binocularis

体 長	最低でも 8.5cm
体 重	記録なし
性 別	オス／メス

分布　世界中の熱帯・亜熱帯域、北大西洋西部海域の中深層
状態　未確認

この風変わりな姿をした、成長の遅い魚は、約15種いるヒナデメニギス類の1種である。本種の特徴には、体長の半分以上もある長い繊維状の胸鰭があるが、最大の特徴は筒型の斜め上を向い、双眼鏡のような形の眼である。眼の側面に当たる光は感知しにくいため、筒型の眼柄部側面に網膜とレンズを備えた第2の目がついている。4つの目を持っているのはこの魚だけである。他の深海魚と同様、本種も非常に繊細で、深海から引き上げられるとダメージを受ける。

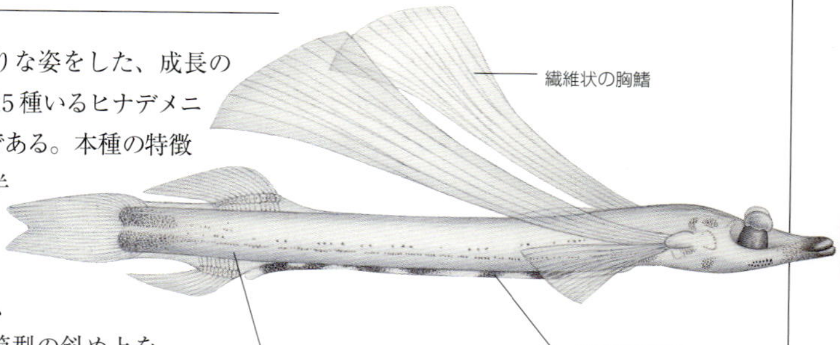

- 繊維状の胸鰭
- 透き通った白い体
- 5つの大きな暗色斑

Legless searsid
コノハイワシ

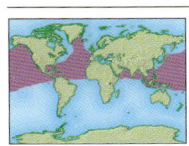

Platytroctes apus

- 体長　最大 18cm
- 体重　記録なし
- 性別　オス／メス
- 分布　北太平洋、北大西洋、北インド洋
- 状態　未確認

本種はチューブショルダーと呼ばれる仲間に属しているが、この名前は胸鰭の上方にある発光液を出す独特の"ショルダー（肩）"腺にちなんでいる。液体は水中にぼんやりと光る緑色がかった煙幕になり、捕食者の気をそらして逃げるためのものと考えられている。本種は長い鰓耙でプランクトンをふるい分けて食べているようだ。

木の葉のような形をしているので影があまりできず、見つかりにくい

体は側扁形

小さな胸鰭

Cisco
シスコ

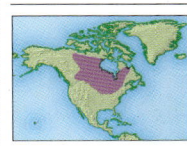

Coregonus artedi

- 体長　最大 57cm
- 体重　最大 3.5kg
- 性別　オス／メス
- 分布　北アメリカ北部
- 状態　地域により一般的

本来は淡水魚であるが、汽水域や海水にも見られる。通常は中層の水域に大きな群れをつくっているが、水深は季節によって異なる。基本的にはプランクトンを食べるが、ほかにも様々なものを餌としている。産卵は秋に行われるが、水温に左右される。オスはメスより体が小さく、繁殖期になると小さなこぶ（真珠器）が発達し、これでメスを刺激して、産卵を促す。

暗青灰色の背中

Capelin
カラフトシシャモ

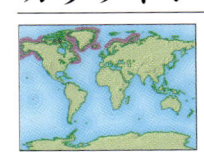

Mallotus villosus

- 体長　最大 20cm
- 体重　最大 40g
- 性別　オス／メス
- 分布　北太平洋、北大西洋、北極海
- 状態　地域により一般的

本種は、海で暮らし、海で繁殖する。大規模な群れをつくるので、海鳥類、アザラシ、イルカ・クジラ類の貴重な食料源となっている。カラフトシシャモの数が少ない年は海鳥の群れがまったく繁殖できないこともある。ほっそりした体で下顎が突き出ており、背部はオリーブグリーン色で、体側と腹部は銀色である。また、大きな胸鰭があるが、これはサケ類とその仲間の特徴のひとつである。本種は、主に動物プランクトンを、櫛形の鰓耙で水中からこし取って食べるが、他の魚類や無脊椎動物なども食べる。繁殖期になると、オスは尻鰭の付け根が膨らみ、体の側面に沿って生えた柔らかい変形鱗の帯（絨毛）で、容易に判別できるようになる。求愛の際、オスは絨毛でメスをなでて刺激し、産卵を促す。カラフトシシャモは沿岸に移動して、海岸で産卵する。メスは満潮時に、多ければ6万個の卵を産む。卵は砂に埋められ、その後波によって砂から出てくる。この魚はアラスカとカナダの先住民の主要な食料となっている。

脂鰭

オリーブグリーンの背中

突き出た下顎

Eulachon
ユーラコン

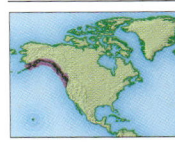

Thaleichthys pacificus

- 体長　最大 23cm
- 体重　最大 60g†
- 性別　オス／メス
- 分布　北アメリカ大陸北西部沿岸
- 状態　一般的

キュウリウオ科（細身で銀色の魚類のグループで、カラフトシシャモ（左）もこれに属する）の1種。カラフトシシャモと同様、体が長く下顎が突き出ているが、体の上半分は青から青みがかった茶色をしている。成魚は海に棲み、水中からプランクトンを濾過して食べる。産卵のために中程度から大きめの川を遡る。産卵後も生き残るものは少なく、平均寿命は2〜4年である。ゲームフィッシュにも漁業の対象にもなるが、河口でとれたものは非常に油分が高く、火をつけると燃える。名前はそこからきている。油はかつてネイティブ・アメリカンの間で取り引きされ、商業ルートは"グリース・トレイル（油の道）"と称されていた。

Grayling
グレイリング

Thymallus thymallus

- 体長　最大 60cm
- 体重　最大 6.5kg
- 性別　オス／メス
- 分布　ヨーロッパ西部、中部、北部
- 状態　低リスク

サケ科の仲間で淡水魚であるグレイリングは、水温の低い湖や流れの速い川に棲み、昆虫、小型の蠕虫、甲殻類を食べている。非常に長くて高い背鰭を持ち、産卵のときに、オスはこの背鰭をたわめてメスの背中にあてがっている。川が汚染されてくると真っ先に姿を消すので、グレイリングは水質を示す指標となっている。

Inconnu
インコヌー

Stenodus leucichthys

- 体長　最低でも 1.5m
- 体重　28–40 kg
- 性別　オス／メス
- 分布　北太平洋、北アメリカ北西部、東ヨーロッパから西東アジア
- 状態　絶滅危惧 IB類

サーモン類の中でも大型のこの魚は、細長くて側扁した頭部と、多数の小歯のある大きな口をしている。成魚になると主に他の魚類を食べるが、幼魚は昆虫の幼虫や動物プランクトンを食べる。本種の生態は2通りある。例えば、カナダのグレートスレーブ湖に棲むものは一生を生まれ育った水域で過ごし、繁殖もそこで行う。しかし、大半のものは汽水域か河口で冬を越し、春になると上流へと遡る。そこで秋まで過ごし、産卵する。産卵の際、メスは1匹か2匹のオスと行動を共にする。繁殖期が訪れるのは3〜4年に一度だけで、夕方から夜にかけて産卵する。メスは13万〜40万個の卵を産む。ゲームフィッシュとしても人気があるが、一般的な生息地となっているカナダ、アラスカ、シベリアでは漁業の対象として重要な魚である。

細長く側扁した頭

大きな口

高くて尖った背鰭

尻鰭

硬骨魚類

Sockeye salmon
ベニザケ

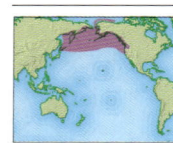

Oncorhynchus nerka

体長	最大84cm
体重	最大7kg
性別	オス／メス
分布	北東アジア、北太平洋、北アメリカ北西部および西部
状態	地域により一般的

"ブルーバック（Blueback）"という名前でも知られるベニザケは、産卵期になると、姿形が大変貌を遂げる。産卵期前は、オス、メスとも頭部は暗青灰色で背部と体側面が銀色をしている。しかし6月から9月にかけて、海から繁殖場所の川に入る頃になると、頭は暗緑色、体は鮮やかな赤になってくる。タイヘイヨウサケの仲間の中でもベニザケは湖でなければ育たないため、上流部に湖のある川でなければならない。ベニザケの陸封型（ヒメマス）は、海に棲む類縁種の6分の1の体重しかない。

急流を跳ぶ
産卵場所となる母川にたどり着こうとするベニザケの執念は、急流を跳ね上がる雄姿にも表れている。

ベニザケの特徴
ベニザケは流線形の体に、先の丸い円錐形の吻をしている。他のサケ類との違いは、はっきりした斑点のない鰭と、産卵期に色がまったく変わってしまうことである。

- 背鰭には斑点がない
- 隆起した背中
- 産卵期には鮮やかな紅色に変わる

赤い潮流
毎年恒例の迫力あふれるベニザケの大移動は、数百万匹単位で起こることもあり、見物にやってくる人も絶えない。産卵場所となる川には展望台がつくられたりすることもある。

産　卵

孵化してから4年たったベニザケの成魚は、みんな自分の生まれた川に戻って産卵し、死んでいく。一生で最後の旅は1500kmにも及ぶことがある。

小さな仔魚
ベニザケの仔魚は小石の間から出てくると、まずそばにある湖へ最初の旅をする。そこで少なくとも1年を過ごし、やがて海を目指す。

新しい生命
ベニザケのメスは産卵場所にたどり着くと、小砂利底に巣を掘り、鮮やかなピンク色をした卵を、多いときで4300個産み、オスがそれに授精する。

川の墓地
産卵が終わるとベニザケはすべて死ぬ。その死骸は自分たちが生まれた川に沈んでいく。

川に還っていくベニザケ
ベニザケは遡河性である。海に棲んでいるが、産卵のために淡水の河川系に入っていく。産卵場所となる川に戻っていくうちに、体はオスもメスも赤くなり、頭は緑色に変わる。またオスは背中が隆起し、鼻がかぎ状に曲がる。

魚類

魚類

硬骨魚類

Atlantic salmon
タイセイヨウサケ
Salmo salar

体　長	最大 1.5m
体　重	最大 45kg
性　別	オス／メス

分布 北アメリカ北東部、ヨーロッパ西部および北部、北大西洋
状態 地域により一般的

タイセイヨウサケは、ゲームフィッシュとして世界でも最も評価が高く、食用としても価値が高く、広く養殖されている。野生のタイセイヨウサケは川底の小石の間で孵化して、小さなフライ（アレバンともいう。いずれも日本語では仔魚）として生涯のスタートを切る。仔魚は昆虫の幼虫や小型動物を食べて育つ。1～4年を淡水で過ごした後、海をめざして川を下り始める。塩水に入ると濃かった体の色が薄れ、銀色の輝きが出てくる。それから4年間、魚類を食べながら北大西洋を広域にわたって泳ぎ回る。その期間が終わる頃には性的に成熟し、自分の生まれた川に還っていく。他のサケと同様、力強い泳ぎをし、行く手を阻むものを飛び越えてしまう。川を遡る旅の間はほとんど採食せず、産卵場所にたどり着いたときにはメスの腹は卵で膨れ、オスの顎は特徴のある鉤型に曲っている。メスは尾部で小石に窪みを掘り、そこにメスが卵を産んでいる間、オスがぴったりと寄り添う。成魚は産卵後に死ぬこともあるが、他のサケと比べると生き残るものも多い。生き残った魚たちは、衰弱しながらも海へと戻り、餌をとって体力を回復させる。そして1年か2年後に再び繁殖のため、川に還るのである。

幼年時代
生後数か月たったタイセイヨウサケの稚魚はパーと呼ばれる。この時期には体長15cmで、体側に沿って暗色の斑点がはっきりと出ている。

側面の黒い斑点／藍色の背中／銀色に輝く体

繁殖の準備完了
川に還るときのタイセイヨウサケは銀色の地に背中は藍色をし、側面に黒い斑点が散っている。力強い尾鰭によって、滝や急流を跳び越えて繁殖場所に向かう。

Pink salmon
カラフトマス
Oncorhynchus gorbuscha

体　長	最大 76cm
体　重	最大 6.5kg
性　別	オス／メス

分布 北東アジア、北太平洋、北アメリカ西部
状態 一般的

この種はサケ類の中で淡水で過ごす期間が最も短い。孵化すると、すぐに移動を始め、海を1000km以上も旅する。普通は光沢のある青色で、繁殖期が近づくとオリーブグリーンまたは黄色になり、体側面は赤またはピンクを帯びる。オスは背中が隆起し、上顎の先が鉤型になる。カラフトマスの寿命は2年、つまり偶数の年に生まれた魚と奇数の年に生まれた魚が交配することはまずありえないといえる。

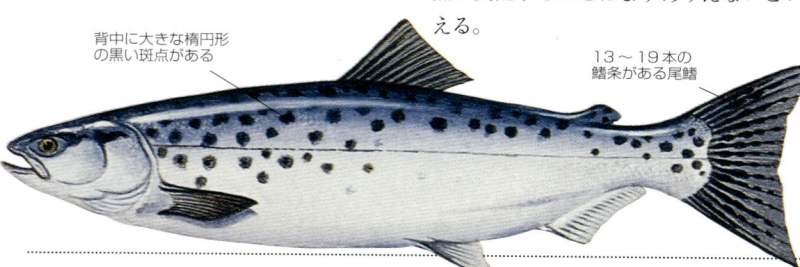

背中に大きな楕円形の黒い斑点がある／13～19本の鰭条がある尾鰭

Arctic char
アルプスイワナ
Salvelinus alpinus 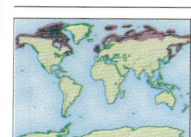

体　長	最大 96cm
体　重	最大 12kg
性　別	オス／メス

分布 北アメリカ北部、北ヨーロッパ、北アジア、北極海
状態 地域により一般的

アルプスイワナは淡水魚の中で最北端に生息する。北極のツンドラの湖に棲むものは秋に産卵し、南の山岳地帯に棲むものは冬に産卵する。体色は繁殖の習性によって異なる。海に回遊する成魚は繁殖期になると鮮やかな色に変わるが、湖にいる陸封型の魚は1年中腹が鮮やかな色をしていることが珍しくない。カナダや北欧ではゲームフィッシュとして人気が高い。

濃い地色に薄い斑点がある

Rainbow trout
ニジマス
Oncorhynchus mykiss 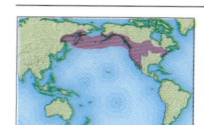

体　長	最大 1.2m
体　重	最大 24kg
性　別	オス／メス

分布 北東アジア、北太平洋、北アメリカ
状態 一般的

サケ類の仲間で黒い斑点のあるこの魚は、人間の手で世界で最も広域に移植された淡水魚の1種である。ロッキー山脈西部の川と湖が原産であるが、北アメリカの東部に持ち込まれ、さらにはイギリス諸島やニュージーランドのような遠い国々にまで移植され、酸素が豊富で水の冷たい場所があればどこにでも広まっていった。仲間と同じ捕食者で、昆虫類、カタツムリ、甲殻類、魚類などを食べる。ほとんどは水底で採食するが、飛ぶ昆虫を食べるために水面にも上がってくる。この習性を利用して釣り人はハエを模した疑似餌を利用する。移植されたニジマスは一生を淡水で過ごすことが多いが、本来の生息地では成魚は海で生活し、産卵のために川に還る。淡水のニジマスと比べると回遊性のニジマスの成魚の方が成長が早く、寿命も長く、繁殖力も強い。

虹色の体
淡水のニジマスの色は、背中と体側面が青みを帯びた緑色から茶色で、腹が白または黄色である。繁殖期のオスは体側面に鮮やかな赤またはピンク色の横縞ができる。

マスの養殖
温帯地域ではニジマスの養殖がさかんである。食用に養殖しているところもあるが、ゲームフィッシュとしても人気があるため、釣り用に育てて湖に放流し、釣り人に開放する養殖場も増えてきた。養殖されたニジマスはタンパク質の豊富な人工餌を与えられ、野生のものよりもはるかに早く成長する。

わずかに凹んだ尾鰭／オスは吻が鉤型になる／繁殖期のオスには赤い横縞ができる

サケ類とその仲間

Alaska blackfish
アラスカ・ブラックフィッシュ

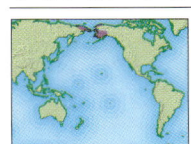

Dillia pectoralis

体　長　最大 33cm
体　重　最大 375g
性　別　オス／メス

分布　北東アジア、北アメリカ北西部
状態　地域により一般的

本種はマッドミノウの仲間であるが、マッドミノウの魚は、非常に冷たくよどんだ水の中でも空気を吸って生きられる。本種はほっそりした体に丸い鰭があり、頭部の先端が丸く、口は大きく、下顎が突き出ている。暗緑色または斑紋のある茶色で、オスは繁殖期には鰭に赤い縁どりができる。ゆっくりと泳ぎ、昆虫の幼虫やカタツムリや小型魚類などを待ち伏せし、突進して捕まえて食べる。ベーリング海周辺で広く見られ、冬になると氷の下に多数集まってくるので捕獲はしやすい。氷の中で半ば凍った状態でも、数週間は生きていることができる。春になると浅い海に移動する。かつてはイヌの餌として利用されたこともあったが、現在でも地元で食用に使われている。

Marine hatchetfish
マリン・ハッチェットフィッシュ

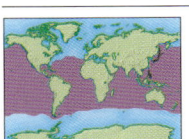

Argyropelecus affinis

体　長　最大 7cm
体　重　記録なし
性　別　オス／メス

分布　世界中の熱帯、亜熱帯、温帯の水域
状態　一般的

同じ名を持つ淡水魚と同様、本種も"hatchetfish"の英名は小さな斧に似た体形からとられている。体高は頭部直後が最もあり、体は強く側扁し、上から見ると非常に薄い。管状の下を向いた、複雑なつくりの発光器官（発光胞）があり、このおかげで下からは体の輪郭が見えない。発光胞は点滅するが、これは捕食者をあざむくためと、仲間とコミュニケーションをとるためと考えられている。本種は魚類も食べるが、主食は無脊椎動物である。口は上に開いて食物を吸い込むようにできているが、非常に大きく開き、比較的生物の少ない環境では、便利な適応形態になっている。日中は水深の深いところにいるが、夜になると餌をとるために浅いところに上がってくる。仲間は40種ほどいるが、体の形や発光胞の配置で識別できる。

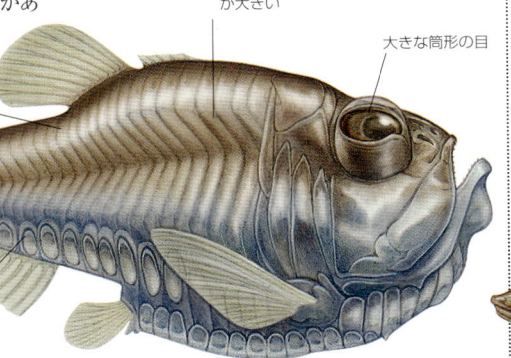

Greater argentine
グレイター・アルゲンティン

Argentina silus

体　長　最大 60cm
体　重　450g 以上
性　別　オス／メス

分布　北大西洋、北極海
状態　一般的

本種を含むニギス類は、海中または海底に棲み、細い体に大きな目をしている。鱗は大きく、小さなトゲがある。本種の属するカゴシマニギス属は、背部はオリーブ色、腹部は銀白色、体側面は金の光沢のある銀色である。甲殻類、イカ類、クシクラゲ類、小型の魚類を食べる。水深数百メートルもの薄暗い状態でも、優れた視覚で獲物を見つけ、待ち伏せしてて襲う。本種は群れで行動するが、天敵の大型魚が現れるとすばやく逃げる。メスが産んだ卵は中層を潮に乗って流され、孵化すると幼魚は水深の浅いところに向かい、自力で生きていく。本種やその仲間はヨーロッパ、日本、ロシアで食用にされている。

尖った頭　オリーブ色の背部　二叉して切れ込みの入った尾鰭
白い腹部

Risso's smooth-head
リソーズ・スムースヘッド

Alepocephalus rostratus

体　長　最大 47cm
体　重　最大 825g
性　別　オス／メス

分布　北大西洋東部、地中海
状態　未確認

本種の仲間は、スリックヘッド（Slick head）の別名もあり、中型の深海魚である。およそ30種あり、これらは世界中の温帯と熱帯の海域に見られる。本種は仲間の中でも典型的な魚で、体は細長く、上から押しつぶされたような縦扁形の体形をしている。背鰭と尻鰭は体の後部にあり、体の長さがいっそう際立っている。濃い灰色または茶色で、頭は粘液でぬるぬるして鱗がないが、体は中程度の大きさの滑らかな鱗で覆われている。待ち伏せタイプの捕食者で、無脊椎動物や甲殻類などの獲物を海底や海中からすばやく捕まえる。

体高は頭部直後が大きい　大きな筒形の目
銀色の側面　発光胞の連なり
大きな鱗のない頭　尾部に近い背鰭　二叉形の尾鰭

Salamanderfish
サラマンダーフィッシュ

Lepidogalaxias salamandroides

体　長　最大 6cm
体　重　最大 25g
性　別　オス／メス

分布　オーストラリア南西部
状態　絶滅危惧 II 類

1961年に発見された。小さな銀色を帯びた茶色のこの魚は、非常に限定された生息環境に適応した、驚くべき例である。西オーストラリアの南西部にのみ見られ、泥炭を含んだ砂地の小さな池に棲んでいる。この池は淡水だが、酸性で黒ずんでおり、夏にはすっかり干上がってしまう。このとき本種は60cmの深さの穴を掘って生き延びる。そのため背骨が非常に柔軟で、体をくねらせながら湿った砂を掘り進んでいくことができるのである。長ければ5か月間休眠状態になり、その間は皮膚呼吸している。本種は眼の周りに筋肉がないので、眼を単独で動かせないが、"首"を曲げて周囲を見ることができる。繁殖期が始まると、オスはメスと交尾し、メスの体内で受精する。メスは多くて100個の卵を産む。寿命はわずか1年である。水生昆虫の幼虫を主食としている。

Common jollytail
コモンジョリーテイル

Galaxias maculatus

体　長　最大 20cm
体　重　記録なし
性　別　オス／メス

分布　オーストラリア南部、ニュージーランド、南太平洋、南大西洋、南アメリカ南部
状態　未確認

"Whitebait"の名もあるこの魚は、南半球に広く生息し、小型で細長いほぼ円筒形に近い体をしている。体の上半分が鮮やかなオリーブグレーから琥珀色で、頭は丸く、背鰭と尻鰭は尾鰭に近い場所についている。塩分濃度が急激に変わっても耐える力が強いが、これは一生の間に淡水域と海域を行き来するためである。卵は河口の植物に産みつけられ、次の高潮がきたときに孵化する。幼生は海で7か月過ごし、淡水に戻って成熟する。

ドラゴンフィッシュとその仲間

門	脊索動物門
綱	硬骨魚綱
亜綱	条鰭亜綱
上目	狭鰭上目
目	1（ワニトカゲギス目）
科	4
種	約250

ワニトカゲギス目に属するドラゴンフィッシュとその仲間は、深海に棲む捕食者で、大きくて柔軟な顎や鋭い歯、発光する誘引装置など、獲物を捕らえるための変わった適応形態をしている。体にも発光胞という発光器官がある。このグループにはミツマタヤリウオのほかにヨコエソ、ホウライエソ、オオクチホシエソ、スナグルトゥースがいる。性質は獰猛だが、比較的小さな魚たちで、獲物は深海に棲む魚類や無脊椎動物である。世界中の海に見られるが、その分布は断続的である。

体のつくり

このグループの魚は、大半が細長い体に比較的大きな頭部を持つ。顎は非常に大きく開く変形型である。例えば、オオクチホシエソの口には底がない。ホウライエソは頭に他の魚にはない関節があって、大きく口が開けるようになっている。顎が開くと、心臓や鰓などの器官が後ろに押し下げられ、食物が通る邪魔にならないようになっている。両顎には無数の針のような歯が生えており、獲物を捕まえたり食物がこぼれ出ないようになっている。ホウライエソ以外のこのグループの魚は体に鱗がなく、光の届かない海の色に合った黒か茶色の体をしている。しかし、銀色や透明の種もいる。

多くの種には発光胞という光を出す器官がついている。この特徴はハダカイワシ目（501ページ）と同じだが、ドラゴンフィッシュの発光胞の方が大きく数も多い。普通は体側面と腹部および眼の近くにある。ひとつひとつがイボのような形をしており、神経につながっている。光は銀色の背面に反射し、上を覆う鱗のレンズのような厚みで焦点を結ぶ。絶えず光り続けているものもあれば、点滅するものもある。およそ300mほどの深い海に棲んでいる種は、発光胞の数が少なく光も弱い。また、光の強さは水面から届く光の量によって変わるようだ。そのため、発光胞は、水面から届く光を背景としたとき、それに溶け込むことで、下にいる捕食者から身を隠すのだろうと思われている。このグループの魚はほとんどすべて、顎の髭の先に発光器官がある。この器官は誘引装置として使われ、驚くほど遠くにいる獲物でもおびき寄せる。

摂食行動
このミツマタヤリウオのようなドラゴンフィッシュの捕食行動は驚くべきものである。夜に海面近くで餌をとる種が多く、日中は深海で休んでいる。体は発光胞で光っている。

Sloane's viperfish
ホウライエソ
Chauliodus sloani

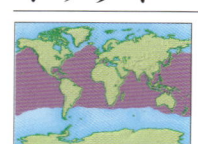

体長	最大35cm
体重	最大30g
性別	オス／メス
分布	世界中の熱帯、亜熱帯、温帯の水域
状態	一般的

体が細長く、青みを帯びた黒い色をしている。大きな口には異常に長い透明な牙がある。いちばん長い牙はわずかに鉤状になっており、大きすぎて口の中には収まらないので、顎を閉じると外に飛び出す。背鰭には長いアーチ状の鰭条があり、誘引装置の役目を果たす。また口の周りと体に沿って発光胞があり、獲物を顎の近くにおびき寄せる。ホウライエソは1年中産卵する。ホウライエソ属には約6種あり、世界中の深海に見られる。

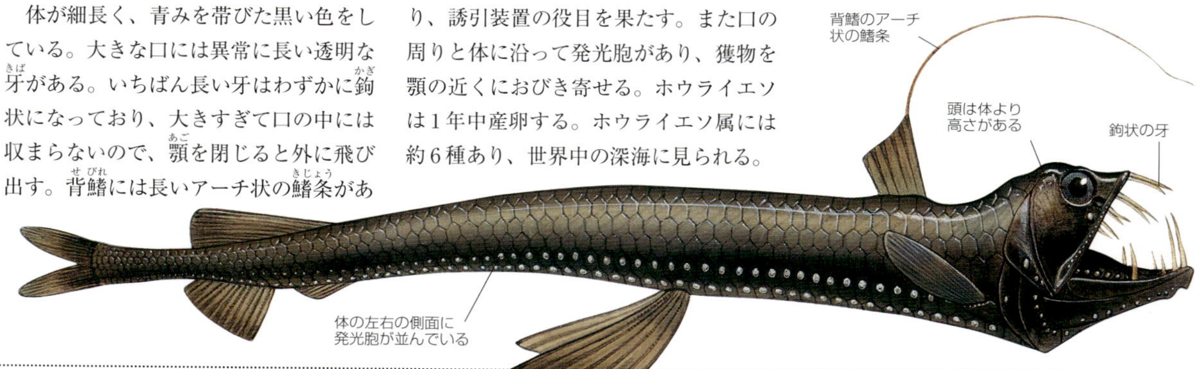

- 背鰭のアーチ状の鰭条
- 頭は体より高さがある
- 鉤状の牙
- 体の左右の側面に発光胞が並んでいる

Black dragonfish
ブラック・ドラゴンフィッシュ
Idiacanthus antrostomus

体長	メスは最大38cm
体重	最大55g
性別	オス／メス
分布	太平洋東部
状態	未確認

この奇妙な姿をした深海魚は、黒いヘビのような体に、異常に大きな歯を持ち、口が開いたり閉じたりするためにはこの歯が回転しなければならない。メスはオスのおよそ4倍も大きい。獲物をおびき寄せるために、下顎から突出している髭の先端の可動の発光器官を使う。ほかにも発光器官（発光胞）が腹縁に沿って並んでいる。夜、海面近くに移動して小型の魚類や甲殻類を食べる。幼生は、左右に長く伸びた柄の先端に眼がついており、腸は尾部よりも長く伸びた不思議な姿をしている。

- 可動の発光器官

Slackjaw
オオクチホシエソ
Malacosteus niger

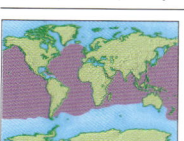

体長	最大24cm
体重	記録なし
性別	オス／メス
分布	世界中の熱帯、亜熱帯、温帯の水域
状態	未確認

本種は、顎と舌をつなぐ膜がないという点が独特で、そのおかげで獲物をすばやく攻撃することができる。頭は軸を中心として回転でき、顎は伸びるので、自分よりも大きな魚や甲殻類などの獲物を呑み込める。深海に棲み、夜に海面に移動して餌をとる。この科の多くの種には体に沿って発光器官（発光胞）が並んでいるが、本種は口の周りにしか発光胞がない。

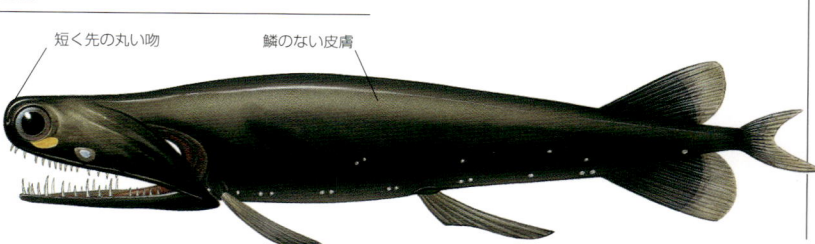

- 短く先の丸い吻
- 鱗のない皮膚

ハダカイワシ類とその仲間

門	脊索動物門
綱	硬骨魚綱
亜綱	条鰭亜綱
上目	デメエソ上目
目	2
科	16
種	約470

　ハダカイワシ類は、ドラゴンフィッシュ（500ページ）と同じように、頭と体にある発光胞という器官から光を出すことができる。小型の魚で、互いに密着した大規模な群れで泳ぐところから深海に棲むニシンの一種と見なされることもある。また多くの魚類や海鳥類、海洋性の哺乳類の餌となるため、海の生態系になくてはならない役割を担っている。ハダカイワシ類は大陸棚に近い深海の中層に多く見られる。この仲間には、ほかにほっそりした体形のミズウオやトゥリポッドフィッシュ、ヒメ、エソ類がおり、鰭を使って海底で休んだり、海底上を這ったりする。沿岸の海にも大洋の深海にもいる。

体のつくり

　このグループの魚には、みな薄い鱗がある。銀色の鱗もあれば暗色のものもあるが、捕まるとはがれ落ちることが多い。ハダカイワシ類には体側部から腹部および頭部に発光胞があり、緑や黄色や青の光を発する。発光胞は、種ごとに独特の配置になっており、薄暗い海の中でも同じ種の仲間同士で集まることができる。ハダカイワシ類は、夜になると深海から海面に移動して、プランクトンを食べ、日が昇るとまた深海へと戻っていく。目が大きく視力がよいので、光の明るさの変化を感知することができ、暗い海の中でも発光胞の配列を認識できる。このグループの他の魚は、ハダカイワシ類とは体のつくりも行動もまったく異なる。発光胞のある種はほとんどいない。ミズウオは体のほっそりした深海魚である。大きな口に鋭く尖った歯が生えており、深海に棲む他の動物を食べる。ハダカイワシ類も食べるので、ハダカイワシ類が深海と海面の間を行き来するのを追って同じように移動する。ヒメやエソ類は海底に棲む捕食者で、熱帯と温帯の沿岸で待ち伏せスタイルの狩りをする。多数の鋭い歯があり、海底と同じ色と質感の体でカムフラージュしている。トゥリポッドフィッシュは3本の長い鰭条の上に立っているのでその名がついた。大洋の深海の底に見られる。

発光
ハダカイワシ類の発光胞は小さな明るい飾り鋲に似ている（写真はホワイト・スポッティド・ランターンフィッシュ）。種によってはオスとメスで発光胞の配列が違っており、暗い水の中でも互いの性別がわかるようになっている。

Tripodfish
トゥリポッドフィッシュ
Bathypteroris grallator

体長	最大36cm
体重	記録なし
性別	雌雄同体
分布	大西洋、地中海、インド洋、西太平洋
状態	未確認

　この魚は腹鰭と尾鰭から長く伸びた鰭条を三脚のように海底に立てて、その上に止まっている。海底より少し高い位置にいて海流にさらされながら、流れてきた小型の甲殻類を食べる。目は非常に小さく、口は上顎の先端が目の後ろに届くほど大きく開く。コウモリのような胸鰭には細かく神経が通っており、餌生物を発見するためのセンサーの働きをしていると思われる。

Longnose lancetfish
ミズウオ
Alepisaurus ferox

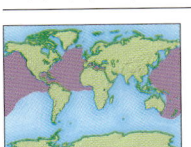

体長	最大2.8m
体重	4.5kg
性別	雌雄同体
分布	太平洋、北大西洋、地中海
状態	地域により一般的

　大型で独特の姿をした深海魚で、玉虫色に光る細長い体に、深く切れ込みの入った二叉形の尾鰭を持ち、体長の3分の2ほどの基底長を持つ背鰭を帆のように立てている。背鰭の役割はわかっていない。大きな口には大きくて尖った歯が生え、すべりやすい獲物を逃がさないようになっている。獲物の魚類は丸呑みされて胃袋に入っているので、深海魚の標本を集める科学者にとっては助かる存在である。

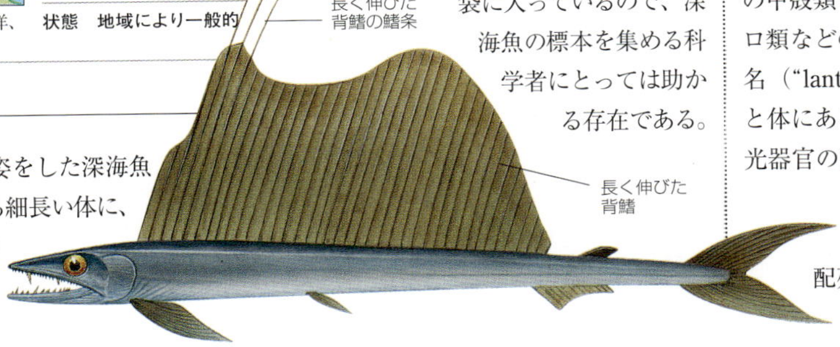

Prickly lanternfish
アラハダカ
Myctophum asperum

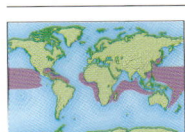

体長	最大7cm
体重	記録なし
性別	オス／メス
分布	太平洋北部および南部、大西洋西部と東部、インド洋
状態	一般的

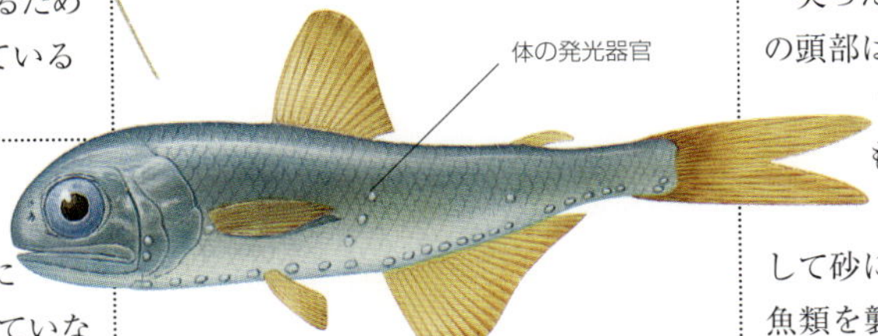

　最も資源量の多い深海魚の1種で、海の食物連鎖で重要な役割を担っている。主にプランクトン性の甲殻類を食べ、海鳥、アザラシ、マグロ類などの大型の魚類に食べられる。英名（"lantern"はちょうちんの意）は頭と体にある発光器官にちなんでいる。発光器官の配列は重要な特徴で、これで本属の約250種を識別できる。また尾に近い大きな発光器官の配列で性別がわかる。

Variegated lizardfish
ミナミアカエソ
Synodus variegatus

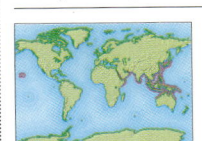

体長	25–35 cm
体重	記録なし
性別	オス／メス
分布	太平洋、インド洋
状態	一般的

　尖った吻と大きな口のために、この魚の頭部は横から見るとトカゲによく似ている。海底に腹鰭を立てて頭をもたげてじっとしている姿もトカゲそっくりである。吻と目だけ出して砂に体を埋め、通りかかった小型の魚類を襲う。本種の体はほっそりした管状で、茶色またはオレンジか赤みがかった色をしているので、海底の色にまぎれ、カムフラージュになっている。

タラ類とアンコウ類

門	脊索動物門
綱	硬骨魚綱
亜綱	条鰭亜綱
上目	側棘鰭上目
目	8
科	46
種	約1,260

　タラ類は、他の多くの魚類にとって捕食者であるが、同時に、獲物ともなるので、海の生態系においてなくてはならない存在である。タラ類の仲間にはメルルーサ、ポラック、非常に広い分布域を持つソコダラ類などがいる。アンコウは海底や深海に棲む捕食者で、英名で"Angler（釣り人）fish"と呼ばれているのは背鰭の棘状突起の先が誘引突起になっており、獲物をおびき寄せるのに使われるからである。このグループにはタラ類とアンコウ類のほかにも、アシロ類（シンジュウオやベントフィッシュ）とサケスズキ類がいる。サケスズキ類以外の魚はほとんどが海洋性で、汽水域に棲むものも少数いる。大半の種は海底に生息するが、タラ類、ハドック類、メルルーサ類などは大きな群れをつくる。

体のつくり

　タラ類とその仲間は、いずれも細長い体をしている。比較的弱い鰭条に支えられた鰭のつき方は独特である。腹鰭はかなり前の方につき、長い基底を持つ背鰭は、何枚かに分かれていることが多い。マダラには小さな細長い鱗があり、口は垂直に開いて海底に棲む動物が食べられるようになっている。また下顎には触鬚が1本ある。メルルーサ類はタラ類に似ているが、体には普通の鱗がつき、鋭い歯がたくさん生えた大きな口をしている。捕食者で、大きな群れで行動し、小型の魚類や無脊椎動物を追う。ソコダラはきめの粗い鱗に覆われ、大きな骨ばった頭に先細りの体、ひものような尾をしている。この尾から"rat tail"（ネズミの尾の意）の別名がついた。これら深海に棲む魚類たちは、海底で小型の獲物をあさったり、狩りをして食べている。

　底生魚のアンコウ類は海底に溶け込むような色と模様をしている。あまり活動的ではなく、ずんぐりした非流線形の体に、大きな頭と特大の口をしている。背鰭条の1本がムチのような棒状に変形しており、その先には誘引突起がついている。誘引突起は小型の海洋性の生物に似た形をしていることが多いが、深海種の場合は発光器官がついていることもある。

　アシロ類は小さな頭に先細りの体をしている。背鰭、尻鰭、尾鰭は連携して1枚の鰭になっていることが多い。アシロ類とその仲間は、洞穴や海底の噴火口の周辺など、特殊な生息環境に適応している。軟体動物、ナマコ類、ホヤ類などの無脊椎動物の体内に棲むものさえいる。

　サケスズキにこの名がついているのは、スズキに似た前に棘状突起のある背鰭を持ち、マス（サケ科）と同じ脂鰭も持っているためである。仲間にはアメリカ合衆国東部の鍾乳洞にしか見られない種もいる。

ライフサイクル

　毎年、冬と春にタラ類は決まった繁殖場所に移動する。非常にたくさん卵を産む（1匹のメスが毎年数百万個の卵を産む）ため、タラは魚類や海洋哺乳類、海鳥類、人間にとって貴重な食物となってきた。しかし、近年は乱獲されて漁業の対象になっている種の個体数が激減し、産卵場所にタラが戻らなくなっている地域さえある。

　深海に棲むアンコウ類の中には、ユニークな繁殖方法をとることによって、真っ暗な深海で交配の相手を見つける難しさを克服しているものがいる。幼魚の時期を終えてまもなく、オスは自分よりはるかに大きなメスの体に食いつく。やがて、オスとメスの体の組織と循環系が一体となる。オスはメスの循環系からもらう栄養分で生き、メスが卵を持つと精子を放出して受精させる。1匹のメスが複数のオスを体につけていることもある。

摂食行動
アンコウはほとんどエネルギーを使わない賢い摂餌方法をとる。うまくカムフラージュされたこの魚（写真は米国大西洋岸産のアンコウ類の1種）は誘引突起を使って獲物を口元までおびき寄せる。獲物が近くまでくると口を開けて吸い込む。口も胃も拡張するので、大きな獲物でも丸呑みしてしまう。

タラ類とアンコウ類

Northern cavefish
ノーザン・ケーブフィッシュ

Amblyopsis spelaea

体 長	最大 10.5cm
体 重	記録なし
性 別	オス／メス

分布　アメリカ合衆国（ケンタッキー州、インディアナ州）
状態　絶滅危惧II類

洞穴に棲む魚のほとんどがそうであるように、皮膚が青白く、眼はほとんど見えない。本種の場合は、皮膚の下に眼の組織の名残があるだけである。そして分布域は非常に限られ、ケンタッキー州とインディアナ州の州境100平方キロに点在する鍾乳洞だけに生息している。洞穴に棲む小型の無脊椎動物を、頭と体にある感覚乳頭で感知して捕食する。

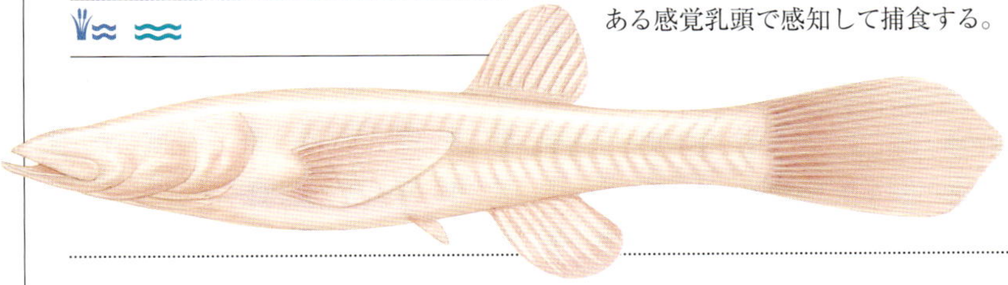

Ventfish
ベントフィッシュ

Bythites hollisi

体 長	最大 30cm
体 重	記録なし
性 別	オス／メス

分布　ガラパゴス諸島近くの深海
状態　未確認

1990年に初めて確認された珍しい魚で、深海の海底の熱水噴出孔の周りにのみ生息する。短くずんぐりした体に大きな口を持ち、眼は小さくあまり発達していない。熱水噴出孔の周辺に棲む他の動物と同様、噴出孔から噴き出すミネラル分を含んだ熱い湯の中にいるバクテリアを食物源にしている。バクテリア自身か、バクテリアを食べる他の動物を食べるのかは不明である。この魚が属している胎生イタチウオ科は約85種の仲間がおり、浅い水の中や洞穴に棲み、すべて子どもを出産する。

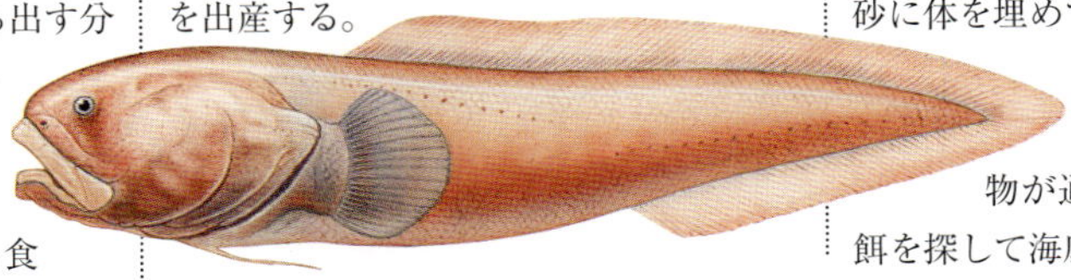

Basketweave cusk-eel
バスケットウィーブ・カスクイール

Ophidion scrippsae

体 長	28cm 以上
体 重	記録なし
性 別	オス／メス

分布　北太平洋東部
状態　一般的

ウナギ（eel）ではなく、カラプス・アクス（左）やベントフィッシュ（左）の仲間である。水深100mまでの水域に棲むが、本種の仲間には水深8000m以上のところで発見されたものもおり、魚としては最も深いところで見つかった例である。他のアシロ類の仲間と同様、この北アメリカ種も丸い頭に大きな口をし、体は先細りで尾はほとんど突った形である。鱗は十文字に並んでおり、そこから"basketweave（かごの編み目）"の名がついた。夜活動し、日中は吻だけ出して砂に体を埋めている。日が暮れると体の一部分だけ砂から出して小型の魚類や無脊椎動物が通りかかるのを待つ。また餌を探して海底付近を泳ぐこともある。

Pearlfish
カラプス・アクス（シンジュウオ）

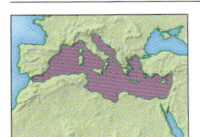

Carapus acus

体 長	最大 20cm
体 重	記録なし
性 別	オス／メス

分布　地中海
状態　地域により一般的

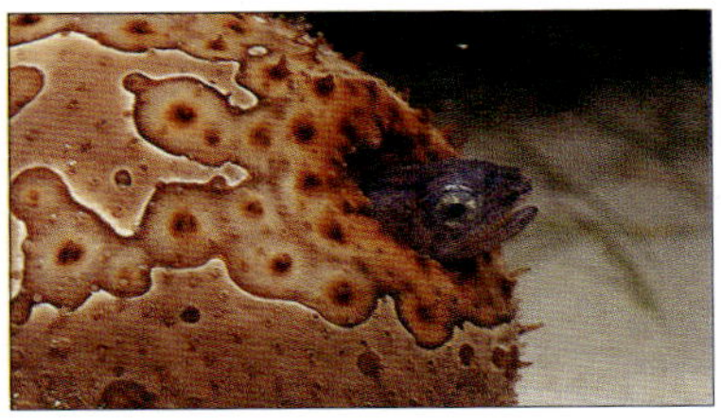

同じ科の仲間と同様、このほっそりして鱗のない銀白色のカラプス・アクスも、成魚になってからはずっとナマコの体の中で過ごす。ナマコの形と体から出す分泌物にひかれて、宿主の尻に尾から先に入り、体腔に棲みつく。日が暮れると外に出て他の動物を食べるが、宿主の体内の器官も食べてしまう。

Burbot
カワメンタイ

Lota lota

体 長	最大 1.2m
体 重	最大 34kg
性 別	オス／メス

分布　北アメリカ北部、ヨーロッパ、アジア大陸北部
状態　地域により一般的

細長い体形をしたカワメンタイは、一生を淡水で過ごす唯一のタラ類である。体の上半分は濃い斑点のある濁ってくすんだ緑色から茶色、下半分は黄色がかったクリーム色をしている。日中は木の根の下や隙間に隠れており、夜明けと日暮れに活動して、昆虫の幼虫や甲殻類や魚類を狩る。冬に繁殖し、魚としては珍しく真夜中に産卵する。産卵は氷の下で行われることも多い。

Pacific hake
パシフィックヘイク

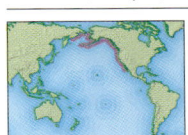

Merluccius productus

体 長	最大 90cm
体 重	最大 5kg
性 別	オス／メス

分布　北太平洋
状態　一般的

本種は長い体に大きな頭、突き出た下顎が特徴である。背は青灰色で、側面は銀色をしている。アトランティックコッドと同じく大きな群れをつくり、早春に産卵する。このときメスは数百万個の卵を産む。卵は海面を漂い、海流に乗って遠くまで運ばれていく。パシフィックヘイクはネズミイルカやアザラシのような海洋性哺乳類、メカジキに食べられ、最近では人間にも乱獲されている。

先の尖った吻

鰭には深い切れ込みがある

Atlantic cod
アトランティックコッド

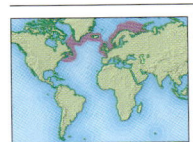

Gadus morhua

体 長	最大 1.4m
体 重	最大 25kg
性 別	オス／メス

分布　北大西洋、北極海
状態　絶滅危惧II類

群れをつくる大型のアトランティックコッドは、世界で最も商業的に重要な種である。大陸棚の上に棲み、平坦な泥または砂の30～80m上あたりで餌をとる。ニシン、スプラットイワシ、カラフトシシャモなどの魚類が主な獲物となる。早春に繁殖し、メスは数百万個の卵を水中に産む。成魚になると長距離を移動するが、濃密な群れで行動するため、比較的捕獲しやすい。

保護

アトランティックコッドは長年にわたって乱獲されてきた。19世紀には、体重が90kgもある個体が捕獲されたこともあったが、近年は漁法が進んで、過剰漁獲により個体数が大幅に減り、15kgを超えるものは稀になった。

アトランティックコッドの全身
体の長いアトランティックコッドは、鋭角的だが先端は丸みを帯びた吻を持ち、下顎から1本の髭が垂れ下がっている。体色は緑色がかった茶色から薄茶色まで様々だ。

魚類

硬骨魚類

Pacific grenadier
イバラヒゲ

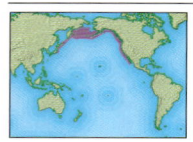

Coryphaenoides acrolepis

体　長	最大 87cm
体　重	最大 10kg†
性　別	オス／メス
分布	北太平洋
状態	一般的

ソコダラ科魚類は、世界中の大陸棚の斜面に多く棲む。約300種からなり、いずれも頭部が大きな球根のように膨らみ、吻は尖っていて、体は後部になるに従い先細りになって、細い尾につながっている。目は大きく、海底にいる獲物を見つけることができる。オスはウキブクロの筋肉を使って驚くほど大きな音を出す。

非常に大きな目
ひものような長い尾は鱗に覆われている

Warty frogfish
クマドリイザリウオ

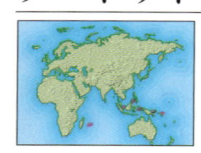

Antennarius maculatus

体　長	最大 11.5cm
体　重	記録なし
性　別	オス／メス
分布	インド・西太平洋海域
状態	地域により一般的

アンコウ目に属する。ほとんどのアンコウは深海に棲むが、この魚は水深が数メートルほどの浅い海、たいていはサンゴ礁に生息している。背鰭には長い遊離したトゲがあり、その先には色のついた皮弁がついているが、これをくねらせて小さな魚に見せかけ、獲物を口元におびき寄せる。

体には様々な斑点や模様がある

Sargassum fish
ハナオコゼ

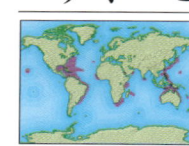

Histrio histrio

体　長	最大 18.5cm
体　重	最大 400g†
性　別	オス／メス
分布	世界中の熱帯および亜熱帯の水域
状態	一般的

様々な色と模様で見事にカムフラージュしたこの魚は、イザリウオ科の仲間で、海面を漂う流れ藻の中に棲んでおり、そのため非常に広く分布している。ハナオコゼは背鰭の遊離棘を誘引突起として使い、狩りをする。求愛行動はとても複雑で、オスが荒々しくメスにかみついたり追い回したりする。産卵期を除くと、共食いをよくする。

足に似た胸鰭

Blackdevil
ペリカンアンコウ

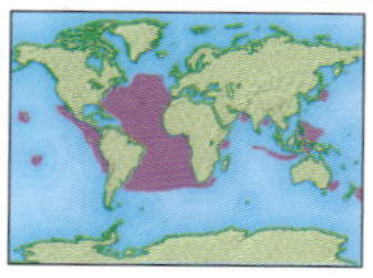

Melanocetus johnsoni

体　長	メスは最大18cm
体　重	最大 600g†
性　別	オス／メス
分布	太平洋、大西洋、インド洋
状態	低リスク†

深海に棲むアンコウで、海底ではなく中層を浮遊しながら狩りをする。メスは体の形が丸く、頭と顎が非常に大きく、背鰭の遊離棘先端に誘引突起がある。オスには誘引突起がなく、大きさはメスの5分の1ほどしかない。オスは顎でメスに咬みついた状態で寄生しているが、他の深海に棲むアンコウとは違い、産卵後にオスは泳ぎ去る。

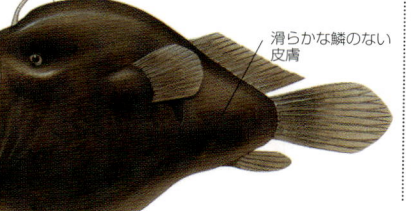

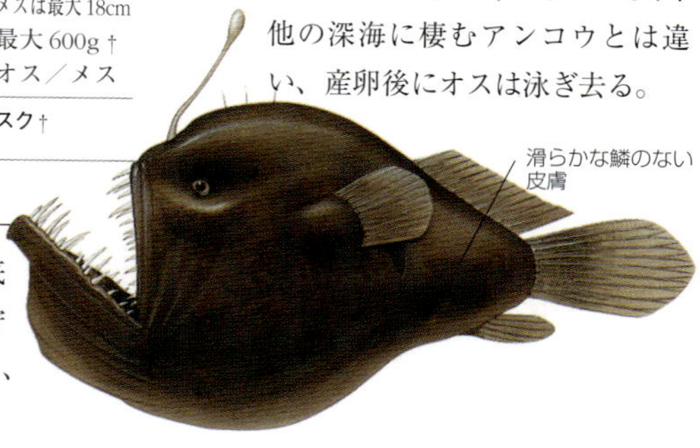

滑らかな鱗のない皮膚

Angler/Monkfish
ロフィウス・ピスカトリウス

Lophius piscatorius

体　長	最大 2m
体　重	最大 40kg
性　別	オス／メス
分布	北大西洋東部、地中海、黒海
状態	地域により一般的

体色は緑色を帯びたくすんだ茶色で、頭部は強く縦扁して左右に幅広く、体部から尾部は先細りである。待ち伏せ専門の捕食者で、非常にうまくカムフラージュされており、背鰭の遊離した鰭棘先端の肉質の誘引突起を口の上に垂らしている。近くを泳ぐものは何でも、大きな顎を開けて吸い込んでしまう。

隠れ上手

見事にカムフラージュされたこの魚は、海底にいるとほとんど見分けがつかない。濃い色の大理石模様が堆積物に溶け込み、縁どりの皮膚弁のおかげで、体の輪郭もわからなくなっている。

"肘"
よく発達した胸鰭は腕に似た付け根部分から生えており、鋭角的な"肘"がある。この肘を使って海底を這う。

Kroyer's deep-sea anglerfish
ビワアンコウ

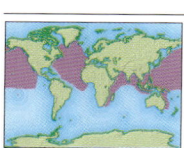

Ceratias holboelli

体　長	メスは最大1m
体　重	最大 50kg†
性　別	オス／メス
分布	太平洋、大西洋、インド洋
状態	低リスク†

この魚はオスとメスではまったく違う。メス（イラスト）は頭と口が大きいが、オスは小さい。オスの成魚は交尾の相手を見つけるとその体に食いつき、寄生する。つがいの血管系は融合し、栄養分がオスの体内に流れ込む。深海に棲むアンコウだけに見られる変わった生態である。

Bearded angler
オニアンコウ

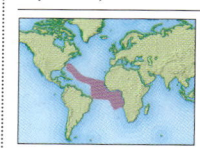

Linophryne arborifera

体　長	メスは最大10cm
体　重	最大 300g†
性　別	オス／メス
分布	大西洋
状態	低リスク†

メスのオニアンコウには発光する誘引突起を備えたトゲが吻の先についており、海藻に似た複雑に枝分かれした触鬚が顎から垂れ下がっている。触鬚も誘引突起のように光を発して獲物をおびき寄せる。ビワアンコウ（左）と同じように、オスはメスよりもずっと体が小さく、メスに寄生する。

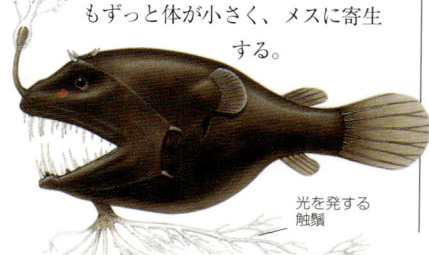

光を発する触鬚

棘鰭類とその仲間

門	脊索動物門
綱	硬骨魚綱
亜綱	条鰭亜綱
上目	棘鰭上目
目	15
科	259
種	約13,500

棘鰭類は魚類の中では最後に進化した最も規模の大きなグループで、魚類のおよそ半数を占める。種の数が多いだけに、形も色も行動も、特殊な適応形態も、じつに様々である。体の大きさも、体長1cmの小さなハゼから、体長8mを超える大きなリュウグウノツカイまでいる。棘鰭類は水のあるところならほとんどどこにでも生息している。沿岸海域には特に多く、湖や池や流れの緩やかな川、さらに外洋や深海にも見られる。

体のつくり

棘鰭類は大きなグループで、多様なものを含むが、体のつくりには共通した点が多い。一般に背鰭が1基の場合にはその前半部、2基の場合には第1背鰭が固い骨質の棘条から構成されている。しかしなかには、棘が小さかったり、まったくない種もいる。またミノカサゴやオコゼ類のように、棘に毒腺があるものもいる。大半の種には櫛鱗（460ページ参照）があり、1枚1枚の鱗の表面には小さな棘があるので、ざらざらしている。鱗が骨板や頑丈な棘に進化した種、まったく鱗が消失してしまっている種もいる。ほとんどの棘鰭類の魚は口が前に伸びるように動かせるが、口や歯の形態は多様である。

棘鰭類には肉食魚、腐食魚、草食魚などいろいろおり、それぞれの生態に合わせて体の形もまったく異なる。マグロ類は泳ぎの効率性を最大限追求した流線形をしているし、ツノガレイやシタビラメのようなカレイ類は、両眼とも体の片側についている、左右非対称の体をしていて、海底に体の左右どちらかの半分をつけている。タツノオトシゴ類には長い吻があり、頭は体軸に直角についていて、海藻をつかむために握る力のある尾部を持っている。今のところ棘鰭類の中で最大のグループはスズキ目魚類であるが、この類は脊椎動物として最大の目を形成している（9000種以上）。このグループにはスズキだけでなくバス類、フエダイ類、タイセイヨウサバ類、チョウチョウウオ類など、おなじみの魚がたくさんいる。

鰭の適応形態
写真の群れで泳いでいるルチャヌス・アラトゥスは棘鰭類の中でも最大のグループ、スズキ目魚類に属している。この魚も他の棘鰭類と同じ鰭の構造をしているが、腹鰭が胸鰭の直下についているものが多く、これによって可動性が高まり獲物を捕まえる力が向上している。

California grunion
カリフォルニア・グルニヨン
Leuresthes tenuis

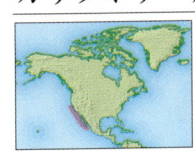

体 長	最大 19cm
体 重	最大 100g
性 別	オス／メス
分布	北太平洋東部
状態	一般的

160種以上もいるトウゴロウイワシ科の1種で、仲間と同様、大きな群れをつくって沿岸に棲んでいる。その繁殖行動は一風変わっている。春から初夏にかけて、グルニヨンの群れは湿った砂浜に集団で乗り上げて、体を半分砂中に埋没させて産卵するのである。この不思議な光景を見ようと大勢の見物客が集まってくる。産卵は満月から2～6日後の高潮の夜に行われる（右コラム参照）。南カリフォルニアでは産卵期のグルニヨンを獲るのが人気の遊びとなっているが、砂浜に乗り上げたグルニヨンを捕獲できるのは許可を得た漁師だけで、しかも手しか使ってはいけないことになっている。グルニヨンはプランクトンなどの微生物をすばやく口を突き出して捕まえて食べると考えられている。

1本の縞
小さくてほっそりしたグルニヨンには、緑色の体の端から端まで1本の銀青色の縦帯があり、それより腹側は銀白色をしている。歯はなく、口は突き出すと管状になる。

交尾

グルニヨンは波に乗って砂浜に乗り上げ、満潮のときに波がようやく届く付近の、湿った砂中に体が半ば埋まった状態で卵を産む。そのときオスが自分の体でメスを包み込むようにして、産みつけられた卵に放精する。

硬骨魚類

Boeseman's rainbowfish
ハーフオレンジ・レインボー

Melanotaenia boesemani

体 長	最大 15cm
体 重	記録なし
性 別	オス/メス
分布	ニューギニア北西部
状態	地域により一般的

この魚は、ニューギニアのフォーゲルコップ半島中央にあるアジャマル湖地方に生息している。この種のオスの色合いは他のレインボーフィッシュとはまったく違っている。頭部と体前部は光沢のある青みを帯びた灰色で、鰭と体後半部は鮮やかなオレンジがかった赤である。その間に薄い色と濃い色の横帯がある。メスはオスほど色が鮮やかでなく、背鰭の鰭条も短い。100〜200個の卵を産む。

青みを帯びた灰色の前部

Thicklip mullet
シックリップ・ミュレット

Chelon labrosus

体 長	最大 75cm
体 重	記録なし
性 別	オス/メス
分布	北大西洋東部、地中海、黒海西部
状態	地域により一般的

英名は、突き出した分厚い上唇に由来している（"thicklip"は厚い唇の意）。この魚は水底の泥などに混じった微小藻類や有機物を、鰓耙でこし分けて食べている。胃が筋肉質で腸が長いため、効率的に消化できる。比較的浅い海や河口に体を寄せ合った群れをつくって棲んでおり、ゲームフィッシュとしても、漁業の対象としても人気がある。およそ80種ある科に属しているが、かつては鰭の配置が類似していることから、カマスの仲間と考えられていたこともある。

Needlefish
テンジクダツ

Tylosurus acus

体 長	90cm 最大 1.5m
体 重	最大 3.5kg
性 別	オス/メス
分布	世界中の熱帯および温帯の水域
状態	地域により一般的

本種やその仲間はダツ類の中で最も大きくなる。"needle（針）fish"という英名は、細長く、前方に突出したくちばし状の顎と細長い体にちなむ。体の背部は濃い青緑色、腹部は銀白色。顎には鋭い歯が列になって生えている。泳ぎはすばやく、捕食者から逃げるために水中から飛び出すこともあり、その際にボートやボートに乗っている人間を突き刺し、重傷を負わせてしまう場合がある。子どもは海藻に擬態し、身を守る習性がある。

Atlantic flyingfish
アトランティック・フライングフィッシュ

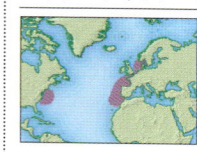

Cypselurus heterurus

体 長	最大 40cm
体 重	記録なし
性 別	オス/メス
分布	北大西洋
状態	地域により一般的

"Four-wing flyingfish"の名でも知られるこの種は、沿岸の水面近くに棲み、プランクトンや小型の魚類を食べる。他のトビウオとは違い、胸鰭も腹鰭も"飛行"に適した形に変形している。その鰭を開いて、捕食者から逃げるために最大200mもの長距離を滑空する。水面から飛び出す推進力をつけるために、時速60km以上ものスピードで泳ぐことがある。卵は粘着力のある長い繊維で海藻に付着し、沈まないようになっている。

Tropical two-wing flyingfish
イダテントビウオ

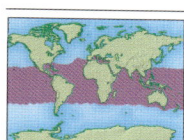

Exocoetus volitans

体 長	最大 18cm
体 重	記録なし
性 別	オス/メス
分布	世界中の熱帯および亜熱帯の水域
状態	地域により一般的

本種を含め、トビウオ類は、大きく発達した胸鰭を広げた状態で、勢いよく水面上に跳び出し、さらに空中に出た直後に長く伸張した尾鰭下葉を左右に動かして勢いをつけて跳び上がり、グライダーのように滑空する。アトランティック・フライングフィッシュのように、種によっては腹鰭も発達しており、あわせて"翼"として利用する（コラム参照）。トビウオはこの滑空する力で、イルカやカジキ、マグロなどの捕食者から逃げる。空中を時速最大65kmの速さで飛ぶこともある。

独特の鰭
イダテントビウオは体の上半分が紺色で下半分が銀色をしている。独特の大きな胸鰭と非対称の形をした尾鰭があるのはある程度成長してからである。

翼のような胸鰭
均等な曲線を描く大きな鱗

水から跳び出した魚

離水するために、トビウオは水面下で尾をすばやく振って勢いをつけてから、胸鰭を広げて水面から跳び出す。長く伸びた尾鰭下葉は空中に出てからも水を左右にかき、離水する。12秒間も滑空することができる。

Amiet's killifish/Amiet's lyretail
アフィオセミオン・アマイティ

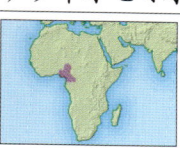

Aphyosemion amieti

体 長	最大 7cm
体 重	記録なし
性 別	オス/メス
分布	カメルーン西部（サナガ河川系下流）
状態	未確認

生息範囲が非常に限られているせいもあってか、この魚は1976年に初めて報告された。カメルーンの熱帯雨林を流れる川の、流れが緩やかで、沼地になった場所に棲む。メスは雨季の終わり頃に川底の泥に卵を産む。成魚はわずか1年で死に、卵は次の雨季が訪れるまで休眠状態にある。雨が降り始めると卵が刺激を受けて発達し、孵化する。子どもは1か月で成熟し、川はたちまちにぎやかになる。

American-flag fish
フラッグフィッシュ

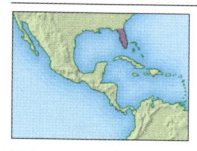

Jordanella floridae

体 長	最大 7.5cm
体 重	記録なし
性 別	オス/メス
分布	アメリカ合衆国南東部（フロリダ州）
状態	未確認

カダヤシ目キプリノドン科の仲間であるが、この科は特に南北アメリカによく見られる小型の淡水魚のグループである。この科の大半がそうであるように、本種もオスとメスでは体色がまったく異なり、オスは独特の模様と色をしている。普段は藻類を食べるおとなしい魚だが、求愛期や卵を守っているときのオスは攻撃的になる。オスは背鰭や尻鰭などの赤い鰭をひるがえしてメスを誘う。メスが卵を産むと、オスはメスを追い払い、約1週間後に孵化するまで卵を守る。

緑とオレンジの斑模様の体

Foureyed fish
ヨツメウオ
Anableps anableps

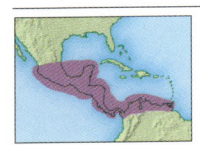

体　長	最大 32cm
体　重	記録なし
性　別	オス／メス

分布　中米から南アメリカ北部　　状態　地域により一般的†

体が細長く、頭部背面にはカエルのような飛び出た目があり、その目が上下に分かれているので空中と水中を同時に見ることができる。この目のおかげで、水中にいる水生昆虫も、飛んでいて水面に落ちてきた昆虫も、同じようにうまく捕らえられる。動きはすばやく、天敵である空中の水鳥類や水中の魚類などから逃げることもできる。メスは体内に精子をたくわえておいて、複数回に分けて卵を産むことができる。

Devil's hole pupfish
デビルズホールパプフィッシュ
Cyprinodon diabolis

体　長	最大 2.5cm
体　重	記録なし
性　別	オス／メス

分布　アメリカ合衆国（ネバダ州）　　状態　絶滅危惧Ⅱ類

本種は、ネバダ州の砂漠にある1つの泉にしかいないことから、脊椎動物としては最も生息地が限られている存在である。総個体数は500匹以下で、生息範囲はおよそ20平方メートルほどである。水質汚染と地下水面の変動のために生存が脅かされている。キプリノドン科の中では最も小さく、腹鰭と近縁種の多くが持つ体の縦縞模様がない。1年中繁殖しているが、寿命は12か月程度である。

Guppy
グッピー
Poecilia reticulata

体　長	6–7 cm
体　重	5g以下
性　別	オス／メス

分布　カリブ海、南アメリカ北部　　状態　一般的

ペットとして人気のあるグッピーの仲間には約140種いるが、このカダヤシ科は稚魚を出産することで知られている。野生のオスは、青、赤、オレンジ、黄、緑色のまだら模様や、黒い斑点や縞が入ることもある。観賞用の品種では、色のバリエーションがさらに豊富である。繁殖力が強く、一度に100匹以上産むこともあるが、普通は1回の出産で20～40匹である。カの幼虫を捕まえて食べるので、カの駆除のために世界各地に広められてきた。

Sailfin molly
セイルフィンモーリー
Poecilia latipinna

体　長	1.5–5 cm
体　重	記録なし
性　別	オス／メス

分布　北アメリカ東部　　状態　地域により一般的↑

"sailfin（帆のような鰭）molly"という名前は、大きな背鰭がほぼ全身に沿ってあるところからつけられた。グッピー（上）の近縁種で、やはり観賞魚として人気がある。一般的色彩はオリーブグリーンであるが、様々な色や模様の品種がつくられてきた。

Opah
アカマンボウ
Lampris guttatus

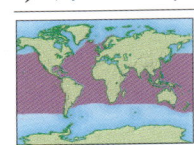

体　長	最大 1.8m
体　重	50kg
性　別	オス／メス

分布　世界中の熱帯、亜熱帯、温帯の水域　　状態　低リスク†

"Moonfish"の名もある大きなアカマンボウは、海に棲む捕食者で、大きな眼に、体高のある楕円形をした銀青色の体をしており、鮮やかな深紅の鰭がある。魚類はふつう尾部を使って泳ぐのに対して、アカマンボウは胸鰭を翼のように上下に動かして泳ぐ。歯がなくて、体が大きい（記録に残っている最大体重は73kg）わりには餌のとり方がうまく、小型の魚類やイカ類などをエネルギッシュに追いかける。世界中に生息しているが、特に北大西洋と北太平洋でよく見られる。沖合いの中層部に棲んでおり、延縄漁や刺網漁の対象となる。日本、ハワイやアメリカ合衆国西岸などでは食用として重宝されている。

Oarfish
リュウグウノツカイ
Regalecus glesne

体　長	最大 8m
体　重	記録なし
性　別	オス／メス

分布　世界中の熱帯、亜熱帯、温帯の水域　　状態　未確認

この巨大で細長いリボンのような体の深海魚は、世界中の熱帯と温帯の海域に生息している。しかし、捕獲されることがめったになく、生きた姿を目撃されることも稀である。そのため生態についてはほとんど知られていない。異常なほど体が長いおかげで、たいていの捕食者には食べられずにすみ、また海ヘビや海の"怪物"として話に登場することにもなった。黒っぽい斜めの線の入った銀色の体に、青みがかった短い頭があり、深紅色の鰭がついている。背鰭は体のほぼ端から端まであり、頭にとさかのような長い鰭条がついている。腹鰭は鰓蓋のすぐ後ろにあり、それぞれは長い1本の鰭条で、先端が広がってオールのようになっている。

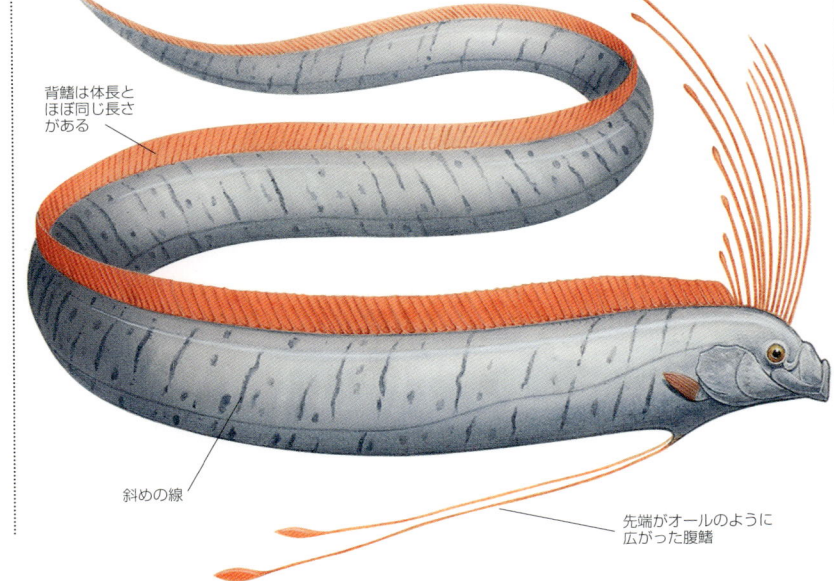

Ribbon fish
テンガイハタ

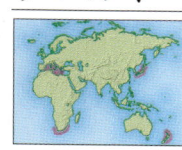

Trachipterus trachypterus

体長　最大1.6m
体重　記録なし
性別　オス／メス

分布　地中海、東大西洋、インド洋、中央および西太平洋
状態　低リスク↑

本種はリュウグウノツカイ（507ページ）に近縁であるが、体が小さいことと、尾部に向かって先細りになった体形と、尾部の先端にはっきりとした上向きの扇のような鰭がある（リュウグウノツカイは退化的）などの点で異なる。体側背部に1～4個の暗色斑点があり、体側の腹部にも1～2個の斑点がある。鱗はない。背鰭をはじめすべての鰭が、リュウグウノツカイと同じ深紅色をしている。肉食で深海中層の魚類やイカ類を食べる。体が大きいおかげで捕食者からは食べられずにすんでいる。卵と幼魚は地中海でよく見られるが、繁殖行動については知られていない。フリソデウオ科には約16種いるが、いずれも珍しい魚で、生態はほとんど不明である。

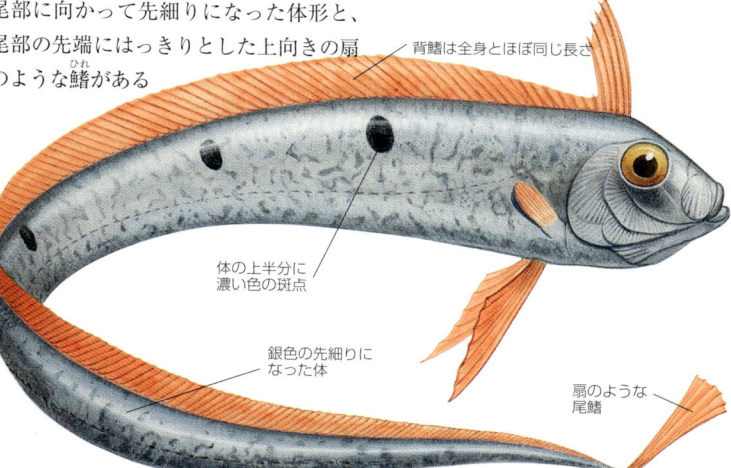

- 背鰭は全身とほぼ同じ長さ
- 体の上半分に濃い色の斑点
- 銀色の先細りになった体
- 扇のような尾鰭

Red whalefish
アカクジラウオダマシ

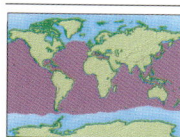

Barbourisia rufa

体長　最大39cm
体重　記録なし
性別　オス／メス

分布　世界中の熱帯、亜熱帯、温帯の水域
状態　一般的↑

本種は深海中層魚で、目撃されることがめったにない。口が大きく、両顎には多数の小さな歯が生えている。体色は赤みがかったオレンジ色であるが、深海では黒く見える。また体はブヨブヨしている。皮膚には多数の微小なトゲがあり、ビロード状をなす。鰭は体の後部にあり、この魚が待ち伏せし、一気に突進して獲物を襲う習性であるとわかる。これまでほとんどが単独の個体であることから、単独で行動していると思われる。捕獲水深と体長の関係から、多くの深海魚と同じように、成長の過程で生息水深が変わると考えられる。小型個体は中層で捕獲されるが、さらに成長した個体は海底近くから引き上げられているので、成魚になってからは海底で暮らしていることがわかる。

Fangtooth
オニキンメ

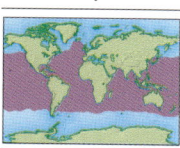

Anoplogaster cornuta

体長　18cm
体重　記録なし
性別　オス／メス

分布　世界中の熱帯、亜熱帯、温帯の水域
状態　地域により一般的↑

多くの深海魚と同様、この魚も小さな体に不釣り合いなほど大きな頭をしている。自分と同じくらいの大きさがある獲物を食べるための適応形態である。泳ぎ回って獲物を探す捕食者で、すばやく突進して獲物を捕まえると、大きな歯で刺して動けなくする。幼魚は親とはまったく違う姿をしているため、かつては別の種に分類されていた。成魚は体も頭も鰭も茶色から黒であるが、幼魚は銀色をしている。成魚は幼魚よりも深い場所に棲む。

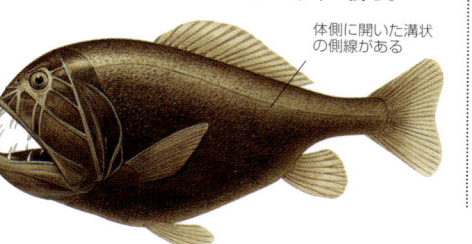

- 体側に開いた溝状の側線がある

Pinecone soldierfish
ヨゴレマツカサ

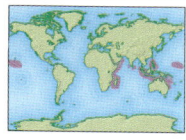

Myripristis murdjan

体長　最大30cm
体重　記録なし
性別　オス／メス

分布　太平洋、インド洋
状態　地域により一般的

礁の近くの浅い潟に棲む。日中は岩などの裂け目に隠れ、夜になると出てきて、甲殻類の幼生などのプランクトンを食べる。切れ込みの深い二叉形の尾鰭を使って、すばやい断続的な動きで泳ぐ。夜行性の魚に多いが、本種も目が大きい。体の鱗は大きく、鋭くて非常に粗い。鰭棘と鰓蓋のトゲで捕食者から身を守る。各鰭は赤く、白い縁どりがある。さえずるような音を出すが、理由はわかっていない。

Pineapple fish
ニシマツカサ

Cleidopus gloriamaris

体長　28cm
体重　500g
性別　オス／メス

分布　インド・太平洋
状態　地域により一般的

英名は体の形と、パイナップルの表面に似た黒い縁どりのある大きな鱗に由来している。本種が属している科の魚はみな、骨質の甲と、背鰭と腹鰭にある鋭いトゲで守られている。本種には、下顎に生物発光する器官があり、昼間はオレンジ、夜になると青緑色に光るが、口を閉じれば上顎に隠れる。単独で行動することの多いこの魚は、夜になると暗い洞穴の底から出てくる。そして下顎の発光器官にひかれて寄ってきた小型の魚類、甲殻類、その他の無脊椎動物を捕まえて食べる。風変わりな姿から、本種やその仲間は観賞用に水族館や家庭でたいへん人気がある。しかしよほど熟練した飼い主でなければうまく飼育することはできず、長期には飼育できない。

Orange roughy
オレンジラフィー

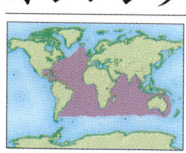

Hoplostethus atlanticus

体長　50-60cm
体重　記録なし
性別　オス／メス

分布　大西洋、インド洋、西太平洋
状態　地域により一般的↑

本種を含むヒウチダイ科は、主に大陸棚のへりや外洋の海底に棲んでいる。オレンジラフィーには大きな丸い頭があり、口は上向きで小さな歯が何列も生えている。体はオレンジがかった赤だが、深海では黒っぽく見え、捕食者から守られている。近縁のヒウチダイ属の1種（*Hoplostethus mediterraneus*）と同じように、食用に捕獲されることが多く、乱獲の危険がある。

棘鰭類とその仲間

Flashlightfish
フラッシュライトフィッシュ

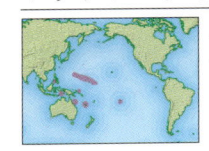

Photoblepharon palpebratus

体長　最大12cm
体重　記録なし
性別　オス／メス

分布　西太平洋
状態　地域により一般的

鼻先が丸い小型魚で、動物界の生物発光の好例である（右コラム参照）。7種知られているヒカリキンメダイ類の1種であり、日中は沿岸の洞穴や深みで比較的静かにしているが、夜になると浅い礁湖などに移動して、小型の動物プランクトンを食べる。礁に1匹1匹が小さななわばりを持っている。

光のコントロール

ライムグリーン色の光を発するのは、目の下にある発光器官中の共生バクテリアである。発光器の裏側は光を逃さないため反転すると光を消すことができる。このため、頻繁にオン・オフを繰り返すことができ、獲物を見つけたり、捕食者を驚かせたり、仲間とコミュニケーションをとるといわれている。

模様
この黒っぽい魚には、肩帯、体側の側線、および鰭の縁で光を反射するので模様が浮き出る。

Three-spined stickleback
イトヨ

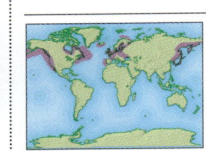

Gasterosteus aculeatus

体長　5cm
　　　最大10cm
体重　記録なし
性別　オス／メス

分布　北太平洋、北大西洋、地中海、北アメリカ、ヨーロッパ、東アジア北部
状態　地域により一般的

北半球の寒流域の影響がある各地の淡水域や沿岸域に広く分布している。背中の可動性の3本のトゲが特徴である。繁殖行動が非常に複雑で、オスが水中に巣をつくって、メスを招き入れる。適切な刺激を与えられるとメスは巣の中に数個の卵を産み、オスが授精すると、メスは泳ぎ去ってしまう。オスは卵に酸素を送り、また孵化した稚魚を守る。

茶色がかった緑色の背中

Seahorse
ヒポカンパス・グトゥラータス

Hippocampus guttulatus

体長　最大16cm
体重　記録なし
性別　オス／メス

分布　北大西洋東部、地中海、黒海
状態　絶滅危惧Ⅱ類

本種を含むタツノオトシゴ類は、魚類の中では変わった形態をしている。口はスポイト形で、動物プランクトンを吸い込んで食べる。頭部はウマを連想させる。体は骨質板で覆われ、立ち泳ぎの状態で泳ぐ。大半の種はアマモや海藻の中に棲み、尾で巻きついて体を固定している。近縁のヨウジウオ類と同様、繁殖行動も変わっている。メスがオスの育児嚢に卵を産みつける。オスは孵化するまで卵を持ち歩く。

Weedy seadragon
ウィーディーシードラゴン

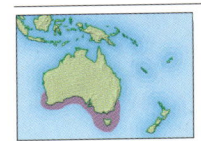

Phyllopteryx taeniolatus

体長　最大46cm
体重　記録なし
性別　オス／メス

分布　オーストラリア南部
状態　地域により一般的

タツノオトシゴ類の中で、大型の種で、奇妙な姿をしている。他のタツノオトシゴ類と同様、体は固い板に覆われている。体表から生えている葉状皮弁がカムフラージュに役立っている。通常は海底近くに棲んでおり、岩礁に生えた海藻などの中に隠れている。しかし茶色からオレンジがかった赤に黄色い斑点という華やかな色をしているために比較的見つけやすく、礁から離れた水中でもたまに目撃される。むしろ近縁のリーフィーシードラゴン（*Phycodorus eques*）の方がカムフラージュが凝っており、見つけにくい。海底近くの海藻や海綿動物の中にいるエビなどの小型の無脊椎動物を探して食べる。また水中の動物プランクトンも餌にしている。コレクション用に多数捕獲されるため、減りつつある。

ウィーディーシードラゴンの卵

受精卵はオスの尾部腹面のひだに付着し、オスに守られる。孵化するとシードラゴンの稚魚は泳ぎ去っていく。

葉のような突起物
ウィーディーシードラゴンの名は体についている葉状の突起物に由来している。他のタツノオトシゴ類とは違い、尾部は巻きつくようにはできていない。

体を覆う粗い板
葉状の突起物
長い尾

Trumpetfish
ヘラヤガラ

Aulostomus chinensis

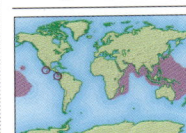

体長　最大80cm
体重　記録なし
性別　オス／メス

分布　太平洋、インド洋
状態　地域により一般的

本種は礁によく見られる。イソバナ類やサンゴの枝の間に頭を垂直に下げて、漂いながら身を潜めていることが多い。細長い側扁した体をしており、長い吻の先に小さな口がある。体側はふつう茶色だが、黄色いものもいる。水中で流木のように動かずにいて待ち伏せし、魚の群れが通りかかると突然動き出して捕まえる。

長い体

Shrimpfish
ヘコアユ

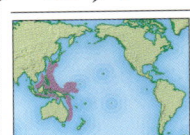

Aeoliscus strigatus

体長　最大15cm
体重　記録なし
性別　オス／メス

分布　西太平洋
状態　地域により一般的

本種は頭を垂直に下げて泳いでいることが多い。群れは統率のとれた行動をしながら、サンゴやウニのトゲの間に棲む小さな甲殻類を食べている。細長い体に長い吻をしているのは、この生態に適応した結果である。体に沿って茶色い縦帯がある。これが効果的なカムフラージュとなっている。体はほぼ全面が透明な甲に覆われているが、尾部とその付近の下側だけは、鰭が動かせるように甲がない。腹縁には鋭いエッジがあり、そこから"Razor（かみそり）fish"とも呼ばれている。

魚類

硬骨魚類

Tub gurnard
タブ・グルナード

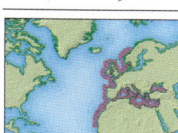

Chelidonichthys lucerna

体長　最大75cm
体重　記録なし
性別　オス／メス

分布　北大西洋東部、地中海、黒海
状態　地域により一般的

底生生活を送る本種は、体色は赤みがかっており、頭部は骨質板で覆われている。胸鰭下部に3本の長い遊離鰭条があり、これを足のように立てて海底の上で体を支えている。この鰭条には感覚細胞を備え、海底を探って、軟体動物や甲殻類を探す。また魚類も食べる。ウキブクロにつながった筋肉を収縮させてブーブーと唸るような音を出せる。この音によって仲間同士離れないようにしているらしい。

翼のような胸鰭

Estuarine stonefish
ツノダルマオコゼ

Synanceia horrida

体長　最大60cm
体重　記録なし
性別　オス／メス

分布　インド太平洋
状態　絶滅危惧IB類

本種は、ずんぐりした体形をし、動きは鈍いが、見事にカムフラージュされている。背鰭の前部を構成する鋭い13本のトゲの根元には毒腺があり、刺さるとその相手に殺傷力のある毒を注入する。人間の足を刺し、死亡事故を引き起こす場合がある。海底に半分埋もれて獲物を待ち伏せをすることがあるが、眼が飛び出ているため、近づいた獲物を見つけられる。

上方を向いた口

鱗のない魚
オコゼの体は複雑な色合いで鱗がないため、岩や小石だらけの海底にうまく溶け込んで目立たない。

背鰭のトゲ

隠れた危険

オコゼは保護色を生かし、さらには海底に胸鰭で浅い窪みを掘って、いっそう目立たないようにしている。体の周りに砂や泥をかけ、獲物を待ち受けるのである。

Scorpionfish/Rascasse
スコーピオンフィッシュ

Scorpaena porcus

体長　最大25cm
体重　記録なし
性別　オス／メス

分布　北大西洋東部、地中海、黒海
状態　地域により一般的↑

フサカサゴ類の1種である本種は、頭部が大きく球根状に膨らんでおり、眼と口が大きい。茶色の体には斑模様があり、口と眼の間に皮弁がいくつかある。待ち伏せタイプの捕食者で、海藻に覆われた岩の間に潜み、巧妙なカムフラージュで獲物の目をあざむく。鰭にはすべて丸い縁どりがあり、背鰭、胸鰭、尻鰭のトゲには毒腺がある。このトゲを立てて、天敵にダメージを与えることができる。

毒腺のある背鰭棘

Bullhead
コットゥス・ゴビオ

Cottus gobio

体長　最大18cm
体重　記録なし
性別　オス／メス

分布　西ヨーロッパ
状態　低リスク

本種は単独行動をする淡水種で、石の下や繁茂した水生植物の中に棲んでいる。濃い茶色の斑模様がカムフラージュになっている。魚卵や稚魚、小型の無脊椎動物を食べる。3～5月が産卵期で、時期は生息地によって異なる。オスが石の下に小さな窪みを掘り、そこにメスが卵を産む。孵化するまではオスが卵を守る。

扇型の胸鰭
楔形の頭

Sablefish
ギンダラ

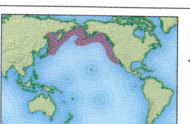

Anoplopoma fimbria

体長　最大1.1m
体重　最大57kg
性別　オス／メス

分布　北太平洋
状態　地域により一般的↑

カサゴ類に属してはいるが、本種は細長い流線形の体に、間隔の開いた背鰭があり、一見タラ（502～503ページ）に似ている。成魚は体の背側が黒か緑がかった灰色をしており、まだらや縞が入っていることも多い。腹部は白い。幼魚は背側が青みがかった黒である。幼魚は沿岸の水面近くに棲んでいるが、成魚は海底付近に棲む。ギンダラは、冬になると、海岸に沿って水深の深い海をめざし大移動する。待ち伏せタイプの捕食者で、獲物を追って群れで回遊する。甲殻類、蠕虫、ハダカイワシのような小型魚類を食べる。食用魚として重宝され、主にアジアでトロール網や定置網、延縄漁で捕獲され、広く売られている。

Lumpfish/Lumpsucker
ランプフィッシュ

Cyclopterus lumpus

体長　最大60cm
体重　最大9.5kg
性別　オス／メス

分布　北大西洋
状態　地域により一般的↑

ランプフィッシュ類は、体形がずんぐりしており、腹部には鰭が変形してできた吸盤がある。この吸盤により、岩や海藻に吸着し、体を固定するので、流れの強い場所にも棲める。水深300mまでの水域に生息しているが、繁殖のために浅い海に移動する。繁殖期になるとオスは赤くなり、メスは青緑色になる。卵は手頃な価格のキャビアの代用品となる。

防護用の被覆
ランプフィッシュがこぶ状の突起を持つ独特の姿をしているのは、全身に骨質隆起があるためである。隆起は背部と体側面に列になって並んでいる。

丸い体
こぶ状の突起

子育て

メスのランプフィッシュはピンク色をした大量の卵を浅い海の岩に産みつける。オスは卵につききりで守りながら、水を送って酸素を供給する。卵は6～8週間後に孵化する。

棘鰭類とその仲間

Sea poacher/Sturgeon poacher
シー・ポーチャー

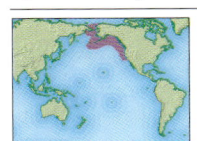

Agonus acipenserinus

体　長　最大 31cm
体　重　記録なし
性　別　オス／メス

分布　北太平洋
状態　地域により一般的

本種を含め、トクビレ科には約50種いるが、体形や風貌がチョウザメに似ている。いずれも細長い体に対し、大きな頭と長い吻があり、胸鰭をオールのように動かし、海底に沿って移動する。また、本種を含め、細かく分かれた総状の髭を持つものがおり、この鬚についている味蕾で海底から甲殻類や小型動物を探り出す。動きが鈍いので簡単に捕まる。

総状の鬚
体に不規則な斑点がある
舵のような尾

Tilefish
タイルフィッシュ

Lophiolatilus chamaeleonticeps

体　長　最大 1.2m
体　重　最大 30kg
性　別　オス／メス

分布　中央大西洋西部
状態　地域により一般的

アマダイ科には、本種を含め約30種いる。いずれも頭部背面が丸みを帯びる。大型になるものが多く、海底に塚をつくったり、巣穴となるトンネルを掘る。本種が掘る漏斗形のトンネルは、時に長さ5m、深さ3mにも及ぶ。トンネルは避難場所にしたり、甲殻類や小型魚類などの獲物をおびき寄せるのに使う。各個体が掘り、頭から入って尾から出る。

黄色い斑点を持つ背鰭
背中は青みがかったオリーブ色

Pantherfish
サラサハタ

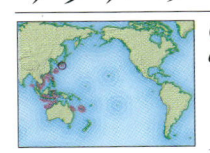

Cromileptes altivelis

体　長　最大 70cm
体　重　最大 3.5kg
性　別　逐次的雌雄同体

分布　インド太平洋
状態　地域により一般的

体と鰭の黒い斑点

"Barramundi cod" や "Humpback grouper" とも呼ばれる。体や鰭は白っぽい色をし、大きな暗色斑が散在した非常に特徴のある模様をしている。背部は頭部後方から急に隆起して"こぶ"になっている。ハタ類は成長に従ってメスからオスに変わる。卵を産むという以外には、本種の繁殖形態についてほとんど知られていない。

Glasseye
ゴマヒレキントキ

Heteropriacanthus cruentatus

体　長　最大 50cm
体　重　最大 2.5kg
性　別　オス／メス

分布　世界中の熱帯水域
状態　一般的

本種やその仲間は、眼の網膜に光の反射層（タペタム）があるため、光が当たると輝くため"グラスアイ"と呼ばれる。日中は岩陰や礁の下面にいるが、夜間外に出てきて、単独行動で、小型の魚類やエビ・カニ類などを食べる。幼魚は成魚と違って外洋に棲む。

Climbing perch
キノボリウオ

Anabas testudineus

体　長　最大 25cm
体　重　最大 150g
性　別　オス／メス

分布　南アジアおよび東南アジア
状態　地域により一般的

本種は小型の淡水魚で、酸素量が乏しくなることの多い、よどんだ湖や池に適応して生きている。水面で空気中の酸素を吸ったり、水から這い出して空気を吸うこともある（コラム参照）。地域によっては、乾季になると泥に体を埋める。ペットとして人気があり、食用にも売られている。

トゲのある鰭
この小さくて頑丈な魚は、全身が灰色かオリーブ色または茶色をしている。鰭は短く、背鰭と尻鰭に飛び出したトゲがついている。

トゲのある背鰭

よじ登る

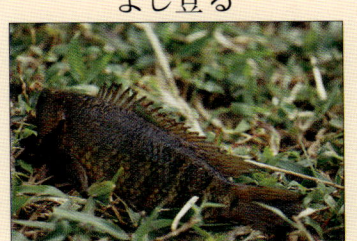

キノボリウオは、湿気のある夜に鰓蓋近くのトゲと胸鰭を使って水中から出て、"歩いて"隣の池や湖に移動することがある。乾燥しなければ水の外でも数日間生きていられる。

Crevalle jack
クレバルジャック

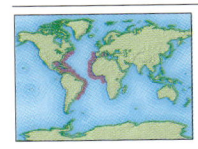

Caranx hippos

体　長　最大 1.2m
体　重　最大 32kg
性　別　オス／メス

分布　大西洋東部および西部
状態　地域により一般的

本種は、大きな丸い頭、鰓蓋縁辺にある黒い斑点、たいへん長い尾柄、深く切れ込んだ二叉形の尾鰭が特徴である。アジ科魚類の中では最大級で、幅広い塩分濃度に耐性がある。幼魚は大きな群れで、やや塩分のある水域を好むのに対し、成魚は深い水域を対になって泳いでいることが多い。活発に小型魚類を追う捕食者である。水面近くにいる小魚の群れを攻撃しているときは、遠くからでも水面が波立っているのがわかる。

尾柄が細い

Black swallower
オニボウズギス

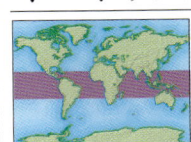

Chiasmodon niger

体　長　最大 25cm
体　重　記録なし
性　別　オス／メス

分布　世界中の熱帯および亜熱帯の水域
状態　地域により一般的

本種やその仲間は、自分より大きな魚を捕まえて食べることができる、数少ない深海魚である。それが可能なのは、口と胃が大きく拡張して獲物を収めることができるためである。胃の中のものを消化すると、また元の姿に戻る。オニボウズギスは普段深海に棲むが、餌をとるためにもう少し浅い海に移動してくることがある。2基の背鰭、二叉形の尾がある。

二叉形の尾
拡張した胃
大きな口

魚類

魚類

棘鰭類とその仲間

辛抱強いハンター
タマカイはふつう海底近くのサンゴ礁や岩の間に潜み、無用心な甲殻類か動きの鈍い魚類が近くを通りかかるのを待っている。近づくと一気に飛び出して洞穴のような口を開け、獲物を吸い込む。針のような恐ろしい無数の歯が獲物をしっかりと捕まえる。

Giant grouper/Queensland grouper
タマカイ

Epinephelus lanceolatus

体 長	最大 2.5m
体 重	最大 400kg
性 別	逐次的雌雄同体
分 布	インド洋、太平洋西部および中部
状 態	絶滅危惧Ⅱ類

本種は黒々とした巨大な魚(ハタ科の中では最大の部類に入る)で、温暖な沿岸域に生息している。塩分濃度の変化に強いため、河口で見られることもある。単独行動をとるのが普通で、サンゴ礁や岩礁の近くの、洞穴や船の残骸の周りなど、だいたい同じ場所にいる。タマカイは主に甲殻類を食べ、特にイセエビが好物だが、ほかにもカニ類や様々な魚類、小型のサメやエイ類、ウミガメの子どもなども食べる。幼魚のときは他の魚類の餌になるが、成魚になってからは人間が唯一の天敵といえる。体が大きく動きが鈍いので、銛漁で狙われやすい。大きな体を維持するために大量の食物が必要なのと、成長するのに何年もかかるため、礁の周辺の個体数は非常に限られている。保護されなければ獲り尽くされやすく、絶滅する可能性もある。本種に近縁のアメリカ大陸東・西沿岸の暖海域に棲むゴリアテグルーパーは、現在では非常に数が減ってしまい、米国では保護され、捕獲は全面的に禁じられている。

頑丈な体のつくり
タマカイは、重量感のある体と大きな口が特徴だ。普通は茶色い体に薄い斑点がある。

心やさしい――とはいえない巨人
タマカイは普段はダイバーが近づきやすいが、大型の個体中には人間を襲って殺すものもいると信じられている。

魚類

硬骨魚類

Yellowhead jawfish
イエローヘッド・ジョーフィッシュ

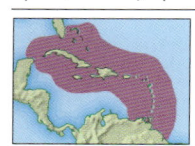

Opisthognathus aurifrons

体　長　10cm
体　重　記録なし
性　別　オス／メス

分布　カリブ海から南アメリカ北部
状態　地域により一般的↑

指の大きさくらいの魚で、浅い海の海底のサンゴ砂や小石の間に棲んでいる。主に熱帯の澄んだ沿岸の海に見られ、鮮やかな黄色い頭をしているが、最も目立つ特徴は穴を掘る習性で、これはジョーフィッシュに共通している。普段は穴の外で定位して獲物を探す。しかし交尾は穴の中でする。オスは口の中に卵を抱き、餌をとるときには卵を穴の中に吐き出す。

黄色い頭
半透明の体

Perch
ヨーロッパパーチ

Perca fluviatilis

体　長　最大51cm
体　重　最大4.5kg
性　別　オス／メス

分布　ヨーロッパ、アジア
状態　低リスク

パーチは淡水魚で、流れの緩やかな川や深い湖、池に生息している。幼魚は小型のプランクトンや無脊椎動物を食べる。成魚は無脊椎動物、トゲウオやミノーなどの小型の魚類、さらにパーチまで食べる。体の小さな個体は群れをつくる傾向があるが、大きなものは単独でいることが多く、大きな岩の近くや水生植物の中にじっとしている。漁業の対象としてもゲームフィッシュとしても重要な魚で、オーストラリアなどヨーロッパ以外の国々にも移植されている。そのために生態系に大きなダメージを与えているケースもある。

縞模様
パーチは体高のある魚で、2基の背鰭を持ち、特徴のある濃い色の横帯が通常は6本ある。

濃い色の横帯

塊卵の帯

メスのパーチは帯状になった卵を産み、それを川底の石や水中の植物の周りに巻きつける。1つの卵塊に多いときで30万個の卵が入っており、粘液でくっつきあっている。卵は約3週間で孵化する。

Green sunfish
グリーン・サンフィッシュ

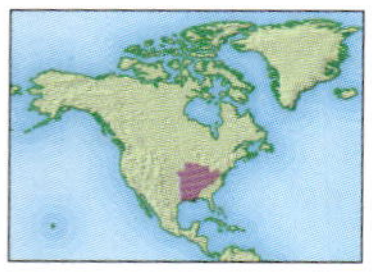

Lepomis cyanellus

体　長　最大31cm
体　重　最大975g
性　別　オス／メス

分布　米合衆国東南部
状態　一般的

本種は、流れの緩やかな川から湖や池まで、幅広い生息環境を住処にしている。北アメリカでは最も一般的な大型淡水魚類の1種である。比較的大きな繁殖コロニーを形成し、水生植物や物陰の周りに群れている。晩春から初夏にかけての繁殖期には、オスが尾部で浅い巣を掘り、メスがその中に卵を産む。卵は小石の水底に付着し、オスが卵と数日後に孵化した稚魚を守る。

大きな頭
鰭には白または黄色の縁どりがある。

Pajama cardinalfish
マンジュウイシモチ

Sphaeramia nematopterus

体　長　最大8cm
体　重　記録なし
性　別　オス／メス

分布　インド・太平洋域
状態　一般的↑

本種は人目をひく模様を持つ。約200種からなるテンジクダイ科に属し、仲間もほとんどみなサンゴ礁や渇に棲んでいる。本種はオスもメスも頭部が黄色く、濃い色の"ウエストバンド"があり、尾鰭基底にかけて斑点が散在している。オスは口の中に卵を抱き、孵化するまで守っている。

斑点
赤い目
丸みのある尾鰭
濃い色の帯

Bluefish
オキスズキ

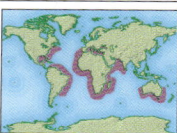

Pomatomus saltatrix

体　長　最大1.2m
体　重　最大14kg
性　別　オス／メス

分布　大西洋、地中海、黒海、インド・太平洋域
状態　一般的

本種は1種だけでポマトマス科を構成している。この原始的なスズキ型の魚は、近縁の魚類と異なり、世界の暖海域の沿岸から河口域に分布する例外的な存在である。オーストラリアではテイラーと呼ばれ、強い顎とかみそりのように鋭利な歯列を持った恐るべき殺し屋である。集団で小魚を襲い、獲物を取り囲んで密集した状態に追い込むことが多い。食欲旺盛で同種の若魚まで食べてしまうことがある。なわばりは持たず、大群で暖かい水域に移動し、産卵する。稚幼魚は海流に運ばれて冷たい水域に戻ってくる。

力強い尾

Sharksucker
ナガコバン

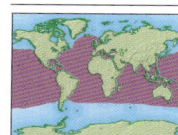

Remora remora

体　長　最大86cm
体　重　最大6kg
性　別　オス／メス

分布　世界中の熱帯、亜熱帯、温帯の水域
状態　地域により一般的

吸盤
トゲのない背鰭

Man-of-war fish
エボシダイ

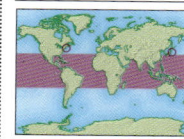

Nomeus gronovii

体　長　最大25cm
体　重　記録なし
性　別　オス／メス

分布　世界中の熱帯の水域
状態　低リスク+

幼魚の間、青い斑点のあるこの魚はカツオノエボシ（532ページ）の刺胞毒のある触手の間に棲むため、たいていの捕食者から守られている。宿主の持つ

本種を含むコバンザメ類は、頭部背面に吸盤があることですぐわかる。この吸盤でクジラやイルカや大型魚類に吸着する。本種はサメ類に吸着していることが多い。吸盤によって宿主の泳ぐ力を借り、移動したり鰓呼吸のエネルギーが節約できる。宿主により捕食者から守られ、食物のおこぼれをもらうかわりに、宿主の皮膚や鰓腔に寄生している甲殻類を餌として食べることにより、掃除する。

毒への免疫には限界があり、すばしこく泳ぐことで刺される難を免れている。触手を食べることでも知られ、宿主に寄生しているといえる。成魚は比較的安全な宿主の元を離れ、生息場所を深い海に変える。

魚類

棘鰭類とその仲間

Dolphinfish
シイラ

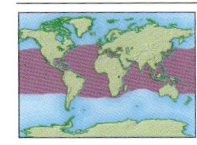

Coryphaena hippurus

体　長	最大 2.1m
体　重	最大 40kg
性　別	オス／メス
分　布	世界中の熱帯、亜熱帯、温帯の水域
状　態	一般的

ドラドの別名もある丸い頭をしたこの魚には、長い体のほぼ全体に沿って1基の背鰭がある。また深く切れ込んだ大きな二叉形の尾鰭もあるが、これはスピードに頼って食物をとったり、天敵から逃げるための、海洋種の特徴である。色が変わっていて、背部は光沢のある金属的な青または緑色、体側面は金色の輝きを帯びた銀で、黒っぽいまたは金色の斑点が散在している。泳ぐのが非常に速く、

色のカムフラージュ
体のカウンターシェーディングのおかげで、黒っぽく見える深い海にも明るく照らされた海面近くの色にもうまく溶け込み、海の上から襲ってくる捕食者からも下にいる捕食者からも姿が見えないようになっている。

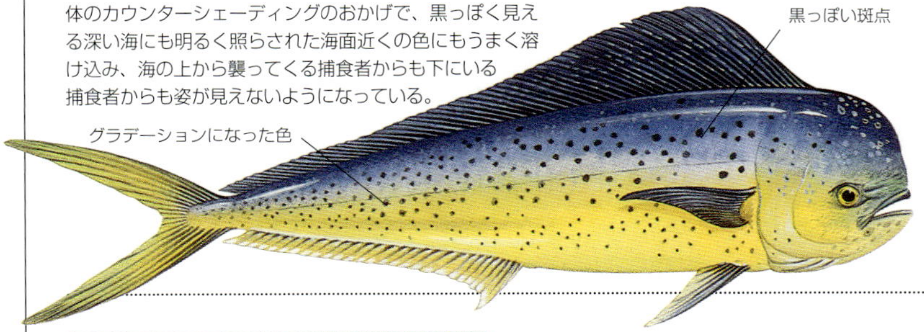

グラデーションになった色 / 黒っぽい斑点

摂食行動

シイラは魚類を主食とするが、漂流物についている甲殻類やイカ類も食べる。船の後を追ったり、漂流しているホンダワラなどの流れ藻の下に小さな群れをつくることもある。

時速60kmまで出すことができる。食用として重宝されているが、一般的に20℃以上の暖かい水域にのみ生息し、外洋で繁殖する。1年を通して夕方または夜に産卵する。

Red mullet
ヨメヒメジ

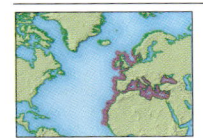

Mullus surmuletus

体　長	最大 40cm
体　重	最大 1kg
性　別	オス／メス
分　布	北大西洋東部、地中海、黒海
状　態	一般的

食用として重宝されている魚で、赤みを帯びた地色で正中線に沿って深紅の縦帯が走り、その下方に数本の黄色い縦線がある。下顎腹面に1対の髭があるが、髭には感覚器官があり食物を探すのに役立っている。この髭からゴート（ヤギ）フィッシュの別名もある。髭だけを独自に動かし、砂や泥に差し入れて、甲殻類、環形動物、軟体動物、魚類など小型の底生動物を探知する。

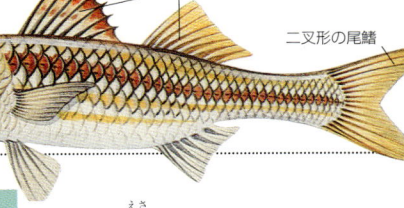

分かれた背鰭 / 二叉形の尾鰭

Archerfish
テッポウウオ

Toxotes chatereus

体　長	最大 40cm
体　重	最大 1kg
性　別	オス／メス
分　布	インド・太平洋域、東南アジア、オーストラリア北部
状　態	地域により一般的

本種は汽水域にも、淡水の川や湖にも生息する。体色は銀灰色の地に黒色斑点があり、尻鰭の縁辺は黒色帯で縁どられている。また、口から餌になる昆虫めがけて水を噴射して食べる習性でよく知られている。この水の噴射は、舌を口蓋に押しつけ、鰓腔をすばやく収縮させる方法で行う。卵は水面を漂流する。

体には斑点などがある / 尻鰭の縁に色がついている

Pilotfish
ブリモドキ

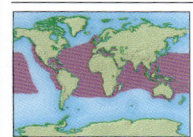

Naucrates ductor

体　長	最大 70cm
体　重	記録なし
性　別	オス／メス
分　布	世界中の熱帯、亜熱帯、温帯の水域
状　態	地域により一般的

本種は小型または中型の魚で、銀色の体に6～7本の横帯がある。英名で水先案内人を意味するパイロットフィッシュと呼ばれるのは、サメやエイなど自分よりはるかに大きな魚のすぐ前を泳ぐ習性に由来している。この関係はブリモドキにも宿主とする魚にも好都合で、ブリモドキはサメについた寄生動物をとって食べるかわりに、一緒にいる大型の魚から守ってもらえる。また獲物となる小型の魚からも見つかりにくい。

黒色横帯

Croaker
クローカー

Sciaena umbra

体　長	70cm
体　重	記録なし
性　別	オス／メス
分　布	北大西洋東部、地中海、黒海
状　態	一般的

体高のある魚で、背部が大きく隆起しているが、腹部は直線に近い形をしている。本種は沿岸域に棲み、およそ270種いる大きなニベ科に属している。暗くなってから小型魚類や底生無脊椎動物を食べる。最大の特徴は大きな音を出すことでコミュニケーションをとり、聴覚も鋭い。オスは高度に発達したウキブクロの筋肉を使って、太鼓を叩くような音を出し、繁殖期にオスの群れとメスの群れの間の通信に利用していると考えられている。浮力のコントロールにも優れているらしく、楽に泳いでいるように見える。

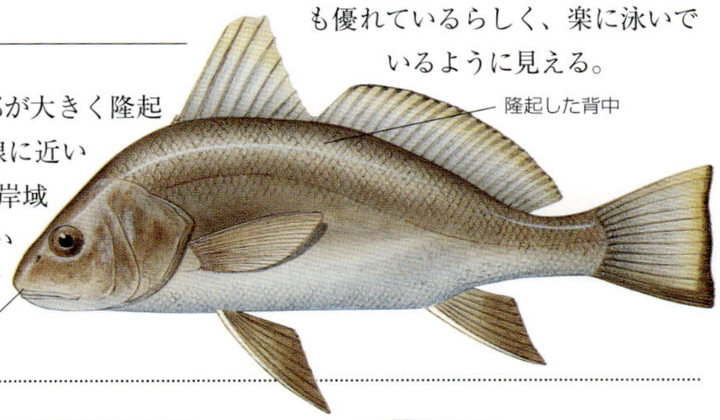

隆起した背中 / 張り出した吻

Emperor angelfish
タテジマキンチャクダイ

Pomacanthus imperator

体　長	最大 40cm
体　重	記録なし
性　別	逐次的雌雄同体
分　布	インド洋、太平洋
状　態	地域により一般的

本種を含むキンチャクダイの仲間はサンゴ礁の華ともいうべき存在で、鮮やかな色と大胆な模様は、幼魚と成魚ではまったく異なることが多い。本種は典型的な種で、側扁した左右の幅が薄く、体高のある体を持ち、櫛のような歯の生えた小さな口、鰓蓋には先端が後方を向いたトゲがある。本科の他種と同様、魚類には珍しく、サンゴ礁に多い海綿動物の固い肉を消化する能力がある。警戒するとバタバタと大きな音を出すことがある。オスが死ぬと、2～5匹で形成しているハーレムのメスの1匹がオスに変わって後を継ぐ。

幼魚
幼魚の体色と模様は成魚とまったく異なる。紺から黒の地に多数の白色同心円や半円の模様がある。

縞と模様
成魚の体には黄色と紫が交互になった斜めの縞模様がある。頭の上と胸鰭の周りには薄青、濃い青、黒の模様がある。

ひと続きになった1基の背鰭

魚類

硬骨魚類

Copperband butterfly
ハシナガチョウチョウウオ
Chelmon rostratus

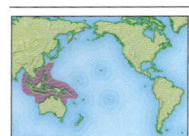

体 長 最大 20cm
体 重 記録なし
性 別 オス／メス

分布 インド・太平洋域　状態 一般的

強く側扁した板状の体をし、先端に口のある長いピンセットのような吻は、サンゴ礁の隙間や裂け目から小型動物をとるのに理想的な形をしている。本種には眼を通る橙色横帯を除き、体側面に3本のオレンジ色の横帯、尾柄部に細い黒色模様がある。はっきりした模様と、背鰭にあるよく目立つ黒い眼のような斑点で捕食者を惑わす。夜間、しみのような模様ができて、サンゴ礁と見分けがつかなくなる。

背鰭の目のような斑点
長い吻

Tomato clownfish
ハマクマノミ
Amphiprion frenatus

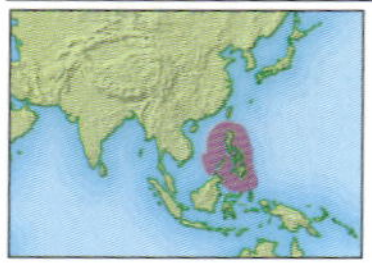

体 長 7.5–14 cm
体 重 記録なし
性 別 雌雄同体

分布 西太平洋　状態 一般的

クマノミ属の他の魚と同様、イソギンチャクと共生関係を持ち、体を覆う粘液のおかげでイソギンチャクに刺されない。ハマクマノミはイソギンチャクを離れると、戻ったときに何度か短時間ずつイソギンチャクと接触して免疫力を回復してはじめて、刺胞毒のある触手の間に入ることができる。イソギンチャクに守られながら、近くを漂うプランクトンや周辺の藻類を食べる。普通は一族で1匹のイソギンチャクに棲む。最も大きな2匹がオスとメスで、このつがいだけが繁殖する。あとはみなオスであるが、メスが死ぬとオスの1匹がメスに変わって後を継ぐ。クマノミ類はスズメダイ科の魚で、この科はサンゴ礁にいる魚の中でも最もカラフルなグループである。

Long-nosed hawkfish
クダゴンベ
Oxycrrhites typus

体 長 最大 13cm
体 重 記録なし
性 別 逐次的雌雄同体

分布 インド洋、太平洋　状態 低リスク↑

ゴンベ科の魚は熱帯域を中心に35種おり、主にサンゴ礁や岩礁域に見られる。海底で待ち伏せするタイプの捕食者で、無脊椎動物や小型魚類を襲う。危険を感じると腹鰭の鰭条を突っかい棒にして隙間にはさまり、簡単には引き出されない。ほっそりした姿のクダゴンベには白と赤の縞や斑点でできた網目模様があり、長い吻で獲物をとる。単独で行動することが多いが、オスはなわばりを守る習性があり、なわばりの中にハーレムを持っている。オスのクダゴンベが死ぬと、メスの1匹がオスに変わってハーレムを引き継ぐ。

背鰭は1基で、10本の長いトゲがある
赤い縞と斑点

Cleaner wrasse
ホンソメワケベラ
Labroides dimidiatus

体 長 最大 11.5 cm
体 重 記録なし
性 別 逐次的雌雄同体

分布 インド・太平洋域　状態 一般的

本種は、サンゴ礁の生物群集の重要な一員で、他の魚についた寄生生物を食べる、いわゆるクリーニングの習慣がある。"客"の魚は特設のクリーニング店に行列をつくるが、待ち受けるのは本種のつがいか、オスの成魚1匹とメスのグループである。このオスが死ぬと、1番優位のメスがオスに性転換して後を継ぐ。

黒い縦帯で目が隠れている

Malawi cichlid
マラウィ・シクリッド
Pseudotropheus zebra

体 長 最大 12 cm
体 重 記録なし
性 別 オス／メス

分布 東アフリカ（マラウィ湖）　状態 一般的†

金属的な青色をした小さな魚で、アフリカの大きな湖で孤立して進化した数百種のシクリッド類の1種である。小さな口には厚い唇があり、岩から付着藻類をかきとって食べる。繁殖期にはメスが卵を口に入れ、その後にオスが授精する。卵がかえるとメスはおよそ1週間、稚魚を守る。

水色の背鰭
体に濃い色の横帯がある

Bicolour parrotfish
イロブダイ
Cetoscarus bicolor

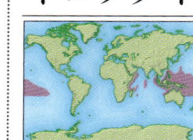

体 長 最大 80 cm
体 重 記録なし
性 別 逐次的雌雄同体

分布 インド洋、太平洋　状態 一般的

ブダイ類の英名パロットフィッシュは、鮮やかな体色とくちばしのような歯に由来している。草食性で、サンゴ礁の岩を覆う藻類をかきとって食べたり、岩そのものをはがして食べたりもする。そのためにブダイには喉の上下に丈夫な臼歯のような歯列も備えている。これにより岩をすりつぶして砂に変え、排出する。サンゴ礁によくいるブダイは、礁の砂を堆積させているのである。

Velvet cichlid
オスカー
Astronotus ocellatus 

体 長 最大 40 cm
体 重 最大 1.5kg
性 別 オス／メス

分布 南アメリカ（リオ・ウカヤリ川流域およびアマゾン川上流）　状態 一般的

シクリッド科は2000種以上も擁する大きなグループで、南アメリカ、アフリカ、スリランカにのみ生息する、体高の高い淡水魚である。本種は南アメリカ原産の魚で、大きなオレンジ色の縁どりのある黒い眼状斑点が尾柄部にあり、これで捕食者を惑わす。一度の産卵で、多いときは2000個の卵を産む。ほとんどのシクリッドと同様、この種も子どもの世話をし、守る。

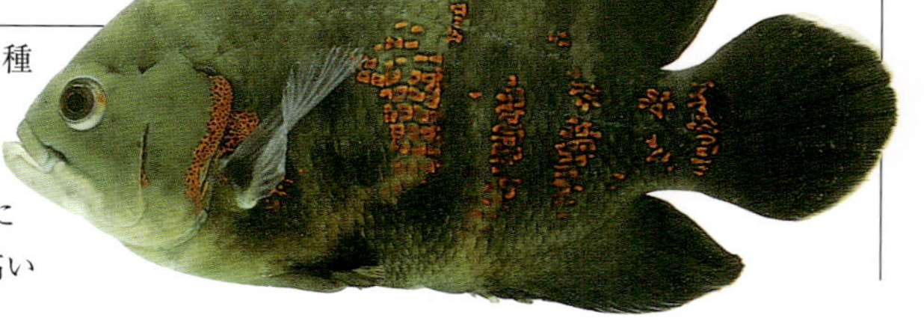

魚類

棘鰭類とその仲間

Wolf fish
ウルフ・フィッシュ
Anarhichas lupus

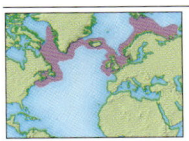

体長　最大1.5 m
体重　最大24kg
性別　オス／メス
分布　北大西洋、北極海
状態　一般的

本種を含むオオカミウオ類は、単独で行動し、浅い海に棲む捕食者で、腹鰭がなく腰帯の名残だけが残っている。しかし、歯はよく発達している。顎の前部分の歯は円錐形で、両側の歯は臼歯のようになっている。その歯と口蓋の骨板を使って、餌にしている軟体動物の殻やカニ、エビ、ウニなど棘皮動物の甲殻を砕く。産卵は冬に深い海で行われ、卵は孵化するまでオスが守る。オオカミウオ類はトロール漁で偶然とれるにすぎない魚であったが、微妙な味わいの肉が受けて最近では漁業の対象として重要性を増している。

幅の広い大きな頭
小さな尾鰭

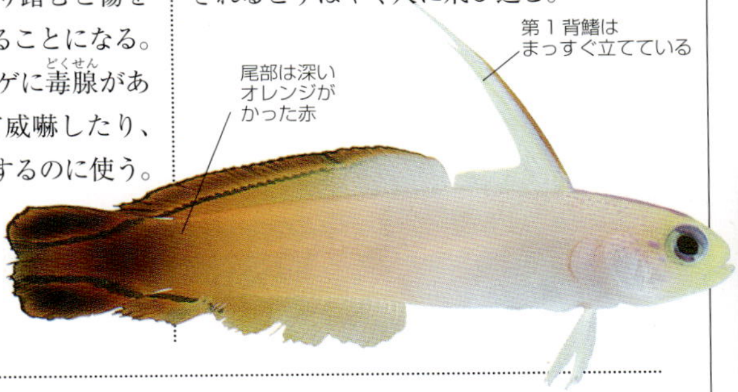

Blackfin icefish
ブラックフィン・アイスフィッシュ
Chaenocephalus aceratus 

体長　最大72 cm
体重　最大3.5kg
性別　オス／メス
分布　南太平洋東部、南大西洋西部
状態　一般的

この魚は天然の不凍剤を体の中でつくるので、南極の零下の海でも生きられる。赤血球がないため青白く見えるが、血液の循環がよく心臓も丈夫で、心臓は小型の哺乳類ほどの重さがある。大きな歯の並んだ大きな口をしているところから、19世紀には捕鯨船の船員たちにクロコダイルフィッシュと呼ばれていた。

Antarctic toothfish
ライギョダマシ
Dissostichus mawsoni 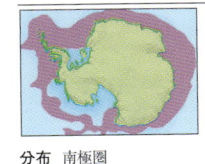

体長　最大2.2 m
体重　最大120kg
性別　オス／メス
分布　南極圏
状態　一般的

底生種で、細胞組織と血液中に不凍剤の作用をする特殊なタンパク質をつくるため、冷たい南極の海でも生きていられる。この地域に生息する生物の多くがそうであるように、本種も成長が遅く、8～10歳になってようやく性的成熟に達する。時折海底から上がってきて小型魚類、イカ、カニ、エビなどを食べる。体が大きいので、天敵はマッコウクジラ、シャチ、ゾウアザラシなど少数の海洋動物のみである。ライギョダマシにはウキブクロがなく、骨が軽いのと体脂肪の含有率が多いおかげで浮力を維持している。

灰色がかった体

Lesser weeverfish
レッサー・ウィーバーフィッシュ
Echiichthys vipera

体長　最大15 cm
体重　記録なし
性別　オス／メス
分布　北大西洋東部、地中海
状態　一般的

毒のある背鰭

刺毒を持つ本種は、ヨーロッパの海岸近くでよく見られ、うっかり踏むと傷を負わされて、痛い思いをすることになる。第1背鰭のトゲと鰓蓋のトゲに毒腺があり、怒るとこれらを立てて威嚇したり、大きな魚から身を守ったりするのに使う。この種は1日の大半を眼と背鰭の先だけ覗かせ、海底に身を埋めて過ごす。

Atlantic mudskipper
アトランティック・マッドスキッパー
Periophthalmus barbarus

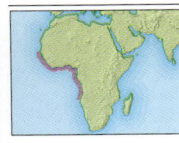

体長　最大25 cm
体重　記録なし
性別　オス／メス
分布　東大西洋
状態　一般的

トビハゼ類（マッドスキッパー）は、先細りの体に大きな頭と飛び出た目をしている。この種も他のトビハゼと同様、泥の表面にいる小型動物を食べ、1日の大半を水の外で過ごす。皮膚呼吸をするが、皮膚は常に濡れた状態でなくてはならない。胸鰭で這ったり、体をすばやく収縮させて泥の上を跳ねたりできる。

Striped-face unicornfish
ミヤコテングハギ
Naso lituratus 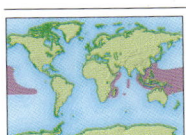

体長　45 cm
体重　記録なし
性別　オス／メス
分布　太平洋、インド洋
状態　一般的

本種は約60種の仲間がいるニザダイ科に属している。この科の魚が外科医という意味の"サージョンフィッシュ"と呼ばれているのは、尾柄側面にメスのようなトゲがついているからである。本種は鮮やかなオレンジ色のトゲを、捕食者から身を守ったり仲間と優位を争う戦いの武器に使う。尾をすばやく横に振ると相手に深い傷を負わせることができる。やや体高のある扁平な体をしているが、他のテングハギと違って額に角状の突起はない。海底の葉状の藻類を切歯でかじって食べる。食用に重宝され、サンゴ礁でとれる。

尾柄のトゲ

Firefish
ハタタテハゼ
Nemateleotris magnifica

体長　最大8 cm
体重　記録なし
性別　オス／メス
分布　太平洋、インド洋
状態　一般的

指ほどの大きさの熱帯魚で、約60種の仲間はみなサンゴ礁の砂やサンゴのかけらに穴を掘る習性がある。独特の色合いで、頭は青白く体は尾に向かってしだいに濃くなり最後は深いオレンジがかった赤になる。成魚は1匹かつがいで、穴の上をせわしなく泳ぎ回り、海流に対面した格好で動物プランクトンを食べる。脅されるとすばやく穴に飛び込む。

第1背鰭はまっすぐ立てている
尾部は深いオレンジがかった赤

魚類

硬骨魚類

Rabbitfish
ラビットフィッシュ

Siganus vulpinus

- 体長　最大 24 cm
- 体重　記録なし
- 性別　オス／メス
- 分布　インド・太平洋域
- 状態　一般的

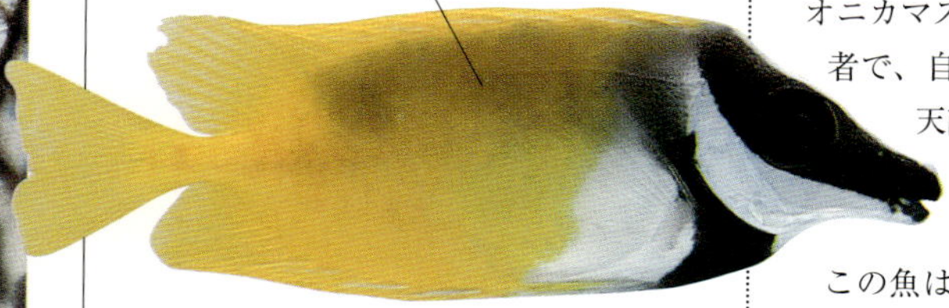

体幅が狭く、体高のある体

サンゴ礁上の浅い海の海底近くに棲む鮮やかな色の魚で、死んだサンゴの基部に生える藻類を主食としている。1列に生えた鋤のような歯で、餌を摘み取る。1基だけの背鰭には13本の鋭いトゲがある。派手な黒と白と黄色の体色は、捕食者を追い払うのに役立っているようだ。背鰭のトゲから出る毒も体を守る武器になっている。オスとメスは生涯連れ添う。

Great barracuda
オニカマス

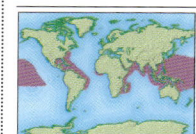

Sphyraena barracuda

- 体長　最大 2 m
- 体重　最大 50 kg
- 性別　オス／メス
- 分布　世界中の熱帯および亜熱帯の水域
- 状態　一般的

オニカマスは動きの速い恐ろしい捕食者で、自然界には大型のサメ以外の天敵がほとんどいない。頭が大きく、力強い顎にはナイフのような歯が隠されている。この魚は普段はあまり動かず、獲物を見つけるとすばやく前に突進して捕まえる。海水浴客を襲って重傷を負わせるといわれてきたが、このような事故が起こるのはよどんだ見通しの悪い水の中で、人間の体や光る装飾品を他の魚と間違えるのであろう。また澄んだ水の中でも銛で怒らせると人間を攻撃するという。好奇心が強く、ダイバーの近くまで寄ってくる。ゲームフィッシュとして人気があり、食用にされることもあるが、大型のものはシガテラ中毒を引き起こす場合がある。これはオニカマスが食物と一緒に摂取した毒素が原因で、時に命にもかかわる。

集団行動をとる幼魚

オニカマスの成魚は、だいたい単独で行動し、熱帯や亜熱帯の外洋の浅く温かい海面近くにいる。もっとも、水深100mの場所で捕獲されることもある。しかし幼魚は、沿岸の礁に守られた浅い海やマングローブ湿地を泳いでいる。これによって集団で狩りをしたり、捕食者からもある程度守られることになる。

長い体
この魚は体長があり、吻も長い。長い体とそれに伴う筋肉構成は、短距離を猛スピードで泳ぐのに適している。

突き出た下顎
第1背鰭は第2背鰭とかなり離れている
体の上部に濃い色の横帯
体の下半分にはインクの染みのような模様

Atlantic mackerel
タイセイヨウマサバ

Scomber scombrus

- 体長　最大 60 cm
- 体重　最大 3.5 kg
- 性別　オス／メス
- 分布　北大西洋、地中海、黒海
- 状態　一般的

本種は流線形の体をした捕食者で、寒冷な海域や大陸棚付近に棲んでいる。春になると海岸近くに移動する。体の大きさに応じて大きな群れをつくり、小型の魚類や甲殻類を食べる。産卵期は3～6月で、この期間にメスは45万個もの卵を産む。漁業の対象としても重要な魚であるため、広範囲にわたって捕獲されている。

Bluefin tuna
クロマグロ

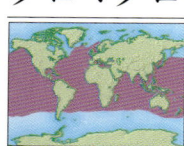

Thunnus thynnus

- 体長　最大 4.3 m
- 体重　最大 700kg
- 性別　オス／メス
- 分布　北大西洋、地中海、黒海
- 状態　絶滅危惧Ⅱ類†

クロマグロは硬骨魚類の中でも世界最大、最速の種で、時速70km以上のスピードを出すことができる。流線形の力強い体をしており、鋭く尖った吻、鎌のような形をした胸鰭、三日月型をした大きな尾鰭がある。胸鰭、腹鰭、第1背鰭は溝に収めて水の抵抗を少なくすることができる。群れで海を何千キロも移動しながら、主に外洋に棲む魚類を食べる。

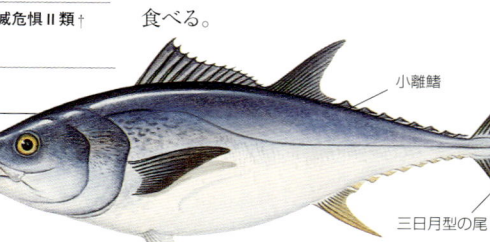

小離鰭
三日月型の尾

Swordfish
メカジキ

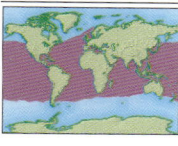

Xiphias gladius

- 体長　最大 4.5m
- 体重　最大 590kg
- 性別　オス／メス
- 分布　世界中の熱帯・亜熱帯・温帯域
- 状態　絶滅危惧Ⅱ類†

食用としてもゲームフィッシュとしても人気が高い。泳ぎの速い捕食者で、吻が長く剣のような形をしている。ニシクロカジキ（519ページ）のようなマカジキ類（ビルフィッシュ、吻の長い魚）とは違ってメカジキは吻を武器として使い、小型の魚類やイカ類を気絶させたり突き刺したりする。その後、動けなくなった獲物を丸ごと呑み込むのである。小型のボート（銅底のついたものまで）を襲うこともあり、かなりの破壊力を発揮する。主な天敵はアオザメ、ヨシキリザメ、マグロ類とカジキの数種などである。1年を通して熱帯の海で産卵する。ピークは地域にもよるが4～9月である。

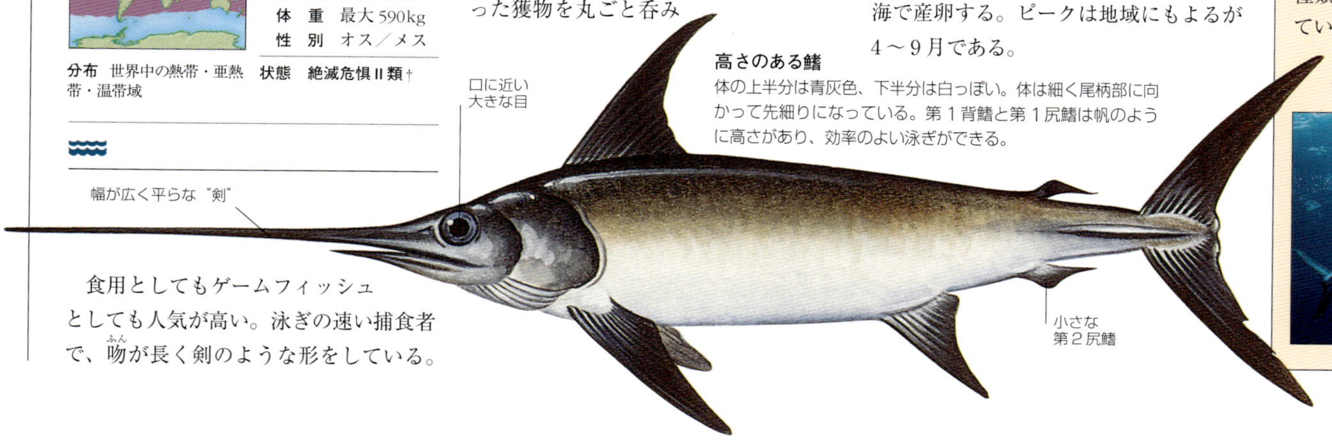

高さのある鰭
体の上半分は青灰色、下半分は白っぽい。体は細く尾柄部に向かって先細りになっている。第1背鰭と第1尻鰭は帆のように高さがあり、効率のよい泳ぎができる。

幅が広く平らな"剣"
口に近い大きな目
小さな第2尻鰭

一匹狼のハンター

メカジキの成魚はたいてい単独で狩りをする。マグロ類やマカジキ類と同じように、泳ぐための筋肉は2種類あり、それぞれに機能が異なっている。赤筋は安定した泳ぎに、動きの速い白筋は短距離間を猛スピードで泳ぐのに使う。

棘鰭類とその仲間

Blue marlin
ニシクロカジキ

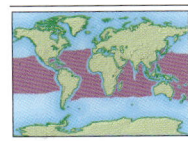

Makaira nigricans

- 体　長　最大 4.3 m
- 体　重　900 kg 以上
- 性　別　オス／メス
- 分布　世界中の熱帯、亜熱帯、温帯の水域
- 状態　絶滅危惧Ⅱ類†

卵と幼生
1回の産卵で直径 1mm ほどの卵を数百万粒も産む。卵はおよそ1週間で孵化する。卵と稚魚は浮遊生活を送る。

ニシクロカジキは針にかかったときの戦いぶりで釣り人の間では有名である。上顎が大きくちばし状の吻になっており、獲物を気絶させたり、殺したりするのに使っているようである。尾柄部にある隆起線と溝に入った腹鰭によって力強く速く泳ぐことができ、一気にスピードを出したり長距離を泳いだりできる。水深の深いところに迷い込むこともあるが、温かい海面近くを好み、そこでサバやマグロ類、シイラ、イカ類などを食べる。

保護

マカジキ類の個体数には、スポーツフィッシングも局地的な影響を及ぼしているが、それよりも深刻なのは漁業である。多くの発展途上国、特に沿海にマカジキ類が豊富にいる東アジアでは、食用魚として漁獲されている。体が大きいおかげで成魚は人間以外には天敵がいないが、幼魚はマグロ類、サバ、サメ類など他の魚の餌食になることがある。

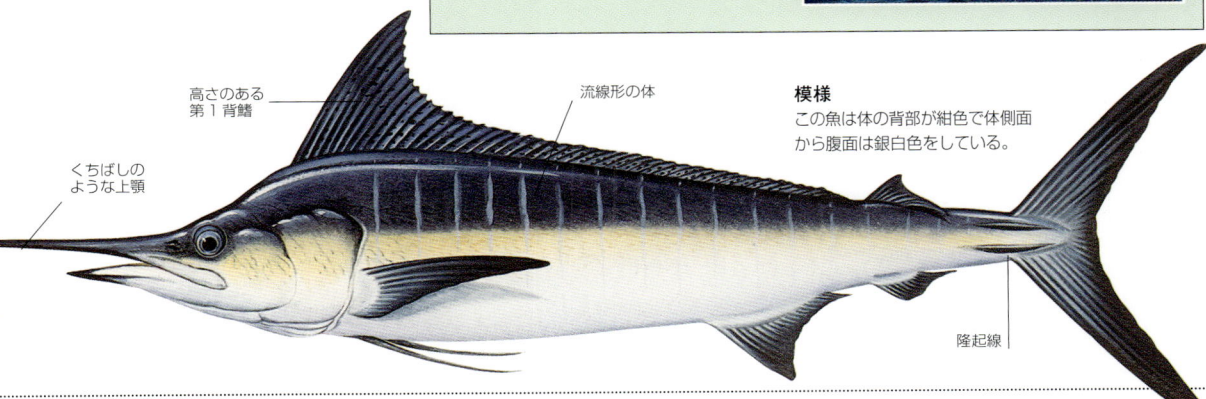

模様　この魚は体の背部が紺色で体側面から腹面は銀白色をしている。

- 高さのある第1背鰭
- 流線形の体
- くちばしのような上顎
- 隆起線

Atlantic halibut
アトランティク・ハリバッド

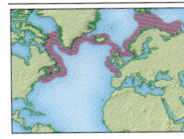

Hippoglossus hippoglossus

- 体　長　最大 2.5 m
- 体　重　最大 315 kg
- 性　別　オス／メス
- 分布　北大西洋、北極圏
- 状態　一般的

食用魚として重視されるオヒョウ類は、カレイ目の中でも最大になる種のひとつである。カレイ目は500種以上も擁するグループで、海底の生活に適した独特の体のつくりをしている。多くの底生魚類のように、上下に扁平な縦扁形ではなく、左右に扁平な側扁形であり、しかも体の片側を下にして横たわる習性がある。オヒョウは左側を下にして横たわるが、両眼は右側についている。カレイ類の中では非常に活動的で、中層にいる他の魚を捕まえることも珍しくない。

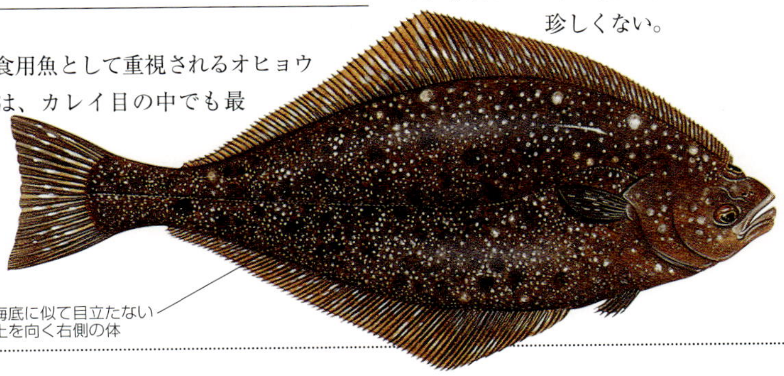

海底に似て目立たない上を向く右側の体

Plaice
プレイス

Pleuronectes platesa

- 体　長　最大 1 m
- 体　重　最大 7 kg
- 性　別　オス／メス
- 分布　北大西洋、北極圏、地中海、黒海
- 状態　絶滅危惧Ⅱ類†

孵化した後、本種の稚魚は、6週間ほど海面近くで過ごす。カレイ類の他種と同様、その後急激な変態を遂げて若魚となる。左眼は成長とともに頭部を移動し右側に移り、眼のない左側を下にして海底に横たわるようになる。海底で殻の薄い軟体動物や海洋性のゴカイ類などを食べる。体の上側は様々な色にすばやく変えることができ、カムフラージュで捕食者から身を守る。ヨーロッパでは漁業の対象として重要なカレイ類である。

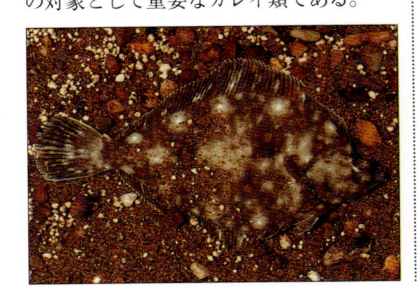

Turbot
ターボット

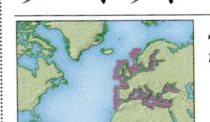

Scophthalmus maximus

- 体　長　最大 1 m
- 体　重　最大 25 kg
- 性　別　オス／メス
- 分布　北大西洋東部、地中海、黒海
- 状態　一般的

ターボットは、円形に近い体形をしたカレイ類の魚で、上側にした体の左側の体表に、鱗のかわりに骨質のこぶが無数に散在している。両眼とも体の左側にあり、口は左右非対称で、歯が眼のない側の顎だけについている。眼のある側の顎は、砂の交じらない水を吸い込むようにできているため、効率的に呼吸ができる。メスはオスよりも数が少ない。また、1000～1500万個の卵を産む。

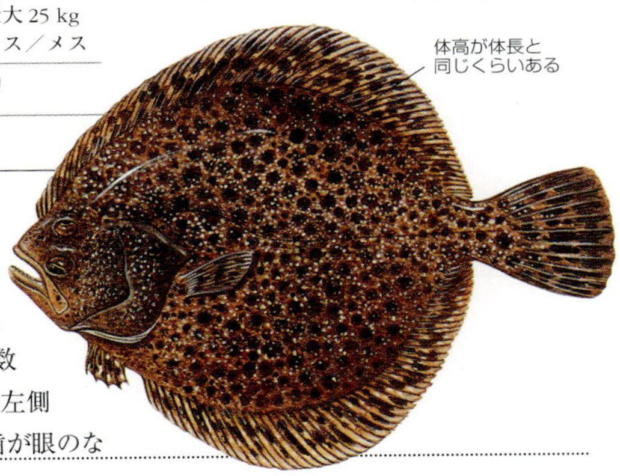

体高が体長と同じくらいある

Summer flounder
サマーフラウンダー

Paralichthys dentatus

- 体　長　最大 94 cm
- 体　重　最大 12 kg
- 性　別　オス／メス
- 分布　北大西洋西部、北アメリカ東部
- 状態　一般的

カレイ類は、大半が海洋性であるが、サマーフラウンダーは河口や淡水にも生息する異色の存在である。水底に棲む捕食者で、カムフラージュとスピードと鋭い歯を武器に、小型の魚類や無脊椎動物を捕らえて食べる。卵は油滴で覆われており、産卵後は水面に浮いていって、孵化すると普通の魚類と類似した形態の稚魚となる。体長1.5cmになると、体の側扁が強くなり、右眼が頭部の左側に移動する。ウキブクロのない稚魚は、その後水底に棲みつくようになる。

扁平な体

魚類

Sole
ソール

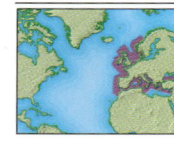

Solea solea

体　長	最大 70 cm
体　重	最大 30 kg
性　別	オス／メス

分布　北大西洋西部、北アメリカ東部
状態　一般的

ウシノシタ類として重要な漁業の対象で、沿岸や河口の砂泥底に穴を掘って暮らしている。他のウシノシタ類と同じく体は左右非対称で、カムフラージュされた右側に両眼があり、砂底を移動するときも常に上を向いている。口は目のない側に向かってねじれており、小さな歯が生えている。本種は肉食性で軟体動物やゴカイ類を食べるが、匂いで獲物の居場所を見つける。頭部の眼のない側には、鱗のかわりに特殊な繊維状のこぶがついている。これが味覚を鋭くしていると考えられている。

Spiny puffer
ハリセンボン

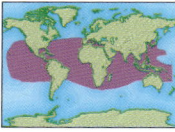

Diodon holocanthus

体　長	最大 30 cm
体　重	記録なし
性　別	オス／メス

分布　世界中の熱帯および亜熱帯の水域
状態　一般的

全身にトゲがあるこの魚は、脅されると大量に水を飲み、ほぼ球形になるまで体を膨らませて、普段は寝かせているトゲを立てる。しかしトゲが泳ぎの邪魔になるらしく、網に絡まっていることがよくあり、漁師を悩ませている。体の背部は茶色、腹部は黄色で、沿岸の岩礁やサンゴ礁に棲む。融合した歯のある力強い顎で、無脊椎動物の殻などを噛み砕いて食べてしまう。

胸鰭　飛び出た目　立てたときのトゲ

Oceanic sunfish
マンボウ

Mola mola

体　長	最大 4 m
体　重	最大 2 トン
性　別	オス／メス

分布　世界中の熱帯、亜熱帯、温帯の水域
状態　地域により一般的†

世界で最も体重の重い硬骨魚類で、たいへん特徴のある形をしている。学名は"ひき臼"という意味のラテン語で、横から見るとほぼ円形に見える姿にちなんでいる。子どもは楕円形である。マンボウはクラゲを主食とし、歯で獲物をかじる。普段はゆっくりした動きであるが、驚くと水面から飛び出したりもする。海面に水平になって浮いている姿を目撃されることがある。多産で、外洋域で繁殖し、多いときで3億個の卵を産む。卵は海流に乗って漂っていく。最もよく見られるのは熱帯の海であるが、海流のおかげで水温が比較的低い高緯度の水域で見られることもある。

立てた鰭
三角形をした背鰭と尻鰭は互いに非常に離れてついており、1対の大きなかみそりのように立てている。この鰭を櫂のように漕いで泳ぐ。

円盤型
横から見ると大きな円盤に見える。口は上唇が肉づきがよく、頭部側面にある目は小さい。尾鰭は二次的にできた舵鰭といわれる特殊なもので、幅の狭いフリル程度の大きさである。

Clown triggerfish
モンガラカワハギ

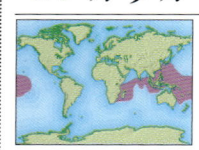

Balistoides conspicillum

体　長	最大 50 cm
体　重	最大 2 kg
性　別	オス／メス

分布　太平洋、インド洋
状態　一般的

カラフルなサンゴ礁の魚である。危険を感じると岩穴やサンゴの隙間に入ってこのトゲを立てて固定し、引き出されないようにする。頭は固い保護鱗に覆われ、歯は頑丈で軟体動物や甲殻類などの獲物の殻を砕くのに適している。他のモンガラカワハギと同様、なわばり行動をとることがあり、繁殖期には特にその習性が強くなる。

体の下部に白い斑点がある

Fugu
クサフグ

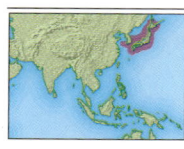

Takifugu niphobles

体　長	最大 15 cm
体　重	記録なし
性　別	オス／メス

分布　北太平洋西部
状態　地域により一般的

フグ科の仲間はテトロドトキシンと呼ばれるたいへん強い毒を持っている。しかし、一部のフグ類の身などは無毒なため、日本では美味とされ、細心の注意を払って調理される。このフグ類は、捕食者を追い払うために、この毒を分泌して水中に放ったり、胃の中にある袋に水や空気を送り込んで体を膨らませたりする。本種は5〜7月の大潮のときの満潮の少し前に、小石海岸の波打ちぎわに、大群で集まり産卵する。

Boxfish
コンゴウフグ

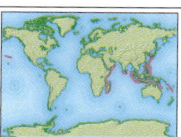

Lactoria cornuta

体　長	最大 46 cm
体　重	記録なし
性　別	オス／メス

分布　太平洋、インド洋、紅海
状態　一般的

角張った外骨格を持つ。この外骨格は融合した骨質の厚い鱗でできており、そのために不格好な泳ぎ方をする。左右それぞれの眼の上には小さな角のような突起がある。この魚は海底の砂に水を吹きかけて海底に棲む無脊椎動物を露出させて食べる。捕獲されると、乾燥させられて装飾品として売られている。

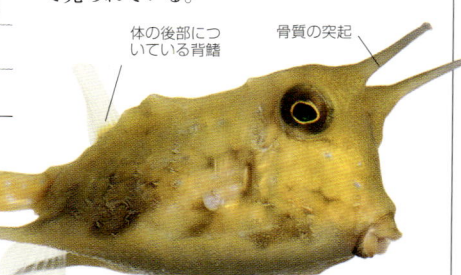

体の後部についている背鰭　骨質の突起

危機に瀕した魚類

本ページは、国際自然保護連合（IUCN：31ページ参照）によって"絶滅寸前（絶滅危惧IA類）"とされた魚類のリストである。海産魚類は少ないが、大きな漁獲圧、環境変化、気候変動などにより、急激に増加する可能性がある。また淡水魚が多いのは、研究が進んでいるとともに、環境悪化、採集、移入種との競争など多くの脅威にさらされているからでもある。

軟骨魚

Glyphis gangeticus（ガンジス・シャーク）
Himantura chaophraya（ジャイアント・フレッシュウォーター・ヒップレイ：タイ国の地域個体群）
Pristis perotteri（ラージティース・ソウフィッシュ）
Rhinobatos horkeli（ブラジリアン・ギターフィッシュ）

硬骨魚

Acipenser dabryanus（ダブリーズ・スタージャン）；*A. sturio*（ヨーロピアン・スタージャン）
Adrianichthys kruyti（ダックビルド・ブンティニィ）
Allochromis welcommei（アロクロミス・ウェルコメイ）
Allotoca maculata（オパール・グーデェイド）
Aphanius splendens（アファニウス・スプレンデンス）；*A. sureyanus*（アファニウス・スレヤヌス）；*A. transgrediens*（アファニウス・トランスグレディエンス）
Astatotilapia "dwarf bigeye scraper"（ドウワルフ・ビッグアイ・スクレイパー）；*A. latifasciata*（アスタトティラピア・ラティファシアータ）
Austroglanis barnardi（バーナード・ロック・キャットフィッシュ）
Barbus erubescens（トゥイーリバー・レッドフィッシュ）；*B. euboicus*（ペトロブサロ）；*B. trevelyani*（ボーダー・バルブ）
Betta miniopinna（ベタ・ミニオペンナ）；*B. persephone*（ベタ・ペルセポーネ）；*B. spilotogena*（ベタ・スピロトゲナ）
Botia sidthimunki（ラダーバック・ローチ）
Brachionichthys hirsutus（スポッティド・ハンドフィッシュ）
Callionymus sanctaehelenae（セントヘレナ・ドラゴネット）
Cephalakompsus pachycheilus（セファラコムサス・パキケイルス）
Chasmistes cujus（クイ・ウイ）
Chela caeruleostigmata（リービング・バルブ）
Chilatherina sentaniensis（センタニ・レインボウフィッシュ）
Chiloglanis bifurcus（インコマティ・ロックキャットレット）
Chlamydogobius micropterus（エリザベス・スプリングスゴビー）；*C. squamigenus*（エドバストン・ゴビー）
Chondrostoma scodrensis（コンドロストマ・スコドウフィッシュ）
Clarias cavernicola（ケイブ・キャットフィッシュ）；*C. maclareni*（クラリアス・マクラレニィ）
Coregonus reighardi（ショートノーズ・シスコ）
Cottus petiti（コッウス・ペティティ）；*C. pygmaeus*（ピグミー・スカルピン）
Cyprinella alvarezdelvillari（シプリネラ・アレバレツデルビラリ）；*C. bocagrande*（サルディニィタ・ボカグランデイ）
Cyprinodon bovinus（レオンスプリングス・パプフィッシュ）；*C. meeki*（カコトトォ・デ・メツィキタ）；*C. pachycephalus*（カコトトォ・カベゾン）；*C. pecosensis*（ペコス・パプフィッシュ）；*C. verecundus*（カコトトォ・デ・トルサル）；*C. veronicae*（カコトトォ・デ・カルゴアウル）
Danio pathirana（バーレッド・ダニオ）
Dionda mandibularis（サルディニィタ・クイシャロ）
Encheloclarias curtisoma（エンケロクラリアス・クルテイソーマ）；*E. kelioides*（エンケロクラリアス・ケリオイデイス）
Enterochromis paropius（エンテロクロミス・パロピウス）
Epinephelus drummondhayi（スペックルド・ハインド）；*E. itajara*（フォーフィッシュ）；*E. nigritus*（ワーソウ・グルーパー）
Galaxias fontanus（スワン・ガラクシアス）；*G. fuscus*（バード・ガラクシアス）；*G. johnstoni*（ペダー・ガラクシアス）；*G. pedderensis*（ペダー・ガラクシアス）
Gambusia eurystoma（グーワヤコン・ボ

Gila modesta（カラリト・サルティロ）；*G. nigrescens*（カラリト・キファフォ）
Girardinichthys viviparus（メクスクラリーク）
Glossogobius ankaranensis（グロッソゴビウス・アンカラエンシス）
Glossolepis wanamensis（レイクワン・レインボウフィッシュ）
Hampala lopezi（ハンパラ・ロペチ）
Hoplochromis "ruby"（ハプロクロミス・ルビー）；*H. annectidens*（ハプロクロミス・アネクティデンス）
Harpagochromis guiarti（ハルバゴクロミス・ギアルティ）；*H. plagiostoma*（ハルバゴクロミス・プラジオストマ）；*H. worthingtoni*（ハルバゴクロミス・ウォルシントニィ）
Hubbsina turneri（ハブシーナ・ターネリィ）
Ilydon whitei（イリドン・ホワイティ）
Kiunga ballochi（グラース・ブルーアイ）
Konia dikume（ディクメ）；*K. eisentrauti*（コンエ）
Labeo lankae（ラベオ・ランカエ）；*L. seeberi*（クランウィリアム・サンドフィッシュ）
Latimeria chalumnae（シーラカンス）
Lepidomeda albivallis（ホワイトリバー・スパインデイス）
Leuciscus ukliva（レウシスカス・ウクリバ）
Lipochromis "backflash cryptodon"（バックフラッシュ・クリプトドン）；*L.* "black cryptodon"（ブラック・クリプトドン）；*L.* "parvidens-like"（パルビデンス類似のクリプトドン）；*L.* "small obesoid"（スモール・オベソイド）；*L. maxillaris*（リポクロミス・マクシラクス）；*L. melanopterus*（リポクロミス・メラノプテルス）
Lucania interioris（サルディニィラ・クアトロ・シネガス）
Maccullochella peelii（メアリーリバー・コッド）
Macropleurodus bicolor（マクロプレロードス・ビカロー）
Mandibularca resinus（バガンガン）
Moapa coriacea（モアパ・ディス）
Myaka myaka（ミャカ・ミャカ）
Notropis cahabae（カハバ・シナー）；*N. mekistocholas*（カベフェアー・シナー）；*N. moralesi*（サルディニィタ・デ・テペルメネ）
Noturus baileyi（スモッキィ・マドトム）；*N. trautmani*（シオト・マドトム）
Oncorhynchus apache（アパッチ・トゥラウト）；*O. formosanus*（フォルモサン・サーモン）
Ospatulus truncatus（ピトンダ）
Pandaka pygmaea（ドウワルフ・ピグミーゴビ）
Paralabidochromis beadlei（パララビドクロミス・ベアドゥレィ）；*P. victoriae*（パララビドクロミス・ヴィクトリィー）
Paretroplus maculatus（ダムパ・ミベンティナ）；*P. petiti*（コツオ）
Physiculus helenaensis（スクールビン）
Poblana alchichica（カラル・デ・アルキキカ）
Poecilia latipunctata（モリー・デ・タメシ）；*P. sulphuraria*（モリー・デ・テアパ）
Prognathochromis mento（プログナソクロミス・メント）；*P. worthingtoni*（プログナソクロミス・ウォルシントニィ）
Psephurus gladius（チャイニーズ・バドゥルフィッシュ）
Pseudobarbus burgi（ベルグリバー・レッドフィン）；*P. quathlambae*（マルティ・ミノー）
Pseudophoxinus egridiri（ヤーバリギ）；*P. handlirsch*（ジチェック）
Pseudoscaphirhynchus fedtschenkoi（シルダル・ショベルノーズ・スタージョン）；*P. hermanni*（スモールアムダル・ショベルノーズ・スタージョン）
Ptychochromoides betsileanus（トゥロンド・マインティ）
Ptychromis "rainbow sheller"（レインボウ・シェラー）；*P.* "Rusinga oral sheller"（ルシンガ・オーラル・シェラー）
Pungitius hellenicus（エリノビゴステオス）
Pungu maclareni（プング）
Puntius amarus（バイト）；*P. bandula*（バンドラ・バルブ）；*P. baoulan*（バオラン）；*P. clemensi*（バガンガン）；*P. disa*（ディサ）；*P. flavifuscus*（カタバタパ）；*P. herrei*（プンティウス・ヘレイ）；*P. katalo*（カトロ）；*P. lanaoensis*（カンダル）；*P. manalak*（マナラク）；*P. tras*（トラス）
Rheocles wrightae（ソナ）
Rhodeus ocellatus kurumeus（ニッポンバラタナゴ）
Romanichthys valsanicola（アスプレーテ）
Salmo platycephalus（アラ・バリク）
Sarotherodon caroli（フィッシー）；*S. linnellii*（ウンガ）；*S. lohbergeri*（レカ・ヤーベ）；*S. steinbachi*（クルル）
Scaphirhynchus suttkusi（アラバマ・スタージョン）
Scaturiginichthys vermeilipinnis（レッドフィン・ブルーアイ）
Sebastes paucispinus（ボッカシオ・ロックフィッシュ）
Speoplatyrhinus poulsoni（アラバマ・ケイブフィッシュ）
Spratellicypris palata（パラタ）
Stereolepis gigas（ジャイアント・シーバス）
Stomatepia mariae（ンセス）；*S. mongo*（モンゴ）；*S. pindu*（ピンドゥ）
Syngnathus watermayeri（リバー・パイプフィッシュ）
Thunnus maccoyii（ミナミマグロ）*Tilapia guinasana*（オジコト・ティラピア）
Totoaba macdonaldi（トトアバ）
Weberogobius amadi（ポソ・ブング）
Xenopoecilus poptae（ポプタス・プンティギィ）
Xiphophorus couchianus（モンテレイ・プラティフィシュ）
Xystichromis "Kyoga flameback"（キョーガ・フレイムバック）；*X. phytophagus*（クシスティクロミス・フィトファグス）
Zingel asper（アスパー）

スナザメ
現在は危急（絶滅危惧II）に分類されているスナザメは、鱶目当てに捕獲される数種のサメのひとつである。食材のためのこのような漁業は非常に無駄が多い。鰭をとった後、その他の部分は捨てられてしまうからである。

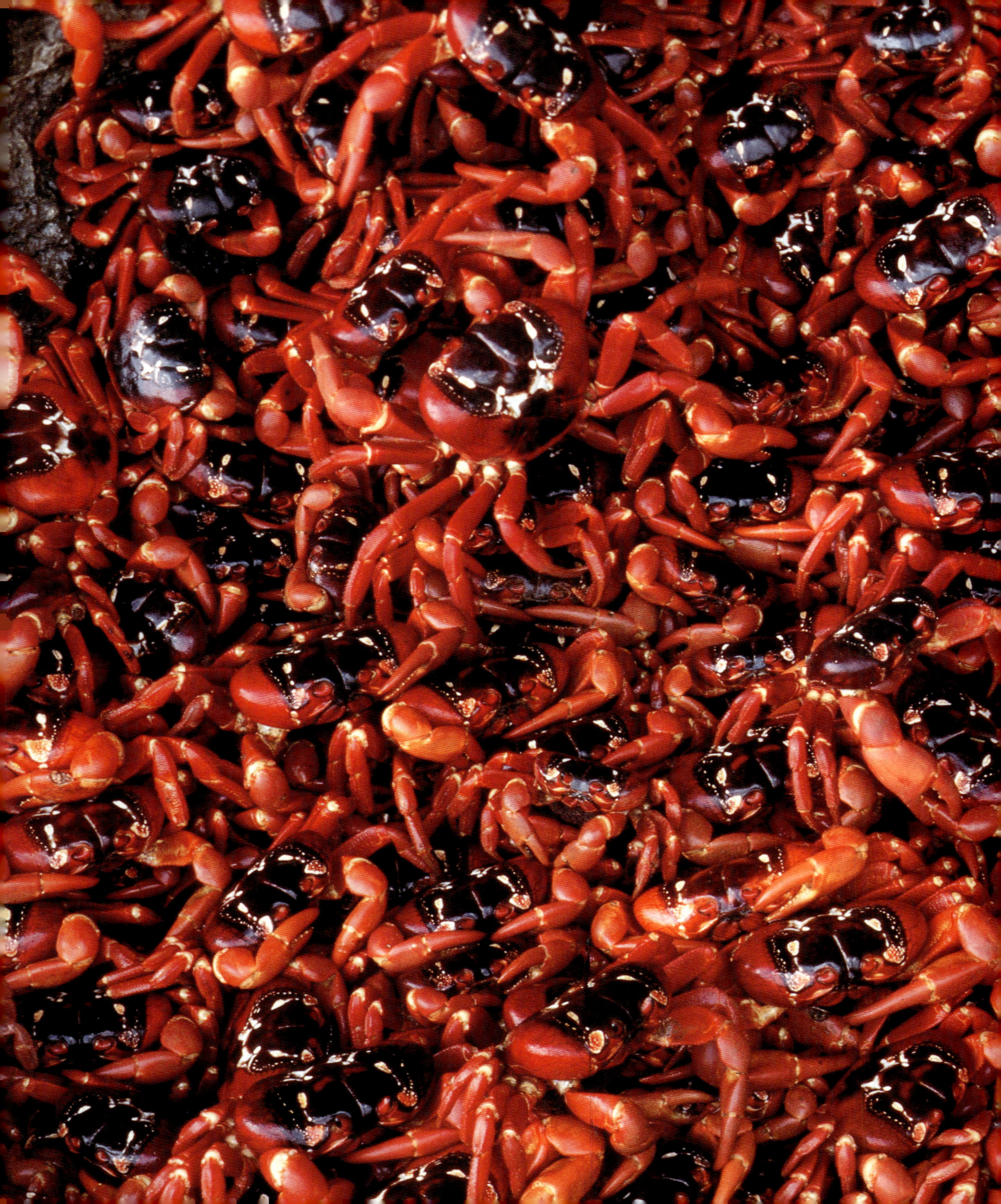

無脊椎動物

無脊椎動物

　無脊椎動物とは、背骨を持たない動物のことである。大部分の無脊椎動物は小さく、そのために見落とされやすいが、大変な多様性を持ち、広く分布し、知られている動物すべての種のうちおよそ97%を占めている。脊椎動物がただ1つの門を形成しているのに対し、無脊椎動物は30以上の門に属する動物をまとめた呼び名であり、節足動物門だけで、おそらく地球上の他の動物よりも数が多いだろう。無脊椎動物は考えられるありとあらゆる場所で見られるが、最も豊富だったのは、生物が最初に誕生した海の中だろう。

進化

　無脊椎動物は進化を始めた最初の生物であるが、進化がどのように起こったのかは今も正確にはわかっていない。無脊椎動物の祖先が、現生の原生動物のような食物を食べる微生物であったということには、さほど疑念の余地はない。この原生動物のグループが持続的な共生・協力関係を形成したのだと多くの生物学者は考えている。この関係が始まったとき、生物の生命が始まったのである。

　最初の生物たちは柔らかい体だったので、目に見える遺物をほとんど残していない。だから生物の生命の最初の印は間接的なものである。移動した痕跡や穴が化石化したもので、その日付はおよそ10億年前にも遡る。無脊椎動物そのものの最初の化石は、先カンブリア紀後期、およそ6億年前のものである。カンブリア紀の初期、約5億4500万年前にはカンブリア爆発と呼ばれる進化の加速があった。クラゲのような柔らかい体の生物に、体を入れる固い器や貝殻を持った生物が仲間として加わった。体の固い部分はうまく化石になるので、この時点からは動物の発達はもっと楽に突き止めることができる。大昔に起きたことではあるが、カンブリア爆発は現在存在している無脊椎動物のすべての門を生み出したのである。現生種を研究すると、無脊椎動物は2つのグループに分けられることがわかる。軟体動物─環形動物─節足動物を結ぶ線と、棘皮動物─脊索動物を結ぶ線である。後者は、動物が背骨で立ち上がることを可能にした。

過去の成功
三葉虫はこれまでに生きてきた無脊椎動物の中で最も成功を収めたもののひとつである。彼らはおよそ3億年前に存在し、膨大な数の化石を残したが、2億4500万年前に大量に死んで滅びてしまった。

体のつくり

　無脊椎動物は、背骨がなく、骨質の骨格もなく、本当の顎も持っていないなどの特徴でひとくくりにされている。無脊椎動物の中には、成体になると植物のように見え、1つの場所で生活するものもいる。また常に動いているので、即座に動物であることがわかるものもいる。

　あきれるほどの多様性にもかかわらず、無脊椎動物は特に細胞レベルでいくつかの基本パターンがある。海綿類のような最も単純なものでは、個々の細胞は特殊化してはいるが、集団としてではなく、別々の単位として働いている。刺胞動物はもっと複雑で、同じような細胞が組織となって並んでいる。しかし無脊椎動物の大半に見られる3番目の最高度の有機体、つまり組織そのものが器官となり、器官が体組織となるというパターンは、脊椎動物の世界でも引き継がれている。

　受精した卵子が分裂を始めるとすぐに細胞の分離が始まる。線形動物のある種の成体は、正確に959個の細胞で構成さ

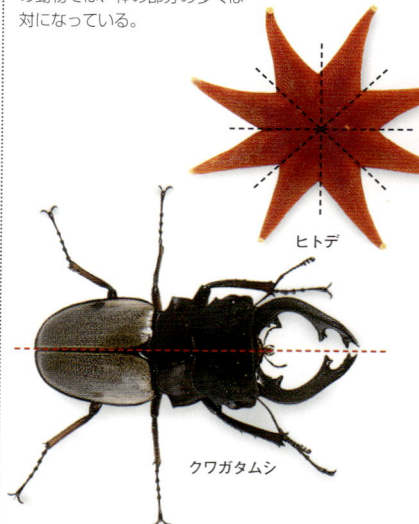

骨格

　無脊椎動物の多くは骨格（内骨格のことも外骨格のこともある）を持つ。いずれも、水に棲む動物にも陸に棲む動物にも見られる。主に防御のために進化した骨格は強い衝撃にも耐えられるが、体の形を保つための、もっと柔軟性を持った骨格もある。骨格の材質は様々である。固い構造物は結晶質の無機物を含むことが多いが、昆虫類の外皮は主にキチン質と呼ばれるプラスチックに似た材料でできている。外骨格は一度形成されると成長できないものが多く、定期的に脱ぎ捨てて更新しなければならない。

貝類
2枚の貝は外骨格の2つの部分である。比較的重いが特別固く、その持ち主と歩調を合わせて成長する。

骨片による骨格
海綿類の大半はタンパク質をベースとする格子状の繊維の中に、無機質の骨片でできた内骨格を持っている。このガラス海綿では、骨格はほとんど数学的な精密さで配列されている。

水力学的骨格
液体で満たされたミミズの体腔は柔軟性のある壁で閉ざされている。圧力を保たれた液体がタイヤの中の空気のような役割を果たしている。

関節のある骨格
このダンゴムシのような節足動物は、固いプレートでできた外骨格を持つ。プレート間のつなぎ目が骨格を柔軟にしている。この種の骨格は成長できない。

軽量の生命
チョウ類は、小さくて多産で、比較的短命という典型的な無脊椎動物である。ある種の脊椎動物とは異なり、無脊椎動物は変温動物である。温度が低レベルに下がると彼らは動き続けることができなくなる。

相称性
ヒトデは放射相称で、中心から同質の体の部分が放射線状に伸びている。クワガタムシは左右相称で、体は1本の軸によって2つに分けられる。左右相称の動物では、体の部分の多くは対になっている。

無脊椎動物

前へバックする
タコ類は放射相称と左右相称両方の要素を備えている。左右相称性の動物のように明確な頭部と、1対の目がある。しかし彼らは口の周りに放射状に並んだ腕も持つ。泳ぐときは体の後ろにあたる部分が先導していく。

れている。細胞はどれも細胞分裂の連続ででき、最終的にその動物の遺伝子に記されている位置に落ち着くのである。

大きな規模で見ると、異なる無脊椎動物の間の根本的な相違のひとつは、体の相称性である。例えば刺胞動物は放射相称である。通常、体の各部分は車輪のスポークや外輪と同じように配置されており、口が中心にある。これらの動物はしばしば1か所に固着しているが、移動するときには"車輪"のあらゆる部分が導いてくれる。対照的に、左右相称の動物には明確な頭部があるのが普通で、移動するときは頭部が先導して進んでいく。これらの動物には想像上の中央分離線があり、この線は体をだいたい同じ2つの部分に分けている。

進化が進行する間に、これらの身体設計を組み合わせて発達させた無脊椎動物もいた。例えばヒトデ類はほぼ完璧に放射相称性を備えているが、口とは反対側の、外界に向かう水管システムと接続している小さな穴（多孔板）は別である。

内部に関しては、無脊椎動物の身体設計には多くの種類がある。動物界ではユニークなことだが、海綿類は穴や細孔だらけである。海綿類はこの細孔を通して水を取り入れる際に、小さな食物の粒子をこし取る。単純な無脊椎動物の中には袋のような体で、消化能力のある体腔へつながる口を持つものもいる。刺胞動物や扁形動物に見られるこの配置には大きな欠点がある。消化できないカスを口から排出しなければならない。無脊椎動物の大半はチューブの形で、体を貫いて通る消化管で、この問題を回避している。この設計図は脊椎動物にも見られるものだが、消化システムの異なる組織がそれぞれの役目のために特殊化されて、流れ作業のように働くことを可能にした。

無脊椎動物には骨がないが、体を守り支える骨格を持つものは多い。骨格は固い組織でできていることもあるが、流体の圧力で働くこともある（左ページコラム参照）。柔らかい体を支える水力学的骨格と呼ばれるこの方法は、無脊椎動物の世界でしか見られない。

感覚

ずっと1か所に固着しているような無脊椎動物にとって、感覚世界は比較的単純なものである。このような動物は食べ物の匂いのするものの方へ手を伸ばし、脅威であるかもしれないものから身を引く。彼らは主に、水に溶けている化学物質や直接の接触、圧力の変化を感じ取る。こういう動物は特殊化された神経細胞か体中に点在する感覚器官を持ち、脳はないが、単純な神経システムを持っている。

このシステムはめったに動かない生物には十分に機能しているが、移動性の無脊椎動物はさらに多くの感覚的情報を必要とする。彼らはもっと発達した神経システムを持ち、感覚器官が情報を集め、脳がその情報を加工して最適の反応を引き起こす。扁形動物のように脳が非常に小さいものもいるが、タコ類その他の頭足類の脳は高度な発達を遂げており、脊椎動物の脳よりも大きいものもある。

動き回る無脊椎動物にとって、視覚は最も重要な感覚のひとつである。扁形動物のレンズのない未発達の目は、全体としての光度の変化を単純に探知している。しかし無脊椎動物の多くは、映像をつくり出すレンズを装備したもっと複雑な目を持っている。複眼は昆虫を含む節足動物に広く普及している。複眼は多くの自立した個眼からなり、それぞれが感覚器とレンズを備えている。各個眼が視野の一部に反応し、個眼の総数が、その動物がどれだけ詳細に視野を見ているかを決定する。頭足類を中心とする少数の無脊椎動物は、人間とよく似た目を持つ。1つのレンズが光を感知する表面（網膜）に光を集め、そこで映像を脳まで届く信号に変換する。

陸上で生活する無脊椎動物にとって、聴覚もまた重要な感覚であるが、それは

波長を合わせる
カのオスのふさふさした触角は音を聴くのに使われている。これは精巧な聴覚の一例である。触角はカのメスが飛ぶときのブーンという音の周波数に反応する。使われる周波数は種によって異なる。

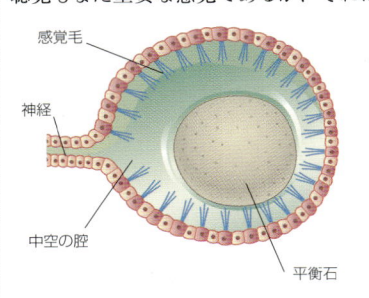

重力を探知する
二枚貝は重力による圧迫の探知に反応する顕微鏡サイズの小さな感覚器官を持っている。この感覚器官は神経細胞によって裏打ちされた小部屋を含み、この神経細胞が無機質の重り（平衡石と呼ばれる）の動きを感知する。

倍増する吸引力
色と空中輸送された匂いとにひかれて、ハエたちが熟した果物に集まっている。ハエはこの甘い食物を口器と脚の上にある化学的感覚器官で味わう。

擬態

擬態は脊椎動物の世界でも見られるが、本当の専門家は無脊椎動物である。無脊椎動物は主に食べられるのを避けるために、石ころや枝から鳥の糞まで、多種多様な物体の擬態を行う。また、防御のために危険（あるいは有毒）な種に似せて見せたり、稀ではあるが、攻撃をためらわせるためのカムフラージュの一形態として擬態を行う。擬態は視覚的なものだけではない。昆虫の中にはしぐさや匂いを真似して、その結果攻撃されることなく群居地の中に入り込み、相手の幼虫を食べるものさえいる。

食べられそうもない食事
アゲハチョウ類の幼虫の防御第1段階は鳥の糞との類似である。もし他の動物が近づくと、威嚇的に見えて不快な匂いを発散する角を振り動かす。

聴覚によって交尾相手を探すことも多いからである。脊椎動物とは異なり、無脊椎動物の聴覚装置は頭部になくてもよい。例えばバッタの鼓膜は腹部にあるし、コオロギの鼓膜は脚にある。同じことが味覚器官にも言える。ハエやチョウは化学的感覚器官が脚にあるが、これは彼らが何かの上に立っただけで、それが食べられるかどうかがわかることを意味する。

動き回る無脊椎動物はまた、向かう方角と動きを知る必要がある。大部分が重力センサーを持つが、それはどう行けば上に向かうのかを教え、脚や翅を動かすときに筋肉緊張度のセンサーが働き始めるのである。

繁殖

無脊椎動物の繁殖テクニックは多種多様で、無性生殖する動物もあり、有性生殖する動物もある。無性生殖には単一の親しかいないのが普通である。有性生殖では通常は2つの個体を必要とするが、単一の個体が同時にオスとメス両方の役割を演じることができる場合もある。

無性生殖だけに頼る無脊椎動物は少ない。というのは、子ども同士あるいは両親と遺伝学的に同一の子どもをつくり出すことは、問題をはらんでいるからである（28ページ参照）。しかし多くの種にとって、特にアブラムシのように樹液を吸う昆虫類にとっては、食料が豊富にあるときに数を増やすには、無性生殖は貴重な方法である。吸虫類のような体内寄生虫も、ライフサイクルの一定の段階で無性生殖を用いる。彼らにとってこのような繁殖方法は特に重要である。なぜならば彼らの複雑なライフサイクルは、生まれてきた個々の子孫の生き残るチャンスが非常に小さいことを意味しているからである。しかしこのような動物のほとんどすべてにおいて、ライフサイクルの数か所で有性生殖が間に入り、遺伝子的な多様性をつくり出すことで、彼らを取り巻く状況の変化に適応できるようになっている。

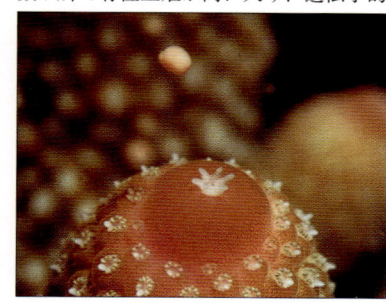

無性生殖は無脊椎動物の広い範囲で見られるが、やはり大部分の種は有性生殖のみを行っている。脊椎動物では、有性生殖はオスとメスの動物がつがいになることを意味するが、無脊椎動物の場合、事情はまったく異なる。ヘルマフロディト（雌雄同体）と呼ばれる、オスとメス両方の生殖器官を持つのが一般的で、ミミズのようにつがいになることもあるし、自分自身で受精させることもある。

オスとメスが互いに出合うことなく繁殖することもある。矛盾しているようであるが、ウニのような海生無脊椎動物の間では一般的であり、体外受精による繁殖をするからこそ、このようなことが起こるのである。彼らは性細胞を水中に放出し、精子と卵子が交じり合って多数の受精卵をつくり出す。このような繁殖方法を成功させるには、卵と精子が正確なタイミングで放出されなければならないが、月の満ち欠けと同調して達成されていることが多い。

陸上では大半の無脊椎動物がつがいになり、オスが精子をメスの体の中に挿入して体内受精を行う。これは複雑な求愛ディスプレイを含んでいることもありうるし、時には（例えばクモのように）メスに食べられる危険を冒すオスの注意深い行動を含むこともある。昆虫の世界では、オスのカメムシ類の中にさほど儀式的ではない接近方法を採用しているものがいる。彼らは外傷的受精すなわちメスの腹部に投げ矢のような器官で傷つける方法を用いている。しかし体内受精は精子の直接挿入を必ずしも意味するものではない。例えばサソリの中には、オスが"精包"と呼ばれる精子の包みをつくり、地面の上に固定するものがいる。オスはメスを精包の上に押しつけて、メスの体内にある生殖室の中に入れさせ、そこで受精が行われる。

子育て

メスの卵がひとたび受精すると、無脊椎動物の大半は子どもを放置して、自力で育つに任せる。結果として子どもたちは、生涯の最初の数週間に大変な苦労に直面し、生き残りに失敗する割合が高くなる。この損失を埋め合わせるのが、産卵数の多さである。例えばヒトデのメスは2時間で250万個の卵を放出できる。その対極として、無脊椎動物の中には面倒見のよい親もいる。例えばハサミムシのメスは卵を守り、定期的に卵の掃除をして、寄生虫やカビがつかないように気をつけている。タコのメスは海底にある岩の窪みに卵を付着させ、その近くにとどまり、ジェット水流を吹きかけて清潔さを保ち、十分に酸素が届くようにする。無脊椎動物は子どもが孵化した後も面倒を見ることがある。クモ類の多くは背中に子どもを乗せて運ぶし、淡水のザリガニの中には子どもを脚に乗せて運ぶものもいる。

群体

面倒を見てもらったにしても、無脊椎動物の子どもの大部分はすぐに散らばって、独力で生活するようになる。しかし、群体性の種では同種の生物が一緒に居続け、持続的なグループや群体を形成する。1つの群体の中では、成員同士は密接に関係づけられ、生き残るのに必要な作業を分業していることが多い。

群体生活は無脊椎動物の進化において繰り返し出てくるテーマであり、異なった様々な形態が可能である。ある種の群体、特に海に棲む群体には、成員が肉体的に接合され、1つの生物であるかのように見え、また行動するほど高度に統合さ

発芽する親
ヒドラの成体は、小さな芽を出す無性生殖によって子どもをつくる。芽は成長して、新しい個体になる。写真の親ヒドラは芽を1つ出してから数日たっている。子どもは分離して独立することになる。

新しい生命
サンゴのポリプから卵子の包みが放出され、精子は上の方に漂っている。海面で包みがほどかれ、卵子と精子は他の個体から放出されたものと交じり合い、受精が行われる。

変態

無脊椎動物の大半は成長に伴って形を変える。この変化は変態と呼ばれ、幼体と成体は食物を探し出すチャンスを増やすため、異なる手段で生活する。また変態は、幼生（幼体）か成体は移動できるように適応しているため、その種が広く拡散するのも助けている。変態は漸進的に起きることも、急速に起きることもある。第1のタイプでは幼体は親に似ていることが多いが、第2のタイプでは幼体は親とまったく異なる姿をしている。変態はホルモンによってコントロールされている。

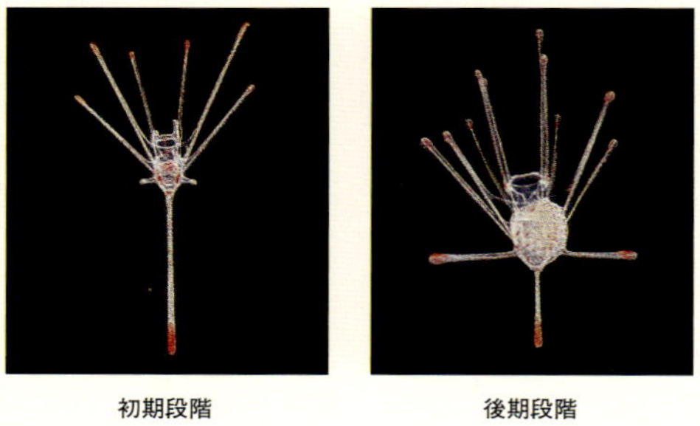

漂う幼体
ウニの幼体には浮遊生物の間を漂っていけるように細長いトゲがある。幼生が成熟すると、トゲはゆっくりと吸収される。

初期段階 　　後期段階

完全な変化
蛹段階の間にイモムシの体は分解して、チョウの成体がそれに取って代わる。変化は蛹の内部で起きる。

蛹のケース
翅が透けて見えている

安全な運搬
メスのサソリが背中に子どもを乗せて守っている。子どもの外骨格は色も薄く、柔らかい。成長するにつれて色も濃くなり、固くなる。

浮遊する群体
カツオノエボシは生物の群体で、特殊化されて共に生活したり働いたりするポリプの集合でできている。

れているものがある。このようなやり方はカツオノエボシを含むヒドロ虫類のいくつかに見られる。この生物はまるで1匹のクラゲのように見えるが、じつはポリプの群体であり、その中の1つがバッグのような浮き袋になっている（左ページ参照）。しかし水に漂う群体は比較的稀である。もっと多くの無脊椎動物はサンゴ類、苔虫類、ホヤ類のように固着した群体を形成し、貝殻から海底に至る、ありとあらゆるものに付着している。これらの生物はしばしば互いに神経網で互いにつながれており、感覚信号を個体から隣の個体へと伝えることができる。

無脊椎動物の群体は陸上ではさほど一般的ではない。陸生群体の成員は一体になっておらず、分離している。その最も発達した形態のものがシロアリ、アリ、ハチ、スズメバチなどの社会性昆虫である。彼らは明らかに独立しているにもかかわらず、これらの群体の成員は生き残りのために互いに頼り合い、まるで互いに結び合わされているかのようである。各群体には1つの個体（女王）がすべての卵を産むのが普通で、その他の成員の役割は、群体の食料をまかない、住処をつくり、攻撃から確実に守ることである。

関心の的
女王バチは働きバチに取り巻かれながら、彼女の巣での活動すべてをコントロールしている。女王バチはフェロモンと呼ばれる揮発性ホルモンを与えることでコントロールを行う。フェロモンは揮発して巣全体に広がる。

食性

ひとまとめに言うと、無脊椎動物の世界では生きているものや生きていたものはほぼすべて餌になりうる。無脊椎動物には草食性のものも肉食性のものもいるし、死んだ生物の残骸を食べる種も多い。彼らの食欲は我々が消費する食料なら何にでも応ずるが、非常に特殊な食料（腐った海藻、羽毛、毛皮、動物の涙など）でさえも食べる。水中の無脊椎動物の間で一般的な食事方法は、体の一部をふるいとして使い、食べられるものをこし取るやり方である。この方法は海底や海岸の近くに棲む膨大な数の定着性無脊椎動物を支えており、動物たちは体の様々な部分を濾過装置へと進化させている。例えばフジツボ類は脚を使い、二枚貝は鰓を使う。濾過食者の多くは収穫量を増やすために、活発にフィルターを通して水を吸い上げる。彼らにとって、水を吸い上げることは食物と同じく酸素を供給するという利点を加えていることが多い。フィルターによる食事方法は、オキアミなどのような浮遊生物にも使われる。逆にオキアミはヒゲクジラの餌となるが、ヒゲクジラは全生物中最大の濾過食者である。水中では"草を食む"、つまり固いものの表面から植物を削り取ることも一般的である。顕微鏡でしか見えないような歯を何列も持っているカサガイや、白亜質の顎が5つセットになったものを持つウニが使う技巧である。

陸上ではこれに相当する濾過食者はいないが、巣を張るクモ類の中には、この生活方法に近いものがいる。巣を使って、空中の動物を罠にかけて捕らえるのである。しかし、陸生の無脊椎動物の大半は、食物を求めて活発に捕食せねばならない。最も小さな草食動物は、木を食べる多くの種も含めて、しばしば彼らの食物の中を掘り進んでいく。これは彼らを攻撃から守る生活様式であるが、捕食者無脊椎動物のグループの大部分は、野外を動き回る。草食動物も肉食動物も、口器は特定の食物を処理するための形状になっていることが多い。イモムシは固い食物を噛み取って呑み込むが、その他の昆虫の多くは液体状の食物をとる。チョウやガは、最高30cmもの巻いた吻や"舌"を伸ばして花の蜜や果物の果汁を飲み、アブは刃のような1対の顎で皮膚を切り、にじみ出てくる血液を舐める。クモは肉食であるにもかかわらず、液体を食料とする。彼らの口はとても小さいので、消化液を餌食に注ぐか、あるいはその体の中に注入してから、結果として生じた液体をすする。

その膨大な数を考えれば、無脊椎動物は食事をすることで重大な生態学的影響を及ぼすものである。ミミズは土地の生産性を養ううえで鍵となる役割を果たしているし、昆虫たちは花の受粉や死骸の後始末という点で主役を演じている。多くの場所で、無脊椎動物は大きな動物よりも影響力は大きい。しかし害虫でない限り、彼らの活動は人間に気づかれないまま進行していることが多い。

自然のリサイクル業者
クソムシの集団が動物の糞に這い登っている。この甲虫は糞を食べ、またこの糞を転がして埋めて、自分の幼虫の餌にする。

食料集め
荷物がずいぶん大きく見えるが、ハキリアリが食料を巣へ運んでいる。世界中いくつかの場所では、植物を食べる他の脊椎動物と同じくらいの分量をアリが食べている。

余裕の食事
ヒトデがムラサキイガイの殻を1枚ずつ握ってゆっくりこじ開けている。ヒトデは紙のように薄い隙間を通して胃を裏返して外に出し、ムラサキイガイの体を食べることができる。

寄生虫

世界中の寄生生物のうち大部分が無脊椎動物である。ダニやヒルも含めて、宿主の体外に棲んでいるものもいる。他の多くのものはサナダムシやカイチュウのように宿主の体内に棲み、宿主の組織や宿主が食べた食物を餌にしている。体外寄生虫は単一の宿主によって生きていることが多いが、体内寄生虫の多くは複雑なライフサイクルを持ち、次々と異なる宿主に移ることがある。多数の宿主には脊椎動物が含まれることが多い。寄生虫の大半は宿主を殺しはしないが、捕食寄生者は普通に致命的である。多くの昆虫を含む捕食寄生者は、他の動物の体内か体のそばに卵を産む。孵化してきた幼虫は宿主の体を内部からがつがつ食べる。

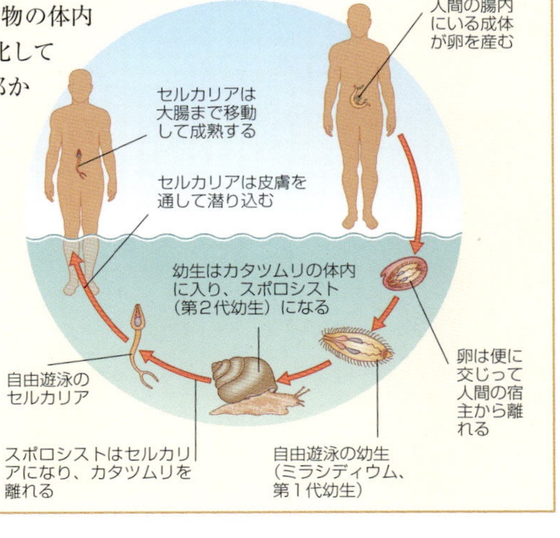

住血吸虫のライフサイクル
住血吸虫は寄生扁形動物で、水生カタツムリを中間宿主にするが、その卵が消毒されていない下水を通して水中にたどり着き、自由遊泳型の幼生が生まれる。幼生はカタツムリの体内で無性生殖で数を増やし、さらに遊泳段階になり、人間を攻撃する。

- 人間の腸内にいる成体が卵を産む
- セルカリアは大腸まで移動して成熟する
- セルカリアは皮膚を通して潜り込む
- 幼生はカタツムリの体内に入り、スポロシスト（第2代幼生）になる
- 卵は便に交じって人間宿主から離れる
- 自由遊泳のセルカリア
- スポロシストはセルカリアになり、カタツムリを離れる
- 自由遊泳の幼生（ミラシディウム、第1代幼生）

海綿類

門	海綿動物門
綱	4
目	18
科	80
種	約1万

かつては植物だと考えられていた海綿類は、多細胞動物の中では最も単純なものである。生息地の中を動き回る大半の動物とは異なり、海綿類は移動せず、固体の表面に定着し、水流をつくり出してそこから食物の粒子を摂取する。言い換えれば、周囲の水は周辺の他の道を通らず、海綿類の体の中を通るように仕向けられるのである。海綿類の大半は海生動物だが、淡水での生活に適応したものも数種いる。

海生海綿類
海綿類の大半は、温度が安定した環境で見られる。写真の葉状海綿のように、岩など固いものの表面についていることも多く、海底のかなりの範囲を支配していることもある。特に洞窟の中では海綿は普通に見られる。

体のつくり

海綿類には他の動物に一般的に見られる特徴の多くが欠落している。細胞は特殊な機能を果たしてはいるが、組織や器官を形成せず、神経もなく、筋肉細胞もわずかしかない。しかし海綿類には骨格がある。それは有機質のコラーゲン繊維あるいは珪素か炭酸カルシウムでできた無機構造（骨片）からなる網状組織である。海綿類は相称的構造を持たず、体の各部分もはっきりしない。最も単純な海綿は本質的に片方がふさがったチューブであるが、球形、枝形、あるいは糸のような構造など他の形をとることもある。

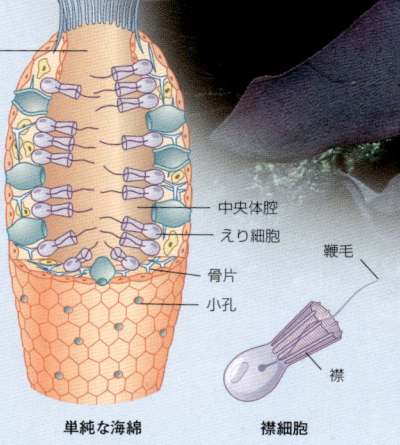

体の断面図
水は単純な海綿の表面にある小さな孔を通って入る。それから中央の体腔に入り、大きめの開口部（流出大孔）から排出される。

（図中ラベル：流出大孔、中央体腔、えり細胞、骨片、小孔、鞭毛、襟）

単純な海綿

襟細胞

食性

海綿類は非常に効率的な濾過食者である。体の内側表面に並んだ細胞は襟細胞と呼ばれ、ひとつひとつが触毛に似た構造の輪（または襟）を持ち、鞭毛と呼ばれる鞭のようなものを取り巻いている。鞭毛の動きが水流をつくり出し、水は海綿の体の中を通って流れ、プランクトンや有機物の粒子を襟細胞が捕らえる。

肉食性海綿
地中海の洞窟で見られるこの海綿は、珍しい肉食性海綿である。長い繊維の先についた鉤のような骨片で生餌を捕らえ、体外で消化する。

綱　石灰海綿綱
石灰海綿類

分布　約100種　世界中：浅い水中（岩の割れ目、岩棚の下、海藻の上、洞窟の中）

石灰海綿類は軟体動物が殻をつくるのに用いる炭酸カルシウムでできた骨格骨片を持つ唯一の海綿類である。他の海綿類と比べると高さ10cm未満と小さいことが多く、色も単調で見落としやすい。

花瓶のような石灰海綿
この海綿（Leucettusa lancifer）は高さ5cm未満で、石灰海綿類に典型的な花瓶型をしている。熱帯から亜北極圏までの浅い海に広く分布している。

綱　六方海綿綱
ガラス海綿類

分布　500種　世界中の冷たい水中：主に海中の水深200～2,000m

さしわたし最高1mになることがあるが、高さは1m未満。骨片は融合し、普通は固いガラスのような集合体を形成して、美しいものが多い。構造はもろいが、深海で生活しているこの海綿の骨格は、浚渫されて水面に持ってこられるとつぶれてしまう傾向がある。

ガラスのような骨片でできた骨格

カイロウドウケツ
ガラス海綿類には、非常に美しいものが多い。写真のような種（Euplectella属）は熱帯の海の水深約150mより深いところで見られ、よく装飾用に収集されて乾かされている。長さ最高30cmにまで成長する。

綱　尋常海綿綱
尋常海綿類

分布　9,500種　世界中：浅い水中および深い水中、あらゆる固い表面

海綿全体の90％以上にあたり、おなじみの浴用スポンジもこれに含まれるが、浴用に使われる海綿は過度の採取による被害を受けている。高さと幅が1m以上になることもあり、しばしば目もあやかな色彩を持つ。水中に"庭園"をつくり、鮮やかな色合いでサンゴ類と張り合っている。多くは塚のような形か、覆い被さる形だが、より小さな種の中には軟体動物の殻に穴をあけて入り込み、針穴のように小さな穴だらけにして出て行くものもいる。

チューブ型の海綿
このカリブ海の大きなチューブ型海綿は長さ50cm以上になることがある。水はチューブ側面の小孔から引き込まれ、頂上にある開口部から排出される。

海綿の形
尋常海綿類の多くは不規則な集団を形成するが、カリブ海のこの種（Niphates digitalis）のように明確な形をしているものも多い。これは高さ30cmで、珪質の骨片からなる骨格が有機繊維の中に埋め込まれている。

チューブの先端に開口部がある

側壁には小孔が開いている

刺胞動物

門	刺胞動物門
綱	4
目	27
科	236
種	8,000〜9,000

このグループは単純な水生動物で、イソギンチャク類、サンゴ類、クラゲ類、ヒドラ類を含む。放射相称の体は本質的には片方が閉じて片方が開いている管である。この管は平たい鐘形（クラゲ）か、長くなって閉じた側が固いものに付着している（ポリプ）。一般にクラゲ類は自由に泳ぎ、ポリプは海底で生活する。刺胞動物はすべて、刺細胞と呼ばれる苦痛を与える細胞がついた触手を口の周りに持っている。大半の種が海生だが、淡水で見られるものも少数いる。

運動

刺胞動物は筋肉細胞の一部を収縮させ、それを調整することで形を変えることができる。ポリプの場合は体腔内部の水が骨格に似た働きをして、細胞を収縮させた相手に対抗するような形をつくり出す。例えば獲物に到達するため、あるいは捕食者から逃れるためにポリプは体を伸ばしたり縮めたり曲げたりすることができる。自由遊泳型のクラゲは筋肉細胞のグループを交互に弛緩、収縮させることで、弱いジェット推進力を使って移動することができる。

傘が完全に開いて前方へ押す準備が整う

水を取り込むために傘が開き始める

しなやかな傘が収縮して水を排出する

クラゲの動き方
クラゲは傘を収縮させ、体腔から押し出される水から推進力を得て進む。傘が広がると水が戻り、このサイクルが繰り返される。

体のつくり

刺胞動物の中には（イソギンチャク類、サンゴ類のように）ポリプとしてのみ存在するものがいる。そのほかにライフサイクルの異なる段階で（ヒドラ類や一部のクラゲ類のように）ポリプとして、またクラゲとして存在するものもいる。どちらの形態でも管状の体の壁は2層の細胞からできている。外側の表皮と内側の胃の表皮は、ゼリー状の鋳型（間充ゲル）によって仕切られている。管中央の体腔は腸の役割を果たし、ただ1つの開口部が食物を取り込むのにも涎を排出するのにも使われる。口の周りには体壁が分かれて1列または数列の輪状に並んだ触手になっている。触手には刺胞動物独特の、その名称の元にもなっている刺細胞が含まれるが、刺細胞は獲物に毒を注入して口の中に引き入れるのに使われる（下図参照）。

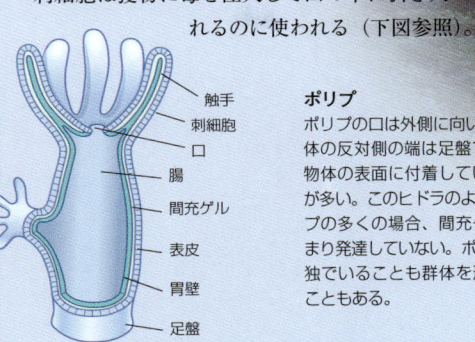

ポリプ
ポリプの口は外側に向いている。体の反対側の端は足盤で、固い物体の表面に付着していることが多い。このヒドラのようなポリプの多くの場合、間充ゲルはあまり発達していない。ポリプは単独でいることも群体を形成することもある。

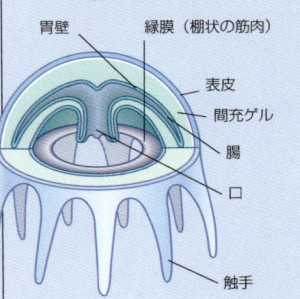

- 触手
- 刺細胞
- 口
- 間充ゲル
- 腸
- 表皮
- 胃壁
- 足盤

クラゲ
クラゲの体は鐘のような形で、下部表面の中心に口があり、周縁に触手がある。間充ゲルは大半のポリプのものよりしっかりしている。クラゲの中には棚状の器官を持つものがあるが、この器官には筋肉細胞が多く含まれ、運動に使われる。

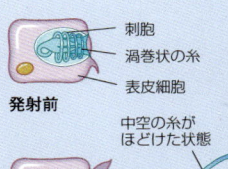

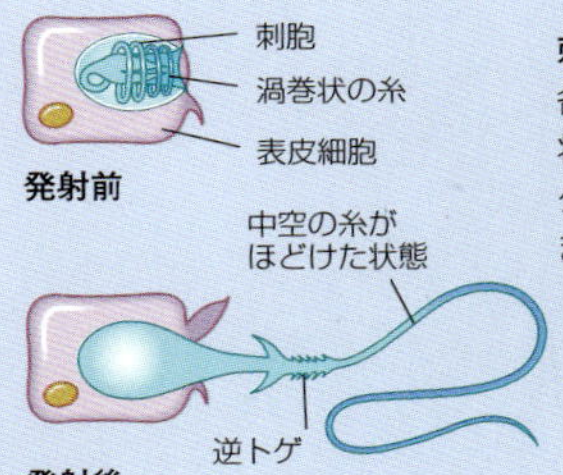

- 縁膜（棚状の筋肉）
- 表皮
- 間充ゲル
- 腸
- 口
- 触手

刺細胞
各刺細胞には、刺胞と呼ばれる球状の組織があるが、ここには逆トゲのある糸が渦巻状に丸まって収まっている。触れられるとそのはずみで糸が外へ発射され、犠牲者の皮膚を刺し通す。それから触手を使って獲物を引き込む。

- 刺胞
- 渦巻状の糸
- 表皮細胞

発射前

- 中空の糸がほどけた状態
- 逆トゲ

発射後

群体

刺胞動物の大半は無性生殖で（授精なしで）、自分の体から芽を出すことで繁殖できる。いくつかのケースでは、新しいポリプは完全に分離してしまう。その他のケースでは、新しく出た芽は不完全で、いくつかの個体が結合したままで1つの群体を形成するものもいる。群体は、例えばサンゴ礁を形成しているサンゴのように巨大なサイズにもなりうる。浮遊性群体の中には、高度に複雑なものもいる。例えばクダクラゲの群体は、ポリプの部分とクラゲの部分が統合され、特殊化したポリプが内臓組織に相当するものを形成し、まるで1つの生物個体のように見える。

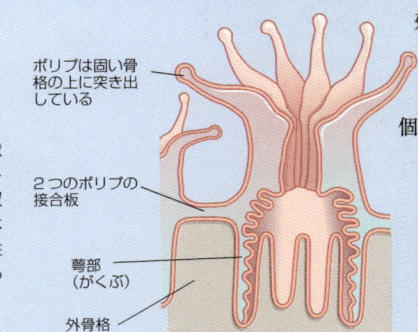

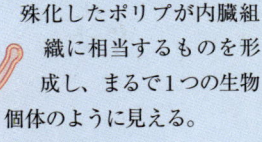

- ポリプは固い骨格の上に突き出している
- 2つのポリプの接合板
- 萼部（がくぶ）
- 外骨格

サンゴのポリプ
サンゴの群体中のポリプは、石灰質の固い外骨格を分泌する。この骨格が長い間に蓄積されてサンゴ礁を形成する。外骨格には萼部（カップ）と呼ばれる組織があり、この中に生きているポリプは引っこむことができる。

サンゴ礁をつくる
サンゴ類の多くは、新陳代謝と栄養摂取を助けてくれる藻を生やしている。この共生関係のおかげでサンゴ類はサンゴ礁をつくる物質を蓄積するのに十分なほど早く成長できる。

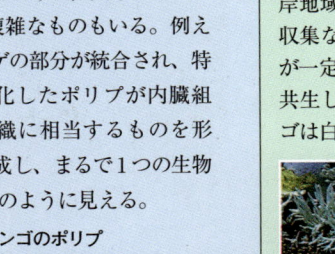

保護
およそ12種類の刺胞動物（主にサンゴ類）が危険な状態にあるとされている。サンゴ礁を形成し、また現に生きている多くの種も絶滅危惧状態にある。海面と温度の上昇、海岸地域の泥の沈着、土産物としての収集などが原因である。海水の温度が一定のレベルを超えて上昇すると、共生している藻がいなくなり、サンゴは白くなってしまう（写真）。

無脊椎動物

綱 花虫綱
サンゴ類

生息 6,500種　世界中：海底、柔らかい沈殿物の中

鮮やかな色、波打つ触手、肉質の幹を持つこれらの動物は、植物そっくりに見えることが多いが、すべての刺胞動物同様、肉食である。ただし体の中にかくまっている顕微鏡サイズの藻がつくる食物で食事を補う種もいくつかある。サンゴ類はさしわたし1mm以下のごく小さなものから、10mを超えるものまで、大きさもまちまちである。成体はポリプを形成し、片方が閉じ、片方が開いた単純な管型の動物になる。開口部は分かれて1列から数列の輪状に並んだ触手となり、触手には刺細胞がある。刺細胞は餌をとったり、腹足類、多毛類、ウミグモ類、ヒトデ類などの捕食者から身を守るために使われる。有性生殖でも無性生殖でも繁殖する。多くの種は単独で行動する。サンゴ礁を形成するサンゴ類は、生物界の中では最も大きい体組織を持つ。サンゴ礁はサンゴ類の内骨格や外骨格で形成され、骨格は角質のもの、ゴムのような弾力性のあるもの、石灰質のものなどがある。サンゴ類のほかには、イソギンチャク類、ウミエラ類、ヤギ類も含まれる。

ポリプは柔らかい外組織で接合されている

潅木のようなソフトコーラル
ソフトコーラルの大半は肉質の群体に体を支えるための石灰質組織（硬皮）を含んでいる。潅木のような形の種（上）では、群体が伸張したときに硬皮が突出することがある。オオトゲヒゲサカ属（*Dendronephthya*）のメンバーは、このインド洋のサンゴのように高さ1mにもなる。このようなソフトコーラルは固いものの表面に付着しているか、柔らかい沈殿物の中に錨を下ろしたように生えている。

死人の指
ソフトコーラル類（ウミトサカ目）は世界中の海にいる。北大西洋に生息する"死人の指（*Alcyonium digitatum*）"（上）は高さが最高20cmになり、浅い海にいる。白からピンクまたはオレンジ色の指のような形をした群体からポリプが突き出している。おぞましい名前はこの形にちなんだものである。突出部は触られると収縮する。

ソフトコーラルのサンゴ礁
ウミキノコ（*Sarcophyton*）類もウミトサカ目に属し、同じような肉質の組織を持つ。ウミキノコ属はインド洋や太平洋の温暖地域では最も一般的で、さしわたし最高1mの群体をつくる。

藻のカバー

偽のサンゴ
世界中の熱帯の海に棲むサンゴの中には、本当のサンゴとイソギンチャクの中間形態を持つものがいる。ポリプはサンゴ類のポリプと非常によく似ているが、固い外枠を持たずに、サンゴ礁のように食物を補ってくれる共生藻を持っている。写真の種（*Amplexdiscus fenestrafer*）（上）は直径が少なくとも30cmにはなる。

ヤドカリイソギンチャク類
広く分布するこの仲間のイソギンチャクは、他の海生無脊椎動物と共生関係を結び、軟体動物の殻の上、カメ類の背甲、さらにはカニ類のハサミの上などに棲む。パートナーはイソギンチャクの刺胞を持った触手に守られ、イソギンチャクは食物の残りかすをもらうことになる。上の写真の種（*Stylobates aenus*）は高さ20cmにまでなる。

ヤギ類
ヤギ類はこの種（*Annella mollis*）（左）のように高さ3mかそれ以上にも成長するが、熱帯の海では特に一般的である。這うように伸びた小根を使って固いものの表面に付着し、茎は頑丈だが柔軟性があり、茎に数本の枝が伸びて枝がポリプを支えている。

扇のような群体
柔軟性のある茎

ウミエラ類
中央軸ポリプが側面のポリプを支えており、側面のポリプは規則的に並んだ枝状であることが多い。ウミエラ類の群体は世界中に分布しているが、昔風の羽根ペンのように見える。中央軸ポリプの下端部は海底に根を下ろして群体を支えている。右側のヒカリウミエラ（*Pennatula*）は高さ50cmになるが、なかにはその倍になるものもいる。左写真のトゲウミエラ（*Pteroides*）のような種の二次的ポリプは30cmにまでなり、群体全体に海水を吸い上げている。

羽根ペンのような形
側面のポリプ
軸ポリプ
軸ポリプの基部は根を下ろして体を支える

刺胞を持った触手
中央の口

イソギンチャク類
他の花虫類とは異なり、イソギンチャクは単独のポリプ体として生活している。しかしその多くは分裂やクローン形成によって繁殖する。ミドリウメボシイソギンチャク（*Anemonia viridis*）（右および下）は長さ10cmの触手を持っている。イソギンチャクは明るい場所を必要とする。彼らの食物の大部分は光合成を行う共生藻によって供給されるからである。

長いヘビのような触手
吸盤のような基部

刺胞動物

ハマサンゴ類の一種
この大きなサンゴ属（*Porites*）は熱帯の海で見られ、ミドリイシ類に次ぐサンゴ礁の担い手である。塚の形に育ち、時には丸みのある大きな指のような形の突起がついている。グレートバリアリーフにあるハマサンゴ類のドームには直径ほぼ10mのものもあり、200歳以上のものもいる。しかしポリプ個体はさしわたし約3mmしかない。

クサビライシ類
サンゴの大半は群体であるが、クサビライシ類は単体ポリプでできており、普通はさしわたし50cm未満である。熱帯の海に棲み、若い間は茎で海底に付着している。成体になると上写真のクサビライシ属（*Fungia*）のサンゴのように、茎から離れて海底で休息するようになる。

シコロサンゴ
この種（*Pavona*属）は直径25cmで、紅海から太平洋東部までのサンゴ礁では一般的な、目立つメンバーである。繊細な星型の模様が表面にあり、円柱状、皿状、葉状の群体を形成して広がっている。

ノウサンゴ類
このハナガタサンゴ属（*Lobophyllia*）の群体を形成するポリプ個体は比較的大きく、直径3cmかそれ以上である。ポリプの列はくねったような形に並び、まるで脳みそのような形になっている。成熟したノウサンゴの群体は重さ1トン以上になることもある。多くの種は太平洋に生息している。

大きなポリプ

ミドリイシ
ミドリイシ属（*Acropora*）のエダミドリイシはサンゴ礁で最も速く成長するサンゴのひとつである。もしこれが実際このようにもろくなく、嵐によって簡単にダメージを受けることがなければ、すぐに他の種を圧倒してしまうだろう。熱帯の海中で見られるが、ミドリイシ類の群体の多くはシカの角か灌木に似ている。左写真のように枝を伸ばした種は高さ2mになることもある。もっと広がって、東アフリカのサバンナに生える樹冠の平たいアカシアの木のようになるものもいる。下写真の皿状に成長している種はさしわたし3mにもなり、共生藻が必要とする光を奪い取り、下にいる競争相手を陰にして締め出してしまう。

シカの角のような成長物

皿のような形

綱　鉢虫綱
クラゲ類

分布 215種　世界中：海中を浮遊、海藻や海底につくものも少数いる

さしわたし2mを超えることもある体と、何メートルにもなることもある触手を持つクラゲは、浮遊生物の中では最大の部類に属する。ただし海藻に体を付着させているものも少数おり、ほとんど海底で過ごすものもいる。クラゲ類の体（傘）は受け皿か中空の円盤のような形をしており、腸の役割をしている中心部の体腔を取り囲む2枚の細胞層の間にはゼリー状の厚い層がある。口は下側の中心にあり、触手は下の縁から垂れ下がっている。この単純な動物は複雑なライフサイクルを持つ。海底で小さなポリプとして一生を始める。ごく小さな自由遊泳型のクラゲが各ポリプから何ダースも発芽し、自立した生活を始めるために漂い、繁殖できる成体になる。筋肉を収縮させて泳ぐことはできるが、静かな流れに逆らって進行することもほとんどできず、嵐の後はよく浜辺に打ち上げられている。大半のクラゲは肉食で、触手で獲物を捕らえる。この綱にはミズクラゲやライオンノタテガミクラゲなどがいる。

タコクラゲの一種
体が幅広いこのクラゲ（*Mastigias spp.*）はさしわたし最高19cmになるものもいるが、熱帯では最も一般的なクラゲである。傘からぶら下がっているひだの非常に多い突出部に小さな開口部が多数ある。

ライオンノタテガミクラゲ
北の海に棲み、さしわたし2m以上になることもあるこのクラゲ（*Cyanea capillata*）は世界最大のクラゲのひとつである。長くておびただしい数の触手は遊泳者にとってたいへん危険で、浜辺に打ち上げられてからも刺す力を長い間持ち続けている。

海のスズメバチ
オーストラリアのこのクラゲ（*Chironex fleckeri*）は、さしわたし最高25cmになり、刺胞動物の中では最も強い毒を持つもののひとつである。オーストラリア北東部の海では一般的で、ほとんど透明で、長い触手を引きずっているが、この触手で刺されると命を失いかねない。

円盤形のクラゲ
大まかな円盤の形をしたこのクラゲ（*Cassiopeia xamachana*）は、さしわたし30cm。温暖な浅い海に棲み、普通は海底に裏返しに横たわり、静かに脈打つように動く。口の周りの気泡のような構造に詰まっている共生藻が光合成を行い、食物摂取を共生藻に頼っている。

透光性のドーム型の傘

餌をとるための触手

無脊椎動物

| 綱 | ヒドロ虫綱 |

ヒドロ虫類

生息 3,300種　世界中：浮遊性、海底、川底、湖底

このグループは、体の形も生活様式も、そして体の大きさもさしわたし1mmから1mまでと、多種多様な生物が含まれる。通常は、一生のうちに固着生活のポリプ段階と自由生活のクラゲ段階になる。大半は群体性で、数十から数千のポリプが群体を形成する。群体は固い骨格を持ち、サンゴ類と似ているものもあるが、水面を漂ってクラゲ類と間違えられるものもいる。海底に固着している群体の大半では、異なる機能を持つポリプはそれぞれ姿の異なる多型性群体を形成している。

その結果、群体は1つの生物のように見え、そのように機能している。浮遊性群体には、獲物を捕まえるポリプと消化するポリプを備えた多型性群体もある。ヒドロ虫類の大半は肉食性で、ごく小さなプランクトンから大きな魚まで様々な生物を触手を使って捕らえる。光合成を行う共生藻に頼っているものもいる。この綱の生物は大部分は人間にとっては無害である（カツオノカンムリなど）。しかし悪名高いカツオノエボシを含む少数のものは、刺されると致命的な場合もある。ある種の軟体動物、腹足類、多毛類、ウミグモ類、ヒトデ類、魚類に食べられる。繁殖は有性生殖も無性生殖もある。

カツオノエボシ
世界中の温暖な地域の海に生息しているカツオノエボシ（*Physalia physalia*）（右）は危険だといわれるが、まったくその評判どおりである。まるで単体の生物のように見えるが、実際は高度に統合されたポリプ群体であり、一部のポリプは強力な刺胞を持っている。ガスで満たされた大きな浮き袋が群体を海面に浮かせ、最高20mにもなる触手を引っぱって支えている。触手には獲物を捕まえるポリプ、食物を消化するポリプ、群体を繁殖させることのできるポリプが含まれている。

カツオノカンムリ
コインの形をしたカツオノカンムリ（*Velella velella*）は直径10cmで、カツオノエボシと同じく、海面を漂うように高度に特殊な発達をしたヒドロ虫ポリプである。浮き袋に取りつけられた小さな帆に当たる風によって動き、嵐の後はよく熱帯の海岸に打ち上げられている。

キタカミクラゲ類の一種
この華奢なヒドロ虫綱のクラゲ（*Polyorchis spp.*）は、さしわたし4cmの透明な傘を持ち、そこから約90本の触手が垂れ下がっている。北アメリカ大陸の西海岸では普通に見られ、浮遊生物を食べている。

羽毛状ヒドロ虫
世界中に分布するシロガヤ属（*Aglaophenia*）は浅い海に棲み、潮が引くとよくその死骸が打ち寄せられている。群体はそれぞれ高さ60cmにまでなることがあり、おびただしい数の食事をするポリプと刺すポリプ、それに繁殖をする少し大きめのポリプ（右写真の固くて黄色い構造物）からなり、繁殖ポリプは浮遊性の幼生を水中に放出する。

ウミヒドラ類の一種
ウミヒドラ属（*Hydractinia*）のメンバーは世界中に分布しているが、群体をつくる小さなヒドロ虫で、普通は高さ2cmほどであり、しばしば他生物の外被のようになっている。ヒドロ虫類は他の生物に運ばれることで食物に近づくチャンスが増し、反対に宿主をその刺胞で守ってやる。この種（*Hydractinia echinata*）はヤドカリの殻の上に成長する（上）。

ヤマトヒドラ類の一種
ヤマトヒドラ属（*Hydra*）はよくヒドロ虫の例として教科書に使われているが、実際はヤマトヒドラ属のメンバーは群体をつくらず、単独行動を行い、萼部すなわち分泌された管によって囲われていないという点で変わり者である。高さがせいぜい2.5cmのこの小さな生物は石や沈んだ木や植物に付着して暮らし、世界中の淡水の中にいる。多くのものは光合成を行う藻を含んでいるため緑色をしている。

群体ヒドロ虫
ヒドロ虫の中には、群体の"外骨格"がカップ型に拡張した部分にポリプが引っこむことのできるものもいる。群体は茎で海底に付着している。大部分のものはかなり小さいが、なかには数百万ものポリプ個体を含む非常に大きなサイズになるものもある。インド洋で見られるこの種（*Distichopora violacea*）（左）は高さ5cmである。

クダウミヒドラ類の一種
クダウミヒドラ属（*Tubularia*）は世界中の浅い海で見られるが、まるで植物のように見える。群体は岩や難破船の残骸などにからみついた"根"から伸び、枝分かれした"茎"がびっしりともつれ、各先端にはポリプがついている。大半の群体の高さは15cm未満である。

扁形動物

門	扁形動物門
綱	4
目	35
科	360
種	約13,000

扁形動物は左右相称の最も単純な動物である。彼らの体は内部が中空ではなく、中身が詰まっていて固いが、血液、循環系統、周辺とのガス交換を行う器官は持っていない。扁形動物の大半は、吸虫類や条虫類のように寄生虫である。しかし自由生活型のものも多く、それらは淡水や海中、特に岩のある海岸やサンゴ礁に豊富に見られる。

体の断面図
扁形動物の体は単純で、体節に分かれてはいない。内部器官の間の隙間はスポンジ状の結合組織で満たされている。

自由生活型の扁形動物
扁形動物は拡散作用によって酸素を取り込むので、体は薄くなくてはいけない。この必要性のため多くの種は写真の海生ウズムシのように、同じ程度の大きさの他の動物と比べると、ずっと華奢にできている。

綱 渦虫綱
ウズムシ類

分布 4,000種強　世界中：水中の岩の上、沈殿物の上、湿った土の中、丸太の下

ウズムシの形状には多様性がある。先端部ははっきりしているが、口は体の下側の端から少し離れたところにある。大半は透明か黒か灰色だが、海生のウズムシ類、特にサンゴ礁で生活しているものには、鮮やかな模様があるものもいる。体長1mm未満のものから50cmのものまでいる。最も大きな部類のものは紙のように薄く、そのおかげで周囲の酸素を直接吸収することができる。寄生生活を送る他の扁形動物とは異なり、ウズムシ類の大半は自由生活をしており、生息地周辺を動き回るための単純な感覚器官を持っている。多くのものは這って進むが、大型種の中には体を小さく波打たせて泳ぐものもいる。ウズムシ類の大部分は捕食者で、他の小型無脊椎動物を食べる。寄生性のものや片利共生性のものがあり、共生藻に頼っているものも少数いる。ほぼすべて雌雄同体である。

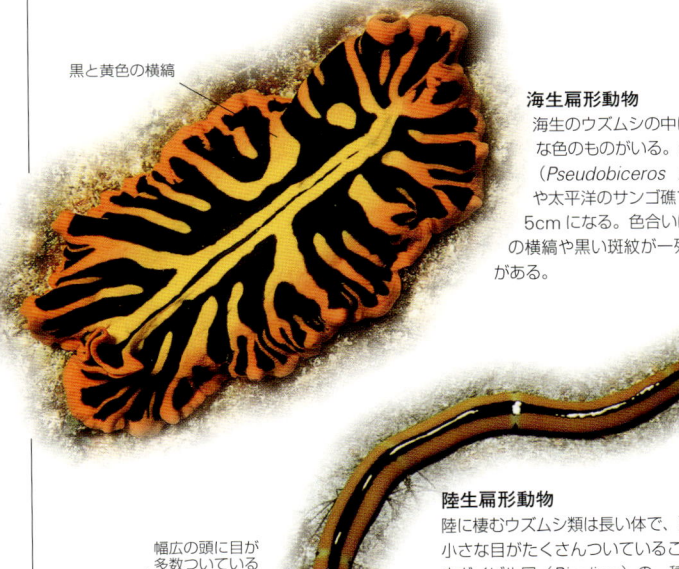

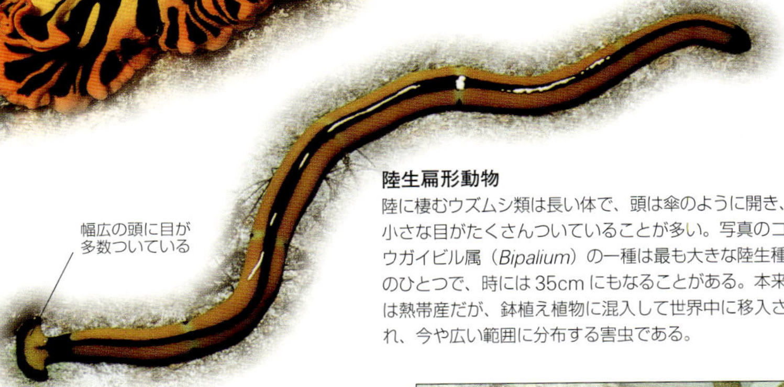

海生扁形動物
海生のウズムシの中には大きくて鮮やかな色のものがいる。このゼブラウズムシ（*Pseudobiceros zebra*）はインド洋や太平洋のサンゴ礁では一般的で、体長5cmになる。色合いは様々で、黒と黄色の横縞や黒い斑紋が一列に並んだものなどがある。

陸生扁形動物
陸に棲むウズムシ類は長い体で、頭は傘のように開き、小さな目がたくさんついていることが多い。写真のコウガイビル属（*Bipalium*）の一種は最も大きな陸生種のひとつで、時には35cmにもなることがある。本来は熱帯産だが、鉢植え植物に混入して世界中に移入され、今や広い範囲に分布する害虫である。

無腸目の扁形動物
無腸目は既知の扁形動物の中では最も単純なタイプで、本当の腸さえ持っていない。どの種も小さく、海生で目立たず、多くのものは柔らかい沈殿物の表層に棲んでいる。共生藻のせいで緑色をしているものもあり、共生藻に光を当てるために小規模な移動を担当している。インド洋のアワサンゴ（*Plerogyra*）（右）の上にあるオリーブグリーンの小さな斑点はじつは扁形動物（*Waminoa*属）で、インド洋のサンゴに棲む。体長はわずか5mm。

綱 条虫綱
条虫類

分布 3,500種　世界中：他の動物の体内、主に軟骨魚類の体内

条虫（サナダムシ）類は寄生生活に合わせて高度に特殊化しており、体の厚みは普通、1mm未満だが、長さは30m以上にもなりうる。成体になると、人間も含む脊椎動物の腸内に棲み、体壁から食物を直接吸収する。条虫類は頭の真後ろの部分から成長し、片節と呼ばれる分節が長いひも状になるが、各片節には完全な生殖器官がある。片節は成熟するとこの虫の"尾"から離れ、宿主の排泄物に交じって何千個もの卵とともに出て行く。他の動物に食べられると、卵は成長し、このサイクルが再び始まるのである。

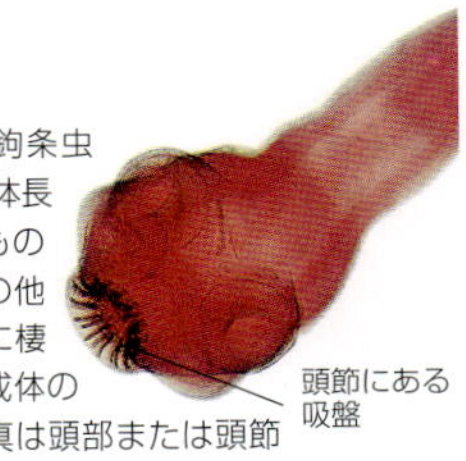

有鉤条虫類
広く分布する有鉤条虫類（*Taenia*）は体長10mを超えるものもあり、人間その他の哺乳類の体内に棲む。上の写真は成体の標本で、右の写真は頭部または頭節の拡大図である。頭節には鉤と吸盤が備わり、これを使って条虫は宿主の腸に体を固定する。

綱 吸虫綱
吸虫類

分布 12,000種　世界中：他の動物の体内または体表

条虫類同様、吸虫（ジストマ）類も完全に寄生性であるが、形はまったく異なる。普通は円筒形か木の葉のような形をし、片方か両方の先端あるいは下表面に鉤や吸盤がある。長さは1cm未満のものから例外的に6mにもなるものまで様々である。条虫類とは異なり、口と消化器官があり、しばしば宿主の組織を掘って潜り込んでいる。内臓に付着するものもいれば、体の外側に寄生するものもいる。吸虫類のライフサイクルは非常に複雑で、多様な幼生段階を経て、最高4種類の宿主に寄生する。軟体動物が中間宿主であることが多いが、成体段階が潜入する最終宿主は、普通は脊椎動物である。熱帯地方で数百万人が罹病しているビルハルツ住血吸虫症をはじめ、一連の病気の原因となることがある。

カンテツ類
吸虫類の中には人間を含む哺乳類の肝臓や胆管の中に棲み、深刻な被害や死をもたらすものもいる。上の写真は広く分布する種（*Fasciola hepatica*）で、体長約3cmである。淡水生カタツムリが中間宿主である。

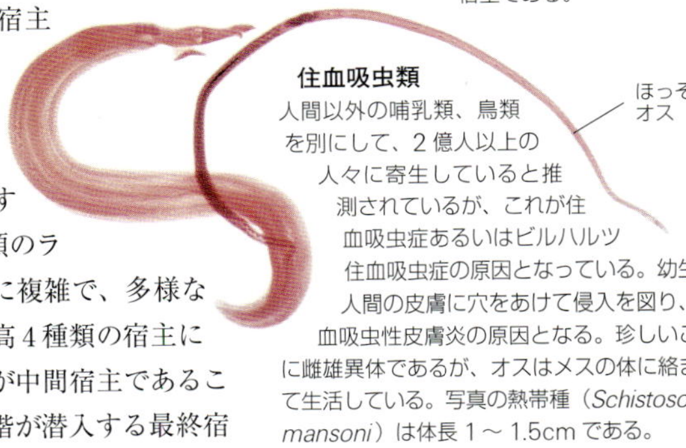

住血吸虫類
人間以外の哺乳類、鳥類を別にして、2億人以上の人々に寄生していると推測されているが、これが住血吸虫症あるいはビルハルツ住血吸虫症の原因となっている。幼生は人間の皮膚に穴をあけて侵入を図り、住血吸虫性皮膚炎の原因となる。珍しいことに雌雄異体であるが、オスはメスの体に絡まって生活している。写真の熱帯種（*Schistosoma mansoni*）は体長1〜1.5cmである。

環形動物

門	環形動物門
綱	3
目	31
科	130
種	約12,000

環形動物の体は他の虫類とは異なり、連結されてはいるが部分的には独立している一連の体節に分割されている。体節は同じ1組の器官を備え、別々に機能する単位として働く。体節は圧力を保った液体で満たされており、これが体の形を保っている。環形動物の生活様式は様々であるが、大半は地中生で、土の中か淡水または海の沈殿物の下にいる。

穴を掘るミミズ
ミミズは主に腐敗した植物性物質を食べており、世界中の土の中にいる。普通は地表近くで見られるが、穴を離れることはめったにない。鳥その他の動物に食べられるのを避けるためである。

体のつくり
環形動物の体には片方の端に頭があり、もう片方に尾があり、その間に胴体に当たる体節がある。各体節は互いに隔膜で仕切られ、それぞれが器官を完全に1組(少なくとも原始的な形で)持つ。口は第1体節にあり、腸はすべての体節を通っていちばん端の体節まで続き、最終体節には尾の中に肛門がある。各体節の側面には鉤と剛毛がある。海生虫類の中には、探知能力のある触手を持つものもいる。また、ミミズのように、目に見えるような突起物のないものもいる。

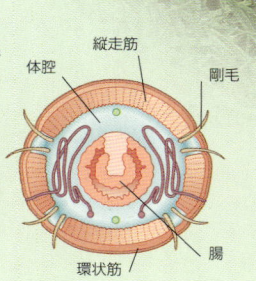

淡水生寄生虫
ヒル類は寄生動物である。体の両端にある2つの吸盤を使って宿主に張りつく。

体の断面図
ミミズの体腔は液体で満たされており、大きな腸がある。短い剛毛が筋肉の2つの層を通って体表まで出ている。

動き方
環形動物は、体の異なる部分にある筋肉を調整して移動する。各体節に縦走筋が1層、環状筋が1層ある。筋肉が収縮すると体節が長く薄くなるか、あるいは短く太くなる。環形動物が穴の中を通って移動するときには、短く太くなった体節が壁に対して体の一部を支え、長く薄くなった体節が土を通って前進する。

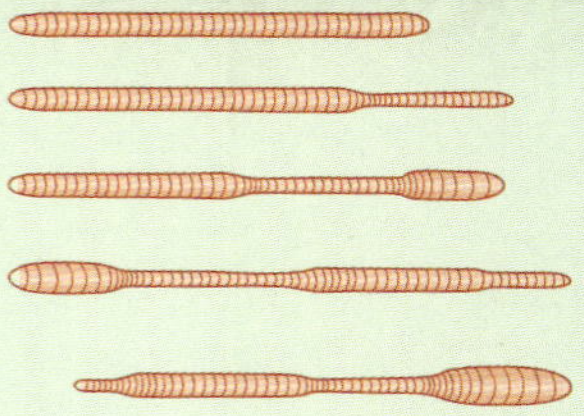

波状運動
環形動物が移動するときは、体節は交互に細くなったり太くなったりし、筋肉が体に沿って波打つような形で収縮する。

綱 多毛綱

ゴカイ類
生息 8,250種 世界中:地中、穴の中、海藻の中、海底の群体性生物の上

多毛類とも呼ばれるゴカイ類は環形動物の中では最も大規模な綱だが、最も多様性に富む綱でもあり、体長1mm未満のものから3mのものまでいる。タマシキゴカイ類、チロリ類、ゴカイ類、管棲虫、竹節ゴカイなどは、すべてこの綱のメンバーである。数も多く、時には鮮やかな色をしているにもかかわらず、人目につかないことが多い。地中やチューブの中に棲む生活様式と、邪魔が入ったときのすばやい反応のためである。例外は、岩場の潮だまりや石の下に見られるゴカイのような活発なハンターである。ゴカイ類の大半は長くほっそりして、ミミズのような形をしているが、ほとんど円形のものもいる。ゴカイ類には疣足か、少なくとも各体節の側面に隆起状突起があり、付属器官のついた頭がある。2つの一般的タイプがあり、自由生活型のものは肉食種であることが多く、体に沿ってよく発達した疣足がある。固着生活型の種は土中やチューブの中に棲み、沈殿物や浮遊物を食べ、非常に特殊化された疣足を持つ。寄生性のものも少数いる。ゴカイ類の大半は単独行動をとるが、管棲虫の中には大きな群体や礁をつくるものもいる。普通は雌雄異体である。

チューブから伸びた触手で食物をとる

ケヤリ自身がつくったチューブ

食物を捕らえるために触手を扇のように広げる

ケヤリ類
多毛類の中には自分でつくったチューブの中に棲むものがいる。このチューブは固い物の表面に付着しているか、あるいは写真のケヤリのように、柔らかい沈殿物の中に一部分潜っている。ケヤリ類の行動は大部分チューブの内部に限定されるが、触手を水中に広げて食物をとる。写真の種(Sabella pavonina)は広く分布する種で、体長20cmである。

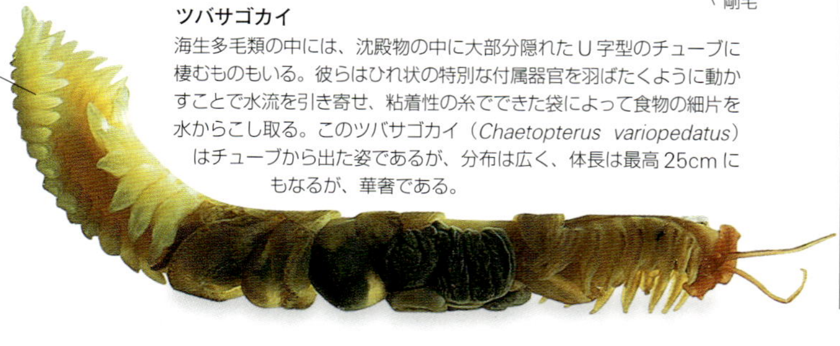

コガネウロコムシ
ギリシャの愛の女神にちなんでつけられたアフロディーテという学名(Aphrodita aculeata)が似つかわしくないフェルトのようにびっしり生えた剛毛に背面も鱗も覆われている。この海生ウロコムシは体長最高20cmになり、広く分布している。

側面の剛毛はきめが粗い

フェルトのような背面の剛毛

ゴカイ
海生多毛類の多くは、ゴカイのように柔らかい沈殿物の中に穴を掘って棲んでいるが、泳ぎも上手で、獲物を活発に追いかけることができる。大西洋に分布する種(Nereis virens)(右)は体長50cmにもなることがあるが、捕食という生活様式が知覚器官、目、大きな顎などに反映されている。

櫂のような付属器官

ツバサゴカイ
海生多毛類の中には、沈殿物の中に大部分隠れたU字型のチューブに棲むものもいる。彼らはひれ状の特別な付属器官を羽ばたくように動かすことで水流を引き寄せ、粘着性の糸でできた袋によって食物の細片を水からこし取る。このツバサゴカイ(Chaetopterus variopedatus)はチューブから出た姿であるが、分布は広く、体長は最高25cmにもなるが、華奢である。

綱 環帯綱
ミミズ類

生息 6,000種　世界中：土の中、淡水あるいは海の沈殿物の中、海中の魚類の体表

生息地 乾燥地以外すべて

ミミズ類の特徴は"環帯"を持っていることである。環帯は受精した卵が入る卵包をつくり出す分泌腺を持った皮膚で、たいていは背部にある。卵は成体のミニチュアの形で孵化するが、水生の幼生が生き延びることができない陸上での生活に適応したものである。この綱には世界で最もなじみ深い無脊椎動物（ミミズとその近縁種）が数種含まれている。ミミズは、環帯綱最大のサブグループである貧毛類（約3000種が含まれる）に属するが、貧毛類は主に土、沈泥、淡水の中に棲んでいる。ヒル類は、より小規模なグループで（約500種）、捕食者か寄生虫である。多毛綱とは異なり、貧毛類には疣足や頭の付属器官がなく、雌雄同体である。体長は3mになることもある。

ミミズ類
世界中で見られるなじみ深い無脊椎動物で、人目につくのは、水気の多いときや、鳥に隠れ家から引きずり出されて穴から姿を現したときが多い。ダーウィンが指摘したように、土に酸素を与え、土壌を豊かにするミミズの重要性は計り知れないものがある。ヨーロッパの大きな種（Lumbricus terrestris）（左）は体長35cmになることもある。

・頭に小さな吸盤がある
・幅の狭い体節
・環帯

医用ビル
人間の皮膚を噛み切ることができるヒル類の大半は熱帯雨林に棲んでいる。しかしチスイビル（Hirudo medicinalis）（左）は、温帯の淡水に棲み、体長12cm以上にまで成長する。かつては医者によって瀉血の道具として普通に用いられていた。ヒルは噛みついたときに抗凝固剤と麻酔剤を注入することがある。

・尾に大きな吸盤がある

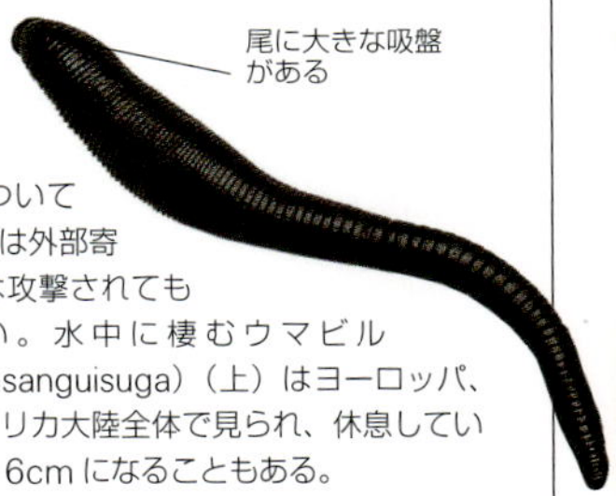

ヒル
哺乳類や魚について血を吸うヒル類は外部寄生者で、宿主は攻撃されても死にはしない。水中に棲むウマビル（Haemopsis sanguisuga）（上）はヨーロッパ、アジア、北アメリカ大陸全体で見られ、休息しているときの体長は6cmになることもある。

円形動物

門	線形動物門
綱	4
目	20
科	185
種	少なくとも 20,000

線形動物とも呼ばれるが、円形動物は最も豊富にいる動物のひとつである。円形動物には自由生活をするものも寄生生活をするものもいる。寄生形態には、十二指腸虫類、ギョウチュウ類などがあり、ほとんどあらゆるタイプの植物や動物の内部に棲み、病気の重大な原因となるものもある。自由生活型の円形動物も世界中に分布し、陸上の小さな水の膜をも含むあらゆる水に棲んでいる。円形動物の体には体節がなく、横断面は丸く、両端が細い。クチクラは複雑で、卵から孵化して性的に成熟するまでに4回脱皮して更新される。

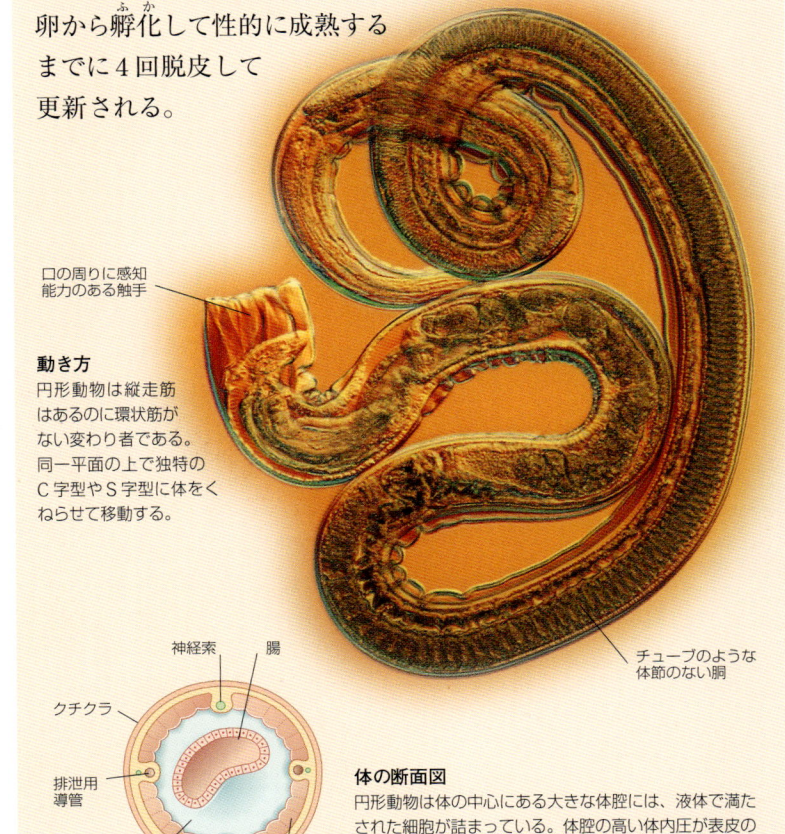

・口の周りに感知能力のある触手

動き方
円形動物は縦走筋はあるのに環状筋がない変わり者である。同一平面の上で独特のC字型やS字型に体をくねらせて移動する。

・チューブのような体節のない胴

・神経索　・腸
・クチクラ
・排泄用導管
・体腔
・縦走筋

体の断面図
円形動物は体の中心にある大きな体腔には、液体で満たされた細胞が詰まっている。体腔の高い体内圧が表皮の格子状繊維とともに筋肉が収縮しても体が短くならないように押さえている。

綱 双腺綱
双腺類

生息 8,000種　世界中：植物周辺や土の中の水で満たされた場所、植物の表面、動物の体内

双器線虫類（下）のような円形動物と双腺類の間の物理的な違いは非常に学術的なものであり、例えば感覚器官のタイプなどに関する違いである。双腺類は大部分が寄生性で、深刻な病気の原因になるものもいる。体長は、顕微鏡サイズから数メートルのものまで様々である。既知で最大のものは、マッコウクジラのメスの胎盤に棲むもので、体長9mにもなる。しかし寄生虫の害の大きさは体の大きさとはあまり関係がない。ギョウチュウ類やフィラリア類のように顕微鏡サイズのものでも、宿主の体内で急速に増殖し、象皮病のようにひどい損害を引き起こす。

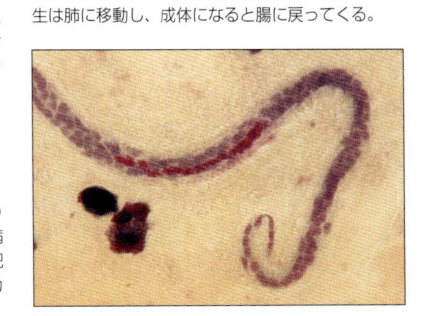

バンクロフト糸状虫
この顕微鏡サイズの線虫（Wuchereria bancrofti）は人間の象皮病の原因である。象皮病は熱帯性の病気で、柔らかい組織、特に脚に不具になるほどの肥大を引き起こす。幼虫はリンパ組織の中に棲み、力によって感染する。

・穴を開けられるように尖った口器
・固いクチクラ

回虫
世界の人口の約6分の1がこの体長40cmにもなる寄生性線虫（Ascaris Lumbricoides）による回虫病に苦しんでいる。回虫の卵が食物とともにうっかり食べられたときから感染症は始まる。幼生は肺に移動し、成体になると腸に戻ってくる。

綱 双器綱
双器線虫類

生息 12,000種　世界中：植物周辺や土の中の水で満たされた場所、植物の表面、動物

生息地 砂漠以外すべて

寄生性というよりは主に自由生活性であり、世界中ほとんどあらゆる場所で普通に見られるが、特に海の沈殿物の中に多い。体の大きさは顕微鏡サイズのものから例外的に1mのものまで様々である。全体でわずか1万2000種の双器線虫類しかこれまでに記録されていないが、海底の泥の検査はもっと多くの種が発見されるのを待っていることを示唆している。

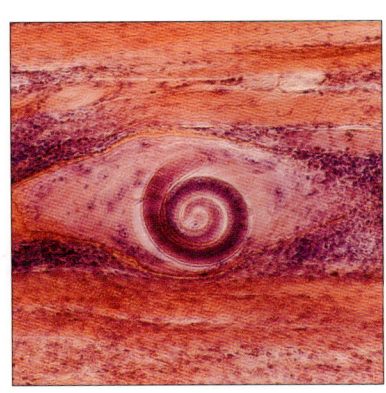

旋毛虫
センモウチュウ（Trichinella spiralis）は、体長1mmの小さな線虫で、主にネズミその他の哺乳類の体内に棲む。ブタがゴミあさりをしていて、これを食べることがあり、不完全な調理をした豚肉を食べることで毎年4000万人が感染している。

その他の門

無脊椎動物は、約30の主要グループ（門）に分類される。一般的でなじみのある動物を含む門もあるが、半分以上の門はあまり知られていない（稀にしかいなかったり、顕微鏡でしか見えなかったり、近づきにくい場所に棲んでいたりする）生物を含んでいる。これらの生物同士の違いは、無脊椎動物と脊椎動物の違いにも匹敵するほどであり、生活様式も多種多様である。マイナーな門にはヤムシ類のようにほんの一握りの種からなるものもいるが、苔虫類のように数千種からなるものも少数ある。いずれも生態学的には重要である。以下の2ページは、マイナーな門を精選したものである。

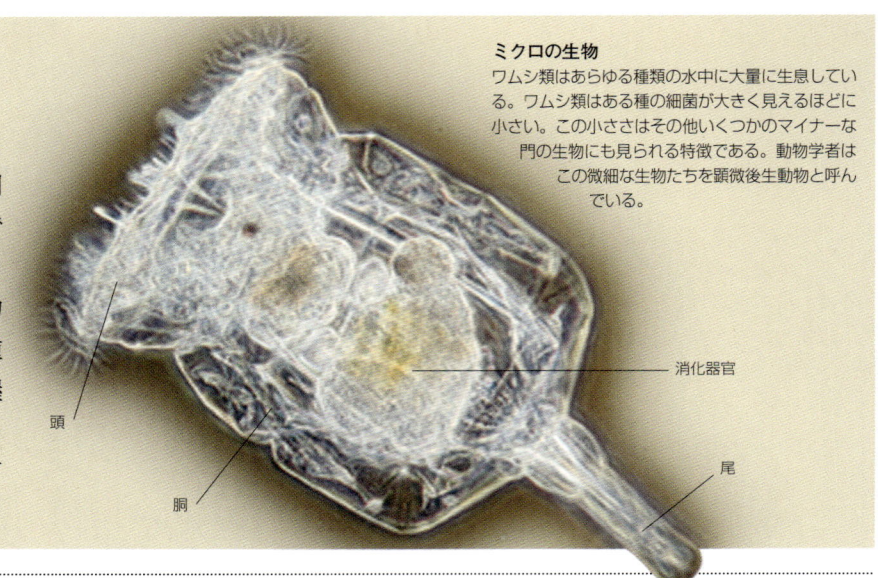

ミクロの生物
ワムシ類はあらゆる種類の水中に大量に生息している。ワムシ類はある種の細菌が大きく見えるほどに小さい。この小ささはその他いくつかのマイナーな門の生物にも見られる特徴である。動物学者はこの微細な生物たちを顕微後生動物と呼んでいる。

頭／胴／尾／消化器官

門　腕足動物門
腕足類
分布 350種　世界中：固いものの表面に付着するか、海底の柔らかい沈殿物に潜る

2枚の貝殻に覆われ、普通は肉茎がある。肉茎は固いものの表面に付着して体を固定するか、穴を掘るのに使われる。腕足類は肉茎で付着した二枚貝そっくりだが、近縁関係はない。腕足類はランプシェルとも呼ばれ、特に冷たい水の中に豊富にいる。体長は10cm未満で、殻の中の空間の大部分は、中空で房飾りのついた触手（触手冠）が口の周りにループ状に巻いたもので占められており、この触手で浮遊物を食べる。腕足類は化石としては非常に一般的である。完全に腕足類の殻だけでできた岩もある。かつては2万5000種以上もいた重要なグループであったが、二枚貝類との競争の結果、減少したようである。

小さな触手

貝ではない
腕足類は二枚貝に似てはいるが、2枚の殻は左と右ではなく、背面（上）と腹面（下）にある。この種（*Liothynella uva*）は大西洋では普通に見られ、長さ2cmになる。

門　毛顎動物門
ヤムシ類
分布 90種　世界中：浮遊、1属は海底表面

体長はせいぜい12cm。比較的小さいが活発な捕食者で、1日に自分の体重の3分の1のものを食べることができる。獲物は魚の稚魚を含む浮遊生物で、口の周囲にある可動性のトゲで獲物を捕らえ、テトロドトキシンを注入して殺すが、これは細菌によってつくり出される強い毒で、フグもこの毒を使っている。

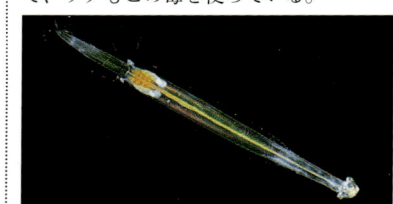

ヤムシ類の1種
小さな魚雷の形をした透明なヤムシは肉食性である。上の写真のヤムシ（*Sagittid spp.*）は世界中の海で浮遊生物の間に棲んでいる。数が多いので、生態学的に例えば魚の稚魚に大きな影響を与えることがある。

門　有櫛動物門
クシクラゲ類
分布 100種　世界中：浮遊性、海底に棲むものも少数いる

触手を伸ばしたクシクラゲ類は、最も魅力的で優美な海の生物のひとつである。繊細な繊毛（毛髪と似た構造）でできた櫛型の板を動かすことで泳ぐことができるが、海流に逆らって進むことはほとんどできず、よく大群で潮や風に流されている。繊毛が並んで動くときは美しい虹色に輝く。クシクラゲ類の大半は小さいが、なかには体長2mになるものもいる。

クシクラゲ類
クシクラゲの形状は球形のものからリボン状のもの、円盤状のものまで様々である。大西洋に生息するテマリクラゲ（*Pleurobrachia pileus*）（右）は体長2cmで、長さ15cmの触手が1対ある。

門　苔虫動物門
コケムシ類
分布 4,300種強　世界中：固いものの表面に付着するか、海底を移動する

外肛動物とも呼ばれるコケムシ類は、非常に小さい水生動物で、体長1mm未満、箱のような虫室の中に棲み、虫室が互いに接合されて群体を形成している。コケムシ類には、岩や海藻を外被のように覆って育つものもあり、枝分かれして成長し、植物のような形をして水中で前後に波打っているものもある。死んだ後でこの枝状に伸びた群体がよく海岸に打ち上げられているが、枯れた海藻と間違えられることもある。この門は海生無脊椎動物の一部の食料として、生態学的に重要である。

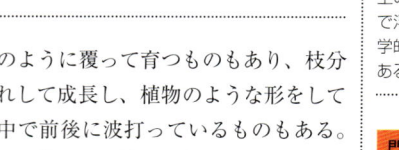

土手のような形

巨大な群体
コケムシ類は芽を出し続けて、数千の個虫が互いに接合される。北大西洋産のコケムシ（*Pentapora foliacea*）は直径2mの群体を形成することがある。

門　半索動物門
ギボシムシ類
分布 85種　世界中：海底の泥や砂の中、潮間帯、潮下帯

ギボシムシ類は、脊椎動物的な特徴をいくつか持っている。1本の神経索が背中に沿って通り、咽頭部に孔があるが、これは魚類の鰓と解剖学的に同じ起源を持つ構造である。吻、襟、長い体幹の3つの部分からなる体の長さは1.2cm未満から2.5mまで様々である。ギボシムシ類には2つの形態が見られる。ひとつは定着性で、ポリプ状のフサカツギ綱は袋状の体幹の先が茎のようになり、この茎で物につかまったり、個体同士をつないで群体を形成することもある。もうひとつは自由生活性で、ミミズのような形をしており、体幹に茎はなく、末端に肛門がある。雌雄異体で、有性生殖も発芽や破片分離による無性生殖も行う。

ミミズのような体

ギボシムシ類
動作が緩慢でもろく、世界中の潮間帯や潮下帯で、U字型の穴を掘って棲む。その1種（*Balanoglossus australiensis*）（上）は長さ1mに及ぶこともあり、大きな体幹には多数の鰓裂がある。

その他の門

門 星口動物門
ホシムシ類

分布 350種　世界中：柔らかい沈殿物の中、軟体動物の殻、岩の割れ目、サンゴや木の穴の中

このずんぐりした体節のない動物は、体長0.2〜70cmで、ピーナッツ型かソーセージ型の体をしており、環状筋と縦走筋の層からなる体壁がある。最大の特徴は陥入吻と呼ばれる出し入れ自在の体幹で、陥入吻は水力学的圧力によって伸び、筋肉によって収縮する。ホシムシ類は浮遊物や沈殿物を食べるが、口の周りに輪状に並んだ水力学的触手を使って有機物の細片を集める。ホシムシ類は軟体動物と最も近い関係にあると思われる。

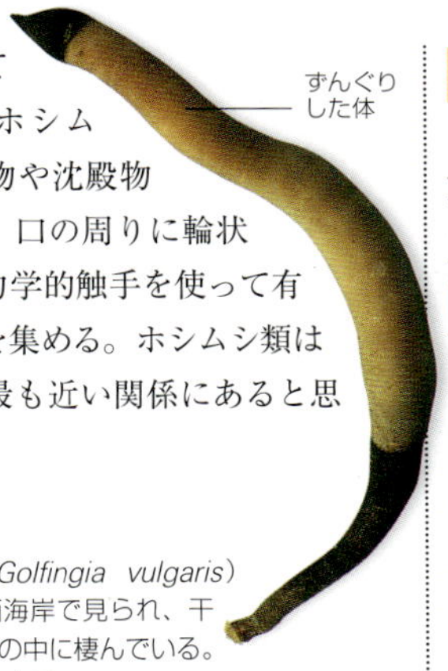

ホシムシ類
このホシムシ（Golfingia vulgaris）は大西洋の北西海岸で見られ、干潮点より下の泥の中に棲んでいる。体長は10cmである。

門 紐形動物門
ヒモムシ類

分布 1,200種　世界中：海、川、湖の水底、水面、水中、森林の中

主として海生のヒモムシ類の特徴は、ユニークな吻管である。吻管は筋肉の管で、腸の上部にあり、獲物を捕らえるために水力学的圧力で押し出される。ヒモムシ類のある大きなグループは毒を注入するためのトゲを持つ。ヒモムシ類の体長は0.5mm未満のものから50mを超えるものまで様々である。どの種も循環器官を持ち、大半の種には目がある。250個の目を持つ種もいる。多くは鮮やかな色をしている。ヒモムシ類には片利共生性のグループが2つある。ひとつは二枚貝の殻の中に棲み、もうひとつは様々なカニ類の殻の表面か殻の中に棲んでいる。

未確認種
ヒモムシ類は扁平で、時にはとんでもなく長い体で有名である。写真のヒモムシは、体長55mにも及ぶ世界で最も体の長い動物を含むグループに属している。これはシロナガスクジラの成体の平均体長の2倍である。

門 有爪動物門
カギムシ類

分布 70種　熱帯、温帯の南部：湿った森林の中、積もった落葉の中、石の下

半環形動物・半節足動物と呼ばれることもある。カギムシ類はカンブリア紀に豊富にいたグループの唯一の生き残りである。ミミズのような円筒形の体を持ち、体長は最高15cmで、関節のない肉質の短い脚が14〜43対あり、脚の先端は1対の鉤爪になっており、触角のある頭には脚の鉤爪と似た形の顎がある。肉食性で、口の両側にある1対の粘液腺から粘液状の物質を吹きかけて獲物を捕まえる。捕食者から身を守るときにも同じ方法を用いる。

カギムシ類
この種（Macroperipatus torquatus）（下）のようなカギムシ類は温かくて湿った場所に棲んでいる。カギムシの解剖学的構造は基本的にミミズに似ているが、節足動物のように体に連続的に並ぶ何対もの脚がある。脚は肉質で、関節はなく、水力学的に動かされている。

門 輪形動物門
ワムシ類

分布 1,800種　世界中：湖、川、海中の植物の中、陸上の微細な淡水の中

最も小さな生物のひとつで、最大の種でも体長3mmである。水中に棲むが、自由遊泳性のこともあれば、固いものの表面に付着していることもある。ラッパ型から球形まである体には前方に"輪盤"があるのが普通で、毛髪のような構造物（繊毛）が2つの輪の形に並び、食事と移動に使われている。多くは透明で、単為生殖性のものも数種あり、これらの種ではオスは見つかっていない。

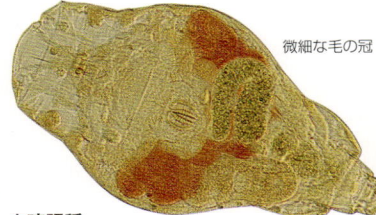

未確認種
ワムシ類には海生のものもいるが、大半は淡水に棲み、溝や木の葉の縁や土のかけらについた水の膜などの一時的な水たまりにも棲む。クマムシ類（右欄参照）のようにワムシ類も乾燥に耐えて生き残れるよう特別に適応している。ワムシ類は乾燥しきった場所でも何年間も存在することができ、水分が与えられるとすぐに生命を取り戻す。

門 ユムシ動物門
イムシ類

分布 150種　世界中：海底の穴の中、その他の空洞の中

イムシ類（ユムシ動物門）は定着性海生動物で、球根状のソーセージに似た形の体を持つ。メスは体長50cmになるが、フォーク状に先の分かれた吻管を持ち、吻管は海藻その他の食物を掃き取るために、体長の数倍まで伸ばすことができる。オスは非常に小さく、パートナーの体内で寄生生活をしている。イムシ類の大半は岸辺近くの砂や泥の中に棲んでいる。

ボネリムシ
ヨーロッパ産の1種（Bonella viridis）は鮮やかな色を持ち、皮膚は有毒である。メスは体長最高15cmで、吻管は食物に向かい1m以上も伸ばすことができる。吻管は触られるとすばやく収縮する。

門 箒虫動物門
ホウキムシ類

分布 20種　世界中：海底の柔らかい沈殿物の中、あるいは固いものの表面に付着

定着性の海生動物で、一般的に体長20cm未満、普通はキチン質を分泌してつくったチューブの中に入ったままでいる。馬蹄型の触手冠は、餌をとるための触手が口の周囲に1万5000本ほど集まったものである。雌雄異体の種も雌雄同体の種もいる。腕足類（536ページ）と最も近い関係にある。

門 緩歩動物門
クマムシ類

分布 600種　世界中：淡水、海水の中、陸上の湿気のある場所

生息地 乾燥した場所以外すべて

クマムシ類（緩歩類）はずんぐりした体の、顕微鏡サイズの動物だが、鉤爪のある切り株のような脚が4対ある。重々しい動き方がクマによく似ているが、最も近い関係にあるのはおそらくカギムシであろう。湿気のある場所ならどこにでも棲み、陸生種は特に乾燥を耐え抜く能力が優れ、休眠状態に入り何年間もそのままでいることができる。クマムシ類は卵を産んで繁殖する。オスがおらず、メスだけで単為生殖を行う種もいる。

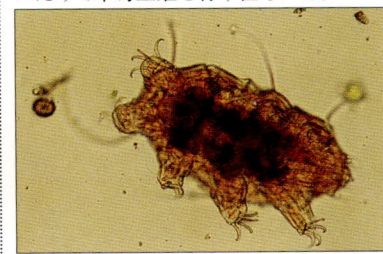

未確認種
クマムシ類は陸上や海底の裂け目などの水中に棲んでいる。屋根や溝の苔の塊の中に棲む種も多い。長期にわたる休眠状態によって、おそらく50年以上は生きることができる。

ホウキムシ類の一種
広く分布するホウキムシ属のメンバーは体長25cmになることもあるが、大半のものはずっと小さい。体には体節はなく、普通はキチン質のチューブに入り砂や泥の中に潜っている。体壁には縦走筋と環状筋の層があり、この筋肉を使ってチューブの中を上がって餌を食べたり後ろに引っこんだりできる。

無脊椎動物

軟体動物

門	軟体動物門
綱	8
目	35
科	232
種	約10万

すべての無脊椎動物の中で形が最も多様性に富むのは、ほぼ間違いなく軟体動物であろう。軟体動物には腹足類（ナメクジ、カタツムリ）、二枚貝類（カキやハマグリ）、頭足類（タコ、イカ）、多板類（ヒザラガイ）その他あまりなじみのないいくつかのものが含まれる。軟体動物は以下の特徴を1つあるいはすべて備えている。口の中にある歯の並んだ角質のリボン（歯舌）は軟体動物独特のものである。石灰質の殻あるいはその他の構造物が体の上面を覆っている。外套膜あるいは外套腔があり、特徴的な形の鰓がついているのが普通である。軟体動物は陸上生活にも水中生活にも適応している。また寄生性のものもいくつかいる。

動き方

軟体動物の大半は、広くて扁平な足を使って固いものの表面を這うが、粘液の薄い層の上を這っていくことが多い。二枚貝類の中には棲んでいる表面に付着しているものもあり、そのような貝はすべて比較的不活発であるが、足はよく発達していることが多く、沈殿物を掘るのに足を使う種もいる。軟体動物の中で最も活動的ですばやく動けるのは頭足類、特にタコ類とイカ類である。皮膚の鰭状の拡張部分を波打たせてゆっくり泳ぐこともできるが、外套腔からジェット水流を噴射させてもっと急速に動くこともできる。

粘液の痕跡
表面の摩擦を減らすために、ナメクジ類とカタツムリ類は足から粘液を分泌する。ナメクジ類は（写真のスジナメクジのように）殻を失い、一般にカタツムリよりは動きがすばやい。

体のつくり

軟体動物の大半は3つの部分で構成されている。頭部、柔らかい"胴体"（内臓塊）と筋肉質の足で、足は内臓塊の下にあり、移動に用いられる。軟体動物の中には頭部がよく発達し、洗練された感覚器官を支えているものもあるが、二枚貝類のように事実上頭部がないものもいる。内臓塊の上面は外套膜と呼ばれる層に覆われ、外套膜から殻が分泌される。収縮筋は安全のため殻を体の上にかぶせるのに使われることもある。防御を別とすれば、殻は穴を掘る器官や浮力を調整する器官として使われることもある。外套膜の中のひだは水生軟体動物の鰓が収まる外套腔を形成している。

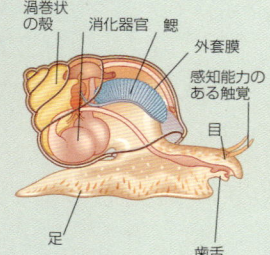

腹足類
腹足類のカタツムリは渦巻状の殻、大きな足、目と感知能力のある触角のついた明確な頭部がある。ナメクジには殻がない。

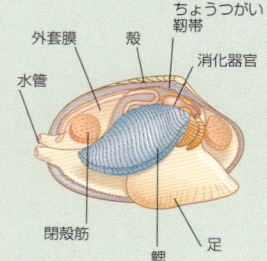

二枚貝類
二枚貝類は1対の殻の中に収まっており、そこから足と水管を伸ばすことができる。鰓は大きく、ひだのあることが多い。

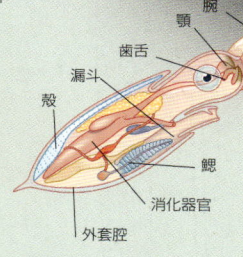

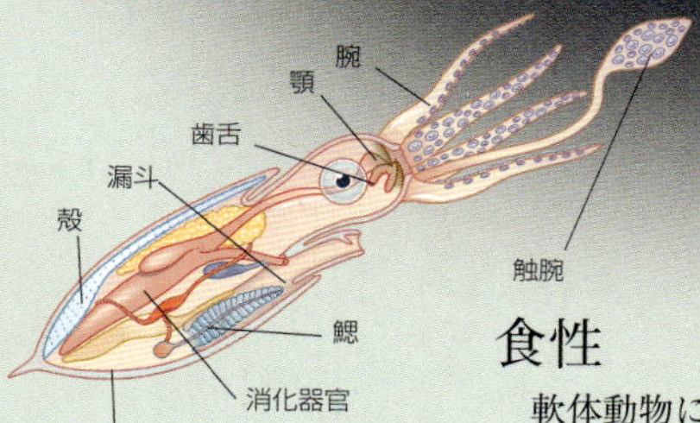

頭足類
頭足類では頭部と足の一部が腕に変化しており、鰓室に漏斗が通じている。殻は小さいか、まったくないかである。

イカの群れ
頭足類はすべて海生である。タコ類は単独行動をとる傾向があるが、イカ類は群れをなしているのが普通である。この発光性のイカの群れは、体に沿った発光器官の中に発光バクテリアを共生させている。

食性

軟体動物には捕食者も草を食べるものも新芽を食べるものもおり、沈殿物や浮遊物を食べるものもいる。二枚貝類の多くと腹足類の少数のものは濾過食者で、鰓を使ってバクテリアのサイズのものまでの細片を水からこし取る。頭足類は肉食性である。吸盤がついていることが多い長い腕を使って、魚や甲殻類を捕らえる。比較的知能の高い動物である頭足類は、獲物に忍び寄ったり、腕を疑似餌に使ったりすることが知られている。頭足類は歯舌以外にもオウムのようなくちばしを持ち、これで獲物を噛み砕く。その他の軟体動物の大半は、付着した海藻や植物から浮遊しているクラゲ類や動きの遅い魚に至るまで、様々なものを食べる。寄生性の種は宿主から栄養をとる。

狩り
タコの中には大きな手ごわい獲物を制圧できるものがいる。このタコはウツボを打ち負かしたところである。

歯舌
歯舌には非常に小さな鉤型の歯があり、数千個も並んでいることがある。食物の細片を集めるためにヤスリのように使われる。

二枚貝の殻
二枚貝類の殻は弾性のある物質で片方の縁に沿って互いに接合されており、閉殻筋を収縮させて閉じられる。

腹足類の殻
大半のカタツムリ類では殻は外套膜から不均等に分泌され、そのせいで殻は右回りにらせん状に巻いていく。

綱 二枚貝綱
二枚貝類

分布 15,000種 世界中：水中、主に海底、ただし一部は淡水の中

ちょうつがいで合わさった2枚の殻を持つ軟体動物である。たいていの種は体の全体か一部を守るために、殻をぴったり閉じることができる。ムラサキイガイ、ハマグリ、カキそしてホタテガイなどが最もなじみ深い二枚貝類で、他の動物と同様、多様性に富む食材を人間に提供している。ニオガイやフナクイムシのように、小さくて尖った殻を錐の穂先のように使って木や柔らかい岩に穴を開けるものもいる。大きさは様々で、さしわたし2mm未満から1mのものまでいる。最大の種（シャコガイ）の重量は、最も小さいものの20億倍もある。二枚貝類は普通は静かにしているが、ホタテガイのように泳げるものもいる。大半は濾過食者で、特殊化した鰓で水流から食物をこし取る。水はチューブ（水管）を通って吸入され、排出されることが多い。これは泥や砂に潜って生活する種にとっては特に重要である。水管が大きく、殻の外に出たままのこともある。二枚貝の頭部は非常に小さく、他の軟体動物が食べ物を削り取るのに使う口器（歯舌）を持たない。通常は雌雄異体だが、雌雄同体にもなれる二枚貝もいる。

ホタテガイ類
二枚貝類としては珍しいことに、ホタテガイはジェット水流の推進力を使って泳ぐことができ、捕食者であるヒトデから逃れるのにもこの方法に頼るのが普通である。北大西洋にいるアズマニシキガイ（*Chlamys cpercularis*）は直径9cmになることがある。

ムラサキイガイ類
ムラサキイガイは小さな糸を使って固いものの表面に体を固定し、波の動きや水流に対して体をしっかり支えることができる。大集団で生活することが多く、海岸の発電所で冷却装置をふさいでしまい、問題を引き起こすことがよくある。ムラサキイガイは養殖されていることが多い。写真のムラサキイガイ（*Mytilus edulis*）（上）は北の海洋で見られる種で、体長15cmになることがある。

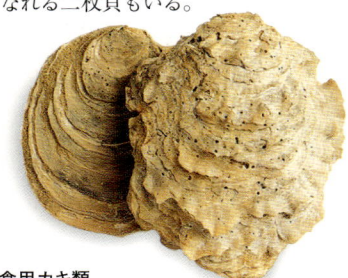

食用カキ類
食用カキは左側の殻を岩や貝殻、マングローブの根などの表面に直接付着させ、左側を下にして横たわって生活する。カキは有史以前から食材として尊重されており、食用に適する軟体動物の中では最もなじみ深いもののひとつである。この北大西洋のイタボガキ類（*Ostrea spp.*）は直径10cmになることもある。

トゲの生えた二枚貝
熱帯の海の岩の露頭やサンゴ礁では、直径が最高20cmになる二枚貝がいるが、写真（上）のショウジョウガイ類（*Spondylus*）に見られるように、殻は長いトゲで覆われている。殻は海藻で覆われていることが多く、これはカムフラージュに役立つこともある。

サドル（鞍）のある二枚貝
カキのように、片方の殻を固いものの表面に付着させて生活する。付着方法は風変わりである。石灰化した栓が上の殻から下の殻に開いた穴を通って固いものの表面まで通り抜けている。大西洋に棲むナミマガシクガイの一種（*Anomia ephippium*）（上）は体長およそ6cmである。

ドブガイ
二枚貝の大半は海生だが、淡水に棲むものもいる。ドブガイ属（*Anodonta*）の一種であるこの貝は北アメリカ大陸とユーラシア大陸で見られ、さしわたし23cmになることもある。殻は薄いが、それは主として利用できるカルシウムが淡水の中には少ないからである。幼生段階では魚に寄生する。

トリガイ類
トリガイは砂の多い沈殿物の中に棲み、海底のすぐ下に穴を掘っているので、体の半分は砂の中、半分は砂の外に出ている。殻には顕著なうねがあり、頑丈で、球形に近いのが普通である。高さ5cmで大西洋に棲むヨーロッパザルガイ（*Cerastoderma edule*）（上）を含む数種は商業的に採集されている。

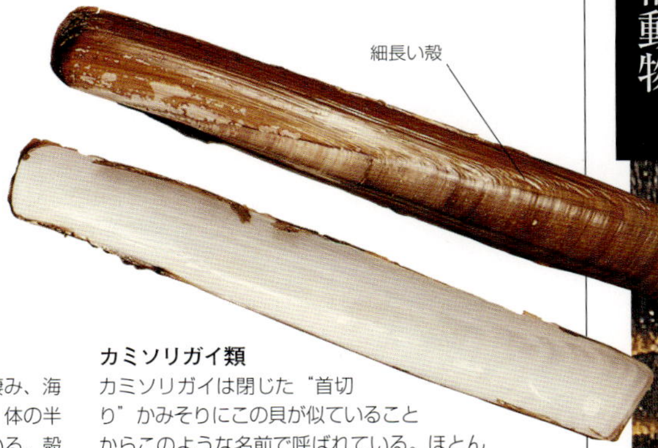

カミソリガイ類
カミソリガイは閉じた"首切り"かみそりにこの貝が似ていることからこのような名前で呼ばれている。ほとんどあらゆる緯度で見られるが、砂の多い沈殿物の中に、殻を使って自分の体を押し込みながら深い垂直な穴を掘って棲んでいる。写真はマテガイモドキの1種（*Ensis siliqua*）の殻であるが、長さは最高25cmにもなる。

シャコガイ類
熱帯性で砂洲に棲むオオジャコガイ（*Tridacna gigas*）（下）は最も大きな二枚貝である。さしわたし1m以上、重さ200kg以上になることもある。民間に普及している伝説とは裏腹に、人間にとっては無害である。すべてのシャコガイ同様、食物はシャコガイの肉質の"唇"に棲んでいる共生藻によって処理されている。シャコガイも、海中から微小な有機物をこし取って食べている。

ニオガイ類
錐の穂先のような楕円形の殻を使って岩、木、泥炭、粘土などに穴を掘り、くりぬいた穴の中で生活する。ニオガイの中には燐光を発するものもあり、夜に幽霊じみた青緑色の光を放って輝く。北大西洋に棲むこのヒカリニオガイ（*Pholas dactylus*）（左）はさしわたし最高15cmになることがある。

フナクイムシ
木に穴を開けるこの二枚貝は世界中の海にいるが、特に温かい海で一般的である。比較的小さな殻は棲むためのトンネルを掘りぬくのに使われ、このトンネルを白亜質のチューブで裏打ちする。体は最高2mにも伸びることがあるが、普通のフナクイムシ（*Teredo navalis*）（写真）は、その10分の1を超えることは稀である。

軟体動物

綱　腹足綱

腹足類

分布　75,000種　世界中：水中（主に水底生活）、陸上の乾燥した地域

生息地　あらゆる環境

この膨大で多種多様なグループは、現在生きている軟体動物の5分の4以上を占めている。おなじみのカタツムリやナメクジ、タマキビガイ、アメフラシ、ウミウシ、アワビ、モノアラガイ、ホラガイなどが腹足類である。らせん形の殻を持ち、吸盤のような足で這うのが代表的な形だが、多くの例外がある。その他の特徴として、目と触角のある大きな頭部や、歯舌と呼ばれるリボンのような口器がある。歯舌には顕微鏡でしか見えないような小さな歯が並び、食物をこすり取るのに使われる。大きさは様々で、体長が最高1mにもなることがある。殻の形は多様性に富み、高い尖塔のようなもの、外側にフレアのあるものなどがある。体を内部に引っこめるときに蓋で殻の開口部を閉じてしまう種もいる。腹足類には捩れという特徴的な現象がある。外套腔が時計と反対回りに180度まで回転して、外套腔が前方を向き、頭部の上方に位置づけられるようになることである。この過程は幼生成長の初期に生じ、消化器官、生殖器官、排泄器官すべてが殻の1つの開口部を通して吸入、放出、排泄を行うことになる。腹足類の摂食方法は多種多様である。ハンターもいれば、若芽を食べるもの、草をはむものもいる。浮遊物や沈殿物を食べるものもいれば、寄生するものもいる。腹足類の大半は雌雄異体であるが、雌雄同体のグループもいくつかあり、生涯の間に性転換するものもいる。

カサガイ類

岩のある海岸で見られるカサガイ類は、アワビ類のように若い海藻を食べ、円錐形の殻で波から身を守る。写真は大西洋に棲む2種である。一般的なカサガイ（*Patella vulgata*）（左）はさしわたし5cmで、岩の上を歩き回り、下の種（*Helcion pellucida*）はさしわたし最高2cmで、ケルプ（海藻）の上を這い、着生している小さな海藻やケルプそのものを食べている。岩に棲むカサガイの多くはなわばり意識が強く、岩に円形の瑕を入れて潮が引いたときもそこにしっかりとどまっている。

アワビ類

アワビ類は海藻を食べる貝で、さしわたしは20cmを超えることもある。殻には特徴的な穴の連続があるが、この穴を通して鰓室の鰓葉まで水流が引き込まれ、排出も行われる。北アメリカ大陸の西海岸沿岸で見られるミミガイ（*Haliotis rufescens*）（上）のようなアワビ類の虹色の殻は装飾品をつくるのに利用され、中身の貝はよく食用にされている。

トウカムリガイ類

頑丈でカラフルで魅力的なトウカムリガイ類は、古代ローマ帝国の剣闘士がかぶっていた兜に似ている。体長は30cm以上になることもある。熱帯の砂の多い沈殿物の中に棲む貝で、他の軟体動物やウニ類を食べる。トウカムリガイ（*Cassis cornuta*）の殻は装飾品や彫刻に利用されている。

タカラガイ類

タカラガイは主に熱帯に住むが、光沢のある殻の美しさが特にコレクターに人気がある。生きているときはこの殻は鮮やかな色をした外套膜の一部であるフラップで覆われている。殻の開口部は長くて幅が狭いので、捕食者の攻撃からタカラガイを守るのに役立っている。写真のホンダカラガイの1種（*Cypraea ocellata*）はさしわたし6cmになることがある。

アサガオガイ

アサガオガイ（*Janthina janthina*）は殻を持ち海面に棲む、数少ない腹足類のひとつである。粘液を分泌してそれで泡をつくり、筏のようにして体を浮かせる。温かい海に棲むこの貝は目が見えず、紙のように薄い殻を持ち、さしわたしは2cmである。餌はカツオノカンムリ（532ページ参照）やその他海中に浮遊しているヒドロ虫類の群体である。

ホネガイ類

この腹足類は捕食者で、他の軟体動物やフジツボ類の殻に穴を開けて中身を食べる。いくつかの種が分泌する紫色の物質は、何世紀もの間染料として使われてきた。インド洋で見られるアクキ（悪鬼）ガイ（*Murex troscheli*）（右）は、長いトゲ状突起のある15cmの長さの殻を持っている。

ショクコウラ類

球形のショクコウラ類は滑らかで規則的に間隔をおいた隆起があり、これがハープの弦に似ている。体長は最高10cm、殻は茶色、赤、ピンクがかった色であることが多い。写真のショクコウラ（*Harpa major*）は主に夜行性で、熱帯の砂の多い沈殿物の中に穴を掘って棲んでいる。邪魔されると、ちょうどトカゲが尾を切り離すのと同じやり方で、大きな足の一部を捨て去ることがある。

イモガイ類

イモガイ類は非常に危険な捕食者である。モリのような口器を使い、魚やその他の動物を攻撃し、強い毒を注入するが、この毒は人間に死をもたらすこともある。写真のアフリカクロミナシガイ（*Conus genuanus*）は代表的なイモガイで、非常に装飾的な先細の殻を持ち、体長は最高7cmである。

アメフラシ類

アメフラシ類の大半は薄い殻を持っており（外からは見えない）、よく発達した大きな頭部には2対の触角があり、足が大きい。アメフラシ類は海底に生えた海藻の上に棲み、そこで大きな肉質の海藻を食べる。北大西洋に棲むハンテンアメフラシ（*Aplysia punctata*）（上）は、体長30cm以上になることもある。

軟体動物

ゴクラクミドリガイ類
ゴクラクミドリガイ類はナメクジに似た海生腹足類である。体長1cm前後で、海藻の細胞の中身を吸い上げて食べている。写真は広く分布するコノハミドリガイ（*Elysia*属）の一種で、体色は葉緑素、すなわち海藻が太陽光エネルギーを利用するのに使う明るい緑色の色素によるものである。

ウミウシ類
ウミウシ類には殻がなく、鮮やかな体色で目立つ模様があることが多い。上の写真はアフリカ南海岸の砂洲に棲むさしわたし8cmの種（*Bonisa nakasa*）であるが、多くの種はこのように背中にカラフルな突起（鰓突起）がある。ウミウシ類の大半は海底に棲むが、浮遊生活をするものも少数いる。

カラフルな鰓突起

淡水カタツムリ類
さしわたし3cmになることもある大きなヒラマキガイの1種（*Planorbarius corneus*）（下）も、高さ最高5cmになるヨーロッパモノアラガイ（*Lymnaea stagnalis*）（上）も、鰓のかわりに肺を1つ持っている。空気を呼吸するので、酸素濃度の低い流れの遅い水やよどんだ水の中でも生きていける。ヨーロッパモノアラガイと数多くの近縁種は、北半球の淡水中に普通に見られる。

指のような触覚
重い殻
扁平でらせん形の殻

陸生ナメクジ類
ウミウシ類とは異なり、陸生ナメクジ類は肺として機能する外套腔を通して空気を呼吸する。このヨーロッパクロナメクジ（*Arion ater*）は通常、体長15cmで、外套腔に通じる開口部がちょうど頭の真後ろに見えている。

呼吸のための開口部
突び出した目
目は触角の基部近くにある

陸生カタツムリ類
陸生カタツムリは、海生カタツムリと違って殻が薄く比較的軽い。また、多くのものは殻の開口部を封印する固いプレートつまり蓋を持たない。右の写真はアフリカマイマイ（*Achatina fuliculа*）であるが、体を伸ばしたときは30cmにもなることがある。もともと東アフリカ原産だが、南アジアの多くの土地に移入され、いくつかの地域では農業に深刻な被害を与えている。

薄いらせん形の殻
目は触覚の先端にある
大きな筋肉質の足

タマキビガイ類
タマキビガイ類は海藻を食べる小さな海生の貝で、岩のある海岸、マングローブ、塩分のある沼地で普通に見られ、稀に干潟の泥にいることもある。大潮のときにしか海水のこない高い岸辺で生きていける種もいる。こういった種は鰓室が部分的に肺に改造されている。写真のヨーロッパタマキビガイ（*Littorina obtusata*）は他のタマキビガイ類と同じように、普通は高さ3cm未満である。

ミミズガイ類
主として熱帯性のこの腹足類は、生涯の最初にはきちんと巻いた殻なのだが、年をとるにつれて巻きがゆるく不規則になり、ちゃんと巻いていないような殻になっていく。カリブ海産のラセンミミズガイ（*Vermicularia spirata*）は長さ最高10cmになる。他の多くのミミズガイ類同様、肢から粘液フィルターを分泌し、小さな動物を捕まえるのに用いる。

先端は巻いている
不規則な成体の成長

ニシキウズガイ
ニシキウズガイの仲間は海藻を食べる海生腹足類で、高さ最高3cmの円錐形の殻を持ち、底面は平たくて円形をしている。岩のある海岸や砂洲に棲む。上の写真は広く分布する種（*Calliostoma*属）で、鮮やかな色をしている。オスにはペニスがなく、受精は体外で行われる。

浮遊する貝
温暖な海に棲むゾウクラゲ属（*Carinaria*）と近縁種は開けた海中へ進出し、浮遊生活の仲間入りをした数少ない腹足類に含まれる。この風変わりな軟体動物は体長最高5cmで、ゼラチン質の体を持ち、非常に薄い殻を持つか、あるいは殻をまったく持たない。彼らは上下逆さまになって生活しているが、それは殻がある場合には体の下の方についているからで、泳ぐために足が鰭に変化したものがいちばん上にある。

殻

ホラガイ類
紡錘形をしたホラガイ類は他の軟体動物や虫類を食べる捕食者である。浅い海や高緯度地域に棲むものもいるが、大半は温暖な海で潮下帯（干潮線の下）を好む。写真の種（*Fasciolaria*属）の一種のように体は赤いことが多く、殻は長さ最高25cmで、長い管状の水管突起が前方にある。

赤い殻
水管突起
蓋

無脊椎動物

軟体動物

綱　無板綱
無板類
分布　250種　世界中：海底、他の生物（特に刺胞動物）と共生

　無板類は薄いミミズのような体をしており、他の軟体動物とはほとんど似たところがない。普通は体長5mm未満で、殻の痕跡はないが、小さな無機質の骨片を多く含む頑丈なクチクラに覆われている。頭部はほとんど発達しておらず、目もなく、這ったり沈殿物を掘ったりして移動する。這う種は刺胞動物類を食べ、沈殿物を掘る種は微細な生物や有機物の細片を食べる。雌雄異体の種もいるが、大半は雌雄同体である。孵化するまで卵を体内にとどめる種もいるが、その他の繁殖行動はあまりわかっていない。

頭

体は後ろ向きに尖った骨片で覆われている

アッケシハダウミヒモの1種
アッケシハダウミヒモ属（Chaetoderma属）のメンバーは北半球に棲む。無板類の中では比較的巨大な部類で、体長最高8cmになる。他の無板類と同じように、足がない。体の背面にある体腔の中の鰓で呼吸する。

綱　単板綱
単板類
分布　15種　大西洋、太平洋、インド洋の水深200～7,000m強

　1952年に東太平洋でひとつかみの標本が手に入るまで、単板類は3億年以上も前に絶滅したと思われていた。その後、世界中各地の深海海底で発見されている。単板類はカサガイ類（540ページ）のように見えるが、カサガイ類やその他の腹足類が足の収縮筋を1対しか持っていないのに対し、単板類は収縮筋を最高8対持っている。馬蹄型の外套腔には足を取り巻くように3～6対の鰓がある。殻は円形で蓋のような形をしており、頭は小さく、大きな口器（歯舌）がある。目も触角も持たない。雌雄異体である。この軟体動物は長さ最高3cmになる。

綱　多板綱
多板類（ヒザラガイ類）
分布　550種　世界中：海底

　吸盤のような足を持ち、腹足類と似ているが、多板類の殻は非常に特徴的で、8枚のプレートでできている。プレートは1列に並び、背中のところで弓なりに曲がっている。多板類は、楕円形から長円形の太った軟体動物で、プレートの周囲を唇のように取り囲んで守っている厚い"帯"で覆われていることが多い。"帯"はゴム状の組織を持っており、多くの種では剛毛や石灰質の骨片で覆われている。体長は最高40cmになることもある。大きな筋肉質の足を持ち、小さな頭にはよく発達したヤスリのような口器（歯舌）があるが、目も触角もなく、足の周りのU字型の外套腔には6～88対の鰓がある。両性とも左右の生殖器官（生殖巣）は融合して1つになっている。岩や海底についた海藻を食べる。日没後や高潮のときは岩の表面をゆっくり這い回り、それから一定の場所に戻って、岩にぴったりと居心地よさそうに張りつくが、これは攻撃や空気にさらされたときの乾燥から身を守るのに役立つのである。

厚い帯

プレートにはわずかに光沢がある

スジヒザラガイ
南アメリカの西海岸で見られるこのヒザラガイ（Chiton striatus）は大きく、きれいに弓なりになった幅の広い帯に取り巻かれている。長さ9cmで、潮間帯の岩に棲む。各プレートの中心には目の詰まったまっすぐな小隆起があり、隆起の頂上はすり減って滑らかになっている。頭と尾にあたるプレートには粗い放射線状の隆起があり、帯は光沢のある粒子で覆われている。

コブヒザラガイ
著しいコブのあるこのヒザラガイ（Acanthopleura granulata）は、カリブ海産の、強く隆起の入った多板類である。太い帯に囲まれており、帯は粗いトゲに覆われている。プレートはすり減っていないときは茶色だが、普通は灰茶色で、峰の部分と側面が濃い褐色である。体長は最高6cmで、潮間帯の岩に棲む。

頭の方の先端

ダイリセキヒザラガイ
北大西洋産のこの種（Tonicella marmorea）は体長最高4cmで、殻のプレートは革のような帯に取り巻かれている。潮間帯から水深200m地点の間で見られる。岩、石、小石の上に棲み、スコットランドの海のいくつかの入り江では1平方メートルあたり50匹という密度に達することがある。

綱　掘足綱
ツノガイ類
分布　550種　世界中：海底、柔らかい沈殿物の中

　穴を掘って潜る軟体動物で、世界中の海洋に広く分布している。先細になった中空の牙のような形で、両端が開き、片方の開口部が大きい殻を見れば、すぐに識別できる。ツノガイ類は頭を下にして沈殿物の中で暮らしており、頭と足は殻の大きい方の開口部から出てくる。小さな頭には繊細な繊毛のある多数の繊維があり、この繊維が収縮して食物の細片を沈殿物から口の中へ運ぶ。小さい方の開口部は沈殿物の表面の上に突き出している。呼吸のための水流は、この開口部を通して引き込まれ、排出される。鰓はないが、そのかわりに外套腔の表面を通してガス交換が行われる。雌雄異体で、生殖器官はたった1つである。生きているツノガイは稀にしか見られないが、空になった殻は長さ最高15cmのものもあり、よく海岸に打ち上げられている。

ゾウゲツノガイ
固くてわずかにつやのある殻を持っているこのツノガイ（Dentalium elephantium）（上）には、狭い方の先端に特徴的な刻み目がある。この軟体動物はインド洋沖合いの砂の中に棲んでおり、体長7.5cmである。

長いツノガイ

小さい方の開口部は呼吸に使われる

長いツノガイ
このツノガイの仲間（Antalis属）（右）は、北大西洋産の海生軟体動物の中では小規模なグループであるが、長さ6cmの殻に棲んでいる。彼らは棍棒のような形の多数の触手を使って微生物を食べている。

縦の隆起

後方先端に小さなパイプ状突起

色のついた輪状紋が交互に入る

美しいツノガイ
インド洋の海岸で見られる種（Pictodentalium formosum）（右）は体長7.5cmになる。他の大きなツノガイとは異なり、頭がある方の先端は、後方の先端よりわずかに幅が広いだけである。体長に沿った隆起と小隆起は同心円状の成長線と交差している。後方先端からは刻み目の入った小さなパイプが突き出している。

| 綱　頭足綱

頭足類

分布　660種　世界中：主に開けた海に棲む、海底やその近くに棲むものもいる

頭足類には、無脊椎動物中最も大きく、最も速く、そして最も知的な動物が含まれる。他の軟体動物とは異なり、吸盤のある腕（触腕）を持ち、外套腔から水を噴射し、ジェットスクリューの要領で移動することができる。触腕は魚や甲殻類を捕らえたり、精子をオスからメスへ受け渡したりするのに用いられる。頭足類は食物を削り取る口器（歯舌）、鳥のようなくちばし、大きな脳、よく発達した目を持っている。初期の頭足類はらせん状の外殻を持っていた。しかし現生種の中ではオウムガイ類だけがこの特徴を見せている。その他のイカ類、タコ類などすべての頭足類は、殻は体内にあるか、まったく持っていない。外海にいるイカ類の体は環境に適応して流線型になるため、事実上横たわった形に変化している。頭足類の大きさは非常に多様性に富む。トグロコウイカ類は体長7cm未満だが、ダイオウイカは20mを超える。頭足類の多くは一度だけ繁殖し、その後死んでしまう。

オウムガイ類
オウムガイは外殻を持つ頭足類の唯一の生き残りで、殻は直径最高20cmになることもある。殻にはガスで満たされた室が並び、これが浮揚装置として働き、開口部にいちばん近い大きな部屋にオウムガイ本体が棲む。このオウムガイ（*Nautilus pompilius*）（上）はインド洋に棲んでいる。

ダイオウイカ
ダイオウイカ属（*Achiteuthis*）のメンバーは世界中に分布するが、ダイオウイカは体長20mかそれ以上になることもある。生きて捕獲されたダイオウイカはいない。浜辺に体が打ち上げられたり、マッコウクジラの腸からダイオウイカのくちばしが消化されずに出てきたりする。

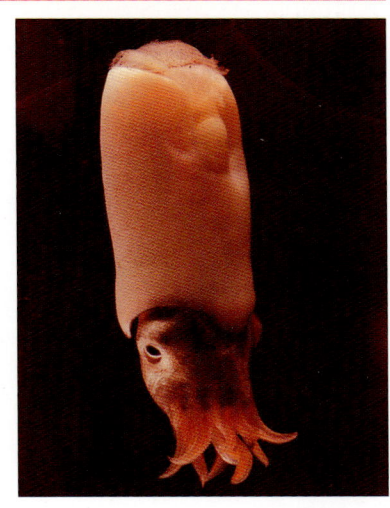

トグロコウイカ類
この小さなコウイカの仲間（右）は体長7cm未満である。体の中には浮き袋の役割を果たす室に分かれたらせん状の殻があり、このおかげでトグロコウイカは水深最高2000mのところでも頭を下にして水中に浮かんでいられる。小さな腕を使って、手の届く範囲に漂っている浮遊生物を捕らえる。トグロコウイカが死ぬと、殻が海面に浮かび上がることがあり、よく浜辺まで運ばれている。写真のトグロコウイカ（*Spilura spilura*）は熱帯の浜辺ではおなじみの存在である。

らせん状で、室に分かれた殻

コウモリダコ
これはコウモリダコ属（*Vampyroteuthis*）のメンバーで、体長5cm未満である。タコ類と同じように8本の腕があり、イカのように付属的な伸縮自在の触腕が2本ある。熱帯の海の水深最高3000mにまで棲んでいる。

黒いゼラチン質の体

太平洋のイカ
ヤリイカ類は魚雷のような形のハンターで、体内の殻は、角質の小さな"筆"のように縮小している。単独で狩りをするものもいるが、写真の太平洋産の1種（*Loligo opalescens*）のような中程度の大きさの種の多くは、大群で餌を食べる。全員が鰭を波打たせたり、ジェット噴射で泳ぎ回る。コウイカ類と同じようにヤリイカ類も、獲物を捕らえる長い2本の触腕を持つが、触腕は伸縮できない。

カイダコ類
タコブネ属（*Argonauta*）の一種であるこのカイダコ（左）は、本当はタコの一種で、体長は20cmである。繁殖期のメスはオウムガイのそれと似た薄い殻を持つが、これは2本の腕からの分泌物でつくったもので、メスはこの中で受精卵をかえす。

隆起の先端はトゲ状のコブになっている

コウイカ類
コウイカ類は扁平な殻が体内にある。おなじみの"イカの甲"がそれである。コウイカの体は短くて幅が広く、8本の短い腕と2本のやや長い触腕があり、触腕を振り出して獲物を捕らえることができる。コウイカは気分に応じて体色を変化させる能力があることで有名である。上の種（*Sepia officinalis*）は、北大西洋周辺で普通に見られ、体長は最高30cmになる。

体側に沿って波打つひれがある
触腕は獲物に向かって伸ばすことができる

ヒョウモンダコ
ヒョウモンダコ（*Hapalochlaena luculata*）は太平洋とインド洋のサンゴ礁に棲んでいる。このタコは体長10cmと小さいが、美しい。しかし咬まれると人間が15分で死んでしまうこともあるほど強い毒を持っている。

体に青い輪がある

普通のタコ
コウイカ類やヤリイカ類とは異なり、タコ類は頭がもっと丸く、獲物を捕らえるための2本の触腕がなく、先祖から受け継いだ殻の痕跡がまったくない。大半の種は海底に棲むが、腕の間にあるひれを使って海底の水流を"帆走"するものもいる。左の写真は大西洋に棲むマダコ（*Octopus vulgaris*）で体長1mである。

獲物をつかむ長い腕
獲物を突き止めるのに使う目は人間の目に似ている
しっかりつかんで放さないための強力な2列の吸盤

頭足綱（続き）
ミズダコ

分布 1種　北太平洋：水深750mまで、主に海底に棲む

世界最大のタコで、普通は体長3～5m、体重は10～50kgである。日本からアリューシャン列島にかけての地域から、南はカリフォルニアまで北太平洋の縁に棲み、吸盤のついた長い腕で海底を這い回っている。海底の岩穴や丸石の下や割れ目の中などで餌を探す。子どもはよく砂や砂利の中の岩の下に穴を掘ろうとする。この穴はアザラシ、ラッコ、サメ、その他の大きすぎて穴の中に滑りこめない魚などの捕食者から逃れるためのものである。主に夜、餌をあさり、特にカニ類やイセエビなどを探すが、エビ類、貝類、小型のタコ類、魚類なども食べる。

よく巣に帰って餌を食べるので、獲物の殻や食べられなかった部分などを入口に積み上げている。近縁種同様、おおむね単独で暮らすが、例外的に短期間（1年のどの時期でもありうるが）成体が集まり交尾をする。オスは特にそのために発達した腕で、最高1mにもなる精子の包みをメスの外套腔の中に入れる。メスは封をした巣穴の中で卵を産み、孵化するまで卵の世話をする。水温にもよるが孵化には8か月ほどかかることもある。その間、メスはずっと餌を食べようともせず、子どもが誕生するとすぐに死んでしまう。寿命は様々だが、最高4年である。

敏捷な巨人
ミズダコ（*Enteroctopus dolfeini*）は大きさの割には非常に敏捷で、吸盤のある腕は海面よりも上まで楽に動かすことができ、柔らかくてしなやかな体は、非常に小さな穴でも通り抜けることができる。

- 袋のような体
- 皮膚の色は紫色を帯びた赤
- 下面は淡色
- 腕には吸盤が2列ある

子どもの誕生
卵が孵化すると母親は子どもを巣から吹き出し、子どもは海面へ向かって泳ぐ。海底に定住する前に、子どもたちは最初の数か月は浮遊生物の間で暮らす。

防御と攻撃

脅されると体色を変えたり、墨を煙幕にして逃げたりすることがある。獲物を捕らえるとしっかり握って引きちぎり、噛み割るか、くちばしで殻に穴を開ける。

危険からの逃避
捕食者が追跡すると、タコは墨状の物質を放出して水中に暗い雲をつくり出す。これを目くらましにして、タコはすばやく逃げることができる。

カニをさばく
タコは吸盤でカニをしっかり押さえ、くちばしでカニの殻に穴を開け、接続器官を溶かすために唾液を注入する。それから肉を取り出して食べる。

献身的な母親
メスは何千個もの卵を産み、孵化するまで5～8か月も卵を守ってそばにとどまる。メスは水管で絶えず水を吹きかけて卵を洗い、卵に寄生虫がつかないように腕で手入れをしてやる。

545

無脊椎動物

節足動物

門	節足動物門
綱	17
目	99
科	約2140
種	約110万

分類について

節足動物には、ハサミのような付属器官を持ち触角がない鋏角亜門と、噛むための口器と1～2対の触角を持つ大顎亜門がある。

大顎亜門
- 六脚類　548～577ページ
- ムカデ類およびヤスデ類　578ページ
- 甲殻類　579～585ページ

鋏角亜門
- ウミグモ類　585ページ
- カブトガニ類　585ページ
- クモ類　586～593ページ

　節足動物は現生動物の最大の門を形成し、種の数は知られている生物の4分の3以上にのぼる。節足動物には昆虫類、ムカデ類・ヤスデ類（多足類）、甲殻類、クモ類その他が含まれる。すべての節足類は体を覆って体節に分ける外骨格と、節に分かれた脚を持つ。最初の節足動物は海の生物であった。そして今でも多くのもの（特に甲殻類）が海で見られる。しかし昆虫類、クモ類、多足類は陸上で生活することにうまく適応してきた。すべての節足動物の中で断然数が多い昆虫類は、飛行性爬虫類や鳥類よりも1億年以上も前に機能的な翅を進化させて力強く飛ぶことのできた唯一の無脊椎動物である。より大きな動物の食物になるという点で、節足動物は世界中の生態系大部分の機能にとって必要不可欠のものになってきた。オキアミやカイアシ類その他の甲殻類は、魚や海生哺乳類の餌になることで海の食物連鎖の基礎となっている。陸上では昆虫が他の動物大部分の食物となっている。

移動

節足動物は最も活動的な無脊椎動物のひとつである。節足動物の中には周囲の状況の変化に対応するため、あるいは食物を供給するための移動に、この活動性を用いるものがいる。毎年多くのイセエビが比較的温かい水と冷たい水の間を集団移動する。一列縦隊で移動するのが一般的で、（触角を用いて）触れ合うか、または（自分の前にいる個体の腹部にある明色の斑点を目印にして）目で見るかによって、互いの接触を保っている。秋の移動は激しい嵐によって引き起こされることが多い。

体のつくり

　節足動物には共通の特徴がいくつかある。どの種も体節に分かれた（下図参照）左右相称の体をしている。体節からは節のある何対かの脚が生えている。体は丈夫な外骨格に覆われているが、外骨格はタンパク質とキチン質と呼ばれる物質でできたクチクラによってつくられている。外骨格は動けるように関節やちょうつがいでつながっているが、その部分の表皮は柔らかくしなやかである。海生の大型種では外骨格は石灰質で強化されているが、陸生種は乾燥を防ぐために防水性ワックスの薄い層がある。すべての節足動物は開放型循環系を備えている。体の器官は血リンパと呼ばれる体液に浸り、血リンパは心臓のポンプ運動によって体中をめぐっている。ガス交換は鰓や書肺と呼ばれる器官や気管系システムで行われる。神経系には脳があり、脳は対になった神経索を通して、胸部と腹部にある神経細胞網につながっている。

分節

節足動物の体は体節に分かれている。節足動物はおそらく特殊化されていない体節を持った海生虫類から進化したのであろう。長い間に目、触角、付属器官が現われ、いくつかの体節が融合して機能単位となったが、その中で最も一般的な単位が頭部である。多足類のような原始的な種には頭部と胴がある。クモ類では頭部と胸郭が融合して、頭胸部を形成している。最も発達した節足動物である昆虫類は、頭部（6体節が融合している）、胸部（3体節がある）、腹部（11体節がある）を持っている。

体の断面図

各体節は本質的には箱であり（下図横断面参照）、上には背板、下に腹板、側面に胸膜がある。この外殻は丈夫で比較的固いプレート（硬皮）でつくられ、柔らかい表皮で接合されて動かせるようになっている。背板と腹板の間の筋肉が体節の形を平たく保ち、隣接しあった体節が接合されているので、体を横に動かしたり、巻き上げたり、縦に伸縮することができる。神経索、消化器官、心臓は大部分の体節を通っている。

クチクラ

クチクラ（左の断面図参照）は節足動物の体をダメージから守り、病原体をはねつける。いくつかの層が合成されたものであるが、補修することもでき、小さな傷はすぐにふさがってしまう。より大きなダメージは次の脱皮の際に新しいクチクラをつくることで補修される。失った足を再生できるものもいる。

動き方

　節足動物と他の無脊椎動物の大部分を分ける鍵となる特徴のひとつが、関節のある脚である。節足動物の大半は活発で、歩いたり泳いだりジャンプしたりして移動する。そのおかげで節足動物は食物を探し、交尾し、新しい場所に進出し、捕食者や不利な状況から逃れることができる。脚の数は昆虫のような3対からヤスデ類のような数百対まで様々である。通常、脚の先端は鉤爪のようになっており、節足動物が物の表面に立つときの足場を確かなものにしている。多くの種は滑らかな垂直面や水面を歩くために、剛毛や物をつかむためのパッドのような適応を見せている。脚節間の継ぎ目にレジリンと呼ばれる弾力性のあるタンパク質を含む種もいる。圧力が加わるとこの部分にエネルギーが蓄積され、動物が動くときに解放される。節足動物は移動するだけでなく、獲物を捕まえたり交尾したりコミュニケーションをとったりするのにも脚を使う。

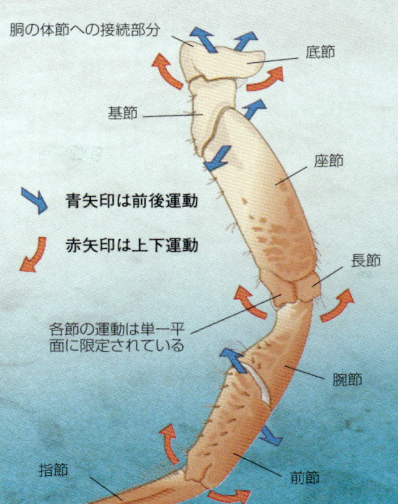

脚(図の説明)
- 胴の体節への接続部分
- 底節
- 基節
- 青矢印は前後運動
- 赤矢印は上下運動
- 座節
- 長節
- 各節の運動は単一平面に限定されている
- 腕節
- 前節
- 指節

脚の動き方
節足動物の脚はこのカニの第1脚のように(左)、中空の固い部分が組み合わさってできている。各部は柔軟なクチクラ部分で接続されており、体節を接続している筋肉によって動かされる。体節の先端は、各節が隣接した節とは異なる平面で動くような形になっている。この結果、脚はほとんどどのような位置にも動かすことができる。

歩行
この甲虫も含めて、昆虫類の大半は三脚歩きと呼ばれる歩き方をする。いずれかの脚が地面から持ち上げられたとき、体は同じ側の脚1本と反対側の脚2本で支えられている。

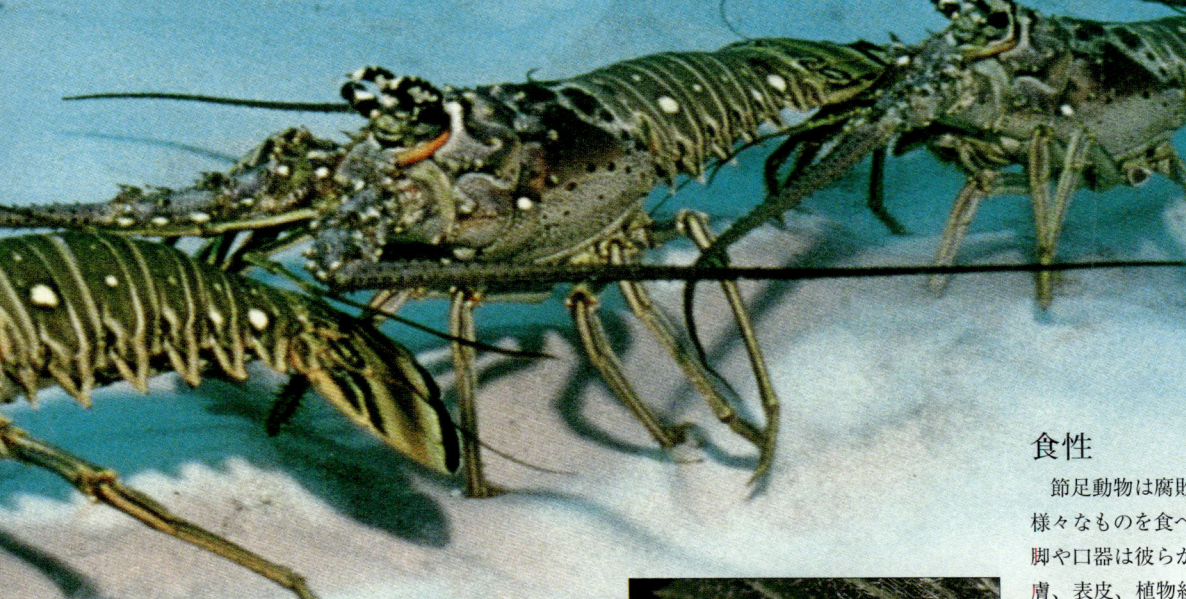

食性

　節足動物は腐敗した有機物から他の動物や植物の器官まで、じつに様々なものを食べる。多くの種は特別なものを食べる専門家で、その脚や口器は彼らが食べているものを反映している。強い鉤爪と顎は皮膚、表皮、植物組織のような丈夫な素材でも引き裂き、切ることができるし、針のような口器は樹液、血液、花蜜のような液体を吸い上げるのに使われる。水生甲殻類の多くは脚または口の周りに羽毛状の構造物があり、水から微細な動物や有機物の破片をこし取るふるいの役割を果たしている。節足動物の大半は、食物が消化器官の中に入るときに唾液を使って食物を滑らかにし、通りやすくしている。

子育て
昆虫の成体、ムカデ類、クモ類が卵や子どもの世話をするのは珍しいことではない。メスのクモは卵を絹糸で包み、孵化するまで運んだり守ったりする。サソリ類は卵を抱え、孵化した後も子どもを背中に乗せて運ぶ。

成長

　外骨格の不利な点のひとつは、成長の際、定期的により大きなものと取り替えねばならないことである。節足動物の成長や発育にはいろいろな方法がある。甲殻類、多足類、クモ類は成体が一生を通して脱皮する。例えばカニ類では卵が孵化すると、浮遊性のゾエア幼生になる。ゾエアは海底に棲むメガロパ幼生になり、これが成長して成体となる。多足類の幼体は、普通は小さな成体の姿をしているが、脱皮するごとに胴の体節が増えて体が長くなる。ただしヤスデ類の中には、成体と同じ数の胴節を備えて孵化してくるものもいる。クモ類の幼体は、普通は両親の小型版である。イシノミ類とシミ類は例外であるが、昆虫類は性的に成熟すると脱皮を止める。

脱皮
脱皮したときは節足動物の体は柔らかく無防備である。未熟なカワトンボ(若虫またはニンフと呼ばれる)は水中で数回脱皮する。最後の脱皮の準備ができると、水から這い出してくる。脱皮を終えるとトンボは殻を脱ぎ捨てる。捕食者から食べられるのを免れるためには、数時間のうちに空中へ飛び立たなければならない。

- 若い成体は植物の茎をよじ登って水を離れる
- 脱ぎ捨てられた若虫(ヤゴ)の皮

捕食者
クモ類の大半は他の動物を食べる。しかし彼らは流動食しか摂取できない。ゴキブリを捕まえたこのサソリはゴキブリの体に消化酵素をかけて、その結果生じる液体を食べる。

植物食者
植物食の節足動物は大変な分量の食物を食べることができる。イナゴの群は500億匹もの個体からなることがあり、理論的には1日で10万トンの食物を食べることができる。

昆虫類

門	節足動物門
亜門	大顎亜門
上綱	六脚上綱
綱	昆虫綱
目	29
科	949
種	少なくとも100万

昆虫類は地球上で最も成功を収めた動物である。他のどの綱の動物よりも数が多い。これまでに100万種以上が確認されているが、本当の数は500万から1000万種の間であろうと考えられている。昆虫類は、節足動物のうちで六脚類と呼ばれる3対の脚を持ったグループに属する。また昆虫類の大半には翅があり、昆虫類を力強く飛ぶことのできる唯一の節足動物にしている。体の小ささや乾燥にも耐え抜く能力とあいまって、飛ぶ能力は昆虫が膨大な種類の生息地に進出することを可能にした。大半のものは陸上か空中で生活するが、淡水の中に棲むものも多い。昆虫がいなかったら、他の生物の多くも存在しなかったであろう。花を咲かせる植物の大多数は受粉の際、主に昆虫類に頼っている。昆虫の多くは成体の状態に達するまでにいくつかの身体的段階を経ることで、一生の間に完全な変態を行う。

昆虫類以外の六脚類

六脚類には昆虫類以外にも3つの小さなグループが含まれている。トビムシ類、カマアシムシ類、コムシ類である。これらはひとまとめにして昆虫類以外の六脚類と呼ばれているが、その中から精選したものをこの章で紹介する。昆虫以外の六脚類はどれも翅を持たず、目も触角も欠落しているものが多い。昆虫類とは異なり、口器は頭部の下側にある袋の中に収まっている。

トビムシ類
トビムシ類は小さな六脚類で、北極や南極を含む世界中の土の中や積もった落ち葉の中に大量にいる。

体のつくり

昆虫の体は頭部、胸部、腹部の3つの部分に分けられるが、各部分は異なる機能を担っている。頭部は口器と複眼と触角を含む多くの感覚器官を支えている。胸部には脚があり、多くの種では翅もあり、運動にとって重要な部分である。腹部には消化、排泄、繁殖のための器官がある。昆虫類の成体はすべて腹部と胸部の側面にある穴(気門と呼ばれる)を通して空気を呼吸している。水生種の未成熟段階では鰓を持っていることが多い。内部器官は血リンパと呼ばれる液体に中に浸されており、血リンパは栄養や老廃物を運び、チューブ型の心臓によって全身に送られている。

体の分解図
タマムシの体は、他の昆虫と同様固い外骨格で守られている。各体節間にはいくらか柔軟性がある。例えば頭は自由に動かすことができる。胸部と腹部はさらに細分されている。胸部は前胸、中胸、後胸からなり、腹部は最高11の体節からなる。

複眼
昆虫の目には単眼と複眼という2つのタイプがある。このスズメバチの単眼は頭の頂点についている。前を向いた複眼には光を感じる器官が数百個あり、神経によって脳とつながっている。

口器
昆虫の口器は驚くほど様々な形に進化している。オサムシ類は他の大半の昆虫類と同様、切ったり咀嚼したりするのに向いた顎を持っている。イエバエ類はスポンジのような口器を用いて出てくる液体を吸い取る。カ類は針のような口器を用いて他の動物の皮膚に穴を開ける。

個体数

昆虫類がなぜこのように成功を収めたのかというと、いくつかの理由がある。まず、体が小さいおかげで、他の生物が近づけないような微小生息場所を占拠することができたこと。また、適切な状況であれば非常に速く繁殖できるので、利用できる食物の増加にすばやく対応することができたことがあげられる。例えばひとつがいのマメゾウムシは、理論的には432日で地球の全容量を占拠するのに十分な数の子孫を産むことができる。実際には、食糧供給の限界と同種内の個体同士の競争、そして他の種との競争のせいで、そのようなことは起きはしないが。

種の数
昆虫類は繁殖率が高いので、現在生きている動物の半分以上を占めるほどに急速に発達することができた。写真のヒメナガメのようなカメムシ類だけでも8万2000種にのぼる。昆虫類は陸上でも淡水でも、さらに海面でも見られる。

ライフサイクル

昆虫類の一生は卵として始まる。しかし昆虫の子どもが孵化してからは、成体に至るまでのいくつかの道順のいずれかが続く。それは脱皮の単なる繰り返しから、体の各部分の完全な身体的変化に至るまで、様々である。各段階の時期の長さは種によって大幅に異なる。例えば北アメリカの17年ゼミは成体になるのに17年かかるが、ミバエのある種は成熟するのに2週間もかからない。昆虫が性的に成熟すると交尾しはじめる。求愛ディスプレイには性的な匂いや音を発することや、光ディスプレイを行うことなどが含まれる。ほとんどすべての昆虫は受精を体内で行う。（28～29ページ参照）受精卵は普通、食物のそばに産みつけられる。しかし寄生性の種は、宿主である動物の体表または体内に産む。

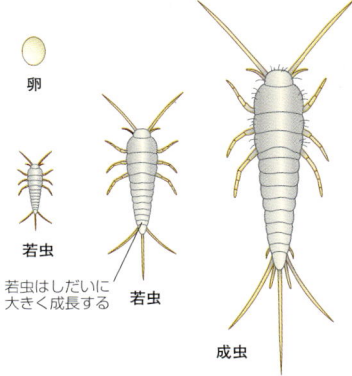

不変態の成長過程
翅を持たない昆虫の中には、若虫と成虫の間にほとんど違いがないものもいる。若虫は外骨格を脱ぎ捨てることで成長し、脱皮するたびに体が大きくなる。

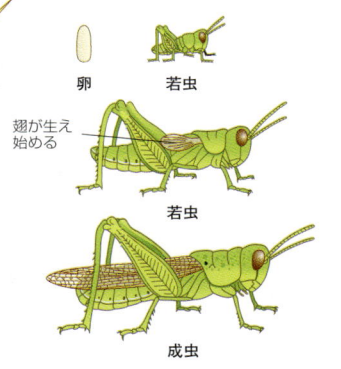

不完全変態
翅のある昆虫の中には、バッタのように未成熟な段階（若虫）から成虫への変化が緩やかなものがいる。若虫は成虫と似ているが、翅や生殖器官を持っていない。

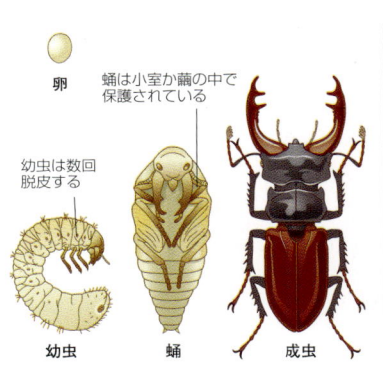

完全変態
その他の翅のある昆虫では、未成熟段階（幼虫）は数回脱皮する。最後の脱皮の間に幼虫はさなぎになり、幼虫の組織は成虫の器官へと変化する。

渡り

昆虫類の多くは休眠状態になることで低温を生き延びる。しかし大きな翅を持つ昆虫の中には、冬の寒さから逃れるために長距離の渡りをするものもいる。その最も有名な例のひとつがオオカバマダラ（写真）である。毎年何百万匹ものオオカバマダラの大群が、カナダやアメリカ合衆国東部から最高4000km も旅をして、カリフォルニアやメキシコのねぐらで冬を越す。

飛翔と翅

昆虫は飛翔能力を進化させた最初の動物である。飛翔能力の発達は、捕食者から逃れることや食物や交尾相手を効率的に見つけることをより簡単にした。昆虫の翅はクチクラでできており、胸部に接続されている。大半の昆虫には2対の翅がある。2対の翅は鉤でつなぎ合わされているのが普通だが、トンボのような一部の種は、翅を交互に羽ばたいて機動性を高めている。ハエは1対しか翅を持たない唯一の昆虫である。ハエもまた機敏な飛行家で、後ろ向きにも横向きにも、それどころか上下逆さまになっても飛ぶことができる。飛ぶことのできる昆虫のほとんどすべてが翅をたたむことができるが、これは飛んでいないときには木の幹の割れ目や石の隙間のような小さな場所にも潜り込めることを意味する。

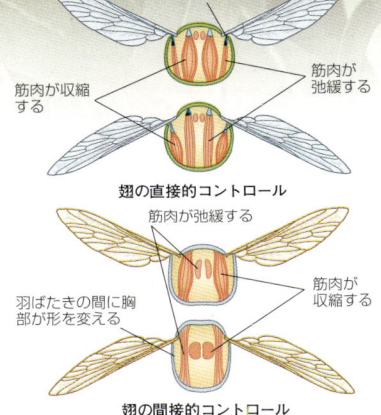

翅のコントロール
翅のある昆虫は、翅をコントロールするのに様々なメカニズムを用いる。翅に接続した筋肉を使って翅の基部を動かし、直接コントロールするものもいる。胸部の形を変えることで翅を上下に動かすものもいる。このような間接的コントロール方法を用いる昆虫は、直接コントロールする昆虫（普通は1秒間に50回）よりも、速く翅を動かすことができる。（1秒間に100～400回）

離陸
コガネムシは華奢な後翅を丈夫なケースのような前翅（翅鞘）の下に保護している。コガネムシが翅鞘を持ち上げて後翅を伸ばし、離陸するのには少し時間がかかる。空気が冷たいときには、昆虫の多くは飛翔に使う筋肉を振動させてウォーミングアップをする。

無脊椎動物

昆虫類以外の六脚類

目 トビムシ目

トビムシ類

トビムシ類は小さくて見落としやすいが、草地や積もった落ち葉や土の中には膨大な数がいる。腹部の下側に腹管があり、腹管は水分を調整したり、滑らかな面をつかんだりするのに用いられる。またフォーク型の跳躍器（叉状器）をばねのように打ち出して跳ね、捕食者から逃れることができる。トビムシ類には18科（6500種）がある。

科 ミズトビムシ科

ミズトビムシ

分布　1種　北半球：淡水の溝、池、水路、沼の水面

この科のただ1つの種であるミズトビムシは体長最高2mmである。体色は茶色か赤褐色から暗い青かほとんど黒まで様々である。跳躍器はほぼ平らで長く、腹部の腹管まで達しているので、ミズトビムシは水面にぴったり張りついたり、効率的にジャンプしたりできる。水面に浮かぶ小さな食物の細片を食べる掃除屋である。卵は植物の間や水中または水の周辺に産みつけられる。

ミズトビムシ
数の多いミズトビムシ（Podura aquatica）は水上での生活に適応している。水面が黒っぽく見えるほどの大群で淡水に集まることがある。

科 マルトビムシ科

マルトビムシ類

分布　900種　世界中：積もった落葉、水面、菌類子実体の中、洞窟の中

マルトビムシ類は、体長1～3mmの六脚類である。体色は濃淡様々の茶色か緑色で、体はほとんど球形である。多くの種でオスの触角は長く、肘のように曲がり、交尾の間メスを抱えていられるように設計されている。卵は小さな塊状で土の中に産みつけられ、1か月程度で性的に成熟する。ミドリマルトビムシのような草食性の数種は作物の苗にとっては害虫である。

ミズマルトビムシ
このごく小さな六脚類（Sminthurus viridis）は体長わずか2mmで、池の水面で普通に見られるが、ミズトビムシのような大群になることはない。

目 カマアシムシ目

カマアシムシ類

トビムシ類同様、カマアシムシ類も時には積もった落ち葉の中でも見られるが、大半の種は土の中に棲んでいる。顕微鏡サイズであることが多いこの生物は、目も尾（尾角）も触角もない。そのかわり前脚を感覚器官として使っている。刺したり吸ったりできる口器は袋の中に収められ、餌を食べる間は押し出される。カマアシムシ類には4科あり、全部でおよそ400種がいる。

科 カマアシムシ科

カマアシムシ類

分布　90科　世界中：土、積もった落葉、コケ類、腐葉土、腐った木の中

淡い色の柔らかい体をした六脚類で、体長0.5～2mm、円錐形の頭と長い胴の持ち主である。死んだ有機物や菌類を食べる。土や積もった落葉の中に産みつけられる卵には、球形で表面に模様かイボがある。幼虫は成虫と同じ姿をしているが、体が小さい。

カマアシムシ
この種（Eosentomon delicatum）は世界中で見られるが、もとはヨーロッパ産である。土の中、特に白亜質の土の中に棲んでいる。

目 コムシ目

コムシ類

コムシ類は、目が見えず、体が長くて柔らかい六脚類で、先端が2つある尾角を持っている。大きくて目立つ頭部と反転可能な口器がある。9科でおよそ800種がいる。

科 ハサミコムシ科

ハサミコムシ類

分布　200種　世界中：土の中

ほっそりした体で淡い色をしており、体長は0.6～3cmである。腹部の先端にはピンセットのような丈夫で特徴的な尾角が1対あり、獲物である小さな節足動物を捕まえるのに使われる。卵は塊にして土の中に産む。

ハサミコムシ
北アメリカで普通に見られるこの種（Catajapyx diversiunguis）は頑丈な尾角を持っている。腹部の体節の周縁部は淡色である。

細長い体
尾角

昆虫類

目 イシノミ目

イシノミ類

イシノミ類は翅のない昆虫で、横から見ると背中にコブがあるように見える。単純な口器と互いにくっついた大きな目と3本の尾（尾角）があり、中央のものが最も長い。シミ類と同じように、イシノミ類も変態をしない。2科350種がいる。

科 イシノミ科

イシノミ類

分布　250種　世界中：石の下、積もった落葉、腐った植物の中

イシノミ類は体が長く、くすんだ茶色から暗い灰色の鱗の斑紋で覆われている。体長は最高1.2cmで、多くの種は走ったりジャンプしたりできる。藻類、地衣類、植物のかけらなどを食べる。卵は小さな塊で割れ目の中に産みつけられ、幼虫は2年で成熟する。寿命は最高4年である。

イシノミの1種
走るのが速いこの虫（Petrobius maritimus）は、北半球の岩の多い海岸線にしばしば大群で棲む。

目 シミ目

シミ類

シミ類は目の間が大きく離れていることと、3本の尾（尾角）の長さが同じことで、イシノミ類と区別できる。シミ類の体は長くて扁平で、銀色の鱗で覆われていることが多い。4科で約370種がいる。何種類かは家の中でよく見かけられるおなじみの存在である。

科 シミ科

シミ類

分布　190種　世界中、特に温暖な地域：林冠、洞窟の中、人家

シミ類は茶色っぽい夜行性の昆虫で、複眼を持っているが、単眼はない。体長は0.8～2cmである。オスが置いた精子塊をメスが体内に取り込む。卵は小さな塊で割れ目や裂け目の中に産みつけられる。人家に棲む種は小麦粉、湿気のある布、壁紙の糊、本の表装を食べる。最高で4年生きることがある。

シミ
このセイヨウシミ（Lepisma saccharina）は、夜だけ姿を現わす。湿気のある場所を好み、世界中の台所、浴室、地下室で見られる。

昆虫類

目 カゲロウ目

カゲロウ類

最も原始的な翅を持つ昆虫であるカゲロウ類は、羽化した後で最後の脱皮を行うことでもユニークである。若虫は水中で2～3年生きているが、成虫は食物をとらず、わずか1日しか生きられないことが多い。23科で約2500種がいる。

科 フタオカゲロウ科
フタオカゲロウ類

分布 175種　世界中、ただし主に北半球：大部分は流水の中とその近く

フタオカゲロウの翅の開張は最高5cmである。前翅はかなり幅が狭い。若虫は敏捷な泳ぎ手で、成長すると水から石や茎の上に飛び出してくる。

大きな後翅を立てているのが普通の姿

夏のカゲロウ
釣り人はこの種（*Siphlonurus lactustris*）を「夏のカゲロウ」と呼んでいる。新しい水路に最初に進出してくる生物のひとつで、酸性化した水にも耐える。

科 モンカゲロウ科
モンカゲロウ類

分布 50種　オーストラリアを除く世界中：淡水周辺の植物の間と上

モンカゲロウ類は大きなカゲロウで、体長1～3.4cm、透明または茶色を帯びた三角形の翅には稀に暗色の斑点が入ることもある。2～3本の長い尾が腹部先端にある。メスは数千個の卵を直接水の中に産み落とす。若虫は歯のような下顎で水底の泥の中に穴を掘り、泥の中の有機物を食べる。成虫は何も食べない。マス釣りに使われるフライと呼ばれる疑似餌はこのカゲロウをモデルにしている。

大きくて翅脈の入った三角形の前翅
小さな後翅
同じ長さの3本の尾

1日だけの命
ヨーロッパに広く分布する大きな種（*Ephemera danica*）。水底に砂か泥のある川や湖の中に卵を産む。

目 トンボ目

イトトンボ類およびトンボ類

大きな目とすばらしい飛翔能力を持つこの昆虫は、非常に有能な空中捕食者である。イトトンボ類はほっそりしており、翅を閉じて休息する傾向があり、がっしりとしたトンボ類は翅を開いたまま休息する。30科で約5500種がいる。いずれの種も水生幼虫として生涯をスタートする。

科 ヤンマ科
ヤンマ類

分布 420種　世界中：植物のある静かな流れ、池、沼の中とその近く

最も大きくて力強い部類のトンボで、開張は普通は6.5～9cmである。大きな目は頭の頂上部で触れ合っている。オスはなわばりを持ち、定期的にパトロールをしている。メスは植物に切れ目を入れてそこに卵を産む。若虫は大きく、カムフラージュが巧みで、オタマジャクシや稚魚のような大きさの動物を狩る。

ギンヤンマ
ヨーロッパとアジア各地に生息するギンヤンマの1種（*Anax imperator*）。水から離れたところで狩りをしているのがよく見られる。

毛の生えた胸部
長く薄い縁紋
長い腹部

アオマダラヤンマ
ヨーロッパの湖や池で見られるこの種（*Aeshna cyanea*）は夏に現われる大きなトンボである。オスはなわばりで他のオスを見かけると攻撃する。

大きな目が頭部の頂上でくっつきあっている
縁紋
翅は広げたままでいる

ヤンマの1種
このヤンマ（*Brachytron pratense*）の成虫は5月に現われ、独特のジグザグ航跡を描いて低く飛ぶ。

渡りをするヤンマ
中央ヨーロッパ、南ヨーロッパに広く分布するワタリマダラヤンマ（*Aeshna mixta*）は、規則的に巡回しながら獲物を捕まえる。夏と秋に飛び回り、大群でヨーロッパを横断して渡りを行う。

科 イトトンボ科
イトトンボ類

分布 1,000種　世界中、特に温暖な地域：池、沼、流れ、塩気のある水の中

スマートな体のイトトンボ類の開張はたいてい2～4.5cmである。メスは水生植物に切れ目を入れ、そこに卵を産む。若虫は水中の植物の上で狩りをする。

幅の狭い翅は胴体の上でたたまれる
胸部体節は後方に傾いている
長い腹部

ヨーロッパキタイトトンボ
このイトトンボ（*Coenagrion puella*）はヨーロッパの小さな池で普通に見られる。この科の特徴として、オスはメスよりも鮮やかな色であることが多い。メスは灰色か緑がかった色である。

科 アオイトトンボ科
アオイトトンボ類

分布 160種　世界中：沼沢地、池、湖、緩やかな流れ

金属的光沢のある明るい青か緑色のたくましい体をしている。休息の際は頭を上にして垂直に止まり、開張3～7.5cmの翅を開いたままである。オスにはピンセット型の把握器が腹部の先端にある。メスは水生植物の水上に出ている部分の内部に卵を産む。

翅は開いたままでいる
茎のような翅の基部
黒い長方形の縁紋

アオイトトンボ
アオイトトンボ（*Lestes* 属）は、ヨーロッパとアジアで見られる。暗緑色の体を持ち、運河、池、湖に棲む。

科 トンボ科
シオカラトンボ、アカトンボ類

分布 1300種　世界中：緩やかな流れ、池、沼近くの森林

がっしりした体でカラフルなことが多く、予測できない飛行パターンを持つ。たいていは開張4.5～7.5cmの翅を持ち、幅広く扁平な腹部のおかげで非常に機動力に富む。メスは水の上を舞いながら体を水にちょっと浸しては卵を産む。若虫は泥や屑の中で獲物を狩る。

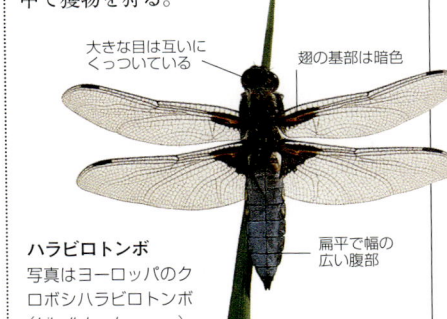

大きな目は互いにくっついている
翅の基部は暗色
扁平で幅の広い腹部

ハラビロトンボ
写真はヨーロッパのクロボシハラビロトンボ（*Libellula depressa*）。夏、池や湖の上を飛ぶ。

無脊椎動物

節足動物

目 直翅目

コオロギ類およびバッタ類

コオロギ類およびバッタ類は28科2万種以上あり、極寒地を除いて世界中に分布している。大半の種は大きな翅を持ち、前翅は頑丈で革のようである。しかし、コオロギ類、バッタ類は危険から飛んで逃げるかわりに、強力な後脚を用いてジャンプして逃げることが多い。咀嚼する口器を持つが、食物は様々である。コオロギ類、キリギリス類と近縁種（これらを合わせてキリギリス亜目という）は捕食者か雑食者で、バッタ類とイナゴ類（バッタ亜目）は完全に草食者である。どの種も不完全変態を行い、オスの成虫の大部分は交尾相手の気をひくために鳴く。

科 バッタ科
バッタ類

分布 10,000種　世界中：地表、植物の間

体長1〜8cmで、体色や斑紋はカムフラージュになっているが、捕食者に警告を発して退けるために鮮やかな色の体を持つものや、翅に模様のあるものもいる。有害な化学物質をつくり出すものもいる。触角は短い。日中、オスは交尾相手の気をひくために歌う。メスはほとんどの場合オスより大きく、目立った産卵管は持っていない。交尾の後15〜100個の卵が入った卵袋を地中に産み、周りに泡状の物質を分泌して卵を保護する。農業害虫である。定期的に移動性の群れを形成する種は飛蝗と呼ばれ、世界各地で収穫物に大損害を与えている。

ヨーロッパのバッタ
このバッタ（*Chorthippus brunneus*）は北ヨーロッパからスペイン、イタリアにいたる地域で草地に生息する。鳴き声は非常に特徴的で、チーチーという声が2秒程度ごとに繰り返される。

スジバネバッタ
このバッタ（*Stenobothrus lineatus*）はヨーロッパの乾燥して日当たりのよい草地や荒野に棲んでいる。高いピッチで大きくなったり、ソフトになったりする鳴き方をする。

飛蝗
サバクトビバッタ（*Schistocerca gregaria*）はアフリカからインドにかけて見られ、体長は6cmである。このバッタは農業が始まって以来の作物害虫である。最高500億匹もの大群が風に乗って移動し、1日に10万トンの食糧をむさぼり食らう。

科 コオロギ科
コオロギ類

分布 4,000種　世界中：地表、石の下、落ち葉の下、木の上

体長0.5〜5cmで、わずかに扁平な体をしている。大きな声で鳴き、ペットとして飼われている種もある。肉食のカンタン以外のコオロギ類の大半は、植物食者か掃除屋である。

コオロギの1種
この種（*Brachytrupes*属）はアフリカのサバンナ地帯に分布している。近縁種には茶、タバコ、綿花を食い荒らす害虫がいる。

科 ケラ科
ケラ類

分布 60種　ほぼ世界中：流れ、池、湖の近くの湿った砂や土を掘って潜る

モグラと同じような頑丈な体で、短いベルベットのような毛で覆われている。体長2〜4.5cm、穴を掘るために使う前脚は短く、幅広く、歯のようなぎざぎざがある。メスは土の中に小部屋を掘って卵を産む。オスは鳴き声を増幅するために特別な穴を掘るが、鳴き声は最高1.5km離れても聞こえることがある。成虫も若虫も植物や小型の動物を、日中は地下で、夜は地表で食べる。

ケラ
ヨーロッパケラ（*Gryllotalpa gryllotalpa*）は暗くなってから光に寄って来る。前脚を使って穴を掘り、後脚で土を穴から押し出す。作物に被害を与えることもある。

科 キリギリス科
キリギリス類

分布 6,000種　世界中、主に熱帯地域：植物の上

キリギリス類は、体長は1.5〜7.5cmで茶色か緑色、普通は大きな翅が体の側面まで斜めに覆っている。大半の種が、葉や樹皮の擬態をしている。また、捕食者を驚かせるために、後脚の鮮やかな色をひらめかせることもある。オスは前翅の基部にあるヤスリと摩擦片を使って鳴く。メスは植物か土の中に卵を産む。キリギリス類の大半は、夜だけ餌を食べたり、鳴いたりする。

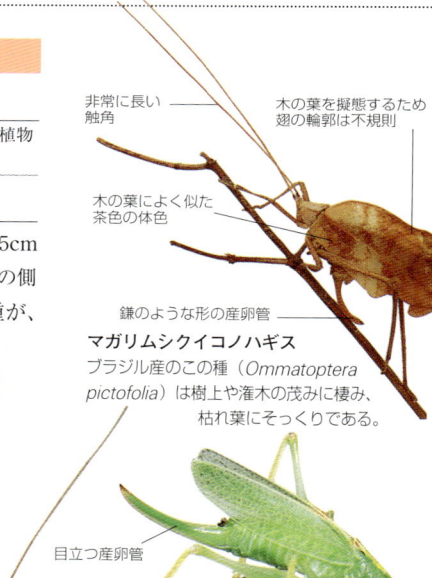

ヨーロッパツユムシ
この種（*Leptophyes punctatissima*）は、ヨーロッパ全体に分布し、茂み、樹上、草地で見られる。

科 カマドウマ科
カマドウマ類

分布 500種　世界中、特に温暖な地域：洞窟の中、湿った場所、丸太や石の下

ずんぐりして背中が盛り上がったカマドウマ類は、翅がなく、体長は1.3〜3.8cmである。長い後脚を持ち、さらに長い触角は捕食者を探知するのに役立っている。カマドウマ類は、くすんだ茶色か灰色である。洞窟に適応した種には、目が退化し、体が柔らかいものもおり、卵は洞窟の地表の屑の中に産む。若虫は孵化するとすぐに餌を探し始める。掃除屋もいるが、生餌を捕らえるものもいる。

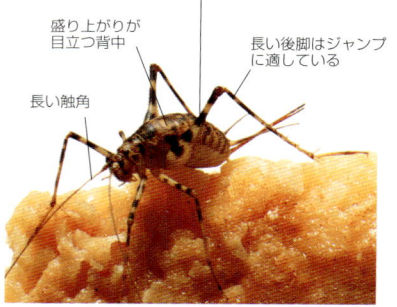

カマドウマ
このカマドウマ（*Pholeogryllus geertsi*）は北アフリカと南ヨーロッパ各地にいる。

マガリムシクイコノハギス
ブラジル産のこの種（*Ommatoptera pictofolia*）は樹上や潅木の茂みに棲み、枯れ葉にそっくりである。

後脚で鳴くキリギリス
ヨーロッパ産のこの虫（*Meconema thalassinum*）は、特にナラやカシの森林で見られる。主に夜行性で、よく飛ぶ。オスは後脚を葉の表面に叩きつけてメスに信号を送る。

昆虫類

目 カワゲラ目

カワゲラ類

カワゲラ類は扁平でほっそりした体の昆虫で、一生を水中でスタートし、不完全変態を行って成長する。成体には薄い膜のような2対の翅があるが、あまり飛びたがらない。大半のものは寿命が短く、食物をまったくとらないものも多い。15科で約2000種がいる。

科 カワゲラ科

カワゲラ類

分布 400種 オーストラリアを除く世界中：湖、川の中、流水のそばの植物の間

成虫のカワゲラ類は飛翔力が弱く、よく水際の石の上で休息している。体長は1〜4.8cmで、様々な濃さの茶色あるいは黄色である。成虫は餌を食べないが、若虫は肉食性である。

カワゲラの1種
ヨーロッパ産のこのカワゲラ（*Dinocras cephalotes*）は、流水の近くで見られる。若虫は30回以上も脱皮をすることがあり、成熟するのには最高5年かかる。

長い触角／体色は茶色／長い尾角

目 ガロアムシ目

ガロアムシ類

ガロアムシ類はカナダロッキー山脈で1913年に初めて発見された。1科25種の翅のない小さな昆虫で、寒冷な環境に適応しており、死んだ生物や風に吹き寄せられた生物、あるいは動きの遅い獲物やコケその他の植物も食べる。変態は不完全である。

科 ガロアムシ科

ガロアムシ類

分布 25種 北半球の比較的寒冷な地域：石灰岩の洞窟の中、腐った木の中

おおむね夜行性のガロアムシ類は、体長1.2〜3cmで、小さな複眼と咬みつくための単純な口器を持っている。メスは交尾後2か月以上たってから卵を産む。若虫は、成長するまでに5年以上かかることがある。

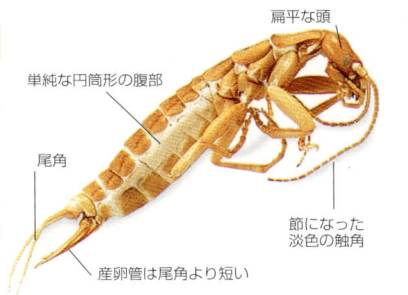

ロッキーガロアムシ
この虫（*Grylloblatta campodeiformis*）は、アメリカ合衆国とカナダの高緯度地域で見られる。氷河近くの岩の間に棲んでいる。

扁平な頭／単純な円筒形の腹部／尾角／節になった淡色の触角／産卵管は尾角より短い

目 ハサミムシ目

ハサミムシ類

ハサミムシ目には10科（1900種）ある。掃除屋か植物食の昆虫で、腹部に独特の"ピンセット"を持っている。大半の種は前翅が短く、後翅は扇型でたたむことができる。母親としての育児行動がよく発達している。変態は不完全である。

科 クギヌキハサミムシ科

クギヌキハサミムシ類

分布 450種 世界中：積もった落ち葉や土の中、樹皮の下、割れ目の中

体長1.2〜2.5cmで、普通は黒褐色である。ピンセットのような付属器官は、メスのものは比較的まっすぐで、オスのものは曲がっている。メスは土の中に卵を産んで守り、舐めてきれいにする。

ヨーロッパクギヌキハサミムシ
この虫（*Forficula auricularia*）は、世界中で見られ、野菜、穀物、果物、花の害虫である。

目 ナナフシ目

ナナフシ類およびコノハムシ類

小枝や木の葉そっくりのこの昆虫たちは植物の上で生活し、植物を食べている。そして食べられるのを免れるために非常に効果的なカムフラージュを行う。オスには（オスがほとんど見当たらない種もいるが）翅があるが、メスには翅がないことが多い。不完全変態によって成長し、普通は夜行性である。3科で約2500種がいる。

科 ナナフシ科

ナナフシ類

分布 2,450種 主に温暖な地域：草、樹木、潅木の葉の間

ナナフシ類は小枝のような姿勢をとり、見事なカムフラージュを行う。背景に溶け込むため、風が吹くと体を揺らすものもいる。体長は2.5〜29cmまで様々で、トゲやイボのある茶色か緑色の体をしており、短いが丈夫な前翅が大きな薄い膜のような後翅を保護している。翅のない種もいる。脅されるとサソリのような姿勢をとるもの、翅の色をひらめかせるもの、有害な化学物質を出すものがいる。攻撃されると脚を切り離すが、すぐにまた生えてくる。多くの種で、オスは稀にしかいなかったり、まったくいなかったりする。メスは植物の種子のような卵を地面にばらまく。

ヒレアシカレハナナフシ
南洋州（オーストラリアおよび周辺の南洋諸島）原産であるヒレアシカレハナナフシ（*Extatosoma tiaratum*）はイバラの葉を与えて飼育されている多くの種のひとつである。メス（写真）は翅がなくてオスより大きく、成虫になると毎日1ダースの卵を腹部を振って落としながら産む。

短い触角／脚の節に葉のような拡張部分がある／トゲのある葉のような拡張部分が腹部側面にある

インドのナナフシ
インドで見られるこのファルナシア属（*Pharnacia*）のナナフシには、極端に細い体のものがいる。この写真に見られるように、メスには翅がない。脚を体にぴったりつけて、ますます小枝そっくりに見せかけることもできる。

前脚は頭の側面にぴったりつけられるように曲がっている／四角い頭／長い後胸／ほっそりした体／脚の節にはトゲや隆起がある／目立つ産卵管

科 コノハムシ科

コノハムシ類

分布 30種 モーリシャス、セーシェル、東南アジア、南洋州：植物がよく茂る地域で様々な植物の上

平たく拡張した腹部、脚の節の広がり、茶色か緑色の体色、これらすべてがこの昆虫を木の葉そっくりに見せている。この変装はまだら模様や体表のきめ、そよ風が吹くと体を揺らす能力によって、さらに助けられている。枯れて縮れた木の葉に見えるように特殊化された種もいる。体長は3〜11cmまで様々である。休息しているときは、翅脈のある前翅が透明な後翅を覆っている。触角は短く、メスのものは滑らかで、オスのものは長く、少し毛が生えている。卵は植物の種子に似ており、地面に落とされる。奇妙な外見のため、世界中でペットとして飼育されている。

アシブトホンコノハムシ
東南アジアで見られるこの種（*Phyllium Bioculata*）は、暖かい状態を保つことができれば、簡単に飼育できる。

長くてわずかに毛の生えた触角／小さな前翅／透明な後翅／腹部の斑紋は木の葉に空いた穴の擬態になっている

無脊椎動物

無脊椎動物

昆虫類

威嚇のディスプレイ
カマキリ類は行動を妨害されると、このハナカマキリのように体を起こして派手な色彩を見せつけ、防御姿勢をとることが多い。カマキリはコウモリの攻撃を避けるために優れた視力を用いるが、それと同時に胸部の中脚間にある超音波を聞き取る耳も利用する。

目 カマキリ目

カマキリ類

カマキリ類は、まるでお祈りをしているように前脚を上げてたたみ込む独特の姿勢をとる。カマキリの姿は多様性に富むが、後ろを見るために頭をぐるりと回転できる唯一の昆虫である。長い前胸にある前脚は生きた獲物を捕らえるために独特の変化を遂げている。カマキリ類の大半は昼行性で、様々な節足動物を食べるが、場合によってはカエルやトカゲのような脊椎動物さえ食べることがある。カマキリは泡のような卵嚢の中に卵を産むが、メスが卵を守る種もある。8科2000種がいる。

科 ハナカマキリ科

ハナカマキリ類

分布 185種 熱帯地域、オーストラリアを除く世界中：様々な植物の中

鮮やかな赤や緑（左写真参照）を含む派手な色合いのおかげで、ハナカマキリは乗っている植物に完全に溶け込んで、獲物が来るのを待つことができる。脚など体のいくつかの部分は、葉に似せた幅広の拡張部分があることが多い。ハナカマキリの前翅には色のついた横縞や渦巻き模様、円形の斑紋などがあり、目のように見えることがある。前翅の彩色斑紋が左右対称ではない種もいる。メスの翅はオスより短いこともある。若虫はすぐに捕食者となり、クチクラが固くなるとすぐに獲物に跳びかかることができる。獲物を探知するために超音波を聞き取ることができる耳を持つが、もっと低い周波数に反応する第2の耳を持つ種もある。しかしその機能はわかっていない。

科 カマキリ科

カマキリ類

分布 1,400種 温暖な地域、世界中：十分獲物がいるあらゆる植物の上

カマキリ類の大半はこの科に属しており、多くのものが外見はあまり変わらない。大半は緑色か茶色で、葉や枝に似ている。ハナカマキリ科とは異なり、カマキリ科の翅に模様があることは稀である。ただし斑点が入ることはある。メスの翅はオスより小さいことが多く、翅のまったくないものもいる。最高15cmにまで成長する種もあり、大型種は小型爬虫類やサンショウウオ、カエルなどを食べることが知られている。

- 糸のような触角
- 前方を向いた大きな目
- 長い前胸
- 翅脈のある葉のような翅
- 獲物を捕らえる前脚
- ほっそりした脚

優雅な横顔
カマキリ類の前方を向いた目は、両眼視によって距離を正確に測ることができる。この能力は、広げることのできる前脚とともにカマキリを有能なハンターにしている。

- 大きなメス
- 頭と胸部の一部が食べられている

危険な出会い
カマキリ類のメスは交尾後オスを食べてしまうことで有名である（上写真参照）。小柄な個体にとって交尾は確かに危険なこともあるが、通常、オスは注意深く、野生状態ではパートナーに食べられることはめったにない。

忍び寄るハンター

1 伏せて待つ
カマキリは伏せた姿勢で獲物がやってくるのを辛抱強く待つ。枝の先に止まり、前脚を折りたたみ、獲物が止まりそうな場所を見張っている。

2 襲撃
何も知らないハエが手の届くところにやってくると、カマキリはすばやく動く。前方に突進して、長い前脚を伸ばし、犠牲者に飛びかかる。

3 捕獲
犠牲者であるハエがカマキリの存在に気づく前に、カマキリは力を入れて犠牲者をつかみ、トゲのある脚で突き刺す。

4 すべて数秒で終わり
強い力で捕まえられると、哀れなハエにはもう逃れる方法はない。カマキリは止まっている枝に戻ってから、獲物を食べ始める。

無脊椎動物

節足動物

目 ゴキブリ目

ゴキブリ類

ゴキブリ類は革のような外皮の昆虫で、普通は楕円形で扁平な体をしているため、狭い場所に潜り込んで、食物を探したり捕食者から逃れたりすることができる。ゴキブリ類は振動に対して敏感で、危険からすばやく逃れることができる。頭は盾のような前胸背板で覆われていることが多く、一般には2対の翅がある。ゴキブリ目は6科4000種からなるが、害虫はその1％以下しかいない。残りのものは、多くの生息地では有益な掃除屋である。害虫種は温暖で衛生状態がよくない場所で繁栄しており、病気の原因となるような微生物を体につけて運ぶことがある。成虫は交尾相手の気をひくために性フェロモンを出すことがある。メスは、卵嚢と呼ばれる頑丈な保護ケースの中に卵を最高50個2列にして産む。不完全変態を行う。

科 ブラベルスゴキブリ科
オオゴキブリ類

分布　1,000種　熱帯地域：洞窟の中、地下

大型のゴキブリで、体長2.5〜6cm、よく発達した淡い茶色に暗色の斑紋のある翅を持つことが多い。しかし多くの種ではメスに翅がなく、木や石の下に穴を掘って潜っている。前胸背板は非常に幅が広いこともある。求愛行動の間に交尾相手と音声を用いてコミュニケーションをとる種もいる。すべての種が卵胎生で、若虫を産む。卵嚢はメスの腹部の先端から完全に排出されてから、向きを変えてメスの体内に再び戻され、体内で孵化する。成虫も若虫も主に腐ったものか排泄物を食べる。

マダガスカルオオゴキブリ
このオオゴキブリ（*Gromphadorhina portentosa*）は、体長6〜8cmで、気門から空気を押し出し、大きなシュッという音を立てて捕食者を驚かす。
― 革のような腹部
― 胸部のコブはオス同士が戦うときに使われる
― 短くて太い脚

科 チャバネゴキブリ科
チャバネゴキブリ類

分布　1,750種　世界中の温暖な地域：森に堆積した落ち葉の中、屑の中、ゴミ捨て場、建物の中

体長は0.8cmから10cmまで様々である。完全な翅のある種の多くは淡い茶色だが、オリーブグリーンのものも少ないる。成虫も若虫も掃除屋である。メスは卵が孵化するまで卵嚢を体から突き出した状態で持ち運ぶ。一生の間に数千個の卵を産むことがある。

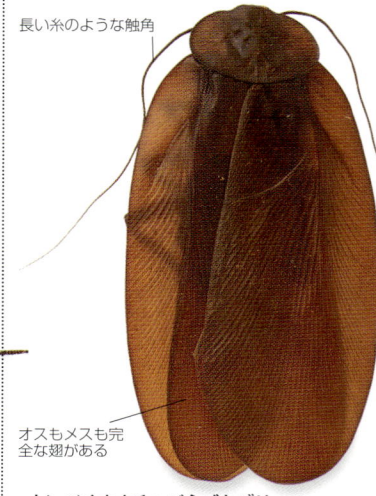

ナンベイオオチャバネゴキブリ
この種（*Megaloblatta longipennis*）はペルー、エクアドル、パナマ原産で、翅のあるゴキブリの中で世界最大である。翅の開張は最高20cmになる。
― 長い糸のような触角
― オスもメスも完全な翅がある

科 ゴキブリ科
ゴキブリ類

分布　600種　主に熱帯、亜熱帯地域；倉庫、下水、ゴミ捨て場で一般的

ゴキブリ類の大半は茶色か赤褐色、黒褐色に斑紋が入る。体長2〜4.5cmで、非常に活発で、とても速く走ったり飛んだりできる。皮膚に湿疹を引き起こす不快な化学物質を分泌する種もいる。メスはそれぞれ卵が12〜14個入った卵嚢を最高50個産むことができる。成虫も若虫も夜行性で、腐食性である。

トウヨウゴキブリ
家庭で普通に見られる害虫である。この種（*Blatta orientalis*）は多くの種と同様、原産地から船に乗って旅をして広がっている。
― 頭は下向きに尖っている
― ほっそりした脚
― 突き出した卵嚢

目 シロアリ目

シロアリ類

アリ類（576ページ参照）と同じように（アリ類とシロアリ類は時々混同されているが）、シロアリ類も社会性昆虫で、コロニーをつくって生活し、コロニーの成員は100万匹以上になることもある。7科で約2750種があり、大半は熱帯地方に棲み、印象的な巣をつくる。シロアリ類は普通は淡色で柔らかく、噛むことのできる口器と短い触角を持っている。しかしシロアリの体はコロニー内での役割によって異なる。働きアリは小さく、兵隊アリは大きな頭と顎を持っている。コロニーの卵すべてを産む女王アリは人間の指ほどの大きさのこともある。木や植物を食べるシロアリもいるが、地下の"庭園"で栽培した菌類を食べる種もいる。食物のリサイクル業者として、食物連鎖の中では重要な存在でもあるが、多くのものは破壊的な害虫である。不完全変態を行う。

科 ミゾガシラシロアリ科
イエシロアリ類

分布　345種　世界中の温暖な地域：土の中、地面に接した湿った木の中

イエシロアリ類は、成虫も若虫も主に木を食べ、腸の中の微生物の力を借りて消化している。貪欲な大食漢であることから、世界中の温暖な地域で大きな損害を与える害虫になっている。通常、イエシロアリ類はクリーム色か明るい茶色をしており、体長は6〜8mmである。

イエシロアリ
このシロアリ（*Reticulitermes lucifugus*）は特徴のある触角を持っている。巣は地下や湿った木の内部につくり、南ヨーロッパ全域で普通に見られる。

科 シロアリ科
高等シロアリ類

分布　1,950種　世界中：木や土の中、地下

世界中のシロアリの4分の3はこの科に属している。外見も習性も多様性に富み、体長は4〜14mm。女王アリは働きアリや兵隊アリよりずっと大きく、1日に数千個の卵を産むことがある。巣は木の中につくられる小さなものから、土でできた巨大な塔に地下の"菌類の庭園"まで備わったものまで様々である。多くの種が農作物の害虫である。

アフリカのキノコシロアリ
この属（*Macrotermes*）のシロアリは、巨大なコロニーを形成することが多い。年に何回か翅の生えた生殖虫が新しいコロニーをつくるために巣から飛び立つ。
― 幅広の頭
― 大きな淡色の翅

防御のシステム
東南アジアの害虫（*Globitermes sulphureus*）は一部が地下に潜った厚い壁の巣をつくる。兵隊アリは侵入者を追い払うために"爆発"することがある。

防御への防御
この種（*Trinervitermes trinervoides*）はアフリカ中央部と南部の牧草地に棲んでいる。捕食者であるツチオオカミ（207ページ）は、このシロアリが出す防御分泌物に対する免疫力を発達させている。

昆虫類

目 シロアリモドキ目
シロアリモドキ類
比較的小規模な目で、8科にわずか300種しかいない。シロアリモドキ類は群居性で、土、積もった落ち葉、樹皮の下に棲む。シロアリモドキ類は前脚の末節にある腺でつくられる絹糸を用いて、広大な防御トンネルをつくる。不完全変態を行う。

科 オナジオシロアリモドキ科
オナジオシロアリモドキ類
分布 14種　世界中の熱帯、亜熱帯地域：土や積もった落ち葉の中、樹皮や石の下

オナジオシロアリモドキ類は、普通は長い体に短い脚を持った昆虫である。体長は0.5～2cmで、小さな目、節に分かれた触角、噛むことのできる単純な口器がある。交尾の間メスを押さえるのに大顎を使う。メスと若虫は腐食性である。メスは卵を絹糸と生物の死骸の破片などで覆い、若虫にはあらかじめ噛み砕いた食物を与える。

シロアリモドキの1種
この種（Clothoda urichi）はカリブ諸島のトリニダード産である。写真は絹糸の巣の中にいるところ。

目 ジュズヒゲムシ目
ジュズヒゲムシ類
小さくて華奢でシロアリに似た群居性の昆虫で、30種からなる単独の科を構成する。明るい麦わら色から黒褐色か黒っぽい色まであり、腹部に短い尾（尾角）があり、口器は特殊化してはいない。不完全変態を行う。

科 ジュズヒゲムシ科
ジュズヒゲムシ類
分布 30種　オーストラリアを除く世界中の熱帯および温暖な地域：腐った木やおがくずの中

ジュズヒゲムシ類は体長2～3mmで、特徴的な三角形の頭と1対の触角を持っている。若虫も成虫も菌糸や小型節足動物を食べる。繁殖行動は複雑な場合がある。交尾の際オスが頭にある腺からの分泌物をメスに与える種もある。また交尾相手をめぐってオス同士が蹴り合って戦う種もある。

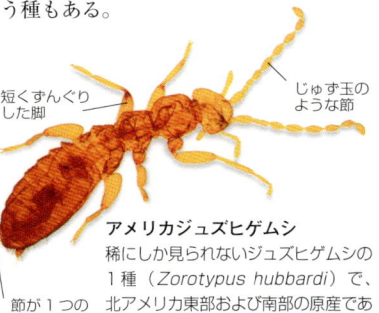

アメリカジュズヒゲムシ
稀にしか見られないジュズヒゲムシの1種（Zorotypus hubbardi）で、北アメリカ東部および南部の原産である。この標本は赤く着色されている。

目 チャタテムシ目
チャタテムシ類
チャタテムシ目は35科3500種あるが、柔らかい体でくすんだ色をした昆虫である。頭は大きく、膨らんだ目があり、球根状の前ához部を持ち、長い糸のような触角がある。変態は不完全で、普通は若虫段階が5齢まである。

科 コナチャタテ科
コナチャタテ類
分布 150種　世界中：乾いた落ち葉の堆積の中、樹皮の下、鳥の巣の中、建物の内部、貯蔵食料の中

貯蔵食料、穀物、紙などをかじってしまう種もいる。扁平な体をしており、後脚の腿節は膨らんでいる。大半の種は翅を持たない。体長は0.5～1.5mmまで様々である。卵は樹皮の隙間、積もった落ち葉、鳥の巣などに産みつけられる。若虫は小さな成虫のような姿をしている。

コナチャタテの1種
積もった落葉や乾燥した作物の中に見られるこの種（Liposcelis terricolis）は害虫になることもある。

目 シラミ目
シラミ類
扁平で翅がなく、25科6000種いるシラミ類は、常に鳥類や哺乳類の体表で暮らし、宿主を殺すことはない。口器は、皮膚、毛皮、羽毛を噛んだり血を吸ったりするのに使われる。シラミ類はそれぞれ特定の宿主と結びついており、体の特定の場所に棲みつくものも多い。シラミ類は不完全変態によって成長する。

科 タンカクハジラミ科
タンカクハジラミ類
分布 650種　世界中：様々な鳥類宿主の体表

体長は1～6mm、ほぼ三角形の大きな頭と噛むことのできる大顎を持つ。腹部は楕円形で脚は短くて太い。脚にはそれぞれ鉤爪が2本ある。大半の種の成虫も若虫も羽毛の破片を食べるが、血液や皮膚の分泌物をも食べる種もいる。卵は塊状で鳥の羽毛の根元に産みつけられる。ニワトリハジラミなどの種は家禽にとっては深刻な害虫である。

ニワトリオオハジラミ
広く分布する種（Menacanthus stramineus）で、家禽の体表に棲み、羽毛が抜けたり伝染病にかかったりする原因となる。

科 ヒトジラミ科
ヒトジラミ類
分布 2種　世界中：人間、類人猿、サル類の体表

ヒトジラミ類は、淡色で、体は小さくて長く（体長2～6mm）、宿主にしっかりつかまるための鉤爪のついた短い脚がある。頭の幅は狭く、洋梨形の扁平な体をしている。成虫も幼虫も血を食料とする。ヒトジラミには2つの亜種がある。コロモジラミは卵を衣服に付着させ、アタマジラミは卵を毛髪に付着させる。児童の間でアタマジラミの集団発生がよく起こる。コロモジラミは、チフスを引き起こす病原菌を運ぶ。

アタマジラミ
ヒトアタマジラミ（Pediculus humanus capttis）のメスは1日に9～10個の卵を産み、1つずつばらばらに毛髪に貼りつける。貼りつけられた卵を除去するのは難しい。

科 ケジラミ科
ケジラミ類
分布 2種　世界中：宿主（人間とゴリラ）がいる場所ならどこでも

ケジラミはずんぐりした扁平な体で、体長1.5～2.5mmである。中脚と後脚は特に太く、毛の軸をつかむための強力で大きな鉤爪がある。若虫も成虫も宿主の血を吸い、皮膚に青みがかったあざを残す。動きは非常に遅く、ほとんど動かないことが多い。メスは生涯に30個の卵を産むことがあり、防水性の樹で卵を1つずつ陰毛に貼りつける。卵が孵化して成熟し、成虫になるまでに4週間かかる。

ケジラミ
ケジラミ（Pthirus pubis）は脇の下、顎髭、鼠径部で見られることもある。不快ではあるが、このシラミが媒介する病気は知られていない。

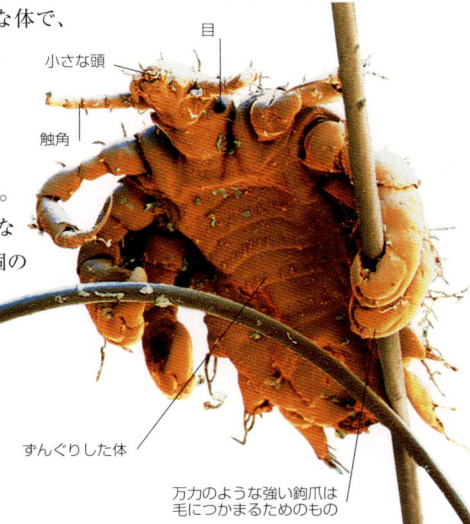

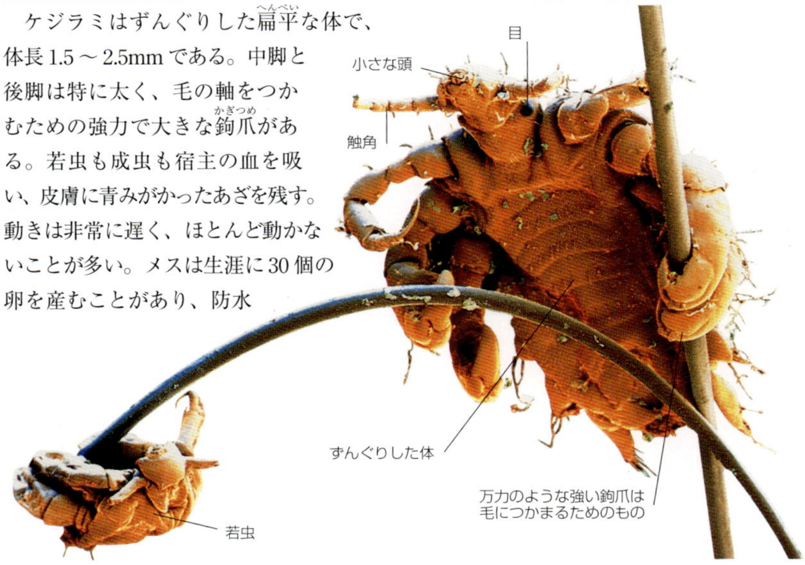

無脊椎動物

目 半翅目

カメムシ類

カメムシ類の大きさは様々で、体長数ミリのものから魚やカエルを捕らえることができるほど巨大な水生捕食者までいる。カメムシ類は世界中で陸上のあらゆる場所や淡水で見られ、134科8万2000種からなり、4亜目に分けられる。鞘吻亜目は単一の科で、その他はカメムシ亜目（メクラカメムシ類を含む）、ヨコバイ亜目（ビワハゴロモ類、セミ類を含む）、そしてアブラムシ亜目（コナジラミ類、カイガラムシ類を含む）である。カメムシ類はすべて2対の翅を持っている。カメムシ亜目では前翅が後翅より大きくて厚いのが普通である。長い額角または"くちばし"になっている口器は突き刺して吸うためのもので、汁液を吸う種の多くは農作物の深刻な害虫である。不完全変態を行う。

科 アブラムシ科
アブラムシ類

分布 2,250種　世界中、特に北半球温帯；大部分の野生植物や作物の上

繁殖力が非常に強いアブラムシ類は、ほとんどすべての種類の作物に影響を与え、病気を媒介するため、植物を食べるあらゆる昆虫の中で最も破壊的な部類に入る。アブラムシ類は洋梨形の柔らかい体をした昆虫で、大半の種は体長5mm、普通は緑色、ピンク色、黒、または茶色である。腹部には通常1対の角状管という防御用の分泌物を出す短い管がある。繁殖は単為生殖か、あるいは一定の季節だけ有性生殖をすることが多い。

アブラムシ
このアブラムシ（*Macrosiphum albifrons*）は庭の花の害虫で、北アメリカとヨーロッパにいる。写真は1匹のメス（左上）が幼虫を産んでいるところ。

科 コナジラミ科
コナジラミ類

分布 1,200種　世界中、特に温暖な地域；農作物を含む様々な植物のある場所

この小さなガに似たカメムシ類は体長1〜3mmである。7節の触角が1対あり、2対の翅は同じような大きさで、透明か白でまだらがある。メスは葉の裏のごく小さな軸に卵を産む。コナジラミ類の多くは植物の汁液を吸うため、深刻な害虫である。

コナジラミ
温室のキュウリやトマトの害虫であるオンシツコナジラミ（*Trtaleurodes vaporariorumu*）。暖かいときには屋外の作物を害することもある。

科 コオイムシ科
コオイムシ・タガメ類

分布 150種　世界中、特に熱帯、亜熱帯地域；動かない水、緩やかな流れ

灯火に寄ってくる習性を持つコオイムシ科にはカメムシ類中最大のタガメが含まれ、カエルや魚を食べることができる。茶色を帯びた昆虫で、楕円形の体は体長1.5〜10cmである。前脚は獲物を捕まえるピンセットのようである。昆虫には珍しく、コオイムシのメスは卵をオスの背中に付着させ、オスが卵を孵化させる。

曲がった脛節には獲物を捕らえるための鋭い鉤爪がある
大きな目
中脚と後脚には泳ぎやすいように毛が生えている

タガメ
南アジアに広く分布するこのタガメ（*Lethocerus grandis*）は、ある地域では食用にされている。

科 コガシラアワフキムシ科
コガシラアワフキ類

分布 2,400種　世界中、特に温暖な地域；茂み、木、草の上

ずんぐりして目が丸く、植物につく昆虫で、ジャンプが非常にうまい。多くの種はくすんだ色をしているが、鮮やかな赤と黒、あるいは黄色と黒の模様があるものもいる。体長は0.5〜2cmまで様々である。卵は種によっては最高30個であるが、土の中あるいは植物組織の中に産みつけられる。幼虫は植物の汁液を吸う。隠れたり乾燥を防いだりするために体を泡で包む。

コガシラアワフキ
この種（*Cercopis vulnerata*）はヨーロッパとアジアの草のある場所に棲んでいる。
太い後脚にはトゲがある
前胸背板は頭より幅が広い
目立ちやすい黒と赤の体色

科 ヨコバイ科
ヨコバイ類

分布 16,000種　世界中；植物がある場所ならほとんどどこでも。耕作地に豊富にいる

ほっそりした体形で、体長0.3〜2cm。茶色か緑色の種が多いが、鮮やかな縞模様や斑点のあるものもいる。オスは低い振幅の音で求愛してメスの気をひくが、この音は空中を伝わるのではなく、葉や茎を通って伝わる。交尾後、メスは6〜8週間で数百個の卵を産む。米、トウモロコシ、綿花、サトウキビなどの世界中の主要農作物を食べる非常に破壊力の高い害虫である。

ミドリヨコバイ
ヨーロッパ、アジアに広く分布するこのヨコバイ（*Cicadella viridis*）は果実、米、小麦、サトウキビの害虫となることがある。
三角形の頭には黒い斑紋がある
前翅は緑色

科 セミ科
セミ類

分布 2,500種　世界中、温暖な地域；適当な木や潅木の上

セミ類には最高1.5km離れても聞こえる鳴き声を出す、世界で最もうるさい昆虫が含まれる。成虫は普通は黒褐色か緑色で、ずんぐりした体は長さ2.2〜5.5cmである。触角は短く、大きな目は互いに離れている。歌うのはオスだけで、腹部側面にあるドラムのような鼓膜器官（膜状の器官）を使う。メスは植物に切れ目を入れて卵を産む。孵化した後、幼虫は地下で植物の根を食べる。最高17年生きる種もいる。

ヨーロッパのセミ
南ヨーロッパと地中海地方で普通に見られるこの種（*Cicada orni*）は、灰色がかった粉が体にあり、透明な前翅には11個の黒斑があり、長い額角がある。成虫はカケスなどの鳥に食べられる。

インドの黄色のセミ
他のすべてのセミ類同様、インドに棲むこのセミ（*Angamiana aetherea*）も集合の合図をしたり、交尾相手の気をひいたりするため鳴き声を出す。
薄い膜のような黄色い前翅
オスの腹部は鳴き声を増幅する共鳴器として機能する

ニイニイゼミ
同じくインド産のこの種（*Pycna repanda*）は、森林で様々な種類の樹木に止まって樹液を吸っているのが普通に見られる。
短い触角
大きな目
後翅は前翅より小さい

無脊椎動物

昆虫類

科 トコジラミ科
トコジラミ類

分布 90種 世界中：鳥類、哺乳類の宿主の体表、鳥の巣、洞窟、建物のひび割れの中

トコジラミ類はすべて血を吸う虫で、一時的外部寄生性であり、鳥、コウモリ、さらに人間にもつく。扁平で楕円形、赤褐色の昆虫で、体長は4〜12mm。前翅の名残はあるが、後翅はない。食料事情や温度にもよるが、寿命は2〜10か月である。オスは鋭い交尾器官を使ってメスの体を突き刺し、精子を注入する外傷性授精を行う。メスは卵を1日に2〜3個ずつ、成虫期間に150個以上産むこともある。

トコジラミ
時にナンキンムシとも呼ばれるトコジラミ（Cimex lectularius）は夜に血を吸うが、温度、匂い、二酸化炭素を手がかりに宿主の居場所を探知する。

上科 カイガラムシ上科
カイガラムシ類

分布 7,000種 世界中、特に熱帯、亜熱帯地域：多くの植物のあらゆる部分

カイガラムシ類は、汁液を吸う生活に高度に適応しているので、昆虫のようには見えない。メスは翅も肢も持たないことが多く、ずっと植物に付着したまま成虫期間を過ごす。大半のものは体長1cm以下で、楕円形の体は滑らかなロウ質の鱗に覆われている。オスはまったく違う姿で、翅があることが多い。多くは無性生殖を行い、果実の害虫となることがある。

ミカンコナカイガラムシ
熱帯地域全域に分布するこの種（Planococcus citri）はコーヒー、大豆、グアバを害する。主に植物の根に付着するが、茎にもつく。ミカンコナカイガラムシがつぼみの下に集団をつくっている。

科 ビワハゴロモ科
ビワハゴロモ類

分布 800種 熱帯、亜熱帯地域：主に植物のよく茂った地域で、木や潅木の上

熱帯性のビワハゴロモ類の多くは球根状の奇妙な形をした頭を持つことで有名である。目は頭の側面、触角の上方に位置している。胸部はかなり大きいことが多く、翅も大きくて翅脈が交差している。ビワハゴロモ類は汁液を吸う昆虫で、体長0.8〜10cm、後翅にある眼状紋をひらめかせて捕食者をためらわせる。成虫は昼間休息や食事をして、夜に飛び回る。卵は食草に産みつけられ、泡状の分泌物で覆われる。泡は固くなって卵を保護する。

ユカタンビワハゴロモ
ユカタンビワハゴロモ（Fulgora laternaria）は、球根状の頭を持ち、昔はこの頭が輝くと思われていた。南アメリカと西インド諸島に生息している。大きな眼状紋が後翅にある。

ビワハゴロモの1種
南アメリカの森林で見られるこの種（Fulgora servillei）は非常に大きな歯のような模様がある。この科の大半と同じく汁液を吸う。

モリツノシタベニハゴロモ
モリツノシタベニハゴロモ（Phrictus quinqueparttus）はカラフルな翅と風変わりな頭を持っている。パナマ、ブラジル、コロンビアの森林で見られる。奇妙な形の頭。前翅は保護色になっている。鮮やかな後翅。

科 アメンボ科
アメンボ類

分布 500種 世界中：水たまり、池、流れ、川、湖、温暖な海などの水面

動きの速い虫で、体長0.2〜3.5cm、黒褐色か黒で、小さなベルベットのような毛で覆われている。長い体には獲物を捕まえるための短くて太い前脚と、水面で体重を拡散させるための中脚と後脚がある。捕食性で、さざ波を感じ取る毛を使って獲物を探知する。さざ波を使った求愛信号の後、交尾を行い、卵は浮遊している物体に産みつけられるか、水草に埋め込まれる。

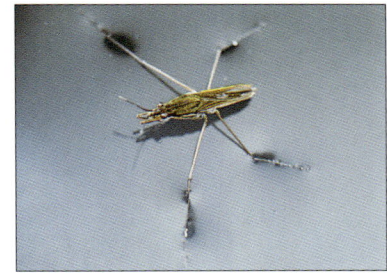

アメンボの1種
このアメンボ（Gerris属）は広く分布し、水面で生活している。獲物が立てるさざ波がアメンボを引き寄せ、アメンボはすばやく動いて攻撃する。

科 イトアメンボ科
イトアメンボ類

分布 120種 世界中：流れのない水、浮遊している植物の上

アメンボ類同様、イトアメンボ類も水面で生活し、餌を食べる。しかしイトアメンボ類はゆっくり忍び寄るように動き、獲物にそっと近づく。体長0.3〜2.2cmで長い頭部と膨らんだ目がある。大半の種は翅が短いかまったくない。イトアメンボ類は成虫も幼虫も捕食者でもあり掃除屋でもあり、刺したり吸ったりして餌を食べる。死んだ獲物か死にかけている獲物を好む。

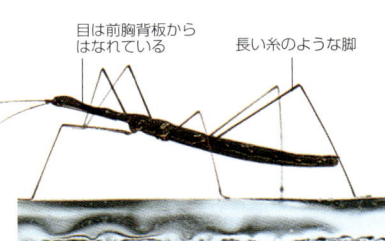

イトアメンボの1種
ヨーロッパ産のこの種（Hydrometra stagnorum）も水面の振動を感じ取り、小さな獲物を探知する。イトアメンボは鋭い口器を使って獲物を突き刺す。目は前胸背板からはなれている。長い糸のような脚。

科 ツノゼミ科
ツノゼミ類

分布 2,500種 世界中、主に温暖な地域：特に熱帯林の下層

大きくて特徴のある前胸背板はトゲの形をしていることが多い。植物の汁液を吸う昆虫で、大半は緑色、茶色または鮮やかな色をしており、体長は0.5〜1.5cmである。メスのツノゼミは卵を塊にして植物の樹皮の中に産みつける。種にもよるが、メスは最高300個の卵を産む。卵が孵化するまでメスは頻繁に卵をガードする。多くの種はアリによって守られ、お返しにアリは蜜をもらう。

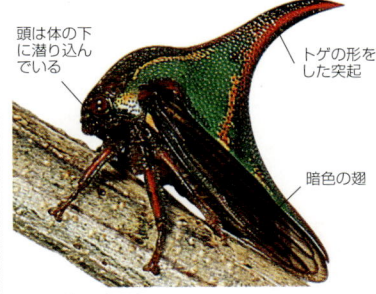

ツノゼミの仲間
この属（Umbonia属）のメンバーは北アメリカ、南アメリカ、南アジアの森林で見られる。前胸背板は頑丈で、皮膚を突き刺したり靴に穴を開けたりすることができる。頭は体の下に潜り込んでいる。トゲの形をした突起。暗色の翅。

科 メクラカメムシ科
メクラカメムシ類

分布 8,000種 世界中：農作物を含む植物のあらゆる地上部分

カメムシ亜目の中では最も大規模な科で、長円形か楕円形の体を持つ華奢な虫である。色や斑紋は様々で、アリに似ているものもいる。体長は2〜16mmである。大半の種は汁液を吸うが、掃除屋や生きた獲物を狩るものもいる。メクラカメムシ類は、保護色で身を守るが、脅されたときにはいやな匂いを出す。卵は植物の組織内に産みつけられる。メスは成虫期間に30〜100個の卵を産むこともある。多くの種は果実や農作物の害虫である。

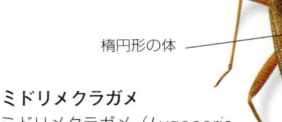

ミドリメクラガメ
ミドリメクラガメ（Lygocoris pabulinus）はヨーロッパの果実や野菜の害虫である。この虫に汁液を吸われると、果実に膨らんだイボのような痕跡が残る。楕円形の体。

無脊椎動物

目 半翅目（続き）

科 マツモムシ科
マツモムシ類
分布 350種　世界中：流れのない水、主に小さな水たまり、池、湖の縁

紡錘型のこの虫は体長2〜17mm、飛ぶのも上手だが、生涯の大半を水中で上下逆さまになって泳いで過ごす。前脚を使って獲物を捕らえ、後脚で泳ぐ。

節のある額角／泳ぐための長い後脚

水面に逆さまにぶら下がる
他のマツモムシ類と同様、このヨーロッパ産のマツモムシ（*Notonecta gluaca*）も翅の下に空気をためている。視力と水面のさざ波を感知することで獲物を探す。

科 カメムシ科
カメムシ類
分布 5,500種　世界中：草、潅木、木の上

楯のような姿をしているカメムシ類は体長0.5〜2.5cmで、胸部にある腺から強い防御用の匂いを分泌する能力を持つ。多くの種は緑色か茶色だが、鮮やかな色のものもいる。前胸背板は幅広く、角が尖っていることもある。メスは樽型の卵を塊にして、一度に最高400個を植物の上に産む。幼生は5齢まである。若虫は最初は草食性だが、後に捕食者になるものや雑食性になるものもいる。いくつかの種は豆類、ジャガイモ、綿花、米など非常に様々な農作物の深刻な害虫である。

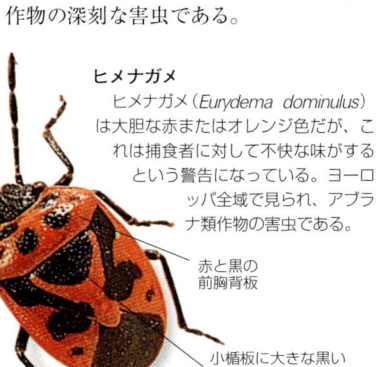

頭の背面は黒い／赤と黒の前胸背板／小楯板に大きな黒い斑紋

ヒメナガメ
ヒメナガメ（*Eurydema dominulus*）は大胆な赤またはオレンジ色だが、これは捕食者に対して不快な味がするという警告になっている。ヨーロッパ全域で見られ、アブラナ類作物の害虫である。

大きな小楯板の縁に3つの淡色の斑点／楯のような形／彫刻のような模様のある体表

ミナミアオカメムシ
ミナミアオカメムシ（*Nezara viridula*）は熱帯、亜熱帯、温暖地域に多数いる。100種以上の植物、主に野菜類、豆類の害虫である。

交尾するカメムシ
この緑色のカメムシ（*Palomena prasina*）はヨーロッパ全域の森林や藪の中で普通に見られる。豆類やムラサキウマゴヤシにとっては二流の害虫である。

科 キジラミ科
キジラミ類
分布 1,500種　世界中：草、潅木、木、作物の茎、葉、樹皮の上

小さなヨコバイ（558ページ）のようにも見えるが、触角が長く、体長1.5〜5mmで楕円形の2対の翅を体の上に屋根のように乗せている。様々な植物を食べ、害虫もいる。メスは餌としている植物の上や中に柄のついた卵を産む。

キジラミ
北半球に豊富にいるこの虫（*Cacopsylla pyricola*）は洋梨の木にとって主要な害虫であり、成虫も幼虫も洋梨の葉から汁液を吸う。

科 サシガメ科
サシガメ類
分布 6,000種　世界中、特に熱帯、亜熱帯地域：地表、積もった落ち葉の中、植物の上

サシガメという名前は捕食の習性にちなむものだが、血を吸うだけの種もいる。体長0.7〜4cmで、普通は暗色のほっそりした体をしている。多くの種は害虫を餌にしている。血を吸うサシガメのうち、特に熱帯にいる種には人間を襲ってシャガス病を媒介するものがいる。

太い前脚は獲物を押さえるようにできている／鮮やかな斑紋

サシガメ
アフリカ熱帯に棲むこの種（*Platymeris biguttata*）は大型で捕食性のサシガメで、体長は3〜3.6cmである。有毒な唾液は一時的な失明を引き起こすこともある。

科 グンバイムシ科
グンバイムシ類
分布 2,000種　世界中：草や木の葉の上

グンバイムシ類は小さくて灰色がかった昆虫で、翅と体の背面の複雑なレース模様で識別できる。体長は2〜5mmである。前胸背板はフードのように頭の上に伸ばすことができる。メスが卵と幼虫の世話をする種もいる。多くの種が害虫だが、雑草の除去に利用される種もいる。

拡大して見たグンバイムシ
このグンバイムシの1種（*Tingis cardui*）はイギリスではよく見られ、特定のアザミを食べる。軽い粉状のワックスのカバーのせいで淡い灰色に見える。

目 アザミウマ目

アザミウマ類
アザミウマ目は8科5000種からなる。アザミウマ類は小さく、ほっそりしており、毛の房飾りのついた幅の狭い翅が2対ある。大きな目と短い触角を持ち、小さな顎が1つと針のような顎が1つついた口器で汁液を吸う。鉤爪の間の膨らませることのできるねばねばした構造物は、物をつかむためのものである。変態は通常とは異なり、幼生が2段階、蛹のような状態が1段階または数段階ある。

科 アザミウマ科
アザミウマ類
分布 1,750種　世界中：積もった落ち葉の中、様々な種類の植物の葉、花、果実の上

暖かく湿った天候のとき、無数のごく小さな翅のある昆虫が風に吹かれて遠くまで広がっているが、その一部がアザミウマ類の大群である。淡い黄色から茶色あるいは黒まで様々な色で、非常に幅の狭い羽毛のような翅を持つ。代表的な種は体長2mm未満である。無性生殖する種もあり、大半の種ではメスがごく小さなのこぎりのような産卵管を使って植物の組織か花の中に卵を産みつける。幼虫は植物の上か土の中で成長する。成虫も幼虫も一般に植物の汁液を吸うが、他の昆虫を襲うものもいる。タバコ、綿花、豆その他の農作物の深刻な害虫もいる。

アザミウマ
この暗色のアザミウマ（*Thrips fuscipennis*）は体に特徴的な毛がある。北半球に豊富におり、様々な植物についている。

グラジオラスアザミウマ
この種（*Thrips simplex*）は本来は南アフリカ産であったが、現在ではヨーロッパや北アメリカでも、グラジオラスがあるところには広く分布している。

昆虫類

目 ヘビトンボ目

ヘビトンボ類およびセンブリ類

ヘビトンボ類とセンブリ類は、完全変態を行うものの中では最も原始的な昆虫である。2科で総勢300種があるが、弱い昆虫で水から遠く離れることは決してない。成虫は物を食べないが、幼虫は捕食者である。

科 ヘビトンボ科
ヘビトンボ類

分布　200種　世界中、特に温暖な地域：流水の中

体長2.5～7.5cm、開張は最高15cmのヘビトンボ類は、大きくて柔らかい体の灰色か茶色の昆虫で、単眼が3個ある。オスの大きな顎は食事をするためのものではなく、戦ったりメスを押さえたりするためのものである。メスは水の近くに（数十万個の）卵の塊を産む。

ヘビトンボの一種
北アメリカに棲むこの属（Chauliodes属）のメンバーは、頭部の角が丸くなっているのが特徴である。

- 鋸歯状の触角
- 大きな翅には淡色の斑紋がある

科 センブリ科
センブリ類

分布　100種　世界中、特に温暖な地域：泥のある池、運河、流れの遅い水の中

大半の種は体長1.5cm未満で、長くて糸のような触角を持つ。体は暗色で、翅は煙色である。ヘビトンボ類とは異なり、単眼はない。メスは卵を塊にして水のそばに産み、幼虫はそこから水中に落ちる。幼虫は這うのに都合のよい完全な脚を備え、1年以内に成熟することが多い。

- 長い触角
- 四角い頭

センブリの一種
この属（Sialis属）のセンブリは北半球では一般的で、普通は煙色の翅に暗色の翅紋がある。完全に成長した幼虫は水から出てきて、水面よりも上の湿った土の中で蛹になる。

目 ラクダムシ目

ラクダムシ類

ラクダムシ類は獲物の捕まえ方がヘビに似ている。首のような前胸背板についている頭を持ち上げ、獲物に突然飛びかかって捕らえるのである。ラクダムシ類は2科150種からなる。完全変態を行う。

科 ラクダムシ科
ラクダムシ類

分布　85種　本来は北半球：植物の間

暗色で、長い前胸背板によって形成された長い首が特徴である。体長は0.6～2.8cmまで様々である。頭は前部が幅広く、後部が細くなっている。メスはオスより少し大きく、長い産卵管で樹皮に切れ目を入れて卵を産む。幼虫の体は長く、ゆるい樹皮や積もった落ち葉の下で見られる。幼虫も成虫と同様に、甲虫類の幼虫や体の柔らかい昆虫を食べる。

アグララクダムシの1種
このラクダムシ（Agulla属）は、アメリカ合衆国とカナダのロッキー山脈から太平洋沿岸の森林地帯で見られる。

- 翅の前の縁には先端近くに小さな縁紋がある
- 長い前胸背板
- 網目状の翅脈
- 透明な翅
- メスの産卵管は細長い

ラクダムシ
ヨーロッパからアジアにかけて見られるこのラクダムシ（Xanthostigma xanthostigma）も、ラクダムシ目の特徴である長い前胸背板、後部が細い幅広の特徴的な頭、ほぼ同じ大きさの4枚の翅を備えている。

目 アミメカゲロウ目

ウスバカゲロウ類、クサカゲロウ類その他

アミメカゲロウ目は17科約4000種からなり、大きな目、咀嚼型の口器、長い触角を持ち、休息の際には網目状の翅脈のある膜のような2対の翅を体の上に乗せているのが特徴である。完全変態を行う。成虫は一般的に捕食性で夜行性、幼虫は普通は捕食性か寄生性である。

科 クサカゲロウ科
クサカゲロウ類

分布　1,600種　世界中：植物やアリの巣も含む様々な種類の微小生息場所

クサカゲロウ類は緑色か茶色で、開張1～5cmの虹色の翅には複雑な翅脈がある。翅にはコウモリなど捕食者を探知するための超音波センサーがある。成虫は夜行性で、アブラムシ、アザミウマ、ダニを食べる。

クサカゲロウ
ヨーロッパ産のこのクサカゲロウ（Nothochrysa capitata）も卵に長い柄をつけて産む。柄はアリその他の捕食者の攻撃から卵を守るのに役立つ。

科 カマキリモドキ科
カマキリモドキ類

分布　300種　世界中、主に温暖な地域から熱帯にかけて：植物がよく茂った地域の植物の上

カマキリモドキ類の前脚はカマキリ類（554ページ参照）の前脚と似ており、同じように使われている。開張1～5.5cmで、樹皮の表面に卵を産む。大半の種の幼虫はクモ類の卵を食べる。

カマキリモドキ
中央および南アメリカにいるこの属（Climaciella属）は、スズメバチに似た鮮やかな防御色を持つ。

科 ウスバカゲロウ科
ウスバカゲロウ類

分布　1,000種　世界中、亜熱帯、熱帯地方の準砂漠地域：森林、雑木林の中

イトトンボに似た、柔らかくて大きなほっそりした昆虫である。長くて幅の狭い翅は開張3.5～12cmで、茶色か黒の斑紋が入ることもあり、弱いひらひらした飛び方をする。頭は前胸背板より幅広く、大きくて目立つ目がある。先が棍棒のような触角は頭部と胸部を合わせたぐらいの長さがある。オスの腹部の先端にはハサミムシのピンセット状器官のような、交尾用の把握器官がある。卵は土や砂の中に1つずつか小さな塊にして産みつけられる。成虫も幼虫も、昆虫類やクモ類を捕らえて食べる。獲物を捕らえるために円錐形の穴を掘る種もいる。幼虫はアリジゴクと呼ばれることもあるが、トゲのある大顎だけを見せて穴の中に棲み、砂粒を跳ね飛ばして獲物に打ち当てて穴の中に落とす。幼虫が木の幹の上や土や屑の中、石の下などに棲む種もいる。

- 色はレモンイエロー
- 翅に茶色の模様がある
- 先が棍棒のような触角
- 頭に黒い斑点がある
- 大きな目
- 長くて幅の狭い翅
- ほっそりした腹部

キバネシマウスバカゲロウ
目立つレモン色の翅を持つこの種（Tomatares citrinus）は鳥などの捕食者にとってはいやな味がするらしい。同じ属の他のメンバー同様、アフリカに棲んでいる。

目 甲虫目

甲虫類

現在生息している昆虫類のおよそ3分の1は甲虫類である。甲虫類全体では166科で37万種が知られており、陸上および淡水中のあらゆる種類の場所に進出して成功している。大きさは肉眼でやっと見えるものから、体長18cmの熱帯の巨大なものまで様々である。甲虫類の特徴は、膜のような後翅の上にケースのようにたたまれている頑丈な前翅である。後翅が保護されているので、甲虫類は限られた空間に潜り込むことができる。大半の種は草食性だが、甲虫目には捕食者や掃除屋も数多く含まれており、寄生種もいくつかいる。甲虫は完全変態を行って成長する。

科 オサムシ科

オサムシ類

分布 29,000種　世界中：地表、石、丸太の下、屑、積もった落ち葉、木の葉の中

くすんだ色のものも輝くような光沢のあるものもいるが、茶色か黒で金属的な光沢があることが多い。体長0.2～8cm、長い扁平な体の甲虫で、頭部、胸部、腹部がはっきり分かれている。脚は捕食者からすばやく逃れることに適応している。腹部の先端からポンと音を立てて、ひりひりする腐食性の化学物質を発射して捕食者をためらわせる種も少数いる。大半の種は夜行性ハンターである。成虫も幼虫も主に捕食者である。卵は地表、植物の上、腐った木や菌類の上に産みつけられる。

ハンミョウ
この甲虫（*Cicindella campestris*）は、正しくはハンミョウ科に属する。脚が速く、昼行性で、ヨーロッパでは4～9月にさらさらした土の上で見られる。

- 細長い脚は速く走るためのもの

アフリカのオサムシ
この熱帯アフリカ産のオサムシ（*Thermophilum sexmaculatum*）は準砂漠地帯で昼間狩りをする。

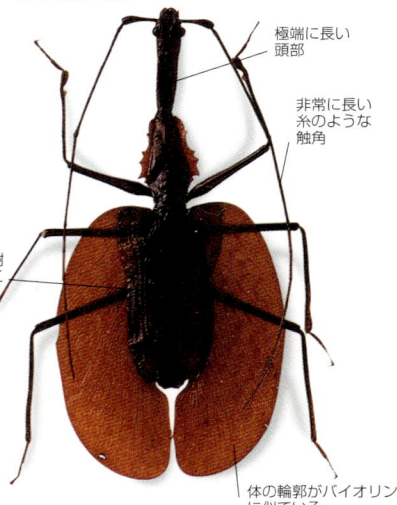

- コントラストのはっきりした模様は味が悪いことを示している
- 溝のある前翅

バイオリンムシ
この奇妙な甲虫（*Normolly phyllodes*）は東南アジアの熱帯林で見られ、昆虫の幼虫やカタツムリ類を食べている。

- 極端に長い頭部
- 非常に長い糸のような触角
- 体が平たいので樹皮の下にもぐりこむことができる
- 体の輪郭がバイオリンに似ている

科 シバンムシ科

シバンムシ類

分布 1,500種　世界中、特に温暖な地域：木、倉庫、店、家屋の中

長円形か楕円形、薄茶色か赤茶色から黒い体を持ち、体長は2～6mm。前胸背板が頭の上にかぶさっていることが多い。卵は適当な食物に産みつけられ、幼虫はその中にトンネルを掘っていく。穀物、豆類、香辛料、タバコの害虫もいる。

クシヒゲツツシバンムシ
イギリスと中央ヨーロッパで見られるこの種（*Ptilinus pectinicornis*）は、特にブナの木につきやすく、木製家具を害することがある。

- オスの触角は枝分かれしている
- 短い脚

科 タマムシ科

タマムシ類

分布 15,000種　世界中、本来は熱帯地域：日当たりのよい林間の空き地、樹皮や花の上

大半のタマムシ類はきらびやかで、金属的な緑、赤、または青に斑点や縦縞や横縞が入る。体長0.2～6.5cmで、体は後ろに向かって先細りになっている。卵を木の中に産み、幼虫は木を食べるのが普通である。多くの種が樹木の害虫である。成虫は樹液、花、花粉を食べる。タマムシ類の鮮やかな翅は頭飾りや装飾品に使われる。

金色のタマムシ
この甲虫（*Chrysochroa buqueti*）はベトナムとタイの熱帯林で見られ、コレクターにたいへん珍重されている。そのため数か所では生息個体数が減少している。

- 前翅に不規則な暗色の斑点がある

科 カミキリムシ科

カミキリムシ類

分布 30,000種　世界中：花の上、汁液が流れ出しているところ

木にとっては深刻な害虫である。幼虫は生きている木の中にも建物の建築材にもトンネルを掘って被害を与える。カミキリムシは成虫になると汁液、花粉、樹液、葉を食べる。成虫は強い歯のある大顎を持ち、体の両側は平行線をなし、体長0.3～15cmである。鮮やかな色のことも多いが、最大の特徴は体の4倍の長さにもなることがある触角である。メスは卵を1つずつ樹皮の下に産む。木に穴をあける他の多くの種と同様、ライフサイクルが完成するまでに数年かかることもある。

カミキリムシ
熱帯アフリカに生息するこの種（*Sternotomis bohemanni*）は典型的なカミキリムシの形をしている。メスは大顎を使って樹皮を噛み切り、その下に卵を産みつける。

派手なカミキリムシ
この種（*Phosphorus jansoni*）はアフリカの森林原産である。卵を木の中に産み、幼虫はコーラの木のような経済的に重要な木を害する。

- 鮮やかな色
- 強い歯のある大顎
- 目は触角の基部に刻み込んだようになっている
- 両側面が平行線を描く体

オオキバカミキリ
この大きなカミキリムシ（*Xixuthrus heros*）は体長8～10cmで、南アメリカの熱帯林に棲んでいる。オスはなわばりを持つ。

科 ハムシ科

ハムシ類

分布 35,000種　世界中：大半の種の植物上に広く分布

ハムシ科の成虫には花粉を食べるものもいるが、大部分のものは名前のとおり葉を食べる。そのため多くの種が深刻な害虫だが、雑草の除去に利用されている種も少数いる。ハムシ類は円筒形の体、または長い体のものから背中の丸いものまで様々である。体長は1～3cmで、触角は体の半分の長さもない。多くの種は鮮やかな色をしている。卵は塊で植物の上か土の中に産みつけられる。

モモブトハムシ
アフリカとアジアで見られるオオモモブトハムシ（*Sagra*属）は、オス同士で戦うときは強力な後脚を使う。

- 丈夫な触角
- 四角張った前胸背板
- 曲がった脛節

昆虫類

科 テントウムシ科
テントウムシ類

分布 5,000種　世界中：ほとんどあらゆる場所で、餌となる昆虫のいる葉の上

脚の短いこの甲虫は、鮮やかな色で、斑点や縞模様があることが多い。体長は1〜5mmで、丸い凸レンズ型をしており、前胸背板が頭を隠していることが多い。光沢のあるもの、滑らかなもの、毛の生えたものがいる。触角は節に分かれ、先端の棍棒状の部分は短い。卵は1つずつか小さな塊で植物に産みつけられる。草食性のものもいるが、大半の種は成虫も幼虫も体の柔らかい昆虫を食べる捕食者である。そのため害虫駆除の点で有益である。

後翅は飛ぶときだけ広げられる
鮮やかな色が捕食者をためらわせる

モンテントウムシ
この見間違えようのない大きなヨーロッパ種（*Anatis oceliata*）は、キジラミその他の小さな獲物を食べる。

科 ゾウムシ科
ゾウムシ類

分布 48,000種　世界中：ほとんどすべての陸生植物および一部の水生植物につく

生息地 陸生

ゾウムシ類は、動物界で最大の科のひとつを形成している。大半のものには頭部の伸張部である額角に口器がついている。体長は0.1〜9cmで、保護色のこともあるが、鮮やかな色に模様と金属光沢のあるものもいる。触角は普通、11節で、肘のように曲がっているか、緩やかに曲がっている。卵は植物組織の中か土の中に産みつけられる。ほぼ昼行性で、成虫は柔らかい植物を噛んで食べるが、幼虫はたいてい植物組織の内部を食べる。大半は害虫である。

青い斑紋には様々な変化がある
末節は拡張している

ゾウムシ
鮮やかな模様のあるこの虫（*Eupholus bennetti*）は、東南アジアとパプアニューギニアで見られる。

ひじ状に曲がった触角
保護色になっている斑紋

ゾウムシ
南アメリカに棲むこのゾウムシ（*Cratosomus roddami*）の幼虫は、食料にする植物の茎に穴を開けて潜り込む。

長く細い吻
毛の生えた前脚の脛節
楕円形の体
暗い体色

オサゾウムシの1種
東南アジア産のこの属（*Cyrtotrachelus*属）のオスは、前脚の脛節が長くて毛が生えており、求愛ディスプレイに用いる。

科 カツオブシムシ科
カツオブシムシ類

分布 950種　世界中：主に動物の乾燥した死骸につく

カツオブシムシ類の多くの種は、屋内に貯蔵されている食物や動物性物質の深刻な害虫である。幼虫は乾いた肉や魚の掃除屋で、植物性物質、毛織物、絹、毛皮なども食べる。丸みを帯びているか、少し長めの体で、体長2〜12mmである。くすんだ茶色か黒で、色のついた毛か鱗粉でできた模様に覆われているのが普通である。メスは約2週間で最高150個の卵を食料の上に産む。毛の生えた幼虫は餌を大量に食べ、暑い国々では数週間で成熟する。成虫は花粉や樹液を食べる。

前胸背板は頭の後ろにある

オビカツオブシムシ
この小さな甲虫（*Dermestes lardarius*）は、世界中で見られるが、鳥の巣、倉庫、乾燥した作物、動物性物質などに棲む。屋内の乾燥肉やチーズを食べる。

科 ゲンゴロウ科
ゲンゴロウ類

分布 3,500種　世界中：流れ、浅い湖や池、塩分のある水たまり、温泉の中

体長0.2〜5cmで体は楕円形、色はたいてい黒か黒褐色である。他の昆虫から軟体類や脊椎動物に至るまで何でも攻撃する獰猛な捕食者である。水生生活にうまく適応し、成虫は翅のケースの下に空気を貯めておくことができる。

毛の生えた後脚は推進力を得るための適応
滑らかで光沢のある体
オスの前脚には吸盤がある

ゲンゴロウ
この種（*Dytiscus marginalis*）はヨーロッパとアジアの池や浅い湖に棲んでいる。オスは前脚に吸盤があり、交尾の間これでメスを押さえている。

科 コメツキムシ科
コメツキムシ類

分布 9,000種　世界中：植物の周辺、積もった落葉、腐った木、土の中

捕食者をびっくりさせるような大きなパチッという音を立てて空中に飛び上がることができる。急激なジャンプは、強力な胸部の筋肉と独特の"釘と継ぎ目"を引っかけるメカニズムで可能になっている。色はくすんでおり、体は楕円形で、体の両側線は平行で、先端は細い。体長は0.2〜7cmまで様々である。卵は土の中や植物性物質の中に産みつけられる。幼虫は針金虫と呼ばれ、一般に捕食者だが、植物の根や塊茎を食べるものもいる。

前翅側面に模様がある

コメツキムシ
南アメリカで見られるこの種（*Chalcolepidius limbatus*）は植物と昆虫を食べる。幼虫は土や落葉や腐った木の中で成長する。

科 エンマムシ科
エンマムシ類

分布 3,000種　世界中：糞、腐肉の中、樹皮の下、木に穴を開ける昆虫類のトンネルの中、アリの巣の中

頑丈な体の甲虫で、輪郭は丸みを帯びているか、楕円形である。扁平な体をした種もいる。大半の種は黒か金属光沢のある色で、前翅とその他の部分に筋がある。体長はたいてい1.5cm未満である。卵は食物の中に産みつけられる。成虫も幼虫も捕食者で、ハエや甲虫の幼虫、ダニを食べる。

大きな曲がった大顎
触角の先端は小さな棍棒状になっている
前翅は腹部を覆っていない
幅の広い脛節には穴を掘るための短い歯のような突起がある

ヒラタエンマムシの1種
この属（*Hololepta*属）のエンマムシは、体が非常に平たく、表面が固い。倒木の樹皮の下に棲む。

科 ホタル科
ホタル類

分布 2,000種　世界中：森林、湿った草地の植物の上、土の中、石の下

ホタル類の多くは交尾相手の気をひくために腹部にある発光器官を用いて緑色の冷光を点滅させるが、点滅は種によって異なる。メスが近縁種の点滅を模倣し、近縁種のオスをおびき寄せて食べてしまう種もいる。体長は0.5〜3cmである。オスは普通に完全な翅を持っているが、メスが翅をもたない種もあり、メスは幼虫のような姿をしていることもある。幼虫は小型のカタツムリや他の無脊椎動物を食べる。大半の種の成虫は樹液や露を飲むが、捕食者の種もいる。

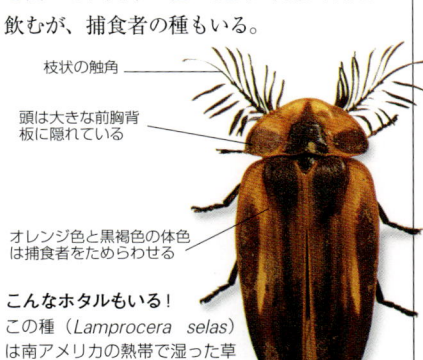

枝状の触角
頭は大きな前胸背板に隠れている
オレンジ色と黒褐色の体色は捕食者をためらわせる

こんなホタルもいる！
この種（*Lamprocera selas*）は南アメリカの熱帯で湿った草地や準森林に棲む。

無脊椎動物

目　甲虫目（続き）

科　クワガタムシ科
クワガタムシ類

分布　1,300種　世界中、落葉樹林の中：木の中と上

体は滑らかで黒または赤褐色、大半は体長0.6～8.5cmである。オスはメスより大きく、巨大な大顎を持ち、メスをめぐって闘う際に使う。卵は腐った木の切り株や根に産みつけられ、幼虫は噛み砕いた木の繊維でできた小部屋の中で蛹になる。成虫は夜行性で餌を食べないか、樹液のような液体を吸う。

ニジイロクワガタ
特徴的な色で金属光沢のある体をしたクワガタ（*Phalacrognathus mulleri*）。オーストラリア北部の雨林で見られる。

タランドゥスオオツヤクワガタ
アフリカの森林で見られる種（*Mesotopus tarandus*）。大きな歯のある大顎を持ち、大顎はほぼ直角に曲がる。

クワガタの闘い
ヨーロッパのオークの森で見られ、暗くなってから飛び回る。この種（*Lucanus cervus*）は生息地が失われたため、稀にしか見られなくなっている。

科　クロツヤムシ科
クロツヤムシ類

分布　500種　熱帯地域、主に南アメリカとアジアの森林：腐った木の中

クロツヤムシ類のつやのある黒または茶色の体は扁平で、体長は1～8.5cmである。前翅には顕著な筋があり、頭には短い角があることが多い。成虫は、集合するときや求愛中には高い音を出す。卵は腐った木の中に産みつけられる。

クロツヤムシ
東南アジアの森林で見られるこのクロツヤムシ（*Aceraius rectidens*）には10節の曲がった触角があり、頭に短い釘のような突起がある。

科　コガネムシ科
コガネムシ類

分布　16,500種　世界中：糞、腐肉、菌類、植物の上、樹皮の下、アリやシロアリの巣の中

この科のメンバーは形も大きさも色も非常に多様である。亜科にはタマオシコガネ類、カブトムシ類、コガネムシ類などがある。体長は0.2～17cm。触角の先端には扁平で可動性のプレートを形成する特徴的な3～7個の球桿がある。多くの種のオスが、交尾相手をめぐって闘うために頭が大きいか、角がある。卵は腐った木や糞（タマオシコガネは転がしてボール状にして埋める）の中に産み、幼虫もそこで見られる。

タマオシコガネの1種
大きくてカラフルなこのアフリカのコガネムシ（*Kheper aegyptiorum*）はおそらく古代エジプトで最初に崇拝されたものであろう。糞を転がして大きなボールをつくり、土の中に産めて卵を産みつける。

プラチナコガネ
体色が金色か銀色で稀にしか見られないコガネムシである。この種（*Plusiotus resplendens*）と近縁種は南アメリカにいる。

ヨーロッパコフキコガネ
ヨーロッパとアジアの温帯で見られる種（*Melolontha melolontha*）。夜、灯火に引き寄せられ、つぼみや果実その他の木などに害を与えることがある。幼虫は植物の根を食べる。

科　シデムシ科
シデムシ類

分布　250種　世界中、主に北半球：死骸、糞、菌類の近くの地表

普通は扁平で柔らかい体を持ち、体長は0.4～4.5cmである。黒か茶色で、鮮やかな黄色か赤の斑紋があることが多い。モンシデムシ属のような死骸を埋める種は前翅が短く、腹部が数節露出している。シデムシ類は小型動物の死骸を埋め、それに卵を産みつける。成虫は一度食べた腐肉を吐き出して幼虫に与えることがよくある。

アメリカマルヒラタシデムシ
この科のすべてのメンバー同様、このシデムシも腐肉の匂いに引き寄せられる。この種（*Silpha americana*）は北アメリカで見られ、独特の幅広の形で非常に鮮やかな色をしている。

科　ハネカクシ科
ハネカクシ類

分布　29,000種　世界中：地表、土、菌類、積もった落葉、腐った植物、腐肉、アリの巣の中

大半は小さく、普通は体長2cm以下で、体は滑らかで長い。茶色か黒のことが多いが、鮮やかな色で体表に彫刻のような模様があるものもいる。ハネカクシ類はすべて前翅が短く、その下に後翅がたたまれ、腹部が露出している。小型種は昼行性の傾向があるが、大型種は夜行性である。卵は土、菌類、積もった落ち葉の中に産みつけられる。

オレンスオオクロハネカクシ
ヨーロッパ産の大型で黒い種（*Staphylinus olens*）で、体長2～3.4cmである。脅されると腹部を上に曲げてサソリのようなポーズをとる。

科　ゴミムシダマシ科
ゴミムシダマシ類

分布　17,000種　世界中：陸上のあらゆる場所の地表、特に砂漠や乾燥地域

色（黒か茶色の体、あるいは白い前翅）、形（体の両側線が平行、あるいは大きくて楕円形）、きめ（滑らかでつやがある、あるいはくすんできめが粗い）共に非常に多様性に富む。体長は0.2～5cm。多くの種は後翅が退化していて飛べない。腐った野菜や動物性の餌を食べるが、貯蔵作物を食べる害虫もいる。いやな匂いのする防御用分泌物を出す種もいる。

ゴミムシダマシ
ヨーロッパ産の飛べない種（*Blaps mucronata*）で、暗い場所を好む。

昆虫類

目 ネジレバネ目

ネジレバネ類

体が小さく、寄生性の生活様式で、極端な性差を持つネジレバネ類は、昆虫類の中で最も風変わりな目を形成している。オスは通常、翅があり、後翅はねじれていることが多いが、メスは地虫のようで、カメムシ類、ハチ類、スズメバチ類など大型昆虫の体内に棲んでいる。8科560種からなり、すべて完全変態を行う。

科 ネジレバネ科

ネジレバネ類

分布 260種 世界中：植物があり、宿主のいる場所、メスはハチやスズメバチの体内

オスは小さくて暗色、膨らんだ目を持ち、体長は0.5～4mm。ネジレバネ目すべてと同様、前翅は非常に小さく、後翅は比較的大きくて扇のようである。メスには脚も翅もなく、ハナバチなどの宿主昆虫の体から決して離れない。交尾の後、数千個の卵がメスの体内で孵化する。最高7万個の卵を産む種もいる。脚が6本ある活発で非常に小さい幼虫（三爪幼虫）は特別な通路でメスの体を離れ、花の上に這って行き、次の宿主を待つ。宿主の体にぶら下がることもあれば、蜜と一緒に摂取されることもある。多くの場合、いったん宿主の巣の内部に入ると、宿主の体から離れるか、吐き出され、卵や幼虫に寄生しはじめる。寄生された宿主の生殖器官は退化してしまう。

ネジレバネの1種のオス
これらの種（*Stylops* 属）のオスは枝分かれした触角とネジレバネ独特のベリー類のような目を持っており、非常に特徴的な姿である。

目 シリアゲムシ目

シリアゲムシ類

シリアゲムシ目には、オスがサソリに似た細い腹部を持つものがいる。完全変態を行い、9科550種からなる。

科 ガガンボモドキ科

ガガンボモドキ類

分布 170種 南半球：樹木あるいは植物がよく茂り湿気のある日陰

ガガンボモドキ類は前脚で植物にぶら下がり、後脚で獲物を捕まえる。成虫は体長1.5～4cmである。卵は土の中に産みつけられる。

ガガンボモドキ
オーストラリアに生息する種（*Harpobittacus australis*）。翅は茶色っぽく、縞模様のある脚はオレンジレッドである。

科 シリアゲムシ科

シリアゲムシ類

分布 360種 主に北半球：森林や雑木林の植物の間

体長0.9～2.5cmで翅にはまだら模様がある。土の中か湿った落葉の堆積の中に卵を産む。幼虫は地下で蛹になる。成虫は汁液、果実、死んだ昆虫を食べる。

シリアゲムシ
北アメリカ各地でよく見られる種（*Panorpa lugubris*）。オスはメスよりも大きい。

目 ノミ目

ノミ類

ノミ類は茶色でつやがあり翅のない昆虫で、哺乳類の血を吸うライフスタイルにじつに見事に適応している。ノミ類の体は縦に平たいので、毛皮の間に潜り込める。またノミ類は非常に頑丈で、殺すことは難しい。ノミ類はゴムのようなタンパク質のパッドにエネルギーを蓄積している大きな後脚を使って、適当な宿主の動物に跳び乗る。ノミ類には約2000種（18科）がある。すべての種が完全変態を行う。幼虫は屑や乾いた血や成虫の糞を食べる掃除屋である。

科 ヒトノミ科

ヒトノミ類

分布 200種 世界中：哺乳類宿主の体表、動物の巣や穴の中

人間とイヌ、ネコ、その他の肉食動物やハリネズミ、ウサギ、ノウサギ、齧歯類など様々な哺乳類に寄生する。最高30種類もの動物に寄生する種もいる。体長は1～8mmで、頬に櫛のような形の後ろ向きに尖った剛毛があり、これが種を識別する際の重要な特徴となっている。成虫のメスは血を吸っているときに卵を産み、宿主の巣や穴、寝床の中に落とす。卵はそこで孵化し、淡色のウジ虫のような幼虫になり、幼虫には咬みつくことのできるごく小さな顎がある。幼虫は通常、2～3週間後に蛹になり、絹糸に包まれた小さな繭をつくる。成虫になると、近くにいる動物からの振動を感知するまで、ノミは繭の中に数週間あるいは数か月とどまる。その後、繭から現われて宿主になりそうな動物の体温に引き寄せられて跳びつく。しかし宿主を見つけそこなったり追い払われたりしても、ノミは長い間何も食べずに生き延びることができる。ネコノミ、イヌノミ、ヒトノミといったヒトノミ類の多くの種は、医学上重要である。ヒトノミ類に咬まれると、ひどいかゆみとアレルギー反応を引き起こし、また病気や寄生虫をも媒介するからである。中世ヨーロッパの腺ペストを引き起こした病原菌は、様々な種類のネズミノミによって媒介された。

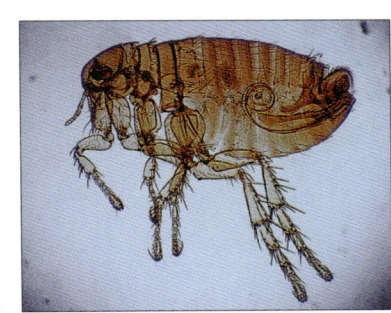

ウサギノミ
主にウサギにつくこのノミ（*Spilopsyllus cuniculi*）は北半球に広く分布している。ウサギの粘液腫症という病気を媒介する。

ウサギノミの1種
このノミ（*Cediopsylla simplex*）は北アメリカのワタオウサギにつく。

ヒトノミ
ヒトノミ（*Pulex irritans*）は、かつては人間を攻撃する最も一般的なノミだった。このノミはブタ、ヤギ、キツネ、アナグマにもつき、腺ペストの運び手になることもある。

イヌノミ
世界中の人間の居住地で非常に一般的なイヌノミ（*Ctenocephalides canis*）は赤褐色で、頭はネコノミよりも丸く盛り上がっている。イヌの条虫の運び手であるが、この条虫はネコや人間に害を与えることもある。

ネコノミ
温暖な地域の家庭で普通に見られる。ネコ自体には成虫が少ししかついていなくても、ネコの寝床や敷物には幼虫が数千匹いる。腹をすかせたネコノミ（*Ctenocephalides felis*）は最高34cmもジャンプすることができ、人間にも喜んで咬みつく。

無脊椎動物

節足動物

目 ハエ目

ハエ類

ハエ類には翅が1対だけある。（ただし外部寄生種の中には翅のないものもいる。）後翅は退化して、小さな棍棒状の平均棍と呼ばれるバランス器官となっている。ハエ類は生態学的には、花粉授粉者、寄生虫、捕食者、分解屋として重要である。しかし農作物に被害を与えるものも多く、病気を媒介する種は野生動物、家畜、そして人間に大変な影響を与える。ハエ類には130科12万2000種があるが、カ亜目（26科）とハエ亜目（104科）に分けられる。前者は華奢で、糸のような触角と細い体を持ち、後者はもっとたくましく、太い触角を持っている。

科 ムシヒキアブ科

ムシヒキアブ類

分布 5,000種　世界中、特に熱帯、亜熱帯地域：様々な微小生息場所

この科のアブは捕食者である。成虫も幼虫も捕食性だが、幼虫は腐ったものも食べる。ムシヒキアブは先端の尖った太くて鋭い吻を使って獲物を突き刺し、麻痺作用のある唾液を注入する。そして麻痺した昆虫から体組織を吸い上げる。体長は0.3～5cmで、ほっそりしたものも、がっしりしてハチに似ているものもいる。頭は目の間が少し窪んでおり、顔には長い毛の房がある。卵は土、腐った木の中や植物の内部に産みつけられる。

科 ツリアブ科

ツリアブ類

分布 5,000種　世界中、熱帯または亜熱帯の準乾燥地帯の野外：花の周辺、地表

ツリアブ類は頑丈な体格の、毛で覆われた昆虫で、マルハナバチ（573ページ）とよく似ている。体長は0.2～3cmで、茶色、赤、あるいは黄色で、時には明るい斑紋が入ることもある。翅の幅は狭く、飛行中は高い羽音を立てる。ハチと同じように花の蜜を吸うための長い吻を持っている。しかし、ハチのように花の上に止まるのではなく、前脚で花弁に体を固定して、花の前に浮かんでいる。幼虫がバッタの卵を食べる種もいるが、大半の種は寄生性で、ハチ、ガ、スズメバチ、他のハエ類につく。

科 ハモグリバエ科

ハモグリバエ類

分布 2,500種　世界中：農作物を含む様々な植物の葉、茎、種、根の上

生息地 陸生

幼虫は葉を噛んで坑道をあける能力がある。農作物の害虫で、茎の内部や種、根を食べる。色は灰色、黒、灰色がかった黄色で、体長は1～6mmと様々である。メスは尖った産卵管を持ち、1日に最高50個の卵を植物の組織の中に産む。ハモグリバエ類の熱帯地域での寿命は2週間程度である。

モグリバエの1種
この種（*Hexomyza* 属）は北半球、アフリカ南部、オーストラリアで見られる。幼虫はポプラの小枝に虫コブをつくる。
・翅は煙のような色

ムシヒキアブ
この大きなオーストラリア産のアブ（*Blepharotes splendissimus*）は、扁平な腹部の両側に毛の房やプレートのようになっている。
・鋭い吻
・開張は広い
・太くて剛毛のある脚

ビロウドツリアブ
この一般的な種（*Bombylius Major*）はヨーロッパから中国にかけてと北アフリカで、草地、垣根、開けた場所にいる。
・長い吻
・頑丈で毛の生えた体

科 クロバエ科

クロバエ類

分布 1,200種　世界中：花、植物、腐肉、生の食料の上

アオバエやキンバエは、広く分布する、時にはうっとうしいおなじみのクロバエ科のハエである。多くの近縁種と同じように剛毛で覆われた頑丈な体で、体長は最高1.5cm、特に腹部に金属光沢があり、うるさくブンブン羽音を立てて飛ぶ。クロバエ類は動物の死骸や糞、腐った魚などに卵を産む。成虫は腐敗物、花蜜、果物などから液体を吸う。幼虫がアリ、シロアリ、他の昆虫の幼虫や卵を捕食する種もいる。いくつかの種は人間の肉の中に潜り込む。家畜や人間に病気を媒介するものも多い。

群れをなすクロバエ
北半球では一般的なこのハエ（*Pollenia rudis*）は屋根裏や暖房のない建物に大群で集まる。春になると成虫のメスはミミズの体表か、脱ぎ捨てられたばかりの虫の抜け殻近くに卵を産む。

クロバエの1種
このクロバエ（*Calliphora vomttoria*）は北半球の田園では一般的である。メスは一生の間に数百個の卵を産むこともある。
・剛毛の生えた黒い胸部
・スポンジのような口器で液体をなめる
・金属光沢のある青い腹部

頬の赤いクロバエ
広く分布するこの種（*Calliphora vicina*）は、都市部で普通に見られる。幼虫はドブネズミ、ネズミ、ハトなどの死骸の中で成長する。
・太い剛毛
・金属光沢のある青い体
・非常に小さな鉤爪

科 タマバエ科

タマバエ類

分布 5,000種　世界中：腐ったもの、菌類、様々な植物の近くならどこでも

体長は通常4mm以下なのでほとんど目につかないが、幼虫の住処である虫コブはもっと簡単に見つけられる。ある種のタマバエ類によって引き起こされる虫コブは、果実のミニチュアか奇形のつぼみのように見える。虫コブは防御のためと食料としてつくられる。タマバチ（574ページ参照）同様、タマバエも常に種によって特定の植物を攻撃する。成虫は細長い脚を持ち、翅には枝分かれしない数本の翅脈がある。多くは農作物の深刻な害虫である。

タマバエ
この属（*Cecidomyia* 属）のタマバエはどの種も特徴的な虫コブをつくる。
・糸のような触角
・非常に長くて細い脚

害虫ではあるが、カカオやゴムといった熱帯産農作物の重要な授粉者でもある。

科 ヌカカ科

ヌカカ類

分布 4,000種　世界中、主に北半球：水面近く

生息地 すべて

小さな虫で体長5mm以下、咬まれるとひどくひりひりする。短くて強い脚を持ち、翅には暗色の模様があり、刺すとのできる口器は血液や昆虫の体液を吸うようにできている。交尾は群れになって飛びながら行う。卵は30～450個の塊にして保護用のゼリー状物質で覆われる。ヌカカには寄生虫を人間に運んだり、動物の病気を媒介したりするものがいる。

ヌカカの1種
ヨーロッパ産のこの悪名高いヌカカ（*Culicoides impunctatus*）は、沼沢地に卵を産む。メスが咬むとひどくひりひりして痛い。

昆虫類

科 ユスリカ科
ユスリカ類

分布 5,000種　世界中：池、湖、流れのそば。日暮れ時に群れをなす

華奢で淡い茶色または緑色がかったユスリカ類はカに似ているが、機能する口器がない。体長は1～9mmである。オスはほっそりした体に羽毛状の触角があり、メスは頑丈な体格で、毛の生えた触角がある。大半のものは幼虫として2～3年過ごす。成虫は2週間程度しか生きていない。交尾は群れをなして飛びながら行い、卵はねばねばしたゼリー状の塊にして水草の上に産みつけられる。1平方メートルの中に最高10万匹の幼虫がいた記録もある。

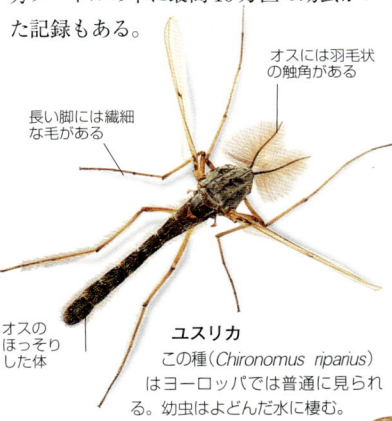

ユスリカ
この種（*Chironomus riparius*）はヨーロッパでは普通に見られる。幼虫はよどんだ水に棲む。

科 カ科
カ類

分布 3,100種　世界中、特に温暖な地域：水のそばならどこでも

生息地 すべて

カ類はマラリア、デング熱、その他いくつかの命にかかわる病気を伝染させる、世界で最も危険な害虫のひとつである。体長は0.3～2cm、幅の狭い体に盛り上がった胸部があり、脚は細長い。オスは花を餌にすることが多いが、メスは主に哺乳類と鳥類の血を吸い、皮膚を突き刺すための注射器のような口器がある。よどんだ水に卵を産む。

イエカの1種
イエカ類（*Culex*属）は物の表面と体を平行にして休息する。マラリアを媒介するハマダラカ（*Anopheles*属）は頭を下に下げた姿勢で休息する。

科 ショウジョウバエ科
ショウジョウバエ類

分布 2,900種　世界中：腐った植物、果実、菌類、発酵した液体の近く

生息地 すべて

黄色、茶色から赤褐色または黒まであるこのハエは、明るい赤か鮮やかな赤い目を持っている。胸部と腹部には縞模様か斑点が入ることもある。ショウジョウバエの体長は1～6mmである。オスは交尾相手の気をひくためにブンブンと羽音を立てる。卵は食料の近くに1日15～25個の割合で産みつけられる。幼虫はバクテリアや菌類を食べるが、成虫は発酵した液体や腐った果実を探す。

ショウジョウバエ
ショウジョウバエの中でも最もよく知られるキイロショウジョウバエ（*Drosophila melanogaster*）は繁殖が早く、唾液腺の遺伝子が大きいので、遺伝学の研究によく利用されている。

科 オドリバエ科
オドリバエ類

分布 3,000種　主に北半球：成虫は木の幹の上、幼虫は腐った木の中

群れが交尾するときに踊るような動き方をする。オドリバエの体長は1.5～15mmである。大半の種は頑丈な胸部と長い腹部を持ち、丸い頭には大きな目があり、下向きに尖った鋭い吻で獲物を突き刺すことができる。求愛の際にはオスがメスに獲物を餌として提供する。卵は糞、植物の上に産みつけられる。成虫は小さなハエ類を食べ、花の蜜を飲むが、幼虫は体の柔らかい獲物を食べる。

オドリバエの1種
このハエ（*Empis*属）は湿った植物に棲む。長い吻で獲物を突き刺し、餌である体液を吸うことができる。

科 シラミバエ科
シラミバエ類

分布 200種　世界中、主に熱帯、亜熱帯地域：鳥類、哺乳類に外部寄生

くすんだ茶色で頑丈で扁平、毛のあるこのハエの体長はたいてい4～7mmで、吻は短く、脚には毛や羽毛をつかむための鉤爪がある。完全な翅を持つものもいるが、翅が痕跡化しているもの、あるいはまったくないものもいる。メスは成熟した幼虫（前蛹）を1匹ずつ産む。幼虫は"子宮"の内部で特別な"乳腺"の分泌物を食べて成長する。成虫は血を吸う。

シラミバエ
ヨーロッパ産のこの種（*Crataerina pallida*）はアマツバメに巣の中で寄生する。シラミバエ類の4分の3は鳥類に寄生する。

科 イエバエ科
イエバエ類

分布 4000種　世界中：花、排泄物、腐ったものの上、哺乳類の宿主の近く

生息地 陸生

イエバエ類には世界中で最も成功している昆虫であるイエバエとその近縁種が含まれる。イエバエ類は通常、くすんだ色で、体には剛毛が生え、体長は最高1.2cm、口器は液体を吸うためのスポンジ状か、血を吸うための突き刺す形のものである。メスは、腐ったもの、排泄物、菌類、水、植物などに1日あたり100～150個の卵を産む。幼虫の成長は早く、理想的状況では1週間程度で蛹になる。チフスやコレラなどの伝染病を媒介することがある。

イエバエ類の1種
ヨーロッパとアジアで見られる種（*Mydaea corni*）で糞に棲む。幼虫は糞の中の小さな生物を食べる捕食者である。

イエバエ
イエバエ（*Musca domestica*）は世界中で見られ、病原菌やウイルスによる病気を伝染させる。

イエバエ類の1種
北半球に広く分布する種（*Helina obscurata*）。幼虫は土や腐葉土の中で小さな生物を捕食する。

科 キノコバエ科
キノコバエ類

分布 3,000種　世界中：沼沢地、森林の湿った場所、森の菌類の中

カによく似た小さなハエで、普通は茶色、黒、あるいは黄色っぽい色である。鮮やかな色の種もいる。胸部は独特な形に盛り上がり、脚は細長い。体長は2～14mmである。卵は菌類の中、樹皮の表面か下、洞窟の壁、鳥の巣などに産みつけられる。幼虫は菌類を食べるが、時々ごく小さな昆虫やミミズなども食べる。食物の中か絹の繭の中で蛹になる。成虫は液体を摂取することもある。マッシュルーム栽培の害虫となる種もいる。

キノコバエの1種
西ヨーロッパに広く分布する種（*Macrocera stigma*）で、湿って陰になった場所に棲む。翅には毛が生えている。

目 ハエ目（続き）

科 ヒツジバエ科
ウマバエ類およびヒフバエ類

分布 70種　世界中、特に北半球とアフリカ：哺乳類宿主の近く

どっしりした体格で、多くはハチのように見える。体長は0.8～2.5cm。成虫は寿命が短く食物を食べないので、口器は非常に小さいかまったくない。幼虫はすべて哺乳類、特にウマ、ヤギ、ラクダの内部寄生者である。メスが宿主の鼻の中に直接幼虫を産む種もあり、幼虫はその組織の中で餌を食べて成長する。卵は宿主の毛に産みつけられ、幼虫は皮膚の下に潜り込む。成長した幼虫は宿主がくしゃみをしたときや、噛んで穴をあけて外へ出て、土の中で蛹になる。

ウシヒフバエ
このハエ（Hypoderma bovis）は北半球では普通に見られ、畜牛のそばに広く分布する。ウシの皮膚を害し、ウシが元気がなくなり、ミルクの出が悪くなる。

科 ノミバエ科
ノミバエ類

分布 3,000種　世界中：非常に様々な微小生息場所

生息地 すべて

茶色、黒、黄色っぽい色のノミバエ類は、走る際に独特のすばやいぎくしゃくした動き方をする。体長は0.5～6mmで、頭は極度に下向きに曲がっている。触角は1節しかないように見え、後脚の基部は非常にがっしりしていることが多い。体表にはしばしば目立つ剛毛がある。この剛毛は大きく拡大してみると、羽毛のように見える。成虫の寿命は数日から1週間で、液体を摂取することもある。幼虫には菌類や腐ったものを食べるものもいる。昆虫、カタツムリ、ミミズを食べるものもいる。

ウスグロノミバエ
北半球に分布するこのノミバエ（Anevrina thoracica）の幼虫は土、動物の死骸、モグラの巣を好む。

科 チョウバエ科
チョウバエ類

分布 1,000種　世界中、特に温暖な地域：腐ったもの、湿って陰になった生息地

体長1.5～5mm。体、翅、脚は長い毛と鱗粉で覆われる。幅広い翅は、チョウバエはテントのような形か、部分的に広げられているが、サシチョウバエは体の上に重ねられている。飛び方は弱々しく、はためいたり、跳ねるような飛行パターンである。サシチョウバエのメスは血を吸う。特に熱帯では病気を伝染させる種もいる。

チョウバエ
広く分布するこの暗色のチョウバエ（Pericoma fuliginosa）の幼虫は腐食性である。幼虫は浅い水の中や木の腐った穴の中で成長する。

科 ニクバエ科
ニクバエ類

分布 2,300種　世界中、特に北半球：葉、花、腐肉

たくましい外見のハエ類で、人間を含む脊椎動物の体腔内や傷の中に幼虫を産みつけるものがいる。ニクバエ類の大半はくすんだ灰色か銀色を帯びた灰色または黒で、体長は0.2～2cmである。胸部には灰色の地に3本の暗色の縦線が入るのが普通で、腹部には格子模様または斑点が見える。大半の種のメスは幼虫を産みつけるか、あるいは飛行中に落とすかする。多くの種の幼虫は腐肉を食べるが、他の昆虫類、クモ類、カタツムリ、ミミズに寄生するものもいる。

ニクバエの1種
西ヨーロッパの沿岸地域近くでよく見られる種（Sarcophaga melanura）。幼虫は腐った肉の中にいるが、カタツムリや昆虫類に寄生することもある。

科 ブユ科
ブユ類

分布 1,600種　世界中：幼虫は流水の中、成虫は水辺の植物の上

ブユ類は体長1～5mmで、普通は黒、オレンジレッド、または黒褐色である。オスは花蜜や水を飲むが、メスは脊椎動物の血を餌にする。卵を水辺の岩や植物の上に産む。幼虫は水生で、水中の岩や植物に鉤のような留め具で張りつき、口の周りにある特殊な剛毛で水中の食べ物をこし取る。

ブユ属の1種
この属（Simulium属）の多くの種は、アフリカや熱帯アメリカでオンコセルカ症を引き起こす線虫を媒介する。

科 ハナアブ科
ハナアブ類

分布 6,600種　世界中：花の上では一般的、特にセリ科の花

ハナアブ類には昆虫界で最も熟達した飛行家が含まれる。ハナアブ類は花粉や花蜜を食べ、花の上で浮かんでいたり、高速で追いかけながら互いに攻撃しあったりしているのがよく見られる。体長は1～2cmで、大きな目とほっそりした翅を持ち、黄色かオレンジ色と黒であることが多い。この体色と全身の形は刺すハチやスズメバチとそっくりで、多くの捕食者に攻撃をためらわせる。ハナアブの幼虫は多様性に富み、様々なものを餌としている。アブラムシやハバチの幼虫のほか、体の柔らかい昆虫を食べる捕食者もおり、腐った植物や動物の糞を食べる種もいる。ハチやスズメバチの巣に棲み、死んだ幼虫や蛹を食べる掃除屋も少数いる。あるグループの幼虫はよどんだ水中に棲み、体の後部にある伸縮自在の"シュノーケル"を使って呼吸する。

オオフタホシヒラタアブ
ヨーロッパでは一般的な、スズメバチに似たこのハナアブ（Syrphus ribesii）は、花の多い草地でよく大集団をなしている。幼虫はモモアカアブラムシを食べる。

ハナアブの1種
主にヨーロッパ全域に分布する移住性のハナアブ（Volucella zonaria）。頑丈な体格で、縞模様が目立つ。幼虫はスズメバチの巣の中の掃除屋である。

オオシマハナアブ
このハナアブ（Sericomya silentis）はヨーロッパの酸性の荒野で見られる。幼虫は泥炭を切り出した後にできる沼地の水たまりなどに棲み、ガマの腐った地下茎の中で餌を食べる。

昆虫類

科 アブ科
アブ類

分布 4,000種　世界中、哺乳類の近く：湿った場所を好むものが多い

頑丈な体格で毛はなく、カラフルで模様の入った目と、扁平で半球形の特徴的な頭を持つ。大半は黒、灰色または茶色で、腹部に鮮やかな模様があり、体長は0.6～2.8cmである。メスには皮膚を切るための刃のような口器がある。哺乳類や鳥類の血を餌とする。卵は200～1000個の塊で水の上に垂れ下がった屑や葉、岩に産みつけられるのが普通である。幼虫は捕食性か腐食性である。

擬態をするアブ
暗色でたくましいこのアブ（Tabanus属）は捕食者をためらわせるために大型のハチの擬態をすることが多い。

アブの1種
このアブ（Tabanus sudeticus）は、ハチのような腹部の中央に淡色で三角形の特徴的な模様がある。動物や人間に病気を媒介する種もいる。

また別のアブ
このアブ（Crysops relictus）は、北半球のヒースの茂る沼沢地で沼や池に棲む。咬まれると非常に痛い。

科 ミバエ科
ミバエ類

分布 4,500種　世界中：様々な植物、農作物、腐った物の上

生息地 陸生

大半は体長1.5cm以下で、翅の特徴的な模様で識別できるが、模様には縞模様や斑紋やジグザグ模様などがある。メスは体よりも長いこともある産卵管を持っている。オスは翅をうねらせてメスにディスプレイする。卵は1つずつまたは塊で果実の表皮の下に産みつけられる。成虫は液体、植物の汁液、花の蜜、腐った物から出る汁などを摂取する。幼虫は草食性である。多くの種が農作物の害虫である。

ミバエの1種
ヨーロッパで垣根や荒地の地面、草のある場所などで見られるこのミバエ（Icterica westermanni）はノボロギクの花を食べる。

科 ガガンボ科
ガガンボ類

分布 15,000種　世界中：普通は湿った微小生息場所

生息地 陸生

大半のガガンボはかよわくてほっそりとした体の長い虫で、体長は0.6～6cmである。捕まえられるといとも簡単に脚を切り離す。多くの種の成虫は寿命が短く、花の蜜やその他の液体を餌にする。頑丈な体をした幼虫は、腐った木や鳥の巣の中、沼地に棲み、多くの動物や鳥類の餌として重要である。

ガガンボ
この属（Holorusia属）には世界で最も大きなガガンボが含まれる。翅の開張は6～10cmである。

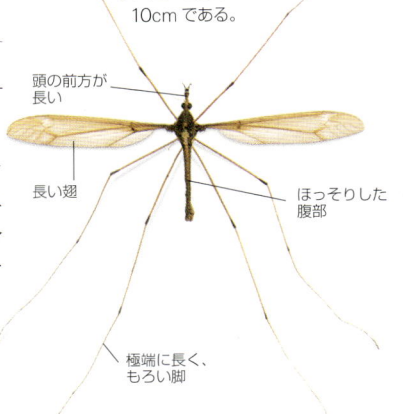

科 ヤドリバエ科
ヤドリバエ類

分布 8,000種　世界中：宿主となる昆虫のいる場所

頑丈でたくましく、体長は0.5～2cm、外見は多様性に富む。大半は暗色だが、金属光沢のあるものや淡色のものもいる。胸部には、特に後ろの方に剛毛がびっしり生えている。多くの種が剛毛のあるイエバエ（567ページ）に似ており、大型の種にはハチにそっくりなものがいる。成虫は甘い液体を餌にするが、幼虫は昆虫類の内部寄生者である。コオロギの交尾の鳴き声を聞きつけて、寄生するコオロギの居場所を探知する種もいる。オスとメスは丘の頂上に集まって交尾を行い、卵は宿主が食べる葉の上か宿主の体内に産みつけられる。大半は昼行性である。多くの種が草食性の害虫を生物学的に駆除するのに利用されている。

ヤドリバエの1種
ヨーロッパと中央アジアの原産のこの種（Eriothrix rufomaculata）は、ヒトリガ、カレハガの幼虫に寄生する。

派手なヤドリバエ
このハエ（Phasia hemiptera）はヨーロッパ各地の草地や森林に棲み、カメムシに寄生する。

大型のヤドリバエ
大半の近縁種より大きなこの種（Tachina grossa）は体長1.9cm。ヨーロッパとアジアで見られる。

目 トビケラ目
トビケラ類

トビケラ類は43科で約8000種があり、淡水のあるところならほとんどどこでも見られる。成虫はほっそりしており、くすんだ色合いの昆虫で、毛の生えた体と翅と長い触角を持っている。幼虫は体が柔らかく、水中に棲み、種によって独自の方法でつくった防御用の携帯用ケースの中にいることが多い。完全変態を行って成長する。

科 エグリトビケラ科
エグリトビケラ類

分布 1,500種　主に北半球：湖、一時的な水たまり、溝の周辺

エグリトビケラ類は赤っぽいか黄色っぽい黒褐色で、翅に暗色の模様があり、大半は2.4cm以下である。幼虫は生物体の破片や藻を食べ、砂、小石、植物、カタツムリの殻などでケースをつくる。成虫は液体を摂取することもある。

エグリトビケラの1種
広く分布する種（Limnephilus lunatus）で、幼虫は色々な種類の淡水の中に棲む。体色は濃淡様々のくすんだ黒から茶色まである。

科 トビケラ科
トビケラ類

分布 450種　主に北半球：池、湖、沼、流れの遅い川などの近く

この科のメンバーには明るい茶色か灰色の模様があり、まだらのように見えるものもいる。体長は1.2～2.6cmで、前脚の脛節に少なくとも2本、中脚と後脚の脛節には4本のトゲがある。幼虫は植物のかけらや繊維でケースをつくる。

最大のトビケラ
イギリスで見られる最大のトビケラ（Phryganea grandis）。オスはメス（写真）より小さく、翅に独特の暗色の縞がない。

無脊椎動物

目 鱗翅目

ガ類およびチョウ類

ガ類およびチョウ類は127科16万5000種以上あり、世界で最も多様性に富む昆虫のひとつである。体と翅には重なり合ったごく小さな鱗粉があり、口器は吻になっている。チョウ類とガ類の間には明確な区別はないし、両者を分ける科学的根拠もない。しかし一般的規則として、チョウ類は鮮やかな色で昼間飛び、先端が棍棒状の触角がある。一方ガ類は夜行性でくすんだ色をしている。どちらも空中を伝わる匂いとディスプレイによって求愛を行う。イモムシ、毛虫と呼ばれる幼虫は、円筒形の体と咬む顎を持っている。完全変態によって成長するが、絹糸の繭の内部で蛹になることが多い。

科 カイコガ科
カイコガ類

分布 100種 東南アジアの熱帯地方：クワの木、その他の植物の上

がっしりした体で淡いクリーム色、灰色または茶色のこのガは、絹の提供者として長く尊重されてきたが、開張2〜6cmの翅を持っている。絹を吐くのは滑らかな体の幼虫で、普通は短い角のようなものが尾端についている。商業的に飼育されるカイコガの幼虫はクワの葉を食べる。他の種はイチジクやその近縁種の植物を食べる。蛹化は目のつんだ絹の繭の内部で行われる。成虫には機能する口器がなく、物を食べない。

カイコガ
カイコガ（*Bombyx mori*）は中国原産だが、今では世界中の養蚕農場で飼育されている。しかし野生のものは絶滅している。

科 シャクガ科
シャクガ類

分布 20,000種 世界中：落葉樹、針葉樹、木のある藪、草の上

ほっそりとして普通は夜行性のこのガの翅は丸みを帯びており、開張1.4〜7.4cmで細かい斑紋が複雑な模様になっている。メスが翅を持たない種もいる。色はカムフラージュ用の茶色か緑色である。性別によって色が異なることも多い。メスは卵を1つずつまたは塊にして食草となる木の樹皮、小枝、柄の上に産む。幼虫は体で尺をとる（長さを計る）ような独特な歩き方からシャクトリムシと呼ばれる。多くの種は農業や林業の害虫で、深刻な被害を引き起こすことがある。

美しいシャクガ
この緑色のシャクガ（*Oospila venezuelata*）は主にベネズエラの森で見られる。

科 ヒトリガ科
ヒトリガ類

分布 2,500種 世界中：食草のある植物の良く茂った場所
生息地 陸生

毛が生えて重たげな体のヒトリガ類は鮮やかな色をしているが、淡い色に黒い斑点か斑紋が入っているものもいる。開張は2〜7cmである。メスは卵を食草の周りに産む。毛虫は草食性で、多くの種は毒を持っている。成虫は花の蜜や液体を摂取する。

ヒトリガ
このヒトリガ（*Arctia caja*）は非常にいやな味がする。コントラストのはっきりした鮮やかな体色はそのことを捕食者に知らせている。

科 セセリチョウ科
セセリチョウ類

分布 3,000種 ニュージーランドを除く世界中：耕作地、草地など開けた場所

重そうな体でガに似たセセリチョウ類は、矢のようにすばやく飛ぶ。大半の種はくすんだ茶色に白かオレンジ色の斑紋があるが、鮮やかな色のものも数種いる。開張は2〜8cmである。触角の先端の球桿部は長くて曲がっており、先が尖っている。メスは食草に卵を1つずつ産む。幼虫は草食で、夜に餌を食べる。

アメリカオナガセセリ
このセセリチョウ（*Urbanus proteus*）は南アメリカと北アメリカの各地でよく見られる。長い尾のような突起のある後翅と気まぐれな飛行パターンが特徴的である。

科 シジミチョウ科
シジミチョウ類

分布 6,000種 世界中、特に温暖な地域：アリの巣か食草についている

一般にシジミチョウ科のチョウは小さく、開張は1.5〜5cm。オスはきらびやかな色で、翅の表面が虹色に輝いていることが多いが、メスは通常くすんだ色である。大半の種の幼虫はずんぐりしており、植物か小型の昆虫を食べる。特殊な液体を分泌してアリに食べさせ、お返しにアリに守ってもらう幼虫もおり、巣の中に入れてもらっていることもある。

青いミドリシジミ
南アメリカの熱帯林に棲むこのミドリシジミ（*Thecla coronata*）は、この科で最も大きく、最もあでやかな色合いのチョウのひとつである。

科 カレハガ科
カレハガ類

分布 2000種 ニュージーランドを除く世界中：様々な落葉樹の葉の上

重たげな体で非常に毛深い。大半は黄褐色、茶色または灰色である。開張はたいてい4cm以下である。メスはオスより大きい。卵は食草となる木の小枝を巻くように100〜200個の帯状に産みつけられる。太い体の幼虫は日光の当たるところで共同生活をすることがある。幼虫は丈夫な卵型の紙のような繭の中で蛹になる。

アメリカオビカレハ
このガ（*Malacosoma americanum*）は果樹害虫である。アメリカ合衆国北部とカナダ南部の森林に棲んでいる。

チョウセンメスアカシジミ
このシジミチョウ（*Thecla betulae*）はヨーロッパとアジア温帯の森に生息する。幼虫はリンボク、スモモ、カバノキの葉を食べる。

ベニシジミ
ベニシジミ（*Lycaena phlaeas*）は北半球の標高2000mまでの草地ではよく見られる。幼虫はスカンポ類の葉を食べる。

昆虫類

科 ドクガ科
ドクガ類

分布 2,600種　世界中：落葉樹、針葉樹の葉の上、潅木の茂み

ドクガ類は、ヤガ類（右欄参照）と似ている。大半はくすんだ色だが、熱帯産の種にはカラフルなものもいる。開張は2～6cm。オスはメスよりわずかに小さく、メスには翅がないこともある。メスは卵を塊状にして食草となる木や潅木の樹皮の上に産む。成虫には吻がなく、食物を食べない。幼虫は毛が生えており、鮮やかな色が多く、群れをなして葉を食べる。触れるとアレルギー反応を起こすことがある。

前翅にV字型の目立つ斑紋がある

幅広で毛の生えた体

マイマイガ
ヨーロッパ、アジア原産のマイマイガ（*Lymantria dispar*）は、かつて北アメリカに持ち込まれ、研究室から逃げ出して害虫となっている。

科 ヤガ科
ヤガ類

分布 22,000種　世界中：農作物を含むあらゆるタイプの植物の上

世界中の重要農作物はほとんどが1種類から数種類のヤガの被害にあっている。ヤガ類は幅の狭い前翅と幅の広い後翅を持ち、たいていくすんだ色をしているが、後翅は鮮やかな色で模様の入っているものもいる。開張は通常5cm以下である。メスは卵を1つずつまたは50～300個の塊にして、食草の根元か土の中に産む。ヤガ類は胸部に聴覚器官があり、主な捕食者であるコウモリの超音波をを探知する。

後翅の縁近くに暗色の波線がある

翅に黒い模様がある

タマナヤガ
この種（*Agrotis ipsilon*）は世界中で農作物や草地を住処としている。幼虫はジャガイモ、タバコ、レタス、穀物類を害する。

科 アゲハチョウ科
アゲハチョウ類

分布 600種　世界中の温暖地域：花の多い開けた場所、または日陰

アゲハチョウ科には、現在法律によって保護されている世界最大のチョウであるトリバネアゲハが含まれる。多くの種には後翅に尾状突起がある。翅は暗色に白、黄色、オレンジ色、赤、緑色、青などの縞や斑点あるいは斑紋が入るのが普通で、開張は4.5～28cm。丸い卵は食草に1つずつ産みつけられ、蛹化もそこで行われる。幼虫は捕食者から身を守る際に、フォーク状になった肉質の分泌腺から匂いを分泌する。幼虫は草食性で、様々な種類の葉を食べる。成虫は花蜜その他の液体を摂取する。

後翅に黒い縁取りつきのオレンジ色の斑点がある

アポロチョウ
このアゲハチョウ（*Parnassius Apollo*）は、ヨーロッパと中央アジア各地の山岳地帯で見られる。

翅の扇型斑紋

後翅の尾状突起

メスグロトラフアゲハ
北アメリカ産のこのアゲハチョウ（*Papilio glaucus*）は、森や庭に棲む。幼虫は様々な落葉樹の高いところにある葉を食べる。

黒地に鮮やかな緑色の模様がある

翅に黒い斑点

黄色い腹部

メガネトリバネアゲハ
このアゲハチョウ（*Ornithoptera proamus*）はモルッカ諸島、パプアニューギニア、ソロモン諸島、オーストラリア北東部の熱帯林に生息する。メスはオスより大きく、くすんだ色をしている。

科 タテハチョウ科
タテハチョウ類

分布 5000種　世界中：花の多い草地、森の開拓地

タテハチョウ科には世界で最も目をひくチョウが含まれており、最大の特徴は感覚機能を備えた非常に短いブラシ状の前脚である。タテハチョウ類はこの前脚を地面には触れさせず、頭のそばに持ち上げている。開張は3～15cm。翅の表側は鮮やかな色だが、裏側は休息の際にカムフラージュになるようにくすんだ色をしている。オスとメスでは色が異なることがあり、季節によって違うこともある。メスは丸い卵を、木、潅木、草の葉に産む。蛹にはイボのある顕著なコブがあることが多く、体の後端のフックで食草にくっつき、頭を下にしてぶら下がる（垂蛹）。若齢の幼虫は多くは集団で葉を食べる。成虫は花蜜や液体を摂取する。果実、糞、腐肉、尿、ガソリンに引き寄せられるものさえいる。

前翅の縁に淡い斑点がある

青紫の斑点が1列に並ぶ

キベリタテハ
北半球にいるこのチョウ（*Nymphalis autiopa*）はイギリスでは Camberwell beauty（キャンバーウエルの美女）、北アメリカでは Mourning cloak（喪服の外套）と呼ばれている。

後翅に黒い斑点がある

オレンジ色の幅広の縞

ヨーロッパアカタテハ
このチョウ（*Vanessa atalanta*）は北半球に広く分布している。幼虫はイラクサ類とホップを食べる。

頭に白い斑紋

翅の縁に沿って白い斑紋がある

オオカバマダラ
オオカバマダラ（*Danaus plexippus*）は長距離の渡りをすることで有名で、最も長いものではメキシコからカナダへの渡りをする。幼虫はトウワタ属の植物を食べる。トウワタ類に含まれる物質のおかげで、幼虫は捕食者にとっていやな味のするものとなる。

前翅には目立つ白い斑点がある

翅に白い斑紋入りの黒い縞がある

モルフォチョウ
このチョウは南アメリカ、中央アメリカの森林に生息する。開張9.5～12cmで、タテハチョウ類の中では最大の部類に属する。写真はその1種（*Morpho peleides*）。幼虫は有毒の防御用の匂いを分泌することができる。

無脊椎動物

節足動物

目 鱗翅目（続き）

科 シロチョウ科
シロチョウ類

分布 1,200種　世界中：いたるところ、鳥の糞、尿、あるいは日なたの水たまりに群れていることが多い

この非常に一般的なチョウは白、黄色、オレンジ色の翅に黒か灰色の斑紋があるのが普通である。開張は2～7cmで、翅の鱗粉の色素は幼虫が食べた食物の副産物によるものである。卵は1つずつまたは20～100個の塊で食草に産みつけられる。蛹の頭には顕著なトゲ状突起があるが、蛹は食草に絹のベルトで直立の姿勢で付着している。

モンキチョウ
写真は北アメリカの開けた草地や耕作地に生息する種（*Colias eurytheme*）。幼虫はクローバーを食べ、ムラサキウマゴヤシの害虫になることもある。
- 前翅に黒い斑点がある
- 後翅にはオレンジ色の斑点

クモマツマキチョウ
このチョウ（*Anthocharis cardamines*）はヨーロッパとアジア温帯の草地や森に生息する。日本では高山に棲む。後翅の裏側は淡緑色にまだら模様が入る。
- オスの前翅の先端は目立つオレンジ色

エゾスジグロシロチョウ
このチョウ（*Pieris napi*）はヨーロッパ、アジア、北アメリカの草地や耕作地に広く生息する。
- 翅の縁は暗色

科 メイガ科
メイガ類

分布 24,000種　世界中、特に温暖な地域：水生植物から樹木まで様々な種類の植物

メイガ類には頭の前方に短い"口吻"を持つものがいる。大半の種はくすんだ色をしている。開張は1～4.6cmである。前翅は幅の広いものも狭いものもいるが、後翅は幅広で丸みを帯びている。卵は葉の裏に産みつけられる。

ツトガの1種
日本のニカメイガに近いガ（*Chilo phragmttellia*）で、ヨシの茂みの地面で見られる。幼虫はそこでヨシ属の茎を食べる。
- 後翅には長い房飾りがある

科 ヤママユガ科
ヤママユガ類

分布 1,200種　世界中、特に熱帯、亜熱帯の森林地域：植物の葉の上

ヤママユガ類は大型で、翅は幅広く、顕著な斑紋が入った見事なものが多い。開張は5～30cmで、それぞれの翅の中心に眼状紋が入ることもある。後翅に尾状突起があるものもいる。オスの触角は幅が広く、羽毛状か櫛状である。完全に成長した幼虫は繭をつくり、食草となる様々な種類の木や潅木の小枝に付着する。成虫は食物を食べない。

オオミズアオ
メキシコからカナダ国境にかけて見られる種（*Actias luna*）。幼虫は落葉樹の葉を食べる。
- 暗色の縁どりが前翅と体を横切っている
- 毛皮で覆われたような長い体
- 長い尾状突起には赤い縁取りがある

ヨナグニサン
和名は沖縄の与那国島にちなむ。東南アジア産のこの種（*Attacus atlas*）は翅の面積がどの昆虫よりも広い。森林や開けた草地に生息する。簡単に飼育できるが稀少種であり、いくつかの国では保護されている。
- 翅の先端は曲がっている
- オスの触角は幅が広くて羽毛状
- 翅の縁に黒い波線がある
- 翅に透明な三角形の斑紋がある

ヤママユガ
カナダ南部とアメリカ合衆国の森林や耕作地に生息するプロメテアヤママユ（*Callosamia promethes*）。メスは重たげな体をしており、夜行性である。オスは暗色で日中に飛び、キベリタテハ（571ページ）と間違えられることもある。
- 前翅にある眼状紋

科 スカシバ科
スカシバ類

分布 1,000種　世界中、特に温帯北部：花の周囲または食草の近く

普通は昼行性で、ハチに似ている。刺すふりをする種もいる。黒、青みがかった色、または黒褐色で、黄色かオレンジ色の斑紋がある。翅のかなりの部分が透明で、開張は1.4～4cm、飛行中はブンブン羽音を立てる。多くの種は果実やその他の樹木、潅木の害虫である。

ハチダマシスカシバ
ヨーロッパ、アジア原産のこの種（*Sesia apiformis*）の翅は透明で、じつによくハチに擬態している。幼虫はヤナギやポプラの内部に穴を開ける。
- 翅の透明な部分

科 スズメガ科
スズメガ類

分布 1,100種　世界中、特に熱帯、亜熱帯地域：植物の葉の上

流線型の体と長くて幅の狭い翅を持つスズメガ類は、飛ぶ昆虫の中では最もスピードが速いもののひとつで、時速50km以上出すことができる。開張3.5～15cm。成虫はたいてい花蜜を吸う。ハチドリのように空中に浮きながら蜜を吸うものもいる。最高25cmの長くて曲がった吻を持つ。昼行性のものもいるが、大部分は暗くなってから活動する。産卵のために長距離移動することが多い。幼虫は腹部の先端にトゲのような突起があるのが特徴である。農作物の深刻な害虫となる種もいる。

メンガタスズメ
胸部にあるドクロのような模様にちなんで名づけられた。写真はその1種（*Acherontia atropos*）で、アフリカとアジアで見られるが、ヨーロッパにも渡ってくる。
- 前翅にはくすんだ色のまだらがある
- 胸部のドクロ模様

ミドリスズメ
アフリカのサハラ以南に生息するスズメガ（*Euchloron megaera*）。幼虫はつる性植物を食べる。
- 特徴的な深い緑色の前翅
- 前翅の基部に黒と白の斑紋
- 後翅にはオレンジ色、赤、黒、白の斑紋がある
- 長くてたくましい緑色の体

スズメガの1種
このガ（*Protambulyx euryalus*）は南アメリカで見られる。オスとメスの外見は非常によく似ている。
- 前翅に暗色の三角紋
- 前方向に曲がった翅
- 長い体

昆虫類

科 ヒロズコガ科
ヒロズコガ類および近縁種
分布 2,500種　世界中：腐った木、菌類、乾いた有機物、毛織物、織物、乾燥食料品の中

くすんだ色のガで、多くの種は害虫である。普通はくすんだ茶色だが、光沢のある金色のものもいる。頭には毛のような鱗粉か剛毛の盛り上がった覆いがあり、吻は短いかまったくない。開張は0.8〜2cmで幅が狭く、休息のときには体の上に急勾配の角度で置いている。メスは3週間かけて30〜80個の卵を産む。幼虫は腐食性である。絹糸や屑で携帯用ケースをつくるものもおり、絹糸の巣を張ってそこで餌を食べるものもいる。一般に成虫は物を食べない。多くの種はあまり飛びたがらず、そのかわり危険から慌てて走って逃げる。

イガ（衣蛾）の仲間
広く分布するガ（Tineola bisselliella）で、衣類、カーペット、毛皮などに生息する。メスは服のひだに卵を産む。

科 ハマキガ科
ハマキガ類
分布 5,000種　世界中：葉、若枝、つぼみ、果実の上

小さなガで、大半のものは茶色、緑色、あるいは灰色である。樹皮、地衣類、木の葉に溶け込むような模様があるが、鮮やかな色のものもいる。頭は粗い鱗粉で覆われている。開張は0.8〜3.4cmで、前翅は普通は長方形で、休息の際には体の上に屋根のようにたたんでいる。メスは1週間で最高400個の卵を産むことができ、1つずつか小さな塊にして果実や葉の表面に産む。幼虫は植物の葉、若枝、つぼみを食べ、よく葉を絹糸で結んだり丸めたりしている。果実や茎に穴を開けたり、虫コブをつくったりするため、多くは木や果実に損害を与える害虫である。

前翅はカムフラージュ色になっている
淡色の後翅には長い房飾りがある

ウスモンハマキ
ヨーロッパとアジアの森林で見られるハマキガの1種（Clepsis rurinana）。幼虫は落葉樹の葉を丸めてその中で餌を食べる。

科 ツバメガ科
ツバメガ類
分布 100種　熱帯、亜熱帯地域：植物、特にトウダイグサ類の上

ツバメガ科には大型で長い尾状突起を持ち、カラフルで翅の鱗粉が虹色の、昼間飛び回るものと、尾状突起がなく、くすんだ色で夜行性のものが含まれている。南アメリカとマダガスカルの種はカラフルで大きいので、よくチョウと間違えられる。開張は通常6〜10cmである。成虫は移動性であることが多く、時には大群となって幼虫の食物の質を変化させるために移動する。多くの種の幼虫はトウダイグサ科の植物を食べ、アリの捕食から逃れるために、葉から絹糸を引いて落ちる。

褐色ツバメガ
この大きな東南アジアの種（Lyssidia zampa）の開張は10〜10.6cm。同じ科の大半の種よりも少し大きい。

前翅の先端は尖っている
虹色に輝く斑紋

黒いツバメガ
昼間飛び回るこのガ（Alcides zodiaca）はオーストラリアのノースクイーンズランドの雨林原産で、日中は花に来て、夕方には林冠に戻る。

後翅には目立つ斑紋と3本の尾状突起がある

ニシキオオツバメガ
鮮やかな色で昼間飛び回る大型種（Chrysiridia riphearia）。マダガスカルの森林に生息する。

目 膜翅目
ハチ類、スズメバチ類、アリ類、ハバチ類

膜翅目は膨大な数にのぼる昆虫グループで、91科に少なくとも19万8000種がある。膜翅目は2つの亜目に分けられる。植物を食べるハバチ亜目と、スズメバチ、ハチ、アリのハチ亜目である。ハチ亜目はハバチ亜目とは異なり、"腰"が細く、メスには産卵管があり、これで刺すこともある。大半の種は2対の透明な翅を持ち、翅は飛行中はごく小さなフックで連結されている。生態学的にこれらの昆虫は捕食者、寄生者、授粉者また掃除屋として非常に重要である。社会的膜翅目にはアリ類とハチ類が含まれ、地球上で最も進歩した昆虫である。

科 イチジクコバチ科
イチジクコバチ類
分布 650種　亜熱帯、熱帯地域：イチジクの樹上

イチジクの木との共生関係を進化させている。メスは体長3mm以下で、ごく小さな花が並んだイチジクの内部に潜り込む。いくつかの花に花粉を授粉して、その他の花に卵を産みつける。成長した後、翅のないオスはメスに授精させ、メスは新しい木を求めて飛び立つ。

イヌビワコバチ
この仲間はアジア、南ヨーロッパ、オーストラリア、アメリカ合衆国のカリフォルニアで見られ、イチジクなどの授粉を行う。写真はその1種（Blastophaga psenes）。メスはオスの20倍もいる。

科 ミツバチ科
ミツバチ類および近縁種
分布 1,000種　世界中：植物のよく茂った、花の多い場所ならどこでも

この科にはマルハナバチとともに世界で最も有益な昆虫のひとつであるミツバチが含まれる。ミツバチ類は蜂蜜と蜜蝋をつくり、世界中の植物の授粉を行う。体長は通常0.3〜2.7cm。大半のメスは有毒の刺し針を持ち、後脚には花粉を運ぶ籠がある。ミツバチとマルハナバチは社会的昆虫であり、女王バチ、オスバチ、不妊メスの働きバチからなる複雑なコロニーで生活する。ミツバチは垂直に並んだ蝋製の巣の中で幼虫を育て、巣は花粉や蜜を貯蔵するための何千もの小部屋に分かれている。女王バチは1日に100個以上の卵を産むことがある。マルハナバチの巣は草と蝋質の小部屋で、卵の数はもっと少ない。

セイヨウマルハナバチ
すべての近縁種と同様、セイヨウマルハナバチ（Bombus terrestris）も、寒冷な天候や早春でも食べるように、体が"毛皮"で覆われている。

セイヨウミツバチ
もとは東南アジア原産だが、セイヨウミツバチ（Apis mellifera）は今や世界中で飼育されている。ミツバチのコロニーには厳格な役割分担がある。女王バチはコロニー全体の卵を産み、働きバチは食料を集め、幼虫の世話をする。女王バチはオスバチによって受精させられる。

女王バチ
オスバチ
働きバチ

無脊椎動物

節足動物

目 膜翅目（続き）

科 コマユバチ科
コマユバチ類
分布 25,000種　世界中：適当な幼虫の宿主の上

ヒメバチ類（下）と同様、コマユバチ類も捕食寄生者、つまり生きた宿主の体内で成長し、徐々にこれを殺していく虫である。コマユバチ類はガやチョウの幼虫を攻撃し、犠牲者の体表か体内に100個以上の卵を産むことが多い。幼虫はイモムシの組織を食べて成長し、蛹になり、成虫になって飛び去る。成虫は体長7mm未満が普通である。多くの種が害虫の生物学的駆除に利用されている。

コマユバチの1種
このコマユバチ（*Bathyaulax* 属）は1.5〜2cmで同じ科の大半のものより大きく、アフリカと東南アジアで見られる。穀物の茎に穴を開ける害虫を駆除するのに利用されている。

科 ヒメバチ科
ヒメバチ類
分布 60,000種　世界中、特に温暖な地域：宿主となる適当な昆虫のいるところならどこでも

ヒメバチ類は、多くの害虫を含む他の昆虫に寄生するため、生態学的に非常に重要である。メスは細長い産卵管を用いて様々な種類の宿主の幼虫や蛹に卵を産みつけるが、時には宿主に届くよう何センチも木に穴を開けて突き刺すこともある。ヒメバチの幼虫は孵化すると宿主の体を中から食べる。成虫の体長は0.3〜4.2cmで、普通はほっそりとスマートで腰が細い。

アフリカのヒメバチ
このアフリカ産の種（*Paracollyria* 属）は捕食者に対する警告となる鮮やかな色をしているが、他の昆虫によって擬態されている。

ヒメバチ
この大型のヒメバチ（*Rhyssa persuasoria*）はマツの幹深くにいるキバチの幼虫に届くよう、ドリルのような長い産卵管を用いる。

科 アシブトコバチ科
アシブトコバチ類
分布 1,800種　世界中：宿主となる適当な虫の上

アシブトコバチ類はたいてい体長8mm以下で、寄生性昆虫の中では小規模だが重要な科である。多くの種は甲虫の幼虫か、チョウやガの幼虫の中に卵を産みつけるが、他の寄生性昆虫の卵や幼虫を攻撃する高次寄生者もいる。成虫のアシブトコバチ類は普通は黒褐色、黒、赤、黄色で、時には金属光沢がある。幼虫は他のハチ類と同じように白いイモムシのような姿で脚がない。アシブトコバチ類には害虫を駆除するために飼育されて放されているものもいる。

アシブトコバチ
この種（*Chalcis sispes*）はヨーロッパとアジアの原産である。幼虫はミズアブ類の幼虫に寄生する。

ヒメバチの1種
この種（*Joppa antennata*）は膨らんだ触角の節と、スズメバチに似たくっきりした体色が特徴的である。

科 セイボウ科
セイボウ類
分布 3,000種　世界中：宿主となる適当な昆虫の上

体長は0.2〜2cmである。大半の種は非常に鮮やかな金属光沢のある青、緑色、赤、あるいはそれらが組み合わされた色である。非常に固くて小さな窪みのある体は、セイボウ類をハチやスズメバチの針から守ってくれる。腹部は下向きに曲がっているので、攻撃されたときには体を丸めることができる。メスは単独性のハチかスズメバチの巣に卵を産むのが普通で、幼虫はすぐに孵化する。セイボウの幼虫は宿主となるハチの幼虫とその食料を食べる。成虫は花蜜や液体を餌にしている。

セイボウ
オーストラリア産のこの大型種（*Stibum splendidum*）は、単独性のドロバチ類に寄生する。

科 タマバチ科
タマバチ類
分布 1,250種　主に北半球：木、植物の上

タマバチ類は光沢のある赤褐色か黒で、普通は完全な翅がある。体長は1〜9mmである。オスは通常、メスより小さい。メスの腹部は側扁しており、胸部は盛り上がっている。多くの種がオークやその近縁種の木の内部に卵を産み、種特有の虫コブをつくるが、そのプロセスはまだ完全にはわかっていない。虫コブは成長中の幼虫を守り、栄養を与える。虫コブをつくる種のライフサイクルには有性世代と無性世代が含まれる。

タマバチ
このタマバチ（*Andricus* 属）はヨーロッパに広く分布し、様々なオークの木を宿主にする。

科 アリバチ科
アリバチ類
分布 5,000種　世界中、特に亜熱帯、熱帯地域：メスは乾燥した場所で見られる

アリに似たメスの体は、柔らかいベルベットのような毛で覆われている。オスは完全に発達した翅を持つ。体長0.3〜2.5cm。幼虫の餌として他のスズメバチやハチの幼虫を利用する。メスは適当な宿主の小部屋を噛んで開け、その中の幼虫が十分成長していれば、その体表に卵を産みつけ、再び小部屋を封印する。アリバチの幼虫は宿主の幼虫を食べ、小部屋の中で蛹になる。メスは強力な刺し針を持っている。

ヨーロッパアリバチ
この種（*Mutilla europea*）はヨーロッパの温帯に広く分布し、マルハナバチに寄生する。

科 ホソハネコバチ科
ホソハネコバチ類
分布 1,400種　世界中：宿主となる昆虫のいる様々な場所

地球上で最も小さな飛ぶ昆虫はこの科に属している。ホソハネコバチ類の体長は0.2〜5mm、黒褐色、黒または黄色である。幅の狭い前翅には毛の房飾りがあるが、明確な翅脈はない。後翅は軸があるように見え、ひものような形をしている。どの種もメスは他の昆虫、主にウンカやその他のカメムシ類の卵に寄生する。生物学的害虫駆除に利用されるものも数種いる。

ホソハネコバチの1種
この種（*Anagrus optabilis*）はある種のウンカの卵専門に寄生する。近縁種は稲に害を与えるウンカ類を駆除するのに利用されてきた。

昆虫類

科 ベッコウバチ科
ベッコウバチ類

分布 4,000種 世界中、特に熱帯、亜熱帯地域：宿主となるクモのいる場所ならどこでも

強力な毒でクモを麻痺させることができる。メスは地面に沿って飛ぶか走るかしながらクモを探し、泥や割れ目の中に準備しておいた巣の中に動けなくなったクモを引きずり込み、卵をクモの体表に1つ産みつけてから巣を封印する。刺されると非常に痛い。大半の種は暗い青か黒で（翅は暗い黄色のこともある）、体長は0.5～8cmである。オスはメスより小さい。

ベッコウバチの1種
この属（*Pompilus*属）は温暖な地域、特に地面が砂交じりの場所では一般的である。他のベッコウバチ類同様、単独性である。

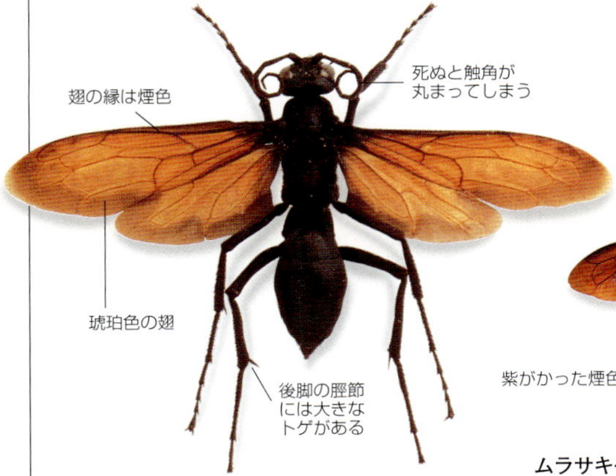

タランチュラオオベッコウ
この種（*Pepsis heros*）は、最大のベッコウバチで、体長は最高8cmである。名前が暗示するように、タランチュラを獲物にする。

ムラサキベッコウ
この種（*Macromeris violaceus*）は、虹色の光沢のある紫がかった翅にちなんで名づけられているが、東南アジアで見られる。体長は5～5.5cmである。

科 スズメバチ科
スズメバチ類

分布 4,000種 世界中：様々な場所で見られる。巣の中、また広範囲で獲物を探し回る

スズメバチ類は噛み砕いた木などの繊維で巣をつくる。様々な種類があるが、いずれも社会性で、女王は越冬して春に巣をつくり、最初の卵を自分で育てる。育った働きバチたちは女王と協力して、その後の卵の世話をする。幼虫は水平な小室の中で成長し、不妊メスの働きバチが噛み砕いた昆虫を餌として与えられる。成虫のスズメバチは体長0.4～3.6cmで、翅を体の上に平たく置くのではなく、縦方向に丸めるかたたむかしている。ほぼすべてのスズメバチは警告色をしている。刺されると非常に痛い。

キオビクロスズメバチ
このスズメバチ（*Vespa vulgaris*）はイモムシその他の害虫を捕ってくれるので、園芸にとっては有益な種である。木の繊維を使って巣をつくる。

スズメバチの1種
一般にはヨーロッパスズメバチと呼ばれるこのハチ（*Vespa crabro*）は、木の洞に巣をつくる。コロニーには働きバチは数百匹しかいない。

ドイツスズメバチ
ドイツスズメバチ（*Vespula gemanica*）のコロニーは複数の女王バチに支配されて何年も続くことがある。このスズメバチはたいてい北半球に棲み、1800年代後半に北アメリカに移入された。

科 アナバチ科
アナバチ類

分布 8,000種 世界中：様々な微小生息場所、植物の茎、土、腐った木

この科にはいわゆる単独性の狩りバチの多くが含まれる。獲物を狩るたびに穴を掘る、穴掘りバチである。これらは体長0.4～4.8cmで、比較的毛が薄く、きらびやかな色をしていることが多い。単独性で、植物の茎、土、腐った木の中に巣をつくる。メスは昆虫かクモを捕まえて麻痺させ、巣の中に入れて卵を産む。生まれてくる幼虫に食料を準備するのである。

アナバチの一種
このハチ（*Ampulex*属）はゴキブリのハンターで、獲物を探して家の中に入ってくることがある。この属のハチは世界中の熱帯地域で見られる。

科 ツチバチ科
ツチバチ類

分布 350種 世界中、特に熱帯地域：宿主であるコガネムシ類のいる場所ならどこでも

大型のハチで、体長1～5.6cm、がっしりした体は毛でびっしり覆われている。青みがかった黒の地に赤褐色の斑紋がある。オスはメスより小さくてスリムで、触角はメスより長い。交尾の後、メスは土の中でコガネムシ類の幼虫を狩り、刺して麻痺させ、その場で1匹に卵を1つ産む。ツチバチの幼虫は、コガネムシの幼虫の体内で糸を吐いて繭をつくり、その中で蛹になる。

モレンカンプオオツチバチ
ジャワ、ボルネオ、スマトラの、コガネムシがいる場所で見られるこのハチ（*Scolia procera*）に刺されると非常に痛いが、攻撃的なハチではない。

科 キバチ科
キバチ類

分布 100種 北半球の温暖な地域：落葉樹と針葉樹の上や近く

キバチ類はハバチ亜目（右）の中では最大のメンバーである。威嚇的な外見にもかかわらず、刺すことはない。腹部の先端にある角は無害なトゲである。赤褐色、黒、黄色または金属光沢のある紫色で、体長は1.8～4.2cmである。メスには長い産卵管があり、木に菌類を感染させながら木の幹の中に卵を産みつける。幼虫は木の芯へ穴を掘って進み、菌類と木を食べる。蛹化は絹糸と噛み砕いた木でつくった繭の中で行われる。

キバチ
写真はキバチの1種（*Urocerus gigas*）のメスである。この無害な種のオスはなかなか見られない。

科 ハバチ科
ハバチ類

分布 6,000種 ニュージーランドを除く世界中：庭、牧場、森林の様々な植物の上

ハバチ類はスズメバチのように見えることが多いが、もっと原始的な昆虫で、ハバチ亜目に分類される。スズメバチ、ハチ、アリとは異なり、腰は細くなく、刺すこともないし、単独性である。体長は0.3～2.2cm。メスは産卵管を使って植物に卵を産む。イモムシのような幼虫は鮮やかな色をしていることもあり、普通は野外で葉を食べる。果実、野菜、木を害することがよくあり、非常に破壊的な害虫になることもある。

スズメバチに擬態するハバチ
これはスズメバチを擬態する種（*Tenthredo scrophulariae*）で、ヨーロッパとアジアで見られる。幼虫はモウズイカやゴマノハグサなどの植物を食べる。

節足動物

目	膜翅目（続き）
科	アリ科

アリ類

分布 9,000種　世界中：南極と大洋上のいくつかの島を除く、事実上すべての地域

生息地 陸上生息地の大部分

アリは地球上のほほどこにでもおり、陸上生態系にとって計り知れない重要性を持つ。数が多いため、ミミズ類よりも多くの土を動かし、養分をリサイクルし、種子を拡散させるうえで非常に重要である。シロアリやある種のハチやスズメバチと同様、高度に社会的なコロニーで生活するが、コロニーの規模は一握りの個体が小さな隠れ家を分け合うものから、数百万匹が地下に6mもの巣をつくって棲むものまである。常に2世代以上が同時に生活し、成虫は幼虫の世話をする。1つのコロニーの中に異なる階級（カースト）があり、特殊な役割を演じている。働きアリは巣の防御も行う。繁殖に専念するものもいる。カーストは食物によって決まる。栄養が豊富であれば繁殖アリになり、乏しければ不妊の働きアリになる。交尾は飛びながら行うか、地上で行う。その後オスは死に、メスは翅を失う。どの種もフェロモンを分泌する腺を備えている。フェロモンはコロニーの成員間のコミュニケーションや、道筋の確認や防御にも使われる化学的メッセージである。多くの昆虫や植物がアリとの（しばしば非常に複雑な）共生関係を持つ。植物が食物や住処をアリに提供するケースもある。逆に草食性生物から受ける被害や、蔓植物に葉を落とされるのをアリが防ぐケースもある。アリ科は10亜科に分類されている。大きいのはフタアシアリ亜科とヤマアリ亜科である。フタアシアリ亜科には刺し針を持つ種もいるが、ヤマアリ亜科は蟻酸を吹きかけて身を守る。熱帯地方の悪名高い奴隷アリと軍隊アリはサスライアリ亜科に属する。これらのコロニーは最高数百万の大群が縦隊をつくって移動し、しばしばシロアリやアリの巣を急襲する。

食性

アリの中には草食性で種子を集めたり菌類を食べるものがいる。肉食性や雑食性のものもいれば、樹液を吸う甲虫類によってつくり出される蜜にもっぱら頼るものもいる。

働きアリと獲物
ヨーロッパアカヤマアリの働きアリは共同作業で大きな獲物のかけらを巣まで引きずって帰り、そこで細かく分断する。

ハキリアリ
ハキリアリは葉の切れ端をどろどろに噛み砕き、菌類を栽培する苗床にする。この菌類がこのアリの唯一の食料となる。

様々なカースト

1つのコロニーには3つのカーストのアリがいる。常に翅のない不妊メスである働きアリ、女王アリ、そしてオスアリである（オスには通常、翅があり、1年のうち一定の時期に女王アリたちと交尾集団を形成する）。サスライアリのカースト間の肉体的相違は（写真では大きさの違いを相対的に示している）、大部分のアリにも通じる代表的なものであるが、この種では女王アリに翅がない。

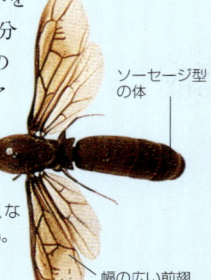

オスアリ
ソーセージ型の体型をしている。暗くなると灯火に引き寄せられることが多い。

メスの働きアリ
働きアリはすべてメスである。大きなものは獲物のかけらを運び、小さいものは液体を運ぶ傾向がある。

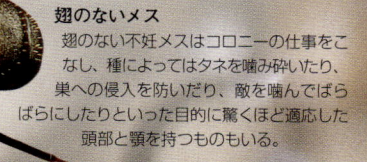

女王アリ
この種の女王アリはどのアリよりも大きく、毎月100万〜200万個の卵を産むこともある。

翅のないメス
翅のない不妊メスはコロニーの仕事をこなし、種によってはタネを噛み砕いたり、巣への侵入を防いだり、敵を噛んでばらばらにしたりといった目的に驚くほど適応した頭部と顎を持つものもいる。

防御中

ヨーロッパアカヤマアリの働きアリが顎を大きく広げ、腹部を下や前に曲げて防御姿勢をとっている。この体勢で攻撃者に対して蟻酸を吹きかけることもできる。

無脊椎動物

無脊椎動物

ムカデ類およびヤスデ類

門	節足動物門
亜門	大顎亜門
上綱	多足類
綱	ムカデ綱・ヤスデ綱
目	16
科	144
種	約13,700

ムカデ類およびヤスデ類は数多くの体節にそれぞれ1対あるいは2対の脚がある陸生節足動物である。頭部には咬みつく大顎と、1対の触角がある。昆虫類に比べるとはるかに数も少なく、多様性にも乏しく、防水性のクチクラを持たないので、湿った微小生息場所に活動を限定される。しかし昆虫と同様、クチクラにある穴を通して直接空気を取り込んで呼吸する。

ムカデ類は胴節にそれぞれ1対の脚がある。走るのは速いが、土中に棲む種の中にはゆっくり動くものもいる。肉食性で、獲物を殺すための毒のある鉤爪を持つ。一方、ヤスデ類はすべて動きが遅く、長い円筒形の体を持つ。胴節の大半は重体節といって2節ずつ接合され、各重体節に2対の脚がある。主に草食性か掃除屋で、歯のある大顎で腐った有機物、土、植物、藻、コケを噛み砕く。

森の肉食者
ほとんどのムカデ類は森に棲む肉食者である。長い脚ですばやく地面の上を動き回り、他の無脊椎動物を探したり、捕食者から逃れたりできる。大半の種は日中は隠れたままで、夜に活発になる。

綱 ムカデ綱

ムカデ類

長くて扁平な体のムカデ類は、少なくとも16節からなる胴節を持ち、その大部分に脚が1対ある。歩行用の脚の最後のものは必ず他の脚より長い。大半の種は黄色っぽいか茶色っぽい色で、どの種も体に感知能力のある繊細な毛が生えている。4目22科で、約3000種がいる。

科 イシムカデ科
イシムカデ類

分布 1,500種 世界中、特に北半球の温暖な地域：ひび、割れ目の中

イシムカデ類はたいてい赤褐色だが、鮮やかな色のものもいる。頑丈で扁平な体は体長0.6～4.5cmである。15対の脚と75～80節からなる糸のような触角がある。幼虫が卵から出てきたときには脚が7対で、脱皮するたびに脚のついた胴節がつけ加えられる。寿命は5～6年である。

マダライシムカデ
この普通に見られるヨーロッパ種（*Lithobius variegatus*）は落葉樹林の積もった落葉に生息している。餌を捜して木に登るが、通りかかる獲物を地表で待ち伏せしていることが最も多い。

科 オオムカデ科
オオムカデ類

分布 400種 世界中、特に亜熱帯、熱帯地域：土、積もった落葉、ひび、割れ目の中

世界最大のムカデである南アメリカのオオムカデはこの科に属している。オオムカデ類の体長は3～30cmである。夜行性のハンターであるオオムカデ類は、ネズミやカエルを毒のある鉤爪で捕まえるのに十分なほどたくましいが、小型の種の毒が最も激しい。オオムカデ類は普通は鮮やかな色で、黄色、赤、オレンジ色、緑色などがあり、暗色の縦縞や横縞があることが多い。21対または23対の脚があり、糸のような触角は35節未満である。通常は頭の両側に4個の単眼がある。メスは土、岩、ゆるい樹皮の下に卵を産む。

オオムカデの1種
体の模様と捕食者としての習性からトラムカデと呼ばれるこの種（*Scolopendra*属）は、東南アジアで見られ、石、腐った木、樹皮の下に棲んでいる。

綱 ヤスデ綱

ヤスデ類

750本の脚を持つヤスデもいるが、走るのは遅い。大半のヤスデ類は身を守るのに石灰質で強化された頑丈な外骨格に頼っている。触れられると多くの種が体を丸めるか、あるいは有毒な化学物質を分泌する。この綱には少なくとも1万種があり、13目115科に分類されている。

科 ヒメヤスデ科
ヒメヤスデ類

分布 450種 北半球：土、積もった落ち葉、洞窟の中、石、腐った木の下

このヤスデ類は丸みのある体で体長は0.8～8cmである。大半の種はくすんだ色だが、赤、クリーム色、茶色の斑点があるものも少数いる。触角は非常に長くて細い、すべてのヤスデ類と同様、メスは卵を地中の巣に産む。幼虫段階は通常7齢まである。ヒメヤスデ類はヨーロッパとアジアではよく見られる。

ヒメヤスデ
この種（*Tachypodoiulus niger*）は、黒い胴節に白い脚を持ち、長さは最高4.8cmである。西ヨーロッパの森林に生息し、暗くなってから壁、木、潅木に登って餌を食べる。

科 タマヤスデ科
タマヤスデ類

分布 200種 北半球の暖温帯と冷温帯：土や洞窟の中

体長0.2～2cm、幅の広い体をしたヤスデ類で、小さくてくすんだ色か、大きくて鮮やかな斑紋がある。胴は13節になり、脅されたときには、背板の形状のおかげでしっかりとボール状に体を丸めることができる。成虫には脚が15対ある。卵は土の中に産みつけられ、幼虫が孵化したとき、最初は脚が3対しかない。この科には最高7年も生きる種がある。

タマヤスデ
タマヤスデ（*Glomeris marginata*）はコンパクトなヤスデで、ヨーロッパとアジア各地、北アフリカの土の中に見られる。完全に丸まったときはダンゴムシ（584ページ）と間違えられることもあるが、このヤスデの方が体に光沢がある。

甲殻類

門	節足動物門
亜門	大顎亜門
上綱	甲殻上綱
綱	6
目	37
科	540
種	40,000以上

甲殻類は非常に多様性に富むグループで、かろうじて肉眼で見えるほどのミジンコ類やカイアシ類から、最大の現生節足動物が含まれる重い体のカニ類、ロブスター類までいる。甲殻類の中には、ワラジムシのように陸上生活にうまく適応したものもいるが、膨大な数にのぼる大多数のものは、淡水中か海中に棲む。水生甲殻類には地球上で最も豊富にいる生物が含まれ、多くの食物連鎖において鍵となる部分を演じている。

体のつくり

甲殻類は様々な点で昆虫類、ムカデ類、ヤスデ類とは異なる。甲殻類には、2対の触角、柄の上についた複眼、クチクラがあり、クチクラは特に大型種ではしばしば石灰質で強化されている。頭部と胸部は頭胸甲で覆われていることが多く、頭胸部の前方は伸張して額角と呼ばれる突起になっていることが多い。胸部を形成する節の数は様々である。腹部の先端は尾のような尾節となっている。カニ類の場合、腹部は短く扁平で、幅広い甲の下にぴったり収まるようにきつく曲がっている。

一般に我々が"脚"として理解している甲殻類の付属肢には2つの枝があり、運動、周辺の感知、呼吸、卵の孵化など様々な機能に合わせて特殊化している。第1胸脚は大きくなってはさみ脚になっていることもあり、はさみ脚には防御や食物の取り扱いや性的な信号伝達にも用いられる強力な爪がある。胸部の付属肢には、普通は鰓がある。いくつかの付属肢の基部は歩行を助け、腹部の体節には、対になった腹肢か泳脚という泳ぐための付属肢があるのが普通である。

食性

甲殻類の食餌戦略には、非常に多様性がある。大型種の大半は獲物を捕らえ、気絶させて噛み砕くか、あるいはばらばらに引き裂く。濾過食者も多い。彼らは胸部の付属肢を潮流に合わせ、食物の小さなかけらをこし取り、集めて口の中に押し込む。オキアミ類は、泳ぎながら胸脚にある剛毛と呼ばれる毛のようなもので細片を捕らえる。小型甲殻類は単に沈殿物の細片を食べて、表面から微小有機物をとることもある。

ライフサイクル

甲殻類の大半の種は雌雄異体である。彼らは交尾を行い、卵を産み、孵化させるが、育児嚢の中に入れるか、脚に付着させて卵を孵化させる。普通は、卵が孵化するとごく小さな幼生になって水中に浮遊し、胴節や脚を発達させながら成長する。

アカガニの移動

インド洋のクリスマス島には、およそ1億匹のアカガニがいる。毎年雨季の最初の降雨を合図に、アカガニは内陸の生息地から海岸へ、交尾と産卵のために移動する。オスが先に到着し、海水に体を浸して失われた塩分と水分の補給をする。交尾後メスは海辺に約2週間とどまり、卵が熟するのを待ってから海岸で卵を放つ。

綱 鰓脚綱

鰓脚類

分布 800〜1,000種 世界中：主に淡水中、塩分のある水あるいは海中にいるものもある

鰓脚類は4目からなる。背甲目（カブトエビ類）、枝角目（ミジンコ類）、貝甲目（カイエビ類）、そして無甲目（ホウネンエビ類）で、22科がある。体長10cmにもなる鰓脚類もいるが、大半の種はもっとずっと小さい。体は楯のような甲に覆われていることもあり、種によっては甲が2枚の殻を形成するものもいる。第1触角と第1口器（小顎）は小さい。付属肢は平らな葉状で、水中に浮遊する有機体の食料をこし取るための繊細な剛毛が、房飾りのようについている。鰓脚類は付属肢を用いてリズミカルに泳ぐか、第2触角を用いてぎくしゃく泳ぐ。呼吸のためのヘモグロビン色素を持つ種が多く、そのためピンク色に見えることもある。メスは複数の卵塊を産むこともあるが、1つの卵塊には最高数百個の卵が含まれている。卵が乾燥に対して非常に強い種もある。単為生殖が一般的である。

ホウネンエビ

北極と南極を除く世界中で見られるホウネンエビ（Artemiidae科）は塩分のある湖や水たまりに棲む。ライフサイクルは速く、すぐにも干上がってしまうかもしれない生息地に適応している。すべてのホウネンエビ類と同じく、写真のホウネンエビ属のメンバーも、最高5年間も休眠することができる卵を産む。

ミジンコ

ミジンコ類（Daphniidae科）は枝分かれした羽毛状の触角をオールのように使って、湖や池の中をぎくしゃくと泳ぐ。このごく小さな甲殻類は、多くの地域で毎年春になると大量発生し、魚のために動物性食物を大量に供給している。上の写真はミジンコ属の一種である。

綱 貝形虫綱
カイムシ類

分布 6,000種 世界中：海、汽水、淡水の中、陸生種も少数いる

小さくて灰色、茶色あるいは緑がかった色の甲殻類で、体長は1mm未満のものから、3cmを超えるものまでいる。6目60科からなる。体節のはっきりしない体は、ちょうつがいで留められた甲に収まっているが、甲の形は様々で、丸いもの、楕円形のもの、四角張った楕円形のものなどがある。表面は、種によって滑らかなものもあれば、彫刻のような模様の入るものもある。石灰質で補強され、筋肉によって閉じることができる2つに分かれた甲を持っている点で、二枚貝類（539ページ）と似ている。体の中で最も大きな部分は頭部である。どの種にも、頭の中央にノープリウス眼と呼ばれる単純な目が1つだけある。大半の種は雌雄異体で、交尾して繁殖するが、単為生殖を行う種もいる。交尾相手の気をひくために発光するものがあり、ある種のオスは光の点滅を同調させることもある。卵は海に放されるか、植物につけられる。卵は非常に丈夫で乾燥に強い。カイムシ類は水生食物連鎖において非常に重要で、浅い水から非常に深いところまで、這う、穴に潜る、自由遊泳するという形で、世界中で見られる。カイムシ類は掃除屋か、有機物の屑や水中に浮遊する細片を食べる。捕食性のものもいる。化石は1万種以上あり、タイプの違いが岩石層の違いを示すので、石油の埋蔵有望地を探すうえで重要である。

淡水のカイムシ類
湖、池、沼などで見られるカイムシ類（カイミジンコ科）は大半が淡水種である。泳ぐものもいるが、水底を這うものもいる。単為生殖で繁殖することが多く、オスがまったく見当たらない種もいる。卵は乾燥に強い。

海のカイムシ類
深海に棲む最も大きなカイムシ類は、広く分布する海生グループ（ウミホタル科）に属する。ウミホタル類は泳ぎがうまい。二枚貝のような甲の前方先端の小さな切れ目から突き出している第2触角を用いて推進力を得る。

綱 アゴアシ綱
アゴアシ類

分布 10,000種 世界中：海中（深い海溝の沈殿物まで）、淡水、温泉、陸上

12目約107科からなるこの大規模で多様なグループの中で、最も重要な亜綱を形成しているのは橈脚綱（カイアシ類）と蔓脚綱（フジツボ類）である。カイアシ類は海のどこにでも豊富におり、群れが集まると10億トンを超え、魚の主要な食料である。山地の湖から温泉に至る淡水でも見られる。通常は体長5mm以下だが、寄生種の中には最高10cmになるものもいる。普通は淡色で、甲を持たず、複眼もない。頭部は胴と癒合しており、第1胸脚は餌をとるのに使われ、残りの脚は泳ぐのに役立つ。受精は体外で行われる。オスはメスの生殖器官に精子の包みをただ付着させるだけである。フジツボ類は完全に海生の甲殻類で、柄のないもの、柄のあるもの、寄生するものがいる。フジツボ類は石灰質のプレートでできた殻が体を取り巻き、胸部に6対の付属肢がある。大半の種は雌雄同体だが、個体の内部で両性が分かれている雌雄異体の種もある。フジツボ類は船底に大量に付着して成長し、そのため船の速度が3分の1も落ちることがある。

ケンミジンコ型カイアシ類
このカイアシ類（キクロプス科）は小顎と呼ばれる口器で獲物を捕らえ、大顎を使って小さく引き裂く。9か月以上生きる種もいる。メスは最高50個の卵が入った卵嚢を、一生の間に10対以上産むこともある。上の写真は淡水に棲むケンミジンコ属（Cyclops）のメンバーである。

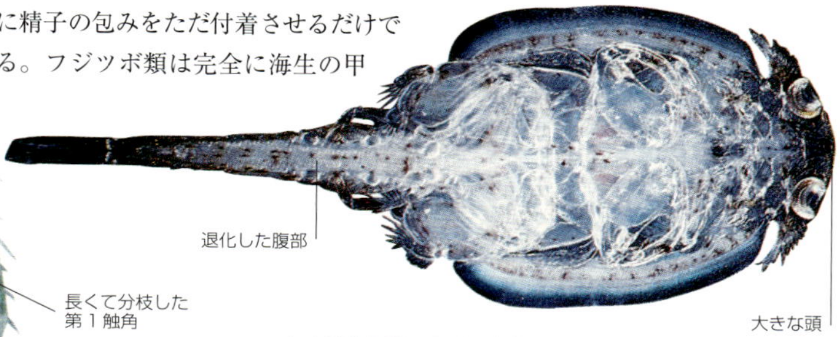

（短い触角／長くて分枝した第1触角／2本の尾を梶に使う）

ウオジラミ型のカイアシ類
ウオジラミ科のメンバーは、海や淡水にいる魚の体につく外部寄生者である。大きな頭には、宿主をつかむように変化した付属肢があり、腹部は退化している。ヘモグロビンを体内に持つため、赤いものもいる。ウオジラミの1種（Caligus rapax）は、宿主の皮膚か鰓を突き刺して血を吸う。

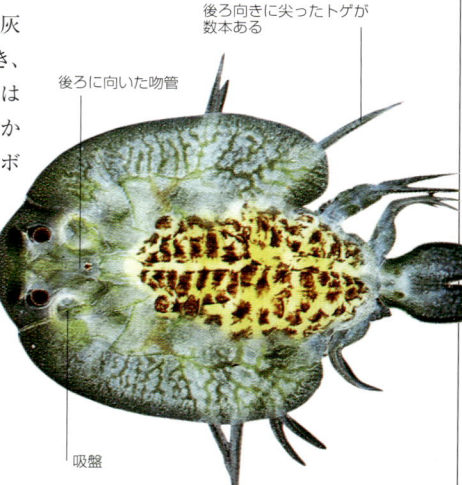

（退化した腹部／大きな頭）

ウオジラミ
エラオ下綱と呼ばれるグループに属するカイアシ類の一部はウオジラミと呼ばれる。口器は血を吸うように変化しているので、この寄生者は海水か淡水の魚について食事をすることができる。ウオジラミ類にたかられた魚は、菌類に感染することもあり、死ぬこともある。ウオジラミ類には頭胸部（頭部が第1胸節と癒合している）と、3節の胸部と、2つに分かれて突き出した腹部がある。上写真の種は、この科では最大の仲間（Argulus属）の1種である。

（後ろ向きに尖ったトゲが数本ある／後ろに向いた吻管／吸盤）

フクロムシ類
このカニの下側に見えるピンク色の隆起は、寄生性蔓脚類であるフクロムシ（フクロムシ科）の一部である。成体はひどく枝分かれした体で、宿主の体組織全体に広がって栄養を吸収する。写真のフクロムシ（Sacculina属）を含むある種のものは、1つの地域で宿主生物の半数にたかることもある。

（宿主のカニ／ピンク色の育児嚢）

エボシガイ類
エボシガイ類（エボシガイ科）は北極・南極の海から熱帯の海までの水面に生息している。体はしなやかな柄部と、体の主要部分の2つからなる。幼生は自由遊泳性だが、成体は藻や流木、カメ類、船などに付着している。写真は最大のエボシガイの1種（Lepas anatifera）で、最高80cmになる。

典型的なフジツボ類
フジツボ科のメンバーは、幅、体長とも最高10cmになることもあるが、大半のものはもっとずっと小さい。大集団で表面をびっしり覆い、通過する食物細片をこしとる。低温に強いこの種（Semibalanus balanoides）は、北極海の寒さにも耐えられ、夏は最高9時間水から出ていても生き延びることができる。

（大体円錐形の殻／4～6層に重なった石灰質のプレートが体を取り巻く）

綱　軟甲綱

軟甲類

分布　20,000種　世界中：海、潮間帯から深海帯まで、淡水、陸上生息地

世界最大の節足動物であるタカアシガニは、13目349科からなる大規模で多様なこのグループの甲殻類に属する。タカアシガニは脚を広げた幅が4mにもなり、その他の軟甲類には1mmにも満たない種もいるのだが、それらとは対照的である。体の大きさの違いにもかかわらず、軟甲類は多くの特徴を共有している。鮮やかな色であることが多く、石灰質で強化された丈夫な外骨格を備えている。軟甲類の頭胸甲は、頭胸甲があれば鰓室として機能し、腹部を覆ってはいない。目には柄がついていることが多く、触角は突き出している。胸部は8節、腹部は6節からなり、扁平な尾扇があるが、尾扇は捕食者から逃れる推進力をつくり出すために、すばやく動かすことができる。多くの種において第1～3胸脚は顎脚に変化しており、餌を食べるのに使われる。残りの脚は移動に用いられる。腹脚は泳ぎ、穴を掘り、交尾を行い、卵を抱えるのを助ける。大半の種は十脚目に属するが、十脚目にはおなじみのエビ類、ザリガニ類、カニ類、ロブスター類などのすべてが含まれる。第1付属肢が大きく、爪がついていることが多い。海生食物連鎖の中では重要で、比較的大型の種の多くは商業的価値がある。

シャコ
シャコ科は獲物を捕らえるのに独特の刺型テクニック（時には打型テクニック）を用いる。第2胸脚は大きく、刺すために特別なつくりになっており、じつにすばやい一撃を与えることができる。シャコは扁平でしなやかな体と柄のついた複眼を持っている。右写真のような種（Squilla属）は、熱帯、亜熱帯の海に生息し、なわばりを持つ。

オキアミ類
オキアミ類（オキアミ科）はほっそりとしてエビに似た甲殻類で、胸脚の長い毛を使って海水から食物の細片をこし取る。オキアミ類は群居性が強く、発光もする。左の写真は、総重量200万トン以上の大集団を形成することもあるナンキョクオキアミ（Euphausia superba）である。南極海ではヒゲクジラの重要な餌である。

テナガエビ類
テナガエビ科のメンバーは前方に伸張した頭胸甲が額角をなし、額角の縁には歯のようなぎざぎざがあることもある。大半の種は無色で透明である。鉤爪を使って食物を拾い上げる。このスジエビの1種（Palaemon serratus）は体長の1.5倍にもなる非常に長い触角を持っており、これが捕食者の存在を知らせる。クルマエビ類は人間の一般的な食料なので、大量に捕獲されている。

エビ類
体に色素細胞（色素胞）があるため、海底に棲むこれらの雑食動物（エビジャコ科）は体色を変えることができる。頭胸甲は伸張して、短いトゲのように縁の滑らかな額角になっている。このエビジャコの1種（Crangon crangon）はヨーロッパ沿岸で商業的に捕獲されている。

アナジャコ類
アナジャコ類（スナモグリ科）はU字型かY字型、または枝分かれした穴を、浅い水の沈殿物や泥の中に張りめぐらしている。シャコ類は体の柔らかい甲殻類で、小さな生物や虫の捕食者である。アナジャコ類は世界のある地域では釣りの餌として集められている。左の写真はその1種（Callianassa属）。この属では第1胸脚のうち1本がもう片方よりもずっと大きいことがある。

イチョウガニ類
成体になるとイチョウガニ（イチョウガニ科）は通常海底で暮らし、そこで他の無脊椎動物を食べたり、死んだ生物の残骸の後始末をしたりする。写真はヨーロッパの食用ガニ（Cancer pagurus）で、頭胸甲の縁に独特の"パイ皮"模様がある。ヨーロッパ大西洋沖合、地中海、西アフリカ沿岸で見られ、さしわたし最高30cmである。多くの地域で商業的に捕獲されており、大型のものは現在では稀にしか見られなくなっている。

ワタリガニ類
ワタリガニ類には、効率的に泳ぐのを助けるための鰭状の後脚がある。他のカニ類同様、短い腹部は体の下側に尾のようにたたまれている。ヨーロッパのワタリガニの代表種（Carcinus maenas）は泥の地面や砂交じりの地域に穴を掘って潜っている。この種は、ワタリガニ科の他のメンバーほど泳ぎがうまくない。

シオマネキ類
シオマネキ類（スナガニ科）は、熱帯では潮の引いた海岸にたくさんいる。シオマネキは砂交じりの浜辺に掘った穴に棲み、暗くなってから現われて、潮に打ち寄せられた屑を食べる。シオマネキ類は鋭い視力を持ち、非常に動きの速いランナーで、危険の最初の兆候に気づくと穴の中に消えてしまう。より小型の種はマングローブの沼地の泥に穴を掘る。オスの爪の片方は大きく、メスの気をひくためとライバルを退けるために、この爪をウエーブさせる。爪がオスの体重の半分を占めることもよくある。シオマネキは沈殿物の中にある有機物の細片を食べる。少なくとも75種がいる。写真はアフリカと東南アジア産のヒメシオマネキ（Uva vocans）のオスである。

無脊椎動物

綱	軟甲綱
科	クモガニ科

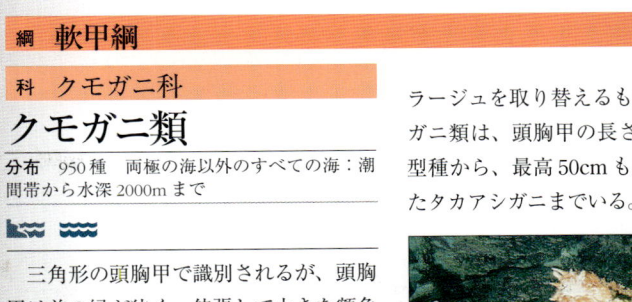

クモガニ類

分布 950種　両極の海以外のすべての海：潮間帯から水深 2000m まで

三角形の頭胸甲で識別されるが、頭胸甲は前の縁が狭く、伸張して大きな額角になっていることが多い。多くの種が長くほっそりした脚を備えている。多くの場合、ピンセットのついた脚（鋏脚）は、他の脚よりもそんなに長いわけではない。鋏脚を使って海綿類、海藻、ヒドラ類、さらに木の破片などの有機物の残骸までも、頭胸甲と脚の表面の曲がった毛に付着させる。種によっては、姿を見つけにくいほど全身びっしり覆われているものもあり、これで捕食者から身を守るのである。違う場所への移動を強いられると、新しい環境に合うようにカムフラージュを取り替えるものもいる。クモガニ類は、頭胸甲の長さが約 8mm の小型種から、最高 50cm もあるどっしりしたタカアシガニまでいる。

節足動物の巨人
タカアシガニ（*Macrocheria kaempferi*）は世界最大の現生節足動物である。脚の長さは最高 1.5m にもなる。

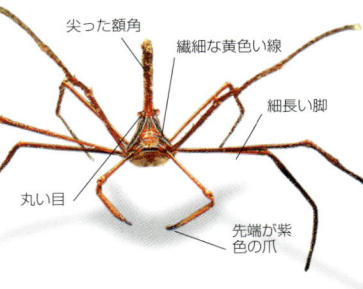

黄線矢ガニ
黄色い線が目から後ろへ頭胸甲に走っていることと、矢の形をした額角とが、この種（*Stenorhynchus seticornis*）に "黄色い線のある矢ガニ" という意味の一般名を与えた。

小さな姿
華奢な黄線矢ガニは体長がせいぜい 6.5cm で、大西洋のカリブ諸島から南はブラジルにかけて見られる。オスはメスの産卵期がどの程度近づいているかがわかり、交尾の後、他のオスの注意からメスを守ろうとする。

節足動物

綱　軟甲綱（続き）

コシオリエビ
コシオリエビ科は動きが比較的遅いが、大半の種は捕食者から逃れるために腹部を使ってすばやく後方に泳ぐ。多くの種がおおむね夜行性で、日中は岩の下や割れ目に隠れている。写真の種（Galathea strigosa）はイギリス諸島、スカンジナビア、スペイン、地中海の浅い海で普通に見られる。

ヤドカリ類
ヤドカリ類（ホンヤドカリ科）の最大の特徴は、腹足類の殻を背負って住処にしていることである。成長するに従って、古い殻をより大きなものと取り替えていく。写真の一般的なヤドカリ（Pagurus bernhardus）は北ヨーロッパ、西ヨーロッパ沿岸の、砂や岩の多い潮の引いた浜辺に生息する。

オカヤドカリ類
ヤドカリ類同様、オカヤドカリ類（オカヤドカリ科）も貝殻を背負っている。例外はヤシガニ（Birgus latro）で、この種は貝殻を背負っていない。上の写真はヤシガニが戦っているところである。ヤシガニは陸生甲殻類の中で最も重量があり、最高4kgになる。熱帯に棲み、主にココヤシの実を食べる。木登りが上手だが、動作が緩慢で捕まえやすいため、一部の地域では稀にしか見られなくなっている。

ザリガニ類
ザリガニ科のメンバーは淡水性のザリガニで、小さなロブスターに似ている。第1〜3脚にははさみがあり、いちばん前のはさみが最も大きい。沈殿物や泥の中に穴を掘り、日中はその中に隠れている。上の写真の種（Austropotamobius pallipes）は、南西ヨーロッパの炭酸を多く含んだ流れと、石灰岩地域に生息している。

ロブスター類
アカザエビ科には、最も大きく、また商業的に最も重要な甲殻類であるロブスターが含まれる。体長が最高1mにもなるロブスターは、だいたい円筒形の頭胸甲に、体を横切る溝と斜めの溝が入る。腹部は長く、すばやく後退して逃げるための幅の広い尾扇がある。一般的なロブスターであるこのヨーロピアンロブスター（Homarus gammarus）は、背面が青で、腹面は黄色みを帯びている。夜になると、大きなはさみを使って軟体動物を割って食べる。

ワラジムシ類
ワラジムシ科は陸生で、腐った木、石の下、洞窟の中などの湿った微小生息場所に棲む。ワラジムシ類の体は扁平で、分節がはっきりしており、頭胸甲はない。メスには第1〜5歩脚基部にプレートでできた育児嚢がある。左写真の種（Oniscus asellus）はつやがあり、灰色がかったまだらの体で、淡色の斑紋が2列ある。

ダンゴムシ類
ダンゴムシ類（オカダンゴムシ科）は、防御のためにしっかりとボール状に丸まってしまうことができる。背中も丸く、後ろの縁も丸い。普通は空気を呼吸するために肺のような器官（偽気管）が腹肢にある。ワラジムシ類の多くの種のように、新生幼体の脚は成体よりも1対少ない。写真は一般的なダンゴムシであるオカダンゴムシ（Armadillidium vulgare）である。

アミ類
アミ科のアミ類は、尾扇の両側にある鰭状尾肢の内肢基部に、独特の運動センサーを備えている。大半の種は世界中の入江や海の水中（岸辺から深海まで）に棲み、自由遊泳生活をしている。長くて柔らかい体をしており、多くのものは淡色か透明だが、深海の種は赤い。群をなすものが多く、魚と人間の両方にとって重要な食料である。

ワレカラ類
ワレカラ類は泳がず、そのかわりに海藻にぶら下がって、手の届く範囲に浮遊している食物を捕らえる。体は極度に細長く、長い胸部とごく小さな腹部がある。写真の種は140種以上からなる属（Caprella属）の1種で、この科の中では最も大きい。近縁種はクジラ類やイルカ類の体表で生活している。

ハマトビムシ類
ハマトビムシ類とその近縁種（Gammaridae科）は、海岸と淡水中に棲み、腐った植物の間にいることが多い。大半の種は、このヨーロッパ種のように腹部が曲がっており、この腹部をはじくようにして、危険から飛んで逃れる。

ウミグモ類

門	節足動物門
亜門	鋏角亜門
綱	ウミグモ綱
目	1（皆脚目）
科	9
種	約1,000

ウミグモ類は風変わりな海生節足動物で、小さな円筒形の体に細長い脚があり、外見上は陸生のクモ類と似ている。ウミグモ類は世界中の海全域に生息し、浅い海岸地域から深海まで、様々な生息地を占めている。大半の種は海底に棲むが、泳げるものもいる。生息数が最も多く、また最も大きな個体（脚を広げた長さは最高75cm）がいるのは深海である。

体のつくり

ウミグモ類の頭は小さく、胴は3節からなり、短い腹部がある。頭部には突出部があり、それが2対の目を支えている。また頭部には餌を食べるのに用いる吻、はさみのついた付属肢（鋏脚）、1対の髭もある。ウミグモ類の大半は胴節から4対の歩脚が生えているが、5対または6対のものもいる。第1歩脚は卵を運んだり、身づくろいしたりするのに使う。ウミグモ類には呼吸器官や消化器官がない。ガスと分解された物質は、拡散作用によって吸収、排出される。

獲物にまたがる
このウミグモはヒドラ類のポリプの群体を食べているところである。脚を1か所に保ちながら、体をポリプの上で動かす。

食性

ウミグモ類の大半は肉食性で、海綿類、イソギンチャク類、サンゴ類、ヒドラ類などのような体の柔らかい海生動物を食べる。餌を食べるときにはその上にまたがるのが普通で、吻を用いて組織を吸い上げるか、あるいは鋏角で獲物の体を細かく切り分けて口の中に入れる。

科　ユメムシ科
ユメムシ類

分布　175種　大西洋沿岸地域：潮間帯から浅い海まで

他のウミグモ類より活発で、よく泳ぎ回るユメムシ類は、ほっそりした体に頑丈な吻を備えている。体長は1～8mmである。前方の付属肢には、はさみがあるのが普通である。オスにもメスにも、卵を運ぶための10節からなる脚があり、最高1000個の卵塊を運ぶ。普通の歩脚が4～6対のこともある。これらのウミグモ類はヒドラ類や苔虫類のような体の柔らかい無脊椎動物を食べる。大半の種は深海に棲むが、浅い海岸の水中で見られるものもいる。

ユメムシ類の1種
滑らかな体をしたこの種（Nymphon属）は、あまりにも小さいのでよく見落とされる。脚は体の3～4倍もの長さのことがある。

カブトガニ類

門	節足動物門
亜門	鋏角亜門
綱	節口綱
目	1（剣尾目）
科	1（カブトガニ科）
種	4

カブトガニ類は3億年以上前に繁栄し、かつては成功を収めた多種多様な動物グループの中での唯一の生き残りである。カニと呼ばれてはいるが、甲殻類ではなく、クモ類とかなり近い関係にある。北アメリカと東南アジア沿岸の浅い海に棲み、最も目につくのは、春に交尾と産卵のために海から出てくるときである。

体のつくり

カブトガニ類の頭部と胸部は癒合しており、合わせて頭胸部と呼ばれる。頭胸部は馬蹄状の頑丈な背甲で覆われ、6対の付属肢がある。鋏脚が1対、脚鬚が1対、そして歩脚が4対である。腹部にはトゲ状の長い尾が1本と葉状の鰓が5対ある。カブトガニ類には前方に単純な目が1対あり、両側面に複眼が1対ある。

繁殖
毎年春になると、カブトガニはアメリカ合衆国の大西洋沿岸に繁殖のために集まる。卵は砂の中に放出され、それからオスが受精させる。

食性

カブトガニ類は掃除屋で、沈殿物や泥に穴を掘って、軟体類、昆虫類その他の海生動物といった餌を探す。はさみ脚か第1～4歩脚を使って獲物を捕らえ、口に運ぶ。

科　カブトガニ科
カブトガニ類

分布　4種　1種は北アメリカ、3種は東南アジア：海底

現生のカブトガニ4種はすべてカブトガニ科に属する。尾を除く全身を、馬蹄型の背甲が覆っている。カブトガニ類はくすんだ茶色で、体長は最高60cmである。腹部と頭胸部はちょうつがいで合わされており、腹部下面には葉状の鰓がある。後方の尾剣は、ひっくり返ったときに体を元に戻すのに用いられる。カブトガニの青い血液の成分は、医学研究に利用されている。

アメリカカブトガニ
この種（Limulus polyphemus）はまだ絶滅危惧種ではないが、開発、生息地の消滅、産卵場所の妨害のせいで個体数が減りつつあると考えられている。卵は、多くの海鳥たちの主要な餌である。

クモ類

門	節足動物門
亜門	鋏角亜門
綱	クモ形綱
目	12
科	450
種	75,500

この多様性に富むグループには、なじみ深いクモ類、サソリ類、ザトウムシ類が含まれる。しかしこのグループで、断然一般的で広く分布するのはダニ類である。クモ類はすべて2つの部分に分かれた体の主要部分と4対の脚を備えている（体が3つに分かれて脚が3対ある昆虫とは異なる）。大部分のものは陸生だが、ダニ類のおよそ10％（およびクモ類の1種）は淡水で見られる。

体のつくり

クモ類の体は2つの部分に分かれている。頭部と胸部は癒合して頭胸部となり、腹部とつながっているが、細い柄でつながっている種もいる。

頭胸部には6対の付属肢がある。第1付属肢は鋏角と呼ばれ、ピンセットや牙に似ており、主に食餌に用いる。第2付属肢は触肢と呼ばれ、脚に似ているが、先端に鉤爪がある。その他の4対は歩脚であるが、第1歩脚が長く、主にセンサーとして機能している種もいる。腹部はより小さな節に分かれたり、尾のような伸張部を備えていることもある。腹部には呼吸器官がある。ガスは気管または書肺と呼ばれる器官を通して交換される。クモ類の腹部には出糸腺もある。

食性

クモ類の大半は捕食性だが、掃除屋も少数おり、ダニの中には寄生性のものもいる。大型のクモ類は通常、獲物を力ずくで倒すが、クモ、サソリ類、カニムシ類は毒を注入することもある。口は幅が狭いので、大きな食物片を摂取できない。普通は消化酵素を獲物に吹きかけ、その結果生じた液体を吸い上げる。サソリ類の場合は、獲物の小さなかけらは口の前方にある小室で一部消化される。クモ類には視覚で獲物を見つけ、忍び寄って捕らえるものもいる。絹糸を使って罠をつくるものもいる。例えば粘着性のある絹糸で円網と呼ばれるらせん状の罠をつくるクモもいる。熱帯産のものには、小さな鳥を罠で捕らえることができるほど大きくて強いものもいる。小さな網をつくって脚の中に抱え、通りかかった獲物の上に投げかけるクモもいる。

繁殖

クモ類の大部分は、オスが触肢か鋏角か脚を用いて精子の包み（精子嚢）をメスに渡す。メスは卵を放出し、サソリ類の中には卵がすぐに孵化するものもいる。幼体がメスの体内で成長あるいは孵化する種もいる。多くのクモ類が卵を守る育児行動をとる。

狩り

大半のクモ類同様、このコモリグモも生餌を食べる。このクモは、両先端がちょうつがい式の牙になっている鋏角でバッタを刺し貫いている。隣接した触肢が獲物を処理するのに用いられる。コモリグモ類は鋭い視力を持っており、夜に狩りをするのが普通である。

サソリ目

サソリ類

クモ類全体の中でも最も古いグループであるサソリ類は、はさみのような大きな触肢と刺し針つきの尾によって識別される。サソリ類は暗くなってから狩りを行い、触覚で獲物を探し出すことが多い。針を使って獲物を麻痺させることもあるが、針の主な機能は防御である。メスは幼体を産み、自分の背中に子どもたちを乗せて運ぶ。9科で約1400種がいる。

科 キョクトウサソリ科

キョクトウサソリ類

分布 520種　世界中、温暖な地域：岩の割れ目、石、丸太、樹皮の下

体長8～12cmとサイズは比較的小さいが、最も危険なサソリ類である。強力な毒は心臓や呼吸作用を麻痺させることもある。

セスジサソリ
下生えのある開けた地面に棲むこの種（*Buthus occtitanus*）は、北アフリカと西アジア各地で見られる。このサソリの毒に対しては解毒剤が有効である。

科 コガネサソリ科

コガネサソリ類

分布 130種　アフリカ、アジア、オーストラリア：割れ目、洞窟の中、石、倒木の下

この科には体長21cmにもなる世界最大のサソリが含まれる。恐ろしそうに見えるが、大型種の毒は小型種のものほど強くない傾向があり、獲物を倒すのには、主に肉体的な力に頼っている。コガネサソリ類の多くは、穴を掘ってクモ類、トカゲ類、さらには小型哺乳類をも含む獲物を探す。犠牲種を麻痺させるために刺すだけではなく、複雑な交尾儀式の一部として交尾相手を刺すこともある。1腹30～35匹の幼体は、最初の脱皮後しばらくは母親のもとにとどまる。キョクトウサソリ類の胸板は3面であるのに対し、コガネサソリ類の胸板は5面である。

ダイオウサソリ
このダイオウサソリ（*Pandius imperator*）は、個体によっては体重が60gを超えるものもいる。中央アフリカ、西アフリカの熱帯林で、積もった落ち葉の中にいる。

カニムシ目

カニムシ類

カニムシ目のメンバーは23科（3300種）からなり、針と尾がないことを除けばサソリ類と似た姿をしている。触肢のピンセット状の部分に毒腺を備え、絹糸の巣をこしらえてその中で脱皮し、幼体を産み、冬眠する。卵は特別な保育嚢に産みつけられる。メスは他の動物の体にぶら下がって、新しい生息地に散らばることがある。

科 コケカニムシ科

コケカニムシ類

分布 500種　世界中、特に北半球：積もった落葉、土、洞窟の中

生息地 陸生生息地

コケカニムシ類のメンバーはとても小さく、体長は1～5mmである。普通は目が4つあるが、洞窟に棲む種は目が少ないか、まったくない。体色はオリーブ色から黒褐色まで様々で、ほんのり赤、黄色、またはクリーム色を帯びている。脚はわずかに緑色がかっていることが多く、2節の尾角がある。各触肢のはさみの固定された方の爪に毒腺が1本ある。獲物を麻痺させた後、大きな口器でばらばらにする。

ウミベコケカニムシ
体長3～3.5mmのこのコケカニムシ（*Neobisium maritimum*）は、アイルランド、イギリス、フランスの海岸で岩の割れ目や石の下で見られる。

科 カニムシ科

カニムシ類

分布 300種　世界中、特に温暖な地域：積もった落葉の中、樹皮の上

コケカニムシ類とは異なり、はさみの両方の爪に毒をつくり出す腺があり、毒で獲物を麻痺させる。はさみの内側表面には歯のようなぎざぎざがない。体長は1.5～5mm、普通は目が2つある。淡褐色から黒褐色、黒まで様々で、多くは赤みを帯びるかオリーブ色がかっており、暗色の斑紋がある。多くのクモ類同様、複雑な求愛行動をとることもある。オスとメスが互いの触肢を握りダンスするのである。

ユビカニムシの1種
この属（*Dactylochelifer*属）の種の大半は、北半球全域で様々な生息地に分布しているが、分布が海岸に限られるものもいる。

ヒヨケムシ目

ヒヨケムシ類

ヒヨケムシ類は、クモでもサソリでもなく、ヒヨケムシ目には毒腺がない。そのかわり、非常に大きなピンセット状の鋏角で獲物を殺し、噛んで食べる。脚のような触肢には、食べられるように獲物を押さえ込むための吸盤がある。12科で約1000種があり、大半は北アメリカあるいは熱帯地方で見られる。

科 ヒヨケムシ科

ヒヨケムシ類

分布 200種　アフリカ、西アジア各地：地表、石、丸太の下、砂質の土に掘った穴の中

淡色、茶色または黄色っぽい色に、時には鮮やかな斑紋が入る。体長は0.6～6cm。4対の脚には様々な数の"ふ節"があり、第1脚以外の脚すべてに表面の滑らかな鉤爪がある。獲物を殺すための鋏角は前方を向いている。小型種と幼体はシロアリ類を食べる。メスは卵を20～100個の塊で産む。日中活動するものもいるが、昼間は砂交じりの土に穴を掘って潜るか、割れ目や石の下に隠れて、夜になると林冠で餌をあさるものもいる。

ヒヨケムシ
ナミビアのナミブ砂漠で見られる種（*Metasolpuga picta*）。すべてのヒヨケムシ類と同じく、不注意に取り扱うと咬みつくが、毒腺は持っていない。

科 スナバシリヒヨケムシ科

スナバシリヒヨケムシ類

分布 72種　南アメリカ、中央アメリカ、北アメリカの温暖な地域：腐った切り株の中

この科には、体長0.4～2cmで比較的スマートな種が含まれる。色は濃淡様々の茶色である。頭の前の縁は丸く、第1脚の"ふ節"には鉤爪がない。多くの種は夜行性で、日中は土の中に穴を掘って潜っている。小型種の中にはシロアリの巣の中や、木に穴を掘る昆虫のトンネルに隠れているものもいる。スナバシリヒヨケムシ類は、様々な節足動物を食べる捕食者である。メスは一生の間に20～150個の卵を塊状で2腹か、あるいはそれ以上産むこともある。

スナバシリヒヨケムシ
この種（*Ammotrechella stimpsoni*）はフロリダおよびその他の北アメリカ各地で見られるが、腐ってシロアリの巣になった木の樹皮の中に棲んでいる。

節足動物

目 サソリモドキ目
サソリモドキ類
扁平な体をしたこのクモ類は、鞭状の尾節が腹部先端にあり、防御の際には腹部にある1対の腺から蟻酸や酢酸を噴出することができる。触肢はクモの牙に似ている。2科99種からなる。

科 サソリモドキ科
サソリモドキ類
分布 75種　南アメリカ北東部、北アメリカ：積もった落ち葉の中、石、腐った木の下

サソリモドキ類は暗くなってから狩りをし、日中は地下の穴に潜っている。針は持っていないが、酢酸を60cm以上も噴射することができ、触肢ではさまれると非常に痛い。尾を除いた体長は最高7.5cmである。

サソリモドキの1種
黒褐色で、頑丈で扁平な体をしたこのクモ類（*Thelyphonus*属）は東南アジアで見られる。強力な触肢は穴を掘るためのもの。節に分かれた尾節。

目 ウデムシ目
ウデムシ類
3科（130種）からなるウデムシ目は、刺しもしないし咬みつきもしない。夜行性で、洞窟に棲み、節に分かれた牙のような鋏角と、大きくて光沢のある触肢を持ち、第1脚は極端に長い。

科 ウデムシ科
ウデムシ類
分布 52種　熱帯、亜熱帯地域：石、樹皮の下、積もった落ち葉、洞窟の中、岩の間

茶色の地に暗色の斑紋があり、体長は0.5～6cm。行動を妨害されるとすばやく横向きに走り去る。メスは腹部下側にある袋に幼体を入れて数か月運びまわる。

ウデムシの1種
中央アメリカ産のこの種（*Phrynus*属）は、長い第1脚を後ろ向きに曲げて、休息の姿勢をとっている。

目 ザトウムシ目
ザトウムシ類
ザトウムシ類は、よくクモと間違えられるが、体が丸く、細い腰がない。脚は細長く、先端は顕微鏡サイズの鉤爪になっている。口器は小さいが、防御のために有毒分泌物をつくる。ザトウムシ類はクモ類としては珍しく、直接受精を行う。40科で少なくとも5000種がいる。

科 ケショウザトウムシ科
ケショウザトウムシ類
分布 450種　主に北アメリカ、南アメリカの熱帯地域：石の下、屑の間

大半のザトウムシ類と同じく、一般にくすんだ色合いだが、熱帯種の中には緑色や黄色のものもおり、周囲に溶け込むために数週間単位で色を変えることができる種も少数いる。体長は5～11mmと様々である。オスはメスよりも小さい傾向があるが、メスよりも長い付属肢と大きな鋏角を持つ。目は小さな"やぐら"の上に密集している。メスは産卵管を用いて卵を土の中の割れ目などに産む。

ケショウザトウムシ
この種（*Vonones sayi*）はパナマで見られる。攻撃してきた相手を前脚を使って有毒分泌物で汚す。小さな触肢は鋏角のすぐそばにある。細長い脚。

科 マザトウムシ科
マザトウムシ類
分布 200種　世界中：石の下、森や草地の積もった落ち葉の中

脚を開いた長さは最高10cmにもなるが、柔らかい体は1cmを超えることはほとんどない。他のザトウムシ類と同じく、目は互いにくっつき、体の上にある"やぐら"の上についている。オスはメスとは姿が異なり、オスの大きな鋏角は特に目につく。メスは一度に20～100個の卵を産み、土の中や樹皮の下に埋める。大半の種は夜行性で、湿った場所を好む。捕食者でもあり、腐食者でもある。

マザトウムシの1種
このザトウムシ（*Phalangium opilio*）は北半球で見られ、白っぽい灰色から黄色で昼行性だが、日なたが好きで、森、庭、草地に生息している。長い第2脚。

目 ダニ目
ダニ類
約300科で3万種以上からなるダニ類は、特に陸上のほぼあらゆる生息場所に存在している。農作物や貯蔵食料の害虫が多く、哺乳類、鳥類、爬虫類に寄生する種も多い。大半のものは体長1mm未満であるが、血を吸った後はずっと大きくなることもある。クモとは異なり、体にはっきりした区分がない。

科 マダニ科
マダニ類
分布 650種　世界中：鳥類、哺乳類、ある種の爬虫類につく

頑丈な背甲が、オスの体全体と、メスの体の前半分を覆っている。腹部は柔らかくて柔軟性があるので、大量に血を吸うことができる。頭の前部は前方に突き出し、口器がついている。体長は0.2～1cmだが、血を吸った後は大きくなる。色は黄色から赤褐色か黒褐色まで様々である。ふんだんに模様が入った種もいる。マダニ類の中には脳炎、ライム病のような人間に害を及ぼすウイルス性の病気や、家畜や家禽の病気を媒介するものがいる。

アメリカキララマダニ
中央アメリカのこの種（*Amblyomma americanum*）は草地で見られる。口器。小さな穴のある体表。同じような4対の脚。

科 ナミケダニ科
ナミケダニ類
分布 250種　世界中、特に熱帯地域：土の中、地表、淡水と関係があるものもいる

密生したベルベット状の"毛皮"を持つ。鮮やかな赤かオレンジ色で、成虫は昆虫の卵を食べるが、最初は、昆虫、クモ類、ザトウムシ類の寄生虫である。成虫はよく雨の後に、交尾と産卵のために土から出てくる。

ナミケダニの1種
ナミケダニ類は世界中多くの地域で見られる。このナミケダニ（*Trombidium*属）は南アフリカ産で、体長は最高1cmまで成長する。

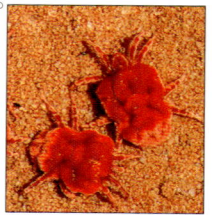

科 ハダニ科
ハダニ類
分布 650種　世界中：様々な木、植物、潅木の上

生息地 すべて

柔らかいダニで、オレンジ色、赤、または黄色で、体長は0.2～0.8mm。多くの種は絹糸をつくり出す。卵は葉の上に産みつけられ、幼虫は絹糸の巣で守られている。汁液を吸うこのダニ類の大多数は宿主植物にたかるが、たかられた宿主植物は枯れたり、斑紋ができたりする。

ハダニの1種
温暖な地域に豊富にいるこのハダニ（*Tetranychus*属）は、1年間に4～5世代繁殖することもある。落葉果樹の害虫である。

目 クモ目

クモ類

クモは独特の姿と絹糸をつくり出す能力とで、他のクモ類とは異なっている。代表的なクモは目が8個あり、体は2つの部分、つまり頭胸部と腹部に分かれている。口の側面には毒を注入する1対の牙と脚に似た触肢が1対ある。触肢には感覚機能があり、オスの場合は精子を渡すのにも使われる。クモはすべて捕食者で、獲物に毒を注入する。獲物を捕らえるのに絹糸を使うものもいるが、絹糸は卵を保護するのにも、さらに風に乗って飛ぶのにも使われる。約100科で少なくとも4万種があり、熱帯雨林から地下室や洞窟まで、陸上のあらゆる場所に棲んでいる。

科 タナグモ科
タナグモ類

分布 700種　世界中：草地、庭、茂み、家の中、石の間、壁の上

脚が長いことが多く、体にごく小さな毛皮のような毛があり、目は8個、ほっそりした腹部には暗色の縞、逆V字型か斑点がある。体長は0.6～2cmである。タナグモの巣は扁平でもつれ合った絹糸のシートでできており、片方にトンネルがある。メスは一度食べたものを吐き出して子どもに与えるが、母親が死ぬと、子グモたちが食べてしまう種もいる。

オオイエタナグモ
この大型種（*Tegenaria gigantea*）は脚を伸ばした長さが最高8cmで、非常に速く走ることができる。この属のメンバーはイエグモと呼ばれる。家庭で風呂の中に落ちてくる大きなクモは、普通、この属のクモである。

科 コガネグモ科
コガネグモ類

分布 4,000種　世界中：草地、牧草地、森林、庭の中

生息地 陸生生息地

粘り気のある糸とない糸を放射線状とらせん状に張りめぐらして、円形の巣をつくる。普通は巣の中で獲物を捕らえ、糸で包み込んで切り離し、隠れ家に運びこんで食べる。つやのない糸でつくった不透明な帯を巣の中に織り込み、鳥が巣に降りて壊さないようにする種もいる。しかし巣を張らない種も少数いる。そのような種は、暗くなると1本の糸の先端に糊のしずくをつけたものを使い、ガを罠にかけて捕らえる。巣は非常に強いこともあり、パプアニューギニアでは巨大な巣を魚網に使っている。腹部はしばしば非常に大きく、鮮やかな色で斑紋が入っている。熱帯種には、腹部が風変わりな角張った形のものもいる。脚には3つの鉤爪があり、鉤爪はトゲが密生していることもある。8個の目のうち、中心の4個は四角形に並んでいることが多い。体長は0.2～4.6cm。オスは巣の上でメスに近づき、糸をかき鳴らしてメスの気をひく。メスは絹糸の繭の中に卵を産む。繭は巣や積もった落葉の中にカムフラージュで隠されることもあり、また植物や樹皮につけられることもある。

コガネグモ
この種（*Araneus diadematus*）の色は様々で（薄く赤みがかった色からほとんど真っ黒まで）、ヨーロッパと北アメリカの森や庭に生息している。巣はさしわたしが50cm近くになることもある。

派手な模様
南北アメリカで見られる頑丈な体のコガネグモ（*Gasteracantha*属）。よく巣の真ん中にぶら下がっているのが見られる。灌木の茂みや木に生息し、巣は人家の壁でも見られる。

メイサイトゲグモ
この種（*Micrathena gracilis*）は、北アメリカの森林に生息する。

科 ミズグモ科
ミズグモ類

分布 1種　ヨーロッパおよびアジア各地：流れの遅い水の中、または静かな水の中

水面の下に棲むユニークなクモである。腹部に密生した毛で空気を貯えて、絹糸でつくったドーム型の潜水器まで運ぶ。潜水器は水中の植物で支えられている。潜水器は食事や求愛、冬眠に使われ、卵（絹糸に包まれる）もこの内部にしまい込んでおく。体長は0.7～1.5cm。

ミズグモ
このクモ（*Argyroneta aquatica*）は静止した水やゆっくり流れる水の中に常時棲んでおり、腹部の周りの体毛に捕らえられた空気が銀色に見えている。

科 ジョウゴグモ科
ジョウゴグモ類

分布 250種　アメリカ両大陸、アフリカ、アジア、オーストラリアの熱帯地域：樹上、地表

オオツチグモ類（タランチュラ類：593ページ）と同じグループに属する。他のクモ類とは異なり比較的原始的で、ピンセットのように横向きに閉じる1対の牙のかわりに、下向きに打ち出される牙を持つ。体長は1～3cm、普通は黒褐色である。大半の種は切り株や岩の割れ目に通じるジョウゴ型の隠れ家をつくる。強い毒を持つものもいる。

シドニージョウゴグモ
シドニージョウゴグモ（*Atrax robustus*）は、南オーストラリア産の攻撃的なクモで、毒があり、咬まれると非常に痛く、命にかかわる場合もある。

科 サラグモ科
サラグモ類

分布 4,200種　主に北の温暖な地域、北極圏に棲むものもいる：石の上、植物の間

小さなクモで体長1cmを超えることはめったにない。鋭い歯のついた大きな鋏角を持つ。脚には頑丈な剛毛があり、オスの頭胸甲には伸張部があることもあり、そこに目がついていることも時々ある。積もった落葉の中にいるか、あるいは平行で粘り気のないシート状の独特な巣を植物の間につくっている。卵嚢は石、植物その他の表面につけられる。長い糸を引いて空中を飛行しながら長い距離を旅する。

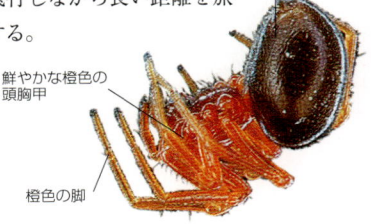

ケズネグモの1種
この小さなクモ（*Gonatium*属）は北半球に広く分布し、下生えのある土地や草地に生息する。低く、陰になった茂みを好む。

節足動物

目	クモ目（続き）
科	ハエトリグモ科

ハエトリグモ類

分布 5,000種　世界中：草地、牧草地、森林、庭の中

5000種からなるハエトリグモ類は、クモの中でも最も大規模な科のひとつである。ハエトリグモ類の大半は頑丈で毛深い体をしており、体長は2〜16mmで、くすんだ色のことが多いが、熱帯種には派手な色に手のこんだ模様のあるものもいる。アリそっくりの姿をして、見かけも行動も獲物であるアリの擬態をするものもいる。種によって非常に多種多様ではあるが、ハエトリグモすべてに共通の顕著な特徴は、大きな目である。後方が丸く、前方が四角い長四角形の頭胸甲の前面に、4個の大きな目が1列に並んでいる。中央の2個は他の2個よりずっと大きく、古いタイプの車のヘッドライトに似ている。この目のおかげでハエトリグモは距離、形状、動きを非常に正確に判断することができ、どのクモよりも鋭い視力を得ている。目のカプセルの後方は獲物の映像を網膜の中心に保つために、頭の内部に動かすことができる。外側の小さい目と頭胸甲の後方を向いている1対の目は、単に動きを感知するだけである。ハエトリグモは日中に活動し、特に暖かくて日当たりのよい場所の地表、壁、茂みの中で、獲物の昆虫に忍び寄る。ハエトリグモ特有の狩りの方法は、獲物に跳びかかって捕まえるというものである。天候が悪いときは、隙間や割れ目の中に絹糸でつくった小さな巣に引っこんでいる。ハエトリグモは同じような隠れ家を越冬にも、また脱皮するときや卵を産むときにも使う。卵は植物の樹皮、コケの間に絹糸に包まれて産みつけられ、メスは卵が孵化するまで守る。

印象的な外見

熱帯産のハエトリグモには、非常に鮮やかな色で、虹色に輝く毛が斑紋や斑点になったものがいる。腹部の背面全体が明るい赤、またはオレンジ色のものもいる。オスの前脚は大きく、触肢には飾りがあることが多く、メスの気をひくのに用いる。

すごいハエトリグモ
北アメリカ南東部のこの種（*Phidippus regius*）のオスとメスは、脚と触肢で20種類以上の異なる信号を送り、コミュニケーションをとる。同じ属の他のクモも同様のことを行う。

アリ好み
この属（*Chrysilla*属）のクモは、他の昆虫類よりもアリ類を好んで捕らえて食べる。獲物に後ろから跳びかかる種もいるが、頭からタックルするものもいる。

鮮やかな色の頭胸甲　　前脚は太くなっている

鋭い視力

このハエトリグモ（*Salticus*属）の目のうち外側の2個は、最高25cm も離れた獲物の動きを探知することができる。体の向きを変えることで、クモは獲物を中心にある2個の目の視野に入れるが、この2個の目は高度に分析された大きな映像を結ぶ。クモはそれから獲物に向かって動き、5〜10cm離れたところから跳びかかる。

脚に明色と暗色の縞がある
コンパクトな体

ハエトリグモ
このハエトリグモ（*Euophrys*属）のメンバーは、よく地表や草の間、低い植物の間や石の下で見られる。多くの種と同様に、オスはメスに近づくために戦い、普通は大きなオスが勝利を収める。

くすんだ体色

跳躍

ハエトリグモ類は獲物を捕らえるためだけでなく、捕食者から逃れるためにもジャンプする。第4歩脚か第3、4歩脚を水力学的圧力で急激に伸ばして跳ぶ。

獲物を襲撃
ハエトリグモは跳ぶ前に、万一はずれた場合に備えて命綱をつける。この種は縞模様があるのでゼブラ・スパイダーと呼ばれている。オスの口器（鋏角）はメスのものより大きい。

無脊椎動物

無脊椎動物

目　クモ目（続き）

科　コモリグモ科
コモリグモ類

分布　3,000種　世界中、北極圏にもいる：主に地表、積もった落葉の間

生息地　陸生生息地すべて

体長0.4〜4cmで、夜の狩りに役立つ優れた視力を持つ。淡い灰色から黒褐色で、横縞、縦縞、あるいは斑点のような模様がある。メスはよく卵嚢を出糸管につけて持ち歩いているが、地中生の種は卵嚢を絹糸で裏打ちした穴の中に保管する。メスは子グモを背中に乗せて運ぶ。コモリグモの中には、野外の生態システムにおける重要な捕食者もいる。この科には南ヨーロッパの本当のタランチュラ（*Lycosa tarentula*）が含まれている。

ヨーロッパハリゲコモリグモ
このヨーロッパ種（*Pardosa amenata*）の外見は様々で、腹部は茶色だったり灰色だったりする。

科　ユウレイグモ科
ユウレイグモ類

分布　350種　世界中：洞窟、積もった落葉の中、建物の暗い隅

体よりも長い淡色の脚は、このクモに紡錘のような外見を与えている。色は灰色、緑色、あるいは茶色で、目は3個ずつ2組になり、もう1対の目がその間にはさまっている。しかし洞窟に棲む少数の種は目が見えない。体長3〜14mmで、しなやかな"ふ節"には多くの偽節がある。絡み合った不規則な巣をつくり、咬みつく前に獲物を糸で包み込む。行動を妨害されると巣を急激に振動させ、自分の姿がかすむように仕向けるので、見つけにくくなる。メスは15〜20個のピンクがかった淡い灰色の卵を産み、絹糸で鋏角に抱えている。

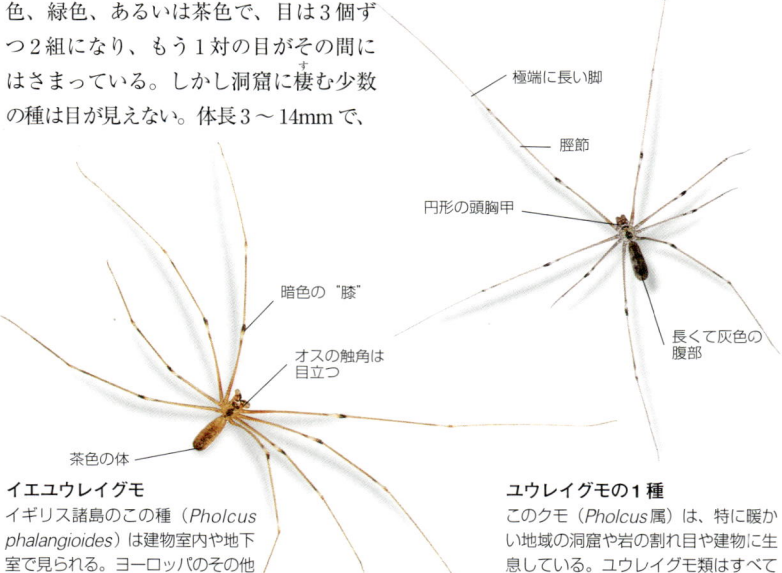

イエユウレイグモ
イギリス諸島のこの種（*Pholcus phalangioides*）は建物室内や地下室で見られる。ヨーロッパのその他の地域では洞窟に生息している。

　- 暗色の"膝"
　- オスの触角は目立つ
　- 茶色の体
　- 極端に長い脚
　- 脛節
　- 円形の頭胸甲
　- 長くて灰色の腹部

ユウレイグモの1種
このクモ（*Pholcus*属）は、特に暖かい地域の洞窟や岩の割れ目や建物に生息している。ユウレイグモ類はすべて非常によく似ており、交尾器を調べて初めて区別することができる。

科　キシダグモ科
キシダグモ類

分布　550種　世界中：地表、静かな水の面、水生植物

生息地　すべて

この大型のクモは外見も、巣を使うのではなく地表を走って獲物を捕らえる狩りのテクニックも、コモリグモ類（左）と似ている。頭胸甲は楕円形で、縦方向に斑紋がある。体長は1〜2.6cmである。メスは卵を鋏角の中の卵嚢に入れて、体の下にぶら下げて運び、孵化するときにはテント状の育児用の巣に置く。卵嚢と子グモたちは、2回目の脱皮が終わって巣を離れ、散り散りになるまで母親に守られる。

　- 頭胸甲にある縦方向の模様
　- 長い脚

キシダグモ
ヨーロッパの荒野や森林で積もった落ち葉の間でよく見られるこのクモ（*Pisaura mirabilis*）は地上に棲む一般的なクモである。

科　ヤマシログモ科
ヤマシログモ類

分布　180種　オーストラリアとニュージーランドを除く世界中：岩の下、建物の中

目が6個あるこのクモは獲物の捕らえ方がユニークである。鋏角をすばやく左右に動かし、ねばねばした糊状の物質を、近距離から獲物に向かって2本のジグザグ線状に噴射して、獲物を貼りつけてしまうのである。ヤマシログモ類の体長は4〜12mmで、クリーム色あるいは黄褐色に、黒い斑紋が入る。メスは子グモが出てくるまで卵嚢を体の下に持ち運ぶ。

ユタカヤマシログモ
北アメリカとヨーロッパの建物内部で見られるこのクモ（*Scytodes thoracica*）は1cm以上糊を噴射することができる。オスはメスよりも少し小さい。

科　イトグモ科
イトグモ類

分布　100種　北アメリカ、南アメリカ、ヨーロッパ、アフリカの温暖な地域：岩や樹皮の中の陰

3対になった6個の目を持ち、体と脚はかなり毛深い。体長は0.6〜1.8cmで、大半の種は頭胸甲にバイオリン型の斑紋がある。粘着性のシート状の巣をつくり、成長に従って巣を大きくしつづける種もいる。メスは卵嚢1つあたり30〜300個の卵を産み、卵嚢を巣の後方で保管する。このクモに咬まれると、組織の変化を引き起こして非常に危険なこともある。

ドクイトグモ
ヨーロッパでは一般的なこのクモ（*Loxosceles rufescens*）は、オーストラリアにも移入されている。人間が咬まれると治りにくい不快な傷になる。

科　アシダカグモ科
アシダカグモ類

分布　1,000種　熱帯、亜熱帯地域：地表、木の幹の上

くすんだ色の有能な夜行性ハンターで、非常に敏捷に横向きに動くことができる。大型種はトカゲ類にタックルすることも容易にできる。頭胸甲と腹部は扁平である。脚を広げた長さは最高15cmで、体の長さは1〜5cmになることもある。同じ大きさの8個の目を持ち、4個は頭胸甲の前の縁から前方に向いている。

　- トゲのある脚
　- 8個の目
　- 不明瞭な黒い斑紋
　- くすんだ体色

アシダカグモの1種
アシダカグモ類（*Heteropoda*属）は熱帯全域にいる種である。よくバナナの木箱で見られ、倉庫で働く人に咬みつくので知られているが、危険はない。

科　ヒメグモ科
ヒメグモ類

分布　2,200種　世界中：植物の中、石の下、積もった落葉、ひび、割れ目の中

体長は0.2〜1.5cmで、腹部は非常に丸い。茶色から黒のクモで、後脚に櫛状の頑丈な剛毛が並んでいる。ヒメグモ類は不規則な巣をつくるが、粘着性の線が地面にまで伸びているものもある。メスには毒があり、クロゴケグモのように、人間にとって危険なものも少数いる。年間で最高1000個の卵を産み、よく丸い絹糸の卵嚢に入れて守っている。

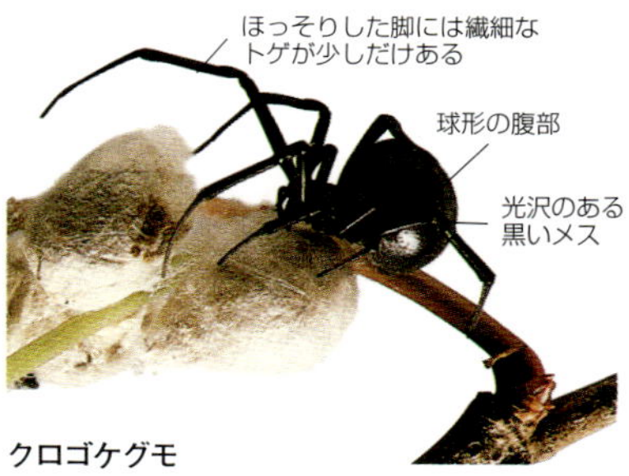

　- ほっそりした脚には繊細なトゲが少しだけある
　- 球形の腹部
　- 光沢のある黒いメス

クロゴケグモ
この種（*Latrodectus mactans*）のオスは交尾後すぐに死んでしまうことが多く、毒を持ったメスに食われることもある。そこから"黒後家蜘蛛"という一般名がつけられている。

クモ類

科 オオツチグモ科
オオツチグモ類（タランチュラ類）

分布 850種　世界中、特に亜熱帯、熱帯地域：地中の穴の中、樹上

タランチュラという名前はもともと南ヨーロッパのコモリグモ（592ページ）のものだった。現在では、オオツチグモ科を示すことが多い。オオツチグモ類はクモの世界では巨人であり、体長は最高12cm、脚を広げた長さは最高28cmにもなる。体と脚は剛毛のような毛で覆われ、色は淡褐色から黒まで様々で、ピンク色、茶色、赤、黒などの斑紋がある。ジョウゴグモ類（589ページ）同様、上下に動く牙を持っている。脅されると下向きに尖った牙を見せつける。体が大きいため、咬まれると命にかかわると信じられていたが、毒を持つのは一部の種だけである。実際、有毒の種は比較的小さいことが多い。オオツチグモ類は夜行性のハンターで、体の大きさで獲物を圧倒するが、獲物はカエル、トカゲ、鳥類などの小型脊椎動物も含む。大きな牙で獲物を噛み砕き、獲物の体に消化液を注いで、その結果できた液体を吸い上げる。メスは一塊の卵を地中の穴に産む。卵嚢はゴルフボールほどの大きさのこともあり、およそ1000個の卵が入っている。子グモは最初の脱皮まで巣穴にとどまり、その後散らばって餌を探し、自分の巣穴を掘る。10～30年生きる種や、ペットとして飼われている種もある。

メキシコのタランチュラ
地面に棲む大型のクモ（*Brachypelma vagans*）は、夜に狩りをする。中央アメリカの準砂漠地帯や乾燥地帯で見られる。

シロスジキノボリオオツチグモ
この世界最大の樹上生クモ（*Poecilotheria regalis*）は、脚を広げた長さは17cmである。インドとスリランカで見られる。日中は絹糸で裏打ちした隠れ家に引きこもっており、夜に鳥類、トカゲ類、節足動物を狩る。

ズグロオオツチグモ
このクモ（*Brachypelma emilia*）は中央アメリカの砂漠や準砂漠地帯で、穴の中に棲んでいる。防御反応として、腹部の毛を逆立てる。

オオツチグモの1種
南アメリカ、特にチリで見うれるオオツチグモ（*Grammostola rosea*）は、従順な性質のため、ペットとして飼われる最も一般的な種のひとつである。

科 カニグモ科
カニグモ類

分布 2,500種　世界中：草地、庭、花の上、植物のその他の部分、樹皮の上

普通はずんぐりした体で、カニのような独特の横歩きをすることがある（前にも後ろにも動ける）。ただし、長い体の種もいる。カニグモ類の体長は4～14mmである。頭胸甲はほぼ円形で、腹部は短く、先端は丸みを帯びることが多い。前の2対の脚は獲物を捕らえるのに使われ、他の2対よりも大きくてトゲが多い。カニグモは花に降りてくる昆虫をよく待ち伏せしている。待ち伏せをする種は自分よりずっと大きいハチを簡単に殺せるほど、非常に強い毒を持っている。多くの種が白、明るいピンク色、あるいは黄色で、花に合わせた色をしており、体色を変えられる種も少数いる。メスは卵を扁平な袋に入れて植物に付着させ、死ぬまで卵を守っている。

色を変えるカニグモ
このクモ（*Misumena vatia*）は周囲に溶け込むために体色を変える能力を持ったカニグモ類のひとつである。たいてい白か黄色の花の上におり、そのどちらかの色になっているが（上と左）、淡緑色になることもできる。ヨーロッパと北アメリカ全域では一般的で、チョウやハチのような大きな獲物にタックルすることができる。メスはオスよりずっと大きい。

スジシャコグモ
この動きの速いハンター（*Tibelius oblongus*）は、ヨーロッパの草地や荒野に生息している。よく2対の前脚を抱え込み、後脚を真っ直ぐ伸ばして隠し、細長い葉の上で身を隠している。第3歩脚を葉に回してつかまっている。このクモを別の科（エビグモ科）に分類する学者もいる。

棘皮動物

門	棘皮動物門
綱	6
目	36
科	145
種	約6,000

海生無脊椎動物のグループには、ヒトデ類、クモヒトデ類、ウニ類、ナマコ類が含まれる。これらの動物の体は、通常はトゲがあり、中心点の周囲に放射相称状に並ぶ同質の5つの部分に分けられる。棘皮動物はすべて石灰質のプレートでできた骨格（または殻）を備えている。また水管系と呼ばれる独特の体内ネットワークがあり、運動、食餌、酸素吸収を助けている。大半は移動性で、水底に棲む動物であり、浜辺や砂州や海底で見られる。

体のつくり

棘皮動物の外見は、体が引き伸ばされて腕になっているもの（ヒトデ類）、枝分かれして羽毛状のもの（ウミユリ類）、球形から円筒状のもの（ウニ類、ナマコ類）など様々である。大半は、骨格が伸張したトゲ状またはコブ状の突起が体から出ている。水管系は導管ネットワーク、貯蔵器、外部付属器官となって管足と呼ばれる触手からなる。

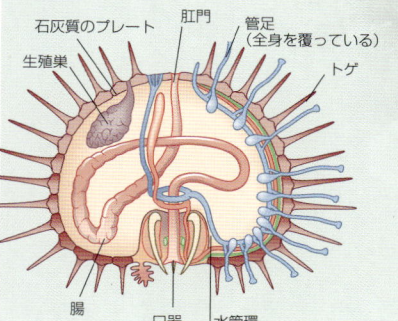

体の断面図

棘皮動物の体には中央体腔があり、体腔は石灰質のプレートで囲まれているが、プレートは固い構造物となって、互いにぴったり合わさっているか（ウニ類）、分かれたままでいるか（ヒトデ類）のどちらかである。棘皮動物には頭部も尾もない。口は片側の表面中心（口端）にあり、肛門は欠けていることもあるが、反対側の表面中心（反口）にある。

動き方

ウミユリ類は固着性の生活を送っているが、その他の棘皮動物の大部分は移動性である。ヒトデ類とウニ類は管足、トゲ、殻そのものを使って動き回る。カシパン類とナマコ類は足を使って沈殿物に穴を掘る。

歩く

ウニ類は管足に水を出し入れすることで、海底を歩く。管足はトゲよりも長く伸び、ウニが体を押しやって進む際に海底表面をつかむ。

防御のためのトゲ

棘皮動物の多くは、長くて鋭いトゲによって捕食者から守られている。写真のトゲノカンムリヒトデのトゲには毒もある。このヒトデは、サンゴのポリプを食べ、オーストラリアのグレートバリアリーフの広い範囲を破壊している。

食性

棘皮動物の大半は、小さな生物や有機物の細片を食べる。しかしヒトデ類には肉食性のものもあり、獲物の上に胃を伸ばして、体外で消化する。ウニ類の大半は海藻を食べるが、殻の構成部分を一連の歯として使う。

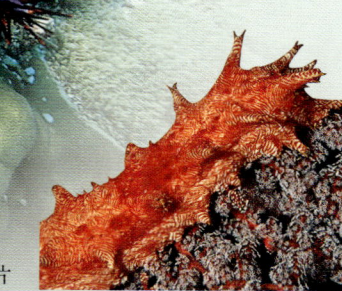

沈殿物を食べる

ナマコ類は口の周りにある小さな触手を泥や沈殿物の中に入れ、そこから食物の細片を引き出す。

綱 ウミユリ綱

ウミユリ類およびウミシダ類

分布 630種　世界中：海底に常時または一時的に付着

ウミユリ類およびウミシダ類は、棘皮動物の中でも化石にふんだんに見られる古いグループに属する。丸い体に5本の腕で重装備しているが、腕はさらに枝分かれしていることが多い。どの種も、細長い柄に付着して生涯をスタートする。100m以上の深い海に棲むウミユリ類は、一生この柄に付着したままでいる。ウミシダ類はそれとは対照的に、若い間は柄から離れて自由生活をする。ウミユリ類、ウミシダ類の口は上を向いているが、その点を除けば、どちらも基本的体構造はヒトデ類と似ている。腕の開張は最高70cmで、柄は長さ1mになることもある。他の棘皮動物と同じように、腕を失っても再生することができる。雌雄異体である。

腕は食物を集めるために広がる

美しいウミシダ

柄のあるウミユリ類は化石の記録では優勢だが、生き残っているウミユリ類は永続的に海底に付着しているわけではなく、泳ぐことのできる種もいる。ウミシダ類は濾過食者で、すべての海、特に砂洲にいる。この美しいウミシダ（*Oxycomanthus bennetti*）は冠状の腕のさしわたしが最高40cmである。

綱 ヒトデ綱

ヒトデ類

分布 1,500種　世界中：海底

海岸沿いに豊富にいて独特な形を持つヒトデ類は、なじみ深い海生無脊椎動物である。大半は、円形の体が同質の5本の腕に分かれているが、40本以上の腕があるものや、腕が短すぎて、クッションのように見えるものもいる。小さな獲物を丸ごと呑み込んだり、胃を口から出して、大きな動物の上に広げ、相手を消化することができるものもいる。二枚貝を食べるときは、管足にある強力な吸盤でこじ開ける。大きさは直径2cm未満のものから1mのものまで様々である。腕など体の一部分を失っても、再生する能力がある。

長い腕

腕の下面に管足がある

7本の腕

このヒトデ（*Luidia ciliaris*）には標準的な5本の腕のかわりに、長い7本の腕がある。さしわたし最高60cmで、北大西洋のきめの粗い沈殿物の上に棲み、そこで他のヒトデ類、ウニ類、クモヒトデ類を貪欲に食べる。

クッション型のヒトデ

この東南アジアのヒトデ（*Culcita novaeguineae*）は、クッション型ヒトデ類の代表である。さしわたしは約25cm、体からほんの少し突き出している腕がある。クッション型ヒトデ類は様々な海中生息地にいるが、特に砂洲ではよく見られる。

棘皮動物

綱 クモヒトデ綱
クモヒトデ類およびテヅルモヅル類
分布 2,000種　世界中：海底

クモヒトデ類はよくヒトデ類と間違えられるが、まったく別のグループの棘皮動物である。クモヒトデ類には長くて幅の狭い5本の腕があり、ヒトデ類の腕とは違って、中央の小さな盤から鋭く分かれている。盤のさしわたしは最高10cmであるが、体全体は直径最高50cmになることもある。クモヒトデ類は、すべての棘皮動物の中で最も移動性が高く、多くの近縁種同様、腕を失ってもまた再生できる。ヒトデ類とは異なり、クモヒトデ類は掃除屋で、死んだ生物を食べるか、あるいは腕のトゲの間につるされている粘液の助けを借りて、海底まで漂ってくる食物の細片を集める浮遊物食者である。クモヒトデ類は海の数か所では極端に豊富におり、数百万匹もがのたうつ集団を形成している。それとは対照的に、テヅルモヅル類は、複雑に分かれ、さらに分枝した腕を海流に対して直角に保ち、浮遊する小さな生物を捕らえて、独力で餌を食べる。

腕を立てて餌を捕らえる
テヅルモヅル類の腕は、それぞれがさらに分枝して、直径が最高75cmにもなる小さな腕の集合体をつくり出す。上写真のインド洋に棲む種（*Astroboa nuda*）では、小腕の先端は巻き髭状になっている。夜になると、泳いでいる小さな動物を捕らえるために、かご状の腕が水中に持ち上げられる。

トゲクモヒトデの1種
このクモヒトデ（*Ophiothrix*属）は海底の岩場にも砂地にも、密集した集団をなすことがある。直径は最高20cmである。トゲが房飾りのようについた腕を水中に突き出して餌を濾過する。

歩くクモヒトデ
北方に棲むこの小さなクモヒトデ（*Ophiothrix fragilis*）は盤が小さく、長く曲がりくねった5本の腕で歩く。直径は15cm未満で、全身トゲだらけである。

・鋭いトゲ
・中央の盤
・曲がりくねった腕

綱 ナマコ綱
ナマコ類
分布 1,150種　世界中：ほぼ全種海底に潜るか、または海底表面にいる

ソーセージのような形と革のような皮膚を持つナマコ類は、他の棘皮動物とはずいぶん違って見えるが、体の内部構造は5組の器官を持つ典型的な棘皮動物のものである。口の周りには8～30本の管足が5列に並んでいる。管足は特殊化して、指状か茂み状の食餌用触手になっている。体長は3cm未満のものから1mのものまで様々である。粘着性の、時には有毒の糸を肛門から発射する種もいる。これを捕食者に絡ませることができる。

色鮮やかなナマコ
鮮やかな色をした、インド洋の砂洲に棲むこのナマコ（*Pseudocolochirus tricolor*）は、口の周りに分枝した触手の輪がある。食事をした後、各触手は逆さ向きに口の中に挿入されて、拭き清められる。体長は10cmである。

綱 ウニ綱
ウニ類
分布 975種　世界中：海底表面、あるいは海底に穴を掘って潜る

普通は石灰質のプレートでできた球形の骨格（殻）を持ち、可動性のトゲで覆われている。5列に並んだ管足はトゲに隠れていることが多いが、岩の上を這い回り、海藻や小さな生物を食べるのを助ける。口は下側の中心にあり、"アリストテレスの提灯"と呼ばれる、顎のように働く5組の大きな石灰質のプレートがある。多くは食事の後、時間をかけて柔らかい岩に掘った隠れ家に戻る。熱帯のパイプウニ類は、特別太いトゲでサンゴ礁の割れ目の中に自分をくさびのように打ち込む。穴に潜るブンブクチャガマ（ブンブク類）やカシパン類は、もっと円盤に近い形で、トゲは短く、毛皮のように見える種もいる。穴に潜る種は沈殿物を食べるが、主に通過する食物を管足とトゲを使って口まで運ぶ。直径は6～12cmだが、35cmになるものもいる。

ガンガゼの1種
暖かい海に棲むこのウニ類（*Diadema*属）は直径30cmで、長くて細く、壊れやすいトゲは腺組織で覆われている。有毒物質を分泌するが、これは人間の皮膚にもひどくひりひりした痛みを引き起こすことがある。小型の魚や甲殻類が、よくウニ類のトゲの間に棲んでいるが、ウニのトゲが彼らを捕食者から守っている。

カシパン
カシパン類のように土の中に潜るウニ類には、潜らない種にはある球形の殻や長いトゲが欠落している。写真の熱帯産の種（*Encope michelini*）のように、カシパン類はさしわたし最高15cmの扁平な殻を持ち、殻にはわずかにドーム状の隆起と短いトゲがある。

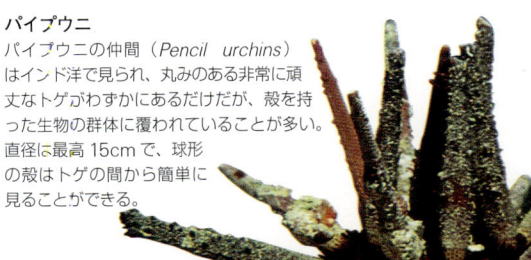

北のウニ
この大きなウニ（*Echinus esculentus*）の生殖器官（生殖巣）は、北大西洋の沿岸周辺では食料として珍重されている。このウニは水深1000mまで生息し、岩の表面で見つけた生物や海藻を食べる。この種は直径がほぼ20cmにもなる。

・トゲと管足が列をつくって並ぶ

パイプウニ
パイプウニの仲間（Pencil urchins）はインド洋で見られ、丸みのある非常に頑丈なトゲがわずかにあるだけだが、殻を持った生物の群体に覆われていることが多い。直径は最高15cmで、球形の殻はトゲの間から簡単に見ることができる。

・丸みがあり、頑丈なトゲ
・殻

無脊椎動物

無脊椎脊索動物類

門	脊索動物門
亜門	尾索動物亜門 頭索動物亜門
綱	4
目	9
科	47
種	約2,000

脊索動物とは、脊索と呼ばれる内骨格のような棒状器官を持つ動物のことである。脊索動物の大半は、脊索が連結された脊椎に置き換えられた脊椎動物である。しかし脊索動物には、円柱状の脊椎を持たず、無脊椎動物に分類される2つのグループがある。ナメクジウオ類とホヤ類は、どちらも海生動物である。ナメクジウオ類は長くて幅の狭い体をしており、外見上は魚と似ているが、一方ホヤ類の大半は袋状の体をしており、透明な被嚢で覆われている。

体のつくり

ナメクジウオは成体期になっても脊索を保っているが、ホヤ類の場合、脊索があるのは幼生期だけである。すべての種には（ホヤ類の一部を除き）、脊索の上に中空の神経索があり、筋肉質の尾（ただし尾が幼生期にしか見られない種もある）、貫通した喉（咽頭）がある。咽頭は食物の細片を捕らえるための内部濾過装置になっている。水は口のような開口部（入水管と呼ばれる）から入り、体表にまでつながる穴を通して排出される。

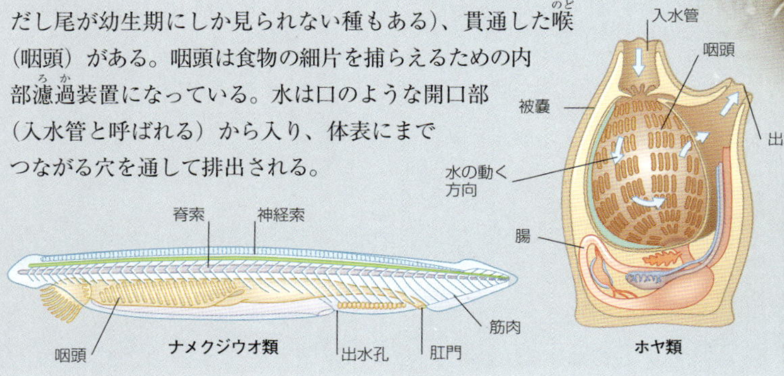

体の断面図
ホヤ類（左図）の大半は、海底に固着して生活する濾過食者である。水は口を通して入り、出水孔と呼ばれる開口部から出て行く。ナメクジウオ類（ホヤ類の左の図）の体は、泳げるように変化している。体は長く、幅が狭く、しなやかで筋肉質である。

ホヤ類の群体
ホヤ類の群体は、よく海底にきらびやかな色の集団を形成している。群体の各メンバーは別々の口を持っているが、排泄物を排出するための開口部を共有していることもある。

綱 ホヤ綱
ホヤ類

分布 2,000種　世界中：海岸の岩や海底に付着

ホヤ綱のホヤは袋状で、海岸の岩や海底に付着して暮らしている。捕食性のものもいるが、大半の種は網目になった咽頭を通して水を出し入れし、食物の細片をこし取る。水は片方のチューブ、すなわち入水管あるいは口から吸入され、もう片方の出水管あるいは出水孔から排出される。体は、セルロース状の物質でできた大きくて厚みのある球形から円筒状の被嚢、または殻に取り巻かれている。ホヤは単体のこともあるが、多くの種は群体をつくり、その中では各ホヤ（個虫）が集団となり、出水管を共有している。個虫の大きさは高さ0.1～60cmと様々で、群体の高さやさしわたしは数メートルになることもある。ホヤは、脊椎脊索動物との類似性で、特に興味深い存在である。成体では咽頭だけが脊索動物としての目に見える特徴だが、（オタマジャクシと似た）幼生には、脊索と中空の神経索が背中側に備わった尾がある。いずれも脊椎動物の特徴である。

ニシキボヤ
インド洋産のこの単体ホヤ（Polycarpa aurata）は、厚みのある革のような、時には鮮やかな色の保護用の殻、あるいは被嚢で覆われており、高さ2～15cmである。2本の管が突き出しており、これが水流を吸入したり排出したりする場所で、ホヤはその水から餌をこし取る。

ホヤ類の群体
この群体ボヤ（Botryllus schlosseri）では、それぞれの個虫が水を吸入する口を持ち、共同排水孔を共有するように並んでいることがある。広く分布するこの種は、群が星型模様に並び、さしわたしわずか2mmの個虫の色が、群体のゼリー状母体と対照的である。

綱 タリア綱
ヒカリボヤ類

分布 70種　世界中：海で浮遊生活

ホヤ類のこの綱には、開けた海でプランクトンの間を漂う自由遊泳生活種が含まれるが、被嚢の片方に入水口、もう片方に出水口がある。ホヤ綱と同様に、貫通した大きな咽頭があるが、これが体の大部分を占めている。この綱には2つの基本的種類がある。群体性のヒカリボヤ類と、単独生活と群体生活の段階を交互に繰り返すサルパ類およびウミタル類である。単体での体長は最高25cmだが、群体全体では長さが14mを超えることもある。

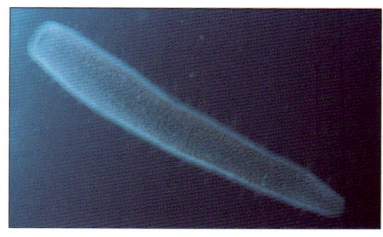

ヒカリボヤ
暖海に棲む群体性・発光性のこの種（Pyrosoma atlanticum）は長さ1m以上で、浮遊生物の巨大なチューブ状の殻のように見える。水から食物をこし取り、"排水"を推進力にして、ゆっくりと海中を移動する。

綱 ナメクジウオ綱
ナメクジウオ類

分布 24種強　熱帯および温帯：浅い砂、砂利の中

普通は体長が約5cmと小さく、半透明の動物で、脊椎動物のような特徴をいくつか備えている。脊索とともに咽頭部に鰓状の切れ込みがあり、背鰭が1枚あり、多くの魚と同じようにV字型になった筋肉の塊が体に沿って並んでいる。口の周りには小さな触手もある。水を吸い込み、咽頭部の切れ込みを裏打ちするごく小さな毛（繊毛）を動かして食物の細片を吸い込む。雌雄異体で、体外受精で繁殖する。食料として捕獲している地域もある。

ナメクジウオ
ヨーロッパに棲むこの種（Branchiostoma lanceolatum）は体長最高5cmである。すべてのナメクジウオ類と同じく、この種も体を左右にくねらせて泳ぐ。通常の食餌態勢では、体の大部分を砂に埋め、海底からかろうじて頭だけが出ている。

危機に瀕した無脊椎動物

以下のリストは、国際自然保護連合（IUCN：31ページ参照）によって"絶滅寸前（絶滅危惧IA類）"とされた無脊椎動物の属のすべてである。無脊椎動物は比較的わずかしか知られていないため、これが危機に瀕した種のほんの断片に過ぎないのはほぼ確実である。無脊椎動物の主な脅威は生息地の変化と汚染、そして競合する種の移入である。生息地の変化は、森林や草地に棲む種や、一生の一時期かすべてを淡水で暮らす種にとって最大の問題である。広い範囲で行われている湿地の排水は、特にトンボ類、イトトンボ類に深刻な結果をもたらしてきた。汚染もまた水生種に甚大な被害をもたらしている。移入種は、孤絶した場所に棲む無脊椎動物にとって脅威となっている。ここに挙げられた種の多くが、大洋に浮かぶ島の限られた生息地に棲んでいるが、そこでは若芽を食べるヤギなどの移入動物が、無脊椎動物たちが生きるために必要な植物を奪っている。逃げ場がないため、彼らの個体数は急激に減少してきた。おそらく将来は、気候の変化がこのリストの名前をぐんと増やすことだろう。

甲殻類 （38属57種）

ヨコエビ目の*Aguadulcaris*属、*Bogidiell*a、*Cocoharpinia*属、*Gammaru*s、*Idunella*属、*Ingolfiella*属、*Pseudoniphargus*属に属する7種
ホウネンエビ目の*Branchinecta*属、*Bracnchinella*属、*Dexteria*属、*Streptocephalus*属に属する6種
カラヌス目の*Antriscopia*属、*Erebonectes*属、*Nanocopia*属、*Paracyclopia*属に属する4種
ケンミジンコ目の*Speleoithona*属に属する1種
エビ目の*Barbouria*属、*Cambarus*属、*Fallicambarus*属、*Globonautes*属、*Louisea*属、*Orconectes*属、*Pacifastacus*属、*Procambarus*属、*Procaris*属、*Somersiella*属、*Typhlatya*属に属する25種
*Halocyprida*目の*Spelaeoecia*属に属する1種
ワラジムシ目の*Atlantasellus*属、*Bermudalana*属、*Currassanthura*属、*Thermosphaeroma*に属する7種
ミクトカリス目の*Mictocaris*属に属する1種
ミソフリア目の*Speleophria*属に属する2種
*Mysidacea*目の*Bermudamysis*属、*Platyops*属に属する2種
カイミジンコ目の*Kapcypridopsis*のうち1種

昆虫類 （47属50種）

シラミ目の*Haematopinus*属に属する1種
甲虫目の*Colophon*属、*Elaphrus*属、*Hydrotarsus*属、*Meladema*属、*Nicrophorus*属、*Polposipus*属、*Prodontria*属に属する10種
ハサミムシ目の*Labidura*属に属する1種
双翅目の*Edwardsina*属に属する2種
膜翅目の*Adetomyrma*属、*Aneuretus*属、*Nothomyrmecia*属に属する3種
鱗翅目の*Atrophaneura*属、*Chrysortis*属、*Euproserpinus*属、*Hellconius*属、*Lepidochrysops*属、*Parantica*属、*Pieris*属、*Polyommatus*属に属する8種
トンボ目の*Argiocnemis*属、*Austrocordulia*属、*Boninagrion*属、*Boninthemis*属、*Brachythemis*属、*Burmagomphus*属、*Chlorogomphus*属、*Coenagrion*属、*Indolestes*属、*Libellula*属、*Mecistogaster*属、*Megalagrion*属、*Palpopleura*属、*Platycnemis*属、*Rhinocypha*属、*Seychellibasis*属、*Trithemis*属に属する17種
直翅目の*Aglaothorax*属、*Hemisaga*属、*Idiostatus*属、*Ixalodectes*属、*Nanodectes*属、*Pachysaga*属、*Schayera*属、*Tattigidea*属に属する8種
ナナフシ目の1種

二枚貝類 （26属57種）

イシガイ目の*Alasmidonta*属、*Amblema*属、*Arkansia*属、*Cyprogenia*属、*Dromus*属、*Elliptio*属、*Epioblasma*属、*Fusconaia*属、*Hemistena*属、*Lampsilis*属、*Lasmigona*属、*Lemiox*属、*Lexingtonia*属、*Margaritifera*属、*Medionidus*属、*Obovaria*属、*Pegias*属、*Plethobasus*属、*Pleurobema*属、*Popenaias*属、*Potamilus*属、*Ptychobranchus*属、*Quadrula*属、*Quincuncina*属、*Toxolasma*属、*Villosa*属に属する57種

腹足類 （83属170種）

オキナエビス目の*Neritina*属、*Ogasawarana*属に属する5種
モノアラガイ目の*Ancylastrum*属、*Biomphalaria*属、*Ceratophallus*属、*Gyralulus*属、*Lantzia*属、*Neoplanorbis*属、*Paludomus*属、*Siphonaria*属、*Stagnicola*属に属する9種
ニナ目の*Angrobia*属、*Belgrandiella*属、*Bellamya*属、*Boucardicus*属、*Bythinella*属、*Bythiospeum*属、*Coahuilix*属、*Elimia*属、*Fenouilia*属、*Hemistoma*属、*Jardinella*属、*Lanistes*属、*Leptoxis*属、*Pyrgulopsis*属、*Somatogyrus*属、*Tomicha*属に属する39種
マイマイ目の*Achatinella*属、*Amastra*属、*Armsia*属、*Caseolus*属、*Cecilioides*属、*Cerion*属、*Cookeconcha*属、*Discula*属、*Draparnaudia*属、*Endodonta*属、*Erepta*属、*Euchondrus*属、*Falkneri*属、*Geomitra*属、*Gonospira*属、*Gonyostomus*属、*Gulella*属、*Gulikia*属、*Hermogenanina*属、*Helicostyla*属、*Helix*属、*Helminthoglypta*属、*Hemicycla*属、*Hirinaba*属、*Inflectarius*属、*Kondoconcha*属、*Laminella*属、*Lampedusa*属、*Leiostyla*属、*Leptaxis*属、*Leuchocharis*属、*Mautodontha*属、*Megalobulimus*属、*Micrarionta*属、*Napaeus*属、*Natalina*属、*Opanara*属、*Orangia*属、*Oxyloma*属、*Partula*属、*Partulina*属、*Pene*属、*Plactostylus*属、*Radiocentrum*属、*Radioconus*属、*Rhysoconcha*属、*Rhytida*属、*Ruatara*属、*Samoana*属、*Thapsia*属、*Trochochlamys*属、*Trochoidea*属、*Tropidoptera*属、*Xerosecta*属、*Zilchogyra*属、*Zingis*属に属する116種

その他の無脊椎動物 （3属3種）

ナガミミズ目の*Phallodrilus*属に属する1種
チビムカシゴカイ目の*Mesonerilla*属に属する1種
カギムシ目の*Speleoperipatus*属に属する1種

オオベニシジミ
オオベニシジミ（*Lycaena dispar*）はイモムシ段階の間、沼地の植物を食べるが、これらの植物は農地開拓のために湿地の排水が行われたのに伴い、確実に減少している。かつてはヨーロッパに広く分布していたこのチョウも、現在は減少し、準絶滅危惧種としてリストに挙げられている。

索　引

ア

アイアイ　121
アイベックス　255
アオアシカツオドリ　273
アオアシシギ　306
アオアズマヤドリ　359
アオイトトンボ類　551
アオウミガメ　367-368
アオカケス　360
アオガラ　351
アオキコンゴウインコ　361
アオクビフウキンチョウ　354
アオコブホウカンチョウ　361
アオコンゴウインコ　314, 361
アオサギ　277
アオザメ　472
アオスジヒイインコ　311
アオツラミツスイ　353
アオノドワタシハチドリ　361
アオヒツジ　256
アオボウシインコ　313
アオマタハリヘビ　393
アオマダラウミヘビ　392
アオマダラヤンマ　551
アオメヒメバト　361
アオヤマガモ　285
アカアシガメ　374
アカアシシギダチョウ　361
アカアシトキ　361
アカアシメジロ　361
アカアシヤブワラビー　100
アカウミガメ　369
アカエリヨタカ　321
アカオガビチョウ　347
アカオキリハシ　333
アカオパイプヘビ　379
アカオヒコウモリ　113
アカガオオガシラ　333
アカガオコバシハエトリ　361
アカザリフウチョウ　337, 359
アカガシラエボシドリ　315
アカガタインコ　361
アカガニ　579
アカカンガルー　91, 99
アカギツネ　181
アカクサインコ　312
アカクジラウオダマシ　508
アカクモザル　123
アカゲラ　335
アカコロブス　257
アカサンショウウオ　438
アカシカ　225, 240
アカジマメズサアマガエル　451
アカジリムジインコ　361
アカスジクビナガカエル　456
アカダイカー　250
アカチャムジカザリドリ　339
アカドクハキコブラ　393
アカトビ　288
アカトンボ類　551
アカネズミカンガルー　100
アカノガンモドキ　301
アカハシウシツツキ　358
アカハシサイチョウ　361
アカハシネッタイチョウ　273
アカハナグマ　195
アカハネジネズミ　114

アカハラガーターヘビ　365
アカハラクサカリドリ　341
アカハラワカバインコ　361
アカビタイボウシインコ　361
アカフウキンチョウ　354
アカボウクジラ　176
アカホエザル　124
アガマ科　402
アカマンボウ　507
アカミノフウチョウ　359
アカメアフリカヒヨドリ　343
アカメアマガエル　451
アカメモズモドキ　356
亜寒帯林　54
アクキガイ　540
アクシスジカ　239
アゲハチョウ類　571
アケボノアレチネズミ　257
顎　86
　　食肉類　178
　　齧歯類　144
アゴアシ　580
アコーディオン運動　377
アゴフセワタビタキ　349
アサガオガイ　540
アサガオガイ類　540
アザミウマ類　560
アザラシ　88
アザラシアグーチ　158
肢　カエル類　440
足
　　キツツキ　332
　　水禽類　282
　　フラミンゴ類　280
　　ペリカン類　272
足指　鳥類　261
アジアカワツバメ　361
アジアジャコウネコ　204
アジアゾウ　221
アジアノロバ　227
アジアヘビウ　276
アジアムフロン　256
アジサシ類　307-308
アシダカグモ類　592
アシナガウミツバメ　271
アシナガツバメチドリ　305
アシナガネズミカンガルー　97
アシナガミズネズミモドキ　257
アシナシイモリ類　439
アシブトコバチ類　574
アシブトホンコノハムシ　553
アシボソジネズミ　257
アスタトティラピア・ラティファシアータ　521
アスパー　521
アスプレーテ　521
アズマニシキガイ　539
遊び　88
アダックス　252, 257
頭
　　貧歯類　138
　　ミミズトカゲ類　423
アタマジラミ　557
アッケシダウミヒモ　542
アデリーペンギン　267
アトランティック・ハリバッド　519
アトランティック・フライングフィッシュ　506

アトランティック・マッドスキッパー　517
アトランティックコッド　503
アトランティックヘリング　486
アトリ類　357
アナウサギ　143
アナグマ　199
アナコンダ　378, 383
アナジャコ類　581
アナバチ類　575
アナホリフクロウ　320
アネガダイワイグアナ　427
アパッチ・トゥラウト　521
アビシニアコロブス　131
アビシニアジャッカル　184, 257
アビ類　268
アファニウス・スプレンデンス　521
アファニウス・スレヤヌス　521
アファニウス・トランスグレディエンス　521
アフィオセミオン・アマイティ　506
アブラツノザメ　467
脂鰭　488
アブラムシ類　558
アブラヨタカ　321
アフリカウシガエル　454
アフリカウスイロイルカ　169
アフリカオオノガン　301
アフリカオニネズミ　154
アフリカキンイロネコ　210
アフリカクロミナシガイ　540
アフリカサンコウチョウ　350
アフリカシマイタチ　198
アフリカスイギュウ　247
アフリカスズメフクロウ　320
アフリカゾウ　221
アフリカタマゴヘビ　377, 386
アフリカツームコウモリ　110
アフリカツメガエル　442
アフリカトゲマウス　257
アフリカノロバ　227, 257
アフリカハゲコウ　279
アフリカハサミアジサシ　308
アフリカヘラサギ　279
アフリカマイマイ　541
アフリカヤイロチョウ　341
アブ類　569
アベコベガエル　447
アホウドリ類　270-271
アホロートル　437
アポロチョウ　16, 571
アマゾンアミーバトカゲ　417
アマゾンカワイルカ　167
アマゾンツノガエル　445
アマゾンツリーボア　382
アマゾンマイマイヘビ　387
アマツバメ類　323-325
アマミノクロウサギ　142
アミア目　481
アミメカゲロウ目　561
アミメニシキヘビ　384
アミ類　584
アムステルダムアホウドリ　361
アメフラシ類　540
アメリカアカオオカミ　184, 257
アメリカアカガエル　453
アメリカアナグマ　200

アメリカアマガエル　450
アメリカアリゲーター　425
アメリカイソシギ　306
アメリカオオセグロカモメ　302
アメリカオオナガセセリ　570
アメリカオビカレハ　570
アメリカカブトガニ　585
アメリカキクイタダキ　348
アメリカキバシリ　351
アメリカキララマダニ　588
アメリカコガラ　351
アメリカサンカノゴイ　278
アメリカジュズヒゲムシ　557
アメリカセイタカシギ　303
アメリカダチョウ　261
アメリカトキコウ　278
アメリカドクトカゲ　419
アメリカナキウサギ　142
アメリカバイソン　248
アメリカバク　231
アメリカビーバー　149
アメリカヒキガエル　446
アメリカヒレアシ　301
アメリカマナティー　223
アメリカマルヒラタシデムシ　564
アメリカミンク　197
アメリカムシクイ類　355
アメリカヤマセミ　327
アメリカヨタカ　322
アメリカワシミミズク　319
アメリカン・シャッド　487
アメリカン・パドルフィッシュ　481
アメンボ類　559
アユ　494
アラ・バリク　521
アライグマ　195
アライグマ科　194-195
アラゲノウサギ　143
アラゲワタネズミ　151
アラスカ・ブラックフィッシュ　499
アラハダカ　501
アラバマ・ケイブフィッシュ　521
アラバマ・スタージョン　521
アラフラヤスリヘビ　384
アランナガトカゲ　427
アリ浴び　337
アリゲーター　424
アリスイ　334
アリゾナアリゲータートカゲ　418
アリドリ類　339
アリバチ類　574
アリ類　573, 576
アルガリ　256
アルバガラガラヘビ　427
アルプスイモリ　435
アルプスイワナ　498
アルマジロトカゲ　413
アルメニアオナガネズミ　257
アレチカマドドリ　338
アレチハシリトカゲ　417
アロクロミス・ウェルコメイ　521
アワサンゴ類　533
アワビ類　540
アングラー・ラフシャーク　467
アングルヘッドドラゴン　403
アンコウ類　502-504

アンゴラオヒキコウモリ　113
アンソニーアブラコウモリ　257
アンダーソンマウスオポッサム　257
アンチョベッタ　487
アンティグヤブヘビ　427
アンデスイワドリ　339
アンデスフラミンゴ　281
アンデスヤマネコ　211
アンデスヤマハチドリ　325
アンドュレイトレイ　475
アンナンイシガメ　427
アンワンティボノロマザル　119

イ

イーグルレイ　477
イイズナ　197
イエアメガエル　450
イエカ類　567
イエシロアリ類　556
イエスズメ　357
イエバエ類　567
イエユウレイグモ　592
イエロオオカナヘビ　427
イエローブレスオマキザル　257
イエローヘッド・ジョーフィッシュ　479, 514
イガ　573
イグアナ上科　402
イグアナ類　402-407
イサログヒラタガエル　457
イシイルカ　169
イシクヒシメガエル　444
イシノミ類　550
イシムカデ類　578
イスカ　357
イスパニョーラソラギャリワスプ　427
イソガニ　29
イソギンチャク類　529-530
イタチキツネザル　121
イタチザメ　473
イダテントビウオ　506
イタボガキ類　539
イチゴヤドクガエル　452
イチジクコバチ類　573
イチョウガニ類　581
イッカク　168
イトアメンボ類　559
移動　48, 73
イトグモ類　592
イトトンボ類　551
イトヨ　509
イヌ科　180-187
イスノミ　565
イヌビワコバチ　573
イヌワシ　293
イノシシ科　232-233
イバラヒゲ　504
イビキヒキガエル　446
イビザイワカナヘビ　414
イベリアトゲイモリ　436
イベリアミミズトカゲ　423
イボイノシシ　232, 233
イボイモリ　436
イムシ類　537
イモガイ類　540

医用ビル 535
イラワジイルカ 172, 257
イランイツユビトビネズミ 257
イリエワニ 426
イリドン・ホワイテイ 521
イルカ 89
イロカエカロテス 403
イロカエクサゼル 455
イロブダイ 516
イロワケイルカ 172
イワサザイ類 341
イワシクジラ 165
イワダヌキ 222
イワツバメ 342
イワトビカモシカ 253
イワヒバリ 345
インカアジサシ 308
陰茎骨 178
インコヌー 495
インコマティ・ロックキャットレット 521
インコ類 311-314
インディゴヘビ 387
インドイタチアナグマ 200
インドオオリス 148
インドガビアル 426
インドクジャク 297
インドコブラ 392
インドサイ 229
インドシナウォータードラゴン 404
インドシナコガシラスッポン 427
インドニシキヘビ 384
インドネシアン・シーラカンス 19, 480
インドハゲワシ 361
インドハリネズミ 103
インドホシガメ 374
インドマメジカ 239
インドヤギュウ 250
インドリ 121
インパラ 254

ウ

ヴァンデリア・キローサ 492
ウィーディーシードラゴン 509
ウーリークモザル 122, 123, 257
ウェーバー器官 488
ウェストアフリカン・ラングフィッシュ 480
ウェッデルアザラシ 218
ウォーキングキャットフィッシュ 492
ウォーターバック 250
ウォーレス線 17
ウオクイコウモリ 111
ウオクイフクロウ 317
ウオジラミ類 580
ウォンバット 95
ウキブクロ 479
動き
　ウナギ類 483
　カエル類 441
　カメ類 367
　カライワシ類 483
　環形動物 534
　棘皮動物 594
　クマ科 188
　原猿類 118
　刺胞動物 529
　水禽類 282
　節足動物 547
　トカゲ類 401
軟体動物 538
ヒゲクジラ 162
ヘビ類 377
哺乳類 89
有袋類 91
霊長類 117
ウサギコウモリ 113
ウサギノミ類 565
ウサギ類 141-143
ウシ科 244-256
ウシガエル 453
ウシザメ 473
ウシツツキ 17
ウシヒフバエ 568
ウスイロメジロ 352
ウスグロノミバエ 568
ウスタレカメレオン 405
ウスバカゲロウ類 561
ウスビタイマイマイヘビ 427
渦虫網 533
ウズムシ類 533
ウスモンハマキ 573
ウズラクイナ 298, 300
ウソ 357
ウタスズメ 353
ウタツグミ 346
ウッドチャック 146
ウツボ 483
ウデムシ類 588
ウナギ類 483-485
ウニ類 595
ウバザメ 472
ウマ科 226-227
ウマバエ類 568
ウマビル 535
海 70-73
ウミアオコンゴウインコ 361
ウミイグアナ 406
ウミウシ類 540-541
ウミエラ類 530
ウミガラス 308
ウミキノコ類 530
ウミグモ類 585
ウミシダ類 594
ウミスズメ類 302-308
ウミツバメ 303
ウミヒドラ類 532
ウミベコケカニムシ 587
ウミヤツメ 464
ウミユリ類 594
羽毛 260
ウランゲルレミング 257
ウ類 276
ウルグアイモグリマウス 150
ウルグジネズミ 257
ウルフ・フィッシュ 517
鱗 34, 376, 423
ウロコアカメアリドリ 361
ウンガ 521
ウンビョウ 214

エ

営巣 ゴシキドリ 332
エイ類 475-477
エクアドルヤブシトド 361
エグリトビケラ類 569
エコロケーション 108, 160, 321
エジプトガン 284
エジプトコブラ 393
エジプトハゲワシ 289, 301
エジプトハゲワシ 301
エジプトルーセットオオコウモリ
110
エスキモーコシャクシギ 361
エショルツサンショウウオ 438
エゾスジグロシロチョウ 572
エダミドリイシ類 531
エチオピアオオタケネズミ 152
エチオピアコウチジネズミ 257
エドバストン・ゴビー 521
エナガ 350
エナガ類 350
エネルギー 15
エバーグレイズネズミヘビ 385
エビ類 581
エボシガイ類 580
エボシカブトモズ 344
エボシカメレオン 402
エボシダイ 514
エボシドリ類 315
エボロンハタネズミ 257
エミュー 265
エミュームシクイ 349
エメラルドツリーボア 382
鰓 460-461
襟細胞 528
エリザベス・スプリングスゴビー 521
エリノピゴステオス 521
エリマキキツネザル 121
エリマキティティザル 125
エリマキトカゲ 403
エリマキミツスイ 353
エリヤブヒバリ 342
エレオノラハヤブサ 294
エレガントボウヤモリ 411
エレファントノーズフィッシュ 482
沿海 70
エンガノクマネズミ 257
円形動物類 535
エンケロクラリアス・クルティーマ 521
エンケロクラリアス・ケリオイディス 521
エンジェルシャーク 474
エンツイ 489
エンテロクロミス・パロピウス 521
エントツアマツバメ 323
エンビタイランチョウ 340
エンマムシ類 563
円鱗 460
猿類 122-131

オ

尾 クジラ類 160
オウギタイランチョウ 340
オウギバト 310
オウギビタキ類 350
オウギワシ 293
オウサマペンギン 266
オウチュウ類 358
オウムガイ類 543
オウム類 312
オオアオジタトカゲ 416
オオアシナガマウス 257
オオアリクイ 139
オオアリクイ 41
オオアルマジロ 140
オオイエタナグモ 589
オオエジプトアレチネズミ 257
オオオガワコマドリ 346
大型類人猿 132
オオカバマダラ 571
オオカミ 27
オオカモシカ 244, 245
オオガラゴ 119
オオカワウソ 201
オオカンガルーネズミ 257
オオキバカミキリ 562
オオクチホシエソ 500
オオクロムクドリモドキ 356
オオグンカンドリ 276
オオケビタイタテドリ 361
オオコウモリ亜目 108
オオゴキブリ類 556
オオゴシキドリ 333
オオサイチョウ 331
オオサバクトガリネズミ 105
オオサンショウウオ 434
オオシマハナアブ 568
オオジャコガイ 539
オーストラリアオオアラコウモリ 111
オーストラリアカパーヘッド 391
オーストラリアガマグチヨタカ 321
オーストラリアコノハヤモリ 411
オーストラリアズクヨタカ 322
オーストラリアナガクビガメ 368
オーストラリアヌマガメモドキ 427
オーストラリアムシクイ類 349
オーストラリアン・ラングフィッシュ 480
オオセグロミズナギドリ 361
オオタイランチョウ 340
オオタカ 292
オオタテオヘビ 379
オオツチグモ類 593
オオテリアオバト 361
オオトウゾクカモメ 306
オオトカゲ上科 418
オオトカゲ類 418-422
オオトゲトサカ属 530
オオトラフサンショウウオ 435
オーネイト・ビッチャー 481
オオネズミクイ 93
オオハシカッコウ 315
オオハシモズ類 344
オオハシ類 332-335
オオハチドリ 325
オオハナインコ 312
オオバナナガエル 455
オオバン類 300
オオヒキガエル 448
オオフウチョウ 359
オオフタホシヒラタアブ 568
オオフラミンゴ 280-281
オオフルマカモメ 271
オオベニシジミ 597
オオホリネズミ 148
オオマルケサスヒタキ 361
オオマルハシ 347
オオミズアオ 572
オオミズネズミ 155
オオミチバシリ 315
オオミミアシナガマウス 152
オオミミアライグマ 194
オオミミギツネ 185
オオミミハリネズミ 103
オオミミフチア 257
オオムカデ類 578
オオメコビトザメ 467
オオモモブトハムシ 562
オオモリジャコウネズミ 106
オオヤマネ 156
オオユビサンショウウオ 437
オオヨロイトカゲ 413
オオワシ 287
オガエル 442
オガサワラオオコウモリ 257
オカダンゴムシ 584
オカピ 242-243
オカメインコ 312
オカヤドカリ類 584
オガワコマドリ 346
オガワマッコウ 176
オキアミ類 581
オキイワシ 487
オキゴンドウ 173
オキズキ 514
オキナインコ 314
オグロイワワラビー 100
オグロジネズミ 257
オグロジャックウサギ 143
オグロプレーリードッグ 40, 145, 147
オグロワラビー 101
オコジョ 197
オサガメ 372, 427
オサムシ類 562
オジコト・ティラピア 521
オシドリ 285
オジロジカ 240
オジロスナギツネ 182
オジアカヒキガエル 16
オスアカヒキガエル 16
オスカー 516
オスティオグロッサム上目 482
オスティオグロッサム類 482
オセロット 211
汚染 30
オタテドリ類 339
オタリア 217
オトメインコ 313
オドリバエ類 567
オナガー 225, 227
オナガイヌワシ 293
オナガキジ 295
オナガテリカラスモドキ 358
オナガマブトヤトカゲ 415
オナガムシクイ 348
オナジオシロアリモドキ類 557
オニアカアシトキ 361
オニアジサシ 307
オニアンコウ 504
オニオオハシ 332, 334
オニカマス 518
オニキバシリ類 338
オニキンメ 508
オニプレートトカゲ 413
オニボウズギス 511
オパール・グゥーデイド 521
尾羽 260
オビカツオブシムシ 563
オビハシカイツブリ 269
オブトアレチネズミ 152
オブトスミントプシス 93
オブトフクロネコ 93
オブトフクロモモンガ 96
オマキトカゲ 415
オマキヤマアラシ 157
オミルテメワタオウサギ 257
泳ぎ
　魚類 462
オリーブツグミ 361
オリーブマユミソサザイ 361
オリックス 252
オリノコワニ 427
オリビ 253
オルドビス紀 16

オレンジハナドリ 352
オレンジヒキガエル 446, 457
オレンジラフィー 508
オレンスオオクロハネカクシ 564
オンシツガエル 445
オンシツコナジラミ 558
温帯雨林 55
温帯山岳地 58
温帯草原 38
温帯林 50-53

カ

科 18
カースト 576
ガーディナーセーシェルガエル 444
カートランドアメリカムシクイ 355
ガーパイク目 481
界 18
カイエビ類 579
カイガラムシ類 559
海岸 74-77
皆脚目 585
海牛類 223
貝甲目 579
カイコガ類 570
外骨格 24
外鰓 432
外耳孔 400
海生海綿類 528
カイダコ類 543
害虫 80
回虫 535
カイツブリ類 268-269
貝形虫綱 580
カイマン類 424
カイマントカゲ 417
カイムシ類 580
海綿類 528
回遊 68
外洋 71
外来種 31
カイロウドウケツ 528
カウアイキバシリ 361
カウアイツグミ 361
カウアイヒトリツグミ 361
カエデチョウ類 357
カエルイコウモリ 112
カエル類 440-456
カオグロアメリカムシクイ 355
カオグロハワイミツスイ 361
カオグロモリツバメ 359
化学的サイクル 36
ガガンボモドキ類 565
ガガンボ類 569
鉤爪 138, 286, 400, 440
カギハシオオハシモズ 344
カギハシトビ 361
カギムシ類 537
カグー 301
角質板 366
学習 26
カグラザメ 467
カケス 337, 360
カゲロウ類 551
カコリトォ・カベゾン 521
カコリトォ・デ・カルゴアツル 521
カコリトォ・デ・トルサル 521
カコリトォ・デ・メツィキタル 521
カサイハツカネズミ 257
カサガイ類 540
風切羽 260

カササギ 360
カササギガン 283
カササギビタキ類 350
カササギフウキンチョウ 354
カササギフエガラス 359
カサドリ 339
カザリキヌバネドリ 326
カザリドリ類 339
カザリリュウキュウガモ 283
火事 41
カシパン類 595
ガス交換 461
カスピアセッケイ 296
カタジロオナガモズ 344
カタツムリトビ 289
カタツムリ類 540
カタパタパ 521
家畜 236
花虫綱 530
カツオドリ類 273-275
カツオノエボシ 532
カツオノカンムリ 532
カツオブシムシ類 563
滑空
　ヒヨケザル 114
　有袋類 91
カッコウ類 315
カッショクキツネザル 120
カッショクコノハズク 361
カッショクハイエナ 207
カッショクペリカン 272-273
渇水 69
カドバリカブトアマガエル 451
カトリックガエル 444
カトロ 521
カナダカワウソ 201
カナダガン 282, 284
カナダヅル 298, 299
カナダヤマアラシ 157
カナリア 357
カニクイアザラシ 218
カニクイアライグマ 195
カニクイギツネ 183
カニクイザル 130
カニグモ類 593
カニチドリ 304
カニムシ類 587
カバ 235
カパーヘッド 398
カバ科 234-235
カハバ・シナー 521
ガビアル 424
カピバラ 145, 158
カブトエビ類 579
カブトガニ類 585
ガフトップセイル・キャットフィッシュ 492
カブレラフチア 257
カペフェアー・シナー 521
ガボンジャコウネズミ 257
ガボンバイパー 395
カマアシムシ類 550
カマイルカ 170
カマキリモドキ類 561
カマキリ類 555
ガマグチヨタカ類 321
カマドウマ類 552
カマドドリ類 338
カマハシハチドリ 324
カミキリムシ類 562
カミソリガイ類 539
カミツキガメ 367, 369
カムフラージュ 48, 64, 295, 401, 441, 525

カメムシ類 558, 560
カメ類 366-375
カメルーンオオクサガエル 455
カメルーンカレハカメレオン 405
カメルーンクロジネズミ 257
カメルーンジネズミ 257
カメレオン科 402
カモノハシ 90
カモノハシガエル 444, 457
カモメ類 302-308
カモ類 282-285
カヤネズミ 154
殻 24, 538
カライワシ上目 483
カライワシ類 483-485
カラカラ 294
カラカル 210
カラグールガメ 427
カラクシアス類 493
ガラス海綿類 528
カラス類 360
体の断面図
　円形動物 535
　環形動物 534
　棘皮動物 594
　昆虫類 548
　節足動物 546
　扁形動物 533
　ホヤ類 596
　無顎類 464
　ムカシトカゲ 375
体のつくり
　アシナシイモリ類 439
　アホウドリ類 270
　アマツバメ類 323
　アライグマ科 194
　アンコウ類 502
　イグアナ類 402
　イタチ科 196
　イヌ科 180
　イノシシ科 232
　インコ類 311
　ウサギ類 141
　ウシ科 244
　ウナギ類 483
　ウマ科 226
　ウミグモ類 585
　ウミスズメ類 302
　エイ類 475
　猿類 122
　オオトカゲ類 418
　オオハシ類 332
　オスティオグロッサム類 482
　海綿類 528
　カエル類 440
　カバ科 234
　カブトガニ類 585
　ガマグチヨタカ類 321
　カメ類 366
　カモメ類 302
　カライワシ類 483
　ガラパゴスゾウガメ 367
　カワセミ類 327
　環形動物 534
　鰭脚類 216
　キツツキ類 332
　棘鰭類 505
　棘皮動物 594
　魚類 460
　キリン科 242
　クサリヘビ類 394
　クジラ類 160
　クマ科 188
　クモ類 586

齧歯類 144
原猿類 118
原始条鰭魚類 481
甲殻類 579
硬骨魚類 478
コウモリ類 108
コブラ類 391
昆虫類 548
サイ科 228
サギ類 277
サケ類 493
サメ類 466
サンショウウオ類 432
シカ科 238
刺胞動物 529
ジャコウネコ科 204
ジュボン 223
狩猟鳥 295
渉禽類 302
食虫類 102
食肉類 178
水禽類 282
スズメ類 336
節足動物 546
ゾウ 220
タラ類 502
単孔類 90
鳥類 260
ツチオオカミ 206
ツル類 298
トカゲ科 412
トカゲ類 400
ドラゴンフィッシュ 500
ナマズ類 488
ナミヘビ類 385
軟骨魚類 465
軟体動物 538
肉鰭類 480
ニシキヘビ類 378
ニシン類 486
ハイエナ 206
バク科 231
ハクジラ 166
ハダカイワシ類 501
ハチドリ類 323
ハト類 309
爬虫類 364
ヒゲクジラ 162
ヒレアシトカゲ類 409
貧歯類 138
フクロウ類 316
フラミンゴ類 280
ヘビ類 376
ペリカン類 272
ペンギン類 266
ボア類 378
哺乳類 86
マナティー 223
ミズナギドリ類 270
ミミズトカゲ類 423
無顎類 464
無脊椎動物 524
猛禽類 286
ヤモリ類 409
有袋類 91
有蹄類 224
ヨタカ類 321
ラクダ科 236
両生類 430
類人猿 132
霊長類 116
ワニ類 424
ガラパゴスコバネウ 276
ガラパゴスゾウガメ 370, 427

ガラパゴスノスリ 292
ガラパゴスマネシツグミ 355
カラブス・アクス 503
カラフトシシャモ 495
カラフトマス 498
カラフトライチョウ 296
カラリト・キファファ 521
カラリト・サルティロ 521
カラル・デ・アルキキカ 521
狩り
　ウナギ類 483
　オオトカゲ類 418
　カライワシ類 483
　食肉類 178
　ネコ科 208
　ヘビ類 377
　猛禽類 286
　ワニ類 424
カリギリネズミ 257
カリドフチア 257
カリフォルニア・グルニョン 505
カリフォルニア・ピルチャード 487
カリフォルニアアシカ 217
カリフォルニアイモリ 436
カリフォルニアギンイロアシナシトカゲ 419
カリフォルニアコンドル 288, 361
カリフォルニアコンドル 361
カリフォルニアホソサンショウウオ 438
カ類 567
ガ類 570
カレハガ類 570
ガロアムシ類 553
カローネズミ 152
カロリナハコガメ 373
カロリンオオコウモリ 257
川 66
カワアイサ 285
カワイノシシ 233
カワウ 276
カワウソジネズミ 104
カワガメ 369
カワガラス類 345
カワゲラ類 553
カワセミ類 327-331
カワメンタイ 503
カワラバト 309
カワリタイヨウチョウ 352
カワリハシハワイミツスイ 355
カワリヒメシャクケイ 295
感覚 25
　魚類 461
　クジラ類 160
　齧歯類 144
　硬骨魚類 478
　食虫類 102
　軟骨魚類 465
　ネコ科 208
　爬虫類 365
　無脊椎動物 525
　猛禽類 286
ガンガゼ類 595
眼鏡様鱗 365
環形動物類 534
ガンジス・シャーク 521
ガンジスカワイルカ 167
管歯目 222
管棲虫類 534
完全変態 549
環帯綱 535
カンダル 521
ガンビアタイヨウリス 148
カンブリア紀 16, 524

緩歩動物　14, 537
カンムリアマツバメ　324
カンムリウズラ　296
カンムリオオツリスドリ　356
カンムリカイツブリ　269
カンムリシギダチョウ　265
カンムリシロムク　361
カンムリックシガモ　361
カンムリトカゲ　408

キ

キアオジ　353
キアシナンベイアマガエル　451
ギアナミズコメネズミ　257
ギアナヨウガントカゲ　408
キーウィ類　265
キイロドロガメ　373
キイロマングース　205
キエリテン　198
キエリボタンインコ　313
キオビカオグロムシクイ　361
キオビクロスズメバチ　575
キガシラハワイマシコ　361
キガシラヒメモズモドキ　356
気管
　　ツルモドキ類　298
　　ツル類　298
器官系　24
ギガンテエダアシガエル　457
危機に瀕した動物たち　30-31
　　魚類　521
　　鳥類　361
　　爬虫類　427
　　哺乳類　257
　　無脊椎動物　597
　　両生類　457
鰭脚類　216-219
キクイタダキカザリドリ　361
キクザトサワヘビ　427
キクザメ　467
キクビアカネズミ　153
気候　31
キゴシヒメゴシキドリ　333
キコブホウカンチョウ　295
キシダグモ類　592
キジマミドリヒヨドリ　343
鰭条亜綱　486, 488
キジラミ類　560
キジ類　297
寄生虫　527
寄生扁形動物　527
季節林　47
擬態　525
キタイワバネズミ　257
キタオットセイ　217
キタオブトイワバネズミ　257
キタオポッサム　92
キタカミクラゲ類　532
キタキフサタイヨウチョウ　352
キタケバナウォンバット　257
キタコオロギガエル　450
キタコビトマウス　150
キタセミクジラ　163
キタタチャクワラ　408
キタトックリクジラ　173
キタヤナギムシクイ　348
キタリス　147
キヅタアメリカムシクイ　355
キツツキフィンチ　337
キツツキ類　332-335
キットギツネ　181
奇蹄類　226-231

ギニアヒヒ　130
キヌバネドリ類　326
気嚢　261
キノコシロアリ　556
キノコバエ類　567
キノコミドリヤブモズ　344
木登り
　カエル　441
　キムネコウヨウジャク　337
　旧世界猿　122
　ヘビ類　377
　ヤモリ　409
キノボリウオ　511
キノボリガエル　457
キノボリグマ　205
キノボリコメネズミ　257
キノボリハイラックス　222
キノボリヤマアラシ　157
キノボリ類　351
キバシコサイチョウ　331
キバシミドリチュウハシ　334
キバシリハワイミツスイ　361
キバシリモドキ類　351
キバシリ類　351
キバタン　312
キバチ類　575
キバナアホウドリ　270
キバネシマウスバカゲロウ　561
キバラコバシタイヨウチョウ　352
キバラヒタキ類　350
キバラマーモット　146
キバラマモズヒタキ　350
キビタイシメ　357
キビタイマユカマドドリ　338
キベリタテハ　571
キボシアマガエル　457
キボシイシガメ　369
キボシホウセキドリ　352
ギボシムシ類　536
キマユジカマドドリ　361
キミミインコ　361
ギャロスレーサー　427
求愛　28
　ウミスズメ類　303
　カモメ類　303
　サンショウウオ類　432
　渉禽類　303
　スズメ類　337
求愛ダンス　262, 298
クジラ類　160-177
キュウカンチョウ　358
旧世界ヒタキ　349
旧世界ムシクイ類　348
吸虫類　533
キューバッチイグアナ　427
キューバヒメボア　384
休眠　188
キュビエブキオトカゲ　408
鋏角亜門　586
狭鰭上目　500
共生　15, 29, 77
キョーガ・フレイムバック　521
キョクアジサシ　303, 307
棘鰭上目　505
棘魚類　460
棘鰭類　505-520
極地帯　62-65
キョクトウサソリ類　587
棘皮動物　594-595
曲頸亜目　366
キョン　239
キリギリス類　552
ギリシアリクガメ　375, 427
キリン　88, 242-243
キルクディクディク　253

ギルバートネズミカンガルー　257
キンイロガエル　447
キンイロカンムリシファカ　257
キンイロジェントルキツネザル　257
キンイロジャッカル　184
ギンイロマーモセット　127
キンイロマダガスカルガエル　454
キンカジュー　195
キンカチョウ　357
キングコブラ　393
キンクロライオンタマリン　257
キンザメ　475
キンスジイモリ　436
ギンダラ　510
ギンザメ類　475
キンヤンマ　551
菌類　14

ク

グアテマラホオヒゲコウモリ　257
グアドループウミツバメ　361
グアナコ　237
クイ・ウィ　521
クイーンズランドニセマウス　257
クイナ　300
偶蹄類　232-256
クールトビヤモリ　411
グゥウヤコン・ボコン　521
クギヌキハサミムシ類　553
クサカゲロウ類　561
クサカリドリ類　341
クサビオモモンガ　257
クサビライシ類　531
クサフグ　520
クサムラツカツクリ　295
クサムラドリ類　341
クサリヘビ類　394-399
クシイモリ　435
クシクラゲ類　536
クシスティクロミス・フィトファグス　521
クシヒゲツツシバンムシ　562
クジラ類　160-177
クスシヘビ　387
クズリ　199
クソムシ　527
クダウミヒドラ類　532
クダゴンベ　516
クチクラ　546
クチグロスジカモシカ　245
クチグロナキウサギ　142
くちばし
　アホウドリ　270
　インコ類　311
　オオハシ　332
　カタツムリトビ　286
　カモメ類　302
　カワセミ類　327
　キッツキ　332
　コウノトリ類　277
　サギ類　277
　スズメ目　336
　セアカノスリ　286
　ダイシャクシギ類　302
　単孔類　90
　チドリ類　302
　ツクシガモ　282
　トキ類　277
　ハクトウワシ　286

フラミンゴ　280
ヘラサギ類　277
ヨタカ　321
クチバテングコウモリ　257
グッピー　507
クツワアメガエル　430, 450
クビナガカイツブリ　269
クビワウズラ　361
クビワゴシキドリ　332
クビワスナバシリ　361
クビワトカゲ　406
クビワペッカリー　233
クビワミフウズラ　299
クマ科　188-195
クマゲラ　335
クマネズミ　154
クマドリイザリウオ　504
クマムシ　14, 537
クモガニ類　583
クモカリドリ類　352
クモハダオオセ　468
クモヒトデ類　595
クモマツマキチョウ　572
クモ類　586-593
グラース・ブルーアイ　521
クラウン・ナイフフィッシュ　482
クラウンローチ　489
クラカケネズミ　106
クラゲ類　529, 531
グラジオラスアザミウマ　560
グラスキャットフィッシュ　491
クラリアス・マクラレニイ　521
クラン　27, 206
クランウィリアム・サンドフィッシュ　521
クリイロヒメウソ　361
グリーン・サンフィッシュ　514
グリーンアノール　406
グリーンイグアナ　407
グリーンバシリスク　407
クリスマスミカドバト　361
クリスマスメジロ　361
グリソン　199
クリハシエメラルドハチドリ　361
クリムネサケイ　310
クルペオギツネ　182
クルル　521
クルペオギツネ　182
グレイター・アルゼンティン　499
グレイミズトカゲ　417
グレイリング　495
クレトゲマウス　155
グレナダバト　361
クレバルジャック　511
グレビーシマウマ　227
クロアイサ　361
クロアシイタチ　197
クロアシネコ　210
クロウタドリ　346
クローカー　515
クロカイマン　426
クロカンガルー　91, 101
クロキツネザル　89, 120
クロクモザル　123
クロゲケグモ　592
クロコダイル　424
クロサイ　230, 257
クロザル　130
クロシコンチョウ　357
クロジャコウネズミ　257
クロズキンアメリカムシクイ　355
クロセイタカシギ　361
グロッソゴビウス・アンカラエン

シス　521
クロツヤムシ類　564
クロヅル　299
クロテナガザル　133
クロテン　198
クロトキ　279
クロトゲスッポン　427
クロバエ類　566
クロハラシマヤイロチョウ　361
クロハラハコガメ　427
クロハラハムスター　151
クロヒメカンガルーマウス　149
クロヒヨドリ　343
クロボシハラビロトンボ　551
クロマグロ　518
クロムジアマツバメ　323
クロヤブヘビ　427
クロライチョウ　295
グロリアスタニガエル　457
クワガタムシ類　564
グンカンドリ　262, 276
群集　37
群体　526, 529
　ホヤ類　596
グンタイアリ　49
グンバイムシ類　560

ケ

毛　87
ケアンズタニガエル　457
警告色　401, 441
系統分岐図　19
ケイブ・キャットフィッシュ　521
ケープアラゲジリス　147
ケープウスカワガエル　444
ケープキンモグラ　104
ケープコビトカメレオン　427
ケープタテガミヤマアラシ　157
ケープヒラタガエル　457
毛皮取り引き　196
ケショウザトウムシ類　588
ケジラミ類　557
ケズネグモ類　589
毛づくろい　水禽類　282
齧歯類　144-159
ケナガアルマジロ　139
ケナガクモザル　123
ケナガワラルー　101
ケナシコウモリ　111
ケバネウズラ　361
ケヤリ類　534
ゲラダヒヒ　131
ケラチン　364
ケラ類　552
ゲルディマーモセット　126
ゲレザ　131
ケレタロホリネズミ　257
原猿類　118-121
原棘鰭上目　493
ゲンゴロウ類　563
原始条鰭魚類　481
原生生物　14
ケンプウミヒメガメ　427
ケンミジンコ型カイアシ類　580

コ

コアラ　95
コイ　489
ゴイサギ　278
コインブラティティザル　257

甲 366
綱 18
コウイカ類 543
コウチョウ 356
恒温動物 15
コウガイビル属 533
甲殻上綱 579
甲殻類 579-582
後牙類 376
コウカンチョウ類 354
咬筋 144
攻撃 27
硬骨魚類 19,478-520
コウザンオニネズミ 257
甲虫類 562-564
候鳥 263
骨格 24
後腸発酵動物 225
コウテイタマリン 126
コウテイペンギン 15, 266, 267
コウテイペンギン 15
行動 26-27
高等シロアリ類 556
行動パターン 爬虫類 365
コウノトリ 41, 279
交尾 28
コウミスズメ 308
コウメダコ 543
コウモリ亜目 108
コウモリ類 49, 108-113
コウヨウチョウ 357
コウライウグイス類 358
コウライキジ 295, 297
コウラウン 343
硬鱗 460, 481
コオイムシ 558
コーセンズアレチネズミ 257
コーチスキアシガエル 443
コオナガコウモリ 111
コオバシギ 306
コーブ 251
コープハイイロアマガエル 451
ゴールデントビヘビ 386
ゴールデンハムスター 151
コオロギ類 552
コーンスネーク 387
ゴカイ類 534
コガシラアワフキ 558
コガシラアワフキ類 558
コガシラネズミイルカ 168, 257
小型類人猿 132
コガネアルプルサラマンドラ 457
コガネウロコムシ 534
コガネオオコウモリ 257
コガネグモ類 589
コガネサソリ類 587
コガネハコガメ 427
コガネムシ類 564
コガネヤジリハブ 427
コガモ 284
コキジバト 309
ゴキブリ類 556
呼吸 25, 60, 261, 160, 461
コキンチョウ 357
コククジラ 73, 163, 257
国際自然保護連合 31
コクチョウ 283
ゴクラクミドリガイ類 541
コケカニムシ類 587
コケムシ類 536
苔虫動物門 536
コケワタガモ 285
ココノオビアルマジロ 139
コシオリエビ 584
ゴシキセイガイインコ 311

ゴシキノジコ 354
コシキハネジネズミ 114
ゴシキヒワ 357
コシジロハゲワシ 289
ゴジュウカラ類 261, 351
コスタリカコメネズミ 257
コズミン鱗 460
コスメルツグミモドキ 361
子育て
　魚類 463
　無脊椎動物 526
個体 37
個体群 37
個体数 57, 548
コチャバラオオルリ 349
骨格
　カメ類 366
　鰭脚類 216
　硬骨魚類 478
　コウモリ類 108
　食肉類 178
　トカゲ 364
　無脊椎動物 524
コッツォ 521
コットゥス・ゴビオ 510
骨鰾上目 488
コツメカワウソ 201
コツメデバネズミ 159
コトウス・ペティティ 521
コドコド 211
コトドリ類 341
コナジラミ類 558
コナチャタテ類 557
コノハイワシ 495
コノハミドリガイ類 541
コノハムシ類 553
コノマサンショウウオ 438
コノハシブトミツオシエ 332
コバシフラミンゴ 281
コバタン 361
コバネカイツブリ 269
コバマングース 89, 205
コビトイノシシ 232, 257
コビトイルカ 169
コビトカバ 235
コビトサザイ類 341
コビトジャコウネズミ 106
コビトドリ類 330
コビトフチア 257
コビトペンギン 267
コビトマングース 205
コビレゴンドウ 173
コブハクチョウ 283
コブヒザラガイ 542
コフラミンゴ 281
コブラ類 391-393
コマドリ 350
コマツグミ 261, 346
ゴマバラワシ 293
ゴマヒレキントキ 511
ゴマフアザラシ 219
ゴマフオナガゴシキドリ 333
コマユバチ類 574
コマルハシフウキンチョウ 361
コミナミクドリモドキ 361
コミミイヌ 182
コミミズク 320
ゴミムシダマシ類 564
コミュニケーション 26, 48
　イグアナ類 402
　原猿類 118
　食肉類 179
　ヒゲクジラ 162
コムシ類 550

コメツキムシ類 563
コモチカナヘビ 400, 414
コモドオオトカゲ 401, 420
コモリガエル 443
コモリグモ類 592
コモロオオコウモリ 257
コモンガーターヘビ 390
コモンキングヘビ 388
コモンクイナ 300
コモンジョリーテイル 499
コモンスケイト 475
コモンデスアダー 391
コモンネズミヘビ 387
コモンランスヘッド 398
コヤケカネズミ 155
コヨーテ 184
ゴライアスガエル 453
ゴリラ 117, 135
ゴルゴンコメネズミ 257
コロニー 15, 272, 303
コロボリーガエル 444
コロボリーヒキガエルモドキ 457
コロンビアジリス 147
コンエ 521
コンガーイール 485
コンゴウインコ類 311, 314
コンゴウフグ 520
昆虫類以外の六脚類 548, 550
昆虫類 548-577
コンドル 288
コンドロストマ・スコドゥフィッシュ 521

サ

サーディン 486
サーバル 210
サイアミーズ・アルジイーター 490
サイイグアナ 407
ザイールオヒキコウモリ 257
ザイールモリジネズミ 257
サイ科 228-230
サイガ 254
鰓脚類 579
サイクル 27
コビトドリ類 330
サイチョウ類 331
サイドワインディング 377
鰓弓 460
鰓孔 460
鰓腔 460
鰓耙 461
鰓裂 466
サイレン 432, 434
さえずり 336
サエズリアマガエル 450
サカサナマズ 491
サギ類 277-279
サケ科 310
サケビドリ類 282
サケ類 493-499
ササゴイ 278
ササフサケイ 310
ササフミフウズラ 299
サシガメ類 560
サソリモドキ類 588
サソリ類 587
ザトウクジラ 14, 88, 165
ザトウムシ類 588
蛹 526, 549
サナダムシ類 533

砂漠 42-45
サバクオオミミコウモリ 113
サバクキンモグラ 105
サバクコウモリ 113
サバクゴファーガメ 374
サバクツノトカゲ 408
サバクトゲオアガマ 404
サバクトビバッタ 552
サバクハムスター 151
サバクホソサンショウウオ 457
サバヒー 489
サハラツノクサリヘビ 394, 395
サバンナ 39
サバンナシマウマ 227
サバンナセンザンコウ 140
サバンナダイカー 250
サボテンフィンチ 353
サボテンミソサザイ 345
サマーフラウンダー 519
サメ類 466-474
サモアオグロバン 361
サヤハシチドリ 306
左右相称 24
サラグモ類 589
サラサハタ 511
ザラハダツチイグアナ 427
サラマンダーフィッシュ 499
ザリガニ類 584
サリムアリフルーツコウモリ 257
サルジニアナガレイモリ 457
サルディニィタ・クイシャロナ 521
サルディニィタ・ボカグランディ 521
サルディニタ・デ・テペルメネ 521
サルディニラ・クアトロ・シィネガス 521
サレンスキーケムリトガリネズミ 257
山岳地 58-61
サンクリストバルオグロバン 361
サンクリストバルコネズミ 257
サンゴ礁 74-77
サンゴパイプヘビ 379
サンゴ類 529-530
サンサルバドルイワイグアナ 427
サンジャク 360
サンショウウオ類 432-438
三畳紀 17, 86
サンショウクイ類 343
サンショクウミワシ 289
サンショクツバメ 342
サンショクヒタキ 350
サンタカタリナシロアシマウス 257
サンタマルガリータカンガルーネズミ 257
サントメオナガモズ 361
サントメマシコ 361
サンバガエル 442
サンビームヘビ 379
サンホセカンガルーネズミ 257
三葉虫 524
産卵
　カエル類 440
　アオウミガメ 367

シ

ジアリドリ 339
シー・ポーチャー 511
シィオト・マドトム 521
シイラ 515
シーラカンス 480, 521
ジェレヌク 41, 254

シェンシーハコガメ 427
シオカラトンボ類 551
潮吹き 161
シオマネキ類 27, 581
シカ 238-241
視覚 316
枝角 224
枝角目 579
指下板 401
色素胞 402
シギダチョウ類 265
シギ類 304-306
趾行性 89
シコロサンゴ 531
刺細胞 529
シジミチョウ類 570
シジュウカラ類 351
シスコ 495
ジストマ類 533
歯舌 538
自切 400
シセンタカネサンショウウオ 434
始祖鳥 260
ジチェック 521
シチメンチョウ 296
シックリップ・ミュレット 506
湿地 67
櫛鱗 460
シデムシ類 564
シドニージョウゴグモ 589
シバンムシ類 562
シフゾウ 240, 257
シフゾウ 257
シブリネラ・アレバレッツデルビラリィ 521
シベリアハタネズミ 257
シベリアレミング 153
刺胞動物 529
シマアリモズ 339
シマウミヘビ 485
シマスカンク 200
シマテンレック 102, 104
シマハイエナ 207
シママングース 205
シミ類 550
ジムグリクサリヘビ類 385
ジムグリニシキヘビ 379
ジムヌラ 103
絞め殺す 378
シモフリヒラセリクガメ 374
ジャイアント・シーバス 521
ジャイアント・フレッシュウォーター・ヒップレイ 521
ジャイアントパンダ 179, 191
ジャガー 215
社会
　イヌ科 180
　イノシシ科 232
　ウシ科 244
　ウマ科 226
　猿類 122
　キリン科 242
　硬骨魚類 479
　サイ科 228
　シカ科 238
　ジャコウネコ科 204
　食肉類 178
　ゾウ 221
　ツチオオカミ 206
　ハイエナ 206
　ハクジラ 166
　哺乳類 88
　有蹄類 225

索引

ラクダ科 236
類人猿 132
霊長類 116
シャカイハタオリ 357
ジャガランディ 214
シャクガ類 570
ジャクソンカメレオン 405
麝香 238
ジャコウウシ 255
ジャコウジカ科 238
ジャコウネコ科 204-205
シャコガイ類 539
シャコ類 581
シャチ 174
シャッド 486
ジャマイカコビトドリ 330
ジャマイカコヨタカ 361
ジャマイカツチイグアナ 427
シャムワニ 427
シャモア 255
ジャワサイ 229, 257
ジャワトサカゲリ 361
ジャングルキャット 209
種 16, 18
獣弓目 86
住血吸虫 527, 533
ジュウジカクシトカゲ 403
集団移入 57
集団ディスプレイ 280
ジュウタンニシキヘビ 383
重力 525
収斂進化 16
ジュゴン 223
ジュズヒゲムシ類 557
受精 29
十脚目 581
シュナイダーカグラコウモリ 111
シュナイダートカゲ 415
種分化 16
寿命 28
シュモクザメ 465
シュモクドリ 278
シュライバーミドリナカヘビ 414
ジュラ紀 17, 260
ジュリアナキンモグラ 257
狩猟鳥 295-297
シュルツェハブ 377
循環 261
瞬膜 286, 365
楯鱗 460, 465
消化 41
　鳥類 261
　有蹄類 225
ショウガラゴ 120
条鰭亜綱 481, 483, 493, 500
渉禽類 302-308
ジョウゴグモ類 589
ショウジョウガイ類 539
ショウジョウコウカンチョウ 354
ショウジョウトキ 279
ショウジョウバエ類 567
条虫類 533
ショウドウツバメ類 342
常緑樹林 51
小離鰭 481
女王アリ類 576
ショートノーズ・シスコ 521
ショクコウラ類 540
食事
　アライグマ科 194
　イタチ科 196
　インコ類 311
　ウサギ類 141
　ウナギ類 483

ウマ科 226
ウミグモ類 585
ウミスズメ類 303
エイ類 475
オオトカゲ類 418
オオハシ類 332
海綿類 528
カエル類 440
カブトガニ類 585
ガマグチヨタカ類 321
カメ類 367
カモメ類 303
カライワシ類 483
カワセミ類 327
棘皮動物 594
キツツキ類 332
キリン科 242
クマ科 188
クモ類 586
齧歯類 145
甲殻類 579
コウモリ類 109
サギ類 277
サメ類 466
サンショウウオ類 434
ジャコウネコ科 204
渉禽類 303
食虫類 102
食肉類 179
スズメ類 337
節足動物 547
ゾウ 220
単孔類 90
ツチオオカミ 206
ナマズ類 488
軟骨魚類 465
軟体動物 538
ニシン類 486
ネコ科 208
ハイエナ 206
ハクジラ 166
ハト類 309
ヒゲクジラ 162
フクロウ類 316
フラミンゴ類 280
ヘビ類 377
哺乳類 88
ムカシトカゲ 375
無脊椎動物 527
猛禽類 287
有蹄類 225
ヨタカ類 321
霊長類 117
ワニ類 424
触鬚 461
食虫類 102-107
食肉類 178-215
触毛 439
食物連鎖 15
食用カキ類 539
蹠行性 89
ジョフロイマーモセット 127
ジョフロワネコ 211
ショベルノーズ・ギターフィッシュ 476
ジョルダンサンショウウオ 437
シラガカイツブリ 269
シラコバト 309
シラサギ類 278
シラボシヤブコマ 346
シラミバエ類 567
シラミ類 557
シリアカヒヨドリ 343
シリアゲムシ類 565

ジルキンモグラ 257
シルスイキツツキ 335
シルダル・ショベルノーズ・スタージョン 521
シルバーバック 132
シルル紀 16
シロアシネズミ 150
シロアリモドキ類 557
シロアリ類 29, 556
シロイルカ 167
シロイワヤギ 225, 255
シロエリシロマブタザル 130
シロオリックス 251
シロガオサキザル 124
シロガシラネズミドリ 326
シロカツオドリ 275
シロガヤ 532
シロクチカワガエル 452
シロクロアメリカムシクイ 355
シロクロゲリ 305
シロクロマイコドリ 340
シロサイ 230
シロシュモクザメ 474
シロスジキノボリオオツチグモ 593
シロスジヒメキツツキ 334
シロチョウ類 572
シロテナガザル 133
シロテンアマガエルモドキ 452
シロテンカラカネトカゲ 414
シロナガスクジラ 164
シロハラアマツバメ 323
シロハラグンカンドリ 361
シロハラネズミ 106
シロハラチュウシャクシギ 361
シロハラトウゾクカモメ 307
シロビタイハチクイ 330
シロフクロウ 320
シロフクロウ 16
シロフムササビ 148
シロフルマカモメ 271
シロボシテンジク 468
巣 337
人為淘汰 17
進化 16-17
　魚類 460
　鳥類 260
　爬虫類 364
　哺乳類 86
　無脊椎動物 524
　両生類 430¥r
神経 25
人工繁殖 32
新種 19
尋常海綿類 528
新世界猿 122
ジンバブエヨロイトカゲ 413
ジンベイザメ 465, 469
針葉樹林 54-57

ス

巣 337
ズアオアトリ 357
巣穴　クマ類 188
スイギュウ 246
水禽類 282-285
推進力 462
水生哺乳類 88
水分 44
スウィフトギツネ 181
スウィンホースッポン 427
スウェルシャーク 473
スカシバ類 572

ズキンアザラシ 219
ズキンコウカンチョウ 354
ズキンコウライウグイス 358
ズキンヒメウソ 361
スクイーカー 461
スクールピン 521
スグロウタイチメドリ 347
ズグロオオツチグモ 593
ズグロオリーブツグミ 361
ズグロシロハラミズナギドリ 361
ズグロタイランチョウ 340
ズグロパイソン 383
ズグロミツドリ 354
ズグロムナジロヒメウ 276
スコーピオンフィッシュ 510
スコペロモルファ 171
スジイルカ 501
スジカブリヤブチメドリ 347
スジカモシカ 245
スジジャコグモ 593
スジバネバッタ 552
スジヒザラガイ 542
スズガエル 442
スズメガ類 572
スズメバチ類 573
スズメ目 336-360
スズメ類 353
スタインボック 253
巣づくり 263
　アジサシ類 302
　ウズラクイナ 298
　キヌバネドリ 326
　ペリカン類 272
スッポンモドキ 368
スティコセントルス 460
ステップノウサギ 143
ステップレミング 154
ストライプト・ヘッドスタンダー 490
砂浴び 220
スナイプイール 484
スナオオトカゲ 422
スナザメ 469, 521
スナドリネコ 210
スナネコ 209
スナネズミ 152
スナバシリ 305
スナバシリヒヨケムシ類 587
スナホリヤモリ 410
スナメリ 168
スナモグリ 581
スパイホップ 163
スピックススツキコウモリ 112
スプークフィッシュ 494
スプラッシュテトラ 490
スプラット 486
スプリングボック 254
スペインオオヤマネコ 209
スペックルド・ハインド 521
スベヒタイヘルメットイグアナ 406
スベヒタラガエル 457
スペンサーアマガエル 457
スポット・ハンドフィッシュ 521
スポッティドラットフィッシュ 477
スポットフィン・ハッチェットフィッシュ 491
スポロシスト 527
スマトラウサギ 257
スマトラオランウータン 257
スマトラカフネズミ 257
スマトラサイ 229, 257
スミスコビトカメレオン 427

スミレコンゴウインコ 314, 361
スムースハウンド 473
スモーキィ・マッドトム 521
スモール・オペソイド 521
スモールアムダル・ショベルノーズ・スタージョン 521
スモールスポッティド・キャットシャーク 473
スモールティース・ソウフィッシュ 476
スラウェシヤマガメ 427
スリランカクマネズミ 257
スローロリス 119
スワン・ガラクシアス 521

セ

セアオマイコドリ 340
セアカオーストラリアムシクイ 349
セアカマドドリ 338
セアカサンショウウオ 437
セアカスズドリ 339
セアカホオダレムクドリ 358
正羽 260
セイウチ 216, 218
セイキテリムク 358
セイケイ 300
生殖 28
生殖器官
　胎盤哺乳類 91
　有袋類 91
生殖羽 298
生息環境 30, 32, 36-81
成体 29
生態系 37
セイタカシギ 304
成虫 549
成長 431, 547
セイブシシバナヘビ 388
セイブジムグリガエル 456
生物界 14
生物圏 37
生物地理学 17
生物発光 72
セイブリボンヘビ 390
セイボウ類 574
セイヨウシミ 550
セイヨウマルハナバチ 573
セイヨウミツバチ 573
セイラン 297
セイルフィンモーリー 507
セイロンヌメアシナシイモリ 439
セーシェルコノハズク 361
セーシェルサシオコウモリ 257
セーシェルサンコウチョウ 361
セーシェルシキチョウ 361
セーシェルメジロ 361
セーブルアンテロープ 251
セキショクヤケイ 297
セキセイインコ 313
石炭海綿類 528
石炭紀 16
脊椎動物 14, 24
セキレイ類 343
セグロアジサシ 308
セグロカモメ 307
セグロジャッカル 184
セグロシロハラミズナギドリ 361
セスジウーリーオポッサム 92
セスジゴナトデスヤモリ 410

索引

セスジサソリ 587
セセリチョウ類 570
セッカ 348
セッケイ類 296
切歯 144
摂食行動 41, 49, 52, 56, 76, 80
節足動物 24, 546-593
接着性指下板 401
絶滅 16
絶滅危惧種 31
ゼテクヤセヒキガエル 447
セネガルガエル 455
セファラコムサス・パキケイルス 521
セファラスピス 460
ゼブラウズムシ 533
ゼブラウツボ 484
ゼブラフィッシュ 489
セマルハコガメ 372
セミイルカ 172
セミサンショウウオ 343
セミ類 558
セルカリア 527
セワタビタキ類 349
前牙類 376
先カンブリア紀 16, 524
潜頭亜目 366
線形動物門 535
センザンコウ 140
センタニ・レインボウフィッシュ 521
セントアンドリューモズモドキ 361
セントクロイアメイバ 427
セントビンセントキロヌウスヘビ 427
セントヘレナ・ドラゴネット 521
セントルシアアメリカムシクイ 361
センブリ類 561
センモウチュウ 535
旋毛虫 535

ソ

ゾウ 220-221
ゾウアザラシ 216
双眼視 25
双器綱 535
双器線虫類 535
ゾウクラゲ属 541
ゾウゲカモメ 307
ゾウゲツノガイ 542
草原 38-41
ソウゲンワシ 260
ソウシチョウ 347
相称性 24, 524
草食動物 15
双腺類 535
ゾウムシ類 563
ゾエア 29
ソートンピークアメガエル 457
ソール 520
属 18
側棘鰭上目 502
側線 478
ソコダラ類 502
ソコロマネシツグミ 361
ソシエテマミムナジロバト 361
咀嚼筋 144
ソデグロヅル 361
ソトイワトカゲ 412, 415
ゾナ 521
そ嚢 261

ソフトコーラル 530
ソマリアシャコ 361
ソマリジネズミ 257
ソマリヒメキンモグラ 257
反り返り反射 433
ソリガメ 375
ソリハシセイタカシギ 304
ゾリラ 199
ソロモンキツネオオコウモリ 257
ソロモンツノガエル 454
ソロモンバト 361

タ

ダーウィンハナガエル 447
ターボット 519
ターポン 484
ダールカエルガメ 427
ダイオウイカ類 543
ダイオウサソリ 587
体温調節
　鰭脚類 216
　魚類 462
　爬虫類 365
　哺乳類 87
タイガ 54
タイガースネーク 393
タイガーフィッシュ 490
体外受精 29
タイコブラ 377
ダイサギ 278
第三眼瞼 286
第三紀 17
ダイシャクシギ 305
体色 433
体色変化 64
タイセイヨウサケ 498
タイセイヨウマサバ 518
タイセイヨウマダライルカ 171
体内受精 29
胎盤 87
タイパン 393
タイマイ 368, 427
ダイヤモンドニシキヘビ 383
タイヨウチョウ類 352
第四紀 17
タイランチョウ類 340
大陸移動 17
タイリクオオカミ 186
ダイリセキヒザラガイ 542
タイルフィッシュ 511
タイワンショウドウツバメ 342
タウィタウィヒメネバト 361
タウンパラキノボリネズミ 257
タカアシガニ 581, 583
タカネセンニョムシクイ 349
タガメ類 558
タカラガイ類 540
タカ類 292
托卵 315
タケネズミ 152
竹節ゴカイ 534
蛇行 377
タコクラゲ類 531
タコブネ類 543
タコ類 543
ダスキーティティザル 125
タスマニアンデビル 94
多足綱 578
ダチョウ 261, 264
ダックビルド・ブンティニィ 521

脱皮 547
タテガミオオカミ 183
タテガミミツユビナマケモノ 138
タテゴトアザラシ 219
タテゴトミツオシエ 334
タテジマキンチャクダイ 515
タテジマクモカリドリ 352
タテスジマブヤトカゲ 416
タテハチョウ類 571
タナゴ類 589
ダニ類 588
タヌキ 183
多板類 542
タヒチヒタキ 361
タヒバリ類 343
タブ・グルナード 510
ダブリーズ・スタージャン 521
タマオシコガネ類 564
タマカイ 513
タマキビガイ類 541
卵 263
ウスハグロキヌバネドリ 263
コバネヒタキ 263
　サケ 463
　スゲヨシキリ 263
　セグロヤブモズ 263
　ヒョウモンガメ 367
　メクラウナギ 464
　ヨーロッパウグイス 263
ダマジカ 239
タマシギ 304
タマシキゴカイ類 534
タマナヤガ 571
タマバエ類 566
タマバチ類 574
タマヒキゴカイ類 540-541
タマムシ類 562
タマヤスデ類 578
ダマリスクス 252
タマワラビー 91
ダムバ・ミベンティナ 521
多毛綱 534
多様性 36
タラ類 502-504
タランチュラオオベッコウ 575
タランチュラ類 593
タランドゥスオオツヤクワガタ 564
タリア綱 596
タルトゥーサホリネズミ 257
ダルマエナガ類 347
ダルマチアアカガエル 453
ダルマワシ 292
ダレフスキークサリヘビ 427
タンカクハジラミ類 557
単孔類 90
ダンゴムシ類 584
淡水 66-69
淡水カタツムリ類 541
淡水生寄生虫 534
ダンダラミミズトカゲ 423
タンチョウ 299
単板類 542

チ

チアパスキノボリネズミ 257
チーター 215
チェンスナネズミ 257
チスイコウモリモドキ 112
チスイビル 535
知性 89
チチカカミズガエル 446

チチュウカイモンクアザラシ 218, 257
チドリ類 302, 305
知能 26, 122, 132
チビオジムヌラ 103
チビオチンチラ 257
チビオニキバシリ 338
チビオモグラ 107, 257
チビオワラビー 100
チビフクロモンガ 97
チビフクロヤマネ 97
チビメジロハエドリ 340
チメドリ類 347
チャイニーズ・パドゥルフィッシュ 521
チャイロイエヘビ 389
チャイロトゲハムシクイ 349
チャイロネズミドリ 326
チャイロヤブモズ 344
チャエリヤブヒバリ 342
チャクマヒヒ 131
チャスジヌマチガエル 444
チャタテムシ類 557
チャタムヒタキ 350
チャタムミズナギドリ 361
チャバネゴキブリ類 556
チャミミチュウハシ 334
チュウゴクガリネズミ 257
チュウゴクシシバナザル 131
中生代 86
チュウヨシキリ 348
超音波 108
チョウゲンボウ 294
チョウザメ目 481
チョウセンメスアカシジミ 570
チョウチョウウオ 460
チョウバエ類 568
チョウ類 570
直翅目 552
チリーフラミンゴ 281
チリスベイグアナ 408
チルドレンニシキヘビ 383
チロリ類 534
チンアナゴ 485
チンチラ 159
チンパンジー 26, 88, 117, 134

ツ

ツウィング・キャットフィッシュ 492
ツカツクリ類 295
ツギオミカドヤモリ 411
ツキノワグマ 189
ツキヒメエトリ 340
ツクシガモ 284
ツグミ類 346
ツチオオカミ 206-207
ツチスドリ類 359
ツチバチ類 575
ツチブタ 222
ツチボタル 26
ツトガ類 572
ツナギトゲオイグアナ 407
角 224
ツノガイ類 542
ツノサケビドリ 283
ツノゼミ類 559
ツノダルマオコゼ 510
ツノムシ 394
ツバイ類 115
翼 262
　アマツバメ類 323

ハチドリ類 323
ペンギン類 266
ツバサゴカイ 534
ツバメオオガシラ 333
ツバメガ類 573
ツバメフウキンチョウ 355
ツバメ類 342
ツマグロ 474
ツマコヒメウソ 361
ツメナガフクロマウス 92
ツメナシカワウソ 201
ツメバケイ 315
ツリアブ類 566
ツリスガラ 350
ツルモドキ 300
ツル類 298-301
ツンガラガエル 445
ツンドラ 62, 65

テ

手
　アイアイ 116
　チンパンジー 116
　メガネザル 116
テイオウキツツキ 361
ディクメ 521
ディサ 521
ディプロカウルス 430
ディンゴ 185
適応 16, 76, 89, 424, 505
テグー 159
テグー 417
デスマレストフチア 159
テッポウウオ 515
テヅルモヅル類 595
テナガエビ類 581
デビルズホールパプフィッシュ 507
デボン紀 16, 430
テマリクラゲ 536
デュメリルオオトカゲ 422
デュメリルボア 379
デュラップ 402
テンガイハタ 508
デンキウナギ 492
テングザル 131
テンジクダツ 506
テンジクネズミ亜目 157
デンティクル・ヘリング 487
テントウムシ類 563
テントコウモリ 112
テンレック 104

ト

ドイッスズメバチ 575
トゥィーリバー・レッドフィッシュ 521
トウカムリガイ類 540
桃脚亜綱 580
道具 116
瞳孔動物 19
頭骨
　ウサギ類 141
　ジュゴン 223
　ゾウ 220
　鳥類 261
　ヘビ類 376
　哺乳類 86
　ムカシトカゲ 375
　霊長類 116

トウゾクカモメ類 307
頭足類 538,543-544
トウバラアリサザイ 361
トウブアシナシトカゲ 419
トウブシマリス 146
トウブハイイロリス 147
トウブワタオウサギ 142
冬眠 53,87
トウヨウゴキブリ 556
トゥリポッドフィッシュ 501
トゥロンド・マインティ 521
ドゥワルフ・ピグミーゴビィ 521
ドゥワルフ・ビッグアイ・スクレイパー 521
トーゴキノボリマウス 257
ドーベントンホオヒゲコウモリ 87, 113
ドール 185
トカゲ亜目 400, 402, 409, 418
トカゲ科 412-417
トカゲギス 485
トカゲ類 400-423
トガリツームコウモリ 257
トガリバキツネオオコウモリ 257
トガリハシ 341
トキハシゲリ 304
トキ類 279
毒 385, 391, 394
ドクイトグモ 592
ドグエラヒヒ 116, 130
ドクガ類 571
トグロコウイカ類 543
トゲウミエラ 530
トゲクモヒトデ 595
トゲトビネズミ 155
トゲハリムシクイ類 349
トゲフクロアナグマ 94
トゲブッシュバイパー 394
トコジラミ類 559
トサカレンカク 303
都市 78-81
トッケイヤモリ 410
トド 217
トトアバ 521
トナカイ 241
トパーズハチドリ 325
トビ 288-289
トビウサギ 149
トビケラ類 569
トビトカゲ 401
トビネズミ 45, 156
トビムシ類 550
トビリングテイル 96
ドブガイ 539
ドブネズミ 144-145, 155
止まり木 336
トムソンガゼル 254
トラ 18, 178, 213
ドラゴンフィッシュ類 500
トラザメ 465
トラス 521
トラツグミ 361
トラフザメ 469
トラフサンショウウオ 436
トラフネズミヘビ 390
トランスペコスネズミヘビ 386
ドリアキノボリカンガルー 101
トリガイ類 539
トンガツカツクリ 361
トンキンシシバナザル 257
ドングリキツツキ 335
トンボ類 551

ナ

ナースシャーク 469
内骨格 24
内鰓 432
ナイチンゲール 346
ナイリクニンガウイ 92
ナイルオオトカゲ 422
ナイルワニ 424-425
ナガコバン 514
ナガスクジラ 164
ナガレネズミ 257
ナキウサギ 141
ナキガオオマキザル 126
ナキシャクケイ 361
ナゲキバト 310
ナタールコビトカメレオン 404
ナナイロメキシコインコ 314
ナナフシ類 553
ナマカデバネズミ 159
ナマケグマ 190
ナマコ類 595
ナマズ類 488-492
ナミケダニ類 588
ナミチスイコウモリ 112
ナミハリネズミ 102, 103
ナミヘビ上科 385, 391, 394
ナミヘビ類 385-391
ナミマウスオポッサム 92
ナミマカクシガイ 539
ナムダファモモンガ 257
ナメクジウオ類 596
ナメクジ類 540
南極 63
ナンキョクオキアミ 581
ナンキョクオットセイ 217
ナンキンムシ類 559
軟甲類 581-584
軟骨魚類 19, 465-477
軟体動物 538
ナンベイウシガエル 445
ナンベイオオチャバネゴキブリ 556
ナンベイガラガラヘビ 398
ナンベイレンカク 304

ニ

ニアカラアメガエル 457
ニアンガラオヒキコウモリ 257
ニイニイゼミ 558
ニオイネズミカンガルー 97
ニオガイ類 539
肉鰭類 460, 480
肉食性海綿 528
肉食動物 15
ニクバエ類 568
ニコバルジネズミ 257
ニシアフリカコビトワニ 426
ニシアフリカトカゲモドキ 410
ニジイロクワガタ 564
ニシカキネハリトカゲ 408
ニシキウズガイ 541
ニシキオオツバメガ 573
ニシキガメ 369
ニシキセダカガメ 427
ニシキヘビ類 378-384
ニシキボヤ類 596
ニシキューバフチア 257
ニシキワタアシハチドリ 361
ニシクロカジキ 519
ニシケニアジネズミ 257
ニシコクマルガラス 360
ニシコバネズミ 257
ニシコモチヒキガエル 447
ニシダイヤガラガラヘビ 396
ニシチビガエル 444
ニシツノメドリ 308
ニシッポウソウ 331
ニジボア 382
ニジマス 498
ニシマツカサ 508
ニシメガネザル 121
二畳紀 17
ニシン上目 486
ニシン類 486-487
ニセキャニオンシロアシマウス 257
ニセタイヨウチョウ 341
ニセフクロモモンガ 97
ニセメダマガエル 445
ニセヤブヒバリ 361
ニタリクジラ 164
ニッポンバラタナゴ 521
ニホアハワイマシコ 361
ニホンザル 89
ニホンシカ 240
ニホンスッポン 373
二枚貝類 538, 539
ニューカレドニアクイナ 361
ニューカレドニアズクヨタカ 361
ニューギニアオオミコウモリ 257
ニューギニアオオネズミ 155
ニューギニアカブトトカゲ 416
ニューギニアフルーツコウモリ 257
ニュージーランドアオバズク 320
ニュージーランドアシカ 217
ニュージーランドバト 310
ニルガイ 246
ニワカナヘビ 413
ニワシドリ類 359
ニワトリオオハジラミ 557
ニワトリ 297
人間との関わり
　イヌ科 180
　ウシ 244
　ウマ 226
　齧歯類 145
　ラクダ 236
ニンニクガエル 443

ヌ

ヌー 27, 253
ヌートリア 159
ヌカカ類 566
ヌマジカ 240
ヌマチアメリカカヤネズミ 150
ヌマチウサギ 142
ヌマヨコクビガメ 373
ヌマレイヨウ 245
ヌメサンショウウオ 437

ネ

ねぐら 109
ネグロスジネズミ 257
ネグロスヒムネバト 361
ネグロスヒメアオバト 361
ネグロスヒラタガエル 457
ネコ科 208-215
ネコノミ 565
ネジツノカモシカ 245
ネジレバネ類 565
ネズミ亜目 150
ネズミイルカ 168
ネズミクイ 93
ネズミドリ類 326
ネッキング 242
熱帯雨林 46
熱帯山岳地 59
熱水噴出孔 73
熱帯林 46-49
ネッタイチョウ 273
ネムリブカ 474
ネルソンモリポケットマウス 257

ノ

ノウサギ 141
ノウサンゴ類 531
ノーザン・アンチョビー 487
ノーザン・ケープフィッシュ 503
ノーザン・パイク 494
ノーフォークメジロ 361
ノガン類 298, 301
ノグチゲラ 361
ノコギリザメ 468
ノコヘリマルガメ 372
ノスリ類 292
ノドアカハチドリ 325
ノドグロヒタキ 349
ノドグロミツオシエ 334
ノドジロオオトカゲ 422
ノドジロキノボリ 351
ノドジロムシクイ 348
ノトセニア 462
喉袋 402
ノハラクサリヘビ 427
ノバリケン 285
ノミ類 565
ノミバエ類 568
ノヤギ 256
ノロジカ 241

ハ

歯 86
　食肉類 178
　軟骨魚類 465
　ヘビ類 376
　哺乳類 86
パーソンカメレオン 405
ハーテビースト 252
バード・ガラクシアス 521
バートンアレチネズミ 257
バートンイザリトカゲ 400
バーナード・ロック・キャットフィッシュ 521
バーバリーシープ 256
ハーフオレンジ・レインボー 506
バーミュダトカゲ 427
ハーレクィンガエル 457
バーレッド・ダニオ 521
バーレルアイ 494
胚 432
ハイイロアザラシ 219
ハイイロオウギビタキ 350
ハイイロガラ 351
ハイイロガン 282-283
ハイイロキツネ 182
ハイイロクスクス 96
ハイイロジェントルキツネザル 120
ハイイロタチヨタカ 321-322
ハイイロチビヤモリ 411
ハイイロチュウヒ 292
ハイイロテナガザル 134
ハイイロヒレアシシギ 306
ハイイロペリカン 273, 361
ハイイロホシガラス 360
ハイイロモリガエル 456
ハイイロヤギュウ 247, 257
ハイイロリングテイル 96
ハイエナ 179, 206-207
バイオリンムシ 562
バイカルアザラシ 219
背甲類 579
胚子 463
ハイタカ 287
ハイチソレノドン 103
バイト 521
パイプウニ類 595
ハイラックス 222
羽色 309
パインヘビ 390
ハエトリグモ類 590
ハエ類 566-569
パオラン 521
バガンガン 521
吐き戻し 316
ハキリアリ 527, 576
白亜紀 17, 260
バク科 231
ハクガン 282
ハクジラ 166-177
ハクジラ亜目 166
ハクセキレイ 343
ハクチョウ類 282-283
バクテリア 14
ハクトウワシ 291
ハゲアリドリ 339
ハゲウアカリ 125
ハゲチメドリ類 348
ハゲワシ類 289
ハゴロモガラス 356
ハサミアジサシ類 308
ハサミコムシ類 550
ハサミムシ類 553
ハシグロアビ 268
ハシグロクロハラアジサシ 307
ハシグロサイチョウ 361
ハシグロヒタキ 346
ハシジロキツツキ 361
ハシナガイルカ 171
ハシナガイロムシクイ 361
ハシナガタイランチョウ 340
ハシナガチョウチョウウオ 516
ハシナガヒバリ 342
ハシビロコウ 278
パシフィックヘイク 503
パシフィックボア 382
ハシブトカワセミ 330
ハシブトモズヒタキ 350
ハシボソガラス 360
ハシボソキツツキ 335
ハシマガリチドリ 305
波状運動 534
ハシリチメドリ 347
ハジロアホウドリ 361
ハジロカイツブリ 268
ハジロコチドリ 305
ハジロシャクケイ 361
バスケットウィーブ・カスクイー

ル 503
パセリガエル 443
ハタオリドリ類 357
ハダカイワシ類 501
ハダカデバネズミ 159
パタグールガメ 427
パタゴニアカイツブリ 269
パタゴニアカワカマドリ 338
パタゴニアスカンク 200
パタゴニアノウサギ 158
パタスザル 130
ハタタテハゼ 517
ハダニ類 588
ハチェット・ヘリング 487
ハチクイモドキ 49, 330
ハチクイ類 330
ハチダマシスカシバ 572
ハチドリ類 323-325
鉢虫綱 531
ハチ類 573
発育 431
発芽 526
ハツカネズミ 156
パック 180
バックフラッシュ・クリプトドン 521
発光 501
発胞光 500
発声 409
バッタ類 552
バッファロー 41, 225
ハドック 502
ハト類 309-310
鼻 220
ハナアブ類 568
ハナオコゼ 504
ハナカマキリ類 555
ハナグマ 195
ハナゴンドウ 170
ハナジロカマイルカ 170
ハナダクサリヘビ 395
ハナガタサンゴ属 531
ハナドリ類 352
ハナナガサシオコウモリ 110
ハナナガサバンナガエル 454
ハナナガタニガエル 457
ハナナガヘビ 390
ハナナガヘラコウモリ 111
バナマスベオアルマジロ 140
ハヌマンラングール 131
翅 549
ハネオツパイ 115
ハネカクシ類 564
ハネジネズミ類 114
羽ばたき飛行 262
ハバチ類 573-575
バヒアブロンドティティザル 257
バビルーサ 233
パフアダー 394
ハプシーナ・ターネリィ 521
パブロクロミス・アネクティデンス 521
パプロクロミス・ルビー 521
ハマキガ類 573
ハマクマノミ 516
ハマサンゴ類 531
ハマトビムシ類 584
ハマヒバリ 342
パミールトガリネズミ 257
バミューダミズナギドリ 271
ハムシ類 562
ハモグリバエ類 566
ハヤブサ 294

バライロガモ 361
パラグアナッチヤモリ 427
ハラジロカマイルカ 169
パラタ 521
パラノドズキンフウキンチョウ 361
ハラビロトンボ類 551
働きアリ 576
パララビドクロミス・ヴィクトリィー 521
パララビドクロミス・ベアドゥレイ 521
パラワンアナグマ 200
パラワンコクジャク 295
ハリオアマツバメ 323
ハリセンボン 520
ハリテンレック 104
ハリネズミ 87
ハリモグラ 90
ハルバゴクロミス・ウォルシントニィ 521
ハルバゴクロミス・グィアルティ 521
ハルバゴクロミス・ブラジオストマ 521
バルビデンス類似のクリプトドン 521
パルマワラビー 101
バレアレスイワカナヘビ 414
ハワイガラス 361
ハワイシロハラミズナギドリ 361
ハワイミツスイ類 355
バン 300
バンガイヒタキ 361
バンクロフト糸状虫 535
パンケーキリクガメ 374
パンサーカメレオン 405
板鰓目 475
半索動物門 536
半砂漠 43
半翅目 558-560
帆翔 270, 287
繁殖 45, 49, 77
　イタチ科 196
　ウサギ類 141
　ウナギ類 483
　ウミスズメ類 303
　エイ類 475
　オオトカゲ 418
　オオハシ類 332
　カエル類 441
　カメ類 367
　カモメ類 303
　カライワシ類 483
　キツツキ類 332
　クサリヘビ類 394
　クジラ類 161
　クモ類 586
　齧歯類 145
　硬骨魚類 479
　コブラ類 391
　サメ類 466
　狩猟鳥 295
　渉禽類 303
　水禽類 282
　スズメ類 337
　鳥類 262
　トカゲ科 412
　ナミヘビ類 385
　軟骨魚類 465
　ニシキヘビ類 378
　爬虫類 365

フクロウ類 316
ヘビ類 377
ペリカン類 272
ボア類 378
哺乳類 87
無顎類 464
無脊椎動物 526
ヤモリ類 409
両生類 431
ワニ類 424
繁殖コロニー 270
反芻動物 225
ハンターハーテビースト 257
バンデッド・ナイフフィッシュ 492
パンテン 247
ハンテンアメフラシ 540
ハンテンフクロネコ 93
バンドウイルカ 170
バンドトカゲモドキ 409
バンドラ・バルブ 521
ハンドリーマウスオポッサム 257
パンパステンジクネズミ 158
ハンパラ・ロベチィ 521
ハンミョウ類 562

ヒ

ビークトサーモン 489
ピーターミゾコウモリ 111
ピーターホソメクラヘビ 399
ビーバー 145
ヒインコ類 311
ヒオウギインコ 313
ヒガシアオジタトカゲ 416
ヒガシアフリカカーペットクサリヘビ 395
ヒガシアフリカグリーンマンバ 392
ヒガシオオコノハズク 317
ヒガシザイールジャコウジネズミ 257
ヒガシザイールモリジネズミ 257
ヒガシシナアジサシ 361
ヒガシシマフクロアナグマ 94
ヒガシタイガースネーク 390
ヒガシニセハナナガマウス 257
ヒガシバドリ 356
ヒカリウミエラ類 530
ヒカリニオガイ 539
ヒカリボヤ類 596
ヒクイドリ 265
ヒクイドリ類 265
ビクーニャ 237
ヒグマ 188, 192
ピグミー・スクールピン 521
ピグミーウサギ 142
ピグミーツパイ 115
ピグミーマーモセット 127
髭板 160, 162
ヒゲガラ 347
ヒゲクジラ 162-165
ヒゲクジラ亜目 162
ヒゲゴシキドリ 333
ヒゲサキザル 124
ヒゲペンギン 267
ヒゲミズヘビ 388
ヒゲメロミス 257
ヒゲワシ 287, 289
飛蝗 552
鼻孔 272

ビサギィキンモグラ 257
ヒザラガイ類 542
皮歯 460, 465
飛翔
　アホウドリ類 270
　アマツバメ類 323
　ウミスズメ類 303
　カモメ類 303
　昆虫類 549
　渉禽類 303
　鳥類 262
　ハチドリ類 323
　ペリカン類 272
　ミズナギドリ類 270
　猛禽類 287¥r
ビスカッチャ 158
ヒスパニオラノスリ 361
ヒタキ科 346-350
ピチアルマジロ 140
ビッグアイ ブラック タライロン 491
ビッグホーン 256
ビッターリング 489
ピット器官 376
蹄 89, 224
ヒトアタマジラミ 557
ヒトコブラクダ 236-237
ヒトジラミ類 557
ヒトデ類 594
ヒトノミ類 565
ヒドラ類 529
ヒトリガ類 570
ヒドロ虫類 532
ビトング 521
ピパ 443
ヒバリ類 342
皮膚
　カエル類 440
　爬虫類 364
　哺乳類 87
　両生類 430
皮膚呼吸 430
ヒフバエ類 568
ビブロンジムグリクサリヘビ 386
ヒポカンパス・グトゥラータス 509
ヒマラヤタール 255
ヒムネタイヨウチョウ 352
ヒメアシナシトカゲ 418
ヒメアマガエル 456
ヒメアリクイ 139
ヒメイワワラビー 100
ヒメウミガメ 369
ヒメウミスズメ 308
ヒメカラスモドキ 361
ヒメカワウソジネズミ 104
ヒメキクガシラコウモリ 111
ヒメキヌバネドリ 326
ヒメグモ類 592
ヒメコンドル 288
ヒメシオマネキ 581
ヒメナガガメ 560
ヒメヌマサイレン 434
ヒメハゲミツスイ 353
ヒメバチ類 574
ヒメフクロウインコ 361
ヒメヤスデ類 578
ヒメヤマセミ 327
ヒメワゲネズミ 257
被毛
　シマテンレック 102
　ヨーロッパモグラ 102
紐形動物門 537

ヒモムシ類 537
ピューマ 214
ヒョウ 214
ヒョウアザラシ 218
ヒョウガエル 452
氷湖 64
表情 88
ヒョウモンガメ 367, 374
ヒョウモンダコ 543
ヒョウモントカゲモドキ 409
ヒョウモンヘビ 388
ヒヨクドリ 359
ヒヨケザル類 114
ヒヨケムシ類 587
ヒヨドリ類 343
ヒラオミズアシナシイモリ 439
ヒラタエンマムシ 563
ヒラタヘビクビ 368
ヒラタヤマガメ 427
ピラニア・ナッテリー 490
ヒラマキガイ 541
ピラルクー 482
ピルチャード 486
ビルマアブラコウモリ 257
ビルマジャコウネコ 257
ビルマホシガメ 427
ヒル類 15, 535
鰭 460
ヒレアシカレハナナフシ 553
ヒレアシトカゲ類 409-411
ピレネーデスマン 107
ヒレンジャク 344
ビロード 238
ビロードキンクロ 285
ビロウドツリアブ 566
ヒロズコガ類 573
ヒロハシクジラドリ 271
ヒロハシ類 338
ヒロバナジェントルキツネザル 257
ビワアンコウ 504
ビワハゴロモ類 559
貧歯類 138-140
ピンドゥ 521

フ

ブアーウィルヨタカ 322
ファイアースキンク 416
フィールドニセマウス 257
フィジーエダアシガエル 454
フィジーイワワラビー 100
フィジーキツネオオコウモリ 257
フィジータテガミイグアナ 427
フィジーミズナギドリ 361
フィッシー 521
フィッシャー 198
フィリピンオウム 361
フィリピンホカケトカゲ 403
フィリピンワシ 293, 361
フィリピンワニ 427
フウキンチョウ類 354
ブークー 251
ブーズージカ 241
フウセンウナギ 485
フウチョウ類 359
ブームスラング 387
ブールーロンアマガエル 457
フエガラス類 359
フェネックギツネ 181
プエルトリコヤシガエル 457
フェルナンデスベニイタダキハチドリ 361

索引

フェロモン 527
フォーフィッシュ 521
フォッサ 205
フォルモサン・サーモン 521
孵化幼生 263
不完全候鳥 263
不完全変態 549
フグ 27
複眼 548
腹足類類 538, 540-541
フクラガエル 456
腹鱗 376, 400
フクロアリクイ 94
フクロウオウム 313, 361
フクロウナギ 485
フクロウ類 316-320
フクロギツネ 96
フクロシマリス 96
フクロテナガザル 133
フクロトビネズミ 93
フクロネコ 93
フクロミツスイ 101
フクロムササビ 97
フクロムシ類 580
フクロモグラ 17, 94
フクロモンガモドキ 96
フクロリス 96
フサエリショウノガン 301
フサオオリンゴ 195
フサオネズミカンガルー 100
フサオマキザル 125
フサムクドリモドキ 361
フジツボ類 580
プシバルスキーレイヨウ 257
ブタ 231-233
フタオカゲロウ類 551
フタコブラクダ 237
ブタバナアナグマ 200
フタユビナマケモノ 138
ブチイモリ 436
ブチハイエナ 207
ブチリンサン 204
ブッシィマウス・キャットフィッシュ 492
ブッシュマスター 398
ブッポウソウ類 327
フトアゴヒゲトカゲ 404
フトオコビトキツネザル 120
フナクイムシ 539
不変態 549
冬越え 61
ブユムシクイ類 348
ブユ類 568
腐葉土 53
プライド 178
ブラインド・シャーク 468
ブラウンアノール 407
ブラウントラウト 463
ブラウンブルヘッド 491
ブラジリアン・ギターフィッシュ 521
ブラジルオナガカマドドリ 361
ブラジルバク 17
ブラジルヒメアリサザイ 361
プラチナコガネ 564
ブラック・クリプトドン 521
ブラック・ドラゴンフィッシュ 500
ブラックバック 253
フラッグフィッシュ 506
ブラックフィン・アイスフィッシュ 517
ブラックマンバ 392
ブラッザヒゲザル 130

フラッシュライトフィッシュ 509
ブラベルスゴキブリ科 556
フラミンゴ類 263, 280-281
ブラリナトガリネズミ 105
フランケオテシケンショウコウモリ 110
フランソワコノハザル 257
ブランフォードギツネ 181
ブランブルケイメロミス 257
プリモドキ 515
浮力 72, 462, 479
ブルインコ 361
ブルースポッティド・スティングレイ 477
ブルガルダククサリヘビ 427
フルマカモメ 271
プレイス 519
ブレイドブラジルヤマガエル 457
フレーメン反応 226-227
プレーリードッグ 40
フレッシュウォーター・バタフライフィッシュ 482
フレンチグラント 478
ブロードリーヒラタトカゲ 413
フローレスジャコウネズミ 257
プログナソクロミス・ウォルシントニィ 521
プログナソクロミス・メント 521
フロリダミズトカゲ 423
プロングホーン 241
吻 424
分岐論 19
ブング 521
フンコロガシ 41
分節 546
ブンチョウ 357
プンティウス・ヘレイ 521
分布 37
ブンプクチャガマ 595
ブンプク類 595
フンボルトウーリーモンキー 123
フンボルトスカンク 200
フンボルトペンギン 267
分類 18-19
　アライグマ科 194
　鰭脚類 216
　クジラ類 160
　齧歯類 114
　硬骨魚類 478
　コウモリ類 108
　食肉類 178
　節足動物 546
　トカゲ類 400
　ヘビ類 376
　有袋類 91
　有蹄類 224
　霊長類 116

ヘ

ベアードバク 231
ヘイチスイギュウ 246
ペーシング 236
ヘクターイルカ 172, 257
ヘコアユ 509
ペコス・パプフィッシュ 521
ベタ・スピロトゲナ 521
ベタ・ペルセボーネ 521
ベタ・ミニオペンナ 521

ペダー・ガラクシアス 521
ペッカリー 231
ベッコウバチ類 575
ベトナムオナシカグラコウモリ 257
ペトロプサロ 521
ペトロポリスシブキガエル 457
ベニコンゴウインコ 311, 314
ベニザケ 496
ベニサンショウクイ 343
ベニシジミ 570
ベニジュケイ 297
ベニハシガラス 360
ベニハワイミツスイ 355
ペパーアメガエル 457
ヘビ亜科 399
ヘビ亜目 376, 378, 385, 391, 394
ヘビウ 276
ヘビイワシ 294
ヘビクイワシ 294
ヘビトンボ類 561
ヘビ類 376-399
ヘラサギ 279
ヘラジカ 241
ヘラチョウザメ 481
ヘラヤガラ 509
ヘランシャンナキウサギ 257
ペリカンアンコウ 504
ペリカン類 272-276
ペリット 316
ペルーカイツブリ 361
ペルーシギダチョウ 361
ベルグリバー・レッドフィン 521
ペルシャモグラ 257
ヘルベンダー 434
ヘルマンリクガメ 375
ペルム紀 17
ペレンティーオオトカゲ 401
ベローアマガエル 457
ベローシファカ 118, 121
変温動物 15
ベンガルハゲワシ 361
ペンギン類 266-267
扁形動物 533
変態 29, 463, 526, 549
編隊飛行 282
ヘンディーウーリーモンキー 257
ベントフィッシュ 503
ペンバオオコウモリ 257
鞭毛 528

ホ

ボアコンストリクター 381
ボア類 378-384
ホイッププアーウィルヨタカ 361
ホウオウジャク 357
ホウカンチョウ類 295
箒虫動物門 537
ホウキムシ類 537
防御 27
　カエル類 441
　サンショウウオ類 433
放射相称 24
ホウセキカナヘビ 414
抱接 441
ホウネンエビ類 579
ホウライエソ 500
ホオアカトキ 279, 361
ホオカザリハチドリ 324
ホオグロヤモリ 410

ホオジロカンムリヅル 298-299
ホオジロテナガザル 133
ホオジロムナジロヒメウ 272
ホオジロ類 353
ホースキノボリヒキガエル 447
ボーダー・バルブ 521
ホオダレムクドリ類 358
ポートジャクソンシャーク 468
ボーボーガエル 457
ボールニシキヘビ 384
ホーン・シャーク 468
ホーンバックレイ 475
ボーンフィッシュ 485
ホクセイザンビアジネズミ 257
保護 32-33
アイアイ 121
アオウミガメ 368
アオコンゴウインコ 314
アトランティックコッド 503
アメリカバイソン 248
アンチョベッタ 487
インコ類 311
オウギワシ 293
オオヒキガエル 448
オキゴンドウ 173
オサガメ 372
オセロット 211
オランウータン 136
海牛類 223
カグー 301
ガラパゴスゾウガメ 370
カリフォルニアコンドル 288
クジラ類 161
クマ 188
クロサイ 230
コアラ 95
コウモリ類 109
コククジラ 163
コバシフラミンゴ 281
コビトカバ 235
コモドオオトカゲ 420
ゴリラ 135
サイ科 228
サメ 466
サメ 474
刺胞動物 529
ジャイアントパンダ 191
シロイルカ 167
シロサイ 230
セミイルカ 172
ゾウ 221
タンチョウ 299
チーター 215
チビオワラビー 100
ツル類 298
都会の動物 79
トラ 213
ナマケモノ 138
ニシン類 486
ネコ科 208
ハラジロカマイルカ 169
フクロオウム 313
フンボルトウーリーモンキー 123
ボア類とニシキヘビ類 378
マカジキ 519
猛禽類 287
ヤマネコ 209
ライオンタマリン 127
ラッコ 203
リカオン 185
霊長類 117
ロシアデスマン 107
星口動物門 537

ホシバナモグラ 102, 107
ホシフクサマウス 154
ホシムクドリ 263, 358
ホシムシ類 537
保全
　海 71
　海岸とサンゴ礁 74
　極地帯 63
　砂漠 43
　山岳地 59
　湿地 67
　針葉樹林 55
　森林 47
　草原 39
　落葉樹林 51
ポソ・ブング 521
ホソツラナメラ 388
ホソナマケザル 119
ホソハネコバチ類 574
ホタテガイ類 539
ボタモトリゴン・モトロ 477
ホタル類 563
ボッカシオ・ロックフィッシュ 521
北極 62
ホッキョクギツネ 182
ホッキョククジラ 163, 257
ホッキョクグマ 189
ホッキョクノウサギ 143
ポッサム 91
ボッタホリネズミ 148
ポッド 174
ホッホシュテッタームカシガエル 442
ポト 119
骨 24,
　鳥類 260-261
ボブキャット 178
ホネガイ類 540
ボネリムシ類 537
ボノボ 134
ボブキャット 209
ポプタス・ブンティギィ 521
ボホールリードバック 251
ホホジロザメ 471
ボボリンク 356
ホヤ類 14, 596
ホライモリ 435
ホラガイ 540-541
ポラック 502
掘足綱 542
ポリニア 64
ボリビアオオリオネズミ 151
ボリビアマウスオポッサム 257
ボリビアリスザル 126
ポリプ 15, 526, 529
ポリプテルス目 481
ポリロヒラタガエル 457
ボルチモアムクドリモドキ 356
ボルネオランウータン 136
ホロホロチョウ 297
ホワイトリバー・スパインデイス 521
ホンジュラスエメラルドハチドリ 361
ホンセイインコ 314
ホンソメワケベラ 516
ポンティククサリヘビ 427
ボンテボック 252
本能 26
ホンヤドカリ 584

マ

マーゲイ 211
マーコール 256
マーブルキャット 210
マーブルド・イレクトリックレイ 476
マーモセット 144
マイコドリ類 340
マイマイガ 571
マイルカ 172
マウイカワリハシハワイミツスイ 361
マウスオポッサム 91
マウス型の齧歯類 150-156
マウンテンゴリラ 135
マオナガ 472
マガモ 284
マガリムシクイコノハギス 552
マカロニペンギン 267
マガン類 282-284
膜翅目 573-576
マクロプレローダス・ビカラー 521
マコウジネズミ 257
マコードナガクビガメ 427
マコードハコガメ 427
マザトウムシ類 588
マジェンタミズナギドリ 361
マスカリンミズナギドリ 361
マスクラット 153
マスクランゲ 494
マダガスカルイエローハウスコウモリ 257
マダガスカルウミワシ 361
マダガスカルオウチュウ 358
マダガスカルオオゴキブリ 556
マダガスカルクロクイナ 361
マダガスカルテングキノボリヘビ 389
マダガスカルヒルヤモリ 410
マダガスカルモズ類 344
マダガスカルヘビワシ 361
マダガスカルメジロガモ 361
マダコ 543
マダニ類 588
マタマタ 368
マダライシムカデ 578
マダライタチ 198
マダライルカ 171
マダラカンムリカッコウ 315
マダラクチボソガエル 455
マダラサラマンドラ 435
マダラスカンク 200
マダラニワシドリ 337
マダラヤドクガエル 452
マツカサトカゲ 416
マツゲハブ 398
マッコウクジラ 161, 176
マツテン 198
マッドパピー 434
マツモムシ類 560
マデイラミズナギドリ 361
マテガイモドキ 539
マドラスツパイ 115
マナティー 223
マナラク 521
マネシツグミ類 345
マミジロイカル類 354
マミジロタヒバリ 261, 343
マミジロミツドリ 355
マミハウチワドリ 348
マミイロチョウ 341
マムシ亜科 394

マメジカ科 238
マメハチドリ 325
マユグロアホウドリ 270
マラウィ・シクリッド 516
マリョルカサンバガエル 442, 457
マリン・ハッチェットフィッシュ 499
マルケサスコバト 361
マルタバシリ類 347
マルティ・ミノー 521
マルティニクツヤヘビ 427
マルトビムシ 550
マルミミゾウ 221
マレーカグラコウモリ 257
マレーカワネズミ 106, 257
マレーグマ 190
マレーシアバク 17
マレージャコウネコ 204
マレーバク 231
マレーヒヨケザル 114
マレーマムシ 398
マレーヤマネコ 211
蔓脚亜綱 580
マンクスミズナギドリ 271
マングローブ 76
マングローブフィンチ 361
マングローブヘビ 386
マンジュウイシモチ 514
マンタ 476
マンドリル 129
マンボウ 520

ミ

ミーアキャット 205
ミカゲヨルトカゲ 417
ミカンコナカイガラムシ 559
ミケリス 148
ミサゴ 288
ミシシッピアカミミガメ 373
ミシシッピニオイガメ 373
ミジンコ類 579
ミズウオ 501
湖 66
ミズオポッサム 92
ミズカキカワネズミ 106
ミズカキオオイガエル 452
ミズカキヤモリ 400, 410
ミズグモ類 589
ミスジオナガサンショウウオ 438
ミズシカ 239
ミスジハコガメ 427
ミズダコ 544
ミズタメガエル 44
ミズテンレック 104
ミズトガリネズミ 105
ミズトガリネズミ類 550
ミズナギドリ類 270-271
ミズハネズミ 152
ミズマメジカ 239
ミズマルトビムシ 550
ミズワニ 472
ミゾガシラシロアリ科 556
ミソサザイ類 345
ミズアナグマ 199
ミックリザメ 469
ミツスイ類 353
ミツヅノコノハガエル 443
ミツバチ類 573
ミツマタヤリウオ 500
ミツユビアンフューマ 435

ミドリイシ類 531
ミドリウメボシイソギンチャク 530
ミドリシジミ類 570
ミドリノジコ 354
ミドリスズメ 572
ミドリツヤトカゲ 415
ミドリニシキヘビ 384
ミドリヒキガエル 446
ミドリヒロハシ 338
ミドリホソオオトカゲ 422
ミドリマダガスカルガエル 454
ミドリメクラガメ 559
ミドリモリヤツガシラ 331
ミドリヨコバイ 558
ミナミアオカメムシ 560
ミナミアシカ 501
ミナミアシカ 216-217
ミナミアフリカオットセイ 216-217
ミナミオオセグロカモメ 307
ミナミケバナウォンバット 95
ミナミコアリクイ 139
ミナミジサイチョウ 331
ミナミゾウアザラシ 219
ミナミホソオツパイ 115
ミナミマグロ 521
ミナミミズベヘビ 389
ミバエ類 569
ミミグロヒメアオヒタキ 361
ミミコウモリ 113
ミミズガイ類 541
ミミズトカゲ類 423
ミミズ類 535
ミミナガフクロウサギ 94
ミミナシオオトカゲ 419
ミミヒダハゲワシ 287
ミミヒメウ 276
ミャカ・ミャカ 521
ミヤコテングハギ 517
ミヤコドリ 26, 304
ミヤマオウム 312
ミュールジカ 240
ミユビハリモグラ 90
ミュラークマネズミ 154
ミラシディウム 527
ミルクヘビ 389
ミロスクサリヘビ 427
ミンククジラ 165
ミンダナオジムヌラ 103
ミンドロスイギュウ 257
ミンドロバンケン 361
ミンドロヒムネバト 361
ミンドロフサオクモネズミ 257

ム

ムーアカベヤモリ 411
無顎類 464
ムカシトカゲ 375
ムカシフチア 257
ムカシヘビ上科 378
ムカデ類 578
ムクドリモドキ類 356
ムクドリ類 358
無甲目 579
虫こぶ 52
ムシヒキアブ類 566
無性生殖 28
無脊椎索動物 596
無脊椎動物 14, 24
無足目 439
無腸目 533
ムナオビイロムシクイ 361

ムナグロ 305
ムナグロアメリカムシクイ 361
ムナグロチュウヒワシ 292
ムナジロコジコ 354
ムナジロオオコウモリ 257
ムナジロカワガラス 355
ムナジロクイナモドキ 299
ムナジロテン 198
ムナフオタテドリ 339
ムナフジチメドリ 347
ムネアカゴジュウカラ 351
無板類 542
ムラサキイガイ 527, 539
ムラサキオオツバメ 342
ムラサキベッコウ 575
群れ 40
  硬骨魚類 478

メ

目 461
メアリーリバー・コッド 521
メイガ類 572
鳴管 336
メイサイトゲグモ 589
鳴嚢 260
メカジキ 518
メガネウサギワラビー 100
メガネカイマン 425
メガネグマ 191
メガネザル 118
メガネトリバネアゲハ 571
メガネヒタキ類 349
メガネフクロウ 317
メガマウスシャーク 472
メキシカンテトラ 490
メキシコアシナガコウモリ 113
メキシコキノボリサンショウウオ 438
メキシコサンショウウオ 437
メキシコジムグリガエル 443
メキシコドクトカゲ 419
メキシコノウサギ 142
メキシコパイソン 379
メキシコハダカアシナシイモリ 439
メキシコヒラガシラホオヒゲコウモリ 257
メキシコホエザル 124
メキシコリカザリドリ 339
メクスクラリーク 521
メクラウナギ 464
メクラカメムシ類 559
メクラヘビ 399
メクラヘビ上科 399
メジロ類 352
メスグロトラフアゲハ 571
メラニン色素 402
メリアムカンガルーネズミ 149
メリアムホリネズミ 148
メルルーサ 502
メロン 160, 166
綿羽 260
メンガタカササギビタキ 361
メンガタスズメ 572
メンフクロウ 317

モ

モアパ・ディス 521
毛顎動物門 536
猛禽類 286-294

モウコノウマ 227
網膜 525
モエギハコガメ 427
モーリシャスチョウゲンボウ 294
モーリシャスバト 309
モーリシャスベニノジコ 361
モーリシャスボア 379
モーリシャスホンセイインコ 361
モーリタニアアレチネズミ 257
目 18
モグリアメガエル 451
モグリアレチネズミ 257
モグリバエ類 566
モザンビークドクハキコブラ 391
モズヒタキ類 350
モズモドキ類 356
モズ類 344
モナドトビトカゲ 403
モネラ類 14
モノアラガイ 540
モモイロインコ 312
モモグロカツオドリ 361
モモブトハムシ 562
モリアカネズミ 153
モリー・デ・タメシ 521
モリー・デ・テアパ 521
モリイシガメ 372
モリイノシシ 232
モリコキンメフクロウ 361
モリセオレガメ 374
モリツノシタベニハゴロモ 559
モリツバメ類 359
モリバト 309
モリフクロウ 16, 320
モルフォチョウ 571
モルモット型の齧歯類 157-159
モレンカンプオオツチハチ 575
モロクトカゲ 404
モロッコアレチネズミ 257
門 18
モンカゲロウ類 551
モンガラカワハギ 520
モンキチョウ 572
モンクサキザル 124
モンゴ 521
モンスーン林 47
モンツェラトギャリワスプ 427
モンテクリストキノボリアリゲータートカゲ 427
モンテレイ・プラティフィッシュ 521
モンテントウムシ 563
モントセラトムクドリモドキ 361

ヤ

ヤーバリギ 521
ヤイロチョウ類 341
ヤガ類 571
ヤギ類 530
ヤク 247
ヤコブソン器官 365
ヤシアマツバメ 324
ヤシオウム 312
ヤシガニ類 584
ヤシドリ 345
ヤスデ類 578
ヤチセンニュウ 348
ヤツガシラ 331
ヤドカリイソギンチャク類 530
ヤドクガエル類 441

ヤドリバエ類　569
ヤドリバエ類　569
ヤブイヌ　183
ヤブサザイ　341
ヤブスジカモシカ　245
ヤブフウキンチョウ　354
ヤマウスグロサンショウウオ　437
ヤマガモ　285
ヤマジャコウジカ　239
ヤマシログモ類　592
ヤマスイギュウ　246
ヤマセミ　327
ヤマトヒドラ類　532
ヤマバク　231
ヤマビーバー　146
ヤマフクロアマガエル　451
ヤマベローアマガエル　457
ヤママユガ類　572
ヤムシ類　536
ヤモリ上科　409
ヤモリ類　45, 409-411
ヤリイカ類　543
ヤリハシハチドリ　325
ヤンマ類　551

ユ

ユウガアジサシ　302
融合遺伝　16
有鉤条虫　533
有性生殖　28
有櫛動物門　536
有爪動物門　537
有袋類　91-101
有蹄類　224-256
有尾目　432
ユーラコン　495
ユーラシアカワウソ　201
ユーラシアコヤマコウモリ　112
ユーラシアハタネズミ　153
ユーラシアモグラ　17
有鱗目　376, 378, 385, 399, 400, 402, 409, 418, 423
ユウレイグモ類　592
ユカタンビワハゴロモ　559
ユキヒメドリ　353, 361
ユキヒョウ　89, 215, 257
ユキホオジロ　353
ユスリカ類　567
ユタヤマシログモ　592
ユビカニムシ類　587
ユムシ動物門　537
ユメムシ類　585

ヨ

ヨイロハナドリ　361
幼形成熟　433
ヨウスコウアリゲーター　427
ヨウスコウカワイルカ　167, 257
幼生　29, 463
幼体　402, 526
幼虫　549
ヨウム　313
ヨーロッパアオゲラ　332, 335
ヨーロッパアカガエル　431, 452
ヨーロッパアカタテハ　571
ヨーロッパアシナシトカゲ　419
ヨーロッパアブラコウモリ　112
ヨーロッパアマガエル　450
ヨーロッパアマツバメ　324
ヨーロッパアリバチ　574
ヨーロッパイモリ　431
ヨーロッパウズラ　296
ヨーロッパウナギ　462, 484
ヨーロッパオオヤマネコ　209
ヨーロッパオオライチョウ　296
ヨーロッパカヤクグリ　355
ヨーロッパキタイトトンボ　551
ヨーロッパクギヌキハサミムシ　553
ヨーロッパクサリヘビ　395
ヨーロッパグリーンレーサー　386
ヨーロッパクロナメクジ　541
ヨーロッパケナガイタチ　197
ヨーロッパコノハズク　317
ヨーロッパコフキコガネ　564
ヨーロッパコマドリ　346
ヨーロッパザルガイ　539
ヨーロッパジェネット　204
ヨーロッパジシギ　306
ヨーロッパスナヤツメ　464
ヨーロッパタマキビガイ　541
ヨーロッパツユムシ　552
ヨーロッパトガリネズミ　102, 105
ヨーロッパナマズ　491
ヨーロッパナメクジ　541
ヨーロッパヌマガメ　373
ヨーロッパパーチ　514
ヨーロッパバイソン　250
ヨーロッパハタネズミ　145
ヨーロッパハチクイ　330
ヨーロッパハチクマ　289
ヨーロッパハリゲコモリグモ　592
ヨーロッパビーバー　149
ヨーロッパヒキガエル　446
ヨーロッパヒナコウモリ　113
ヨーロッパミンク　197
ヨーロッパモグラ　102, 107
ヨーロッパモノアラガイ　541
ヨーロッパヤチネズミ　152
ヨーロッパヤマウズラ　296
ヨーロッパヤマカガシ　389, 427
ヨーロッパヤマネ　156
ヨーロッパヤマネコ　209
ヨーロッパヨタカ　321, 322
ヨーロピアン・スタージョン　481, 521
ヨーロピアンロブスター　584
翼手目　108
翼膜　108
ヨコジマモリハヤブサ　294
ヨコスジジャッカル　183
ヨコバイガラガラヘビ　398
ヨコバイ類　558
ヨゴレマツカサ　461, 508
ヨザル　125
ヨシキリザメ　466, 474
ヨシゴイ類　278
ヨタカ類　321
ヨツヅノカモシカ　246
ヨツメウオ　507
ヨツユビトビネズミ　156
ヨナグニサン　572
ヨメヒメジ　515
ヨルネズミ　150
ヨルマウス　151
ヨロイジネズミ　106

ラ

ラージティース・ソウフィッシュ　521
ライエルミズカキサンショウウオ　438
ライオン　88, 178, 215
ライオンタマリン　127, 257
ライオンノタテガミクラゲ　531
ライギョダマシ　517
ライチョウ類　296
ライネイジネズミ　257
ライフサイクル　28-29
　アンコウ類　502
　鰭脚類　216
　甲殻類　579
　昆虫類　549
　サケ類　483
　サンショウウオ類　433
　住血吸虫　527
　タラ類　502
　ラングール　117
　両生類　431
ラウンドスティングレイ　477
ラクダ　44
ラクダ科　236-237
ラクダムシ類　561
ラグナヨッシジトカゲ　415
落葉樹林　50
ラケットハチドリ　324
ラケットヨタカ　322
ラザコヒバリ　361
ラセンミミズガイ　541
ラダーバック・ローチ　521
ラッコ　203
ラッセルクサリヘビ　395
ラットフィッシュ　475
ラッパチョウ類　300
ラナイヒトリツグミ　361
ラバーボア　382
ラビットフィッシュ　475, 518
ラフアメリカアオヘビ　390
ラブカ　467
ラベオ・ランカエ　521
ラボールテングフルーツコウモリ　257
卵黄嚢　463
乱獲　30
ランタンシャーク　467
ランプフィッシュ　510

リ

リーチュエ　250
リーピング・バルブ　521
リカオン　179-180, 185
陸生カタツムリ類　541
陸生ナメクジ類　541
リコルドッチイグアナ　427
リス亜目　146
リス型の齧歯類　146-149
リソーズ・スムースヘッド　499
リバー・パイプフィッシュ　521
リビアアレチネズミ　257
リベリアカバ　235
リベリアヒヨドリ　361
リポクロミス・マクシラクス　521
リポクロミス・メラノプテルス　521
リボンサンゴヘビ　392
リュウキュウトゲネズミ　257
リュウグウノツカイ　507
竜骨　262
留鳥　263
離陸　282
リングアシナシイモリ　439
鱗甲　481
521
鱗翅目　570-573
リンネアシナシイモリ　439

ル

類人猿　132-137
ルーズベルトオオアノール　427
ルシンガ・オーラル・シェラー　521
ルチャヌス・アラトゥス　505
ルッツシブキガエル　457
ルッツヒラタサンパウロガエル　457
ルリオーストラリアムシクイ　349
ルリコノハドリ　344
ルリコンゴウインコ　262
ルリツグミ　346
ルリハラハチドリ　361

レ

レア類　264
レイクワナン・レインボウフィッシュ　521
レイヨウヨシキリ　361
霊長類　19, 116-137
レイテヤマガメ　427
レインボウ・シェラー　521
レインボーアガマ　403
レウシスカス・ウクリバ　521
レースオオトカゲ　422
レオンスプリングス・パプフィッシュ　521
レカ・ケッペ　521
レッサー・ウィーバーフィッシュ　517
レッサーパンダ　194
レッドフィンド・ブルーアイ　521
レッドリスト　31
裂肉歯　178
レディフィッシュ　484
レパードシャーク　473
レプトケファルス幼生　483
レモンシャーク　474
レルマサンショウウオ　457
レンカク類　304
レンジャーヒキガエル　446
レンジャクバト　309
レンジャク類　344

ロ

ロウバシガン　284
ロージーボア　382
ロートンオヒキコウモリ　257
ローンアンテロープ　251
濾過摂食　72, 460, 465
ロクショウヒタキ　349
ロシアデスマン　107
ロスアザラシ　219
ロッキーガロアムシ　553
六脚類　548-577
六方海綿綱　528
ロドリゲスオオコウモリ　110, 257
ロフィウス・ピスカトリウス　504
ロブスター類　584
ロレンチニ氏瓶　465
ロングノーズガー　481

ワ

ワーソウ・グルーパー　521
ワープーアオバト　309-310
ワールベルクケンショウコウモリ　110
ワオキツネザル　120
若虫　549
輪形動物門　537
ワキアカカイツブリ　361
ワキアカトウヒチョウ　353
ワキグロクサムラドリ　341
ワシ類　291-294
ワシントン条約　33
ワタボウシタマリン　127
渡り　263, 549
ワタリアホウドリ　270
ワタリガニ類　581
ワタリガラス　360
ワタリマダラヤンマ　551
ワニガメ　369
ワニトカゲ　422
ワニ目　424
ワニ類　424-426
ワムシ類　537
ワライガエル　453
ワライカワセミ　330
ワラジムシ類　584
ワラストビガエル　455
ワリアアイベックス　257
ワレカラ類　584
腕足動物門　536

ン

ンセス　521

学名・英名索引

【学名】

A

Acinonyx jubatus 215, 257
Abronia montecristoi 427
Acanthisitta chloris 341
Acanthiza pusilla 349
Acanthophis praelongus 391
Acanthopleura granulata 542
Acanthosaura crucigera 403
Accipiter gentilis 292
Aceraius rectidens 564
Aceros waldeni 361
Achatina fulicula 541
Acherontia atropos 572
Acipenser dabryanus 521
Acipenser sturio 481, 521
Acomys cilicicus 257
Acomys minous 155
Acris crepitans 450
Acrobates pygmaeus 97
Acrocephalus familiaris 361
Acrocephalus stentoreus 348
Acrochordus arafurae 384
Actitis macularia 306
Actius luna 572
Addax nasomaculatus 252, 257
Adrianichthys kruyti 521
Aechmophorus occidentalis 269
Aegithalos caudatus 350
Aegotheles cristatus 322
Aegothetes savesi 361
Aeoliscus strigatus 509
Aepyceros melampus 254
Aepyprymnus rufescens 100
Aeshna cynea 551
Aeshna mixta 551
Aethia pusilla 308
Afrixalus fornasinii 455
Agalychnis callidryas 451
Agama agama 403
Agapornis personatus 313
Agelaius phoeniceus 356
Agkistrodon contortrix 398
Agonus acipenserinus 511
Agouti paca 158
Agrotis ipsilon 571
Ailuropoda melanoleuca 191
Ailurus fulgens 194
Aix galericulata 285
Alaemon alaudipes 342
Alauda arvensis 342
Alauda razae 361
Alcedo atthis 328
Alcelaphalus buselaphus 252
Alces alces 241
Alcides zodiaca 573
Alcyonium digitatum 530
Aldrovandia affinis 485
Alepisaurus ferox 501
Alepocephalus rostratus 499
Allactaga firouzi 257
Allactaga tetradactyla 156
Alle alle 308
Alligator mississippiensis 425
Alligator sinensis 427

Allochromis welcommei 521
Allotoca maculata 521
Alopex lagopus 182
Alopias vulpinus 472
Alopochen aegyptiaca 284
Alosa sapidissima 487
Alouatta belzebul 257
Alouatta coibensis 257
Alouatta guariba 257
Alouatta pigra 124
Alouatta seniculus 124
Alsophis antiguae 427
Alsophis ater 427
Alytes muletensis 442, 457
Alytes obstetricans 442
Amaurornis olivieri 361
Amazilia castaneiventris 361
Amazilia luciae 361
Amazona aestiva 313
Amazona vittata 361
Amblyomma americanum 588
Amblyopsis spelaea 503
Amblyrhynchus cristatus 406
Amblysomus julianae 257
Ambystoma lermaense 457
Ambystoma macrodactylum 437
Ambystoma mexicanum 437
Ambystoma tigrinum 436
Ameiurus nebulosus 491
Ameiva ameiva 417
Ameiva polops 427
Ammotragus lervia 256
Ammotrechella stimpsoni 587
Amphiprion frenatus 516
Amphisbaena fuliginosa 423
Amphiuma tridactylum 435
Amplexidiscus fenestrafer 530
Anabas testudineus 511
Anableps anableps 507
Anagrus optabilis 574
Anarhichas lupus 517
Anarhynchus frontalis 305
Anas crecca 284
Anas nesiotis 361
Anas platyrhynchos 284
Anathana ellioti 115
Anatis ocellata 563
Anax imperator 551
Ancistrus dolichopterus 492
Andrias japonicus 434
Aneides lugubris 438
Anemonia viridis 530
Anevrina thoracica 568
Angamiana aetherea 558
Anguilla anguilla 484
Anguis fragilis 418
Anhima cornuta 283
Anhinga melanogaster 276
Anilius scytale 379
Anniella geronimensis 419
Annella mollis 530
Anodorhynchus glaucus 361
Anodorhynchus hyacinthinus 314
Anodorhynchus leari 361
Anolis carolinensis 406
Anolis roosevelti 427
Anolis sagrei 407
Anomia ephippium 539
Anoplogaster cornuta 508

Anoplopoma fimbria 510
Anostomus anostomus 490
Anoura geoffroyi 111
Anser anser 283
Anseranas semipalmata 283
Antarctic fur seal 217
Antaresia childreni 383
Antechinomys laniger 93
Antennarius maculatus 504
Anthocharis cardamines 572
Anthracoceros montani 361
Anthreptes collaris 352
Anthus novaeseelandiae 343
Antidorcas marsupialis 254
Antilocapra americana 241, 257
Antilope cervicapra 253
Antilophia bokermanni 361
Antrozous pallidus 113
Aonyx capensis 201
Aonyx cinerea 201
Aotus lemurinus 125
Apalis fuscigularis 361
Apalone ater 427
Aphanius latifasciata 521
Aphanius splendens 521
Aphanius sureyanus 521
Aphanius transgrediens 521
Aphrodite aculeata 534
Aphyosemion amieti 506
Apis mellifer 573
Aplodontia rufa 146
Aplonis metallica 358
Aplonis pelzelni 361
Aplysia punctata 540
Apodemus flavicollis 153
Apodemus sylvaticus 153
Aproteles bulmerae 257
Aptenodytes forsteri 267
Apteryx australis 265
Apus apus 324
Aquila audax 293
Aquila chrysaetos 293
Ara chloroptera 314
Ara glaucogularis 361
Arachnothera magna 352
Aramus guarauna 300
Arapaima gigas 482
Aratinga jandaya 314
Archilochus colubris 325
Arctia caja 570
Arctictis binturong 205
Arctocebus calabarensis 119
Arctonyx collaris 200
Ardea cinerea 277
Ardeotis kori 301
Argentina silus 499
Argusianus argus 297
Argyroneta aquatica 589
Argyropelecus affinis 499
Arion ater 541
Armadillidium vulgare 584
Artamus cinereus 359
Arvicola terrestris 152
Ascaphus truei 442
Ascaris lumbricoides 535
Asio flammeus 320
Aspidites melanocephalus 383
Astroboa nuda 595

Astronotus ocellatus 516
Astyanax mexicanus 490
Ateles chamek 123
Ateles geoffroyi 123, 257
Ateles hybridus 123
Atelocynus microtis 182
Atelopus zeteki 447
Athene blewitti 361
Athene cunicularia 320
Atheris hispidu 394
Atlapetes pallidiceps 361
Atractaspis bibroni 386
Atrax robustus 589
Atrichornis rufescens 341
Attacus atlas 572
Aulacorhynchus prasinus 334
Aulostomus chinensis 509
Australaps superbus 391
Austroglanis barnardi 521
Austropotamobius pallipes 584
Avocettina infans 484
Axis axis 239
Aythya innotata 361

B

Babyrousa babyrussa 233
Bagre marinus 492
Baiomys taylori 150
Balaena mysticetus 163, 257
Balaeniceps rex 278
Balaenoptera acutorostrata 165
Balaenoptera borealis 165
Balaenoptera edeni 164
Balaenoptera musculus 164
Balaenoptera physalus 164
Balanoglossus australiensis 536
Balearica regulorum 299
Balistoides conspicillum 520
Barbourisia rufa 508
Barbus erubescens 521
Barbus euboicus 521
Barbus trevelyani 521
Basiliscus plumifrons 407
Bassaricyon gabbii 195
Bassariscus astutus 194
Batagur baska 427
Bathyergus janetta 159
Bathypterois grallator 501
Batis molitor 349
Batrachoseps aridus 457
Batrachoseps attenuatus 438
Batrachuperus pinchonii 434
Betta miniopinna 521
Betta persephone 521
Betta spilotogena 521
Bettongia penicillata 100
Bipes biporus 423
Birgus latro 584
Bison bison 248
Bison bonasus 250
Biswamoyopterus biswasi 257
Bitis arietans 394
Bitis caudalis 394
Bitis gabonicus 395
Blanus cinereus 423
Blaps mucronata 564
Blarina brevicauda 105
Blastocerus dichotomus 240

Blastophaga psenes 573
Blatta orientalis 556
Blepharotes splendidissimus 566
Boa constrictor 381
Boa dumerili 379
Bogertophis subocularis 386
Boiga dendrophila 386
Bolitoglossa mexicana 438
Bombina orientalis 442
Bombix mori 570
Bombus terretris 573
Bombycilla japonica 344
Bombylius major 566
Bonella viridis 537
Bonisa nakasa 541
Borthrops insularis 427
Bos gaurus 250
Bos grunniens 247
Bos javanicus 247
Bos sauveli 247, 257
Boselaphus tragocamelus 246
Bostrychia bocagei 361
Botaurus lentiginosus 278
Bothriechis schlegelii 398
Bothrops atrox 398
Botia macracanthus 489
Botia sidthimunki 521
Botryllus schlosseri 596
Brachionichthys hirsutus 521
Brachycephalus ephippium 447
Brachydanio rerio 489
Brachylagus idahoensis 142
Brachylophus vitiensis 427
Brachypelma emilia 593
Brachypelma vagans 593
Brachyteles arachnoides 123, 257
Brachyteles hypoxanthus 257
Brachytron pratense 551
Bradypodion pumilum 427
Bradypodion taeniabronchum 427
Bradypodion thamnobates 404
Bradypus torquatus 138
Branchiostoma lanceolatum 596
Branta canadensis 284
Breviceps adspersus 456
Bubalus bubalis 246
Bubalus depressicornis 246
Bubalus mindorensis 257
Bubalus quarlesi 246
Bubo virginianus 319
Bucco capensis 333
Buceros bicornis 331
Bucorvus leadbeateri 331
Bufo americanus 446
Bufo bufo 446
Bufo gutturalis 446
Bufo marinus 448
Bufo periglenes 446, 457
Bufo rangeri 446
Bufo viridis 446
Buphagus erythrorhynchus 358
Buteo buteo 292
Buteo galapagoensis 292
Buteo ridgwayi 361
Buthus occitanus 587
Butorides striatus 278
Bythites hollisi 503

C

Cabassous centralis 140
Cacajao calvus 125
Cacatua galerita 312
Cacatua haematuropygia 361
Cacatua sulphurea 361
Cacopsylla pyricola 560
Caecilia tentaculata 439
Caiman crocodilus 425
Caiman lizard 417
Cairina moschata 285
Cairns birdwing 571
Calabaria reinhardtii 379
Calidris canutus 306
Californian sea lion 217
Caligus rapax 580
Callagur borneoensis 427
Callicebus barbarabrownae 257
Callicebus coimbrai 257
Callicebus moloch 125
Callicebus torquatus 125
Callimico goeldii 126
Callionymus sanctaehelenae 521
Callipepla californica 296
Calliphora vicina 566
Calliphora vomitoria 566
Callithrix argentata 127
Callithrix geoffroyi 127
Callithrix pygmaea 127
Callosamia promethea 572
Callosciurus prevosti 148
Calloselasma rhodostoma 398
Calomys laucha 151
Calotes versicolor 403
Calumma parsonii 405
Caluromysiops irrupta 92
Calyptomena viridis 338
Calyptura cristata 361
Camarhynchus heliobates 361
Camelus bactrianus 237
Camelus dromedarius 237
Campephilus imperialis 361
Campephilus principalis 361
Campylorhynchus brunneicapillus 355
Cancer pagurus 581
Candoia carinata 382
Canis adustus 183
Canis aureus 184
Canis dingo 185
Canis latrans 184
Canis lupus 186
Canis mesomelas 184
Canis rufus 184, 257
Canis simensis 184, 257
Cape fur seal 217
Capra aegagrus 256, 257
Capra falconeri 256, 257
Capra ibex 255
Capra walie 257
Capreolus capreolus 241
Caprimulgus europaeus 322
Caprimulgus noctitherus 361
Caprolagus hispidus 143
Capromys pilorides 159
Caracara plancus 294
Caranx hippos 511
Carapus acus 503
Carcharhinus leucas 473
Carcharhinus melanopterus 474
Carcharias taurus 469
Carcharodon carcharias 471
Cardinalis cardinalis 354
Carduelis carduelis 357
Caretta caretta 369
Carettochelys insculpta 368
Cariama cristatus 301
Carpococcyx viridis 361
Casarea dussumieri 379
Casmerodius albus 278
Cassiopeia xamachana 531
Cassis cornuta 540
Castor canadensis 149
Castor fiber 149
Casuarius casuarius 265
Catajapyx diversiunguis 550
Cataracta antarctica 306
Cathartes aura 288
Caucinus maenas 581
Cavia aperea 158
Cebus albifrons 257
Cebus apella 125, 257
Cebus olivaceus 126
Cebus xanthosternos 257
Cedispsylla simplex 565
Celestus anelpistus 427
Centropus steerii 361
Cephalakompsus pachycheilus 521
Cephalophus natalensis 250
Cephalopterus ornatus 339
Cephalorhynchus commersonii 172
Cephalorhynchus hectori 172, 257
Cephaloscyllium ventriosum 473
Cerastes cerastes 395
Cerastoderma edule 539
Ceratias holboelli 504
Ceratobatrachus guentheri 454
Ceratophrys cornuta 445
Ceratotherium simum 230, 257
Cercartetus lepidus 97
Cercocebus atys 257
Cercocebus galeritus 257
Cercocebus torquatus 130
Cercopis vulnerata 558
Cercopithecus diana 257
Cercopithecus neglectus 130
Cercopithecus nictitans 257
Cerdocyon thous 183
Cereopsis novaehollandiae 284
Certhia americana 351
Cervus duvaucelii 257
Cervus elaphus 240
Cervus eldi 257
Cervus nippon 240, 257
Cervus unicolor 239
Ceryle alcyon 327
Ceryle rudis 327
Cetorhinus maximus 472
Cetoscarus bicolor 516
Chaenocephalus aceratus 517
Chaerephon gallagheri 257
Chaetophractus villosus 139
Chaetopterus variopedatus 534
Chaetura pelagica 323
Chalcides ocellatus 414
Chalcolepidius limbatus 563
Chalsis sispes 574
Chamaeleo jacksoni 405
Chanos chanos 489
Charadrius hiaticula 305
Charina bottae 382
Charina trivirgata 382
Charmosyna diadema 361
Charmosyna toxopei 361
Chasmistes cujus 521
Chauliodus sloani 500
Cheirogaleus medius 120
Chela caeruleostigmata 521
Chelidonichthys lucerna 510
Chelidoptera tenebrosa 333
Chelmon rostratus 516
Chelodina longicollis 368
Chelodina mccordi 427
Chelon labrosus 506
Chelonia mydas 368
Chelus fimbriatus 368
Chelydra serpentina 369
Chersina angulata 375
Chiasmodon niger 511
Chilatherina sentaniensis 521
Chilo phragmitella 572
Chiloglanis bifurcus 521
Chiloscyllium plagiosum 468
Chimarrogale hantu 106, 257
Chimarrogale sumatrana 257
Chinchilla brevicaudata 257
Chinchilla lanigera 159
Chioglossa lusitanica 436
Chionis alba 306
Chirocentrus dorab 487
Chiromantis xerampelina 456
Chironectes minimus 92
Chironex fleckeri 531
Chironius vincenti 427
Chironomus riparius 567
Chiropotes satanas 124
Chiroxiphia pareola 340
Chiton striatus 542
Chitra chitra 427
Chlamydogobius micropterus 521
Chlamydogobius squamigenus 521
Chlamydosaurus kingii 403
Chlamydoselachus anguineus 467
Chlamydotis undulata 301
Chlamys opercularis 539
Chlidonias niger 307
Chloebia gouldiae 357
Chlorophanes spiza 354
Chlorospingus ophthalmicus 354
Chlorotalpa tytonis 257
Choloepus didactylus 138
Chondrohierax wilsonii 361
Chondrostoma scodrensis 521
Chordeiles minor 322
Chorthippus brunneus 552
Chrotomys gonzalesi 257
Chrysemys picta 369
Chrysiridia riphearia 573
Chrysochloris asiatica 104
Chrysochloris visagiei 257
Chrysochroa buqueti 562
Chrysocyon brachyurus 183
Chrysopelea ornata 386
Chrysops relictus 569
Cicada orni 558
Cicadella viridis 558
Cicindella campestris 562
Cicinnurus regius 359
Cicinnurus respublica 359
Ciconia ciconia 279
Cimex lectularius 559
Cinclodes aricomae 361
Cinclodes patagonicus 338
Cinclus cinclus 345
Circaetus pectoralis 292
Circus cyaneus 292
Cissopis leveriana 354
Cisticola juncidis 348
Clamator glandarius 315
Clarias cavernicola 521
Clarias maclareni 521
Clarius batrachus 492
Cleidopus gloriamaris 508
Clemmys guttata 369
Clemmys insculpta 372
Clepsis rurinana 573
Clethrionomys glareolus 152
Clothoda urichi 557
Clupea harengus 486
Clytoceyx rex 330
Clytoctantes atrogularis 361
Cnemidophorus uniparens 417
Coccothraustes vespertinus 357
Coenagrion puella 551
Coendou prehensilis 157
Colaptes auratus 335
Coleonyx variegatus 409
Coleura seychellensis 257
Colias eurytheme 572
Colius striatus 326
Collocalia esculenta 323
Colluricincla sanghirensis 361
Colobus guereza 131
Colostethus inguinalis 452
Coluber gyarosensis 427
Coluber viridiflavus 386
Columba argentina 361
Columba livia 309
Columba mayeri 309
Columba palumbus 309
Columbina cyanopis 361
Condylura cristata 107
Conepatus humboldti 200
Conger conger 485
Congosorex polli 257
Connochaetes taurinus 253
Conothraupis mesoleuca 361
Conraua goliath 453
Conus genuanus 540
Copella arnoldi 490
Copsychus sechellarum 361
Coracias garrulus 331
Coracina tenuirostris 343
Corallus caninus 382
Corallus hortulanus 382
Cordylus cataphractus 413
Cordylus giganteus 413
Cordylus rhodesianus 413
Coregonus artedi 495
Coregonus reighardi 521
Cormobates leucophaeus 351
Corucia zebrata 415
Corvus 0monedula 360
Corvus corax 360
Corvus corone 360
Corvus hawaiiensis 361
Coryphaena hippurus 515
Coryphaenoides acrolepis 504
Corytophanes cristatus 406
Cotinga amabilis 339
Cottus gobio 510
Cottus petiti 521
Cottus pygmaeus 521
Coturnix coturnix 296
Crangon crangon 581
Crataerina pallida 567
Crategeomys merriami 148
Crateromys paulus 257
Cratosomus roddami 563
Crax alberti 361
Crax daubentoni 295
Creadion carunculatus 358
Crex crex 300
Cricetomys gambianus 154
Cricetus cricetus 151
Crinia insignifera 444
Crocidura ansellorum 257
Crocidura caliginea 257
Crocidura desperata 257
Crocidura dhofarensis 257
Crocidura eisentrauti 257
Crocidura gracilipes 257
Crocidura harenna 257
Crocidura jenkinsi 257
Crocidura leucodon 106
Crocidura macmillani 257
Crocidura macowi 257
Crocidura negrina 257
Crocidura phaeura 257
Crocidura picea 257
Crocidura polia 257
Crocidura raineyi 257
Crocidura telfordi 257
Crocidura ultima 257
Crocodylus intermedius 427
Crocodylus mindorensis 427
Crocodylus niloticus 425
Crocodylus porosus 426
Crocodylus siamensis 427
Crocuta crocuta 207
Cromileptes altivelis 511
Crotalus atrox 396
Crotalus durissus 398
Crotalus unicolor 427
Crotaphytus collaris 406
Crotophaga ani 315
Crunomys fallax 257
Cryptobranchus alleganiensis 434
Cryptochloris zyli 257
Cryptomys hottentotus 159
Cryptoprocta ferox 205
Crypturellus saltuarius 361
Ctenocephalides canis 565
Ctenocephalides felis 565
Ctenosaura similis 407
Cuculus canorus 315
Culcitta novaeguieae 594
Culicoides impunctatus 566
Cuon alpinus 185
Cuora aurocapitata 427
Cuora flavomarginata 372
Cuora galbinifrons 427
Cuora mccordi 427
Cuora pani 427
Cuora trifasciata 427
Cuora zhoui 427
Curaeus forbesi 361
Cursorius rufus 305
Cyanea capillata 531
Cyanocitta cristata 360
Cyanopsitta spixii 314
Cyanopsitta spixii 361
Cyclemys dentata 372
Cyclopes didactylus 139
Cyclopterus lumpus 510
Cyclorana australis 451
Cyclura carinata 427
Cyclura collei 427
Cyclura cornuta 407
Cyclura nubila 427
Cyclura pinguis 427
Cyclura ricordi 427
Cyclura rileyi 427
Cygnus atratus 283
Cygnus olor 283
Cylindrophis ruffus 379
Cynictis penicillata 205
Cynocephalus variegatus 114
Cynomys ludovicianus 147
Cyornis ruckii 361

Cypraea ocellata 540
Cyprinella alvarezdelvillari 521
Cyprinella bocagrande 521
Cyprinodon bovinus 521
Cyprinodon diabolis 507
Cyprinodon meeki 521
Cyprinodon pachycephalus 521
Cyprinodon pecosensis 521
Cyprinodon verecundus 521
Cyprinodon veronicae 521
Cyprinus carpio 489
Cypseloides niger 323
Cypselurus heterurus 506
Cypsiurus parvus 324
Cystophora cristata 219

D

Daboia russelli 395
Dacelo novaeguineae 330
Dactylopsila trivirgata 96
Dama dama 239
Damaliscus dorcas 252
Damaliscus hunteri 257
Damaliscus lunatus 252
Danaus plexippus 571
Danio pathirana 521
Dasycercus byrnei 93
Dasycercus cristicauda 93
Dasypeltis scabra 386
Dasyprocta azarae 158
Dasypus novemcinctus 139
Dasyurus viverrinus 93
Daubentonia madagascariensis 121
Delichon urbica 342
Delphinapterus leucas 167
Delphinus delphis 172
Dendroaspis angusticeps 392
Dendroaspis polylepis 392
Dendrobates auratus 452
Dendrobates pumilio 452
Dendrocopos major 335
Dendrocygna eytoni 283
Dendrogale melanura 115
Dendrohyrax arboreus 222
Dendroica coronata 355
Dendroica kirtlandii 355
Dendrolagus dorianus 101
Dendromus vernayi 257
Dentalium elephantinum 542
Denticeps clupeoides 487
Dermatemys mawii 369
Dermestes lardarius 563
Dermochelys coriacea 372, 427
Dermophis mexicanus 439
Deroptyus accipitrinus 313
Desmana moschata 107
Desmodus rotundus 112
Desmognathus ochrophaeus 437
Dicaeum quadricolor 361
Dicaeum trigonostigma 352
Dicamptodon tenebrosus 435
Dicerorhinus sumatrensis 257
Dicerorhinus sumatrensis 229
Diceros bicornis 230, 257
Dicrostonyx vinogradovi 257
Dicrurus forficatus 358
Didelphis virginiana 92
Dillia pectoralis 499
Dinocras cephalotes 553
Diodon holocanthus 520
Diomedea amsterdamensis 361
Diomedea exulans 270

Dionda mandibularis 521
Diploglossus montisserrati 427
Diplomesodon pulchellum 106
Dipodomys heermanni 257
Dipodomys ingens 257
Dipodomys insularis 257
Dipodomys margaritae 257
Dipodomys merriami 149
Dipodomys nitratoides 257
Dipsas albifrons 427
Dipsas indica 387
Dispholidus typus 387
Dissostichus mawsoni 517
Distichopora violacea 532
Distoechurus pennatus 97
Dolichonyx oryzivorous 356
Dolichopteryx binocularis 494
Dolichotis patagonum 158
Draco spilonotus 403
Dromaius novaehollandiae 265
Dromas ardeola 304
Drosophila melanogaster 567
Drymarchon corais 387
Dryocopus martius 335
Ducula galeata 361
Ducula whartoni 361
Dugong dugon 223
Dytiscus marginalis 563

E

Echiichthys vipera 517
Echinorhinus cookei 467
Echinosorex gymnura 103
Echinus esculentus 595
Echis pyramidum 395
Echymipera kalubu 94
Eclectus roratus 312
Egernia frerei 415
Elaphe guttata 387
Elaphe longissima 387
Elaphe obsoleta 387
Elaphe situla 388
Elaphurus davidianus 240, 257
Electrophorus electricus 492
Elephantulus rufescens 114
Elephas maximus 221
Eleutherodactylus karlschmidti 457
Eleutherodactylus planirostris 445
Elgaria kingii 418
Eliurus penicillatus 257
Elops saurus 484
Emberiza citrinella 353
Empidonax minimus 340
Emys orbicularis 373
Encheloclarias curtisoma 521
Encheloclarias kelioides 521
Encope michelini 595
Engraulis mordax 487
Engraulis ringens 487
Enhydra lutris 203
Ensatina eschscholtzii 438
Ensifera ensifera 325
Ensis siliqua 539
Enterochromis paropius 521
Enteroctopus dolfleini 544
Entomyzon cyanotis 353
Eolophus roseicapillus 312
Eos reticulata 311
Eosentomon delicatum 550
Ephemera danica 551
Epicrates cenchria 382
Epinephelus drummondhayi 521

Epinephelus itajara 521
Epinephelus lanceolatus 513
Epinephelus nigritus 521
Epomophorus wahlbergi 110
Epomops franqueti 110
Equus africanus 227
Equus africanus 257
Equus burchelli 227
Equus grevyi 227
Equus hemionus 227
Equus przewalskii 227
Eremitalpa granti 105
Eremophila alpestris 342
Erethizon dorsatum 157
Eretmochelys imbricata 368, 427
Erinaceus europaeus 103
Eriocnemis godini 361
Eriocnemis mirabilis 361
Eriocnemis nigrivestis 361
Eriothrix rufomaculata 569
Erithacus rubecula 346
Erpeton tentaculatus 388
Erythrocebus patas 130
Eschrichtius robustus 163, 257
Esox lucius 494
Esox masquinongy 494
Etmopterus spinax 467
Eubalaena glacialis 163
Eublepharis macularius 409
Euchloron megaera 572
Eudocimus ruber 279
Eudromia elegans 265
Eudyptes chrysolophus 267
Eudyptula minor 267
Eulemur fulvus 257
Eulemur macaco 257
Eumeces lagunensis 415
Eumeces longirostris 427
Eumeces schneiderii 415
Eumetopias jubata 217
Eunectes murinus 383
Euoticus elegantulus 119
Euphausia superba 581
Eupholus bennetti 563
Euproctus platycephalus 457
European hornet 575
Euroscaptor micrura 107
Euroscaptor parvidens 257
Eurycea guttolineata 438
Eurychelidon sirintarae 361
Eurydema dominulus 560
Eurypharynx pelecanoides 485
Eurypyga helias 301
Eutoxeres aquila 324
Eutrichomyias rowleyi 361
Eutriorchis astur 361
Exocoetus volitans 506
Extatosoma tiaratum 553

F

Falco eleonorae 294
Falco peregrinus 294
Falco punctatus 294
Falco tinnunculus 294
Falcunculus frontatus 350
Farlowella acus 492
Fasciola hepatica 533
Felis aurata 210
Felis caracal 210
Felis chaus 209
Felis concolor 214

Felis geoffroyi 211
Felis guigna 211
Felis jacobita 211
Felis lynx 209
Felis margarita 209
Felis marmorata 210
Felis nigripes 210
Felis pardalis 211
Felis pardina 209
Felis planiceps 211
Felis rufus 209
Felis serval 210
Felis sylvestris 209
Felis viverrinus 210
Felis wiedi 211
Felis yagouaroundi 214
Ficedula strophiata 349
Forficula auricularia 553
Foudia rubra 361
Francolinus ochropectus 361
Fratercula arctica 308
Fregata andrewsi 361
Fregata minor 276
Fringilla coeleb 357
Fulgora servillei 559
Fulica atra 300
Fulmarus glacialis 271
Furcifer oustaleti 405
Furcifer pardalis 405

G

Gadus morhua 503
Galago crassicaudatus 119
Galago moholi 120
Galathea strigosa 584
Galaxias fontanus 521
Galaxias fuscus 521
Galaxias johnstoni 521
Galaxias maculatus 499
Galaxias pedderensis 521
Galbula ruficauda 333
Galemys pyrenaicus 107
Galeocerdo cuvier 473
Galictis vittata 199
Gallicolumba erythroptera 361
Gallicolumba keayi 361
Gallicolumba menagei 361
Gallicolumba platenae 361
Gallicolumba salamonis 361
Gallicolumba silvestris 361
Gallinago media 306
Gallinula chloropus 300
Gallinula pacifica 361
Gallirallus lafresnayanus 361
Gallotia simonyi 427
Gallus gallus 297
Gambusia eurystoma 521
Garrulax milnei 347
Garrulus glandarius 360
Gasterosteus aculeatus 509
Gastrophryne olivacea 456
Gastrotheca monticola 451
Gavia immer 268
Gavia stellata 268
Gavialis gangeticus 426
Gazella gazella 257
Gazella thomsonii 254
Gekko gecko 410
Genetta genetta 204
Geochelone carbonaria 374
Geochelone elegans 374
Geochelone nigra 370, 427

Geochelone pardalis 374
Geochelone platynota 427
Geococcyx californianus 315
Geopsittacus occidentalis 361
Geospiza scandens 353
Geothlypis beldingi 361
Geothlypis trichas 355
Gerbillus bilensis 257
Gerbillus burtoni 257
Gerbillus cosensis 257
Gerbillus dalloni 257
Gerbillus floweri 257
Gerbillus grobbeni 257
Gerbillus hoogstraali 257
Gerbillus lowei 257
Gerbillus mauritaniae 257
Gerbillus occiduus 257
Gerbillus principulus 257
Gerbillus quadrimaculatus 257
Gerbillus syrticus 257
Geronticus eremita 279
Geronticus eremita 361
Gerrhosaurus major 413
Gerygone ruficollis 349
Gila modesta 521
Gila nigrescens 521
Ginglymostoma cirratum 469
Giraffa camelopardalis 243
Girardinichthys viviparus 521
Glaucidum perlatum 320
Glis glis 156
Globicephala macrorhynchus 173
Globitermes sulphureus 556
Glomeris marginata 578
Glossogobius ankaranensis 521
Glossolepis wanamensis 521
Glyphis gangeticus 521
Glyphorhynchus spirurus 338
Gnathonemus petersi 482
Golfingia vulgaris 537
Gonatodes vittatus 410
Gonorhynchus gonorhynchus 489
Gonyosoma oxycephala 388
Gopherus agassizii 374
Gorilla beringei 135, 257
Gorilla gorilla 135, 257
Goura victoria 310
Gracilinanus aceramarcae 257
Gracula religiosa 358
Grallaria varia 339
Grallina cyanoleuca 359
Grammostola rosea 593
Grampus griseus 170
Gromphadorhina portentosa 556
Grotalus cerastes 398
Grus canadensis 299
Grus grus 299
Grus japonensis 299
Grus leucogeranus 361
Grylloblatta campodeiformis 553
Gryllotalpa gryllotalpa 552
Gulo gulo 199
Gymnobelideus leadbeateri 96
Gymnocichla nudiceps 339
Gymnogyps californianus 361
Gymnomuraena zebra 484
Gymnorhina tibicen 359
Gymnotus carapo 492
Gypaetus barbatus 289
Gyps africanus 289
Gyps bengalensis 361
Gyps indicus 361
Gyrinocheilus aymonieri 490

H

Haematopus ostralegus 304
Haemopsis sanguisuga 535
Haliaeetus leucocephalus 291
Haliaeetus vocifer 289
Haliaeetus vociferoides 361
Halichoerus grypus 219
Haliotis rufescens 540
Hampala lopezi 521
Hapalemur aureus 257
Hapalemur griseus 120, 257
Hapalemur simus 257
Hapalochlaena lunulata 543
Hapalopsittaca fuertesi 361
Harpa major 540
Harpagochromis guiarti 521
Harpagochromis plagiostoma 521
Harpagochromis worthingtoni 521
Harpia harpyja 293
Harpobittacus australis 565
Helarctos malayanus 190
Helcion pellucida 540
Heleophryne purcelli 444
Heliangelus zusii 361
Helina obscurata 567
Heliornis fulica 301
Heliosciurus gambianus 148
Heloderma horridum 419
Heloderma suspectum 419
Helogale parvula 205
Hemibelideus lemuroides 96
Hemicentetes semispinosus 104
Hemidactylus frenatus 410
Hemiechinus auritus 103
Hemignathus lucidus 361
Hemignathus munroi 355
Hemiphaga novaeseelandiae 310
Hemiprocne longipennis 324
Hemiscyllium ocellatum 468
Hemisus marmoratus 455
Hemitheconyx caudicinctus 410
Hemitragus jemlahicus 255
Heosemys depressa 427
Heosemys leytensis 427
Heterocephalus glaber 159
Heteroconger hassi 485
Heteroconger hassi 485
Heterodon nasicus 388
Heterodontus francisci 468
Heterodontus portusjacksoni 468
Heteroglaux blewitti 361
Heteromirafra ruddi 361
Heteromys nelsoni 257
Heterophasia capistrata 347
Heteropriacanthus cruentatus 511
Hexanchus griseus 467
Hexaprotodon liberiensis 235
Hexaprotodon liberiensis 257
Himantopus himantopus 304
Himantopus novaezelandiae 361
Himantura chaophraya 521
Hippocampus guttulatus 509
Hippoglossus hippoglossus 519
Hippopotamus amphibus 235
Hipposideros nequam 257
Hipposideros speoris 111
Hippotragus equinus 251
Hippotragus niger 251, 257
Hirudo medicinalis 535
Hirundapus caudacutus 323
Hirundo pyrrhonota 342
Hirundo rustica 342
Histrio histrio 504
Holoaden bradei 457
Homarus gammarus 584
Homopus signatus 374
Hoplias macrophthalmus 491
Hoplochromis annectidens 521
Hoplostethus atlanticus 508
Hubbsina turneri 521
Hyaena hyaena 207
Hyalinobatrachium valerioi 452
Hydrochaerus hydrochaeris 158
Hydrocynus vittatus 490
Hydrolagus colliei 477
Hydromantes platycephalus 438
Hydrometra stagnorum 559
Hydromys chrysogaster 155
Hydroprogne caspia 307
Hydrosaurus pustulatus 403
Hydrurga leptonyx 218
Hyemoschus aquaticus 239
Hyla arborea 450
Hyla chrysoscelis 451
Hyla cinerea 450
Hylobates concolor 133
Hylobates lar 133, 257
Hylobates leucogenys 133
Hylobates moloch 134
Hylobates moloch 257
Hylobates syndactylus 133
Hylochoerus meinertzhageni 232
Hylomys parvus 257
Hylomys suillus 103
Hylopetes winstoni 257
Hylophilus ochraceiceps 356
Hymenolaimus malacorhynchos 285
Hyperolius marmoratus 455
Hyperoodon ampullatus 173
Hypoderma bovis 568
Hypogeomys antimera 152
Hypsilurus spinipes 403
Hypsipetes madagascariensis 343
Hypsiprymnodon moschatus 97
Hystrix africaeaustralis 157

I

Ibidorhyncha struthersii 304
Ichthyophis glutinosus 439
Icterica westermanni 569
Icterus bullocki 356
Icterus oberi 361
Ictonyx striatus 199
Idiacanthus antrostomus 500
Iguana iguana 407
Ilydon whitei 521
Indicator indicator 334
Indonesian coelacanth 480
Indri indri 121
Inia geoffrensis 167
Irena puella 344
Isolobodon portoricensis 257
Isurus oxyrinchus 472

J

Jacana jacana 304
Jaculus jaculus 156
Janthina janthina 540
Joppa antennata 574
Jordanella floridae 506
Junco hyemalis 353
Junco insularis 361
Jynx torquilla 334

K

Kachuga kachuga 427
Kassina senegalensis 455
Kheper aegyptiorium 564
Kinixys erosa 374
Kinosternon flavescens 373
Kiunga ballochi 521
Kobus ellipsiprymnus 250
Kobus kob 251
Kobus leche 250
Kobus vardonii 251
Kogia simus 176
Konia dikume 521
Konia eisentrauti 521
Kryptopterus bicirrhis 491
Kunsia tomentosus 151

L

Labeo lankae 521
Labeo seeberi 521
Labroides dimidiatus 516
Lacerta agilis 413
Lacerta lepida 414
Lacerta schreiberi 414
Lacerta vivipara 414
Lachesis muta 398
Lactoria cornuta 520
Laemanctus longipes 408
Lagenorhynchus albirostris 170
Lagenorhynchus obliquidens 170
Lagenorhynchus obscurus 169
Lagopus lagopus 296
Lagorchestes conspicillatus 100
Lagorchestes hirsutus 257
Lagostomus maximus 158
Lagothrix cana 123
Lagurus lagurus 154
Lama guanicoe 237
Lampetra fluviatilis 464
Lampris guttatus 507
Lamprocera selas 563
Lamprolepis smaragdina 415
Lampropeltis getula 388
Lampropeltis triangulum 389
Lamprophis fuliginosus 389
Lamprotornis splendidus 358
Langaha madagascariensis 389
Laniarius liberatus 361
Lanius collaris 344
Lanius newtoni 361
Lanthanotus borneensis 419
Larosterna inca 308
Larus argentatus 307
Larus dominicanus 307
Lasiorhinus krefftii 257
Lasiorhinus latifrons 95
Lathamus discolor 313
Laticauda colubrina 392
Latidens salimalii 257
Latimeria chalumnae 480
Latimeria chalumnae 521
Latrodectus mactans 592
Leimacomys buettneri 257
Leiopelma hochstetteri 442
Leiothrix lutea 347
Leipoa ocellata 295
Lemmus sibericus 153
Lemniscomys striatus 154
Lemur catta 120
Lemur fulvus 120
Lemur macaco 120
Leontopithecus caissara 257
Leontopithecus chrysopygus 257
Leontopithecus rosalia 127
Leontopithecus rosalia 257
Lepas anatifera 580
Lepidoblepharis montecanoensis 427
Lepidochelys kempi 427
Lepidochelys olivacea 369
Lepidogalaxias salamandroides 499
Lepidomeda albivallis 521
Lepidopyga lilliae 361
Lepilemur mustelinus 121
Lepisma saccharina 550
Lepisosteus osseus 481
Lepomis cyanellus 514
Leporillus conditor 155
Leptodactylus pentadactylus 445
Leptodon forbesi 361
Leptomys elegans 257
Leptomys signatus 257
Leptonychotes weddelli 218
Leptopelis modestus 455
Leptophyes punctatissima 552
Leptoptilos crumeniferus 279
Leptotila wellsi 361
Lepus arcticus 143
Lepus californicus 143
Lepus europaeus 143
Lerista allanae 427
Lethocereus grandis 558
Leucettusa lancifer 528
Leuciscus ukliva 521
Leucocephalon yuwonoi 427
Leucopeza semperi 361
Leucopsar rothschildi 361
Leuresthes tenuis 505
Libellula depressa 551
Limnephilus lunatus 569
Limnodynastes peronii 444
Limnogale mergulus 104
Limulus polyphemus 585
Linophryne arborifera 504
Liolaemus tenuis 408
Liophis cursor 427
Liothyrella uva 536
Lipaugus unirufus 339
Lipochromis maxillaris 521
Lipochromis melanopterus 521
Liposcelis terricolis 557
Lipotes vexillifer 167, 257
Lissodelphis borealis 172
Lithobius variegatus 578
Litocranius walleri 254
Litoria caerulea 450
Litoria castane 457
Litoria fbooroolongensis 457
Litoria infrafrenata 450
Litoria lorica 457
Litoria nyakalensis 457
Litoria piperata 457
Litoria spenceri 457
Litoria verrequ 457
Littorina obtusata 541
Lobodon carcinophagus 218
Locustella naevia 348
Logigo opalescens 543
Lontra canadensis 201
Lophiolatilus chamaeleonticeps 511
Lophius piscatorius 504
Lophornis brachylopha 361
Lophornis ornatus 324
Loris tardigradus 119
Lota lota 503
Loxia curvirostra 357
Loxocemus bicolor 379
Loxodonta africana 221
Loxodonta cyclotis 221
Loxosceles rufescens 592
Lucania interioris 521
Lucanus cervus 564
Luidia ciliaris 594
Lumbricus terrestris 535
Luscinia megarhynchos 346
Luscinia svecica 346
Luscinia svecica magna 346
Lutra lutra 201
Lybius dubius 333
Lycaena disper 597
Lycaena phlaeas 570
Lycaon pictus 185
Lycosa tarentula 592
Lygocoris pabulinus 559
Lygosoma fernandi 416
Lymantria dispar 571
Lymnaea stagnalis 541
Lyssidia zampa 573

M

Mabuya longicauda 415
Mabuya striata 416
Macaca fascicularis 130
Macaca nigra 130
Macaca pagensis 257
Maccullochella peelii 521
Macroagelaius subalaris 361
Macrocera stigma 567
Macrocheira kaempferi 583
Macroclemys temminckii 369
Macroderma gigas 111
Macrodipteryx longipennis 322
Macromeris violaceus 575
Macronectes giganteus 271
Macroperipatus torquatus 537
Macropleurodus bicolor 521
Macropus fulginosus 101
Macropus parma 101
Macropus robustus 101
Macropus rufus 99
Macrosyphum albifrons 558
Macrotarsomys ingens 257
Macrotis lagotis 94
Macrovipera schweizeri 427
Macruromys elegans 257
Madoqua kirkii 253
Makaira nigricans 519
Makalata occasius 257
Malacochersus tornieri 374
Malacosoma americanum 570
Malacosteus niger 500
Mallomys gunung 257
Mallomys rothschildi 155
Mallotus villosus 495
Malurus cyaneus 349
Malurus melanocephalus 349
Manacus manacus 340
Mandibularca resinus 521
Mandrillus sphinx 129
Manis pentadactyla 140
Manis temmincki 140
Manorina melanocephala 353
Manta birostris 476
Mantella aurantiaca 454
Mantella viridis 454
Marmosa andersoni 257
Marmosa murina 92
Marmosops handleyi 257

Marmota flaviventris 146
Marmota monax 146
Martes flavigula 198
Martes foina 198
Martes martes 198
Martes pennanti 198
Martes zibellina 198
Maticora bivirgata 393
Mauremys annamensis 427
Meconema thalassinum 552
Megachasma pelagios 472
Megalaima virens 333
Megaloblatta longipennis 556
Megalops atlanticus 484
Megapodius pritchardii 361
Megaptera novaeangliae 165
Megasorex gigas 105
Megophrys montana 443
Melamprosops phaeosoma 361
Melanerpes formicivorus 335
Melanitta fusca 285
Melanocetus johnsoni 504
Melanosuchus niger 426
Melanotaenia boesemani 506
Meleagris gallopavo 296
Meles meles 199
Melichneutes robustus 334
Mellisuga helenae 325
Mellivora capensis 199
Melogale personata 200
Melolontha melolontha 564
Melomys rubicola 257
Melopsittacus undulatus 313
Melospiza melodia 353
Melursus ursinus 190
Menacanthus stramineus 557
Menopon gallinae 557
Menura novaehollandiae 341
Mephitis mephitis 200
Merganetta armata 285
Mergus merganser 285
Mergus octosetaceus 361
Meriones chengi 257
Meriones unguiculatus 152
Merluccius productus 503
Merops apiaster 330
Merops bullockoides 330
Merulaxis stresemanni 361
Mesitornis variegata 299
Mesocapromys angelcabrerai 257
Mesocapromys auritus 257
Mesocapromys nanus 257
Mesocapromys sanfelipensis 257
Mesocricetus auratus 151
Mesotopus tarandus 564
Metasolpulga picta 587
Micrastur ruficollis 294
Micrathena gracilis 589
Microdipodops megacephalus 149
Microgale dryas 257
Microhyla ornata 456
Micromys minutus 154
Micropotamogale lamottei 104
Microtus arvalis 153
Microtus evoronensis 257
Microtus mujanensis 257
Micrurus lemniscatus 392
Milvus milvus 288
Mimodes graysoni 361
Mimus polyglottos 355
Mirafra africana 342
Mirounga leonina 219
Misumena vatia 593
Mitsukurina owstoni 469

Mniotilta varia 355
Moapa coriacea 521
Mola mola 520
Moloch horridus 404
Molossus ater 113
Molothrus ater 356
Momotus momota 330
Monachus monachus 218, 257
Monarcha boanensis 361
Monodon monoceros 168
Mops condylurus 113
Mops niangarae 257
Morelia spilota 383
Morelia viridis 384
Mormolyce phyllodes 562
Morpho peleides 571
Morus bassanus 275
Moschus chrysogaster 239
Motacilla alba 343
Mullus surmuletus 515
Mungos mungo 205
Muntiacus reevesi 239
Murex troscheli 540
Murina tenebrosa 257
Mus kasaicus 257
Mus musculus 156
Musca domestica 567
Muscardinus avellanarius 156
Muscicapa thalassina 349
Mustela erminea 197
Mustela lutreola 197
Mustela nigripes 197
Mustela nivalis 197
Mustela putorious 197
Mustela vison 197
Mustelus mustelus 473
Mutilla europea 574
Myadestes lanaiensis 361
Myadestes myadestinus 361
Myadestes palmeri 361
Myaka myaka 521
Mycteria americana 278
Myctophum asperum 501
Mydaea corni 567
Myiopsitta monachus 314
Myliobatis aquila 477
Myocastor coypus 159
Myosorex rumpii 257
Myosorex schalleri 257
Myotis cobanensis 257
Myotis daubentonii 113
Myotis planiceps 257
Myrichthys colubrinus 485
Myripristis murdjan 508
Myrmecobius fasciatus 94
Myrmecophaga tridactyla 139
Myrmotherula fluminensis 361
Myrmotherula snowi 361
Mysateles garridoi 257
Mytilus edulis 539
Myxine glutinosa 464
Myxocyprinus asiaticus 489

N

Naja haje 393
Naja naja 392
Naja pallida 393
Nannopterum harrisi 276
Nasalis larvatus 131
Naso lituratus 517
Nasua nasua 195
Natalus stramineus 113

Natrix natrix 389
Natrix natrix 427
Naucrates ductor 515
Nautilus spompilius 543
Nectarinia osea 352
Nectarinia senegalensis 352
Nectarinia venusta 352
Necturus maculosus 434
Nectogale elegans 106
Nectomys parvipes 257
Negaprion brevirostris 474
Nemateleotris magnifica 517
Nemosia rourei 361
Neobisium maritimum 587
Neoceratodus forsteri 480
Neodrepanis coruscans 341
Neofelis nebulosa 214
Neomys fodiens 105
Neophascogale lorentzii 92
Neophema chrysogaster 361
Neophocaena phocaenoides 168
Neophron percnopterus 289
Neospiza concolor 361
Neotoma fuscipes 257
Nereis virens 534
Nerodia fasciata 389
Nesolagus netscheri 257
Nesomimus parvulus 355
Nestor notabilis 312
New Zealand sea lion 217
Nezara viridula 560
Niltava sundara 349
Nimbaphrynoides occidentalis 447
Ningauri ridei 92
Ninox natalis 361
Ninox novaeseelandiae 320
Niphates digitalis 528
Noctilio leporinus 111
Nomascus concolor 257
Nomascus concolor 257
Nomeus gronovii 514
Northern fur seal 217
Notaden bennetti 444
Notechis scutatus 393
Nothochrysa capitata 561
Nothoprocta kalinowskii 361
Notomys alexis 155
Notonecta glauca 560
Notophthalmus viridescens 436
Notopterus chitala 482
Notoryctes typhlops 94
Notropis cahabae 521
Notropis mekistocholas 521
Notropis moralesi 521
Noturus baileyi 521
Noturus trautmani 521
Nucifraga columbiana 360
Numenius arquata 305
Numenius borealis 361
Numenius tenuirostris 361
Numida meleagris 297
Nyctalus noctula 112
Nyctea scandiaca 320
Nyctereutes procyonoid 183
Nycteris grandis 111
Nyctibius griseus 322
Nycticebus coucang 119
Nycticorax nycticorax 278
Nyctimene rabori 257
Nyctomys sumichrasti 150
Nymphalis antiopa 571
Nymphicus hollandicus 312

O

Oceanites oceanicus 271
Oceanodroma macrodactyla 361
Ochotona curzoniae 142
Ochotona helanshanensis 257
Ochotona pallasi 257
Ochotona princeps 142
Ochotona thibetana 257
Ocreatus underwoodii 324
Octodon degus 159
Octopus vulgaris 543
Odobenus rosmarus 218
Odocoileus hemionus 240
Odocoileus virginianus 240
Odontophorus strophium 361
Oenanthe oenanthe 346
Ognorhynchus icterotis 361
Okapia johnstoni 243
Ommatophoca rossi 219
Ommatoptera pictofolia 552
Oncorhynchus apache 521
Oncorhynchus formosanus 521
Oncorhynchus gorbuscha 498
Oncorhynchus mykiss 498
Oncorhynchus nerka 496
Ondatra zibethicus 153
Onychorynchus coronatus 340
Oospila venezuelata 570
Opheodrys aestivus 390
Ophidion scrippsae 503
Ophiophagus hannah 393
Ophiothrix fragilis 595
Ophisaurus apodus 419
Ophisaurus ventralis 419
Ophrysia superciliosa 361
Opisthocomus hoazin 315
Opisthognathus aurifrons 514
Opisthoproctus soleatus 494
Opisthotropis kikuzatoi 427
Oplurus cuvieri 408
Orcaella brevirostris 172
Orcaella brevirostris 257
Orcinus orca 174
Oreamnos americanus 255
Orectolobus maculatus 468
Oreomystis bairdi 361
Oreonax flavicauda 257
Oreotragus oreotragus 253
Oreotrochilus estella 325
Oriolus larvatus 358
Ornithoptera priamus 571
Ornithorhynchus anatinus 90
Ortalis motmot 295
Orthogeomys cuniculus 257
Orthogeomys grandis 148
Orthonyx temminckii 347
Orthotomus moreaui 361
Orycteropus afer 222
Oryctolagus cuniculus 143
Oryx dammah 251
Oryx gazella 252
Oryzomys galapagoensis 257
Oryzomys gorgasi 257
Ospatulus truncatus 521
Osteolaemus tetraspis 426
Otocyon megalotis 185
Otomops wroughtoni 257
Otonycteris hemprichi 113
Otus capnodes 361
Otus insularis 361
Otus lempiji 317
Otus moheliensis 361

Otus pauliani 361
Otus scops 317
Otus siaoensis 361
Ourebia ourebi 253
Ovibos moschatus 255
Ovis ammon 256, 257
Ovis canadensis 256, 257
Ovis orientalis 256
Oxycommatus bennetti 594
Oxycrrhites typus 516
Oxymycterus nasutus 150
Oxynotus centrina 467
Oxyuranus scutellatus 393

P

Pachycephala pectoralis 350
Pachyptila vittata 271
Pachyuromys duprasi 152
Padda oryzivora 357
Pagodroma nivea 271
Pagophila eburnea 307
Pagophilus groenlandicus 219
Pagurus bernhardus 584
Palaemon serratus 581
Palmatogecko rangei 410
Palomena prasina 560
Pan paniscus 134
Pan troglodytes 134
Pandaka pygmaea 521
Pandion haliaetus 288
Pandius imperator 587
Panorpa lugubris 565
Panthera leo 215, 257
Panthera onca 215
Panthera pardus 214, 257
Panthera tigris 213, 257
Panthera uncia 215
Pantodon bucholzi 482
Panurus biarmicus 347
Papasula abbotti 361
Papilio glaucus 571
Papio anubis 130
Papio papio 130
Papio ursinus 131
Pappogeomys neglectus 257
Paracoelops megalotis 257
Paracrocidura graueri 257
Paradisaea apoda 359
Paradisaea raggiana 359
Paradoxurus hermaphroditus 204
Paraechinus micropus 103
Parahyaena brunnea 207
Paralabidochromis beadlei 521
Paralabidochromis victoriae 521
Paralichthys dentatus 519
Parantechinus apicalis 93
Paratelmatobius lutzii 457
Pardalotus striatus 352
Pardosa amenata 592
Paretroplus maculatus 521
Paretroplus petiti 521
Parnassius apollo 571
Paroreomyza maculata 361
Parotomys brantsii 152
Parus articapillus 351
Parus caeruleus 351
Parus cinerascens 351
Parus major 351
Passer domesticus 357
Passerina ciris 354
Patagona gigas 325
Patella vulgata 540

Pavo cristatus 297
Pecari tajacu 233
Pedetes capensis 149
Pediculus humanus capitis 557
Pedionomus torquatus 299
Pedostibes hosii 447
Pelecanus crispus 273
Pelecanus occidentalis 273
Pellorneum ruficeps 347
Pelobates fuscus 443
Pelodiscus sinensis 373
Pelodytes punctatus 443
Pelomedusa subrufa 373
pencil urchins 595
Penelope albipennis 361
Pentalagus furnessi 142
Pentapora foliacea 536
Pepsis heros 575
Perameles gunnii 94
Perameles gunnii 257
Perca fluviatilis 514
Perdix perdix 296
Pericoma fuliginosa 568
Pericrocotus solaris 343
Periophthalmus barbarus 517
Pernis apivorus 289
Perodicticus potto 119
Perognathus alticola 257
Perognathus longimembris 257
Peromyscus leucopus 150
Peromyscus polionotus 257
Peromyscus pseudocrinitus 257
Peromyscus slevini 257
Petaurista elegans 148
Petauroides volans 97
Petaurus norfolcensis 96
Petrobius maritimus 550
Petrogale concinna 100
Petrogale penicillata 100
Petroica multicolor 350
Petroica traversi 350
Petromyzon marinus 464
Phacellodomus rufifron 338
Phacochoerus africanus 233
Phaethon aethereus 273
Phalacrocorax atriceps 276
Phalacrocorax auritus 276
Phalacrocorax carbo 276
Phalacrognathus mulleri 564
Phalaenoptilus nuttallii 322
Phalanger orientalis 96
Phalangium opilio 588
Phalaropus fulicarius 306
Phapitreron cinereiceps 361
Pharomachrus mocinno 326
Pharotis imogene 257
Phascolarctos cinereus 95
Phasia hemiptera 569
Phasianus colchicus 297
Phelsuma madagascariensis 410
Phidippus regius 590
Philemon citreogularis 353
Philetairus socius 357
Philoria frosti 457
Philydor novaesi 361
Philydor rufus 338
Phoca sibirica 219
Phoca vitulina 219
Phocoena phocoena 168
Phocoena sinus 257
Phocoena sinus 168
Phocoenoides dalli 169
Phodopus roborovskii 151
Phoeniconaias minor 281

Phoenicoparrus andinus 281
Phoenicoparrus jamesi 281
Phoenicopterus chilensis 281
Phoenicopterus ruber 281
Phoeniculus purpureus 331
Pholas dactylus 539
Pholcus phalangioides 592
Pholeogryllus geertsi 552
Photoblepharon palpebratus 509
Phrictus quinquepartitus 559
Phryganea grandis 569
Phrynomantis bifasciatus 456
Phrynosoma platyrhinos 408
Phyllastrephus flavostriatus 343
Phyllastrephus leucolepis 361
Phyllium bioculata 553
Phyllomedusa hypochondrialis 451
Phyllopteryx taeniolatus 509
Phylloscartes ceciliae 361
Phylloscartes roquettei 361
Phylloscopus trochilus 348
Phyllurus cornutus 411
Physalaemus nattereri 445
Physalaemus pustulosus 445
Physalia physalis 532
Physeter catodon 176
Physiculus helenaensis 521
Physignathus cocincinus 404
Phytotoma rutila 341
Pica pica 360
Picathartes gymnocephalus 348
Pictodentalium formosum 542
Picumnus cirratus 334
Picus viridis 335
Pieris napi 572
Pipa pipa 443
Pipile pipile 361
Pipilo erythrophthalmus 353
Pipistrellus anthonyi 257
Pipistrellus joffrei 257
Pipistrellus pipistrellus 112
Piranga olivacea 354
Pisaura mirabilis 592
Pitangus sulphuratus 340
Pithecia monachus 124
Pithecia pithecia 124
Pithecophaga jefferyi 293
Pithecophaga jefferyi 361
Pitta angolensis 341
Pitta gurneyi 361
Pituophis melanoleucus 390
Planococcus citri 559
Planorbarius corneus 541
Platalea alba 279
Platanista gangetica 167
Platemys platycephala 368
Platycercus elegans 312
Platymantis hazelae 457
Platymantis insulatus 457
Platymantis isarog 457
Platymantis levigatus 457
Platymantis negrosensis 457
Platymantis polillensis 457
Platymantis spelaeus 457
Platymantis vitiensis 454
Platymeris biguttata 560
Platysaurus broadleyi 413
Platytroctes apus 495
Plecoglossus altivelis 494
Plecotus auritus 113
Plectrophenax nivalis 353
Plethodon cinereus 437
Plethodon glutinosus 437
Plethodon jordani 437

Pleurobrachia pileus 536
Pleurodeles waltl 436
Pleuronectes platesa 519
Plusiotis resplendens 564
Pluvialis dominica 305
Poblana alchichica 521
Podarcis lilfordi 414
Podarcis pityusensis 414
Podargus strigoides 321
Podiceps cristatus 269
Podiceps gallardoi 269
Podiceps nigricollis 268
Podiceps taczanowskii 361
Podilymbus podiceps 269
Podogymnura truei 103
Podura aquatica 550
Poecilia latipinna 507
Poecilia latipunctata 521
Poecilia reticulata 507
Poecilia sulphuraria 521
Poecilogale albinucha 198
Poecilotheria regalis 593
Pogona vitticeps 404
Pogoniulus bilineatus 332
Pogonochila stellata 346
Pogonomelomys bruijni 257
Polemaetus bellicosus 293
Poliocephalus poliocephalus 269
Polioptila caerulea 348
Pollenia rudis 566
Polycarpa aurata 596
Polyodon spathula 481
Polypterus ornatipinnus 481
Polysticta stelleri 285
Pomacanthus imperator 515
Pomarea nigra 361
Pomarea whitneyi 361
Pomatomus saltatrix 514
Pomatorhinus hypoleucos 347
Pongo abelii 257
Pongo pygmaeus 136
Porphyrio porphyrio 300
Porzana porzana 300
Potamochoerus porcus 233
Potamogale velox 104
Potamotrygon motoro 477
Potorous gilbertii 257
Potorous longipes 97
Potos flavus 195
Prinia subflava 348
Priodontes maximus 140
Prionace glauca 474
Prionodon pardicolor 204
Prionops plumata 344
Pristigaster cayana 487
Pristiophorus japonicus 468
Pristis pectinata 476
Pristis perotteri 521
Proboscinger aterrimus 312
Procapra przewalskii 257
Procavia capensis 222
Procellaria conspicillata 361
Procnias tricarunculata 339
Procolobus badius 257
Procolobus pennantii 257
Procolobus rufomitratus 257
Procyon cancrivorus 195
Procyon lotor 195
Prognathochromis mento 521
Prognathochromis worthingtoni 521
Progne subis 342
Propithecus diadema 257
Propithecus tattersalli 257
Propithecus verreauxi 121, 257

Prosthemadura novaeseelandiae 353
Protambulyx euryalus 572
Proteles cristatus 207
Proteus anguinus 435
Protopterus annectens 480
Prunella modularis 355
Psarocolius decumanus 356
Psephurus gladius 521
Pseudacris crucifer 450
Pseudalopex culpaeus 182
Pseudantechinus macdonnellensis 93
Pseudemydura umbrina 427
Pseudibis davisoni 361
Pseudis paradoxa 447
Pseudobarbus burgi 521
Pseudobarbus quathlambae 521
Pseudobiceros zebra 533
Pseudobranchus striatus 434
Pseudobulweria aterrima 361
Pseudobulweria becki 361
Pseudobulweria macgillivrayi 361
Pseudocarcharias kamoharai 472
Pseudocheirus peregrinus 96
Pseudocolochirus tricolor 595
Pseudohydromys murinus 257
Pseudois nayaur 256
Pseudomys fieldi 257
Pseudomys glaucus 257
Pseudophoxinus egridiri 521
Pseudophoxinus handlirsch 521
Pseudophryne corroboree 444, 457
Pseudoryx crassidens 173
Pseudoscaphirhynchus fedtschenkoi 521
Pseudoscaphirhynchus hermanni 521
Pseudotriton ruber 438
Pseudotropheus zebra 516
Pseudotyphlops philippinus 379
Psittacula eques 361
Psittacula krameri 314
Psittacus erithacus 313
Psittirostra psittacea 361
Psophia crepitans 300
Ptenopus garrulus 410
Pteralopex acrodonta 257
Pteralopex anceps 257
Pteralopex atrata 257
Pteralopex pulchra 257
Pterocles coronatus 310
Pterocles namaqua 310
Pterodroma axillaris 361
Pterodroma cahow 271
Pterodroma caribbaea 361
Pterodroma madeira 361
Pterodroma magentae 361
Pterodroma phaeopygia 361
Pteroglossus castanotiss 334
Pteronotus davyi 111
Pteronura brasiliensis 201
Pteropus insularis 257
Pteropus livingstonei 257
Pteropus molossinus 257
Pteropus phaeocephalus 257
Pteropus pselaphon 257
Pteropus rodricensis 110, 257
Pteropus voeltzkowi 257
Ptilinopus arcanus 361
Ptilinopus magnificus 310
Ptilinus pectinicornis 562
Ptilocercus lowi 115
Ptilonorhynchus violaceus 359
Ptychadena oxyrhynchus 454
Ptychochromoides betsileanus 521
Ptychozoon kuhli 411
Pudu puda 241

Puffinus auricularis 361
Puffinus puffinus 271
Pulex irritans 565
Pulsatrix perspicillata 317
Puma concolor 257
Pungitius hellenicus 521
Pungu maclareni 521
Puntius flavifuscus 521
Puntius amarus 521
Puntius bandula 521
Puntius baoulan 521
Puntius clemensi 521
Puntius disa 521
Puntius herrei 521
Puntius katalo 521
Puntius lanaoensis 521
Puntius manalak 521
Puntius tras 521
Pycna repanda 558
Pycnonotus cafer 343
Pycnonotus jocosus 343
Pycnonotus nigricans 343
Pygocentrus nattereri 490
Pygoscelis adeliae 267
Pygoscelis antarctica 267
Pyriglena atra 361
Pyrosoma atlanticum 596
Pyrrhocorax pyrrhocorax 360
Pyrrhula pyrrhula 357
Pyrnops dahli 427
Python molurus 384
Python regius 384
Python reticulatus 384
Pyxicephalus adspersus 454

Q

Quelea quelea 357
Quiscalus quiscula 356

R

Rafetus swinhoei 427
Raja batis 475
Raja clavata 475
Raja undulata 475
Ramphastos toco 334
Rana albolabris 452
Rana catesbeiana 453
Rana dalmatina 453
Rana pipiens 452
Rana ridibunda 453
Rana sylvatica 453
Rana temporaria 452
Rangifer tarandus 241
Raphicerus campestris 253
Rattus enganus 257
Rattus montanus 257
Rattus muelleri 154
Rattus norvegicus 155
Rattus rattus 154
Ratufa indica 148
Recurvirostra avosetta 304
Redunca redunca 251
Regalecus glesne 507
Regulus satrapa 348
Reithrodontomys raviventris 150
Remiz pendulinus 350
Remora remora 514
Reticulitermes lucifugus 556
Rhabdornis mystacalis 351
Rhacodactylus leachianus 411

Rhacophorus nigropalmatus 455
Rhagomys rufescens 257
Rhampholeon spectrum 405
Rhea americana 264
Rheobatrachus silus 444, 457
Rheocles wrightae 521
Rhincodon typus 469
Rhineura floridana 423
Rhinobatos horkeli 521
Rhinobatos productus 476
Rhinoceros sondaicus 257
Rhinoceros sondaicus 229
Rhinoceros unicornis 229
Rhinocheilus lecontei 390
Rhinoderma darwinii 447
Rhinolophus convexus 257
Rhinolophus hipposideros 111
Rhinophrynus dorsalis 443
Rhinopithecus avunculus 257
Rhinopithecus roxellana 131
Rhinopoma hardwickei 111
Rhinoptilus bitorquatus 361
Rhipidura fuliginosa 350
Rhizomys sinensis 152
Rhodeus amarus 489
Rhodeus ocellatus kurumeus 521
Rhodonessa caryophyllacea 361
Rhynchocyon chrysopygus 114
Rhynchonycteris naso 110
Rhynochetos jubatus 301
Rhyssa persuasoria 574
Riparia paludicola 342
Rollandia micropterum 269
Romanichthys valsanicola 521
Romerolagus diazi 142
Rostratula benghalensis 304
Rostrhamus sociabilis 289
Rousettus aegyptiacus 110
Rufous hornero 338
Rukia ruki 361
Rupicapra rupicapra 255, 257
Rupicola peruviana 339
Rynchops flavirostris 308

S

Sabella pavonina 534
Saccopharynx ampullaceus 485
Sagittarius serpentarius 294
Saguinus imperator 126
Saguinus oedipus 127
Saiga tatarica 254
Saimiri boliviensis 126
Saimiri oerstedii 257
Salamandra atraaurorae 457
Salamandra salamandra 435
Salmo platycephalus 521
Salmo salar 498
Salvelinus alpinus 498
Sapheopipo noguchii 361
Sarcophaga melanura 568
Sarcophilus harrisii 94
Sardinops caeruleus 487
Sarotherodon caroli 521
Sarotherodon linnellii 521
Sarotherodon lohbergeri 521
Sarotherodon steinbachi 521
Sauromalus obesus 408
Sayornis phoebe 340
Scaphiopus couchii 443
Scaphirhynchus suttkusi 521
Scaturiginichthys vermeilipinnis 521
Sceloporus occidentalis 408

Scelorchilus rubecula 339
Schistocerca gregaria 552
Schistosoma mansoni 533
Sciaena umbra 515
Sciurus carolinensis 147
Sciurus vulgaris 147
Scomber scombrus 518
Scophthalmus maximus 519
Scopus umbretta 278
Scorpaena porcus 510
Scotopelia peli 317
Scotophilus borbonicus 257
Scutisorex somereni 106
Scyliorhinus canicula 473
Scytalopus psychopompus 361
Scytodes thoracica 592
Sebastes paucispinus 521
Semibalanus balanoides 580
Semnopithecus entellus 131
Sephanoides fernandensis 361
Sepia officinalis 543
Sericomyia silentis 568
Serinus canaria 357
Sesia apiformis 572
Setifer setosus 104
Setonix brachyurus 100
Sicista armenica 257
Siganus vulpinus 518
Sigmodon hispidus 151
Sigmodontomys aphrastus 257
Silpha americana 564
Silurus glanis 491
Siphlonurus lactustris 551
Siphonops annulatus 439
Siphonorhis americanus 361
Siren lacertina 434
Sitta canadensis 351
Sitta europaea 351
Sminthopsis crassicaudata 93
Sminthopsis griseoventer 257
Solea solea 520
Solenodon paradoxus 103
Sooglossus gardineri 444
Sorex araneus 105
Sorex cansulus 257
Sorex kozlovi 257
Soriculus salenskii 257
Sotalia fluviatilis 169
Sousa teuszii 169
South American sea lion 217
Speoplatyrhinus poulsoni 521
Speothos venaticus 183
Spermophilus brunneus 257
Spermophilus columbianus 147
Sphaeramia nematopterus 514
Sphaerodactylus elegans 411
Spheniscus humboldti 267
Sphenodon punctatus 375
Sphyraena barracuda 518
Sphyrapicus varius 335
Sphyrna zygaena 474
Spilogale putorius 200
Spilopsyllus cuniculi 565
Spilotes pullatus 390
Spirula spirula 543
Spiza americana 354
Sporophila insulata 361
Sporophila melanops 361
Sporophila zelichi 361
Spratellicypris palata 521
Squaliosus laticaudus 467

Squalus acanthias 467
Squatina dumeril 474
Staphylinus olens 564
Steatornis caripensis 321
Stegostoma fasciatum 469
Stenella attenuata 171
Stenella coeruleoalba 171
Stenella frontalis 171
Stenella longirostris 171
Stenobothrus lineatus 552
Stenodactylus sthenodactylus 411
Stenodus leucichthys 495
Stenorhynchus seticornis 583
Stercorarius longicaudus 307
Stereolepis gigas 521
Sterna bernsteini 361
Sterna fuscata 308
Sterna paradisaea 307
Sternotherus odoratum 373
Sternotomis bohemanni 562
Stilbum splendidum 574
Stiltia isabella 305
Stipiturus malachurus 349
Stomatepia mariae 521
Stomatepia mongo 521
Stomatepia pindu 521
Streptopelia decaocto 309
Strigops habroptilus 313, 361
Strix aluco 320
Struthio camelus 264
Sturnella magna 356
Sturnus vulgaris 358
Stylobates aenus 530
Sula leucogaster 273
Sula nebouxii 273
Suncus ater 257
Suncus etruscus 106
Suncus mertensi 257
Suncus remyi 257
Suricata suricatta 205
Sus cebifrons 257
Sus salvanius 232, 257
Sus scrofa 233
Sylvia communis 348
Sylvia undata 348
Sylvicapra grimmia 250
Sylvilagus aquaticus 142
Sylvilagus floridanus 142
Sylvilagus insonus 257
Sylvisorex megalura 106
Synallaxis infuscata 361
Synanceia horrida 510
Syncerus caffer 247
Syngnathus watermayeri 521
Synodontis contractus 491
Synodus variegatus 501
Syrphus ribesii 568

T

Tachina grossa 569
Tachybaptus ruficollis 268
Tachybaptus rufolavatus 361
Tachyglossus aculeatus 90
Tachyoryctes macrocephalus 152
Tachypodoiulus niger 578
Tadorna cristata 361
Tadorna tadorna 284
Taeniopygia guttata 357
Taeniura lymma 477
Takifugu niphobles 520
Talpa europaea 107
Talpa streeti 257

Tamandua tetradactyla 139
Tamias minimus 257
Tamias striatus 146
Tamias umbrinus 257
Tamiasciurus hudsonicus 257
Tangara cyanicollis 354
Taphozous mauritianus 110
Taphozous troughtoni 257
Tapirus bairdii 231
Tapirus indicus 231
Tapirus pinchaque 231
Tapirus terrestris 231
Tarentola mauretanica 411
Taricha torosa 436
Tarsipes rostratus 101
Tarsius bancanus 121
Taudactylus acutirostris 457
Taudactylus diurnus 457
Taudactylus rheophilus 457
Tauraco erythrolophus 315
Taurotragus oryx 245
Taxidea taxus 200
Tchagra senegala 344
Tegenaria gigantea 589
Telephorus zeylonus 344
Telescopus semiannulatus 390
Telespiza ultima 361
Telmatobius culeus 446
Tenrec ecaudatus 104
Tenthredo scrophulariae 575
Terathopius ecaudatus 292
Teredo navalis 539
Terpsiphone corvina 361
Terpsiphone viridis 350
Terrapene carolina 373
Testudo graeca 375, 427
Testudo hermanni 375
Tetraceros quadricornus 246
Tetrao urogallus 296
Tetraogallus caspius 296
Thalassarche chlororhynchos 270
Thalassarche eremita 361
Thaleichthys pacificus 495
Thamnophilus doliatus 339
Thamnophis proximus 390
Thamnophis sirtalis 390
Thaumatibis gigantea 361
Thecla betulae 570
Thecla coronata 570
Thermophilum sexmaculatum 562
Theropithecus gelada 131
Thomomys bottae 148
Thomomys mazama 257
Thoracocharax stellatus 491
Thoropa lutzi 457
Thoropa petropolitana 457
Threskiornis aethiopicus 279
Thrips fuscipennis 560
Thrips simplex 560
Thryothorus nicefori 361
Thunnus maccoyii 521
Thunnus thynnus 518
Thylogale stigmatica 100
Thymallus thymallus 495
Thyroptera tricolor 112
Tibellus oblongus 593
Tilapia guinasana 521
Tiliqua gigas 416
Tiliqua rugosa 416
Tiliqua scincoides 416
Tineola bisselliella 573
Tingis cardui 560
Tockus flavirostris 331
Todirostrum cinereum 340

Todus todus 330
Tokudaia muenninki 257
Tomatares citrinus 561
Tonicella marmorea 542
Topaza pella 325
Torpedo marmorata 476
Totoaba macdonaldi 521
Toxostoma guttatum 361
Toxotes chatereus 515
Trachemys scripta elegansa 373
Trachipterus trachypterus 508
Trachops cirrhosus 112
Trachyphonus darnaudii 333
Trachypithecus delacouri 257
Trachypithecus poliocephalus 257
Tragelaphus angasi 245
Tragelaphus euryceros 245
Tragelaphus scriptus 245
Tragelaphus spekei 245
Tragelaphus strepsiceros 245
Tragopan temminckii 297
Tragulus meminna 239
Tremarctos ornatus 191
Triaenodon obesus 474
Triakis semifasciata 473
Trialeurodes vaporariorum 558
Tribolonotus gracilis 416
Trichechus manatus 223
Trichiniella spiralis 535
Trichoglossus haematodus 311
Trichosurus vulpecula 96
Tridacna gigas 539
Trinervitermes trinervoides 556
Tringa nebularia 306
Triprion petasatus 451
Triturus alpestris 435
Triturus cristatus 435
Troglodytes troglodytes 355
Trogon violaceus 326
Tropidophis melanurus 384
Tropidophorus grayi 417
Tropidurus hispidus 408
Tupaia minor 115
Tupinambis teguixin 417
Turdoides caudatus 347
Turdus helleri 361
Turdus ludoviciae 361
Turdus merula 346
Turdus migratorius 346
Turdus philomelos 346
Turnix varia 299
Tursiops truncatus 170
Tylomys bullaris 257
Tylomys tumbalensis 257
Tylosurus acus 506
Tylototriton verrucosus 436
Typhlomys chapensis 257
Typhlonectes compressicauda 439
Tyrannus forficata 340
Tyrannus tyrannus 340
Tyto alba 317

U

Uba vocans 581
Uperoleia lithomoda 444
Upupa epops 331
Urbanus proteus 570
Uria aalge 308
Urocerus gigas 575
Urocissa erythroryhncha 360
Urocyon cinereoargenteus 182
Uroderma bilobatum 112

Urolophus halleri 477
Uromastyx acanthinura 404
Ursus americanus 189
Ursus arctos 192
Ursus maritimus 189
Ursus thibetanus 189, 257

V

Vampyrum spectrum 112
Vandellia cirrhosa 492
Vanellus armatus 305
Vanellus macropterus 361
Vanessa atalanta 571
Vanga curvirostris 344
Varanus albigularis 422
Varanus dumerilii 422
Varanus gouldii 422
Varanus komodoensis 420
Varanus niloticus 422
Varanus prasinus 422
Varanus varius 422
Varecia variegata 121
Varecia variegata 257
Velella velella 532
Vermicularia spirata 541
Vermivora bachmanii 361
Vespa crabro 575
Vespertilio murinus 113
Vespula germanica 575
Vestiaria coccinea 355
Vicugna vicugna 237
Vidua funerea 357
Vidua paradisaea 357
Vipera ammodytes 395
Vipera berus 395
Vipera bulgardaghica 427
Vipera darevskii 427
Vipera pontica 427
Vipera ursinii 427
Vireo caribaeus 361
Vireo olivaceus 356
Viverra civettina 257
Viverra tangalunga 204
Volucella zonaria 568
Vombatus ursinus 95
Vonones sayi 588
Vormela peregusna 198
Vulpes cana 181
Vulpes macrotis 181
Vulpes rueppelli 182
Vulpes velox 181
Vulpes vulpes 181
Vulpes zerda 181
Vultur gryphus 288
Vultur gryphus 288

W

Wallabia bicolor 101
Weberogobius amadi 521
Wilsonia citrina 355
Wuchereria banacrofti 535

X

Xanthostigma xanthostigma 561
Xantusia henshawi 417
Xenopeltis unicolor 379
Xenopoecilus poptae 521
Xenopus laevis 442

Xerus inauris 147
Xiphias gladius 518
Xiphophorus couchianus 521
Xixuthrus heros 562
Xystichromis phytophagus 521

Z

Zaedyus pichiy 140
Zaglossus bartoni 90
Zenaida macroura 310
Zingel asper 521
Ziphius cavirostris 176
Zoothera major 361
Zorotypus hubbardi 557
Zosterops albogularis 361
Zosterops japonica 352
Zosterops modestus 361
Zosterops natalis 361
Zosterops nehrkorni 361
Zosterops pallidus 352
Zosterops rotensis 361
Zyzomys palatilis 257
Zyzomys pedunculatus 257

【英名】

A

Aardvark 222
Aardwolf 207
Abah River flying frog 455
Acorn woodpecker 335
Addax 252
Adder 395
Adelie penguin 267
Aesculapian snake 387
African buffalo 247
African bullfrog 454
African clawed toad 442
African clawless otter 201
African elephant 221
African fat-tailed gecko 410
African fire skink 416
African forest elephant 221
African golden cat 210
African helmeted turtle 373
African palm swift 324
African skimmer 308
African spoonbill 279
African striped skink 416
African striped weasel 198
African tiger snake 390
African treefrog 455
African white-backed vulture 289
African wild ass 227
African wild dog 185
Agile frog 453
Ajolote 423
Alaska blackfish 499
Alligator snapping turtle 369
Alpine musk deer 239
Alpine newt 435
Amami rabbit 142
Amazon river dolphin 167
Amazon tree boa 382
American alligator 425
American badger 200
American beaver 149
American bison 248
American bittern 278
American black bear 189
American copperhead 398
American golden plover 305
American harvest mouse 150
American mink 197
American paddlefish 481
American shad 487
American toad 446
American wood stork 278
American-flag fish 506
Amiet's killifish 506
Amiet's lyretail 506
Anaconda 383
Andean cat 211
Andean condor 288
Andean condor 288
Andean hillstar 325
Angelshark 474
Angler 504
Angolan free-tailed bat 113
Angular roughshark 467
Angulate tortoise 375
Angwantibo 119
Antarctic toothfish 517
Arafura file snake 384
Arapaima 482

Arboreal salamander 438
Archerfish 515
Arctic char 498
Arctic fox 182
Arctic hare 143
Arctic tern 307
Arctocephalus gazella 217
Arctocephalus pusillus 217
Argali 256
Arizona alligator lizard 418
Armadillo lizard 413
Armoured shrew 106
Ashy gecko 411
Asian elephant 221
Asian horned frog 443
Asian leaf turtle 372
Asian mole 107
Asian water buffalo 246
Asiatic black bear 189
Asiatic mouflon 256
Atlantic cod 503
Atlantic flyingfish 506
Atlantic halibut 519
Atlantic herring 486
Atlantic humpback dolphin 169
Atlantic mackerel 518
Atlantic mudskipper 517
Atlantic puffin 308
Atlantic salmon 498
Atlantic spotted dolphin 171
Atlantic yellow-nosed albatross 270
Australian copperhead 391
Australian false vampire bat 111
Australian lungfish 480
Australian owlet-nightjar 322
Australian pratincole 305
Australian tiger snake 393
Australian water rat 155
Axis deer 239
Axolotl 437
Aye-aye 121
Ayu 494
Azara's agouti 158

B

Babirusa 233
Bactrian camel 237
Baiji 167
Baikal seal 219
Baird's tapir 231
Baja California legless lizard 419
Bald eagle 291
Bald uakari 125
Bamboo rat 152
Banded anteater 94
Banded gecko 409
Banded knifefish 492
Banded mongoose 205
Banded rubber frog 456
Bank vole 152
Banteng 247
Barbary sheep 256
Barn owl 317
Barred forest falcon 294
Barrel-eye 494
Basketweave cusk-eel 503
Basking shark 472
Bat-eared fox 185
Bateleur eagle 292
Bateleur eagle 292
Beaked salmon 489

Bearded angler 504
Bearded barbet 333
Bee hummingbird 325
Beech marten 198
Belted kingfisher 327
Beluga 167
Berber skink 415
Bibron's burrowing asp 386
Bicolour parrotfish 516
Bicoloured white-toothed shrew 106
Bighorn sheep 256
Binturong 205
Bitterling 489
Black and white amphisbaenian 423
Black caiman 426
Black dragonfish 500
Black lemur 120
Black mamba 392
Black rat 154
Black rhinoceros 230
Black spider monkey 123
Black spiny-tailed iguana 407
Black swallower 511
Black swan 283
Black swift 323
Black tegu 417
Black tern 307
Black woodpecker 335
Black-backed jackal 184
Black-bearded saki 124
Black-breasted snake eagle 292
Black-crowned night heron 278
Black-footed cat 210
Black-footed ferret 197
Black-handed spider monkey 123
Black-headed python 383
Black-lipped pika 142
Black-necked grebe 268
Black-shouldered opossum 92
Black-tailed jackrabbit 143
Black-tailed prairie dog 147
Black-throated honeyguide 334
Black-winged stilt 304
Blackbuck 253
Blackdevil 504
Blackfin icefish 517
Blacksmith plover 305
Blacktip reef shark 474
Blanford's fox 181
Blind shark 468
Blue coral snake 393
Blue duck 285
Blue marlin 519
Blue shark 474
Blue sheep 256
Blue whale 164
Blue-crowned motmot 330
Blue-eyed cormorant 276
Blue-footed booby 273
Blue-fronted parrot 313
Blue-spotted stingray 477
Blue-streaked lorikeet 311
Blue-tongued skink 416
Bluefin tuna 518
Bluefish 514
Blunthead 474
Bobcat 209
Boeseman's rainbowfish 506
Bohor reedbuck 251
Bolivian squirrel monkey 126
Bonefish 485
Bongo 245

索引

Bonobo 134
Bontebok 252
Boobook owl 320
Boomslang 387
Booted racquet-tail 324
Bornean orang-utan 136
Bornean smooth-tailed tree shrew 115
Borneo earless lizard 419
Boto 167
Botta's pocket gopher 148
Bottlenose dolphin 170
Boulenger's Asian tree toad 447
Bowhead whale 163
Boxfish 520
Bramble shark 467
Brant's whistling rat 152
Braodley's flat lizard 413
Broad-billed prion 271
Brook lamprey 464
Brown anolis 407
Brown bear 192
Brown booby 273
Brown bullhead 491
Brown capuchin 125
Brown hare 143
Brown house snake 389
Brown hyena 207
Brown kiwi 265
Brown lemming 153
Brown lemur 120
Brown long-eared bat 113
Brown pelican 273
Brown rat 155
Brown skua 306
Brown-striped frog 444
Brush-tailed bettong 100
Brush-tailed rock wallaby 100
Brushy-tailed ringtail 96
Bubbling kassina 455
Budgerigar 313
Bull shark 473
Bullhead 510
Burbot 503
Burchell's courser 305
Burchell's zebra 227
Burmese ferret- badger 200
Burmese python 384
Burrowing mouse 150
Burrowing owl 320
Bush dog 183
Bush pig 233
Bushbuck 245
Bushmaster 398
Bushveld rain frog 456
Bushy-tailed olingo 195
Bushymouth catfish 492

C

Cahow 271
Caiman lizard 417
Calabar ground boa 379
California grunion 505
California newt 436
California pilchard 487
California quail 296
California slender salamander 438
Callorhinus ursinus 217
Canada goose 284
Candiru 492
Cape Barren goose 284
Cape ghost frog 444
Cape golden mole 104
Cape ground squirrel 147
Cape porcupine 157
Capelin 495
Capybara 158
Caracal 210
Caracal 210
Carolina box turtle 373
Carpet python 383
Caspian snowcock 296
Caspian tern 307
Cayenne caecilian 439
Celebes macaque 130
Central American river turtle 369
Ceylon caecilian 439
Chacma baboon 131
Chamois 255
Cheetah 215
Chestnut-eared aracari 334
Children's python 383
Chilean swift 408
Chimney swift 323
Chimpanzee 134
Chinchilla 159
Chinese crocodile lizard 422
Chinese pangolin 140
Chinese river dolphin 167
Chinese soft-shelled turtle 373
Chinese sucker 489
Chinstrap penguin 267
Chousingha 246
Chuckwalla 408
Cisco 495
Cleaner wrasse 516
Climbing perch 511
Clouded leopard 214
Clown knifefish 482
Clown loach 489
Clown triggerfish 520
Cockatiel 312
Coelacanth 480
Collared lizard 406
Collared peccary 233
Collared puffbird 333
Columbian ground squirrel 147
Commerson's dolphin 172
Common Ameiva 417
Common barking gecko 410
Common boa 381
Common brush-tailed possum 96
Common buzzard 292
Common caracara 294
Common carp 489
Common coot 300
Common crane 299
Common cuckoo 315
Common cuscus 96
Common dolphin 172
Common duiker 250
Common egg-eating snake 386
Common eland 245
Common garter snake 390
Common guillemot 308
Common hamster 151
Common house gecko 410
Common jollytail 499
Common kestrel 294
Common kingsnake 388
Common lancehead 398
Common moorhen 300
Common mouse opossum 92
Common nighthawk 322
Common peafowl 297
Common pheasant 297
Common pipistrelle 112
Common poorwill 322
Common potoo 322
Common quail 296
Common raccoon 195
Common rat 155
Common ratsnake 387
Common rhea 264
Common ringtail 96
Common rocket frog 452
Common seal 219
Common shelduck 284
Common skate 475
Common snake-necked turtle 368
Common snapping turtle 369
Common spadefoot toad 443
Common tenrec 104
Common trumpeter 300
Common turkey 296
Common vole 153
Common wombat 95
Cone-head lizard 408
Conger eel 485
Copperband butterfly 516
Corn snake 387
Corncrake 300
Corroboree frog 444
Cotton-top tamarin 127
Couch's spadefoot toad 443
Coyote 184
Coypu 159
Crab plover 304
Crab-eating fox 183
Crab-eating macaque 130
Crab-eating raccoon 195
Crabeater seal 218
Crested gibbon 133
Crevalle jack 511
Crimson rosella 312
Crimson topaz 325
Croaker 515
Crocodile newt 436
Crocodile shark 472
Crocodile skink 416
Crowned sandgrouse 310
Cuban wood snake 384
Culpeo fox 182
Cuvier's beaked whale 176

D

D'Arnaud's barbet 333
Dall's porpoise 169
Dalmatian pelican 273
Dargawarra 155
Dark kangaroo mouse 149
Darwin's frog 447
Daubenton's bat 113
Davy's naked-backed bat 111
De Brazza's monkey 130
Degu 159
Denticle herring 487
Desert grassland whiptail lizard 417
Desert hamster 151
Desert horned lizard 408
Desert horned viper 395
Desert jerboa 156
Desert tortoise 374
Desmarest's hutia 159
Devil ray 476
Devil's hole pupfish 507
Dhole 185
Dibbler 93
Dingo 185
Dolphinfish 515
Doria's tree-kangaroo 101
Double-crested cormorant 276
Dromedary 237
Duck-billed platypus 90
Duck-billed treefrog 451
Dugong 223
Dumeril's boa 379
Dumeril's monitor 422
Dusky dolphin 169
Dusky titi monkey 125
Dwarf crocodile 426
Dwarf hamster 151
Dwarf mongoose 205
Dwarf sperm whale 176

E

Eagle ray 477
East African green mamba 392
Eastern barred bandicoot 94
Eastern black and white colobus 131
Eastern chipmunk 146
Eastern cottontail 142
Eastern glass lizard 419
Eastern gorillaa 135
Eastern grey squirrel 147
Eastern newt 436
Eastern quoll 93
Eastern spotted skunk 200
Eclectus parrot 312
Edible dormouse 156
Egyptian cobra 393
Egyptian fruit bat 110
Egyptian goose 284
Egyptian vulture 289
Electric eel 492
Elegant crested-tinamou 265
Elegant sand gecko 411
Eleonora's falcon 294
Elephantnose fish 482
Elk 241
Emerald toucanet 334
Emerald tree boa 382
Emerald tree skink 415
Emperor angelfish 515
Emperor penguin 267
Emperor tamarin 126
Emu 265
Ensatina salamander 438
Epaulette catshark 468
Estuarine stonefish 510
Ethiopian wolf 184
Eulachon 495
Eurasian badger 199
Eurasian beaver 149
Eurasian buzzard 292
Eurasian collared dove 309
Eurasian curlew 305
Eurasian harvest mouse 154
Eurasian kingfisher 328
Eurasian lynx 209
Eurasian oystercatcher 304
Eurasian red squirrel 147
Eurasian scops owl 317
Eurasian shrew 105
Eurasian swift 324
Eurasian water shrew 105
European bee-eater 330
European bison 250
European common frog 452
European common toad 446
European eel 484
European glass lizard 419
European mink 197
European mole 107
European nightjar 322
European otter 201
European pine marten 198
European polecat 197
European pond turtle 373
European rabbit 143
European roller 331
European sturgeon 481
European treefrog 450
European water vole 152
European whipesnake 386
European white stork 279
European worm lizard 423
Europian river lampray 464
Eyed lizard 414
Eyed skink 414
Eyelash pit viper 398

F

Falanouc 205
Fallow deer 239
False killer whale 173
False vampire bat 112
Fangtooth 508
Fat-tailed dwarf lemur 120
Fat-tailed dunnart 93
Fat-tailed gerbil 152
Feather-tailed glider 97
Feather-tailed possum 97
Featherback 482
Fennec fox 181
Fin whale 164
Finless porpoise 168
Fire salamander 435
Firefish 517
Fisher 198
Fishing cat 210
Flashlightfish 509
Flat-headed cat 211
Flightless cormorant 276
Florida worm lizard 423
Flying lizard 403
Forest musk shrew 106
Fossa 205
Four-eyed frog 445
Four-toed jerboa 156
Foureyed fish 507
Franquet's epauletted bat 110
Freshwater butterflyfish 482
Freshwater stingray 477
Frill shark 467
Frilled lizard 403
Fringe-lipped bat 112
Fugu 520

G

Gaboon viper 395
Gafftopsail catfish 492
Galah 312
Galapagos hawk 292
Galapagos tortoise 370
Gambian sun squirrel 148
Ganges river dolphin 167
Garden lizard 403

Gardiner's Seychelles frog 444
Gaur 250
Gelada 131
Gemsbok 252
Geoffroy's cat 211
Geoffroy's marmoset 127
Geoffroy's tail-less bat 111
Gerenuk 254
Gharial 426
Giant African mole rat 152
Giant anteater 139
Giant armadillo 140
Giant blue-tongued skink 416
Giant flying squirrel 148
Giant forest hog 232
Giant frog 451
Giant grouper 513
Giant hummingbird 325
Giant Mexican shrew 105
Giant otter 201
Giant otter-shrew 104
Giant panda 191
Giant pouched rat 154
Giant South American water rat 151
Giant Sunda rat 154
Giant trahira 491
Giant treefrog 450
Gila monster 419
Giraffe 243
Glass catfish 491
Glasseye 511
Goblin shark 469
Goeldi's marmoset 126
Gold frog 447
Golden eagle 293
Golden frog 447
Golden hamster 151
Golden jackal 184
Golden lion tamarin 127
Golden mantella 454
Golden toad 446
Golden tree snake 386
Golden-rumped elephant-shrew 114
Golden-striped salamander 436
Goliath bullfrog 453
Goosander 285
Granite night lizard 417
Grant's golden mole 105
Grass snake 389
Gray whale 163
Gray's keeled water skink 417
Grayling 495
Great argus pheasant 297
Great barbet 333
Great barracuda 518
Great cormorant 276
Great crested grebe 269
Great crested newt 435
Great egret 278
Great frigatebird 276
Great horned owl 319
Great Indian hornbill 331
Great northern diver 268
Great Plains narrow-mouthed toad 456
Great snipe 306
Great spotted cuckoo 315
Great spotted woodpecker 335
Great white 471
Greater argentine 499
Greater bilby 94
Greater bulldog bat 111

Greater flamingo 281
Greater glider 97
Greater grison 199
Greater hedgehog-tenrec 104
Greater kudu 245
Greater leaf-folding frog 455
Greater roadrunner 315
Greater siren 434
Greater stick-nest rat 155
Green anolis 406
Green iguana 407
Green mantella 454
Green poison-dart frog 452
Green sunfish 514
Green toad 446
Green tree monitor 422
Green tree pythonn 384
Green treefrog 450
Green turtle 368
Green wood hoopoe 331
Green woodpecker 335
Green-backed heron 278
Green-winged macaw 314
Green-winged teal 284
Greenhouse frog 445
Greenshank 306
Grevy's zebra 227
Grey crowned crane 299
Grey foam-nest frog 456
Grey fox 182
Grey gentle lemur 120
Grey heron 277
Grey parrot 313
Grey partridge 296
Grey phalarope 306
Grey seal 219
Grey treefrog 451
Grey wolf 186
Grey woolly monkey 123
Grey-rumped tree-swift 324
Greylag goose 283
Groundhog 146
Guanaco 237
Guianan lava lizard 408
Guinea baboon 130
Guinea pig 158
Gulper eel 485
Guppy 507
Guttural toad 446

H

Hagfish 464
Hairy armadillo 139
Hairy bush viper 394
Halosaur 485
Hamerkop 278
Hanuman langur 131
Harbour porpoise 168
Harp seal 219
Harpy eagle 293
Hartebeest 252
Hatchet herring 487
Hawksbill turtle 368
Hazel dormouse 156
Hector's dolphin 172
Hellbender 434
Helmeted guineafowl 297
Helmeted iguana 406
Hemprich's long-eared bat 113
Hermann's tortoise 375
Herring gull 307
Hippopotamus 235

Hispaniolan solenodon 103
Hispid cotton rat 151
Hispid hare 143
Hoary-headed grebe 269
Hoatzin 315
Hochstetter's frog 442
Hog-badger 200
Holy cross toad 444
Honey badger 199
Honey possum 101
Hooded grebe 269
Hooded seal 219
Hoopoe 331
Horn shark 468
Horned adder 394
Horned screamer 283
Hottentot mole-rat 159
Houbara bustard 301
House mouse 156
Humboldt penguin 267
Humpback whale 165
Hyacinth macaw 314

I

Iberian lynx 209
Ibex 255
Ibisbill 304
Ibiza wall lizard 414
Impala 254
Inca tern 308
Inconnu 495
Indian cobra 392
Indian darter 276
Indian giant squirrel 148
Indian hedgehog 103
Indian rhinoceros 229
Indian spotted chevrotain 239
Indian starred tortoise 374
Indian tree shrew 115
Indigo snake 387
Indri 121
Inland bearded dragon 404
Inland ningaui 92
Irrawaddy dolphin 172
Ivory gull 307

J

Jackson's chameleon 405
Jaguar 215
Jaguarundi 214
Jamaican tody 330
Japanese crane 299
Japanese giant salamander 434
Javan rhinoceros 229
Jordan's salamander 437
Jumping characin 490
Jungle cat 209

K

Kagu 301
Kakapo 313
Karroo 152
Kea 312
Kelp gull 307
Killer whale 174
King cobra 393
Kinkajou 195
Kirk's dik-dik 253

Kit fox 181
Klipspringer 253
Knifefish 492
Koala 95
Kob 251
Kodkod 211
Komodo dragon 420
Kori bustard 301
Kouprey 247
Kowari 93
Kroyer's deep-sea anglerfish 504
Kuhl's flying gecko 411
Kultarr 93

L

Lace monitor 422
Ladyfish 484
Lake frog 453
Lake Titicaca frog 446
Lammergeier 289
Lanternshark 467
Lar gibbon 133
Large pocket gopher 148
Large shield-tailed snake 379
Large slit-faced bat 111
Latimeria menadoensis 480
Laughing kookaburra 330
Leadbeater's possum 96
Least auklet 308
Leatherback turtle 372
Lechwe 250
Legless searsid 495
Lemon shark 474
Leopard 214
Leopard gecko 409
Leopard seal 218
Leopard shark 473
Leopard snake 388
Leopard tortoise 374
Lesser flamingo 281
Lesser horseshoe bat 111
Lesser moonrat 103
Lesser mouse-tailed bat 111
Lesser panda 194
Lesser tree shrew 115
Lesser weeverfish 517
Levuka wrinkled ground frog 454
Lilford's lizard 414
Lime's two-toed sloth 138
Limpkin 300
Linnaeus' caecilian 439
Lion 215
Little auk 308
Little chachalaca 295
Little grebe 268
Little penguin 267
Little pygmy-possum 97
Little rock wallaby 100
Loggerhead turtle 369
Long-clawed marsupial mouse 92
Long-eared desert hedgehog 103
Long-footed potoroo 97
Long-haired spider monkey 123
Long-nosed echidna 90
Long-nosed hawkfish 516
Long-nosed snake 390
Long-tailed skink 415
Long-tailed skua 307
Long-toed salamander 437
Longnose gar 481
Longnose lancetfish 501
Lowland anoa 246

Lumpfish 510
Lumpsucker 510
Lyre-tailed honeyguide 334

M

Müler's rat 154
Macaroni penguin 267
Madagascan collared iguana 408
Madagascan day gecko 410
Madagascan leaf-nosed snake 389
Magnificent fruit pigeon 310
Magpie goose 283
Major skink 415
Majorcan midwife toad 442
Malagasy giant rat 152
Malawi cichlid 516
Malayan flying lemur 114
Malayan tapir 231
Malayan water shrew 106
Malaysian pit viper 398
Mallard 284
Mallee fowl 295
Man-of-war fish 514
Mandarin 285
Mandrill 129
Maned three-toed sloth 138
Maned wolf 183
Mangrove snake 386
Manta ray 476
Manx shearwater 271
Mara 158
Marabou stork 279
Marbled cat 210
Marbled electric ray 476
Marbled polecat 198
Margay 211
Marine hatchetfish 499
Marine iguana 406
Marine toad 448
Markhor 256
Marsh deer 240
Marsupial mole 94
Martial eagle 293
Masked lovebird 313
Matamata 368
Mauritian tomb bat 110
Mauritius kestrel 294
Mediterranean monk sea 218
Meerkat 205
Megamouth shark 472
Merriam's kangaroo rat 149
Merriam's pocket gopher 148
Mexican beaded lizard 419
Mexican burrowing frog 443
Mexican burrowing snake 379
Mexican caecilian 439
Mexican funnel-eared bat 113
Mexican howler monkey 124
Mexican mushroom-tongue salamander 438
Mexican tetra 490
Midwife toad 442
Milkfish 489
Milksnake 389
Mindanao moonrat 103
Minke whale 165
Mongolian gerbil 152
Monk parakeet 314
Monk saki 124
Monkfish 504
Moonrat 103
Moorish gecko 411

Mottled shovel-nosed frog 455
Mount Lyell salamander 438
Mountain anoa 246
Mountain beaver 146
Mountain dusky salamander 437
Mountain goat 255
Mountain horn-headed lizard 403
Mountain marsupial frog 451
Mountain tapir 231
Mourning dove 310
Mudpuppy 434
Mule deer 240
Mulgara 93
Muscovy duck 285
Muskellunge 494
Muskox 255
Muskrat 153
Musky rat-kangaroo 97
Mute swan 283

N

Nabarlek 100
Naked mole-rat 159
Namaqua dune mole-rat 159
Namaqua sandgrouse 310
Narwhal 168
Natal Midlands dwarf chameleon 404
Needlefish 506
New Caledonian gecko 411
New Guinean spiny bandicoot 94
New Zealand pigeon 310
Night monkey 125
Nile crocodile 425
Nile monitor 422
Nilgai 246
Nimba otter-shrew 104
Nine-banded armadillo 139
Noctule 112
Norse-horned viper 395
North American bullfrog 453
North American pika 142
North American porcupine 157
North American river otter 201
North American short-tailed shrew 105
Northeast African saw-scaled viper 395
Northern anchovy 487
Northern bald ibis 279
Northern bottlenose whale 173
Northern cavefish 503
Northern cricket frog 450
Northern death adder 391
Northern dwarf 434
Northern flicker 335
Northern fulmar 271
Northern gannet 275
Northern goshawk 292
Northern leaf-tailed gecko 411
Northern leopard frog 452
Northern naked-toed armadillo 140
Northern pike 494
Northern pygmy mouse 150
Northern right whale 163
Northern right-whale dolphin 172
Northern wryneck 334
Norway rat 155
Numbat 94
Nurse shark 469
Nutria 159

Nyala 245

O

Oarfish 507
Oceanic sunfish 520
Ocelot 211
Oilbird 321
Okapi 243
Olive baboon 130
Olive ridley turtle 369
Olm 435
Onager 227
Opah 507
Orange roughy 508
Orange-sided leaf frog 451
Oribi 253
Oriental fire-bellied toad 442
Oriental linsang 204
Oriental short-clawed otter 201
Ornate bichir 481
Ornate narrow-mouthed toad 456
Osprey 288
Ostrich 264
Otaria byronia 217
Oustalet's chameleon 405

P

Paca 158
Pacific giant salamander 435
Pacific grenadier 504
Pacific ground boa 382
Pacific hake 503
Pacific white-sided dolphin 170
Painted button-quail 299
Painted reed frog 455
Painted snipe 304
Painted turtle 369
Pajama cardinalfish 514
Pale-faced sheathbill 306
Pallid bat 113
Palm civet 204
Palm cockatoo 312
Pancake tortoise 374
Panther chameleon 405
Pantherfish 511
Pantropical spotted dolphin 171
Paradoxical frog 447
Parma wallaby 101
Parsley frog 443
Parson's chameleon 405
Parti-coloured bat 113
Patagonian cavy 158
Patagonian hog-nosed skunk 200
Patas monkey 130
Père David's deer 240
Pearl-spotted owlet 320
Pearlfish 503
Pel's fishing owl 317
Pen-tailed tree shrew 115
Perch 514
Peregrine falcon 294
Peruvian anchoveta 487
Philippine eagle 293
Phocarctos hookeri 217
Pichi 140
Piebald shrew 106
Pied avocet 304
Pied kingfisher 327
Pied-billed grebe 269
Pig- nosed river turtle 368

Pilotfish 515
Pine snake 390
Pineapple fish 508
Pinecone soldierfish 508
Pink pigeon 309
Pink salmon 498
Pink-tailed skink 415
Plaice 519
Plains viscacha 158
Plains wanderer 299
Plumed basilisk 407
Plumed whistling duck 283
Polar bear 189
Port Jackson shark 468
Potto 119
Prehensile-tailed 157
Prevost's squirrel 148
Prickly lanternfish 501
Proboscis bat 110
Proboscis monkey 131
Pronghorn 241
Przewalski's wild horse 227
Puff adder 394
Puku 251
Puma 214
Puna flamingo 281
Purple swamphen 300
Pygmy Bryde's whale 164
Pygmy glider 97
Pygmy hippopotamus 235
Pygmy hog 232
Pygmy marmoset 127
Pygmy rabbit 142
Pygmy shark 467
Pygmy white-toothed shrew 106
Pyrenean desman 107

Q

Queensland grouper 513
Quokka 100

R

Rueppell's fox 182
Rabbit-eared bandecoot 94
Rabbitfish 518
Raccoon dog 183
Rainbow boa 382
Rainbow lizard 403
Rainbow lorikeet 311
Rainbow trout 498
Rascasse 510
Raucous toad 446
Red deer 240
Red forest duiker 250
Red fox 181
Red howler monkey 124
Red jungle-fowl 297
Red kangaroo 99
Red kite 288
Red knot 306
Red mastiff bat 113
Red mullet 515
Red piranha 490
Red salamander 438
Red spitting cobra 393
Red whalefish 508
Red wolf 184
Red-backed salamander 437
Red-billed tropic bird 273
Red-crested turaco 315

Red-eared antechinus 93
Red-eared turtle 373
Red-eyed treefrog 451
Red-fan parrot 313
Red-footed tortoise 374
Red-legged pademelon 100
Red-legged seriema 301
Red-snouted treefrog 451
Red-tailed pipe snake 379
Red-tailed racer 388
Red-throated diver 268
Reeves' muntjac 239
Reindeer 241
Respendent quetzal 326
Reticulated python 384
Rhinoceros iguana 407
Ribbon fish 508
Ring-tailed lemur 120
Ringed caecilian 439
Ringed plover 305
Ringed snake eel 485
Ringtail 194
Risso's dolphin 170
Risso's smooth-head 499
Roan antelope 251
Rock dove 309
Rock hyrax 222
Rodriguez flying fox 110
Roe deer 241
Rose-ringed parakeet 314
Ross seal 219
Rosy boa 382
Rough green snake 390
Rough-scaled plated lizard 413
Round Island boa 379
Round stingray 477
Royal python 384
Rubber boa 382
Ruby-throated hummingbird 325
Ruffed lemur 121
Rufous bettong 100
Rufous elephant-shrew 114
Rufous-tailed jacamar 333
Russell's viper 395
Russian desman 107

S

Sable 198
Sable antelope 251
Sablefish 510
Sacred ibis 279
Saiga 254
Sailfin lizard 403
Sailfin molly 507
Salamanderfish 499
Saltwater crocodile 426
Sambar 239
Sand cat 209
Sand devil 474
Sand lizard 413
Sand monitor 422
Sandhill crane 299
Sandtiger shark 469
Sargassum fish 504
Savanna monitor 422
Sawshark 468
Scarlet ibis 279
Schneider's leaf-nosed bat 111
Schreiber's green lizard 414
Scimitar-horned oryx 251
Scorpionfish 510
Sea krait 392

Sea lamprey 464
Sea otter 203
Sea otter 204
Sea poacher 511
Seahorse 509
Secretary bird 294
Sei whale 165
Serrated hinge-back tortoise 374
Sewellel 146
Sharksucker 514
Sharp-nosed bat 110
Sharp-nosed grass frog 454
Sharp-ribbed newt 436
Sharptooth shark 474
Shoebill 278
Short-eared owl 320
Short-finned pilot whale 173
Short-nosed echidna 90
Short-winged grebe 269
Shortfin mako 472
Shovel-billed kingfisher 330
Shovelnose guitarfish 476
Shrimpfish 509
Siamang 133
Siamese algae-eater 490
Side-striped jackal 183
Sidewinder 398
Sign-bearing toadlet 444
Sika 240
Silky anteater 139
Silvery gibbon 134
Silvery marmoset 127
Sitatunga 245
Sixgill shark 467
Slackjaw 500
Slender loris 119
Slime eel 464
Slimy salamander 437
Sloane's viperfish 500
Sloth bear 190
Slow loris 119
Slow worm 418
Small-eared dog 182
Small-spotted catshark 473
Small-spotted genet 204
Smalltooth sawfish 476
Smooth hammerhead 474
Smooth-billed ani 315
Smooth-hound 473
Smooth-tailed giant rat 155
Snail kite Everglades kite 289
Snail kite Everglades kite 289
Snail-eating snake 387
Snapper shark 472
Snipe eel 484
Snow leopard 215
Snow petrel 271
Snowy owl 320
Snub-nosed monkey 131
Sockeye salmon 496
Sole 520
Solomon Islands horned frog 454
Solomon Islands tree skink 415
Sooty tern 308
South African galago 120
South American bullfrog 445
South American coral snake 392
South American pipe snake 379
South American tapir 231
Southern angle-headed lizard 403
Southern cassowary 265
Southern elephant-seal 219
Southern gastric brooding frog 444

Southern giant petrel 271
Southern ground hornbill 331
Southern hairy-nosed wombat 95
Southern pudu 241
Southern ring-tailed coati 195
Southern tamandua 139
Southern water snake 389
Southern yellow-billed hornbill 331
Speckled mousebird 326
Speckled padloper 374
Spectacled bear 191
Spectacled caiman 425
Spectacled hare wallaby 100
Spectacled owl 317
Sperm whale 176
Spinifex hopping mouse 155
Spinner dolphin 171
Spiny dab lizard 404
Spiny dogfish 467
Spiny mouse 155
Spiny puffer 520
Spix's disc-winged bat 112
Spix's macaw 314
Splash tetra 490
Spookfish 494
Spotfin hatchetfish 491
Spotted crake 300
Spotted garden eel 485
spotted hyena 207
Spotted native cat 93
Spotted ratfish 477
Spotted sandpiper 306
Spotted turtle 369
Spotted wobbegong 468
Spring peeper 450
Springbok 254
Springhare 149
Spur-thighed tortoise 375
Spurdog 467
Squirrel glider 96
Standard-winged nightjar 322
Star-nosed mole 107
Steenbok 253
Steller's eider 285
Steller's sea lion 217
Steppe lemming 154
Stingarees 477
Stinkpot 373
Stoat 197
Stonemason toadlet 444
Strawberry poison dart frog 452
Streaked tenrec 104
Striped day gecko 410
Striped dolphin 171
Striped grass mouse 154
Striped headstander 490
Striped hyena 207
Striped possum 96
Striped skunk 200
Striped-face unicornfish 517
Stump-tailed skink 416
Sturgeon poacher 511
Sulphur-crested cockatoo 312
Sumatran rhinoceros 229
Sumichrast's vesper rat 150
Summer flounder 519
Sun bear 190
Sunbeam snake 379
Sunbittern 301
Sunda scops owl 317
Sungazer 413
Sungrebe 301
Surinam horned frog 445

Surinam toad 443
Swallow-wing puffbird 333
Swallower 485
Swamp rabbit 142
Swamp wallaby 101
Swell shark 473
Swift fox 181
Swift parrot 313
Sword-billed hummingbird 325
Swordfish 518

T

Tahr 255
Tailed frog 442
Taipan 393
Tarpon 484
Tasmanian devil 94
Tawny frogmouth 321
Tawny owl 320
Temminck's pangolin 140
Temminck's tragopan 297
Ten-pounder 484
Tent-building bat 112
Tentacled snake 388
Thai water dragon 404
Thick-tailed galago 119
Thicklip mullet 506
Thomson's gazelle 254
Thornback ray 475
Thorny devil 404
Three-lined salamander 438
Three-spined stickleback 509
Three-toed amphiuma 435
Thresher shark 472
Tibetan water shrew 106
Tiger 213
Tiger ratsnake 390
Tiger salamander 436
Tiger shark 473
Tigerfish 490
Tilefish 511
Toco toucan 334
Tokay 410
Tomato clownfish 516
Topi 252
Torrent duck 285
Trans-Pecos ratsnake 386
Tree hyrax 222
Tripodfish 501
Tropical rattlesnake 398
Tropical two-wing flyingfish 506
Trumpetfish 509
Tuatara 375
Tub gurnard 510
Tucuxi 169
Tufted coquette 324
Tungara frog 445
Turbot 519
Turkey vulture buzzard 288
Twig catfish 492
Twist-necked turtle 368

U

Undulate ray 475
Upside-down catfish 491

V

Vampire bat 112

Vaquita 168
Variegated lizardfish 501
Velvet belly 467
Velvet cichlid 516
Velvet scoter 285
Ventfish 503
Verreaux's sifaka 121
Vesper mouse 151
Victoria crowned pigeon 310
Vicuña 237
Violaceous trogon 326
Virginia opossum 92
Viviparous lizard 414
Volcano rabbit 142
Votsotsa 152

W

Wahlberg's epauletted fruit bat 110
Walking catfish 492
Wallaroo 101
Walrus 218
Wandering albatross 270
Warthog 233
Warty frogfish 504
Water chevrotain 239
Water opossum 92
Waterbuck 250
Wattled jacana 304
Weasel 197
Weasel lemur 121
Web-footed gecko 410
Web-footed tenrec 104
Weddell seal 218
Wedge-tailed eagle 293
Weedy seadragon 509
Weeper capuchin 126
Wels 491
West African live-bearing toad 447
West African lungfish 480
West European hedgehog 103
West Indian manatee 223
Western capercaillie 296
Western Chinese mountain salamander 434
Western diamondback rattlesnake 396
Western fence lizard 408
Western gorilla 135
Western grebe 269
Western grey kangaroo 101
Western hognosed snake 388
Western honey buzzard 289
Western needle-clawed galago 119
Western pygmy chameleon 405
Western ribbon snake 390
Western tarsier 121
Whale shark 469
Whale-headed stork 278
White rhinoceros 230
White shark 471
White's treefrog 450
White-barred piculet 334
White-beaked dolphin 170
White-bellied swiftlet 323
White-breasted mesite 299
White-cheeked gibbon 133
White-collared mangabey 130
White-faced saki 124
White-footed mouse 150
White-fronted bee-eater 330
White-lipped river frog 452
White-spotted glass frog 452

White-tailed deer 240
White-throated needletail 323
White-tipped sicklebill 324
Whitespotted bambooshark 468
Whitetip reef shark 474
Wild boar 233
Wild cat 209
Wild goat 256
Wildebeest 253
Willow grouse 296
Wilson's storm petrel 271
Wolf fish 517
Wolf herring 487
Wolverine 199
Wood frog 453
Wood mouse 153
Wood turtle 372
Wood-pigeon 309
Woodchuck 146
Woolly spider monkey 123
woylie 100
Wrybill 305

Y

Yak 247
Yapok 92
Yellow mongoose 205
Yellow mud turtle 373
Yellow-bellied marmot 146
Yellow-bellied sapsucker 335
Yellow-handed titi monkey 125
Yellow-headed conure 314
Yellow-knobbed curassow 295
Yellow-marginated box turtle 372
Yellow-necked field mouse 153
Yellow-rumped tinkerbird 333
Yellow-throated marten 198
Yellowhead jawfish 514

Z

Zalophus californianus 217
Zebra moray 484
Zebra shark 469
Zebrafish 489
Zimbabwe girdled lizard 413
Zorilla 199

写真提供者等一覧

Dorling Kindersley would like to thank Daniel Crawford, Emily Newitt, Patricia Woodburn, Richard Gilbert, and Tamara Baillie for administrative help; Steve Knowlden for original design work; Pauline Clarke, Corinne Manches, Janice English, and Emily Luff for additional design assistance; Peter Cross for location research; Clare Double for additional editorial help; Robert Campbell for DTP support; and Andy Samson, Anna Bedewell, Charlotte Oster, Jason McCloud, Martin Copeland, Richard Dabb, and Rita Selvaggio for picture reseach. Thanks also to the Berlin Zoo, Chester Zoo, Dr. David L Harrison, Drusillas Zoo, Exmoor Zoo, Hunstanton Sea Life Centre, IUCN/SSC Canid specialist group, Kate Edmonson at Partridge Films, Marwell Zoological Park, Mike Jordan, Millport Marine Centre, NASA/Finley Holiday Films, the Natural History Museum (London), Paradise Park, Rebecca Tansley at Natural History New Zealand, Robert Oliver, Tropical Marine Centre, Twycross Zoo, Weymouth Sea Life Centre, and World of Birds (South Africa).

Picture Credits

The publisher would like to thank the following for their kind permission to reproduce their photographs:

tfl	tl	tc	tr	tfr
flac	acl	ac	acr	frac
cfl	cl	c	cr	cfr
flbc	bcl	cb	bcr	frbc
bfl	bl	bc	br	bfr

Abbreviations key:
a = above
b = below,
c = centre
f = far
l = left
r = right
t = top

Prof R.J. van Aarde: 63tc, 306bfr, 446bcr; **Kelvin Aitken:** 467acl; **Bryan and Cherry Alexander Photography:** 34c; **Allofs Photography:** 228frbc; **Heather Angel:** 496tc; **Animals Animals/Earth Scenes:** 19flac, 25bfr, 30frac, 30bfr, 33tl, 157bcr, 190frbc, 247bfr, 319c, 381tr, 497c, 583tfr; **A.N.T. Photo Library:** 393frbc; **APB Photographic:** 271ac; **Ardea London Ltd:** 4c, 14cb, 18cfr, 25tfr, 32c, 32br, 37cr, 38ac, 40frbc, 41tfr, 43tc, 44frac, 44bl, 46tc, 48bl, 53cl, 56acr, 61tfl, 63tl, 65cfl, 66tr, 69tl, 69flbc, 71br, 76cfr, 77tr, 80cr, 80br, 87flac, 87frbc, 87frac, 88frbc, 89flbc, 96bcr, 99acr, 103frbc, 104bfl, 104bfr, 106bcl, 107frbc, 108acr, 113cl, 115acr, 121bl, 123cfl, 134flac, 137c, 139tc, 139bl, 144cfr, 147bcr, 148cl, 148bl, 150bl, 152bcl, 153tr, 154acl, 155bl, 161bcr, 161bcr, 163cl, 164cr, 167cfr, 172cl, 173tfr, 178bcr, 187cfr, 195bl, 195bfr, 199acr, 201br, 203frbc, 204bfr, 205bcr, 209bcr, 209bfl, 210bl, 212c, 213frac, 214frac, 220acr, 223tc, 223frac, 239acl, 251cfl, 254bfr, 263tfr, 265bc, 272bcr, 272bfr, 272flbc, 279c, 279ac, 283bcl, 291bcr, 291frbc, 294br, 296acl, 297tl, 302bfr, 311bcr, 319bc, 321cfl, 321frbc, 327cfl, 332tfr, 333bcl, 335tfr, 338bfr, 338cfr, 339bfr, 341frac, 346cfl, 347cl, 349cfr, 350flbc, 354cfl, 355acr, 356tfr, 359br, 361tfr, 364cb, 365bc, 390frbc, 392frac, 404cl, 412c, 415bcr, 422cr, 422bfr, 425frbc, 426cl, 433frbc, 435bfr, 441tfr, 441c, 441bc, 444cb, 444tfr, 455flac, 463br, 468cfl, 468tfr, 471cfr, 473frac, 477cb, 477br, 487bcr, 491cfr, 515frac, 521bc, 522c, 524cb, 524bl, 531bfl, 538bl, 539bcr, 579c, 583frac; **Auscape:** 91tfr, 91cr, 91bcr, 93frbc, 94frbc, 96flbc, 96acr, 119c, 185tr, 280frac, 341bfr, 511acl; **Robert E. Barber:** 55c, 197frbc, 198acr, 217flac, 217bl, 308bfl, 326br; **David Barnes:** 23c, 217bfl, 218bfr, 219c, 271frac, 273cr, 276br, 307cl, 528bcl, 533frbc, 537acr, 537frac; **Kevin H. Barnes:** 104acl; **Bat Conservation International:** 108tr, 112bcr, 112bfr, 113cr, 113bcr; **Fred Bavendam:** 75bfr, 223br, 239frbc, 474cfr, 501bfr, 528bfr, 536cfr; **BBC Natural History Unit:** 15bfl, 16bcl, 16cb, 17cb, 33tfr, 44flac, 49bc, 49cr, 52tr, 64bfr, 67bl, 71tl, 72bl, 73br, 74bfl, 77bfl, 77cfr, 80tr, 81C, 82c, 86bc, 86tfr, 90ac, 92cr, 104bcr, 112cfl, 120frbc, 121cl, 125tfr, 125cl, 129frbc, 131tfr, 133tfr, 135frac, 136cfl, 153flac, 156frac, 160cl, 163tl, 163bfr, 164cfr, 165bl, 181tc, 184bcl, 185bcr, 189bcl, 189acl, 191acr, 191bfr, 198acl, 199frbc, 211frac, 219br, 219bl, 223frbc, 223tfr, 227frbc, 232bl, 233bcr, 234bc, 235tc, 239bcl, 248tc, 264cl,, 266bfr, 270cfr, 275tr, 275cfr, 295frac, 302frbc, 309cfl, 313bcl, 321frac, 331c, 332c, 336c, 359bl, 367cfr, 377cr, 403tr, 403frbc, 403cl, 417tfr, 422acr, 422flbc, 424c, 426cfr, 427bc, 432c, 435tc, 437cfr, 450tfr, 452tc, 460tfr, 463flbc, 464frbc, 465cfl, 467frbc, 472cr, 475c, 475c, 486cb, 496tl, 532ac, 544bcl, 581cfl, 582c, 588cfr, 590ac; **Derek A. Belsey:** 38tc, 268cl, 268br, 269c, 285cb, 342tfr, 348frac, 353bfl; **Niall Benvie:** 255cb, 300acr, 317cfr; **William Bernard Photography:** 50cb, 139cfr, 194frbc, 218ac, 240bcr; **BIOS Photo:** 17tfr, 39cl, 99cfr, 103cr, 107tfr, 107cfl, 116frbc, 132bc, 133bfr, 136bfl, 139bfl, 165cfr, 178bfl, 179frbc, 198bcr, 200frac, 243tfr, 428c, 445acl, 488bc, 502bc, 577c; **Dr Alison Blackwell:** 566frbc; **Dr W.R. Branch:** 379cfr, 444bfr; **Edmund D. Brodie, Jr:** 433bc, 435cfl; **C.K. Bryan:** 184cr, 246acl; **John Cancalosi:** 93bcl, 100acl, 100cfl, 101acr, 101tfr, 123acr, 295bfl, 308bl, 308bfr, 354c, 354frbc; **Prof. Mike Claridge:** 574frbc; **Bruce Coleman Ltd:** 15c, 18bfr, 25cl, 26bfr, 29flbc, 32bfr, 37bfl, 38cb, 39bcr, 41frac, 42cl, 43cl, 48tr, 49tr, 50cfr, 52tc, 52bc, 63c, 65cfr, 65tc, 68cfr, 70c, 77tfl, 88br, 89bfr, 89bcr, 103acl, 110acl, 114frac, 115tfr, 115cr, 119bcl, 120acl, 125tl, 130tfr, 135tfr, 136bcl, 138ac, 140cb, 140bl, 144bcr, 148tr, 150tfr, 171tfr, 176bcr, 198frac, 200flac, 200br, 205bfr, 210frac, 211acl, 211bfr, 213br, 225bcr, 229tl, 229acr, 233tc, 235frac, 241frac, 248cfl, 256frbc, 262bfr, 263flbc, 266cr, 277cfr, 281bc, 295ac, 299cb, 301frac, 301bc, 306bcr, 311cfl, 318c, 321c, 335bfr, 336tr, 339cr, 340tfr, 346frac, 353br, 367tfr, 375bcr, 377frac, 396cb, 397c, 434br, 436cr, 437br, 438flac, 440c, 441acr, 441cr, 443bcr, 443cl, 446frac, 446tc, 450bcl, 452flac, 456acr, 461bfr, 463frbc, 465tfr, 481br, 482bcr, 496tr, 496frac, 505frbc, 534flac, 543frac, 548acr, 550acfl, 555bcr, 565bcr, 565frbc, 569frbc, 569tl, 584tfr; **Bruce Coleman Inc:** 18cfr, 243frac, 291bfr, 511frac, 576bfl; **Wendy Conway:** 241ac, 269bcr, 278bfr, 305cfr, 356c; **Corbis:** 178c; **Cornell University of Ornithology:** 27cfl; **Peter Cross:** 31frac, 55c, 58bc, 100bcl, 100bcr, 147flac, 157tfr, 158bcl, 201cfr, 207frbc, 217acl, 227bc, 230acr, 239frac, 240tl, 240acl, 251acr, 253cl, 253bl, 254bl, 255cfr, 256frac, 265frac, 266cfr, 279bfr, 283bfl, 284cr; **Dennis Cullinane:** 106bfr; **Manfred Danegger:** 141cr; **Richard Davies:** 556cfr; **David M. Dennis:** 369bfl, 418br, 423frbc, 434acl, 435flbc, 446cfl; **Nigel Dennis:** 42tc, 67tc, 120bc, 120tfr, 121cr, 121bfr, 121flbc, 131flac, 140br, 184bfl, 185frac, 204acr, 207flac, 222acr, 230tc, 233bc, 247acl, 250bc, 250flbc, 250frac, 252bl, 252bfr, 253acr, 253bcr, 253frac, 254acl, 271br, 279flac, 279frac, 284frac, 289cr, 289frac, 292flac, 292tfr, 300br, 301bfr, 304bcl, 305tl, 305acr, 306cfl, 307frbc, 308tfr, 310cl, 310frbc, 317br, 320ci, 330bfr, 331ac, 334cfl, 343frac, 344cr, 351bcl, 352bfr, 357bl, 357frbc, 358acr, 358cfr, 358flbc, 410frbc, 556frbc, 588br; **Dr Frances Dipper:** 532cfr, 532flbc, 594bfl, 594bfr, 595br, 595bfl; **DK Picture Library: Natural History Museum London** 19flbc, 19flbc; **NASA/Finley Holiday Films:** 37br; **Philip Dowell:** 214 bc, 215ac, 267 frac; **Ecoscene:** 25bcl, 30flbc; **Brock Fenton:** 110frbc, 110frac, 111bfl, 111acl, 111bcl, 113frac; **David B. Fleetham:** 470c; **Michael & Patricia Fogden:** 16cfr, 243bfr, 323ac, 376bcr, 399cr, 439bcl, 447cfr, 447flac, 456frac, 559tfr; **Fotomedia:** 119acl, 119frac, 185bfl, 227acl, 229bc, 239acr, 250flac, 253bfr, 314tl, 347tfr; **Foto Natura:** 101cbc, 116tc, 116bcr, 116frac, 144bl, 149cfr, 149bfr, 187tl, 198cl, 224bcl, 236cfr, 576c, 576flbc; **Jurgen Freund:** 503ac; **Tim Gallagher:** 268tr; **David George:** 533bl; **Getty Images Stone:** 12c; **Brian Gibbs:** 199flbc; **Michael P. Gillingham:** 142bfl; **Roy Glen:** 353acl; **Francois Gohier:** 164tfr; **Chris Gomersall Photography:** 28bcl, 31frac, 62bc, 71tc, 266tl, 266bfr, 268cfr, 268frbc, 270bc, 271bfr, 27 frbc, 273br, 273bc, 273ac, 276cfr, 278cfr, 283cfl, 284bfr, 285bc, 285bcr, 285tfr, 289tr, 289cfl, 292cl, 296cr, 296bfr, 299frac, 299bfl, 299flac, 304acl, 305cl, 305bcl, 306c, 306cr, 306ac, 307tl, 307bcr, 308cfl, 309bcl, 310cfr, 310acr, 315acl, 315bl, 315cr, 320frbc, 320bfr, 322tc, 324c, 324tc, 325c, 330cfr, 331br, 333ac, 334c, 334br, 335tr, 338bc, 338bfl, 338acl, 339bl, 340tc, 340cfl, 340bl, 341cl, 341bfl, 342cfr, 342frac, 342acl, 342bfl, 342acr, 343acl, 343cb, 343bfr, 344b, 344tfr, 345acr, 345cfr, 346c, 348bcl, 348bcr, 348frbc, 349bfl, 349tfr, 349bfr, 350cr, 350cfl, 350bfr, 350cb, 351br, 352bcl, 352tfr, 352frac, 352tr, 353bcl, 353bfr, 353tr, 353frac, 353bcr, 354frac, 354cr, 355tl, 355cfr, 355tfr, 355bcl, 356tr, 357tr, 358frbc, 359c, 360bfr, 360flbc; **Granada Wild** 108-109b, 116-117b, 160-161b, 220-221b, 224-225b, 298b, 302b, 316b, 376-377b, 420b, 555b; **Jonathan R. Green:** 371tr; **Derek Hall:** 32frac, 36ac, 36acl, 47tl, 51br, 51cfl, 67tl, 266bcr; **Howard Hall Productions:** 474cl, 476br; **Tim Halliday:** 438frac, 438bcl; **Martin Harvey Photography:** 210acr, 215frac, 227tfr, 230tfr, 247frac, 247tfr; **Derek Harvey:** 127cl; **Lawrence Heaney:** 103frac; **Dr C. Andrew Henley-Larus:** 92bfr, 93cl, 93ac, 94acr, 97acl, 97cfr, 217bfr; **Daniel Heuclin:** 379c, 393bcr, 443bfr; **Dr G. H. Higginbotham:** 346bc; **Thomas Holden:** 296bl, 305bfr, 322bl, 335flbc, 340acr, 342bc, 344cl, 350br, 356bfr; **Holt Studios International:** 552acr, 552bcl, 556bcl, 557bcl, 560bfr, 560frbc, 569bcr; **Images Colour Library:** 0c, 1c, 8c, 14frbc, 71c, 78c, 128c, 182acr, 182tfr, 186b, 192bl, 216c, 249c, 258c, 290c, 302bcr, 318tc, 371c; **Impact Photos:** 503frbc; **Innerspace Visions:** 160c, 161acr, 174ac, 177c, 202c, 465br, 474bfr, 496cfl; **Jacana Hoa-Qui:** 18frbc, 31cfl, 92bfl, 126bcr, 140cr, 140acl; **F. Jack Jackson:** 23cb, 205flac, 531tfr, 532bfl, 596cl; **Jack Jeffrey:** 355bl; **Mike Johnson:** 506bcl, 515tl, 520flbc; **Joint Nature Conservation Committee:** 530frac; **Mike Jordan:** 103br, 105br, 148flbc, 149flbc, 151ac, 151bfl, 151bfr, 152cr, 152frbc, 154cfl, 155bcr, 155bfr, 156br, 156bl, 156cfr, 156frbc, 256acl; **Ken Kates:** 98c; **Hiromitsu Katsu:** 142frbc; **Paul Kay:** 539frac, 540cl, 540flac, 540flac; **Kos Pictures Source:** 519tfr; **Mark Kostich Photography:** 204bcr; **FLPA - Images of Nature:** 27flbc, 29tl, 61bfl, 66c, 87br, 89br, 105cfr, 116bcr, 124flac, 124bcl, 127cfr, 131bfr, 138bfr, 144acr, 149acl,150br, 158flac, 182bcl, 190cfl, 197cfr, 198bl, 207acr, 210bcl, 210cfr, 218flbc, 219frac, 230frbc, 231frbc, 231acr, 235frbc, 252tc, 255bl, 261bfr, 269bcl, 272bfl, 294ac, 297cr, 297bl, 298bcr, 301frbc, 315tfr, 322bfr, 324cfl, 325bfl, 326acl, 327frbc, 333frac, 336bl, 339br, 339cfr, 343bfl, 348c, 349frbc, 350tl, 354bfl, 354tr, 355flbc, 357ac, 359tl, 359cr, 365tfl, 367br, 380c, 383cfr, 410bcl, 422frac, 423cl, 430bfr, 435bc, 436tfr, 453frac, 462bfr, 498tfr, 525tfl, 526ac, 526acr, 587flbc, 588frbc; **Vanessa Latford:** 245flbc; **Legend Photography - Andy Belcher:** 514c, 515cfr; **Ken Lewis:** 269bc, 335bl; **Look:** 282cr; **Mammal Images Library:** 92cl; **Andrew Martinez:** 528frbc, 531frbc; **Maslowski Photo:** 278cfl; **Chris Mattison Nature Photographics:** 15bfr, 55cb, 58ac, 59bc, 96acl, 100bfl, 101frbc, 111flac, 142acl, 146bfr, 153bl, 197flac, 239bl, 241bfr, 251cr, 254bcl, 254frac, 256br, 278frac, 283bcr, 283fr, 288frbc, 292bfr, 293bc, 296cl, 299br, 300tl, 307cfr, 313tl, 321bfr, 345flbc, 345frbc, 353cfr, 359cfr, 365frac, 368cr, 368cfr, 369bfr, 373tr, 374frac, 375cfr, 375frac, 383cb, 384cfr, 386bcr, 388cfl, 389tr, 393frac, 394flbc, 395frbc, 404bfr, 405cr, 405tfr, 408bc, 410tr, 410cfr, 411bfl, 411cfr, 411br, 413br, 413frac, 414cl, 414bcr, 414frac, 415bc, 415bfr, 416bl, 417bfr, 419cfl, 419tfr, 422cl, 423cb, 425tfr, 430tc, 436acl, 437tc, 438ac, 439frbc, 442bfr, 443bcl, 444cl, 445cfr, 445frbc, 450cr, 450frbc, 451bcl, 451cfr, 451frac, 452acl, 452frac, 455cb, 456acl, 456bcr; **Photomax:** 480bfr; **Dr Luis A. Mazariegos:** 325cr; **McDonald Wildlife Photography:** 53tr, 108c, 147tfr, 207bl, 222bfl; **Dr Fridtjof Mehlum:** 308cfr; **Mr W.E. Middleton:** 558cfr; **Carlos Minguell:** 469frac, 509bcr, 511bcl, 530tr, 530acr, 596br; **Minden Pictures:** 544ac, 544bfl, 544cfl, 590c; **National Geographic Society:** 26frac; **Natural History Museum London:** 175c, 538br, 550frac, 557cl; **Natural History New Zealand:** 478b; **Nature Photographers:** 66c, 406cb, 437cr, 444cfr, 453cfr, 550bcl; **Natural Science Photos:** 42c, 50bc, 114cfr, 225frac, 272tfr, 330cl, 330cfl, 403bfr, 411bc, 430tfr, 437bc, 505tc; **Natural Visions:** 24frbc, 89acl, 159bl, 167bfr, 263cr, 364bcr, 366c, 375cb, 375bcl, 461tfr, 461frac, 498frbc, 526bfl; **Naturefocus, Australian Museum:** 95frac; **N.H.P.A.:** 14flbc, 17acl, 27cfr, 28frac, 29bfl, 29frac, 29frbc, 31tfr, 38cr, 43bcr, 44acr, 46frbc, 48cl, 49bl, 50ac, 53bc, 56cfr, 56cfr, 60bfl, 61bc, 64flbc, 67bc, 67bcr, 68br, 69bcr, 72tr, 72c, 74frbc, 75cb, 75bcr, 80bl, 90acl, 90bcl, 92flac, 93c, 94bfr, 94bfl, 95bcr, 96bfr, 97cfl, 99tr, 100cfr, 105cr, 106tfr, 111frbc, 112tfr, 113tl, 114acl, 123fcr, 124bfr, 131bfl, 133frac, 133bl, 134cfr, 139cfl, 141br, 142bcl, 143bfl, 144bfr, 146tfr, 155tfr, 157bfr, 157cr, 159frac, 161frac, 163tfr, 181bl, 182bfr,183bcr, 183cfl, 183acr, 184tfr, 186tr, 190bcr, 191tfr, 194acr, 195tl, 197br, 198bfr, 199acl, 200frbc, 200bfl, 203frac, 204bcl, 218tfr, 222tfl, 222frbc, 224flbc, 229frbc, 241bl, 255bfr, 257bfr, 262tfr, 262tfl, 265afr, 266tfr,268bcl, 273tfr, 275bcr, 277cb, 277acr, 277bc, 280br, 280flbc, 280tr, 281cl, 284tl, 284bcr, 288cl, 288bl, 289bcr, 293cfr, 301tr, 302cfr, 304tr, 307tfr, 314bl, 314bfl, 317acr, 320tfr, 321cb, 322frac, 322tfr, 323frac, 326frbc, 327cl, 330tc, 332bl, 332cl, 332cb, 334frbc, 336acr, 338frac, 339acr, 341bl, 342bfr, 348bc, 348tl, 349br, 351bfr, 362c, 365flbc, 367frbc, 368cfl, 368br, 376c, 378c, 379tl, 381frbc, 382bcl, 383frbc, 386bfr, 389flbc, 391c, 391cb, 391bfr, 392cfr, 394tc, 394cr, 398bcr, 402c, 403bl, 403bcl, 406tr, 407tr, 407frbc, 411frac, 411tl, 416cb, 418ac, 419bc,419frac, 423frac, 424bl, 434tr, 435tfr, 439acl, 439bfl, 439bfr, 439frac, 444tl, 445bc, 448acl, 448cl, 451tr, 453br, 453cl, 454bfr, 456bl, 462cfr, 463tfr, 463frac, 463tfl, 464frac, 480cr, 481frac, 487bfr, 490frbc, 494trf, 507tfl, 509cb, 509cl, 510frbc, 514tr, 519tl, 526frac, 529c, 531cb, 534frac, 536tr, 537bl, 538frac, 538bfl, 541cfl, 543flac, 544c, 551tl, 551bcl, 557acl, 558acl, 559flac, 560frac, 565cfr, 579bcr, 584bfl, 585bc, 590tc, 592cl, 594cfr; **Mark Norman:** 543acl; **Gary Nuechterlein:** 269tfr; **Mark O'Shea:** 368bfr, 375acr, 382frbc, 382bfr, 382flac, 384bfr, 386acl, 387flac, 387bfr, 388frbc, 388bfr, 389br, 390frac, 390flbc, 392clf, 392bcl, 392bfr, 394bfr, 395cfr, 395frac, 398bfr, 398bc, 398cl, 398flbc, 399frac, 399br, 405flac, 406acl, 407cfr,

編集スタッフ

EDITOR-IN-CHIEF: David Burnie

MAIN CONSULTANTS

MAMMALS:

Dr Juliet Clutton-Brock

Managing Editor of the Zoological Society of London's Journal of Zoology and Research Associate of the Natural History Museum, London

BIRDS:

Dr François Vuilleumier

Curator at the Department of Ornithology, American Museum of Natural History

REPTILES:

Chris Mattison

Zoologist and writer specializing in herpetology. Fellow of the Royal Photographic Society

AMPHIBIANS:

Professor Tim Halliday

International Director of the Declining Amphibian Population Task Force, Open University (UK)

FISH:

Professor Richard Rosenblatt

Professor of Marine Biology and Curator of Marine Vertebrates, Scripps Institution of Oceanography, University of California

INVERTEBRATES:

Dr George C. McGavin

Assistant Curator of the Hope Entomological Collections, Oxford University Museum of Natural History. Lecturer in Biological and Human Sciences, Jesus College, Oxford

Dr Richard Barnes

Lecturer in the Department of Zoology, University of Cambridge

Dr Frances Dipper

Marine biologist and writer

CONTRIBUTORS AND CONSULTANTS

Dr Richard Barnes
Dr Paul Bates
Dr Simon K. Bearder
Deborah Behler
John Behler
Keith Betton
Dr Michael de L. Brooke
Dr Charles R. Brown
Dr Donald Bruning
George H. Burgess
Dr Kent E. Carpenter
Norma G. Chapman
Ben Clemens
Dr Richard Cloutier
Malcolm C. Coulter
Dominic M. Couzens
Dr Timothy M. Crowe
Dr Kim Dennis-Bryan
Dr Christopher Dickman
Joseph A. DiCostanzo
Dr Philip Donoghue
Dr Nigel Dunstone
Dr S. Keith Eltringham
Prof. Brock Fenton
Joseph Forshaw
Susan D. Gardieff
Dr Anthony Gill
Dr Joshua Ginsberg
Dr Colin Groves
Dr Jurgen H. Haffer
Prof. Tim Halliday
Gavin Hanke
Dr Cindy Hull
Dr Barry J. Hutchins
Dr Paul A. Johnsgard
Dr Angela Kepler
Dr Jiro Kikkawa
Dr Nigel Leader-Williams
Dr Douglas Long
Dr Manuel Marin
Chris Mattison
Dr George C. McGavin
Dr Jeremy McNeil
Dr Rodrigo A. Medellin
Dr Fridtjof Mehlum
Chris Morgan
Rick Morris
Dr Bryan G. Nelson
Dr Gary L. Nuechterlein
Jemima Parry-Jones
Malcolm Pearch
Prof. Christopher Perrins
Dr Ted Pietsch
Dr Tony Prater
Dr Galen B. Rathbun
Dr Ian Redmond
Dr James D. Rising
Robert H. Robins
Jeff Sailer
Dr Scott A. Schaeffer
Dr Karl Schauchmann
Prof. John D. Skinner
Dr Andrew Smith
Dr Ronald L. Smith
Dr David D. Stone
Dr Mark Taylor
Dr David H. Thomas
Dr Dominic Tollit
Dr Jane Wheeler
Dr Ben Wilson
Dr David B. Wingate
Dr Hans Winkler
Dr Kevin Zippel

408flac, 408frbc, 408cr, 410flac, 415frac, 416flac, 417acl, 417bl, 419bl, 423br, 426tr; **Oxford Scientific Films:** 15flbc, 22tfr, 26bcl, 28tfl, 29acl, 33br, 37bcr, 44c, 46tr, 55cl, 55bb, 56tfl, 57bfl, 59cl, 62cr, 63bl, 63bc, 64ac, 65flac, 65bfr, 66br, 68flbc, 70tfr, 71c, 71cl, 73cl, 75bl, 87cfr, 90frac, 92frac, 93cfr, 94tl, 105flac, 105bl, 107acl, 107br, 113bl, 119cfl, 121frac, 125bcr, 131acr, 131bcl, 134tfr, 135bc, 138frac, 139bcr, 139frbc, 140cl, 141tfr, 142bcr, 143tl, 144tr, 144c, 146cl, 148cfr, 150grac, 151bcr, 153acr, 165frbc, 168tfr, 172frac, 176frbc, 179tfr, 179bc, 181frac, 191bc, 195frac, 200bcl, 201frac, 203br, 213tc, 215frbc, 219fl, 220cl, 222tfr, 224c, 229flbc, 232bfr, 246cfr, 254bcr, 261acr, 264bl, 265cb, 269tc, 270tfr, 270cfl, 275bfr, 275frbc, 276tfr, 280bl, 285cfr, 293frbc, 298tfr, 299acr, 300cfl, 302acr, 304frbc, 306tfr, 309cfl, 309c, 310brc, 315frbc, 321bl, 322c, 323bcl, 324cb, 325cb, 325br, 330tr, 330bl, 335bcr, 336cfr, 336bfr, 347cfl, 347frbc, 347bl, 348tfr, 351tfr, 355frbc, 356flbc, 359cb, 369cfl, 369cfr, 370cfl, 370bcl, 372tfr, 372c, 377frbc, 386bcl, 393flbc, 396frbc, 406frbc, 414tfr, 423acl, 424br, 426br, 430cr, 430bc, 432bl, 438bfl, 440bfr, 441frbc, 442tl, 442cl, 443bfl, 444bl, 447c, 447flbc, 448bfr, 453tc, 455bc, 455bfr, 456bfr, 457bc, 464br, 465bl, 466c, 467cr, 469bcr, 472tfr, 476ac, 481bl, 482frac, 483c, 493bc, 499bfr, 506cfr, 514frbc, 514bfr, 516frbc, 517bcl, 520acl, 520c, 524bcl, 526bfr, 528bfl, 532flac, 533frac, 533cfr, 533bcl, 533br, 535bcl, 535frbc, 536cfl, 536cr, 536bfr, 537cfl, 537bfr, 538c, 539bfr, 540cb, 541bfr, 542flac, 543cfl, 548bcl, 548cb, 548bc, 548br, 549frac, 549cfr, 549frbc, 549bfr, 550acl, 553c, 555frbc, 557tfr, 578frbc, 580cfl, 580c, 580cr, 580bcl, 580cb, 581cfr, 585frac, 585frbc, 587cfr, 589frac, 589bfr, 590bfl, 596bfr; **Panda Photo:** 280c; **Otto Pfister:** 239bcr, 255acr, 256cr, 300cb, 304bfl, 343cr 346bfr; **Mark Picard:** 142bfr, 184bfr, 240bc, 241cb, 241cfr, 278bc, 296tr, 327bcl, 356bcr, 356frac; **Linda Pitkin:** 75br, 504cfr, 530cl, 530bl, 530acl, 530bfl, 530cfl, 531tl, 531tr, 531cr, 531ac, 531flac, 533cfl, 536bl, 539acr, 570frac, 595flac, 595flac, 596flbc; **Planet Earth Pictures:** 27bfr, 40tr, 41tfl, 41bfl, 44bfr, 47br, 54cr, 59c, 60cfr, 73tr, 91acr, 104cfr, 107bcl, 124tfr, 126frac, 135frbc, 141bfl, 142tl, 143frbc, 143bfr, 153frbc, 153bfr, 158frbc, 170cfr, 171cfr, 171bl, 178acr, 179tc, 181flbc, 184tl, 189tfr, 201tl, 213bfr, 215cb, 220tl, 220bcl, 220bcr, 220bfr, 223bl, 225cb, 232c, 240bfl, 253tl, 270cb, 281bfr, 293tl, 295frbc, 308bcr, 309frbc, 310bcl, 311tfr, 327frac, 331bc, 376frbc, 383flac, 385c, 409cr, 424tfr, 424frbc, 432tr, 432flbc, 454cl, 464cfr, 465bfr, 468cl, 468bl, 469acl, 469cfr, 473bcr, 474frac, 476frbc, 430tfr, 480cl, 481bcr, 484tfr, 489acl, 489cl, 500cr, 501cr, 504tfr, 507frbc, 508bcr, 509tc, 510tr, 510cfr, 514flac, 515tfr, 518tfr, 520bl, 528cr, 529bfr, 533tfr, 537bcr, 538frbc, 539cfl, 541bfl, 541bc, 543tfr, 543acr, 548c, 551frac, 568acr, 585c, 587frbc, 588cl, 592flac, 594tfr, 594ac, 596tfr; **Louis W. Porras:** 419bfr, 455cr; **Premaphotos Wildlife:** 561tfr, 561bcl, 570cl, 592bfl; **John E. Randall:** 506cfr, 508tfr; **Jean Yves Rasplus:** 560bcl, 573bcl; **Galen B. Rathbun:** 114bl, 114frbc; **Reinhard - Tierfoto:** 270ac; **Neil Rettig Productions Inc:** 293bfr; **Rex Features:** 518bfr; **RSPCA:** 421c; **Save-Bild:** 99frbc; **Kevin Schafer:** 116frbc, 122frbc, 129tfr, 157acl, 235tfr, 326bcl; **Heinz Schimpke:** 458c; **Science Photo Library:** 14bfr, 89tl, 123bcl, 260bcl, 364bcl, 525bcl, 526tfl, 557frbc, 558tfr, 580tr; **Herb Segars:** 485bcr; **Hong Chalk Seng:** 554c; **Anup and Manoj Shah:** 2c, 6bc; **Wendy Shattil:** 43ac, 158br, 197bl, 200cl, 214flac, 272c, 315bfr, 340tl, 351tl, 374cr; **C. Andrew Smith:** 142tfr; **Smithsonian Institution:** 595bcl; **South American Pictures:** 281cr; **Sue Scott:** 532tfr, 539cr, 539flac, 540bfr, 542c, 580bcr, 584bcr, 594bc, 595ac, 595tr; **Still Pictures:** 62tr, 91bfr, 95flac, 116acl, 130cr, 130frac, 134frbc, 136tc, 138cfr, 161frbc, 161bfr, 169frbc, 173cfl, 174cfl, 190tfr, 191frbc, 211cfl, 216tfr, 230bfr, 241tr, 396bl, 465cl; **K. Sugawara:** 352br; **Harold Taylor:** 79tl; **Telegraph Colour Library:** 24acr, 26bfl; **The Roving Tortoise:** 216bcr; **Jamie Thom:** 2c; **Michael P. Turco:** 203cfr; **Jean Vaeelet:** 528cfr; **R.W. Van Devender:** 434bcl, 439ac, 442flac, 434bl; **Andre van Huizen:** 63ac, 245bfr, 266bl, 266bfl; **Colin Varndell:** 147bc, 271flac, 276bfl, 285bfr, 340bcr, 340cfr, 348bfl; **Vireo:** 325tl, 339acl, 339bfl, 339tfr, 340frbc, 341acl, 345flac, 355frac, 360frac; **Prof. Peter Vogel:** 104acr, 106frbc; **Judith Wakelam:** 130flbc; **Terry Wall:** 276flac, 297bfr; **Bernard Walton:** 129br, 129bfr; **Dave Watts:** 63cb, 90br, 93br, 94bcl, 94frac, 95bfr, 96frac, 97acr, 97bcr, 97bfr, 100frac, 101bcr, 120flbc, 131acl, 218frbc, 255cfl, 256bl, 279cfr, 293bcl, 294frac, 341bcr, 349bcr, 350tfr, 358bl; **Dr Jane Wheeler:** 237tcl, 237tfr; **Elizabeth Whiting & Associates:** 79bl; **Jack Williams:** 507cl; **Windrush Photos:** 49br, 265bfr, 306bcr, 330acr; **Art Wolfe:** 84c, 88cfr, 88cfr, 88cfr, 108frbc, 116c, 135bcr, 158tfr, 243bl, 295cfr, 298cr, 302c, 496flbc; **Woodfall Wild Images:** 27tfl, 30cfl, 32flbc, 57bfr, 58cr, 59bcr, 63br, 70c, 73tl, 88bfl, 88tc, 89frbc, 154cfr, 225tfr, 248flbc, 274c, 292bcr, 485tcfr, 525bfr, 597bc; **P. A. Woolley and D. Walsh:** 92bl, 97bl; **Norbert Wu:** 464bcl, 472cl; **Jerry Young:** 16cl, 42c, 51c, 54cb, 62bc, 67cb, 62tc, 78cb, 90bfl, 110tl, 112acr, 123bfr, 125bfl, 126flac, 127acl, 130flac, 133ac, 181ac, 183bl, 183frac, 183acl, 185bfr, 185acl, 187tfr, 189acr, 207br, 209flac, 210flac, 230bfl, 279tr, 299bfr, 320tc, 357cfr, 360bcr, 366c, 368ac, 369frac, 374acl, 374cl, 374bl, 374frbc, 403acl, 410c, 411acl, 416frac, 419frbc, 426flab, 441bfr, 442frac, 446ac, 446bl, 447bfr, 451ac, 456bfr, 473tfr, 477bfl, 490bc, 514flbc, 516bfr, 516frac, 516flac, 517bfr, 520bfr, 524frbc, 547tfr, 563flac, 584cfr, 584cfr; **Gunter Ziesler:** 116acr.

Jacket pictures

Front jacket: Toni Angermayer
Back jacket: Robert R. Barber
Spine: Toni Angermayer
Inside flap: Animals Animals/Victoria McCormic

Additional photography

Max Alexander; Peter Anderson; Irv Beckman; Geoff Brightling; Jane Burton; Peter Chadwick; Andy Crawford; Peter Cross; Geoff Dann; Philip Dowell; Alistair Duncan; Mike Dunning; Andreas von Einsiedel; Ken Findlay; Neil Fletcher; Christopher and Sally Gable; Peter Gardner; Peter Gathercole; Steve Gorton; Frank Greenaway; Peter Hiscock; Colin Keates; Dave King; Cyril Laubscher; Bill Ling; Mike Linley; Kevin Mallet; Maslowski Photo; Chris Mattison; Jane Miller; Tracy Morgan; Gary Ombler; Nick Pope; Rob Reichenfeld; Tim Ridley; Kim Sayer; Tim Shepard; Karl Shone; Harry Taylor; Kim Taylor; M.I. Walker; Mathew Ward; Laura Wickenden; Alan Williams; Jerry Young

Additional illustrations

Martin Camm; Colin Newman

All other images © Dorling Kindersley
For further information see: www.dkimages.com

監修者紹介

日高敏隆（ひだか・としたか）
東京大学理学部動物学科卒業。理学博士。専門は動物行動学。
現在、文部科学省大学共同利用機関総合地球環境学研究所所長。

林良博（はやし・よしひろ）
東京大学大学院農学系研究科獣医学専攻博士課程修了。農学博士。専門に獣医解剖学。
現在、東京大学大学院農学生命研究科教授。

山岸哲（やまぎし・さとし）
信州大学教育学部2類理科卒業。理学博士。専門は動物生態学・動物行動学・動物社会学および鳥類学。
現在、財団法人山階鳥類研究所所長。

疋田努（ひきだ・つとむ）
京都大学大学院理学研究科博士後期課程単位取得退学。理学博士。専門は両生爬虫類学。
現在、京都大学大学院理学研究科助教授。

望月賢二（もちづき・けんじ）
東京大学大学院農学系研究科水産学専門課程博士課程修了。農学博士。専門は魚類学、水産学。
現在、千葉県立中央博物館副館長。

世界動物大図鑑

2004年3月21日　　初版　第1刷発行
2020年2月1日　　　　　　第11刷発行

編集人	デイヴィッド・バーニーほか
日本語版監修	日高敏隆、林良博、山岸哲、疋田努、望月賢二
翻訳	高木しらね、月谷真紀、佐原令子、岩本真理子
装丁・デザイン	山口美徳（桜風舎）、飯田武伸（NITRO DESIGN）
協力	ニシ工芸株式会社、大村浩一、河合篤子、西村映美
編集	本郷プロダクション
発行人	白方啓文
発行所	株式会社　ネコ・パブリッシング

〒141-8201　東京都品川区上大崎3-1-1　目黒セントラルスクエア
　電話　04-2944-4071（カスタマーセンター）
　URL　https://www.neko.co.jp

※乱丁・落丁の場合は送料小社負担でお取り替え致します。
※定価はカバーに表示してあります。
※本書の無断複写、複製、転載を禁じます。
日本語版 © ネコ・パブリッシング
ISBN978-4-7770-5014-7　Printed in CHINA